Werkstoffe und Bauelemente
der Elektrotechnik

H. Schaumburg (Hrsg.)
Keramik

Werkstoffe und Bauelemente der Elektrotechnik

Herausgegeben von

Prof. Dr. Hanno Schaumburg, Hamburg-Harburg

Die Realisierung neuer Funktionen in der Elektrotechnik ist in der Regel verbunden mit dem Einsatz hochentwickelter elektronischer Bauelemente, deren Herstellung abhängig ist von neuen Erkenntnissen auf dem Gebiet der Werkstoff- und Fertigungstechnologie. Darauf basiert das Grundkonzept dieser Buchreihe: die Darstellung der für die Elektrotechnik bedeutsamen Werkstoffe und deren Anwendung auf neue Bauelementkonzepte.

Die Buchreihe „Werkstoffe und Bauelemente der Elektrotechnik" ist in ihrem Umfang nicht eingeschränkt: Sie ist offen für neue Entwicklungen, die schnell eine technische und wirtschaftliche Bedeutung gewinnen können. Sie setzt sich zum Ziel, dem Leser – sowohl an den Universitäten als auch in der Industrie – die neuesten Entwicklungen aufzuzeigen und ihn umfassend zu informieren. Gleichzeitig soll die Reihe aber auch die Funktion eines Nachschlagewerkes haben für die Vielzahl der konventionelleren Techniken, die in der Praxis weitverbreitet sind und auch bleiben werden.

Keramik

Herausgegeben von
Hanno Schaumburg

Unter Mitwirkung von

T. Baiatu   U. Böttger   R. Bormann
F. J. Esper   P. Greil   K. H. Härdtl
D. Hennings   H. Hinck   J. Pankert
D. Peuckert   M. Peuckert   H. Schaumburg
K. Ruschmeyer   H. Schmitt   U. D. Scholz
T. G. W. Stijntjes   E. Visser   R. Waser

Mit 632 Bildern und 63 Tabellen

 B. G. Teubner Stuttgart 1994

Herausgeber:

Prof. Dr. Hanno Schaumburg, Technische Universität Hamburg-Harburg

Verfasser:

Dr. Tudor Baiatu, Asea Brown Boveri AG, Baden-Dättwil
Dipl.-Phys. Ulrich Böttger, Rhein.-Westf. Technische Hochschule Aachen
Prof. Dr. Rüdiger Bormann, GKSS-Forschungszentrum Geesthacht und
Technische Universität Hamburg-Harburg
Dr. Friedrich J. Esper, vorm. Robert Bosch AG, Stuttgart
Prof. Dr. Peter Greil, Universität Erlangen-Nürnberg
Prof. Dr. Karl Heinz Härdtl, Universität Karlsruhe
Dr. Detlef Hennings, Philips GmbH Forschungslaboratorium, Aachen
Dr. Helmut Hinck, Philips GmbH, Hamburg
Dr. Joseph Pankert, Philips GmbH Forschungslaboratorium, Aachen
Dr. Doris Peuckert, Degussa AG, Hanau
Dr. Marcell Peuckert, Hoechst AG, Frankfurt/Main
Prof. Dr. Hanno Schaumburg, Technische Universität Hamburg-Harburg
Dipl.-Ing. Karl Ruschmeyer, vorm. Philips Components, Hamburg
Dr. Heinz Schmitt, Universität des Saarlandes, Saarbrücken
Dr. Udo D. Scholz, Thyssen Magnettechnik GmbH, Dortmund
Ir. Theo G. W. Stijntjes, Philips Eindhoven
Dr. Eelco Visser, Philips GmbH, Hamburg
Prof. Dr.-Ing. Rainer Waser, Rhein.-Westf. Technische Hochschule Aachen

Die Deutsche Bibliothek – CIP-Einheitsaufnahme
Keramik:
mit 63 Tabellen / hrsg. von Hanno Schaumburg.
Unter Mitw. von T. Baiatu ... – Stuttgart : Teubner, 1994
   (Werkstoffe und Bauelemente der Elektrotechnik ; 5)
ISBN 978-3-663-05977-6   ISBN 978-3-663-05976-9 (eBook)
DOI 10.1007/978-3-663-05976-9

NE: Schaumburg, Hanno [Hrsg.]; Baiatu, Tudor; GT

Softcover reprint of the hardcover 1st edition 1994

Vorwort

Nach den Lehrbüchern "Werkstoffe", "Halbleiter" und "Sensoren" liegt jetzt der erste *herausgegebene* Band innerhalb der Buchreihe "Werkstoffe und Bauelemente der Elektrotechnik" vor. Auf dem wichtigen und zukunftsträchtigen Gebiet der Elektrokeramik beschreiben bekannte Forscher, Entwickler und Fertigungsspezialisten ihr Spezialgebiet.

Bereits aus dem Inhaltsverzeichnis ist die enorme Bandbreite für den Einsatz von Keramiken in der Elektrotechnik und Elektronik erkennbar: Die Anwendungen reichen weit über die bekannte Isolatorfunktion hinaus bis hin zu Leitern und Supraleitern. Zunehmende Bedeutung bekommen Bauelemente – wie nichtlineare Widerstände und Sensoren –, deren Eigenschaften sich nur mit Hilfe spezieller Keramiken realisieren lassen. Auch bei neueren Magnetwerkstoffen mit großer Anwendungsbreite bringen Keramiken Vorteile – sowohl in den Eigenschaften als auch in der Fertigungstechnik.

Wie in allen Büchern dieser Reihe werden die neuen technischen Entwicklungen praxisnah und umfassend, aber dennoch leicht verständlich dargestellt. Auf diese Weise sollen auch den Fachleuten in der Praxis wichtige Informationen zugänglich gemacht werden. Der inzwischen beachtlichen Leserschar der ersten drei Lehrbücher dieser Reihe wird die Möglichkeit geboten, ihre Kenntnisse auf einem Spezialgebiet zu vertiefen.

Im Band "Keramik" wird die bewährte Zusammenarbeit mit dem Teubner-Verlag fortgesetzt, die jetzt schon zu einer Vielzahl auch drucktechnisch hervorragend gelungener Bücher geführt hat. Hier ist die erfahrene Handschrift von G. Krümmel, Art Type Kommunikation, unverkennbar. Für das große Interesse und die Vielzahl anregender Gespräche sei auch Herrn Dr. J. Schlembach vom Verlag B. G. Teubner wieder einmal herzlichst gedankt.

Hamburg, Mai 1994

H. S.

Inhalt

Vorwort V

Inhalt VII

Einführung 1
Von H. Schaumburg

I. Mikrostruktur keramischer Werkstoffe
Von P. Greil

1   **Einleitung** 29

2   **Moderne Methoden der Strukturuntersuchung** 36
    2.1 Mikroskopie 37
    2.2 Diffraktometrische Verfahren 41
    2.3 Spektroskopische Verfahren 43

3   **Phasengleichgewichte**
    3.1 Heterogene Systeme und Gibbsches Phasengesetz 47
    3.2 Kondensierte Systeme 50
    3.3 Systeme mit einer Gasphase 57
    3.4 Ungleichgewichte 60

4   **Gefügeausbildung**
    4.1 Verdichtung 62
    4.2 Kornwachstum 68
    4.3 Devitrifikation 72

5   **Korngrenzen** 77
    5.1 Kristalline Korngrenzen 77
    5.2 Defektstruktur kristalliner Korngrenzen 80
    5.3 Ausscheidungen an Korngrenzen 86

6   **Gefüge und mechanische Eigenschaften**
    6.1 Bruchzähigkeit 90
    6.2 Festigkeit 94
    6.3 Verstärkung keramischer Werkstoffe 98

    Literatur 102

II. Herstellverfahren der Keramik

Von F. J. Esper

1   **Einleitung** 105

2   **Rohstoffe** 105

3   **Masseaufbereitung** 107
   3.1   Mischen und Mahlen 107
   3.2   Aufbereitung der zur Formgebung fertigen Masse 109
   3.3   Sonstige Aufbereitungsmethoden 110

4   **Formgebung** 111
   4.1   Axialpressen 112
   4.2   Kaltisostatpressen 113
   4.3   Heißisostatpressen 116
   4.4   Heißpressen 118
   4.5   Axialnaßpressen 119
   4.6   Strangpressen 120
   4.7   Schlickerguß 121
   4.8   Spritzguß 122
   4.9   Foliengießen 123

5   **Sintern** 124

6   **Fertigbearbeiten** 125

7   **Fügen** 126

   Literatur 127

III. Lineare und nicht-lineare Widerstände

Von R. Waser

1   **Einleitung** 129

2   **Elektronische Leitung in Keramiken** 130
   2.1   Ladungstransport 130
   2.2   Metallisch leitende Oxide 133
   2.3   Beweglichkeiten elektronischer Ladungsträger 136
   2.4   Halbleitende Oxide
      2.4.1   Intrinsische Halbleiter 137
      2.4.2   Extrinsische Halbleiter 139
      2.4.3   Elektronische Kompensation und Defekt-Kompensation 142

2.5 Grenzflächen und elektrische Kontakte 146
    2.5.1 Übersicht 146
    2.5.2 Transport durch Schottky-Barrieren 149
    2.5.3 Ohmsche Metall/Halbleiter-Kontakte 150
2.6 Korngrenzen
    2.6.1 Ausbildung von Barrieren 151
    2.6.2 Nichtlineare Strom-Spannungs-Kennlinien 153
    2.6.3 Dynamisches Verhalten 157

3 Lineare Dickschichtwiderstände 160
3.1 Widerstandstypen 160
3.2 Bauformen und Herstellung 163
3.3 Mikrostruktur und Leitungsmechanismus 166
3.4 Zuverlässigkeit .... ???

4 NTC-Widerstände
4.1 Funktionsweise und elektrische Eigenschaften 169
4.2 Materialien und Herstellung 172
4.3 Technische Anwendungen 176
4.4 Zuverlässigkeit 177

5 Varistoren 178
5.1 Elektrische Charakteristik 178
5.2 Herstellung, Zusammensetzung und Mikrostruktur von ZnO-Varistoren.... 180
5.3 Mechanismus des Varistoreffekts
    5.3.1 Defektstruktur des ZnO... 183
    5.3.2 Ausbildung von Korngrenz-Barrieren............................ 185
    5.3.3 Durchbruchmechanismus... 187
5.4 Einsatzbeispiele und Typenauswahl-Kriterien............................. 192
5.5 Ausführungsformen.. 193
5.6 Zuverlässigkeit und Ausfallmechanismen.................................... 195

6 PTC Widerstände 198
6.1 Elektrische Charakteristik 198
6.2 Zusammensetzung und Herstellung 200
6.3 Mechanismus des PTC-Effekts
    6.3.1 Heywang-Modell 204
    6.3.2 Bildung der Korngrenz-Zustände 206
6.4 Technische Anwendungen 210
6.5 Alternative PTC-Keramiken 213

Literatur 214

IV. Keramische Gassensoren

Von. K. H. Härdtl

1 **Einleitung** 219

2 **Festelektrolyt-Sensoren** 220
   2.1 Sauerstoffsensoren 220
   2.2 Wasserstoff-Sensoren 224

3 **Halbleiter-(Taguchi)-Sensoren** 224

4 **Resistive Sensoren** 227
   4.1 Resistive Sensoren in Dickschichttechnik 229
   4.2 Resistive Sensoren in Dünnschichttechnik 230

5 **PTC-Mikrokalorimeter** 230

6 **Schlußbemerkung** 233

   Literatur 234

V. Supraleitende Keramiken

Von M. und D. Peuckert

1 **Grundlagen der Supraleitung** 237

2 **Strukturen** 242

3 **Herstellung und Eigenschaften**
   3.1 Das System Y–Ba–Cu–O 248
   3.2 Das System Bi–Sr–Ca–Cu–O 252

4 **Anwendungen** 256

   Literatur 259

VI. Thermodynamik supraleitender Keramiken

Von R. Bormann

1   Einleitung 261

2   Das System Y–Ba–Cu–O 262

3   Das System Bi–Sr–Ca–Cu–O 272

Literatur 276

VII. Dielektrische Keramiken

Von R. Waser, D. Hennings und T. Baiatu

1   Einleitung 277

2   Polarisationsprozesse
    2.1 Dielektrika in statischen elektrischen Feldern 278
    2.2 Wechselfelder und die komplexe Dielektrizitätszahl 281
    2.3 Atomare Deutung elektrischer Polarisationsmechanismen 285
         2.3.1 Elektronische Polarisation 288
         2.3.2 Ionische Polarisation 290
         2.3.3 Orientierungspolarisation 291
         2.3.4 Raumladungspolarisation 292
    2.4 Allgemeine Polarisationsmechanismen in Festkörpern 296
    2.5 Ferroelektrika
         2.5.1 Domänenbildung und remanente Polarisation 298
         2.5.2 Thermodynamik der ferroelektrischen Phasenübergänge 299
         2.5.3 Relaxoren 303
    2.6 Makroskop. Dielektrizitätszahl inhomogener, dielektrischer Materialien . 304

3   Leitungsmechanismen und spannungsinduzierte Ausfallprozesse 306
    3.1 Fehlordnung in dielektrischen Oxiden 306

3.2 Elektronische und ionische Leitung 312

3.3 Ausfallsmechanismen 315
    3.3.1 Thermischer Durchschlag 315
    3.3.2 Dielektrischer Durchschlag 316
    3.3.3 Degradation des Isolationswiderstandes 318
    3.3.4 Poren- und Oberflächeneffekte 322

4   Herstellungstechnologien

4.1 Kompakte Keramiken 323
4.2 Vielschichttechnologie 326
4.3 Dick- und Dünnschichttechniken 333

5   Isolatoren und Substrate

5.1 Übersicht 335
5.2 Materialien
    5.2.1 Gläser 336
    5.2.2 Porzellane 337
    5.2.3 Aluminiumoxid 338
    5.2.4 Aluminiumnitrid 340
5.3 Hochspannungsisolatoren 342
5.4 Substrate
    5.4.1 Kompaktsubstrate 343
    5.4.2 Vielschichtsubstrate 344
    5.4.3 Multikomponenten-Substrate 347

6   Kondensatoren

6.1 Klassifizierungen und Bauformen 348
6.2 Materialien mit sehr hohen Dielektrizitätszahlen 353
    6.2.1 Modifizierte Bariumtitanate 353
    6.2.2 Relaxor-Materialien 355
6.3 Ferroelektrische Materialien mit flacher Temperaturcharakeristik 357
    6.3.1 Heterogen-dotierte Systeme 358
    6.3.2 Korngrößeneffekte 361
6.4 Paraelektrische Materialien 362
6.5 Methoden zur Herstellung niedrig-sinternder Materialien 364
6.6 Kondensatoren mit Nichtedelmetall-Elektroden 366
6.7 Sperrschichtkondensatoren 367
6.8 Spezifische elektrische Eigenschaften 369
    6.8.1 Impedanzverhalten 369
    6.8.2 Feldabhängigkeit der dielektrischen Parameter 370
    6.8.2 Alterungsvorgänge in ferroelektrischen Materialien 372

7   Mikrowellen-Bauelemente 373

7.1   Anforderungen und Bauformen 374
7.2   Materialklassen 375
    7.2.1   Barium–Zink–Tantalat- und Barium–Zink–Niobat-System 376
    7.2.2   Zirkonium–Titanat–Stannat-System 377
    7.2.3 Nd_2O–TiO_2–BaO–Bi_2O-System 378
7.3   Spezifische elektrische Eigenschaften 378
    7.3.1   Höhe der Dielektrizitätszahl 379
    7.3.2   Temperaturabhängigkeit der Dielektrizitätszahl 379
    7.3.3   Dielektrische Verluste 381
7.4   Anwendungen 383
    7.4.1   Funktionsprinzipien 384
    7.4.2   Dielektrische Resonatoren 385
    7.4.3   Koaxiale Keramikresonatoren 387
Literatur 388

VIII.   Piezoelektrische Keramiken

Von U. Böttger und K. Ruschmeyer

1   Grundlagen 395

2   Piezoelektrische Parameter
2.1   Lineare Grundgleichungen 398
2.2   Vollständiger Satz der Piezogleichungen 402
2.3   Dynamisches Verhalten und Kopplungsfaktoren 404

3   Piezoelektrische Werkstoffe 411
3.1   Perowskitstruktur 412
3.2   Domänenstruktur 413
3.3   Bleizirkonat-Titanat-Keramik 417
3.4   Bariumtitanat 419
3.5   Einfluß von Modifizierungen 420
3.6   Alterung 422

4   Piezoelektrische Applikationen 424
4.1   Gaszünder 424
4.2   Sensoren 426
4.3   Aktuatoren 428
4.4   Ultraschallmotoren 429
4.5   Verzögerungsleitung 430
4.6   Lautsprecher 432

Literatur 433
Anhang 435

IX. Pyroelektrische Keramiken
Von J. Pankert

1   **Einleitung** 437

2   **Thermodynamik der Pyroelektrika**
   2.1   Thermodynamische Zustandsgleichungen 439
   2.2   Ginsburg-Devonshire-Theorie der Ferroelektrika 442

3   **Dynamisches Verhalten der Pyroelektrika** 445

4   **Pyroelektrische Detektoren**
   4.1   Funktionsprinzip und Signalstärke 448
   4.2   Rauschen 451
   4.3   Bauformen und Anwendungen 453
      4.3.1   Bewegungsmelder 453
      4.3.2   Dielektrisches Bolometer 455
      4.3.3   Berührungslose Temperaturmessung 456
      4.3.4   Infrarot-Absorptionsspektrometer 456
      4.3.5   Infrarotabbildungssysteme 457

5   **Pyroelektrische Materialklassen** 458
   5.1   Nicht-polarisierbare Pyroelektrika 459
   5.2   Organische Elektrete 459
   5.3   Ferroelektrika 460
      5.3.1   Lithium Tantalat 460
      5.3.2   Perowskite 460
         5.3.2.1   Modifiziertes Blei-Titanat 461
         5.3.2.2   Blei-Zirkonat-Titanat 463
      5.3.3   Triglycinsulfat 464
   5.4   Relaxoren 464

6   **Zusammenfassung** 465

   Literatur 466

X. Elektrooptische Keramik
Von H. Schmitt

1   **Einleitung** 467

2   **Materialien** 468

3 Pulverpräparation 471

   3.1 Klassische Präparationstechnik 472

   3.2 Chemische Kopräzipitation und Sol-Gel-Prozeß 473

4 Probenherstellung 475

   4.1 Heißpreßverfahren 475

      4.1.1 Isostatisches Heißpressen (HIP) 475

      4.1.2 Matrizenverfahren 476

   4.2 Sinterverfahren 477

5 Eigenschaften 478

   5.1 Relaxorverhalten und Diffuse Phasenumwandlungen 481

   5.2 Mechanische und elektromechanische Eigenschaften 487

   5.3 Optische Eigenschaften 489

   5.4 Elektrooptische Eigenschaften 491

6 Anwendungen 495

   6.1 Lichtschutzeinrichtungen 498

   6.2 Lichtmodulatoren 499

   6.3 Stereosichtsysteme 499

   6.4 Bildschirmsysteme 499

   6.5 Andere Systeme 500

7. Zusammenfassung 500

   Literatur 500

XI. Hartmagnetische Keramiken

Von U. D. Scholz

1 Einführung 503

2 Magnetische Grundlagen 504

   2.1 Diamagnetismus 504

   2.2 Paramagnetismus 505

   2.3 Kooperative Eigenschaften:
Ferromagnetismus, Antiferromagnetismus, Ferrimagnetismus 505

      2.3.1 Ferromagnetismus 506

      2.3.2 Antiferromagnetismus 512

      2.3.3 Ferrimagnetismus 512

   2.4 Magnetische Anisotropie
      2.4.1 Kristallanisotropie 513

      2.4.2 Andere Anisotropieerscheinungen 516

2.5   Sekundärmagnetische Eigenschaften 516
2.6   Koerzitivfeldstärkemechanismen 518
2.7   Voraussetzungen für gute Dauermagnetwerkstoffe 522

3   Hexagonale Ferrite

3.1   Kristallstruktur von Hexaferrit 524
3.2   Magnetische Struktur und primärmagnetische
       Eigenschaften von Hexaferriten 526
3.3   Phasendiagramm 533

4   Herstellung von Ferriten 535
4.1   Rohmaterialaufbereitung 536
4.2   Calzinierung, Reaktionssinterung 537
4.3   Mahlprozeß 539
4.4   Formgebung 540
       4.4.1   Isotrope Ferrite 541
       4.4.2   Anisotrope Ferrite 541
               4.4.2.1   Trockenpressen anisotroper Ferrite 542
               4.4.2.2   Naßpressen anisotroper Ferrite 544
       4.4.3   Herstellung kunststoffgebundener Ferrite 545
4.5   Sintern 546
4.6   Mechanische Bearbeitung 547
4.7   Magnetisieren 548

5   Magnetische Eigenschaften von Hartferriten 548

6   Anwendung von Hartferriten 555

7   Vergleich der Eigenschaften verschiedener Dauermagnetwerkstoffe 559

Literatur 561

XII. Weichmagnetische Keramiken

Von H. Hinck, Dr. E. G. Visser und T. G. W. Stijntjes

1   Einführung
1.1   Historie 565
1.2   Die Ferrit-Industrie – Umfang und allgemeine Trends 568

2   Ferrite – Struktur und wesentliche Eigenschaften
2.1   Die Spinellstruktur und die Magnetisierung 570
2.2   Magnetische Bezirke und Permeabilität 572
2.3   Magnetische Anisotropie 574
2.4   Magnetisierungsmechanismen 576

2.5 Die magnetischen Verluste 578
2.6 Magnetostriktion 581
     a. Normale Magnetostriktion 581
     b. Inverse Magnetostriktion 582
2.7 Permeabilität polykristalliner Ferrite 583
2.8 Elektrische Leitfähigkeit 586

3 Chemische Zusammensetzung und die Eigenschaften von Weichferriten
3.1 MnZn-Ferrite
     3.1.1 Magnetokristalline Anisotropie 589
     3.1.2 Magnetostriktion 591
     3.1.3 Sättigungsmagnetisierung 592
3.2 NiZn-Ferrite
     3.2.1 Magnetokristalline Anisotropie 592
     3.2.2 Magnetostriktion 594
     3.2.3 Sättigungspolarisation 595
     3.2.4 Elektrischer Widerstand 595
3.3 MgZn-Ferrite
     3.3.1 Magnetokristalline Anisotropie 597
     3.3.2 Magnetostriktion 599
     3.3.3 Sättigungspolarisation 600
     3.3.4 Elektrischer Widerstand 601

4 Ferrit-Technologie und -Produkte
4.1 Technologie 601
4.2 Ferrit-Produktreihe 604

5 Anwendung von weichmagnetischen Ferriten
5.1 Einleitung 607
5.2 $MnZnFe^{2+}$-, NiZn- und MgZn-Ferrite für Jochringe in Ablenksyst. 608
5.3 MnZn- und NiZn-Ferrite für Spulen 613
5.4 MnZn- und NiZn-Ferrite für Transformatoren 618
     5.4.1 Breitbandtransformatoren für digitale Impulsübertragung 618
     5.4.2 Transformatoren zur Energieübertragung in Schaltnetzteilen 620
5.5 Trends in der Ferrite-Technologie 622

6 Gegenwärtige Entwicklungen auf dem Gebiet der Ferrite
6.1 Marktveränderungen 623
6.2 Neue Ferrite für Leistungstransformatoren 623

Literatur 628

Stichwortverzeichnis 635

Einführung

Von Hanno Schaumburg

Die Bezeichnung Keramik ist abgeleitet von dem griechischen Wort *kéramos*, das gleichzeitig die Töpfererde und die daraus hergestellten Produkte – vom Tongefäß bis zum Dachziegel – beschreibt. Im Laufe der Zeit ist dieser Begriff immer weiter verallgemeinert worden, allerdings in unterschiedlicher Weise [1,2]:

Definition 1: Die offizielle Definition der Deutschen Keramischen Gesellschaft lautet: "Keramik ist ein Zweig der chemischen Technologie oder Hüttenkunde, der sich mit der *Herstellung* keramischer Werkstoffe und *Weiterverarbeitung* bis zum keramischen Erzeugnis befaßt. Keramische Werkstoffe sind *anorganisch*, *nichtmetallisch* (dabei sind aber durchaus auch *metallische* Bindungs*anteile* zulässig), in Wasser *schwer löslich* und zu wenigstens 30% *kristallin*. In der Regel werden sie bei Raumtemperatur aus einer Rohmasse geformt und erhalten ihre typischen Gebrauchseigenschaften durch eine *Temperaturbehandlung*, meist über 300°C. Gelegentlich geschieht die Formgebung auch bei erhöhter Temperatur oder gar über den Schmelzfluß mit anschließender Kristallisation".

Definition 2: Eine weit umfassendere Definition der Keramik ist im anglo-amerikanischen Sprachraum üblich [2]: Unter diesem Begriff werden dort alle Festkörperwerkstoffe zusammengefaßt, die (im wesentlichen) aus *anorganischen nichtmetallischen* Stoffen aufgebaut sind. Zu den keramischen Werkstoffen zählen nach dieser Definition nicht nur typische anorganische polykristallin oder amorph aufgebaute Festkörper – wie Ton, Porzellan, Emaille, Zement und Gläser, sondern auch Werkstoffe, die bevorzugt in einkristalliner Form verwendet werden, wie die Edel- und Halbedelsteine (Diamant, Rubin, Saphir u.a., s. Band 1, Abschnitt 1.3), sowie die Halbleiter (Silizium, Galliumarsenid u.a.). Das führt zu dem Ergebnis, daß die wichtigsten der heute in der Elektrotechnik eingesetzten Werkstoffe den Keramiken zugerechnet werden müssen.

Beide Definitionen haben ihre Vor- und Nachteile:

– Die Definition 1 konzentriert sich auf den – auch im allgemeinen Sprachgebrauch vertrauten – fertigungstechnischen Aspekt, wobei die klassischen keramischen Verfahren der ***Formgebung*** (nach Herstellung einer formbaren Masse z. B. durch Beigabe von Wasser in ein Pulvergemisch; aus diesem Grund fallen die wasserlöslichen anorganischen Werkstoffe heraus) und Härtung (Brennen) zugrundegelegt werden. Im Zentrum der keramischen Fertigungstechnik stehen damit die typischen Verfahren der Pulververarbeitung (Pressen, Sintern, Schlickerguß u.a., s. Band 1, Abschnitt 3.3). Gegen diesen Aspekt spricht allerdings die Tatsache, daß ähnliche Verfahren heute zunehmend auch bei metallischen und organischen Werkstoffen verwendet werden, d.h. der Gesichtspunkt der Fertigungstechnik charakterisiert nicht eindeutig die Werkstoffgruppe.

Ein inhärenter Vorteil der pulvertechnischen Formgebung ist allgemein die Einfachheit, mit der auch komplizierte mechanische Formen erzeugt werden können. Dieser Gesichtspunkt spielt bei den Funktionskeramiken zur Herstellung von elektrischen und elektronischen Bauelementen jedoch oft nur eine untergeordnete Rolle (bei der Anwendung von Silizium als praktisch nicht plastisch verformbarer einkristalliner Werkstoff haben sich kaum Nachteile ergeben, bei Spezialbauelementen können zudem Verfahren der Mikromechanik (Band 1, Abschnitt 3.4) eingesetzt werden. Die Einschränkung einer Werkstoffgruppe nach dem Kriterium der mechanischen Formbarkeit muß also nicht relevant sein.

– Die Definition 1 impliziert die Verwendung feinkörniger Ausgangssubstanzen, die anschließend zu einem polykristallinen Festkörper verdichtet werden. Für viele physikalischen Eigenschaften ist *Polykristallinität* aber von untergeordneter Bedeutung, da diese durch das Verhalten der Einkristalle (Körner) festgelegt werden. Durch das Zusammenfügen vieler Einkristalle zu einem Polykristall erhält die Keramik "gemittelte" Eigenschaften, die sich durch Überlagerung der Eigenschaften vieler unterschiedlich orientierter Einkristalle ergeben.

Durch die Polykristallinität kann sogar ein Optimierungskriterium eliminiert werden: Gerade bei stark anisotropen Werkstoffen sind die Eigenschaften kristallographisch speziell orientierter Einkristalle besonders attraktiv (Beispiel: Anwendung von Quarz für piezoelektrische Sensoren). Es stellt sich also immer die Frage, ob die Eigenschaften eines keramischen Werkstoffs nicht dadurch verbessert werden können, daß man Einkristalle mit einer optimierten Orientierung verwendet. Dann müßte derselbe Werkstoff aber nach Definition 1 in eine andere Kategorie fallen, was physikalisch und technisch wenig sinnvoll erscheint.

– Mit der Polykristallinität ist eine Anwesenheit und Wirkung von *Korngrenzen* unmittelbar verbunden. Auch diese können spezielle Eigenschaften besitzen, die zu wichtigen Anwendungen führen (s. R. Waser, "Lineare und nichtlineare Widerstände"). Die Eigenschaften von *Korngrenzen* sind typische Grenzflächenphänomene – wirken sie als flächenhafte Energiebarrieren –, die meist auch in ähnlicher Form an *Festkörperoberflächen* eingestellt werden können (s. MOS-Technik, Schottky- und andere Oberflächenbarrieren bei chemischen Sensoren, Photozellen und viele andere Beispiele). Viele Anwendungen aus der Halbleitertechnik demonstrieren, daß eine äußerst präzise Modellierung der Oberflächeneigenschaften möglich ist, wenn diese durch Bearbeitung von außen "maßgeschneidert" werden.

Im Gegensatz dazu sind die Einflußmöglichkeiten auf die Eigenschaften von Korngrenzen in keramisch hergestellten Polykristallen eher eingeschränkt. Allein durch die enorme Vielzahl von Korngrenzenkonfigurationen, die bei beliebig zueinander orientierten Körnern und allen denkbaren Korngrenzenrichtungen entstehen, können in einer Keramik allenfalls "gemittelte" Korngrenzeneigenschaften ausgenutzt werden. Eine gezielte Beeinflussung der Korngrenzeneigenschaften ist nur in Grenzen möglich, wobei z. B. die bevorzugte Diffusion entlang von Korngrenzen, sowie eine bevorzugte Ausscheidung von Fremdatomen und Fremdphasen ausgenutzt werden können.

Es bleibt also für die Zukunft die Frage offen, ob die typischen Korngrenzeneigenschaften in keramischen Werkstoffen nicht noch effektiver der Praxis zugeführt werden könnten, wenn man auf Einkristallen in gezielter Weise "maßgeschneiderte" Grenzflächen herstellt.

Bei vielen Anwendungen wirken die Korngrenzen einfach störend, weil sie Bereiche darstellen, in denen die gewünschten Kristalleigenschaften gar nicht oder weniger gut realisiert sind (Beispiel: Nichtmagnetische Korngrenzen in Weichferriten, s. H. Hinck, E. G. Visser und T. G. W. Stijntjes, "Weichmagnetische Ferrite" im Teil 2 dieses Bandes). In anderen Fällen dagegen werden Korngrößeneffekte systematisch ausgenutzt, z.B. zur Optimierung des Temperaturganges in Kondensatorkeramiken oder bei der gezielten Anwendung von Phasengemischen (R. Waser, D. Hennings, Philips Forschungslabor Aachen und T. Baiatu, "Dielektrische Keramiken")

Ein weiterer Gesichtspunkt, der durch die Definition 1 generell erfaßt werden kann, ist der *Kostengesichtspunkt*: Die keramische Fertigungstechnik führt häufig zu sehr kostengünstigen Produkten. Aber auch dieses Argument gilt nicht in allen Fällen: Die Halbleitertechnologie (Band 2, Abschnitt 8) hat bewiesen, daß auch sehr kostenaufwendige Ausgangsmaterialien und Bearbeitungskosten zu geringen Kosten *pro Bauelement* führen können, wenn die Bauelemente *miniaturisiert* sind und viele Bauelemente – z.B. auf einer Scheibe – gleichzeitig hergestellt werden können (**Batch-Processing**, s. z.B. Band 2, Abschnitt 12). Bei Bauelementflächen von z.B. 20×20 μm^2 sind die Materialkosten meist vernachlässigbar. In vielen Fällen ist es ohnehin nicht nur aus Kostengründen, sondern auch wegen der besseren physikalischen Eigenschaften sinnvoller, die elektrisch aktive Schicht auf einem kostengünstigen Substrat epitaktisch aufzuwachsen (Band 2, Abschnitt 8.1.2).

Bei anderen Bauelementen hingegen, in denen die gewünschten Eigenschaften nur über die Bereitstellung großer Flächen (z. B. hohe Kapazitäten in Vielschichtkondensatoren oder Bauelemente mit großen Querschnitten für eine hohe Stromtragfähigkeit) oder Volumina (z. B. in Magnetkernen und Ablenkeinheiten) eingestellt werden können, stehen die (polykristallinen) Keramiken in Bezug auf die Fertigungskosten konkurrenzlos da.

– Die Definition 2 hat den Nachteil, daß sie wenig differenziert, d.h. daß eine große
Breite von Werkstoffen unter demselben Begriff zusammengefaßt wird. Auch solche Werkstoffe, die nach der konventionellen Vorstellung nie mit dem Begriff der
Keramik verbunden würden, wie Halbleiter, Edel- und Halbedelsteine, sowie die
Gläser, fallen in dieselbe Kategorie. Auf der anderen Seite ist diese Definition
physikalisch in vielen Fällen gerechtfertigt: Typische Kennwerte keramischer
Werkstoffe, wie der Bandabstand, häufig auch die Konzentration und Beweglich-
keit von Ladungsträger, charakterisieren auch die Halbleiterwerkstoffe und liegen
sogar teilweise in derselben Größenordnung (s.u.). Eine Weiterentwicklung der
Halbleitertechnik bei Anwendung typischer von der Keramik beanspruchten
Werkstoffe hinein ist für die Zukunft durchaus absehbar.

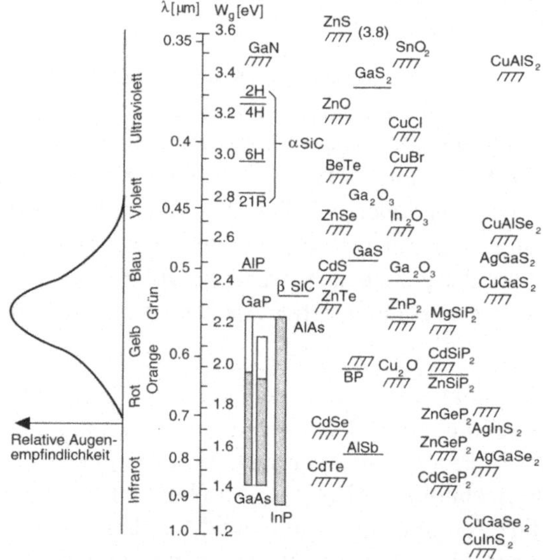

Spektrum des sichtbaren Lichts, zusammen dargestellt mit der relativen spektralen Empfindlichkeit
des menschlichen Auges und dem Bandabstand W_g verschiedener Werkstoffe (vgl. Band 2, Abschnitt 2). Auf der rechten Seite sind bei den entsprechenden Bandabständen diejenigen Werkstoffe
eingezeichnet, die in dem dazugehörenden Spektralbereich über Band-Band-Übergänge Lichtstrah-
lung aussenden oder mit großer Empfindlichkeit detektieren können (nach [3]).
Typische III-V-Verbindungen wie GaAs würde man nach dem konventionellen Sprachgebrauch
den Halbleitern, die Oxide und Carbide den keramischen Werkstoffen zurechnen.

**Im Rahmen dieses Bandes werden keramische Werkstoffe im Sinne der engeren
Definition 1 behandelt, d.h. einkristalline und amorphe Werkstoffe werden
lediglich im Vergleich zu den polykristallinen diskutiert. Man sollte aber nach
den obengenannten Gesichtspunkten im Auge behalten, daß diese Einschränkung nur den gegenwärtigen Entwicklungsstand charakterisiert und daß in vie-**

Tab. 1   Zusammensetzung und Kristallstruktur kristalliner Phasen ausgewählter keramischer Verbindungen (s. "Mikrostruktur keramischer Werkstoffe", in diesem Band)

Klasse	Zusammensetzung	Kristallstruktur	Mineralname
I. Oxide			
binäre Oxide	ZnO	Wurzit (hex)	Zinkit
	MgO	Steinsalz (kub)	Periklas
	NiO	Steinsalz (kub)	Bunsenit
	TiO_2	Rutil (tetr)	Rutil
	ZrO_2	Baddeleyit (mkl)	Baddeleyit
	SiO_2	Quarz (trig)	Quarz
	Al_2O_3	Korund (hex)	Korund
	Fe_2O_3	Korund (hex)	Hämatit
	Fe_3O_4	Spinell (kub)	Magnetit
Silikate	$Al_9Si_3O_{19}$	Nesosilik. (rhom)	Mullit
	$ZrSiO_4$	Nesosilik. (tetr)	Zirkon
	$MgSiO_3$	Inosilik. (rhom)	Enstatit
	$MgSiO_4$	Nesosilik. (rhom)	Forsterit
	$CaSiO_3$	Inosilik. (trkl)	Wollastonit
	$LiAlSiO_4$	Nesosilik. (trig)	Eukryptit
	$LiAlSi_2O_6$	Inosilik. (mkl)	Spodumen
	$Mg_2Al_4Si_5O_{18}$	Cyclosilik. (rhom)	Cordierit
	$Ca_2MgSi_2O_7$	Sorosilik. (tetr)	Akermanit
Aluminate	$MgAl_2O_4$	Spinell (kub)	Spinell
	$Y_3Al_5O_{12}$	Granat (kub)	Yttrium-Granat
	$Na_2Al_{22}O_{34}$	Magnetoplumbit (hex)	Korund
Ferrite	$(Fe,Zn,Ni,Mg)Fe_2O_4$	Spinell (kub)	Spinellferrite
	$(Ba,Sr,Pb)Fe_{12}O_{19}$	Magnetoplumb.	hexag. Ferrite
	$(La,Ca,Y)FeO_3$	Perowskit (rhom)	Orthoferrite
	$(Y,La)_3Fe_5O_{12}$	Granat (kub)	Granatferrite
Titanate	$(Mn,Co,Ni)TiO_3$	Ilmenit (trig)	Pyrophanit
	$(Ca,Ba,Sr)TiO_3$	Perowskit (rhom)	Perowskit
	$Pb(Ti,Zr)O_3$	Perowskit (rhom)	"PZT"
	Al_2TiO_5	Pseudobrookit (rhom)	"Tialit"
weitere	$Li(Nb,Ta)O_3$	Ilmenit (hex)	synth.
	$MgCr_2O_4$	Spinell (kub)	Chromit
	$YBa_2Cu_3O_7$	Perowskit (rhom)	"YBCO"
II. Nichtoxide			
Kohlenstoff	C	Graphit (hex), Diamant (kub)	
Karbide	SiC	Wurzit (hex), Diamant (kub)	
	TiC	Steinsalz (kub)	
	B_4C	rhomboedrische Struktur	
Nitride	AlN	Wurzit (hex)	
	BN	Wurzit (hex), Diamant (kub)	
	Si_3N_4	Phenakit (hex)	
Boride, Silicide	TiB_2	AlB_2 (hex)	
	AlB_{12}	UB_{12} (kub)	
	$MoSi_2$	(hex)	
III. Oxid-Nichtoxid-Verbindungen			
Oxynitride	Al_3O_3N	Spinell (kub)	"Alon"
	$Si_{6-x}Al_xO_xN_{8-x}\ x = 0 - 4{,}2$	Phenakit (hex)	"β-Sialon"
	$Y_x(Si,Al)_{12}(N,O)_{16}\ x < 1$	(trig)	"α-Syalon"

len Bereichen große potentielle Anwendungsmöglichkeiten in der erweiterten Definition 2 liegen, wenn die "klassischen" keramischen Werkstoffe nicht in poly- sondern einkristalliner oder amorpher Form verwendet werden.

Kenngrößen keramischer Werkstoffe beschreiben alle für die Funktion des Materials relevanten physikalischen Eigenschaften. Diese sind so vielfältig und umspannen einen so weiten Bereich der physikalischen Größen wie bei kaum einer anderen Werkstoffklasse. Hierzu zählen die *mechanische Festigkeit*, die *elektrische Leitfähigkeit*, die *elektrische* und *magnetische Polarisation*, die *thermischen Eigenschaften*, das *optische Verhalten*, etc.

Die große mögliche Variationsbreite in den physikalischen und chemischen Eigenschaften der Keramiken ist auf die unterschiedlichen beteiligten Elemente (Tab. 1), sowie die Art der Bindung und die unterschiedlichen stöchiometrischen Verhältnisse der Zusammensetzung zurückzuführen.

Bei der chemischen Bindung ist das breite Spektrum zwischen einer reinen kovalenten Bindung (Band 1, Abschnitt 1.3.3) und einer Bindung mit hohem ionischen Anteil (Band 1, Abschnitt 1.3.2), sowie einem metallischen Bindungsanteil (Band 1, Abschnitt 1.3.4) von Bedeutung. Der ionische Bindungsanteil berechnet sich aus den Elektronegativitäten (Band 1, Abschnitt 1.2) der beteiligten Elemente. Für einige ausgewählte Werkstoffe ist in Tab. 2 der Grad des ionischen Bindungsanteils und die Kristallstruktur angegeben.

Tab. 2   Grad des ionischen Bindungsanteils und Kristallstruktur ausgewählter anorganischer nichtmetallischer Werkstoffe (nach [4])

Kristall	Grad des ionischen Charakters	Kristall	Grad des ionischen Charakters	Kristall	Grad des ionischen Charakters
Si	0,00	InP	0,42	MgO	0,84
SiC	0,18	InAs	0,36	MgS	0,79
Ge	0,00	InSb	0,32	MgSe	0,79
ZnO	0,62	GaAs	0,31	LiF	0,92
ZnS	0,62	GaSb	0,26	NaCl	0,94
ZnSe	0,63			RbF	0,96
ZnTe	0,61	CuCl	0,75	Al_2O_3	0,63
		CuBr	0,74	SiO_2	0,51
CdO	0,79			Si_3N_4	0,30
CdS	0,69	AgCl	0,86		
CdSe	0,70	AgBr	0,85		
CdTe	0,67	AgI	0,77		

Bild 1-1 zeigt einige typische Kristallstrukturen. Die Koordinationszahl gibt an, wieviel nächste Nachbarn (in gleichem Abstand) jedes Atom besitzt. Da die ionische Bindung ähnlich wie die metallische keine gerichtete Bindung ist, kristallisieren Verbindungen mit einem hohen ionischen Bindungsanteil bevorzugt in Kristallstrukturen mit hoher Koordinationszahl, d.h., soweit es die Geometrie (genauer: das Verhältnis der Ionenradien) zuläßt, wird um ein Ion eine möglichst hohe Anzahl gegensinnig geladener Ionen gepackt sein.

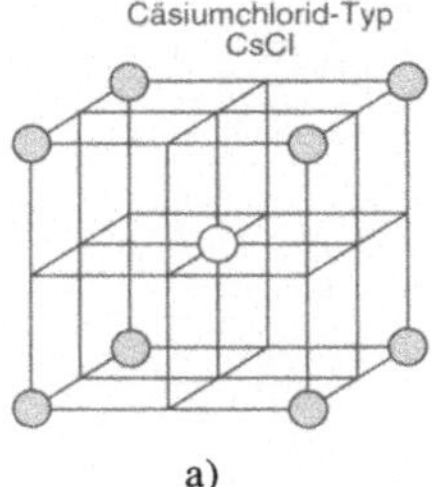

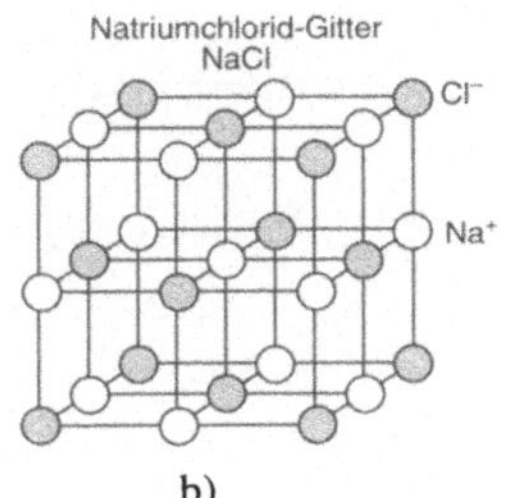

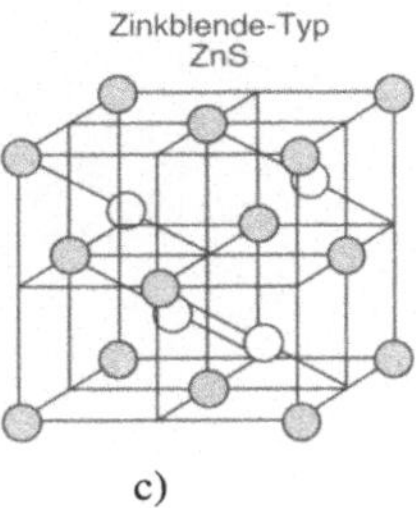

Bild 1-1   Ionengitter: Die Kationen sind jeweils als leere Kreise dargestellt

a) Cäsiumchlorid-Struktur (Koordinationszahl: 8)

b) Natriumchlorid-Gitter (Koordinationszahl: 6)

c) Zinkblende-Gitter (Koordinationszahl: 4) : Dieses Gitter läßt sich auch in einer anderen Weise darstellen (Bild 1-3b): Jedes Ion ist in der Mitte eines Tetraeders angeordnet, an dessen Spitzen sich die jeweils entgegengesetzt geladenen Nachbarionen befinden. Dieselbe Gitterstruktur wird auch bei einer kovalenten Gitterbindung angenommen und hat bei vielen Halbleitern eine besondere Bedeutung.

Ein typischer Vertreter ist die NaCl-Struktur mit der Koordinationszahl 6 (Bild 1-1b). Die in Bild 1-1 dargestellten Kristallstrukturen sind gekennzeichnet durch ein Stöchiometrieverhältnis von 1:1. Typische Kristallstrukturen für andere Stöchiometrieverhältnisse sind in Bild 1-2 in Überblicksform zusammengestellt. Dieses Bild zeigt die große Vielfalt der Anordnungsmöglichkeiten der beteiligten Atome bei überwiegend ionischer Bindung. Viele dieser Verbindungen sind für die Anwendung wichtig und werden in den verschiedenen Abschnitten dieses Bandes, sowie in anderen Bänden der Reihe ausführlich diskutiert.

Da *kovalente* Bindungen gerichtet sind (d.h. die Anzahl der möglichen Verknüpfungen zu Nachbaratomen und der Winkel zwischen den Bindungen ist weitgehend festgelegt, s. hierzu auch Band 2, Abschnitt 3), bestimmt die Konfiguration der Valenzelektronen die Koordinationszahl und die Kristallstruktur. Die meisten Elemente der 4. Hauptgruppe des Periodensystems kristallisieren bevorzugt in der Zinkblende-(bei nur *einer* Atomsorte Diamant-)Struktur bzw. der verwandten Wurzitstruktur. In Bild 1-3 sind beide Strukturen mit den kovalenten Bindungen gezeichnet. Sie unterscheiden sich lediglich durch eine andere Stapelung der Atome (s. Band 1, Abschnitt 1.3.4) in den {111}-Ebenen (d.h. entlang der Raumdiagonalen in Bild 1-1c). In beiden Fällen sind die Atome tetraedrisch von jeweils vier Nachbarn umgeben. Im Falle von Elementkristallen (z.B. Si, Ge, C in der Diamantmodifikation) sind dies naturgemäß die gleichen Atome, im Falle von binären Verbindungen (z.B. GaAs, ZnS, ZnO) sind die Nachbarn jeweils von der anderen Atomsorte.

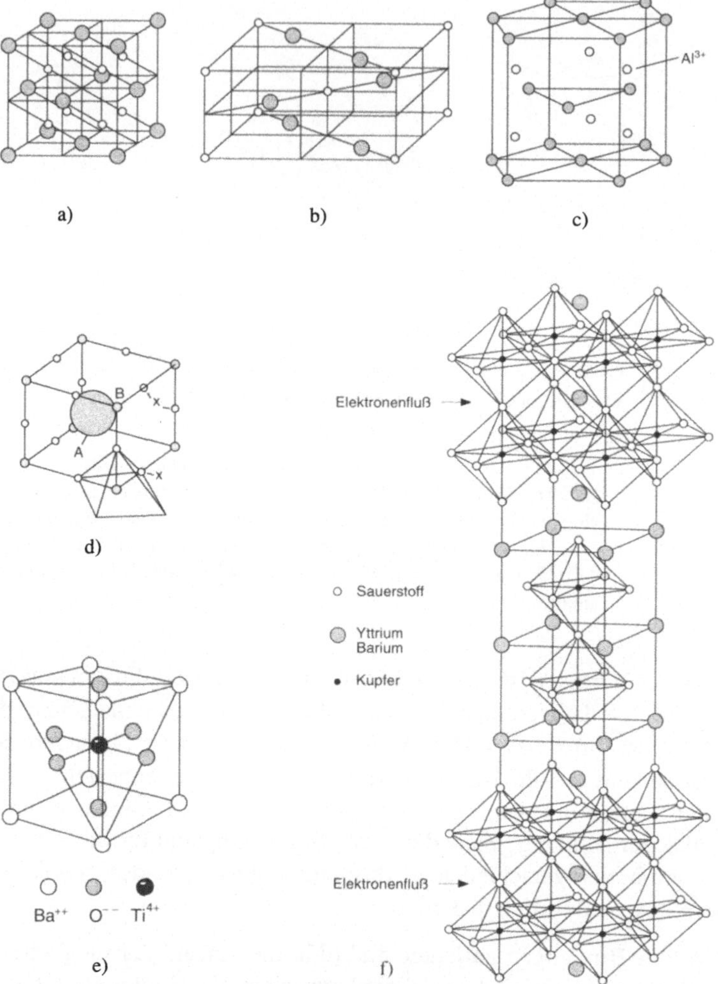

Bild 1-2 Ionengitter mit unterschiedlichen Stöchiometrieverhältnissen. Die leeren Kreise stellen jeweils die Kationen (positive Ionen) dar.

a) Stöchiometrieverhältnis 2:1: Antifluoritgitter (Na_2O, beim Fluoritgitter CaF_2 sind Kationen und Anionen vertauscht)

b) Stöchiometrieverhältnis 2:1: Rutilgitter (TiO_2)

c) Stöchiometrieverhältnis 3:2: Korundstruktur (Al_2O_3; Einkristalle werden als Saphir, mit Chromdotierung als Rubin bezeichnet).

d) Perovskitstruktur: A ist ein großes metallisches Kation, B ein kleineres. Die X-Atome sind Anionen, häufig Sauerstoffionen.

e) Bariumtitanat: Die Struktur ist genauso perovskitisch wie im vorangegangenen, jedoch ist hier das kleinere Metallkation in die Würfelmitte gelegt. Die Würfelkante wird von B-Atomen aus dem vorangegangenen Bild besetzt.

f) Perovskitische Struktur des Hochtemperatursupraleiters Y–Ba–Cu–O

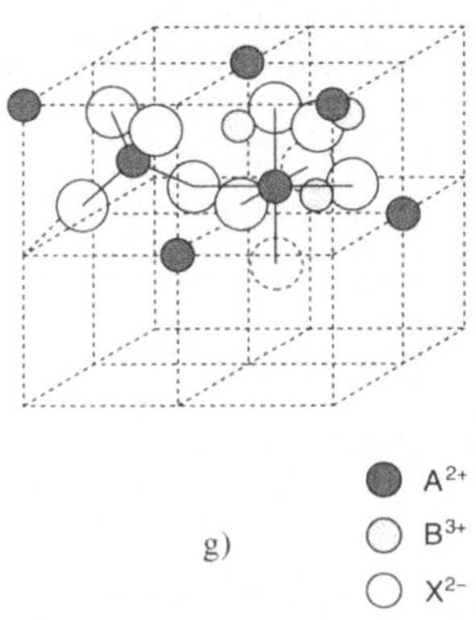

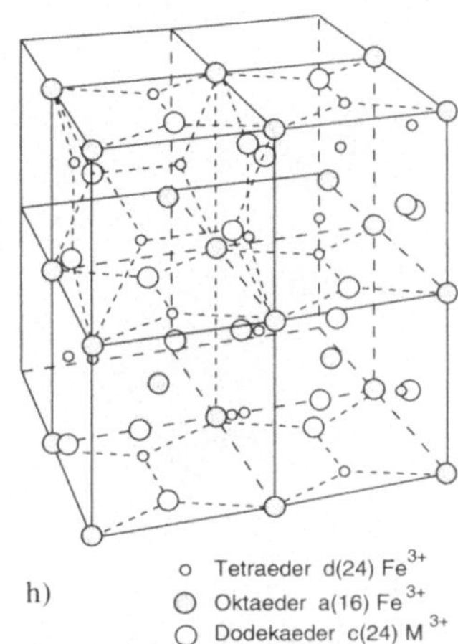

Bild 1-2   g) Charakteristische Merkmale der kubischen Spinellstruktur: Die kleinste periodisch angeordnete Zelle mit der Kantenlänge von ca. 1 nm besteht aus 8 kubischen Unterzellen mit der Zusammensetzung von jeweils AB_2X_4. Die tetraedrische und oktaedrische Umgebung von Zwischengitteratomen mit Sauerstoffionen ist hervorgehoben.

h) Anordnung der Kationen eines Granatkristalls.

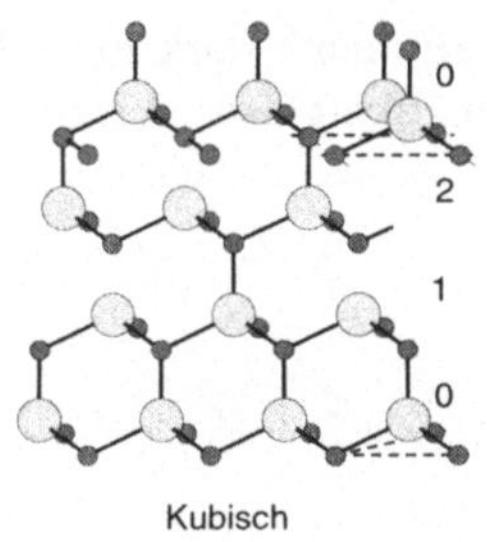

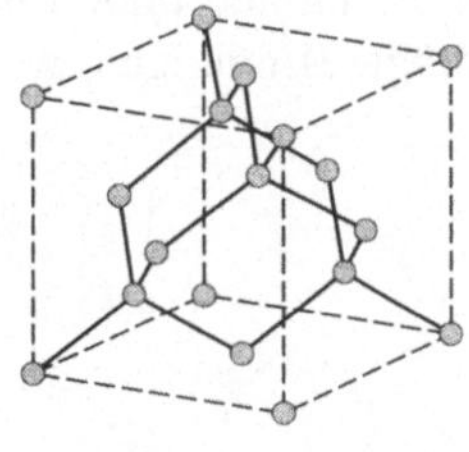

a)   b)

Bild 1-3   a) Kristallstrukturen von Atomen mit tetraedrisch ausgerichteten Bindungsarmen (sp^3-Hybridorbitale): Wir betrachten die senkrecht orientierten Bindungsarme in verschiedenen übereinanderliegenden Ebenen: Bei der Wurtzitstruktur liegen die Bindungsarme in jeder zweiten Ebene übereinander, bei der Zinkblendestruktur jedoch nur in jeder dritten. Dieses wird durch die "Stapelung" der Ebenen (Band 1, Abschnitt 1.3.4) bestimmt.

b) Zinkblende-Gitter in einer Darstellung, welche die tetraedrische Symmetrie der Bindung erkennen läßt (vgl. auch Bild 1-1c)

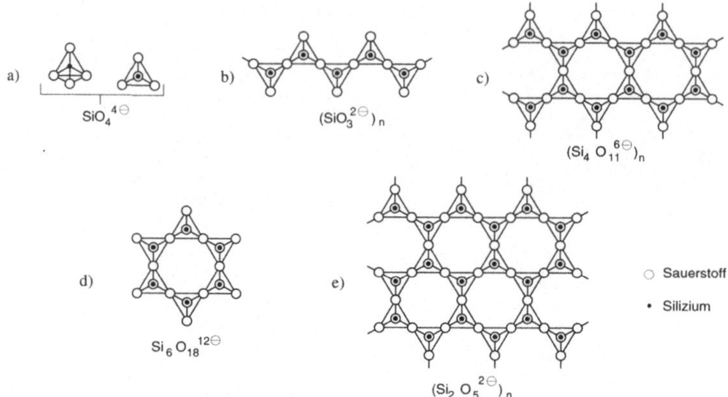

Bild 2-1   Strukturen von Silikationen:
a) SiO$_4$$^{4-}$-Tetraeder
b) Kettenstruktur
c) Doppelketten (Beispiel: Asbest)
d) Ringstruktur (Beispiel: Beryll)
e) Blattstruktur (Beispiele: Talkum, Ton [Kaolinit], Glimmer)

In vielen keramischen Werkstoffen treten mehr als ein Bindungstyp auf. Die Silikate sind hierfür typische Beispiele. Das Silizium ist in ausgeprägt kovalenten Bindungen tetraedrisch von Sauerstoffatomen umgeben. Je nach Verknüpfung der SiO$_4$-Tetraeder untereinander bilden sich verschieden vernetzte komplexe Anionen (Bild 2-1a bis 2-1e).

Diese Anionen bilden mit Kationen (z.B. Alkali- oder Erdalkaliionen) stark ionisch geprägte Bindungen, wie in Bild 2-2c am Beispiel das Natriumsilikatglases skizziert.

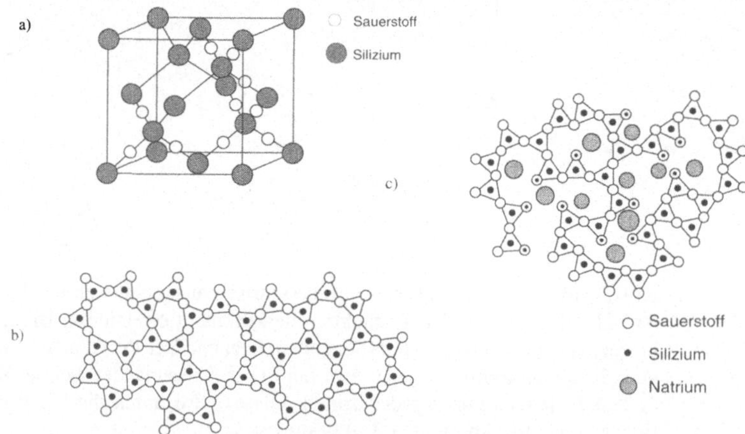

Bild 2-2   Struktur des Quarzkristalls (a), des Quarzglases (b) und von Silikatgläsern (c); Zellen wie im vorangegangenen Bild.

Ein weiteres bekanntes Beispiel für unterschiedliche Bindungstypen in einem Material ist der Graphit (Bild 2-3, Band 1, Abschnitte 1.1.3 und 3.6). Die Kohlenstoffatome sind in den hexagonalen Ebenen kovalent und zusätzlich metallisch gebunden. Zwischen diesen Ebenen existiert eine van-der-Waals-Bindung (Band 1, Abschnitt 1.3.5), die vergleichsweise schwach ist und damit die leichte Spaltbarkeit des Graphits erklärt.

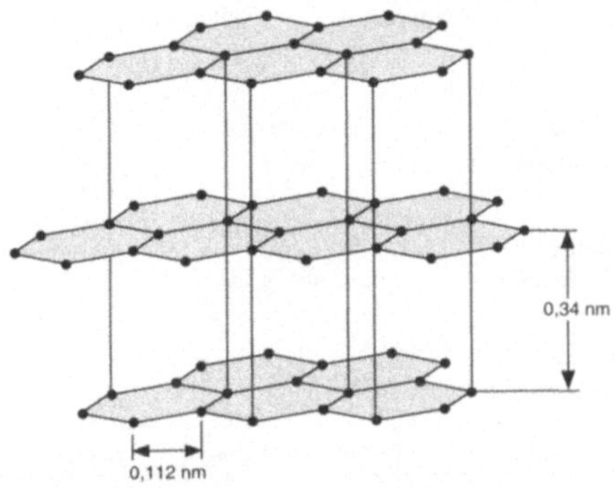

Bild 2-3   Graphit: Kohlenstoffatome bildet eine Schichtstruktur mit starker kovalenter Bindung. Die Bindungen der Schichten untereinander sind relativ schwach.

Ein typisches Kennzeichen vieler (aber nicht aller) keramischer Verbindungen sind die hohen Schmelz- oder Sublimationspunkte (Tab. 3). Die Erweichungspunkte von Gläsern liegen meist deutlich niedriger (Tab. 4).

Tab. 3   Schmelzpunkte einiger keramischer Verbindungen (s. P. Greil, "Mikrostruktur keramischer Werkstoffe" in diesem Band)

Stoffklasse	Keramik	ρ (g/cm^3)	T_m (°C)	Stoffklasse	Keramik	ρ (g/cm^3)	T_m (°C)
Elemente	C (Graphit)	2,27	3800*	binäre Stoffe (ff.)	SiO_2 (Quarz)	2,65	1725
	C (Diamant)	3,51	3800**		TiO_2	4,23	1860
binäre Stoffe	TiC	4,94	3017	ternäre Stoffe	$MgAl_2O_4$	3,59	2135
	TiN	5,21	2950*		$Y_3Al_5O_{12}$	4,55	1930
	MgO	3,58	2825		Al_2TiO_5	3,15	1860
	SiC	3,20	2760		$Al_6Si_2O_{13}$	3,16	1840
	ZrO_2	6,27	2700		$BaTiO_3$	5,81	1625
	B_4C	2,52	2450				
	AlN	3,26	2400*	quaternäre Stoffe	$SiAl_2O_2N_2$	3,10	1830*
	Al_2O_3	3,97	2050		$Mg_2Al_4Si_5O_{18}$	2,50	1470
	Si_3N_4	3,21	1910*	* Zersetzung bzw. Sublimation, ** bei einem Druck von ≈ 14 GPa			

Keramischer Mischphasen lassen sich hinsichtlich ihrer Zusammensetzung in komprimierter Form durch die Konzentrationsabhängigkeit der freien Energie (*F(c)-Kurven*) und *Zustandsdiagramme* beschreiben (Bild 3, ausführliche Behandlung in Band 1, Abschnitte 2.4 und 2.5).

Tab. 4   Glassorten und deren Eigenschaften (nach Band 1, Abschnitt 3.2.1)

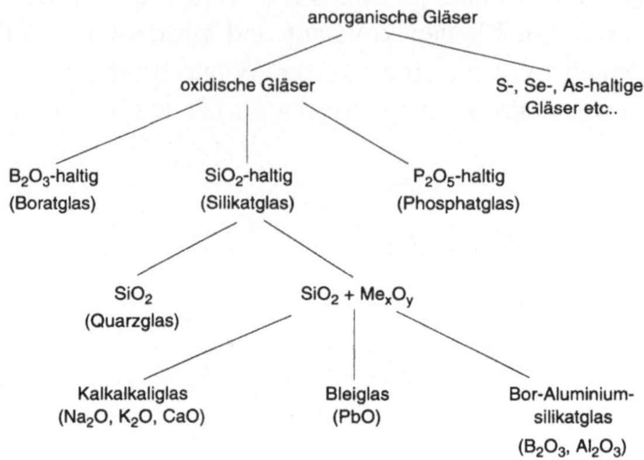

	Quarzglas	Kalk-Alkaliglas	Bleiglas	Bor-(Al-)Silikatglas	
Erweichungspunkt [°C]	1500	500 – 700	400 – 600	600 – 900	
Ausdehnungskoeff. α [°C^{-1}]	0,5	8 – 9	9	3 – 4	$\cdot\,10^{-6}$
spez. Leitfähigk. σ [1/Wm]	10^{-14}		$10^{-8} - 10^{-14}$		

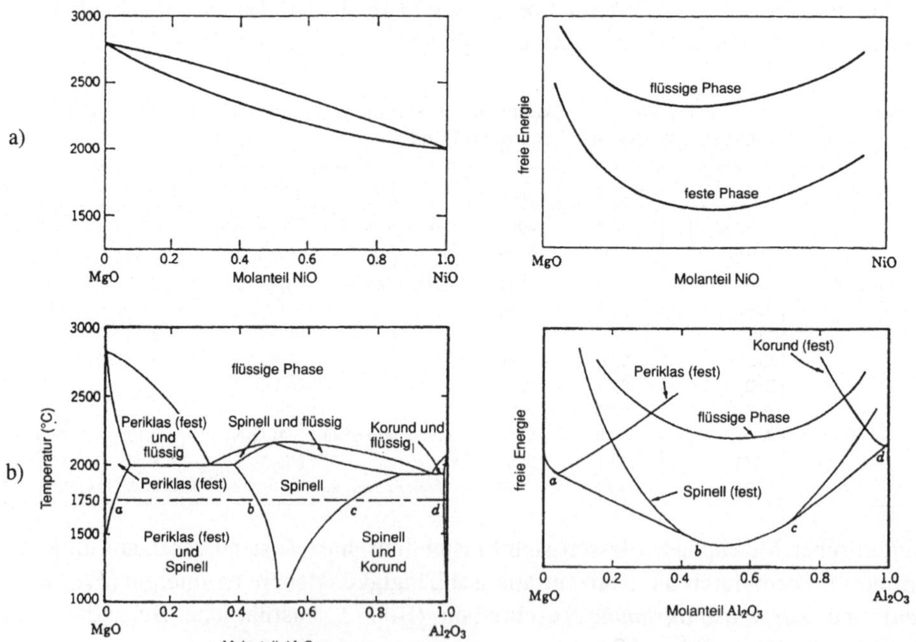

c)

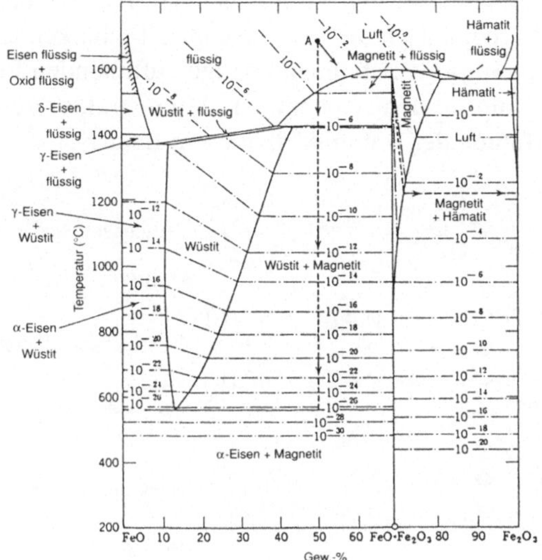

d)

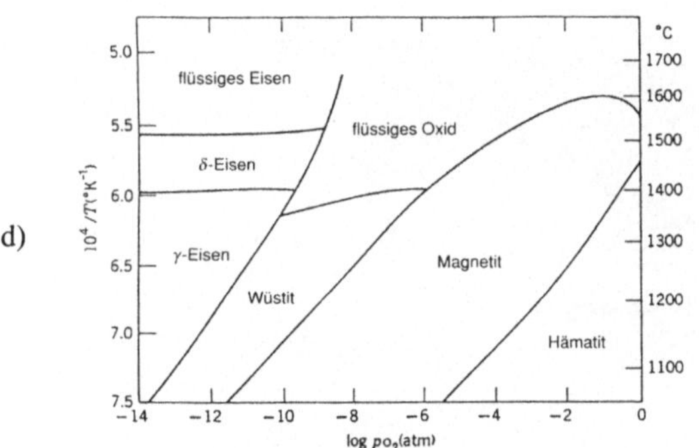

e)

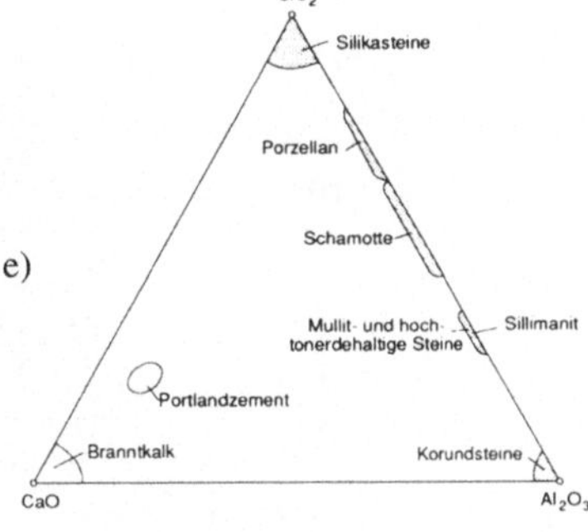

Bild 3   Beispiele für freie-Energie-Kurven und Zustandsdiagramme von keramischen Legierungen (linke Seite und oben):

a) Zustandsdiagramm und $F(c)$-Kurven des vollständig mischbares Legierungssystems MgO–NiO (nach [2]).

b) Zustandsdiagramm und $F(c)$-Kurven des Legierungssystems Mg–Al_2O_3 mit der intermediären Spinellphase (nach [2]).

c) Zustandsdiagramm FeO–Fe_2O_3. Eingetragen sind die Isobaren des Sauerstoff-Partialdrucks (nach [2]).

d) Zustandsdiagramm des Systems e), in dem die Sauerstoff*konzentration* durch den Sauerstoff-*Partialdruck* charakterisiert wird (nach [2]). Diese Auftragung hat eine große praktische Bedeutung (s. R. Bormann, "Thermodynamik supraleitender Keramiken" in diesem Band, nach [1]).

e) Ternäres Zustandsdiagramm des Systems CaO–Al_2O_3–SiO_2 (nach [2]).

Die Herstellung von Formteilen erfolgt im allgemeinen nach verschiedenen Sinterverfahren: Bild 4a zeigt schematisch die verschiedenen Techniken und Bild 4b in einem Überblick die in einem polykristallinen Gefüge auftretenden Phasen. Eine ausführliche Behandlung erfolgt in den Abschnitten "Mikrostruktur keramischer Werkstoffe" und "Herstellverfahren der Keramik" in diesem Band.

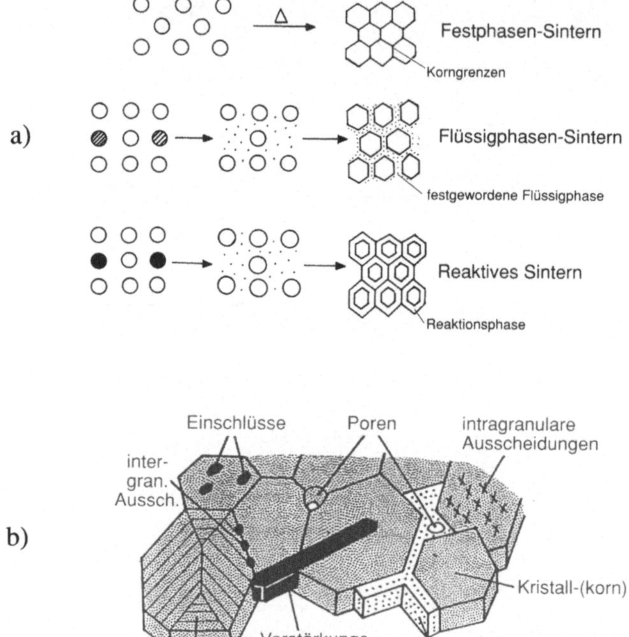

Bild 4   a) Verschiedene Sinterverfahren mit den entsprechenden Gefügeformen
           b) Schematischer Aufbau eines polykristallinen keramischen Werkstoffgefüges
              (nach P. Greil, "Mikrostruktur keramischer Werkstoffe" in diesem Band).

Wenn keramische Bauteile mit anderen Werkstoffen zusammengefügt werden, müssen die *thermischen Ausdehnungskoeffizienten* (Bild 5, s. auch Band 1, Abschnitt 5.3) sorgfältig beachtet werden. Bild 6 zeigt weiterhin die Temperaturabhängigkeit der *Wärmeleitfähigkeit* einiger keramischer Werkstoffe.

Keramische Werkstoffe haben große *Elastizitätsmoduln*, die vergleichbar sind mit denen von Metallen (Tab. 5). Die plastische Verformbarkeit ist in der Regel gering und findet häufig über Korngrenzendiffusion und Diffusionskriechen (Band 1, Abschnitt 3.2.1-1) statt.

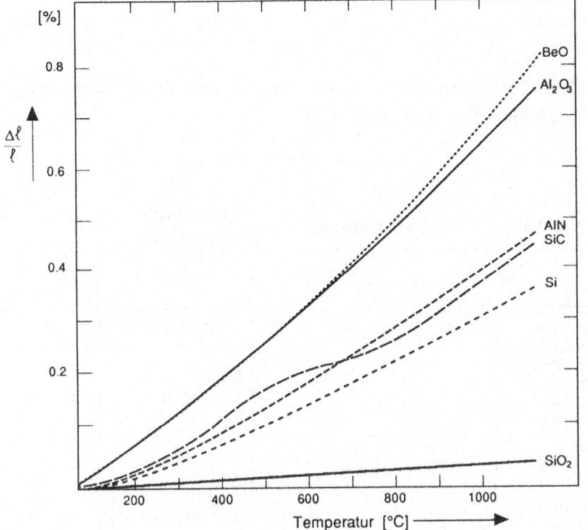

b)	Linearer Ausdehnungs-koeffizient 1...1000°C
Werkstoff	(in./in. °C x 10^6)
Al_2O_3	8,8
BeO	9,0
MgO	13,5
Mullit	S.3
Spinell	7,6
ThO_2	9,2
UO_2	10,0
Zirkon	4,2
SiC	4,7
ZrO_2 (stabilisiert)	10,0
Quarzglas	0,5
Fensterglas	0,9
TiC	7,4
Porzellan	6,0
Ofenkeramik	5,5
Y_2O_3	9 3
TiC Cermet	9,0
B_4C	4.5

Bild 5   Thermische Ausdehnung:

a) Temperaturabhängigkeit der relativen Längenänderung $\Delta l/l$ einiger Keramiken und von Silizium (nach Band 1, Abschnitt 5.3)

b) Typische thermische Ausdehnungskoeffizienten ausgewählter Keramiken (nach [2]).

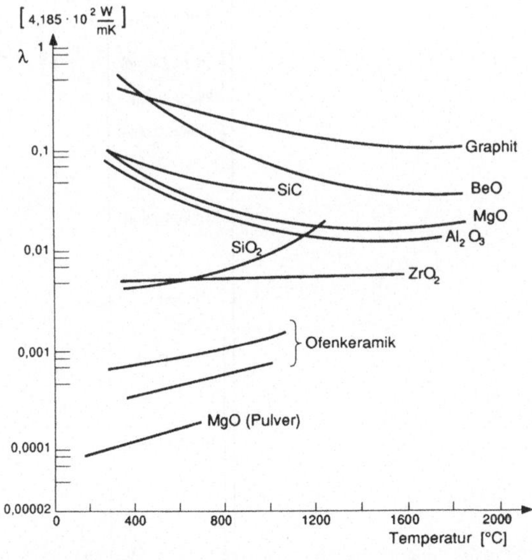

Bild 6   Temperaturabhängigkeit der Wärmeleitfähigkeit einiger keramischer Werkstoffe (nach Band 1, Abschnitt 5.2)

Tab. 5   Mechanische Eigenschaften von Keramiken

a) Vergleich der Elastizitätsmoduln verschiedener Werkstoffgruppen (nach Band 1, Abschnitt 3.1)

b) Zugfestigkeit R_m, Fließgrenze R_p und Bruchdehnung A von keramischen und anderen Werkstoffen (nach Band 1, Abschnitt 3.2)

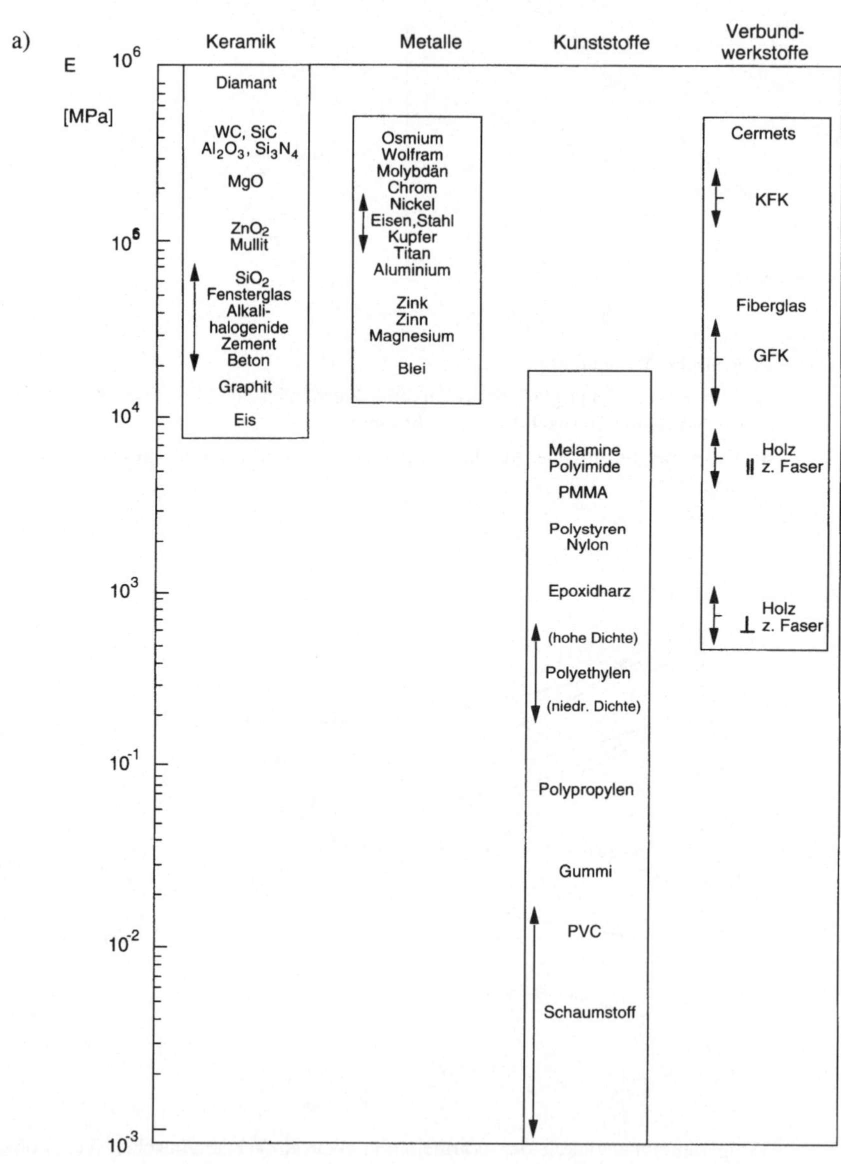

b)

Werkstoff	R_p [MPa]	R_m [MPa]	A
Diamant	50000	—	0
Siliziumkarbid, SiC	10000	—	0
Siliziumnitrit, Si_3N_4	8000	—	0
Quarzglas	7200	—	0
Wolframkarbid, WC	6000	—	0
Niobkarbid, NbC	6000	—	0
Aluminiumoxid. Al_2O_3	5000	—	0
Berylliumkarbid	4000	—	0
Mullit	4000	—	0
Titankarbid, TiC	4000	—	0
Zirkonkarbid, ZrC	4000	—	0
Tantalkarbid, TaC	4000	—	0
Zirkonoxid, ZrO	4000	—	0
Fensterglas	3600	—	0
Magnesiumoxid, MgO	3000	—	0
Kobalt und Legierungen	180...2000	500...2500	0,01...6
Niedriglegierter Stahl (abgeschreckt in H_2O, angelassen)	500...1980	680...2400	0,02...0,3
Druckbehälterstahl	1500...1900	1500...2000	0,3...0,6
Rostfreier Stahl, austenitisch	286...500	760...1280	0,45...0,65
Bor/Epoxyd-Verbundwerkstoffe (Zug-Druck)	—	725...1730	—
Nickellegierungen	200...1600	400...2000	0,01...0,6
Nickel	70	400	0,65
Wolfram	1000	1510	0,01...0,6
Molybdän und Legierungen	560...1450	665...1650	0,01...0,36
Titan und Legierungen	180...1320	300...1400	0,06...0,3
Kohlenstoffstahl (abgeschreckt in H_2O, angelassen)	260...1300	500...1880	0,2...0,3
Tantal und Legierungen	330...1090	400...1100	0,01...0,4
Gußeisen	220...1030	400...1200	0...0,18
Kupferlegierungen	60...960	250...1000	0,01...0,55
Kupfer	60	400	0,55
Kobalt/Wolframkarbid Cermets	400...900	900	0,02
KFK (Zug und Druck)	—	640...670	—
Messing und Bronze	70...640	230...890	0,01...0,7
Aluminiumlegierungen	100...627	300...700	0,05...0,3
Aluminium	40	200	0,5
Rostfreier Stahl, ferritisch	240...400	500...800	0,15...0,25
Zinklegierungen	160...421	200...500	0,1...1,0
Beton, stahlarmiert (Zug-Druck)	—	410	0,02
Alkalihalogenide	200...350	—	0
Zirkon und Legierungen	100...365	240...440	0,24...0,37
Baustahl	220	430	0,18...0,25
Eisen	50	200	0,3
Magnesiumlegierungen	80...300	125...380	0,06...0,20
GFK	—	100...300	
Beryllium und Legierungen	34...276	380...620	0,02...0,10
Gold	40	220	0,5
PMMA	60...110	110	—
Epoxidharze	30...100	30...120	—
Polyimide	52...90	—	—
Nylon	49...87	100	—
Eis	85	—	0
Duktile Reinmetalle	20...80	200...400	0,5...1,5
Polystyren	34...70	40-70	
Silber	55	300	0,6
ABS/Polykarbonat	55	60	—
Holz (Druck II zur Faser)	—	35...55	—
Blei und Legierungen	11...55	14	0,2...0,8
Acryl/PVC	45...48	—	—
Zinn und Legierungen	7...45	14...60	0,3...0,7
Polypropylen	19...36	33...36	26...31
Polyurethan	26...31	—	—
Polyethylen, Hochdruck	20...30	37	—
Beton, nicht armiert	20...30	—	0
Naturkautschuk	—	30	5,0
Polyethylen, Niederdruck	6...20	20	—
Holz (Druck, $\perp$ zur Faser)	—	4...10	—
Hochreine kfz-Metalle	1...10	200...400	1...2
Aufgeschäumte Kunststoffe, steif	0.2...10	0.2...10	0,1...1
Aufgeschäumtes Polyurethan	1	1	0,1...1

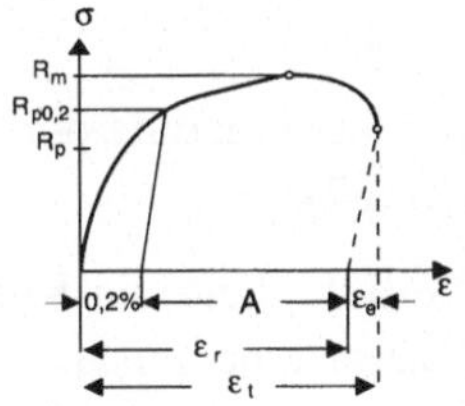

Keramische Werkstoffe sind in der Regel sehr spröde, mit geringen Werten der Energiefreisetzungsrate und Bruchzähigkeit (Tab. 6, Definitionen in Band 1, Abschnitt 3.5).

Tab. 6   Energiefreisetzungsrate G_c und Bruchzähigkeit K_c für verschiedene Werkstoffgruppen (nach Band 1, Abschnitt 3.5)

Werkstoff	Gc/kJm^{-2}	KC/MNm$^{-3/2}$
Duktile Reinmetalle (z.B. Cu, Ni, Ag, Al)	100...1000	100...350
Rotor-Stähle (A533, Discalloy)	220...240	204...214
Druckbehälter-Stähle (HY130)	150	170
Hochfeste Stähle (HSS)	15...118	50...154
Baustahl	100	140
Titanlegierungen (Ti$_6$Al$_4$V)	26...114	55...115
GFK	10...100	20...60
Fiberglas (Glasfaser Epoxid)	40...100	42...60
Aluminium-Legierungen (hohe/niedrige Festigkeit)	8...30	23...45
KFK	5...30	32...45
Holz, Riss ⊥ zur Faser	8...20	11...13
Borfaser Epoxid	17	46
Stahl mit mittlerem Kohlenstoffgehalt	13	51
Polypropylen	8	3
Polyäthylen niedriger Dichte	6...7	1
Polyäthylen hoher Dichte	6...7	2
ABS/Polystyren	5	4
Nylon	2...4	3
Stahlarmierter Zement	0,2...4	10...15
Gußeisen	0,2...3	6...20
Polystyren	2	2
Holz ‖ zur Faser	0,5...2	0,5...1
Polykarbonat	0,4...1	1,0...2,6
Kobalt/Wolframkarbid Cermets	0,3...0,5	14...16
PMMA	0,3...0,4	0,9...1,4
Epoxidharze	0,1...0,3	0,3...0,5
Granit	0,1	3
Polyester	0,1	0,5
Siliziumnitrid, Si$_3$N$_4$	0,1	4...5
Beryllium	0,08	4
Siliziumkarbid, SiC	0,05	3
Magnesiumoxid, MgO	0,04	3
Zement/Beton, unverstärkt	0,03	0,2
Marmor, Sandstein	0,02	0,9
Aluminiumoxid, Al$_2$O$_3$	0,02	3...5
Ölschiefer	0,02	0,6
Fensterglas	0,01	0,7...0,8
Isolationskeramik	0,01	1
Eis	0,003	0,2 *

* alle Werte außer bei Eis gelten für Raumtemperatur

Die Rißausbreitung kann beim Bruch durch eine Veränderung der Mikrostruktur verhindert, oder zumindest verlangsamt werden (Bild 7).

Im folgenden werden die für die elektrische Leitfähigkeit von Keramiken wichtigen Eigenschaften detaillierter behandelt: Tab. 7 zeigt eine Zusammenstellung der für elektrotechnische Anwendungen besonders wichtigen Kenngrößen: Für die Beurteilung des elektrischen Verhaltens ist der Bandabstand zwischen Valenz- und Leitungsband von besonderer Bedeutung (Bild 8), weiterhin der *Leitungstyp* (Band 2, Abschnitte 2 und 5): In Abhängigkeit davon kann der elektrische Ladungstransport sowohl über Elektronen (n-Leitung), wie über Löcher (p-Leitung) erfolgen. In die elektrische Leitfähigkeit geht maßgeblich die Ladungsträgerbeweglichkeit (Band 1, Abschnitt 4.1.1, Band 2, Abschnitt 4.3.3) ein.

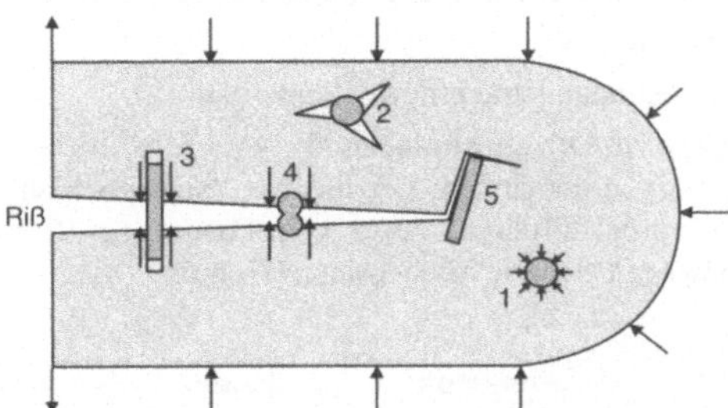

Bild 7   Verlangsamung der Rißausbreitung in keramischen Werkstoffen durch Beeinflussung der Mikrostruktur: Der Abbau von Spannungskonzentrationen erfolgt nach den folgenden Mechanismen (nach Band 1, Abschnitt 3.5):

1. Einlagerung von Phasen, welche ihre Kristallstruktur ändern können,
2. gezielte Erzeugung von Mikrorissen,
3. Überbrückung des Risses durch Fasern,
4. Einlagerung duktiler Phasen,
5. Ablenkung des Risses.

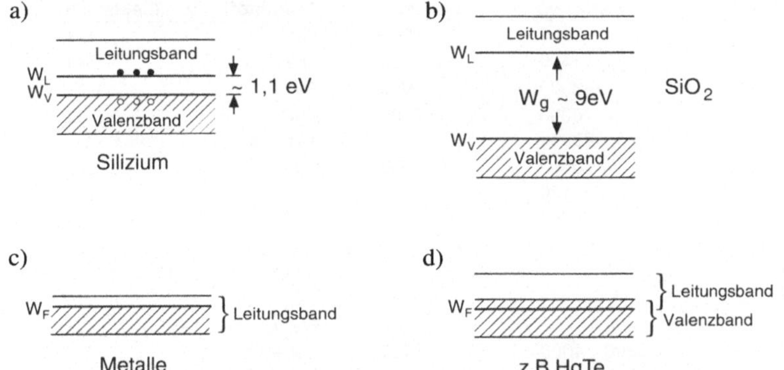

Bild 8   Relative Anordnungsmöglichkeiten von Valenz- und Leitungsband (Band 1, Abschnitt 4.1.3):

a) **Halbleiter**: Das Valenzband ist vollständig gefüllt, das Leitungsband vollständig leer, wegen des relativ geringen Bandabstandes ist aber eine thermische Aktivierung von Elektronen aus dem Valenz- in das Leitungsband möglich (genauer: Die Besetzungswahrscheinlichkeit für Elektronen im Leitungsband ist relativ groß).

b) **Isolator**: Bandbesetzung wie in a), jedoch ist wegen des großen Bandabstandes eine thermische Aktivierung von Elektronen in das Leitungsband sehr unwahrscheinlich.

c) **Leiter**: Das Valenzband ist teilweise gefüllt, es wirkt daher gleichzeitig als Leitungsband.

d) **Leiter**: Die Elektronen des Valenzbandes gehen in das Leitungsband über und können daher zum Stromtransport beitragen.

Tab. 7   Elektrische Eigenschaften ausgewählter Keramiken (nach [2])

a) Bandabstand

b) Typische Ladungsträgerbeweglichkeiten

c) Leitungstyp: Die **amphoteren** Werkstoffe können sowohl eine p-, wie eine n-Leitfähigkeit annehmen. Die niedrige Beweglichkeit für Löcher in Oxiden ist darauf zurückzuführen, daß es kein Oxid mit p-Bandleitung gibt. In allen Fällen bewegen sich die Löcher durch Hopping (s.u.).

a)

Werkstoff	W_g [eV]	Werkstoff	W_g [eV]	Werkstoff	W_g [eV]
$BaTiO_3$	2,5...3,2	AgI	2,8	Ga_2O_3	4,6
C, Diamant	5,2...5,6	KCl	7	CoO	4
Si	1,1	MgO	>7,8	GaP	2,25
α-SiC	2,8...3	Al_2O_3	> 8	Cu_2O	2,1
PbS	0,35	TiO_2	3,05...3,8	CdS	2,42
$PbSe$	0,27...0,5	CaF_2	12	$GaAs$	1,4
$PbTe$	0,25...0,3	BN	4,8	$ZnSe$	2,6
Cu_2O	2,1	CdO	2,1	$CdTe$	1,45
Fe_2O_3	3,1	LiF	12	$CdGeAs_2$	0,5

b)

Werkstoff	Beweglichkeit [$cm^2/V{\cdot}s$] Elektronen	Löcher	Werkstoff	Beweglichkeit [$cm^2/V{\cdot}s$] Elektronen	Löcher
Diamant	1800	1200	PbS	600	200
Si	1400	500	$PbSe$	900	700
Ge	3900	1900	$PbTe$	1700	930
$InSb$	10000	1700	$AgCl$	50	
$InAs$	23000	200	KBr, 100 K	100	
InP	3400	650	$CdTe$	600	
GaP	150	120	$CaAs$	8000	3
Al N		10	SnO_2	160	
FeO		1	$SrTiO_3$	6	
MnO			Fe_2O_3	0,1	
CoO		$\approx$0,1	TiO_2	0,2	
NiO			Fe_3O_4		0,1
$GaSb$	2500...4000	1400	$CoFe_2O_4$	10^{-4}	10^{-8}
As_2S_3	1		$BaTiO_3$(+La)	0,5	0,1
$CdGeAs$	1000		$AgInSe_2$	200	

c)

n-leitfähig

TiO_2	Nb_2O_5	CdS	Cs_2Se	$BaTiO_3$	Hg_2S
V_2O_8	MoO_2	$CdSe$	BaO	$PbCrO_4$	ZnF_2
U_3O_8	CdO	SnO_2	Ta_2O_5	Fe_3O	
ZnO	Ag_2S	Cs_2S	WO_3		

p-leitfähig

Ag_2O	CoO	Cu_2O	SnS	Bi_2Te_3	MoO_2
Cr_2O_3	SnO	Cu_2S	Sb_2S_3	Te	Hg_2O
MnO	NiO	Pr_2O_3	CuI	Se	

amphoteres Verhalten

Al_2O_3	SiC	$PbTe$	Si	Ti_2S
Mn_3O_4	PbS	UO_3	Ce	
Co_3O_4	$PbSe$		Sn	

Der relativ große Bandabstand bei vielen keramischen Werkstoffen (Tab. 7a) führt zu geringen Dichten intrinsischer (d.h. in reinen undotierten Werkstoffen vorhandenen, s. Band 2, Abschnitt 2.2.4) Ladungsträger, so daß die Dichten ρ_n und ρ_p der für die Elektronen- und Löcherleitung erforderlichen beweglichen Ladungsträger gering sind (Tab. 8).

Tab. 8   Dichte der intrinsischen Ladungsträger bei verschiedenen Temperaturen (nach [2])

	W_g [eV]	$\rho_n = \rho_p \approx 10^{19} \exp\ (-W_g/2kT)$ Ladungsträger/cm^3			Temperatur [°K]
		Raumtemperatur	1000°K	Schmelzpunkt	
KCL	7	10^{-40}	20	150	1049
NaCl	7,3	10^{-43}	4,0	70	1074
CaF_2	10	10^{-66}	10^{-6}	10^3	1633
UO_2	5,2	10^{-25}	10^6	10^{15}	3150
NiO	4,2	10^{-16}	10^8	10^{13}	1980
Al_2O_3	7,4	10^{-44}	2,0	10^{11}	2302
MgO	8	10^{-49}	0,01	10^{12}	3173
SiO_2	8	10^{-49}	0,01	10^8	1943
AgBr	2,8	10^{-5}	10^{12}	10^9	705
CdS*	2,8	10^{-5}	10^{12}	10^{15}	1773
CdO*	2,1	20	10^{13}	10^{16}	1750
ZnO*	3,2	10^{-8}	10^{11}	10^{14}	1750
Ga_2O_3	4,6	10^{-20}	10^7	10^{13}	2000
LiF	12		10^{-11}	10^{-8}	1143
Fe_2O_3*	3,1	10^{-7}	10^{11}	10^{16}	1733
Si	1,1	10^{10}	10^{16}	10^{17}	1693

1) Most of the data are based on the optical band gap, wich may be larger than the electronic band gap.

*) Sublimes or decomposes.

Wie bei den Halbleitern kann die Dichte beweglicher Ladungsträger aber durch eine Dotierung (gezielte Verunreinigung mit Fremdatomen einer vorgegebenen Sorte, s. Band 2, Abschnitt 3.2) vergrößert werden. In einem vereinfachten Modell (ausführlicher in Band 2, Abschnitt 3) führt der Einbau von Fremdatomen mit einer unterschiedlichen Kernladungszahl aus Gründen der Elektroneutralität zu einer Bindung von Elektronen (negative Ladung) und Löchern (die sich wie positive Ladungen auswirken, s. Band 2, Abschnitt 2.2.3) an das Fremdatom. Eine solche Konfiguration (zusätzliche Kernladung $+|q|$ mit einem gebundenen Elektron, um den Betrag $-|q|$ geringere Kernladung mit einem gebundenen Loch) ist vergleichbar mit einem Wasserstoffatom, das in ein Festkörperkontinuum eingelagert ist (Bild 9).

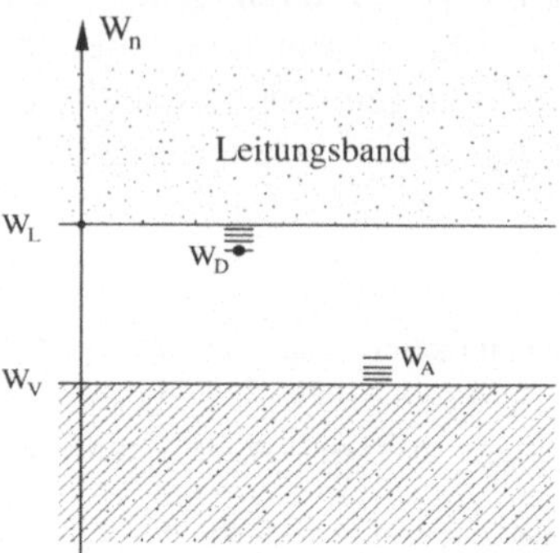

Bild 9   Wasserstoffatom-Modell einer flachen Störstelle: Z.B. wird das Fremdatom Phosphor in einem Elementhalbleiter aus der IV. Gruppe (Germanium oder Silizium) als einfach positiv geladenes Ion eingebaut. Dieses bildet zusammen mit dem freigewordenen Elektron eine Konfiguration ähnlich wie ein Wasserstoffatom. Dabei muß aber berücksichtigt werden, daß das Festkörper-Fremdatom in ein Dielektrikum eingebettet ist. Der Energieabstand $W_L - W_D$ entspricht dem Grundzustand der Bindungsenergie zwischen Elektron und Phosphor-Ion. Die darüberliegenden diskreten Zustände entstehen durch angeregte Zustände des "Wasserstoffatoms". Eine Anregung bis in das Leitungsband erfolgt bei flachen Störstellen über thermische Aktivierung meist bereits bei Temperaturen unterhalb der Raumtemperatur. Bei Akzeptoren ergibt sich ein entsprechendes Termschema oberhalb des Valenzbandes.

Die Polarisierbarkeit des Festkörpers wirkt sich unmittelbar auf die Anziehungskraft, bzw. die potentielle Energie des gebundenen Ladungsträgers aus: In der Poissongleichung muß nach Band 1, Abschnitt 6.2, in einem Medium die elektrische Feldstärke E durch das Produkt $\varepsilon_r E$ mit der relativen Dielektrizitätskonstante ε_r ersetzt werden. Dadurch verkleinert sich die potentielle Energie $W_{pot}(r)$ zwischen Ladungsträger und Atomkern (relativer Abstand r) auf (Band 1, Abschnitt 1.1):

$$W_{pot}(r) = -\frac{|q|^2}{4\pi\varepsilon_r\varepsilon_0 r}$$

Große relative Dielektrizitätskonstanten führen also zu geringeren Bindungsenergien, da die Feldenergie durch die elektrische Polarisation abgebaut wird. Diesem Effekt kann aber – besonders ausgeprägt bei Keramiken mit ionischer Bindung – eine Relaxation des gesamten Gittergefüges in der Umgebung der Ladung entgegenwirken: Die Atome in der Umgebung des Ladungsträgers werden aus ihren durch das Gitter vorgegebenen Gleichgewichtspositionen in *der* Weise verlagert, daß sie in ihrer Gesamtheit (Cluster) eine Konfiguration minimaler *freier* Energie ergeben. In diesen **ausgedehnten Konfigurationen** wird sowohl die gesamte potentielle Energie abgesenkt (da innerhalb des Clusters ein Zustand geringerer Gesamtenergie angenommen wird) als auch die Konfigurationsentropie vergrößert, da eine Vielzahl von Teilchen (Atomen und möglicherweise anderen Ladungsträgern) eine größere Freiheit in der Anzahl der örtlichen Anordnungsmöglichkeit (**Entartungsfunktion** über dem Ort, s. Band 1, Abschnitt 2.1 und Band 2, Abschnitt 1.2) erhält. Ein solcher "ausgedehnter" Ladungsträger wird auch als **kleines Polaron** bezeichnet (s. R. Waser, "Lineare und nichtlineare Widerstände" in diesem Band). Der Beitrag solcher Ladungsträger zur elektrischen Leitfähigkeit wird durch einen *Diffusionsprozeß* beschrieben (s. Band 1, Abschnitte 2.7.2 und 4.1.2) mit einer charakteristischen exponentiell von der inversen Temperatur abhängigen Leitfähigkeit (Bild 10, schräg verlaufende Kurven), die bei Heißleitern (Temperatursensoren, s. Band 3, Abschnitt 3.3.4) technisch ausgenutzt wird.

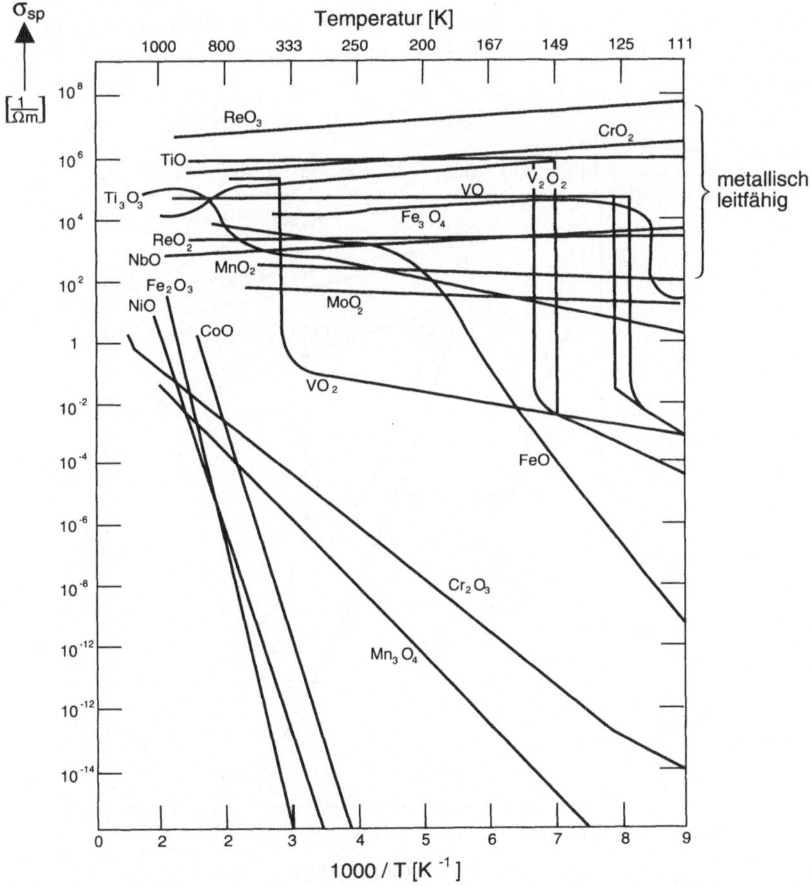

Bild 10   Temperaturabhängigkeit der elektronischen Leitfähigkeit bei einigen Oxidkeramiken (nach Band 1, Abschnitt 4.1.2 und [1]).

Die in Bild 10 auftretenden nahezu horizontal verlaufenden Kurven und Kurvenab-
schnitte deuten auf eine weit geringere Temperaturabhängigkeit der Leitfähigkeit
hin, die typisch ist für eine **Bandleitung** mit konstanter Ladungsträgerkonzentration
wie in Metallen und Halbleitern (Band 2, Abschnitt 4.3.3). Ausgangspunkt für dieses
Modell ist die Annahme nahezu *freier* (*nichtlokalisierter*) Ladungsträger, die miteinander und mit dem Gitter über Streuprozesse wechselwirken. Bei *quasifreien* – d.h.
räumlich stärker lokalisierten – Ladungsträgern kann die elektrostatisch um den Ladungsträger herum erzeugte Gitterverzerrung zu einer Herabsetzung der Beweglichkeit führen, in diesem Fall spricht man von **großen Polaronen** (s. R. Waser, "Lineare und nichtlineare Widerstände" in diesem Band).

Schließlich bietet sich in vielen keramischen Werkstoffen die Möglichkeit zu einem
Ladungstransport über die Diffusion von Ionen (**Ionenleitung**, s. Band 1, Abschnitt
2.7.3 und Band 3, Abschnitt 8.3). In der Tab. 9 sind wichtige keramische Ionenleiter
und im Bild 11 deren Leitfähigkeit in Abhängigkeit von der Temperatur zusammengestellt.

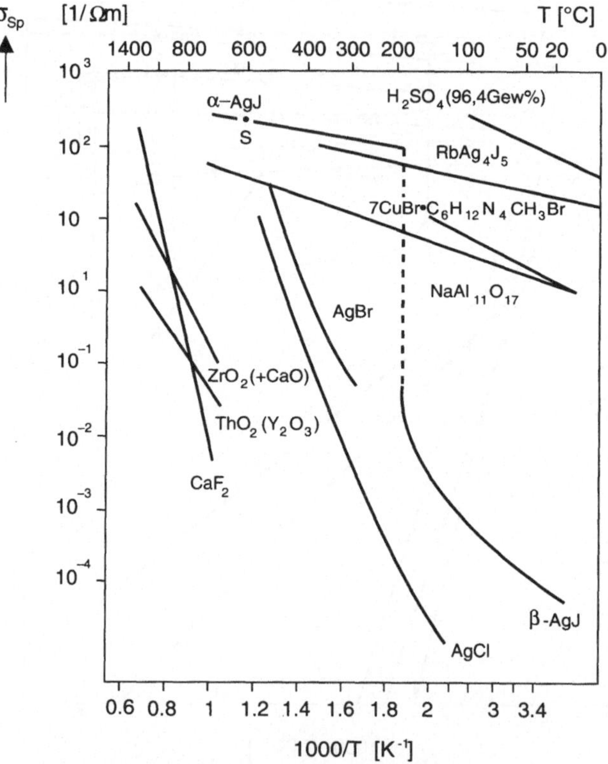

Bild 11   Temperaturabhängigkeit der Ionenleitfähigkeit verschiedener Ionenleiter (Fest-
              stoffelektrolyte). Zum Vergleich ist auch die Leitfähigkeit konzentrierter Schwe-
              felsäure eingetragen (nach Band 1, Abschnitt 2.7.3).

Tab. 9   Ionenleitende keramische Werkstoffe, eingeteilt nach der Sorte des beweglichen Ions (nach Band 1, Abschnitt 2.7.3).

Ionensorte	Legierung	Ionensorte	Legierung
O^{2-}	ZrO_2 mit Fremdatomzusätzen		PbI_2
	ThO_2		KI
F^-	CaF_2	Na^+	NaF
	NaF		NaCl
	LiF		NaBr
	MgF_2		β-$Na_2O \cdot 11Al_2O_3$
	PbF_2	Ag^+	α- und β-AgI
	SrF_2		AgCl
	BaF_2		AgBr
Cl^-	$PbCl_2$		Ag_3SBr
	$BaCl_2$		Ag_3SI
	$SrCl_2$		Ag_2HgI_4
Br^-	$BaBr_2$		KAg_4I_5
	$PbBr_2$		$RbAg_4I_5$
	NaBr	Cu^+	β-CuI
	KBr		CuCl
			β und γ-CuBr
			$7CuBrC_6H_{12}N_4CH_3Br$

Die Ionenleitfähigkeit verläuft – wie die Diffusion – als typischer Sprungprozeß (**Hopping**), der in vielen Systemen über einen Leerstellenmechanismus (Band 1, Abschnitt 2.7.2) abläuft. Im Gegensatz zu den Metallen müssen bei Verbindungskeramiken – die aus unterschiedlichen Atomsorten aufgebaut sind – verschiedene Typen von Leerstellen unterschieden werden, abhängig davon, wie die Leerstelle entstanden ist (d.h. es muß spezifiziert werden, *welches* Atom von *welchem* Gitterplatz entfernt worden ist).

In dem keramischen Werkstoff Silberbromid (AgBr) kann z.B. eine Silberleerstelle V_{Ag} dadurch erzeugt werden, daß ein Ag-Atom von seinem Gitterplatz Ag_{Ag} auf einen Zwischengitterplatz Ag_i übergeht. Dabei entsteht ein **Frenkel-Defekt**, d.h. ein Defekt*paar* aus einer Leerstelle und einem Zwischengitteratom.

Gehen wir von einem ursprünglich *neutralen* Silberatom Ag_{Ag} aus, dann können die beiden Punktfehler, welche den Frenkel-Defekt bilden, elektrisch geladen sein, z.B. mit einem positiv geladenen Silberatom $Ag_i^{\bullet}$ ($VO^{\bullet\bullet}$, der Index $^{\bullet}$ weist auf ein *positive* Ladung hin) und einer negativ geladenen Silber-Leerstelle V_{Ag}' (der Index $'$ weist auf ein *negative* Ladung hin) gemäß der Reaktionsgleichung

$$Ag_{Ag} \leftrightarrows Ag_i^{\bullet} + V_{Ag}' \qquad (1)$$

Volumenkonzentrationen von Punktfehlern des Typs X wollen wir im folgenden durch eckige Klammern kennzeichnen:

$$[X] = \frac{n_X}{N} \tag{2}$$

wobei n_x die Anzahl der verfügbaren Anordnungsmöglichkeiten *für den Punktfehler X* bezeichnet und N die Gesamtzahl der Anordnungsmöglichkeiten aller Atome im gesamten System (Festkörper, s. Definitionen in Band 1, Abschnitt 2). Nach den allgemeinen Betrachtungen in Band 1, Abschnitte 2.7.1 und 2.7.2, ergibt sich dann die Volumenkonzentration des Punktfehlers zu

$$[X] = \exp\left(-\frac{\mu_X}{kT}\right) \tag{3}$$

mit dem **chemischen Potential** (Band 1, Abschnitt 2.2) μ_X der Fehlersorte X, das durch die Beziehung definiert ist:

$$\mu_X = \left.\frac{\partial F}{\partial n_X}\right|_{V,T,n_X} \tag{4}$$

In Verbindung mit chemischen Reaktionen, die auch den Systemdruck p und damit das Systemvolumen V beeinflussen, wird die freie Energie F meist durch die freie **Enthalpie** G ersetzt:

$$G = W + p \cdot V - T \cdot S = F + p \cdot V \tag{5}$$

so daß das chemische Potential die Form annimmt

$$\mu_X = \left.\frac{\partial G}{\partial n_X}\right|_{p,T,n_X} \tag{6}$$

Für die Reaktion in (1) gilt damit die Beziehung

$$\left[Ag_i^\bullet\right]\left[V'_{Ag}\right] = \exp\left(-\frac{\mu_{Ag_i^\bullet} + \mu_{V'_{Ag}}}{kT}\right) = \exp\left(-\frac{\mu_{ges}}{kT}\right) \tag{7}$$

Mit der für Frenkel-Paaren kennzeichnenden Beziehung

$$\left[Ag_i^\bullet\right] = \left[V'_{Ag}\right] \tag{8}$$

folgt schließlich aus (7)

$$\left[Ag_i^\bullet\right] = \exp\left(-\frac{\mu_{ges}}{2kT}\right) \tag{9}$$

Tab. 10 gibt die Größenordnung solcher Defektdichten an in Abhängigkeit von der Temperatur und der Größe des chemischen Potentials (gemessen in Elektronenvolt eV):

Tab. 10   Größenordnung der Volumendichten von Punktdefekten in Abhängigkeit von der Temperatur T und der Größe des chemischen Potentials μ_{ges} (nach [2]).

Defektkonzentration	1 eV*	2 eV	4 eV	6 eV	8 eV
n/N bei 100°C	$2 \cdot 10^{-7}$	$3 \cdot 10^{-14}$	$1 \cdot 10^{-27}$	$3 \cdot 10^{-41}$	$1 \cdot 10^{-54}$
n/N bei 500°C	$6 \cdot 10^{-4}$	$3 \cdot 10^{-7}$	$1 \cdot 10^{-13}$	$3 \cdot 10^{-20}$	$8 \cdot 10^{-27}$
n/N bei 800°C	$4 \cdot 10^{-3}$	$2 \cdot 10^{-5}$	$4 \cdot 10^{-10}$	$8 \cdot 10^{-15}$	$2 \cdot 10^{-19}$
n/N bei 1000°C	$1 \cdot 10^{-2}$	$1 \cdot 10^{-4}$	$1 \cdot 10^{-8}$	$1 \cdot 10^{-12}$	$1 \cdot 10^{-16}$
n/N bei 1200°C	$2 \cdot 10^{-2}$	$4 \cdot 10^{-4}$	$1 \cdot 10^{-7}$	$5 \cdot 10^{-11}$	$2 \cdot 10^{-14}$
n/N bei 1500°C	$4 \cdot 10^{-2}$	$1 \cdot 10^{-4}$	$2 \cdot 10^{-6}$	$3 \cdot 10^{-9}$	$4 \cdot 10^{-12}$
n/N bei 1800°C	$6 \cdot 10^{-2}$	$4 \cdot 10^{-3}$	$1 \cdot 10^{-5}$	$5 \cdot 10^{-8}$	$2 \cdot 10^{-10}$
n/N bei 2000°C	$8 \cdot 10^{-2}$	$6 \cdot 10^{-3}$	$4 \cdot 10^{-5}$	$2 \cdot 10^{-7}$	$1 \cdot 10^{-9}$

*1 eV = 23,05 kcal/mol

Neben den beschriebenen Frenkel-Defekten haben auch Schottky-Defekte Bedeutung, die über eine Wechselwirkung mit der Festkörperoberfläche entstehen (Bild 12).

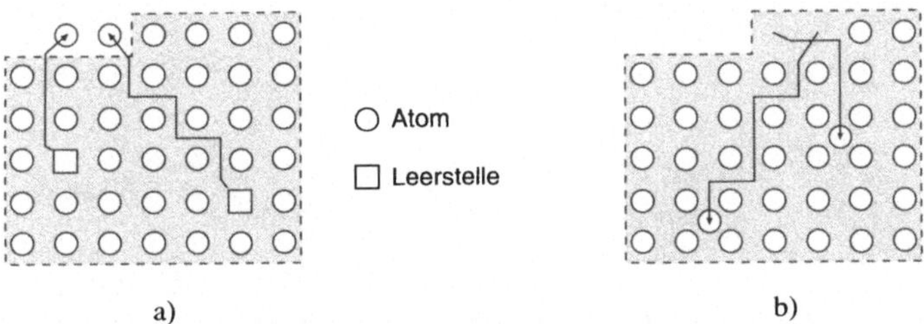

Bild 12   Bildung von Schottky-Defekten: Durch Wanderung von Atomen an die Oberfläche und von der Oberfläche auf Zwischengitterplätze entstehen einzelne Leerstellen und Zwischengitteratome (s. Band 1, Abschnitt 2.7.1).

Die Gleichgewichtskonzentration einzelner Leerstellen in nichtpolaren Werkstoffen war in Band 1, Abschnitt 2.7.1 hergeleitet worden: Es ergab sich analog zu (3) eine Gleichgewichtskonzentration entsprechend

$$[V] = \exp\left(-\frac{\mu_{\text{v}}}{kT}\right) = \exp\left(+\frac{S_{\text{v}}}{kT}\right)\exp\left(-\frac{W_{\text{v}}}{kT}\right) \tag{10}$$

In Tab. 11 sind einige Bildungsenergien W_{n} und -entropien S_{n} für verschiedene Festkörperreaktionen zusammengestellt.

Tab. 11   Bildungsenergien und -entropien für verschiedene Festkörperreaktionen in Keramiken (nach [1]).

Verbindung	Reaktion	Bindungsenergie W (eV)	Präexponentieller Faktor exp $(\Delta S/2k)$
AgBr	$Ag_{Ag} \rightarrow Ag^{\bullet}_i + V'_{Ag}$	1,1	30...5000
BeO	$null \rightleftarrows V''_{Ag} + V^{\bullet\bullet}_O$	~ 6	?
MgO	$null \rightleftarrows V''_{Mg} + V^{\bullet\bullet}_O$	~ 6	?
NaCl	$null \rightleftarrows V'_{Na} + V^{\bullet}_{Cl}$	2,2...2,4	5...50
LiF	$null \rightleftarrows V'_{Li} + V^{\bullet}_F$	2,4...2,7	100...500
CaO	$null \rightleftarrows V''_{Ca} + V^{\bullet}_{Cl}$	~ 6	?
CaF$_2$	$F_F \rightleftarrows V^{\bullet}_F + F'_i$	2,3...2,8	10^4
	$Ca_{Ca} \rightleftarrows V''_{Ca} + Ca^{\bullet\bullet}_i$	~ 7	?
	$null \rightleftarrows V''_{Ca} + 2V^{\bullet}_F$	~ 5,5	?
UO$_2$	$O_O \rightleftarrows V^{\bullet\bullet}_O + O''_i$	3,0	?
	$U_U \rightleftarrows V''''_U + U^{\bullet\bullet\bullet\bullet}_i$	~ 9,5	?
	$null \rightleftarrows V''''_U + V^{\bullet\bullet}_O$	~ 6,4	?

Wie im Abschnitt "Lineare und nichtlineare Widerstände" in diesem Buch ausgeführt, spielen Punktfehler und deren thermische Gleichgewichtszustände eine wichtige Rolle bei der elektrischen Leitfähigkeit vieler keramischer Werkstoffe.

Literatur

[1] H. Scholze, H. Salmang, "Keramik", Band 1 und 2, Springer-Verlag Berlin, Heidelberg, New York (1982)

H. Krebs, "Grundzüge der anorganischen Kristallchemie", Ferdinand Enke Verlag, Stuttgart (1968)

[2] W. D. Kingery, H. K. Bowen und D. R. Uhlmann, "Introduction to Ceramics", John Wiley & Sons, New York, Chichester, Brisbane, Toronto, Singapore (1976)

[3] S.M. Sze, " Semiconductor Devices, Physics and Technology", J. Wiley & Sons, New York/Chichester/Brisbane/Toronto/Singapore (1984)

[4] C. Kittel, "Einführung in die Festkörperphysik", 6. Auflage, Oldenbourg-Verlag München Wien (1983).

I. Mikrostruktur keramischer Werkstoffe

Von Peter Greil

1 Einleitung

Moderne **technische Keramiken** umfassen hochentwickelte *nichtmetallische anorganische Werkstoffe*, die zumeist aus künstlich synthetisierten Ausgangssubstanzen unter hochreinen und kontrollierten Bedingungen hergestellt werden. Sie unterscheiden sich dadurch grundlegend von den aus natürlichen, tonmineralhaltigen Rohstoffen gebrannten **klassischen Keramiken**, die als einer der ältesten Werkstoffe der Menschheit seit ca. 20.000 Jahren bekannt sind. Die technischen Keramiken werden bezüglich ihrer anwendungsrelevanten Werkstoffeigenschaften zumeist in die in Tabelle 1.1 zusammengefaßten Funktionsgruppen unterteilt.

Tabelle 1.1   Funktionen, Eigenschaften und Anwendungen technischer Keramik.

Funktion	Eigenschaften	Anwendungen
elektrisch, magnetisch	Isolator, Halbleiter, Supraleiter, ferroelektrisch	Substrate, Thermistoren, Kondensatoren, Sensoren
nukleartechnisch	Neutronenabsorption, strahlenresistent	Abschirmung, Brennstoff, Endlagerung
thermisch	Wärmeleitung, -dämmung, -speicherung	Wärmetauscher, Isolation, Wärmespeicher
optisch	Transluzenz, Brechungsindex	Fenster-, Lasermaterial, elektrooptische Komponenten
chemisch	oberflächenaktiv, korrosionsbeständig	Katalysatorträger, Filter, Gassensoren, Elektroden
biologisch	bioverträglich	Implantate
mechanisch	Festigkeit, Härte, Kriechbeständigkeit	Schneid-, Lager-, Dichtungswerkstoff, Motorenbauteile, Apparatebau, Luft-/Raumfahrt

Die chemische und mineralische Zusammensetzung technischer Keramik ist sehr vielfältig und umfaßt neben Oxiden auch Carbide, Nitride, Boride und Fluoride fast aller Kationen des periodischen Systems der Elemente, wobei vorwiegend *ionische* und *kovalente Bindungsanteile* (Band 1, Abschnitte 1.3.2 und 3) auftreten. Tabelle 1.2 faßt einige der am häufigsten in technischen Keramiken auftretenden kristallinen Verbindungen zusammen.

Tabelle 1.2   Zusammensetzung und Kristallstruktur kristalliner Phasen in technischen Keramiken

Klasse	Zusammensetzung	Kristallstruktur	Mineralname
I. Oxide			
binäre Oxide	ZnO	Wurzit (hex)	Zinkit
	MgO	Steinsalz (kub)	Periklas
	NiO	Steinsalz (kub)	Bunsenit
	TiO_2	Rutil (tetr)	Rutil
	ZrO_2	Baddeleyit (mkl)	Baddeleyit
	SiO_2	Quarz (trig)	Quarz
	Al_2O_3	Korund (hex)	Korund
	Fe_2O_3	Korund (hex)	Hämatit
	Fe_3O_4	Spinell (kub)	Magnetit
Silikate	$Al_9Si_3O_{19}$	Nesosilik. (rhom)	Mullit
	$ZrSiO_4$	Nesosilik. (tetr)	Zirkon
	$MgSiO_3$	Inosilik. (rhom)	Enstatit
	$MgSiO_4$	Nesosilik. (rhom)	Forsterit
	$CaSiO_3$	Inosilik. (trkl)	Wollastonit
	$LiAlSiO_4$	Nesosilik. (trig)	Eukryptit
	$LiAlSi_2O_6$	Inosilik. (mkl)	Spodumen
	$Mg_2Al_4Si_5O_{18}$	Cyclosilik. (rhom)	Cordierit
	$Ca_2MgSi_2O_7$	Sorosilik. (tetr)	Akermanit
Aluminate	$MgAl_2O_4$	Spinell (kub)	Spinell
	$Y_3Al_5O_{12}$	Granat (kub)	Yttrium-Granat
	$Na_2Al_{22}O_{34}$	Magnetoplumbit (hex)	Korund
Ferrite	$(Fe,Zn,Ni,Mg)Fe_2O_4$	Spinell (kub)	Spinellferrite
	$(Ba,Sr,Pb)Fe_{12}O_{19}$	Magnetoplumbit (hex)	hexag. Ferrite
	$(La,Ca,Y)FeO_3$	Perowskit (rhom)	Orthoferrite
	$(Y,La)_3Fe_5O_{12}$	Granat (kub)	Granatferrite
Titanate	$(Mn,Co,Ni)TiO_3$	Ilmenit (trig)	Pyrophanit
	$(Ca,Ba,Sr)TiO_3$	Perowskit (rhom)	Perowskit
	$Pb(Ti,Zr)O_3$	Perowskit (rhom)	"PZT"
	Al_2TiO_5	Pseudobrookit (rhom)	"Tialit"
weitere	$Li(Nb,Ta)O_3$	Ilmenit (hex)	
	$MgCr_2O_4$	Spinell (kub)	Chromit
	$YBa_2Cu_3O_7$	Perowskit (rhom)	"YBCO"
II. Nichtoxide			
Kohlenstoff	C	Graphit (hex), Diamant (kub)	
Karbide	SiC	Wurtzit (hex), Diamant (kub)	
	TiC	Steinsalz (kub)	
	B_4C	rhomboedrische Struktur	
Nitride	AlN	Wurzit (hex)	
	BN	Wurzit (hex), Diamant (kub)	
	Si_3N_4	Phenakit (hex)	
Boride, Silicide	TiB_2	AlB_2 (hex)	
	AlB_{12}	UB_{12} (kub)	
	$MoSi_2$	(hex)	
III. Oxid-Nichtoxid-Verbindungen			
Oxynitride	Al_3O_3N	Spinell (kub)	"Alon"
	$Si_{6-x}Al_xO_xN_{8-x}$ $x = 0 - 4,2$	Phenakit (hex)	"β-Sialon"
	$Y_x(Si,Al)_{12}(N,O)_{16}$ $x < 1$	(trig)	"α-Syalon"

Beispiele für technisch besonders wichtige Keramikwerkstoffe sind Al_2O_3, ZrO_2, $BaTiO_3$, $(Zn,Ni,Mn)Fe_2O_4$, SiC, AlN, Si_3N_4, TiB_2 etc. Von der Fülle möglicher keramischer Verbindungen ist bisher aber nur eine kleine Anzahl untersucht und es ist deshalb nicht auszuschließen, daß neue keramische Werkstoffe mit überraschenden Eigenschaften entdeckt werden, wofür die keramischen Supraleiter (Abschnitte 10 und 11 dieses Bandes) das jüngste Beispiel darstellen.

Erst gegen Ende des 19. Jahrhunderts beginnt die *wissenschaftliche* Forschung auf dem Gebiet keramischer Werkstoffe die *empirische* Entwicklung abzulösen. Die dabei gewonnenen Erkenntnisse über chemische Bindungen und Kristallstrukturen, über mögliche chemische Gleichgewichte und Reaktionskinetik halfen, alte Verfahren und Produkte zu verbessern und neue technisch anwendbare Erzeugnisse gezielt zu entwickeln. Keramische Werkstoffe haben seit Mitte unseres Jahrhunderts eine auch heute noch stark zunehmende Bedeutung in der Elektrotechnik, Mikroelektronik und Sensorik. Bedeutende Entwicklungen waren die japanische und niederländische Ferritforschung (1935-50), die Entwicklung von Titanat- und anderen ferroelektrischen Keramiken in den USA (1940-60), die Dickfilm-Al_2O_3-Substrattechnologie für die Mikroelektronik in Japan und USA (1950-70), die Aktivitäten bei den halbleitenden Oxidkeramiken in Europa, den USA und Japan (1940-80), sowie die jüngsten Forschungen seit Mitte der achtziger Jahre auf dem Gebiet keramischer Supraleiter in Europa, den USA und Japan.

Elektronikkeramiken werden heute in vielfältiger Weise bei der Herstellung von Halbleiterbauelementen und integrierten Schaltungen (Bände 2, 10 und 12 dieser Reihe) eingesetzt und haben damit eine zentrale Bedeutung erlangt. Sie zeichnen sich durch eine günstige Kombination elektrischer, thermischer und mechanischer Eigenschaften aus, die von keiner anderen Werkstoffgruppe erreicht wird. Beispielsweise weisen keramische Werkstoffe statische relative Dielektrizitätskonstanten im weiten Bereich von 2…10.000 (Band 1, Abschnitt 6.3.3, sowie Abschnitt 3 dieses Bandes) auf, sie können thermische Ausdehnungskoeffizienten annehmen, die sowohl den Wert des Siliziums ($3,7 \cdot 10^{-7}$ /K) als auch des Kupfers ($170 \cdot 10^{-7}$/K) erreichen, weiterhin eine thermische Leitfähigkeit, die von äußerst geringen Werten bis hin zu der von Aluminium (220 W/mK) reicht (Band 2, Bild 5.2.1). Jüngste Entwicklungen lassen den Einsatz keramischer Supraleiter erwarten, die durch ihre außerordentlich hohe Sprungtemperatur für den Einsatz der Supraleitung (> 100 K) neue Magnet- und Energieübertragungstechnologien möglich erscheinen lassen (Abschnitte 10 und 11). Aufgrund ihrer thermischen Stabilität und Formkonstanz, elektrischen Isolatoreigenschaften und geringer dielektrischer Verluste finden viele technische Keramikwerkstoffe schon heute eine weitverbreitete Anwendung als Trägermaterial elektronischer Bauelemente (**Substrate**). Einige der aufgrund ihrer elektrischen/elektronischen Eigenschaften eingesetzten keramischen Werkstoffe sind in Tabelle 1.3 zusammengefaßt.

Tabelle 1.3   Zusammensetzung und Anwendungen keramischer Werkstoffe für die Elektrotechnik

Funktion	Keramik	Anwendungen
Isolator	Al_2O_3, BeO, MgO, $MgAl_2O_4$, AlN	Substrat (Schaltung, Verdrahtung, Resistor), Dichtung
Halbleiter	$BaTiO_3$, SiC, $MoSi_2$, ZnO-Bi_2O_3, V_2O_5, CdS	Thermistor (NTC, PTC, CTR), Varistor, Heizelement
Ionenleiter	β–Al_2O_3, ZrO_2	Batterie, Sauerstoffsensor
Supraleiter	$YBa_2Cu_3O_x$, $BiSrCaCu_xO_y$	Magnete, Energieübertragung
Dielektrikum	Al_2O_3, Ta_2O_5, Nb_2O_5, TiO_2	Kondensator
Paraelektrikum	$CaTiO_3$, $SrTiO_3$	Kondensator
Ferroelektrikum	$BaTiO_3$, $Pb(Zr,Ti)O_3$, $(Pb,La)(Zr,Ti)O_3$, $LiNbO_3$, $LiTaO_3$	piezoel.: Schwinger, Wandler pyroel.: Strahlungsdetektoren elektroopt.: Modulatoren, Wellenleiter
Ferromagnetikum	$(Zn,Ni,Mn)Fe_2O_4$ $(Ba,Sr)Fe_{12}O_{19}$	weichferrit.: Übertrager, Speicher hartferrit.: Haftsysteme, Motoren

Viele besondere Vorteile der für elektrische/elektronische Anwendungen geeigneten technischen keramischen Werkstoffe sind mit deren *Mikrostruktur* verknüpft. Hierunter werden im Gegensatz zur *Makrostruktur* alle Elemente des Werkstoffaufbaus (Atome, Kristallgitter, Gitterbaufehler, Kristallite, Gefügefehler, Texturen, etc.) angesehen, deren Dimensionen kleiner als 10^{-3} m sind, s. Bild 1.1.

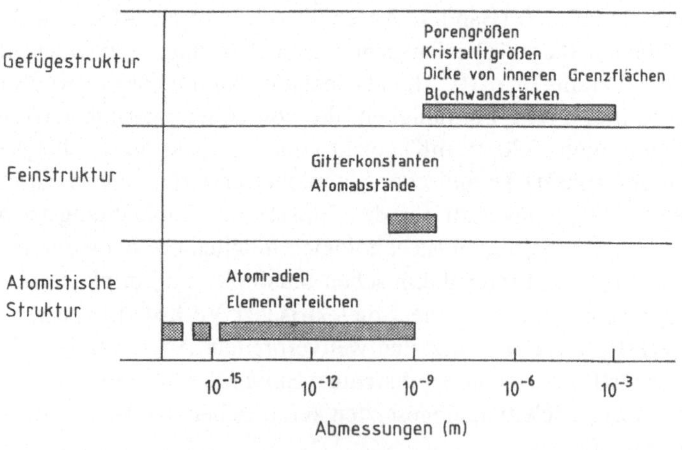

Bild 1.1   Werkstoffaufbau und Elemente der Mikrostruktur

Während bei *einkristallinen Halbleitermaterialien* die Gitterdefektstruktur und bei polykristallinen *metallischen* Werkstoffen makrostrukturelle Defekte wie Lunker und Seigerungen wichtige elektronische bzw. mechanische Eigenschaften dominieren, werden die Eigenschaften *keramischer* Werkstoffe insbesondere von der Art, Form, Größe, Häufigkeit, Orientierung und Verteilung von *Poren, Sekundärphasen, Ausscheidungen* und *Einschlüssen* (Gefügefehler) im Größenbereich der *Kristallite* beeinflußt, s. Bild 1.2.

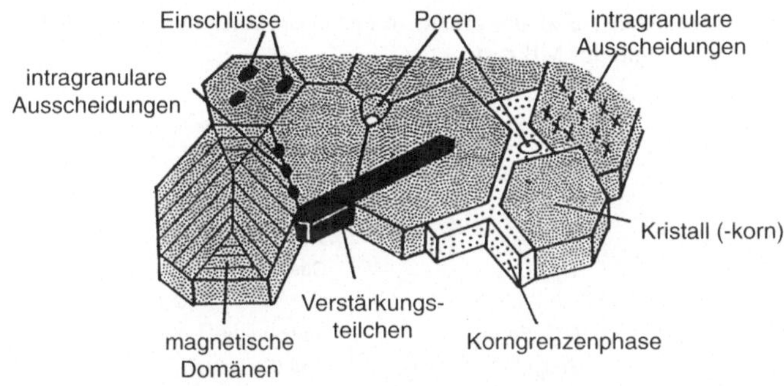

Bild 1.2   Schematischer Aufbau eines polykristallinen keramischen Werkstoffgefüges

Trotz der zumeist hohen Herstellungs*temperaturen* von 1.500…2.500 °C für aus keramischen Pulvern hergestellte Keramiken laufen *thermisch aktivierte Relaxationsprozesse* (Konzentrationsausgleich, Teilchenwachstum) zur Erreichung des thermodynamischen Gleichgewichtszustandes aufgrund der hohen Schmelztemperaturen der überwiegend ionisch und kovalent gebundenen Keramiken im Vergleich zu anderen Werkstoffen sehr *langsam* ab. Die keramischen Werkstoffe können deshalb starke Gradienten der Element- und Phasenverteilung im μm- und nm-Bereich aufweisen. Kleinste Gefügebestandteile wie beispielsweise nur nm-dünne intergranulare Ausscheidungen und Korngrenzenphasen üben einen enormen Einfluß auf das Werkstoffverhalten aus. Aufgrund der geringen mittleren Teilchengröße (μm-Bereich) in keramischen Werkstoffen und der damit verbundenen großen Teilchenoberfläche > 1 m²/g hängen die spezifischen Eigenschaften besonders stark von der strukturellen Ausbildung der inneren Grenzflächen und Korngrenzen ab [81 Lev]. In dieser Beziehung entstehen gemeinsame Gesichtspunkte mit der Technologie von Oberflächen-Halbleiterbauelementen (z.B. MOS-Techniken), bei denen die angestrebten elektrischen Eigenschaften oft von einem geeigneten Aufbau und einer exakten Kontrolle der Halbleiterübergänge und Grenzflächen abhängen. In ihrer Korrelation von Eigenschaften und Mikrostruktur können die Elektrokeramiken deshalb eingeteilt werden in Werkstoffe in denen

1. die Volumeneigenschaften der Kristalle

2. die Korngrenzeneigenschaften

3. Oberflächeneffekte

die Bildung und den Transport von Ladungsträgern dominieren [89 Ket]. Dieses wird besonders deutlich bei den keramischen Sensorwerkstoffen, bei denen Zustandsgrößen wie. z.B. Temperatur, Feuchtigkeit, Gaskonzentration, Druck etc. in elektrische Signale umgewandelt werden, s. Tabelle 1.4.

Tabelle 1.4   Einteilung keramischer Sensorwerkstoffe nach der Korrelation zwischen den Sensoreigenschaften und der Mikrostruktur.

Kennzeichen	Keramik	Sensorempfindlichkeit
Oberflächeneffekte	$ZnO\text{-}Cr_2O_3$, $MgCr_2O_4$	Feuchtigkeit
Korngrenzeneffekte	$BaTiO_3$	Temperatur
	ZnO	Gas
Kristallvolumeneffekte	NiO, Fe_2O_3	Temperatur
	ZrO_2, TiO_2, $SrTiO_3$	Gas (Sauerstoff)
	$Pb(Zr,Ti)O_3$, TiN	Druck
	$Pb(Zr,Ti)O_3$	elektromagn. Strahlung

Die Mikrostruktur und damit die Eigenschaften technischer Keramiken werden wesentlich durch die Ausgangswerkstoffe und die Herstellungstechnologie bestimmt. Die wesentlichen Schritte dabei sind:

$$\boxed{\text{Pulversynthese}}$$
$$\Downarrow$$
$$\boxed{\text{Formgebung}}$$
$$\Downarrow$$
$$\boxed{\text{Sintern}}$$
$$\Downarrow$$
$$\boxed{\text{Bearbeitung}}$$

Monolithische (d.h. in einem einzelnen Festkörper zusammengefügte) keramische Bauelemente werden zumeist durch eine Hochtemperaturbehandlung ($> 2/3$ des Schmelzpunktes T_m) eines aus hochfeinen keramischen Pulvermischungen geformten "**Grünlings**" hergestellt, bei der eine Verdichtung durch diffusionskontrollierten Materialtransport abläuft, der zur Porenelimination und zur Bildung von Korngrenzen führt (**Sintern**). Die Tendenz zunehmender Miniaturisierung bei gleichzeitig steigender Leistungskonzentration in keramischen Bauelementen, sowie deren Einsatz in komplexen Hybridsystemen führte zur Entwicklung neuer Herstellungstechnologien, die stark von der chemischen und physikalischen Verfahrenstechnik beeinflußt sind [84 Bri]. Dabei wird im allgemeinen eine Erniedrigung der Herstellungstemperaturen angestrebt, um durch Herabsetzung thermisch induzierter Wachstumsvorgänge die Mikrostruktur zu verfeinern und gleichzeitig deren Homogenität zu verbessern, metastabile Werkstoffzusammensetzungen einzufrieren sowie das Zusammenfügen der keramischen Bauelemente mit metallischen Kontakt- und Trägerstrukturen zu erleichtern. Ultrafeine sinteraktive Pulver mit enger Korngrößenverteilung, die durch kolloidale Aufbereitungs- und Formgebungsverfahren zu homogenen Grünkörpern verarbeitet werden, ermöglichen niedrigere Sintertemperaturen, wodurch die Bildung von Gefügefehlern (Poren, Risse) und sekundäres Kornwachstum durch Instabilität von Korngrenzen (s. Kap. 1.4.2) verringert werden, s. Bild 1.3.

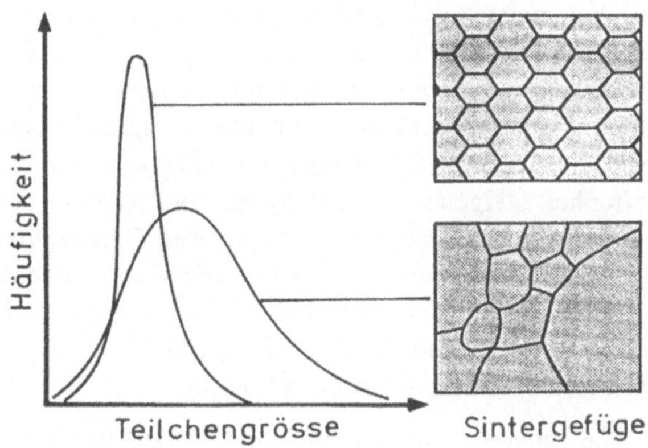

Bild 1.3   Korngrößenverteilung und entstehende Werkstoffgefüge beim Sintern keramischer Pulver

Neue Entwicklungstrends zeichnen sich mit der Erforschung nichtpulvermetallurgischer Reaktionstechniken ab. Ausgehend von festen, flüssigen oder gasförmigen **Prekursoren** hoher Reinheit, die sowohl anorganisch, metallisch, metallorganisch oder organisch sein können, bieten diese Verfahren die faszinierende Aussicht, durch gezielte Beeinflussung des molekularen Aufbaus der Prekursoren die Mikrostruktur nicht erst im Teilchenmaßstab, sondern schon im molekularen Aufbau maßzuschneidern. Beispielsweise ermöglicht die Sol-Gel-Umsetzung, bei der eine Lösungsphase über eine Sol- in eine feste Gel-Phase überführt wird, die Herstellung metastabiler Glaszusammensetzungen bei Raumtemperatur, sowie organisch modifizierter Gläser mit neuartigen mechanischen und elektrischen Eigenschaften [88 Sch]. Die Pyrolyse organo-metallischer Polymere wie beispielsweise der Polycarbosilane oder -siloxane führt zu keramischen Fasern oder Gläsern mit variablen Isolations- bzw. Leitungseigenschaften. Bisher nicht realisierbare Mikrostrukturen wie z.B. nanokristalline Werkstoffe [88 Gle], molekulare Verbundwerkstoffe oder funktionelle Gradientenwerkstoffe eröffnen neue Möglichkeiten der Eigenschaftsentwicklung sowie potentielle Anwendungen.

2   Moderne Methoden der Strukturuntersuchung

Die besonderen Anforderungen an die Verfahren der Strukturanalyse ergeben sich aus der komplexen Zusammensetzung der zumeist elektrisch nichtleitenden Werkstoffe sowie der sehr geringen Kristallit- bzw. Korngröße. Die für Anwendungen in der Elektronik entwickelten Keramiken wie z.B. PTC-, Varistor-, Ferrit- oder Kondensatorwerkstoffe sind meist polykristallin aufgebaut und weisen typischerweise mittlere Korngrößen zwischen 1-10 µm auf. Zumeist bestehen sie aus mehreren Phasen und können in den Korngrenzen amorphe oder kristalline intergranulare Ausscheidungen enthalten. Da keramische Bauelemente häufig nicht isoliert, sondern in Hybridtechnik (Band 1, Abschnitt 4.2.2) integriert eingesetzt werden, kommt ihrer Oberflächenbeschaffenheit steigende Bedeutung zu. Die Analyse der Mikrostruktur umfaßt deshalb neben dem strukturellen und chemischen Gefügeaufbau keramischer Werkstoffe auch die Charakterisierung innerer (Korn/Phasengrenzen) als auch äußerer Grenzflächen (Oberflächen), denen als Diskontinuitäten im Aufbau des Werkstoffs und Bauelements grundlegende Bedeutung für die elektrischen, magnetischen aber auch elastomechanischen Eigenschaften zukommt.

Da die Größe der maßgebenden Strukturelemente in den Werkstoffen über einen weiten Bereich von einigen hundert µm (Kristallite, Poren, Risse) bis zu atomaren Abmessungen (Gitterdefekte) variiert, ist die Ortsauflösung ein wesentliches Kriterium für die Strukturanalyse. Zuverlässige Aussagen über die physikalischen, chemischen und kristallographischen Eigenschaften können hierbei nur durch eine Kombination von sich ergänzenden mikrostrukturellen und mikroanalytischen Untersuchungsmethoden gewonnen werden [90 Dud]. Diese gehen von einer lokalisierten Primäranregung des Werkstoffs mit beispielsweise Elektronen, Ionen oder Photonen (Röntgen-, oder Laseranregung) aus. Sämtliche strukturellen und analytischen Informationen über den hierbei erfaßten Bereich der Mikrostruktur werden dann aus der Orts-, Energie- und Impulsverteilung der den Werkstoff nach der Primäranregung verlassenden modifizierten primären oder sekundären Intensitäten entnommen. Die Analyse der Wechselwirkung beruht auf den drei fundamentalen Methoden der

<table>
<tr><td>Mikroskopie</td><td>Diffraktomie</td><td>Spektroskopie</td></tr>
</table>

bei denen die Impuls- und Energieverteilungen mittels elektrischer und magnetischer Felder in eine räumliche oder/und zeitliche Verteilung umgewandelt werden, s. Bild 2.1.

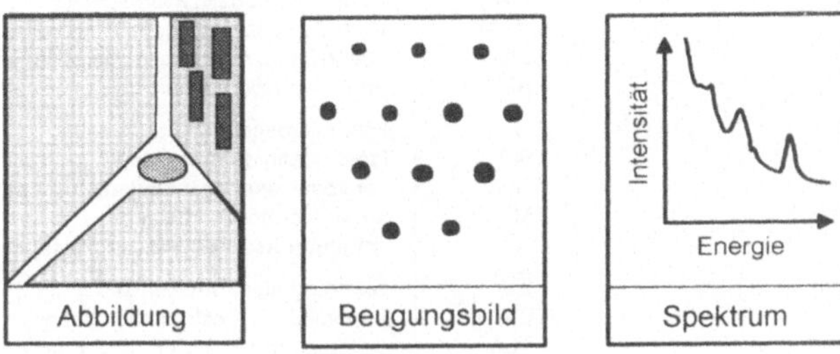

Bild 2.1   Auswerteverfahren mikrostruktureller und mikroanalytischer Untersuchungsverfahren

Die Untersuchung erfolgt sowohl an Oberflächen als auch an inneren Grenzflächen von Festkörpern nach Bruch oder Absputtern sowie an dünnen Schichten durch Durchstrahlung oder Tiefenprofilanalyse.

2.1 Mikroskopie

In Tabelle 2.1 sind einige der für die topographische und strukturelle Analyse des Werkstoffaufbaus zur Verfügung stehenden mikroskopischen Verfahren – klassifiziert nach ihren unterschiedlichen Anregungsverfahren – zusammengestellt. Für die zerstörungsfreie Analyse mikrostruktureller Defekte im Größenbereich 1 bis 1.000 µm sowohl an der Werkstoffoberfläche als auch im Gefügeinneren werden Verfahren der akustischen Mikroskopie eingesetzt, s. Bild 2.2.

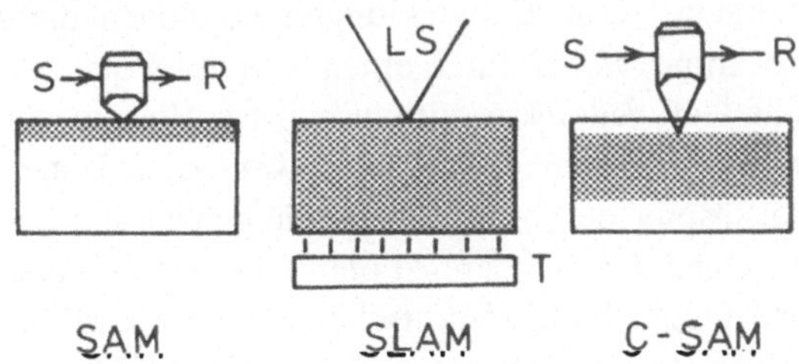

Bild 2.2   Prinzip akustischer Mikroskopieverfahren (S - Sender, R - Empfänger, T - Ultraschallübertrager, LS - Laserabrasterung).

Tabelle 2.1   Mikroskopische Abbildungsverfahren zur mikrostrukturellen Analyse keramischer Werkstoffe

Anregung	Abkürzung	Bezeichnung (englische Nomenklatur)
Schallwellen	SAM	scanning acoustic microscopy
	CSAM	C-mode scanning acoustic microscopy
	SLAM	scanning laser acoustic microscopy
	PAM	photoacoustic microscopy
Photonen	LM	light microscopy
	LSM	laser scanning microscopy
	CSLM	convocal laser scanning microscopy
	XMF	x-ray microfocus imaging
	CAT	computer assisted x-ray tomography
Elektronen	SEM	scanning electron microscopy
	TEM	transmission electron microscopy
	STEM	scanning transmission electron microscopy
	HREM	high resolution electron microscopy
	AREM	atom resolution electron microscopy
	LEEM	low energy electron microscopy
	CLM	cathodoluminescence microscopy
	SAM	scanning auger microscopy
Neutronen	MSANS	multiple small angle neutron scattering
Ionen	SIM	scanning ion microscopy
elektro-magnetisches Potential	STM	scanning tunneling microscopy
	AFM	atomic force microscopy
	LFM	laser force microscopy
	MFM	magnetic force microscopy
	SHM	scanning heat microscopy
	FIM	field ion microscopy
	MRI	magnetic resonance imaging

Die über einen piezoelektrischen Schallgeber auf die Werkstoffprobe einwirkenden Schallwellen im Frequenzbereich von MHz bis GHz werden durch Gefügedefekte in charakteristischer Weise in ihrer Ausbreitung gestört. Die Störsignale können beispielsweise durch Laserabrasterung (SLAM) in elektrische Signale umgewandelt und mit Hilfe elektronischer Verarbeitung zur Bildentstehung benutzt werden. Die Ortsauflösung hängt in erster Linie von der Frequenz der Schallwellen ab und erreicht beispielsweise bei 500 MHz eine laterale Auflösung von 5 μm. Die wesentlichen Anwendungsgebiete sind die Detektion von Poren und Fremdeinschlüssen sowohl an der Oberfläche als auch im Gefügeinneren in dünnen keramischen Bauteilen wie z.B. elektronischen Substraten. Neue Entwicklungen verbinden die akustische mit der lichtoptischen Mikroskopie, wobei durch einen weiten Frequenzbereich von 0,05...2 GHz oberflächennahe Gefügedefekte mit einer Ortsauflösung von 1 μm erfaßt werden können. Neben den verbreiteten *lichtmikroskopischen* Untersuchungsverfahren, deren punktuelle Auflösung durch den Wellenlängenbereich des sichtbaren Lichts auf ca. 0,3 μm in der Objektebene begrenzt bleibt, kommt den *elektronenmikroskopischen* Verfahren zur Untersuchung keramischer Werkstoffe größte Bedeutung zu [86 Fis]. Die Verfahren der *Rasterelektronenmikroskopie* (**SEM**) nützen zur Abbildung der Oberflächentopographie sowohl die niedrigenergetischen (0...50 V) rückgestreuten *Sekundär*elektronen, als auch die mit nur einem geringen Energieverlust elastisch oder inelastisch gestreuten *Primär*elektronen aus. Die Sekundärelektronen können zur Abbildung elektrischer und magnetischer *Oberflächen*strukturen wie z.B. ferroelektrischer oder magnetischer Domänen ausgenutzt werden. Die rückgestreuten Primärelektronen liefern Informationen über die Kristallstruktur und über die Elementverteilung. Durch Verwendung niedriger Beschleunigungsspannungen < 10 kV gelingt es, auch elektrisch schlecht leitende Keramiken ohne starke Aufladungseffekte zu untersuchen. Die Rückstreuabbildung erreicht eine Ortsauflösung von 10 nm. Statt rückgestreuter Elektronen kann auch die durch die Elektronenanregung hervorgerufene Emission sichtbaren Lichts als *Kathodenlumineszenzmikroskopie* (**CLM**) zur Abbildung herangezogen werden. Der Kontrast entsteht – insbesondere bei den halbleitenden Keramiken – durch Unterschiede in der elektronischen Bandstruktur, sowie in der Dichte und Beschaffenheit von Störstellenniveaus. Wird die entstehende *Röntgenfluoreszenzstrahlung* zur Bilderzeugung herangezogen, dann ist die Punktauflösung durch Mehrfachanregung auf ca. 1 µm begrenzt.

Eine höhere Punktauflösung ist bei der Durchstrahlung dünner keramischer Folien (Dicke < 0,1 µm) mit einem fokussierten Elektronenstrahl hoher Energie (> 100 keV) im *Transmissionselektronenmikroskop* (**TEM**) zu erreichen. Mit steigender Beschleunigungsspannung steigt gleichzeitig die durchstrahlbare Probendicke, so daß größere Gefügebereiche auch stärker absorbierender Keramiken wie z.B. ZrO_2 untersucht werden können. Bild 2.3 zeigt die erreichbare Punktauflösung moderner hochauflösender Elektronenmikroskope (**HREM/AREM**) als Funktion der Beschleunigungsspannung [90 Dud].

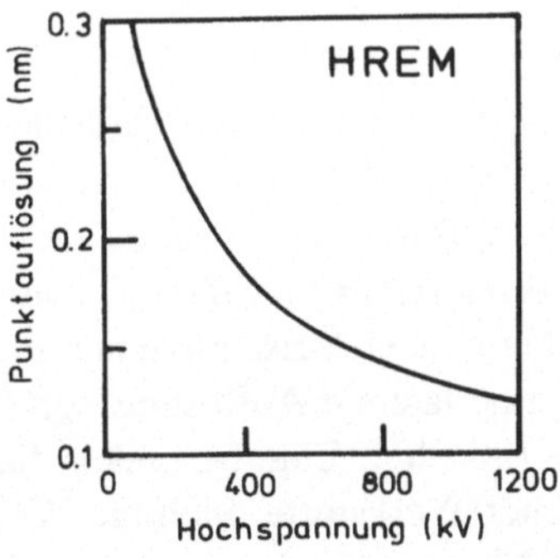

Bild 2.3   Punktauflösung moderner hochauflösender Transmissionselektronenmikroskopie

Besonders stabilisierte AREM erreichen bei 1.000 kV eine maximale Punktauflösung von 0,14 nm, wobei die atomare Auflösung durch Interferenzabbildung des Amplitudenkontrastes erreicht wird. Das Bild besteht aus einer periodischen Kontrastdarstellung, die die Kristallstruktur der durchstrahlten Probe wiedergibt.

Die Bildinterpretation erfordert die rechnerische Erstellung simulierter Interferenz-muster aus deren Vergleich mit dem experimentellen Bild erst quantitative Rück-schlüsse auf die Kristallstruktur möglich sind. Besondere Bedeutung erlangte die hochauflösende Transmissionselektronenmikroskopie beim Nachweis dünner (< 2 nm) amorpher intergranularer Phasen beispielsweise in ZnO-Varistorkeramik, Ba- und Sr-Titanaten sowie Ferriten. Neben den strukturanalytischen Verfahren ge-winnen zunehmend Analyseverfahren zur Charakterisierung der chemischen Zusam-mensetzung mit Hilfe der Transmissionselektronenmikroskopie an Bedeutung (**AEM**, analytical electron microscopy). Besonderer Vorteil ist hierbei die Verknüp-fung von Struktur- und Zusammensetzungsanalyse mit höchster Auflösung (< 20 nm).

Erst am Anfang für die höchstauflösende Oberflächenabbildung steht die in den achtziger Jahren begonnene Entwicklung der *Rastersondenmikroskopie*, die ihre er-ste Anwendung im *Rastertunnelmikroskop* (**STM**) gefunden hat (Bild 2.4).

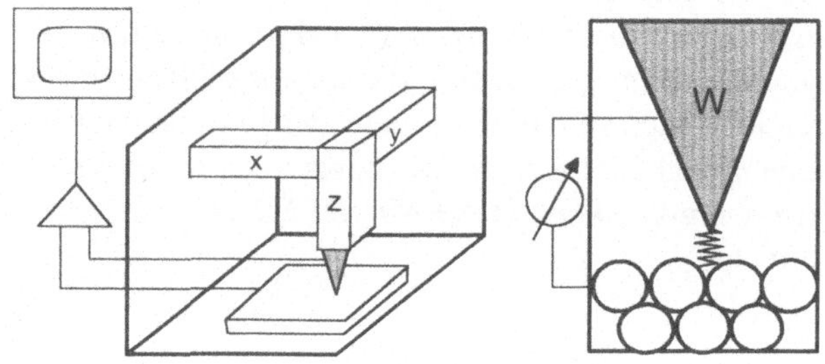

Bild 2.4   Prinzip der Bildentstehung bei der Rastertunnelmikroskopie

Hierbei wird der Tunnelstrom (s. Band 11) zwischen einer extrem feinen Wolfram-Spitze, die mit hoher mikromechanischer Präzision (Steuerung über piezoelektrische Aktuatoren, s. Abschnitt 4) über eine elektrisch leitende Probe geführt wird, und der Oberfläche gemessen, wobei eine laterale Auflösung von 0,1 nm und eine vertikale von 0,01 nm erreicht werden [90 She]. Eine besonders für die Untersuchung elek-trisch nichtleitender keramischer Werkstoffe wichtige Weiterentwicklung stellt das *atomic force microscope* (**AFM**) dar, bei dem nicht der Tunnelstrom, sondern die atomaren Abstoßungskräfte zwischen einer Diamantspitze und der nichtleitenden Oberfläche gemessen werden. Das *laser force microscope* (**LFM**) mißt Frequenzän-derungen einer vibrierenden Si- oder W-Nadel über der Oberfläche und erreicht eine Ortsauflösung von < 1 nm. Beim *magnetic force microscope* (**MFM**) wird eine Ei-sennadel als Sonde verwendet, mit der magnetische Oberflächenstrukturen abgebil-det werden können. Eine mit Ni überzogene W-Nadel wird im *scanning heat micro-scope* als hochauflösendes Thermoelement eingesetzt, das Temperaturunterschiede von $< 10^{-4}$ °C auflöst. Durch Messung der Temperaturänderung bei lokaler Laseraufheizung der Oberfläche können Informationen über die chemische Zusammensetzung an der Oberfläche mit hoher Ortsauflösung gewonnen werden. Zukünftige Weiterentwicklungen streben die Kombination der Rastersondenmikroskopie mit der atomar auflösenden Elektronenmikroskopie an.

2.2 Diffraktometrische Verfahren

Die Analyseverfahren der Diffraktometrie mit Röntgen-, Elektronen- oder Neutronenstrahlen beruhen auf der elastischen Streuung und Interferenz elektromagnetischer Wellen an den Hüllenelektronen amorpher und kristalliner Festkörper. In der Tabelle 2.2 sind einige der für die Strukturanalyse keramischer Werkstoffe verwendeten Beugungsmethoden, eingeteilt nach ihrer Anregung, zusammengestellt.

Tabelle 2.2   Diffraktometrische Untersuchungsverfahren keramischer Werkstoffe

Anregung	Abkürzung	Bezeichnung (englische Nomenklatur)
Röntgenstrahlen	XRD	x-ray diffractometry
	AR-XPS	angle resolved photoelectron scattering
Elektronen	ED	electron diffraction
	SAED	small area electron diffraction
	CBED	convergent beam electron diffraction
	RHEED	reflexion high energy electron diffraction
	LEED	low energy electron diffraction
	ECP	electron channeling pattern
Neutronen	ND	neutron diffraction

Die Beugungsverfahren finden sowohl in der *Reflexion an Oberflächen* als auch mit höherer Ortsauflösung in der *Durchstrahlung* dünner Folien Anwendung. Mit Hilfe der Beugungsverfahren werden Kristallstruktur, Aufbau und Zusammensetzung von Mischkristallen und Ausscheidungen, sowie Texturen und elastische Eigenspannungen untersucht.

Die *Röntgenbeugung* ist Basis der Kristallstrukturanalyse, wobei aber aufgrund der geringen Korngröße in keramischen Werkstoffen keine Einkristall- sondern zumeist pulverdiffraktometrische Verfahren eingesetzt werden. Mit den röntgenographischen Beugungsverfahren werden in Abhängigkeit von Beschleunigungsspannung, Wellenlänge und Absorptionsverhalten der Probe große Oberflächenbereiche bis in eine Tiefe von ca. 50 µm erfaßt; dabei können kristalline Phasenanteile > 1 Masseprozent nachgewiesen werden. Die Linien*verbreiterung* wird ausgenutzt zur Bestimmung der

Kristallitgröße in ultrafeinkörnigen Werkstoffen mit mittleren Teilchengrößen < 100 nm. Aus der Linien*verschiebung* unter Einwirkung weitreichender elastischer Spannungsfelder werden Informationen über die mechanischen Eigenspannungen in keramischen Bauelementen gewonnen [89 Eig].

Die *Neutronenbeugung* kann im konstanten Streuwinkel- sowie Flugzeit-Modus zur Gewinnung von Informationen über die Braggstreuung (Band 1, Abschnitt 1.5) herangezogen werden, wobei gepulste, polychromatische Strahlenquellen benutzt werden. Diese Verfahren wurden erfolgreich zur Untersuchung thermisch induzierter Phasenumwandlungen beispielsweise von keramischen Supraleitern eingesetzt, wobei der Temperaturbereich von RT bis 1.000 °C untersucht wurde [89 She].

Im Gegensatz zu den polykristallinen röntgenographischen und Neutronen-Beugungsverfahren bietet die *Elektronenbeugung* (**ED**) im Transmissionselektronenmikroskop aufgrund der Fokussierung des Elektronenstrahls die Möglichkeit, auch bei sehr feinkörnigen keramischen Werkstoffen durch die Abbildung von Ausschnitten des reziproken Kristallgitters auf eine Projektionsebene (Bild 2.5) kristallographische Informationen von einzelnen Kristalliten, Ausscheidungen und Korngrenzen mit hoher Ortsauflösung bis < 1 μm zu gewinnen (**SAED**).

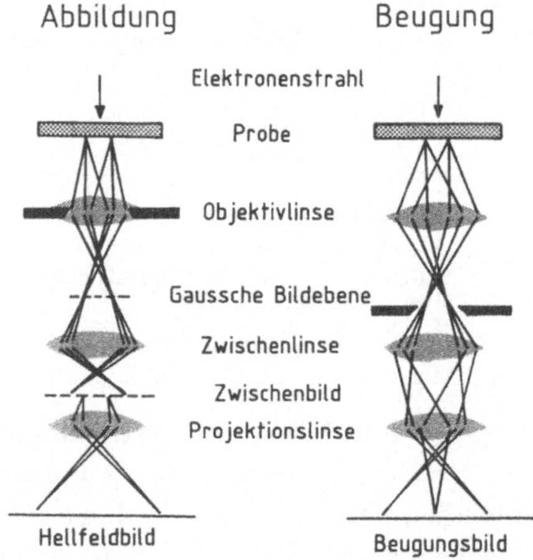

Bild 2.5   Prinzip der Entstehung des Elektronenbeugungsdiagramms im Transmissionselektronenmikroskop

Im Reflexionsmodus kann die Elektronenbeugung im Rasterelektronenmikroskop zur Bildung von *electron channeling pattern* (**ECP**) ausgenutzt werden, die Informationen über die kristallographische Orientierung, Kristallstruktur, Gitterparameter sowie Kristalldefekte aus einem Oberflächenbereich bis in eine Tiefe von typischerweise 50 nm liefern.

2.3   Spektroskopische Verfahren

Die mikroanalytischen *Spektroskopieverfahren* gewinnen aus der Impuls- und Energieverteilung der modifizierten Primär- sowie Sekundärstrahlung Informationen über die lokale chemische Zusammensetzung einer Keramikprobe. Sowohl Elemente höherer als auch niedriger Ordnungszahl, insbesondere O, N, C können analysiert werden. Abhängig von der Problemstellung kann hierdurch ein Nachweis von Konzentrationen bis in den ppm-Bereich erreicht werden. Als Primäranregung für die Spektroskopie gelangen in erster Linie Elektronen, Röntgenstrahlen sowie beschleunigte Ionen zur Anwendung (Tabelle 2.3).

Tabelle 2.3   Mikroanalytische Spektroskopieverfahren zur Untersuchung der chemischen Zusammensetzung keramischer Werkstoffe

Anregung	Abkürzung	Bezeichnung (englische Nomenklatur)
Photonen	UPS	ultraviolett photoelectron spectroscopy
	VUV	vacuum ultraviolett optical spectroscopy
	LRS	laser raman spectroscopy
	LAMMA	laser ablation microprobe mass analysis
	FTMS	fourier transform mass spectroscopy
	LIMS	laser ionized mass spectroscopy
	XPS	x-ray photoelectron spectroscopy (ESCA)
	XFA	x-ray fluorescence analysis
	EXAFS	extended x-ray absorption fine structure analysis
Wärmestrahlung	TL	thermoluminescence analysis
	TSEE	thermostimulated exoelectronic emission
	PDS	photothermal deflection spectroscopy
Elektronen	AEM	analytical electron microscopy
	AES	auger electron spectroscopy
	EDX	energy dispersive x-ray analysis
	WDX	wave length dispersive x-ray analysis
	EELS	electron energy loss spectroscopy
	ESID	electron stimulated ion desorption
	EBMA	electron beam microanalysis
	XMA	x-ray microprobe analysis
Ionen	SIMS	secondary ion mass spectroscopy
	SNMS	secondary neutral mass spectroscopy
	RBS	rutherford backscattering spectroscopy
	PIXE	particle induced x-ray emission
elektromagnetisches Potential	SSMS	spark source mass spectroscopy
	GDMS	glow discharge mass spectroscopy
	CIS	complex impedance spectroscopy
	DLTS	deep level transient spectroscopy
	MMR	magnetically modulated microwave reflection
	FIM-AP	field ion atomic microprobe analysis

Moderne Spektroskopieverfahren erlauben zunehmend die Kombination mit mikroskopischen und diffraktometrischen Analyseverfahren wie sie beispielsweise in der analytischen, hochauflösenden Elektronenmikroskopie (**AEM, STEM** mit **EDX, WDX, EELS**) bietet (Bild 2.6).

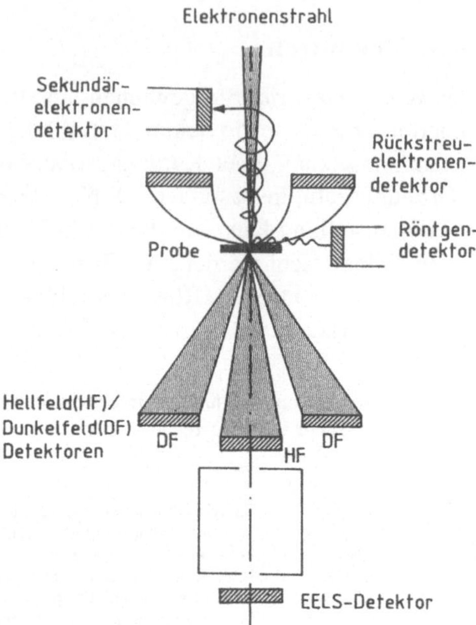

Bild 2.6   Prinzip der analytischen Elektronenmikroskopie im Transmissionselektronenmikroskop

Ihre besondere Stärke liegt damit in der Möglichkeit – neben der außerordentlich hohen Ortsauflösung – bei der Mikrostrukturanalyse der keramischen Werkstoffe alle drei fundamentalen Analysemethoden sich ergänzend einzusetzen. Bei den elektronenangeregten Mikroanalyseverfahren erzeugt der einfallende Elektronenstrahl Röntgenfluoreszenzstrahlung, Sekundärelektronen, Augerelektronen sowie optische Photonen in einem Probenvolumen, dessen Größe von der mittleren freien Weglänge der einfallenden Elektronen sowie der angeregten Photonen bestimmt wird (Bild 2.7, [81 Cla]).

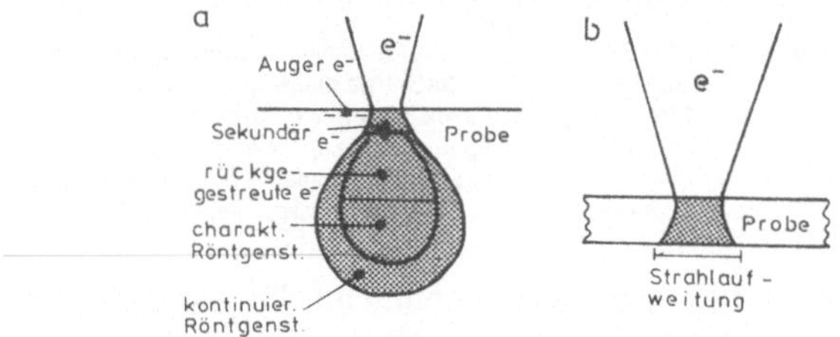

Bild 2.7   Schema der Wechselwirkung eines Elektronenstrahls in einer Oberfläche (a) sowie dünnen Folie (b)

Durch Verwendung dünner Folien (< 100 nm) sowie hoher Beschleunigungsspannungen (> 100 kV) konnte die Ortsauflösung für die Röntgenfluoreszanalyse (EDX, WDX) bis auf 20 nm gesteigert werden. Die Analyse der *Augerelektronen* (**AES**) ermöglicht die Elementanalyse (außer H, He) mit einer Nachweisgrenze von 0,1 - 1 Atom % in einem Tiefenbereich typischerweise bis 1 nm. Elektroneninduzierte Störeffekte können durch Verminderung der Stromdichte sowie negative Aufladung der elektrisch nichtleitenden Keramiken durch Verfahren zur Ladungskompensation vermieden werden. Durch Verwendung von Feldemissionskathoden als Elektronenquelle erreicht die AES eine Punktauflösung von 10 nm.

Werden die inelastisch gestreuten Elektronen in einem Spektrometer entsprechend ihrem Energieverlust detektiert, kann aus den elementabhängigen charakteristischen Energieverlusten und ihrer Intensität die Zusammensetzung im durchstrahlten Probenbereich ermittelt werden. Die *Elektronenenergieverlustspektroskopie* (**EELS**) ist besonders günstig für die Analyse leichter Elemente (O, N, C, B, F).

Die Auflösung der auf Röntgenphotonenanregung basierenden *Photoelektronenspektroskopie* (**XPS**) konnte durch Entwicklung von Mikrofokus-Verfahren bis zu einer Ortsauflösung von 10 µm gesteigert werden. Die von der mittleren freien Weglänge der Sekundärelektronen abhängige Tiefenauflösung beträgt für niedrigenergetische Sekundärelektronen typischerweise nur 0,5 nm, so daß besonders der Aufbau der ersten Atomlagen einer Oberfläche untersucht werden kann. Die Nachweisgrenze erreicht hierbei Konzentrationen < 0,1 Atom %. Aus der Spektrenstruktur kann darüber hinaus auf den Bindungszustand der untersuchten Atome geschlossen werden, was beispielsweise für die Charakterisierung von Oberflächenoxidationsreaktionen in nichtoxidischen Keramiken ausgenutzt wird.

Die massenspektroskopischen Analyseverfahren bieten hohe Nachweisempfindlichkeiten im *piko*gramm-Bereich und weisen Elemente mit ihren Isotopen sowie durch selektive Anregung freigesetzte Kationen oder Anionen nach. Die Laser-Ablation, -Desorption, -Ionisation (**LAMMA, FTMS, LIMS**) nichtflüchtiger Komponenten hat hierbei die Anwendung der Massenspektroskopie für keramische Werkstoffe stark erweitert. Mit Hilfe der FTMS konnte beispielsweise eine Ortsauflösung von 10 µm erreicht werden. Die durch einen primären Ionenstrahl (1...20 kV) angeregte *Sekundärionenmassenspektroskopie* (**SIMS**) erfaßt Elementverteilungen in einem oberflächennahen Tiefenbereich < 1 µm mit einer Nachweisgrenze < 0,01 Atom %. Durch Verwendung *neutraler* Primärteilchen (**NPB-SIMS**, neutral primary beam SIMS) können Aufladungseffekte in keramischen Werkstoffen weitgehend vermieden werden, und es wird eine Ortsauflösung von < 0,5 µm erreicht.

Neben den klassischen mikroanalytischen Spektroskopieverfahren, die Ionen, Elektronen oder Photonen der Sekundärstrahlung analysieren, gewinnen neue Verfahren zur Charakterisierung der elektronischen Defektstruktur an Bedeutung, die Energieabsorptionseffekte durch Anregung in einem elektrischen oder magnetischen Potentialfeld analysieren [89 She]. Elektronische Defekte im Korngrenzenbereich polykristalliner halbleitender Keramiken wie z.B. ZnO, TiO_2 oder Titanate, die eine normale Bänderleitung (Band 2, Abschnitt 4.3) aufweisen, wurden mit der *deep level transient spectroscopy* (**DLTS**) untersucht. Die sich verändernden Leitfähigkeitseigenschaften keramischer Hochtemperatursupraleiter wurden mit Hilfe der *magnetically modulated microwave reflexion* (**MMR**) analysiert. Die elektronische Bandstruktur – insbesondere von Keramiken mit großen Bandabständen zwischen Leitungs- und Valenzband (> 6 eV) – können durch CO_2-Laserangeregte *UV-optische Spektroskopie* (**VUV**) in einem weiten Temperatur- (4…1.500 K) sowie Energiebereich (bis 25 eV) charakterisiert werden.

Die inzwischen zur Verfügung stehenden Untersuchungsmethoden werden laufend verbessert, modifiziert und zunehmend mit anderen Verfahren kombiniert, um komplexe Eigenschaften und Mikrostrukturelemente möglichst umfassend darzustellen. Es ist eine starke Tendenz zur Entwicklung höchstauflösender Verfahren festzustellen, die eine Ortsauflösung auf atomarer Ebene ermöglichen. Bild 2.8 faßt noch einmal verschiedene zur Charakterisierung keramischer Werkstoffe eingesetzte mikrostrukturelle und mikroanalytische Verfahren nach ihrer Ortsauflösung zusammen.

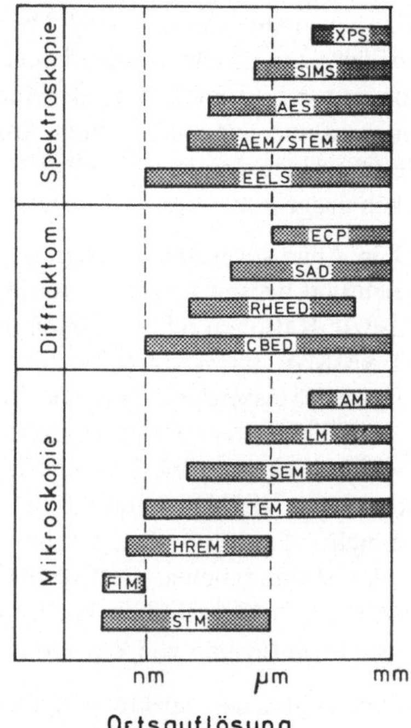

Bild 2.8   Ortsauflösung mikrostruktureller und mikroanalytischer Untersuchungsverfahren für keramische Werkstoffe

3   Phasengleichgewichte

3.1   Heterogene Systeme und Gibbsches Phasengesetz

Die chemischen, physikalischen und mechanischen Eigenschaften keramischer Werkstoffe werden von der Art, Menge und Verteilung der im Werkstoffgefüge auftretenden *Phasen* (Grundbegriffe der Legierungsbildung, s. Band 1, Abschnitt 2) bestimmt. Viele keramische Werkstoffe bestehen zumeist aus mehreren *Komponenten* (2 Komponenten = **binär**, 3 = **ternär**, n = **höherkomponentig**) und sind auch zumeist aus mehreren festen (kondensierten) Phasen aufgebaut (**heterogene Systeme**), s. Bild 3.1, auch wenn diese nur in geringen Volumenanteilen neben einer *Matrixphase* auftreten. Sie weisen zumeist komplexere *Kristallstrukturen* mit geringerer Symmetrie als die Metalle auf, vgl. Tab. 1.2, wobei neben kristallinen auch amorphe Phasen (Gläser) insbesondere in Systemen mit SiO_2, B_2O_3, PbO und Bi_2O_3 als Komponenten auftreten.

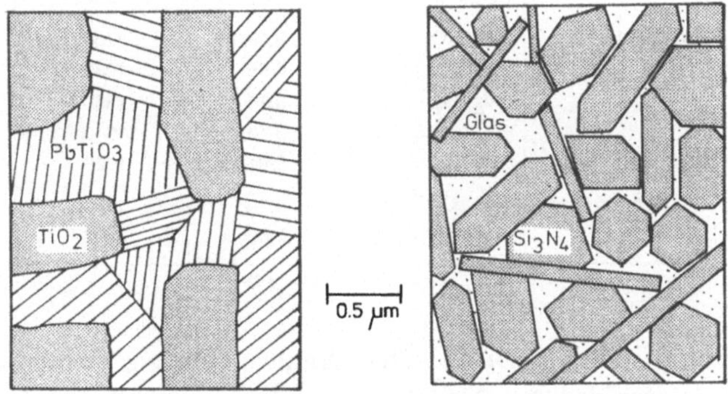

Bild 3.1   Beispiele mehrphasiger Keramiken mit
   a) kristallinen (z.B. $PbTiO_3$, TiO_2) sowie
   b) kristallinen (Si_3N_4) und amorphen (Oxynitridglas) Phasen

Die zumeist von keramischen Pulvern oder ihren Mischungen ausgehenden Herstellungsverfahren umfassen einen weiten Temperaturbereich von Raumtemperatur bis über 2000 °C wie beispielsweise bei den *Karbiden* SiC oder B_4C. Durch hohe Herstellungstemperaturen gewinnen Verdampfungs- und Zersetzungsvorgänge, bei denen *gasförmige* Komponenten beteiligt sind, an Bedeutung, so daß nicht nur kondensierte Phasengleichgewichte, sondern verstärkt Systeme, in denen die Gasphase einen starken Einfluß auf die Phasengleichgewichtsverhältnisse ausübt, an Bedeutung gewinnen. Trotz der hohen Herstellungstemperaturen erschweren aber hohe Schmelztemperaturen die zur *Verdichtung* der Pulverkörper (Grundbegriffe der Pulvertechniken, s. Band 1, Abschnitt 3.3) notwendigen Materialtransportprozesse.

Tabelle 3.1 führt die Schmelz- bzw. Zersetzungstemperaturen wichtiger Keramikwerkstoffe auf.

Tabelle 3.1 Dichte (ρ) sowie Schmelztemperaturen (T_m) keramischer Werkstoffe bei Normaldruck (0,1 MPa).

Stoffklasse	Keramik	ρ (g/cm^3)	T_m (°C)
Elemente	C (Graphit)	2,27	3800*
	C (Diamant)	3,51	3800**
binäre Stoffe	TiC	4,94	3017
	TiN	5,21	2950*
	MgO	3,58	2825
	SiC	3,20	2760
	ZrO_2	6,27	2700
	B_4C	2,52	2450
	AlN	3,26	2400*
	Al_2O_3	3,97	2050
	Si_3N_4	3,21	1910*
	SiO_2 (Quarz)	2,65	1725
	TiO_2	4,23	1860
ternäre Stoffe	$MgAl_2O_4$	3,59	2135
	$Y_3Al_5O_{12}$	4,55	1930
	Al_2TiO_5	3,15	1860
	$Al_6Si_2O_{13}$	3,16	1840
	$BaTiO_3$	5,81	1625
quaternäre Stoffe	$SiAl_2O_2N_2$	3,10	1830*
	$Mg_2Al_4Si_5O_{18}$	2,50	1470

* Zersetzung bzw. Sublimation,   ** bei einem Druck von ≈ 14 GPa

Sämtliche Festkörper*reaktionen* wie Phasenumwandlungen, Keimbildung und Kristallwachstum werden dadurch stark verlangsamt, so daß nach dem Herstellungsprozeß oftmals *metastabile* Zustände im Werkstoff vorliegen. Die entstehende Mikrostruktur und damit auch die Werkstoffeigenschaften werden deshalb stark von den jeweiligen Herstellungsbedingungen (Sinter- und Auslagerungstemperaturen, Aufheiz- und Abkühlraten) beeinflußt.

Grundlage der Beschreibung heterogener Gleichgewichte in keramischen Mehrphasen-/Mehrkomponentensystemen ist der *thermodynamische Gleichgewichtszustand* (s. Band 1, Abschnitt 2.2). Er ist durch das Minimum der **Gibbschen freien Energie** G (**freie Enthalpie**, in Ergänzung zur freien *Energie* wird zusätzlich der Energiebeitrag $p \cdot \Delta V$ berücksichtigt, der sich über Volumenänderungen ΔV bei konstantem Druck p ergibt) festgelegt, die für eine aus i Komponenten bestehende Phase als Funktion der Enthalpie H, der absoluten Temperatur T und der Entropie S des *Systems* bzw. der chemischen Potentiale μ_i und Molzahlen n_i, der *Komponenten* gegeben ist

$$G = H(T) - T \cdot S(T) = \sum_i \mu_i n_i \tag{3.1}$$

Das **chemische Potential** μ_i der Systemkomponente i ist gegeben durch

$$\mu_i = \left.\frac{\partial G}{\partial n_i}\right|_{p,T,n_{j \neq i}} \tag{3.2}$$

(Anmerkung: Bei der Einführung der Gibbschen Thermodynamik in Band 1, Abschnitte 2.1 und 2.2 wurde das chemische Potential über die Änderung mit der *Teilchen*zahl und nicht der *Mol*zahl eingeführt; beide Definitionen sind äquivalent). Auf Änderungen der *äußeren Bedingungen* eines Systems (der Zustandsvariablen Druck p, Temperatur T, Zusammensetzung n_i) z.B. beim Aufheizen oder Abkühlen während des Herstellungsprozesses, reagiert ein System mit einer Änderung der Gibbschen freien Energie, dG

$$dG = Vdp - SdT + \sum_i \mu_i dn_i \tag{3.3}$$

Wie bei der Gibbschen Thermodynamik in Band 1 wird auch hier stets vorausgesetzt, daß ein (lokales) chemisches Potential μ_i existiert, d.h. daß sich ein örtliches thermisches Gleichgewicht ausbildet. Die Änderung dn_i der Molzahlen kennzeichnet eine Abweichung von der Erhaltung der Systemkomponente n_i, d.h. sie kennzeichnet eine chemische Umwandlung. Das System befindet sich dann im Gleichgewicht, wenn d$G = 0$, in diesem Fall ist keine Triebkraft (**chemische Kraft**) für weitere Veränderungen mehr vorhanden.

Die **Gibbsche Phasenregel** ist eine direkte Konsequenz der Beziehung (3.3) für die Gibbsche freie Energie. Im *Gleichgewicht* ist das chemische Potential *einer Komponente* aller am Gleichgewicht beteiligten Phasen gleich (da anderenfalls eine chemische Kraft für den Übergang der i-ten Komponente von einer Phase in eine andere entstehen würde), so daß für ein höherkomponentiges System mit C Komponenten ($i = 1,2,..,C$) und P Phasen ($\alpha,\beta, ..,P$) ein lineares Gleichungssystem formuliert werden kann

$$\left.\begin{aligned}
\mu_1^\alpha &= \mu_1^\beta = ...\mu_1^P \\[2ex]
\mu_2^\alpha &= \mu_2^\beta = ...\mu_2^P \\[2ex]
\mu_3^\alpha &= \mu_3^\beta = ...\mu_3^P \\
&\;\cdots\cdots\cdots\cdots \\
\mu_C^\alpha &= \mu_C^\beta = ...\mu_C^P
\end{aligned}\right\} \tag{3.4}$$

Aus Gl. (3.4) kann die allgemein als **Gibbsche Phasenregel** verwendete grundlegende Beziehung

$$F = C - P + 2 \qquad (3.5)$$

abgeleitet werden. **Die Zahl der Freiheitsgrade F ist die Zahl der Zustandsvariablen, die in einem aus C Komponenten bestehenden Werkstoff variiert werden können, ohne daß sich die Zahl der Phasen verändert.**

Die Gibbsche Phasenregel ermöglicht, die Vielzahl der heterogenen Gleichgewichte nach einheitlichen Kriterien zu ordnen, wobei die Phasengleichgewichte nach ihrem Freiheitsgrad F eingeteilt werden in

$F = 0$ nonvariantes Gleichgewicht
$F = 1$ univariantes   "
$F = 2$ divariantes   "
$F > Z$ plurivariantes   "

Ein *heterogenes* System enthält mindestens zwei Phasen, die durch Grenzflächen voneinander getrennt sind. Es kann mehrere feste und flüssige (kondensierte) Phasen, aber immer nur *eine* gasförmige Phase enthalten. Phasenübergänge haben dabei grundsätzlich sprunghafte Eigenschaftsänderungen zur Folge.

3.2   Kondensierte Systeme

In vielen keramischen Stoffsystemen sind die Dampfdrücke der flüssigen und festen Phasen auch bis zu Temperaturen von 1.500...2.000 °C vernachlässigbar oder so gering, daß für die Behandlung von Gefügeveränderungen in festen Werkstoffen die Betrachtung der Phasengleichgewichtsverhältnisse bei *konstantem Druck* genügt. Das System wird dann als **"kondensiertes" System** bezeichnet, für das sich die Gibbsche Phasenregel auf

$$F = C - P + 1$$

reduziert. Durch die Elimination der Druckvariablen wird eine starke Vereinfachung für die Betrachtung und Darstellung mehrkomponentiger Systeme erreicht. Treten in einem System nur Gleichgewichte zwischen kondensierten Phasen auf, konzentriert sich die Frage nach der Phasenstabilität auf die Veränderung des chemischen Potentials mit der Zusammensetzung. Durch Anwendung der **Doppeltangentenregel** (Band 2, Abschnitt 2) auf die Gibbschen freien Energiekurven der in einem System auftretenden Phasen werden die miteinander im Gleichgewicht stehenden Phasen und ihre Zusammensetzungen festgelegt. Aus der Projektion der Linien und Punkte mit der niedrigsten Gibbschen freien Energie in die Temperatur-Konzentrations-Ebene ergeben sich die sog. ***T-K*-Schnitte** (aus dem dreidimensionalen *P-T-K(X)*-Diagramm), die sich als besonders günstig für die Betrachtung werkstoff-relevanter Phasengleichgewichte unter konstantem Druck erwiesen haben. Die kondensierten Zweikomponentensysteme können dadurch eingeteilt werden in (grundlegende Definitionen in Band 1, Abschnitt 2):

1. einfache **eutektische Systeme**

2. Systeme mit Verbindungsbildung mit
   – **kongruenten Schmelzen**
   – **inkongruenten Schmelzen**
   – **Dissoziation**

3. Systeme mit **Mischkristallbildung**
   – vollständig
   – teilweise

wobei in diesen Systemen zusätzlich eine Mischungslücke in der Schmelze, Entmischung der Mischkristalle sowie Polymorphie der festen Phase möglich sind.

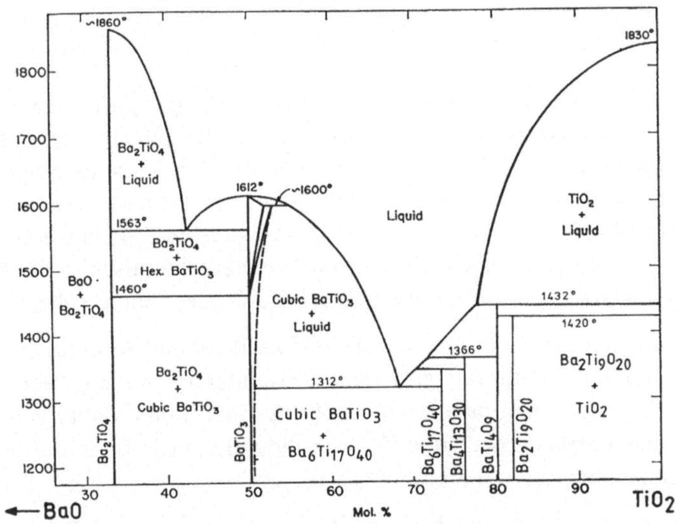

Bild 3.2   Auschnitt des Systems BaO-TiO₂ nach [55 Ras]

Während einfache eutektische Systeme im Gegensatz zu zahlreichen binären *metallischen* Systemen bei *keramischen* Werkstoffen auf wenige Oxidsysteme zumeist der Erdalkalielemente beschränkt sind, kommt den binären Systemen mit Verbindungs- und/oder Mischkristallbildung eine sehr viel größere Bedeutung zu. Bild 3.2 zeigt den TiO₂-reichen Ausschnitt des Zustandsdiagramms des BaO–TiO₂-Systems, in dem neben der kongruent schmelzenden polymorphen Verbindung $BaTiO_3$ zahlreiche TiO_2-reichere inkongruent schmelzende Verbindungen ($BaTi_2O_5$, $BaTi_3O_7$, $BaTi_4O_9$) sowie eine bis zur tiefsten eutektischen Temperatur von 1.317 °C stabile TiO_2-reiche Schmelzphase auftreten. Die Schmelze kann zur Erniedrigung der Sintertemperatur über einen Flüssigphasensinterprozeß ausgenutzt werden.

Das **inkongruente Schmelzen**, das durch Zerfall der Verbindung in eine Schmelze und in einen Festkörper mit veränderter Zusammensetzung gekennzeichnet ist, wird als **peritektische Reaktion** bezeichnet, die in vielen Keramiksystemen eine wichtige Rolle spielt. Neben der peritektischen Zerfallsreaktion können in binären Systemen noch weitere non-variante Reaktionen auftreten:

$$l \Leftrightarrow \alpha + \beta \qquad \textbf{eutektische Reaktion}$$
$$\gamma \Leftrightarrow \alpha + \beta \qquad \textbf{eutektoidische Reaktion}$$
$$l_1 \Leftrightarrow \alpha + l_2 \qquad \textbf{metatektische Reaktion}$$
$$l + \alpha \Leftrightarrow \beta \qquad \textbf{peritektische Reaktion}$$
$$\alpha + \beta \Leftrightarrow \gamma \qquad \textbf{peritektoidische Reaktion}$$
$$l_1 + l_2 \Leftrightarrow \alpha \qquad \textbf{syntektische Reaktion}$$

Die Symbole l, l_1 und l_2 bezeichnen *flüssige* Phasen (Schmelzen) während die *festen* Phasen mit α, β und γ dargestellt sind. Aus der Tabelle geht hervor, daß alle **non-varianten Reaktionen**, an denen mindestens eine flüssige Phase beteiligt ist, die Endung *-tektisch* aufweisen, während die vollständig im festen Zustand ablaufenden entsprechenden Reaktionen mit der Endung *-tektoidisch* gekennzeichnet werden. Bild 3.3 stellt als Beispiel für ein System mit zwei eutektoidischen Reaktionen das System ZrO_2-CaO dar, in dem erst oberhalb 2.250 °C eine Schmelzphase auftritt.

Die auf der ZrO_2-reichen Seite in allen ZrO_2-Modifikationen auftretende ausgedehnte Mischkristallbildung ist für die technische Anwendung von ZrO_2-Werkstoffen von großer Bedeutung. Die maximale Löslichkeit von CaO nimmt dabei von der monoklinen Tieftemperaturphase (< 2 mol.%) über die tetragonale (< 6 mol.%) zur kubischen Hochtemperaturphase (> 20 mol.%) stark zu.

Durch Lösung von CaO kann die kubische Hochtemperaturphase, die in reiner Form bei Temperaturen über 2.300 °C in die tetragonale Modifikation umwandeln würde, zu tieferen Temperaturen stabilisiert werden. Erst bei ca. 1.140 °C tritt bei einem CaO_2-Gehalt von 17 mol.% die eutektoidische Zerfallsreaktion auf

$$ZrO_2 \text{ (cub.)} - ss \rightarrow ZrO_2 \text{ (tetr.)} - ss + CaZr_4O_9$$

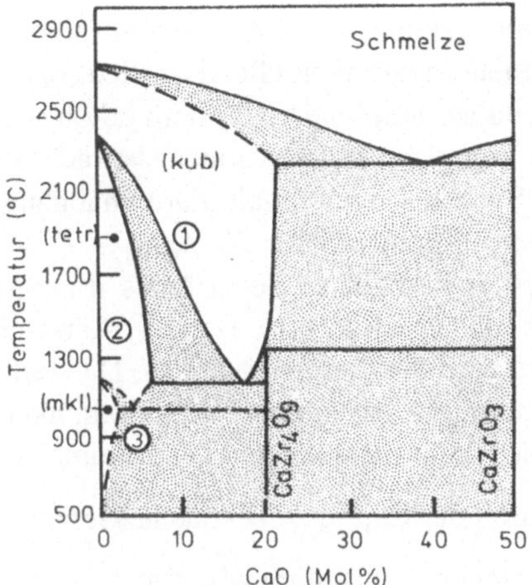

Bild 3.3   Auschnitt des Systems ZrO_2–CaO nach [78 Stu]

Die Stabilisierung der kubischen sowie der tetragonalen ZrO_2-Modifikationen z.B. durch CaO, MgO, Y_2O_3, CeO_2 etc. spielt eine wesentliche Rolle für den Einsatz von ZrO_2 sowohl als Konstruktionskeramik aufgrund hoher Bruchzähigkeit als auch als Sensorkeramik aufgrund hoher Sauerstoffionenleitfähigkeit (s. Band 3, Abschnitt 8.3). Bild 3.4 stellt mögliche Gefügevarianten von teilstabilisierten ZrO_2-Werkstoffen dar, die in Abhängigkeit vom Stabilisatorgehalt sowie den Herstellungsbedingungen (Sintertemperatur, Abkühlrate, Auslagerungstemperatur) angestrebt werden können.

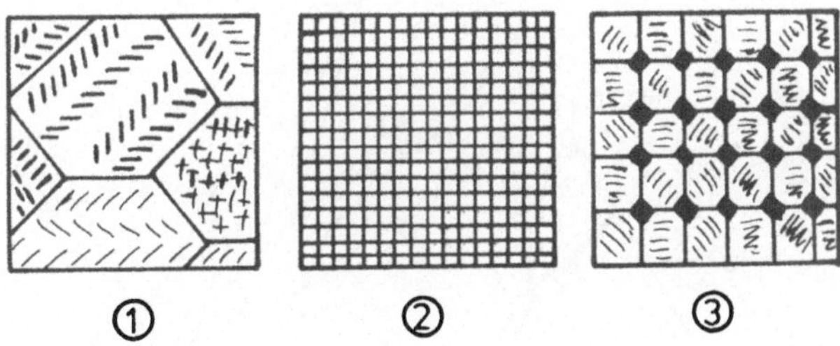

Bild 3.4   Unterschiedliche Gefügeausbildung teilstabilisierter ZrO_2-Keramik:
1: PSZ – partially stabilised ZrO_2
2: TZP – tetragonal ZrO_2-polycrystals,
3: dispersiontype ZrO_2-toughened ceramics with inter- or intragranular tetr. ZrO_2 particles nach [84 Cla]

Dreistoffsysteme (ternäre Systeme) enthalten drei unabhängige Komponenten A, B, und C. Die in einem kondensierten ternären System möglichen Gleichgewichte sind $F = 4 - P$, so daß bei einem invarianten Gleichgewicht maximal vier Phasen nebeneinander auftreten. Gegenüber dem binären System erhöht sich die Zahl der möglichen monovarianten und invarianten Reaktionen beträchtlich. Bei konstantem Druck ist in einem ternären System die maximale Zahl unabhängiger Variabler $F = 3$ (Temperatur und zwei Konzentrationsvariable $X_A + X_B + X_C = 1$). Die Darstellung der Zustandsdiagramme erfolgt deshalb in Form eines dreidimensionalen Prismas mit dem Gibbschen Dreieck als Basisflache (s. Band 1, Abschnitt 2.6). Mit steigender Komplexität der Systeme wird die dreidimensionale Darstellung aber zunehmend unanschaulich und es werden zur besseren Übersichtlichkeit zumeist spezielle Schnitte oder Projektionen des dreidimensionalen Diagramms verwendet:

– zweidimensionale Projektion der Liquidusoberfläche (Schmelzflächenprojektion);

– zweidimensionale Projektionen der Solidusoberfläche sowie der Mischkristalloberflächen;

– isotherme (horizontale) Schnitte;

– vertikale Schnitte sowie polythermale Projektionen auf das Konzentrationsdreieck des kompletten dreidimensionalen Diagramms.

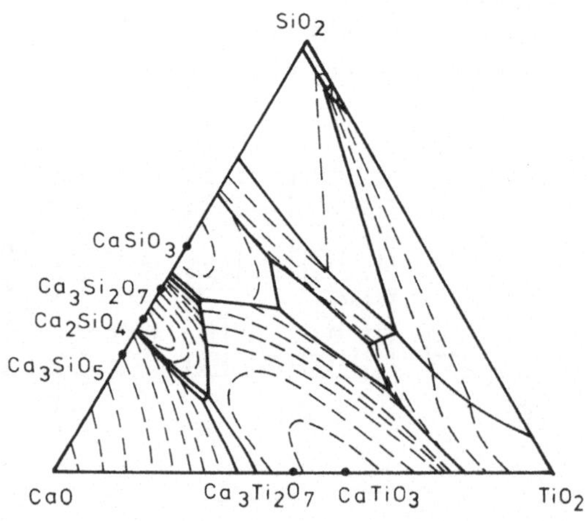

Bild 3.5   Schmelzflächenprojektion des ternären Systems CaO–TiO$_2$–SiO$_2$ [84 Hum]

Bild 3.5 zeigt als Beispiel die komplexe Schmelzflächenprojektion des keramischen Systems CaO–TiO$_2$–SiO$_2$, in dem als wichtige ternäre Phase der Perovskit (CaTiO$_3$)

auftritt, dessen Kristallstruktur von großer Bedeutung für viele Elektrokeramiken ist ($BaTiO_3$, $SrTiO_3$, $YBa_2Cu_3O_{7-x}$: siehe auch Band 1, Abschnitt 1). Gegenüber den eutektischen Temperaturen T_e der *binären* Randsysteme – $CaO–TiO_2$: 1.460 °C; $CaO–SiO_2$: 1.463 °C; $TiO_2–SiO_2$: 1.550 °C – ist das *ternäre* Eutektikum durch eine stark erniedrigte Temperatur von 1.318 °C gekennzeichnet.

Horizontale (isotherme) Schnitte durch das dreidimensionale ternäre Zustandsdiagramm lassen die Phasengleichgewichtsverhältnisse bei einer bestimmten Temperatur z.B. der Sinter- oder Auslagerungstemperatur erkennen. Der Löslichkeitsbereich von auftretenden Schmelzphasenbereichen sowie die Mengenanteile der mit einer Schmelzphase im Gleichgewicht stehenden festen Phasen können hieraus graphisch bestimmt werden. Bild 3.6 zeigt als Beispiel den isothermen Schnitt bei 1.395 °C des in Bild 3.5 dargestellten $CaO–TiO_2–SiO_2$-Systems.

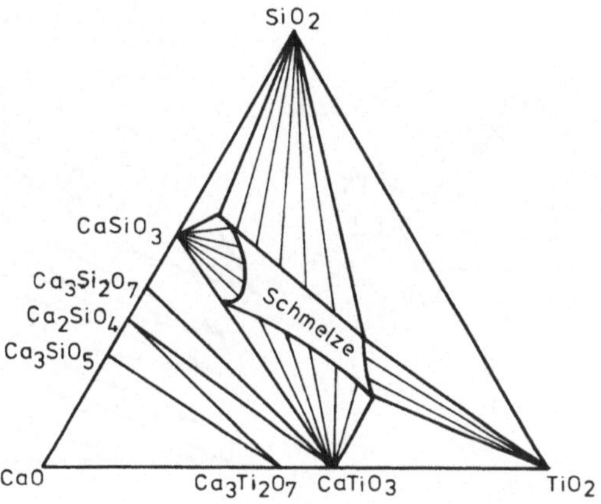

Bild 3.6   Horizontaler (isothermer) Schnitt des Systems $CaO–TiO_2–SiO_2$ bei 1.395 °C nach [84 Hum]

Die Zusammensetzungen der bei 1.395 °C mit den festen Phasen im Gleichgewicht stehenden flüssigen Phase sind durch die *Konoden* festgelegt. Die Mengenanteile der im Gleichgewicht stehenden Phasen ergeben sich wiederum aus der Betrachtung des Konodendreiecks, dem zweidimensionalen Analogon des Hebelgesetzes (Band 1, Abschnitt 2.4).

In **Vierstoffsystemen (quaternären Systemen)** können unter konstantem Druck maximal Phasengleichgewichte mit 5 Phasen auftreten ($P = 5 - F$). In Erweiterung der dreidimensionalen Prismendarstellung ternärer Systeme können quaternäre Systeme beispielsweise als isotherme Konzentrationstetraeder dargestellt werden. Gegenüber ternären Systemen werden die Varianzen der Phasengleichgewichte um eins erhöht, d.h. der invariante Punkt im ternären System wird zur monovarianten Linie im quaternären System, isotherme Linien werden zu isothermen Oberflächen und Kompatibilitätsdreiecke werden zu Kompatibilitätstetraedern. Bei Zusammensetzungen innerhalb eines Tetraeders stehen vier kondensierte Phasen miteinander im Gleichgewicht, auf den Tetraederseiten drei und auf den Tetraederkannten zwei. Bild 3.7 zeigt die Vierphasengleichgewichtskörper (Kompatibilitätskörper) des Systems $CaO–MgO–SnO_2–TiO_2$, das insbesondere für Elektrokeramiken von Bedeutung ist (Titanate, Stannate).

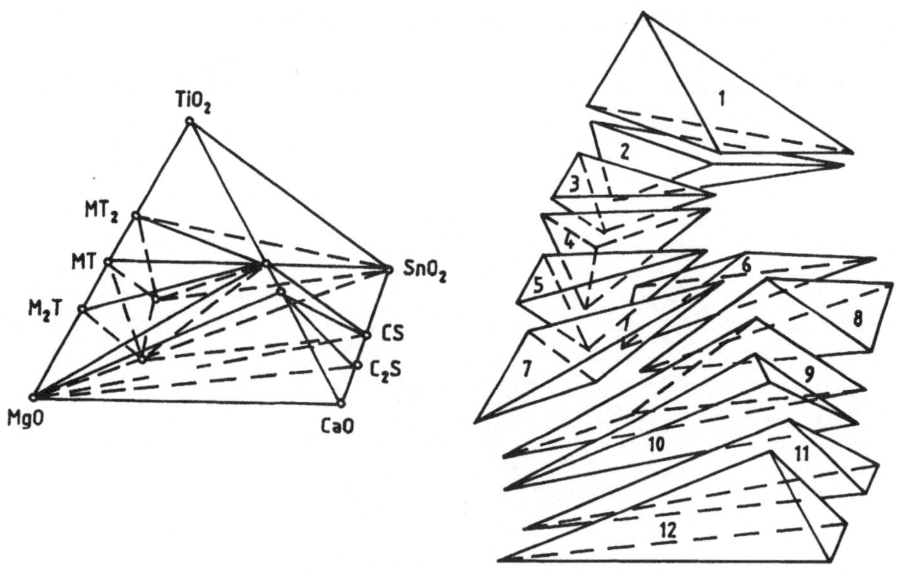

Bild 3.7   Vierphasengleichgewichtsräume im System $CaO\text{-}MgO\text{-}SnO_2\text{-}TiO_2$
nach [84 Hum] ($C = CaO$, $M = MgO$, $S = SnO_2$, $T = TiO_2$)

Ein quaternäres System, das wegen seiner ausgedehnten Mischkristallbildung große Bedeutung in der technischen Keramik gewonnen hat, ist das System $Si_3N_4–AlN–Al_2O_3–SiO_2$ (Si–Al–O–N), in dem $\beta\text{–}Si_3N_4$ durch diadochen Ersatz von Si durch Al und N durch O einen Mischkristall mit konstantem Kationen- zu Anionenverhältnis von 3 : 4 bildet. Die Mischkristallbildung wird gezielt zur Verbesserung der Sintereigenschaften sowie wichtiger Werkstoffeigenschaften, wie insbesondere der Hochtemperaturkriech- und -oxidationsbeständigkeit sowie der Thermoschockfestigkeit ausgenutzt. Tritt ein weiteres Element wie beispielsweise Li, Mg, Y, etc. hinzu, wird das quaternäre zum **quinären System** erweitert, dessen vereinfachte isotherme, isobare Darstellung nun in Form eines dreidimensionalen Konzentrationsprismas erfolgt. Bild 3.8 stellt als Beispiel das Konzentrationsprisma des Systems

Si$_3$N$_4$–AlN–Al$_2$O$_3$–SiO$_2$–BeO–Be$_3$N$_2$ (Si–Al–Be–O–N) dar, in dem eine ausgedehnte Mischkristallbildung (schraffierte Fläche) auf einer Konzentrationsebene mit konstantem Kationen- zu Anionenverhältnis von 3 : 4 auftritt.

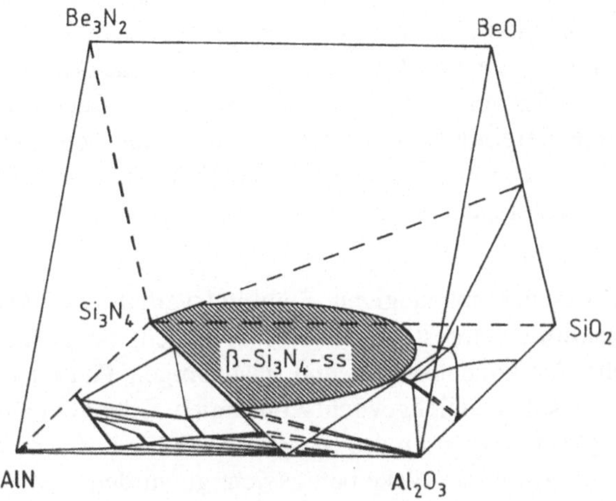

Bild 3.8   Isothermes, isobares Zustandsdiagramm des Systems Si$_3$N$_4$–AlN–Al$_2$O$_3$–SiO$_2$–BeO–Be$_3$N$_2$ bei 1.750 °C nach [81 Wei]

3.3 Systeme mit einer Gasphase

Bei hohen Herstellungs- bzw. Anwendungstemperaturen sowie niedrigen Drücken nimmt der Einfluß der Gasphase auf die Phasengleichgewichtseinstellung zu. Durch Abdampfung bzw. Zersetzung kann es zu einer Änderung der Zusammensetzung des kondensierten Systems sowie seiner Phasenzusammensetzung kommen. Oxide zersetzen sich in Suboxide oder das Metall und Sauerstoff, wie die nachfolgenden möglichen Reaktionen für das Beispiel SiO$_2$ zeigen [85 Lou]:

$$SiO_2(l) \Rightarrow Si(l) + O_2(g) \qquad \log K = -15{,}68 \ (1900\ K) \qquad (3.6a)$$

$$2\,SiO_2(l) \Rightarrow SiO(g) + O_2(g) \qquad -17{,}50 \qquad (3.6b)$$

$$SiO_2(l) \Rightarrow SiO_2(g) \qquad -7{,}30 \qquad (3.6c)$$

$$Si(l) \Rightarrow Si(g) \qquad -4{,}92 \qquad (3.6d)$$

Die Gleichgewichtskonstante K ist gegeben durch

$$K = \frac{\prod^P a_i^{n_i}}{\prod^R a_i^{n_i}} \tag{3.7}$$

wobei a_i die Aktivitäten bzw. bei gasförmigen Species ihre Partialdrucke der Produkte (P) und Reaktanten (R) sind und n_i die stöchiometrischen Koeffizienten darstellen. Für höherkomponentige Phasen ist eine steigende Anzahl möglicher Zersetzungsreaktionen im Gesamt- und in den niederkomponentigen Randsystemen zu berücksichtigen. Eine Vereinfachung ergibt sich durch die berechtigte Annahme, daß das entstehende Metall in seiner kondensierten Form (l, s) auftritt und daß zumeist monomere Gasspecies gegenüber di- oder trimeren Species sowie Radikalen dominieren.

Die isothermen gasphasenabhängigen Stabilitätsverhältnisse können durch **Verdampfungsdiagramme** dargestellt werden, in denen die *partialdruckabhängigen* Stabilitätsbereiche der kondensierten und gasförmigen Phasen eingezeichnet sind. Bild 3.9 zeigt das aus den Gleichgewichtskonstanten K der Gleichungen (3.6 a-d) berechnete Verdampfungsdiagramm des Systems Si-O für 1.900 K, wobei nur die Einflüsse der SiO- und O_2-Partialdrücke berücksichtigt wurden.

Eine Besonderheit des Si-O-Systems ist die über einen weiten p_{O2}-Bereich sich erstreckende Stabilität des SiO(g), die für die aktive Oxidation von Si-Oberflächen große Bedeutung hat

$$2\,Si(s) + O_2\,(g) \rightarrow 2\,SiO(g) \tag{3.8}$$

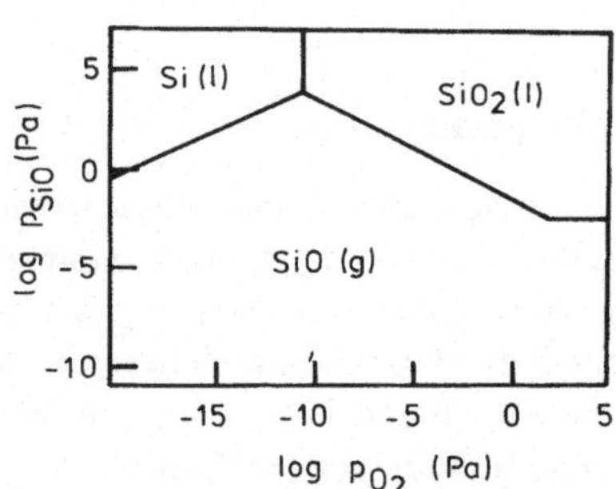

Bild 3.9   Isothermes Verdampfungsdiagramm des Systems Si-O bei 1900 K: p_{SiO} und p_{O2} stellen die Partialdrücke der entsprechenden Gasspecies dar.

Während die aktive Oxidation zu einem Gewichts*verlust* führt, weist die passive Oxidation eine Gewichts*zunahme* auf

$$Si(s) + O_2(g) \rightarrow SiO_2(s) \tag{3.9}$$

Der Übergang aktiv-passiv erfolgt bei einem kritischen p_{O2}, bei dem eine weitere Verdampfung von SiO(g) durch Bildung eines passivierenden SiO_2(s)-Films unterbunden wird. Aus dem Verdampfungsdiagramm können die kritischen Partialdruckbedingungen für diesen Übergang direkt entnommen werden. Im ternären Si–O–N-System, das für die Oberflächenbeschichtung sowie als optischer Wellenleiter auf Si von Bedeutung ist, werden die Stabilitätsbereiche der möglichen kondensierten Phasen SiO_2, Si_3N_4 und Si_2N_2O außer vom Sauerstoff zusätzlich vom Stickstoffpartialdruck bestimmt, s. Bild 3.10.

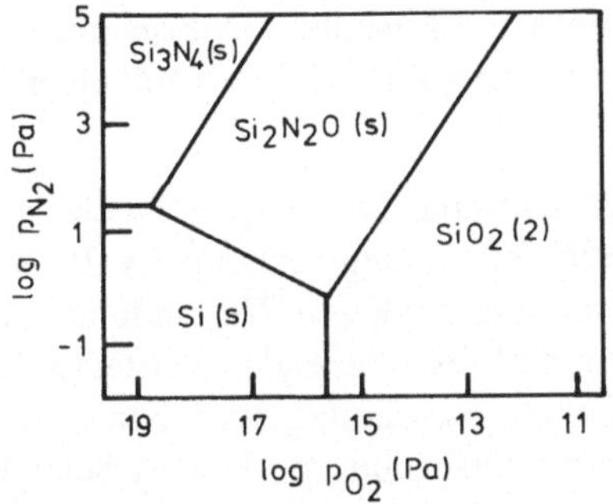

Bild 3.10   Isothermes Phasenstabilitätsdiagramm des Si-O-N-Systems bei 1600 K nach [76 Sin]

Komplexe Systeme wie das in Bild 3.10 dargestellte Dreistoffsystem können nur mit großem Aufwand experimentell aufgestellt werden. Thermodynamische Berechnungsverfahren zur Untersuchung und Simulation von Phasengleichgewichten gewinnen deshalb insbesondere für höherkomponentige Systeme an Bedeutung. Mit der Erstellung einer breiteren thermodynamischen Datenbasis sowie der Entwicklung geeigneter thermodynamischer Rechenverfahren werden thermodynamische Berechnungen zur Erstellung und Optimierung komplexer Zustandsdiagramme in keramischen Werkstoffen zunehmend eingesetzt. Ausgehend von der Konzentrationsabhängigkeit der gesamten freien Enthalpie G eines Systems, Gl. (3.1), wird durch systematische Variation der Zusammensetzung bei vorgegebenem Druck und Temperatur der Zustand mit der niedrigsten freien Enthalpie berechnet, bei dem die Gesamtzusammensetzung X_i^0 die Gleichgewichtsbedingung

$$\left[\frac{\partial G}{\partial X_i}\right]_{X_i^0,\, T,\, p} = 0 \ \ \text{bzw.} \ \ \mu_i^{\alpha} = \mu_i^{\beta} = \mu_i^{\gamma} = \dots \tag{3.10}$$

erfüllt. Beispielsweise können mit dem Rechenprogramm SOLGASMIX Systeme mit bis zu 15 Elementen und 20 Phasen mit bis zu 120 Komponenten berechnet werden [76 Eri].

3.4   Ungleichgewichte

Die Kinetik von Festkörperreaktionen und Phasenübergängen kann die Einstellung des Zustandes niedrigster Gibbscher freier Energie von Phasengleichgewichten in vielen Keramiksystemen verhindern, d.h. es werden metastabile Ungleichgewichte gebildet. Neben zonar aufgebauten Mischkristallen, inhomogener Element-, Phasen- sowie Korngrößenverteilung ist auch das Auftreten *amorpher* Korngrenzenphasen auf kinetisch bedingte Nichtgleichgewichtszustände zurückzuführen. Beispielsweise können inhomogen aufgebaute Mischkristalle sowie in den Korngrenzen erstarrte Glasphasen beim Flüssigphasensintern einer Keramik mit einer transienten Schmelze entstehen, s. Bild 3.11.

Für eine Zusammensetzung X^o tritt eine transiente Schmelze L dann auf, wenn bei der Sintertemperatur T_s die Schmelzbildungsreaktion (A+B $\rightarrow$ L) schneller als die Festphasenbildungsreaktion der intermediären Verbindung (A + B $\rightarrow$ AB$_y$) ist. Durch unvollständigen Ablauf der abschließenden peritektischen Bildungsreaktion (L + A $\rightarrow$ AB$_y$) kann es dann zur Ausbildung stark zonar aufgebauter Kristallisationsprodukte kommen, wenn die Diffusion von B in A behindert ist (Segregation) sowie zur Erstarrung der B-reichen Restschmelze als Glas.In Mehrkomponentensystemen gibt es zahlreiche Möglichkeiten der Entstehung von Ungleichgewichten in kondensierten Systemen, von denen einige nachfolgend aufgeführt sind.

Reaktion	binär	ternär
eutektisch	A + B $\Leftrightarrow$ L	A + B + C $\Leftrightarrow$ L AB + B + C $\Leftrightarrow$ L A + AB + ABC $\Leftrightarrow$ L
peritektisch	ABC $\Leftrightarrow$ A + L	AB + A + B $\Leftrightarrow$ L AC + BC + C $\Leftrightarrow$ L AB + ABC + C $\Leftrightarrow$ L
eutektisch	AB $\Leftrightarrow$ L$_1$ + L$_2$	AB $\Leftrightarrow$ L$_1$ + L$_2$ + L$_3$
Dissoziation	AB $\Leftrightarrow$ A + B	A + B + C $\Leftrightarrow$ L

Während des Aufheizens oder Abkühlens bei diesen invarianten Punkten muß die Zeit lang genug für einen vollständigen Reaktionsablauf sein. Ist die Temperaturänderung zu schnell, treten metastabile Ungleichgewichte auf und die entstehenden Werkstoffgefüge sind stark von den Herstellungsbedingungen abhängig.

Das Auftreten einer Schmelzphase stellt in vielen keramischen Werkstoffen eine notwendige Voraussetzung dar, um durch Flüssigphasensintern ein dichtes Werkstoffgefüge mit reproduzierbaren Eigenschaften erzeugen zu können. Die Kristallisation insbesondere silikatischer Schmelzen läuft jedoch zumeist so langsam ab, daß unter technisch realisierbaren Abkühlraten ein großer Schmelzanteil als Glas eingefroren wird.

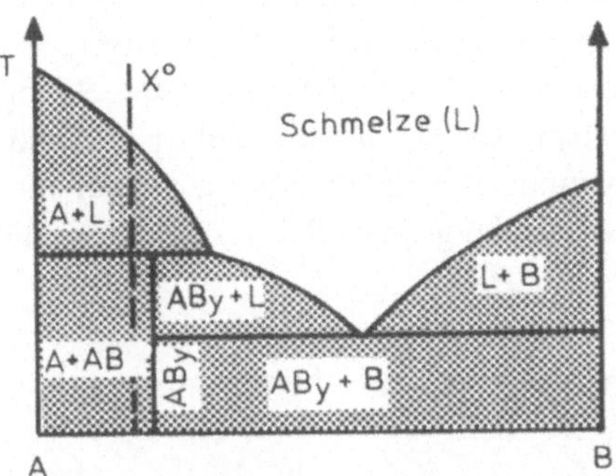

Bild 3.11   Sintern mit transienter Schmelze in einem peritektischen System

Die Glasbildung tritt insbesondere in Silikatsystemen auf, in denen die Viskosität der stark vernetzten Silikatschmelzen eine vollständige Auskristallisation (Devitrifikation) verhindert. Verstärkt wird dieser Effekt durch die Tendenz zur Flüssigphasenentmischung insbesondere in Alkali- und Erdalkalisilikatschmelzen in eine SiO_2-reiche und in eine silikatreiche Schmelze, s. Bild 3.12. Unterhalb der Liquiduslinie können metastabile Entmischungserscheinungen in bestimmten Silikatschmelzen wie beispielsweise $BaO–SiO_2$ auftreten.

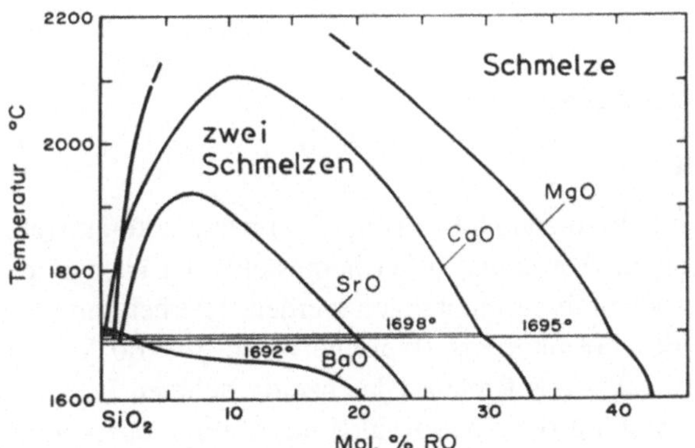

Bild 3.12   Entmischungstendenz in Erdalkalisilikat-Schmelzen

Die Glasphase kann nach dem Abkühlen von der Herstellungstemperatur isoliert an Tripelpunkten, s. Bild 3.13a, oder bei vollständiger Benetzung der gesamten Kornoberfläche als amorphe Filme in den Korngrenzen auftreten, s. Bild 3.13b. Kerami-ken, bei denen amorphe Korngrenzenphasen auftreten, sind z.B. Al_2O_3, MgO, NiO, ZnO, ZrO_2, $BaTiO_3$, $SrTiO_3$, $SrFe_{12}O_{19}$, $(Mn,Zn)Fe_2O_4$, Si_3N_4, AlN etc.. Hervorge-rufen zumeist durch oxidische Verunreinigungen sowie sinteraktivierende Zusätze in den pulverförmigen Ausgangsstoffen (SiO_2, PbO, Bi_2O_3, B_2O_3), übt die amorphe Korngrenzenphase insbesondere bei vollständiger Benetzung der Kornoberflächen einen starken Einfluß beispielsweise auf die elektrische und thermische Leitfähig-keit, die Durchbruchsspannungsfestigkeit, aber auch auf die mechanischen Eigen-schaften (Kriechbeständigkeit, langsames Rißwachstum, Ermüdungsverhalten) aus.

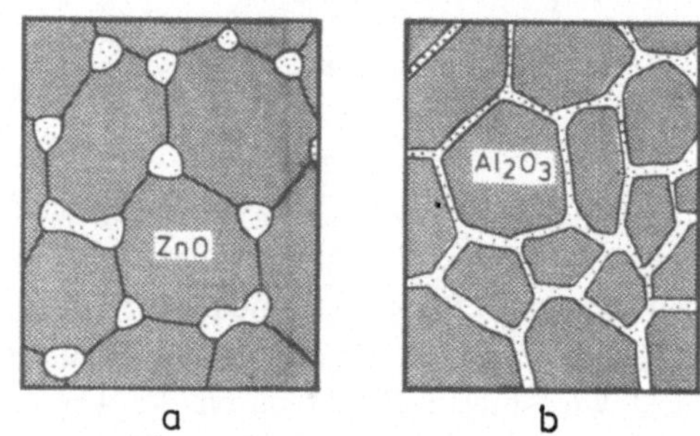

Bild 3.13   Korngrenzenstruktur gesinterter Keramiken mit amorphen Phasen in
                 a) $ZnO–Bi_2O_3$ und b) $Al_2O_3–SiO_2$

4   Gefügeausbildung

4.1   Verdichtung

Aufgrund ihrer hohen Schmelzpunkte (Tabelle 3.1) werden keramische Bauteile zu-meist aus pulverförmigen Ausgangsstoffen hergestellt, die nach ihrer Formgebung einer Hochtemperaturbehandlung unterzogen werden. Hierbei kann je nach der vor-handenen **Porosität** des Formkörpers (typischerweise 30...60 Vol%) eine **lineare Schrumpfung** von 10...25 % auftreten. Gleichzeitig nehmen Dichte und Festigkeit zu, die Form und Verteilung der Phasen, also das Gefüge des keramischen Werk-stoffs und damit die gewünschten technologischen Eigenschaften, werden eingestellt. Dieser Vorgang wird als **Sintern** bezeichnet (s. Band 1, Abschnitt 3.3). Das Sintern umfaßt je nach Schmelzphasenanteil im Werkstoff (die im folgenden eingeklammer-ten Nummern beziehen sich auf Bild 4.1) im wesentlichen die folgenden grundlegen-den Prozesse:

– **Festphasensintern** unterhalb des Schmelzpunktes der am niedrigsten schmelzenden Komponente (in einem Ein- (1) und in einem Zweiphasensystem (2));

– **Flüssigphasensintern** mit einem geringen Schmelzanteil oberhalb der tiefsten eutektischen bzw. Schmelztemperatur (3) sowie **Sintern durch viskoses Fließen** eines hohen Schmelzanteils (4).

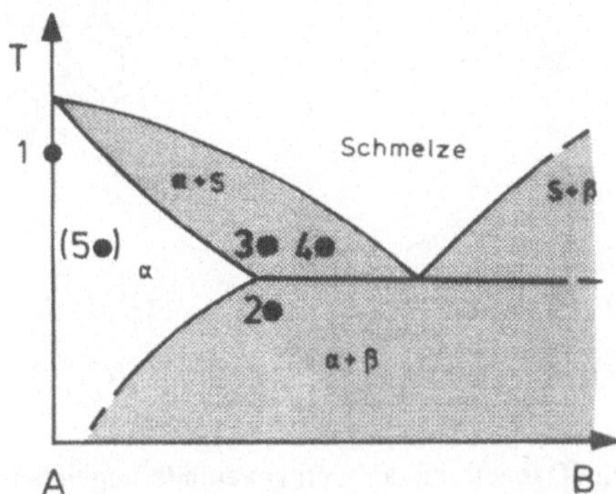

Bild 4.1   Schematische Darstellung des Zusammenhangs zwischen Zustandsdiagramm und Sintermechanismen

Das Festphasensintern in Einstoffsystemen erfordert hohe Temperaturen > 2/3 T_m und wird vor allem zur Herstellung *hochreiner* Keramiken ausgenutzt wie z.B. Al_2O_3 für optische sowie medizinische oder Ferrite für magnetische Anwendungen. Das Flüssigphasensintern wird in Mehrkomponenten-Mehrphasensystemen zur *Herabsetzung der hohen Sintertemperaturen* eingesetzt, wobei aber zumeist ein Teil der Schmelze beim Abkühlen nicht kristallisiert sondern als *Glasphase* in den Korngrenzen der Matrixphase erstarrt wie z.B. in Si_3N_4- oder $BaTiO_3$-Keramiken.

In Systemen mit Verbindungs- oder Mischkristallbildung kann durch kinetische Behinderung des Konzentrationsausgleiches in der Fest- oder in der Schmelzphase beim Aufheizprozeß ein **Reaktionssinterprozeß** mit einer Übergangsschmelze auftreten (5) (s.a. Abschnitt 3.4, Ungleichgewichte, Bild 3.12), der zur Bildung zonar aufgebauter Kristalle führen kann. Bild 4.2 faßt schematisch die für den jeweiligen Sinterprozeß charakteristischen Gefügeveränderungen zusammen.

Beim Sintern wird Porenvolumen und damit freie **Kornoberfläche** (A_{sv}) abgebaut, gleichzeitig aber neue **Korngrenzenfläche** (A_{gb}) gebildet, die durch Kornwachstum wiederum verringert wird. Triebkraft für das Sintern wie für das Kornwachstum in einem homogenen System ist die *Verringerung der Oberflächen-* (γ_{sv}) *und Korngrenzenenergie* (γ_{gb}), die zu einer Erniedrigung der gesamten freien Enthalpie (∂G) des Sinterkörpers führt

$$\partial G = -\partial \int \gamma_{sv} dA_{sv} + \partial \int \gamma_{gb} dA_{gb} \tag{4.1}$$

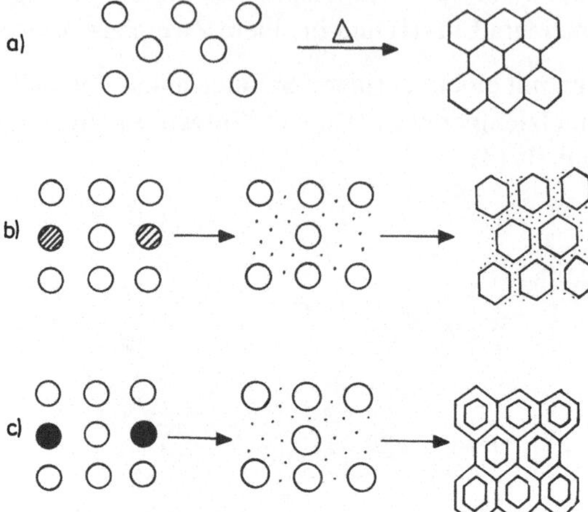

Bild 4.2   Schematische Darstellung der Gefügeveränderungen beim
a) Festphasen-,
b) Flüssigphasen- und
c) Reaktionssintern mit einer Übergangsschmelze.

Zu den grenzflächenenergetischen Triebkräften können chemische (bei Mehrstoffsystemen mit *Verbindungs-* oder *Mischkristallbildung*) sowie mechanische (beim Heiß- oder Heißisostatischen Pressen) Beiträge hinzukommen, die den Verdichtungsprozeß weiter beschleunigen können. Vereinfachend können die beim Sintern auftretenden Gefügeveränderungen auf drei wesentliche Sinterstadien zurückgeführt werden (Bild 4.3):

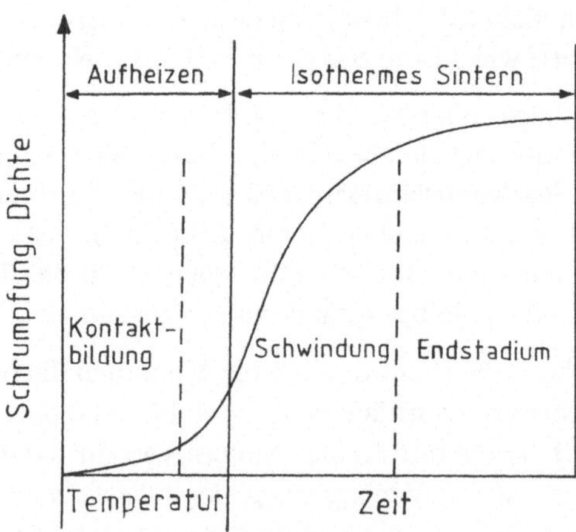

Bild 4.3   Schrumpfung und Dichteänderung beim isothermen Sintern pulverförmiger Formkörper

a) Anfangsbereich mit **Halsbildung** sowie **Teilchenumordnung**

b) Zwischenbereich mit **Schrumpfung des kontinuierlichen Porenraumes** mit normalem Kornwachstum (Festphasensintern) bzw. Lösung-Diffusion-Wiederausscheidung (Flüssigphasensintern)

c) Endstadium mit **Koaleszenz und Elimination intergranularer isolierter Poren** sowie beschleunigtem Kornwachstum.

Eine merkliche Schrumpfung tritt bei allen Stadien (außer Teilchenumordnung) nur dann ein, wenn Material aus dem Korngrenzenbereich an die benachbarte Porenoberfläche transportiert wird (bzw. Leerstellen von der Pore in die Korngrenze diffundieren). Dies ist nur durch Korngrenzen- oder Volumendiffusion bzw. viskoses Fließen einer Schmelze, nicht jedoch durch Oberflächendiffusion oder Gasphasentransport möglich, s. Bild 4.4.

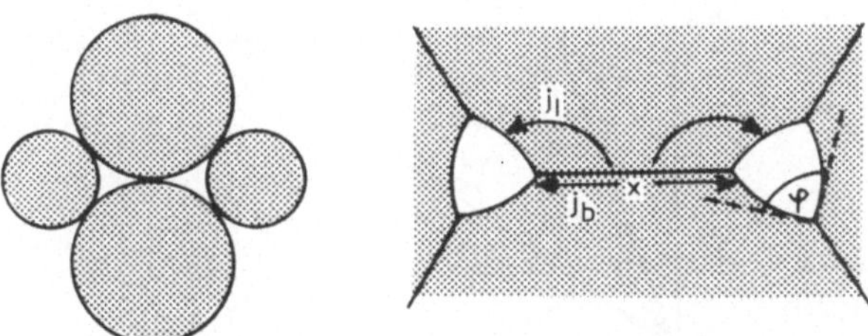

Bild 4.4   Materialtransportmechanismen bei der Pulververdichtung (j_b: Teilchenstrom entlang der Kontaktkorngrenze (Korngrenzendiffusion), j_l: Teilchenstrom durch das Kristallgitter (Volumendiffusion))

Für den Fall ausschließlichen Korngrenzentransports wird der Materialfluß j_b aus der Korngrenze in eine benachbarte Pore beschrieben durch

$$j_b = -\frac{D_b \cdot \delta}{\Omega \cdot kT} \Delta\mu \qquad (4.2)$$

wobei δ die effektive Dicke der Korngrenze und D_b sowie Ω der Diffusionskoeffizient und das Atomvolumen der in der Korngrenze transportierten Spezies sind. *Triebkraft für den Materialtransport ist die Differenz des chemischen Potentials $\Delta\mu$* (bzw. allgemein der Gradientgrad μ) der Atome zwischen Korngrenze und Porenoberfläche. Ohne äußere Spannungen wird die Differenz $\Delta\mu$ des chemischen Potentials durch die Oberflächen- (γ_{sv}) und Grenzflächenspannungen (γ_{gb}) sowie die Korngröße d und den Porenradius r_p der Pore bestimmt:

$$\Delta\mu = \Omega \left[\frac{2\gamma_{gb}}{d} - \frac{2\gamma_{sv}}{r_p} \right] = \Omega \cdot \sigma_0 \qquad (4.3)$$

Durch eine von außen zusätzlich zur Korngrenzennormalspannung (Druck) σ_0 einwirkende Spannung σ_{appl} (z.B. **Heißpreßdruck**) kann die Potentialdifferenz vergrößert werden bzw. durch entgegengesetzt gerichtete Zugspannungen z.B. durch eine transiente hydrostatische Gegenspannung σ_{hydr} um nicht-sinternde Einschlüsse verkleinert werden

$$\Delta\mu = \Omega \cdot \left(\sigma_0 + \sigma_{appl} - \sigma_{hydr} + -...\right) \tag{4.4}$$

Bei der makroskopischen analytischen Beschreibung des Sinterprozesses werden zumeist die beiden Fälle des **isothermen** sowie **nicht-isothermen Sinterns** unterschieden. Das nicht-isotherme Sintern kann mit konstanter oder auch variabler Aufheizrate durchgeführt werden (Bild 4.5).

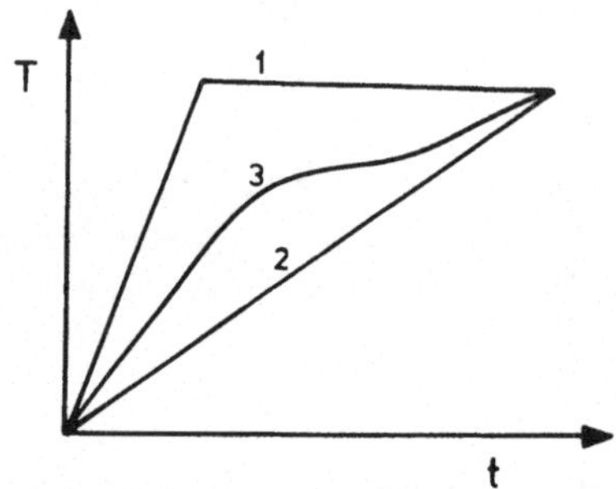

Bild 4.5   Temperaturverlauf beim isothermen (1) sowie nicht-isothermen Sintern mit konstanter (2) und variabler Aufheizrate (3)

Für diffusionskontrolliertes isothermes Sintern folgt die lineare Schrumpfungsrate $-dl/ldt$ der Beziehung [92 Han]

$$-\frac{dl}{ldt} = K_1 \left[\frac{D_v f_v(\rho)}{d^3} + \frac{D_b f_b(\rho)}{d^4}\right] \tag{4.5}$$

wobei $f_v(\rho)$ und $f_b(\rho)$ von der Dichte ρ sowie der spezifischen Mikrostruktur (Porengröße, -verteilung) abhängige Funktionen für Volumen- (D_v) bzw. Korngrenzendiffusion (D_b) sind, die den jeweiligen Bereich des Sinterstadiums berücksichtigen. d ist die Korngröße und die Konstante K_1 ist gegeben durch

$$K_1 = \frac{\gamma\Omega}{kT} \tag{4.6}$$

Dominiert der Materialtransport über die Korngrenzen, kann der Volumendiffusionsterm in der Klammer von Gl. (4.5) vernachlässigt werden und die Schrumpfungsrate ist proportional $1/d^4$.

Für den Fall eines durch Korngrenzendiffusion bestimmten Schrumpfungsprozesses bedeutet dies, daß besonders feinkörnige Ausgangspulver mit geringer Korngröße d günstige Voraussetzungen für eine rasche Verdichtung bieten.

Für das *Endstadium* des Sinterns, d.h. bei mehr als 95% relativer Dichte, wurden verschiedene Modelle für die Auflösung geschlossener intergranularer Poren entwickelt. In ihnen wird die Abnahme des Porenradius r_p als Funktion des Korngrenzendiffusionskoeffizienten D_b sowie der Oberflächenspannung γ_{sv} und eines von außen einwirkenden Druckes p dargestellt wie z.B. in der Beziehung nach Greenwood [77 Gre]

$$\frac{dr_p}{dt} = -\frac{\delta \cdot D_b \cdot \Omega}{2k \cdot T \cdot r_p^2} \cdot \left[p + \frac{2\gamma_{sv}}{r_p} \right] \tag{4.7}$$

Alle empirisch abgeleiteten Sintergesetze gehen jedoch von stark vereinfachten geometrischen Modellannahmen aus und lassen sich deshalb kaum zur physikalischen Interpretation, sondern eher zur einfachen Beschreibung experimenteller Daten und zur Abschätzung des Sinterverhaltens durch Extrapolation auf andere Sinterbedingungen verwenden.

Das Verdichtungsverhalten technischer Keramik kann insbesondere bei hohen Sintertemperaturen stark vom Gasphasentransport beeinflußt werden, was durch den zumeist zu beobachtenden Gewichtsverlust deutlich wird. Insbesondere bei Anwesenheit von H_2O-Dampf oder Halogenwasserstoff führt die Bildung von gasförmigen Oxiden wie z.B. SiO, sowie flüchtiger Halogenide wie z.B. $TiCl_4$, $ZrCl_4$ etc., zu einem entsprechenden Gasphasentransport

$$ZnO(s) + H_2(g) \longrightarrow Zn(g) + H_2O(g)$$

$$MgO(s) + H_2(g) \longrightarrow H_2O(g) + Mg(g)$$

$$Al_2O_3(s) + H_2(g) \longrightarrow 2\,Al_2O(g) + H_2O(g)$$

$$TiO_2(s) + 4\,HCl(g) \longrightarrow TiCl_4(g) + 2\,H_2O\,(g)$$

$$Si(s) + SiO_2(s) \longrightarrow 2\,SiO(g)$$

$$SiC(s) + SiO_2(s) \longrightarrow 3\,SiO(g) + CO(g)$$

Der Gasphasentransport übt durch *Verhinderung der Verdichtung* einen signifikanten Einfluß auf die Gefügeausbildung aus. Er führt darüberhinaus zum Kornwachstum und zur **Ostwaldreifung** (Auflösung kleiner Teilchen auf Kosten großer) während des Anfangs- und Zwischenstadiums des Sinterns. Für die Zunahme des mittleren Teilchendurchmessers $\bar{d}$ durch Gasphasentransport gilt hierbei [64 Nie]

$$\bar{d}^3 = \frac{8D \cdot \gamma_{sv}\Omega^2}{9(k \cdot T)^2} \cdot p_0 \cdot t \tag{4.8}$$

wobei p_0 der Partialdruck der Gasspezies ist. Durch die mit dem Kornwachstum verbundene Verkleinerung der Oberfläche wird die Verdichtungsgeschwindigkeit weiter herabgesetzt.

4.2   Kornwachstum

Beim isothermen Sintern kann für das Endstadium die Zunahme des Korndurchmessers d durch Potenzgleichungen der Form

$$d^n - d_0^n = K_2 \cdot (t - t_0)\qquad(4.9)$$

beschrieben werden, worin d die Korngröße zur Zeit t und d_0 eine Referenzkorngröße zur Zeit t_0 sind. Die Potenzgröße n charakterisiert wiederum den Mechanismus des Kornwachstums (Tabelle 4.1).

Tabelle 4.1   Korngrößenexponenten für unterschiedliche Kornwachstumsmechanismen im Endstadium des Sinterns

Mechanismus	n
unbehindertes Wachstum	2
Korngrenzensegregation gelöster Atome	2
Schmelzphase: Lösung-Wiederausscheidung	2
Schmelzphase: Diffusion	3
Porenbewegung: Gitterdiffusion	3
Porenbewegung: Oberflächendiffusion	4
Porenbewegung: Gasphasentransport	3

K_2 ist die temperaturabhängige Geschwindigkeitskonstante, die für normales Kornwachstum von der **Korngrenzenbeweglichkeit** M und der Korngrenzenenergie γ_{gb} abhängt:

$$K_2 = 2M \cdot \gamma_{gb}\qquad(4.10)$$

Für unbehindertes Wachstum ist die intrinsische Beweglichkeit M durch die Korngrenzendiffusion D_b von Atomen über die Korngrenze der Dicke δ hinweg gegeben [84 Gla]:

$$M = \frac{D_b \cdot \Omega}{\delta \cdot k \cdot T}\qquad(4.11)$$

Durch Wechselwirkung der Korngrenze mit gelösten Fremdatomen, sekundären amorphen und kristallinen Korngrenzenphasen sowie Poren kann sie stark herabgesetzt werden. Bei gleicher Temperatur wurden beispielsweise Werte von M für

Al_2O_3 bzw. MgO gefunden, die um den Faktor 10^2 bzw. gar um 10^4 auseinanderliegen. Bild 4.6 zeigt die Korngrenzenbeweglichkeit M verschieden dotierter Keramikwerkstoffe als Funktion der Temperatur.

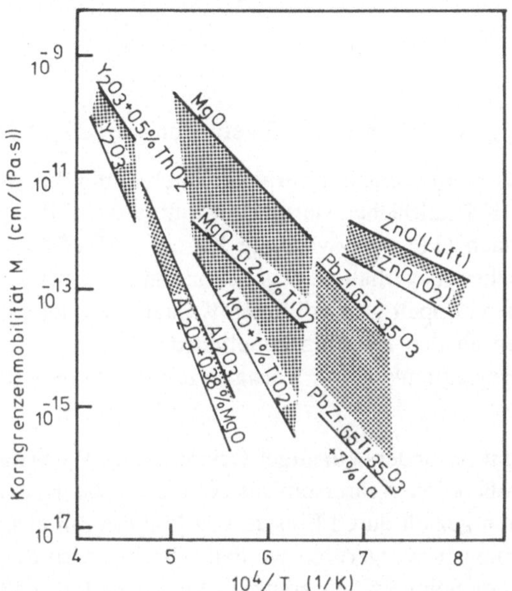

Bild 4.6   Korngrenzenbeweglichkeit M verschiedener reiner und dotierter Keramiken nach [76 Yan]

Bei hochreinen Keramiken kommt der Korngrenzensegregation gelöster Verunreinigungs- bzw. Dotierungsatome besondere Bedeutung für das Kornwachstum zu. Beispielsweise wird das Kornwachstum beim Sintern von Al_2O_3 für optische Zwecke durch MgO-Zusätze kontrolliert. In ZrO_2 wird M durch Segregation von di- und trivalenten Kationen herabgesetzt, wobei der Effekt mit steigender Kationengröße zunimmt. Tetra- und pentavalente Kationen hingegen werden nicht an den Korngrenzen segregiert und führen im Gegenteil zu einer Erhöhung von M. Für Ce^{4+}-stabilisiertes tetragonales ZrO_2 nimmt beispielsweise die Korngröße in folgender Reihenfolge zu

$$Ca^{2+} < Mg^{2+} < Y^{3+} < Yb^{3+} < Sc^{3+} < Ce^{4+}(d_0) < Ti^{4+} < Ta^{5+} < Nb^{5+}$$

Neben Zusätzen, die an der Korngrenze segregieren, in einer intergranularen Schmelzphase gelöst werden und über die Zusammensetzung der Schmelze das Kornwachstumsverhalten durch Veränderung der Löslichkeit sowie der Diffusionseigenschaften beeinflussen, können auch *kristalline Korngrenzenausscheidungen* oder *feste Teilchen* die Beweglichkeit der Korngrenze durch sog. **pinning** stark herabsetzen. Für einen Volumenanteil f von Einlagerungsteilchen mit dem Radius r_t ergibt sich eine begrenzende Korngröße d der Matrixphase

$$d = g\frac{r_t}{f} \tag{4.12}$$

wobei für die Konstante g Werte von 1/6 - 4/3 gefunden wurden [65 Hil, 87 Rio].

Darüber hinaus kann das Kornwachstumsverhalten auch durch die Wachstumsanisotropie unterschiedlicher Kristallflächen stark beeinflußt werden. Beispielsweise spielen kristallographisch nach (111) verzwillingte Körner in $BaTiO_3$-Keramiken eine große Rolle für das Wachstumsverhalten. Das bevorzugte Wachstum wurde auf einspringende Winkel an den doppelt verzwillingten Kristalliten oder auf spezielle Ausbildung der Oberflächen an den Zwillingslamellen der Doppelzwillinge zurückgeführt, die eine erhöhte Beweglichkeit von Korngrenzen in <111> – Richtung hervorrufen [90 Hil].

Auch einzelne Körner mit besonders günstiger Orientierung, Wachstumsform, Oberflächenstruktur oder Größe können ihrerseits als Keime für das Kornwachstum beim Sintern wirken. Dies kann gezielt durch Einsatz von Pulvern mit ausgeprägter bimodaler Korngrößenverteilung hervorgerufen werden. Hierbei wird die korngrößenabhängige Löslichkeit in der Schmelze ausgenutzt, die dazu führt, daß kleine Körner bevorzugt gelöst und als Materiallieferant für größere Körner verwendet werden (**Ostwaldreifung**).

Starke Abweichungen von den für normales Kornwachstum abgeleiteten Wachstumsgesetzen treten auf, wenn es durch Instabilitäten der Triebkräfte und der Beweglichkeiten zu abnormem Riesenkornwachstum kommt (**sekundäres Kornwachstum**, Bild 4.7).

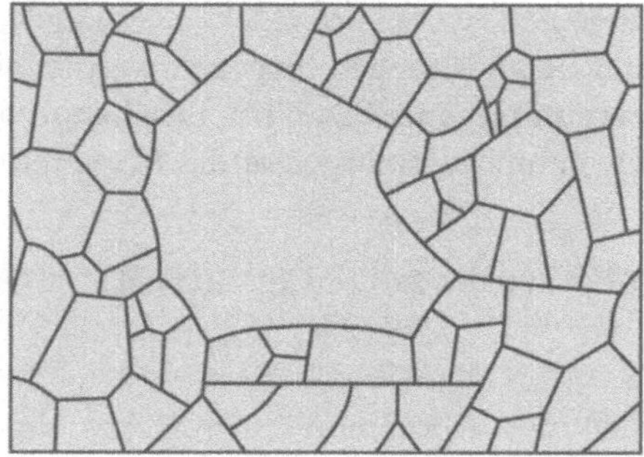

Bild 4.7   Gefügeausbildung bei Auftreten von abnormem Riesenkornwachstum durch Wachstumsinstabilitäten (sekundäres Kornwachstum)

Wachstumsinstabilitäten können auftreten, wenn die Grenzflächenenergie γ_{gb} stark *anisotrop* ist, nur eine *teilweise Benetzung* der Korngrenzen mit Schmelzphase vorliegt, Konzentrations*heterogenitäten* gelöster Atome auftreten, Porendichte und -größe lokal *variieren*.

Durch das Kornwachstum können Poren von der sich bewegenden Korngrenze losgelöst werden und im Korn eingeschlossen werden (**intragranulare Porosität**). Bewegen sich Poren mit der Korngrenze kann es zur Koaleszenz von Poren an Tripelpunkten kommen (**intergranulare Porosität**). Dadurch nimmt zwar die Gesamtzahl der Poren ab, gleichzeitig nimmt aber das Volumen einer einzelnen Pore zu (Bild 4.8).

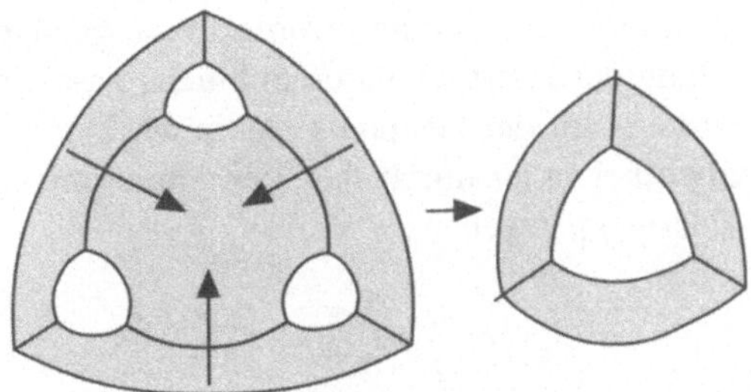

Bild 4.8   Porenkoaleszenz an Tripelpunkten durch Kornwachstum im Endstadium des Sinterns

Werden beim Sintern sowohl die Verdichtung als auch das Kornwachstum durch eine Schmelzphase begünstigt, können in Systemen mit Mischkristallbildung Körner mit ausgeprägtem zonarem Aufbau entstehen, die eine sog. core-shell Struktur aufweisen. Bild 4.9 zeigt als Beispiel die Bildung von **core-shell Strukturen** in mit ZrO_2 dotierten $BaTiO_3$-Keramiken, in denen zunächst auf der Oberfläche der $BaTiO_3$-Körner eine eutektische ZrO_2-$BaTiO_3$-Schmelze auftritt.

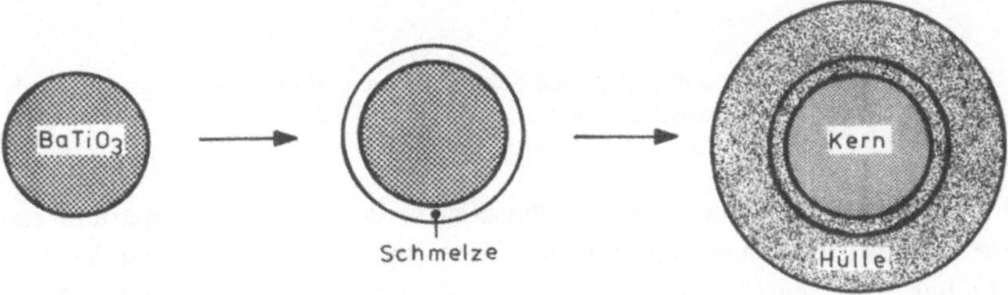

Bild 4.9   Schema der Ausbildung einer core-shell Kornstruktur im System $BaTiO_3$-ZrO_2 [90 Hil]

Durch Interdiffusion entsteht so ein zonar aufgebautes Korn mit einem $BaTiO_3$-reichen Kern und einer ZrO_2-reichen Hülle [90 Hil]. Der Vorteil solcher Werkstoffsysteme ist, daß die Korngröße und ihre Verteilung im wesentlichen durch die Materialzusammensetzung bestimmt werden und damit der Einfluß technologischer Parameter auf das Gefüge reduziert wird.

4.3   Devitrifikation

In vielen technischen Keramikwerkstoffen ist es wünschenswert, zur Erzielung einer gleichmäßigen Verdichtung eine Schmelzphase beim Sintern zu erzeugen (**Flüssigphasensintern**). Eine rasche Verdichtung erfordert eine genügende Löslichkeit der Festphase. Die Verteilung der intergranularen Schmelzphase wird durch das Benetzungsverhalten der Flüssig- auf der Festphase bestimmt. Der die Benetzung charakterisierende **Dihedralwinkel** φ ist durch das Verhältnis der Grenzflächenenergien fest-fest γ_{ss} und fest-flüssig γ_{sl}, gegeben

$$\cos\frac{\varphi}{2} = \frac{1}{2}\frac{\gamma_{ss}}{\gamma_{sl}} \tag{4.13}$$

Eine vollständige Benetzung tritt bei kleinen Dihedralwinkeln $\varphi \to 0$ ein, während für φ von 0...60° nur die Tripelpunkte benetzt werden (Bild 4.10).

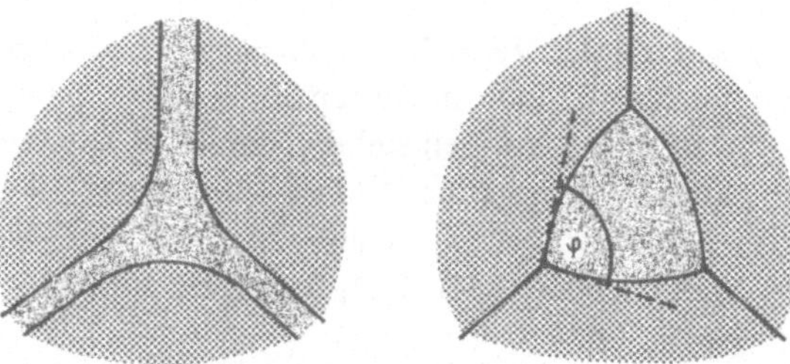

Bild 4.10   Verteilung der intergranularen Schmelzphase beim Flüssigphasensintern als Funktion des Dihedralwinkels φ

Das Benetzungsverhalten der Schmelzphase kann sich mit der Temperatur stark ändern, so daß es bei Abkühlung von der Sintertemperatur zu einem Rückzug der Schmelzphase aus den Korngrenzen und zu einer Isolierung in Tripelpunkten kommen kann. Bild 4.11 zeigt als Beispiel den mit abnehmender Temperatur zunehmenden Dihedralwinkel von Bi_2O_3-haltiger Schmelze in ZnO, der zur Ausbildung des in Bild 3.13a dargestellten Gefüges führt.

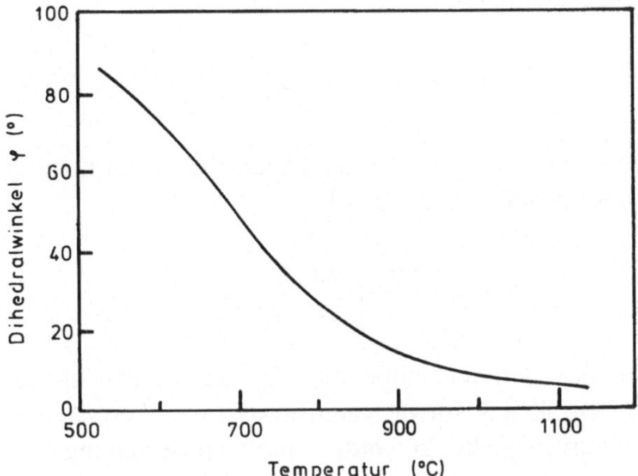

Bild 4.11   Mittlerer Dihedralwinkel Bi_2O_3-haltiger Schmelzphase in ZnO als Funktion der Temperatur [86 Kin]

Die Eigenschaften der Keramikwerkstoffe können durch Kristallisation der intergranularen Glasphasen stark verändert werden. Die *Auskristallisation der Glasphase* (**Devitrifikation**) ist durch zwei Teilprozesse gekennzeichnet: *Keimbildung und Keimwachstum* (s. Band 1, Abschnitt 2.8.2). Die Geschwindigkeitsmaxima beider Teilprozesse treten bei unterschiedlichen **Unterkühlungstemperaturen** $\Delta T = T_m - T$ unterhalb der Schmelztemperatur auf (Bild 4.12).

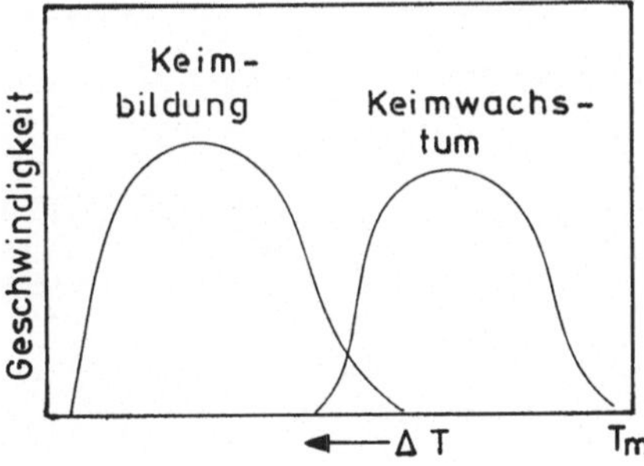

Bild 4.12   Schematische Darstellung der Temperaturabhängigkeit der Keimbildungs- und Keimwachstumsgeschwindigkeit

Die Keimbildungsgeschwindigkeit I ist gegeben durch

$$I = K_3 \exp\left[-\frac{W^*}{kT}\right] \tag{4.14}$$

wobei die Konstante K_3 von der Zahl der gebildeten Keime bei homogener Keimbildung abhängt. In die Keimbildungsarbeit W^*

$$W^* = \frac{16\pi\gamma_{sl}}{3}\left[\frac{\Omega \cdot T_m}{\Delta T \cdot H_m}\right] \tag{4.15}$$

geht das Verhältnis der Schmelztemperatur T_m zur Unterkühlung ΔT und die Schmelzenthalpie H_m ein. Die Keimwachstumsgeschwindigkeit U kann für normales unbehindertes Wachstum ausgedrückt werden durch die Beziehung

$$U = \frac{kT}{3\pi\lambda^2 \cdot \eta}\left[1 - \exp\left[-\frac{\Delta G}{kT}\right]\right] \tag{4.16}$$

λ ist die Dicke der Übergangsschicht Schmelze-Kristall und η die Viskosität der Glasphase. Die bei der Kristallisation frei werdende freie Enthalpie ΔG hängt von der Entropieänderung, ΔS_f, (Schmelzentropie) und der Unterkühlung ab

$$\Delta G \approx \Delta S_f \cdot \Delta T \tag{4.17}$$

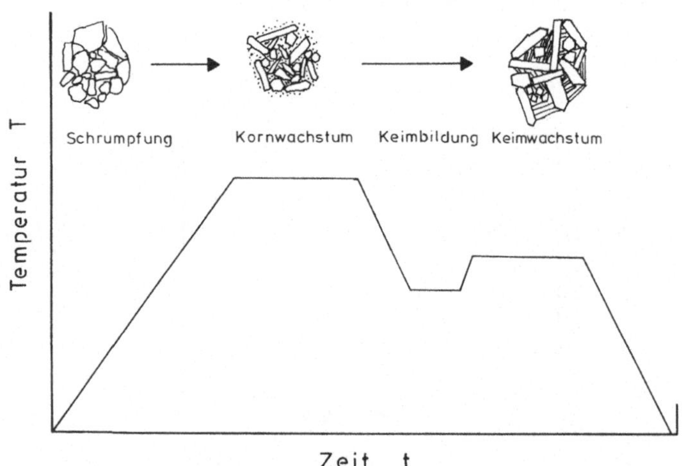

Bild 4.13   Temperaturverlauf für die Auskristallisation der Korngrenzenphase in glashaltigen Keramikwerkstoffen

Um zunächst günstige Keimbildungsbedingungen zu erreichen, wird der glashaltige Werkstoff in den Bereich der maximalen Keimbildungsrate abgekühlt und anschließend wieder in den Bereich der maximalen Keimwachstumsgeschwindigkeit erwärmt (Bild 4.13).

Die Ermittlung der günstigsten Temperatur-Zeit-Bedingungen für die Kristallisation erfolgt aus Zeit-Temperatur-Umwandlungs-Diagrammen, die für die auszukristallisierende Phase α den bei einer Temperatur T nach einer Auslagerungszeit t umgewandelten Mengenanteil, V_α/V, angeben (Bild 4.14).

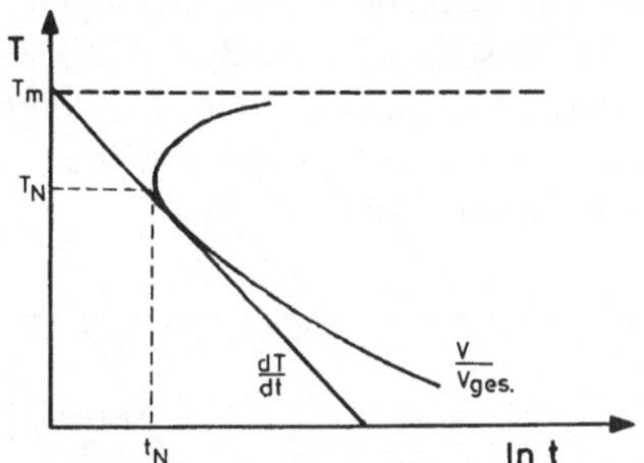

Bild 4.14   Zeit-Temperatur-Umwandlungs (ZTU)-Diagramm für die Kristallisation eines Glases unterhalb der Schmelztemperatur T_m

Aus einem aufgestellten ZTU-Diagramm können kritische Bedingungen für die zur Kristallisation bzw. ihre Unterdrückung notwendigen Abkühlraten $(dT/dt)_\mathrm{c}$ des glashaltigen Werkstoffs ermittelt werden:

$$\left[\frac{dT}{dt}\right]_c \approx \frac{T_\mathrm{m}-T}{t_\mathrm{n}} \tag{4.18}$$

Für ein SiO_2-Glas reicht beispielsweise eine Abkühlrate größer 10^{-4} K/min aus, um eine Kristallisation beim Abkühlen der Schmelze zu verhindern.

Zwischen Gläsern und Glaskeramiken mit einem hohen Glasgehalt und Keramiken mit einem sehr geringen Glasgehalt, eingeschlossen in den Korngrenzen, besteht jedoch ein grundsätzlicher Unterschied im Kristallisationsverhalten. Triebkraft für die Glaskristallisation ist der durch die Phasenumwandlung hervorgerufene Energiegewinn ΔG

$$\Delta G = -\Delta G_\mathrm{v} + \Delta G_\mathrm{s} + W_\mathrm{el} \tag{4.19}$$

der durch die pro Volumen frei werdende freie Enthalpie ΔG_v, die aufzubringende Oberflächenenergie ΔG_s sowie bei behinderter Dehnung zusätzlich durch die aufzubringende elastische Verzerrungsenergie W_el gegeben ist. Unterscheiden sich das Molvolumen des Glases und der daraus auskristallisierenden Phase voneinander, was im allgemeinen immer der Fall ist, wird die Auskristallisation geringer Glasanteile durch zunehmende elastische Verzerrung behindert, wenn keine Spannungsrelaxation z.B. durch viskoses Fließen erfolgen kann. Die elastische Verzerrungsenergie W_{el} hängt von der Molvolumendifferenz $\Delta V = V_{kristallin} - V_{amorph}$ sowie dem im Tripelpunkt eingeschlossenen Glasvolumen V_{glas} ab

$$W_{el} = \frac{\Delta V^2}{V_{glas}} f(K,G) \qquad\qquad (4.20)$$

wobei f(K,G) eine von der Glaspocketgeometrie abhängige Funktion des Kompressions- und Schubmoduls der Glasphase ist [81 Raj]. Mit kleiner werdendem Glasvolumen V_{glas} bzw. zunehmender Volumendifferenz ΔV steigt W_{el} an und führt dazu, daß die freie Energie für die Glaskristallisation ein Minimum bei einem bestimmten auskristallisierten Glasvolumen aufweist (Bild 4.15).

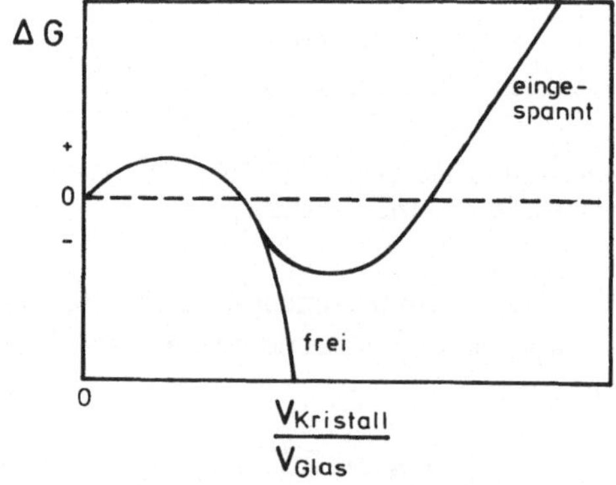

Bild 4.15   Verlauf der freien Enthalpie als Funktion des Kristall/Glas-Volumens in einem monolithischen Glas (frei) und in einer glasgefüllten, eingeschlossenen Pore (eingespannt)

Eine vollständige Kristallisation kleiner eingeschlossener Glasbereiche würde im Gegensatz zum massiven Glas zusätzliche Energie erfordern und kann deshalb nicht erreicht werden.

Die Kristallisation sehr kleiner Glasbereiche wird erleichtert durch geringe Molvolumendifferenzen zwischen Glas und auskristallisierender Phase sowie geringe Zusammensetzungsunterschiede zwischen beiden. Darüberhinaus erleichtern **Keimbildner** wie z.B. ZrO_2, TiO_2 oder Pt, Pd durch heterogene Keimbildung die Auskristallisation des Korngrenzenglases. Epitaktische Keimbildung und Keimwachstum auf speziell orientierten Substratoberflächen und Keimkristallen wurde beispielsweise in Li-Silikat-Glaskeramiken beobachtet [87 Loe].

5   Korngrenzen

Von allen möglichen Gefügeparametern, die während des Herstellungsprozesses keramischer Werkstoffe verändert werden, kommt den Korngrenzen die größte Bedeutung zu. Ihr Einfluß auf wichtige Materialeigenschaften nimmt mit abnehmender Korngröße und damit zunehmender Korngrenzenoberfläche stark zu. Eine Anzahl wichtiger Keramikwerkstoffe wie z.B. $BaTiO_3$ (PTC), ZnO und TiO_2 (Varistorwerkstoffe) leiten ihr spezifisches elektrisches Verhalten von den Eigenschaften der Korngrenzen ab, d. h. die charakteristischen Kennlinien treten in Einkristallen nicht auf.

5.1   Kristalline Korngrenzen

Kristalline Korngrenzen können kristallographisch durch Angabe von **Drehachse** ω, **Drehwinkel** α und der **Grenzflächennormalen** $\bar{n}$ charakterisiert werden (Bild 5.1), die alle aus hochauflösenden TEM-Untersuchungen bestimmt werden können.

In reinen **Kippkorngrenzen** steht ω senkrecht auf $\bar{n}$ (Bild 5.1a), wohingegen in reinen **Drehkorngrenzen** ω parallel $\bar{n}$ ist (Bild 5.1b). Reale Korngrenzen weisen zumeist sowohl Dreh- als auch Kippcharakter auf, der sich bei gekrümmten Korngrenzen durch Variation von $\bar{n}$ ebenfalls verändern kann (Bild 5.2).

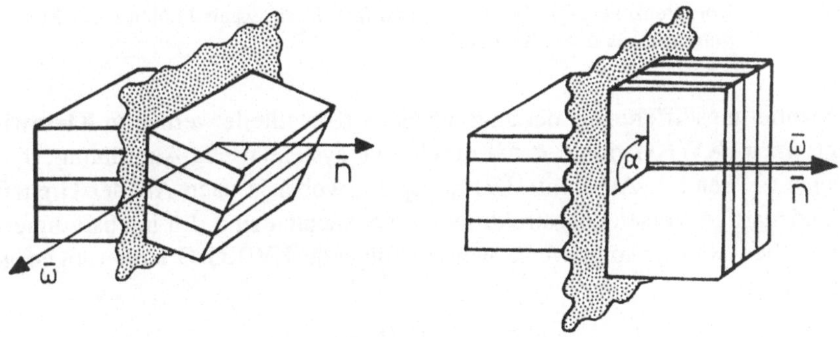

Bild 5.1   Kristallographische Orientierungsbeziehungen kristalliner Korngrenzen:
a) reine Kipp- und
b) reine Drehkorngrenze.

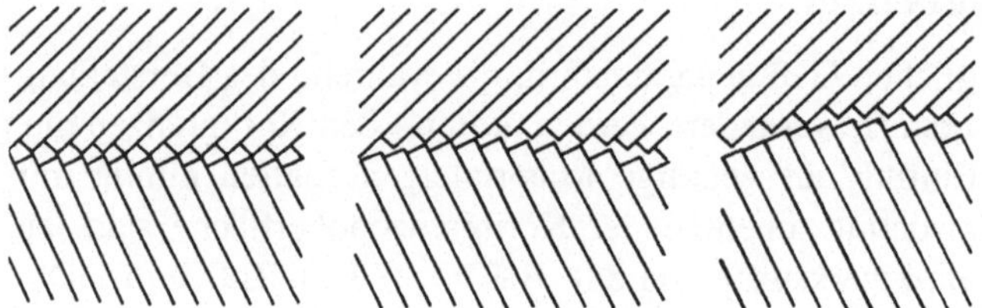

Bild 5.2   Gitternetzebenenkonfigurationen an ebenen und gekrümmten kristallinen Korngrenzen

Mit steigender Mißorientierung, charakterisiert durch den zunehmenden Dreh- bzw.
Kippwinkel α, nimmt die spezifische Korngrenzenenergie, γ_{gb} zu, wie in Bild 5.3
dargestellt.

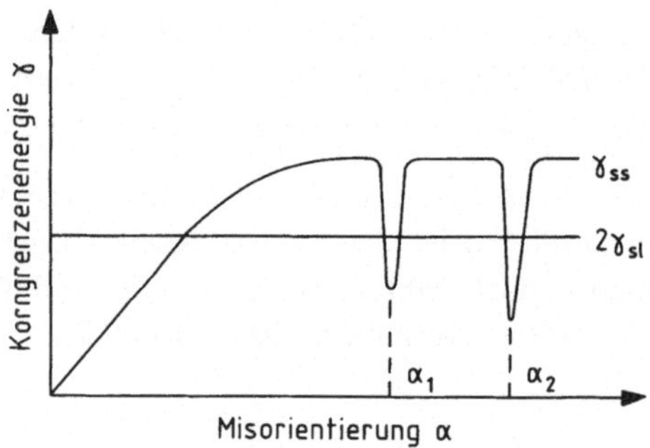

Bild 5.3   Korngrenzenenergie fest-fest γ_{ss} und fest-flüssig γ_{sl} als Funktion des Misorientie-
rungswinkels α von Korngrenzen.

Die Orientierungsdifferenzen der angrenzenden Kristallteile werden in **Kleinwinkelkorngrenzen** (**KWKG** mit $\alpha < 5°$) durch eine systematische Anordnung von *Versetzungen* (s. Band 1, Abschnitt 3.2) angepaßt, wobei je nach Art der Grenzfläche
verschiedenartige Versetzungsstrukturen zu beobachten sind. Im intensiv untersuchten kubischen NiO beispielsweise wurden folgende KWKG-Orientierungen gefunden [81 Sch]:

$$\text{I.} \quad \overline{n}\,(10\overline{1}), \quad \overline{\omega}[104], \; \alpha = 0{,}3°$$
$$\text{II.} \quad \overline{n}\,(11\overline{1}), \quad \overline{\omega}[100], \; \alpha = 0{,}15°$$
$$\text{III.} \quad \overline{n}\,(1\overline{1}\,\overline{1}), \quad \overline{\omega}[001], \; \alpha = 0{,}25°$$

Der strukturelle Aufbau von **Großwinkelkorngrenzen** (**GWKG** $\alpha > 5°$) wird z.B.
nach dem *Modell energetisch günstig gepackter Polyederstrukturen und Hohlräume*

beschrieben [83 Sch]. Hierdurch gelang es, unter Beachtung grundlegender kristallchemischer Bedingungen (Paulingsche Regeln) den Aufbau und insbesondere auch die Verteilung möglicher Dotierungs- oder Verunreinigungsatome sowie der dadurch erzeugten korngrenzenassozierten Raumladungen zu erklären. Beispielsweise bildet das Sauerstoffteilgitter in Al_2O_3 eine *dichteste Kugelpackungsstruktur (hdp)* aus (Band 1, Abschnitt 1.3.4), die zur Ausbildung unterschiedlich großer, aber regelmäßig angeordneter Hohlräume in einer Großwinkelkorngrenze führt. Bild 5.5 zeigt eine $\alpha = 21.8°$ Kippkorngrenze in Al_2O_3 senkrecht zur (0001)-Basisebene [87 Sch].

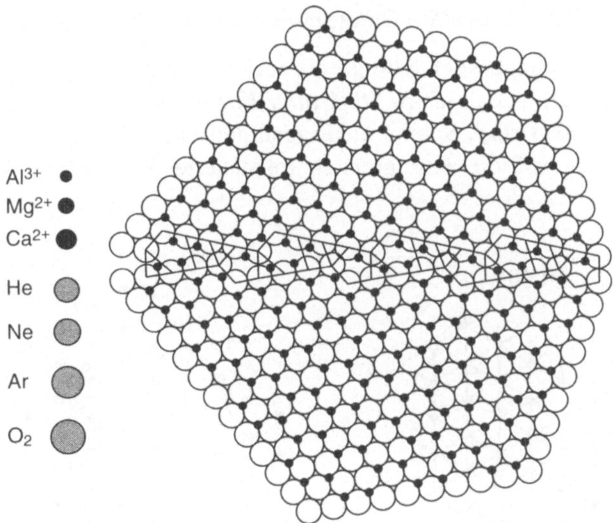

Bild 5.4   Modell einer [0001]–Kippkorngrenze ($\alpha = 21.8°$) in Al_2O_3 mit den zum Vergleich gezeichneten in der Korngrenze segregierenden Erdalkaliionen sowie möglichen diffundierenden Gasatomen [87 Sch]

Der Vergleich mit den Ionengrößen von Mg^{2+} und Ca^{2+} macht deutlich, daß die relativ großen Erdalkaliionen bevorzugt in die Hohlräume der Korngrenze eingebaut werden können, wodurch die Verzerrungsenergie der Korngrenze herabgesetzt, gleichzeitig aber eine Korngrenzenladung erzeugt wird. Große Gasatome bzw. Moleküle haben dagegen für eine Diffusion entlang der Korngrenze ungünstige geometrische Voraussetzungen, so daß ein Gastransport in dichtem Al_2O_3 vernachlässigt werden kann bzw. bevorzugt durch eine vorhandene amorphe Korngrenzenphase erfolgt.

Bei bestimmten Misorientierungswinkeln α_i in Bild 5.3, treten ausgeprägte *Energieminima* auf, die auf eine besondere Häufigkeit von **Koinzidenzgitterplätzen** zurückgeführt werden können. Diese speziellen Korngrenzenorientierungen werden mit dem **CSL-Gittermodell (coincidence site lattice)** beschrieben. Wird die Drehachse für eine reine Drehkorngrenze ($\overline{n}$ = [0001]) eines hexagonalen Kristallgitters (wie z.B. Al_2O_3) in eine Atomposition z.B. in den Koordinatenursprung parallel zur [0001]-Richtung gelegt, so lassen sich durch Rotation eines Kristallteils in bezug auf einen benachbarten, ortsfesten Kristall Drehwinkel auffinden, für welche eine bestimmte Anzahl von Atompositionen beider Kristallteile auf Koinzidenzgitterplätzen zusammenfallen. Bei Drehungen um die Winkel

$$a_7 = 21.787° \ (\Sigma = 7)$$

$$a_{13} = 27.795° \ (\Sigma = 13)$$

kommt auf je 7, bzw. 13 reguläre Gitterplätze ein Koinzidenzgitterplatz (Bild 5.5).

Statistische Betrachtungen der Korngrenzenorientierungen in regellosen Al_2O_3-Gefügen weisen daraufhin, daß *bis zu 50 % aller Korngrenzen durch spezielle Orientierungen ausgezeichnet sind*. Solche niedrigenergetischen Korngrenzen stellen "harte Elemente" für die auf die Korngrenzen lokalisierte Verformung in keramischen Werkstoffen dar.

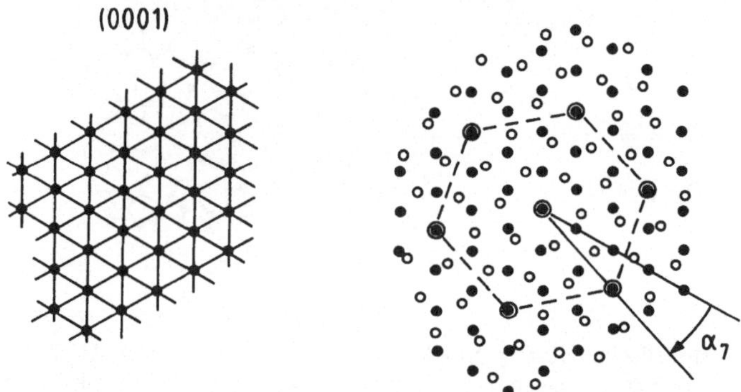

Bild 5.5   Modell einer $\Sigma = 7$ Koinzidenzkorngrenze von Al_2O_3 mit der Korngrenzenebene (0001), der Drehachse [0001] und dem Drehwinkel $\alpha = 21.787°$

5.2   Defektstruktur kristalliner Korngrenzen

Konzentration und Verteilung gelöster Atome sowie Leerstellen weichen im Bereich von Oberflächen, Korn- und Phasengrenzen auch für den Fall des thermischen Gleichgewichts stark von den Werten im Korninnern (großer Abstand von der Korngrenze) ab. Die wesentlichen Triebkräfte hierfür sind das elektrostatische Potential an den Korngrenzen, die Erniedrigung ihrer elastischen Verzerrungsenergie sowie die Bildung und Ausrichtung assoziierter Defekte mit Dipolcharakter [83 Yan].

In vielen Fällen können Korngrenzen in Keramiken analog zu einem Halbleiter-Homoübergang bzw. wenn sie eine zweite Phase in den Korngrenzen mit anderer Fermieenergie enthalten als Doppelhalbleiter-Heteroübergang beschrieben werden (s. Kap. 5, Band 2). Durch unterschiedliche Fermi-Energien im Bereich eines Halbleiterüberganges können zwar Elektronen von der einen Seite des Übergangs zu der anderen hinüberwechseln, ionisierte Gitteratome und Leerstellen sind aber weit weniger beweglich, so daß eine elektrische Doppelschicht mit einer Raumladungszone im Bereich um die Korngrenze gebildet wird. Größe und Verteilung der Raumladungszone werden durch die Randbedingungen festgelegt und ergeben sich nach der Fermi-Dirac- oder Boltzmannstatistik.

Die Poissongleichung beschreibt die mit der Bildung einer Raumladung verbundene Entstehung eines zusätzlichen, vom Abstand zur Korngrenze x abhängigen, elektrostatischen Potentials $\varphi(x)$

$$\frac{d^2\phi}{dx^2} = -\frac{4\pi}{\varepsilon_r\varepsilon_0}\rho(x) \tag{5.1}$$

worin ε_r und ε_0 die relative und absolute (im Vakuum) Dielektrizitätskonstanten sind. Die Ladungsdichte $\rho(x)$ ist gegeben durch die elektrische Ladung e und die Zahl (pro Einheitsvolumen) der Kationen-, n_e, und Anionenleerstellen, n_a,

$$\rho(x) = e\left[n_c(x) - n_a(x)\right] \tag{5.2}$$

In großen Abständen von der Korngrenze folgt aus der Bedingung der Ladungsneutralität sowie konstanten Potentials, daß

$$n_c(\infty) = n_a(\infty) = N\exp\left[-\frac{(W_c + W_a)}{2kT}\right] \tag{5.3}$$

sowie

$$e\phi(\infty) = \frac{1}{2}\left(W_c + W_a\right) \tag{5.4}$$

W_a und W_c stellen die Bildungsenergien der Anionen- bzw. Kationenleerstellen und N die Zahl der Kationen- oder Anionen pro Einheitsvolumen dar.

Aus der Poissongleichung Gl. 5.1 ergeben sich unterschiedliche Lösungen für die Ausdehnung der Raumladungszone im Bereich um eine Korngrenze für Fälle schwacher Anreicherung bzw. Verarmung, starker Anreicherung sowie starker Verarmung (Schottky-Barriere s. Kap. 5 und 7 Band 2). Das elektrostatische Potential $\varphi(x)$ beeinflußt das chemische Potential einer Leerstelle mit dem Ergebnis, daß die Leerstellenkonzentration eine Funktion des Abstandes x von der Korngrenze wird. Unter Berücksichtigung der elastischen Wechselwirkungsenergien W_a^{el} und W_c^{el}

zwischen der Korngrenze und den Anionen- bzw. Kationenleerstellen ergibt sich beispielsweise [81 Mun]

$$\frac{n_c}{N} = \exp\left[-\frac{W_c + W_c^{el} - e\phi(x)}{kT}\right] \tag{5.5a}$$

sowie

$$\frac{n_a}{N} = \exp\left[-\frac{W_a + W_a^{el} - e\phi(x)}{kT}\right] \tag{5.5b}$$

Gl. 5.5a und b gelten für den Fall, daß die Segregationsgeschwindigkeit groß genug ist, um die Gleichgewichtsladungsverteilung beim Herstellungsprozeß zu erreichen. (Minimum der gesamten freien Energie einer Korngrenze). Ist die Diffusion von Leerstellen und Lösungsatomen jedoch zu langsam, können Übergangszustände auftreten, die immer zu zeitabhängigen Veränderungen sowohl der Ladungsdichte als auch des elektrostatischen Potentials an der Korngrenze führen [83 Yan2]. Dies kann hervorgerufen werden z.B. durch Bildung oder Bewegung von Korngrenzen, rasche Temperatur- oder Atmosphärenänderungen. Hierbei können im wesentlichen zwei Fälle unterschieden werden:

a) die Relaxationszeit für die Lösungsatom-Leerstellen-Assoziierung, τ_b, ist wesentlich kleiner als diejenige für die Segregation von Lösungsatomen, τ_s,

$$\tau_b < t < \tau_s$$

sowie

b) τ_b ist größer als die Relaxationszeit zur Einstellung des Leerstellengleichgewichtes, τ_v,

$$\tau_v < t < \tau_b$$

Die spezifischen Relaxationszeiten, τ_i, sind dabei von der Diffusionslänge, x_i, und dem temperaturabhängigen Diffusionskoeffizienten, D_i, bestimmt

$$\tau_i = \frac{x_i^2}{D_i} \tag{5.6}$$

Bild 5.6 zeigt typische Werte von τ_v, τ_b und τ_s für mit 50 ppm Sr dotiertes KCl [83 Yan2].

Aufgrund der i.a. weit geringeren Beweglichkeit von Lösungsatomen gegenüber Leerstellen kann es so zur Ausbildung metastabiler Gleichgewichte kommen, bei denen zwar die Leerstellenverteilung der Gleichgewichtsverteilung folgen kann, die Verteilung der Lösungsatome aber metastabil eingefroren wird. Aus den Relaxations-

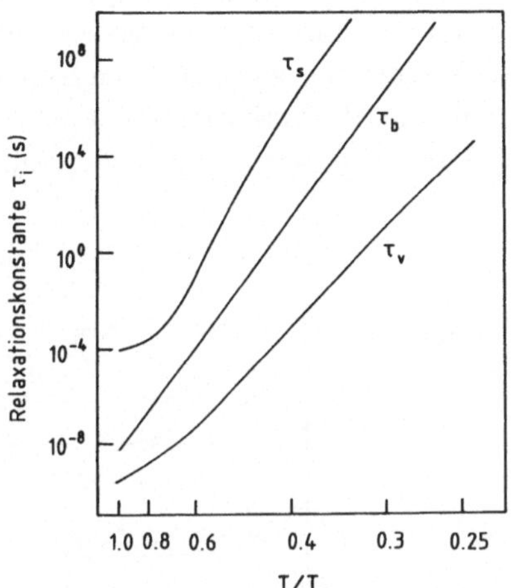

Bild 5.6   Typische Relaxationszeiten für K-Leerstellen (τ_v), Lösungsatom (Sr)-Leerstellen-Assoziierung (τ_b) und Sr-Segregation (τ_s) in mit 50 ppm Sr dotiertem KCl als Funktion der Temperatur (nach [83 Yan2])

tionszeiten bei den Einfriertemperaturen T_i lassen sich darüberhinaus kritische Abkühlraten beim Herstellungsprozeß der Keramik ableiten

$$\frac{dT}{Tdt}\bigg|_{T=T_i} \cong -\frac{1}{\tau_i} \qquad (5.7)$$

Über der Einfriertemperatur T_i existiert auch während des Abkühlens näherungsweise eine Gleichgewichtsverteilung der Lösungsatome, Leerstellen sowie der Raumladung um eine Korngrenze.

Sowohl theoretisch als auch experimentell wurden in Oxiden Raumladungsschichten mit einer Ausdehnung < 5 nm gefunden, wobei das Grenzflächenpotential einige Zehntel Volt beträgt [81 Kin]. Positive Korngrenzenladungen wurden beispielsweise in $BaTiO_3$ und $SrTiO_3$ bestimmt, in denen die Schottky-Defektbildungsreaktion

$$null \rightarrow V_{Ba}'' + V_{Ti}'''' + 3V_O^{\cdot\cdot}$$

mit einer Bildungsenergie von 2,29 eV pro Defekt am wahrscheinlichsten ist. Aufgrund der höheren Diffusionsgeschwindigkeit von O^{2-} werden die positiv geladenen Kationen Ba^{2+} und Ti^{4+} in der Korngrenze angereichert. Akzeptordotierungselemente (negative effektive Ladung) werden sich deshalb in der assoziierten Raumladung anreichern, wohingegen Donatorelemente (positive effektive Ladung) von der Korngrenze abgestoßen werden.

In reinem ZrO_2 wurde aus der niedrigeren Bildungsenergie für Anionenleerstellen im Vergleich zu Kationenleerstellen geschlossen, daß die Korngrenzen eine negative elektrische Ladung aufweisen. Werden di- oder trivalente Dotierungselemente in reines ZrO_2 in höherer Konzentration als die vorhandenen Punktdefekte eingebaut, wird die Korngrenzenladung umgekehrt und weist nun eine positive Überschußladung auf, s. Bild 5.7.

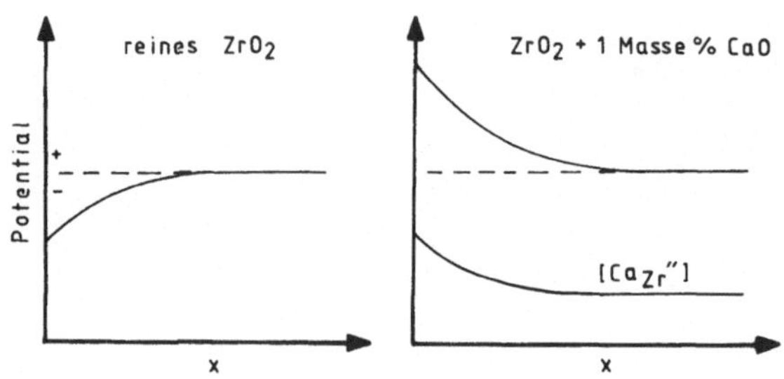

Bild 5.7   Korngrenzen- und Raumladung in reinem (intrinsischer Bereich) und mit 1 Masse % CaO dotiertem ZrO_2 (extrinsischer Bereich) [90 Hwa]

Dazwischen ist die Korngrenze nur für eine bestimmte Temperatur und Dotierungskonzentration elektrisch neutral (**isoelektrischer Punkt**).

Das elektrostatische Potential der Korngrenzen ist eine wesentliche Triebkraft für die Segregation von Verunreinigungs- oder Dotierungsatomen vor allem in Keramiken mit überwiegend *ionischem* Bindungscharakter. Die Segregation an Korngrenzen spielt bei Keramiken eine wesentliche Rolle für die Verdichtung und das Kornwachstum beim Sintern (s. Kapitel 4) sowie sämtliche über die Korngrenzen ablaufenden Materialtransportvorgänge, das Rißwachstumsverhalten (Bruchzähigkeit, langsames Rißwachstum), die elektrische Leitfähigkeit und katalytische Eigenschaften von Keramikoberflächen. Durch die Segregation von Fremdatomen i mit der Überschußkonzentration Γ_i in einer Korngrenze wird die spezifische Korngrenzenenergie γ_{gb} herabgesetzt, wobei bei konstanter Temperatur und Druck die Gleichung

$$d\gamma_{gb} = -\sum_i \Gamma_i d\mu_i \qquad (5.7)$$

als Gibbsche Adsorptionsisotherme die Änderung beschreibt. μ_i ist wiederum das chemische Potential der Komponente i in der Kristallphase.

Dies ist der Grund, warum insbesondere viele als Verunreinigungen aus den Rohstoffen oder bei der Herstellung in den keramischen Werkstoff gelangten Fremdatome in den Korngrenzen angereichert werden. Die Segregation in der Korngrenze kann durch den Anreicherungsfaktor α ausgedrückt werden:

$$\alpha := \frac{C_{gb}}{C_l} \tag{5.8}$$

der das Verhältnis der Fremdatomkonzentration C_{gb} in der Korngrenze zu der im Gitter C_l beschreibt. Tabelle 5.1 stellt als Beispiel die in $SrTiO_3$ und $BaTiO_3$ beobachteten Korngrenzenanreicherungsfaktoren α dar [90 Chi].

Tabelle 5.1   Beobachtete Anreicherungsfaktoren von Segregationsatomen in den Korngrenzen von $SrTiO_3$ und $BaTiO_3$ [90 Chi]

Lösungsatom	Segregation	α	System
Al'_{Ti}	ja	> 5	$SrTiO_3$, $BaTiO_3$
Ga'_{Ti}	ja	15...60	$SrTiO_3$
Fe'_{Ti}	ja	> 5	$SrTiO_3$, $BaTiO_3$
Ni''_{Ti}	ja	8...16	$SrTiO_3$
$Nb^{\cdot}_{Ti}$	nein	≈ 1	$SrTiO_3$, $BaTiO_3$ (< 1 mol % Nb)
$Nb^{\cdot}_{Ti}$	gering	2,5...5	$SrTiO_3$ (10 mol % Nb)
$Ta^{\cdot}_{Ti}$	nein	≈ 1	$SrTiO_3$
Mn^x_{Ti}/Mn''_{Ti}	ja	4...8	$BaTiO_3$
Cr^x_{Ti}/Cr'_{Ti}	ja	3,4...6,8	$SrTiO_3$
$Y^{\cdot}_{Sr}$	gering	3...6	$SrTiO_3$
$Y^{\cdot}_{Ba}$	nein	≈ 1	$BaTiO_3$
$Y^{\cdot}_{Ti}$	ja	5...10	$SrTiO_3$
Ca^x_{Ba}	nein	≈ 1	$BaTiO_3$

Die Anreicherung wird durch die Entropieänderung ΔS sowie die Verzerrungsenergie W in der Mischkristallphase bestimmt:

$$\ln \alpha = \frac{\Delta S}{k} + \frac{W}{kT} \tag{5.9}$$

wobei die Verzerrungsenergie W durch den Kompressions- und Schubmodul, K und G, der Lösungsphase sowie die Ionenradien r_1 und r_2 der Matrix- und Einlagerungsatome gegeben ist:

$$W = \frac{24\,\pi \cdot K \cdot G \cdot \left(r_2 - r_1\right)^2}{3K + 4G\left(r_1 \,/\, r_2\right)} \tag{5.10}$$

Für annähernd gleich große Verunreinigungs- wie Matrixatome gilt näherungsweise

$$\ln \alpha \approx \left[\frac{r_2 - r_1}{r_1} \right]^2 \tag{5.11}$$

Bild 5.8 zeigt als Beispiel den Konzentrationsverlauf von Sc-, Si- und Ca-Fremdatomen senkrecht zu der negativ geladenen Korngrenze in MgO.

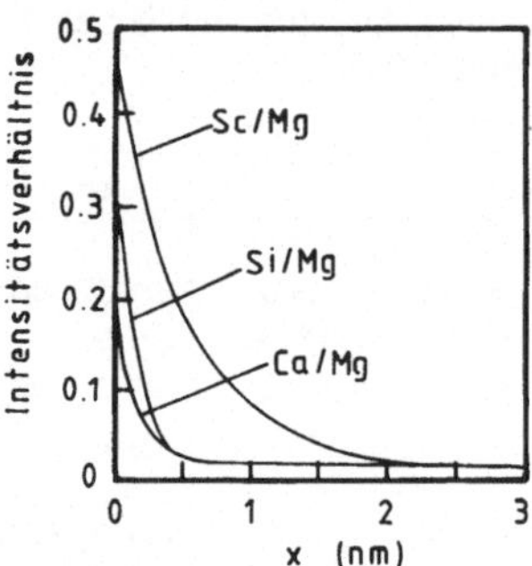

Bild.5.8   Segregation von Sc, Si und Ca in polykristallinem MgO dotiert mit 3.000 ppm Sc (Sputterprofile von intergranular im Vakuum gebrochenen Proben) [86 Kin]

5.3   Ausscheidungen an Korngrenzen

Die Relaxation von elastischer Verzerrungenergie ist ebenfalls wesentliche Triebkraft für *Ausscheidungsvorgänge* (s. Band 1, Abschnitt 2.8.2) an Korngrenzen in Keramiken. Die gegenüber dem Kristallgitter stark erhöhte Diffusionsgeschwindigkeit in den Korngrenzen begünstigt die Bildung von Korngrenzenausscheidungen. Beispiel ist die Bildung kohärenter $MgFe_2O_4$-Ausscheidungen mit Spinellstruktur in den Korngrenzen von MgO, die selbst bei niedrigen Temperaturen und geringen Fe_2O_3-Gehalten unterhalb der Löslichkeitsgrenze im Korninnern auftritt. Um die Verzerrungsenergie möglichst stark zu erniedrigen, weisen die Korngrenzenausscheidungen eine besonders günstige Plateletform auf, s. Bild 5.9.

Durch Wachstum der Ausscheidungsteilchen ist bei höheren Temperaturen die Ausbildung einer kontinuierlichen kristallinen Korngrenzenphase möglich. Bei hohen Temperaturen kann es selbst bei geringer Löslichkeit zu einer *Migration der Korngrenzenausscheidungen mit der sich bewegenden Korngrenze* kommen. Dies führt zu einer Koaleszenz in Tripelpunkten, deren Volumina während des Kornwachstums ebenfalls zunehmen (vrgl. Porenkoaleszenz beim Kornwachstum). Weitere Systeme,

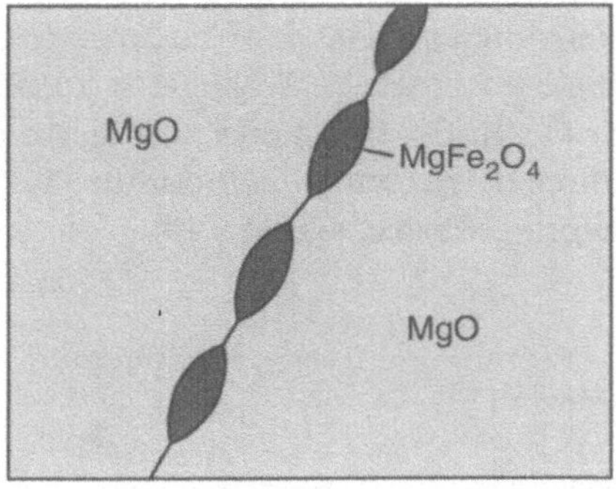

Bild 5.9   Plateletförmige MgFe$_2$O$_4$-Ausscheidungen in einer Korngrenze von MgO

in denen bevorzugte Ausscheidung kristalliner Korngrenzenphasen beobachtet wurde sind in Tabelle 5.2 aufgeführt.

Tabelle 5.2   Werkstoffe mit bevorzugter Bildung kristalliner Ausscheidungen in Korngrenzen

Werkstoff	Ausscheidungsphase
ZnO	Bi$_2$O$_3$, SiO$_2$, Sb$_2$O-Verbindungen
MgO	MgAl$_2$O$_4$, MgFe$_2$O$_4$, Zr–Fe–Ca-Silikate
MnZn-Ferrit	SiO$_2$, Cr$_2$O$_3$
ZrO$_2$	Y$_2$O$_3$
Al$_2$O$_3$	MgAl$_2$O$_4$, NiO, CoO, SiO$_2$
NiO	Fe–Ca-Silikate
Y$_2$O$_3$	CaO
BeO	MgO, ZrO$_2$
AlN	Y$_3$Al$_5$O$_{12}$
Si$_3$N$_4$	Mg–Y–Al-Oxinitride

Amorphe Korngrenzenphasen in Keramiken entstehen bei vollständiger Benetzung der Kristalle mit einer Schmelzphase beim Sintern durch Sinterzusätze oder Verunreinigungen. Wahrend der Abkühlphase tritt keine oder nur eine unvollkommene Kristallisation der zumeist silikatischen Schmelze ein (s. 4.2 Devitrifikation). Amorphe Korngrenzenphasen treten bevorzugt in Großwinkelkorngrenzen auf, deren Grenzflächenenergie durch die Benetzung mit der Schmelze gegenüber der kristallinen Korngrenzenstruktur erniedrigt wird. Im Gegensatz zur kristallinen Korngrenze ist die Grenzflächenenergie γ_{sl} einer amorphen Korngrenze in erster Näherung unabhängig vom Misorientierungswinkel α, s. Bild 5.3. Ist die doppelte Grenzflächenenergie fest-flüssig kleiner als die der kristallin-kristallin-Grenzfläche ($2\gamma_{sl} < \gamma_{ss}$), dann ist es für Großwinkelkorngrenzen in vielen keramischen Werkstoffen günstiger, sie mit einer Schmelzphase zu benetzen. Während in oxidischen Werkstoffen zumeist oxidische (PbO, Sr_2O_3, Bi_2O_3, B_2O_3) oder silikatische (SiO_2) Schmelzphasenzusammensetzungen auftreten, werden in nitridischen Keramiken oxynitridische Schmelzzusammensetzungen gefunden, s. Bild 5.10.

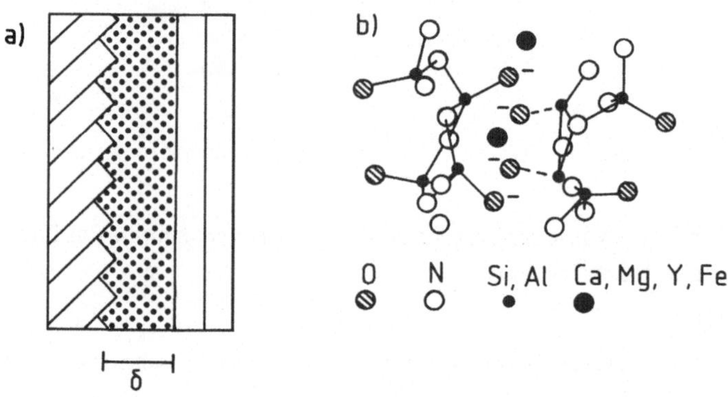

Bild 5.10   Amorphe Phasen in Großwinkelkorngrenzen (a) und ihre Zusammensetzung in Si_3N_4-Keramiken (b)

Tabelle 5.3   Nach dem Modell des Kräftegleichgewichtes abgeschätzte Gleichgewichtsdicke amorpher Korngrenzenfilme [87 Cla]

Keramiksystem	Gleichgewichtsdicke (nm)
$Al_2O_3 - SiO_2 - Al_2O_3$	2,4
$BeO - SiO_2 - BeO$	2,5
$ZrO_2(c) - SiO_2 - ZrO_2(c)$	1,5
$ZrO_2(t) - SiO_2 - ZrO_2(t)$	1,6
$AlN - SiO_2 - AlN$	1,7
$Si_3N_4 - SiO_2 - Si_3N_4$	1,7
$SiC - SiO_2 - SiC$	0

Die Dicke der amorphen Korngrenzenphasen weist für den jeweiligen Werkstoff charakteristische Werte auf. So werden beispielsweise in PZT-Keramiken amorphe

Bereiche von 10 nm, in Si_3N_4 dagegen nur von 1 nm beobachtet. Die in erster Näherung konstante Dicke der amorphen Phase in einer Korngrenze wird auf eine induzierte Ordnungsstruktur in den dünnen amorphen Schichten zurückgeführt, die zu einem Gleichgewicht zwischen anziehenden van der Waals-Kräften der Kristalle sowie
der abstoßenden strukturellen Kräfte der amorphen Phase führt. Eine solche Ord-
nungseinstellung wurde insbesondere bei Flüssigkeiten postuliert, deren Ionen oder
Koordinationspolyeder denen der kristallinen Phase sehr ähnlich sind wie z.B. SiO_2
(Si–O-Bindungslänge 0,161 nm) im Kontakt mit Si_3N_4 (Si–N 0,173 nm). Tabelle 5.3
führt die abgeleitete Dicke amorpher Korngrenzenschichten in verschiedenen Werkstoffen auf [87 Cla]. In der amorphen Korngrenzenphase werden Fremdatome, die
nur eine geringe Löslichkeit in der kristallinen Phase besitzen, angereichert. Sie
wirkt somit wie eine Senke für Verunreinigungen, die sich aufgrund des zumeist geringen amorphen Phasenanteils und dadurch starker Anreicherung ebenfalls sehr
stark auf die Werkstoffeigenschaften auswirken können. Der Konzentrationsverlauf
senkrecht zur Korngrenze sowie die Variation der Gitterparameter im korngrenzen-
nahen Kristallbereich zeigt aber, daß es keine stufenweise Strukturänderung, sondern
einen Übergangsbereich mit sich kontinuierlich ändernder Zusammensetzung gibt, s.
Bild 5.11 [81 Mis].

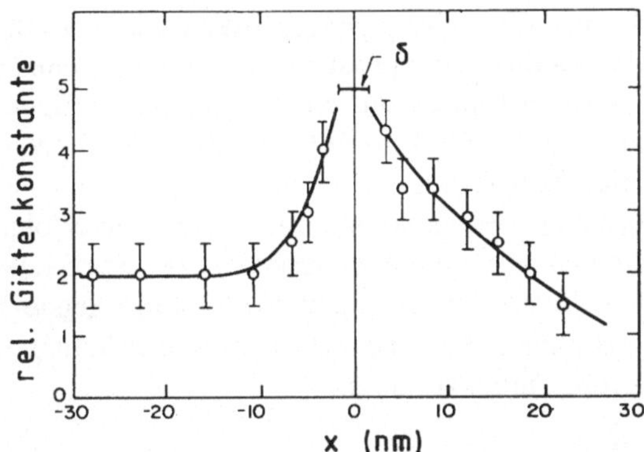

Bild 5.11   Variation der Gitterparameter im Kristall $(Mn,Zn)Fe_2O_4$ senkrecht zur amorphen
Korngrenze [81 Mis]

Durch die Gitterparametervariation bei Eindiffusion von in der amorphen Korngrenze angereicherten Verunreinigungen wie z.B. Erdalkalimetalle in Silikatgläsern werden elastische Spannungen im Bereich der Korngrenze hervorgerufen, wodurch beispielsweise in Ferritkeramiken die Magnetostriktion beeinflußt wird. Darüberhinaus
üben amorphe Korngrenzen einen starken Einfluß auf wichtige Eigenschaften keramischer Werkstoffe aus, s. Tabelle 5.4.

Tabelle 5.4   Beispiele wichtiger Werkstoffeigenschaften die durch amorphe Korngrenzenphasen beeinflußt werden

Eigenschaft	Werkstoffbeispiel	Auswirkung
Ionenleitfähigkeit	ZrO_2	Erniedrigung
Kriechbeständigkeit	Si_3N_4, Al_2O_3	Erhöhung der Kriechrate, Porenbildung
Dielektrizität	Si_3N_4, BeO	Erhöhung der Dielektrizitätskonstante u. des Verlustes (tan δ)
Oxidationsbeständigkeit	Si_3N_4	Erhöhung der Korngrenzendiffusion von Sauerstoff
Elektrische Leitfähigkeit	ZnO	Erhöhung von Verlustströmen
	MnZn-Ferrite	Erhöhung der Korngrenzenwiderstände

6   Gefüge und mechanische Eigenschaften

6.1   Bruchzähigkeit

Während die mechanischen Eigenschaften der *Metalle* und ihrer Legierungen wesentlich durch die *Kristallplastizität* bestimmt werden (Band 1, Abschnitt 3.2), sind die keramischen Werkstoffe durch ihre geringe Bruchzähigkeit (Band 1, Abschnitt 3.5) und das dadurch hervorgerufene Sprödbruchverhalten gekennzeichnet. Das Gefüge übt einen noch stärkeren Einfluß auf die mechanischen Eigenschaften aus als bei den Metallen, da keramische Werkstoffe lokal z.B. an *Gefügefehlern* wie Poren, Rissen oder Einschlüssen auftretende Spannungsüberhöhungen nicht rasch genug durch plastische Verformung abbauen können. Das Versagen erfolgt durch die Ausbreitung von Rissen, die von diesen Fehlern ausgehen. **Die Sprödigkeit der keramischen Werkstoffe wird durch den geringen Widerstand gegen Rißausbreitung verursacht**. Die große Streuung der mechanischen Eigenschaften ist auf die Streuung der Strukturfehlergröße zurückzuführen.

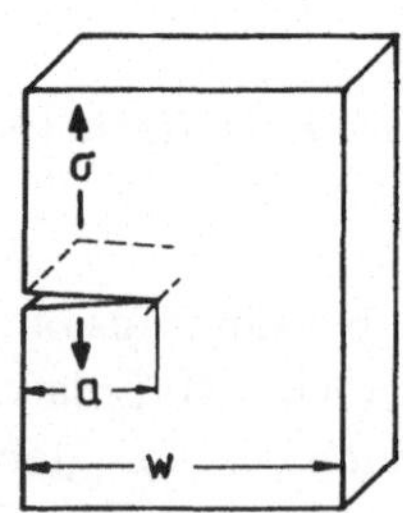

Bild 6.1   Außenriß in einer Platte

An der Spitze eines idealisierten flächenhaften **Oberflächenrisses** der Länge a, auf den senkrecht zur Rißebene eine Zugspannung σ (charakteristische Spannung des rißfreien Körpers) wirkt (Bild 6.1)kann ein **Spannungsintensitätsfaktor** K_I definiert werden

$$K_I = \sigma\sqrt{a} \cdot Y \frac{a}{w} \tag{6.1}$$

$Y(a/w)$ ist eine Funktion der auf eine charakteristische Bauteilgröße w bezogenen Rißlänge. Wird bei einer Zugbeanspruchung die Spannung σ so hoch, daß instabiles Rißwachstum verbunden mit Sprödbruch eintritt, dann gilt die Definition:

$$K_I = K_{Ic} \tag{6.2}$$

Alternativ zur Beschreibung des Rißausbreitungsverhaltens mit dem Spannungsintensitätsfaktor K können Energiebetrachtungen herangezogen werden. Als **Energiefreisetzungsrate** G_I wird die Energie bezeichnet, die aufzubringen ist, um den Riß um die Flächeneinheit zu vergrößern. Zwischen G_I und K_I besteht nach Irwin folgende Beziehung

$$K_I^2 = G_I \cdot E^* \tag{6.3}$$

wobei $E^* = E$ (**Elastizitätsmodul**) ist für ebenen *Spannung*szustand (ESZ) und $E^* = E/(1-v^2)$ für ebenen *Dehnung*szustand (EDZ). v ist die Poissonsche Zahl (Band 1, Abschnitt 3.1). Da bei der Rißausbreitung *zwei* neue Bruchflächen mit der **Oberflächenenergie** γ_f entstehen, gilt auch

$$G_{Ic} = 2\gamma_f \tag{6.4}$$

und somit

$$K_{Ic}^2 = 2\gamma_f \cdot E^* \tag{6.5}$$

Die *Messung* der Bruchzähigkeit erfolgt nach verschiedenen Methoden: z.B. an gekerbten Balkenproben (SENB) mit künstlichem Anriß definierter Geometrie, gekerbten Plattenproben (DCB), V-förmig gekerbten Proben (CN) sowie Eindruckverfahren (ID, ISB)[89 Mun]. Tabelle 6.1 führt charakteristische Bruchzähigkeitswerte für wichtige technische Keramiken auf.

Die *Bruchzähigkeit* wird durch die *Korngröße* sowie durch *Einlagerungsphasen* in der Matrix stark beeinflußt. Bild 6.2 zeigt den Einfluß der Einlagerung von ZrO_2-Teilchen in Al_2O_3 auf den Bruchzähigkeitswert.

Die mit abnehmender ZrO_2-Korngröße zunehmende Bruchzähigkeitserhöhung ist auf die tetragonal-monokline Phasenumwandlung des ZrO_2 während der Rißausbreitung zurückzuführen, die mit abnehmender Teilchengröße mehr Energie verbraucht und damit den Rißwiderstand ansteigen läßt [82 Cla].

Tabelle 6.1   Bruchzähigkeitswerte technischer Keramiken (Mittelwerte)

Werkstoff	K_{Ic} (MPa/m)		Werkstoff	K_{Ic} (MPa/m)
ZnS	0,6		SiC	4,0
SiO_2-Glas	0,8		Al_2O_3	4,5
$MgAl_2O_4$	1,5		TiC	4,8
$Al_6Si_2O_{13}$	2,0		Si_3N_4	5,0
MgO	2,5		Al_2O_3-ZrO_2	6,5
TiO_2	2,5		TiB_2	8,0
AlN	3,2		BeO	8,5
B_4C	3,5		ZrO_2(tetr.)	>10

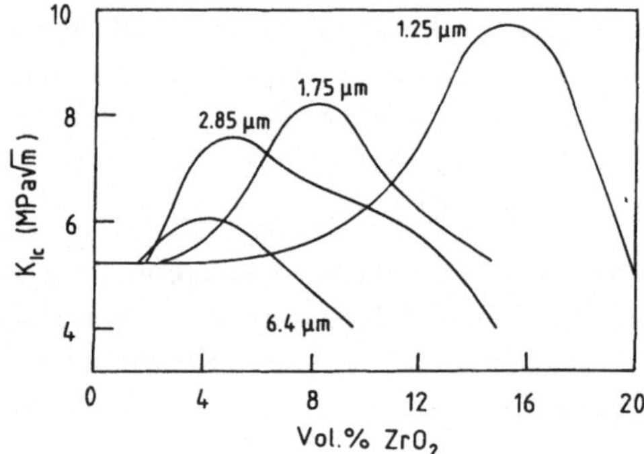

Bild 6.2   Bruchzähigkeit von Al_2O_3 mit ZrO_2-Teilchen unterschiedlicher Größe [82 Cla].

Mit zunehmender Belastung nimmt der Spannungsintensitätsfaktor K_I bzw. die Energiefreisetzungsrate G_I zu, bis der kritische Werkstoffwert K_{Ic} bzw. G_{Ic} erreicht ist und Rißverlängerung einsetzt. Während des weiteren Rißfortschritts bleibt der Rißwiderstand konstant. Einige Werkstoffe zeigen jedoch ein anderes Verhalten (Bild 6.3).

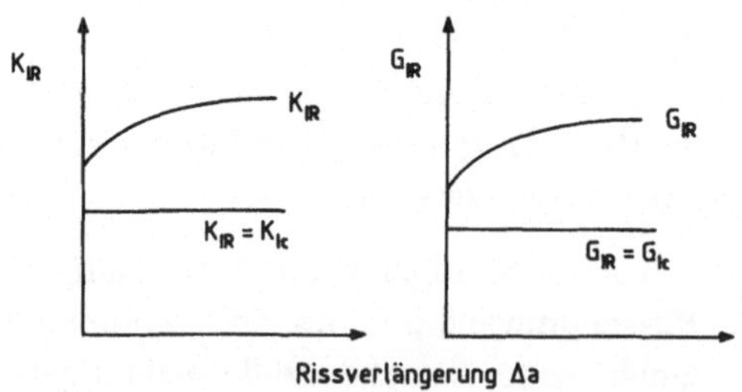

Bild 6.3   Rißwiderstandskurven ohne und mit Anstieg als Funktion der Rißverlängerung Δa

Mit zunehmender Rißverlängerung nimmt der Rißwiderstand zunächst zu, bis ein Plateauwert erreicht wird. Das Rißausbreitungsverhalten kann in diesem Fall nicht mehr nur durch einen Werkstoffkennwert beschrieben werden, sondern erfordert die Kenntnis der gesamten Rißwiderstandskurve (R-Kurve).

Der mit zunehmender Rißverlängerung ansteigende Rißwiderstand wird auf zwei Ursachen zurückgeführt:

i) durch Kraftübertragung zwischen den Rißufern hinter der Rißspitze wird die Rißspitzenbelastung erniedrigt [83 Ste] und

ii) vor der Rißspitze kann der gestörte Bereich vergrößert werden z.B. durch Rißverzweigungen, die zur Ausbildung einer energieverzehrenden Prozeßzone führen (s. Verstärkung keramischer Werkstoffe).

Eng verknüpft mit der Spannungsintensität sind *zeitabhängige Rißverlängerungsprozesse*(unterkritisches Rißwachstum), die nach Erreichen einer kritischen Größe K_0 des zunächst kleinen Risses zum Rißwachstum führen, s. Bild 6.4.

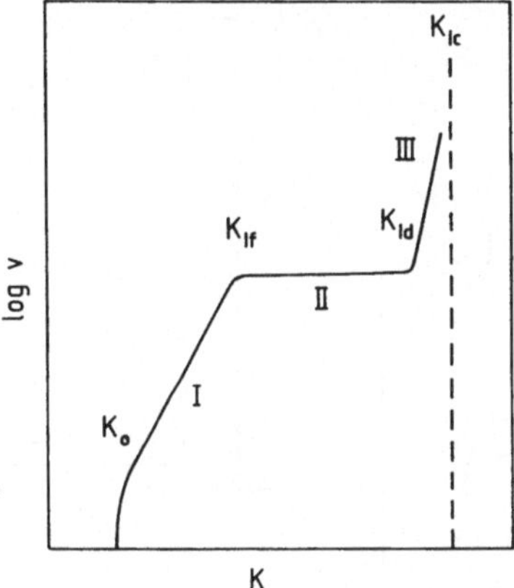

Bild 6.4   Schematischer Verlauf der Rißfortschrittsgeschwindigkeit v mit dem Spannungsintensitätsfaktor K

Die Rißwachstumsgeschwindigkeit v kann im Bereich I ($K_0 < K \sim K_{If}$) als Potenzfunktion der an der Rißspitze herrschenden Spannungsintensität beschrieben werden

$$v := \frac{da}{dt} = A \cdot K_I^{\,n} \tag{6.6}$$

Hohe "Empfindlichkeit" für langsames Rißwachstum drückt sich in einem kleinen **Rißwachstumsparameter** n aus und wird durch niedrig viskose amorphe Korngrenzenphasen sowie chemische Korrosionsprozesse an der Rißspitze begünstigt (Spannungsrißkorrosion auch in Keramiken). Die zeitabhängigen Rißwachstumsvorgänge beeinflussen deshalb insbesondere bei hohen Temperaturen oder korrosiven Umgebungsbedingungen die Zeitstandsfestigkeit sowie das Ermüdungsverhalten keramischer Werkstoffe unter Wechsellastbedingungen und müssen bei der Lebensdauerberechnung keramischer Bauteile besonders berücksichtigt werden.

6.2 Festigkeit

Die Festigkeit von polykristallinen spröden keramischen Werkstoffen wird durch *Gefügefehler* (Poren, Fremdeinschlüsse, Risse etc.) bestimmt. An diesen Fehlern kommt es unter Einwirkung einer äußeren Spannung σ_a zu einer Spannungs*überhöhung*, die für einen elliptischen Innenriß mit der langen Ellipsenachse *a* und dem Krümmungsradius β an der Rißspitze (Bild 6.5) gegeben ist durch

$$\sigma_y = \sigma_a\left(1 + 2\sqrt{\frac{\alpha}{\beta}}\right) \approx 2\sigma_a\sqrt{\frac{\alpha}{\beta}} \tag{6.7}$$

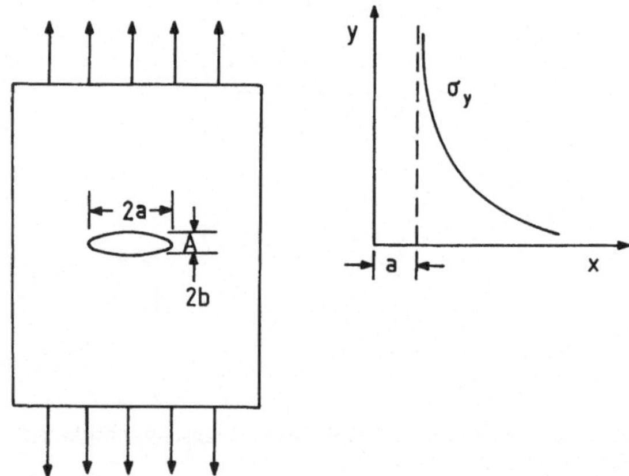

Bild 6.5   Spannungsüberhöhung an einem flachen elliptischen Riß (**Griffith-Riß**) in einer dünnen Scheibe (ESZ)

Gl. (6.7) zeigt, daß in spröden Keramiken besonders scharfe Risse mit kleinen Krümmungsradien β, die senkrecht zur von außen auf das Bauteil wirkenden Spannung orientiert sind, kritisch für die erreichbare Festigkeit sind. Ein zum Sprödbruch führendes instabiles Rißwachstum tritt dann ein, wenn mit wachsender Rißlänge (d*a*) die gesamte potentielle Energie im belasteten Bauteil erniedrigt wird

$$\frac{\mathrm{d}(U+S)}{\mathrm{d}a} \leq 0 \tag{6.8}$$

wobei U die elastische ($U = (\pi\sigma^2 a^2/E)$ und S die Oberflächen- ($S = 4a\gamma$) Energie sind. Aus Gl. (6.8) folgt das Instabilitätskriterium

$$\frac{2\pi}{E}\sigma^2 a\mathrm{d}a \geq 4\gamma_\mathrm{f}\mathrm{d}a \tag{6.9}$$

d.h. ein Riß breitet sich dann instabil aus (**Sprödbruch in der Keramik**), wenn bei einer kleinen Rißverlängerung die freiwerdende elastische Energie den Bedarf an Oberflächenenergie übersteigt (Bild 6.6).

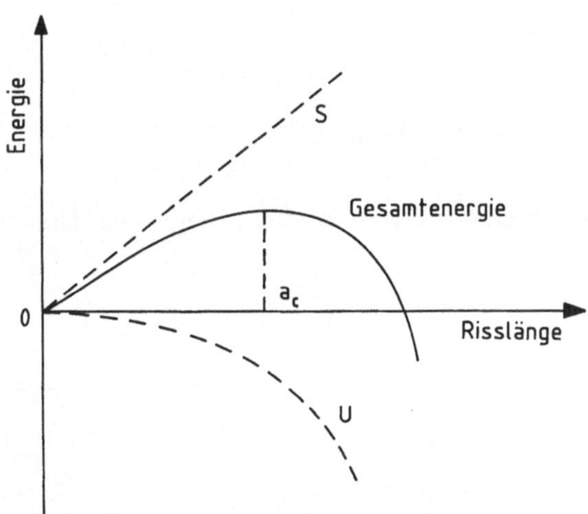

Bild 6.6   Instabilitätskriterium mit kritischer Rißlänge a_c

Aus dem Instabilitätskriterium folgt die grundlegende Griffithsche Formel für die kritische Spannung σ_c

$$\sigma_c = \sqrt{\frac{2E\gamma_\mathrm{f}}{\pi a_\mathrm{c}}} \tag{6.10}$$

σ_c entspricht der **Festigkeit in keramischen Werkstoffen**.

Die Korngröße d beeinflußt die Festigkeit nur oberhalb einer kritischen Korngröße, $d_\mathrm{c} = a_\mathrm{c}$ (Bild 6.7), wobei für $d \geq d_\mathrm{c}$ die Festigkeit durch eine zur Hall-Petch-Beziehung äquivalente Gleichung

$$\sigma_{\mathrm{c}} \approx \frac{k_3}{\sqrt{d}} \tag{6.11}$$

mit der Konstante k_3 beschrieben werden kann. Für $d \le d_{\mathrm{c}}$ wird σ_{c} von der Fehlergröße bestimmt.

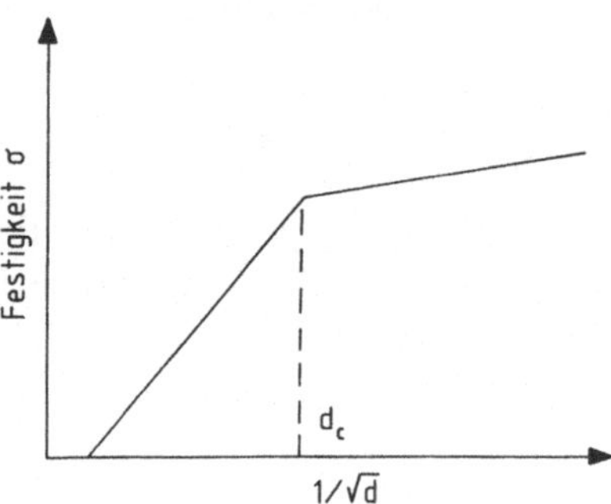

Bild 6.7   Korngrößenabhängigkeit der Festigkeit

Die Festigkeit keramischer Werkstoffe wird im Zug-, Biege- oder Druckversuch gemessen, s. Bild 6.8.

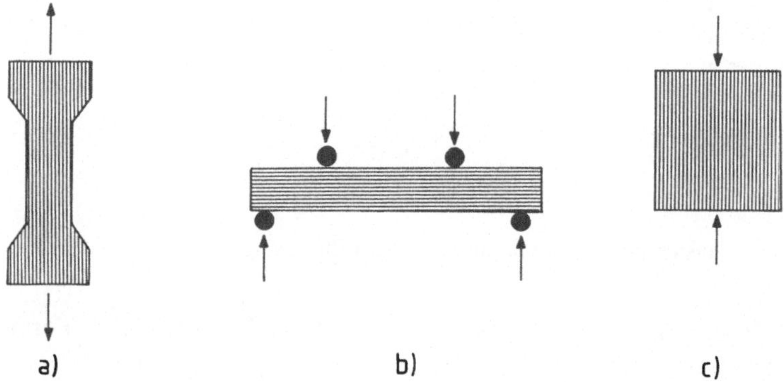

Bild 6.8   Meßmethoden der Festigkeit keramischer Werkstoffe; a) Zugversuch. b) Biegeversuch (Vierpunkt), c) Druckversuch

Die Zugfestigkeit keramischer Werkstoffe ist sehr niedrig und erreicht nur ca. 1/15 der Druckfestigkeit. Der Grund dafür ist, daß die Druckfestigkeit durch das langsame Ausbreiten vieler Risse zu einem mittleren Fehler bestimmt ist, während die Zugfestigkeit durch den längsten Riß bestimmt wird, s. Tabelle 6.2.

Tabelle 6.2   Raumtemperaturfestigkeit keramischer Werkstoffe (Mittelwerte in MPa)

Werkstoff	Druck-	Biege-	Zugfestigkeit
ZrO_2 (TZP)		1500	
ZrO_2 (PSZ)	1300	250	150
BeO	2100	270	150
Al_2O_3	2500	350	150
$Al_6Si_2O_{13}$	1300	200	110
$Mg_2Al_4Si_5O_{18}$	350	110	50
Si_3N_4	2100	750	400
SiC	1380	500	140

Gegenüber Metallen weisen keramische Werkstoffe i.a. höhere Streubreiten der Festigkeit auf (> 10-15 %). Dies ist auf die Abhängigkeit der Festigkeit von der Fehlergrößenverteilung zurückzuführen (für $d \leq d_c$ bzw. $a_c \geq d_c$). Die Abhängigkeit von der Fehlergrößenverteilung erfordert ebenfalls die Beschreibung der Festigkeitsverteilung durch statistische Methoden, von denen die Weibull-Verteilungsfunktion die verbreitetste ist. Hierbei wird durch Messung eines Probenkollektivs eine Bruchwahrscheinlichkeits (P_f)-Spannungs (σ)-Beziehung ermittelt

$$P_f = 1 - \exp\left[-\frac{V}{V_0}\left(\frac{\sigma}{\sigma_0}\right)^m \right] \tag{6.12}$$

V ist das mit der Spannung σ belastete Bauteilvolumen, V_0 und a_0 sind charakteristische Verteilungsgrößen. Bei logarithmischer Auftragung der Bruchwahrscheinlichkeit gegen die Bruchspannung ergibt sich näherungsweise eine Gerade, deren Steigung dem **Weibull-Faktor** m entspricht, s. Bild 6.9.

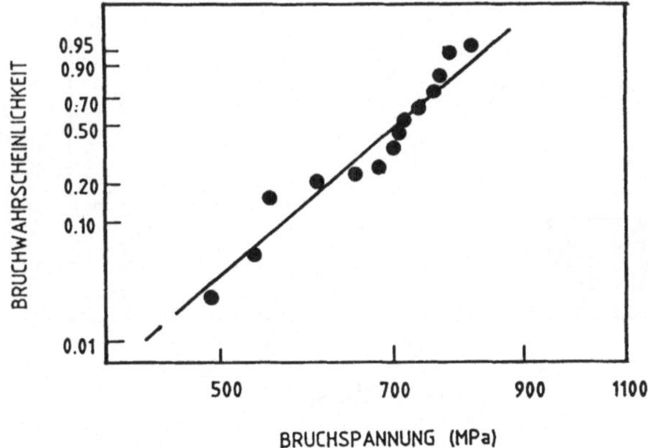

Bild 6.9   Weibull-Verteilungsfunktion der Festigkeit

Der Weibull-Parameter m beschreibt die Breite der Verteilungskurve ("Streubreite") und ist von entscheidender Bedeutung für die Beurteilung der Reproduzierbarkeit und Zuverlässigkeit keramischer Werkstoffe. Der Weibull-Pararneter hängt stark vom Herstellungsverfahren ab und liegt für viele keramische Werkstoffe zwischen 5 und 15. Für zuverlässige Anwendungen technischer Keramiken werden m-Werte über 20 angestrebt.

6.3   Verstärkung keramischer Werkstoffe

Keramische Werkstoffe weisen eine geringe Duktilität und Bruchzähigkeit auf (niedrige K_{1c}- bzw. G_c-Werte); sie sind hart und oft bis zu hohen Temperaturen spröde. Der lineare Bereich der Spannungs-Dehnungskurve reicht bis zum Sprödbruch. Dieser setzt spontan ein, wenn die elastische Verzerrungsenergie die zur Bildung einer Bruchfläche nötige Energie übersteigt (**Energiehypothese**) bzw. wenn durch die Spannungsüberhöhung an der Rißspitze Zugspannungen in der Größenordnung der Kohäsionsfestigkeit auftreten (**Spannungshypothese**)

$$\sigma_c = \sqrt{\frac{E \cdot G_c}{\pi \cdot a}} = \frac{K_{Ic}}{\sqrt{\pi \cdot a}} \tag{6.13}$$

Bild 6.10 zeigt den Zusammenhang zwischen der in einer Keramik auftretenden Fehlergröße und der dadurch begrenzten Festigkeit.

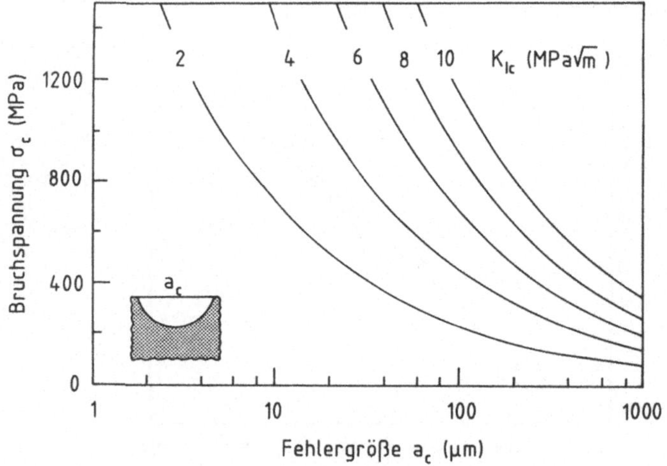

Bild 6.10   Festigkeit keramischer Werkstoffe als Funktion der kritischen Fehlergröße

Durch

I   Verkleinerung der im Gefüge auftretenden Fehler (*a*) sowie
II   Erhöhung der Bruchenergie (G_{Ic}) bzw. des Bruchwiderstandes (K_{Ic})

kann somit eine Steigerung der Werkstoffestigkeit erreicht werden. Bild 6.11 zeigt die Auswirkung der Verstärkung auf die Verteilung der nach der Weibull-Statistik aufgetragenen Festigkeitswerte.

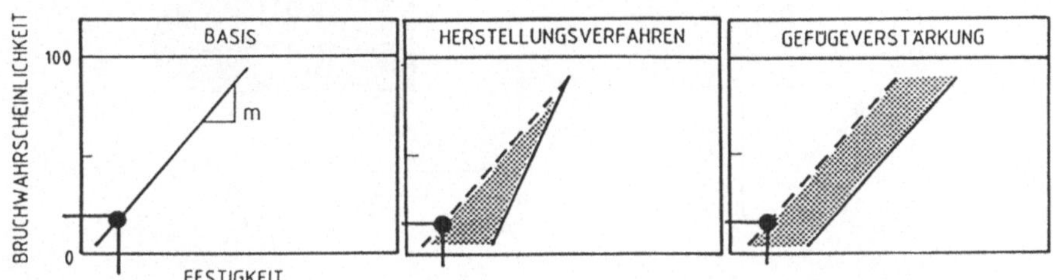

Bild 6.11   a) Festigkeitsverteilung in keramischen Werkstoffen und ihre Verschiebung durch
               b) Verkleinerung der Fehlergröße sowie c) Erhöhung des Bruchwiderstandes

Die Verkleinerung von Gefügefehlern erfordert verbesserte Ausgangspulver, die unter hochreinen (*clean room processing*) und kontrollierten Bedingungen aufbereitet werden (*wet chemical processing*), um Einschluß von Fremdteilchen sowie Agglomeratbildung zu verhindern.

Die Erhöhung des Bruchwiderstands wird erreicht durch den Einbau von möglichst homogen verteilten *Heterogenitäten* (*Partikel, Platelets, Whisker, Fasern*), die entweder durch Rißablenkung (Band 1, Abschnitt 3.5) zu einer Erhöhung der Bruchzähigkeit des Matrix K_{Io} oder in einer Prozeßzone durch Wechselwirkung mit dem Spannungsfeld des Risses zu einer Erniedrigung des Spannungsintensitätsfaktors um ΔK_c und damit insgesamt zu einer Erhöhung des kritischen Spannungsintensitätsfaktors K_{Ic} führen

$$K_{Ic} = K_{Io} + \Delta K_c \tag{6.14}$$

Die wichtigsten Mechanismen der Rißabschirmung in einer Prozeßzone, die zu einer Erhöhung des K_{Ic} führen sind:

– Rißflankenüberbrückung durch elastische oder plastische Brückenbildung
– Mikrorißbildung
– spannungsinduzierte Phasenumwandlungen (Bild 6.12)

Im Falle von ZrO_2-partikelverstärkter Dispersionskeramik ist die Zunahme des Bruchwiderstands ΔK_c mit steigender Rißverlängerung Δa um so ausgeprägter, je größer die Ausdehnung der Prozeßzone sowie der Volumenanteil der ZrO_2-Phase sind.

Besonders ausgeprägte Bruchwiderstandserhöhungen werden durch Einlagerung kontinuierlicher, hochfester Fasern (SiC, Si_3N_4, Al_2O_3, ZrO_2) erzielt. Neben Matrixvorspannung führen insbesondere Ablösungs- und Reibungsvorgänge bei der Überbrückung der Rißflanken hinter der Rißspitze zu einer starken Zunahme der Rißausbreitungsenergie, was sich in einem für keramischen Werkstoffe ungewöhnlichen. *quasiplastischen* Verformungsverhalten widerspiegelt, s. Bild 6.13.

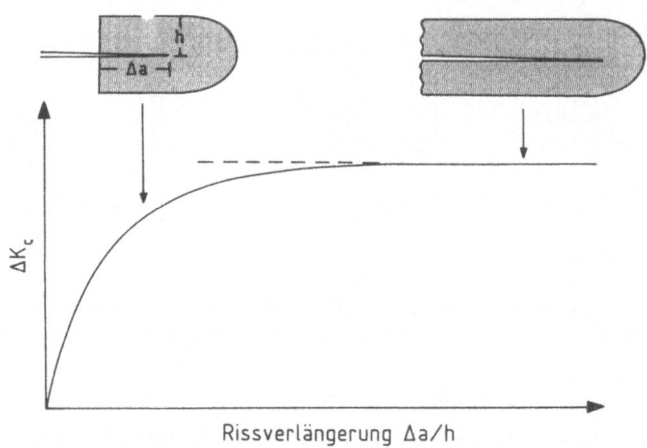

Bild 6.12   Rißabschirmung durch Ausbildung einer Prozeßzone in ZrO_2-umwandlungsverstärkten Keramiken nach [90 Eva]

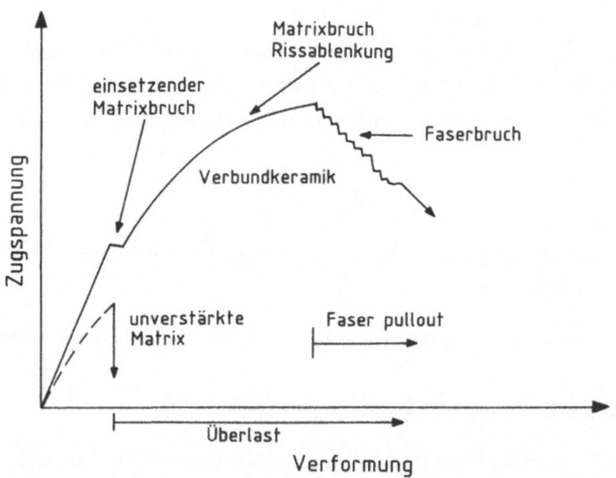

Bild 6.13   Spannungs-Dehnungs-Diagramm einer spröden Keramik sowie einer faserverstärkten Verbundkeramik mit hoher Brucharbeit

Tabelle 6.3 faßt Beispiele für in Verbundkeramiken erreichte Bruchzähigkeitswerte sowie die dominierenden mikromechanischen Verstärkungsmechanismen zusammen.

Tabelle 6.3   Bruchzähigkeit von Verbundkeramikwerkstoffen [90 Eva]

Werkstoff	K_{Ic} (MPa/m)	Mechanismus
ZrO_2, HfO_2	≈ 20	Phasenumwandlung
Al_2O_3 / ZrO_2	≈ 10	Mikrorißbildung
Si_3N_4 / SiC		
SiC / TiB_2		
Al_2O_3 / Al	≈ 25	Metallpartikel
ZrB_2 / Zr		(duktile Teilchen)
Al_2O_3 / Ni		
WC / Co		
Si_3N_4 / SiC	≈ 15	Whisker/Platelets
Si_3N_4 / Si_3N_4		Rißablenkung
Al_2O_3 / SiC		Rißüberbrückung
CAS / SiC	≥ 30	Fasern
LAS / SiC		Reibung (pull-out)
Al_2O_3 / SiC		
SiC / SiC		
SiC / C		
Al_2O_3 / Al_2O_3		

CAS: Ca-Al-Silikat-Glaskeramik; LAS: Li-Al-Silikat-Glaskeramik

Literatur

[46 Fre]   J. Frenkel, Kinetic Theory of Liquids, Oxf. Univ. Press, New York (1946)

[55 Ras]   D. E. Rase, R. Roy, J. Am. Ceram. Soc. $\underline{38}$ (1955) 111.

[62 Cah]   J. W. Cahn, Acta Met. $\underline{10}$ (1962) 789.

[64 Lev]   E. M. Levin, C. R. Robbins, H. F. McMurdie, Phase Diagrams for Ceramists, Am. Ceram. Soc., Columbus, O (1964)

[64 Nie]   A. E. Nielsen, Kinetics of Precipitation, MacMillan, NY (1964).

[65 Hil]   M. Hillert, Acta Met. $\underline{13}$ (1965) 225.

[65 Kli]   K. L. Kliewer, J. S. Koehler, Phys. Rev. $\underline{A\ 140}$ (1965) 1226.

[66 Pri]   A. Prince, Alloy Phase Equilibria, Elsevier Publ., Amsterdam, NE (1966)

[74 Kin]   W. D. Kingery, J. Am. Ceram. Soc. $\underline{57}$ (1974) 1. and 74.

[76 Eri]   G. Eriksson, Chem. S. $\underline{8}$ (1975) 100.

[76 Kin]   W. D. Kingery, H. K. Bowen, D. R. Uhlmann, Introduction to Ceramics, John Wiley & Sons, New York (1976)

[76 Sin]   S.C. Singhal, Ceram. Int. $\underline{2}$ (1976) 123.

[76 Yan]   M. F. Yan, R. M. Cannon, H.K. Bowen, in Ceramic Microstructures, edt. Fulrath & Pask, Plenum Press, New York (1976) 276.

[77 Gre]   G. W. Greenwood, in "Vacancies '76", edt. R. E. Smallmann and J. E. Harris, The Metals Society, London (1977) 141.

[78 Stu]   V. S. Stubican, R. C. Hink, S. P. Roy, J. Am. Ceram. Soc. $\underline{61}$(1978) 17.

[81 Cla]   D. R. Clarke, in Adv. in Ceramics $\underline{1}$, Grain Boundary Phenomena in Electronic Ceramics, ed. L. M. Levinson, Am. Ceram. Soc., Columbus, OH (1981) 67.

[81 Dör]   P. Dörner, L. J. Gauckler, H. Krieg, H. L. Lukas, G. Petzow, J. Weiss, J. Mat. Sci. $\underline{16}$ (1981) 935.

[81 Kin]   W. D. Kingery, Advances in Ceramics $\underline{1}$ (1981) 1.

[81 Lev]   L. M. Levinson, Adv. in Ceram. Vol. 1, Am. Ceram. Soc., Columbus, OH (1981)

[81 Mis]   R. K. Mishra, E. K. Goo, G. Thomas, in Mat. Sci. Res. $\underline{14}$, edt. J. A. Pask, A. G. Evans, Plenum Press, NY (1981) 199.

[81 Mun]   Z. A. Munir, J. P. Hirth, Mat. Sci. Res. $\underline{14}$ (1981) 23.

[81 Raj]   R. Raj, F. F. Lange, Acta Met. $\underline{29}$ (1981) 1993.

[81 Sch]   H. Schmid, M. Rühle, N. L. Peterson, in Mat. Sci. Res. $\underline{14}$, edt. J. A. Pask, A. G. Evans, Plenum Press, NY (1981) 177.

[81 Wei]   J. Weiss, Silicon Nitride Ceramics, Ann. Rev. Mat. Sci. $\underline{11}$ (1981) 381.

[82 Cla]   N. Claussen, Z.Werkstofftech. $\underline{13}$ (1982) 138

[83 Hir]   K. Hiraga, K. Tsumo, D. Shindo, M. Hirabayashi, S. Hayashi, T. Hirai, Phil. Mag. A, $\underline{47}$ (1983) 483.

[83 Mae]   K. Maeda, T. Miyoshi, Y. Takeda, K. Nakamura, S. Ogihara, M. Ura, Advances in Ceramics $\underline{7}$ (1983) 260.

[83 Sch]   J. F. Schakelford, Adv. In Ceramics $\underline{6}$ (1983) 96.

[83 Ste]   R. Steinbrech, R. Knehaus, W. Schaarwächter, J. Mat. Sci. $\underline{18}$ (1983) 265.

[83 Yan]   M. F. Yan, R. M. Cannon, H. K. Bowen, Space Charge, J. Appl. Phys. $\underline{54}$ (1983) 764.

[83 Yan2] M. F. Yan, R. M. Cannon, H. K. Bowen, J. Appl. Phys. $\underline{54}$ (1983) 779.

[84 Bri]   C. J. Brinker, D. E. Clarke, D. R. Ulrich, Better Ceramics Through Chemistry I-IV, Mat. Res. Soc. Pittsburgh, PE (1984-1990)

[84 Cla]   N. Claussen, Adv. in Ceramics $\underline{12}$, Science and Technology of Zirconia II, Am. Ceram. Soc., Columbus, O (1984) 325.

[84 Gla]   A. M. Glaeser, Yogyo-Kyokai-Shi $\underline{92}$ (1984) 537.

[84 Hen]   L. L. Hench, D. R. Ulrich, Ultrastructure Processing of Ceramics, Glasses, and Composites, John Wiley & Sons, New York (1984)

[84 Hum] F. A. Hummel, Introduction to Phase Equilibria in Ceramic Systems, Marcel Dekker, New York (1984)

[85 Lou]   V. L. K. Lou, T. E. Mitchell, A. H. Heuer, J. Am. Ceram. Soc. $\underline{68}$ (1985) 49.

[86 Eva]   A. G. Evans, C. H. Hsueh, J. Am. Ceram. Soc. $\underline{69}$ (1986) 444.

[86 Fis]   H. J. Fischmeister, in Mat. Sci. Res. $\underline{21}$, Ceramic Microstructures '86, edts. J. A. Pask, A. G. Evans, Plenum Press, New York (1986) 1.

[86 Kin]   W. D. Kingery, Mat. Sci. Res. $\underline{21}$ (1987) 281.

[86 Luk]   H. L. Lukas, E. T. Henig, G. Petzow, Z. Metallkunde $\underline{77}$ (1986) 360.

[87 Cla]   D. R. Clarke, J. Am. Ceram. Soc. $\underline{70}$ (1987)15.

[87 Daw]   D.M. Dawson, Ceram.Eng.Sci.Proc. 8 (1987) 815.

[87 Fis]   H. F. Fischmeister, in Mat. Sci. Res. $\underline{21}$, edt. J. A. Pask, A. G. Evans, Plenum Press, NY (1987) 1.

[87 Loe]   R. E. Loehmann, T. F. Headley, Mat. Sci. Res. 21 (1987) 33.

[87 Rio]   P. R. Rios, Acta Met. 35 (1987) 2805.

[87 Sch]   J. F. Schackelford, in Mat. Sci. Res. 21, edt. J. A. Pask, A. G. Evans, Plenum Press, NY (1987) 87.

[88 Dim]   D. Dimos, P. Chaudhari, J. Mannhart, F. K. LeGoues, Phys. Rev. Lett. 61 (1988) 1653.

[88 Gle]   H. Gleiter, PLR Jülich, (1988) 331.

[88 Sch]   H. Schmid, in Symposium Materialforschung, PLR Jülich (1988) 722.

[88 Sle]   A. W. Sleight, in High Temperature Superconducting Materials, edt. W. E. Hatfield, J. M. Miller Jr., Marcel Dekker, New York (1988) 1.

[89 Eig]   B. Eigenmann, B. Scholtes, O. Vohringer, Cfi/Ber. Dt. Keram. Ges. 66 (1989) 364.

[89 Ket]   L. Ketron, Ceram. Bull. Am. Ceram. Soc. 68 (1989) 860.

[89 Mun]   D. Munz, T. Fett, Mechanisches Verhalten keramischer Werkstoffe, Springer Verlag, Berlin (1989)

[89 She]   L. M. Sheppard, Bull. Am. Ceram. Soc. 68 (1989)1187.

[90 Chi]   Y. M. Chiang, T. Takagi, J. Am. Ceram. Soc. 73 (1990) 3278.

[90 Dud]   H. J. Dudek, Mat.wiss. und Werkstofftech., 21 (1990) 48.

[90 Eva]   A. G. Evans, J. Am. Ceram. Soc. 73 (1990) 187.

[90 Hil]   V. Hilarius, U. Jaroch, G. Kästner, Sprechsaal 123 (1990) 1020.

[90 Hwa] S. L. Hwang, I. W. Chen, J. Am. Ceram. Soc. 73 (1990) 3269.

[90 Mor]   P. A. Morris, Ceram. Trans. 7 (1990) 50.

[90 Mür]   J. Mürbe, B. Voigtsberger, Sprechsaal 123 (1990) 1016.

[90 Rea]   D. W. Readey, Ceram. Trans. 7 (1990) 86.

[90 She]   L.M. Sheppard, Ceramic Bulletin 69(1990)1297.

[90 Zie]   G. Ziegler, Mat.wiss. und Werkstofftech. 21 (1990) 36.

[92 Han]   J. D. Hansen, R. P. Rusin, M. H. Teng, D. L. Johnson, J. Am. Ceram. Soc. 75 (1992) 1129.

II. Herstellverfahren der Keramik

Von Friedrich J. Esper

1   Einleitung

In der Pulvertechnik allgemein – darunter sind die **Pulvermetallurgie** und die **Keramik** zu verstehen – *sind das Herstellen des Werkstoffes und die Bauteilfertigung kombiniert.* Um möglichst wirtschaftlich zu sein, werden also die Bauteile vor der eigentlichen Werkstoffherstellung so geformt, daß durch die weiteren Verarbeitungsschritte der geformte Rohkörper gezielt derart verändert wird, daß in den meisten Fällen nach dem letzten Fertigungsschritt keine Bearbeitung, z.B. zum Erzielen der notwendigen Formgenauigkeit, mehr erforderlich ist.

Die wesentlichen Fertigungsschritte lassen sich wie folgt charakterisieren:

1. Pulverförmiger Rohstoff zur Formgebung aufbereiten
2. Formgebung
3. Wärmebehandlung zum Erzielen der benötigten Festigkeitseigenschaften und der übrigen Charakteristika des betreffenden Werkstoffes.

In verschiedenen Fällen ist noch eine *Nachbearbeitung* des wärmebehandelten – in der Fachsprache als **gesintert** oder **gebrannt** bezeichnet – Bauteiles notwendig, um die geforderte Maßgenauigkeit oder Oberflächengüte zu erreichen.

Die drei Verfahrensschritte müssen dem jeweiligen Werkstoff und dem daraus herzustellenden Bauteil weitgehend angepaßt werden. Daher gibt es eine Vielzahl von Varianten für diese Verfahrensschritte.

2   Rohstoffe

Neben den *natürlichen* Rohstoffen werden in der Keramik viele *synthetische* Rohstoffe eingesetzt.

Die natürlichen Rohstoffe werden in der Natur abgebaut. Da sie aber je nach Lagerstätte, ja selbst innerhalb einer Lagerstätte in der Zusammensetzung und in der Menge und der Art der Verunreinigungen sowie der Teilchengröße zum Teil erheblich variieren können, müssen sie aufbereitet werden, damit ihre Verarbeitungseigenschaften und die zu erreichenden Eigenschaften der daraus hergestellten Bauteile immer möglichst gleich sind. Nur so können die Fertigungsbedingungen konstant gehalten werden. Ohne dies sind die erforderliche Gleichmäßigkeit und Wirtschaftlichkeit der Bauteile nicht zu garantieren.

Die Aufbereitungsverfahren sind mannigfacher Art und werden den jeweiligen Rohstoffen sowie teilweise auch den Lagerstätten angepaßt. Sie beruhen weitgehend darauf, daß aufgrund unterschiedlicher Dichte und unterschiedlicher Teilchengröße der verschiedenen Komponenten der natürlichen Rohstoffe durch Flotationsverfahren und Verwendung von Zyklonen, Magnetabscheidern u.ä. Einrichtungen eine Abscheidung der Verunreinigungen, aber auch eine Trennung einzelner Komponenten durchgeführt wird, um eine möglichst homogene Zusammensetzung der Rohstofflieferungen von Charge zu Charge zu erreichen. Dies wird auch durch eine Mischung von Rohstoffen unterschiedlicher Zusammensetzung erreicht. Eine Kombination beider Verfahren setzt sich nun immer mehr durch. Eine Zerkleinerung des Rohstoffes auf eine vorgegebene Teilchengröße und Teilchengrößenverteilung ist eine weitere unabdingbare Voraussetzung für eine ungestörte und möglichst ohne Änderung von Fertigungsparametern ablaufende Fertigung.

Die Rohstoffe werden heute in vielen Fällen nach Kundenspezifikationen aufbereitet, was u. U. zu einer gewissen Verteuerung führen kann, sich aber letztlich durch eine gleichmäßigere Prozeßführung wieder bezahlt macht.

Es kann auch durchaus angehen, daß es wirtschaftlicher ist, sich einen Rohstoff aus einzelnen Komponenten selbst herzustellen, weil er als Naturprodukt mit den erforderlichen Eigenschaften nicht zu erhalten ist. So war es z.B. in einem bestimmten Falle unvermeidbar, einen ganz bestimmten Ton für die Herstellung von Brennkapseln mit langer Standzeit unbedingt verwenden zu müssen. Dieser konnte aber wegen zu starker Eisenoxidverunreinigungen und der dadurch bedingten Braunfärbung der Kapseln, die sich während des Sinterns auf das weiße Brenngut übertrug, nicht verwendet werden. Ein Entfernen des Eisenoxids war aus Kostengründen nicht möglich. Deshalb blieb als einzige Möglichkeit, diesen Rohstoff aus einer Mischung entsprechender Komponenten zu synthetisieren. Dabei war nicht nur auf eine exakte Einhaltung der Anteile der einzelnen Komponenten zu achten, sondern auch ihre Korngrößenverteilungen mußten denen des natürlichen Vorbildes entsprechen.

Die wichtigsten natürlichen Rohstoffe sind **Ton**, **Kaolin**, **Feldspat**, **Quarz**, **Glimmer**, aber im Falle der Ferritherstellung auch **Eisenoxid** (s. Band 1 dieser Reihe).

Während die vorgenannten natürlichen Rohstoffe mit Ausnahme des Eisenoxids im wesentlichen in der sog. *klassischen Keramik* verwendet werden, setzt die als *Hochleistungskeramik* bezeichnete Sparte hauptsächlich synthetische Rohstoffe ein. Die Verfahren, nach denen diese hergestellt werden, sind noch zahlreicher als die Rohstoffe selbst, zumal immer neue Verfahren entwickelt werden, die verbesserte Rohstoffeigenschaften bieten sollen. Genannt sei in diesem Zusammenhang nur das **Sol-Gel-Verfahren**.

Eine Reihe der synthetischen Rohstoffe werden aus natürlichen gewonnen, so z.B. das Al_2O_3 aus dem **Bauxit** nach dem **Bayer-Verfahren** und das ZrO_2 aus dem **Monarzitsand**. Das Fe_2O_3 für die Ferritherstellung entsteht neben anderen Herstellmöglichkeiten heute hauptsächlich als Abfallprodukt bei der Wiederaufbereitung der **Beizsäure** in den Stahlwalzwerken durch Sprührösten nach dem **Ruthner-Prozeß**. Weitere wichtige synthetische Rohstoffe sind SiC, Si_3N_4, C und TiO_2.

Die meisten dieser Stoffe werden über einen Lösungs- und Fällungsprozeß hergestellt, dem sich ein thermischer Verfahrensschritt anschließt, wodurch die endgültige Modifikation erreicht wird. Dieser thermische Schritt ist für die weitere Verarbeitung wesentlich, weil hierdurch die Korn- und Teilchengröße des Pulvers sowie die Festigkeit der Teilchen festgelegt wird. Dies wirkt sich auf den Mahlprozeß aus und hat damit auch Einfluß auf den Sintervorgang. Für einen homogenen Keramikwerkstoff, der sich bei einer möglichst niedrigen Temperatur sintern läßt, ist es erforderlich, daß das Pulver nach Möglichkeit keine Teilchen (Agglomerate) mehr enthält, sondern nur noch aus *Körnern* besteht. Die Gesamtheit der Fertigungsparameter beeinflußt die Festigkeits- und sonstigen Eigenschaften der keramischen Werkstoffe.

Den Festlegungen der Metallurgie folgend werden im Folgenden die Partikel, die keine Korngrenze aufweisen, als **Körner** (im angelsächsischen Sprachgebrauch **ultimate crystals**) und ein Haufwerk zusammenhaftender Körner als *Teilchen* – oft auch **Agglomerat** genannt – bezeichnet.

3   Masseaufbereitung

Unter der **Masse** werden in der Keramik Pulver oder Pulvermischungen verstanden, die zu einem Bauteil verarbeitet werden sollen. In der Form, in der die keramischen Rohstoffe oder deren Mischungen zunächst anfallen, lassen sie sich, wenn überhaupt, so doch nur sehr schwer verarbeiten. Sie müssen in einen dem jeweiligen Formgebungsprozeß angepaßten Zustand versetzt werden, d.h. sie müssen zu einer verarbeitungsfähigen Masse aufbereitet werden.

3.1   Mischen und Mahlen

In den meisten Fällen werden Pulver*mischungen* eingesetzt und zwar, weil

1. der gewünschte keramische Stoff zunächst synthetisiert werden muß, wie z.B. bei den Hartferriten die magnetische Phase $SrO \cdot 6\,Fe_2O_3$ aus einer Mischung von $SrCO_3$ und Fe_2O_3 durch einen sog. **Calzinierungsprozeß** und

2. die meisten einphasigen Pulver so sinterträge sind, daß das Sintern mittels gewisser Zusätze, der sog. **Sinterhilfs**- oder **Flußmittel**, durch Bilden einer flüssigen Phase beschleunigt werden muß.

Für das Mischen der einzelnen pulverförmigen Ausgangsstoffe stehen unterschiedliche Aggregate zur Verfügung. So kann dies schon in dem Vorrats-, dem sog. **Mischsilo** erfolgen. Dies ist jedoch nur zweckmäßig, wenn große Mengen der gleichen Zusammensetzung verarbeitet werden. Als weitere Mischaggregate bieten sich **Mischtrommeln** unterschiedlicher Bauart, **Kollergänge** oder auch **Mühlen** an. Der Einsatz einer Mühle als Mischaggregat hat den Vorteil, daß zwei Arbeitsgänge, nämlich Mischen und Mahlen, miteinander kombiniert werden können.

Um ein möglichst homogenes Gefüge und damit entsprechend gute Eigenschaften der Keramik zu erhalten, müssen – wie oben schon erwähnt – die Teilchen der Pulvermischung möglichst alle in die einzelnen Körner zerlegt werden. Dabei können auch **Flußmittel** gleichmäßig zwischen ihnen verteilt werden, wobei die Flußmittelkörner bzw. -teilchen sich auf der Oberfläche der Matrixkörner fest verankern können. Hierdurch werden eine *Entmischung* bei nachfolgenden Prozessen und auch andere mögliche Fehlerquellen im Gefüge des keramischen Bauteils, die zu einer Festigkeitsminderung Anlaß geben, weitgehend ausgeschaltet. Die Mühlenarten, die in der Keramik für die Feinzerkleinerung im wesentlichen eingesetzt werden sind: Walzenstuhl, Trommelmühlen, Fliehkraftkugelmühlen, Schwingmühlen, Attritoren, Ringspaltmühlen und Luftstrahlmühlen.

Welcher Mühlentyp verwendet wird, hängt stark von den jeweiligen Bedingungen ab. Walzenstuhl und Trommelmühlen haben eine vergleichsweise geringe Mahlwirkung, weil sie in der Drehzahl begrenzt sind. Wesentlich bessere Mahlwirkungen haben die Schwingmühlen und Attritoren. Am effektivsten arbeitet die Luftstrahlmühle; sie verursacht auch die geringsten Verunreinigungen, weil nur ein geringer Abrieb an den Mahlgefäßwänden entsteht, denn die Zerkleinerung wird durch Reibung der Mahlgutteilchen aneinander ohne Zuhilfenahme von Mahlhilfsmitteln erreicht.

Die Trommelmühle ist bisher noch das wirtschaftlichste Mahlaggregat, wenn auf Korn- bzw. Teilchengrößen zwischen 1 und 10 µm aufgemahlen werden soll und größere Mengen durchgesetzt werden müssen. Leider arbeiten die meisten Mühlen dieses Typs diskontinuierlich.

Korngrößen < 5 µm und insbesondere < 1 µm kann man mit Schwing- und Ringspaltmühlen sowie Attritoren erreichen. Sowohl die Ringspaltmühle als auch der Attritor arbeiten mit *Naßmahlung*. Die Schwingmühle muß ebenfalls in Naßmahlung verwendet werden, wenn Korngrößen < 1 µm gefordert werden.

Besonders bei dem Naßmahlen muß beachtet werden, daß nicht zu vernachlässigende Verunreinigungen durch Abrieb an den Mahlhilfsmitteln entstehen können. Entsprechend dem Mahlgut sind die Mahlkörper auszuwählen, damit durch den nicht zu vermeidenden Abrieb keine störenden Stoffe in die Masse gelangen. Die Fliehkraft-kugelmühle ist in der Mahlwirkung durchaus mit den vorgenannten Mühlentypen zu vergleichen. Die bisher auf dem Markt erhältlichen Mühlen sind aber ausgesproche-ne Laborgeräte und nur für kleinere Durchsätze geeignet. Die Luftstrahlmühle arbei-tet – wie schon erwähnt – sehr effektiv, ihre Wirtschaftlichkeit muß aber bei jedem Anwendungsfall genau überprüft werden.

3.2 Aufbereitung der zur Formgebung fertigen Masse

Die Keramik kennt mannigfaltige Formgebungsverfahren, die entsprechend der Geo-metrie des Bausteiles ausgewählt werden. Dem jeweiligen Formgebungsprozeß muß auch die Aufbereitung der für die Formgebung fertigen Masse angepaßt werden. In der klassischen Keramik sind wesentliche Bestandteile der Masse plastisch verform-bare Komponenten, wie Ton und Kaolin. Anders sieht es aus bei den Massen für die sog. Hochleistungskeramik. Diese sind ohne irgend welche Zusätze nur schlecht formbar, besonders dann, wenn die Korngröße < 1 μm beträgt.

Um durch Axial- oder kaltisostatisches Pressen Bauteile herstellen zu können, müs-sen die Ausgangspulver **granuliert** werden. Bei der Granulatherstellung werden dem Pulver *organische Bindemittel*, wie **Wachs**, **Gummi arabicum**, **Dextrin**, **Polyvinyl-alkohol**, **Ligninsulfonat** u. ä. zugesetzt, um den Granulatteilchen eine ausreichende *mechanische Festigkeit* zu geben, damit sie beim Transport und Eindosieren in das Preßwerkzeug nicht zerbrechen und, um die keramische Masse besser verdichten zu können, weil durch den organischen Zusatz die Reibung innerhalb der keramischen Masse und zwischen ihr und der Wand des Preßwerkzeuges herabgesetzt wird. Wel-ches der oben genannten Bindemittel und in welcher Menge, ob allein oder in Kom-bination mit mehreren verwendet wird, hängt von der Art der zu verarbeitenden kera-mischen Masse ab.

Die Menge des organischen Binders muß so bemessen sein, daß die Granulatteilchen nicht zu hart werden, damit sie beim Pressen zerstört werden können. Ansonsten er-hält man nämlich ein *inhomogenes Gefüge* mit schlechten Festigkeitseigenschaften. Das organische Bindemittel soll nach Möglichkeit nicht *hygroskopisch* sein, weil sonst der Feuchtigkeitsgehalt des Granulats, der nach dem Sprühtrocknen im allge-meinen < 0,2 % beträgt, je nach Luftfeuchtigkeit schwankt und zu unterschiedlichen Preßdichten und damit unterschiedlichen Sinterschwindungen Anlaß gibt. Dieses Phänomen macht sich besonders zur Sommerzeit bei Gewitterwetter bemerkbar. Wenn man aus irgend einem Grunde einen hygroskopischen Binder verwenden muß, so ist dafür zu sorgen, daß der Feuchtigkeitsaustausch zwischen der Umgebungsluft und dem Sprühgranulat so gering wie nur möglich ist.

Zum Herstellen eines Granulates wird heute meistens, weil am wirtschaftlichsten, ein **Sprühtrockner** verwendet: In dem **Sprühturm** wird entweder mittels einer Düse oder eines Schleuderrades ein keramischer Schlicker (Band 1, Abschnitt 3.3) in Tröpfchen zerlegt, die beim Herabfallen im Turm durch einen Heißluftstrom getrocknet werden. Die Größe der Granulatteilchen ist abhängig von der Größe des Sprühtrockners und liegt zwischen 40 und 200 µm. Um den Sprühtrockner wirtschaftlich zu betreiben, muß der Feststoffgehalt des Sprühschlickers > 65 Masse-% sein. Dies erreicht man dadurch, daß man dem Schlicker einen Verflüssiger zusetzt, welcher der zu versprühenden keramischen Masse angepaßt sein soll.

Eine weitere Möglichkeit zum Granulieren keramischer Pulver ist der Granulierteller, besonders dann, wenn kleinere Pulvermengen verarbeitet werden sollen.

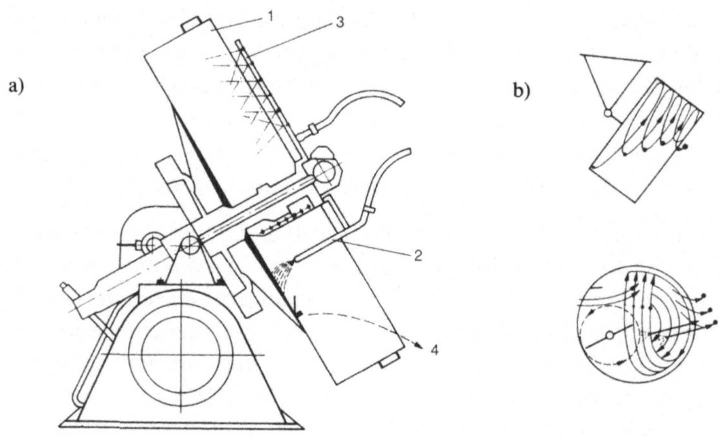

Bild 1   Granulierteller
                 (1) Granulierteller, (2) Brause, (3) Fächerdüse, (4) Granulataustrag

Bild 1 zeigt eine derartige Einrichtung. Bei der Bildung des sog. Aufbaugranulats entstehen Granulatteilchen aus Pulvern großer Feinheit durch Aufwachsen von Materialschichten auf Keimen durch *Agglomeration*. Zum Erleichtern des Agglomerierens wird das Pulver mit Wasser, dem ein organisches Bindemittel zugesetzt ist, befeuchtet.

Es gibt noch weitere Granulationsmöglichkeiten, auf die aber hier nicht näher eingegangen werden soll.

3.3   Sonstige Aufbereitungsmethoden

Es gibt noch weitere Aufbereitungsverfahren, die jedoch dem jeweiligen Formgebungsverfahren angepaßt sind. Sie werden bei der Besprechung der Formgebung behandelt.

4   Formgebung

Bei der Formgebung erhält das Bauteil im wesentlichen schon seine endgültige Form. Lediglich die Abmessungen verändern sich noch während des Sintervorganges: Das Bauteil **schwindet** (Band 1, Abschnitt 3.3). Die Schwindung hängt sowohl vom Werkstoff als auch von dem Formgebungsverfahren ab. Sie kann bis zu 25 % linear betragen und kann in verschiedenen Richtungen unterschiedlich sein. *Diese Maßänderungen müssen bei der Formgebung schon berücksichtigt werden, damit nach dem Sintern ein Bauteil mit den vorgeschriebenen Abmessungen in den vorgegebenen Toleranzen vorliegt.*

Bei der Festlegung der Bauteilform ist zu berücksichtigen, daß ein keramisches Bauteil *nicht auf Zug beansprucht werden soll, weil die Zugfestigkeit keramischer Werkstoffe bedingt durch ihre Sprödigkeit gering ist.* Wenn jedoch Zugkräfte im Betrieb nicht zu vermeiden sind, so muß dem Bauteil auf irgend eine Weise eine Druckvorspannung gegeben werden, wodurch die Zugkräfte – zumindesten größtenteils – kompensiert werden (vgl. *Spannbeton* in Band 1, Abschnitt 3.6). Eine Druckvorspannung kann u.a. durch den Auftrag einer geeigneten **Glasur** erzeugt werden, die in den Scherben eingebrannt wird.

Mittels der zur Verfügung stehenden verschiedenen Formgebungsverfahren ist es möglich, auch sehr komplizierte geometrische Formen ohne eine nachträgliche spanende Bearbeitung direkt herzustellen. Es ist jedoch darauf zu achten, daß die Toleranzen, die in der keramischen Technik eingehalten werden können (Tab. 1), größer sind, als die, die in der Metallverarbeitung durch spanende Formgebung ohne Schwierigkeiten realisierbar sind.

Tabelle 1   Toleranzen von gesinterten Bauteilen

Formgebungsverfahren	minimale Toleranz
Trockenpressen mit Granulat	± 0,5 %
Isostatisches Pressen mit Granulat	± 1 %
Gießen	± 1 %
Strangpressen	± 1,5 %
Spritzgießen	± 2 %

Um dennoch möglichst wirtschaftliche keramische Bauteile zu bekommen, muß man sich genau überlegen, welche Toleranzen unbedingt für die Funktion eines Bauteiles notwendig sind. Es müssen nämlich alle spanenden Bearbeitungen nach dem Sintern, die für eine einwandfreie Funktion des Bauteiles unnötig sind, weil teuer, vermieden werden. Enge Toleranzen, die nicht durch das Sintern eingehalten werden können, sollen nur für die Flächen angegeben werden, für die sie zur Funktionsfähigkeit des Bauteiles unbedingt erforderlich sind. Zudem muß man das Bauteil so konstruieren, daß diese Flächen leicht durch *Schleifen* bearbeitet werden können. Denn nur mit Schleifmethoden lassen sich fertiggesinterte keramische Bauteile noch spanend nachbearbeiten.

4.1   Axialpressen

Beim Axialpressen, das meistens für die Herstellung von kleinen, *einfach geformten Bauteilen* eingesetzt wird, befindet sich ein Ober- und Unterstempel in einer gehärteten Stahl- bzw. Hartmetallmatrize. Nach dem Füllen der Matrize mit dem Granulat des betreffenden Pulvers oder der entsprechenden Pulvermischung wird dieses durch das Gegeneinanderbewegen der beiden Preßstempel verdichtet (Bild 2a).

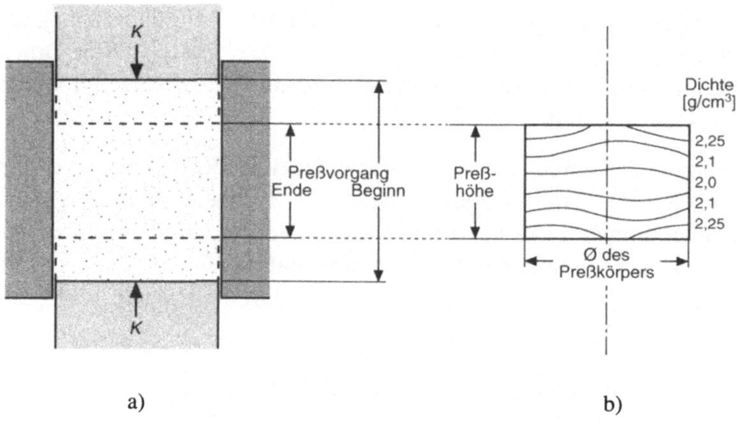

Bild 2   Beidseitiges axiales Verdichten

a) Schematische Darstellung des Verdichtungsvorganges
b) Dichteverteilung in einem axial beidseitig verdichteten Al_2O_3-Preßkörper

Wie aus Bild 2b ersichtlich, ist die Dichte innerhalb des Preßkörpers nicht konstant. Wegen der Reibung des Pulvers an der Wandung des Preßwerkzeuges entsteht beim beidseitigen Axialpressen in der Mitte des Preßkörpers in Preßrichtung ein Dichteminimum. Dieses ist umso ausgeprägter, je größer das Verhältnis Preßhöhe zu Preßquerschnitt ist.

Weil die Druckfortpflanzung in Preßrichtung behindert ist, sind für das Pressen von Bauteilen mit unterschiedlich dicken Segmenten unterteilte Preßstempel mit entsprechend abgestimmten Bewegungsabläufen der Preßstempel erforderlich, um zu verhindern, daß eine Überpressung des dünneren Segmentes bzw. eine zu geringe Verdichtung des dickeren Segmentes eintritt. Dies kann im ersten Falle zur Rißbildung führen, im zweiten Falle aber stets zu einer unterschiedlichen Schwindung, die einen Verzug des Bauteiles während des Sinterns zur Folge hat. Solche Werkzeuge mit unterteilten Preßstempeln sind natürlich teuer, und ihre Standzeit ist oftmals kürzer.

Der Vorteil des Axialpressens ist der, daß die endgültige Form des Bauteiles, wobei diese bestimmten Einschränkungen unterliegt, hergestellt werden kann.

4.2   Kaltisostatpressen

Durch das **Isostatpressen**, welches Verfahren auch im einzelnen angewandt wird, sollen Teile mit *komplizierten geometrischen Formen* eine möglichst hohe und gleichmäßige Dichte erhalten.

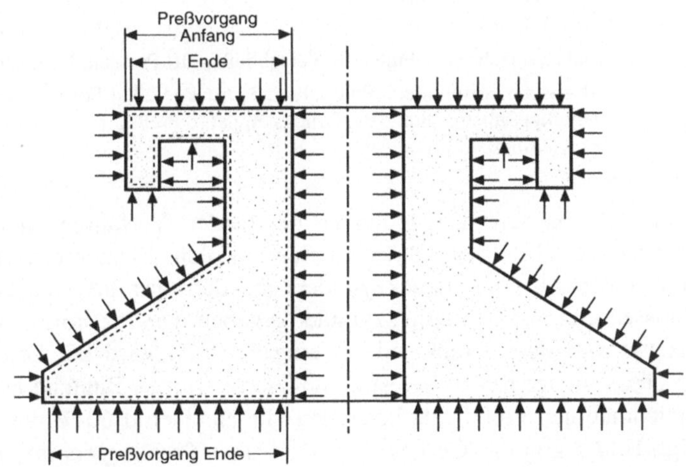

Bild 3   Isostatisches Verdichten, schematische Darstellung

Wie in Bild 3 dargestellt, wird eine unter Druck verformbare Preßform mit dem Granulat des zu verpressenden Werkstoffes gefüllt und durch ein gasförmiges oder flüssiges Medium *von allen Seiten gleichförmig zusammengepreßt*, wodurch das Granulat *gleichmäßig* verdichtet wird. Dies ergibt eine weitgehend *einheitliche Dichte innerhalb des Preßkörpers*. Beim Kaltisostatpressen sind zwei grundsätzliche Arten enwickelt worden:

1. das Naßmatrizenverfahren und

2. das Trockenmatrizenverfahren.

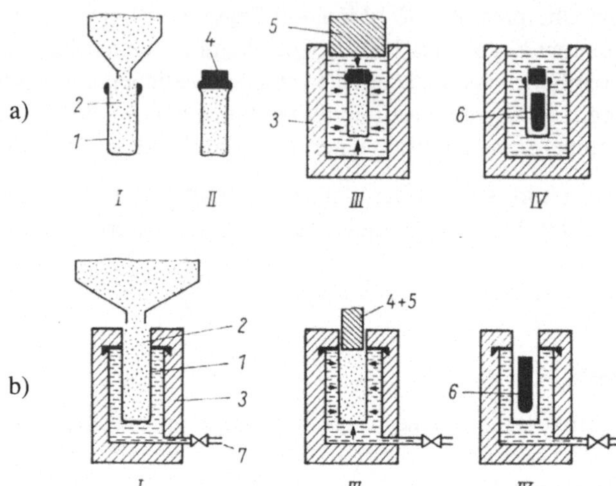

Bild 4   Naß- und Trockenmatrizenverfahren
         a) Naßverfahren
         b) Trockenverfahren: I Füllen, II Verschließen, III Pressen, IV Entformen
            1 elastische Formhülle, 2 Preßpulver, 3 Druckgefäß, 4 Formverschluß,
            5 Druckgefäßverschluß bzw. Druckstempel, 6 Preßkörper, 7 Anschluß an
            Druckleitung

In Bild 4 sind schematische Darstellungen der beiden Verfahren wiedergegeben. Beim Naßmatrizenverfahren (Bild 4a) wird eine Form aus Elastomerwerkstoff, meistens Gummi, außerhalb eines Druckzylinders mit dem gewünschten Granulat gefüllt, verschlossen und in einen Druckzylinder gegeben. Die Preßform ist im Druckzylinder allseitig von dem Druckmedium umgeben und wird bei Druckerhöhung gleichmäßig zusammengedrückt. Selbst kompliziert geformte Bauteile lassen sich so mit einer gleichmäßigen Preßdichte herstellen, die annähernd 60 % der Festkörperdichte beträgt. Bild 5 gibt das Gefüge eines derartigen Preßkörpers im Schema wieder. Bei Druckentlastung kann der Preßkörper relativ leicht entformt werden, weil er eine für die Handhabung ausreichende Festigkeit besitzt und die Preßform auffedert.

Beim Trockenmatrizenverfahren (Bild 4b) ist die Elastomerform fest mit dem Druckzylinder verbunden. Das Schließen der Form geschieht nach dem Füllen mittels eines Oberstempels, wodurch schon vor der eigentlichen Druckerhöhung durch das flüssige oder gasförmige Druckmedium eine bestimmte Verdichtung in axialer Richtung vorgenommen wird. Das Prinzip des allseitig wirkenden isostatischen Druckes ist bei dieser Lösung nicht vollkommen erfüllt. Deswegen können mit dem Trockenmatrizenverfahren auch nicht so hohe Drücke angewendet werden, weil es sonst wegen der nicht gleichmäßigen Druckeinwirkung auf das zu verdichtende Granulat zu Preßrissen kommt.

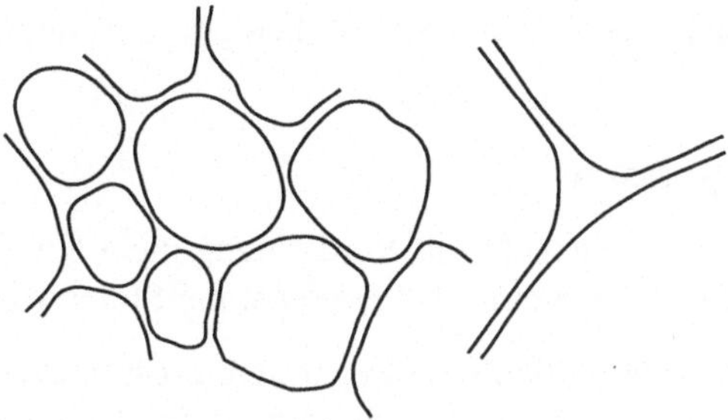

Bild 5   Schematische Darstellung eines isostatisch verdichteten Preßkörpers

Wenn beim Kaltisostatpressen auf eine glatte metallische Fläche, z.B. einen metallischen Dorn zur Erzeugung einer Bohrung gepreßt wird, so kann eine einwandfreie, sehr glatte Oberfläche erzeugt und die maßliche Toleranz einer solchen Bohrung in engen Grenzen gehalten werden.

Das Innere der Elastomerform ist so gestaltet, daß die geometrische Form des fertigen Bauteiles möglichst weitgehend angenähert ist. Bei Bauteilen, die keine Hinterschneidungen haben, kann die endgültige Form relativ einfach realisiert werden. Bei Bauteilen mit Hinterschneidungen muß die Preßschwindung größer sein als die Hinterschneidungen, weil sonst ein Entformen nicht möglich ist. Die Preßschwindung ist bestimmt durch die Schüttdichte des Granulates und die erreichbare Preßdichte. Beide Größen lassen sich aber oft nur in geringem Maße variieren.

Falls der Preßkörper in seiner Form von der des fertigen Bauteiles abweicht, so kann die endgültige Form bei rotationssymmetrischen Bauteilen durch *Schleifen* erzeugt werden. Beim Schleifen ist darauf zu achten, daß der Schleifscheibenwerkstoff sich mit dem des bearbeiteten Werkstückes verträgt, wenn man den Schleifabfall wieder verwenden will, was aus wirtschaftlichen Gesichtspunkten durchaus ratsam ist. So kann beispielsweise zum Schleifen von Al_2O_3 keine SiC-Schleifscheibe verwendet werden, weil die SiC-Teilchen der Schleifscheibe, die in die Abfallmasse geraten, beim Sintern mit dem Al_2O_3 reagieren und Fehlstellen in dem Bauteil hervorrufen.

Nicht rotationssymmetrische Bauteile müssen durch Drehen auf die Fertigform des Bauteiles gebracht werden.

Oftmals ist es ratsam, wenn die Festigkeit des Preßkörpers nicht ausreichend groß ist und sie auch nicht durch weiteren Zusatz von Bindemittel erhöht werden kann, weil sonst eine spanende Bearbeitung unmöglich wird, den Preßkörper zu verglühen, d.h. einer thermischen Behandlung zu unterwerfen, bei der das Bindemittel ausgetrieben wird und auch schon eine gewisse Versinterung der Pulverpartikel untereinander eintritt. Dann ist einerseits eine ausreichende Festigkeit des Preßkörpers vorhanden und andererseits läßt er sich wegen seiner Sprödigkeit gut spanend bearbeiten.

4.3   Heißisostatpressen

Beim Heißisostatpressen geschieht die Verdichtung nicht bei *Raumtemperatur* sondern bei einer so hohen Temperatur, daß ein separater Sinterprozeß entfallen kann.

Als Preßform dient eine Metallkapsel, die vor dem Pressen evakuiert und dann dicht verschlossen werden muß. Als Druckmedium wird im allgemeinen ein *Gas* verwendet. Um eine gute Verdichtung zu gewährleisten, muß die Abdichtung der Kapsel einwandfrei sein. Es darf auch beim Verdichten kein Leck entstehen, durch welches das Gas eindringen kann (Bild 6) und somit eine Verdichtung verhindert.

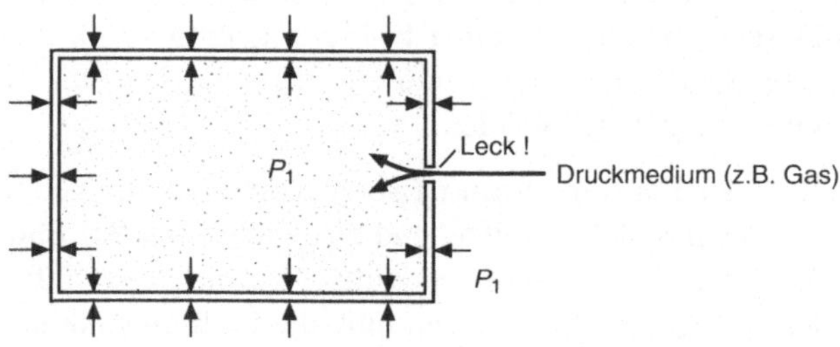

Bild 6   Kein Verdichten bei undichter Kapsel

Bei einem einwandfrei durchgeführten Heißpreßvorgang werden annähernd 100 % der Festkörperdichte erreicht (Bild 7).

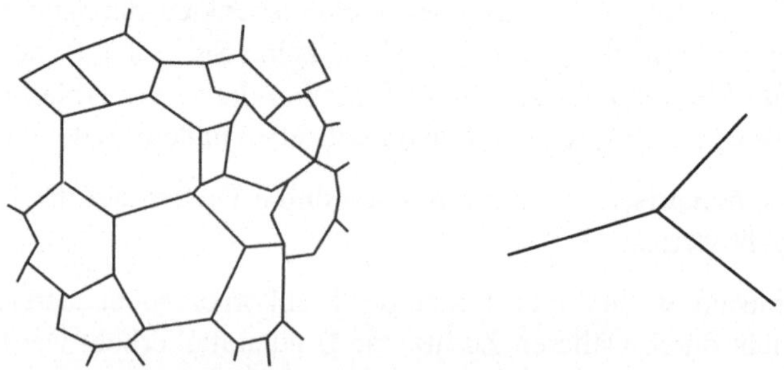

Bild 7   Schematische Darstellung eines heißisostatisch verdichteten Gefüges

Um eine möglichst vollkommene Reduzierung der Porosität und eine gute Versinterung der einzelnen Pulverpartikel zu erreichen, muß ein dem jeweiligen Pulver bzw. Pulvergemisch angepaßter Temperatur- und Zeitzyklus eingehalten werden. Bild 8 gibt einen schematischen Verlauf eines solchen Zyklus wieder.

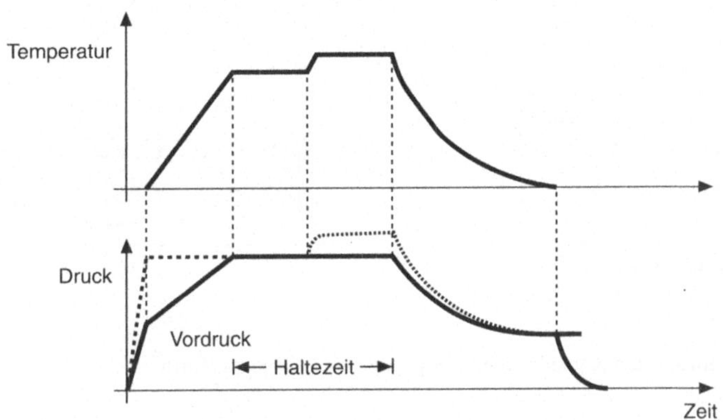

Bild 8   Zeitlicher Temperatur- und Druckverlauf beim Heißpressen

Um den für den Zyklus verfügbaren Druck abzuschätzen, muß man die Kraft/Flächeneinheit berücksichtigen, die zur Verformung der Kapsel notwendig ist. (Bild 9). Der Kapselwiderstand soll möglichst klein sein. In jedem Fall muß die Kraft zum Verformen der Kapsel wesentlich kleiner sein als die zum Pulververdichten benötigte.

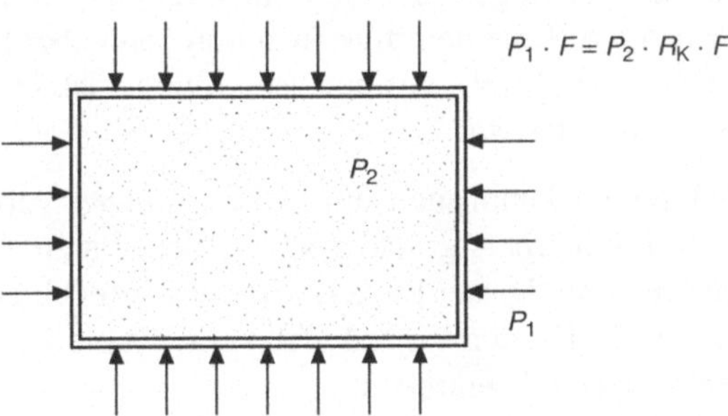

Bild 9   Druckverhältnisse beim Heißisostatpressen

Der Kapselwiderstand beeinflußt die Gestalt des gehip(von *Heißisostatpressen*)ten Teiles ganz wesentlich. Bild 10 zeigt Kapseln mit verschiedener geometrischer Form und unterschiedlichem Verformungswiderstand und wie die Kapseln durch den Preßdruck verformt werden.

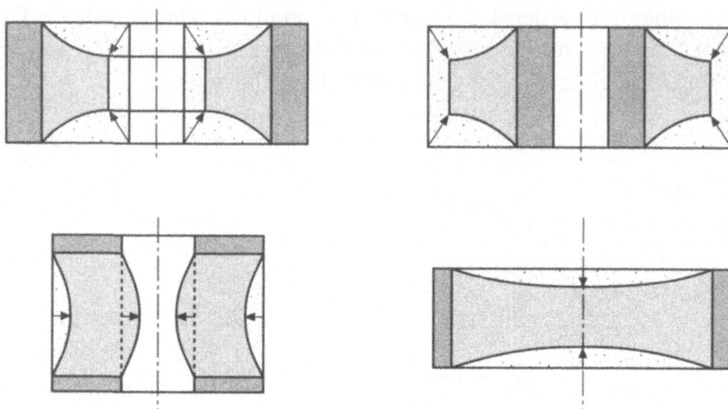

Bild 10   Einfluß des Kapselwiderstandes auf die Preßkörperform

Entsprechend den unterschiedlichen Stabilitätseigenschaften der Kapseln sind auch die Endkonturen der heißgepreßten Teile ganz unterschiedlich. Anstelle einer *Metall*kapsel kann auch eine *Glas*kapsel verwendet werden. Nach Beendigung des HIP-Prozesses müssen die Kapseln entfernt werden, was in den meisten Fällen ein aufwendiges Verfahren ist.

Das zu hipende Teil kann auch mittels eines an die Matrix angepaßten **Glasurüberzuges** abgedichtet werden, der nicht entfernt zu werden braucht. Dabei besteht aber die Gefahr – was auch in eingeschränkten Maße für eine Glaskapsel gilt – daß er mit dem Preßkörper reagiert. Eine derartige Reaktion kann aber bei den nichtoxidischen Werkstoffen der SiC- und Si_3N_4- Gruppe dazu führen, daß ihre Oxidationsbeständigkeit sehr stark verschlechtert wird.

Dem Heißisostatpressen kann auch ein *Vakuumsintern* vorgeschaltet werden, bei dem die Poren des Preßkörpers geschlossen werden. Daran wird sofort das Heißisostatpressen angeschlossen. Dieser Prozeß wird als **Sinterhipen (Sinter–Heißisostatpressen)** bezeichnet. Er hat den Vorteil, daß keine Kapselung benötigt wird und alle damit verbundenen Nachteile entfallen.

4.4 Heißpressen

Auch beim Heißpressen wird der endgültige Verdichtungsvorgang bei hohen Temperaturen durchgeführt. Zunächst wird ein Preßkörper durch Axial- oder Isostatpressen bei Raumtemperatur hergestellt, der dann in einer Graphitmatrize unter neutraler Atmosphäre mit gegenüber dem normalen Luftdruck abgesenkten Gasdruck – meistens

Stickstoff – bei erhöhter Temperatur, die aber im allgemeinen merklich unter der normalen Sintertemperatur liegt, und unter hohem Druck verdichtet wird. Das Aufheizen des Preßkörpers erfolgt indirekt durch Wärmeleitung bzw. -strahlung über die Kohlenstoffmatrize, die induktiv mit Mittelfrequenz aufgeheizt wird. Da der Preßdruck beim Heißpressen deutlich höher ist als beim Heißisostatpressen, können die Poren trotz des Gases, das sich noch in ihnen befindet, zusammengedrückt werden. Es können durchaus 98 % der Festkörperdichte erreicht werden.

4.5 Axialnaßpressen

Diese spezielle Form des Axialverdichtens wird hauptsächlich bei der Fertigung von **anisotropen Hartferriten** (gerichteten Oxidmagneten, s. Abschnitt 9) angewendet. In eine Preßmatrize, die sich in einem Magnetfeld befindet, wird eine Wasser-Pulver–Suspension eingefüllt und bei angelegtem Magnetfeld verdichtet. Dabei wird das Wasser ausgepreßt, wobei darauf zu achten ist, daß möglich kein Pulver mit aus der Matrize hinausgeschwemmt wird. Der Wassergehalt der Suspension beträgt vor dem Pressen 35 bis 40 Masse%, nach dem Pressen verbleibt in dem Preßkörper noch ein Restwassergehalt von < 15 Masse%.

Durch dieses Preßverfahren wird die Remanenz der Hexaferrite auf Werte annähernd denen ihrer Sättigungspolarisation (J_s = 0,46 Vs/m) angehoben. Dies erfolgt dadurch, daß die kleinen hexagonalen Ferritkörner, die eine Plättchenform haben, sich unter der Einwirkung des Magnetfeldes so ausrichten, daß sie mit ihrer hexagonalen Plättchenebene übereinander liegen (Bild 11):

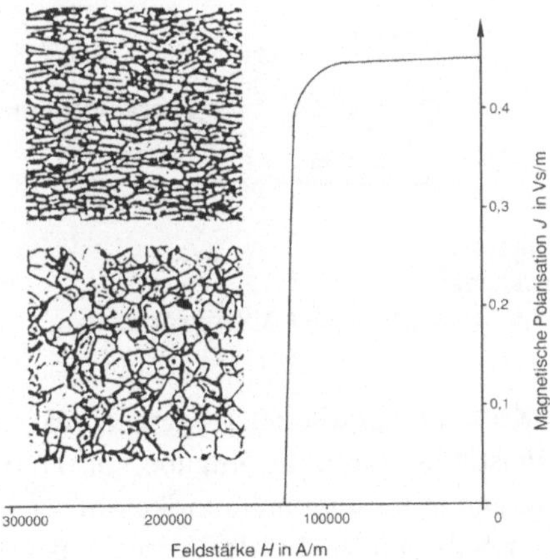

Bild 11   Gefügebilder und Entmagnetisierungskurve eines anisotropen Hexaferrits

4.6 Strangpressen

Das Strangpressen (Band 1, Abschnitt 3.2.2), auch als **Extrudieren** oder **Ziehen** bezeichnet, wird besonders für die Herstellung von rohrförmigen oder länglichen Körpern mit besonderem Querschnittsprofil eingesetzt.

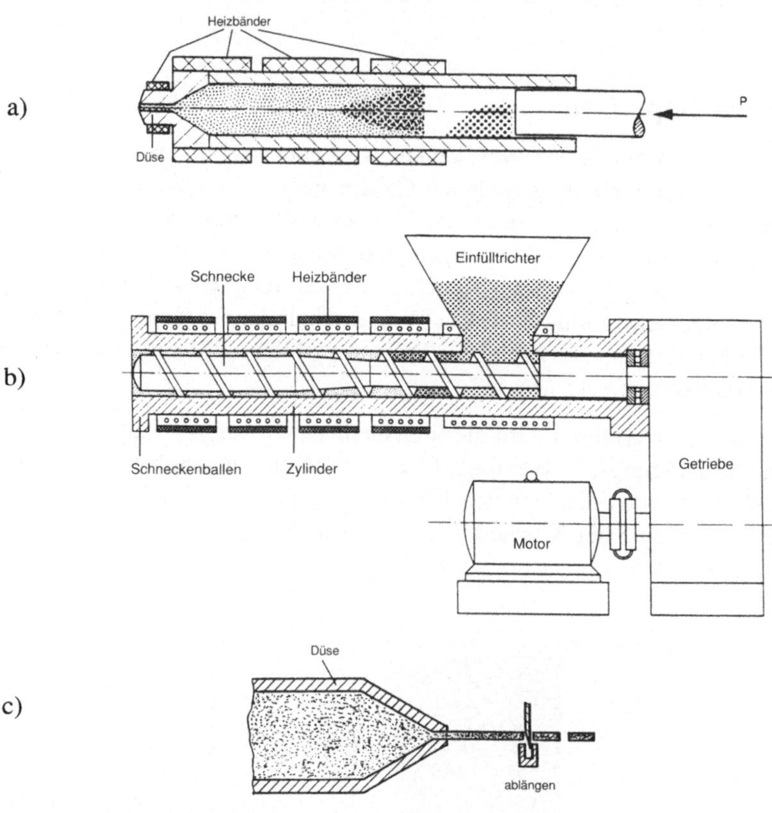

Bild 12   a) Kolbenpresse
            b) Schneckenpresse
            c) Düse für Strangpresse und Ablängvorrichtung

Die in der *klassischen* Keramik verarbeiteten Massen bekommen ihre für das Strangpressen erforderliche Plastizität durch die Zugabe von *Tonsubstanzen* mit einem bestimmten Wassergehalt. Die oxid- und nichtoxidkeramischen Massen enthalten keine plastischen keramischen Substanzen. Infolgedessen müssen ihnen *Plastifizierungsmittel* zugegeben werden. Es handelt sich hierbei durchweg um organische Stoffe, wie Wachse, Paraffine und deren Derivate, die den jeweiligen keramischen Massen und teilweise den herzustellenden Formen und sonstigen Parametern angepaßt sein müssen.

Die Strangpressen sind als Kolben- oder Schneckenpressen ausgeführt. Die **Kolbenpresse** (Bild 12a) – hier ist eine Maschine für das Spritzgießen dargestellt, bei der das zu verarbeitende Material in Form von Granulat zugeführt wird – wird bevorzugt für Kleinteile eingesetzt und über einen sog. **Hubel** gespeist, der als zylindrischer Körper vorgeformt wurde. Sie arbeitet *diskontinuierlich*. Der *kontinuierlich* arbeitenden **Schneckenpresse** (Bild 12b) (Band 1, Abschnitt 3.2.2) wird das zu verarbeitende Material als Granulat oder in einer anderen der Förderschnecke leicht zuführbaren Form beigegeben. Um dem Strang eine höhere mechanische Festigkeit durch Vermeiden von Fehlstellen zu geben, wird die Masse in der Strangpresse unter Unterdruck verarbeitet, der den größten Teil der in der Masse enthaltenen Luft entfernt, ohne den zum Plastifizieren notwendigen Wassergehalt zu verändern. Die aus der Düse austretenden Stränge werden mittels einer Drahtschneidevorrichtung in die gewünschte Länge zerteilt (Bild 12c). Die Teile müssen vorsichtig getrocknet werden, damit keine Risse entstehen. Aus den mit organischen Zusätzen plastifizierten Massen müssen jene vor dem Sintern ausgetrieben werden. Auch diese Maßnahme muß äußerst vorsichtig geschehen, um Rißbildung oder Verzug zu vermeiden.

4.7   Schlickerguß

Das Schlickergußverfahren (Band 1, Abschnitt 3.3) wird zum Herstellen sehr kompliziert geformter, nicht rotationssymmetrischer Teile eingesetzt. Bei diesem Verfahren wird ein **Schlicker** – eine Wasser-Feststoff-Suspension – in eine poröse Form, im allgemeinen eine Gipsform, gegossen. Die poröse Form entzieht dem Schlicker die Flüssigkeit, wodurch ein entsprechend der Innenkontur der Gipsform geformter Körper entsteht. Der zu gießende Schlicker enthält im allgemeinen keine Bindemittel. Der Masse wird soviel Wasser zugesetzt, um einen gießfähiger Schlicker zu erhalten. Da das Erstarren in der Gießform schon bei mäßigem Wasserentzug eintreten soll, setzt man dem Schlicker so wenig Wasser wie nur eben möglich zu. Dies erreicht man durch die Zugabe von Verflüssigern – es handelt sich hierbei um Elektrolyte – wodurch die Fließfähigkeit des Schlickers verbessert wird. Während des Trocknens des Formkörpers schwindet er von der Wand der Gießform ab, so daß er leicht entformt werden kann. Die endgültige Trocknung erfolgt außerhalb der Gießform. Nachdem auch diese wieder getrocknet ist, kann sie wiederverwendet werden.

Man unterscheidet drei Schlickergußarten, den Hohl-, Voll- und Kernguß. Beim ersten wird nach Bildung der gewünschten Wandstärke der überschüssige Schlicker abgegossen, so daß der Gußkörper hohl bleibt. Beim Vollguß wird solange Schlicker nachgegossen, bis die Form vollständig mit Feststoff aufgefüllt ist. Beim Kernguß wird ein Kern in die Gießform eingesetzt und der Raum zwischen Kern und Gießform mit Schlicker gefüllt. So lassen sich vor allem dickwandigere Bauteile mit genauerer Wandstärke herstellen.

4.8   Spritzguß

Das Spritzgußverfahren ist der Kunststofftechnik entlehnt. Eine Masse wird durch Zusatz von thermoplastischen Kunststoffen, wie Wachs, Harz u.ä., plastifiziert. Dann wird sie auf üblichen Spritzmaschinen (s. Bild 12a,b) bei Temperaturen, bei denen die Massen fließfähig sind, in Formen gespritzt (s. Bild 13). Nach dem Abkühlen werden die Formkörper entformt. Vor dem Sintern muß der Kunststoff ausgetrieben werden. Dies erfordert einen an den verwendeten Kunststoff oder die eingesetzte Kunststoffkombination genau angepaßten Wärmeprozeß. Meistens wird eine Kunststoffkombination beim Spritzgießen verwendet, deren Einzelkomponenten hinsichtlich ihrer Zersetzungstemperatur so abgestimmt sind, daß nach Möglichkeit die des zuletzt noch vorhandenen Kunststoffes mit dem Sinterbeginn zusammenfällt, um Beschädigungen der Bauteile weitgehend auszuschließen. Beim Austreiben des Kunststoffes muß darauf geachtet werden, daß die Bauteile durch ein zu schnelles Verdampfen der Plastifizierungsmittel nicht beschädigt werden und daß diese rückstandsfrei ausgetrieben werden. Um die Gefahr einer Beschädigung zu verringern, kann der Kunststoff schon vor dem thermischen Austreiben großenteils durch Herauslösen entfernt werden.

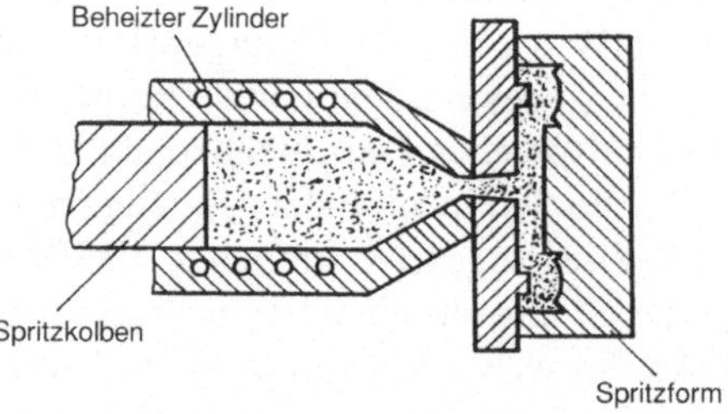

Bild 13   Spritzkolben im Zylinder und Spritzform

Der große Vorteil des Spritzgußverfahrens ist, daß sehr kompliziert geformte Teile gefertigt werden können, ein Nachteil des Verfahrens ist jedoch, daß durch das Austreiben der Plastifizierungsmittel die Größe der wirtschaftlich herzustellenden Bauteile eingeschränkt wird. So sind die Wandstärken auf Dicken < 10 mm begrenzt. Daraus ergibt sich, daß der Spritzguß für kleine Bauteile mit sehr komplizierter Form vorteilhaft ist.

4.9   Foliengießen

Die Elektronik erfordert Bauelemente, die durch Drucken von Leiterbahnen, elektrischen Widerständen, Kapazitäten u. ä. auf Substrate wirtschaftlich herzustellen sind. Da ebene Substrate leicht zu bedrucken sind, wählt man die Plattenform für diese Elemente. Keramische Substrate auf der Basis von Al_2O_3, AlN, ZrO_2 u.ä. bieten gegenüber Kunststoffsubstraten eine Reihe von Vorteilen u. a. auch den, daß sie sich durch Zusammensintern zu stabilen Bauelementen mit Vielfachfunktionen verarbeiten lassen. Sie werden als "Endlos"-Folien durch Gießen eines Schlickers auf ein Band hergestellt und durch Stanzen auf die Verarbeitungsgröße unterteilt.

Der Gießschlicker muß den entsprechenden Erfordernissen angepaßt aufbereitet werden. In der Regel werden nur die bedruckten Substrate gesintert, d.h. daß die Sinterbedingungen für Keramik und Metallisierung einander entsprechen müssen. Um dies zu erleichtern, muß die Sintertemperatur der Keramik so niedrig wie möglich sein, d.h. es wird ein möglichst sinteraktiver Rohstoff benötigt. Voraussetzung hierfür ist eine Korngröße ≤ 2 µm. Die ungesinterte Folie erhält ihre für die Handhabung bei den verschiedenen Verarbeitungsstufen notwendige Festigkeit durch zugesetzte organische Bindemittel. Bei der wegen der benötigten Sinteraktivität erforderlichen Kornfeinheit des Pulvers müßte eine große Menge Bindemittel zugegeben werden, um die ausreichende Flexibilität und mechanische Festigkeit der Folie garantieren zu können. Das brächte erhebliche technische und wirtschaftliche Nachteile mit sich. Deshalb muß das feingemahlene Pulver in gewissem Umfange agglomeriert werden. Dadurch kann die notwendige Bindemittelmenge erheblich gesenkt werden, ohne daß die Folienfestigkeit darunter leidet.

Die Aufbereitung des Gießschlickers umfaßt folgende Schritte:

1. Feinmahlen des Ausgangspulvers

2. Ansetzen der Bindemittellösung

3. Mischen von Pulver und Bindemittellösung

4. Verdampfen von überflüssigem Lösungsmittel durch Unterdruck, um die richtige Schlickerviskosität einzustellen.

Der Schlicker wird unter einer Schneide hinweg auf ein Transportband gegossen. Die Schneide ist so eingestellt, daß nach dem Trocknungsprozeß die gewünschte Foliendicke erreicht wird (sog. Doctorblade-Verfahren). Die gegossene Folie wird durch einen Trockenkanal geschickt, an dessen Ende sie von dem Band abgenommen werden kann.

Der bevorzugte Dickenbereich für gegossene Folien liegt zwischen 0,1 und 1 mm.

5 Sintern

Während des Sintervorgangs erhält der Formkörper seine endgültige Festigkeit und die übrigen erwünschten Eigenschaften. Da im allgemeinen die Schmelztemperatur der keramischen Stoffe sehr hoch liegt, gilt das Gleiche für die Sintertemperaturen, die etwa 70% der Schmelztemperatur betragen. Die meisten keramischen Werkstoffe haben Sintertremperaturen zwischen 1.300 und 2.000 °C, einige Werkstoffe, die meistens der sog. Funktionskeramik zugerechnet werden, wie z.B. die Hartferrite, solche < 1.300 °C.

Aus verschiedenen Gründen ist es erwünscht, die Sintertemperatur möglichst niedrig zu halten. Dies kann durch Auswahl von sinteraktiven Rohstoffen, Aufmahlen der ausgewählten Rohstoffe auf kleine Korn- oder Teilchengrößen oder/und durch Zusatz von sog. Flußmitteln geschehen. Die Flußmittel bilden durch Reaktion mit der Matrixphase und, wenn sie aus mehreren Komponenten bestehen, durch solche untereinander flüssige Phasen, die den Sintervorgang beschleunigen. Dies wirkt sich in einer Erniedrigung der Sintertemperatur aus.

Die niedrigeren Sintertemperaturen ermöglichen eine Energieeinsparung, sind hinsichtlich der Ausstattung der Sintereinrichtungen, wie Öfen, Brennhilfsmittel u.ä., günstiger und ergeben oftmals bessere Eigenschaften, weil noch kein Kornwachstum eintritt oder es aber noch so gering ist, daß die Eigenschaften noch nicht oder nicht merklich beeinflußt werden. Bekanntermaßen ist die Festigkeit eine Funktion der Korngröße, je feiner das Korn desto höher die Festigkeit. Ähnliches gilt beispielsweise auch für die Koerzitivfeldstärke der magnetischen Polarisation H_{cJ} der Hartferrite.

Bei der Verwendung von Flußmitteln ist aber auch darauf zu achten, daß durch übermäßigen Zusatz die Eigenschaften nicht über das erträgliche Maß verschlechtert werden. So wird durch den Flußmittelzusatz die Oxidationsbeständigkeit von Si_3N_4 dadurch herabgesetzt, daß die Flußmittel eine glasige Phase bilden, welche die Matrixphase angreift und bei erhöhten Einsatztemperaturen zu weiterer Oxidation führen kann.

Beim Herstellen des Formkörpers erreicht man meistens nur eine Raumerfüllung von 55 bis 65 %. Da aber die Bauteile für die Anwendung nur mit einigen Ausnahmen allein schon wegen ihrer höheren Festigkeit – die Festigkeit nimmt ja bekanntlich mit zunehmender Dichte des Bauteiles zu – dicht gesintert sein müssen, müssen sich die Abmessungen des Preßkörpers während des Sintervorganges verkleinern, d.h. sie schwinden. Diese Schwindung muß bei den Abmessungen des Formkörpers vorgehalten werden, damit das Bauteil nach dem Sintern die vorgeschriebenen Abmessungen hat, wie schon oben erwähnt. Die Schwindungen liegen üblicherweise im Bereich von 15 bis 25 % je nach Art des Werkstoffes und der verwendeten Rohstoffe. Es sei auch nochmals daraufhingewiesen, daß die Schwindung in unterschiedlichen Raumrichtungen erhebliche Differenzen aufweisen kann.

Der Sinterprozeß kann zwischen festen Teilchen stattfinden. Dann spricht man von Festkörperreaktionen. Meistens sind aber am Sintern flüssige Phasen beteiligt, wodurch die Reaktionsgeschwindigkeit wesentlich erhöht wird. Beim sog. Flüssigphasensintern treten abhängig von der Art der Zusammensetzung der Keramik und dem Verhältnis der einzelnen Komponenten zu einander unterschiedliche Mengen von Flüssigphasen auf. Die Komponenten, deren Reaktionen zu den flüssigen Phasen führen, müssen möglichst gleichmäßig über den Formkörper verteilt sein, um Störungen im Sinterverlauf zu vermeiden. Bei lokalen Anhäufungen von flüssigen Phasen kann es nämlich vorkommen, daß es anstelle einer Schwindung des Formkörpers eine Dilatation eintritt, weil die Flüssigphase in die Korngrenzen diffundiert und die einzelnen Körner auseinanderschiebt. An den Stellen, an denen ursprünglich die flüssige Phase entstanden ist, bleiben meistens große Poren zurück, die sich im weiteren Sinterverlauf nicht oder nur unmerklich verkleinern. D.h. es bleibt eine nicht zu vernachlässigende Restporosität in dem fertig gesinterten Bauteil zurück, die zum mindesten die mechanische Festigkeit herabsetzt.

Unter Reaktionssintern versteht man im eigentlichen Sinne die Prozesse, bei denen die Bildung der gewünschten keramischen Phase und das Fertigen des Bauteiles zusammengefaßt sind. Vom wirtschaftlichen Standpunkt bedeutet dies einen Vorteil, weil wenigstens ein Fertigungsschritt eingespart wird; vom technischen jedoch ergeben sich oftmals Nachteile dadurch, daß die Prozeßführung hauptsächlich auf die Bildung der keramischen Phase abgestimmt sein muß, was für die Bauteileigenschaften in vielen Fällen von Nachteil ist, so daß es teilweise vorteilhafter ist, die thermische Behandlung zur Bildung der gewünschten keramischen Phase, die auch als Calcinieren bezeichnet wird, von dem Sintern des geformten Bauteiles zu trennen.

6   Fertigbearbeiten

In den Fällen, in denen die geforderten Toleranzen beim Sintern der Bauteile nicht eingehalten werden können und Verzug des Bauteiles auftritt oder die Rauheit einer Fläche, die auf Reibung bzw. Verschleiß beansprucht wird, zu groß ist, muß eine Fertigbearbeitung des gesinterten Bauteiles durchgeführt werden.

In Tabelle 1 sind die Toleranzen zusammengestellt, die mit den wichtigsten Formgebungsverfahren eingehalten werden können. Sie sind bedeutend größer als die üblicherweise mit metallischen Bauteilen realisierbar sind (s. Tab. 1, S. 256) Für die Praxis sind oft auch gröbere Toleranzen durchaus akzeptabel, ohne daß Schwierigkeiten beim Einsatz des Bauteiles zu befürchten sind. Deshalb muß in jedem Falle genau überlegt werden, welche Toleranzen vorzuschreiben sind, denn eine Bearbeitung nach dem Sintern ist immer aufwendig.

Als wichtigstes Nachbearbeitungsverfahren hat sich das Naßschleifen mit bronzegebundenen Diamant-Schleifscheiben herausgestellt. Das Schleifverhalten und die erzielbare Oberflächengüte werden im wesentlichen durch die Bindung und die Korngröße des Diamantbesatzes bestimmt. Um Beschädigungen zu vermeiden, die durch örtliche Überhitzungen entstehen können, muß für eine ausreichende Kühlung des Bauteils gesorgt sein. Beim Außenschleifen können Toleranzen des Grades IT 6, beim Innenschleifen IT 7…6 eingehalten werden. Beim Innenschleifen treten häufig hohe Schleifkräfte auf, die sich auf die Güte des Schliffes negativ auswirken. Das Honen kann hier Abhilfe schaffen. Namentlich bei Bohrungen mit einem Durchmesser kleiner als 20 mm und einer Länge größer 50 mm ergeben sich Vorteile durch eine höhere Zerspanungsleistung, größere erzielbare Genauigkeit und eine geringere Rauhtiefe. Wenn noch höhere Ansprüche an die Oberflächenrauheit und -ebenheit gestellt werden, so empfiehlt es sich die betreffende Fläche zu läppen.

Ultraschall- und Laserbearbeitung von Keramik ist teilweise noch in der Entwicklung. Unter bestimmten Bedingungen können diese Verfahren, meistens in Kombination mit anderen Verfahren vorteilhaft eingesetzt werden.

7 Fügen

Maschinen und Maschinenelemente sind aus verschiedenen Bauteilen zusammengesetzt. Um ein Ganzes zu ergeben, müssen diese Einzelteile zusammengefügt werden. Es werden Teile aus gleichen oder ähnlichen Werkstoffen mit einander verbunden, aber auch solche, die aus völlig verschiedenen Werkstoffen bestehen. Entsprechend den unterschiedlichen Werkstoffen sind auch die Fügeverfahren auszuwählen. Dabei sind die werkstoffspezifischen Eigenschaften zu berücksichtigen, bei den keramischen Werkstoffen vor allem ihre Sprödigkeit. Es muß beachtet werden, daß durch die Fügeverbindung keine Zugspannungen auf das Keramikbauteil ausgeübt werden. Diese können auch durch nicht angepaßte thermische Ausdehnungskoeffizienten entstehen. Die Wärmeausdehnungskoeffizienten der mit dem keramischen Bauteil zu fügenden Teile dürfen nur geringfügig von dem der Keramik abweichen, wenn durch die Verbindung keine Zugkräfte auf das keramische Bauteil einwirken sollen oder aber die Unterschiede in den Wärmeausdehnungen müssen durch die Verbindungselemente aufgefangen werden. Bei Löt-, Schweiß- oder Klebeverbindungen ist die evtl. vorhandene offene Porosität der keramischen Bauteile zu berücksichtigen, weil die flüssigen Haftvermittler in die Poren eindringen können und dann nicht mehr für das Fügen zur Verfügung stehen. In Tabelle 2 sind die für das Fügen von keramischen Bauteilen bisher bewährten Fügeverfahren zusammengestellt.

Tabelle 2   Fügeverfahren für keramische Bauteile

Fügeverfahren	mögl. Paarung	Zustand d. Keramik	Zusätze	Anwendung
Garnieren	Keramik/Keramik	ungesintert	Schlicker	Wärmetauscher
Laminieren	Keramik/Keramik	ungesintert	—	Multilayer, Gehäuse
Einschrumpfen	Keramik/Metall	gesintert	—	Ventilführung, Zündkerzen
Eingießen	Keramik/Metall	gesintert	—	Auslaßkanalauskleidung
Einsintern	Keramik/Metall	gesintert	—	Welle mit Nabe
Löten	Keramik/Keramik	gesintert	Lot	Elektronikbauteile
	Keramik/Metall	gesintert	Lot	Glühkerze
Schweißen	Keramik/Metall	gesintert	Metall	Elektronikbauteile
Kleben	Keramik/Keramik	gesintert	Kleber	Kolben
	Keramik/Metall	gesintert	Kleber	Kupplungsteile
Vulkanisieren	Keramik/Metall	gesintert	Kautschuk	Gleitring, Spannschiene
Klemmen	Keramik/Keramik	gesintert	—	Ziehkonus

Literatur

[1]   E. Krause, I. Berger, J. Nehlert, J. Wiegmann,"Technologie der Keramik", Bd. 1, "Verfahren · Rohstoffe · Erzeugnisse", VEB Verlag für Bauwesen, Berlin (1981)

[2]   E. Krause, I. Berger, Th. Plaul, W. Schulle, "Technologie der Keramik", Band 2, "Mechanische Prozesse", VEB Verlag für Bauwesen, Berlin (1982)

[3]   E. Krause, I. Berger. O. Kröckel, P. Maier, "Technologie der Keramik", Band 3, "Thermische Prozesse", VEB Verlag für Bauwesen, Berlin (1985)

[4]   R. Bast, "Zum Einsatz von Dispergier- und Verflüssigungsmitteln", cfi, Ber. DKG. **67**, (1990), 395…398

[5]   R. Krawczyk, "Aufbereitung von kalziniertem Al_2O_3 für Anwendungsbereiche Oxidkeramik und Feuerfest"cfi, Ber. DKG. **67**, (1990), 342…348

[6]   A. Heinen, "Neues Verfahren zur Sprühtrocknung keramischer Pulver", cfi, Ber. DKG. 68, (1991), 219…220

[7]   A. Lammer, "Evaluating the Effects of Grinding", Ceramic Industries Intern. 100, (1990), 38…43

[8]   G. Schmidt, "Zukunftsperspektiven keramischer Rohstoffe unter Einbeziehung des Ostens", cfi, Ber. DKG. **67**, (1990), 357 -363

[9]   R. Drumm, B. Frisch, T. Hör, J. Martin, W. R. Thiele, "Mechanische Eigenschaften von Einzelsekundärkörnern und das Axial-Radialdruckverhalten von keramischen Preßkörpern", cfi, Ber. DKG. 68, (1991), 332…337

[10]   F. J. Esper, G. Heimke, "Gefüge und Eigenschaften keramischer Werkstoffe", Practical Metallography, **13**, (1976), 122…137

[11]   F. J. Esper, K: H: Friese, "Zusammenhänge zwischen Gefügeparametern und Erweichungsverhalten von hochtonerdehaltiger Keramik", Ber. Dt. Keram. Ges. **51**, (1974) 225…230

[12]   F. J. Esper, "Bedeutung der Korngrenzenphasen für die Eigenschaften und die Herstellungsbedingungen von Hochleistungskeramiken", Keramische Zeitschrift, **38**, (1986), 201…203

[13]   F. J. Esper und K. H. Friese, "Zusammenhang zwischen Tonerdeverunreinigungen, dem Kornwachstum und der Dichte hochtonerdehaltiger Keramik", Science of Ceramics, Vol. **6**, 1973

[14]   K. H. Schüller, "Herstellungsverfahren keramischer Werkstoffe – Keramik im Apparate- und Maschinenbau – Konstruieren mit keramischen Werkstoffen", Unterlagen zu DKG-Seminar 1986

[15]   H. Koch, "Fertigbearbeiten von keramischen Bauteilen – Keramik im Apparate- und Maschinenbau – Konstruieren mit keramischen Werkstoffen", Unterlagen zu DKG-Seminar 1986

[16]   D. Fingerle, "Fügetechnik – Keramik im Apparate- und Maschinenbau – Konstruieren mit keramischen Werkstoffen", Unterlagen zu DKG-Seminar 1986

[17]   W. Betz, "Isostatpressen in der Pulvertechnik – Pulvermetallurgie der wirtschaftliche Weg zu zuverlässigen Bauteilen", Unterlagen zu Seminar der Technischen Akademie Eßlingen 1987

[18]   K. Heldt, A. Reckziegel, "Oxidkeramik", Ullmanns Enzyklopädie der technischen Chemie, Band **17**, 1979

[19]   F. J. Esper, "Flüssigphasensintern und Korngrenzenphasen bei Sinterstählen und Keramik", Powder Metallurgy International, **20** (1988) Mitt. Auss. Pulvermetall., 43…49

III. Lineare und nicht-lineare Widerstände

Von Rainer Waser

1   Einleitung

In der Regel ist die elektronische Leitfähigkeit in Festkörpern wie z.B. Keramiken keine Materialkonstante, sondern in einem mehr oder weniger hohen Maße von intensiven Zustandsgrößen wie der Temperatur, dem elektrischen Feld und dem Druck abhängig. Zur Herstellung von **linearen (ohmschen) Widerständen** muß das Material dergestalt ausgelegt werden, daß diese Abhängigkeiten besonders klein ausfallen und bestimmte, von Normungsgremien (IEC, DIN, usw.) aufgestellte Toleranzen nicht überschreiten. Zur Herstellung **nicht-linearer Widerstände** werden spezifische Abhängigkeiten der Leitfähigkeit in ausgewählten elektronischen Keramiken bewußt gezüchtet. Zu den nichtlinearen Widerständen zählt man **spannungsabhängige Widerstände (Varistoren)** und **temperaturabhängige Widerstände** mit positivem Temperaturkoeffizienten (**Kaltleiter, PTC-Widerstände**) bzw. mit negativem Temperaturkoeffizienten (**Heißleiter, NTC-Widerstände**). Tabelle 1.1 gibt eine Übersicht über die Widerstandstypen und die physikalischen Effekte, die für das elektrische Verhalten verantwortlich sind.

Tabelle 1.1   Die technisch wichtigsten linearen und nichtlinearen Widerstände auf der Basis elektronischer Keramiken

Typ	physikalischer Effekt	Beispiele
linearer Widerstand	metallische Leitung und Korn/Korn-Übergänge	RuO_2/Glas-Komposit
Heißleiter (NTC)	Hopping-Leitung in Polaronen-Halbleitern	Spinelle, z.B. $(Ni,Mn)_3O_4$
Kaltleiter (PTC)	Korngrenzphänomen in halbleitenden Ferroelektrika	modifiziertes, n-dotiertes $BaTiO_3$
	Phasenübergang: metallisch / halbleitend	$(Cr,V)_2O_3$
Varistoren	Korngrenzphänomen in halbleitenden Keramiken	modifiziertes ZnO

2 Elektronische Leitung in Keramiken

In diesem Abschnitt werden einige Grundlagen zum Verständnis der elektronischen Leitung in metallisch-leitenden und halbleitenden Keramiken und des Verhaltens von Grenzflächen dargestellt. Der Inhalt überlappt teilweise mit den Ausführungen der Bände 1 und 2 dieser Reihe. Dennoch stellt der Abschnitt eine notwendige Ergänzung dar, da seine Schwerpunkte auf die nachfolgende Beschreibung der Widerstandskeramiken (Abschnitte 3 bis 6) ausgerichtet sind.

2.1 Ladungstransport

Bewegliche Ladungsträger in homogenen Festkörpern führen durch Streuung an Gitterschwingungen (Phononen) und Defekten regellose Bewegungen aus. Wird ein elektrisches Feld E angelegt, so wird die regellose Bewegung von einer Bewegung in Feldrichtung überlagert. Sind die Streuprozesse erinnerungslos, so läßt sich unter stationären Bedingungen die Nettobewegung der Ladungsträgersorte i durch eine Driftgeschwindigkeit v_i beschreiben, die unter nicht zu hohen Feldern proportional zur Feldstärke E ist:

$$v_i = \mu_i |E| \tag{2.1}$$

Der Proportionalitätsfaktor μ_i wird als **Beweglichkeit** bezeichnet und stellt in homogenen, isotropen Festkörpern eine skalare Größe dar. Liegen die Ladungsträger i in einer Volumenkonzentration ρ_i vor, dann ergibt sich eine Stromdichte j_i nach

$$j_i = |z_i| \rho_i |q| \mu_i E \tag{2.2}$$

wobei z_i die Ladungszahl der Trägersorte i und $|q|$ die Elementarladung darstellt ($|q| = 1{,}602 \cdot 10^{-19}$ C). Mit Gleichung (2.1) folgt das **Ohmsche Gesetz** über die Proportionalität zwischen Stromdichte und Feldstärke

$$\sigma_{sp_i} = \frac{j_i}{E} = |z_i| \rho_i |q| \mu_i \tag{2.3}$$

mit der spezifischen σ_{sp_i} Leitfähigkeit der Ladungsträgersorte i. Die Gesamtleitfähigkeit σ_{sp} des Materials ergibt sich aus der Summe der Teilleitfähigkeiten

$$\sigma_{sp} = \sum_{i=1}^{m} \sigma_{sp_i} \tag{2.4}$$

Das vorliegende Kapitel beschränkt sich auf **elektronenleitende** (d.h. nicht ionenleitende) Materialien, so daß als Ladungsträger lediglich Elektronen (Index e) und Löcher (Index h) berücksichtigt werden müssen. Wie man aus Gleichung (2.3) erkennt, wird die Leitfähigkeit eines Materials durch die Beweglichkeiten μ_i und die Konzentrationen ρ_i der Ladungsträger bestimmt. Beide Größen sind im allgemeinen temperaturabhängig, d.h. $\mu_i = \mu_i\ (T)$ und $\rho_i = \rho_i\ (T)$, und – allerdings erst bei hohen Feldern – feldabhängig, d.h. $\mu_i = \mu_i\ (E)$ und $\rho_i = \rho_i\ (E)$.

Die Beweglichkeit eines Ladungsträgers und ihre Temperaturabhängigkeit werden durch den Leitungsmechanismus bestimmt. Man unterscheidet zwei Grenzfälle:

Bandleitung (Band 2, Abschnitt 2):   Elektronische Ladungsträger können in Festkörpern *delokalisiert* auftreten. Ihre Wellenfunktionen sind über sehr viele Rumpfionen des Kristallgitters "verschmiert", und sie bewegen sich frei im Elektronensee des Kristalls. Ihre mittlere Beweglichkeit wird durch die Wechselwirkung mit Gitterschwingungen (Phonen) und mit großen Gitterstörungen (z.B. Versetzungen, Korngrenzen, ionisierten Störstellen) bestimmt. Ionische Ladungsträger können aufgrund ihrer großen Masse nicht delokalisiert auftreten.

Hopping-Leitung: *Lokalisierte* Ladungsträger müssen Potentialbarrieren überwinden, um zu einem benachbarten Platz wechseln zu können. Die Wechselwirkung der Ladungsträger, die zu einem Platzwechselvorgang führt, erfolgt im Gegensatz zur Bandleitung mit den *individuellen* Gitterbausteinen. Die Ladungsträger sind für die Zeit zwischen den Platzwechseln ortsgebunden. Daraus ergeben sich deutlich geringere mittlere Beweglichkeiten.

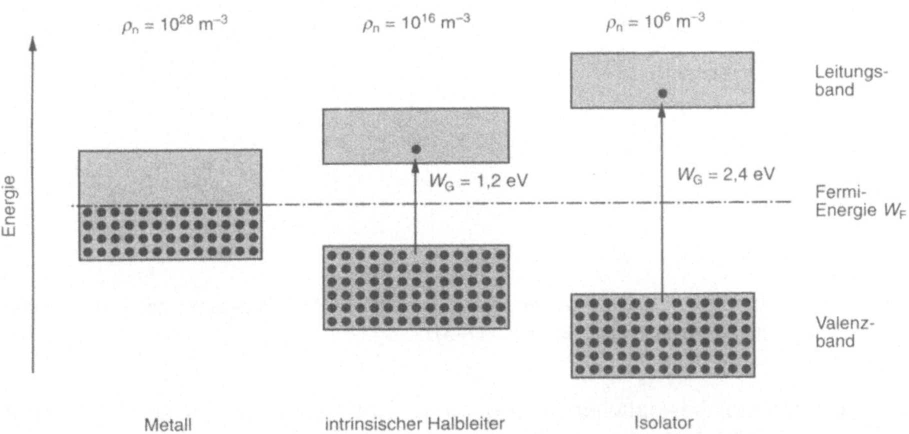

Bild 2.1-1   Schematische Bandstruktur zur Unterscheidung elektronischer Leiter durch die Anzahl ρ_n (Richtwerte bei $T = 300$ K) freier Elektronen

Während sich Ionen ausschließlich durch Hopping-Leitung fortbewegen, können elektronische Ladungsträger sowohl Bandleitung als auch (in Form von **Polaronen**, s. Abschnitt 2.4) Hopping-Leitung zeigen. Der Leitungsmechanismus läßt sich in erster Näherung anhand der Beweglichkeit der Elektronen bzw. Löcher ablesen. Werte deutlich über etwa 10^{-4} m^2/V·s weisen auf eine Bandleitung, Werte unter dieser Grenze auf eine Hopping-Leitung hin. Die Auswirkung des Leitungsmechanismus auf die Temperaturabhängigkeit der Beweglichkeit ist in Abschnitt 2.4 beschrieben.

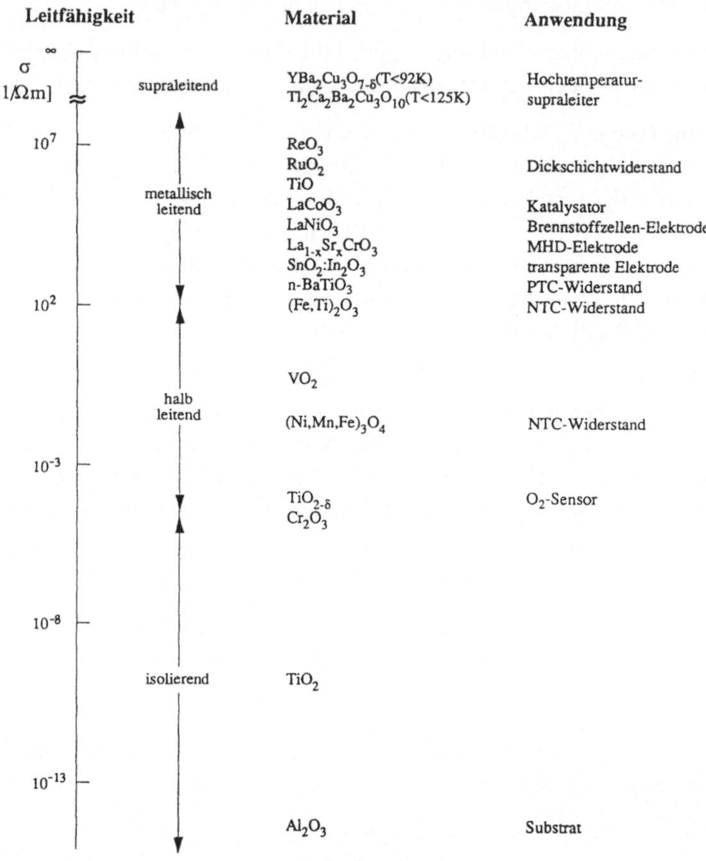

Bild 2.1-2   Leitfähigkeit und typische Anwendungen von Oxidkeramiken bei 300 K (sofern nicht anders angegeben (nach [1–3])

Die Konzentration beweglicher elektronischer Ladungsträger läßt sich größenordnungsmäßig mit Hilfe der Bandtheorie abschätzen (s. Bild 2.1-1, ausführlich in Band 2, Abschnitt 2). Teilweise gefüllte Bänder bzw. sich überlagernde Valenz- und Leitungsbänder führen zu **metallischer Leitung**. Im halbgefüllten Leitungsband des Natriums beispielsweise liegt eine hohe Dichte freier Elektronen (etwa 10^{22} cm^{-3}) und eine gleiche Anzahl unbesetzter Energieniveaus vor. Elektronen in Energieniveaus in der Umgebung ($\sim$ kT) um das Fermi-Niveau können unbesetzte Energieniveaus erreichen und als beweglich betrachtet werden. Eine Bandstruktur, in der das (bei $T =$ 0 K) vollständig gefüllte Valenzband und das leere Leitungsband durch eine Bandlücke getrennt sind, ist kennzeichnend für **Halbleiter** und **Isolatoren**. Die Anzahl der beweglichen, elektronischen Ladungsträger und damit die Leitfähigkeit des Materials wird bei einer vorgegebenen Temperatur (z.B. T = 300 K in Bild 2.1-1) im wesentlichen durch die Größe der Bandlücke W_g bestimmt (s. Abschnitt 2.4).

Die Liste der Beispiele von Oxiden in Bild 2.1-2 demonstriert die außerordentlich große Spannweite der elektronischen Leitfähigkeit in dieser Materialklasse. Ein Vergleich der Titanoxide zeigt, wie die Valenz des Metalls die Leitfähigkeit des Oxids zwischen metallischem, halbleitendem und isolierendem Verhalten bestimmen kann.

2.2   Metallisch-leitende Oxide

In den Bildern 2.2-1 und 2.2-2 sind der Aufbau der Bandstrukturen des *Hauptgruppen*metalloxids MgO und der Metalloxide *MO* der ersten *Übergangsreihe* mit M = Ti, V, Mn, Fe, Co, Ni, Cu oder Zn gegenübergestellt. Die meisten dieser Oxide kristallisieren in der NaCl-Struktur.

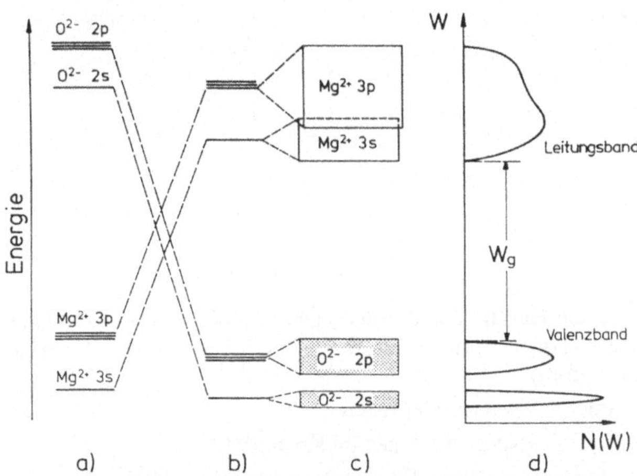

Bild 2.2-1   Schematische Bildung der Energiebänder des Magnesiumoxids (nach [7])

  a) Energieniveaus freier Ionen

  b) Energieniveaus der Ionen im Kristallfeld

  c) Bandstruktur durch Überlappung der Atomorbitale

  d) Zustandsdichteverteilung (stark vereinfacht)

Bild 2.2-1(a) zeigt die Energieniveaus der gefüllten 2p-Atomorbitale des Sauerstoffions O^{2-} und des leeren 3s-Orbitals des Magnesiumions Mg^{2+}. Dieser fiktive Zustand der wechselwirkungsfreien Ionen ist gegenüber den freien Atomen energetisch ungünstig. Dies ändert sich, wenn aus den Ionen ein Kristall aufgebaut wird. Jedes Ion ist dann umgeben von Ionen gegensinniger Ladung als nächste Nachbarn, gleichgeladenen Ionen als übernächste Nachbarn, usw. Die beim Kristallaufbau resultierende sog. **Madelung-Energie** führt zu einer starken Stabilisierung des Systems (Bild 2.2-1b). Berücksichtigt man schließlich die Wechselwirkung (Überlappung) der Atomorbitale, so spalten die Energieniveaus dieser Atomorbitale zu Energiebändern auf (Bild 2.2-1c). Die Stärke der Überlappung der Atomorbitale bestimmt die Breite W_b des Bandes auf der Energieskala. Große Überlappung führt zu breiten Bändern und umgekehrt. Dies ist von Bedeutung für den Leitungsmechanismus. Die Zustandsdichte $N(W)$ gibt die Dichte der Energieniveaus auf der Energieachse an. Dabei ist $N(W)dW$ definiert als die Anzahl der Energieniveaus pro Volumeneinheit des Festkörpers im Energiebereich zwischen W und $W+dW$.

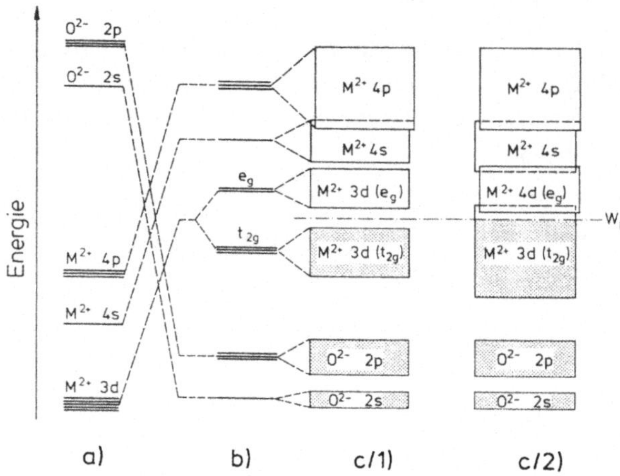

Bild 2.2-2   Schematische Bildung der Energiebänder der Monoxide MO der Elemente der ersten Übergangsperiode mit M = Ti...Cu, die in der NaCl-Struktur kristallisieren (nach [6-8])

a) Energieniveaus freier Ionen

b) Energieniveaus der Ionen im Kristallfeld

c) Bandstruktur durch Überlappung der Atomorbitale

    c/1) schwache Überlappung der Orbitale des M^{2+}

    c/2) starke Überlappung der Orbitale des M^{2+}

e_2 und t_{2g} sind die Symmetriebezeichnungen für die Aufspaltung der fünf d-Orbitalen im oktaedrischen Kristallfeld.

MgO besitzt ein vollständig gefülltes Valenzband, welches durch die 2p-Orbitale der O^{2-}-Ionen gebildet wird, und ein leeres Leitungsband, welches sich durch die Überlappung der 3s-Orbitale der Mg^{2+}-Ionen ergibt. Durch die große Bandlücke von etwa 7 eV ist es selbst bei hohen Temperaturen (bis ca. 1.400 K) noch ein guter Isolator. Anders sieht es bei den Monoxiden MO der ersten Übergangsreihe aus (Bild 2.2-2). Hier ist die Besetzung der Valenzschale der Kationen M^{2+}, die aus 4s- , 4p- und 3d-

Orbitalen gebildet wird, zu berücksichtigen. Diese Valenzschale ist bei allen zweiwertigen Ionen der Übergangsmetalle nur teilweise besetzt und sollte nach den bisherigen Ausführungen in allen Fällen *metallische* Leitung vermuten lassen. Dies ist jedoch nur zum Teil der Fall, wie sich aus der, im Vergleich zum MgO, komplexeren Bandstruktur ergibt. Zunächst ist bei der Kristallbildung neben dem Madelung-Potential die Aufspaltung der im freien M^{2+}-Ion entarteten fünf 3d-Orbitale im Kristallfeld zu berücksichtigen (Bild 2.2-2b). Das Aufspaltungsschema wird durch die Symmetrie des Kristallfeldes bestimmt. Einzelheiten sind in Lehrbüchern zur Ligandenfeldtheorie ausgeführt, s. [4] und [5]. Die Kristallfeldaufspaltung ergibt zusammen mit der Stärke der Wechselwirkung der einzelnen Atomorbitale, die die Breite der Energiebänder festlegt, eine Überlappung benachbarter Bänder auf der Energieskala (Bild 2.2-2c/2) oder die Bildung von Bandlücken (Bild 2.2-2c/1). Die Anzahl der Elektronen pro M^{2+}-Ion in der Bandstruktur bestimmt dann, ob teilweise gefüllte Bänder entstehen oder nicht.

Teilweise gefüllte Bänder sind jedoch nur *eine* der Voraussetzungen für metallische Leitung. Die *zweite* wichtige Voraussetzung ergibt sich aus dem **Mott-Hubbard-Kriterium**. Danach findet eine Delokalisierung der Elektronen in einem Energieband nur dann statt, wenn eine kritische Überlappungsstärke der am Band beteiligten Atomorbitale überschritten wird. Diese Bedingung wird verständlich, wenn man bedenkt, daß es zwei konkurrierende Effekte gibt, nach welchen ein Ionenkristall den Zustand minimaler freier Energie anstrebt: Im Falle lokalisierter Elektronen im Oxid MO, in dem sich jedes Kation M^{2+} kristallographisch in einer identischen Lage befindet, ist der Zustand zweier benachbarter Kationen $M^{2+}M^{2+}$ stabiler als der Zustand einer unsymmetrischen Elektronenverteilung d.h. $M^{1+}M^{3+}$. Die Energiedifferenz zwischen beiden Zuständen ist pro übertragenem Elektron gegeben durch $I - A$, wobei I die Ionisierungsenergie und A die Elektronenaffinität von M^{2+} im Kristallgitter ist. Diese Differenz konkurriert mit der Energie pro Elektron, die durch die *Delokalisierung* der Elektronen in einem Kristall frei wird, und die durch die Bandbreite W_b gegeben ist. Bandleitung in einem teilgefüllten Band ist möglich, wenn das Mott-Hubbard-Kriterium

$$W_b > I - A \tag{2.5}$$

erfüllt ist. Gemäß dieser Aussage können *schmale Bänder* in Systemen, in denen die Bedingung (2.5) nicht erfüllt ist, besser als eine *hohe Zustandsdichte von individuellen Atomorbitalen* verstanden werden, der kein Bandcharakter im Sinne einer möglichen Bandleitung zukommt. Es sei angemerkt, daß in nicht-idealen Kristallen die Bandbreite allein noch keine Aussage über die Delokalisierung der Elektronen erlaubt. Variiert die kristallographische Umgebung der Ionen (z.B. in *amorphen* Festkörpern), so tritt eine Verbreiterung der energetischen Verteilung der individuellen Atomorbitale auf. In ähnlicher Weise spielt das Mott-Hubbard-Kriterium bei der Beschreibung der Energieniveaus von Traps in Halbleitern eine entscheidende Rolle (s. Abschnitt 2.4).

Die Tabelle 2.2-1 zeigt den Leitungstyp (metallisch oder halbleitend) für einige Monoxide MO, Sesquioxide M_2O_3, Dioxide MO_2 und Trioxide MO_3 der Übergangsmetalle. Entsprechend der oben angedeuteten Kriterien läßt sich jedes der Beispiele verstehen, wenn die Kristallsymmetrie, die Bandstruktur, die Besetzung der Bänder und das Mott-Hubbard-Kriterium berücksichtigt werden. Genauere Ausführungen sind in [6] und [7] sowie den dort zitierten Originalarbeiten zu finden.

Tabelle 2.2-1   Beispiele für Oxide von Metallen mit unterschiedlicher Besetzung d^n ($n =$ 0,1, ... 10) der d-Orbitale und elektronischer Leitfähigkeit (nach [6] und [1])

d^n	Monoxide MO	Sesquioxid M_2O_3	Dioxid MO_2	Trioxid MO_3
d^0				MoO_3, WO_3
$d^{1\text{-}5}$	TiO, VO, MnO, NbO, TaO	$Ti_2O_3{}^t$, $V_2O_3{}^t$, Cr_2O_3, Fe_2O_3	$VO_2{}^t$, CrO_2, MoO_2, WO_2, RuO_2, ReO_2, OsO_2, RhO_2, IrO_2, $NbO_2{}^t$, MnO_2	ReO_3
d^6	FeO	Rh_2O_3	PtO_2	
$d^{7\text{-}9}$	CoO, NiO, PdO			
d^{10}	CdO^d	$In_2O_3{}^d$, $Th_2O_3{}^d$, Ga_2O_3	$PbO_2{}^s$, GeO_2, $SnO_2{}^d$	

Normaldruck: metallisch leitend
Kursivdruck: halbleitend

[t] Metall-Halbleiter-Übergang
[d] Entartete Halbleiter
[s] Sonderfall

2.3   Beweglichkeiten elektronischer Ladungsträger

Lokalisierte elektronische Ladungsträger in teilgefüllten, schmalen Bändern *polarisieren* ihre Umgebung und erfahren dadurch eine energetische Stabilisierung, die sich in einer Erhöhung der effektiven Masse der Ladungsträger bemerkbar macht. Die Polarisation betrifft einerseits die Elektronenhüllen der benachbarten Atome und andererseits – im Falle von Ionenkristallen – eine örtlich begrenzte Verzerrung des Gitters, indem gleichnamig geladene Ionen abgestoßen und ungleichnamige Ionen angezogen werden. Das System aus Ladungsträger und polarisierter Umgebung wird **kleines Polaron** genannt. Die Fortbewegung dieser Quasi-Teilchen erfolgt durch den in Abschnitt 2.1 erwähnten, thermisch-aktivierten Hopping-Prozeß mit einer Beweglichkeit, die eine positive Temperaturabhängigkeit zeigt [2] (zur Einführung s. auch Band 1, Abschnitt 2.7):

$$\mu = \left[\frac{(1-c)|q|a^2 v_0}{kT} \right] \exp\left(-\frac{W_\text{H}}{kT} \right) \tag{2.6}$$

W_H ist die **Hopping-Energie** mit typischen Werten zwischen 0,1 und 0,5 eV, (1-c) der **Anteil unbesetzter Plätze**, a der **Sprungabstand** und v_0 die **Schwingungsfrequenz**. Die Beweglichkeit kleiner Polaronen liegt bei höherer Temperatur (etwa T > 300 K) in der Regel zwischen 10^{-8} und 10^{-6} m²/V · s, d.h. sie ist um viele Größenordnungen geringer als im Falle der Bandleitung. Die Temperaturabhängigkeit der Beweglichkeit wird in den NTC-Widerständen technisch ausgenutzt (s. Abschnitt 4).

Auch im Falle der Bandleitung delokalisierter Ladungsträger kann in Ionenkristallen die mitgeführte, träge Gitterverzerrung die Beweglichkeit der Ladungsträger erheblich herabsetzen. Man spricht dann von **großen Polaronen** mit einer negativen Temperaturabhängigkeit der Beweglichkeit [2] gemäß

$$\mu \propto T^{-\frac{1}{2}} \tag{2.7}$$

die Werte zwischen etwa 10^{-4} und 10^{-2} m²/V·s (für T > 500 K) annimmt.

Die Ladungsträgerbeweglichkeiten für **reine Bandleitung** in unpolaren Halbleitern wird durch Streuprozesse mit akustischen Phononen bestimmt und zeigt ebenfalls eine negative Temperaturabhängigkeit:

$$\mu \propto (m^*)^{-\frac{5}{2}} \cdot T^{-\frac{3}{2}} \tag{2.8}$$

Experimentell gefundene Werte liegen zwischen etwa $5 \cdot 10^{-2}$ m²/Vs (für ZnTe) und 6,5 m²/Vs (für InSb) bei $T = 300$ K. Bei sehr kleinen Temperaturen dominiert meist die Streuung an geladenen Verunreinigungen (der Konzentration [C]), so daß die Temperaturabhängigkeit in

$$\mu \propto (m^*)^{-\frac{1}{2}} [c]^{-1} \cdot T^{\frac{3}{2}} \tag{2.9}$$

übergeht.

Die Elektronenbeweglichkeit in Erdalkalititanaten (s. Abschnitt 6) geht von $1...6 \cdot 10^{-4}$ m²/V·s bei $T = 300$ K auf etwa $0,2 \cdot 10^{-4}$ m²/V·s bei $T = 1.200$ K zurück und wird durch große Polaronen beschrieben [15]. In ZnO als Basismaterial für Varistoren (s. Abschnitt 5) werden deutlich höhere Elektronenbeweglichkeiten von etwa $0,01...0,02$ m²/V·s bei $T = 300$ K gefunden.

2.4   Halbleitende Oxide

2.4.1   Intrinsische Halbleiter

In einem Halbleiter oder Isolator ist bei $T = 0$ K das Valenzband vollständig gefüllt und das Leitungsband ist leer, so daß kein Transport elektronischer Ladungsträger auftreten kann. Bei höheren Temperaturen können einige Elektronen genügend Energie aufnehmen, um ins Leitungsband zu gelangen und im Valenzband Löcher zu hinterlassen. Die Wahrscheinlichkeit, daß ein Elektron einen Energiezustand W annimmt, wird durch die Fermi-Dirac-Statistik beschrieben (Band 2, Abschnitt 2.2):

$$f_{\mathrm{FD}}(W) = \frac{1}{1 + \exp\left(\dfrac{W - W_{\mathrm{F}}}{kT}\right)} \tag{2.10}$$

mit der **Fermienergie** W_{F}. In den meisten Fällen gilt bei Isolatoren und nichtentarteten Halbleitern die Bedingung $|W\text{-}W_{\mathrm{F}}| \gg kT$ (sog. klassische Näherung, s. Band 2, Abschnitt 1.2.3), so daß Gl. (2.10) in guter Näherung durch die klassische **Maxwell-Boltzmann-Statistik** ersetzt werden kann:

$$f_{\mathrm{B}}(W) = \exp\left(-\frac{W - W_{\mathrm{F}}}{kT}\right) \tag{2.11}$$

Die Konzentration der Elektronen ρ_{n} im Leitungsband bzw. der Löcher ρ_{p} im Valenzband berechnen sich in dieser Näherung durch die einfachen Ausdrücke [9], (Band 2, Abschnitt 2.2]:

$$\rho_{\mathrm{n}} = N_{\mathrm{L}} \exp\left(-\frac{W_{\mathrm{L}} - W_{\mathrm{F}}}{kT}\right) \tag{2.12}$$

$$\rho_{\mathrm{p}} = N_{\mathrm{V}} \exp\left(-\frac{W_{\mathrm{F}} - W_{\mathrm{V}}}{kT}\right) \tag{2.13}$$

Die **effektiven Zustandsdichten** N_{L} und N_{V} des Leitungs- und Valenzbandes sind in guter Näherung gegeben durch

$$N_{\mathrm{L,V}} = 2\left(\frac{2\pi m_{\mathrm{e,h}}^{*} kT}{h^{2}}\right)^{\frac{3}{2}} = \frac{1}{4\pi^{3}}\left(\frac{2\pi m_{\mathrm{e,h}}^{*} kT}{\hbar^{2}}\right)^{\frac{3}{2}} \tag{2.14}$$

wobei m_{e} und m_{h} die effektiven Massen (Band 2, Abschnitt 2.2.2) der Elektronen und Löcher sind. N_{L} und N_{V} hängen von der Bandstruktur ab und charakterisieren die Zustandsdichte der Oberseite des Valenzbandes bzw. der Unterseite des Leitungsbandes. Im allgemeinen werden Werte in der Größenordnung von 10^{25} bis 10^{27} m^{-3} für N_{L} und N_{V} gefunden. Das Produkt der Gleichungen (2.12) und (2.13) ist unabhängig von der Fermi-Energie und repräsentiert das Massenwirkungsgesetz des Generations/Rekombinations-Gleichgewichts der Elektronen und Löcher (Band 2, Abschnitt 2.2.4):

$$\rho_n \cdot \rho_p = N_L N_V \exp\left(-\frac{W_g}{kT}\right) \tag{2.15}$$

$$0 \longleftrightarrow e + h \tag{2.16}$$

In intrinsischen Halbleitern muß naturgemäß die Elektronen- und Löcherkonzentration identisch sein, d.h. es gilt:

$$\rho_n = \rho_p =: \rho_i = \sqrt{N_L N_V} \exp\left(-\frac{W_g}{2kT}\right) \tag{2.17}$$

2.4.2 Extrinsische Halbleiter

Eine gewisse Mindestkonzentration an atomaren Defekten wird auf der Basis der statistischen Thermodynamik (Minimierung der freien Energie, s. Band 1, Abschnitt 2.2) in allen Festkörpern vorhergesagt. In realen Halbleitern jedoch liegen viel höhere Defektkonzentrationen vor, die durch bewußte Zugabe von Additiven oder unbewußtes Einschleppen von Verunreinigungen bei der Herstellung der Materialien verursacht werden. Man unterscheidet den Einbau **neutraler Traps** (auch: **Haftstellen** genannt), welche die Lage des Fermi-Niveaus im Vergleich zum ideal-reinen Halbleiterkristall unbeeinflußt lassen, den Einbau von **Donatoren**, die das Fermi-Niveau durch das Einbringen von Elektronen anheben, und den Einbau von **Akzeptoren**, die das Fermi-Niveau durch das Einbringen von Löchern absenken (Bild 2.4.2-1).

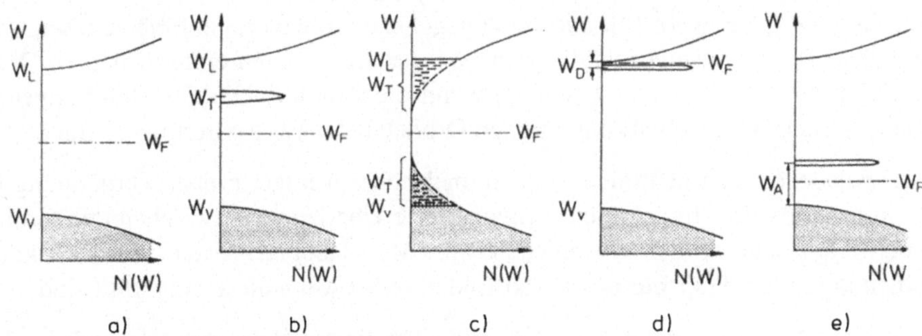

Bild 2.4.2-1   Einige Beispiele für den Einbau von Traps in Halbleiter: Zustandsdichteverteilung $N(W)$ und Lage dses Ferminiveaus W_F

a) intrinsischer Halbleiter
b) neutrale Traps mit diskretem Energieniveau
c) neutrale Traps an den Bandkanten im Falle amorpher Halbleiter
d) *flache* Donatoren
e) *tiefe* Akzeptoren

Neutrale Traps (Bild 2.4.2-1b) können durch Mischkristallbildung über isovalente Substitution von Ionen gebildet werden. Hier werden entweder unbesetzte Zustände oberhalb des Fermi-Niveaus geschaffen (z.B. Cd^{2+} auf Zn^{2+}-Plätzen als Cd_{Zn} im ZnO) oder besetzte Zustände unterhalb des Fermi-Niveaus (z.B. S^{2-}- auf O^{2-}-Plätzen als S_O in ZnO).

In amorphen Halbleitern "verschmieren" die Kanten des Leitungs- und Valenzbandes aufgrund der fehlenden Fernordnung (Bild 2.4.2-1c). Die diffusen Bandkanten führen zu einem Übergang von *echten* Bandzuständen, die elektronische Bandleitung zulassen, zu *lokalisierten* Zuständen, die als neutrale Traps wirken und deren Zustandsdichten in die Bandlücke hinein abklingen. Die Wechselwirkung der Atomorbitale dieser Traps ist entsprechend des Mott-Hubbard-Kriteriums zu gering, um eine Bandleitung zu erlauben.

Der Einbau geladener Traps durch **heterovalente Substitution** von Ionen im Kristallgitter von Halbleitern führt zur Donator- (Bild 2.4.2-1d) bzw. Akzeptor-Dotierung (Bild 2.4.2-1e). Donatoren sind z.B. P^{5+} auf Si^{4+}-Plätzen als $P^{\bullet}_{Si}$ in Si-Kristallen oder Al^{3+} auf Zn^{2+}-Plätzen als $Al^{\bullet}_{Zn}$ in ZnO. Akzeptoren sind z.B. Al^{3+} auf Si^{4+}-Plätzen als $Al^{\bullet}_{Si}$ in Si-Kristallen oder Fe^{3+} auf Ti^{4+}-Plätzen als $Fe^{\bullet}_{Ti}$ in $BaTiO_3$. Die Ionisierungsenergie von Donatoren W_D bzw. Akzeptoren W_A liegt insbesondere bei Elementhalbleitern oft in der Größenordnung von etwa 0,01 eV bis 0,1 eV und ist damit klein im Vergleich zum Bandabstand (sog. "**flache**" Dotierungsniveaus). Dies tritt dann auf, wenn die Orbitale des Dotierungsions in starke Wechselwirkung mit den Orbitalen der Wirtsionen treten und die Energieterme des überschüssigen Elektrons bzw. Lochs sich in grober Näherung durch die Energieterme des Wasserstoffatoms berechnen lassen. Die Ionisierungsenergie des Wasserstoffatoms (13,6 eV) wird dabei durch die Dielektrizitätszahl des Materials (z.B. für ZnO: $\varepsilon_r = 8{,}5$), welche in die Berechnug als ε_r^{-2} eingeht [9], auf die angegebene Größenordnung herabgesetzt. Es gibt andere Dotierungsniveaus, die weit von den Bandkanten entfernt liegen. Diese sog. **tiefen** Niveaus kommen zustande, wenn die Atomorbitale des Dotierungsions nur eine geringe Wechselwirkung mit den Orbitalen der Wirtsgitterionen zeigen.

Da die geladenen oder neutralen Traps in mehr oder weniger großer Verdünnung im Wirtsgitter vorliegen, findet keine nennenswerte Überlappung zwischen den Orbitalen der Traps statt, so daß entsprechend des Mott-Hubbard-Kriteriums auch keine Bandleitung in den Trap"**bändern**" stattfindet, selbst wenn diese teilgefüllt sind.

Die Temperaturabhängigkeit der Leitfähigkeit dotierter Halbleiter läßt sich in drei Bereiche unterteilen, wie dies am Beispiel eines donator-dotierten Materials in Bild 2.4.2-2 gezeigt wird.

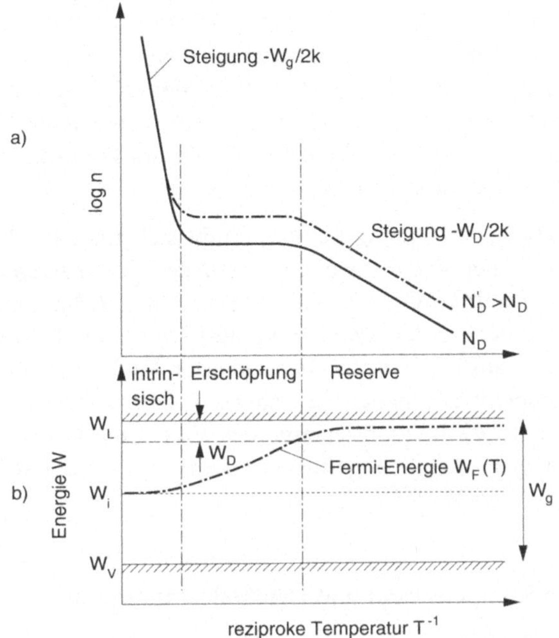

Bild 2.4.2-2   Qualitative Abhängigkeit der Elektronenkonzentration ρ_n im Leitungsband eines n-Halbleiter von der Temperatur für zwei verschiedene Dotierungskonzentrationen $N_D > N_D{}'$ (a) und b) die entsprechende Lage der Fermienergie W_F (nach [10]). W_F ist die Ionisierungsenergie des Donators.

Bei sehr niedrigen Temperaturen liegt die sog. **Störstellenreserve** vor, d.h. die Donatoren sind nicht vollständig ionisiert und die Elektronenkonzentration ρ_n nimmt thermisch aktiviert (bestimmt durch W_D) zu. Im anschließenden Bereich der **Störstellenerschöpfung** sind alle Donatoren ionisiert, d.h. ρ_n wird temperaturunabhängig und die Fermienergie sinkt unter W_D ab. Bei sehr hohen Temperaturen werden thermisch so viele Elektronen und Löcher erzeugt, daß die von den Donatoren eingebrachten Elektronen vernachlässigbar sind. In diesem **intrinsischen Bereich** nimmt ρ_n mit der Temperatur (bestimmt durch W_g) stark zu.

Unterliegen die durch Dotierungen erzeugten Elektronen oder Löcher nicht der Bandleitung (wie z.B. in Si, GaAs oder ZnO), sondern sind lokalisiert (wie z.B. in NiO oder Cr_2O_3), so spricht man von **Halbleitern mit kontrollierter Valenz**. Dies gilt auch für den Fall, daß die Dotierung nicht in der für Halbleiter meist üblichen, kleinen Konzentration vorliegt, sondern eher als Mischkristall mit heterovalenter Besetzung eines Gitterplatzes betrachtet werden kann. Beispielsweise führt jedes Li^+-Ion, welches als Akzeptordotierung substitutiv auf einem Ni-Platz in NiO eingebaut wird, zur Überführung eines Ni^{2+} in ein Ni^{3+}. In einem Mischkristall mit heterovalenter Besetzung des Kationenplatzes wie in $(Ni_{1-x}Li_x)O$ kontrolliert also der Gehalt x an Li die Valenzanteile der Ni-Ionen. Ni^{3+} kann als Ni-Ion mit einem lokaliserten Loch betrachtet werden, welches als kleines Polaron der thermisch aktivierten Hopping-Leitung unterliegt. Aufgrund der Temperaturabhängigkeit der Beweglichkeit kleiner Polaronen (Gl. 2.6) werden halbleitende Oxide mit kontrollierter Valenz zur Herstellung von NTC-Widerständen verwendet (s. Abschnitt 4).

Ein wichtiger Sonderfall der Hopping-Leitung ergibt sich für Fall, daß das gleiche Kation mit unterschiedlicher Valenz zwei verschiedene Gitterplätzen einnimmt. Ein Beispiel bildet der **Magnetit** Fe_3O_4, welcher im Spinellgitter AB_2O_4 kristallisiert und als $Fe^{2+}Fe_2^{3+}O^{4-}$ betrachtet werden kann. Hopping-Leitung durch Valenzaustauschvorgänge (engl. charge transfer) zwischen benachbarton Fe-Ionen auf A- und B-Platz führt im Fe_3O_4 zu einer relativ hohen Leitfähigkeit. Mn_3O_4 weist eine identische Struktur auf. Eine höhere Aktivierungsenergie des Valenzaustausches führt bei diesem Oxid jedoch zu einer deutlich geringeren Leitfähigkeit bei Raumtemperatur (s. Bild 4.1.2-1, Band "Werkstoffe").

2.4.3 Elektronische Kompensation und Defekt-Kompensation

Nach den bisherigen Ausführungen wird der substitutive Einbau heterovalenter Ionen (z.B. La^{3+}-Donatoren auf Ba^{2+}-Plätzen im $BaTiO_3$) im Gitter dadurch ladungsmäßig kompensiert, daß die entsprechende Anzahl von *freien* elektronischen Ladungsträgern (z.B. Elektronen im Falle des La-dotierten $BaTiO_3$) auftritt. Wie bereits im Kapitel "Dielektrische Keramiken" (Abschnitt 3) angesprochen, gibt es jedoch grundsätzlich die weitere Möglichkeit, den Einbau von heterovalenten Ionen in Halbleitern ladungsmäßig durch den Einbau von *gegensinnig geladenen Eigendefekten* (z.B. Kationenleerstellen als Akzeptoren im Fall des donator-dotierten $BaTiO_3$) zu kompensieren. **Diese beiden Typen der Kompensation von Dotierungen – einerseits durch elektronische Ladungsträger oder andererseits durch ionische Eigendefekte – können als Grenzfälle betrachtet werden. Reale Systeme liegen oft zwischen diesen Grenzfällen.**

Nicht-lineare Widerstände wie PTC-Elemente auf $BaTiO_3$-Basis oder Varistoren beruhen auf donator-dotierter, n-leitender Oxidkeramik, in der spezifische Korngrenz-Effekte ausgenutzt werden. Demgemäß ist das bereits angeführte La-dotierte $BaTiO_3$ als exemplarisches Beispiel gut geeignet. Für die beiden Kompensationstypen lassen sich folgende formale Einbaureaktionen angeben:

Elektronenkompensation:

$$(1-x)BaO + \frac{x}{2}La_2O_3 + TiO_2 \longrightarrow (Ba_{1-x}La_x)TiO_3 + \frac{x}{2}O_2 \qquad (2.18)$$

Die Elektroneutralitätsbedingung für diesen Grenzfall ist: $[\mathrm{La}^{\bullet}_{\mathrm{Ba}}] = p_n$, d.h. für jedes ionisierte Donatorion existiert ein freies Elektron im System. Die eckigen Klammern bezeichnen hier und im folgenden die Konzentration von Atomen und Ionen.

Kationenleerstellen-Kompensation:

$$\left(1 - \frac{3}{2}x\right)\mathrm{BaO} + \frac{x}{2}\mathrm{La}_2\mathrm{O}_3 + \mathrm{TiO}_2 \longrightarrow \left(\mathrm{Ba}_{1-\frac{3}{2}x}\mathrm{La}_x\right)\left(\mathrm{V}_{\mathrm{Ba}}\right)_{\frac{x}{2}}\mathrm{TiO}_3 \qquad (2.19)$$

Die Elektroneutralitätsbedingung für diesen Grenzfall ist: $[\mathrm{La}^{\bullet}_{\mathrm{Ba}}] = 2[\mathrm{V}''_{\mathrm{Ba}}]$, d.h. für je zwei ionisierte Donatorionen wird eine zweifach ionisierte Bariumleerstelle $\mathrm{V}''_{\mathrm{Ba}}$ eingebaut.

In beiden Fallen steht auf der rechten Seite eine Formeleinheit des Titanats mit einer Donatorkonzentration x. In praktischen PTC-Materialien liegt x bei etwa 0,002 (0,2 at%). Anstelle von Bariumleerstellen können auch Titanleerstellen gebildet werden [12]. Die Reaktionsgleichungen (2.18) und (2.19) müssen dann entsprechend angepaßt werden, am Prinzip der Kompensation und an den Schlußfolgerungen ändert sich sinngemäß jedoch nichts. Deshalb wird das Beispiel hier und in Abschnitten 6.3.2 unter der Annahme der Bildung von Ba-Leerstellen formuliert.

Wie gesagt, stellen die Gln. (2.18) und (2.19) Grenzfälle dar. Welche Kompensation im konkreten Fall z.B. in La-dotiertem BaTiO_3 auftritt, hängt von der Temperatur und dem Sauerstoffpartialdruck bei der Einstellung der Hochtemperatur-Gleichgewichte ab. Diese Gleichgewichte lassen sich im Defektmodell in gleicher Weise berechnen wie dies für akzeptordotierte Titanate im Kapitel "Dielektrische Keramiken" (Abschnitt 3) gezeigt wurde. Die dort aufgeführten Gleichgewichtsreaktionen müssen dabei ergänzt werden durch die Ionisierung der Donatordotierung

$$\mathrm{La} \Leftrightarrow \mathrm{La}^{\bullet} + e \qquad (2.20)$$

und der Ba-Leerstellen

$$\mathrm{V}''_{\mathrm{Ba}} \Leftrightarrow \mathrm{V}'_{\mathrm{Ba}} + e \qquad (2.21)$$

$$\mathrm{V}'_{\mathrm{Ba}} \Leftrightarrow \mathrm{V}^{x}_{\mathrm{Ba}} + e \qquad (2.22)$$

Es wird hier die Fehlstellen-Nomenklatur von Kröger und Vink verwendet [11] (s. a. Kap. "Dielektrische Keramiken). Bild 2.4.3-1 zeigt die berechneten Gleichgewichts-Defektkonzentrationen für 1 at% La-dotiertes BaTiO_3 bei $T = 1613$ K und verschiedene Sauerstoffpartialdrucke P_{O2}, sowie die experimentellen Daten für die Elektronenkonzentration p_n.

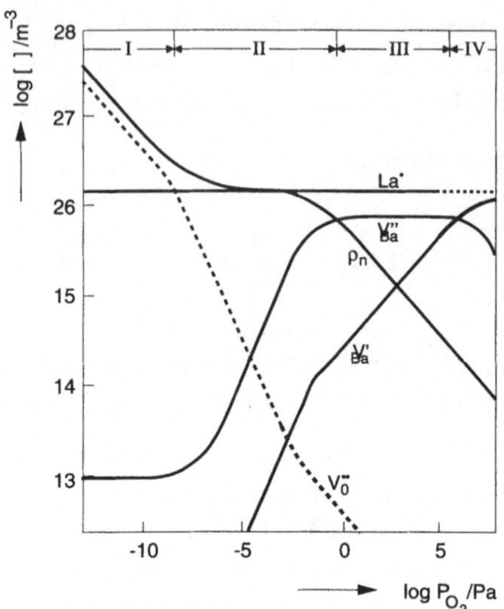

Bild 2.4.3-1   Berechnete Defektkonzentrationen [ ] in 1at% La-dotiertem $BaTiO_3$ im Hochtemperatur-Gleichgewicht bei $T = 1683$ K und experimentelle Werte für $\rho_n(O)$ aus Leitfähigkeitsmessungen (nach Daten aus [13], umgerechnet auf die Annahme ausschließlich zweifach ionisierter Sauerstoff-Leerstellen). Die Konzentration der neutralen Ba-Leerstellen V_{Ba}^x liegen unterhalb des hier gezeigten Wertebereichs.

Es lassen sich auf der P_{O2}-Achse vier Bereiche unterscheiden: Unter stark reduzierenden Atmosphären (I) überwiegen die durch Reduktion eingebauten Eigendonatoren $V_O^{\bullet\bullet}$ gegenüber den Fremddonatoren $La_{Ba}^{\bullet}$, und es gilt die vereinfachte Elektroneutralitätsbedingung

$$\rho_n \approx 2\left[V_O^{\bullet\bullet}\right] \tag{2.23}$$

Im Bereich II wird die Fehlordnung hauptsächlich durch die Elektronen und die Fremddonatoren bestimmt:

$$\rho_n \approx \left[La_{Ba}^{\bullet}\right] \tag{2.24}$$

d. h. dies ist der Bereich der Elektronenkompensation.

In den Bereichen III und IV kann die Konzentration der ionisierten Ba-Leerstellen gegenüber der La-Konzentration nicht mehr vernachlässigt werden, d. h. es gilt

$$\rho_n \approx \left[La_{Ba}^{\bullet}\right] - 2\left[V_{Ba}^{''}\right] - \left[V_{Ba}^{'}\right] \tag{2.25}$$

Die Bereiche III und IV unterscheiden sich ganz wesentlich nach dem Abschrecken der Proben auf Raumtemperatur (Bild 2.4.3-2).

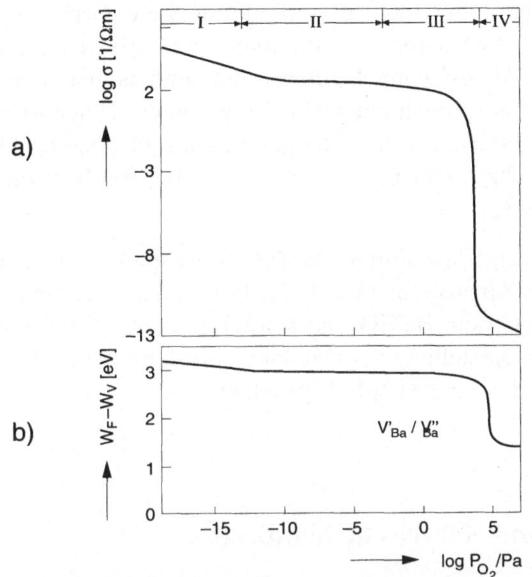

Bild 2.4.3-2   Berechnete Leitfähigkeit σ_{sp} (a) und Fermienergie W_F (b) für 1 at% La-dotiertes
BaTiO$_3$ nach dem Abschrecken aus den in Bild 2.4.3-1 gezeigten Gleichgewichts-
zuständen bei $T = 1683$ K auf $T = 400$ K (nach Daten aus [13])

Beim Abschrecken werden die Ba-Leerstellen unbeweglich, d.h. es werden keine zusätzlichen Leerstellen in das Kristallgitter eingebaut oder aus dem Gitter entfernt.
Folglich ist die Gesamtkonzentration der Ba-Leerstellen

$$\left[V_{Ba}\right]_{tot} = \left[V_{Ba}''\right] + \left[V_{Ba}'\right] + \left[V_{Ba}^x\right] \tag{2.26}$$

konstant, und es können nur noch elektronische Prozesse wie (2.16) und Änderungen
der Ionisierung der Defekte wie (2.21) und (2.22) stattfinden. Im Bereich III gilt

$$\left[La_{Ba}^\bullet\right] > 2\left[V_{Ba}\right]_{tot} \tag{2.27}$$

Dies bedeutet, daß die Ba-Leerstellenkonzentration $[V_{Ba}]_{tot}$ auch bei maximaler Ionisierung nicht ausreicht, um alle Donatoren zu kompensieren. Es liegt daher eine gemischte Elektronen- und Leerstellenkompensation vor, d.h. das Material bleibt auch
bei Raumtemperatur *halbleitend*.

Im Bereich IV ist

$$\left[La_{Ba}^\bullet\right] < 2\left[V_{Ba}\right]_{tot} \tag{2.28}$$

Hier sinkt das Fermi-Niveau in der abgeschreckten Probe tief in die Bandlücke (in
die Nähe des Energieniveaus V''_{Ba}/V'_{Ba}, vgl. Bild 2.4.3-2b). Hier tritt also eine voll-

ständige Leerstellenkompensation auf, ρ_n nimmt um viele Größenordnungen ab (Bild 2.4.3-2a), und das Material zeigt bei Raumtemperatur isolierendes Verhalten. Der Übergangspunkt III/IV zwischen halbleitendem und isolierendem Verhalten hängt stark von P_{O2} und T ab, jedoch nur geringfügig von der Donatorkonzentration. Mit zunehmender Temperatur wird der Übergangspunkt zu höheren Drucken P_{O2} verschoben. Für das Gleichgewicht in Luft ($P_{O2} = 2 \cdot 10^4$ Pa) liegt die Übergangstemperatur bei etwa 1580 K.

In Abschnitt 6.3 wird gezeigt, wie durch das Zusammenspiel der hier dargestellten Thermodynamik und der Kinetik der Gleichgleichgewichtseinstellungen das PTC-Verhalten von donator-dotiertem $BaTiO_3$ als Korngrenzeneffekt verstanden werden kann. Eine ausführlichere Darstellung der Defektchemie der donator-dotierten Erdalkalititanate wird in den Referenzen [12]-[14] gegeben.

2.5   Grenzflächen und elektrische Kontakte

Für das Verständnis linearer und nicht-linearer Widerstände ist die Betrachtung des Ladungstransportes über Grenzflächen in leitenden Keramiken eine zentrale Frage. Dies betrifft sowohl die Funktionsweise der Keramik, die in vielen Fällen auf Effekten an inneren Grenzflächen (Korngrenzen) beruht, als auch die metallischen Kontakte zum elektrischen Anschluß der Bauelemente.

2.5.1 Übersicht

An Grenzflächen von Halbleiterkristallen kommt es bei der Einstellung der minimalen freien Energie des Systems, charakterisiert durch eine ortsunabhängige Lage der Fermienergie, in der Regel zu einer Verbiegung des Leitungs- und Valenzbandes. Dies rührt daher, daß die Nachbarphase vor dem Kontakt mit dem Halbleiterkristall eine andere Fermienergie hat und nach Herstellung des Kontaktes Ladungen über die Grenzfläche fließen, die zur Angleichung der Fermienergie in beiden Phasen führen (Band 1, Abschnitt 2.8.3). Aus der Bedingung der Elektroneutralität des Gesamtsystems aus beiden Phasen folgt, daß Überschußladungen σ_{RL}, die sich in der Raumladungszone des Halbleiters konzentrieren, und die Überschußladungen in der Nachbarphase σ_{NP} gerade kompensieren, d.h.

$$\sigma_{RL} = -\sigma_{NP} \qquad (2.29)$$

Hinweis: Das Symbol σ steht hier und im folgenden Text immer für eine Ladung pro Flächeneinheit der Grenzfläche (**Flächenladungsdichte**).

Die Nachbarphase kann dreidimensional sein, z.B. ein Metall oder eine Elektrolytlösung, in der die Fermienergie durch die Redox-Potentiale der solvatisierten Ionen gegeben ist, oder eine abrupt geänderte Dotierung im gleichen Wirtskristall, wie im Fall des technisch außerordentlich bedeutenden pn-Übergangs in Si-Kristallen. Die Nachbarphase kann auch zweidimensional sein wie z.B. die freie Oberfläche oder Korngrenzen. Durch den Abbruch des Kristallgitters entstehen "**dangling bonds**" (s. Band 2, Abschnitt 3.2.2), die zur Ausbildung von intrinsischen Grenzflächenzuständen führen. Durch die Adsorption von Molekülen aus der Gasphase im Falle von Oberflächen oder die Dekoration mit Fremdionen im Falle von Korngrenzen können zusätzliche extrinsische Grenzflächenzustände gebildet werden.

Bild 2.5.1-1 gibt für das Beispiel eines n-Halbleiters einen Überblick über typische Fälle der Bandverbiegung $W(x)$ und über das resultierende Profil der Elektronenkonzentration $\rho_n(x)$. Es wird ein einwertiger, flacher Donator der Konzentration $[D]$ angenommen, d. h. im Halbleiterinneren gelte $n_\infty := n(x \to \infty) = [D]$.

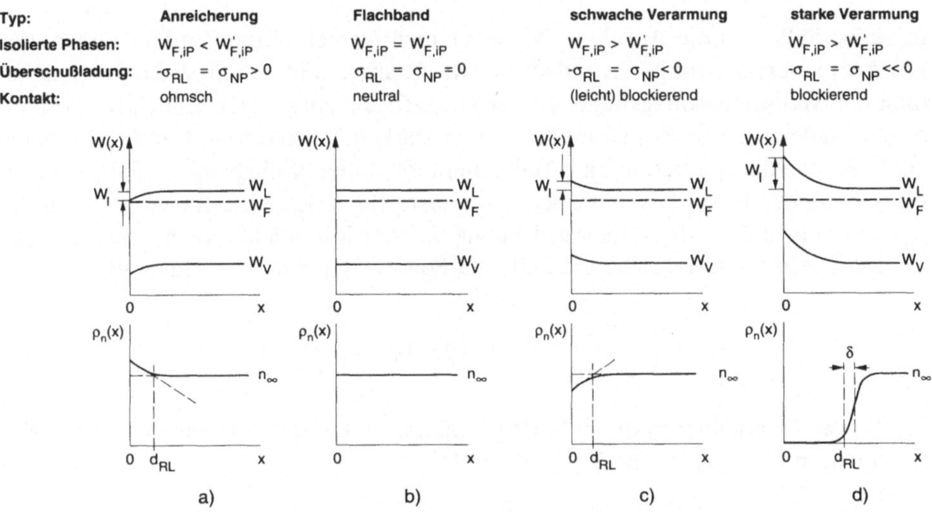

Bild 2.5.1-1   Schematische Beispiele für Raumladungszonen an Halbleitergrenzflächen, dargestellt durch die Bandprofile $W(x)$ und die entsprechenden Majoritätsträgerprofile $\rho_n(x)$ für einen n-Halbleiter im Kontakt mit einer Nachbarphase bei $x = 0$. Der Typ bezieht sich auf einen Über- oder Unterschuß von Majoritätsträgern im Halbleiter vor der Grenzfläche. $W_{F,iP}$ ist das Ferminiveau der isolierten neutralen Halbleiterphase und $W'_{F,iP}$ das Ferminiveau der isolierten neutralen Nachbarphase, d.h. ohne Kontakt mit dem Halbleiter (Index iP steht für "isolierte Phase"). Die Flächen-Raumladung auf der Halbleiterseite ist mit σ_{RL} bezeichnet. Die entsprechende Überschußladung auf der Seite der Nachbarphase ist σ_{NP}. Die Angabe der Art des Kontakts bezieht sich auf Metall als Nachbarphase und einem Ladungstransport durch die Phasengrenze. In Bild d) kennzeichnet δ den Unterschied zwischen der wahren Raumladungsbreite d_{RL} und der Schottky-Näherung. In der Schottky-Näherung wird die Funktion $\rho_n(x)$ durch eine Kastenfunktion angenähert: $\rho_n(x < d_{RL} + \delta) = 0$ und $\rho_n(x > d_{RL} + \delta) = \infty$.

Keine Bandverbiegung (**Flachband-Typ**, Bild 2.5.1-1b) tritt nur dann auf, wenn die isolierte Nachbarphase zufällig die gleiche Fermi-Energie wie der betrachtete Halbleiter hat. Im Falle schwacher Anreicherung bzw. schwacher Verarmung (Bild 2.5.1-1a bzw. lc), d. h. solange für die Barrierenhöhe $W_B \ll kT$ (und damit auch: $\Delta \rho_n = |\rho_n(x = 0) - \rho_{n\infty})$ erfüllt ist, läßt sich die Dicke d_{RL} der Raumladungsrandschicht aus der Poissongleichung berechnen (Band 2, Abschnitt 5.2.1, Fall kleiner Auslenkung aus dem Gleichgewicht):

$$d_{RL} = L_D \sqrt{2} \tag{2.30}$$

mit der **Debye-Länge**

$$L_D = \sqrt{\frac{kT \cdot \varepsilon_0 \varepsilon_r}{|q|^2 \rho_{n\infty}}} \tag{2.31}$$

In vielen Fällen ist die Annahme $W_B \ll kT$ nicht gerechtfertigt. Im Falle einer starken **Anreicherung** tritt in Grenzflächennähe Entartung auf, am Prozeß der Anreicherung der Majoritätsladungsträger an der Grenzfläche ändert sich jedoch im Prinzip nichts. Anders verhält es sich im Falle einer starken **Verarmung**. Naturgemäß kann die Elektronenkonzentration im n-Halbleiter nicht unter Null absinken. Falls dies zur Einstellung des Fermi-Niveaus noch nicht ausreicht, wächst die Randschicht, in der $\rho_n = 0$ ist (Bild 2.5.1-1d). Die Ausdehnung d_{RL} der Raumladungszone (hier: Schottky-Barriere genannt) läßt sich mit Hilfe der Poissongleichung berechnen [9]:

$$d_{RL} = \sqrt{\frac{2\varepsilon_0 \varepsilon_r}{|q|^2 \rho_{n\infty}} (W_B - kT)} = L_D \sqrt{2\left(\frac{W_B}{kT} - 1\right)} \tag{2.32}$$

Für $W_B \gg kT$ erhält man die **Schottky-Näherung**, die auf der Annahme einer Kastenfunktion für $\rho_n(x)$ in Bild 2.5.1-1d beruht:

$$d_{RL} = \sqrt{\frac{2\varepsilon_0 \varepsilon_r}{|q|^2 \rho_{n\infty}} W_B} \tag{2.33}$$

Wird durch die Bandverbiegung bei Schottky-Barrieren $W_V\,(x = 0)$ über W_F angehoben, d. h. ist die Barrierenhöhe $W_B > W_g/2$, so entstehen **Inversionschichten** (in Beispiel Bild 2.5.1-1d: von Löchern) an der Grenzfläche. Die Gesamtladung σ_{RL} der Raumladungszone im Halbleiter ergibt sich aus der Differenz des Profils $\rho_n(x)$ von der Konzentration $\rho_{n\infty}$ im Halbleiterinneren:

$$\sigma_{RL} = |q| z_e \int_{x=0}^{\infty} [\rho_n(x) - \rho_{n\infty}] dx \tag{2.34}$$

wobei z_e die Ladungszahl der Elektronen ist: $z_e = -1$. Im Falle einer Schottky-Barriere ergibt die Integration für die Schottky-Näherung das einfache Ergebnis

$$\sigma_{RL} = |q| d_{RL} \cdot \rho_{n\infty} \tag{2.35}$$

Mit Gleichung (2.33) und $\rho_{n\infty} = [D]$ folgt daraus:

$$\sigma_{RL} = \sqrt{2\varepsilon_0 \varepsilon_r \cdot [D] \cdot W_B} \tag{2.36}$$

2.5.2 Transport durch Schottky-Barrieren

Der Ladungstransport von Majoritätsträgern durch eine Schottky-Barriere ($W_B \gg kT$) kann nach verschiedenen Mechanismen erfolgen, die sich durch drei Grenzfälle (skizziert in Bild 2.5.2-1) beschreiben lassen [9; Band 1, Abschnitt 7]. Die angegebenen Gleichungen stellen den Teilstrom aus dem Halbleiterinneren über die Barriere dar und gelten für den allgemeinen Fall, in dem an der Barriere eine Spannung U anliegt.

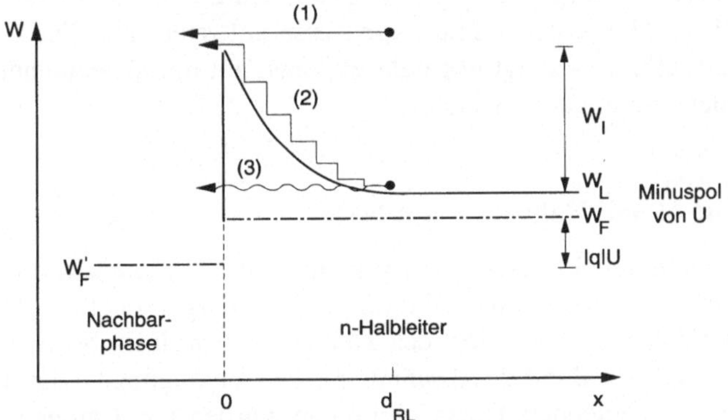

Bild 2.5.2-1   Illustration verschiedener Transportmechanismen für Elektronen aus dem Leitungsband eines n-Halbleiters über die Schottky-Barriere in eine Nachbarphase (s. auch Band 2, Abschnitt 7). U ist die an der Grenzfläche anliegend externe Vorspannung (Polung: linke Phase = pos. Pol, rechte Phase = neg. Pol von U). Aufgrund dieser Vorspannung sind die Ferminiveaus in den beiden Phasen nicht mehr gleich d.h. $W_F \neq W_F'$.
1) thermionische Emission (Schottky-Emission)
2) Diffusion
3) Tunnelprozeß

Der **thermionischen Emission (Schottky-Emission)** entspricht die Glühemission von Elektronen aus Metalloberflächen. Eine Beschreibung des Ladungstransports über die Schottky-Barriere nach diesem Mechanismus ist dann gerechtfertigt, wenn die freie Weglänge in der Größenordnung von d_{RL} oder darüber liegt (Band 2, Abschnitt 4.3.2). Für die Emissionsstromdichte aus dem Halbleiter gilt

$$j = A^* \cdot T^2 \exp\left(-\frac{\left(\Delta W_{LF} + W_B + |q|U\right)}{kT}\right) \tag{2.37}$$

wobei $A^* = 4\pi|q|^2 m^* \cdot k^2/h^3$ die **effektive Richardson-Konstante** genannt wird (Band 2, Abschnitt 7.3.2) und $\Delta W_{LF} = W_L - W_F$ ist.

Die **Diffusion** wird durch den Konzentrationsgradienten der Elektronen an der Grenze der Raumladungszone verursacht und *stellt den bei Hopping-Leitung dominierenden Emissionsmechanismus dar.* Für die Diffusionsstromdichte aus dem Halbleiter gilt (Band 2, Abschnitt 7.2.1)

$$j = \frac{|q|^2 D_e N_L}{kT} \sqrt{\frac{2[D]\left(W_B - |q|U\right)}{\varepsilon_0 \varepsilon_r}} \exp\left(-\frac{\left(\Delta W_{LF} + W_B + |q|U\right)}{kT}\right) \tag{2.38}$$

wobei D_e den Diffusionskoeffizienten der Elektronen darstellt. Bei Barrierenbreiten unter etwa 10 nm, d.h. bei großen Dotierungskonzentrationen und kleinen Barrierenhöhen (vgl. Gl. (2.33)), können **Tunnelprozesse** auftreten. Die Tunnelwahrscheinlichkeit für die Elektronen steigt ungefähr exponentiell mit abnehmender Breite d_{RL} und ist weitgehend temperaturunabhängig.

2.5.3 Ohmsche Metall/Halbleiter-Kontakte

Die Bandverbiegung an Grenzschichten von Halbleitern in Kontakt mit Metallen ergibt sich oft aus dem gemeinsamen Einfluß der Metalleigenschaften (Austrittsarbeit) und der Grenzflächeneigenschaften des Halbleiters (intrinsische und extrinsische Oberflächenzustände, s. Band 2, Abschnitt 5). Die Bedingungen zur Bildung ohmscher Kontakte an n-leitenden Titanatkeramiken wurden von Carnes und Goodman [16] sowie von Kulwicki [17] untersucht. Nach Aussagen dieser Studien sind zwei Eigenschaften der Metalle maßgebend: die Austrittsarbeit und die Affinität zu Sauerstoff. Metalle mit einer niedrigen Austrittsarbeit (Mg, Al, Zn, In) führen zu ohmschen Kontakten, während Metalle mit hoher Austrittsarbeit (Au, Pt, Pd, Ni, Cu, Ag) mehr oder weniger stark ausgeprägte Schottky-Barrieren bilden.

Zur Erzeugung guter ohmscher Kontakte kann es erforderlich sein, festhaftende Adsorbatschichten, die für extrinsische (d.h. durch Fremdstoffe erzeugte), negativ geladene Oberflächenzustände verantwortlich sind, mechanisch oder chemisch zu entfernen. Zur weiteren Neutralisierung der Oberflächenladungen ist das Aufbringen von Elementen mit hoher Sauerstoffaffinität (B, Ga, P, Ti, Cr) zweckmäßig. Ohmsche Kontakte können zum Teil auch mit Metallen höherer Austrittsarbeit hergestellt werden, wenn Elemente mit hoher Sauerstoffaffinität zulegiert sind. Beispielsweise werden ohmsche Ni- und Ag-Kontakte durch die Kombinationen Ni:B, Ni:P, Ag:Ga bzw. Ag:Zn erreicht. Die technischen Erfordernisse ohmscher Kontakte wie z.B. niedriger Kontaktwiderstand, Lötbarkeit, Oxidations- und Korrosionsbeständigkeit können durch Kombination verschiedener Metalle im Aufbau von Elektrodenschichten erfüllt werden. Hierbei sind Kompromisse hinsichtlich der Optimierung auf die verschiedenen Anforderungen hin notwendig.

Auch Schottky-Barrieren können als "ohmsche" Kontakte genutzt werden, wenn man sie so dünn machen kann, daß sie leicht durchtunnelt werden (s. Abschnitt 2.5.2). Die Breite d_{RL} läßt sich durch hohe Dotierungskonzentrationen in der Nähe der Grenzfläche verringern. Von diesem Prinzip wird in der Halbleitertechnologie häufig Gebrauch gemacht (Band 2, Abschnitt 9.2). Gold (Au) beispielsweise bildet Schottky-Barrieren sowohl im Kontakt mit n- wie p-Si. Durch die Abfolge Au/n$^+$/n bzw. Au/p$^+$/p werden leitende Übergänge geschaffen (die Indizes + stellen eine stark erhöhte Dotierung dar).

2.6   Korngrenzen

2.6.1   Ausbildung von Barrieren

In den meisten keramischen Materialien finden sich überwiegend willkürlich gewachsene Großwinkelkorngrenzen von niedriger Symmetrie. Aus zahlreichen Untersuchungen zur Struktur dieser Korngrenzen (KG) in binären Oxiden (z.B. MgO, NiO, ZnO; s. [18]-[21]) und höheren Oxiden (z.B. SrTiO$_3$, BaTiO$_3$, SrFe$_{12}$O$_{19}$, (MnZn)Fe$_2$O$_4$; s. [22]-[25]) können folgende, allgemeine Feststellungen getroffen werden:

1. Das kohärente Kristallgitter der angrenzenden Körner erstreckt sich bis unmittelbar an die KG.

2. Kristallographisch ist die KG-Region höchstens einige Atomlagen breit. In diesem Bereich ist die Dichte der Atome und deren Koordinationszahl im Vergleich zum Korninneren reduziert. Ähnlich wie an Oberflächen findet häufig eine Relaxation der Kristallstruktur statt.

3. Zweitphasen, die z.B. als Flußmittel während der Flüssigphasensinterung wirken, ziehen sich beim Abkühlen in die Zwickel zwischen mehreren Körnern zurück.

4. Bei starker Fehlanpassung des Ionenradius werden Fremdionen aus Zweitphasen nicht in das Wirtsgitter der Körner eingebaut (z.B. Bi^{3+} in ZnO [21]). Eine Dekoration der KG-Ebene durch diese Fremdionen kann jedoch stattfinden.

5. Im Falle von Fremdionen, die in das Wirtsgitter eingebaut werden können, findet häufig eine Segregation (d.h. Konzentrationserhöhung) in der Umgebung (etwa 5...100 nm) der KGn statt (vgl. [26]-[29]). Dabei wird im Gegensatz zu früheren Vermutungen keine kristallographisch separate KG-Phase gebildet.

In vielen Fällen ist die KG elektrisch aktiv, d. h. ihre elektrische Ladung σ_{KG} führt zur Bildung von Schottky-Barrieren. Diese Barrieren bilden sich symmetrisch in beiden angrenzenden Körnern (sog. doppelte Schottky-Barrieren, s. Band 2, Abschnitt 5.2.4). Im Sinne von Abschnitt 2.5 handelt es sich um zwei Grenzflächen, also um die Abfolge: Halbleiterphase / KG-Region / Halbleiterphase. Die KG-Region kann dabei quasi-zweidimensional sein, d.h. aus einer (ganz oder teilweise besetzten) Atomlage bestehen. Die Ladung σ_{KG} stammt hier aus den geänderten Bindungsverhältnissen (z.B. "dangling bonds") der Gitterbausteine an der KG oder aus der Dekoration durch Fremdionen. Dies ist in guter Näherung beispielsweise bei ZnO-Varistoren gegeben (Abschnitt 5.3.2). Die KG-Region kann elektrisch gesehen auch dreidimensional sein, wenn Fremdionen oder Eigendefekte von der KG bis zu einer bestimmten Tiefe in die Körner eindiffundiert sind. Ein Beispiel hierfür sind die PTC-Widerstände auf BaTiO$_3$-Basis (Abschnitt 6.3).

Bild 2.6.1-1 zeigt die Bandverbiegung $W(x)$ und die Raumladungsdichte $\rho_Q(x)$ in der Schottky-Näherung für eine KG in einem n-Halbleiter mit einem flachen Donator.

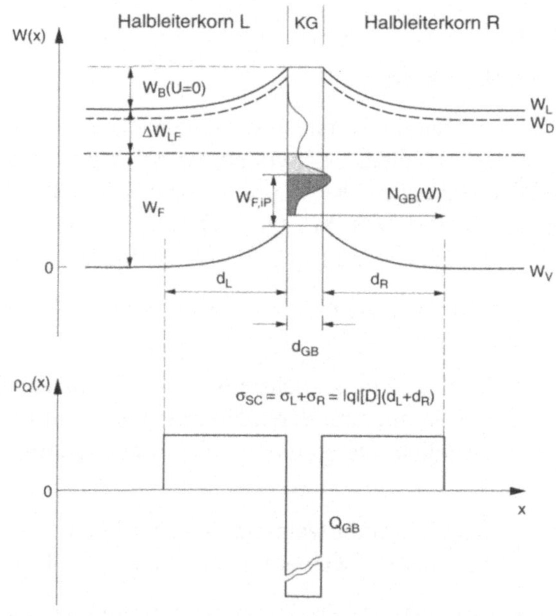

Bild 2.6.1-1   Schematische Darstellung des Bandprofils $W(x)$ und der Raumladungsdichte ρ_Q (x) zweier benachbarter Körner eines n-Halbleiters und ihrer KG-Region. In das Diagramm $W(x)$ ist eine (willkürlich angenommene) Zustandsdichteverteilung der KG-Traps $N_{KG}(W)$ eingezeichnet. Erläuterung der Symbole s. Text.

Die Darstellung umfaßt zwar sowohl quasi-zweidimensionale KGn ($d_{KG} \approx 1$ Atomlage) als auch dreidimensionale KGn ($d_{KG} \gg 1$ Atomlage), die Ausführungen gelten jedoch für den Fall $d_{KG} \ll d_{RL}$ $(= d_R + d_L)$. Die Korngrenzladung σ_{KG} führt entsprechend der Elektroneutralitätsbedingung (2.29) zu einer Raumladung $\sigma_{RL} = -\sigma_{KG}$ auf der rechten und der linken Seite der KG, wobei gilt: $\sigma_R = \sigma_L = \sigma_{RL}/2$. Wie in Abschnitt 2.5.1 diskutiert, liegt die Ursache für die Bildung von σ_{KG} in der unterschiedlichen Lage der Fermi-Energie in der isolierten, neutralen Phase. Es sei angemerkt, daß im Gegensatz zu makroskopischen Nachbarphasen (z.B. bei Metallkontakten) isolierte, neutrale KG-Regionen mehr oder weniger fiktiv sind. Das Fermi-Niveau $W_{F,iP}$ dieser fiktiven isolierten KG-Region wird durch den beidseitigen Kontakt mit den Halbleiterkristallen auf W_F angehoben, so daß sich die KG-Ladung

$$\sigma_{KG} = |q| \int\limits_0^\infty N_{KG}(W)\big[f(W) - f(W)_{iP}\big]\,dW \qquad (2.39)$$

ergibt. In Gl. (2.39) stellt $N_{KG}(W)$ die Zustandsdichteverteilung der KG-Zustände (auch: KG-Traps genannt) dar; $f(W)_{iP}$ bzw. $f(W)$ sind die Besetzungswahrscheinlichkeiten im (fiktiven) isolierten Zustand der KG-Region bzw. nach dem Kontakt mit den angrenzenden Körnern. Die Funktion $N_{KG}(W)$ hat maßgeblichen Einfluß auf die Strom-Spannungs-Kennlinie der KG.

2.6.2 Nichtlineare Strom-Spannungs-Kennlinien

Durch Anlegen einer positiven Spannung U an das rechte Korn ändert sich die Lage der Energieniveaus im Vergleich zum spannungslosen Zustand wie in Bild 2.6.2-1 skizziert.

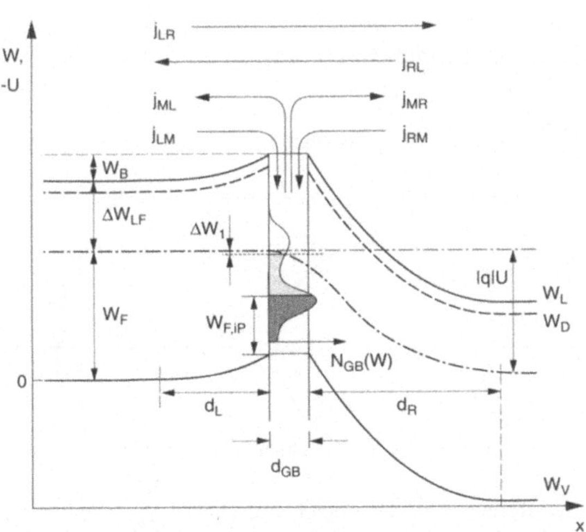

Bild 2.6.2-1   Schematische Darstellung des Bandprofils $W(x)$ zweier benachbarter Körner eines n-Halbleiters und ihrer KG-Region mit anliegender positiver Spannung U am rechten Korn. Illustration der Komponenten der Stromdichte.

Wie wir sehen werden, hängt der Ladungstransport über die KG sowohl von der Spannung U als auch von der Barrierenhöhe W_{KG} ab. Die KG-Ladung σ_{KG} wird durch die Raumladungen σ_R und σ_L kompensiert, die sich in der Schottky-Näherung nach Gl. (2.36) berechnen lassen (Band 2, Abschnitt 5.2.4):

$$-\sigma_{KG} = \sigma_R + \sigma_L = \sqrt{2\varepsilon_0\varepsilon_r[D]}\left[\sqrt{W_{KG}} + \sqrt{W_{KG} + |q|U}\right] \tag{2.40}$$

Die Lösung dieser Gleichung zeigt die Abnahme der Barrierenhöhe mit zunehmender Spannung:

$$W_{KG} = \frac{\sigma_{KG}^2}{8\varepsilon_0\varepsilon_r[D]}\left[1 - \frac{2\varepsilon_0\varepsilon_r[D]}{\sigma_{KG}^2}|q|U\right]^2 \tag{2.41}$$

Dies ist kein einfacher Zusammenhang, da σ_{KG} in Gl. (2.41) wiederum von W_{KG} und U abhängt. Ursache hierfür ist die Lage des Fermi-Niveaus $W_{F,KG}$, die mit abnehmender Barrierenhöhe gemäß

$$W_{F,KG} = W_F - W_{KG}(U) - \Delta W_1 \tag{2.42}$$

ansteigt (vgl. Bild 2.6.2-1). $W_{F,KG}$ steuert maßgeblich die Besetzungswahrscheinlichkeit $f(W)$ in Gl. (2.39). Die Energiedifferenz ΔW_1 in Gl. (2.42) bleibt relativ klein. Die Zustandsdichteverteilung $N_{KG}(W)$ bestimmt nun, ob unbesetzte KG-Zustände zur Verfügung stehen, die beim Anstieg von $W_{F,KG}$ gefüllt werden können und so nach Gl. (2.39) die KG-Ladung σ_{KG} erhöhen. Dies wirkt nach Gl. (2.41) stabilisierend auf die Barrierenhöhe. *Erst wenn bei höheren Spannungen alle KG-Zustände aufgefüllt sind und folglich σ_{KG} konstant wird, bricht bei weiter steigender Spannung die Barriere relativ rasch zusammen.* Die Funktion $W_{KG}(U)$ muß demgemäß als selbstkonsistente Lösung einer iterativen Rechnung bestimmt werden (vgl. Bild 2.6.2-2).

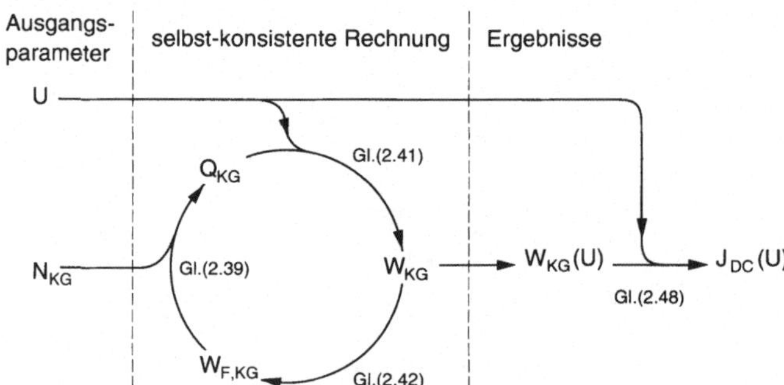

Bild 2.6.2-2   Weg der Berechnung der Gleichstromdichte j_{DC} über eine KG aus den wichtigsten Ausgangsparametern: der angelegten Spannung U und der Zustandsdichteverteilung der KG-Traps $N_{KG}(W)$. In die Rechnung gehen ferner die Temperatur und zahlreiche Materialparameter wie die Dotierungskonzentration, die Dielektrizitätszahl, usw. ein.

Einen entscheidenden Einfluß auf die Stabilisierung der Barriere bei moderaten Spannungen hat, wie erwähnt, die Form der Funktion $N_{KG}(W)$. Rechnungen dieser Art wurden für verschiedene Formen von $N_{KG}(W)$ von Pike und Seager [30] sowie für den Fall zusätzlicher tiefer Donatoren im Halbleiter von Blatter und Greuter [31] durchgeführt. In Bild 2.6.2-3 sind als Beispiel die Ergebnisse der Berechnung von $W_{KG}(U)$ und $\sigma_{KG}(U)$ für drei verschiedene Formen von $N_{KG}(W)$ dargestellt.

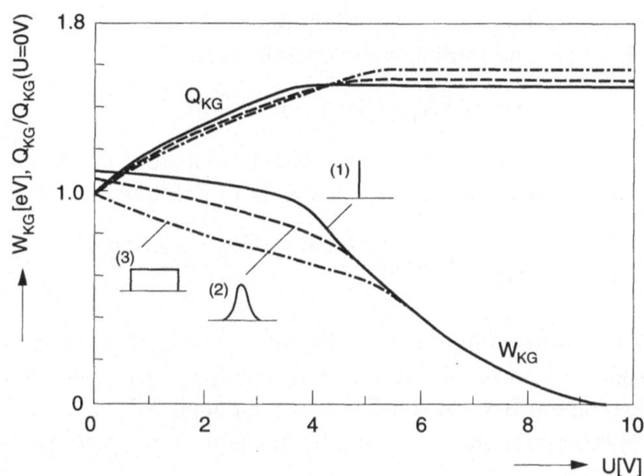

Bild 2.6.2-3   Berechnete Barrierenhöhe W_{KG} und KG-Ladung σ_{KG} als Funktion der an der KG angelegten Spannung U für drei verschiedene Zustandsdichteverteilungen der KG-Traps in donator-dotiertem ZnO bei $T = 400$ K [31]:

(1) $N_{KG}(W)$ monoenergetisch bei $W = 2{,}0$ eV

(2) $N_{KG}(W)$ mit Gauss-Verteilung um 2,0 eV und $\Delta W = 0{,}15$ eV

(3) $N_{KG}(W)$ mit konstanter Zustandsdichte von 1,5 eV bis 2,5 eV

Weitere Modellparameter:

Gesamtkonzentration der KG-Zustände	$= 10^{17}$ m^{-2}
Einfangsquerschnitt für Elektronen in der KG	$= 10^{-17}$ m^2
Donatorkonzentration in den Körnern	$= 10^{24}$ m^{-3}
Weitere Materialparameter:	$W_F = 3{,}2$ eV, $\varepsilon_r = 9$

Wir betrachten nun das Strom-Spannungs-Verhalten der KG unter der Annahme, daß die Barriere durch thermionische Emission überwunden wird. Im Falle diffusionsbedingter Ströme ändert sich das Ergebnis nur geringfügig [32]. Erst bei Spannungen, die zum nahezu vollständigen Zusammenbruch der Barriere W_{KG} führen, treten entscheidende Unterschiede auf (s. Abschnitt 5.3.3). Wenn man annimmt, daß ein Anteil c der Elektronen beim Auftreffen auf die KG eingefangen wird, so sind

$$j_{LR} = (1 - c)\, A^* T^2 \exp\!\left(-\frac{\Delta W_{LF} + W_{KG}}{kT} \right) \tag{2.43}$$

und

$$j_{RL} = (1 - c)\, A^* T^2 \exp\!\left(-\frac{\Delta W_{LF} + W_{KG} + |q|U}{kT} \right) \tag{2.44}$$

die Komponenten der Stromdichte, welche insgesamt die Barriere direkt überqueren. Die eingefangenen Ladungsträger werden durch $j_{LM} = j_{LR}c/(1-c)$ und $j_{RM} = j_{RL}c/(1-c)$ beschrieben. Die Einfangwahrscheinlichkeit

$$c = c^* \int N_{KG}(W)\,[1 - f(W)]\,\mathrm{d}W \tag{2.45}$$

hängt von dem Einfangquerschnitt c^* für Elektronen und der Anzahl unbesetzter KG-Traps ab. Die Stromdichten der von den KGn re-emittierten Elektronen sind

$$j_{ML} = j_{MR} = B \cdot \exp\!\left[-\frac{\left(\Delta W_{LF} + W_{KG} + \Delta W_L \right)}{kT} \right] \tag{2.46}$$

wobei unter Gleichstrombedingungen die Summe der eingefangenen und re-emittierten Elektronen gleich sein muß, d.h. $j_{LM} + j_{RM} = j_{ML} + j_{MR}$. Dadurch läßt sich die Konstante B bestimmen: $B = cA^*T^2$. Bei $U = 0$ ist auch $\Delta W_L = 0$, und es fließt kein Nettostrom. $\Delta W_L(U)$ ergibt sich aus den Gleichungen für die Stromdichtekomponenten

$$\Delta W_L = kT \ln\!\left(\frac{2}{1 + \exp\!\left(-\dfrac{|q|U}{kT} \right)} \right) \tag{2.47}$$

und kann maximal Werte von $kT\ln2$ annehmen. Der Hauptspannungsabfall findet in der rechten Raumladungszone statt. Durch Summation der Ströme in einer beliebigen Ebene parallel zur KG ergibt sich der Netto-Gleichstrom j_{DC}. In der rechten Raumladungszone beispielsweise, ist $j_{DC} = (j_{LR} - j_{RL}) + (j_{MR} - j_{RM})$ und damit

$$j_{DC} = \left(1 - \frac{c}{2} \right) A^* T^2 \exp\!\left(-\frac{\Delta W_{LF} + W_{KG}}{kT} \right)\left(1 - \exp\!\left(-\frac{|q|U}{kT} \right) \right) \tag{2.48}$$

Für kleine Spannungen ist $|q|U \ll kT$ und $W_{KG} \approx W_{KG}(U = 0)$, so daß aus Gl. (2.48) ohmsches Verhalten folgt:

$$j_{DC} = \left(1 - \frac{c}{2} \right) \frac{|q|A^* T}{k} \exp\!\left(-\frac{\Delta W_{LF} + W_{KG}}{kT} \right) \cdot U \tag{2.49}$$

Für die in Bild 2.6.2-3 gezeigten Beispiele $W_{KG}(U)$ ist in Bild 2.6.2-4 die Strom-Spannungs-Kennlinie $j_{DC}(U)$ wiedergegeben. Die verschiedenen Bereiche lassen sich anhand des sog. Nichtlinearitätskoeffizienten $\alpha: = \mathrm{d}(\log j) / \mathrm{d}(\log U)$ charakterisieren. Im Anschluß an den durch Gl. (2.49) beschriebenen ohmschen Bereich ($\alpha = 1$) zeigt Bild 2.6.2-4 einen subohmschen Bereich ($\alpha \ll 1$).

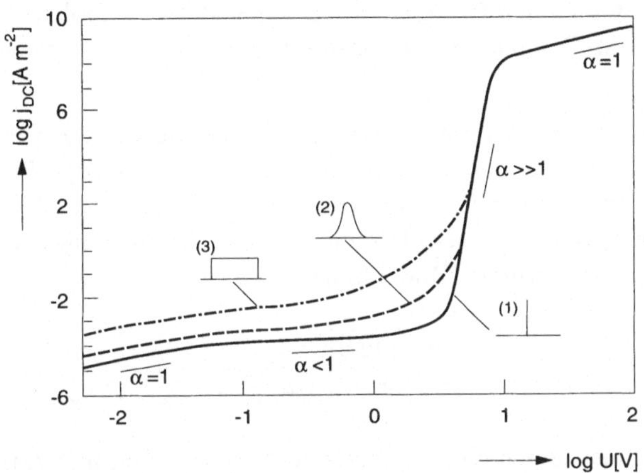

Bild 2.6.2-4   Berechnete Gleichstromdichte j_{DC} als Funktion der an der KG angelegten Spannung U für die in Bild 2.6.2-3 dargestellten Fälle

Die Ausdehnung dieses Bereiches hängt stark von der Donatorkonzentration ab und kann für höhere Konzentrationen vollständig verschwinden [30]. Der anschließende, stark überohmsche Bereich mit α-Werten bis etwa 40 (für die Kurve 3 in Bild 2.6.2-4) wird in den Varistor-Bauelementen ausgenutzt (Abschnitt 5.3.3). Speziell bei den ZnO-Varistoren kommt jedoch ein weiterer Mechanismus hinzu, der die α-Werte noch deutlich erhöhen kann. Bei sehr hohen Spannungen schließt sich wieder ein ohmscher Bereich an, in der die Leitfähigkeit der Körner bestimmend ist.

Durch Variation der Zustandsdichteverteilung $N_{KG}(W)$ und Anpassen der daraus berechneten Strom-Spannungs-Kennlinie $j_{DC}(U)$ an experimentelle Daten läßt sich für ein gegebenes System die Funktion $N_{KG}(W)$ im Bereich $W > W_{F,KG}(U = 0)$ bestimmen. Als Beispiel ist ein n-dotierter Si-Bikristall in [33] diskutiert. Alternative Methoden zur Analyse der Funktion $N_{KG}(W)$ sind in [34]-[36] beschrieben.

2.6.3 Dynamisches Verhalten

Bisher wurde nur der *stationäre Zustand* der Korngrenze, d. h. das Verhalten unter Gleichspannung, betrachtet. Prägt man eine zusätzliche, kleine Wechselspannung

$U_{AC} = U_0 \exp(j\omega t)$ mit der Amplitude $U_0 \ll kT/|q|$ auf, so läßt sich aus der Wechselkomponente der Stromdichte, j_{AC}, die frequenzabhängige Kapazität

$$C(\omega) = \left(\frac{1}{\omega}\right) \mathrm{Im}\left(\frac{j_{AC}}{U_{AC}}\right) \tag{2.50}$$

berechnen, wobei Im ( ) den Imaginärteil des Operanden symbolisiert. Hier und im weiteren Text ist mit C immer eine Kapazität pro Flächeneinheit gemeint, d. h. dim $[C] = \mathrm{F/m}^2$.

Für $U_{DC} = 0$ V ist die KG-Barriere symmetrisch und die Kapazität ist allein durch die geometrische Kapazität der Raumladungszone $C_{RL} = \varepsilon_r\varepsilon_0/d_{RL}$ bestimmt. Diese Kapazität nimmt mit zunehmender Vorspannung U_{DC} langsam ab, da sich die rechte Raumladungszone (Breite: d_R) ausdehnt und die linke Raumladungszone (Breite: d_L) nur unwesentlich kleiner wird (s. Bild 2.6.2-1).

$$C_{RL} = \frac{\varepsilon_r\varepsilon_0}{d_L + d_R} = |q|\sqrt{\frac{\varepsilon_r\varepsilon_0[D]}{2}}\left[\frac{1}{\sqrt{W_{KG}} + \sqrt{W_{KG} + |q|U}}\right] \tag{2.51}$$

C_{RL} wird durch einen reinen Verschiebestrom hervorgerufen und existiert naturgemäß auch dann, wenn kein Leitungsstrom über die KG-Barriere fließt. Für $U_{DC} >$ 0 V wird eine zusätzliche Kapazität C_D beobachtet, die daraus resultiert, daß der über die KG-Barriere fließende Leitungsstrom phasenverschoben sein kann. Die um 90° gegenüber U_{AC} verschobene Komponente von j_{AC} verhält sich wie ein kapazitiver Strom. Ursache für die Phasenverschiebung ist die Tatsache, daß sich die KG-Ladung nicht momentan, sondern nur verzögert auf eine Änderung der Spannung einstellt. Die Verzögerung wird durch die Zeitkonstante τ bestimmt, so daß sich formal eine Debye-Relaxation (Band 2, Abschnitt 6) ergibt und die frequenzabhängige Kapazität die Form

$$C(\omega) = C_{RL} + \frac{C_D}{1 + \omega^2\tau^2} \tag{2.52}$$

annimmt (vgl. Bild 2.6.3-1). In Gleichung (2.52) sind sowohl $C_D(U_{DC})$ als auch $T(U_{DC})$ stark von der Vorspannung abhängig. Da der Strom j über die KG-Barriere exponentiell von W_{KG} abhängt, kann eine Spannungsmodulation $W_{KG}(U_{AC})$ zu sehr großen Kapazitäten C_D führen. Sowohl experimentelle Daten wie theoretische Rechnungen zeigen, daß C_D in der Regel ein bis zwei Größenordnungen über der geometrischen Kapazität C_{RL} liegt (s. [31], [37] u. [38]). In Bild 2.6.3-2 ist die Spannungsabhängigkeit der Kapazität für den Fall einer mono-energetischen Verteilung $N_{KG}(W)$ skizziert.

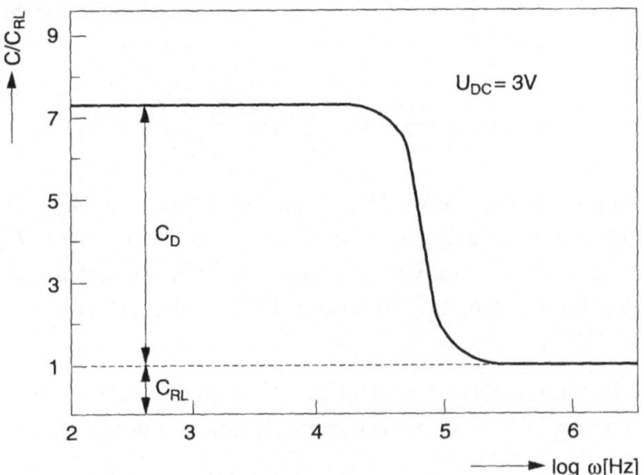

Bild 2.6.3-1   Verhältnis der Gesamtkapazität C einer Korngrenze $C = C_{RL} + C_D$ zur Raumladungskapazität C_{RL} (als Funktion der Frequenz ω für $U_{DC} = 3V$). Für die Rechnung wurde eine monoenergetische Zustandsdichteverteilung $N_{KG}(W)$ angenommen. Berechnet nach Daten aus [38] und [31].

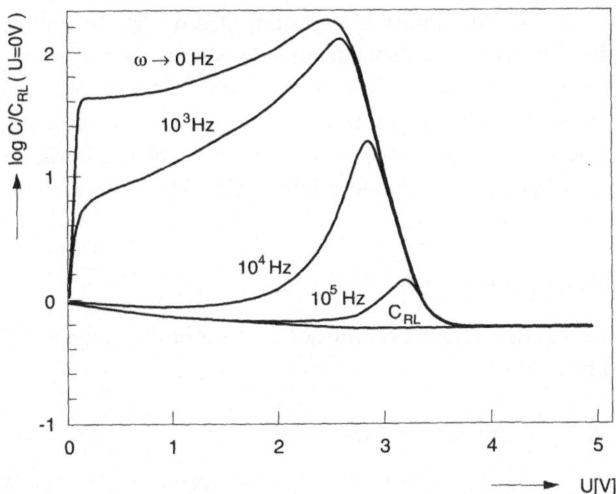

Bild 2.6.3-2   Verhältnis der Gesamtkapazität C zur Raumladungskapazität $C_{RL}(U_{DC} = 0)$ als Funktion der Vorspannung U_{DC} für verschiedene Frequenzen. Es wurde eine monoenergetische Zustandsdichteverteilung $N_{KG}(W)$ angenommen (nach [38]).

Bei höheren Spannungen U_{DC} sind alle KG-Traps gefüllt und der Strom über die Barriere ist nicht mehr phasenverschoben, d.h. $C_D(U_{DC} \to \infty) = 0$. Die Verschiebung des Maximums mit der Frequenz in Bild 2.6.3-2 ergibt sich durch die Spannungsabhängigkeit der Zeitkonstanten [37]

$$\tau = \tau_0 \exp\left(\frac{\Delta W_{\mathrm{LF}} + W_{\mathrm{KG}} + \Delta W_{\mathrm{L}}}{kT} \right) \tag{2.53}$$

über $W_{\mathrm{KG}}(U)$ im exponentiellen Term. Durch die Abnahme von W_{KG} mit steigender Spannung U reduziert sich τ drastisch. τ_0 wird im wesentlichen von $N_{\mathrm{KG}}(W)$, c und T bestimmt. Wenn $N_{\mathrm{KG}}(W)$ bekannt ist, läßt sich aus einer Anpassung der Rechnung an experimentell ermittelte $C(\omega, U_{\mathrm{DC}})$-Kurven die Einfangwahrscheinlichkeit c bestimmen (Beispiel s. [37]).

Das Verhalten der Kapazität $C(\omega, U_{\mathrm{DC}})$ in der Gegenwart von zusätzlichen, tiefen Donatorzuständen ist von Blatter und Greuter analysiert worden [31].

3   Lineare Dickschichtwiderstände

Bauelemente mit einem definierten Widerstandswert $R = U/I$, der über einen großen Bereich unabhängig von der Spannung U und dem Strom I ist, bezeichnet man als **lineare Widerstände**. Als widerstandsbestimmende Materialien kommen sehr unterschiedliche Stoffklassen, wie z.B. Metalle, Kohlenstoff, Metalloxide und Dispersionen von Metallen oder leitenden Keramiken in Glas, zum Einsatz. Ein Teil dieser Materialien (insbes. die Keramikglasuren) fällt in die Thematik des vorliegenden Buches und wird im Anschluß an eine allgemeinere Übersicht (Abschnitt 3.1) behandelt.

3.1   Widerstandstypen

Lineare Widerstände werden entsprechend der in Tabelle 3.1-1 aufgeführten primären Eigenschaften klassifiziert.

Tabelle 3.1-1   Klassifizierung linearer Widerstände

	Standardkleinleistungstypen	Spezialtypen
Nennwiderstandswerte	$1\,\Omega \dots 10\,\mathrm{M}\Omega$ (gestuft)	$< 1\,\mathrm{m}\Omega \dots 1\,\Omega$, $10\,\mathrm{M}\Omega \dots 1\,\mathrm{T}\Omega$
Toleranzklassen	$\pm 5\%$, $\pm 2\%$, $\pm 1\%$	Präzisionstypen bis $\pm 0{,}005\%$
Temperaturkoeffizient $\mathrm{TK_R} := \dfrac{\Delta R}{R_{298}\,\Delta T}$	$\pm 200\,\mathrm{ppm/K}$, $\pm 50\,\mathrm{ppm/K}$	Präzisionstypen bis $1\,\mathrm{ppm/K}$
Max. Belastbarkeit (bei 343 K)	$0{,}1 \dots 2\,\mathrm{W}$	Leistungstypen bis $> 1\,\mathrm{kW}$

Die Staffelung der Nennwiderstandswerte erfolgt in den sog. E-Reihen (z.B. E24, E96). Beispielsweise enthält die E24-Reihe 24 Widerstandswerte pro Dekade, bei denen jeder folgende Wert um den auf zwei Stellen gerundeten Faktor $\sqrt[24]{10}$ größer ist als der vorhergehende Wert. Neben den in Tabelle 3.1-1 aufgeführten Spezialtypen werden Sonderausführungen in Hinblick auf sekundäre Eigenschaften angeboten, wie kapazitäts- und induktionsarme Typen für HF-Anwendungen, Typen mit geringem Stromrauschen, etc..

Die Widerstandsbauelemente lassen sich technologisch zunächst in *selbsttragende* (sog. **Massewiderstände**) und *trägergebundene* Widerstände unterteilen (Bild 3.1-1) [39].

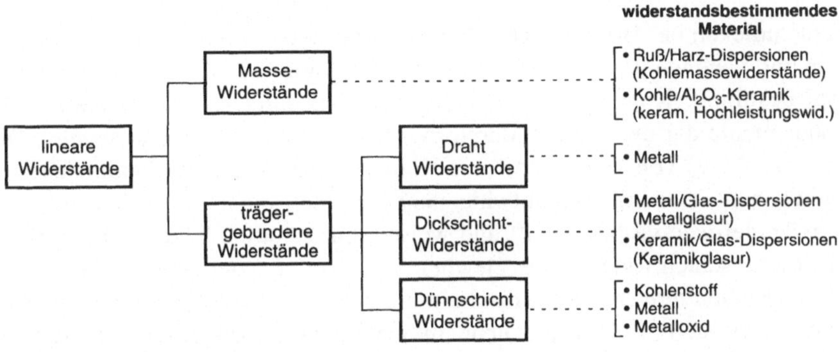

Bild 3.1-1   Klassifizierung der Typen linearer Widerstände und der widerstandsbestimmenden Materialien

Heute werden **Kohlemassewiderstände**, die aus Ruß-Harz-Gemischen bei erhöhten Temperaturen stranggepreßt werden, als Spezialtypen in solchen Anwendungsfällen eingesetzt, wo sie aufgrund ihrer hervorragenden Hochfrequenzeigenschaften und ihrer Spannungsfestigkeit benötigt werden. **Keramische Hochleistungswiderstände** werden aus einer Mischung von Bindemitteln, Aluminiumoxid und Kohlepulver gepreßt und bei hohen Temperaturen gesintert. Sie werden z.B. als Schaltwiderstände in Hoch- und Höchstspannungsanlagen (in Öl, SF$_6$-Atmosphäre oder Luft) betrieben und sind für kurzzeitige Belastungen ausgelegt, die zu Oberflächentemperaturen von bis zu ca. 600 K führen. **Drahtwiderstände** stellen die ältesten trägergebundenen Widerstände dar. Metalldraht aus einer Widerstandslegierung wird auf einen keramischen Trägerkörper gewickelt und auf diesen Anschlußkappen aufgepreßt. Drahtwiderstände finden heute nur noch einen kleinen Anwendungsbereich als reine Leistungsbauelemente oder als Präzisionswiderstände.

Schichtwiderstände werden durch die Angabe des Flächenwiderstandswertes $R_\square$ spezifiziert. Dabei ist $R_\square$ definiert als Verhältnis des spezifischen Widerstandes ρ_{sp} zur Schichtdicke t (Band 1, Abschnitt 4.1.1)

$$R_{\square} := \frac{\rho_{\mathrm{sp}}}{t} \tag{3.1}$$

und bezeichnet den Widerstandswert zwischen gegenüberliegenden Kanten einer quadratischen Widerstandsschicht unabhängig von der tatsächlichen Fläche des Quadrats. Bei bekanntem $R_{\square}$ einer rechteckigen Dickschicht der Länge d und der Breite b kann der elektrische Widerstand R nach

$$R = R_{\square} \frac{d}{b} \tag{3.2}$$

berechnet werden.

Die Schichtdicken bei **Dünnschichtwiderständen** liegen im Bereich zwischen etwa 0,01 µm und wenigen µm. Die Herstellungstechnologie wird durch das Widerstandsmaterial bestimmt. Kohleschichtwiderstände stellen einfache und preiswerte Standardbauelemente dar und werden durch *pyrolytische oder CVD-Abscheidung* (Band 2, Abschnitt 8.2.2) von Kohlenstoff aus Kohlenwasserstoffen auf keramischen Trägern gewonnen. Zinnoxid-Schichtwiderstände werden durch *Hydrolyse* von $SnCl_2$ auf dem Trägermaterial hergestellt und weisen eine deutlich höhere Überlastbarkeit auf als Metallschichtwiderstände gleicher Bauform. Letztere werden durch Aufdampfen oder Sputtern (Band 2, Abschnitt 8.2.3) von Cr/Ni-Legierungen auf Al_2O_3-Substraten hergestellt. Bei entsprechendem Schutz durch Lackierung oder Kapselung sind die Metallschichten nur sehr geringen zeit- oder belastungsbedingten Widerstandsänderungen unterworfen. Die sehr kleinen Temperaturkoeffizienten TK_R, die zudem erreicht werden können, machen Metallschichtwiderstände geeignet für Anwendungen, in denen höchste Präzision gefordert ist.

Dickschichtwiderstände sind im Kleinleistungsbereich sehr verbreitet und werden sowohl aus diskreten Bauelementen als auch als Elemente innerhalb von Dickschichtschaltungen in der Hybridtechnologie zusammen mit anderen passiven und aktiven Komponenten eingesetzt. Pulver aus elektrisch leitendem Material (Metall oder Keramik), Glaspulver und Binder werden auf Trägern (meist Al_2O_3-Substrate) *gesiebdruckt* (Band 1, Abschnitt 4.2.1) und zu Schichten von ca. 20...30 µm Dicke gesintert [40].

Für den niederohmigen Bereich mit Flächenwiderstandswerten $R_{\square}$ zwischen etwa 0,1 und 10 Ω werden Metalle (Pt/Ag- und Pd/Ag-Legierungen mit Ag-Anteilen zwischen 50 und 99%) eingesetzt. Für Schichten mit größeren $R_{\square}$-Werten (ca. 10 Ω bis 10 MΩ) werden als leitende Komponente keramische Oxide oder Nitride verwendet. Da am häufigsten Rutheniumoxid RuO_2 und Ruthenate mit Pyrochlorstruktur wie z.B. $Bi_7Ru_2O_7$ und $(Bi, Pb)_2Ru_2O_7$ zum Einsatz kommen, werden die Aspekte der linearen Dickschichtwiderstände in den Abschnitten 3.2 bis 3.4 exemplarisch an diesen Materialien dargestellt. Metallglasur- und Keramikglasur-Dickschichtwiderstände sind robuste, präzise und zuverlässige Bauelemente, die als Standardwiderstände eine sehr weite Verbreitung gefunden haben. Aufgrund der Schichtzusammensetzung liegt jedoch das Stromrauschen um einige dB höhere als bei reinen Metalldraht- oder Metallschichtwiderständen. Da zudem TK_R-Werte unter 25 ppm/K nur schwer zu realisieren sind, eignet sich die Dickschichttechnologie nicht zur Herstellung von Widerständen für allerhöchste Präzisionsanforderungen.

3.2 Bauformen und Herstellung

Keramische Dickschichtwiderstände werden durch Siebdruck von Widerstandspasten auf keramischen Substraten hergestellt. Die typischen Komponenten von Widerstandspasten sind in Tabelle 3.2-1 aufgelistet.

Tabelle 3.2.1   Komponenten von Widerstandspasten zum Siebdruck von Keramikglasur-Dickschichtwiderständen

Material	Beispiele
leitende Keramik	RuO_2, $Bi_2 Ru_2 O_7$, LaB_6, Ti_2N
Glas	Borosilikate, Aluminosilikate
Binder	organische Polymere (Acrylate, Äthylzellulose)
Lösungsmittel	meist aprotische, organische Lösungsmittel (z.B. Diäthylenglykol-monobutyläther)
Dispersionshilfsmittel	oberflächenaktive Stoffe

Die Anforderungen an Substrate sind im Kapitel "Dielektrische Keramiken" (Abschnitt 3) beschrieben. Die metallischen Kontaktierungen werden – meist vor der Herstellung der Widerstandsschicht – durch Siebdruck aufgebracht und eingebrannt.

Die Zubereitung der Siebdruckpaste beginnt mit der Herstellung und dem Mahlen der Keramik- und der Glaskomponente. Die Korngröße und die Morphologie des Keramikpulvers beeinflußt u. a. im hohem Maße den TK_R-Wert des fertigen Widerstandes. RuO_2 wird meist aus Lösungen von Rutheniumoxidhydrat gefällt und anschließend bei Temperaturen zwischen 600 und 1.000 K dehydratisiert [41]. Der Dehydratisierungsprozess bestimmt weitgehend die Korngröße des Pulvers. Üblicherweise werden RuO_2-Pulver mit mittleren Korngrößen zwischen 0,1 und 0,5 µm eingesetzt; die Subkorngröße liegt zwischen 5 und 50 nm. Das Glaspulver wird gemahlen, gesiebt und zusammen mit dem RuO_2-Pulver sowie den flüssigen Komponenten zur Siebdruckpaste verrührt. Da eine homogene Dispersion maßgebend für die Qualität und Reproduzierbarkeit der Widerstandsschicht ist, werden die Pasten vor Gebrauch mit Hilfe von Spezialmühlen bearbeitet [42]. Das rheologische Verhalten der Pasten muß individuell an den jeweiligen Siebdruckprozeß (insbes. an die Siebdruckgeschwindigkeit) angepaßt werden.

Der Siebdruckprozeß wird durch zahlreiche Parameter bestimmt, die untereinander und auf die Paste abgestimmt sein müssen (s. a. Band 1 dieser Reihe, Abschnitt 4.2), wie u. a.:

− Siebmaterial (meist spezieller, rostfreier Stahl)
− Maschenweite und Drahtstärke
− Siebspannung
− Rakelmaterial und -härte
− Ansatzwinkel des Rakels (z.B. 45°)
− Rakelbreite
− Rakeldruck und -geschwindigkeit
− Max. Auslenkung des freien Siebes

Die Enddicke der Widerstandsschicht wird hauptsächlich durch den Feststoffgehalt der Paste und die Maschenweite des Siebes bestimmt.

Während der Temperaturbehandlung im Anschluß an den Siebdruckprozeß erfolgt im Temperaturbereich bis ca. 420 K die Verdampfung des Lösungsmittels. Die polymeren Binder werden bei 500 K bis 750 K unter kontrollierter Luftzufuhr ausgebrannt. Im Temperaturbereich zwischen 700 und 850 K erfolgt die Sinterung der Glaskomponente und die Benetzung der Keramikpartikel. Die Sinterung des Keramikanteils, die zur Ausbildung der endgültigen Mikrostruktur führt, findet zwischen 800 K und 1.300 K statt. Durch längeres Halten bei maximaler Temperatur kann eine Reifung der Keramikpartikel bewirkt werden, mit der auf den TK_R-Wert Einfluß genommen wird. Während des Sinterns bilden sich Netzwerke zwischen den Keramikpartikeln aus. Die Struktur des Netzwerkes bestimmt weitgehend die elektrischen Eigenschaften der Widerstandsschicht (s. Abschnitt 3.3). Die Abkühlrate bis etwa 600 K sollte ca. 2 K/s nicht überschreiten, um Spannungen in den Dickschichten zu vermeiden. Diese können zur Verringerung der Stabilität und zur Erhöhung des Temperaturkoeffizienten des Widerstandes führen.

Nach dem Einbrennen zeigen die Dickschichten eine relativ breite Verteilung der Widerstandswerte, die durch die natürliche Streuung der Parameter während des Siebdruckens und der Sinterung entsteht. Das Design der Schicht wird stets so gewählt, daß die Widerstandswerte in jedem Falle kleiner als der Zielwert sind. In einem Abgleichschritt wird nun die Dickschicht eingeschnitten, um die Breite des Widerstandes zu verringern und den Widerstandswert exakt auf den (höheren) Zielwert einzustellen (s. Bild 3.2-1).

Üblicherweise erfolgt der Abgleichschritt mit einem Nd-YAG- oder einem CO_2-Laser. Beim Laserschnitt wird das Widerstandsmaterial auf einer Breite von etwa 50 µm verdampft. Da während des Sinterns die Widerstandskeramik mit der Substratkeramik bis in eine Tiefe von etwa 2 bis 6 µm reagieren kann, muß das Substrat bis in diese Tiefe mit abgetragen werden, um eine optimale Stabilität des Widerstandselements zu erzielen.

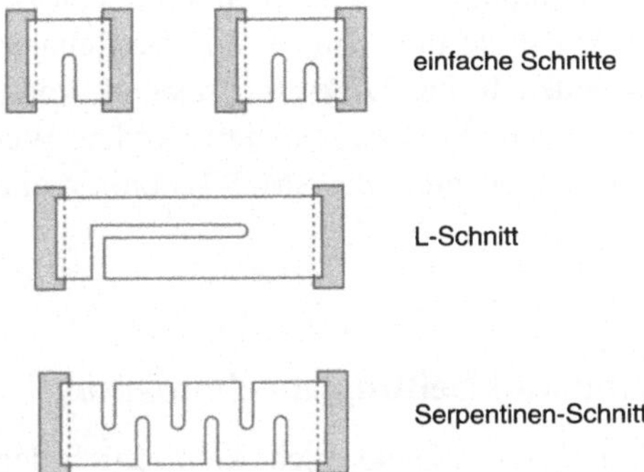

Bild 3.2-1   Abgleichschritte in Dickschichtwiderständen [43]

Dickschichtwiderstände sind gegenüber dem Einfluß der Atmosphäre bei allen Betriebstemperaturen langzeitstabil. In vielen Fällen wird dennoch eine Deckschicht (z.B. Lack oder Glas) aufgebracht. Die Gründe hierfür sind vielfältig:

– als zusätzlicher Schutz gegen mechanische Beschädigung,
– zur Verbesserung der Spannungsfestigkeit gegen benachbarte Bauelemente, und
– als Untergrund zur farblichen Kennzeichnung.

Bild 3.2-2 zeigt typische Bauformen für diskrete Widerstände als SMD-Bauelement (SMD = "Surface Mounted Device", Bauelemente zur Oberflächenmontage) und als Widerstandsnetzwerk.

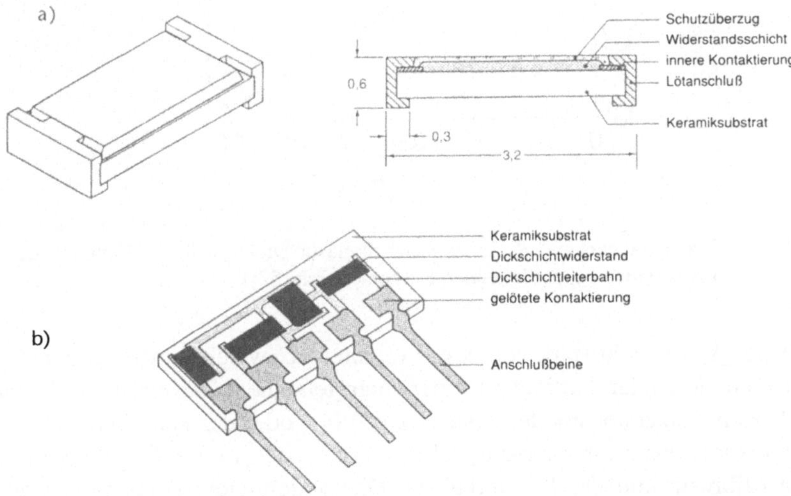

Bild 3.2.2   Beispiele für Bauformen von diskreten SMD-Widerständen (a) und Widerstandsnetzwerken (b)

Komplette Dickschichtschaltungen haben einen ähnlichen Aufbau wie Widerstands-
netzwerke. Es werden Substrate mit Längen- und Breitenabmessungen zwischen ca.
10 und 100 mm verwendet. In der Dickschichttechnik können neben Leiterbahnen
und Widerständen auch Kondensatoren realisiert werden. Weitere aktive und passive
Bauelemente werden anschließend in der SMD-Technik montiert.

3.3   Mikrostruktur und Leitungsmechanismus

Der Flächenwiderstand $R_\square$ einer Dickschicht kann durch den Anteil der leitfähigen
Keramik über viele Größenordnungen eingestellt werden. Bild 3.3-1 zeigt $R_\square$ in Abhängigkeit vom Volumenanteil v_{Ker} verschiedener Keramikpulver.

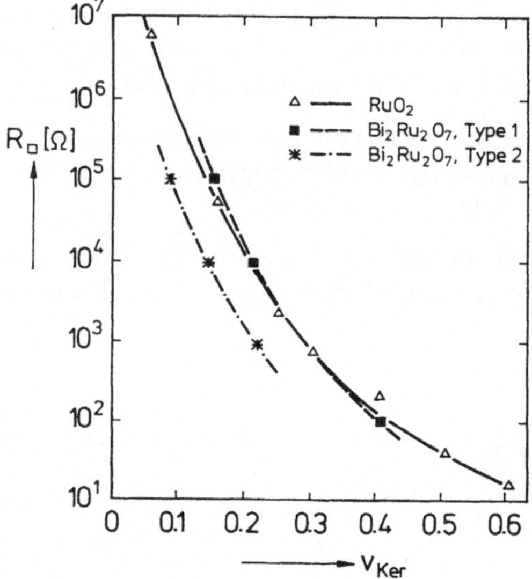

Bild 3.3.1   Flächenwiderstand $R_\square$ einer Keramikglasur-Dickschicht als Funktion des Volumenanteils v_{Ker} der leitenden Keramik (nach [52])

Die Abhängigkeit weicht stark von dem Verhalten ab, welches man für eine Dispersion einzelner leitender Partikel in einer nicht-leitenden Glasmatrix aufgrund der
Maxwellschen Dispersionsmodelle (siehe z.B. [44]) oder der Percolationstheorie für
einfache, dispergierte Systeme (siehe z.B. [45]) erwarten würde. Dies liegt in der besonderen Mikrostruktur der Keramikglasur-Dickschichtwiderstände begründet [46].
Wie die Skizze in Bild 3.3-2 zeigt, ordnen sich die 0,1 bis 0,5 µm großen Keramikpartikel zu *Ketten* an, die dreidimensional verzweigte *Netzwerke* bilden.

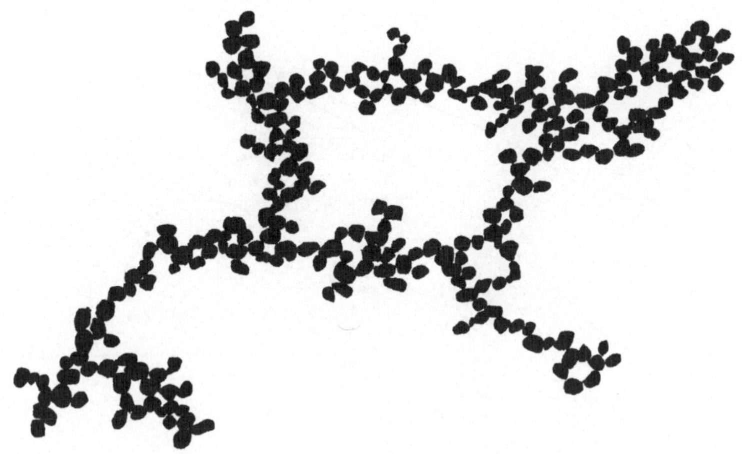

Bild 3.3-2   Skizze der Mikrostruktur von Keramikglasur-Dickschichten. Die Keramikpartikel (schwarz) ordnen sich in Ketten an, die dreidimensional vernetzt sind. Nach REM-Aufnahmen in Ref. [42] und [52].

Es liegt eine 3–3 Konnektivität vor, d. h. sowohl das dispergierte Medium als auch die Matrix sind jeweils in allen drei Raumrichtungen miteinander verbunden (im Gegensatz zu typischen Dispersionen isolierter Partikel, die eine 1–3 Konnektivität aufweisen) [47]. Wird auf die gefundenen Netzwerke die Percolationstheorie angewandt, so läßt sich die in Bild 3.3-1 dargestellte Abhängigkeit $R_\square(v_{Ker})$ modellmäßig gut verstehen [46, 48, 49, 50].

Die keramische Phase sind metallisch leitende Oxide mit einem spezifischen Widerstand bei 298 K zwischen etwa $4 \cdot 10^{-7}$ Ωm (RuO_2-Einkristalle [51]) und $7 \cdot 10^{-6}$ Ωm (polykristallines $Bi_2Ru_2O_7$ [52]). Der spezifische Widerstand selbst einer recht leitfähigen Keramikglasur mit $R_\square = 10\ \Omega$ liegt bei einer Schichtdicke von 20 µm nach Gl. (3.1) noch bei $2 \cdot 10^{-4}$ Ωcm und ist damit etwa zwei Größenordnungen höher als in der reinen Keramikphase. Entsprechend ihres metallisch leitenden Charakters weisen die keramischen Oxide einen ausgeprägten positiven TK_R auf. Für RuO_2-Einkristalle wurde beispielsweise ein Wert von etwa 6.000 ppm/K gefunden [51]. Der geringe TK_R-Wert der Keramikglasur hat seine Ursache in den Korn/Korn-Kontakten, die zwischen den Keramikpartikel beim Sintern entstehen und die negative TK_R-Werte aufweisen. Bei geeigneter Prozeßführung bei der Herstellung der Dickschicht kann erreicht werden, daß sich die TK_R-Werte der keramischen Körner und der Korn/Korn-Kontakte im Bereich der Betriebstemperaturen der Dickschichtwiderstände weitgehend kompensieren. Messungen über einen größeren Temperaturbereich zeigen, daß bei niedriger Temperatur der negative TK_R der Kontakte und bei hohen Temperaturen der positive TK_R der Keramik dominiert (Bild 3.3-3).

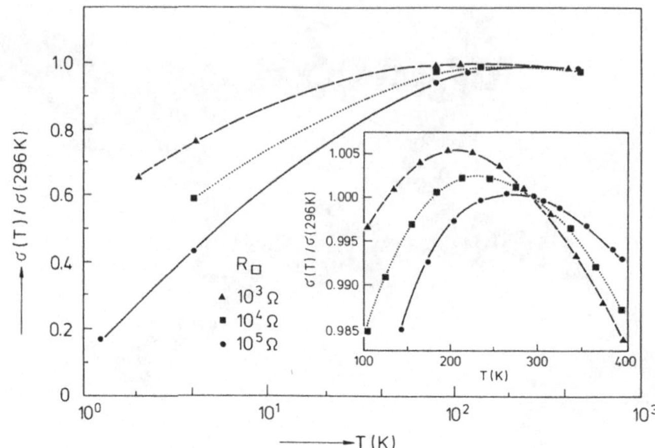

Bild 3.3-3   Temperaturabhängigkeit der normierten spezifischen Leitfähigkeit $\sigma(T)/\sigma(296\mathrm{K})$ für drei verschiedene Keramikglasur-Dickschichtwiderstände. Das eingesetzte Diagramm zeigt den Bereich zwischen 100 und 400 K in starker Vergrößerung (nach [52]).

Es lassen sich drei Typen von Korn/Korn-Kontakten in Keramikglasur–Dickschichtwiderständen klassifizieren, die zu unterschiedlichen Ladungstransportmechanismen führen. Diese sind in Bild 3.3-4 skizziert.

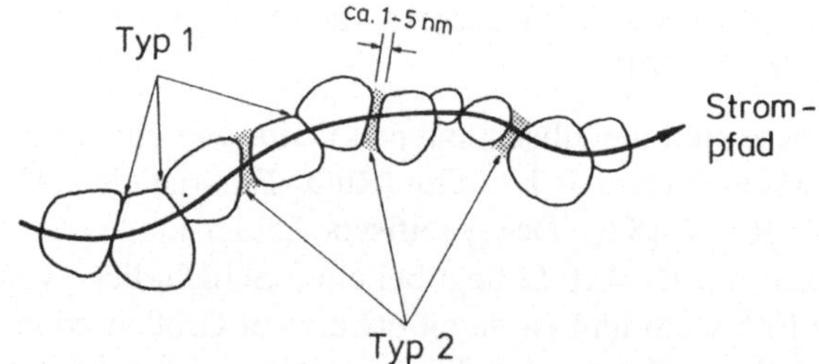

Bild 3.3-4   Skizze der möglichen Korn/Korn-Kontakte der leitenden Keramikpartikel in der Glasmatrix und der Typen des Ladungstransports über die Kontakte.

Typ 1: Korngrenze ohne Zweitphase

Typ 2: dünne Glasphase (Breite ca. 1…5 nm) als Barriere für das Tunneln bzw. das thermisch aktivierte Hopping

Korngrenzen, die einen direkten Kontakt zwischen den keramischen Partikeln darstellen (Typ 1 in Bild 3.3-4) und die auch in polykristallinen Sinterkörpern der reinen Keramikphasen vorhanden sind, bilden nur schwache elektrische Barrieren und haben meist nur einen relativ geringen Einfluß auf TK_R [46, 53].

Die meisten Keramikpartikel werden beim Schmelzen des Glases durch die Glasphase benetzt. Beim Sintern der Keramikphase und der Ausbildung des Netzwerkes verbleibt dann ein Glasfilm von 1...4 nm Breite zwischen benachbarten Partikel [52]. Diese Barrieren können u. a. durchtunnelt werden (Typ 2 in Bild 3.3-4). Während der Tunnelprozeß selbst keine beachtenswerte Temperaturabhängigkeit zeigt, führt die geringe Größe der Partikel von 0,2...0,5 µm zu einer merklichen Abweichung von der quasi-kontinuierlichen Zustandsdichteverteilung eines makroskopischen Festkörpers (sog. **quantum size**-Effekt, s. Band 2, Abschnitt 1.1.3). Der Abstand ΔW_z der Zustände beträgt etwa 200...400 µeV, so daß die elektrostatische Aufladung eines Partikels durch die Aufnahme oder Abgabe nur eines Elektrons zu einer merklichen Änderung der Energie d. h. des Fermi-Niveaus führt. Dies wird als Ursache für den negativen TK_R bei niedrigen Temperaturen interpretiert [52, 50]:

$$\rho_{sp} \propto \exp\left(\frac{\Delta W_z}{2kT}\right) \tag{3.3}$$

Bei relativ großen Korn/Korn-Abständen (d. h. in der Nähe von 4 nm), die statistisch häufiger bei Dickschichten mit hohen $R_\square$-Werten auftreten, kann der Ladungsübergang zwischen den leitenden Partikeln auch als thermisch-unterstütztes Hopping beschrieben werden [54, 55].

Die Dickschichtwiderstände haben kleine Dielektrizitätszahlen und ihre Leitfähigkeit ist bis zu Frequenzen von mindestens 50 MHz frequenzunabhängig. Letzteres liegt offensichtlich an den kleinen Serienkapazitäten der Korn/Korn-Kontakte, die sich aus der kettenförmigen Anordnung der Körner in den Netzwerken ergeben [52].

Beschleunigte Lebensdaueruntersuchungen bei erhöhter thermischer und elektrischer Belastung und z.B. in feuchten Atmosphären haben die außerordentlich hohe Langzeitzuverlässigkeit von Keramikglasur-Dickschichtwiderständen belegt [43].

4   NTC-Widerstände

4.1   Funktionsweise und elektrische Eigenschaften

Keramische NTC-Widerstände (Negative Temperature Coefficient; auch **Heißleiter** genannt) zeigen einen spezifischen Widerstand ρ_{sp}, der mit der Temperatur annähernd exponentiell abnimmt:

$$\rho_{sp}(T) \propto \rho_\infty \exp\left(\frac{B}{T}\right) \tag{4.1}$$

In dieser Gleichung ist $\rho_\infty := \rho_{sp}(T \to \infty)$.

NTC-Widerstände werden überwiegend aus halbleitenden Oxiden mit einer *Spinell-struktur* (Band 1, Abschnitt 1.3.2) AB_2O_4 eingesetzt, wobei die A-Plätze und/oder die B-Plätze mit Kationen *unterschiedlicher Valenz* besetzt sind. Die Verbindungen können demgemäß als stark dotierte Grundsubstanzen oder auch als heterovalent-besetzte Mischkristalle aufgefaßt werden (s. Abschnitt 2.4.2). Im relevanten Temperaturbereich befinden sich die Materialien weitgehend im Zustand der Störstellener-schöpfung (s. Bild 2.4.2-2), so daß die NTC-Charakteristik des spezifischen Widerstandes nicht aus der Temperaturabhängigkeit der Ladungsträgerkonzentrationen resultiert. Sie ist vielmehr dadurch bedingt, daß die Ladungsträger als kleine Polaronen vorliegen und gemäß Gl. (2.6) eine thermisch aktivierte Hopping-Leitung zeigen. Die in erster Näherung temperaturunabhängige Konstante B wird also im wesentlichen durch die Aktivierungsenergie W_H des Hopping-Prozesses bestimmt [2]:

$$B = \frac{W_H}{k} \tag{4.2}$$

In kommerziellen NTC-Widerständen werden Materialien mit B-Werten zwischen etwa 1.500 K und 6.000 K verwendet.

In Verbindung mit der Geometrie des Keramikkörpers (d. h. der Querschnittsfläche A und der Dicke t) ergibt sich der Widerstand des NTC-Bauelements zu

$$R(T) \propto \rho(T) \cdot \frac{t}{A} \tag{4.3}$$

Als technische Bezugstemperatur wird oft $T_N = 298$ K verwendet, so daß in den Datenbüchern der Hersteller R_{298} und B gemäß

$$R(T) = R_{298} \cdot \exp\left[B\left(\frac{1}{T} - \frac{1}{T_N} \right) \right] \tag{4.4}$$

spezifiziert werden. Die Spanne der R_{298}-Werte kommerziell erhältlicher Heißleiter erstreckt sich von etwa 1 Ω bis 1 $M\Omega$. Der Temperaturkoeffizient α_T^R folgt aus der Ableitung von Gl. (4.1):

$$\alpha_T^R := \frac{1}{\rho_{sp}} \frac{d\rho_{sp}}{dT} = -\frac{B}{T^2} \tag{4.5}$$

Bild 4.1-1 zeigt die Temperaturabhängigkeit des Widerstandes einer Reihe von NTC-Widerständen für unterschiedliche technische Anwendungen.

Die Spannungs-Strom-Kennlinie von NTC-Widerständen (Bild 4.1-2) wird unter eingeprägtem Strom gemessen, da bei der sonst üblichen Messung mit aufgeprägter Spannung im oberen Strombereich der Kennlinie thermisches Weglaufen des Bauelementes erfolgt. Bei kleinen Strömen (bis etwa 1 mA in Bild 4.1-2) findet noch

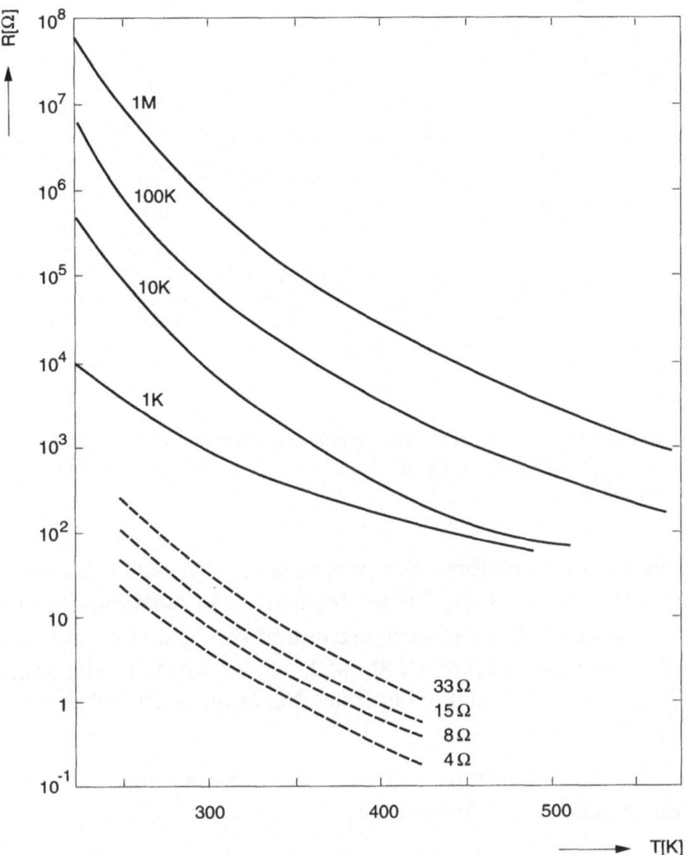

Bild 4.1.1   Temperaturabhängigkeit des Widerstandes R in verschienen kommerziellen NTC-
Widerstandstypen (nach [56])

(——) Miniaturheißleiter als Temperaturfühler

(- - - -) NTC-Widerstände als Stromstoß-Schutz

keine Eigenerwärmung statt, und es wird eine ohmsche Kennlinie gemessen. Bei höheren Strömen steigt aufgrund der **umgesetzten elektrischen Leistung** $P_G = U \cdot I$ die Temperatur T_B des NTC-Bauelements gegenüber der Umgebungstemperatur T_U an bis zur Einstellung des thermischen Gleichgewichts. Dieses wird bei $P_D = P_G$ erreicht, wobei die **dissipierte Leistung** P_D von der Temperaturdifferenz $\Delta T = T_B - T_U$ und vom Wärmeableitkoeffizienten G_{th} abhängt (Band 2, Abschnitt 13):

$$P_D = G_{th} \Delta T \tag{4.6}$$

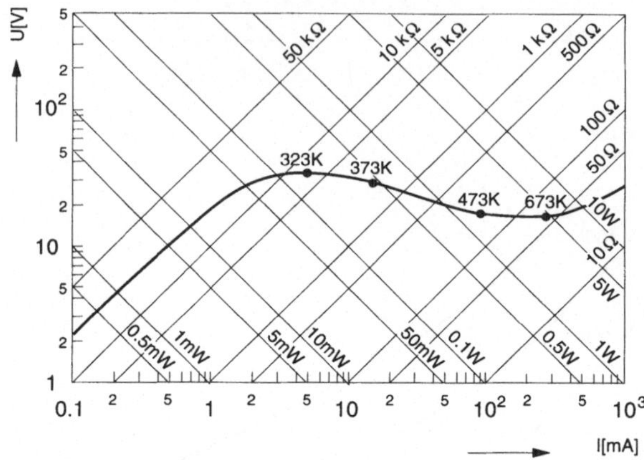

Bild 4.1-2   Spannung U an einem NTC-Widerstand als Funktion des aufgeprägten Stroms I. Messung in ruhender Luft bei konstanter Umgebungstemperatur T_U = 298 K (nach [56])

G_{th} wird durch die Bauelementeform, den Wärmeleitkoeffizienten des umgebenden Mediums, die Konvektion (im Falle fluider Medien) usw. bestimmt. Aufgrund der NTC-Charakteristik und der Eigenerwärmung nimmt die Spannung mit steigendem Strom im Bereich zwischen etwa 5 und 200 mA leicht ab. Mit Hilfe der angegebenen Gleichungen läßt sich die U-I-Kennlinie in erster Näherung auch rechnerisch bestimmen (Band 3, Abschnitt 3.3.4).

Nach dem Aufprägen eines konstanten Stromes wird das thermische Gleichgewicht näherungweise entsprechend der Zeitfunktion

$$T(t) = \Delta T \cdot \left[1 - \exp\left(-\frac{t}{\tau_{th}} \right) \right] + T_U \tag{4.7}$$

erreicht. Die thermische Zeitkonstante τ_{th} ergibt sich aus dem Verhältnis der Wärmekapazität des Bauelements C_{th} zum Wärmeübergangskoeffizienten: $\tau_{th} = C_{th}/G_{th}$ Die Werte für τ_{th} erstrecken sich von unter 1 s für NTC-Miniaturtemperaturfühler bis zu einigen 100 s für große, gekapselte NTC-Elemente.

4.2   Materialien und Herstellung

Es existiert eine Vielzahl von halbleitenden Oxiden mit NTC-Charakteristik. Für die praktische Anwendbarkeit müssen neben der Temperaturabhängigkeit des Widerstandes weitere Bedingungen wie gute Sinterbarkeit, mechanische und chemische

Stabilität, usw. erfüllt sein. Heutige NTC-Bauelemente basieren fast ausschließlich auf Mischkristallen mit *Spinellstruktur*, die sich aus 2 bis 4 Kationen der Gruppe Mn, Ni, Co, Fe, Cu und Ti zusammensetzen [57, 58]. Wie in Abschnitt 2.4.2 erwähnt, ist beispielsweise Mn_3O_4 ein normaler Spinell mit Mn^{2+} auf den tetraedrischen A-Plätzen und Mn^{3+} auf den oktaedrischen B-Plätzen. Da keine heterovalente Besetzung eines Gitterplatzes vorliegt und der Ladungsaustausch zwischen A- und B-Plätzen eine relativ hohe Aktivierungsenergie hat, ist der spezifische Widerstand bei Raumtemperatur $\rho_{sp\,298}$ recht hoch. Teilweiser Austausch von Mn^{3+} durch Ni^{2+} auf den Oktaederplätzen setzt den Widerstand herab. Die Ladungsbilanz wird durch die Valenzänderung von Mn-Ionen gewahrt, wobei $Mn^{2+}(Ni_x^{2+}Mn_{1-2x}^{3+}Mn_x^{4+})_2O_4$ und $(Mn_{1-x}^{2+}Mn_x^{3+})(Ni_x^{2+}Mn_{1-x}^{3+})O_4$ als Grenzfälle betrachtet werden können. Die heterovalente Besetzung einer oder beider Gitterplatzsorten ist die Grundlage für die Hopping-Leitung. Co und Cu haben einen ähnlichen Einfluß wie Ni. Tabelle 4-1 zeigt, wie zunehmender Kationenaustausch in Mn_3O_4 zu einer Abnahme von $\rho_{sp\,298}$ und B führt.

Die Korrelation zwischen $\rho_{sp\,298}$ und B verdeutlicht Bild 4.2-1, welches aus Daten sehr verschiedener Materialien erstellt wurde.

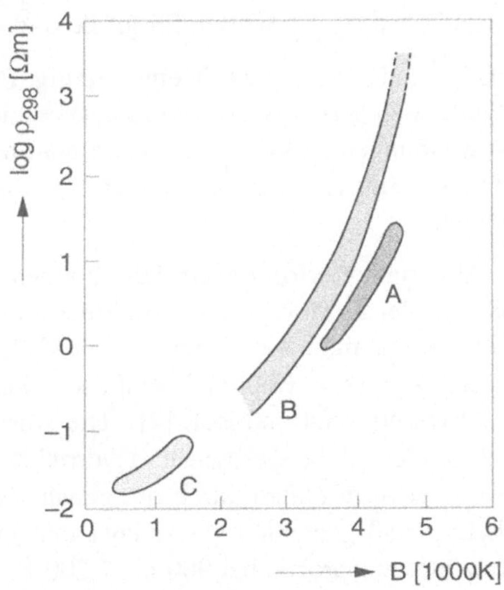

Bild 4.2.1   Zusammenhang zwischen dem spezifischen Widerstand $\rho_{sp\,298}$ und dem B-Wert für zahlreiche NTC-Materialien, die zu folgenden Gruppen zusammengefaßt wurden (nach [2])

A) Li-dotiertes (Mn,Ni,Co)O,

B) Mischphasen-Spinelle AB_2O_4: $(Ni,Mn)_3O_4$, $(Ni,Mn,Co)_3O_4$, $(Ni,Mn,Fe,Co)_3O_4$

C) Hämatit $(Fe, Ti)_2O_3$

Tabelle 4-1   Spezifischer Widerstand und B-Werte fur Mischkristalle auf der Basis von Mn_3O_4 (nach [4x4])

Zusammensetzung (at%)				ρ_{298}	B
Mn	Ni	Co	Cu	[Q]	[K]
94	6			10^3	4600
85	15			10^2	4250
70	20	10		10^1	3600
65	19	9	7	10^0	2000
56	16	8	20	10^{-2}	2580

Ursache für den Zusammenhang zwischen $\rho_{sp\,298}$ und B ist die Tatsache, daß bei vollständiger Aktivierung aller elektrischer Ladungstrager (d. h. formal für $T \rightarrow \infty$) in erster Näherung nur noch die Ladungsträger*konzentrationen* einen Unterschied in ρ_{sp} zwischen den Materialien bewirken können (s. a. Bilder 4.1.2-1 und 4.1.2-2, Band "Werkstoffe"). Da diese Unterschiede in der großen Gruppe der halbleitenden und metallisch leitenden Oxiden relativ klein sind, kann lediglich ein Parameter, nämlich die Aktivierungsenergie W_H der Hopping-Leitung, große Unterschiede zwischen den NTC–Materialien ergeben. Dies führt zu niedrigen $\rho_{sp\,298}$-Werten für kleine W_H- bzw. B-Werte und zu hohen $\rho_{sp\,298}$-Werten für große B-Werte.

Die hier aufgeführten Spinelle sind bis etwa 600 K einsatzfähig. Bei höheren Temperaturen ist ihre Langzeitstabilität zu gering (s. Abschnitt 4.4) und ihr spezifischer Widerstand wird für viele Anwendungen zu klein. Dies kann man mit bestimmten Seltenerd-Mischkristallen wie z.B. $(Sm_{0,7}Tb_{0,3})_2O_3$ [49] oder nicht-oxdischen NTC-Materialien wie SiC [2] umgehen.

Die Herstellung der NTC-Materialien erfolgt nach den üblichen keramischen Fertigungstechniken, wobei je nach der Form der Keramikkörper, den gewünschten Abmessungen, der angestrebten Genauigkeit und dem Anwendungsgebiet zahlreiche Herstellungsvarianten möglich sind (s. a. Kapitel "Keramische Fertigungstechniken" in diesem Band, Band 3, Abschnitt 3.3.4 und Ref. [2]). Die Auswahl an Ausgangsstoffen erstreckt sich von Oxiden, über Carbonate, Hydroxide bis hin zu sprühgetrockneten Salzen. Diese werden in einem durch die gewünschte Endzusammensetzung bestimmten Verhältnis naß gemahlen, getrocknet und granuliert. In vielen Fällen schließt sich ein Kalzinierungsprozeß bei 900 bis 1.200 K an. Obwohl hierbei die gewünschte Spinellphase meist noch nicht vollständig gebildet wird, so erreicht man doch eine Verdichtung und eine chemische Homogenisierung des Oxidgemisches. Nach einem weiteren Mahlvorgang schließt sich die Formgebung an. Zur Herstellung von NTC-Körpern in Scheibenform wird meist das konventionelle, uniaxiale Kaltpressen des Pulvers eingesetzt. Stabförmige NTC-Körper lassen sich vorteilhaft durch Extrudieren der mit Binder versetzten Oxidpulver herstellen. Rechteckförmige Miniaturchips werden oft aus Folien geformt, die man aus einer geeigneten Pulversuspension zieht. In einigen Fällen erfolgt die Formgebung nach dem Sintern der Keramik durch sehr präzises Sägen. Für den Einsatz in Dickschichtschaltungen wird die Suspension auf das Substrat siebgedruckt [60]. Kleine NTC-Elemente in Perlenform werden gefertigt, indem eine genau dosierte Menge an Suspension auf zwei Edelmetalldrähte gegeben wird, die in einem exakt justierten Abstand (zwischen 0,05 und 0,5 mm) aufgespannt sind. Die Fertigungstoleranz der Endprodukte wird unter anderem durch eine entsprechende Kontrolle der Viskosität, der Oberflächenspannung und des Feststoffgehaltes der Suspension gewährleistet.

Die geformten Grünkörper durchlaufen einen Binderausbrand und werden anschließend zwischen 1.250 und 1.600 K gesintert. Dabei findet die endgültige Verdichtung, die Bildung der gewünschten Spinellphase und das Kornwachstum statt. Typische mittlere Korngrößen in NTC-Keramiken liegen zwischen 4 und 30 µm. Die meisten NTC-Materialien sind als einphasige Spinellsysteme konzipiert. Dies bedingt eine genaue Kenntnis der Phasendiagramme in Abhängigkeit vom Sauerstoffpartialdruck und der Temperatur. Aus den Phasendiagrammen ergibt sich oft, daß bei konstantem Sauerstoffpartialdruck während der Abkühlphase thermodynamisch eine Oxidation der Spinelle erfolgt, die zur Änderung der Valenzverhältnisse und zur Ausbildung von weiteren Phasen führt. Dies läßt sich entweder kinetisch unterdrücken (d. h. durch hohe Abkühlraten im kritischen Temperaturbereich), oder man vermeidet thermodynamisch die Oxidation, indem man den Sauerstoffpartialdruck während des Abkühlens dergestalt nachregelt, daß der Sauerstoffgehalt des Sinterkörpers konstant gehalten wird.

Im Falle der NTC-Perlen werden die Elektroden während des Sinterns eingebrannt. In den anderen Fällen wird meist eine Silberpaste durch Siebdruck aufgebracht und eingebrannt, oder es werden Vakuum-Aufdampftechniken eingesetzt. Aufgrund der Bandstruktur der Spinelle und der hohen Ladungsträgerkonzentration werden an Elektrodengrenzflächen wie auch an Korngrenzen keine Verarmungsrandschichten gebildet, so daß sich ohmsche Übergänge ergeben (s. auch Band 2, Abschnitt 9.2).

Der elektrische Test der NTC-Widerstände richtet sich nach den Spezifikationen. Die Spezifikation wird bei weiten Toleranzen üblicherweise durch Überprüfen des Widerstandes einiger ausgewählter Bauelemente pro Fertigungscharge sichergestellt. Engere Toleranzen erfordern ein individuelles Messen des Widerstandcs bei zwei Temperaturen und anschließende Selektion der Bauelemente. Präzisions-NTCs werden entweder durch Anpassen zweier Bauelemente oder durch Trimmen mittels Materialabtragung hergestellt [2]. Abschließend werden viele NTC-Typen mit einem Lack- oder Glasüberzug versehen oder elektrisch isoliert in eine Metallkapsel eingebaut, um die Bauelemente vor schädlichen Einflüssen der Feuchtigkeit und agressiver chemischer Medien insbesondere bei höheren Betriebstemperaturen zu schützen. Dabei ist jedoch zu beachten, daß die thermische Zeitkonstante des NTC-Widerstandes durch den Überzug oder die Kapselung beträchtlich zunimmt.

4.3   Technische Anwendungen

NTC-Widerstände finden ihren Einsatz als Temperatur- oder Wärmeableit-Sensoren oder übernehmen Kompensations- und Schutzfunktionen in elektronischen Schaltungen (s. auch Band 3, Abschnitt 3.3.4).

Als **Temperatursensoren** in elektronischen Thermometern werden NTC-Bauelemente von den Herstellern in vielfältigen Ausführungsformen angeboten. Miniaturausführungen mit sehr kleinen Wärmekapazitäten werden z.B. für die Temperaturmessung von Gasen u. a. als Bestandteil von Branddetektoren eingesetzt. Im industriellen und automobilen Anwendungsbereich werden oft metallgekapselte Ausführungen verwendet, die u. a. mit Gewinden oder Metallaschen zur Befestigung und zur Erzielung eines guten Wärmeüberganges ausgestattet sind. In der Automobiltechnik dienen NTC-Widerstände z.B. zur Kontrolle der Temperatur des Motorblocks, des Kühlwassers, des Öls und der Bremsflüssigkeit. Elektronische Fieberthermometer haben im Krankenhausbereich aufgrund der höheren Handhabungssicherheit und der besseren Ablesbarkeit bereits weitgehend die älteren Quecksilberthermometer verdrängt. Um beim Einsatz in Fieberthermometern die geforderte Genauigkeit von $<0{,}1$ K zu erreichen, müssen die NTC-Elemente besonders präzise gefertigt und getestet werden. Für ein NTC-Material mit $B = 4.000$ K resultiert nach Gl. (4.5) ein α_T^R von $-4\%/$K bei der normalen Körpertemperatur von 310 K. Mit der geforderten Genauigkeit ergibt sich eine maximale Fertigungstoleranz des Widerstandes von 0,4 %, die nur durch einen sehr aufwendigen Trimmprozeß erreicht werden kann. Alternativ ist meist eine elektronische Kalibrierung des Thermometers vorgesehen. Um die Genauigkeit im üblichen Temperaturbereich von Fieberthermometern von etwa 305 K bis 320 K zu gewährleisten, darf B um nicht mehr als 2 % schwanken. Dies kann nur durch eine sorgfältige Steuerung und Kontrolle des Herstellungsprozesses sichergestellt werden. Hinzu kommt eine hohe Anforderung an die *Langzeitstabilität* der NTC-Parameter.

In analogen Transistorschaltungen werden NTC-Temperatursensoren häufig zur **Temperaturkompensation** der thermischen Drift von Arbeitspunkten eingesetzt.

Während die NTC-Widerstände als Temperatursensoren naturgemäß nur mit kleinen Strömen belastet werden, um eine Selbstaufheizung zu vermeiden, beruht ihr Einsatz als **Sensoren für die Wärmeleitfähigkeit** auf der Temperaturänderung eines unter konstantem Strom selbstaufgeheizten NTC-Elements bei einer Änderung des Wärmeableitkoeffizienten G_{th}. Dieser hängt unter anderem stark von der Wärmeleitfähigkeit λ_M des umgebenden Mediums ab. Demgemäß spricht der Sensor z.B. auf eine Änderung des Aggregatzustandes (Kondensationsfühler oder Füllstandfühler für Flüssigkeiten) oder eine Änderung des Gasdruckes (Vakuum- oder Druckmessung) an. Im Detektorteil von Gaschromatographen werden mit hoher Empfindlichkeit Änderungen der chemischen Zusammensetzung des thermostatisierten Gases, die mit λ_M-Änderungen verbunden sind, registriert.

In der Anwendung zur **Begrenzung von Einschaltströmen** wird der zu schützenden Schaltung ein geeigneter niederohmiger NTC-Widerstand vorgeschaltet. Nach dem Einschalten heizt sich das NTC-Element mit der spezifischen Zeitkonstante τ_{th} auf, und dadurch sinkt sein Widerstand von beispielsweise 5 Ω auf 0,1 Ω, so daß der Strom durch die Last nur langsam auf den vollen Wert ansteigt. Auf dem gleichen Prinzip beruht der Einsatz von NTC-Widerständen zur **Einschaltverzögerung**.

4.4 Zuverlässigkeit

Die Stabilität und die Langzeitzuverlässigkeit von NTC-Widerständen wird u. a. durch innere Spannungen im keramischen Gefüge und zwischen Sinterkörper, Elektroden und Umhüllung bestimmt. Weitere Einflußfaktoren sind die Stabilität der Spinellphase und die chemische Homogenität sowie die Vorgeschichte hinsichtlich der thermischen und elektrischen Belastung. Zur Prüfung der Bauelemente werden Burn-in-Tests und andere Belastungstests durchgeführt.

Die Alterung von NTC-Widerständen, die sich in einer langsamen Abnahme von ρ_{298} ausdrückt, verläuft näherungsweise nach einem logarithmischen Zeitgesetz [2]:

$$\Delta R(t) = R(t) - R_0 = R_0 \cdot \ln k(t - t_0) \tag{4.8}$$

In Gl. (4.8) ist $R_0 := R(t_0)$ und k stellt den **Alterungskoeffizienten** dar. Typischerweise werden für NTC-Keramiken auf Spinellbasis Alterungsraten von 0,1 bis 0,3 % Widerstandsänderung pro Zeitdekade gefunden. Präzisions-NTCs werden teilweise in gezielt vorgealterter Weise angeboten, um den Einfluß der anfänglichen, hohen Alterungsraten auf die Anwendung zu verhindern.

Die Ursache für die Alterung kann *mechanischer* oder *chemischer* Natur sein. Bei mechanischer Beanspruchung der Keramik aufgrund innerer Spannungen oder äußerer Einflüsse können Risse entstehen. Widerstandsänderungen treten auf, wenn diese Risse sich nach der ersten Widerstandsmessung weiter ausdehnen. Andererseits besitzen die NTC-Keramiken nur kleine piezoresistive Koeffizienten (s. Band 2, Abschnitt 4.1.1), die – im Gegensatz zu den Temperatursensoren auf Si-Halbleiterbasis – nicht zu spannungsbedingten Widerstandsänderungen führen. Die chemische Beanspruchung von NTC-Elementen reicht von Oxidations- und Reduktionsreaktionen bei hohen Betriebstemperaturen, über Reaktionen in eventuell vorhandenen offenen Poren bis zur Elektrodenkorrosion oder Reaktionen mit dem Überzugsmaterial. Letztere kann durch geeignete Wahl des Überzugs weitgehend vermieden werden, so daß eingegossene oder gekapselte NTC-Widerstände in der Praxis besser vor chemisch-bedingten Veränderungen geschützt sind als Bauelemente mit nackter Keramik.

5   Varistoren

Varistoren (**Var**iable Re**sistor**), auch VDR-Komponenten (**V**oltage **D**ependent **Re**sistor) genannt, sind spannungsabhängige, nichtlineare Widerstände. Sie werden vorwiegend zum Schutz elektrischer Anlagen und elektronischer Schaltungen vor Überspannungsspitzen eingesetzt. Ein idealer Varistor verhält sich unterhalb seiner spezifizierten **Varistorspannung** U_v als Isolator und oberhalb als Leiter. Funktionell ist der Varistor vergleichbar mit zwei antiseriell geschalteten Zenerdioden, er weist jedoch eine wesentlich größere Stromstoß- und Energiestoß-Belastbarkeit auf.

Der Varistor-Effekt ist ein Korngrenzenphänomen. Die Keramik wird aus halbleitenden Körnern und hochohmigen Korngrenzen gebildet. Beim Überschreiten eines spezifischen Spannungsabfalls pro Korngrenze (z.B. ca. 3,5 V bei ZnO-Varistoren) bricht die KG-Barriere zusammen, und der Widerstand des Bauelements wird im wesentlichen durch die hohe Leitfähigkeit der Körner bestimmt.

Die nachfolgenden Abschnitte bauen weitgehend auf den heute fast ausschließlich verwendeten ZnO-Varistoren auf. Alternative Materialien werden kurz angerissen.

5.1   Elektrische Charakteristik

Bild 5.1-1 zeigt die typische Feld-Stromdichte-Kennlinie eines ZnO-Varistors.

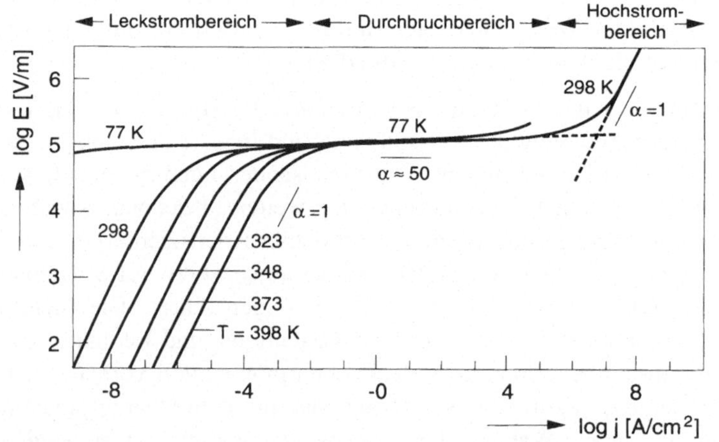

Bild 5.1-1   Externe Feldstärke E als Funktion der Stromdichte j für einen typischen ZnO-Varistor bei verschiedenen Temperaturen T

Im **Leckstrombereich** ($j < 10^{-3}$ A/m^2) zeigt die E,J-Charakteristik ein ohmsches Verhalten, d.h. der in Abschnitt 2.6.2 definierte Nichtlinearitätskoeffizient α ist gleich 1. Die Leitfähigkeit im Leckstrombereich ist thermisch aktiviert mit Aktivierungsenergien zwischen etwa 0,6 und 0,9 eV.

Im **Durchbruchbereich** (10^{10} A/m^2 $< j < 10^6$ A/m^2) läßt sich das Verhalten in guter Näherung beschreiben durch

$$j = \left(\frac{E}{C}\right)^{\alpha} \tag{5.1}$$

mit typischen α-Werten zwischen 30 und 70 bei kommerziellen Varistoren. An einzelnen Korngrenzen wurden α-Werte bis etwa 150 gemessen. Die Größe C in Gl. 5.1 ist eine material- und geometrieabhängige Konstante. Es sei darauf hingewiesen, daß in technischen Datenblättern oft der reziproke Koeffizient $\beta = 1/\alpha$ angegeben wird. Die Varistorspannung U_v wird als Spannungsabfall bei einem definierten Strom von (meist) 1 mA spezifiert.

Bei Stromdichten oberhalb von etwa $10^6\ldots10^7$ A/cm^2 schließt sich der **Hochstrombereich** an, in dem sich der Varistor wieder ohmsch verhält und einem weitgehend temperaturunabhängigen, spezifischen Widerstand von 0,001 bis 0,1 Ωm aufweist.

Im Bereich bis etwa 10 A/m^2 wird die E,J-Kennlinie durch statische Messungen mit eingeprägtem Strom bestimmt. Bei größeren Strömen tritt im Falle statischer Messungen Eigenerwärmung auf, die bis hin zum thermischen Durchschlag gehen kann. Die Ermittlung der E,J-Kennlinie erfolgt in diesem Bereich durch Impulsmessungen mit zeitlich definierter Anstiegszeit und Pulsdauer. Nach IEC 60-2 wird typischerweise mit einem sog. 8/20 µs Exponentialstromstoß gearbeitet (Anstiegszeit auf 90% des Scheitelwertes: 8 µs, Pulsdauer bis zum Abfall auf 50% des Scheitelwertes: 20 µs).

Ein Varistor läßt sich in guter Näherung durch die in Bild 5.1-2 gezeigte Ersatzschaltung darstellen.

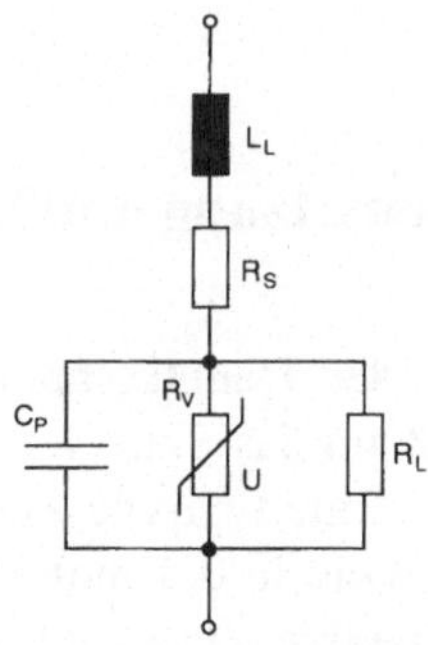

Bild 5.1-2   Vereinfachtes Ersatzschaltbild eines ZnO-Varistorbauelements. Erläuterungen s. Text.

Die Einzelkomponenten haben folgende Bedeutung:

R_v Das **Varistor-Element** mit der Charakteristik (5-1) stellt die bestimmende Komponente im Durchbruchbereich dar.

R_L Der **Isolationswiderstand** im Leckstrombereich wird durch die endliche Höhe der Korngrenzbarrieren verursacht.

R_s Der ohmsche **Serienwiderstand** ergibt sich durch die endliche Leitfähigkeit der ZnO-Körner und bestimmt den Hochstrombereich.

C_p Die **Varistor-Kapazität** wird durch die Breite der Raumladungsschichten an den Korngrenzen und durch die Relaxationszeit τ der in KG-Zuständen eingefangenen Ladungsträgern bestimmt (s. Abschnitte 2.6.3 und 5.3.3).

L_L Die **Induktivität der Zuleitungsdrähte** kann die Ansprechzeit der Keramikscheibe, die unter 1 ns liegt, auf Werte zwischen 10 und 30 ns heraufsetzten. Da kleine Ansprechzeiten gewünscht sind, sollten die Anschlußdrähte beim Einbau in eine Schaltung so kurz wie möglich gehalten werden. SMD-Varistoren (Surface Mount Device) sind naturgemäß besonders vorteilhaft.

Neben Angaben über die Größe der Komponenten der Ersatzschaltung werden in den ausführlichen technischen Datenblättern Angaben über die Belastbarkeit der Bauelemente gemacht. Die **max. zulässige Gleichspannung** U_{max} und die **max. zulässige Sinuswechselspannung** $U_{eff,max}$ (bei 50 Hz) hängen als zulässige Dauerspannungen von der Umgebungstemperatur ab und richten sich nach der durch die Verlustleistung bedingten Temperaturerhöhung. Als Richtwerte bei Kleinleistungs-Varistoren können für T < 358 K $U_{max} \approx 0{,}75\ U_v$ und $U_{eff,max} \approx 0{,}6\ U_v$ angesehen werden. Der **max. zulässige, einmalige Stromstoß** I_{max} wird mit 8/20 µs-Pulsmessungen bestimmt und muß der Anforderung genügen, nach der sich U_V nach der Belastung um weniger als 10% irreversibel verändert. Für Kleinleistungstypen liegt I_{max} zwischen etwa 100 und 5.000 A. Für die **max. Energiestoßbelastbarkeit** W_{max} und die **max. Dauerbelastbarkeit** P_{max} gilt sinngemäß das gleiche 10%-Kriterium.

5.2   Herstellung, Zusammensetzung und Mikrostruktur von ZnO-Varistoren

ZnO-Varistoren bestehen neben der Hauptkomponente aus zahlreichen weiteren Oxid-Additiven, die einen Einfluß auf das Sinterverhalten, die Mikrostruktur und die elektrischen Eigenschaften haben. Eine typische Zusammensetzung besteht z.B. aus 97 mol% ZnO, 1 mol% Sb_2O_3 sowie je 0,5 mol% Bi_2O_3, CoO, MnO_2 und Cr_2O_3 [61]. Es gibt jedoch zahlreiche weitere Zusammensetzungen, in denen z.T. andere und/oder zusätzliche Oxide enthalten sind.

Die industrielle Herstellung der Keramik erfolgt nach konventionellen Techniken
(vgl. Bild 5.2-1).

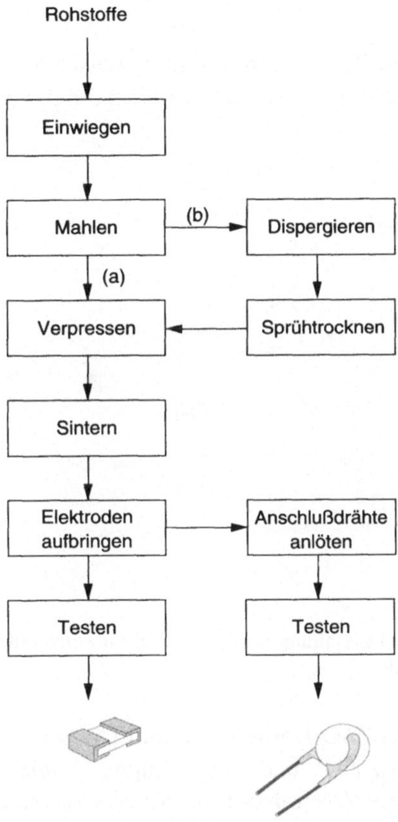

Bild 5.2-1   Flußdiagramm des Herstellungsprozesses von ZnO-Varistoren in der konventionellen bedrahteten Version und der SMD-Version. Prozeßalternativen:

a) Mischoxid-Verfahren

b) Verfahren mit Zwischenschritten, in denen das gemahlene Pulver dispergiert
und sprühgetrocknet wird

Nach dem Einwiegen werden die Oxide zunächst gemahlen. Vor dem Verpressen erfolgt in manchen Fällen eine Sprühtrocknung des dispergierten Pulvers, um eine weitere Homogenisierung zu erreichen. Das erhaltene getrocknete Pulver wird verpreßt,
und die Pulverpreßlinge werden bei Temperaturen zwischen 1250 und 1550 K gesintert. Durch Einbrennen von Silberpaste bzw. Aufdampfen von Aluminium werden
anschließend die Elektrodenkontakte hergestellt. Im Falle konventioneller bedrahte-

ter Bauelemente werden Anschlußdrähte angelötet und ein Schutzlack aufgebracht. Abschließend erfolgen eine visuelle Überprüfung und ein elektrischer Einzeltest. Alternative naßchemische Herstellungsverfahren sind beispielsweise in Ref. [68] und [69] beschrieben.

Die Korngröße in Standard-ZnO-Varistoren liegt zwischen 10 und 20 µm. Ein schematischer Querschnitt durch die Mikrostruktur einer ZnO-Keramik nach Ref. [61] ist in Bild 5.2-2 dargestellt.

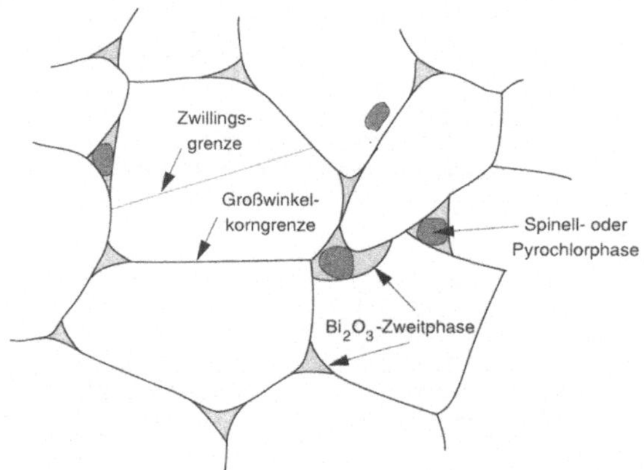

Bild 5.2-2   Schematische Darstellung der Mikrostruktur einer ZnO-Varistorkeramik. Erläuterungen s. Text.

Neben den n-halbleitenden ZnO-Körnern, die mit Co und Mn dotiert sind, liegt die Spinellphase $Zn(Zn_{4/3}Sb_{2/3})O_4$ und in einigen Fällen die Pyrochlorphase $Bi_2(Zn_{4/3}Sb_{2/3})O_6$ vor. Diese Zweitphasen, in denen Co, Mn und Cr gelöst sein können, sind elektrisch isolierend und zeigen nur einen geringen Einfluß auf das elektrische Verhalten der Gesamtkeramik. In den Zwickeln zwischen den Körnern sammelt sich eine Bi_2O_3-Phase, die während des Sinterns als Flußmittel wirkt und insbesondere Cr, aber auch Zn und Sb enthalten kann. Die Korngrenzen selbst sind mit Bi-Ionen dekoriert [62]. Der Bedeckungsgrad liegt bei 0,5 bis 1 Monolage, wobei die Bi^{3+}-Ionen wahrscheinlich aufgrund ihrer Größe (Ionenradien: $r(Bi^{3+}) = 0,12$ nm, $r(Zn^{2+}) = 0,074$ nm) nicht in das ZnO-Kristallgitter der Körner eingebaut werden. Korngrenzen in ZnO-Varistoren sind in der Regel quasi-zweidimensionale Großwinkelkorngrenzen [63] (vgl. Abschnitt 2.6.1), an denen sich die für den Varistoreffekt verantwortlichen Potentialbarrieren ausbilden. Vereinzelte Korngrenzen in Varistor-Keramiken, die mit einer Zweitphase bedeckt sind, verhalten sich elektrisch inaktiv, d. h. sie zeigen kein nennenswertes Varistorverhalten. Ferner sind viele Körner durch eine ebenfalls elektrisch inaktive Zwillingsgrenze geteilt. Die in ZnO eingebauten Dotierungen Co und Mn zeigen keine Segregation an Korngrenzen.

Im folgenden werden typische Additive in ZnO-Varistorkeramiken aufgelistet und ihr Einfluß stichwortartig beschrieben (vgl. [64]-[67]):

Bi_2O_3, Pr_2O_3, BaO: Dies sind die varistorbildenden Additive in ZnO-Keramik. Bi^{3+}-Ionen (oder alternativ andere große Ionen wie z.B. Pr^{3+} oder Ba^{2+}) sind essentiell für die Bildung der stark nicht-linearen I,U-Kennline der Korngrenzen in ZnO-Keramik verantwortlich. Bi_2O_3 unterstützt als Flußmittel die Flüssigphasensinterung. BaO wirkt besonders kornwachstumsfördernd.

MnO_2, Co_3O_4: Sowohl Co- als auch Mn-Ionen werden in die ZnO-Phase eingebaut und wirken als tiefe Donatoren. In dieser Eigenschaft beeinflussen sie die Ladungsverteilung in der KG-Raumladungszone und verbessern das nichtlineare I,U-Verhalten.

Al_2O_3: Al^{3+}-Ionen werden als flache Donatoren in die ZnO-Phase eingebaut und erhöhen die Kornleitfähigkeit, die den Hochstrombereich bestimmt [64].

SiO_2, Sb_2O_3: Diese Additive wirken hemmend auf das Kornwachstum und verbessern die Mikrostruktur.

TiO_2: Titandioxid bildet mit anwesendem Bi_2O_3 Wismut-Titanat $Bi_4Ti_3O_{12}$. Es wirkt stark kornwachstumsfördernd und kann zu Keramiken mit mittleren Korngrößen zwischen 50 und 100 μm führen. Dies wird zur Herstellung von Niederspannungsvaristoren genutzt (s. Abschnitt 5.4).

Cr_2O_3: Die Rolle dieses Additivs ist noch weitgehend ungeklärt.

5.3 Mechanismus des Varistoreffekts

5.3.1 Defektstruktur des ZnO

ZnO kristallisiert in der *Wurzitstruktur* (Band 1, Abschnitt 1.3.3), in der die O-Ionen eine hexagonal-dichteste Kugelpackung bilden und die Zn-Ionen die Hälfte der Tetraederlücken besetzen. Dadurch sind sowohl Zn^{2+} – als auch O – von den jeweiligen Gegenionen tetraedrisch umgeben.

Undotierte ZnO-Kristalle sind stets **nicht-stöchiometrisch** (Bruttoformel: $ZnO_{1-\delta}$). Ihr Kationenüberschuß wird durch Elektronen im Leitungsband kompensiert, d. h. sie sind n-halbleitend. Die Einzelheiten der Fehlordnungsstruktur von ZnO sind trotz zahlreicher Untersuchungen bis heute noch nicht vollständig geklärt. Zusammenfassende Arbeiten sind [70] und [71]. Es gibt Hinweise, daß die Defektstruktur sowohl von einer Frenkel-Fehlordnung,

$$Zn_{Zn} \leftrightarrow Zn_i^x + V_{Zn}^x \tag{5.2}$$

als auch, insbesondere bei höheren Temperaturen (ca. $T > 1.500$ K), durch eine Schottky-Fehlordnung,

$$Zn_{Zn} + O_O \leftrightarrow V_{Zn}^x + V_O^x + "ZnO"(g,s) \tag{5.3}$$

bestimmt wird. Der Ausdruck "ZnO"(g,s) in Gl. (5.3) deutet den Austausch mit einer Nachbarphase (Gasphase oder feste bzw. flüssige Zweitphase) an. Die Nicht-Stöchiometrie wird durch das Gasphasengleichgewicht

$$\frac{1}{2}O_2(g) \leftrightarrow O_O + V_{Zn}^x \tag{5.4}$$

kontrolliert. Die Sauerstoffdiffusion entlang der Korngrenzen ist schnell im Vergleich zur Diffusion der Eigendefekte im ZnO-Kristallgitter. Demgemäß stellt sich das Gleichgewicht zunächst an den Korngrenzen ein und dringt anschließend langsam ins Korninnere vor.

Die Zn-Zwischengitteratome und die O-Leerstellen bilden Eigendonatoren mit folgenden Ionisierungsgleichgewichten:

$$Zn_i^x \leftrightarrow Zn_i^{\bullet} + e \leftrightarrow Zn_i^{\bullet\bullet} + 2e \tag{5.5}$$

$$V_O^x \leftrightarrow V_O^{\bullet} + e \leftrightarrow V_O^{\bullet\bullet} + 2e \tag{5.6}$$

Die Zn-Leerstellen bilden Eigenakzeptoren mit den Ionisierungsgleichgewichten:

$$V_{Zn} \leftrightarrow V_{Zn}' + h \leftrightarrow V_{Zn}'' + 2h \tag{5.7}$$

Tabelle 5-1 enthält die elektronischen Konstanten. Ferner sind die Ionisierungsenergien der Eigenfehlstellen sowie einiger Fremdfehlstellen aufgelistet. Nach diesen Interpretationen sind für das n-halbleitende Verhalten von undotiertem ZnO in erster Linie der flache Donator $Zn_i^{\bullet}$ oder $V_O^{\bullet}$ sowie eventuell der etwas tiefer liegende Donator $Zn_i^{\bullet\bullet}$ verantwortlich.

Als Fremdion kann beispielsweise Al^{3+} auf Zn-Plätzen eingebaut werden und bildet einen flachen Donator $Al_{Zn}^{\bullet}$. Tiefe Donatoren wie z.B. Co_{Zn} sind im ungestörten Kristall nicht ionisiert und zeigen ihren Einfluß erst im Bereich der Bandverbiegung an den Korngrenzen. Auf dieser Tatsache beruht die impedanz-spektroskopische Methode zur Untersuchung tiefer Donatoren [31].

Tabelle 5.1   Elektronische Konstanten und Ionisierungsenergien von Punktdefekten in ZnO (nach [71], [70] und [64]. Die Werte beziehen sich auf $T = 298$ K soweit nicht anders angegeben. Die Ionisierungsenergien der Donatoren beziehen sich auf W_L und die der Akzeptoren auf W_V.

Größe	*Wert*	*Kommentar*
Bandabstand W_g	$(3{,}34...3{,}45)+0{,}02$ eV	bei $T = 0$ K
T-Abhängigkeit von W_g	$-(3{,}7...7)\cdot10^{-4}$ eV/K	
eff. Masse m_e^*	$0{,}28$ m_e	
eff. Masse m_h^*	$0{,}60$ m_e	
Beweglichkeit μ_e	$0{,}15...0{,}2$ m^2/Vs	
T-Abhängigkeit von μ_e	$\approx T^{-3/2}$	s. Gl. (2.8)

Defekt	*Ionisierungsenergie*	*Kommentar*
Eigendonor $Zn_i^\bullet$ oder $V_O^\bullet$	$0{,}05$ eV	
Eigendonor $Zn_i^{\bullet\bullet}$	$0{,}2...0{,}5$ eV	
Eigenakzeptor V_n'	$0{,}9...1{,}0$ eV	
Eigenakzeptor V_{Zn}''	> 2 eV	
Eigendonator $V_O^\bullet$ oder $Zn_i^\bullet$	$0{,}32...0{,}5$ eV	$0{,}32$ eV: aus [30]
Eigendonator $V_O^{\bullet\bullet}$	≈ 2 eV	
Fremddonator $Al_{Zn}^\bullet$	$< 0{,}1$ eV	
Fremddonator $Co_{Zn}^\bullet$	$\approx 1{,}5$ eV	bei $T = 0$ K

5.3.2 Ausbildung von Korngrenz-Barrieren

Die elektrisch aktiven Korngrenzen in ZnO-Varistoren sind ausschließlich zweidimensionale Großwinkelkorngrenzen, in die keine kristallographisch relevante Zweitphase eingelagert ist. Fremdphasen-bedeckte Korngrenzen, die einen gewissen Anteil in ZnO-Keramik ausmachen können, haben sich als elektrisch inaktiv erwiesen.

Die Korngrenzen-Flächenladung σ_{KG}, die für die Ausbildung der doppelten Schottky-Barrieren in donatordotierter, n-halbleitender Keramik verantwortlich ist, kann jedoch entweder quasi–zweidimensional entlang der Korngrenzen oder dreidimensional in einer Randschicht zu beiden Seiten der Korngrenze verteilt sein (s. Abschnitt 2.6.1). Für ZnO-Varistoren werden beide Möglichkeiten diskutiert.

Die Konzentrationsprofile der varistorbildenden Ionen (z.B. Bi^{3+}, Pr^{3+}, Ba^{2+}) deuten auf ein sehr geringes Eindringen in die Kristallgitter der Körner hin. Die Korngrenzen sind mit den Ionen lediglich *dekoriert*. Die Anwesenheit dieser Kationen alleine führt natürlich nicht zu der *negativen* KG-Ladung. Sie kommt vielmehr dadurch zustande, daß die varistorbildenden Ionen durch Sauerstoffionen kompensiert werden [62]. Es liegt dabei eine leichte *Überkompensation* vor, die im Falle Bi-haltiger ZnO-Keramik formal durch eine Verteilung von $(Bi_2O_{3+\delta})^{2\delta-}$-Einheiten an den Korngrenzen beschrieben werden kann. Aus der KG-Ladung (pro Flächeneinheit) σ_{KG} von etwa 10^{17} |q|m^2 im Verhältnis zur Flächenkonzentration an Bi^{3+} von etwa 10^{19} m^{-2} ergibt sich ein sehr kleiner Sauerstoffüberschuß $\delta \approx 0,01$, der für die Bildung der KG-Barriere ausreichend ist.

Neben dieser quasi-zweidimensionalen Verteilung der KG-Ladung gibt es Hinweise, daß der Einbau von tiefliegenden Fremddonatoren wie z.B. Co^{3+} zu einer Abnahme der Eigendonator-Konzentration und einer Zunahme der Konzentration von Eigenakzeptoren (V'_{Zn} und V''_{Zn}) in der Umgebung der Korngrenze beim Abkühlen von der Sintertemperatur führt [72]. Als Ursache wird eine Verschiebung der Defektgleichgewichte in Richtung auf eine Leerstellenkompensation (s. Abschn. 2.4.3) während des Abkühlens nach dem Sintern wie im Falle der PTC-Widerstände auf Bariumtitanat-Basis angenommen. Dieser Effekt alleine reicht jedoch nicht aus, um in Abwesenheit varistorbildender Ionen nennenswerte Korngrenz-Barrieren zu erzeugen.

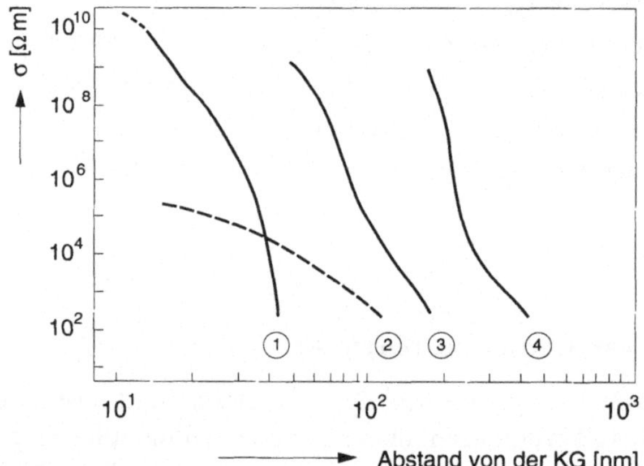

Bild 5.3.2-1   Ortsabhängiger spezifischer Widerstand ρ_{sp} einiger ZnO-Keramiken (nach [70]). Dotierungskonzentrationen:

(1) Pr(aesodym): 1at%, Co: 1at%, Al: 0,006 at%

(2) Pr: 1at%; der Verlauf ist nur näherungseise dargestellt, da für die verwendete impedanzspektroskopische Methode die KG-Barriere bereits zu flach ist.

(3) Pr: 0,3 at%, Co: 0,1at%

(4) Pr: 1at%, Co: 1at%

Sowohl varistorbildende Ionen (wie Bi^{3+}, Pr^{3+} oder Ba^{2+}) als auch tiefliegende Bulkdonatoren (wie Co^{3+} und $Mn^{3+/4+}$) und eine kleine Menge flacher Donatoren (wie

Al^{3+} oder Ga^{3+}) sind notwendig, um KG-Barrieren in ZnO-Keramik zu bilden, die optimale Strom-Spannungs-Kennlinien mit hohen Nichtlinearitätskoeffizienten aufweisen. Nur die Kombination dieser Additive führt offensichtlich zu Barrieren, die weder zu breit noch zu niedrig sind, d. h. eine zu geringe Potentialaufwölbung haben. Strassacker hat dies für ZnO-Varistoren mit Pr-, Co- und Al-Zusätzen durch impedanzspektroskopische Messungen gezeigt [70]. Wie in Bild 5.3.2-1 dargestellt, führt die Abwesenheit von Bulkdonatoren zu einer flachen Barriere, während fehlendes Al eine zu breite Barriere ergibt. Ohne Pr wird gar keine KG-Barriere gebildet.

In guten ZnO-Varistoren werden Barrierenhöhen W_{KG} von 0,7 bis 1,1 eV und Barrierenbreiten d_{KG} zwischen 40 und 80 nm gemessen.

5.3.3 Durchbruchmechanismus

Das in Abschnitt 2.6.2 dargestellte Modell zum Strom–Spannungs–Verhalten von Korngrenzen beschreibt in guter Näherung die Ladungstransporteigenschaften zahlreicher halbleitender Keramiken. Im Rahmen dieses Modells können Nichtlinearitätskoeffizienten α bis etwa 40 gedeutet werden. Zur Erklärung der Varistoreigenschaften von ZnO (und einiger anderer Verbindungshalbleiter) reicht das Modell aus folgenden Gründen jedoch nicht aus:

1. Es erlaubt nicht, die in ZnO-Varistoren gefundenen, teilweise viel höheren α-Werte zu erklären;

2. Es eignet sich nicht, die experimentell gefundene enge Verteilung der Varistorspannung pro Einzelkorngrenze $U_{V,KG}$ von 3,3...3,7 eV (für optimierte ZnO-Keramiken [73]) zu deuten;

3. Es führt in keinem Fall zu negativen Kapazitäten $C_D(\omega,U)$, wie sie experimentell im Durchbruchbereich von ZnO-Keramiken regelmäßig beobachtet werden;

4. Das Modell kann das Auftreten der Elektrolumineszenz an Korngrenzen von ZnO-Varistoren unter Strombelastung nicht erklären.

Das Auftreten der Elektrolumineszenz ist eine direkte Indikation für Mitwirkung von Minoritätsladungsträgern, d. h. Löchern [75]. Eine konsistente Erklärung der Befunde 1 bis 3 ist möglich, wenn man den Einfluß der Löcher in der von Pike [74] vorgeschlagenen und von Blatter und Greuter [73] quantitativ beschriebenen Weise berücksichtigt.

Nach dieser Vorstellung können Elektronen, wie in Bild 5.3.3-1 skizziert, nach dem Überqueren der KG-Barriere im Feld der rechten Raumladungszone bei angelegten Spannungen im Durchbruchbereich genügend kinetische Energie aufnehmen (d.h. "heiß" werden), um durch Stoßionisation Elektron/Loch-Paare zu erzeugen.

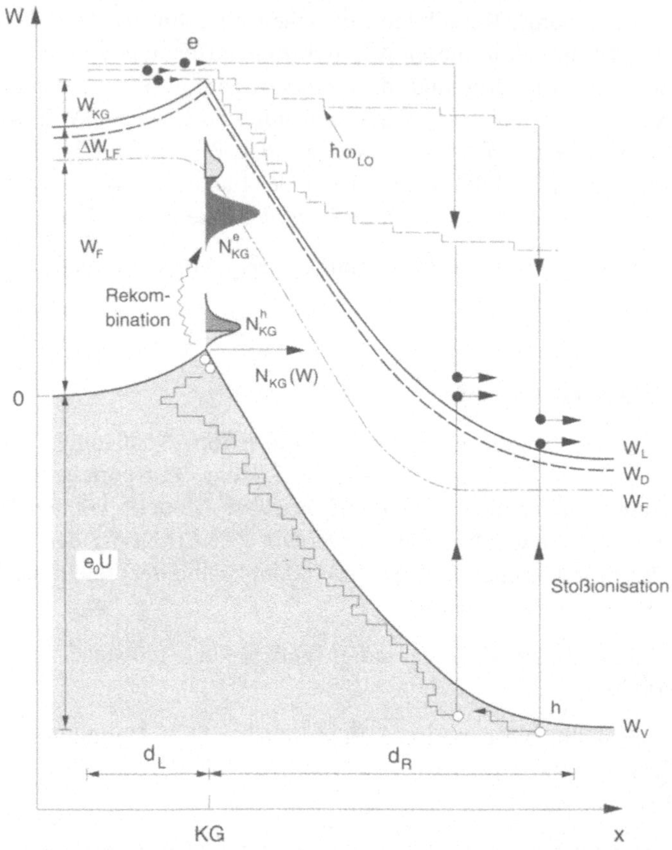

Bild 5.3.3-1   Schematische Darstellung des Bandprofils *W(x)* zweier benachbarter ZnO-Körner im Durchbruchsbereich. Der Mechanismus der Bildung von Elektron/Loch-Paaren durch heiße Elektronen und die Drift der Löcher in die Korngrenze sind skizziert (nach [21]).

Der Prozeß, welcher der Aufheizung der Elektronen entgegenwirkt, ist die inelastische Elektron-Phonon-Streuung. Das im Wurzitgitter des polaren ZnO-Kristallgitters relevante longitudinal-optische Phonon hat eine Energie $h\nu_{LO}$ von etwa 72 meV und zeigt eine besonders hohe Streuwahrscheinlichkeit mit Elektronen niedriger Energie ($\approx 0{,}1\ldots0{,}4$ eV). Aufgrund der relativ großen mittleren freien Weglänge der Elektronen in ZnO, die sich in der recht hohen Elektronenbeweglichkeit ausdrückt, gelingt es vielen Elektronen in dem hohen Feld (bis 10^8 V/m in der Nähe der Barrierenmaximums) den "Flaschenhals" niedriger Energie zu passieren. Rechnungen zeigen, daß in den niedrigeren Feldern im Falle zu breiter Raumladungszonen (s. Abschnitt 5.3.2) die "Abkühlung" der Elektronen schneller erfolgt als die Wiederaufnahme von kinetischer Energie zwischen den Streuprozessen, so daß keine heißen Elektronen entstehen können.

Sind heiße Elektronen entstanden, so können diese beim Überschreiten des Schwellenwertes W_{th} von 3.7 eV zur Elektron/Loch-Paarbildung in ZnO [73] Löcher erzeugen, die unter dem Einfluß des elektrischen Feldes zur Korngrenze zurückdriften.

Da die erzeugten Löcher eine größere effektive Masse haben und zudem in einem Gebiet mit niedrigem Feld am rechten Rand der Raumladungszone starten, besteht für sie keine Möglichkeit, heiß zu werden. Sie bewegen sich in der Nähe der Oberkante des Valenzbandes und werden schließlich an der Korngrenze im Maximum von $W_V(x)$ bzw. in donatorartigen KG-Zuständen N_{KG}^h eingefangen. Sie kompensieren einen Teil der negativen KG-Ladung σ_{KG}, die für die Ausbildung der Barriere W_{KG} verantwortlich ist, und bewirken einen Abbau dieser Barriere. Dies hat einen weiteren Anstieg der Elektronenemission vom linken in das rechte Korn zur Folge und damit auch eine entsprechend größere Anzahl gebildeter Löcher. Der resultierende, sich selbst verstärkende Lawinen-Durchbruch wird nur durch Prozesse begrenzt, welche die Löcherkonzentration an der Korngrenze abbauen. Neben der Re-Emission der Löcher ist dies vor allem die Rekombination der Löcher mit den Elektronen in der Korngrenze. Im stationären Zustand ist die Löcherladung σ_{KG}^h durch

$$\frac{d\sigma_{KG}^h}{dt} = 0 = j_p - r \cdot \sigma_{KG}^h \sigma_{KG}^e \qquad (5.8)$$

gegeben, wobei j_p die Stromdichte der in der Korngrenze eintreffenden Löcher darstellt. Die Gesamtladung der Korngrenze σ_{KG} ergibt sich aus der Differenz der Elektronenladung σ_{KG}^e und σ_{KG}^h. Die Rekombinationsrate r ist bestimmt durch

$$r = \frac{|q|}{\sigma_{KG}^e \tau_r} \qquad (5.9)$$

wobei τ_r die mittlere Rekombinationszeit darstellt. In Bild 5.3.3-2 ist die berechnete Spannungsabhängigkeit der Korngrenzladung σ_{KG} und der Barrierenhöhe W_{KG} für eine Korngrenze in einem ZnO-Varistor dargestellt. Die Rechnung wurde in der gleichen Weise durchgeführt wie für Bild 2.6.2-3 – lediglich die Mitwirkung der Löcher wurde dem Modell hinzugefügt.

Wird mit steigender Spannung U die Schwelle zu einer signifikanten Produktion von Löchern (Generationsrate $g > 10^{-3}... 10^{-2}$) überschritten, so nimmt die KG-Ladung σ_{KG} ab und als Folge davon bricht W_{KG} ein. Wie die Rechnung gezeigt hat, treten an der Stelle des Einbruchs in der Spannungsabhängigkeit $W_{KG}(U)$ Nichtlinearitätskoeffizienten α von bis zu 200 auf. Der maximale α-Wert, der in einem gegebenen System erreicht wird, hängt von den Materialparametern wie d_{RL} N_{KG}^h, r, usw. ab.

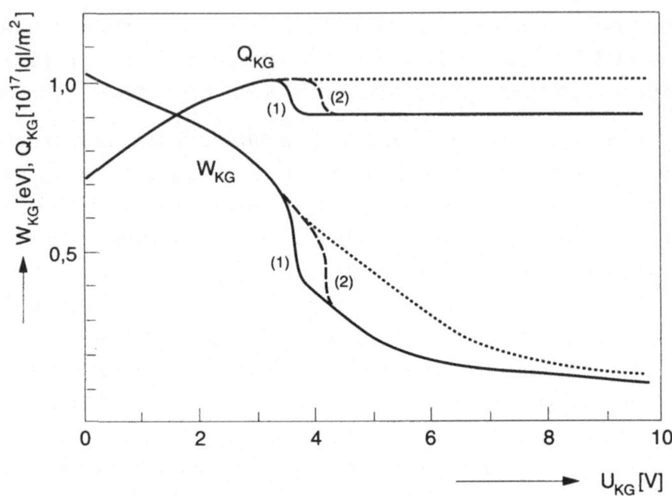

Bild 5.3.3-2   Berechnete Barrierenhöhe W_{KG} und KG-Ladung σ_{KG} als Funktion der an der KG
angelegten Spannung U für eine Gaußsche Zustandsdichteverteilung der KG-
Traps in donator-dotiertem ZnO bei $T = 400$ K unter Einbeziehung der Bildung
und Rekombination von Löchern (nach [73]). Vergleich zu dem Fall ohne Einbeziehung der Löcher: punktierte Linie.

Modellparameter: Effektive Zustandsdichte der Löcher-Traps: $N_{KG}^{h} = 10^{12}\,\text{cm}^{-2}$

Rekombinationsrate $r = 10^{-6}\,\text{m}^{-2}$ (1) bzw. $10^{-4}\,\text{cm}^{-2}$ (2)

Weitere Materialparameter s. Bild 2.6.2-3.

Das Impedanzverhalten von Korngrenzen in Abhängigkeit von der angelegten
Gleichspannung ist in Abschnitt 2.6.3 beschrieben worden. Die Kapazität C_{RL}, die
sich aus der Breite der Raumladungszone ergibt, entspricht der Parallelkapazität C_P
im Ersatzschaltbild 5.1-2. Die virtuelle Kapazität C_D, die durch die Phasenverschiebung des die Korngrenze passierenden Stromes verursacht wird, ist ein Teil der eigentlichen Varistorimpedanz R_V. Der Einfang und die Rekombination von Löchern
an der Korngrenze führt in ZnO-Varistoren dazu, daß die Kapazität C_D bei hohen
Vorspannungen nicht verschwindet wie im Beispiel Bild 2.6.3-2, sondern negative
Werte annimmt (Bild 5.3.3-3).

Dies ist darauf zurückzuführen, daß beim Überschreiten der Varistorspannung zunehmend die Löcherladung σ_{KG}^{h} für die (nun durch τ_r bestimmte) Phasenverschiebung verantwortlich ist. Da Löcher im Gegensatz zu Elektronen eine positive Ladung haben, ergibt sich eine zusätzliche Phasenverschiebung um 180°, so daß aus
der Phasenverschiebung um –90° eine Verschiebung um +90° wird, die einem *induk-
tivem* Verhalten entspricht. Wie Rechnungen zeigen [73], kann dieses induktive Ver-

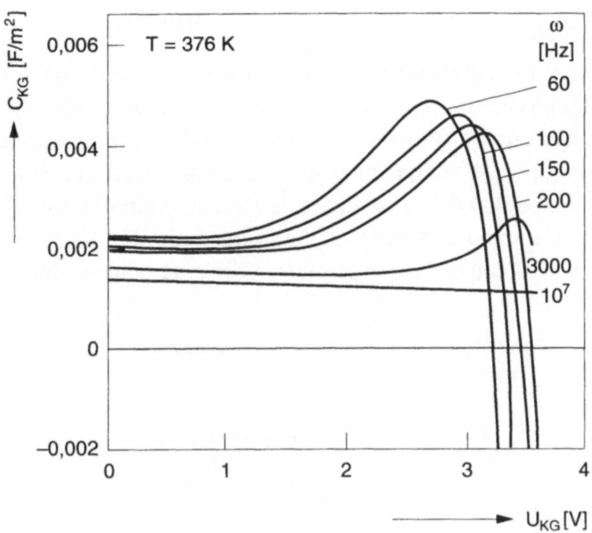

Bild 5.3.3-3   Spannungsabhängigkeit der Kapazität C_{KG} eines kommerziellen ZnO-Varistors bei T = 376 K (nach [21])

halten nur mit dem dargestellten Löcher-Rekombinationsmodell erklärt werden. Ältere Modelle zum Varistorverhalten, die von einem durch die Löcherbildung unterstützten Elektronentunneln durch die doppelte Schottky-Barriere ausgehen [76], scheiden zur Erklärung aus.

Der Ablauf des Varistordurchbruchs nach dem Löcher-Rekombinationsmodell ist an eine Reihe von Voraussetzungen geknüpft – wie eine genügend hohe Elektronenbeweglichkeit, eine geometrisch nicht zu breite, energetisch jedoch hinreichend hohe KG-Barriere, usw. Neben ZnO wurde dieser Varistormechanismus auch in stark donatordotiertem GaAs gefunden [77]. In zahlreichen alternativen Varistormaterialien, wie z.B. dem früher verwendeten SiC ($\alpha_{max} \approx 5$), dem Se ($\alpha_{max} \approx 8$), dem TiO$_2$ ($\alpha_{max} \approx 5$) und dem SrTiO$_3$ [22] ($\alpha_{max} \approx 20$), sind eine oder mehrere der notwendigen Voraussetzungen nicht erfüllt. In n-halbleitender SrTiO$_3$-Keramik beispielsweise scheidet die Bildung von Löchern durch Stoßionisation aus, da die geringe Elektronenbeweglichkeit ($\mu_e \approx 5 \cdot 10^{-4}$cm^2/Vs bei T = 300 K) ein Aufheizen der die KG-Barriere überquerenden Elektronen verhindert.

Es gibt eine Reihe von Anwendungen, in denen sehr hohe α-Werte nicht unbedingt erforderlich sind und stattdessen andere Eigenschaften der alternativen Varistormaterialien (wie z.B. die höhere Dauerbelastbarkeit von SiC oder die hohe Dielektrizitätszahl von SrTiO$_3$) ausgenutzt werden.

5.4   Einsatzbeispiele und Typenauswahl-Kriterien

Varistoren werden der zu schützenden Schaltung oder dem Gerät parallel geschaltet (Bild 5.4-1). Im Gegensatz zu den früher üblichen Entladungsröhren, welche die Versorgungsspannung beim Auftreten einer transienten Überspannung kurzgeschlossen haben, bleibt an einem Varistor auch im Aktivierungsfall ein Spannungsabfall von etwa U_V bestehen, so daß das zu schützende System weiter arbeiten kann. Die in Serie geschaltete Sicherung ist wesentlich langsamer als der Varistor und spricht demgemäß nur dann an, wenn die Überspannung über eine längere Zeit ansteht.

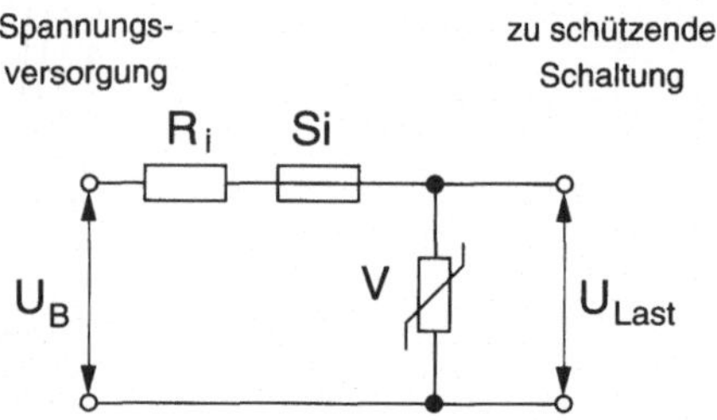

Bild 5.4-1   Schutz eines Verbrauchers vor transienten Überspannungen in der Spannungsversorgung durch einen Varistor V. R_i bezeichnet die Summe aus dem Innenwiderstand der Spannungsversorgung und dem Leitungswiderstand. Si ist eine Sicherung.

Transiente Überspannungen können durch externe Ereignisse ausgelöst werden, wie z.B.

– Blitzschlag in Netzleitungen,

– Zu- und Abschalten anderer Verbraucher mit großen induktiven oder kapazitiven Lasten,

– Kurzschlüsse in anderen Verbrauchern in Verbindung mit der Induktivität der Netzleitung.

Sie können ferner durch interne Vorgänge in elektrischen Geräten hervorgerufen werden, wie z.B.

– Schalten induktiver Lasten (wie Relais, Motoren, Transformatoren),

– induktive oder kapazitive Wechselwirkung zwischen verschiedenen Stromkreisen im Gerät.

Die Amplituden extern wie auch intern verursachter Überspannungen können ein Vielfaches der Nennspannung betragen. Störspannungen auf Niederspannungsnetzen haben häufig Amplituden von einigen kV mit einer Pulsdauer zwischen 0,1 und 100 µs. Details sind in z.B. in [78] beschrieben.

Empfindliche elektronische Schaltungen können in der Regel keine – auch nur kurzzeitigen – Überspannungen vertragen, welche die Betriebsspannung um mehr als 50% übersteigen. In elektrischen Maschinen ist die Toleranz gegenüber transienten Überspannungen meist auf das 2- bis 3-fache der Betriebsspannung begrenzt. Die Auswahl eines geeigneten Varistors wird u. a. von der Überspannungstoleranz der zu schützenden Schaltung bestimmt.

Die Auswahl eines Varistortyps für eine spezifische Anwendung muß folgenden Anforderungen genügen:

1. vernachlässigbare Verlustleistung im normalen Betriebszustand,

2. ausreichendes Absorptionsvermögen für die erwarteten Störspannungsimpulse und

3. Begrenzung der verbleibenden Überspannung auf einen Wert unterhalb der kurzzeitig maximal zulässigen Spannung $U_{\text{zulässig}}$ an der zu schützenden Schaltung.

Im ersten Auswahlschritt wird aus dem Typenangebot ein Varistor gewählt, der eine möglichst niedrige, jedoch über der normalen Betriebsspannung U_B liegende, max. zulässige Spannung (U_{max} bei Gleichspannungsbetrieb bzw. $U_{\text{eff,max}}$ bei Wechselspannungsbetrieb) aufweist. Im nachfolgenden Auswahlschritt muß sichergestellt werden, daß beim Auftreten der max. erwarteten Störspannung $U_{\text{stör}}$ anstelle von U_B der Spannungsteiler aus R_i und V (Bild 5.4-1) zu jedem Zeitpunkt $U_{\text{Last}} < U_{\text{zulässig}}$ gewährleistet. Ferner gehen in die Varistorauswahl die max. erwartete Anzahl der Störspannungsstöße während der Lebensdauer der zu schützenden Schaltung, die max. Impulsdauer und der minimale Impulsabstand ein. Auswahlbeispiele sind in den Datenblättern der Hersteller beschrieben.

5.5 Ausführungsformen

Das Angebot an Varistoren hinsichtlich der max. Energiestoßbelastbarkeit W_{max} erstreckt sich von einigen Joule in SMD-Kleinleistungstypen von weniger als $1 \cdot 10^{-7}$ m³ Volumen bis zu etwa 1 MJ in Hochleistungstypen mit Volumina von vielen $1 \cdot 10^{-4}$ m³. Im Falle der üblichen kurzzeitigen Belastung wie sie bei transienten Überspannungen mit nicht zu hoher Impulsfolge auftritt, kann die max. Energiedichte W_{max}/V (in J/cm³) adiabatisch nach

$$\frac{W_{\text{max}}}{V} = \rho_m \cdot C_P \cdot \Delta T = \rho_m \cdot C_P \cdot (T_M - T_B) \qquad (5.10)$$

abgeschätzt werden. In Gl. (5.10) ist ρ_m die Massendichte, C_P die spezifische Wärmekapazität, T_B die Temperatur des Varistors im normalen Betriebszustand und T_M die max. Temperatur, von welcher der Varistor nach der Stoßbelastung in den normalen Betriebszustand zurückkehren kann. T_M bildet die Grenztemperatur, bei der das Produkt aus thermisch aktivierter Leckstromdichte

$$j_M = j_B \exp\left(-\frac{W_{Akt}}{k}\left(\frac{1}{T_B} - \frac{1}{T_M}\right)\right) \tag{5.11}$$

und dem anliegenden, elektrischen Feld im normalen Betriebszustand gerade noch nicht zu einem unbegrenzten weiteren Temperaturanstieg und damit zu einem **thermischen Weglaufen** (**thermischen Durchschlag**) führt. In Gl. (5.11) ist j_B die Leckstromdichte im normalen Betriebszustand und W_{Akt} die Aktivierungsenergie des Leckstromes, die in erster Näherung durch die KG-Barriere W_{KG} unter kleiner Vorspannung gegeben ist. Für übliche Varistoren beträgt die max. Betriebstemperatur T_M etwa 400 K. Die Dichte ρ_m von ZnO-Keramik ist etwa 5.600 kg/m^3 und C_P ist etwa 900 Jkg^{-1} K^{-1} bei $T = 298$ K. Daraus läßt sich im günstigsten Fall eine max. Energiedichte W_{max}/V von ca. 612 MJ/m^3 für einen bei Raumtemperatur betriebenen Varistor bestimmen [64]. In der Praxis führen Materialinhomogenität, Porosität in der Keramik und eine nicht ideale Korngrößenverteilung zu einer ungleichmäßigen Verteilung des Leckstromes über die Varistorfläche, so daß lokale Überhitzung (s. Abschnitt 5.6) auftritt. Dieser Umstand beschränkt W_{max}/V für reale Bauelemente unter den angenommenen Bedingungen auf Werte von 200 bis 250 MJ/m^3. Die **max. Dauerbelastbarkeit** P_{max} kommt insbesondere bei hohen Störimpulsfrequenzen als beschränkender Parameter zum Tragen. In P_{max} geht im wesentlichen die Wärmeleitfähigkeit (ca. 27 W m^{-1} K^{-1} bei $T = 298$ K) und die thermische Ankopplung an die Umgebung (Wärmeabfluß über die Anschlüsse, freie Konvektion um das Bauelement, Kühlbleche, usw.) ein. P_{max} ergibt sich aus einer materialspezifischen Grenze von 0,01 bis 0,1 MW/m^3 und der Bauform .

Das Spektrum der Varistorspannungen U_V erstreckt sich von etwa 10 V bis 10 kV für Einzelvaristoren. Zum Schutz von Hochspannungsschaltern in Kraftwerken und Umspannstationen werden Einzelvaristoren mit U_V-Werten von einigen kV zu Einheiten von mehreren 100 kV kaskadiert.

Im Bereich sehr niedriger Varistorspannungen (etwa $U_V < 30$ V) führt die geringe Anzahl der benötigten Korngrenzen zwischen den Elektroden und die mittlere Korngröße der herkömmlichen ZnO-Varistorkeramik von etwa 10 bis 20 μm zu Keramikscheiben, die zu dünn sind, um als selbsttragende Körper eine ausreichende mechanische Stabilität aufzuweisen. Dieses Problem kann gelöst werden, indem die Keramik mit kornwachstumsfördernden Zusätzen (wie z.B. TiO$_2$) versetzt wird (vgl. [79] und [67]). Die oft auftretenden Duplexstrukturen in der Korngrößenverteilung dieser Keramiken kann durch Zugabe von klassierten Keimen während der Pulverzubereitung verhindert werden [81].

Alternativ werden Niedrigspannungs-Varistoren als Vielschichtbauelemente, vergleichbar mit den Vielschichtkondensatoren (Bild 6.1.1(b) im Kapitel "Dielektrische Keramiken"), ausgeführt [82]. Der Abstand zwischen den inneren Elektroden kann hier hinreichend klein gewählt werden, um auch mit der herkömmlichen Zusammensetzung der ZnO-Varistorkeramik eine entsprechend kleine Anzahl von Korngrenzen zwischen den Elektroden zu erzielen. Aufgrund der großen Elektrodenfläche pro Volumeneinheit weisen Vielschichtvaristoren gegenüber den Scheibenvaristoren den Vorteil eines höheren, max. zulässigen Stromstoßes I_{max} auf. Dieser Vorteil wird unterstützt durch einen niedrigeren Widerstand im Hochstrombereich, der sich aus der geringeren Körngröße ergibt. Als SMD-Bauelemente sind Vielschichtvaristoren besonders für die automatische Leiterplattenbestückung geeignet und werden zunehmend zum Schutz elektronischer Schaltungen in der Telekommunikation, der Datenverarbeitung, der Automobilelektronik und der Steuerungstechnik eingesetzt.

5.6   Zuverlässigkeit und Ausfallmechanismen

In Varistoren werden folgende Ausfallmechanismen unter Spannungsbelsastung beobachtet:

– mechanisches Zerreißen
– lokale Überhitzung
– thermisches Weglaufen
– Degradation

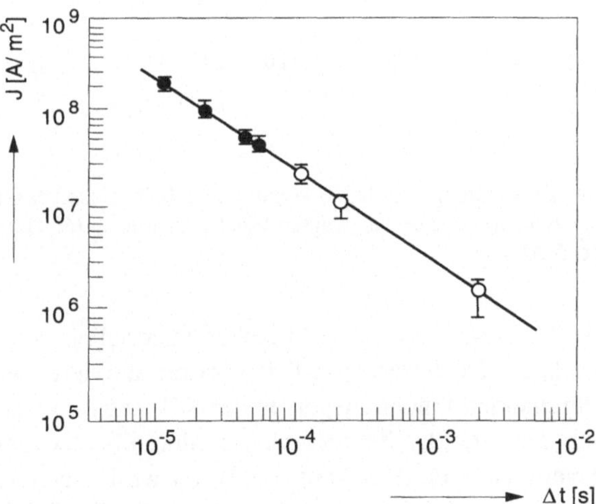

Bild 5.6-1   Änderung des Ausfallmechanismus bei der Impulsbelastung eines Varistors in Abhängigkeit von Stromdichte j und Pulslänge Δt bei gleicher Impulsenergie [83]
●) mechanisches Zerreißen   ○) lokale Überhitzung

Das mechanische Zerreißen tritt meist in großen Varistoren unter kurzen Stromimpulsen mit sehr großen Stromstärken (z.B. durch Blitzschlag) auf, während kleinere Stromstärken in längeren Impulsen eher zu lokaler Überhitzung führen [83] (vgl. Bild 5.6-1).

Wie bereits in Abschnitt 5.5 angesprochen, tritt das thermische Weglaufen durch Überschreiten der max. Dauerbelastbarkeit infolge von zu hohen Störimpulsfrequenzen oder infolge eines zu hohen Leckstromes unter Betriebsbedingungen auf. Ursache hierfür kann auch eine **Degradation** des Varistors unter Spannungsbelastung sein, die bei konstanter Temperatur und Spannung zu einem zeitlichen Anstieg des Leckstromes führt (Bild 5.6-2).

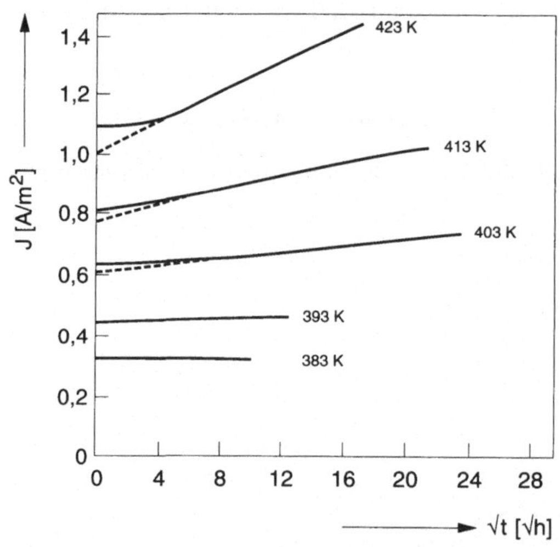

Bild 5.6-2   Zeitliche Entwicklung der Leckstromdichte j bei verschiedenen Temperaturen [64]. Spitzenamplitude der angelegten Wechselspannung (60 Hz): 80% der Spannung bei 5 A/m².

Ähnlich wie im Falle der Degradation dielektrischer Materialien (s. Abschnitt 3.3.3 "Dielektrische Keramiken") ist dieser Prozeß thermisch aktiviert. Die Degradation wird offensichtlich durch einen Ionentransport in der KG-Region verursacht. Die positiven Raumladungen der Schottky-Barriere werden durch unterschiedliche Fremd- und Eigendonatoren verursacht (s. Abschnitt 5.3.2). Es wird angenornmen, daß die Eigendonatoren $Zn_i^{\cdot}$ unter dem Einfluß des erhöhten Feldes in einer vorgespannten KG (rechte Raumladungszone im Bild 2.6.2-1) zur KG driften [84]. Dort können sie einen Teil der überschüssigen O^{2-}-Ionen, die für die Aufladung der KG und damit für die Barrierenbildung verantwortlich sind, neutralisieren:

$$Zn_i^\bullet + \frac{1}{2} O_{(KG)}^{\bullet\bullet} \leftrightarrow ZnO_{(KG)} \tag{5.12}$$

Dadurch wird die Höhe der KG-Barriere W_{KG} gesenkt und der Leckstrom steigt an. Dieser Effekt kann sowohl bei Gleich- als auch bei Wechselspannungsbelastung auftreten. Im Falle einer Gleichspannungsbelastung wird die Strom-Spannungs-Kennlinie nach fortgeschrittener Degradation unsymmetrisch, da die Abreicherung von $Zn_i^\bullet$ nur auf einer Seite der Korngrenze stattgefunden hat. Nach Abschalten der Spannungsbelastung erfolgt eine Rückdiffusion von $Zn_i^\bullet$ und eine Einstellung der ursprünglichen Gleichgewichtsverteilung, d. h. die degradatierte ZnO-Keramik regeneriert sich im Laufe der Zeit [85]. Zu einem ähnlichen Degradationseffekt wie eine Spannungsbelastung führt die Temperbehandlung der Varistorkeramik bei einem niedrigeren Sauerstoffpartialdruck. Dabei wird ein Teil des Sauerstoffüberschusses an den Korngrenzen durch den Austausch mit der Atmosphäre abgebaut. Als Folge davon senkt sich wiederum die KG-Barriere, und es erhöht sich der Leckstrom (Kurve 3, Bild 5.6-3).

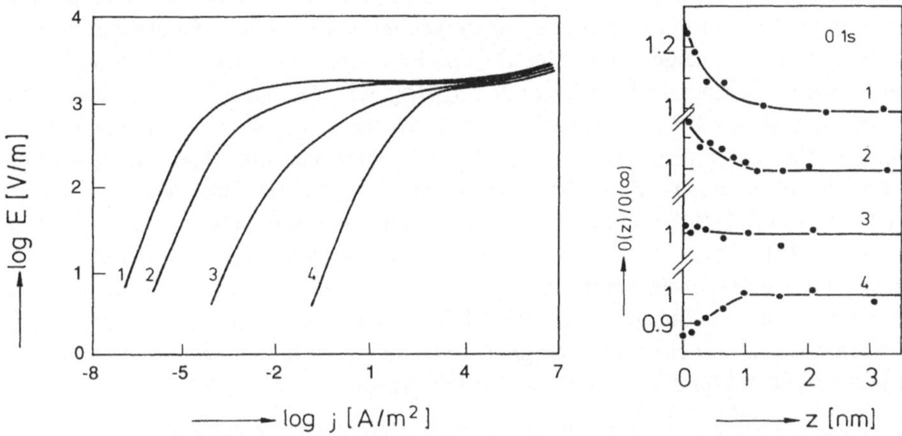

Bild 5.6-3   Korrelation zwischen dem Leckstromverhalten $j(E)$ und der Sauerstoffkonzentrationsprofile $O(Z)/O(Z = \infty)$ an Korngrenzen (gemessen mittels XPS an Bruchflächen) nach verschiedenen Vorbehandlungen: Eine zunehmende Leckstromdichte geht einher mit einem verringerten Sauerstoffüberschuß an der Korngrenze [62]. z ist der Abstand von der KG.

(1) unbehandelter Varistor

(2) Tempern in Luft bei 900 K

(3) Tempern in Vakuum bei 900 K

(4) starke Degradation durch 700 A/m² bei 939 K für 350 h

Bemerkung: Die Sauerstoffprofile geben nur Änderungen wieder. Die scheinbare Abreicherung im Fall (4) ist auf Abschirmeffekte des Bi bei der XPS-Messung zurückzuführen. XPS-Messungen der Bi-Profile haben keinen Einfluß der Behandlungen gezeigt.

Die Sauerstoffdiffusion entlang der Korngrenzen ist in ZnO-Keramik (wie auch in n-dotierter $BaTiO_3$-Keramik, s. Abschnitt 6) relativ schnell. Umgekehrt kann ein Tempern der Varistorkeramik in Sauerstoff bei Temperaturen zwischen 600 und 900 K eine Verbesserung der Degradationsfestigkeit zur Folge haben [86]. Offensichtlich werden durch diese Behandlung die Defekt-Gleichgewichte in der KG-Region zugunsten einer verminderten $Zn_i^\bullet$-Konzentration verschoben – bei einem gleichzeitig hohen Sauerstoffüberschuß an der Korngrenze. Als eine weitere Möglichkeit zur Verbesserung der Degradationsfestigkeit wird die Zugabe von Alkaliionen wie Na^+ oder K^+ zur Keramik empfohlen [87].

6   PTC-Widerstände

Kaltleiter oder PTC-Widerstände (**P**ositive **T**emperature **C**oefficient) sind Bauelemente, die einen mit der Temperatur *ansteigenden* spezifischen Widerstand aufweisen. Beispielsweise zeigen viele Metalle eine PTC-Charakteristik – allerdings mit einem geringen Temperaturkoeffizienten $d\rho_{sp}/(\rho_{sp}\,dT)$ des spezifischen Widerstands ρ_{sp} von weniger als 1 %/K. Keramische PTC-Widerstände können demgegenüber in einem beschränkten Temperaturbereich Koeffizienten von über 100 %/K erreichen. In den nachfolgenden Abschnitten wird im wesentlichen über donator-dotierte $BaTiO_3$-Keramik [88] berichtet, da diese in den technischen Anwendungen die weitaus größte Rolle spielt. In diesem Material ist die Auswirkung des Übergangs zwischen der ferroelektrischen und der paraelektrischen kubischen Phase auf den KG-Widerstand für den ausgeprägten PTC-Effekt verantwortlich. Es gibt alternative PTC-Materialien, in denen der Übergang zwischen einer metallisch leitenden und einer halbleitenden Phase ausgenutzt werden (s. Abschnitt 6.5).

6.1   Elektrische Charakteristik

Bild 6.1-1 zeigt den Temperaturverlauf des spezifischen Widerstandes einer PTC-Keramik, die aus donator-dotiertem $BaTiO_3$ besteht.

Im Kaltwiderstandsbereich, der sich bis zur Curie-Temperatur T_C erstreckt, zeigt das Material einen für halbleitende Titanatkeramik typischen, niedrigen spezifischen Widerstand ρ_{sp} von $0,1\ldots1\ \Omega m$. Im PTC-Bereich steigt ρ_{sp} um $5\ldots7$ Größenordnungen an (bei Messung mit kleinen Spannungen, s. Kurve A in Bild 6.1-1). Oberhalb von T_{max} schließt sich ein NTC-Bereich an, in dem die Leitfähigkeit wie bei jedem thermisch aktivitierten Transportprozeß mit der Temperatur zunimmt. Durch Verände-

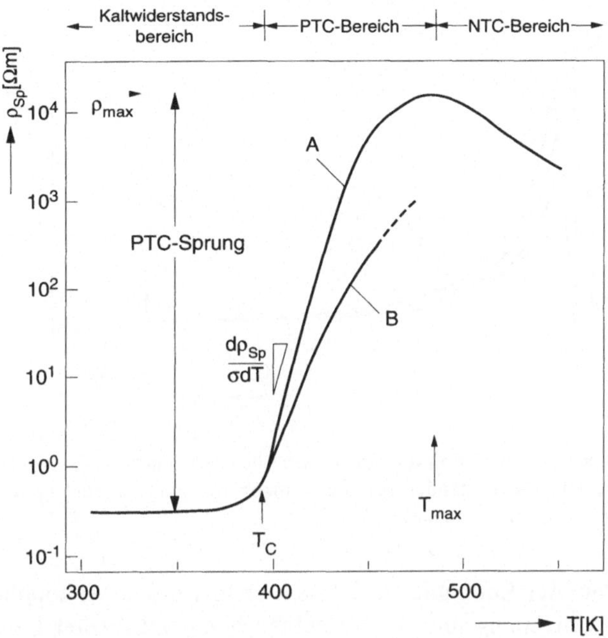

Bild 6.1-1   Temperaturabhängigkeit des spezifischen Widerstandes von PTC-Keramik auf der Basis von donator-dotiertem Bariumtitanat [2]. T_C ist die Curie-Temperatur. Kurve A zeigt das Kleinsignalverhalten. Kurve B zeigt das Verhalten bei hohen elektrischen Feldern (hier $E = 1\text{kV/cm}$). Zur Vermeidung der Selbstaufheizung wurde mit der Pulsmethode gemessen (s. Abschnitt 5.1).

rung von T_C, z.B. mittels Mischkristallbildung (s. Abschnitt 6.2), kann der Übergang zwischen dem Kaltwiderstandsbereich und dem PTC-Bereich auf der Temperaturachse verschoben werden.

Da es sich bei dem PTC-Effekt in $BaTiO_3$-Keramik um eine KG-Eigenschaft handelt, ist der hohe Isolationswiderstand ähnlich wie beim unbelasteten Varistor mit einer hohen Parallelkapazität verbunden (Bild 5.1-2), welche die hohen Impedanzen auf niedrige Frequenzen (ca. < 1 MHz) beschränkt. Unter hohen elektrischen Feldern (Kurve B in Bild 6.1-1) tritt oberhalb von T_C ein Varistoreffekt auf, der zu einer Verringerung des PTC-Sprungs führt. In dieser Hinsicht verhalten sich die Korngrenzen in donator-dotierter $BaTiO_3$-Keramik sehr ähnlich wie in donatordotierter $SrTiO_3$-Keramik, die als alternatives Varistormaterial eingesetzt wird (5.3.3).

Die stationäre Strom-Spannungs-Kennlinie eines PTC-Widerstandes im (zunächst) kaltleitenden Zustand wird durch die Selbstaufheizung bei ansteigendem Strom-Spannungs-Produkt geprägt (Bild 6.1-2).

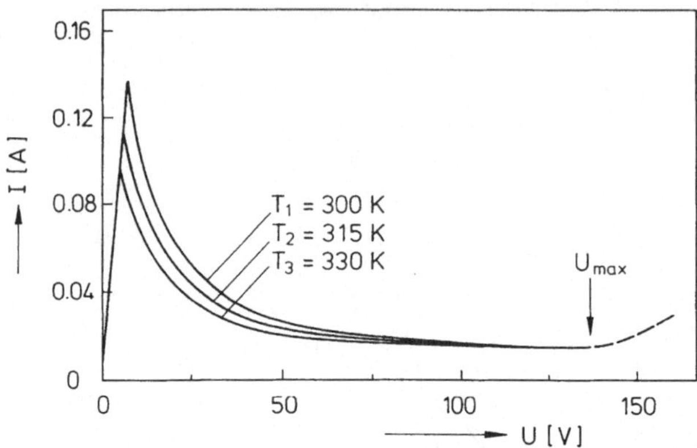

Bild 6.1-2   Strom *I* als Funktion der angelegten Gleichspannung bei stationärer Messung eines PTC-Widerstandes für drei Umgebungstemperaturen $T_1 < T_2 < T_3$ ($<T_C$, d.h. im Kaltleiterbereich)

Der genaue Verlauf der Kennlinie wird durch die thermische Ankopplung des Bauelementes an die Umgebung und die Umgebungstemperatur (drei Beispiele in Bild 6.1-2) bestimmt (Band 3, Abschnitt 3.3-5). Bei kleinen Feldern spielt die Selbstaufheizung noch keine Rolle – die *I,U*-Kurve wird durch den spezifischen Kaltwiderstand bestimmt. Oberhalb eines kritischen Stromes I_S wird durch die Selbstaufheizung die Temperatur T_C überschritten, und bei weiter gesteigerter Spannung fällt der Strom aufgrund des PTC-Effektes. Auf der im PTC-Bereich stark abfallenden *I,U*-Kennline beruht die Anwendung von PTC-Widerständen als selbstregulierende Heizelemente und als Überstromsicherungen. Oberhalb von U_{max} wird die Selbstaufheizung so groß, daß der Übergang in den NTC-Bereich erfolgt und das Bauelement durch einen thermischen Durchbruch (engl. "thermal runaway") zerstört wird.

6.2   Zusammensetzung und Herstellung

Zur Verwendung als PTC-Keramik wird $BaTiO_3$ durch Zusätze modifiziert, die auf die Lage der Curie-Temperatur T_C, den Kaltwiderstand, die KG-Barriereneigenschaften und die Sinterfähigkeit wirken.

Reine grobkristalline $BaTiO_3$-Keramik unterliegt einer Phasenumwandlung bei $T_C = 403$ K. Durch Mischkristallbildung zwischen $BaTiO_3$ und $SrTiO_3$ bzw. $PbTiO_3$, d. h. durch einen A-Platzaustausch der Ba^{2+}-Ionen gegen isovalente Ionen wie Sr^{2+} oder Pb^{2+}, läßt sich T_C und damit die Widerstands/Temperatur-Kennlinie zu höheren (im

Falle von Pb^{2+}) bzw. tieferen (im Falle von Sr^{2+}) Temperaturen verschieben (Bild 6.2-1). Manchmal wird zusätzlich eine kleine Menge Ca^{2+} auf den A-Plätzen einge-baut. Ca bewirkt keine signifikante Verschiebung von T_C, es kann jedoch vorteilhaft für die Ausbildung der Mikrostruktur sein [89].

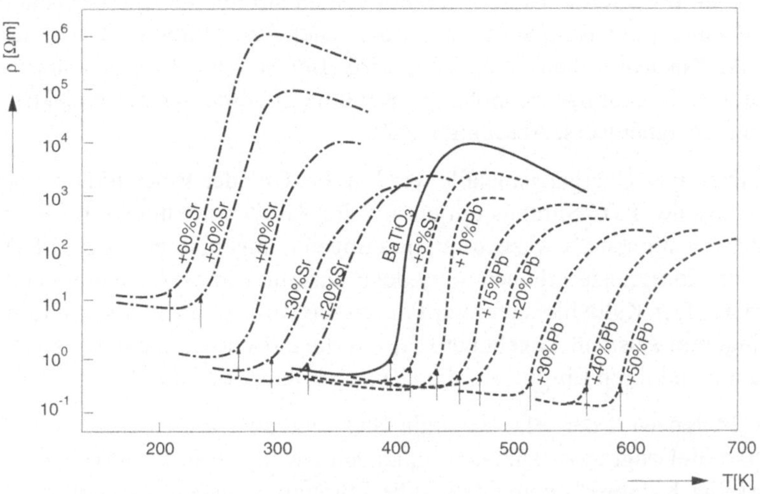

Bild 6.2-1   Temperaturabhängigkeit des spezifischen Widerstands von PTC-Keramik auf der Basis von donator-dotiertem $BaTiO_3$ (———), $(Ba,Pb)TiO_3$ (----------) und $(Ba,Sr)\,TiO_3$ (·······) [90]. T_C stellt die Curie-Temperaturen der Mischkristalle dar (Pfeile).

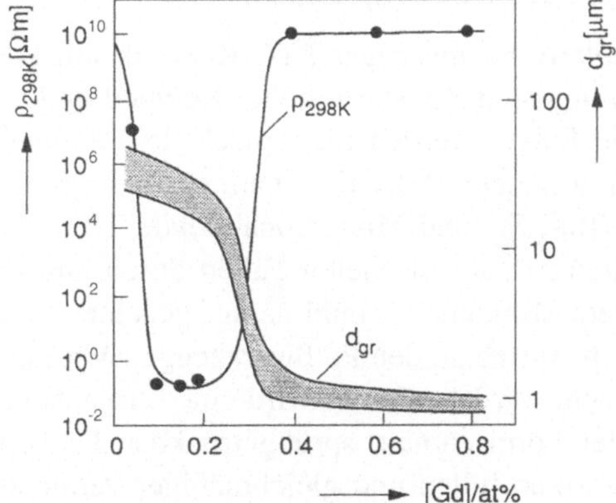

Bild 6.2-2   Spezifischer Kaltleiterwiderstand ρ_{298K} und mittlere Korngröße d_{gr} als Funktion der Donatorkonzentration in $BaTiO_3$-Keramik. Die Darstellung ρ_{298K} wurde exemplarisch für Gd als Donator ermittelt [92]. Die dargestellten Donator-Konzentrationsabhängigkeiten von ρ_{298K} und d_{gr} sind in guter Näherung unabhängig vom Typ des Donators.

Als Donatordotierung kommen höherwertige Kationen auf dem A-Platz (z.B. La^{3+}, Y^{3+} oder Gd^{3+} anstelle von Ba^{2+}) bzw. auf dem B-Platz (Sb^{5+}, Nb^{5+} oder Ta^{5+} anstelle von Ti^{4+}) in Frage. Der PTC-Effekt tritt nur bei Netto-Donatorkonzentrationen zwischen etwa 0,1 und 0,4 at% auf (Bild 6.2-2).

Der Bezug auf die "Netto"-Konzentration weist darauf hin, daß nur der Anteil an Donatoren, der nicht zur Kompensation vorhandener Akzeptoren (z.B. Verunreinigungen wie Al, Na usw.) dient, gerechnet wird. Bei höheren Donatorkonzentrationen wird eine sehr feinkörnige hochohmige Keramik erhalten, die für dielektrische Anwendungen geeignet ist (s. Abschnitt 6.3.2).

Der Zusatz einiger Übergangsmetalle wie Mn, Fe, Cu oder V bewirkt eine beträchtliche Erhöhung des PTC-Sprungs um ein bis drei Größenordnungen. Im Korninneren wirken diese Kationen als Akzeptoren und tragen demgemäß nichts zum PTC-Effekt bei. An der Korngrenze erhöhen sie jedoch aufgrund ihres Akzeptorcharakters die KG-Barriere. Der Kaltwiderstand wird durch die Zusätze ebenfalls, allerdings in einem geringerem Ausmaß, angehoben. Eine systematische Studie über den Zusatz der 3d-Elemente und ihren Einfluß auf die PTC-Charakteristik ist in Ref. [93] zu finden.

In vielen Fällen wird der PTC-Keramik SiO_2 und/oder ein Überschuß an TiO_2 als Sinterhilfsmittel zugesetzt. Die sich bildenden Zweitphasen (s. Abschnitt 4 Kapitel "Dielektrische Keramik") unterstützen die Flüssigphasensinterung und die Verdichtung. Zugleich werden zahlreiche unerwünschte Verunreinigungen (wie z.B. Alkaliionen, Mg^{2+}, Al^{3+}, P^{5+}) von den Zweitphasen gelöst und die Keramik dadurch im Verlauf des Sinterprozesses zu einem gewissen Grade gesäubert [2]. Die Zweitphasen werden beim Abkühlen in den Zwickeln zwischen den Korngrenzen ausgeschieden und verhalten sich elektrisch weitgehend inaktiv.

Zur Herstellung qualitativ hochwertiger PTC-Keramik mit kleinem Kaltwiderstand und großem PTC-Sprung sind Rohstoffe hoher Reinheit und eine exakte Prozeßführung unerläßlich. Die Pulver werden meist nach dem konventionellen Mischoxid-Verfahren hergestellt, welches auf der Kalzination von sorgfältig vorgemahlenen und gemischten Pulvern (Ba-, Sr- und Pb-carbonat sowie TiO_2 als Hauptkomponenten) beruht. Die Formgebung erfolgt in vielen Fällen durch uniaxiales Verdichten nach Zugabe eines geeigneten Binders. Es muß darauf geachtet werden, daß weder durch den Binder noch durch Abrieb an den Preßwerkzeugen Verunreinigungen in die Pulverpreßlinge eingebracht werden. Häufig wird eine Suspension des Pulvers, welches den Binder in gelöster Form enthält, sprühgetrocknet. Das erhaltene Granulat läßt sich leichter in Preßformen füllen und gleichmäßiger verdichten als das Ausgangspulver. Allgemein hängt die Qualität und die Zuverlässigkeit von PTC-Widerständen auf der Basis von $BaTiO_3$-Keramik sehr von einer homogenen Zusammensetzung und einer einheitlichen Verdichtung des Pulverpreßlings ab. Dichteschwankungen im gepreßten Grünling können zu einem ungleichmäßigen Binderausbrand und zur Rißbildung führen. Im anschließenden Sinterprozeß wird eine inhomogene Mikrostruktur erhalten. Alternative Formgebungsverfahren gehen von thioxotropen Pulver-Binder-Suspensionen aus, die durch Extrusion oder Spritzguß verarbeitet werden.

Im Anschluß an die Formgebung werden die grünen Preßlinge durch kontrolliertes Aufheizen getrocknet und der organische Binder ausgebrannt. Die Sinterung erfolgt zwischen 1550 und 1680 K in oxidierender Atmosphäre. Es findet dabei eine Flüssigphasensinterung statt, bei der sich 5 bis 10 μm große, n-halbleitende Körner bilden. Die KG-Barrieren entstehen während der Abkühlphase. Die Defekt-Gleichgewichte, welche die Kompensation der Donatoren bestimmen (s. Abschnitt 2.4.3), verschieben sich mit abnehmender Temperatur von einer dominierenden Elektronenkompensation zur Leerstellenkompensation. Die damit einhergehende Oxidation der Korngrenzen führt zur Ausbildung von Barrieren, die das Material in der paraelektrischen Phase hochohmig machen (s. Abschnitt 6.3.2). Die Barriereneigenschaften hängen demgemäß stark von dem Verlauf des Abkühlprozesses ab.

Abschließend werden geeignete Elektroden mittels Siebdruckverfahren oder Vakuumaufdampftechnik aufgebracht. Dabei ist darauf zu achten, daß sich ohmsche Übergänge ausbilden (s. Abschnitt 2.5.3). Die Bauelemente werden gegebenenfalls mit Anschlußbeinen, einem Lacküberzug und/oder einem Gehäuse versehen (s. Bild 6.2-3).

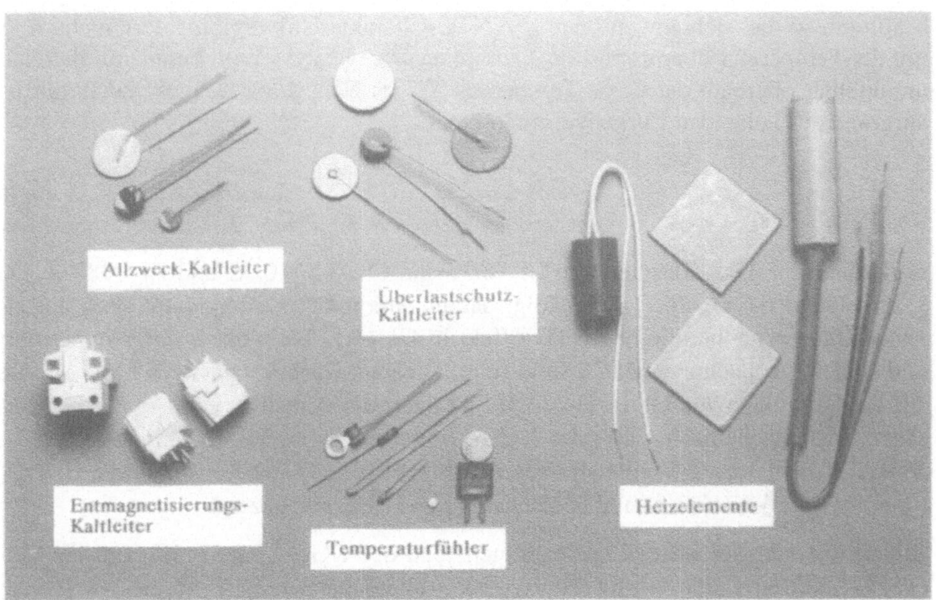

Bild 6.2-3   Beispiele einiger PTC-Elemente (mit freundlicher Genehmigung von Philips Components)

6.3   Mechanismus des PTC-Effekts

6. 3..1 Heywang-Modell

Nach einem Modell von Heywang [94] läßt sich der PTC-Effekt zwanglos erklären, wenn man von akzeptorartigen (d.h. negativ geladenen) KG-Zuständen in donatordotierter BaTiO$_3$-Keramik ausgeht. Diese führen in der bereits ausführlich beschriebenen Weise (vgl. Abschnitte 2.5, 2.6 und 5) zur Ausbildung von Schottky-Barrieren an den Korngrenzen. Die Barrierenhöhe ist nach Gl. (2.41) in *Ab*wesenheit externer Spannungen gegeben durch

$$W_{KG} = \frac{\sigma_{KG}^2}{8\varepsilon_r\varepsilon_0[D]} \tag{6.1}$$

Die Temperaturabhängigkeit des spezifischen KG-Widerstandes im Kleinsignalbereich ist sowohl im Diffusionsmodell (vgl. Gl. 2.38) als auch im Falle eines thermoionischen Emissionsmodelles (s. auch Band 2, Abschnitt 7) durch die Proportionalität

$$\rho_{sp}(T) \propto \exp\!\left(\frac{W_{KG}}{kT}\right) \tag{6.2}$$

bestimmt, so daß sich eine ausgeprägte NTC-Charakteristik ergibt, sofern nicht W_{KG} mit der Temperatur überproportional zunimmt. Dies ist jedoch im Temperaturbereich unmittelbar oberhalb der Curie-Temperatur T_C der Fall, da die Dielektrizitätszahl ε_r aufgrund des geltenden Curie-Weiss-Gesetzes

$$\varepsilon_r = \frac{C}{T - T_0} \tag{6.3}$$

stark abnimmt. Die Konstanten in Gl. (6.3) sind $C = 1{,}5\cdot 10^5$ K und $T_0 = 388$ K. Da ε_r im Nenner der Gl. (6.1) steht, folgt daraus eine mit der Temperatur stark ansteigende Barrierenhöhe, die den NTC-Effekt in Gl. (6.1) bei weitem überkompensiert und zu dem beobachteten PTC-Effekt führt. Dies wird von Rechnungen bestätigt, die auf der Grundlage von Gl. (6.1)...(6.3) und unter der Annahme einer monoenergetischen Zustandsdichte $N_{KG}(W)$ der KG-Akzeptorladungen durchgeführt wurde [97]. In Bild 6.3.1-1 ist ein Vergleich zwischen Messungen an donator-dotiertem BaTiO$_3$ (ohne KG-aktive Zusätze) und gerechneten $\rho_{sp}(T)$-Kurven gezeigt.

In den Rechnungen wurden das Energieniveau des KG-Akzeptors W_A und die Flächenkonzentration der Akzeptoren N_{KG} als Anpassungsparameter an die Werte T_{max} und P_{max} der jeweiligen Messkurven verwendet.. Die Ursache für die Unterschiede zwischen Rechnungen und Messungen hinsichtlich der Steigungen der $\rho_{sp}(T)$-Kurven sowohl oberhalb als auch unterhalb T_{max} ist die vernachlässigte KG-Barriere im

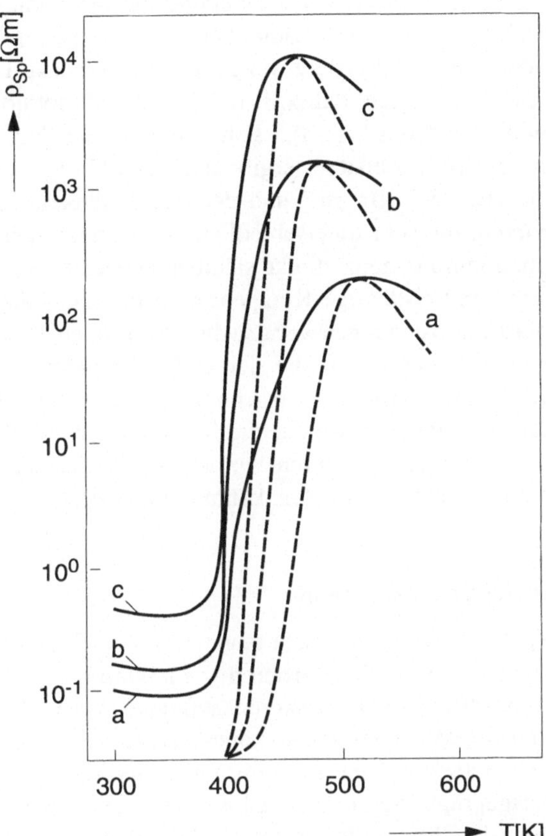

Bild 6.3.1-1   Berechnete (-----) und gemessene (———) Temperaturabhängigkeit des sspezifischen Widerstands von 0,3 at% Sb-dotierter BaTiO3-Keramik. Die Proben wurden nach dem Sintern in Luft bei 1673 K auf 1373 K (a), 1523 K (b) bzw. 1623 K (c) abgeschreckt, bevor sie mit 7 K/min weiter abgekühlt wurden (nach [97]).

Kaltwiderstandsbereich (d. h. bei $T < T_C$) und die Beschränkung auf die Annahme einer *monoenergetischen* $N_{KG}(W)$-Funktion. Ein deutlich verbessertes Modell ergibt sich aus einer geeigneteren Zustandsdichteverteilung $N_{KG}(W)$.

Die Tatsache, daß der spezifische Widerstand im Temperaturbereich unterhalb von T_C niedrig bleibt, hängt mit der in der ferroelektrischen Phase auftretenden spontanen Polarisation zusammen. Aufgrund des Sprungs der Polarisation an den Grenzen der ferroelektrischen Domänen entstehen Oberflächenladungen (s. Band 1, Abschnitt 6.2, Band 3, Abschnitt 3.3.5). Die Domänen bilden sich dabei in einer Weise, daß die freie Energie des Systems ein Minimum annimmt. Das heißt, die ferroelektrischen Domänen richten sich vorzugsweise so aus, daß sie die negativen KG-Ladungen an möglichst vielen Stellen durch positive Domänenoberflächen-Ladungen kompensieren [95, 96]. Hierdurch werden die KG-Ladungen zu einem großen Teil aufgehoben und die Ausbildung der Schottky-Barriere weitgehend unterdrückt. Dennoch verbleiben *Restbarrieren*, die dazu führen, daß z.B. für 0,3 at% Sb-dotierte $BaTiO_3$-Keramik der spez. Kaltwiderstand mit 0,1...0,5 Ωm deutlich über dem Bulkwiderstand von 0,02...0,03 Ωm liegt [97]. Letzterer ergibt sich nach Gl. (2.3) aus der Elektronenkonzentration von etwa $5 \cdot 10^{24}$ m^{-3} und der Beweglichkeit von etwa $5 \cdot 10^{-5}$ m^2/Vs. Die Restbarrieren, die sehr unterschiedliche Barrierenhöhen W_{KG} aufweisen und z.B. durch Kathodolumineszenz direkt sichtbar gemacht werden können [98, 99], werden durch eine unvollständige Kompensation der KG-Ladungen durch die ferroelektrischen Polarisationsladungen verursacht. Die großen Unterschiede in den Barrierenhöhen führen zu Korngrenzen, die sich elektrisch passiv verhalten und solchen, die sich elektrisch aktiv verhalten. Ursache für die Unterschiede ist die zufällige Verteilung der Domänengrenzen, welche die ferroelektrische Polarisationsladung tragen, entlang der Korngrenzen. Dadurch wurden die KG-Ladungen in manchen Fällen fast vollständig und in anderen Fällen kaum kompensiert.

6.3.2 Natur der Korngrenzen-Zustände

Heywang hat die negative Ladung überschüssiger Sauerstoffionen an den Korngremen für das Entstehen der Schottky-Barrieren verantwortlich gemacht. Dies entspricht dem Fall, der auch bei ZnO-Varistoren gefunden wurde. Sind der Keramik KG-aktive Akzeptoren wie Mn zugesetzt, so können diese die KG-Ladung und damit die Schottky-Barriere verstärken. Dies gilt umso mehr, als Akzeptoren im Gegensatz zu Donatoren eine ausgeprägte Segregation an Korngrenzen zeigen [28]. Zusätzlich zu den quasizweidimensional verteilten negativen Ladungen an der Korngrenze bestimmen auch die in Abschnitt 2.4.3 dargestellte Hochtemperatur-Thermodynamik der Fehlstellen und die Kinetik der Gleichgewichtseinstellung die Breite der Schottky-Barrieren d_{RL} in donatordotierter $BaTiO_3$-Keramik. Es wurde in Abschnitt 2.4.3 darauf hingewiesen, daß der Übergangspunkt III/IV in Bild 2.4.3-2, der bei Raumtemperatur das halbleitende bzw. isolierende Verhalten bestimmt, sich mit abnehmender Gleichgewichtstemperatur zu höheren Sauerstoffpartialdrucken P_{O2} verschiebt. Diese Temperaturabhängigkeit der Gleichgewichtsdefektkonzentrationen ist in Bild 6.3.2-1a für drei verschiedene P_{O2} dargestellt. Bild 6.3.2-1b zeigt die Leitfähigkeit nach dem Abschrecken der Gleichgewichte auf Raumtemperatur.

Mit abnehmender Temperatur ergibt sich sowohl in Luft ($P_{O2} \approx 20$ kPa) als auch in reinem Sauerstoff ($P_{O2} \approx 100$ kPa) eine Übergangstemperatur $T_{\ddot{U}}$, die dem Übergang zwischen Bereich III und IV auf der Temperaturskala entspricht (s. Gl. 2.27 und 2.28) und unterhalb der die abgeschreckte Probe isolierend wird (Bild 6.3.2-1b). Bei niedrigen Partialdrucken ($P_{O2} \approx 10$ Pa) bleibt die Keramik im gesamten dargestellten Temperaturbereich halbleitend (Bereich III).

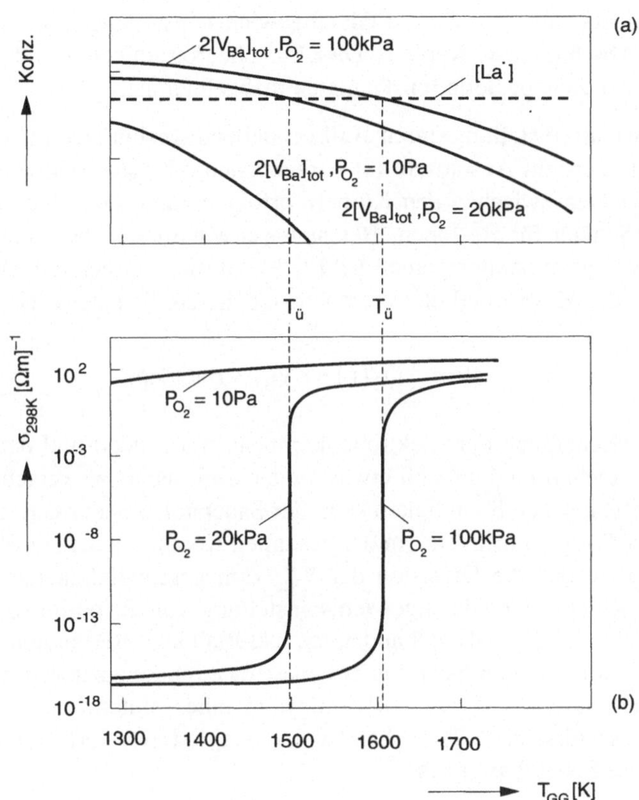

Bild 6.3.2-1   Die doppelte Gesamtkonzentration der Ba-Leerstellen $2[V_{Ba}]_{tot}$ (a) und die berechnete Leitfähigkeit nach dem (idealen) Abschrecken auf 298 K (b) in Abhängigkeit von der Gleichgewichtstemperatur T_{GG} bei drei verschiedenen Werten des Sauerstoffpartialdrucks P_{O2} für 0,3at% BaTiO$_3$-Keramik. Bei der Übergangstemperatur $T_{Ü}$ ist $2[V_{Ba}]_{tot}$ gleich der Konzentration der La-Donatoren [La$^{\cdot}$] (nach [102]).

Beim Sintern z.B. an Luft bei T = 1.650 K wird ein Defekt-Gleichgewicht eingestellt, welches im Bereich III liegt und beim unendlich schnellen Abschrecken zu einer halbleitenden Keramik führt. Das kontrollierte, langsame Abkühlen führt jedoch zu isolierenden Schichten an den Korngrenzen, wie im Folgenden erläutert wird. Die Geschwindigkeit der Gleichgewichtseinstellung (in den Bereichen III und IV) wird durch den Diffusionskoeffizienten der Ba-Leerstellen bestimmt, für den Wernicke

$D(V_{Ba}) = 6{,}8 \cdot 10^{-6} \exp(-2{,}76 \text{ eV}/kT) \text{ m}^2/\text{s}$ gefunden hat [101]. Der Diffusionskoeffizient der Ba–Leerstellen ist damit im relevanten Temperaturbereich zwischen etwa 1.000 und 1.600 K um 7 bis 9 Größenordnungen kleiner als der Diffusionskoeffizient der Sauerstoffleerstellen, der für die Gleichgewichtseinstellung in akzeptordotierten Titanaten (s. Abschnitt 3.1, Kapitel "Dielektrische Keramiken") und im Bereich I (Bild 2.4.3-2a) in donator-dotierten Titanaten maßgeblich ist.

Die Gleichgewichtseinstellung durch Ba-Leerstellendiffusion erfolgt von den Korngrenzen her, da dort ein Austausch mit vorhandenen oder sich bildenden Zweitphasen in den Zwickeln zwischen den Körnern erfolgen kann. Die Zweitphasen bilden Quellen oder Senken für Ba-Ionen. Beispielsweise wird sich bei einer Absenkung der Gleichgewichtstemperatur gemäß Bild 6.3.2-1a die Ba-Leerstellenkonzentration $[V''_{Ba}]$ im gesamten Korn zu erhöhen versuchen, d. h. das Gleichgewicht

$$\text{Ba}_{\text{Ba}} + 2e' + \frac{1}{2}O_2(g) \leftrightarrow V''_{Ba} + \text{BaO(Zp)} \tag{6.4}$$

zwischen den Grenzfällen der Elektronenkompensation (links) und der Leerstellenkompensation (rechts) beginnt sich etwas weiter nach rechts zu verschieben. Durch seine hohe Diffusionsgeschwindigkeit steht der Sauerstoff aus der Gasatmosphäre im hier relevanten Temperaturbereich in der gesamten Keramik jederzeit für Reaktionen zur Verfügung, so daß die Diffusion der V''_{Ba} zum geschwindigkeitsbestimmenden Schritt in der Kinetik der Gleichgewichtseinstellung von Reaktion (6.4) wird. Die Bezeichnung "Zp" in Gl. (6.4) soll andeuten, daß BaO kein Bestandteil des Wirtsgitters ist, sondern formal einer Reaktion mit einer Zweitphase zuzuordnen ist. Falls die Ti-reiche Zweitphase $\text{Ba}_6\text{Ti}_{17}\text{O}_{40}$ z.B. aufgrund eines sinterprozeßfördernden Ti-Überschusses (s. Abschn. 6.2) vorhanden ist, reagiert das formal gebildete BaO durch Abbau der Zweitphase nach:

$$\text{BaO} + \text{Ba}_6\text{Ti}_{17}\text{O}_{40} \rightarrow \frac{17}{11}\text{BaTiO}_3 + \frac{10}{11}\text{Ba}_6\text{Ti}_{17}\text{O}_{40} \tag{6.5}$$

Liegt keine Ti-reiche Zweitphase vor, so wird BaTiO_3 abgebaut und es bildet sich die Ba-reiche Zweitphase Ba_2TiO_4 gemäß:

$$\text{BaO} + \text{BaTiO}_3 \rightarrow \text{Ba}_2\text{TiO}_4 \tag{6.6}$$

Aus dem dargestellten Ablauf ergibt sich, daß die Einstellung ständig neuer Gleichgewichte während des langsamen Abkühlens zunächst an den Kornoberflächen erfolgt und von dort gemäß der in Bild 6.3.2-1a dargestellten Defektverhältnisse als V''_{Ba}-reiche Diffusionsfront ins Korninnere vordringt. Da die durch die V''_{Ba}-Diffusion bestimmte Kinetik während des Abkühlvorganges immer langsamer wird, friert schließlich (bei etwa 1.300 K) eine Defektstruktur ein, wie sie im Bild 6.3.2-2 als Querschnitt durch ein Korn schematisch dargestellt ist. Die Strecke d_D gibt die Eindringtiefe der Diffusionsfront an und stellt die Breite der isolierenden Randschicht an den Korngrenzen dar [100].

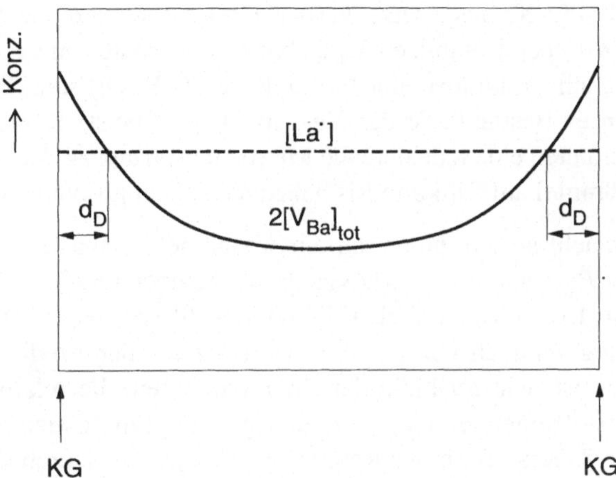

Bild 6.3.2-2   Schematisches Profil der den PTC-Effekt bestimmenden Defektkonzentrationen in einem mit La dotierten $BaTiO_3$-Korn. An Stellen, an denen die La-Konzentration geringer ist als die doppelte Ba-Leerstellenkonzentration, werden alle von dem La eingebrachten Leitungselektronen durch Ba-Leerstellen weggefangen. Dadurch ergeben sich isolierende Randschichten der Dicke d_D (nach [102]).

Die Schottky-Barrieren in donator-dotierter $BaTiO_3$-Keramik werden zusätzlich zu den in der KG-Ebene vorhandenen negativen Ladungen durch die Akzeptoren V''_{Ba} bestimmt, die in einem Volumen verteilt sind, welches sich (in erster Näherung) durch die KG-Fläche und die Schichtdicke d_D zu beiden Seiten der Korngrenze ergibt. Die Abkühlgeschwindigkeit bestimmt die Breite d_D und stellt damit einen wichtigen Parameter zur Optimierung des PTC-Verhaltens dar.

In Abschnitt 6.2 wurde erwähnt, daß Donatorkonzentrationen über 0,4 at% zu feinkörnigen, isolierenden Keramiken führen. Der Effekt, daß hohe Donatorkonzentrationen in Erdalkalititanaten offensichtlich das Kornwachstum während des Sinterns in oxidierender Atmosphäre behindern, ist als sog. **Kornwachstumsanomalie** bekannt [103]. Auf der Grundlage der Ausführungen über die Ba-Leerstellendiflfusion ist das Ausbleiben des PTC-Effektes in feinkörnigen Keramiken sofort verständlich. Bei einer Korngröße, die gleich oder kleiner als die doppelte Breite der Ba-Leerstellendiffusionsfront $2d_D$ ist, werden die Körner vollständig oxidiert und es verbleibt kein halbleitender Bereich, der einen PTC-Effekt verursachen könnte.

6.3.3 Degradation

PTC-Bauelemente auf der Basis von $BaTiO_3$-Keramik zeigen eine Degradation der elektrischen Eigenschaften, wenn sie reduzierenden Medien und höheren Temperaturen (etwa oberhalb 450 K) ausgesetzt wurden [104]. Reduzierende Medien können im Falle nicht-vergossener Keramiken Umgebungsatmosphären mit niedrigem Sauerstoffpartialdruck (auch: Vakuum) oder Flüssigkeiten (z.B. Öl) sein. Bei vergossenen Keramiken können es Bestandteile der Vergußmassen (meist: Kunststoff) sein, die bei höheren Temperaturen eine reduzierende Mikroatmosphären an der Keramikoberfläche bilden. Vergußmittel auf Silikonbasis haben sich als unproblematisch erwiesen.

Die Degradation macht sich in einer starken Abnahme des maximalen spezifischen PTC-Widerstandes P_{max} und einem Rückgang des Temperaturkoeffizienten im PTC-Bereich bemerkbar. Der zeitliche Ablauf hängt sowohl von der Höhe und Dauer der Temperaturbelastung als auch von der Art des reduzierenden Mediums ab. Ursache für die Degradation ist, wie im Falle der ZnO-Varistoren, die relativ hohe Beweglichkeit der Sauerstoffionen entlang der Korngrenze. Ein reduzierendes Medium stellt ein Senke für Sauerstoff an der Keramikoberfläche dar. Durch den Abtransport des Sauerstoffs aus der Keramik entlang der Korngrenzen gehen Akzeptorzentren an den Korngrenzen verloren und die KG-Barriere wird geschwächt.

6.4   Technische Anwendungen

PTC-Widerstände werden eingesetzt (s. auch Band 3, Abschnitt 3.3.5)

– als Temperaturfühler,
– zum Überlastschutz,
– als Heizelemente und
– zur Entmagnetisierung.

Bei allen Anwendungen, die auf der Selbstaufheizung von PTC-Widerständen unter Spannungsbelastung beruhen, ist zu berücksichtigen, daß sich erhebliche Temperaturgradienten zwischen dem Inneren und der Oberfläche des Keramikkörpers ausbilden. Dies führt dazu, daß verschiedene Volumenelemente des Keramikkörpers sich an unterschiedlichen Punkten auf der $\rho_{sp}(T)$-Kurve (Bild 6.1-1) befinden. Beispielsweise kann sich die Keramik im Zentrum des Bauelementkörpers bereits im PTC-Bereich befinden, während oberflächennahe Bereiche noch im Kaltwiderstandsbereich sind. Für das Bauelement als Ganzes führt dieser Effekt, der stark vom Volumen und der Geometrie des PTC-Widerstandes abhängt, zu einem Verschleifen der Kennlinie. Ausführliche Beispiele sind in den Datenblättern der Hersteller zu finden.

Aufgrund der hohen Temperaturabhängigkeit des spezifischen Widerstandes innerhalb des PTC-Bereichs können Kaltleiter mit kleinem Volumen als **Temperaturfüh-ler** zur Überwachung auf Über- oder Untertemperatur verwendet werden. Der gewünschte Überwachungsbereich kann mit Hilfe der Zusammensetzung der Keramik gewählt werden (s. Bild 6.2-1). In einer modifizierten Anwendung werden kleine PTC-Widerstände als Niveaufühler für Flüssigkeiten eingesetzt. Zu diesem Zweck wird ein Strom dergestalt aufgeprägt, daß der PTC-Widerstand oberhalb des Flüssigkeitsniveaus durch Selbstaufheizung in den hochohmigen Zustand schaltet. Die verbesserte Wärmeabgabe beim Eintauchen in die Flüssigkeit senkt die Fühlertemperatur und damit dessen Widerstand dann stark ab.

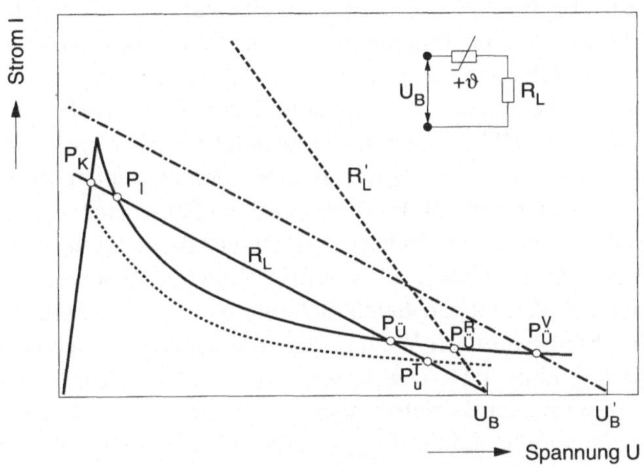

Bild 6.4-1   Schematische Strom-Spannungs-Kennlinie eines PTC-Widerstands und Lastgerade eines in Reihe geschalteten Verbrauchers.

(———) PTC-Kennlinie und Lastgerade im Normalbetrieb; Arbeitspunkt nach dem Einschalten: P_K, Arbeitspunkt nach dem Überlastfall: $P_Ü$. P_I ist ein instabiler Arbeitspunkt.

($\cdots\cdots$) PTC-Kennlinie bei Temperaturüberlastung; Arbeitspunkt $P_Ü^T$

(– – – –) Lastgerade bei Stromüberlastung durch Abfall des Lastwiderstandes R_L auf R_L'; Arbeitspunkt $P_Ü^R$

(–·–·–·) Lastgerade bei Stromüberlastung durch Spannungsanstieg von U_B auf U_B'; Arbeitspunkt $P_Ü^V$

PTC-Widerstände zum **Überlastschutz** von Leistungsbauelementen (z.B. Motoren) oder Geräten werden in Reihe mit der zu schützenden Last geschaltet. Bei elektrischer oder thermischer Überlastung wird der PTC-Widerstand hochohmig und reduziert dadurch den Strom durch die Last auf einen kleinen Wert. Zum thermischen Überlastschutz muß der PTC-Widerstand thermisch mit der Last gekoppelt sein. Nach Wegfall der Überlastung und nach Abkühlung des PTC-Widerstandes ist die Schaltung wieder funktionstüchtig. Die Arbeitsweise kann anhand der Strom-Spannungs-Kennlinie in Bild 6.1-2 erläutert werden. Bei geeigneter Dimensionierung des PTC-Widerstandes weist die Gerade einer ohmischen Last drei Schnittpunkte (P_K, P_I und $P_{\ddot{U}}$) mit der PTC-Kennlinie auf, wobei P_K im Kaltwiderstandsbereich sowie $P_{\ddot{U}}$. im PTC-Bereich stabil und P_I instabil sind (Bild 6.4-1).

Nach dem Einschalten läuft die Schaltung in den normalen Betriebszustand P_K, in dem der niederohmige PTC-Widerstand praktisch keinen Einfluß auf die Schaltung hat. Die Betriebszustände im PTC-Bereich, die durch die Punkte $P_{\ddot{U}}$ gekennzeichnet sind, werden nur im Überlastfall erreicht. Beispielsweise sinkt durch eine unzulässige Temperaturerhöhung das Maximum der PTC-Kennlinie unter P_K (Bild 6.4-1, punktierte Kurve), so daß sich $P_{\ddot{U}}^T$ als neuer Arbeitspunkt einstellt. Elektrische Überlastung durch eine unzulässige Spannungszunahme bzw. eine unzulässige Abnahme des Lastwiderstandes führen zu den Arbeitspunkten $P_{\ddot{U}}^V$ und $P_{\ddot{U}}^R$. Nach Wegfall der Überlastung verbleibt die Schaltung zunächst im Überlastzustand $P_{\ddot{U}}$, in dem die Last durch den hochohmigen PTC-Widerstand geschützt ist. Erst nach Abschalten des Stroms, Abkühlen des PTC-Widerstandes und Wiedereinschalten wird der normale Betriebszustand P_K wieder erreicht. Es ist in manchen Fällen auch eine Dimensionierung möglich, in der im normalen Betriebszustand nur der Schnittpunkt P_K zwischen der PTC-Kennlinie und der Lastgeraden auftritt (Band 3, Abschnitt 3.3.5). Erst im Überlastfall ergibt sich der entsprechende Schnittpunkt $P_{\ddot{U}}$. In diesem Fall stellt sich der normale Betriebszustand nach Wegfall der Überlastung automatisch wieder ein. Die Dimensionierung eines PTC-Überlastschutzes richtet sich in erster Linie nach dem Strom, der im normalen Betriebszustand durch die Last fließt. Ferner ist zu beachten, daß die maximale Spannung U_{max} (s. Bild 6.1-2) des PTC-Widerstandes größer ist als die im ungünstigsten Überlastfall auftretende Spannung. Gegebenenfalls ist ein kombinerter PTC-/VDR-Schutz vorzusehen.

Die ausgeprägte positive Temperaturcharakteristik des Widerstandes bewirkt eine Selbststabilisierung der Temperatur, wenn ein PTC-Widerstand durch eine angelegte Spannung aufgeheizt wird. Dies bedeutet, daß beim Einsatz von PTC-Keramik als **Heizelemente** für einfache Anwendungen keine zusätzlichen Thermostate und elektronischen Regelschaltungen zur Temperaturbegrenzung und -stabilisierung benötigt werden. Bei Erhöhung des Wärmewiderstandes zwischen PTC-Element und thermischem Verbraucher (z.B. durch Bruch der thermischen Kopplung) besteht im Gegensatz zu herkömmlichen Widerstandsheizungen keine Gefahr der Überhitzung. In ähnlicher Weise wird eine Erhöhung der Umgebungstemperatur abgefangen, da die Leistung im PTC-Element entsprechend zurückgeht (vgl. hierzu Band 3, Abschnitt 3.3.5). Auch Spannungsschwankungen haben nur relativ geringe Auswirkungen auf die Betriebstemperatur. PTC-Heizelemente werden bevorzugt in Anwendungen mit kleinen bis mittleren Dauerleistungen bei nicht zu hohen Temperaturen eingesetzt, z.B. für Warmhalteplatten, Kunststoff-Schweißgeräte, Vorheizer in Ölheizungsanlagen, automatische Choker-Einstellung [2] und Haartrockner. Für den Einsatz zur Lufterhitzung wird die Keramik als bienenwabenförmigen Lochplatte ausgebildet.

Zur **Entmagnetisierung** der Ablenkspulen in Bildröhren wird nach dem Einschalten des Gerätes ein abklingender Wechselstrom durch die Spulen geschickt. Zu diesem Zweck wird ein PTC-WIderstand in Reihe mit einer Ablenkspule geschaltet. Nach dem Einschalten heizt sich der PTC-Widerstand auf und wird hochohmig, so daß der Strom bis auf einen kleinen Restwert abklingt. Dieser Restwert wird oft weiter herabgesetzt, indem ein zweiter PTC-Widerstand, der eine etwas höhere Curietemperatur als der erste hat und mit diesem thermisch gekoppelt ist, als Heizelement eingesetzt. Durch die dadurch bedingte Fremdheizung des Entmagnetisierungs-PTCs wird dessen Endwiderstand weiter angehoben.

6.5   Alternative PTC-Keramiken

Zur Herstellung von PTC-Widerständen mit höheren Strombelastbarkeiten als donatordotierte $BaTiO_3$-Keramik lassen sich Metalloxide wie z.B. V_2O_3 mit einem Phasenübergang zwischen einer *metallisch*-leitenden *Tief*temperaturphase und einer *halb*leitenden *Hoch*temperaturphase einsetzen (s. Abschnitt 2.2). Ähnlich wie im Fall der $BaTiO_3$-Keramik läßt sich die Phasenübergangstemperatur durch Mischkristallbildung variieren.

Dieses System zeigt zwei Phasenübergänge, von denen der Übergang bei höherer Temperatur, der stark vom Cr-Gehalt abhängt, einen ausgeprägten PTC-Effekt des spezifischen Widerstgandes von bis zu drei Größenordnungen aufweist. Da dieser Phasenübergang mit einem Volumenzuwachs beim Aufheizen um etwa 1% verbunden ist, ergibt sich eine ausgeprägte Druckabhängigkeit von etwa $dT_C/dP \approx 0{,}64$ K/MPa. Der Phasenübergang ist erster Ordnung und zeigt eine intrinsische Hysterese. Der PTC-Effekt *in Keramik* ist in Vergleich zu Einkristallen des gleichen Cr-Gehaltes über einen größeren Temperaturbereich verschmiert (max. $d\rho_{sp}/(\rho_{sp}dT)$ $\approx 4\%/K$) und zu einer tieferen Phasenübergangstemperatur verschoben. Für diesen Effekt wird die polykristalline Struktur verantwortlich gemacht, da die einzelnen Körner durch ihre zufällige Ausrichtung gegenüber ihren Nachbarn unterschiedlichen Druck- und Zug-Belastungen ausgesetzt sind und damit individuelle Phasenübergangspunkte aufweisen. Zugleich geht die Widerstandszunahme im PTC-Bereich auf weniger als zwei Größenordnungen zurück (Bild 6.5-1).

Die $(V,Cr)_2O_3$-Keramik wird nach dem Sintern mit Metallegierungen wie z.B. AgCuTi versehen, welche die Keramik benetzen und einen guten elektrischen Kontakt zu den anschließend aufgepreßten Cu-Kontakten darstellen. Dies ist besonders wichtig, da das Bauelement nur dann eingesetzt werden kann, wenn der Kontaktwiderstand noch kleiner als der – in den üblichen Bauformen – bereits sehr kleine Widerstand der Keramik selbst ist. Details der Herstellung sind in Ref. [107] beschrieben.

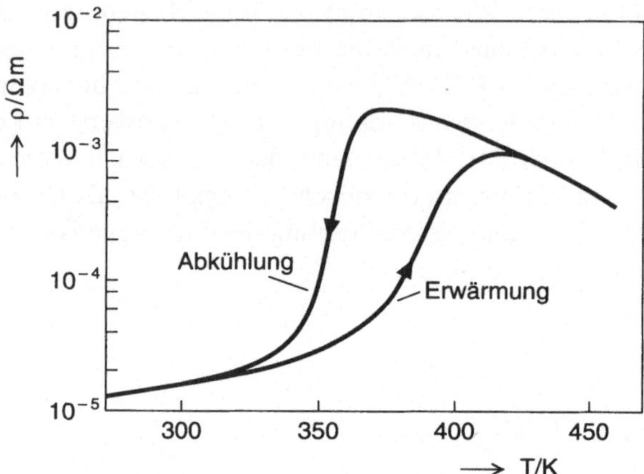

Bild 6.5-1   Temperaturabhängigkeit des spezifischen Widerstands von $(V_{1-x}Cr_x)_2O_3$-Keramik mit $x = 0{,}4$ at% (nach [106])

Im Vergleich zu donator-dotierter $BaTiO_3$-Keramik ist der Kaltwiderstand in $(V,Cr)_2O_3$-Keramik um mindestens drei Größenordnungen geringer, d.h. die Strombelastbarkeit ist entsprechend größer. Es besteht zudem praktisch keine Frequenz– oder Spannungsabhängigkeit des Heißwiderstandes, da der PTC-Effekt hier eine Bulkeigenschaft und keine KG-Eigenschaft ist. Das macht $(V,Cr)_2O_3$-Keramik prinzipiell für Anwendungen geeignet, in denen diese Unterschiede zur $BaTiO_3$-Keramik ausschlaggebend sind. Andererseits schränkt der geringe PTC-Sprung die Anwendungsbreite von $(V,Cr)_2O_3$-Keramik stark ein.

Literatur

[1]   H. L. Tuller, "Highly Conductive Ceramics", in R. C. Buchanan (Hrsg.),"Ceramic Materials for Electronics", Marcel Dekker, New York (1986)

[2]   D. C. Hill and H. L. Tuller, "Ceramic Sensors: Theory and Practice", in R. C. Buchanan (Hrsg.), "Ceramic Materials for Electronics", Marcel Dekker, New York (1986).

[3]   H. K. Bowen, "Ceramics as Electronic Materials", in M. Grayson (Hrsg.), "Encyclopedia of Semiconductor Technology", J. Wiley and Sons, New York (1984)

[4]   B. N. Figgis, "Introduction to Ligand Fields", J. Wiley and Sons, New York (1966)

[5]   H. L. Schläfer und G. Gliemann, "Einführung in die Ligandenfeldtheorie", Akademische Verlagsgesellschaft, Frankfurt (1967).

[6]   R. W. Vest und J. M. Honig, "Highly Conducting Ceramics and the Conductor–Insulator Transition", in N. M. Tallan (Hrsg.), "Electrical Conductivity in Ceramics and Glass", Marcel Dekker, New York (1974)

[7]   P. A. Cox, "The Electronic Structure and Chemistry of Solids", Oxford Science Publications, Oxford (1987).

[8]   J. M. Honig, "Electronic Band Structure of Oxides with Metallic or Semiconducting Characteristics", in S. Trasatti (Hrsg.), "Electrodes of Conductive Metallic Oxides", Part A, Elsevier Scientific Publishing Company, Amsterdam (1980).

[9]   S. M. Sze, "Physics of Semiconductor Devices", 2. Auflage, J. Wiley and Sons, New York (1980)

[10]   H. Ibach and H. Lüth, "Festkörperphysik", 3. Aufl., Springer-Verlag, Berlin (1990)

[11]   F. A. Kröger und H. J. Vink, in F. Seitz und D. Turnbull (Hrsg.), "Solid State Physics", Vol. 3, Academic Press, New York (1956).

[12]   N. H. Chan und D. M. Smyth, J. Am. Ceram. Soc. **67**, 285 (1984).

[13]   J. Daniels und K. H. Härdtl, Philips Res. Repts **31**, 489 (1976)

[14]   R. Wernicke, phys. stat. sol (a) **47**, 139 (1978)

[15]   G. M. Choi, H. L. Tuller und D. Goldschmidt, Phys. Rev. B **34**, 6972 (1986)

[16]   J. E. Carnes und A. M. Goodman, J. Appl. Phys. **38**, 3091 (1967)

[17]   B. M. Kulwicki, J. Phys. Chem. Solids **45**, 1015 (1984)

[18]   K. M. Ostyn und C. B. Carter, Adv. Cer. 6, **44** (1983)

[19]   M. R. Notis, B. Bender und D. B. Wllliams, Adv. Cer. **1**, 91 (1981)

[20]   D. R. Clarke, J. Appl. Phys. **49**, 2407 (1978)

[21]   F. Greuter und G. Blatter, Semicond. Sci. Technol. **5**, 111 (1990)

[22]   M. Fujimoto, Y. M. Chiang, A. Roshko und W. Kingery, J. Am. Ceram. Soc. **68**, C300 (1985)

[23]   H. B. Haanstra und H. Ihrig, J. Am. Ceram. Soc. **63**, 288 (1980)

[24]   P. E. C. Franken und W. T. Stacy, J. Am. Ceram. Soc. **63**, 315 (1980)

[25]   F. J. A. den Broeder und P. E. C. Franken, Adv. Cer. **1**, 494 (1981)

[26]   M. F. Yan, R. M. Cannon und H. K. Bowen, J. Appl. Phys. **54**, 764 und 779 779 (1983)

[27]   Z. Adamczyk und J. Nowotny, J. Phys. Chem. Solids **47**, 11 (1986)

[28]   Y. M. Chiang und T. Takagi, J. Am. Ceram. Soc. **73**, 3278 (1990)

[29]   S. B. Desu und D. A. Payne, J. Am. Ceram. Soc. **73**, 3391 und 3398 (1990)

[30]   G. E. Pike und C. H. Seager, J. Appl. Phys. **50**, 3414 (1979)

[31]   G. Blatter und F. Greuter, Phys. Rev. B **33**, 3952 (1986)

[32]   G. E. Pike, Phys. Rev. B **30**, 3274 (1984)

[33]   C. H. Seager und G. E. Pike, Appl. Phys. Lett. **35**, 709 (1979)

[34]   D. V. Lang, J. Appl. Phys. **45**, 3023 (1974)

[35]   C. H. Seager and T. G. Castner, J. Appl. Phys. **49**, 3879 (1978)

[36]   J. A. Madenach und J. H. Werner, Phys. Rev. B 38, 13150 und 1958 (1988)

[37]   C. H. Seager und G. E. Pike, Appl. Phys. Lett. **37**, 747 (1980)

[38]   G. E. Pike, Phys. Rev. B **30**, 795 (1984)

[39]   A. Krumbiegel (Hrsg.), "Beyschlag-Widerstandslexikon", Beyschlag GmbH / Philips Components, Heide (1988).

[40]   K. Nitzsche und H. J. Ulrich, "Funktionswerkstoffe", Dr. Alfred Hüthig Verlag, Heidelberg (1986).

[41]   H. C. Angus und P. E. Gainsbury, Elec. Comp., **84** (1968).

[42]   R. W. Vest, "Conduction mechanism in thick film microcircuits", Final Technical Report, ARPA Order Number 1642, Dec. 1975.

[43]   R. E Cote und R. J. Bouchard, "Thick-film Technology" in L. M. Levinson (Hrsg.) "Electronic Ceramics", Marcel Dekker Inc., New York (1988).

[44]   J. M. Wlmmer, H. C. Graham und N. M. Tallan, "Microstructural and Polyphase Effects", in N. M. Tallan (Hrsg.) "Electrical Conductivity in Ceramics and Glass", Part B, Marcel Dekker Inc., New York (1974).

[45]   P. A. Lightsey, Phys. Rev. B **8**, 3586 (1973).

[46]   R. W. Vest, "Conduction Mechanism in Thick Film Microcircuits", Final Techn. Report, ARPA Order Number 1642 (1975).

[47]   R. E. Newnham, J. Mater. Educ. **7**, 605 (1985).

[48]   A. Kubovy, J. Phys. D: Appl. Phys. **19**, 2171 (1986).

[49]   K. Bobran, Z. Phys. B **75**, 507 (1989).

[50]   P. F. Carcia, A. Ferretti und A. Suna, J. Appl. Phys. **53**, 5282 (1982).

[51]   W. D. Ryden, A. W. Lawson, und C. C. Sartain, Phys. Lett. **26A**, 209 (1968).

[52]   G. E. Pike und C. H. Seager, J. Appl. Phys. **48**, 5152 (1977).

[53]   A. Dziedzic und L. Golonka, J. Mat. Sci. **23**, 3151 (1988).

[54]   N. C. Halder, Electrocomp. Sci. Technol. **11**, 21 (1983).

[55]   N. C. Halder und R. J. Snyder, Electrocomp. Sci. Technol. **11**, 123 (1984).

[56]   Data Handbook "Varistors, Thermistors and Sensors", Philips Components, 1990.

[57] H. B. Sachse, "Semiconducting Temperature Sensors and Their Applications", Wiley, New York, 1975.

[58] E. D. Macklen, "Thermistors", Electrochemical Publications, Ayr, Scotland, 1979.

[59] A. J. Moulson und J. M. Herbert, "Electroceramics", Chapman and Hall, London 1990.

[60] H. Arima, A. Ikegami, K. Abe, S. Iwanaga und T. Isoga, Proc. 1980 Int. Microelectr. Symp., 272 (1980).

[61] M. Matsuoka, Jap. J. Appl. Phys. **10**, 736 (1971)

[62] F. Stucki, P. Brüesch und F. Greuter, Surf. Sci. **189/190**, 294 (1987)

[63] H. Kanai, M. Imai und T. Takahashi, J. Mat. Sci. **20**, 3957 (1985)

[64] T. K. Gupta, J. Am. Ceram. Soc. **73**, 1817 (1990)

[65] M. Rossinelli und F. Greuter, ETG-Fachbericht 29, VDE-Verlag GmbH, Berlin, S. 89-102 (1989)

[66] M. Trontelj, D. Kolar und V. Krasevec, Adv. Ceramics **7** (1984)

[67] M. Inada, Jap. J. Appl. Phys. **17**, 1 (1978), ibid. **17**, 673 (1978), ibid. **18**, 1439 (1979) und ibid. **19**, 409 (1980)

[68] R. G. Dosch, B. A. Tuttle und R. A. Brooks, J. Mat. Res. **1**, 90 (1986)

[69] G. Djega-Mariadassou, V. Tran Huu, A. LaGrange and M. Bureau-Tardy, Europ. Pat. Appl. 0 272 964 (29.6.1988)

[70] P. Strassacker, VDI-Fortschrittsberichte, Reihe 21, Nr. 20, VDI-Verlag Düsseldorf, 1987.

[71] M. H. Sukkar und H. L. Tuller, Adv. Ceramics **7**, 71 (1984).

[72] R. Einzinger, "Grain-Boundary Phenomena in ZnO Varistors", in H. J. Leamy, G. E. Pike und C. H. Seager (Hrsg.) "Grain Boundaries in Semiconductors", Elsevier, New York (1982)

[73] G. Blatter und F. Greuter, Phys. Rev. B **34**, 8555 (1986)

[74] G. E. Pike, Mater. Res. Soc. Proc. **5**, i369 (1982)

[75] G. E. Pike, S. R. Kurtz, P. L. Gourley, H. R. Philipp und L. M. Levinson, J. Appl. Phys. **57**, 5512 (1985)

[76] G. D. Mahan, L. M. Levison und H. R. Philipp, J. Appl. Phys. **50**, 2799 (1979)

[77] G. E. Pike, P. L. Gourley und S. R. Kurtz, Appl. Phys. Lett. **43**, 939 (1983)

[78] W. Meissen, etz **104**, 343 (1983) und etz **107**, 50 (1986).

[79] L. J. Bowen und F. J. Avella, J. Appl. Phys. **54**, 2764 (1983).

[80] P. Gerthsen und B. Hoffmann, Solid-State Electron. **16**, 617 (1973).

[81]   D. Hennings, R. Hartung und P. J. L. Reijnen, J. Am. Ceram. Soc. **73**, 645 (1990).

[82]   J. Maxwell, N. Chan und A. Templeton, Proceedings der CARTS-Europe'89, 107 (1989).

[83]   K. Eda, J. Appl. Phys. **56**, 2948 (1984).

[84]   T. K. Gupta und W. G. Carlson, J. Mat. Sci. **20**, 3487 (1985).

[85]   T. K. Gupta, W. G. Carlson und P. L. Hower, J. Appl. Phys. **52**, 4104 (1981).

[86]   T. K. Gupta und W. G. Carlson, J. Appl. Phys. **53**, 7401 (1982).

[87]   T. K. Gupta und A. C. Miller, J. Mat. Res. **3**, 745 (1988).

[88]   P. W. Haaijman, R. W. Dam und H. A. Klasens, Dtsche Pat.schrift 929350, 23. Juni 1955.

[89]   W. Y. Howng und C. McCutcheon, Am. Ceram. Soc. Bull. **62**, 231 (1983).

[90]   E. Andrich, Electr. Appl. **26**, 123 (1965/66).

[91]   T. Murakami, T. Miyashita, M. Nakahara und E. Sekine, J. Am. Ceram. Soc. **56**, 294 (1973).

[92]   S. B. Desu und D. A. Payne, J. Am. Ceram. Soc. **73**, 3407 (1990).

[93]   H. Ihrig, J. Arn. Ceram. Soc. **64**, 617 (1981).

[94]   W. Heywang, Solid State Electronics **3**, 51 (1961).

[95]   B. M. Kulwicki, Adv. Ceramics **1**, 138 (1983).

[96]   G. H. Jonker, Adv. Ceramics **1**, 155 (1983).

[97]   H. Ihrig und W. Puschert, J. Appl. Phys. **48**, 3081 (1977).

[98]   G. Koschek und E. Kubalek, Beitr. elektronenmikroskop. Direktabb. Oberfl. **20**, 111 (1987); Phys. Stat. Sol. 100, 355 (1987).

[99]   H. Ihrig und M. Klerk, Appl. Phys. Lett. **35**, 307 (1979).

[100] J. Daniels und R. Wernicke, Philips Res. Repts. **31**, 544 (1976)

[101] R. Wernicke, Philips Res. Repts. **31**, 521 (1976)

[102] J. Daniels, K. H. Härdl und R. Wernicke, Philips Technische Rundschau, **38**, 1 (1979).

[103] G. H. Jonker, Solid-State Electronics **7**, 895 (1964).

[104] F. P. Koffyberg, J. Solid State Chem. **2**, 176 (1970).

[105] D. B. McWhan, A. Menth, J. P. Remeika, W. F. Brinkmann und T. M. Rice, Phys. Rev. B **7**, 1920 (1973).

[106] R. S. Perkins, A. Rüegg, M. Fischer, P. Streit und A. Menth, IEEE Trans. CHMT **5**, 225 (1982).

[107] A. Rüegg, R. S. Perkins und P. Streit, Sci. Ceramics 11 (1982).

IV. Keramische Gassensoren

Von Karl Heinz Härdtl

1 Einleitung

Seit geraumer Zeit sind die Zuwachsraten des Sensormarktes verglichen mit anderen Wachstumbranchen ungewöhnlich hoch [1] und auch neueste Marktprognosen lassen keine Abschwächung dieser Tendenz, die sich über alle Sensorarten und geografischen Regionen erstreckt, erkennen [2]. Dafür gibt es vielfältige Ursachen: Einmal bietet die moderne Mikroelektronik kompakte und preiswerte Lösungen der für den Betrieb der Sensorsysteme benötigten Elektronik, zum anderen haben ein steigendes Umweltbewußtsein und der damit gekoppelte Wunsch nach Messung und Reduzierung der Schadstoffe, erhöhte Sicherheitsanforderungen und die dringende Notwendigkeit einer rationelleren Energieverwertung im Sinne energiesparender Prozeßführungen dazu geführt, daß die Zahl der hierfür benötigten Sensoren ständig steigt. Diese generell gefundene Tendenz gilt in besonderem Maße für Gassensoren [3].

Die physikalischen Prinzipien sowie die dabei verwendeten Materialien, mit welchen aus der nichtelektrischen Eingangsgröße Gaskonzentration eine elektrische Ausgangsgröße gewonnen wird, sind sehr unterschiedlich. Ebenso werden für jede Gasart spezielle Verfahren verwendet, sodaß z. Z. kein generelles, für alle Gasarten verwendbares Sensorprinzip existiert. Das Hauptinteresse konzentriert sich in letzter Zeit auf die Detektion von Sauerstoff in Abgasen und von brennbaren Gasen in Luft sowie auf die Analyse von Verbrennungsprozessen

Diese Aufgaben und besonders die kontinuierliche Messung der Abgase in Kraftfahrzeugen, Kraftwerken, aber auch künftig in den Feuerungsanlagen des Haushalts, die Überwachung explosionsgefährdeter Bereiche im Bergbau, in der chemischen Industrie oder in Haushalten mit Gasversorgung verlangen *robuste, zuverlässige, langzeitstabile, hochtemperaturfeste aber auch gleichzeitig kostengünstige Sensoren bzw. Sensorsysteme, die selektiv arbeiten*, d.h. möglichst nur für ein spezielles Gas ansprechen.

Da sich gerade Keramiken durch ein stabiles Verhalten in Hinsicht auf Temperatur, Korrosion und mechanische Stärke sowie durch Zuverlässigkeit und preiswerte Herstellung auszeichnen, eignen sie sich besonders als Werkstoffe für derartige Sensorelemente. In Tabelle 1 sind die interessantesten der heute in Produktion oder Entwicklung befindlichen Gassensoren mit den dabei verwendeten Materialien und den ausgenutzten physikalischen Effekten zusammengestellt.

Tabelle 1   Keramische Gassensoren

	Festelektrolyt-Sensoren (λ-Sonden)	Halbleiter-(Taguchi) Sensoren	Resistive Sensoren	PTC-Mikrokalorimeter
Keramisches Material	Stab. ZrO_2	SnO_2	TiO_2, $SrTiO_3$	Halbl. $BaTiO_3$ + Katalysator
Ausgenutzter physikalischer Effekt	O-Ionenleitung eines Festkörperelektrolyten	Elektronische Leitung in Grenzschichten	Elektronische Leitung im Volumen	Messung katalytisch erzeugter Wärmetönung
Arbeitstemperatur	300...700 °C	300...400 °C	600...1000 °C	50...350 °C
Industrielle Reife	Industrielles Produkt	Industrielles Produkt	Prototypen vor Markteinführung	Entwicklung
Nachweisbare Gase	Sauerstoff	Brennbare Gase	Sauerstoff	Brennbare Gase

Während Festelektrolyt-Sensoren in Form von Lambda-Sonden zur Messung von Sauerstoffpartialdrücken und Halbleiter-Taguchi-Sensoren zur Konzentrationsbestimmung brennbarer Gase in Luft mit in die Millionen gehenden Stückzahlen produziert werden, befinden sich resistive Sauerstoffsensoren kurz vor der Markteinführung und PTC-Mikrokalorimeter erst in einem Entwicklungsstadium. Die beiden letztgenannten Sensortypen besitzen jedoch gegenüber dem erstgenannten einige Vorteile, die eine Markteinführung erwarten bzw. eine Weiterentwicklung sinnvoll erscheinen lassen. Diese Vorteile liegen in der hohen Ansprechgeschwindigkeit resistiver Sensoren und in der Selektivität gegenüber unterschiedlichen brennbaren Gasen von PTC-Mikrokalorimetern.

2   Festelektrolyt-Sensoren

Keramiken, deren elektrische Leitfähigkeit auf Ionenleitung (Band 1, Abschnitt 2.7.3) beruht, werden **Festelektrolyte** genannt. Prägt man einem derartigen Festelektrolyten einen Konzentrationsgradient der ionenleitenden Spezies auf, so entsteht längs des Gradienten eine meßbare Spannung, die zur Bestimmung des Konzentrationsgradienten herangezogen werden kann (Band 3, Abschnitt 8.3).

2.1   Sauerstoffsensoren

Der bekannteste und am häufigsten eingesetzte Festelektrolyt-Sensor ist die sogenannte Lambda-Sonde zur Bestimmung der Sauerstoffkonzentration. Als Festelektrolyt dient dabei Yttrium-stabilisierte, dichtgesinterte ZrO_2-Keramik. Dieses Material ist in einem weiten Temperaturbereich (280...800 °C) ein reiner Sauerstoffionenleiter mit einer exponentiell mit der Temperatur steigenden Leitfähigkeit. Die Yttrium-Stabilisierung ist in zweierlei Hinsicht notwendig:

– Sie stabilisiert die kubische Hochtemperaturphase der Fluoritstruktur (Band 1, Abschnitt 1.3.2) des ZrO_2 bis zu Raumtemperatur, sodaß keine mechanischen Zerstörungen durch kristallografische Phasenübergänge bei Temperaturwechsel auftreten.

– Durch den Einbau der Y^{3+}-Ionen auf Zr^{4+}-Plätzen entstehen aus Elektroneutralitätsgründen Sauerstoffleerstellen, die Ladungsträger für die Ionenleitung. Mit steigender Temperatur wird die Diffusion und damit auch die Beweglichkeit dieser Leerstellen so hoch, daß ab 280 °C eine merkliche Leitfähigkeit einsetzt. Auch mit zunehmender Yttriumkonzentration steigt die Ionenleitung. Maximale Leitfähigkeit wird bei ca. 8 Mol-% Y_2O_3 erhalten [4].

Die durch Elektronen oder Löcher bewirkte elektronische Leitfähigkeit ist im Sauerstoffpartialdruckbereich zwischen 10^5 Pa und 10^{-15} Pa und Temperaturen unter 1.000 °C um mehrere Zehnerpotenzen kleiner als die Ionenleitung. Bei Temperaturen über 1.000 °C und Sauerstoffpartialdrücken unterhalb 10^{-15} Pa nähert sich dagegen die elektronische Leitfähigkeit der Ionenleitfähigkeit. Das verhindert den Einsatz als Sauerstoffsensor, da die Elektronenleitung die durch den Ionenkonzentrationsgradienten erzeugte Meßspannung intern zumindest teilweise kurzschließt [5].

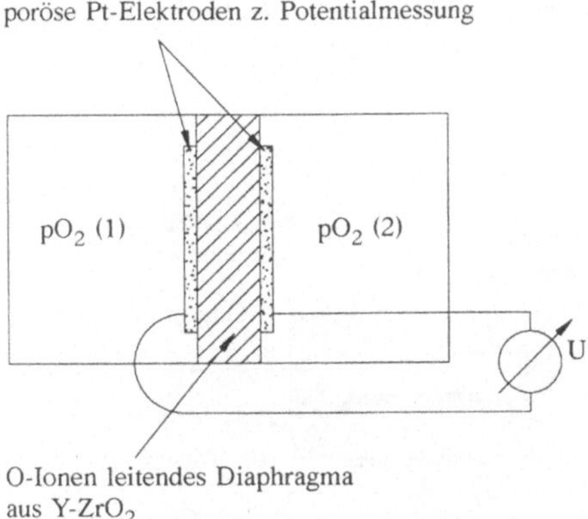

Bild 1   Prinzip des Festelektrolyt-Sensors (Lambda-Sonde) mit unterschiedlichen Sauerstoffpartialdrücken p_{O2} in den Kammern (1) und (2)

Versieht man entsprechend Bild 1 die dichtgesinterte Yttrium-stabilisierte ZrO_2-Keramik mit porösen Platinelektroden und verwendet die Keramik als dichtes Diaphragma zwischen zwei Kammern mit unterschiedlichen Sauerstoffpartialdrücken, so entsteht an den Elektroden eine Spannung U, die gegeben ist durch die **Nernst-Gleichung** (Band 3, Abschnitt 8.4)

$$U = \frac{kT}{4|q|} \ln \frac{p_{O2}(1)}{p_{O2}(2)}$$ (1)

Dabei bedeuten

k: Boltzmannkonstante
T: absolute Temperatur
$|q|$: Elementarladung
$p_{O2}(1)$, $p_{O2}(2)$: Sauerstoffpartialdrücke in den Kammern 1 bzw. 2.

Wird in einer Kammer normale Umgebungsluft mit bekanntem Sauerstoffgehalt verwendet, so läßt sich mit Gleichung (1) der Sauerstoffgehalt der anderen Kammer leicht berechnen.

Die Hauptanwendung der Lambda-Sonde als Sauerstoffsensor liegt in der Regelung des stöchiometrischen Luft-Kraftstoff-Gemisches von Ottomotoren. Um mit einem Pt-Katalysator die Schadstoffe in Autoabgasen auf die staatlich geforderten niedrigen Werte zu reduzieren, muß das Luft-Kraftstoff-Gemisch mit hoher Genauigkeit bei allen Motorbetriebszuständen auf den stöchiometrischen Wert ($\lambda = 1$) eingestellt werden. Dies ist mit dem Festelektrolyt-Sensor gut möglich, da sich der Sauerstoffpartialdruck in unmittelbarer Nähe des stöchiometrischen Wertes um viele Zehnerpotenzen ändert, was entsprechend Gl.(1) eine deutliche Spannungsänderung zur Folge hat.

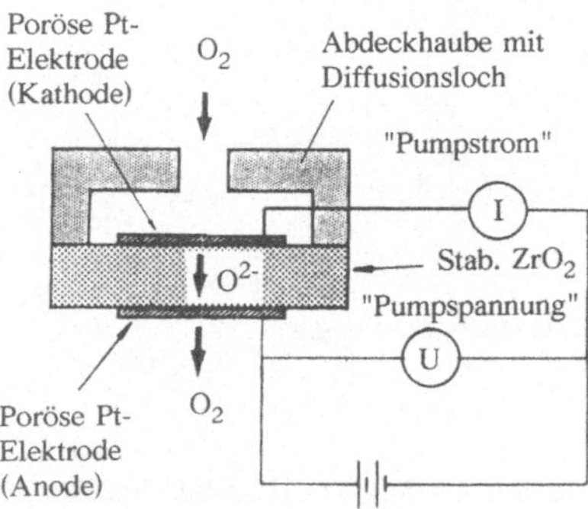

Bild 2   Schematischer Aufbau der Grenzstromsonde.

Um die Sonde in möglichst kurzer Zeit (20...30 s) nach dem Starten auf die sogenannte Anspringtemperatur von 280 °C zu erwärmen, bei welcher Ionenleitung einsetzt, muß sie im Abgasstrang möglichst nahe dem Motor eingebaut werden. Andererseits darf die Sonde bei Motorvollast nur für eine begrenzte Dauer 850 °C übersteigen, was einen Mindestabstand von den Auslaßventilen bedingt. Diese Diskrepanz wurde durch die Einführung von elektrisch vorgeheizten Sonden gelöst, die die Aufheizzeit selbst bei genügendem Abstand von den Auslaßventilen in etwa halbiert [6]. Die Ansprechzeiten der Sonden bei plötzlichem Sauerstoffpartialdruckwechsel liegen bei 50 ms [7].

Eine andere Variante des Festelektrolyt-Sensors ist die Grenzstrom-Sonde, deren prinzipielle Funktionsweise im Bild 2 und 3 dargestellt ist.

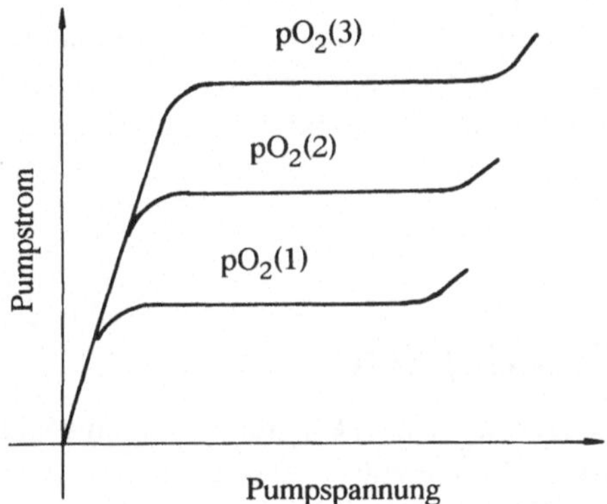

Bild 3   Strom-Spannungscharakteristik einer Grenzstromsonde.
               $p_{O2}(1) \ldots p_{O2}(3)$: steigende Sauerstoffpartialdrücke vor der Abdeckhaube.

Behindert man das Nachfließen von Sauerstoffmolekülen an der als Kathode geschalteten Elektrode durch eine Diffusionsbarriere in Form einer porösen Keramikschicht oder durch eine durchlöcherte Abdeckhaube (s. Bild 2), so wird sich der "Pumpstrom" bei einer Erhöhung der "Pumpspannung" asymptotisch dem Grenzstrom nähern, welcher der Sauerstoffkonzentration vor der Abdeckhaube direkt proportional ist (Bild 3) [7]. Damit erreicht man mit der Grenzstrom-Sonde im Bereich hoher Sauerstoffpartialdrücke, d.h. bei mageren Luft-Kraftstoff-Gemischen, eine höhere Auflösung als mit der konventionellen Lambda-Sonde.

Aus Gründen der Miniaturisierung und der Kostenreduzierung wurde in den letzten Jahren versucht, die ionenleitenden ZrO_2-Keramiken in einer Schichttechnik zu präparieren [8,9]. Die beschriebenen Ergebnisse klingen ermutigend. Allerdings muß darauf geachtet werden, daß die ZrO_2-Schichten sich gasdicht herstellen lassen und im Langzeitbetrieb gasdicht bleiben.

2.2   Wasserstoff-Sensoren

Das Prinzip des Festelektrolyt-Sensors zum Nachweis von Sauerstoff läßt sich natürlich auch auf andere Gase übertragen, sofern man Materialien zur Verfügung hat, die für die entsprechenden Gase ionenleitend sind. Dies ist z.B. für Wasserstoff der Fall. Als Protonenleiter werden hier $SrCeO_3$ [10] und NH_4NbWO_6 [11] erwähnt.

Werden *Festelektrolyt-Sensoren bei tieferen Temperaturen* betrieben, so eignen sie sich unter speziellen Bedingungen auch zum Nachweis von anderen Gasen als Sauerstoff bei Sauerstoffionenleiter oder Wasserstoff bei Wasserstoffionenleiter. Durch gezielte Modifikation der katalytisch wirksamen porösen Pt-Elektroden (Band 2, Abschnitt 8.1) lassen sich Nebenreaktionen zwischen z.B. Sauerstoff und anderen speziellen Gasen generieren, wobei die meßbare Sauerstoffänderung ein Maß für die Konzentrationen der in der Nebenreaktion beteiligten anderen Gase ist [12]. Diese Meßmethode steht am Anfang ihrer Entwicklung und läßt noch manches für die Zukunft erwarten.

3   Halbleiter-(Taguchi)-Sensoren

Bereits 1962 berichtete Seiyama et al. [13] über eine Empfindlichkeit der elektrischen Leitfähigkeit dünner ZnO-Schichten auf verschiedene Gase. Im Gegensatz zu den Festelektrolyt-Sensoren ist die elektrische Leitfähigkeit dieser Halbleiter-Sensoren rein elektronischer Natur. Da die Patentierung dieses Effekts durch Taguchi von der japanischen Firma Figaro erfolgte, ist dieser Sensortyp auch als **Taguchi-Sensor** bekannt [14,15]. Er arbeitet bereits bei relativ niedrigen Temperaturen von ca. 300 °C und dient zum Nachweis geringer Mengen brennbarer Gase in Luft, wobei die Nachweisgrenze im ppm-Bereich liegt. Als Materialien werden Keramiken oder polykristalline Dünnschichten aus n-leitendem ZnO oder SnO_2 verwendet.

Zum Nachweis dient bei diesen Sensoren die Änderung der elektrischen Leitfähigkeit in oberflächennahen Schichten (Band 3, Abschnitte 8.1 und 8.5). Dabei entziehen in einem ersten Schritt Sauerstoffmoleküle aus der Luft, die sich an der Oberfläche des oxidischen Werkstoffs anlagern, dem n-leitenden ZnO oder SnO_2 Elektronen aus dem Leitungsband und reduzieren so seine Leitfähigkeit [16,17,18,19]. Dieser Effekt bewirkt in einem polykristallinem Material eine erhebliche Leitfähigkeitsänderung, da der Sauerstoff sich auch an Korngrenzen anlagert und so durch Elektronenentzug zu hochohmigen Verarmungsrandschichten mit hoher Potentialaufwölbung Φ_L führt (Bild 4).

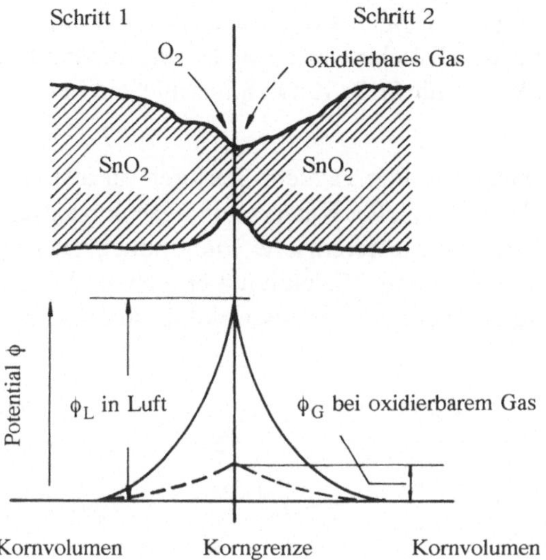

Bild 4   Modell der Potentialaufwölbung an einer SnO_2-Korngrenze. Φ_L: Potentialaufwölbung in Luft, Φ_G: Potentialaufwölbung bei Anwesenheit von oxidierbarem Gas.

Befinden sich in der Luft auch brennbare Gase, wie z.B. Wasserstoff, Kohlenmonoxid oder Kohlenwasserstoffe, so werden diese in einem zweiten Schritt an der Oberfläche mit dem angelagerten Sauerstoff reagieren. Nach der Desorption der Reaktionsprodukte wird die Potentialaufwölbung von Φ_L auf Φ_G erniedrigt und eine Widerstandsabnahme

$$\Delta\rho_{sp} = \Delta\rho_{sp0} \exp\left\{\frac{|q|(\phi_L - \phi_G)}{kT}\right\} \tag{2}$$

beobachtet werden.

Da wir es hier mit einem *Oberflächen*effekt zu tun haben und nicht mit einem *Volumen*effekt wie im Fall der Festelektrolyt-Sensoren, sind die Betriebstemperaturen niedriger. Allerdings ist eine externe Heizung des Sensors auf ca. 300 °C notwendig. Die Widerstandsabnahme steigt mit der Konzentration eines brennbaren Gases allgemein gemäß

$$\log R = -m \log p_{O2} \tag{3}$$

Dabei liegt m meistens zwischen 0,2 und 0,6. Der Wert von m schwankt jedoch stark mit der Art des oxidierbaren Gases, der Betriebstemperatur und den Herstellungsbedingungen des Sensors. So findet Ihokura [20] für SnO_2-Keramik zwischen dem Sensorwiderstand R und dem Sauerstoffpartialdruck p_{O2} eine Abhängigkeit gemäß Gl.(3) mit $m \approx 0,6$ für den Druckbereich von 10^5 bis 10^0 Pa. Eine ähnliche Abhängigkeit wird von Pink [16] für SnO_2/ZnO-Dünnschichten beschrieben, allerdings ist hier m $\approx$ 0,25.

Nach diesen Überlegungen sollten Taguchi-Sensoren für alle brennbaren Gase empfindlich sein. Durch Wahl spezieller Katalysatorzugaben oder unterschiedlicher Herstellungsweisen läßt sich eine differenzierte Empfindlichkeit gegenüber verschiedenen Gasen und damit eine gewisse Selektivität erreichen [21,22]. Dies ist im Bild 5 beispielhaft durch Variation der Pd-Katalysatorkonzentration demonstriert [21].

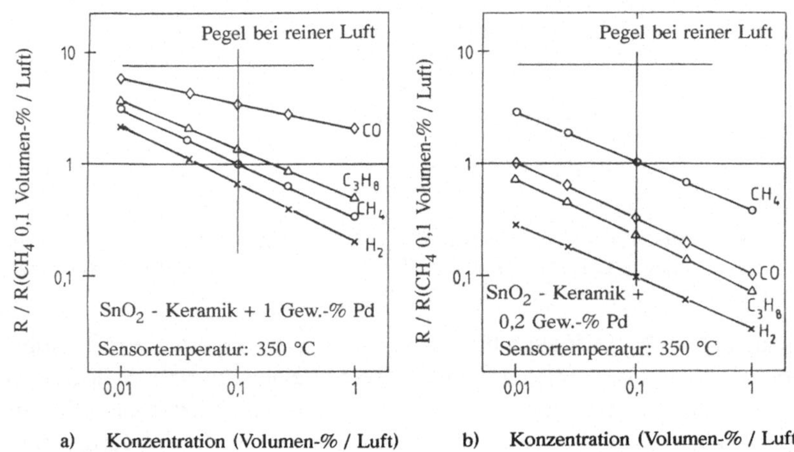

Bild 5   Empfindlichkeit eines SnO_2-Sensors mit unterschiedlichen Pd-Katalysatorkonzentrationen gegenüber verschiedenen oxidierbaren Gasen. Die Diagramme zeigen die relative Widerstandsänderung normiert auf ein Gasgemisch, das aus 0,1 Vol.-% CH_4 in Luft besteht, als Funktion der Gaskonzentration in Luft [21].

Mit Hilfe von Sensorsystemen, bestehend aus mehreren Sensoren unterschiedlicher Empfindlichkeit gegenüber verschiedenen oxidierbaren Gasen und mit Mustererkennungsalgorithmen läßt sich die Selektivität entscheidend verbessern [23].

Der Entwicklungsstand der Halbleitersensoren ist bisher weitgehend durch Empirie gekennzeichnet. Dies ist nicht verwunderlich, da die in einem Halbleitersensor ablaufenden Prozesse sehr komplex sind. Die den Widerstandswert eines derartigen Sensors bestimmenden Wechselwirkungseffekte von physisorbierten und chemisorbierten Gasen (Sauerstoff und oxidierbare Gase), von Oberflächen- und Volumeneffekten, von Halbleitermaterial und Katalysator, bedürfen noch einer gründlichen wissenschaftlichen Klärung. Trotz dieses Mangels ist auch heute schon der Taguchi-

Sensor ein sehr nützliches, hochempfindliches Meßelement, das bereits in vielen Millionen Stückzahlen mit einem breiten Anwendungsspektrum eingesetzt wird. Es besteht im wesentlichen aus einem röhrchenförmigen Substrat mit innenliegenden Heizdraht, auf dessen Oberseite die aufgesinterte SnO_2- oder ZnOKeramik sitzt (Band 2, Abschnitt 8.5). Mit zwei Elektroden wird die Leitfähigkeitsänderung gemessen. Das gesamte Bauelement ist nur wenige Millimeter groß.

4   Resistive Sensoren

Metalloxide setzen sich bei genügend hohen Temperaturen mit dem Sauerstoffpartialdruck der umgebenden Atmosphäre in ein thermodynamisches Gleichgewicht. Dabei ändert sich durch Sauerstoffaufnahme oder -abgabe die Konzentration atomarer Fehlstellen im gesamten Volumen des Kristallgitters. Da die spezifische elektrische Leitfähigkeit dieser Metalloxide überwiegend durch die Konzentration solcher Fehlstellen bestimmt wird, läßt sich durch eine Änderung des Sauerstoffpartialdrucks der Gasphase die Leitfähigkeit von Metalloxidkeramiken beeinflussen und umgekehrt über den Widerstand eines auf dieser Basis arbeitenden Sensors der Sauerstoffpartialdruck der Atmosphäre messen [24,25].

Prinzipiell zeigen Metalloxide das im Bild 6 dargestellte Leitfähigkeitsverhalten in Abhängigkeit vom Sauerstoffpartialdruck.

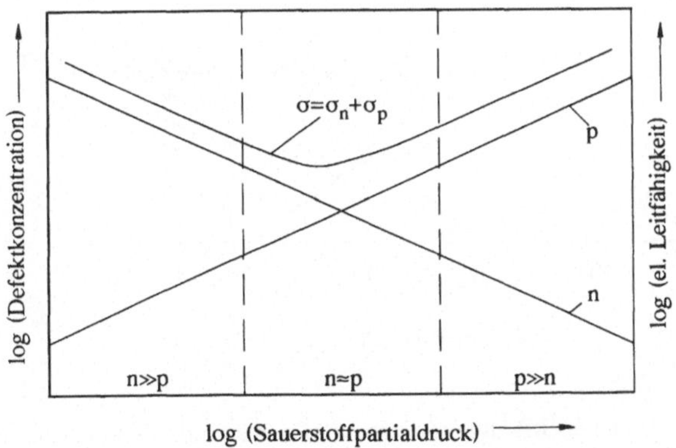

Bild 6   Qualitativer Verlauf von elektrischer Leitfähigkeit σ und Konzentration von Löchern ρ_p und Elektronen ρ_n in Abhängigkeit vom Sauerstoffpartialdruck für oxidische Halbleiter im thermodynamischen Gleichgewicht.

Bei niedrigen Sauerstoffpartialdrücken entstehen Sauerstoffleerstellen, die Donatorcharakter haben und so Elektronen ins Leitungsband abgeben. In diesem Bereich herrscht Elektronenleitung vor: $\rho_n \gg \rho_p$. Bei hohen Sauerstoffpartialdrücken verschwinden die Sauerstoffleerstellen und es überwiegt Löcherleitung: $\rho_p \gg \rho_n$. Der Übergang von n- zu p-Leitung ist durch die Lage des Leitfähigkeitsminimums gekennzeichnet. Hier ist $\rho_p \approx \rho_n$. Mathematisch läßt sich das Verhalten mit

$$\sigma_{sp} \propto \exp\left\{-\frac{W_A}{kT}\right\} \cdot \left(p_{O2}\right)^m \tag{4}$$

beschreiben, wobei W_A die Aktivierungsenergie des Prozesses ist.

In Bild 7 ist die elektrische Leitfähigkeit einer $SrTiO_3$-Keramik als Funktion des Sauerstoffpartialdrucks und der Temperatur gezeigt [26]. Deutlich ist der erwartete Übergang von n-Leitung bei niedrigen zu p-Leitung bei hohen Sauerstoffpartialdrücken erkennbar. Der Exponent m in Gleichung (4) beträgt −1/4 oder +1/4 für niedrige bzw. hohe Partialdruckwerte und ist spezifisch für die auftretenden Gitterdefekte [27].

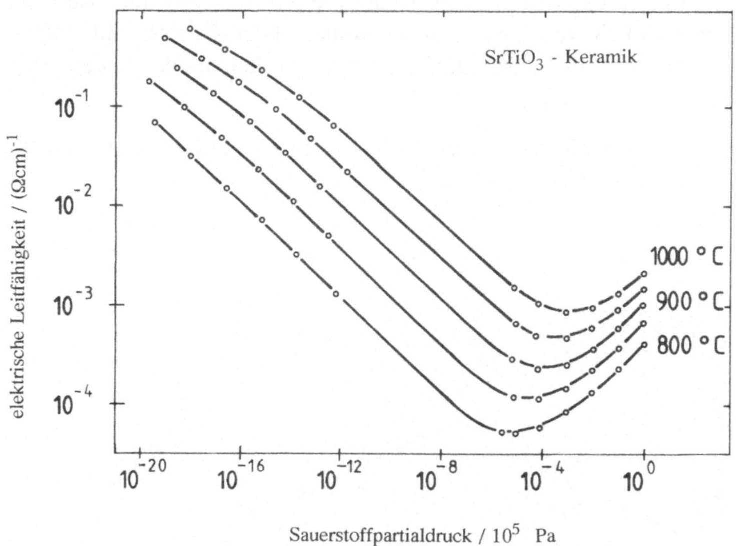

Bild 7   Gleichgewichtsleitfähigkeit einer $SrTiO_3$-Keramik als Funktion des Sauerstoffpartialdrucks und der Temperatur [26]

Obwohl die Titanatkeramiken bei Verwendung als Sauerstoffsensoren auch Nachteile wie Doppeldeutigkeit der Kennlinie und relativ starke Temperaturabhängigkeit der Leitfähigkeit aufweisen, sind sie aufgrund ihrer hohen Stabilität über einen weiten Sauerstoffpartialdruckbereich als Meßaufnehmer gut geeignet.

Für viele Anwendungen, besonders in der Automobiltechnik, sind Sensoreinstellzeiten unter 1 s interessant. In resistiven Gassensoren werden die Sensoreinstellzeiten vor allem durch die Diffusionszeit der Sauerstoffleerstellen (t_D) bestimmt. Dabei läßt sich t_D mit

$$t_D \approx \frac{d^2}{4D} \qquad (5)$$

beschreiben (Band 1, Abschnitt 2.8.1), wobei d die Dicke des Festkörpers und D die Diffusionskonstante bedeuten.

Da die Diffusionskonstanten in $SrTiO_3$-Keramik im Temperaturbereich von 600 bis 1.000 °C zwischen $10^{-11}...10^{-8}$ m²/s liegen, sind Diffusionsstrecken, die der Dicke der Festkörper entsprechen, im Mikrometerbereich notwendig, um Werte von t_D kleiner 1 s zu erzielen.

Ein großer Vorteil der resistiven Sensoren ist, daß sie direkt im Meßgas und nicht als Trennmembran zwischen einer Referenz- und einer Meßatmosphäre eingesetzt werden, wie dies bei den Festelektrolyt-Sensoren der Fall ist. Deshalb müssen sie auch nicht aus dichgesinterten Keramikkörpern bestehen, und die für kurze Sensoreinstellzeiten notwendige Schichtdickereduzierung mit Dick- oder Dünnschichttechnik wird möglich.

Als weitere Vorteile resistiver Sensoren gegenüber den Festelektrolytsensoren kann die höhere Arbeitstemperatur von 1.000 °C, der einfachere Aufbau in Form einer mit zwei Elektroden versehenen Keramik oder polykristallinen Schicht und das einfachere physikalische Funktionsprinzip angesehen werden. Während bei den Festelektrolyt-Sensoren die entscheidenden Prozesse der Sauerstoffaufnahme bzw. -abgabe an der Dreiphasengrenze Keramik-Elektrode-Gasraum stattfinden, läuft bei den resistiven Sensoren der Sauerstoffaustausch ohne Mitwirkung der Elektrode im Zweiphasengrenzgebiet Keramik-Gasraum ab. Dies läßt geringere Probleme bei der Anwendung in einem technischen Produkt erwarten.

4.1 Resistive Sensoren in Dickschichttechnik

Bei der Herstellung von resistiven Sensoren in Dickschichttechnik (Band 1, Abschnitt 4.2.1) ist darauf zu achten, daß einerseits die $SrTiO_3$-Dickschicht fest auf dem Substrat (meist Al_2O_3) haftet, andererseits die Dickschicht eine offene Porösität aufweist, sodaß das Meßgas längs der Poren in die Schicht eindringen kann und die Diffusionsstrecken mit dem halben Korndurchmesser relativ klein bleiben (ca. 1 µm) [28]. Die damit erreichten Ansprechzeiten liegen selbst bei 600 °C unter 1 s [29]. Neuere Untersuchungen mit höherer zeitlicher Auflösung zeigen bei Temperaturen über 600 °C kürzer werdende und im Bereich von wenigen ms zu liegen kommende Ansprechzeiten [30]. Allerdings ergibt sich aus diesen Untersuchungen, daß bei sehr kurzen Ansprechzeiten nicht mehr die Diffusion der Sauerstoffionen im Volumen der Keramik der geschwindigkeitsbestimmende Schritt ist, sondern offensichtlich die *Durchtrittsreaktion des Sauerstoffs durch die Oberfläche der Keramik*. Zwangsläufig bestimmen damit nicht mehr die Diffusionszeiten t_D entsprechend G1.(5) die mit d^2 (d = Korndurchmesser der Dickschicht) abnehmende Ansprechzeiten, wie man es bei diffusionsbestimmten Vorgängen erhalten würde, sondern man erwartet bei oberflächenreaktionsbestimmten Ansprechzeiten eine *lineare* Abhängigkeit vom Korndurchmesser. Aber auch in diesem Fall sind Ansprechzeiten von wenigen ms realistisch.

4.2   Resistive Sensoren in Dünnschichttechnik

Auch *gesputterte* $SrTiO_3$-Dünnschichten eignen sich als schnell ansprechende Sauerstoffsensoren. Diese gesputterten Dünnschichten zeigen gleiche Eigenschaften wie gesintertes Material oder auch $SrTiO_3$-Einkristalle, sodaß man von ähnlichen Materialeigenschaften ausgehen kann, egal ob man kompakte polykristalline Keramik, Einkristalle, Dick- oder Dünnschichten vorliegen hat [31].

Definiert man die Ansprechzeit eines Sensors mit t_{90} der Zeit bis zum Erreichen von 90% des Endwertes, so erhält man einen mit steigender Temperatur exponentiell abfallenden t_{90}-Wert, der bei Temperaturen um 1.000 °C bei 10 ms zu liegen kommt. Die Aktivierungsenergie beträgt ca. 1,6 eV, wobei im Falle eines diffusionskontrollierten Prozesses die gemessene Aktivierungsenergie diejenige des Diffusionsprozesses der Sauerstoffionen im Volumen der Sputterschicht darstellt. Im Falle einer Oberflächenreaktionskontrolle entspricht die Aktivierungsenergie der Energie der Durchtrittsreaktion von Sauerstoff durch die Oberfläche der Sputterschicht [30, 32].

Aufgrund der kurzen Ansprechzeiten resistiver Dick- und Dünnschichtsensoren und ihrer hohen Arbeitstemperaturen von 1000 °C, die eine Plazierung in unmittelbarer Nähe der Motorauslaßventile zuläßt, sollte es möglich sein, die Abgaszusammensetzung jedes einzelnen Kolbenhubs auch bei schnellaufenden Ottomotoren zu detektieren. Damit eröffnet sich die Möglichkeit einer weiteren Reduzierung des Abgaspegels im Automobilbereich.

5   PTC-Mikrokalorimeter

Dieser neuartige Sensortyp, der sich prinzipiell von den vorherbeschriebenen Gassensoren unterscheidet und bei dem halbleitende $BaTiO_3$-Keramik mit einem positiven Temperaturkoeffizienten des elektrischen Widerstandes (PTC-Keramik, Band 3, Abschnitt 3.3.5) ein wesentliches Bauteil ist, beruht auf ein schon lange bekanntes Prinzip: Dabei wird die bei der Verbrennung reduzierender Gase mit dem Sauerstoff der Luft entstehende Wärme als Meßsignal benutzt (Kalorimetrische Gassensoren, Pellistoren, s. Band 3, Abschnitt 8.2) [33]. Da dieser neuartige Sensortyp sich sehr klein bauen läßt, ist der Name **Mikrokalorimeter** angebracht. Die Verbrennung der reduzierbaren Gase erfolgt an katalytisch aktivierten Oberflächen bereits bei Temperaturen im Bereich von 100...500 °C. Die Temperatur, bei der die katalytische Verbrennung einsetzt, ist bei vorgegebenem Katalysator von der Art des brennbaren Gases abhängig. Aus der Bestimmung dieser Einsatztemperatur kann auf die *Zusammensetzung* des brennbaren Gases und aus der Signalstärke oberhalb der Einsatztemperatur auf die *Konzentration* des Gases geschlossen werden. Voraussetzung dafür ist, die auftretende katalytische Verbrennungswärme in Abhängigkeit von der Temperatur möglichst genau zu messen [34, 35]. Dies gelingt mit relativ geringem Meß- und Energieaufwand (< 1 Watt pro Sensor) unter Verwendung von sich selbst-regulierenden PTC-Heizelementen aus halbleitender $BaTiO_3$-Keramik als Substrat für die Katalysatoren. Aufgrund ihrer ungewöhnlichen Temperatur-Widerstandskennlinie mit einem extrem hohen positiven Temperaturkoeffizienten heizen sich derartige keramische Substrate auf eine konstante Betriebstemperatur T_b (Band 3, Abschnitt 3.3.5) auf. Sie hängt nur von der Keramikzusammensetzung ab und kann nur durch Mischkristallbildung mit $SrTiO_3$ ($Ba_{1-x}Sr_xTiO_3$) bzw. mit $PbTiO_3$ ($Ba_{1-x}Pb_xTiO_3$) über einen weiten Temperaturbereich (0...400 °C) kontinuierlich verschoben werden [36].

Bild 8 zeigt einen Schnitt durch einen derartigen mit einer Katalysatordickschicht versehen Mikrokalorimeter, der nur wenige mm groß ist.

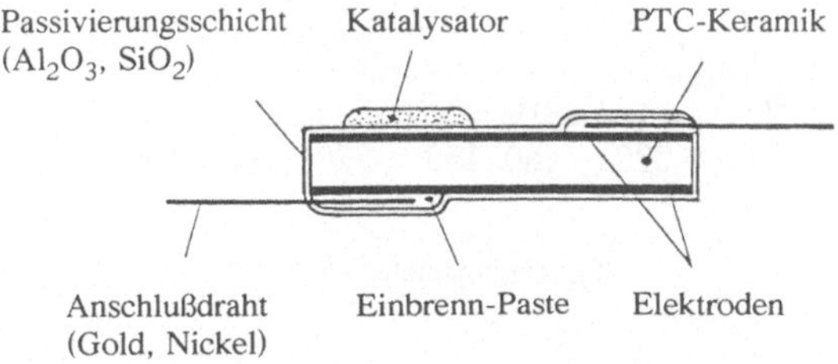

Bild 8   Aufbau eines Mikrokalorimeters, schematisch

Erfolgt eine Verbrennung an der Katalysatorschicht, so wird die dabei entstehende Wärme die Substrattemperatur etwas erhöhen. Durch den hohen positiven Temperaturkoeffizienten des elektrischen Widerstands führt diese Temperaturerhöhung zu einem beträchtlichen Widerstandsanstieg, der leicht detektiert und als Meßsignal benutzt werden kann. Durch Brückenschaltung mit einem inaktiven Mikrokalorimeter identischer Bauart, allerdings ohne Katalysator, kann die Empfindlichkeit soweit gesteigert werden, daß Konzentrationen brennbarer Gase im ppm-Bereich sich nachweisen lassen.

Benutzt man mehrere dieser PTC-Mikrokalorimeter mit gestaffelten konstanten Betriebstemperaturen, die durch unterschiedliche Zusammensetzungen der PTC-Heizelemente eingestellt wurden, so läßt sich die für ein Gas charakteristische Einsatztemperatur der Verbrennung bestimmen und so das Gas erkennen.

Bild 9 zeigt das für verschiedene brennbare Gase typische Signalmuster, das man mit einem Sensorsystem aus 8 Einzelsensoren, beschichtet mit Pt-Katalysatoren und gestaffelten Betriebstemperaturen T_b erhält. Deutlich erkennt man die unterschiedlichen Einsatztemperaturen für die katalytische Verbrennung an Platin, die für ein brennbares Gas charakteristisch sind. Damit ist die Erkennung eines einzelnen brennbaren Gases in der Luft gewährleistet.

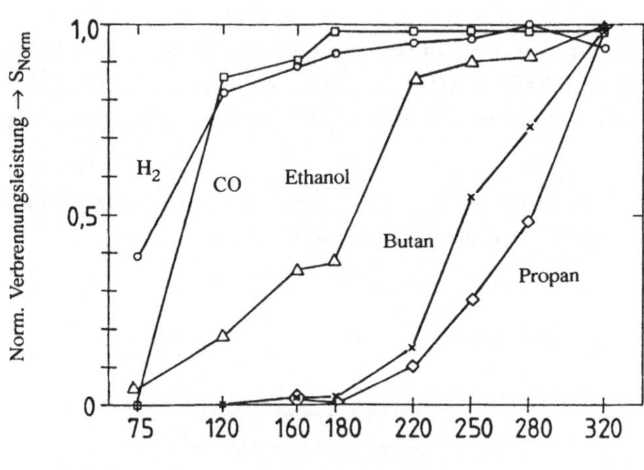

Bild 9   Normierte Verbrennungsleistungen S_{Norm} für verschiedene brennbare Gase, die mit einem Sensorsystem, bestehend aus 8 Einzelsensoren mit gestaffelten Betriebstemperaturen T_b zwischen 75 °C und 320 °C gemessen wurden. Aus der *Temperatur* des steilsten Anstiegs von S läßt sich die Gasart, aus der *Verbrennungsleistung* bei hohen Temperaturen die Konzentration des brennbaren Gases bestimmen.

Schwieriger ist die Analyse von Gemischen mehrerer brennbarer Gase in Luft. Aber auch hier sind Erfolge zu verzeichnen, sofern bekannt ist, welche Gase sich in der Luft befinden können und man nur die Anteile der einzelnen brennbaren Gase ermitteln will [35].

6   Schlußbemerkung

Es ist zu erwarten, daß der Einsatz keramischer Werkstoffe im Bereich der Gassensorik steigen wird. Allerding sind die dabei benötigten Keramikmengen recht klein. Mit Ausnahme der Lambda-Sonden, bei denen ZrO_2-Keramik im Grammbereich pro Sensor verwendet werden, liegen bei Taguchi-Sensoren und bei den noch in Erprobung befindlichen resistiven Sensoren oder PTC-Mikrokalorimetern die Keramikmengen eher im Milligramm- als im Grammbereich. Damit lassen sich selbst bei hohen Sensorstückzahlen keine *Tonnen* Keramik verkaufen. Der Umsatz und besonders die Wertschöpfung wird im apparativen Sektor, vor allem bei Sensorsystemen erzielt. Trotzdem hängt das Funktionieren eines Sensorsystems von der Qualität des keramischen Sensors ab, der das eigentliche Herzstück des gesamten Systems ist. Probleme lassen sich dann vermeiden, wenn Apparatebauer und Keramiktechnologen möglichst eng zusammenarbeiten und die gegenseitige Abhängigkeit von einander allen Beteiligten immer bewußt ist.

Literatur

[1]   G. R. Tschulena: "Sensoren – eine Schlüsseltechnologie eröffnet Marktchancen", Innovation **2** (1986) S.115.

[2]   N. Schröder: "Economic and Technological Perspectives of Sensors in Europe", Plenary Lecture at the Eurosensors IV Conference, 1. - 3. 10. 1990, Karlsruhe.

[3]   J. R. H. Black, S. L. Blum und S. H. Kalos: "An Economic and Technical Assesment of Advanced Ceramic Materials", Ceram.Bull. **64** (1985) p.39.

[4]   R. E. W. Casselton: "Low Field DC Conduction in Yttria-Stabilized Zirconia", phys. stat.sol. (a) **2** (1970) p. 571.

[5]   W. Weppner: "Eigenschaften und Anwendung von Zirconiumdioxid als Festelektrolyt", Goldschmidt inform. **2/1983** (Nr. 59)(1983) S.1626.

[6]   H.-M. Wiedenmann, L. Raff u. R. Noack: "Beheizte Zirkondioxid-Sonde für stöchiometrische und magere Luft-Kraftstoff-Gemische", Bosch Techn. Berichte **7** (1984) S. 210 - 219.

[7]   H. M. Wiedenmann: "Aufbau und Funktion von Lambda-Sonden für mageres Abgas", VDI Berichte **578**, S. 129 - 150, VDI-Verlag Düsseldorf 1985

[8]   S. Soejima a. S. Mase: "Multi-layered Zirconia Oxygen Sensor for Lean Burn Engine Application", Society of Automotive Engineers (SAE)-Report 850378 (1985) p. 53 - 59.

[9]   T. Ogasawara a. H. Kurachi: "Multi-layered Zirconia Oxygen Sensor with Modified Rhodium Catalyst Electrode", Society of Automotive Engineers (SAE)-Report 880557 (1988) p. 89 - 95.

[10]   H. Iwahara, H. Uchida a. S. Tanaka: "High Temperature Type Proton Conductor Based on $SrCeO_3$ and its Application to Solid Electrolyte Fuel Cells", Solid State Ionics **9/10** (1983) p. 1021 -1026.

[11]   R. W. Specht, D. G. Brunner a. G. Tomandl: "A New Proton-Conducting Ceramic: Part I, Preparation of $RbTaWO_6$ and $RbNbWO_6$; Part II, Preparation of Proton-Conducting NH_4NbWO_6 and NH_4TaWO_6", Adv. Ceram. Mater. **2** (1987) p. 789 - 93, 794 - 97.

[12]   W. Weppner: "Surface Modification of Solid Electrolytes for Gas Sensors", Solid State Ionics 40/41 (1990) p. 369 - 374.

[13]   T. Seiyama, A. Kato, K. Fujischi a. M. Nagatami: "A new detector for gaseous components using semiconducting thin films", Anal. Chem. 34 (1962) p. 1502-03.

[14]   N. Taguchi: U.S.Pat. 3 031 436 (Feb.12th, 1979)

[15]   N. Taguchi: Brit. Pat. 1 257 155 (Dec. 1971)

[16]   H. Pink und P. Tischer: "Gas Detection by Metal-Oxide Semiconductors", Siemens Forsch.- u. Entwickl.-Ber. Bd. **10** (1981) S. 78 - 82.

[17]   G. Heiland: "Homogeneous Semiconducting Gas Sensors", Sensors and Actuators **2** (1982) p. 343 - 361.

[18]   U. Lampe, K. H. Weiler u. H. Schaumburg: "Gassensoren auf Halbleiterbasis", Elektronik **9** (6.5.1983) S. 93 - 97.

[19]   J. Watson: "The Tin Oxide Gas Sensor and its Application", Sensors and Actuators **5** (1984) p.29 -42.

[20]   K. Ihokura: "Ein Gasensor aus Zinndioxid für oxidierbare Gase", Sensoren **1**/86.

[21]   K. Ihokura: "Application of Sintered Tin(IV)Oxide for Gasdetector", NTG-Fachbericht Nr. **79**, VDE-Verlag Berlin (1982) p. 312 - 317.

[22]   N. Yamazoe, Y. Kurokawa a. T. Seiyama: "Effects of Additives on Semiconductor Gas Sensors", Sensors and Actuators **4** (1983) p. 283 - 289.

[23]   R. Müller: "High Electronic Selectivity Obtainable with Nonselective Chemosensors", Sensors and Actuators **B 4** (1991) p. 35 - 39.

[24]   E. M. Logothetis a. W. J. Kaiser: "TiO_2 Film Oxygen Sensors Made by Chemical Vapour Deposition from Organometallics", Sensors and Actuators **4** (1983) p. 333 - 340.

[25]   A. Takami: "Development of Titania Heated Exhaust-Gas Oxygen Sensor", Ceram. Bull. **67** (1988) p. 1957 - 60.

[26]   N. H. Chan, R. K. Sharma a. D. M. Smyth: " Nonstoichiometry ln $SrTiO_3$", J. Electrochem. Soc. **128** (1981) p. 1762.

[27]   J. Daniels, K. H. Härdtl, D. Hennings a. R. Wernicke: "Defect chemistry and electrical conductivity of doped barium titanate ceramics", Philips Res. Rep. **33** (1976) p. 487 - 566.

[28]   U. Schönauer: "Dickschicht-Sauerstoffsensoren auf der Basis keramischer Halbleiter", Technisches Messen tm **56** (1989) p. 260 -263.

[29]   U. Schönauer: "Response Times of Resistive Thick-Film Oxygen Sensors", Sensors and Actuators **B 4** (1991) p. 431 - 436.

[30]   Ch. Tragut a. K. H. Härdtl: "Kinetic Behaviour of Resistive Oxygen Sensors", Sensors and Actuators **B 4** (1991) p. 425 - 429.

[31]   J. Gerblinger a. H. Meixner: "Fast Oxygen Sensors Based on Sputtered Strontium Titanate", Sensors and Actuators **B 4** (1991) p. 99 - 102.

[32]   J. Gerblinger a. H. Meixner: "Detection of $p(O_2)$-Changes within a few Milliseconds Using Sputtered Strontium Titanate", Proc. Transducers '91, San Francisco (1991), IEEE Kat.No. 91CH2817-5.

[33]   P. Profos (Hrsg.): "Handbuch der industriellen Meßtechnik", Vulkan-Verlag, Essen (1978).

[34]   J. Riegel u. K. H. Härdtl: "Ein PTC-Pellistor-System zur Erkennung brennbarer Gase", VDI-Berichte **677**, (1988) S. 441 - 444, VDI-Verlag Düsseldorf.

[35]   J. Riegel: "Untersuchungen zur Gasanalyse mit Mikrokalorimetern auf der Basis keramischer PTC-Widerstände", Dissertation, Universitat Karlsruhe 1989.

[36]   E. Andrich u. K. H. Härdtl: "Untersuchungen an $BaTiO_3$-Halbleitern", Philips Techn. Rdsch. **25** (1963/64) S. 368.

V. Supraleitende Keramiken

Von Marcell Peuckert und Doris Peuckert

1 Grundlagen der Supraleitung

Beim Abkühlen unter eine **kritische Temperatur** T_c verlieren etwa die Hälfte aller metallischen Elemente, zahlreiche Legierungen, intermetallische Verbindungen, aber auch einige Carbide, Nitride, Oxide, Sulfide und sogar metallorganische Komplexe und alkalidotierte Kohlenstoff-Cluster ihren elektrischen Widerstand. Man bezeichnet dieses Phänomen als "Supraleitung" (siehe auch Band 1 dieser Reihe, Abschnitt 2). Bis zur Entdeckung der Klasse der sog. **Hoch-T_c-Supraleiter** (HTSL) 1986 durch J. G. Bednorz und K. A. Müller [1] waren allerdings nur Stoffe mit T_c-Werten von max. 23,2 K (Nb_3Ge) bekannt. Dies bedingt für den technischen Einsatz eine Kühlung mit flüssigem *Helium* (Siedepunkt 4,2 K). Erst die neuen HTSL lassen sich mit flüssigem *Stickstoff* (Siedepunkt 77,4 K) kühlen. Sie gehören zu den Oxiden – und damit zu den keramischen Werkstoffen – und weisen als gemeinsames strukturelles Merkmal CuO_2-Schichten auf (Tab. 1; Bild 1).

Wie bei den klassischen "Tieftemperatursupraleitern" erfolgt auch bei den HTSL der Transport des Suprastroms durch Paare von Leitungselektronen mit einem Gesamtimpuls null (sog. **Cooper-Paare**). Die atomistische **BCS-Theorie** (von Bardeen, Cooper und Schrieffer) ergibt für die kritische Temperatur den Ausdruck

$$T_c = 1,13 \cdot \theta \cdot \exp\left(-\frac{1}{N(W_F) \cdot V^*} \right) \tag{1}$$

mit θ = Debye-Temperatur (siehe Band 1, S. 269 ff), $N(W_F)$ = Zustandsdichte der Elektronen bei der Fermi-Energie W_F (Band 1, Abschnitt 4.1) und V^* = Konstante für Elektron-Phonon-Kopplung. Dabei geht die BCS-Theorie davon aus, daß die Paarung der Leitungselektronen über eine *schwache Wechselwirkung* mit den Gitterschwingungen (Phononen) geschieht. Anwendung von (1) auf die oxidischen Supraleiter mit Übergangstemperaturen von 30 bis 130 K impliziert aber eine sehr starke Elektron-Phonon-Kopplung ($N(W_F) \cdot V^* \rightarrow 1$), was eine Destabilisierung des Gitters bedeuten würde. Inzwischen gibt es zahlreiche theoretische Ansätze, die dieses Dilemma durch Annahme andersartiger Kopplungsmechanismen zu lösen versuchen. Sie lassen sich grob in drei Gruppen einteilen:

(A) Valenzfluktuationen zwischen $Cu^+ - Cu^{2+} - Cu^{3+}$ führen zu Gitterverzerrungen, die mit dem Elektronentransport synchron laufen (Modell der Jahn-Teller-Polaronen).

(B) Wechselwirkung mit Ladungstransfer zwischen Löchern an O und Cu (Exzitonen-Modell).

(C) Kopplung mit magnetischen Momenten in der dotierten antiferromagnetischen CuO_2-Schicht; anstelle der Debye-Temperatur tritt dann in Gleichung (1) ein magnetischer Ordnungsparameter wie die Neel-Temperatur.

Tabelle 1 Keramische Supraleiter:

Gruppe A) klassische Oxidsupraleiter ohne Kupfer;

Gruppe B) Schichtcuprate mit Lanthanid-Sauerstoff-Schichten;

Gruppe C) Schichtcuprate mit BiO_x-, PbO_x-, TlO_x und HgO_x-Schichten.

Von den aufgeführten Verbindungen lassen sich zahlreiche weitere analoge Supraleiter durch Variation des Dotierungsgrades sowie Substitution der Erdalkalielemente (Ca-Sr-Ba), der Lanthaniden oder der Gruppe Tl-Pb-Bi untereinander ableiten mit im allgemeinen dann aber niedrigerer kritischer Temperatur T_c. Die Sauerstoffkoeffizienten weichen in der Regel von ganzzahligen Werten ab; der Übersichtlichkeit halber, und da zumeist keine exakten Werte bestimmt sind, sind Sauerstoff-Fehlstöchiometrien außer bei $YBa_2Cu_3O_{6,9}$ nicht angegeben. Größere Bereiche für T_c-Werte weisen auf Diskrepanzen zwischen verschiedenen Literaturstellen hin (nach [1]-[5]).

Supraleiter	Dotierung	T_c [K]
A) Diverse Oxide		
$SrTiO_3$		0,3
$Li_{1+x}Ti_{2-x}O_4$	$x \leq 0,33$	13,7
NbO		11
$Li_{0,9}Mo_6O_{17}$		2
$M_{0,2}WO_3$	M = Na, Rb, Cs	6...7
$Ba(Pb_{1-x}Sb_x)O_3$	$x = 0,25$	3,5
$Ba(Pb_{1-x}Bi_x)O_3$	$x = 0,35$	13
$(Ba_{1-x}K_x)BiO_3$	$x = 0,4$	30
B) Cuprate mit LnO_x-Schichten		
$(Nd_{2-x}Ce_x)CuO_4$	$x = 0,15$	24
$(Nd_{2-x-y}Sr_xCe_y)CuO_4$	$x = 0,4$; $y = 0,2$	30
$(La_{2-x}Sr_x)CuO_4$	$x = 0,15$	38
$(La_{2-x}Sr_x)CaCu_2O_6$	$x = 0,4$	60
$YBa_2Cu_3O_{7-x}$	$x = 0,1$	92
$Y_2Ba_4Cu_7O_{15-x}$		90
$YBa_2Cu_4O_{8-x}$		80

Supraleiter	Dotierung x, y Schichtvarianten n	T_c [K]
C) Cuprate mit BiO_x-, PbO_x-, TlO_x- und HgO_x-Schichten		
$Bi_2Sr_2Ca_nCu_{n+1}O_{2n+6}$	$n = 0$	10...20
	$n = 1$	90
	$n = 2$	108
$Bi_2(Sr_{1-x}Gd_x)_2 (Gd_{1-y}Ce_y)_2Cu_2O_{10}$	$x = 0,1$; $y = 0,2$	40
$Pb_2(Sr_{2-x}La_x) Cu_2O_6$	$x = 1$	33
$Pb_2Sr_2 (Y_{1-x}Ca_x) Cu_3O_8$	$x = 0,5$	68...84
$(Pb_{0,5+x}Cu_{0,5-x}) Sr_2(Y_{1-y}Ca_y)_nCu_{n+1}O_{2n+4,5}$	$n = 1$; $x = 0,2$; $y = 0,4$	52...86
$(Tl_{0,5}Pb_{0,5}) Sr_2(Ca_{1-x}Y_x)_nCu_{n+1}O_{2n+5}$	$n = 0$	20
	$x = 0,2$; $n = 1$	108
	$x = 0$; $n = 2$	115
$TlBa_2Ca_nCu_{n+1}O_{2n+4,5}$	$n = 0$	0...60
	$n = 1$	70...85
	$n = 2$	110
	$n = 3$	120
$Tl_2Ba_2Ca_nCu_{n+1}O_{2n+6}$	$n = 0$	0...85
	$n = 1$	106
	$n = 2$	125
$HgBa_2Ca_nCu_{n+1}O_{2n+4}$	$n = 0$	
	$n = 1$	126
	$n = 2$	133

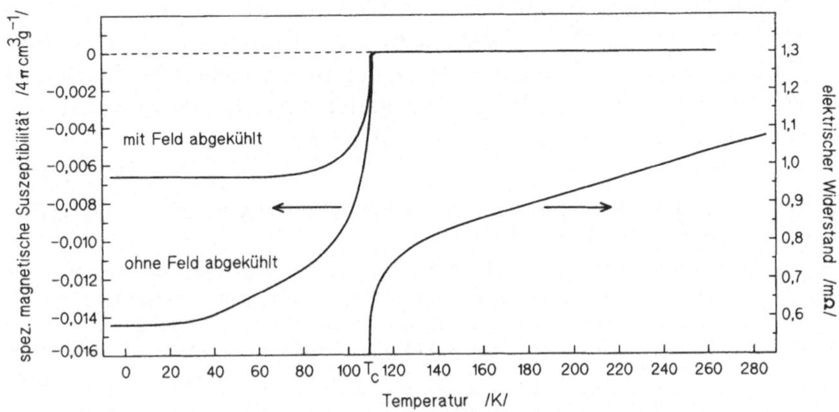

Bild 1   Verlauf des elektrischen Widerstands von $Bi_2Sr_2Ca_2Cu_3O_{10+x}$-Keramik als Funktion der Temperatur. Unterhalb T_c verschwindet der Widerstand, oberhalb T_c zeigt er metallisches Verhalten. Weiterhin ist der Übergang in den supraleitenden Zustand mit der Verdrängung von Magnetfeldern aus dem Materialinneren verbunden (Diamagnetismus, s. Band 1, Abschnitt 7.1.3). Entsprechend nimmt die Suszeptibilität beim Erwärmen eines Supraleiters in einem kleinen äußeren Feld ($H = 1$ mT) zu; man kann diesen Versuch so durchführen, daß entweder der Supraleiter bereits im Feld oder aber feldfrei abgekühlt wird und dann erst das Testfeld angelegt wird (vgl. SQUIDs in Band 3, Abschnitt 5.5.4).

Wenn auch die Frage nach dem tatsächlichen Kopplungsmechanismus, und damit indirekt nach der Existenzmöglichkeit von Stoffen mit noch höheren kritischen Übergangstemperaturen heute noch nicht endgültig beantwortet werden kann, so steht andererseits inzwischen aber fest, daß die phänomenologische Ginsburg-Landau-Theorie sich auch auf die oxidischen HTSL ebenso wie auf die klassischen Supraleiter anwenden läßt. Danach handelt es sich bei allen HTSL um Supraleiter 2. Art mit großer Phasenbreite zwischen unterem und oberem **kritischen Magnetfeld** H_{c1} und H_{c2} (Tab. 2).

In einem äußeren Magnetfeld $H < H_{c1}$ ist das Material vollständig diamagnetisch (magnet. Suszeptibilität = –1), für $H_{c1} < H < H_{c2}$ kann dann das Feld teilweise eindringen ohne die Supraleitung zu zerstören, und erst bei Feldstärken oberhalb H_{c2} bricht die Supraleitung vollständig zusammen. Die Bedingung für Supraleiter 2. Art, nämlich $\xi < \lambda$, ist bei allen HTSL erfüllt. Die Kohärenzlänge ξ ist ein Maß für den Abstand, über den die Korrelation der Cooper-Paare wirksam ist, und die Eindringtiefe λ gibt an, wieweit ein Magnetfeld in das Innere eines Supraleiters eindringen kann. Betrachtet man nun die Zahlenwerte in Tab. 2, so fallen die extrem hohen kritischen Feldstärken H_{c2} und die sehr kleinen Kohärenzlängen der HTSL auf. Dabei ist insbesondere zu beachten, daß das Verhältnis der Kohärenzlängen zu den Gitterkonstanten sehr gering ist. Dies hat zur Folge, daß Korngrenzen und Kristalldefekte zu einer Unterbrechung der supraleitenden Phase führen können. Solche Störungen bezeichnet man auch als **Weak Links (schwache Kopplungen)** und **Pinning-Zentren (Haftzentren)**; sie haben große Bedeutung für die technische Nutzung der Supraleiter. Weiterhin weisen die HTSL bedingt durch ihre Kristallstrukturen eine starke *Anisotropie* der supraleitenden Eigenschaften auf.

Tabelle 2   Charakteristische Daten einiger keramischer und konventioneller metallischer Supraleiter (nach [2], [3]).

Die Symbole $\parallel$ und $\perp$ bedeuten, daß die Eigenschaften an Einkristallen parallel bzw. senkrecht zur kristallographischen c-Achse gemessen wurden.

Supraleiter	T_c [K]	H_{c1} (0 K) [T]	H_{c2} (0 K) [T]	ξ (0 K) [nm]	λ (0 K) [nm]	Gitterkonstanten [pm]
NbTi	9,5	0,07	12 (bei 4 K)	4	300	a = 331 kubisch
Nb_3Sn	18	0,03	22 (bei 4 K)	3	60...90	a = 529 kubisch
$La_{1,85}Sr_{0,15}CuO_4$	38	0,02	40...120	2...5	250 ($\perp$)	a = 378 tetragonal c = 1324
$YBa_2Cu_3O_{6,9}$	92	0,1...0,3 (II) 0,01...0,06 ($\perp$)	40...70 (II) 200...400 ($\perp$) 5...7 (II; bei 77 K) 20...60 ($\perp$; bei 77 K)	0,3...0,7 (II) 2...3 ($\perp$)	400...700 (II) 150...200 ($\perp$)	a = 382 orthorhombisch b = 389 c = 1168
$Bi_2Sr_2CaCu_2O_{8,15}$	91	0,01	>100	2	350 ($\perp$)	a = 540 orthorhombisch b = 541 c = 3090
$Bi_2Sr_2Ca_2Cu_3O_{10+x}$	108	0,04	>100	2	150	a = 540 orthorhombisch b = 541 c = 3707
$Tl_2Ba_2Ca_2Cu_3O_{10-x}$	125		>100			a = 385 tetragonal c = 3573 ± 15

Bemerkungen: Wegen der Beziehung $B = \mu_0 H$ zwischen magnetischer Feldstärke H [A/m] und magnetischer Flußdichte B [T] mit der Induktionskonstanten $\mu_0 = 4\pi \cdot 10^{-7}$ Vs/(Am) als Proportionalitätskonstante wird in der Supraleiterliteratur häufig für die Feldstärke auch B bzw. B_{c1} und B_{c2} geschrieben oder aber das Feld in Einheiten von $\mu_0 H$ in Tesla angegeben, wobei die Konstante μ_0 (inkorrekterweise) nicht geschrieben wird; also H_{c1} und H_{c2} anstelle von $\mu_0 H_{c1}$ und $\mu_0 H_{c2}$. Diese vereinfachte, übliche Schreibweise wird auch in diesem Kapitel benutzt.

Da die HTSL erst seit 1987 untersucht werden, gibt es z.T. noch erhebliche Diskrepanzen zwischen den in verschiedenen Arbeitsgruppen gemessenen Daten.

Neben den Größen T_c und H_c wird ein Supraleiter noch durch seine **kritische Stromdichte** j_c beschrieben, so daß jeder Zustand durch einen Punkt im dreidimensionalen System T–H–j definiert ist (Bild 2).

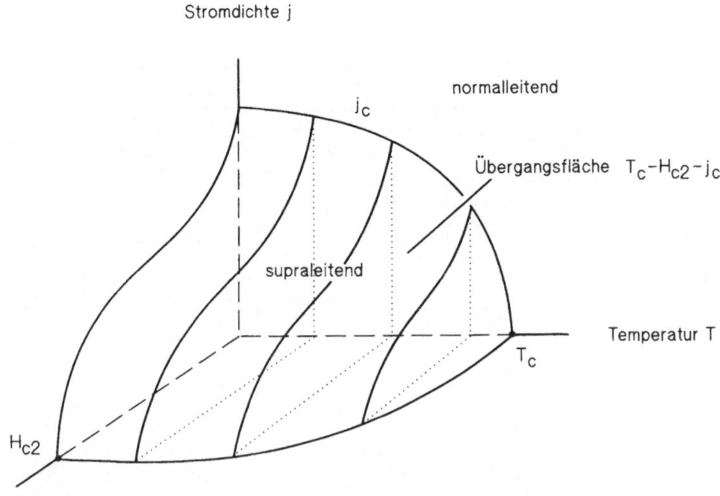

Bild 2   Schematisiertes dreidimensionales Phasendiagramm für Hoch-T_c-Supraleiter.

Schickt man nun einen Strom durch einen Supraleiter (bei einer Temperatur $T < T_c$), der sich in einem äußeren Magnetfeld ($H_{c1} < H < H_{c2}$) befindet, so daß ein Teil des Feldes in Form gequantelter Flußlinienschläuche das Innere des Supraleiters durchdringt, so wirkt auf diese Flußlinien die Lorentz-Kraft F (Band 3, Abschnitt 5.1, Bild 3).

Eine Verschiebung der Flußlinien durch F bedingt einen Energieverlust in Form von Wärme und damit einen *endlichen* elektrischen Widerstand. In den technisch eingesetzten Supraleitern werden diese Verluste, die die kritische Stromdichte j_c begrenzen, minimiert durch Fixierung der Flußlinien an Haftzentren, z.B. normalleitenden Korngrenzen, Versetzungen und Ausscheidungen. Zusammenfassend ergibt sich für die drei kritischen Größen der Hoch-T_c-Supraleiter:

T_c = 30 bis 130 K   durch Kristallstruktur und Dotierung bestimmt, isotrope Eigenschaft.

H_{c2} = 40 bis >100 T   durch Kristallstruktur bestimmt, anisotrope Eigenschaft (Faktor 5 bis 10).

j_c = 10 bis 10^8 A/cm^2 durch Werkstoffgefüge bestimmt, anisotrope Eigenschaft (Faktor ca. 100).

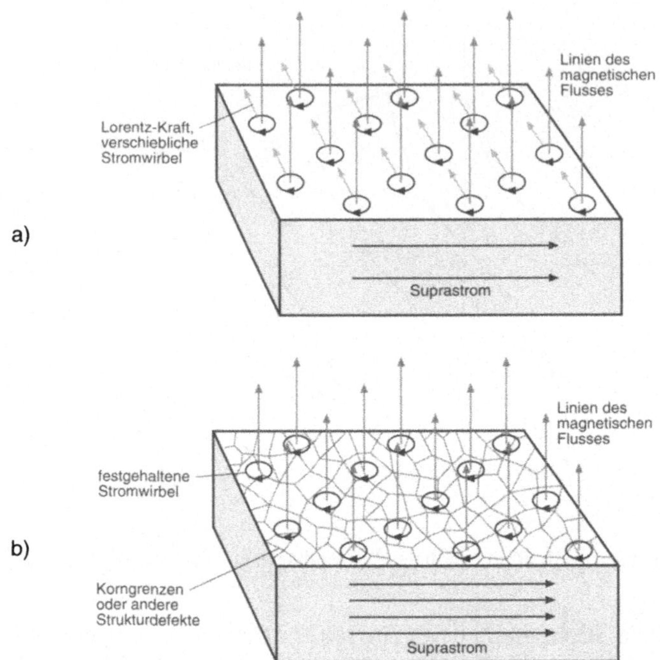

Bild 3   Supraleiter 2. Art mit eingedrungenen magnetischen Flußlinien (elektrisch normalleitende Flußschläuche) für ein Feld $H_{c1} < H < H_{c2}$: Ohne Haftzentren mit kleiner kritischer Stromdichte (a), mit Haftzentren mit großer kritischer Stromdichte (b) (nach [6]).

2   Strukturen

Der erste Hoch-T_c-Supraleiter war $La_{1,8}BaO_{0,2}CuO_4$ mit einem T_c von 35 K. Es wurde bald entdeckt, daß anstelle von Ba auch Ca oder Sr einen Teil des La substituieren können. Der höchste T_c-Wert von 38 K wird mit $La_{1,85}Sr_{0,15}CuO_4$ erzielt. Weiterhin kann La, zumindest teilweise, durch alle anderen Lanthaniden (außer Ce) substituiert werden, wobei T_c mit abnehmendem Ionenradius sinkt. Alle diese Verbindungen kristallisieren in der tetragonalen Struktur des K_2NiF_4 (T-Struktur). In Bild 4 erkennt man deutlich die Beziehung zum kubischen **Perowskitgitter** (s. Band 1, Abschnitt 1.3.2).

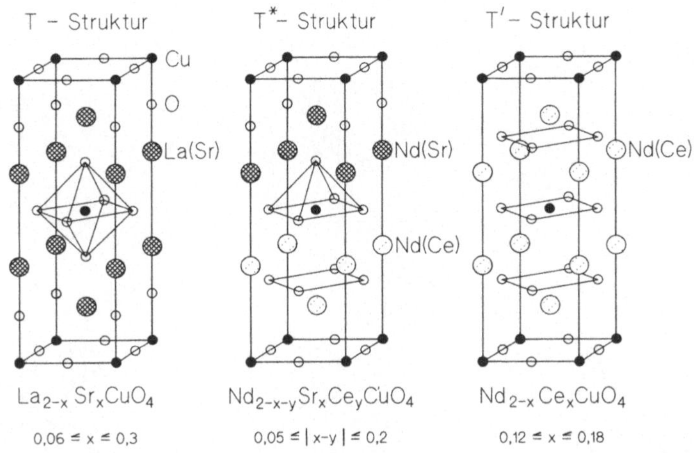

Bild 4   Die tetragonalen Strukturen T, T* und T' mit den jeweiligen Grenzen der Dotierung x und y für das Auftreten von Supraleitfähigkeit. Die T'-Struktur wird auch gebildet mit Pr, Sm oder Eu statt Nd sowie Th statt Ce (nach [3] und [7]).

Durch Übereinanderstapeln von Perowskitwürfeln, die jeweils diagonal um eine halbe Elementarzelle versetzt sind, erhält man die T-Struktur, in der nun Schichten von eckenverknüpften Cu-O-Oktaedern vorliegen. Durch teilweise Substitution des dreiwertigen La mit einem zweiwertigen Erdalkali-Kation wird der Isolator La$_2$CuO$_4$ dotiert und supraleitend bzw. oberhalb T_c metallisch leitend. Es entstehen Löcher in der CuO$_2$-Ebene. Eine obere Grenze der Dotierung ist gegeben durch die Bildung von O-Fehlstellen, wodurch dann die geringere Ladung kompensiert wird, bzw. durch die Stabilität des Gitters. Bild 4 zeigt weiterhin zwei dem La$_2$CuO$_4$ nahe verwandte Strukturen. Mit abnehmendem Ionenradius der Lanthaniden kann die 9-fache in eine 8-fache Sauerstoffkoordination übergehen. Es entstehen so Schichten von eckenverknüpften Cu–O-Pyramiden (T*-Struktur) oder einfache CuO$_2$-Ebenen (T'-Struktur). Bemerkenswert ist, daß im Falle der T'-Struktur die Substitution des Nd^{3+} durch Ce^{4+} zu einer e$^-$-Dotierung und nicht zur Bildung von Löchern führt. Dies ist das bisher einzige Beispiel für einen elektronendotierten Supraleiter; eine schlüssige theoretische Interpretation hierfür steht noch aus.

Der eigentliche Durchbruch zu den *Hochtemperatur*supraleitern gelang der Arbeitsgruppe um C. W. Chu [8] durch Austausch des Lanthans gegen Yttrium. Auf diese Weise erhielt er eine neue Verbindung, das YBa$_2$Cu$_3$O$_{7-x}$, mit T_c = 92 K. Die Struktur enthält wiederum Ebenen mit eckenverknüpften Cu–O-Pyramiden, die aber untereinander mit Cu–O-Ketten verknüpft sind. Sehr ähnlich sind auch die Strukturen von $Y_2Ba_4Cu_7O_{15-x}$ und $YBa_2Cu_4O_{8-x}$ (Bild 5).

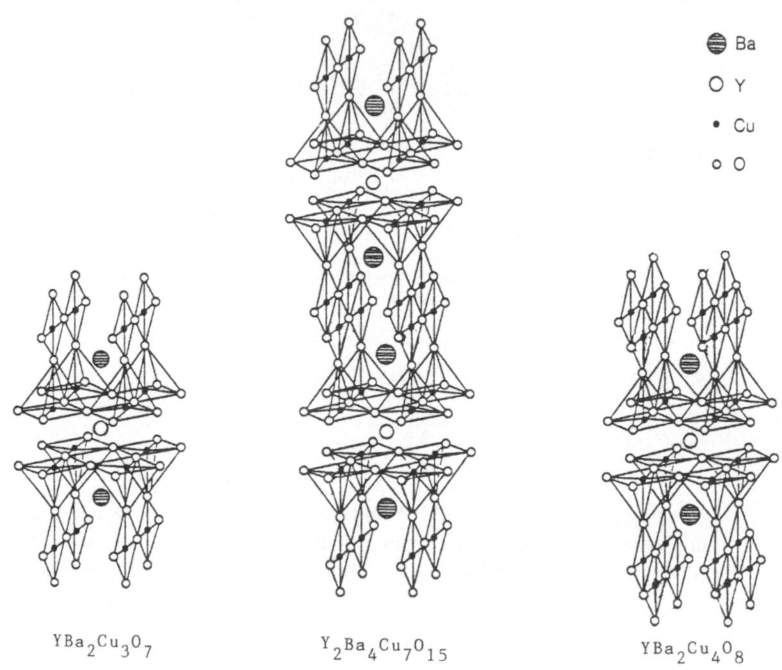

Bild 5.   Orthorhombische Strukturen von Supraleitern im Y–Ba–Cu–O-System. Ecken-verknüpfte CuO_2-Ebenen sind durch CuO-Ketten bzw. -Bänder miteinander verbunden.

Die Existenzbereiche der drei Stoffe im $p(O_2)$/T-Diagramm zeigt Bild 6.

Demnach ist das technisch interessante "123" bei den für die Feststoffsynthese notwendigen hohen Temperaturen stabil, während "247" und "124" nur mittels Hochdrucksynthese oder in sehr schmalen Temperaturintervallen unter Verwendung von Flußmitteln wie z.B. Alkali zugänglich sind.

Anders als im La_2CuO_4-System ist beim $YBa_2Cu_3O_{7-x}$ das Verhältnis der Kationen praktisch fixiert; die Dotierung erfolgt über den Sauerstoff in den CuO-Ketten. Mit einem O-Index unterhalb ca. 6,4 fehlt über die Hälfte des Kettensauerstoffs, die Struktur wird tetragonal und nichtleitend (Bild 7).

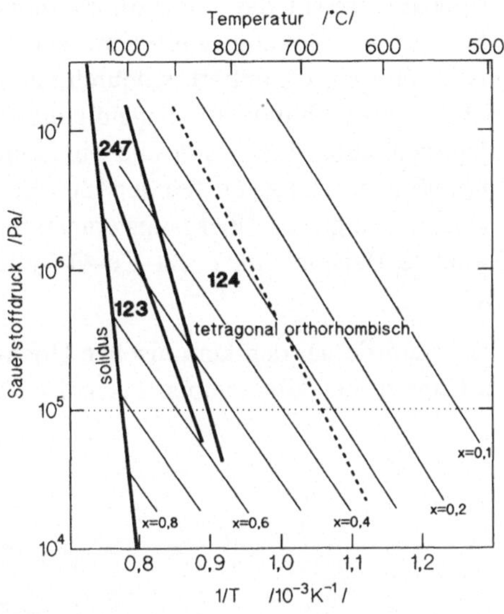

Bild 6   Stabilitätsbereiche der Phasen $YBa_2Cu_3O_{7-x}$ (123), $Y_2Ba_4Cu_7O_{15-y}$ (247) und $YBa_2Cu_4O_{8-z}$ (124) im $p(O_2)$/T-Diagramm (s. Abschnitt "Thermodynamik supraleitender Keramiken" in diesem Band). Die Phasengrenzen und die Soliduskurve der peritektischen Zersetzung sind mit starken Linien dargestellt. Weiterhin sind wichtige Daten des 123-Systems eingetragen: Die Umwandlung tetragonal-orthorhombisch (gestrichelt) sowie Kurven konstanten Sauerstoffgehalts (Formelindex x). Rechts der 123/247-Phasengrenze ist 123 bei Zusatz von CuO metastabil (nach [9]).

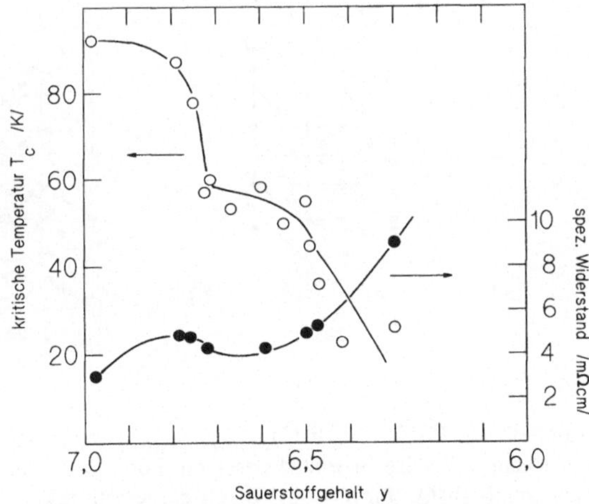

Bild 7   Kritische Temperatur T_c und spezifischer Widerstand oberhalb von T_c von $YBa_2Cu_3O_y$ als Funktion des Sauerstoffgehalts y (nach [10]).

Erst mit hohem Sauerstoffgehalt erreicht das nun orthorhombisch verzerrte Gitter den maximalen T_c-Wert. Seit der Entdeckung durch Chu wurden beinahe alle Elemente des Periodensystems in $YBa_2Cu_3O_7$ dotiert, wodurch fast immer T_c erniedrigt und bei größeren Anteilen die Supraleitfähigkeit vollständig unterdrückt wird. Lediglich die dreiwertigen Lanthaniden, außer La, Ce, Pr und Tb, können die Yttrium-Position unter Erhalt von T_c um 90 K besetzen [2]. Werden im $YBa_2Cu_4O_{8-x}$ 10 % des Yttriums durch Calcium ersetzt, steigt die Übergangstemperatur von 80 auf 90 K [11]. Dies ist das bisher einzige Beispiel im Y–Ba–Cu–O-System, bei dem durch Substitution T_c erhöht wird.

Die dritte bedeutende Strukturfamilie bei den keramischen Hoch-T_c-Supraleitern repräsentieren die Bi–Sr–Ca-Cuprate der allgemeinen Formel $Bi_2Sr_2Ca_nCu_{n+1}O_{2n+6+x}$ (Bild 8; Tab. 1).

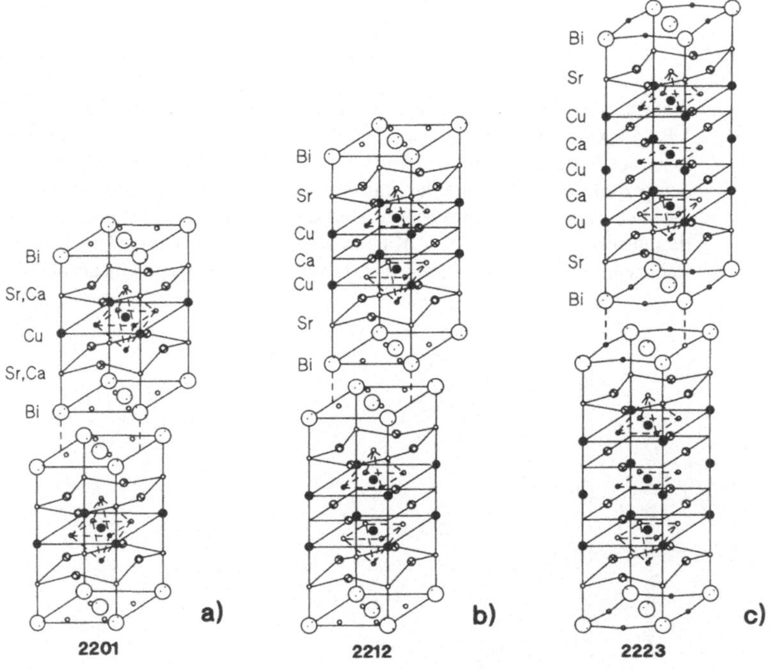

Bild 8   Strukturmodelle der Phasen $Bi_2Sr_2Ca_nCu_{n+1}O_{2n+6+x}$ mit $n = 0$ (a), $n = 1$ (b) und $n = 2$ (c). Ca kann teilweise Sr-Plätze besetzen. Für $n = 0$ und $n = 1$ ist die Bi–O-Doppelschicht als Bi_2O_4, für $n = 2$ als Bi_2O_2 dargestellt (kleine Kreise symbolisieren Sauerstoff). Das tatsächliche Sauerstoffteilgitter liegt zwischen diesen beiden Grenzfällen (nach [12] und [13]).

Sie weisen ebenfalls CuO_2-Schichten auf, die für $n = 0$ als eckenverknüpfte Cu–O-Oktaeder, für $n = 1$ als quadratische Pyramiden und für $n = 2$ zusätzlich als einfache Ebenen ausgebildet sind. Die einzelnen Cupratschichtpakete sind durch Bi–O-Doppelschichten voneinander getrennt. Während die Atompositionen in den Cuprat-schichten eindeutig bestimmt sind, hängt die exakte Sauerstoffteilstruktur in der Bi–O-Doppelschicht von der jeweiligen Substanz und der Dotierung ab und liegt da-mit zwischen den in Bild 8 dargestellten Grenzfällen von Bi_2O_2 und Bi_2O_4 mit Bi^{3+} bzw. Bi^{5+}. Ähnlich wie beim Y–Ba–Cu–O hängt T_c von der Sauerstoffdotierung ab, geht allerdings hier durch ein Maximum (Bild 9).

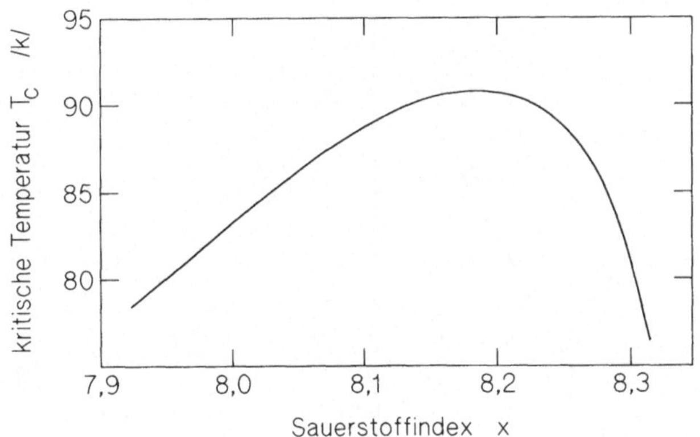

Bild 9   Kritische Temperatur von $Bi_2Sr_2CaCu_2O_x$ als Funktion des Sauerstoffindex x (nach [14]).

Der Einbau von Fremdatomen führt in vielen Fällen erst bei großen Konzentrationen zur Zerstörung der Supraleitfähigkeit [2,3]. Umgekehrt beobachtet man sogar bei den "reinen" Verbindungen Fehlstöchiometrien; so geht Bismut teilweise auch auf Calci-umplätze.

Die Strukturen der meisten in Tab. 1 aufgelisteten Pb- und Tl-Supraleiter lassen sich durch einfache Substitution von den entsprechenden Bi-Supraleitern ableiten. Viel-fältige Kombinationen sind in diesem System möglich. Neben der analogen Tl–O-Doppelschicht findet man auch Tl–O- und HgO-Einfachschichten als Strukturele-ment. Schaut man sich in Tab. 1 die T_c-Werte der Homologen mit $n = 0$ an, so fällt die große Streuung der Angaben auf. Dies liegt daran, daß die Kristalle häufig Sta-pelfehler aufweisen, so daß geringe Spuren von z.B. Ca zu einzelnen Lamellen des Homologen mit $n = 1$ führen, welche ein höheres T_c vortäuschen.

3   Herstellung und Eigenschaften

3.1   Das System Y–Ba–Cu–O

Die Hoch-T_c-Supraleiter lassen sich prinzipiell genauso wie andere Oxidkeramiken pulvertechnologisch verarbeiten. Untersucht werden insbesondere das Sintern, Foliengießen, Extrudieren, Siebdruck und Plasmaspritzen [15]. Die höchsten Stromdichten werden jedoch in orientierten Dünnfilmen erzielt, so daß auch diese Methoden hier kurz behandelt werden sollen.

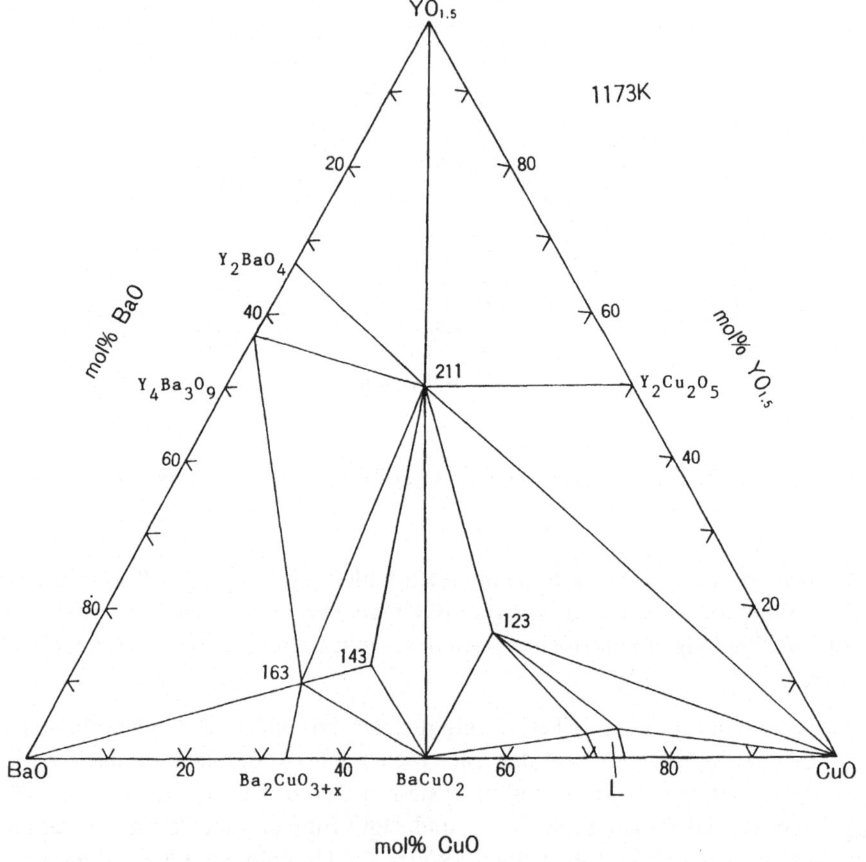

Bild 10   Isothermer Schnitt des quasi-ternären Systems YO$_{1,5}$–BaO–CuO bei 1.173 K in synthetischer Luft mit Schmelze (L) und den quaternären Phasen YBa$_2$Cu$_3$O$_{7-x}$ (123), YBa$_4$Cu$_3$O$_9$ (143), YBa$_6$Cu$_3$O$_{11}$ (163) und Y$_2$BaCuO$_5$ (211) (nach [16]).

Die **Pulversynthese** von $YBa_2Cu_3O_{6,9}$ (T_c = 92 K) erfolgt vorzugsweise durch Mischen und Calcinieren der Oxide, Hydroxide oder Carbonate von Y, Ba und Cu bei 850 bis 950 °C in Luft. Dabei entsteht zunächst die nicht supraleitende, sauerstoffarme, tetragonale Modifikation. Durch anschließendes Beladen mit Sauerstoff bei ca. 400 °C erhält man *orthorhombisches* $YBa_2Cu_3O_{6,9}$ (Bild 6). Die Korngröße wird mittels Mahlen eingestellt. Besonders reines und feinkörniges Pulver wird durch Kopräzipitation (s. Abschnitt "Elektrooptische Keramiken" in Band "Keramik", Teil II) der Oxalate aus wäßriger Lösung und Tempern erzeugt. Pulver mit mittlerer Primärkorngröße im Bereich von 1 μm sind am sinteraktivsten. Wesentlich feinere Pulver führen zu Sinterkörpern mit sehr feinkörnigem Gefüge, aber einer wegen der zahlreichen Korngrenzen geringen Stromdichte.

Die Randbedingungen für das Sintern von Formkörpern sind durch die Phasenbeziehungen im System $BaO–Y_2O_3–CuO$ festgelegt (Bild 10).

Eine obere Temperaturgrenze ist durch die peritektische Zersetzung des $YBa_2Cu_3O_{7-x}$ in Y_2BaCuO_5 und Schmelze bei ca. 1.000 °C gegeben. Ein erstes partielles Aufschmelzen, welches den Sinterprozeß beschleunigt, wird bei ca. 900° C beobachtet. In den Gefügekorngrenzen findet man danach Ausscheidungen von CuO und $BaCuO_2$, die sich negativ auf den Suprastrom auswirken. Man versucht daher, durch Einsatz feinkörniger Pulver die Sintertemperatur zu erniedrigen. Ein typisches Sinterprogramm für ein 1 μm Pulver besteht aus der Verdichtung (900 °C, 12 h, in Luft) und der anschließenden Sauerstoffbeladung (400 °C, 30 h). Die Keramik hat dann 90 bis 95 % der theoretischen Dichte; eine höhere Dichte behindert die O_2-Aufnahme. Durch Sintern in reinem O_2 anstelle von Luft wird zwar die Zersetzungstemperatur um ca. 30 °C erhöht, gleichzeitig verschiebt sich aber auch das Sintermaximum nach oben. Einige charakteristische Eigenschaften von $YBa_2Cu_3O_{6,9}$-Keramik sind in Tab. 3 aufgeführt.

Tabelle 3   Physikalische und mechanische Eigenschaften von supraleitenden Keramiken (nach [17-19]).

	$YBa_2Cu_3O_x$	$Bi_{1,2}Pb_{0,8}Sr_2Ca_2Cu_3O_x$
theoretische Dichte [kg m^{-3}]	6.340	6.280
Sinterdichte [kg m^{-3}] (% der theoret. Dichte)	5.390 (85 %)	5.200 (83 %)
kritische Temperatur, T_c [K]	92	107
Biegebruchfestigkeit, $\sigma_{3-Punkt}$ [MPa]	220 + 20	170 + 20
Bruchwiderstand, K_{IC} [MPa m$^{1/2}$]	1,1 + 0,2	1,3 + 0,2
Elastizitätsmodul, E [GPa]	100 + 20	100 + 20
Poisson-Zahl, v	0,22 + 0,02	0,2
Debye-Temperatur, θ [K]	330 + 80	250
spezifische Wärme, c (297 K) [J kg^{-1} K^{-1}]	431	390
Wärmeleitfähigkeit, λ [W m^{-1} K^{-1}]	2,67	0,89
thermische Ausdehnung, α (323...723 K) [K^{-1}]	11,5 x 10^{-6}	11,7 x 10^{-6}
Thermoschockparameter, $\sigma (1 - v)/(\alpha E)$ [K]	150	120

Auch unter optimalen Bedingungen hergestellte Sinterkörper, d.h. mit hohem Sauerstoffindex und hoher Reinheit, weisen bei 77 K bestenfalls kritische Stromdichten von ca. 1000 Acm^{-2} auf. Schon in sehr kleinen Magnetfeldern von 0,01 T fällt die Stromdichte um zwei Größenordnungen ab. Einen interessanten Ansatz zur Lösung dieses Problems stellt der **MPMG-Prozeß** (**M**elt **P**owder **M**elt **G**rowth) dar [20]: $YBa_2Cu_3O_{7-x}$ mit ca. 10 % Y_2O_3 Zusatz wird bei 1.250 °C partiell aufgeschmolzen (Bild 11), abgeschreckt und aufgemahlen.

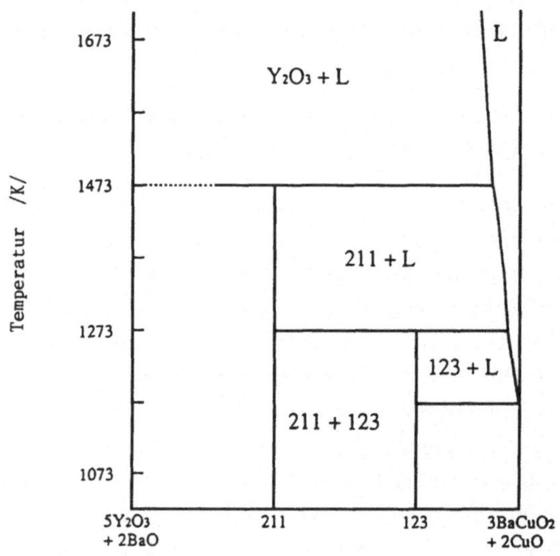

Bild 11   Schnitt durch das System Y_2O_3–BaO–CuO entlang der Verbindungslinie Y_2BaCuO_5 (211)–$YBa_2Cu_3O_{7-x}$ (123), L = Schmelze (nach [16] und [20]).

So entsteht ein amorphes Pulver mit feinverteilten Ausscheidungen von Y_2O_3. Aus diesem Pulver hergestellte Formkörper werden in einem mehrstufigen Sinterprogramm (1.100 °C – 900 C – 600 °C) verdichtet. Dabei bildet sich entsprechend dem Phasendiagramm (Bild 11) eine sehr grobkörnige $YBa_2Cu_3O_{7-x}$-Keramik mit hochdispersen, intragranularen Ausscheidungen von Y_2BaCuO_5. Diese nicht supraleitenden Kristallite wirken als Pinning-Zentren für Magnetflußlinien, wodurch die kritische Stromdichte im Magnetfeld um ca. 1 Größenordnung höher als in reinen, einphasigen Proben wird.

Durch Verfahrensvarianten wie den MPMG-Prozeß kann zwar die intragranulare Stromdichte deutlich erhöht werden, die intergranulare Stromdichte bleibt jedoch durch die schwache Kopplung (Weak Links) über die Korngrenzen hinweg weiterhin begrenzt. Entscheidende Ursache für Weak Links scheinen weniger Fremdphasen und Abweichungen von der Stöchiometrie in der Korngrenze zu sein [21], als vielmehr die Anisotropie des Supraleiters selbst [4,22]. Hohe intergranulare Stromdichten oberhalb 10^5 Acm^{-2} werden bisher nur in texturierten Proben mit speziellen Korngrenzen (0°, 90°) erreicht. Nicht orientierte, allgemeine Korngrenzen wirken als Weak Links. Eine Orientierung der Kristallite ist in Massivkörpern durch Zonenschmelzverfahren möglich [23]. Texturierte Dickschichten erhält man z.B. durch elektrophoretische Abscheidung feiner Pulver.

Eine vollständige Ausrichtung erzielt man jedoch nur in epitaktisch (Band 2, Abschnitt 8) auf Einkristalloberflächen aufgewachsenen Supraleiterdünnfilmen. Praktisch alle Methoden der Dünnfilmtechnik sind inzwischen auf die HTSL angewandt worden. Die besten Ergebnisse mit Stromdichten bis zu 10^7 A cm^{-2} bei 77 K wurden bisher mit Laser-Ablation, Sputtern (Band 2, Abschnitt 8) und Chemical Vapor Deposition (CVD) erreicht. Die experimentellen Randbedingungen für Druck und Temperatur sind dabei stets so zu wählen, daß die Filmabscheidung nahe der thermodynamischen Stabilitätsgrenze des tetragonalen $YBa_2Cu_3O_{7-x}$ erfolgt; die Sauerstoffbeladung und Umwandlung in die orthorhombische Modifikation geschieht durch thermische Nachbehandlung bei niedrigerer Temperatur und höherem Druck (s. Abschnitt "Thermodynamik supraleitender Keramiken" in diesem Band). Gesinterte HTSL-Keramikkörper (Platten, Zylinder) dienen als Stoffquelle (Targets) für die Sputter- und Laser-Ablationsprozesse. Dagegen basiert das CVD-Verfahren auf der simultanen Verdampfung von flüchtigen Komplexverbindungen von Y, Ba und Cu und ihrer anschließenden thermischen Zersetzung an einer heißen Substratoberfläche (Bild 12).

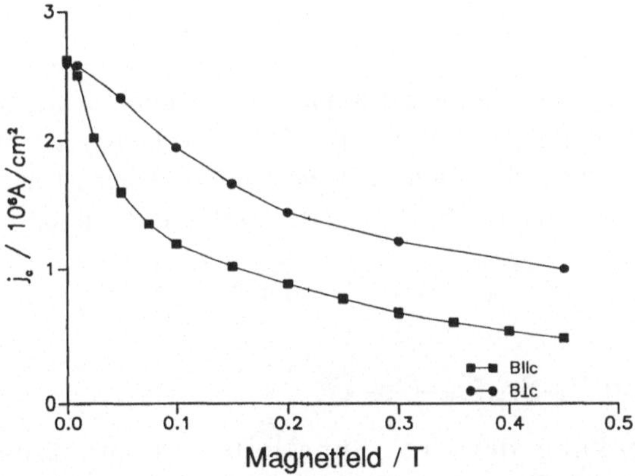

Bild 12   Kritische Transportstromdichte j_c bei 77 K als Funktion des äußeren Magnetfeldes für einen mittels CVD abgeschiedenen $YBa_2Cu_3O_{7-x}$-Dünnfilm (Dicke = 500 nm) auf einer $SrTiO_3$-(100)-Einkristalloberfläche. Die verdampfbaren Ausgangsverbindungen sind 2,2,6,6-Tetramethyl-3,5-heptandionato-Komplexe von Y, Ba, und Cu. Das äußere Magnetfeld ist senkrecht zur Substratoberfläche und zur kristallographischen a,b-Ebene des Supraleiters (H⊥a,b) bzw. parallel (H ‖ a,b) orientiert.

Für die Güte der Epitaxie entscheidend ist die Auswahl von inerten Substratkristallen mit Gitterparametern, die möglichst gut mit denen von $YBa_2Cu_3O_{6,9}$ übereinstimmen (Tab. 4).

Tabelle 4   Substrate für supraleitende Dünnfilme. Voraussetzung für Epitaxie ist eine gute Übereinstimmung der Gitterkonstanten und der thermischen Ausdehnung zwischen Supraleiter und Substrat. Wegen der beiden Möglichkeiten der Aufstellung eines kubischen Flächengitters (45° Drehung) sind für die a-Achse (kubisch und tetragonal) bzw. a/b-Achsen (orthorhombisch) 2 Gitterparameter I und II aufgelistet, die sich nur um den Faktor $\sqrt{2}$ unterscheiden.

	Kristallsystem	Gitterparameter [pm]		therm. Ausdehnungskoeff. α [10^{-6} K^{-1}]	Dielektrizitäts-konstante ε
		I	II		
Y-ZrO$_2$	kubisch	361...365	511...516	10	~ 4
Si	kubisch	384	543	2,4	11,7
LaGaO$_3$	orthorhomb.	388 / 390	549 / 552	9	25
SrTiO$_3$	kubisch	391	553	10,8	$10^2...10^4$
KTaO$_3$	kubisch	399	564	~ 5	243
GaAs	kubisch	400	565	6	12,5
MgO	kubisch	421	596	14	10
α-Al$_2$O$_3$	hexagonal	—	476	8,3	11
LaAlO$_3$	hexagonal	—	536	9	16
YBa$_2$Cu$_3$O$_{6,9}$	orthorhomb.	382 / 389	540 / 550	11,5	
Bi$_2$Sr$_2$CaCu$_2$O$_{8+x}$	orthorhomb.	382 / 383	540 / 541	11,7	
Bi$_{2-x}$Pb$_x$Sr$_2$Ca$_2$Cu$_3$O$_{10+x}$					
Tl$_2$Ba$_2$Ca$_2$Cu$_3$O$_{10-x}$	tetragonal	385	544		

Häufig verwendet wird der Perowskit $SrTiO_3$. Das technisch wichtige Substratmaterial Silizium ist allerdings gegenüber den HTSL-Verbindungen unter den Bedingungen der Filmabscheidung chemisch nicht beständig. Daher ist man hier auf vermittelnde Zwischenschichten aus z.B. Y-dotiertem ZrO_2 angewiesen.

3.2   Das System Bi–Sr–Ca–Cu–O

Nach der Entdeckung der drei Supraleiter im quinären Phasensystem Bi–Sr–Ca–Cu–O wurde dieses intensiv untersucht, dabei wurden weitere neue – allerdings nicht supraleitende – Verbindungen gefunden. Bild 13 zeigt eine vereinfachte quasi-quaternäre Darstellung des Systems CaO–SrO–CuO–Bi_2O_3.

Die einzigen wirklich quinären Verbindungen im Inneren des Tetraeders sind die Supraleiter. Unterhalb 750 °C ist nur $Bi_2Sr_2CuO_6$ (2201), mit einer CuO_2-Schicht, thermodynamisch stabil. Die höheren Homologen sind metastabil (Bild 14).

Bild 13:

Schematische, quasi-quaternäre Darstellung des Phasensystems CaO–SrO–CuO–Bi$_2$O$_3$ im Temperaturbereich von 750 bis 850 °C in Luft. Durchgezogene Linien bedeuten Mischkristallbereiche.

1 = Bi$_2$Sr$_{2-x}$Ca$_x$CuO$_{6+y}$ (2201);

2 = Bi$_2$Sr$_{2-x}$Ca$_{1+x}$Cu$_2$O$_{8+y}$ (2212);

3 = Bi$_2$Sr$_{2-x}$Ca$_{2+x}$Cu$_3$O$_{10+y}$ (2223);

4 = Bi$_4$Sr$_8$Cu$_5$O$_{20-y}$;

5 = Bi$_2$Sr$_3$Cu$_2$O$_8$.

Die Lage der Supraleiter 1,2 und 3 im Inneren des Tetraeders wird durch gepunktete Hilfslinien und deren Aufpunkte in der BiO$_{1,5}$–CaO–CuO- und BiO$_{1,5}$–SrO–CuO-Ebene verdeutlicht.

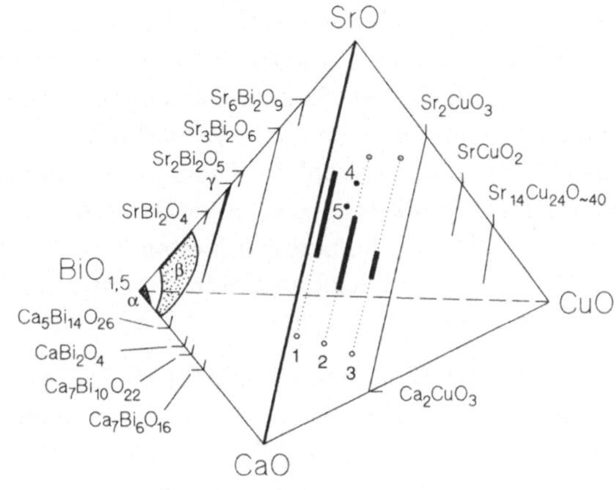

Bild 14:

Sr$_2$Bi$_2$O$_5$–CaO–CuO-Schnitt durch das Phasendiagramm Bild 13 bei 750 °C, 800 °C und 850 °C in Luft. Von den Supraleitern ist bei 750 °C nur die 2201-Phase stabil, bei 800 °C die 2201- und 2212-Phase und bei 850° C zusätzlich die 2223-Phase (nach [24]).

Inwieweit die Stabilisierung der drei Phasen auch kinetisch kontrolliert ist, ist noch nicht eindeutig geklärt (siehe Abschnitt "Thermodynamik supraleitender Keramiken" in diesem Band).

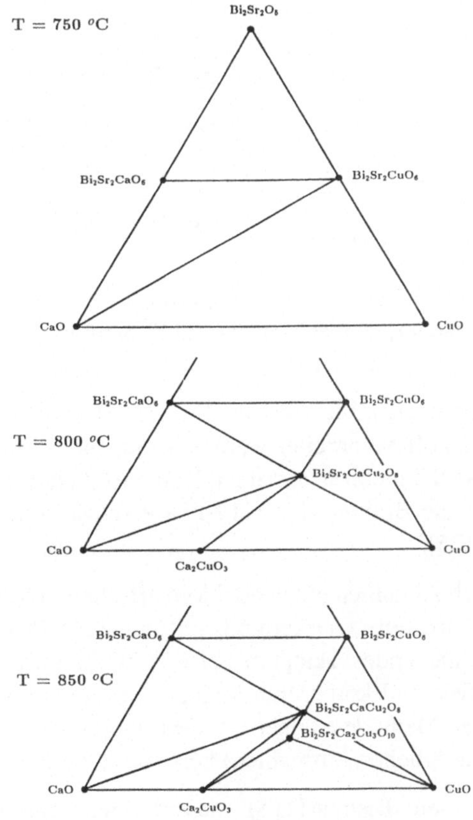

Alle 3 HTSL ebenso wie die meisten anderen Verbindungen weisen große Mischkristallbereiche auf. Interessanterweise beinhalten die Existenzbereiche der "2212"- und "2223"-Phase nicht die exakten stöchiometrischen Verbindungen, sondern sind etwas in Richtung Bi_2O_3 verschoben. Der Grund ist, daß Bismut einen Teil der Erdalkaliplätze im Gitter besetzen kann. Weiterhin zeigen die HTSL eine starke Tendenz zur Ausbildung von Stapelfehlern: Untersucht man gesinterte Proben mit dem Transmissionselektronenmikroskop, so entdeckt man z.B. auch in "reinen" 2223-Proben einzelne Lamellen der homologen Verbindungen mit 1, 2 oder sogar 4 CuO_2-Schichten. Dies äußert sich auch in einem stufenweisen Widerstandsverlust mit abnehmender Temperatur.

Da die optimale Sintertemperatur für $Bi_2Sr_2Ca_2Cu_3O_{10+x}$ nur wenige Grad unter der Schmelztemperatur liegt, und wegen der oben genannten Komplikationen ist es schwierig, eine Keramik mit T_c -Werten von 105 -110 K aus diesem Material herzustellen. Daher arbeitet man in der Praxis mit einem Zusatz von PbO (teilweise Substitution von Bi), das als Flußmittel wirkt und die Sintertemperatur um ca. 30 °C erniedrigt; typische Zusammensetzungen (Atomverhältnisse) sind:

$$Bi \quad Pb \quad Sr \quad Ca \quad Cu$$

$$1,6 : 0,4 : 1,6 : 2,0 : 2,8 \quad oder$$

$$1,7 : 0,4 : 1,7 : 2,1 : 3,0 \quad oder$$

$$1,8 : 0,3 : 1,9 : 1,9 : 3,0.$$

Pulversynthese als auch Sintern erfolgen in Luft bei 840 bis 845 °C während 100 h und länger, wobei sich die 2223-Struktur sukzessive aus 2201, 2212 und anderen Randphasen bildet (Tab. 3).

Während der bleidotierte 2223-HTSL pulvertechnologisch zu einem keramischen Werkstoff verarbeitet werden kann, bieten sich für den 2212–Supraleiter vorzugsweise Schmelzverfahren an. Dabei ist zu beachten, daß nicht nur T_c (Bild 9), sondern auch die Bildung der 2212-Phase selbst vom Sauerstoffgehalt bestimmt wird (Bild 15) [25].

Durch Abkühlen einer stöchiometrischen Schmelze von ca. 1.000…1.100 °C entsteht zunächst eine Glaskeramik mit der 2201-Phase als kristallinem Bestandteil. Durch anschließendes Tempern bei 815 °C in Luft über 24 h wird das Material langsam oxidiert und komproportioniert zum einphasigen 2212-HTSL mit T_c = 90 K. Nach dieser Methode können sowohl supraleitende Formkörper als auch Pulver (durch nachträgliches Aufmahlen) hergestellt werden.

Aus den Bismut-HTSL lassen sich mit den gleichen Methoden wie beim

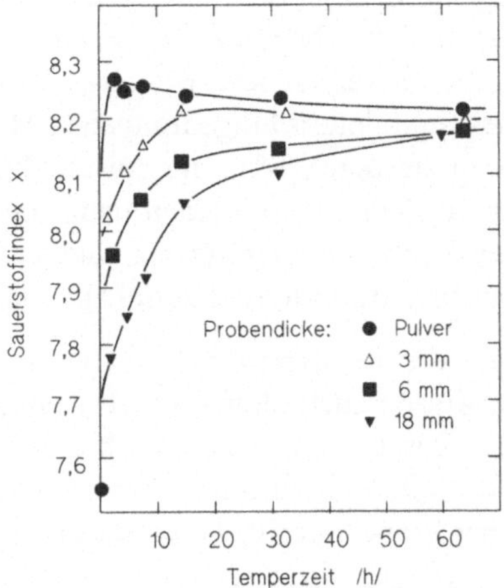

Bild 15　　Sauerstoffaufnahme einer erstarrten Schmelze der nominellen Zusammensetzung $Bi_2Sr_2CaCu_2O_x$ bei 815 °C in Luft in Abhängigkeit von der Probenkörperdicke. Bedingt durch die langsame Sauerstoffdiffusion werden Massivkörper langsamer als Pulver oxidiert. Nur wenn der Sauerstoffindex den Wert 8,25 nicht übersteigt, kristallisiert der 2212-Supraleiter phasenrein (nach [14]).

$YBa_2Cu_3O_{6,9}$ supraleitende Dünnfilme herstellen. Bevorzugte Substrate sind MgO und $SrTiO_3$ (Tab. 4). Die Meßwerte in Bild 16 machen die extreme Anisotropie der kritischen Stromdichte deutlich.

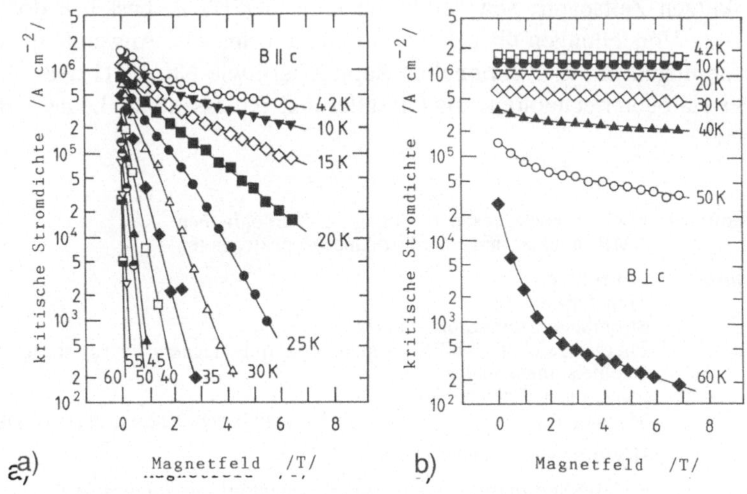

Bild 16　　Magnetfeldabhängigkeit der kritischen Stromdichte von epitaktischen $Bi_2Sr_2CaCu_2O_{8+x}$-Dünnfilmen auf $SrTiO_3$ (100)-0berflächen für (A) H‖c-Achse und (B) H⊥c-Achse; die Dünnfilme wurden mittels Laser-Ablation hergestellt (nach [25]).

Anders als im Fall des $YBa_2Cu_3O_{6,9}$, bei dem das Weak Link-Verhalten der Korngrenzen der primäre die Stromdichte begrenzende Faktor ist, sind die Bi-HTSL durch schwache Pinning-Kräfte charakterisiert. Bis etwa 30 K sind die Flußlinienschläuche eines ins Innere des Supraleiters eingedrungenen Magnetfeldes fixiert. Bei höheren Temperaturen werden sie durch sog. "thermisch aktiviertes Flußkriechen" leicht verschiebbar, und nur im Falle $H \perp c$ können dann noch die Bi–O-Schichten als zweidimensionale Pinning-Zentren wirken. Daher sind auch bei den Bi-Supraleitern höchste Stromdichten nur in texturiertem Material zu erhalten.

Da das Weak Link-Verhalten der Korngrenzen hier sehr viel schwächer als beim $YBa_2Cu_3O_{6,9}$ ausgeprägt ist, weisen auch dünne, polykristalline Bänder mit plattenförmig geschichtetem Gefüge bereits Stromdichten über 10^4 A cm^{-2} bei 77 K auf [26]. Bei Banddicken unter ca. 0,05 mm wird der Textureffekt möglicherweise noch durch die Pinning-Wirkung der Probenoberfläche verstärkt.

Bei den HTSL scheinen nach den bisherigen Untersuchungen generell alle Struktur- und Gefügemerkmale, die als Pinning-Zentren wirken, auch für Weak Links verantwortlich zu sein.

4   Anwendungen

Trotz der kurzen Zeitspanne seit der Entdeckung der HTSL bestehen doch schon recht konkrete Vorstellungen über deren mögliche technische Anwendungen. Dabei dienen Erfahrungen mit konventionellen Supraleitern wie Nb, NbTi und Nb_3Sn sowie aus der Halbleitertechnologie als Orientierung. Es lassen sich heute 3 Bereiche identifizieren

Kernspinresonanz	MRI (magnetic resonance imaging)-Tomographen NMR (nuclear magnetic resonance)-Spektrometer
Energietechnik	Generatoren Transformatoren Strombegrenzer/Schutzschalter Energiespeicher (SMES = superconducting magnetic energy storage) Hochleistungskabel magnetische Erzscheider Magnete für Forschungsprojekte (Teilchenbeschleuniger, Fusionsreaktor)
Elektronik	Hochfrequenzantennen
	SQUID-Sensoren (superconducting quantum interference device, s. Band 3, Abschnitt 5.5.4)
	Hybride: supraleitende Verdrahtung – Halbleiterlogik/-speicher supraleitender Sensor – Halbleiterlogik Supraleiterlogik/-speicher – Halbleiterlogik/-speicher

Die physikalischen Voraussetzungen für die Elektronikanwendungen, d.h. insbesondere hohe Stromdichte bei 77 K bzw. kleiner Oberflächenwiderstand für die Hochfrequenztechnik ($R_s \leq 0{,}001$ Ohm bei Frequenzen im GHz-Bereich [27]), werden von epitaktischen $YBa_2Cu_3O_{7-x}$-Dünnfilmen bereits erreicht. Hier gilt es nun zum einen, diese Ergebnisse auf das technische Substratmaterial Si zu übertragen, und zum anderen HTSL-verträgliche Strukturierungsmethoden zu entwickeln (siehe auch Bände 2 und 3 dieser Reihe).

Etwas anders sieht es aus bei der Magnet- und Energietechnik. Hier werden in der Regel hohe Stromdichten bei hohen Magnetfeldern in drahtförmigen Leitern verlangt. Bild 17 gibt einen Überblick über die Anforderungen, die von den verschiedenen Anwendungen gestellt werden.

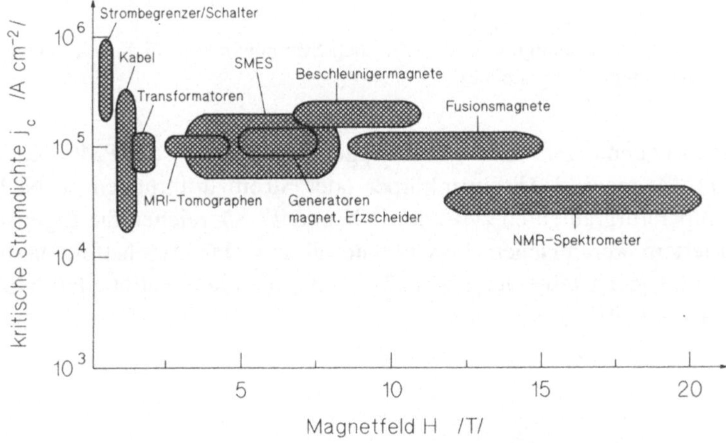

Bild 17   Geforderte kritische Stromdichte im Magnetfeld für energie- und magnettechnische Anwendungen der Supraleitung (nach [28]).

Bei 77 K werden die Stromdichten bisher nur in $YBa_2Cu_3O_{7-x}$-Dünnfilmen erreicht, nicht aber in Drähten, wie sie für die Wickelung von Magnetspulen benötigt werden (Bild 18).

Da die kritische Stromdichte eine Eigenschaft ist, die stark vom keramischen Gefüge bestimmt ist, ist zu erwarten, daß in den kommenden Jahren die j_c-Werte durch neue Verfahren zur Eliminierung von Weak Links und den Einbau von Pinning-Zentren weiter erhöht werden können, zumal in texturiertem Massivmaterial bereits recht gute Werte erzielt wurden. Eine weitere Möglichkeit besteht darin, die Temperatur des Kühlmediums Stickstoff durch Absenken des Gleichgewichtsdruckes von 77 K auf ca. 60 K zu erniedrigen; dies bewirkt ebenfalls eine Stromdichte-Erhöhung (s. Bild 2).

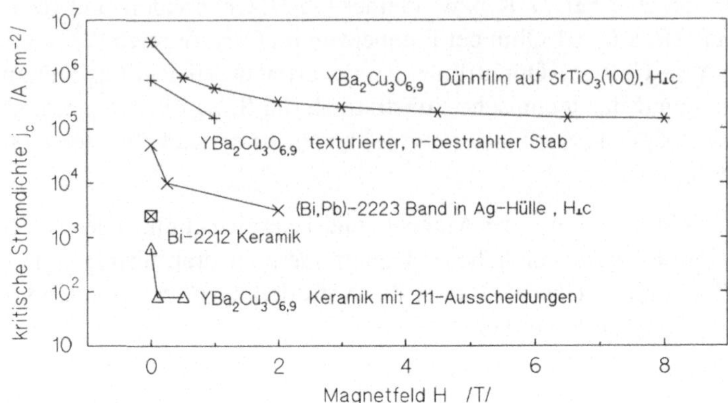

Bild 18   Magnetfeldabhängigkeit der kritischen Stromdichte bei 77 K von unterschiedlich hergestellten Supraleitern.

Für spezielle Anwendungen, z.B. Magnetlager (YBa$_2$Cu$_3$O$_{7-x}$-MPMG-Keramik s. Abschnitt 3.1), Magnetfeld-Abschirmkörper oder Stromzuführungen zu NbTi-Bauteilen (im Temperaturgradienten zwischen 4 K und 77 K), reichen die Eigenschaften von untexturiertem keramischen Massivmaterial aus. Für Höchstfeldmagnete im 4 K-Betrieb sind sogar Drähte aus Bi$_2$Sr$_2$CaCu$_2$O$_{8+x}$ den konventionellen Nb$_3$Sn-Supraleitern überlegen (Bild 19).

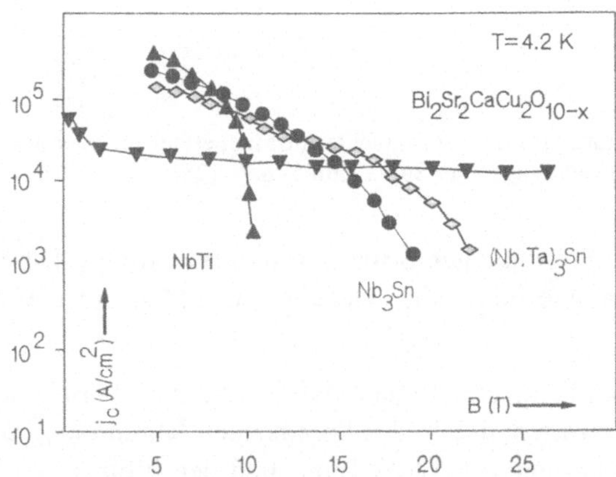

Bild 19   Magnetfeldabhängigkeit der kritischen Stromdichte bei 4,2 K von nicht texturiertem Bi$_2$Sr$_2$CaCu$_2$O$_{8+x}$-Draht mit Ag-Hülle im Vergleich zu Drähten aus NbTi, Nb$_3$Sn und (Nb,Ta)$_3$Sn (nach [29]).

Bei der Drahtherstellung für Anwendungen bei 77 K werden derzeit 2 prinzipielle Routen verfolgt, die zu texturierten Leitern führen:

1.) Pulver-im-Rohr-Technik: HTSL-Pulver (bevorzugt Bi,Pb-2223) wird in ein Ag-Rohr gefüllt, dieses mechanisch zu einem dünnen Draht oder Band gezogen bzw. gewalzt und dann getempert.

2.) Abscheidung eines HTSL-Dünnfilms auf einem draht- oder bandförmigen Träger (z.B. $YBa_2Cu_3O_{7-x}$ mittels CVD auf Keramikfäden oder Metallbändern).

Die kommerzielle Anwendung von HTSL in der Magnet- und Energietechnik wird voraussichtlich erst nach dem Jahr 2000 stattfinden. Man kann annehmen, daß zunächst die HTSL die Nb-Supraleiter in der Kernspinresonanz substituieren werden und erst danach neuartige Anwendungen wie Generatoren und Transformatoren technische, industrielle Reife erlangen werden.

Literatur

[1]   J. G. Bednorz und K. A. Müller, Angew. Chem. **100** (1988) 757

[2]   J. Müller und J. L. Olsen (Eds.), Physica C **153-155** (1988)

[3]   R. N. Shelton, W. A. Harrison und N. E. Phillips (Eds.), Physica C **162-164** (1989)

[4]   IBM Journal of Research and Development **33**(3) (1989) 197-404

[5]   T. Maeda, K. Sakuyama, S. Koriyama und H. Yamauchi, ISTEC Journal **3**(3) (1990) 16; T. Wada, T. Kaneko und H. Yamauchi, ISTEC Journal **3**(3) (1990) 21

[6]   T. H. Geballe und J. K. Hulm, Spektrum der Wissenschaft, Jan. (1981) 53

[7]   M. B. Maple, MRS Bulletin June (1990) 60

[8]   M. K. Wu, J. R. Ashburn, C. J. Torng, P. H. Hor, R. L. Meng, L. Gao, Z. J. Huang, Y. Q. Wang und C. W. Chu, Phys. Rev. Lett. **58** (1987) 908

[9]   D.E. Morris, A. G. Markelz, B. Fayn und J. H. Nickel, Physica C **168** (1990) 153

[10] W. Buckel, "Supraleitung", VCH Verlagsgesellschaft Weinheim (1990)

[11] T. Miyatake, S. Gotoh, N. Koshizuka und S. Tanaka, Nature **341**(6237) (1989) 41

[12] O. Eibl, Physica C **168** (1990) 215

[13] H. G. von Schnering, L. Walz, M. Schwarz, W. Becker, M. Hartweg, T. Popp, B. Hettich, P. Müller und G. Kämpf, Angew. Chem. Int. Ed. Engl. **27** (1988) 574

[14] J. Bock und E. Preisler, in Lit. [19] S. 215

[15] D. W. Murphy, D. W. Johnson, S. Jin und R.E. Howard, Science **241** (1988) 922

[16] K. Osamura und W. Zhang, Z. Metallkunde **82** (1991) 408

[17] N. McN. Alford et al., J. Mater. Sci. **23** (1988) 761 und Supercond. Sci. Technol. **3** (1990) 1

[18] T. J. Kim, B. Lüthi, M. Schwarz, H. Kühnberger, B. Wolf, G. Hampel, D. Nikl und W. Grill, J. Magn. Magn. Mater. **76** und **77** (1988) 604

[19] H. C. Freyhardt, R. Flükiger und M. Peuckert (Eds.), "High-Temperature Superconductors, Materials Aspects", DGM Informationsgesellschaft Oberursel (1991)

[20] M. Murakami, H. Fujimoto, T. Oyama, S. Gotoh, Y. Shiohara, N. Koshizuka und S. Tanaka, in Lit. [19] S. 13

[21] S. E. Babcock, T.F. Kelly, P.J. Lee, J.M. Seuntjens, L.A. Lavanier und D.C. Larbalestier, Physica C **152** (1988) 25

[22] D. Dimos, P. Chaudhari, J. Mannhart und F. K. LeGoues, Phys. Rev. Lett. **61** (1988) 219

[23] W. Knaak und R.F. Singer, in Lit. [l9] S. 239

[24] K. Schulze, P. Majewski, B. Hettich und G. Petzow, Z. Metallkunde **81** (1990) 836

[25] P. Schmitt, L. Schultz und G. Saemann-Ischenko, Physica C **168** (1990) 475

[26] K. Togano, H. Kumakura, D. R. Dietderich, H. Maeda, J. Kase, T. Morimoto, B. Ullmann und H. C. Freyhardt, in Lit. [19] S. 165

[27] G. Müller, N. Klein, A. Brust, H. Chaloupka, M. Hein, S. Orbach, H. Piel, D. Reschke, J. Superconductivity **3** (1990) 235

[28] P. Komarek, Proceed. European Forum on Industrial Applications of Superconductivity (EISANS '89), Caen, Sept. 21-22, 1989, S.63

[29] H. Krauth, K. Heine und J. Tenbrink, in Lit.[19] S. 29

VI. Thermodynamik supraleitender Keramiken

Von Rüdiger Bormann

1 Einleitung

Wie im Abschnitt "Supraleitende Keramiken" dieses Bandes dargestellt, sind die physikalischen Eigenschaften der oxidkeramischen Hochtemperatur-Supraleiter (**HTSL**) in extremem Maße von der Struktur und der Zusammensetzung abhängig, insbesondere in Bezug auf den Sauerstoffgehalt. Zudem zeigte sich z. B. beim $Y_1Ba_2Cu_3O_{7-x}$, daß aufgrund der speziellen Kristallstruktur die Supraleitungseigenschaften stark anisotrop sind. Die technologische Anwendung der HTSL erfordert deshalb notwendigerweise die Kontrolle und die Beeinflussung sowohl der Struktur als auch des Gefüges. Hierfür ist die Kenntnis der thermodynamischen Grundlagen des jeweiligen Systems von großer Bedeutung.

In diesem Kapitel wird der Kenntnisstand über die Thermodynamik der Systeme zusammengefaßt wiedergegeben, die in besonderem Maße für eine potentielle technologische Anwendung von Interesse sind. Dies betrifft schwerpunktmäßig das Y–Ba–Cu–O-System. In letzter Zeit finden aber auch Supraleiter der Zusammensetzung $Bi_2Sr_2Ca_1Cu_2O_{8-x}$ und $Bi_{2-y}Pb_ySr_2Ca_2Cu_3O_{10-x}$ Interesse – und zwar nicht nur wegen ihrer hohen kritischen Temperaturen von ca. 90 bzw. 108 K, sondern auch aufgrund ihrer außergewöhnlichen Stromtragfähigkeiten bei tiefen Temperaturen, die den Einsatz als Supraleiter zur Erzeugung extrem hoher Magnetfelder ermöglichen [1].

Die Beschreibung der Thermodynamik dieser Systeme ist trotz des technologischen Potentials zur Zeit noch unvollständig, da bisher nur wenige systematische Untersuchungen durchgeführt worden sind. Zudem wird die Charakterisierung der Systeme durch die hohe Anzahl der Komponenten äußerst umfangreich, so daß im allgemeinen nur die direkt für die technologische Anwendung relevanten Parameter detailliert untersucht werden. Die Darstellung der Thermodynamik von HTSL in diesem Kapitel konzentriert sich deshalb auf Aspekte, wie sie einerseits für die Herstellung von kompakten Supraleitern für Hochstromanwendungen und andererseits für die Präparation von dünnen Schichten mit hohen kritischen Strömen von Bedeutung sind.

2   Das System Y–Ba–Cu–O

Supraleitung oberhalb von 90 K wurde zuerst im System Y–Ba–Cu–O im Jahr 1987 von Wu et al. [2] entdeckt. Als supraleitende Phase wurde die $Y_1Ba_2Cu_3O_{7-x}$-Verbindung identifiziert, die eine dem Perowskit ähnliche Struktur aufweist. Die Herstellung erfolgte im allgemeinen aus den Oxiden Y_2O_3, BaO und CuO, die bei ca. 900 °C in Luft oder reinem Sauerstoff zur Reaktion gebracht wurden. Das Phasendiagramm unter diesen Reaktionsbedingungen ist in Bild 1 wiedergegeben.

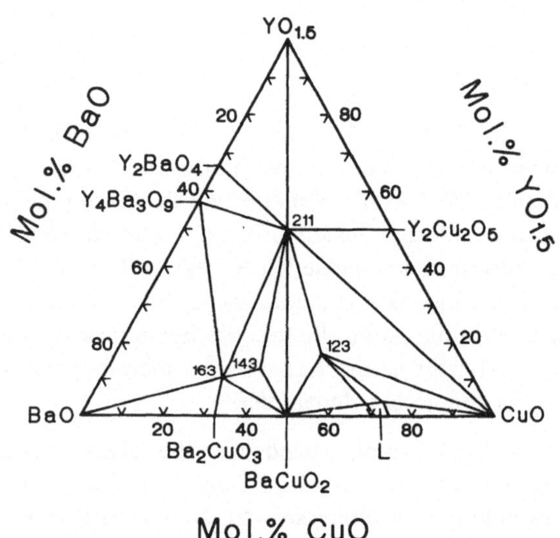

Bild 1   Isothermer Schnitt durch das quasi-ternäre System $YO_{1,5}$–BaO–CuO bei 900 °C für einen Sauerstoffpartialdruck $p(O_2) = 0,21 \cdot 10^5$ Pa in Ar. Dabei bezeichnet "L" die Schmelze, "211" die Y_2BaCuO_5-, "163" die $Y_1Ba_6Cu_3O_{11}$-, "143" die $Y_1Ba_4Cu_3O_{11}$- und "123" die $Y_1Ba_2Cu_3O_{7-x}$-Phase (nach [3]).

Es zeigt, daß die $Y_1Ba_2Cu_3O_{7-x}$-Verbindung im Gleichgewicht mit Y_2BaCuO_5, $BaCuO_2$ und CuO steht. Die Stabilität der anderen Phasen in dem gezeigten isothermen Schnitt durch das quasibinäre Phasendiagramm ist teilweise noch nicht vollständig geklärt. Insbesondere beeinflussen auch C-Verunreinigungen (aus dem CO_2-Gehalt der Luft) die Bildung der Phasen für Cu-arme Zusammensetzungen, z.B. durch die Bildung von entsprechenden Oxycarbonaten [3]. Ggf. muß bei der Herstellung dieser Einfluß berücksichtigt werden und statt Luft eine Atmosphäre ohne CO_2 verwendet werden.

Die Sauerstoffkonzentration der $Y_1Ba_2Cu_3O_{7-x}$-Phase entspricht allerdings bei einer Temperatur von 900 °C und einem Sauerstoffpartialdruck von $0,2...1,0 \cdot 10^5$ Pa nicht der für die Supraleitung idealen Konzentration von $x = 0...0,1$. Dies wird aus Bild 2 verständlich, in der die Abhängigkeit des Sauerstoffpartialdruckes von der Sauerstoffkonzentration für verschiedene Temperaturen wiedergegeben ist.

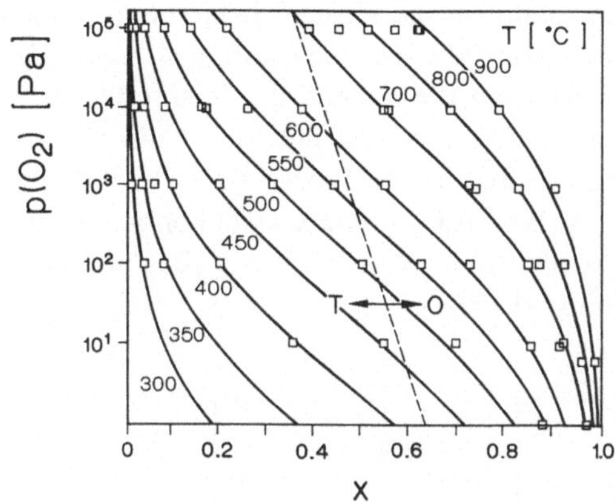

Bild 2   Abhängigkeit des Sauerstoffpartialdruckes $p(O_2)$wischen 300 und 900 °C [4]. Die gestrichelte Linie grenzt den Stabilitätsbereich der orthorhombischen (O) gegenüber der tetragonalen (T) Struktur ab [5].

Die Sauerstoffkonzentration beträgt unter atmosphärischen Bedingungen bei $T = 900$ °C typisch $x \approx 0,7$. Ein höherer Sauerstoffgehalt von $x \approx 0$ wird durch langsames Abkühlen bzw. Tempern bei tiefen Temperaturen um ca. 350 °C in Luft oder Sauerstoff erreicht. Dabei transformiert die bei geringen Sauerstoffgehalten stabile *tetragonale* Struktur bei ca. $x = 0,4...0,5$ in die *orthorhombische* Struktur (s.a. Abschnitt "Supraleitende Keramiken"). Wie aus Bild 2 ersichtlich, ist die Stabilitätsgrenze der tetragonalen Struktur in Bezug auf die orthorhombische Modifikation geringfügig temperaturabhängig und verschiebt sich für höhere Temperaturen zu höheren Sauerstoffgehalten.

Während es relativ einfach war, Proben mit hohen kritischen Temperaturen und geringen Übergangsbreiten vom supraleitenden in den normalleitenden Zustand zu erhalten, erweist es sich doch als relativ aufwendig, Leiter mit einer hohen Stromtragfähigkeit herzustellen. Dies liegt im wesentlichen daran, daß die kritische Stromtragfähigkeit durch eine geringe supraleitende Stromdichte *zwischen* den Kristalliten der $Y_1Ba_2Cu_3O_{7-x}$-Phase begrenzt ist. Verantwortlich dafür waren die unterschiedlichen Orientierungen der Kristallite, isolierende Verunreinigungsphasen und Mikrorisse entlang der Korngrenzen sowie Konzentrationsfluktuationen. Die Vermeidung von Fremdphasen *in den Korngrenzen* der $Y_1Ba_2Cu_3O_{7-x}$-Phase ist aufgrund der Reaktionsgleichgewichte in diesem System äußerst schwierig.

Bei Festkörperreaktionen ohne Beteiligung einer flüssigen Phase ist ein vollständiger Ausgleich von langreichweitigen Konzentrationsfluktuationen wegen der langsamen Kinetik äußerst erschwert. Dies führt aufgrund des engen Homogenitätsbereiches der $Y_1Ba_2Cu_3O_{7-x}$-Phase immer zur Bildung von Fremdphasen. Proben, die in ihrer Zusammensetzung Y-arm in bezug auf die ideale Stöchiometrie sind, weisen bei Reaktionstemperaturen oberhalb von 900 °C einen geringen Anteil flüssiger Phase auf (vgl. Bild 1), der sich günstig auf die Kinetik der Phasenbildung auswirkt. Die Erstarrung dieser Schmelze erzeugt aber $BaCuO_2$ und CuO als Korngrenzenphasen. Bei einem reinen schmelzmetallurgischen Prozeß lassen sich Fremdphasen ebenfalls schwer vermeiden, da die $Y_1Ba_2Cu_3O_{7-x}$-Phase nicht kongruent aus der Schmelze erstarrt, sondern über eine peritektische Reaktion aus Y_2BaCuO_5 und der Schmelze bei ca. 1.000 °C gebildet wird. (Bild 3).

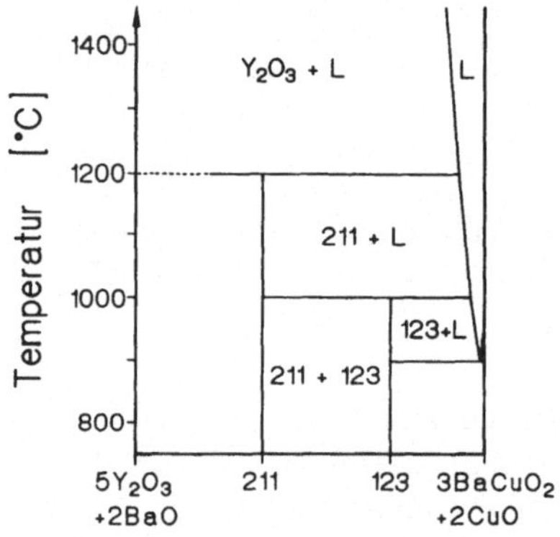

Bild 3   Schnitt durch das System Y_2O_3–BaO–CuO entlang der Konode zwischen Y_2BaCuO_5 ("211")und $Y_1Ba_2Cu_3O_{7-x}$ ("123"), L = Schmelze (nach [6])

Dies bedeutet, daß sich die supraleitende Phase an der Grenzfläche zwischen den beiden Reaktionspartnern bildet und damit eine weitere Reaktion behindert. Eine vollständige Transformation in die $Y_1Ba_2Cu_3O_{7-x}$-Phase ist deshalb nur möglich, wenn die Y_2BaCuO_5-Phase sehr gleichmäßig und fein verteilt in der Schmelze vorliegt. Bild 3 zeigt weiterhin, daß auch die Y_2BaCuO_5-Phase über eine peritektische Reaktion gebildet wird, so daß die Verteilung der Y_2BaCuO_5-Phase wiederum von der Verteilung der Y_2O_3-Phase bestimmt wird. Diese thermodynamischen Bedingungen haben zur Entwicklung des **MPMG (Melt-Powder-Melt-Growth)**-Prozesses geführt, bei dem die vollständige Reaktion zur $Y_1Ba_2Cu_3O_{7-x}$-Phase durch die feine und gleichmäßige Dispersion der Y_2O_3-Phase erreicht wird. Durch einen definierten Y-Überschuß wird zudem die Y_2BaCuO_5-Phase homogen in den Körnern der Perowskit-Struktur ausgeschieden und kann dadurch zur Verbesserung der kritischen Stromdichte in der $Y_1Ba_2Cu_3O_{7-x}$-Phase beitragen [6].

Zur Erzeugung von hohen kritischen Stromdichten ist es aber auch notwendig, die $Y_1Ba_2Cu_3O_{7-x}$-Phase zu texturieren (s. Band 1, Abschnitt 7.2.2), da die Ausbildung von Kleinwinkelkorngrenzen den Anteil an Korngrenzenphasen vermindert und die Stromdichte zwischen den Körnern aufgrund des geringen Orientierungsunterschiedes erhöht. Die Texturierung erfolgt i.allg. durch Anlegen eines Temperaturgradienten während der Bildung der $Y_1Ba_2Cu_3O_{7-x}$-Phase bei Temperaturen nur wenig unterhalb der peritektischen Temperatur. Die treibenden Kräfte zur Phasenbildung und damit die Keimbildungsrate können damit klein gehalten werden, so daß die Reaktion im wesentlichen über das Phasenwachstum bestimmt wird. Ähnlich wie bei anderen Herstellungsprozessen wird die ideale Sauerstoffkonzentration anschließend durch eine Glühbehandlung bei ca. 400...500 °C in Luft oder Sauerstoff eingestellt. Die verschiedenen Varianten dieses Verfahrens werden als "**Melt-Textured-Growth**"-Prozesse bezeichnet und ergeben – insbesondere in äußeren Magnetfeldern – die bisher höchsten kritischen Stromdichten kompakter $Y_1Ba_2Cu_3O_{7-x}$-Leiter [6,7].

In Hinblick auf die Herstellung *dünner Filme* der $Y_1Ba_2Cu_3O_{7-x}$-Phase ist es notwendig, die Stabilität der Perowskit-Struktur auch für tiefe Temperaturen und insbesondere für geringe Sauerstoffpartialdrücke zu untersuchen. Dies ist darin begründet, daß dünne Filme des HTSL i.allg. im Vakuum oder bei sehr geringen Sauerstoffpartialdrucken hergestellt werden. Die Bestimmung der thermodynamischen Stabilitätsgrenze von Oxiden bei Sauerstoffpartialdrucken $< 10^3$ Pa wird bevorzugt mit elektrochemischen Methoden durchgeführt, die auf der Verwendung eines Sauerstoffionenleiters in einer elektrolytischen Zelle (vgl. auch Band 3, Abschnitt 8) basieren.

Die Zelle, wie sie für die Bestimmung der Sauerstoffpartialdrucke in Abhängigkeit von der Temperatur und dem Sauerstoffgehalt des HTSL verwendet wird, ist in Bild 4 schematisch wiedergegeben [8].

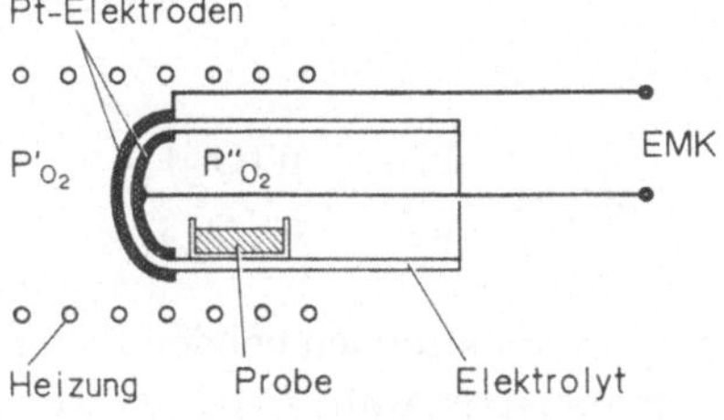

Bild 4   Schematische Darstellung der elektrolytischen Zelle zur Bestimmung des Sauerstoffpartialdruckes in oxidischen HTSL (nach [8], s. auch Band 3, Abschnitt 8.4)

Sie besteht aus einem geschlossenen Rohr aus ZrO_2, das zur Erhöhung der Sauerstoffionen-Leitfähigkeit mit Y_2O_3 und Yb_2O_3 stabilisiert ist. Die leicht verdichtete Pulverprobe befindet sich in einem Al_2O_3-Tiegel, um Reaktionen mit dem Elektrolyten zu vermeiden.

Für Temperaturen oberhalb von ca. 550 °C ist die Sauerstoffdiffusion im HTSL ausreichend, um ein Gleichgewicht bezüglich des chemischen Sauerstoffpotentials zwischen der HTSL-Probe und der Atmosphäre herzustellen, d.h. der Sauerstoffpartialdruck $p''(O_2)$ in der Zelle entspricht dem thermodynamischen Gleichgewichtspartialdruck des HTSL gemäß der Beziehung

$$\mu(O_2) = \mu''(O_2) = RT_s \cdot \ln p''(O_2) \tag{1}$$

Dabei bedeuten $\mu(O_2)$ und $\mu''(O_2)$ die chemischen Potentiale für Sauerstoff (s. Band 1, Abschnitt 2.2, dort wird das chemische Potential aber – wie in der Elektrotechnik üblich – auf ein *Teilchen* und nicht auf ein *Mol* bezogen) des HTSL bzw. der Atmosphäre im Innern der Zelle, T_s die Temperatur des HTSL und R die Gaskonstante.

Der Sauerstoffpartialdruck in der Zelle $p''(O_2)$ kann nun direkt aus einer Messung der elektromotorischen Kraft (EMK) ΔU_a bestimmt werden (diese von außen meßbare Spannung wird in der Literatur der physikalischen Chemie häufig mit der Größe E bezeichnet. Um Verwechslungen mit dem elektrischen Feld zu vermeiden, wird daher die in dieser Reihe konsistent verwendete Größe U_a verwendet, s. Band 3, Abschnitt 8.4 und Anhang C1). Dazu betrachtet man die Energiebilanz bei der Überführung von einem Mol O_2 vom Inneren der Zelle in die äußere Umgebung. Sie erfordert

$$\mu'(O_2) - \mu''(O_2) = -z \cdot F \cdot \Delta U_a \tag{2}$$

wobei $\mu'(O_2)$ das chemische Potential des Sauerstoffes in der Umgebung, $z\ (= 4)$ die Valenz des molekularen Sauerstoffes, F die Faradaykonstante und ΔU_a die EMK ist, die an den beiden Pt-Elektroden des Sauerstoffsensors abgegriffen wird. Unter Benutzung der Gleichung (1) erhält man damit die sogenannte **Nernst-Gleichung** (Band 3, Abschnitt 8.4)

$$\Delta U_a = -\frac{RT_E}{4F} \ln \frac{p'(O_2)}{p''(O_2)} \tag{3}$$

Hier muß die Temperatur T_E des Elektrolyten bei den Platinelektroden berücksichtigt werden, die sich je nach apparativem Aufbau von der Temperatur der HTSL-Probe unterscheiden kann. Als Umgebung der Zelle wird i. allg. Luft gewählt, so daß $p'(O_2)$ $= 2,1 \cdot 10^4$ Pa. Die EMK wird mit einem hochohmigen Elektrometer bestimmt und in Abhängigkeit von der Zeit verfolgt.

Um den Sauerstoffgehalt in der HTSL-Probe zu verändern, wird eine externe Spannung an die Elektroden angelegt. Aus der transportierten Ladung kann die Sauerstoffmenge, die aus bzw. in die Zelle titriert wird, berechnet werden und damit auch – bei bekanntem Zellvolumen – die Änderung des Sauerstoffgehaltes in der Probe.

Die elektrochemische Messung stellt damit eine quantitative Methode dar, Sauerstoffpartialdrücke in Abhängigkeit von der Temperatur und des Sauerstoffgehaltes von oxidkeramischen Supraleitern zu bestimmen.

Die Ergebnisse der EMK Messungen aus $Y_1Ba_2Cu_3O_{7-x}$ bei einer Temperatur von 700 °C sind in Bild 5 wiedergegeben.

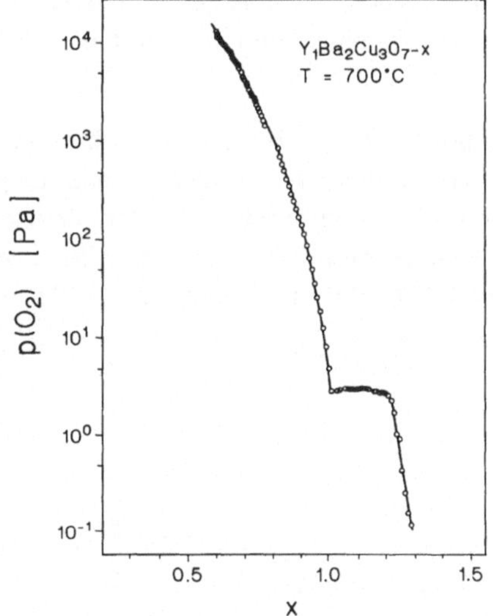

Bild 5   Abhängigkeit des Sauerstoffpartialdruckes $p(O_2)$ von dem Sauerstoffgehalt x in einer Probe mit der Zusammensetzung $Y_1Ba_2Cu_3O_{7-x}$ bei einer Temperatur von 700 °C [9].

Sie zeigen, daß der Sauerstoffpartialdruck (in Übereinstimmung mit Bild 2) mit dem Sauerstoffgehalt bis $x \approx 1{,}0$ abnimmt. Eine weitere Reduktion des Sauerstoffgehaltes führt zu einer Zersetzung der Perowskit-Struktur in die Phasen Y_2BaCuO_5, $Y_1Ba_3Cu_2O_{6+z}$ und $BaCu_2O_2$, die bei niedrigen Sauerstoffpartialdrücken von $10^2...10^{-2}$ Pa und Temperaturen von 600...800 °C im Gleichgewicht mit der $Y_1Ba_2Cu_3O_{7-x}$-Phase stehen [10]. Die Gibbs'sche Phasenregel erfordert, daß die chemischen Potentiale und damit auch der Sauerstoffpartialdruck in allen Phasen gleich sind, so daß bei einer Zersetzung der $Y_1Ba_2Cu_3O_{7-x}$-Phase der Sauerstoffpartialdruck unabhängig von dem Sauerstoffgehalt des Phasengemisches ist. Dieser kritische Sauerstoffpartialdruck $p^*(O_2)$ entspricht somit der unteren Grenze des Phasenbereiches für die $Y_1Ba_2Cu_3O_{7-x}$-Phase, da bei noch niedrigeren Sauerstoffpartialdrücken die Perowskit-Struktur thermodynamisch nicht mehr stabil ist. Nachdem sich die Perowskit-Phase vollständig umgewandelt hat, wird der Sauerstoffpartialdruck von den Zerfallsprodukten bestimmt und hängt damit wieder von deren Sauerstoffgehalt ab. Die elektrochemische Methode erlaubt es deshalb, mit großer Präzision auch für geringe Partialdrücke den kritischen Sauerstoffpartialdruck $p^*(O_2)$ der $Y_1Ba_2Cu_3O_{7-x}$-Phase und – bei bekanntem Anfangssauerstoffgehalt – zusätzlich deren Homogenitätsbereich bezüglich des Sauerstoffgehaltes zu bestimmen.

Der monotone Abfall des Partialdruckes mit dem Sauerstoffgehalt bis $x \approx 1{,}0$ deutet darauf hin, daß das Ausgangsmaterial phasenrein ist. HTSL-Proben mit überschüssigem CuO zeigen dagegen bei einer Temperatur von 700 °C ein zusätzliches Plateau bei einem Sauerstoffpartialdruck von 4 Pa, das der Umwandlung von CuO in Cu_2O entspricht. Aus der Breite dieses Plateaus kann auf den CuO-Gehalt in der Probe geschlossen werden.

Der kritische Sauerstoffpartialdruck der $Y_1Ba_2Cu_3O_{7-x}$-Phase ist stark temperaturabhängig, wobei sich unter der Annahme einer temperaturunabhängigen partiellen Enthalpie und Entropie eine lineare Beziehung zwischen dem kritischen Sauerstoffpartialdruck und der inversen absoluten Temperatur ergibt. Bild 6 zeigt die *Stabilitätslinien* von $Y_1Ba_2Cu_3O_{7-x}$ und CuO, unterhalb derer diese Phasen thermodynamisch instabil sind.

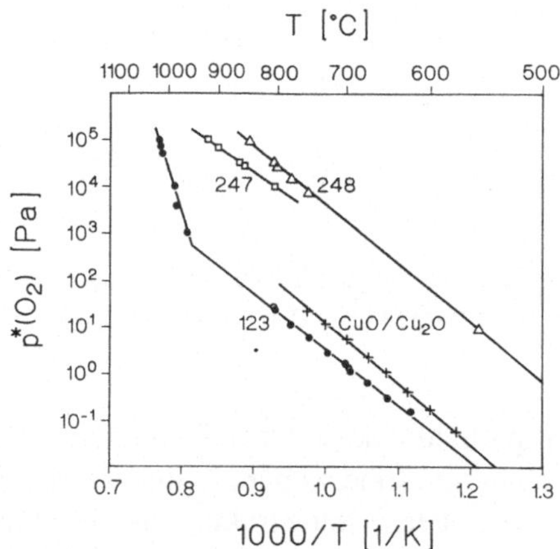

Bild 6   Temperaturabhängigkeit des Sauerstoffpartialdruckes $p^*(O_2)$, bei dem sich die Perowskit-Struktur zersetzt, für die $Y_1Ba_2Cu_3O_{7-x}$-("123", ●) [11,12], die $Y_2Ba_4Cu_7O_{15-y}$-("247", □) und die $Y_2Ba_4Cu_8O_{16}$("248", Δ)-Phase [10,13]. Zum Vergleich sind zusätzlich die kritischen Sauerstoffpartialdrücke für die CuO/Cu₂O-Umwandlung (+) wiedergegeben [11].

Im niedrigen Temperatur- und Partialdruckbereich liegen diese Stabilitätslinien relativ nahe beieinander, eine Beobachtung, die auch für andere HTSL zutrifft und offensichtlich mit den Bindungsverhältnissen in der Perowskit-Struktur zusammenhängt.

Bei höheren Temperaturen und Sauerstoffpartialdrücken $\geq 10^3$ Pa zerfällt die $Y_1Ba_2Cu_3O_{7-x}$-Phase nicht mehr in die o. g. Festkörperphasen, sondern schmilzt partiell unter Bildung der Y_2BaCuO_5-Phase (vgl. auch Bild 3), so daß sich die Steigung der Stabilitätslinie ändert. An dem Verlauf der Stabilitätsgrenze erkennt man, daß der Schmelzpunkt der $Y_1Ba_2Cu_3O_{7-x}$-Phase durch Erniedrigung des Sauerstoffpartialdruckes um ca. 60 °C gegenüber dem Schmelzpunkt bei 10^5 Pa O_2 abgesenkt wird.

Für Cu-reiche $Y_1Ba_2Cu_3O_{7-x}$-Proben müssen bei hohen Temperaturen und Sauerstoffpartialdrücken die Reaktionen

$$2\,Y_1Ba_2Cu_3O_{7-x} + CuO + \left(x - \frac{y}{2}\right)O_2 \Leftrightarrow Y_2Ba_4Cu_7O_{15-y}$$

und
$$Y_2Ba_4Cu_7O_{15-y} + CuO + \frac{y}{2}O_2 \Leftrightarrow Y_2Ba_4Cu_8O_{16}$$

berücksichtigt werden; d.h. daß bei Anwesenheit von CuO die $Y_1Ba_2Cu_3O_{7-x}$-Phase bei hohen Temperaturen und Sauerstoffpartialdrücken thermodynamisch instabil ist. Die dazugehörigen Stabilitätslinien sind in Bild 6 wiedergegeben. Die beiden Phasen $Y_2Ba_4Cu_7O_{15-y}$ und $Y_2Ba_4Cu_8O_{16}$ weisen ebenfalls eine dem Perowskit ähnliche Struktur auf und zeichnen sich hinsichtlich einer möglichen technologischen Anwendung durch hohe kritische Temperaturen um 80 K aus. Zusätzlich lassen sich durch eine kontrollierte Ausscheidung von CuO aus einer $Y_2Ba_4Cu_8O_{16}$-Matrix unter Bedingungen nahe der Stabilitätsgrenze die kritische Stromdichte von Cu-reichen $Y_1Ba_2Cu_3O_{7-x}$-Leitern verbessern [13].

Eine besondere Bedeutung hat die Stabilitätslinie von $Y_1Ba_2Cu_3O_{7-x}$ bei der Herstellung von *dünnen Schichten* erlangt. Prinzipiell unterscheidet man dabei zwei verschiedene Präparationsmethoden. Bei der sogenannten **ex-situ Herstellung** wird der Film in der gewünschten Zusammensetzung bei niedrigen Substrattemperaturen ($T < 400$ °C) kondensiert. Die Kinetik der Phasenbildung ist dabei so gering, daß sich die Perowskit-Struktur nicht bilden kann, sondern statt dessen eine amorphe Phase entsteht. Diese wird dann *anschließend* bei hohen Temperaturen $T > 750$ °C und einem Sauerstoffpartialdruck von > 10 Pa in die Perowskit-Struktur transformiert. Der Sauerstoffgehalt von $x \approx 0$ wird, wie bei den kompakten Proben, in einer Tieftemperaturbehandlung um $T = 350$ °C eingestellt. Dieser Prozeß ist relativ aufwendig und erfordert zudem eine Reaktionsglühbehandlung bei hohen Temperaturen, die für die technologische Anwendung der HTSL ungünstig ist. Weiterhin ist die Auswahl der Substrate, auf denen die Filme kondensiert werden, durch Reaktionen mit dem HTSL bei hohen Temperaturen sehr eingeschränkt.

Ziel weiterer Untersuchungen war es deshalb, einen Prozeß zu entwickeln, der die Bildung der Perowskit-Phase schon bei tieferen Temperaturen erlaubt. Bei dem sogenannten **in-situ-Prozeß** wird der HTSL-Film bei Substrattemperaturen von typisch $T > 600\,°C$ kondensiert. Damit sich dabei die Perowskit-Struktur ausbilden kann, sollte *während der Kondensation* ein Sauerstoffpartialdruck eingestellt werden, bei dem die $Y_1Ba_2Cu_3O_{7-x}$-Phase thermodynamisch stabil ist, d.h. es sollten $p(O_2)$-T-Parameter gewählt werden, die oberhalb der in Bild 6 gezeigten Stabilitätslinie liegen. Dies bedeutet, daß z.B. für eine typische Substrattemperatur von 700 °C ein Sauerstoffpartialdruck $p(O_2) > 10$ Pa erforderlich ist. In Bild 7 ist ein Vergleich der thermodynamischen Stabilitätslinie mit den Bedingungen wiedergegeben, bei denen $Y_1Ba_2Cu_3O_{7-x}$-Filme mit hervorragenden Supraleitungseigenschaften ($T_c > 90$ K, $J_c > 10^6$ A/cm^2 bei 77 K) hergestellt worden sind. Dabei zeigt sich, daß alle erfolgreichen Herstellungsbedingungen in der Nähe der Stabilitätslinie liegen [15].

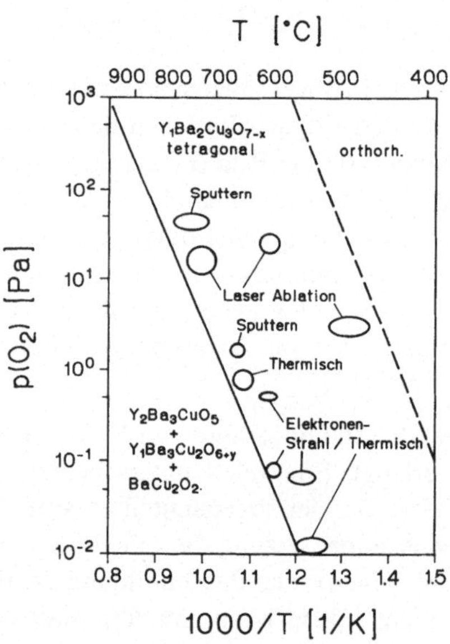

Bild 7   Vergleich der thermodynamischen Stabilitätslinie aus Bild 6 mit den Bedingungen, bei denen $Y_1Ba_2Cu_3O_{7-x}$-Filme erfolgreich hergestellt werden konnten. Zusätzlich ist die Phasengrenze für den tetragonal-orthorhombisch Strukturübergang wiedergegeben. (nach [15]).

Prinzipiell ist es auch möglich, die Perowskit-Struktur in einem $p(O_2)$-T-Bereich herzustellen, in dem diese thermodynamisch nicht stabil ist. Insbesondere in der Nähe der Stabilitätsgrenze kann die $Y_1Ba_2Cu_3O_{7-x}$-Phase *metastabil* erhalten werden, da nur eine geringe treibende Kraft für eine Phasenentmischung existiert. Je weiter man sich allerdings mit den $p(O_2)$-T-Parametern von der Stabilitätslinie entfernt, desto instabiler wird die gebildete Perowskit-Struktur aufgrund des geringen Sauerstoffgehaltes und der – insbesondere bei tieferen Substrattemperaturen beobachteten – *Kationenfehlordnung*. Diese führt zu einer Expansion der c-Achse im Kristallgitter und zu einer deutlichen Absenkung der kritischen Temperatur. Nur durch eine Temperaturbehandlung oberhalb von 800 °C, bei der die Kationenbeweglichkeit hinreichend groß ist, kann diese metastabile Modifikation in die stabile Perowskit-Struktur überführt werden [16].

Für Sauerstoffpartialdrücke, die bei gegebener Substrattemperatur den kritischen $p(O_2)$-Wert überschreiten, wird zunächst die tetragonale Perowskit-Struktur während der Kondensation gebildet. Bei einer anschließenden Sauerstoffbehandlung bei tiefen Temperaturen oder während des Abkühlprozesses bei höheren Sauerstoffpartialdrücken transformiert die tetragonale Struktur in die orthorhombische Modifikation. Die Kinetik der Phasenbildung während der Kondensation und damit auch das Gefüge des HTSL-Filmes wird dabei maßgeblich vom Sauerstoffpartialdruck, der Substrattemperatur und der Kondensationsrate bestimmt. Dabei beobachtet man bei einer vorgegebenen Substrattemperatur, daß eine Erhöhung des Sauerstoffpartialdruckes zu einer Reduktion der Korngröße und der strukturellen Ordnung der Kationen führt, wodurch die kritische Temperatur und die Stromdichte abgesenkt wird. Dieser kinetische Einfluß bei der Bildung der Perowskit-Struktur erklärt, warum günstige Herstellungsbedingungen für HTSL-Filme in der Nähe der thermodynamischen Stabilitätslinie beobachtet werden.

Der offensichtlich bestimmende Einfluß der Thermodynamik bei der Phasenbildung dünner Filme zeigt, daß sich bei Substrattemperaturen $T > 600$ °C die Oberfläche des Filmes nahe dem thermodynamischen Gleichgewicht befindet. Dies bedeutet auch, daß die chemischen Potentiale des Sauerstoffes im HTSL-Film und in der umgebenden Atmosphäre gleich sein müssen. Die Bildung der Perowskit-Struktur bei niedrigeren Sauerstoffpartialdrücken ist prinzipiell bei der Verwendung von aktiviertem Sauerstoff (z. B. Ozon oder atomarer Sauerstoff) möglich. Dies kann insbesondere bei kleinen Substrattemperaturen dazu führen, daß sich das (partielle) chemische Gleichgewicht in Bezug auf den Sauerstoff aus *kinetischen* Gründen nicht einstellen kann. Bei hinreichend großem Fluß des aktivierten Sauerstoffes ist es somit möglich, unter *Nicht-Gleichgewichtsbedingungen* $Y_1Ba_2Cu_3O_{7-x}$-Filme herzustellen, die sich durch einen hohen Sauerstoffgehalt auszeichnen. Der Partialdruck von (molekularem) Sauerstoff kann dabei während der Präparation deutlich geringer sein als thermodynamisch erforderlich.

3   Das System Bi–Sr–Ca–Cu–O

Die thermodynamische Beschreibung des quinären Systems Bi–Sr–Ca–Cu–O ist im Vergleich zum Y–Ba–Cu–O-System noch weniger weit fortgeschritten. Dies liegt nicht nur an der höheren Komponentenzahl, sondern auch an der verstärkt auftretenden Fehlordnung der Kationen in den Verbindungen, insbesondere bei den supraleitenden Phasen mit Perowskit-Struktur. Dies hat zur Folge, daß häufig die treibenden Kräfte für Phasenreaktionen klein sind, und daß sich deshalb der thermodynamisch stabile Zustand aus kinetischen Gründen nicht einstellt. Je nach Präparationsbedingungen beobachtet man stattdessen instabile Zustände oder auch metastabile Gleichgewichte zwischen metastabilen Phasen.

In den Bild 13 und 14 des Abschnitts "Keramische Supraleiter" sind die bisher beobachteten Phasengleichgewichte des quasi-quaternären Systems CaO–SrO–CuO–Bi_2O_3 im Temperaturbereich zwischen 750 °C und 850 °C in Anlehnung an Ref. 17 wiedergegeben. Die Herstellung der Proben wurde allerdings in Luft durchgeführt, wodurch ein Einfluß atmosphärischer Verunreinigungen ähnlich wie im Y–Ba–Cu–O-System (s.o.) nicht ausgeschlossen werden kann. Weitere Untersuchungen auch der quasi-ternären Randsysteme sind in Arbeit, so daß eine verbesserte thermodynamische Beschreibung des Systems in naher Zukunft zu erwarten ist.

Wie im Abschnitt "Keramische Supraleiter" dargestellt, sind im Bi–Sr–Ca–Cu–O-System die Verbindungen mit der allgemeinen Formel Bi_2–Sr_2–Ca_n–Cu_{n+1}–O_{2n+6-x} aufgrund ihrer hohen kritischen Temperaturen von bis zu 108 K von Interesse. Sie unterscheiden sich strukturell durch die Anzahl $n + 1$ der CuO_2-Ebenen, wobei die Verbindung mit drei CuO_2-Ebenen die z. Zt. höchste kritische Temperatur aufweist. Nach den bisherigen Untersuchungen bilden sich die $Bi_2Sr_2Ca_1Cu_2O_{8-x}$ und die $Bi_2Sr_2Ca_2Cu_3O_{10-x}$-Phase bevorzugt bei hohen Temperaturen nahe dem Schmelzpunkt und bei Sauerstoffpartialdrücken im Bereich von $10^3 \ldots 10^4$ Pa. Dies ist wahrscheinlich auf die Kinetik der Phasenbildung zurückzuführen, könnte aber auch darin begründet sein, daß die Perowskit-Strukturen mit mehreren CuO_2-Ebenen nur bei hohen Temperaturen stabil sind [17] (vgl. auch Bild 14 des Abschnitts "Keramische Supraleiter"). Insbesondere für die $Bi_2Sr_2Ca_2Cu_3O_{10-x}$-Verbindung erfordert der eingeschränkte Bildungsbereich spezielle Präparationsbedingungen. Als günstig hat sich dabei ein Zusatz von Pb als Substitution von Bi erwiesen, der die Bildung der Perowskit-Struktur mit drei CuO_2-Ebenen begünstigt. Inwieweit es sich dabei um einen thermodynamischen oder kinetischen Einfluß handelt, konnte bisher ebenfalls noch nicht geklärt werden.

Glühbehandlungen in Luft bei Temperaturen unterhalb von 800 °C führen nicht zu einer Umwandlung der Perowskit-Struktur. Erniedrigt man dagegen den Sauerstoffpartialdruck, so zerfällt die Perowskit-Phase mit zwei bzw. drei CuO_2-Ebenen in die

Modifikation mit einer CuO_2-Ebene. Dies beobachtet man auch bei entsprechenden Titrationsexperimenten, die mit der oben beschriebenen elektrochemischen Methode durchgeführt worden sind. Bild 8 zeigt für Bi-HTSL mit jeweils einer, zwei bzw. drei CuO_2-Ebenen den Sauerstoffpartialdruck in Abhängigkeit vom Sauerstoffgehalt bei einer Temperatur von 670 °C [18].

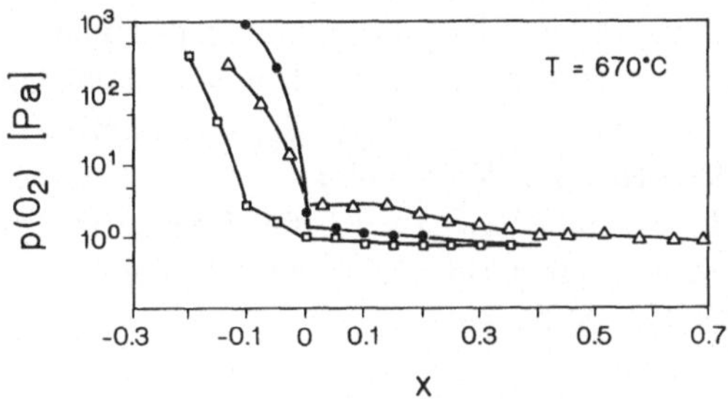

Bild 8   Sauerstoffpartialdruck $p(O_2)$ in Abhängigkeit von dem Sauerstoffgehalt x für $Bi_2Sr_{1,3}Ca_{0,7}Cu_1O_{6-x}$(●), $Bi_2Sr_2Ca_1Cu_2O_{8-x}$(□) und $Bi_{1,7}Pb_{0,4}Sr_{1,7}Ca_{2,1}Cu_{3,0}O_{10-x}$ (△) bei $T = 670$ °C (nach [17]).

Für die $Bi_2Sr_{1,3}Ca_{0,7}Cu_1O_{6-x}$-Phase, die eine CuO_2-Ebene aufweist, fällt der Sauerstoffpartialdruck mit abnehmendem Sauerstoffgehalt bis zu $x \approx 0$ monoton ab. Danach ist der Sauerstoffpartialdruck fast unabhängig von x, was auf einen Zerfall der Perowskit-Struktur für $p^*(O_2) < 1$ Pa hinweist. Die geringe Änderung des Sauerstoffpartialdruckes in diesem Bereich deutet daraufhin, daß sich das thermodynamische Gleichgewicht bei dem vollständigen Zerfall der Perowskit-Struktur nur sehr träge einstellt. Dies ist wahrscheinlich ebenfalls auf die eingeschränkte Kationenbeweglichkeit bei der relativ tiefen Titrationstemperatur und auf die geringen treibenden Kräfte für die Phasenumwandlung zurückzuführen. Die $Bi_2Sr_2Ca_1Cu_2O_{8-x}$-Verbindung mit zwei CuO_2-Ebenen zeigt eine Anomalie mit abnehmendem Sauerstoffgehalt schon bei $p^*(O_2) \approx 2...3$ Pa. Messungen in diesem Partialdruckbereich weisen darauf hin, daß es sich hierbei nicht um eine Zersetzungsreaktion der Perowskit-Struktur handelt, sondern um eine intrinsische Eigenschaft des Bi-Supraleiters mit zwei CuO_2-Ebenen oder um einen Einfluß des (geringen) Fremdphasenanteils. Erst bei einer weiteren Reduzierung des Sauerstoffgehaltes zerfällt die Perowskit-Struktur für $p < 1$ Pa, also bei einem Sauerstoffpartialdruck, der vergleichbar dem kritischen Partialdruck der $Bi_2Sr_{1,3}Ca_{0,7}Cu_1O_{6-x}$-Phase mit einer CuO_2-Ebene ist. Dagegen zeigen die Titrationsexperimente an der mit Pb dotierten Verbindung mit drei CuO_2-Ebenen, daß diese Phase schon bei Sauerstoffpartialdrucken von $p^*(O_2) < 2...3$ Pa thermodynamisch instabil wird.

Auffällig ist beim Vergleich der verschiedenen Strukturen, daß der Zerfall der jeweiligen Perowskit-Struktur in den untersuchten Bi-HTSL bei Sauerstoffgehalten von $x = 0$ beobachtet wird. Die absolute Bestimmung des Sauerstoffgehaltes in der Probe

ist allerdings bei diesen Messungen im wesentlichen von der Genauigkeit der Sauer-
stoffanalyse *vor* der Messung bestimmt, deren Reproduzierbarkeit typisch bei
$\Delta x = \pm\,0{,}05$ liegt. Dies bedeutet, daß die Anomalien im Verlauf des Sauerstoffpartialdruckes bei $x = 0$ für alle 3 Verbindungen durch weitere Messungen verifiziert
werden müssen, um eine strukturelle Interpretation des Zerfalles der Perowskit-Phase zu begründen.

Die Zersetzungsreaktion der Perowskit-Phase ist reversibel und – ähnlich wie im
Y–Ba–Cu–O–System beobachtet – stark von der Temperatur abhängig. Die $p^*(O_2)$-
$1/T$-Stabilitätslinien für die verschiedenen Bi-HTSL sind in Bild 9 wiedergegeben.
Interessant von Seiten der Perowskit-Verbindung ist dabei, daß die Stabilitätslinien
der undotierten Bi-HTSL mit einer bzw. zwei CuO_2-Ebenen innerhalb der Meßge-
nauigkeit übereinstimmen und nur geringfügig oberhalb der Stabilitätslinie für die
$Y_1Ba_2Cu_3O_{7-x}$-Phase (vgl. Bild 6) liegen.

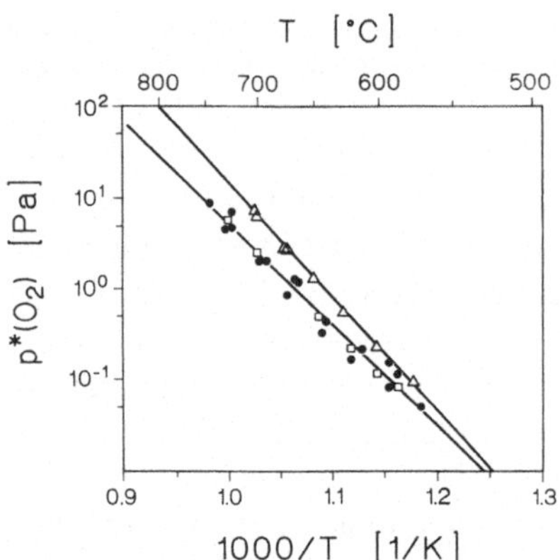

Bild 9   Temperaturabhängigkeit des Sauerstoffpartialdruckes $p^*(O_2)$, bei dem die
              Umwandlung der Perowskit-Struktur auftritt, für $Bi_2Sr_{1,3}Ca_{0,7}Cu_1O_{6-x}$ (•),
              $Bi_2Sr_2Ca_1Cu_2O_{8-x}$ (□) und $Bi_{1,7}Pb_{0,4}Sr_{1,7}Ca_{2,1}Cu_{3,0}O_{10-x}$ (Δ) (nach [18]).

Eine Anknüpfung dieser Ergebnisse an die thermodynamischen Untersuchungen bei
hohen Sauerstoffpartialdrucken ist z. Zt. noch nicht möglich, da die Zersetzungspro-
dukte noch nicht vollständig charakterisiert worden sind.

Der Vergleich mit den Präparationsbedingungen für die *"in-situ"-Bildung* der Perowskit-Struktur bei der Dünnfilm-Herstellung zeigt, daß auch in diesem System die
Thermodynamik bestimmend auf die Strukturbildung wirkt. Bild 10 gibt die Sauer-
stoffpartialdruck- und Temperatur-Bedingungen wieder, bei denen hohe kritische
Temperaturen und eine starke Texturierung der Kristallite in den Bi-HTSL-Schich-
ten erreicht worden sind.

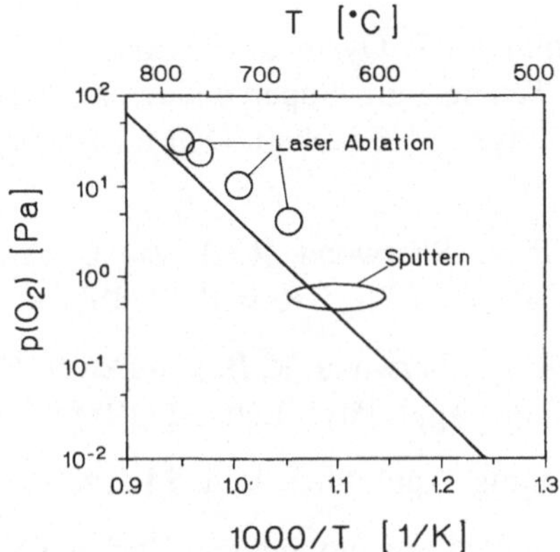

Bild 10   Vergleich der thermodynamischen Stabilitätslinie aus Bild 9 für die $Bi_2Sr_2Ca_1Cu_2O_{8-x}$-Verbindung mit den Bedingungen, bei denen Bi-HTSL-Filme [19,20] erfolgreich durch einen in-situ Prozeß hergestellt werden konnten.

Auch hier bedingt offensichtlich die eingeschränkte Kinetik bei Erhöhung des Sauerstoffpartialdruckes, daß die optimalen Präparationsbedingungen in der Nähe der thermodynamischen Stabilitätslinie liegen. Untersuchungen an $Bi_2Sr_2Ca_1Cu_2O_{8-x}$-Schichten belegen, daß zu hohe Sauerstoffpartialdrücke zu Phaseninhomogenitäten und damit zu geringeren kritischen Temperaturen und zu einer weniger ausgeprägten Texturierung führen [19].

Literatur

[1]   K. Heine, J. Tenbrink und M. Thöner, Appl. Phys. Lett. **55** (1989), 2441

H. Krauth, K. Heine und J. Tenbrink, in: High-Temperature Superconductors, Materials Aspects, Hrsg. H.C. Freyhardt, R. Flükiger, M. Peuckert, DGM Informationsgesellschaft, Oberursel 1991, S. 29

[2]   M.K. Wu, J.R. Ashburn, C.J. Torng, P.H. Hor, R.L. Meng, L. Gao, Z.J. Huang, Y.Q. Wang und C.W. Chu, Phys. Rev. Lett. **58** (1987), 908

[3]   K. Osamura und W. Zhang, Z. Metallkunde **82** (1991), 409

[4]   T. B. Lindemer, J. F. Hunley, J. E. Gates, A. L. Sutton Jr., J. Brynestad und C. R. Hubbard, J. Am. Ceram. Soc. 72 (1989),1775

[5]   H.-U. Krebs, J. Less – Common Met. **150** (1989), 269

[6]   M. Murakami, M. Morita, K. Doi, K. Miyamoto, H. Hamada, Japan. J. Appl. Phys. **28** (1989), L 399

M. Murakami, H. Fujimoto, T. Oyama, S. Gotoh, Y. Shiohara, N. Koshizuka, S. Tanaka, in: High-Temperature Superconductors, Materials Aspects, Hrsg. H.C. Freyhardt, R. Flükiger, M. Peuckert, DGM Verlagsgesellschaft, Oberursel 1991, S. 13

[7]   S. Jin, T. H. Tiefel, R. C. Sherwood, R. B. van Dover, M. E. Davis, G. W. Kammlott und R. A. Fastnacht, Phys. Rev. **B 37** (1988), 7850

S. Jin, Th. H. Tiefel, R. C. Sherwood, R. B. van Dover, G. W. Kammlott, R. A. Fastnacht und H.D. Keith, Appl. Phys. Lett. 52 (1988), 2074

[8]   R. Bormann und J. Nölting, Appl. Phys. Lett. **54** (1989), 2150

[9]   J. Hoffmann, J. Nölting, R. Bormann, interner Bericht Göttingen 1991

[10] R. Beyers und B. T. Ahn, Annual Rev. of Materials Science **21** (1991), 335

[11] P. König, R. Bormann und J. Nölting, interner Bericht Universität Göttingen 1990

[12] F. Faupel und T. Hehenkamp, in: High-Temperature Superconductors, Materials Aspects, Hrsg. H. C. Freyhardt, R. Flükiger, M. Peuckert, DGM Informationsgesellschaft, Oberursel 1991, S. 93

[13] B.-S. Hong und T. O. Mason, J. Mat. Res. **6** (1991), 2054

[14] S. Jin, T. H. Tiefel, S. Nakahara, J. E. Graebner, H. M. O'Bryan, R. A. Fastnacht und G. W. Kammlott, Appl. Phys. Lett. **56** (1990),1287

[15] R. H. Hammond und R. Bormann, Physica **C 162-164** (1989), 703

[16] V. Matijasevic, P. Rosenthal, K. Shinohara, A. F. Marshall, R. H. Hammond und M. R. Beasley, J. Mat. Res. **6** (1990), 682

[17] K. Schulze, P. Majewski, B. Hettich und G. Petzow, Zt. Metallkunde **81** (1990), 836

[18] R. Bormann, H.-P. Knöchel, S. Friedrichs, H. R. Krebs, F. Gärtner, J. Nölting, P. König, S. Gauss, M. Wilhelm und R. H. Hammond in High-Temperature Superconductors, Materials Aspects, Hrsg. H.C. Freyhardt, R. Flükiger und M. Peuckert, DGM Informationsgesellschaft, Oberursel 1991, S. 691

[19] H. U. Krebs, M. Kehlenbeck, M. Steins und V. Kupcik, J. Appl. Phys. **69** (1991), 2405

[20] K. Wasa, H. Adachi, K. Hirochi, Y. Ichikawa, T. Matsushima und K. Setsune, J. Mater. Res. **6** (1991), 1595

VII. Dielektrische Keramiken

Von Rainer Waser, Detlef Hennings und Tudor Baiatu

1 Einleitung

Gemeinsames Merkmal der verschiedenen Typen von **Dielektrika** ist ein *hoher spezifischer Widerstand*. Alle anderen Eigenschaften und Anforderungen richten sich nach dem Einsatzgebiet und können sehr unterschiedlich sein.

Isolatoren dienen zur physikalischen Trennung von elektrischen Leitern. Die maximale Spannung zwischen den zu trennenden Leitern ist je nach Anwendungsfall um Größenordnungen verschieden. In der Mikroelektronik zum Beispiel treten Betriebsspannungen von typischerweise einigen Volt auf. Hier wird in den integrierten Schaltungen (IC's) häufig Siliziumdioxid als Isolatorfilm eingesetzt, welches durch thermische Oxidation von Silizium zu Schichten von einigen nm bis μm auf einem Siliziumsubstrat aufgewachsen wird. Andererseits kommen in der Energieversorgungstechnik Porzellanisolatoren von bis zu mehreren Metern Länge als Abstandshalter bei der Übertragung von Hochspannungen (bis zu 1 MV) zum Einsatz.

Bei Anwendungen von Isolatoren als *Substrat* oder *Sockel* treten Materialanforderungen wie eine gute mechanische Stabilität und eine hohe Wärmeleitfähigkeit zur Ableitung der in den montierten Bauelementen (insbesondere Leistungsbauelementen) erzeugten Wärme in den Vordergrund. Zudem werden in der Regel kleine Dielektrizitätszahlen ε_r angestrebt: Dies ist notwendig, da die Laufzeit der Signale auf den Leiterbahnen, die im oder auf dem Substrat verlegt sind, sich proportional zur Wurzel von ε_r verhält.

Kondensatoren dienen zur Speicherung elektrischer Energie, zur Wechselspannungskopplung, zur Frequenzfilterung, usw.. Aus dem Wunsch nach hohen Kapazitäten pro Volumeneinheit ergibt sich die Forderung nach einer Maximierung von ε_r – unter Berücksichtigung von Nebenbedingungen hinsichtlich des Verlustfaktors, der Durchbruchsfeldstärke, usw..

Mikrowellenmaterialien werden als Oszillatoren und als dielektrische Filter im Frequenzbereich zwischen etwa 1 und 100 GHz für die Satellitenkommunikation, das mobile Telephon, usw. eingesetzt. Für diese Materialien wird neben einem (relativ) hohen ε_r und sehr niedrigen dielektrischen Verlusten (d.h. hohen Güten) insbesondere eine hohe Temperaturkonstanz der Oszillator-Resonanzfrequenzen erwartet.

2   Polarisationsprozesse

2.1   Dielektrika in statischen elektrischen Feldern

In einem idealen Dielektrikum führt ein elektrisches Feld nicht zu einem Transport elektrischer Ladung über makroskopische Distanzen, da in diesem Material keine freien ungebundenen Ladungsträger vorhanden sind. Dielektrika bestehen jedoch wie jeder Stoff aus positiv und negativ geladenen Bausteinen. Dies sind Atomkerne und Elektronen sowie – im Falle von Ionenkristallen – Anionen und Kationen. Unter der Einwirkung eines elektrischen Feldes E werden die positiv geladenen gegenüber den negativ geladenen Bausteinen um einen kleinen Weg $\delta\vec{x}$ verschoben, wobei $\delta\vec{x}$ meist in der Größenordnung des Bruchteils eines Atomabstandes liegt. Jedes Paar negativ und positiv geladener Bausteine trägt ein Dipolmoment

$$\vec{p}_i = q_i \cdot \delta\vec{x} \tag{2.1}$$

Die Vektoren $\delta\vec{x}$ und $\vec{p}_i$ zeigen dabei von der negativen zur positiven Ladung. Die Dipolmomente addieren sich in einem Stoffvolumen mit n Baueinheiten zu einem Gesamtdipolmoment

$$\vec{p} = \sum_n \vec{p}_i \tag{2.2}$$

Die Dichte der Dipolmomente, d.h. das Gesamtdipolmoment pro Volumen V wird Polarisation $\vec{P}$ eines Stoffes genannt: $\vec{P} = \vec{p}/V$. Mit der Volumendichte oder Konzentration $c := n/V$ der Dipole ergibt sich aus Gl. (2.2)

$$\vec{P} = c \cdot \vec{p}_i = c \cdot q_i \cdot \delta\vec{x} \tag{2.3}$$

In bestimmten Materialien können anstelle eines elektrischen Feldes auch andere äußere Einwirkungen wie mechanische Spannungen oder Temperaturänderungen zu einer Polarisation führen (s. Abschnitt 2.4).

Im Inneren eines polarisierten Materials kompensieren sich naturgemäß die positiven und negativen Dipolladungen, so daß keine Überschußladung auftritt. An den Oberflächen senkrecht zur Polarisationsrichtung verbleiben jedoch Dipolladungen, die nicht kompensiert werden (s. Band 1, Abschnitt 6.2). Diese Oberflächenladungen sind *gebunden*, d.h. sie sind nicht frei beweglich und können nicht von der Oberfläche (z.B. durch Kontakt mit einem Leiter) abgeführt werden. Ihre Flächenladungsdichte s_p ist für den Fall der senkrecht auf der Polarisationsrichtung stehenden Oberfläche gegeben durch die Gesamtzahl der Ladungen q_i in der Oberflächenschicht der Dicke $\delta\vec{x}$, d.h. $s_\text{p} = c \cdot q_i \, \delta\vec{x}$ (Bild 2.1-1).

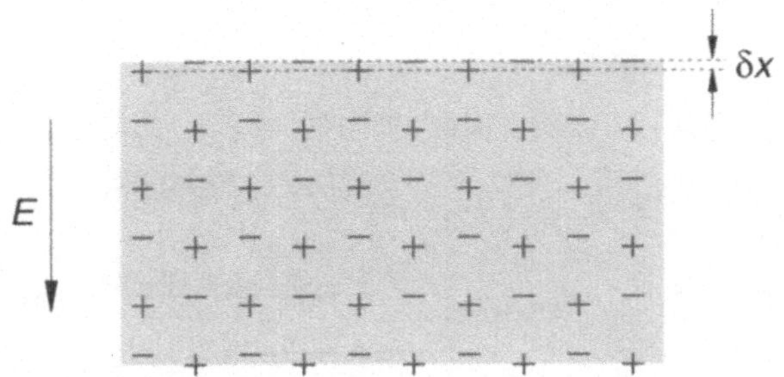

Bild 2.1-1   Verschiebung des positiven und negativen Untergitters eines dielektrischen Ionen-
kristalls um $\delta\vec{x}$ unter Wirkung eines elektrischen Feldes E
(s. Band 1, Abschnitt 6.2).

Ein Vergleich mit Gl. (2.3) führt zu $|\vec{P}| = s_\mathrm{p}$, bzw. im allgemeinen Fall

$$\vec{P} \cdot \vec{n} = -s_\mathrm{p} \tag{2.4}$$

als Skalarprodukt mit dem Normalenvektor $\vec{n}$ der Oberfläche, wobei sich das negative Vorzeichen aufgrund der Richtungsdefinition des Vektors $\vec{P}$ von negativen nach
positiven Oberflächenladungen ergibt.

Die Auswirkung der dielektrischen Polarisation läßt sich anhand eines Plattenkondensators veranschaulichen (s. auch Band 1, Abschnitt 6.2). Per Definition ist jede
freie, d.h. bewegliche Ladung eine Quelle für die dielektrische Verschiebungsdichte
(oder elektrische Flußdichte) wie es sich in der Poisson-Gleichung

$$\mathrm{div}\vec{D} = \rho_\mathrm{f} \tag{2.5}$$

ausdrückt (s. ausführliche Diskussion in Band 1, Abschnitt 6.2; dort wurde zwischen
festen und *induzierten* Überschußladungen unterschieden). In Gl. (2.5) ist ρ_f die
Dichte der freien Ladung pro Volumeneinheit (sog. **Raumladungsdichte**). Ist die
Ladung auf der Plattenfläche eines Plattenkondensators verteilt, so folgt aus Gl. (2.5)
der einfache Zusammenhang:

$$\left|\vec{D}\right| = D = s_\mathrm{f} \tag{2.6}$$

wobei $s_\mathrm{f} := Q/A$ die Flächendichte an *freien* Ladungen Q darstellt (Fläche: A). Durch
das Einbringen eines Dielektrikums in einen Plattenkondensator unter konstanter
Spannung U erhöht sich die Flächenladungsdichte $s_\mathrm{f}^\mathrm{Vak}$ um den Betrag, der zur Kompensation der Polarisationsladungsdichte s_p notwendig ist (Bild 2.1-2):

$$s_\mathrm{f}^\mathrm{Diel} = s_\mathrm{f}^\mathrm{Vak} - s_\mathrm{p} \tag{2.7}$$

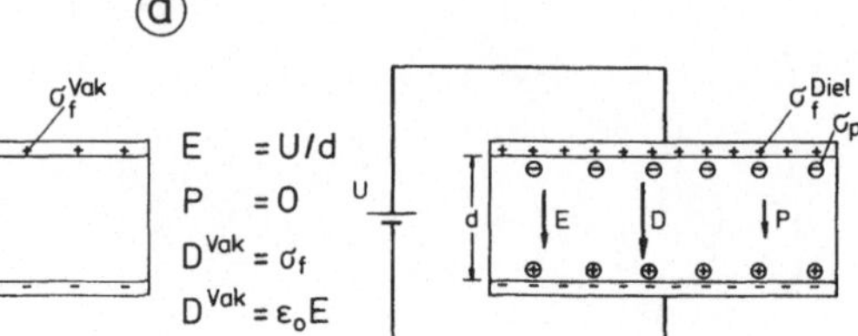

Bild 2.1.2   Plattenkondensator ohne (a) und mit (b) Dielektrikum bei konstanter angelegter Spannung U. Auf den nach innen gewandten Plattenoberflächen befinden sich freie Ladungen (symbolisiert durch + und –) und im Fall (b) gebundene Polarisationsladungen auf den Außenseiten des Dielektrikums; symbolisiert durch $\oplus$ und $\ominus$ (nach [119], s. auch Band 1, Abschnitt 6.2).

Da die Polarisationsladungen durch freie Ladungen mit entgegengesetztem Vorzeichen kompensiert werden und folglich s_f und s_p unterschiedliche Vorzeichen haben, wird s_f^{Diel} betragsmäßig immer größer sein als s_f^{Vak}. Aus Gl. (2.7) ergibt sich mit den Gln. (2.4) und (2.6)

$$D^{Diel} = D^{Vak} + P \qquad (2.8)$$

Die Feldstärke $E = U/d$ bleibt während des Einbringens des Dielektrikum unverändert, so daß sich über die im Vakuum gültige Beziehung

$$\vec{D}^{Vak} = \varepsilon_0 \vec{E} \qquad (2.9)$$

die relative Dielektrizitätszahl ε_r einführen läßt:

$$\vec{D}^{Diel} = \varepsilon_r \varepsilon_0 \vec{E} \qquad (2.10)$$

Diese gibt die Erhöhung von D durch das Dielektrikum bei gleichbleibendem E wieder. Einsetzen der Gl. (2.9) in Gl. (2.8) ergibt

$$\vec{D} = \varepsilon_0 \vec{E} + \vec{P} \qquad (2.11)$$

(s. auch Band 1, Abschnitt 6.2) wobei der Hochindex "Diel" weggelassen wurde. In der allgemeinen Vektorschreibweise gilt Gl. (2.11) nicht nur für den Fall des idealen Plattenkondensators, sondern auch für inhomogene Felder $\vec{D}$, $\vec{E}$ und $\vec{P}$ in anisotropen Medien. Die Gleichung bleibt selbst dann gültig, wenn die Polarisation mechanisch oder thermisch bedingt ist (s. Abschnitt 2.4). Sie macht deutlich, daß die Gesamtverschiebungsdichte $\vec{D}$ die Superposition der Vakuumverschiebungsdichte $\varepsilon_0 \vec{E}$

und der Materialpolarisation $\vec{P}$ ist (Bild 2.1-2). Im Falle der elektrischen Polarisation ist es sinnvoll, die elektrische Suszeptibilität χ_e einzuführen:

$$\vec{P} = \chi \varepsilon_0 \vec{E} \quad \text{mit } \chi = \varepsilon_r - 1 \tag{2.12}$$

wie ein Vergleich mit den Gln. (2.10) und (2.11) ergibt. Im allgemeinen Fall sind χ und ε_r *tensorielle* Größen.

Die Kombination von Gl. (2.6) mit $s_f = Q/A$ und Gl. (2.10) mit $E = U/d$ führt zum Verhältnis Q/U, welches als **Kapazität** C definiert wird und ein Maß für die bei einer gegebenen, angelegten Spannung U in einem Plattenkondensator gespeicherte Ladung Q ist:

$$C := \frac{Q}{U} = \varepsilon_r \varepsilon_0 \frac{A}{d} \tag{2.13}$$

Die Kapazität eines Plattenkondensators ist gemäß Gl. (2.13)(rechte Seite) bestimmt durch die Dielektrizitätszahl ε_r als Materialeigenschaft und die Geometrie der Anordnung, d.h. die Elektrodenfläche A und den Plattenabstand d. Die Einheit der Kapazität wird **Farad** genannt (nach dem Physiker Faraday) und mit F abgekürzt: 1 F = 1 As/V.

Ein Kondensator der Kapazität C speichert eine Energie W von

$$W = \frac{1}{2} C \cdot U^2 \tag{2.14}$$

(s. Band 11, Abschnitt 1.3.3). Im Falle eines Kondensators mit einem homogenen Feld (z.B. Plattenkondensator) folgt daraus mit Gl. (2.13) eine **Energie**_dichte_ $w := W/(A \cdot d)$

$$w = \frac{1}{2} \varepsilon_r \varepsilon_0 \cdot E^2 \tag{2.15}$$

Die in diesem und dem nachfolgenden Abschnitt beschriebenen Definitionen und Zusammenhänge sind in Lehrbüchern zu den Grundlagen der Elektrotechnik (z.B. [1], [2]), , sowie in den Bänden 1 und 11 dieser Reihe, ausführlicher beschrieben.

2.2 Wechselfelder und die komplexe Dielektrizitätszahl

Für zeitabhängige Spannungen $u(t)$ an einem idealen Kondensator gilt nach Gl. (2.13) und mit der Definition des Stromes

$$i(t) := \dot{Q}(t) = C \cdot \dot{u}(t) \tag{2.16}$$

Ist $u(t)$ eine sinusförmige Wechselspannung

$$u(t) = U_0 \cos(\omega t) \tag{2.17}$$

mit der Kreisfrequenz $\omega = 2\pi v$ (v : reziproke Periodendauer), so folgt

$$i_C(t) = C \cdot \frac{\partial}{\partial t}\left[U_0 \cos(\omega t)\right] = -\omega \cdot C \cdot U_0 \sin(\omega t) \tag{2.18}$$

Wie in Bild 2.2-1a (oben) zu erkennen, eilt der kapazitive Strom i_C der Spannung u um 90° voraus.

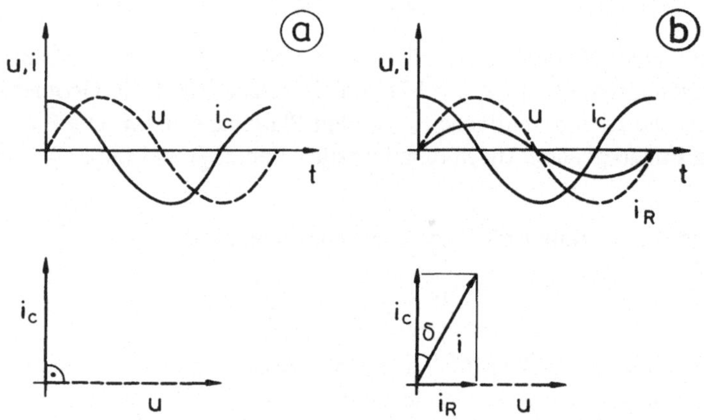

Bild 2.2-1   Zeitfunktionen (oben) und Zeigerdiagramme (unten) von Wechselspannung u und Wechselstrom i für einen idealen (a) und einen realen (b) Kondensator.

Erweitert man die Gl. (2.17) mit Hilfe der Eulerschen Beziehung

$$\exp(j\omega t) = \cos(\omega t) + j \sin(\omega t) \tag{2.19}$$

um den imaginären Teil, so erhält man für die komplexe Darstellung der Spannung und des Stroms:

$$u(t) = U_0 \exp(j\omega t) \tag{2.20}$$

$$i_C(t) = C \cdot \frac{\partial}{\partial t}\left[U_0 \exp(j\omega t)\right] = j\omega \cdot C \cdot u(t) \tag{2.21}$$

Aus dem Verhältnis der Gln. (2.20) und (2.21) läßt sich der komplexe Wechselstromwiderstand Z_C, die sog. **Impedanz**, eines *idealen Kondensators* ablesen:

$$Z_C = \frac{u(t)}{i_C(t)} = \frac{1}{j\omega \cdot C} = -\frac{j}{\omega \cdot C} \qquad (2.22)$$

Das Phasenverhältnis zwischen i_C und u ist im Zeigerdiagramm Bild 2.2-1a (unten) illustriert.

In jedem realen Dielektrikum eines Kondensators treten Verluste auf, die dazu führen, daß die Phasenverschiebung kleiner als 90° bleibt. Dies läßt sich formal zum Beispiel durch einen parasitären Parallelwiderstand berücksichtigen (Bild 2.2-2), der eine Aufteilung des Wechselstromes i in einen kapazitiven, 90°-phasenverschobenen Anteil i_C und einen ohmschen, nicht phasenverschobenen Anteil i_R zur Folge hat (Bild 2.2-1b):

$$i = i_C + i_R = j\omega \cdot C \cdot u + \frac{1}{R}u \qquad (2.23)$$

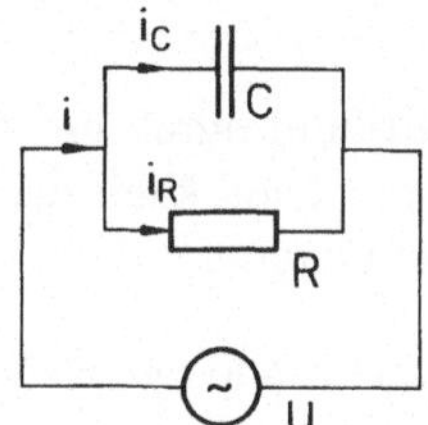

Bild 2.2-2   Beschreibung eines realen Kondensators durch ein Parallelersatzschaltbild mit einem idealen Kondensator C und einem ohmschen Widerstand R. Der kapazitive und der ohmsche Strom sind i_C und i_R.

Das Verhältnis von realem zu imaginären Strom wird als **Verlustfaktor**

$$\tan\delta = \frac{|i_R|}{|i_C|} = \frac{1}{\omega \cdot RC} \qquad (2.24)$$

und der reziproke Verlustfaktor als **Güte** $Q := 1/(\tan\delta)$ bezeichnet.

Um die Werkstoffeigenschaften unabhängig von der Bauelementgeometrie zu beschreiben, kann Gl. (2.24) unter Verwendung von Gl. (2.13) und $R = d/(A \cdot \sigma_{sp})$ für den Plattenkondensator umgeformt werden zu

$$\tan\delta = \frac{\sigma_{\mathrm{sp}}}{\omega \cdot \varepsilon_{\mathrm{r}}\varepsilon_0} \qquad (2.25)$$

wobei σ_{sp} die spezifische Leitfähigkeit (s. Band 1, Abschnitt 4.1.1) des realen Dielektrikums (bei der gegebenen Kreisfrequenz ω) darstellt. Die Zeitkonstante der Selbstentladung eines aufgeladenen, durch das Ersatzschaltbild 2.2-2 repräsentierten Kondensators ist durch die **dielektrische Relaxationszeit** (Band 2, Abschnitt 6.1.2)

$$\tau_\varepsilon = \frac{\varepsilon_{\mathrm{r}}\varepsilon_0}{\sigma_{\mathrm{sp}}} \qquad (2.26)$$

gegeben.

Führt man eine komplexe Dielektrizitätszahl

$$\varepsilon_{\mathrm{r}}^* = \varepsilon_{\mathrm{r}}' - j\varepsilon_{\mathrm{r}}'' = \sqrt{\varepsilon_{\mathrm{r}}'^{\,2} + \varepsilon_{\mathrm{r}}''^2}\,\exp(-j\delta) \qquad (2.27)$$

$$\text{mit } \varepsilon_{\mathrm{r}} = \varepsilon_{\mathrm{r}}' \text{ und } \tan\delta = \frac{\varepsilon_{\mathrm{r}}''}{\varepsilon_{\mathrm{r}}'}$$

ein, so läßt sich ein *reales* Dielektrikum durch die Angabe von $\varepsilon_{\mathrm{r}}'$ und $\varepsilon_{\mathrm{r}}''$ anstelle von ε_{r} und $\tan\delta$ beschreiben. Entsprechend kann man eine komplexe Suszeptibilität χ^* formulieren, für deren Real- und Imaginärteil ein Vergleich mit Gl. (2.12)

$$\chi' = \varepsilon_{\mathrm{r}}' - 1 \text{ und } \chi'' = \varepsilon_{\mathrm{r}}'' \qquad (2.28)$$

ergibt.

Reale Dielektrika und Kondensatoren haben meist recht komplizierte Ersatzschaltbilder (vgl. Bild 6.8.1-1). Die Projektion auf das formale *Parallel*ersatzschaltbild 2.2-2 ist daher nur für eine gegebene Frequenz exakt gültig. Im übrigen kann ein formales *Serien*ersatzschaltbild aus einem idealen Kondensator und einem ohmschen Widerstand mit der gleichen Berechtigung zur Beschreibung des Sachverhaltes herangezogen werden. In beiden formalen Ersatzschaltbildern sind – im allgemeinen Fall – die Materialgrößen wie ε_{r} und $\tan\delta$ frequenzabhängig.

Beim Einsatz von Dielektrika im *Mikrowellenbereich*, in dem die Wellenlänge in die Größenordnung der Bauelementeabmessungen kommt, ist der Einfluß der Materie auf die Ausbreitung elektromagnetischer Wellen zu berücksichtigen. Für Materialien mit vernachlässigbarer magnetischer Suszeptibilität lautet die Lösung der Wellengleichung für das elektrische Feld E in der eindimensionalen Darstellung (s. Band 1 "Werkstoffe", Abschn. 6.4 u. [3]):

$$\vec{E} = \vec{E}_0 \exp\left[j(\beta_E x - \omega t)\right]\exp(-\alpha_E x) \tag{2.29}$$

mit der **Phasenkonstanten** $\quad \beta_E \approx \dfrac{2\pi}{\lambda}$

der **Dämpfungskonstanten** $\quad \alpha_E \approx \dfrac{\pi \cdot \delta}{\lambda}$

der **Wellenlänge** im Material $\quad \lambda = \dfrac{\lambda_{Vak}}{n_B}$

dem **Brechungsindex** $\quad n_B = \sqrt{\varepsilon_r}$

Die Näherungen gelten für hohe Güten Q des Dielektrikums, d.h. $\varepsilon_r'' \ll \varepsilon_r'$. Der erste Exponentialterm in Gl. (2.29) beschreibt eine fortschreitende ebene Welle und der zweite Term eine exponentiell abfallende Dämpfung.

In der Beschreibung von Dielektrika für Mikrowellenanwendungen wird meist nicht die Dämpfungskonstante α_E des elektrischen Feldes, sondern die Dämpfungskonstante α_P der Leistung der elektromagnetischen Welle angegeben. Da die Leistung proportional zum Quadrat der Feldstärke ist, folgt aus Gl. (2.29) für die Leistungsdämpfung: $\alpha_P = 2\,\alpha_E$. Es ist üblich, die Leistungsdämpfung als Dämpfungszahl a in dB (Dezibel) pro Längeneinheit anzugeben.

2.3   Atomare Deutung elektrischer Polarisationsmechanismen

In diesem Abschnitt werden die verschiedenen Grundmechanismen der dielektrischen Polarisation, d.h. der Polarisation aufgrund eines elektrischen Feldes, im mikroskopischen Bild betrachtet.

Wird ein neutraler Materiebaustein (z.B. ein Atom, Molekül, oder Ionenpaar) in ein elektrisches Feld gebracht, so wirken Kräfte auf die positiven und negativen Ladungen des Bausteins, die – wie zu Beginn von Abschnitt 2.1 dargestellt – zu deren gegenseitiger Verschiebung $\delta\vec{x}$ führen und ein Dipolmoment $\vec{p}_i$ gemäß Gl. (2.1) induzieren. Dieses Dipolmoment ist häufig über einen weiten Bereich proportional zum elektrischen Feld $\vec{E}$:

$$\vec{p}_i = \alpha \, \vec{E} \tag{2.30}$$

Die tensorielle Größe α nennt man die **Polarisierbarkeit** des Bausteins. Mit den Gln. (2.2) und (2.3) folgt

$$\vec{P} = c \cdot \alpha \, \vec{E} \tag{2.31}$$

Im Falle kleiner Wechselwirkung zwischen den Bausteinen z.B. im Gas ist das lokale elektrische Feld am Ort der Bausteine in guter Näherung identisch mit dem von außen angelegten Feld. Hier läßt sich der Zusammenhang zwischen der makroskopisch beobachtbaren Größe χ und der mikroskopischen Polarisierbarkeit α durch einen einfachen Vergleich der Gln. (2.12) und (2.31) herstellen:

$$\chi = \varepsilon_r - 1 = \frac{c \cdot \alpha}{\varepsilon_0} \tag{2.32}$$

Im Kristallgitter eines Festkörpers beeinflußt jeder induzierte Dipol mit seinem Eigenfeld das Gesamtfeld der Nachbardipole. Das dadurch bedingte lokale Feld E_{lok} am Ort der Gitterbausteine ist verschieden vom äußeren Feld E. Die Beziehung zwischen E_{lok} und E hängt sowohl von der Polarisierbarkeit als auch von der Kristallstruktur ab. Beispielsweise gilt für eine kubische Kristallstruktur [4] :

$$\vec{E}_{lok} = \vec{E} + \frac{\vec{P}}{3\varepsilon_0} \tag{2.33}$$

Einsetzen des lokalen Feldes E_{lok} anstelle von E in Gl. (2.31) ergibt

$$\vec{P} = \frac{c \cdot \alpha}{1 - \dfrac{c \cdot \alpha}{3\varepsilon_0}} \, \vec{E} \tag{2.34}$$

Ein Vergleich mit Gl. (2.12) liefert den gewünschten Zusammenhang zwischen χ und α für Festkörper:

$$\chi = \varepsilon_r - 1 = \frac{\dfrac{c \cdot \alpha}{\varepsilon_0}}{1 - \dfrac{c \cdot \alpha}{3\varepsilon_0}} \tag{2.35}$$

In der von Clausius und Mossotti entwickelten Form lautet die Gleichung:

$$\frac{\varepsilon_r - 1}{\varepsilon_r + 2} = \frac{c \cdot \alpha}{3\varepsilon_0} \tag{2.36}$$

In Systemen sehr niedriger Konzentration c gilt $c\alpha/(3\varepsilon_0) \ll 1$, so daß Gl. (2.35) – wie erwartet – in die für Gase gültige Gl. (2.32) übergeht.

Hinsichtlich der mikroskopischen Mechanismen der dielektrischen Polarisation lassen sich vier Grundtypen unterscheiden: die **elektronische Polarisation**, die **ionische Polarisation**, die **Orientierungspolarisation** und die **Raumladungspolarisation**. Die Mechanismen sind in Bild 2.3-1 skizziert und werden in den Abschnitten 2.3.1 bis 2.3.4 beschrieben.

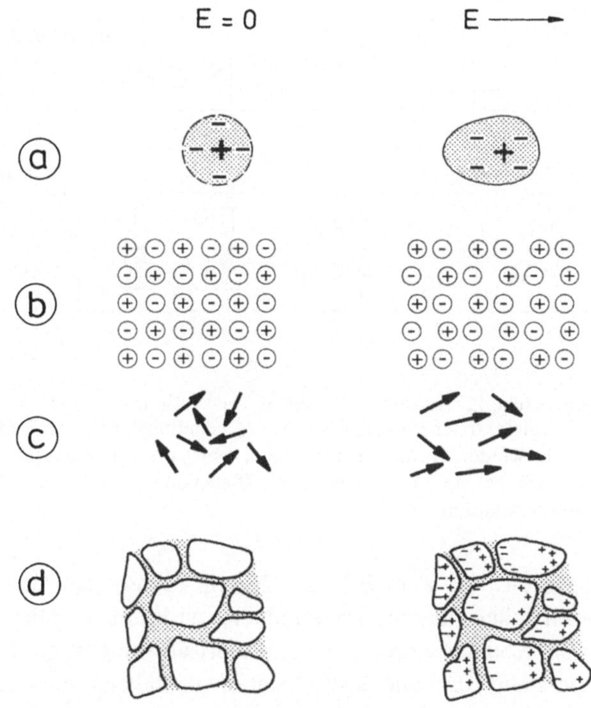

Bild 2.3-1   Schematische Darstellung der Grundtypen von Polarisationsmechanismen
a) elektronische Polarisation
b) ionische Polarisation
c) Orientierungspolarisation
d) Raumladungspolarisation
Der unpolarisierte (links) und der polarisierte (rechts) Zustand sind skizziert.

Die Einzelbeiträge der Polarisationsmechanismen addieren sich nach dem Superpositionsprinzip zur Gesamtsuszeptibilität χ' des Materials wie in Bild 2.3-2 darstellt.

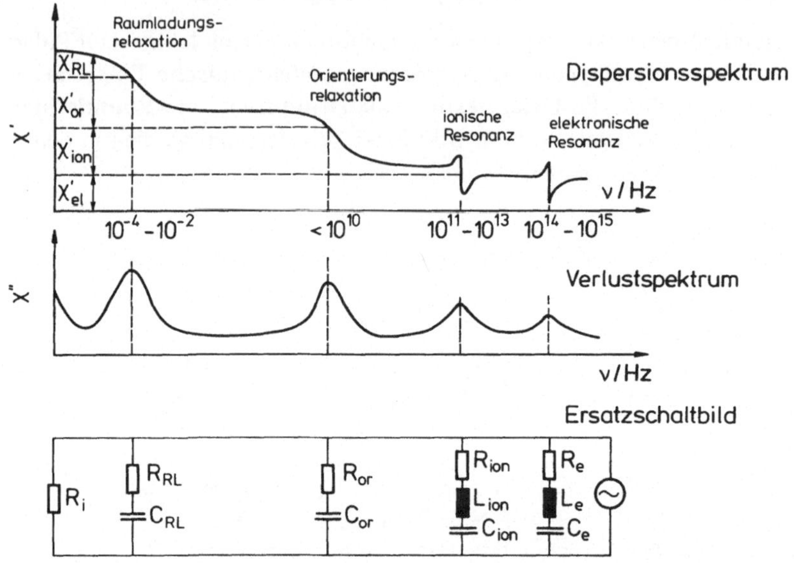

Bild 2.3-2   Frequenzabhängigkeit der elektrischen Suszeptibilität $\chi'(\nu)$ und der Verluste $\chi''(\nu)$ für dielektrische Keramiken. Die Darstellung gibt die Verhältnisse stark vereinfacht wieder. In der Realität treten meist mehrere Polarisationen des gleichen Grundtyps mit unterschiedlichen Dispersionsfrequenzen auf, so daß sehr komplexe Strukturen entstehen.

Die Frequenzabhängigkeit von χ' in Bild 2.3-2 zeigt ferner, daß jede Polarisation nur bis zu einer spezifischen oberen Grenzfrequenz wirksam ist. Dies läßt sich im Ersatzschaltbild durch Kondensatoren für die Polarisationsbeiträge darstellen, die mit einem Serienwiderstand (im Falle des Relaxationsverhaltens) bzw. einem Serienwiderstand und einer Serieninduktivität (im Falle des resonanten Verhaltens) beschaltet sind. Auf die Ursachen für die Relaxation bzw. Resonanz wird in den nachfolgenden Abschnitten eingegangen.

2.3.1 Elektronische Polarisation

In allen Materialien kann eine elektronische Polarisation stattfinden, indem ein elektrisches Feld die Elektronenhülle und die Atomkerne gegeneinander verschiebt und dadurch einen Dipol induziert. Die Auslenkung aus der Gleichgewichtslage ist sehr klein. Sie beträgt selbst bei hohen Feldern nur einen kleinen Bruchteil des Atomradius. Die elektronische Polarisation ist weitgehend temperaturunabhängig.

Die Frequenzabhängigkeit läßt sich auf der Grundlage der für das System geltenden Bewegungsgleichung verstehen. Da es sich um ein schwingungsfähiges System handelt, gilt allgemein [119]

$$A\delta\ddot{x} + B\delta\dot{x} + C\delta x = q\vec{E}_{\text{lok}} \qquad (2.37)$$

$$\text{I} \qquad \text{II} \qquad \text{III} \qquad \text{IV}$$

Hier ist δx wie in Gl. (2.1) die Auslenkung (d.h. der Abstand der Ladungsschwerpunkte). Der Term I beschreibt eine **Trägheitskraft**, wobei der Koeffizient A im wesentlichen durch die Elektronenmasse bestimmt wird. Der Term II beschreibt die **Dämpfung** des Systems, die durch die Ankopplung des Oszillators an die Umgebung bedingt ist. Der Term III stellt die **Rückstellkraft** dar, die durch die Coulombsche Anziehung zwischen den Ladungsschwerpunkten des induzierten Dipols hervorgerufen wird. Der Term IV schließlich ist die **Antriebskraft**. Mit Hilfe der Gl. (2.3) kann δx in Gl. (2.37) durch die Polarisation $\vec{P}$ ersetzt werden. Über eine Umordnung und Neubenennung der Konstanten sowie den Ersatz von $\vec{E}_{\text{lok}}$ durch das dazu proportionale $\vec{E}$ läßt sich Gl. (2.37) umschreiben:

$$\frac{1}{\omega_0^2}\ddot{P}_{\text{e}} + \tau\dot{P}_{\text{e}} + P_{\text{e}} = \varepsilon_0\Delta\chi_{\text{e}}\vec{E} \qquad (2.38)$$

Der Index e kennzeichnet hier den Polarisationsbeitrag durch die *elektronische* Polarisation. ω_0 ist die Resonanzfrequenz des Oszillators und $\Delta\chi_{\text{e}}$ die Differenz der Suszeptibilität zwischen einer Frequenz weit unterhalb ($\omega \ll \omega_0$) und weit oberhalb ($\omega \gg \omega_0$) der Resonanzfrequenz. Setzt man für $\vec{E}$ in Gl. (2.38) Wechselfelder $\vec{E} = \vec{E}_0\exp(j\omega t)$ an, so ergibt die Lösung der Differentialgleichung:

$$\chi_{\text{e}}'(\omega) = \frac{\Delta\chi_{\text{e}}\left(1 - \dfrac{\omega^2}{\omega_0^{\,2}}\right)}{\left(1 - \dfrac{\omega^2}{\omega_0^{\,2}}\right)^2 + \omega^2\tau^2} \qquad (2.39)$$

$$\chi_{\text{e}}''(\omega) = \frac{\Delta\chi_{\text{e}}\cdot\omega\tau}{\left(1 - \dfrac{\omega^2}{\omega_0^{\,2}}\right)^2 + \omega^2\tau^2} \qquad (2.40)$$

Wie in Bild 2.3.1-1 skizziert, zeigt die Dispersion der elektronischen Polarisation ein **resonantes Verhalten** – im Gegensatz etwa zur Orientierungspolarisation, die Relaxationsverhalten zeigt (s. u.).

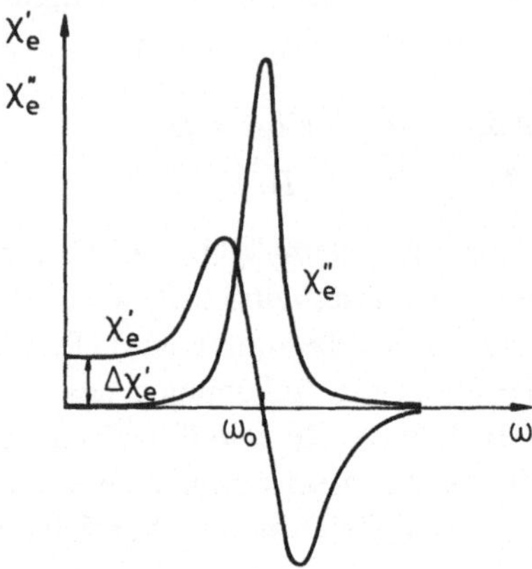

Bild 2.3.1-1   Frequenzabhängigkeit der elektrischen Suszeptibilität $\chi'(\nu)$ und der Verluste $\chi''(\nu)$ in der Umgebung der Resonanzfrequenz ω_0

Die Dämpfungskonstante τ ist die reziproke relative Halbwertsbreite $\tau = \Delta\omega_H/\omega_0^{\,2}$. Die Resonanzfrequenz $\nu_0 = \omega_0/2\pi$ liegt für die elektronische Polarisation aufgrund der kleinen Elektronenmasse zwischen etwa 10^{14} und 10^{16} Hz, d.h. im Bereich des sichtbaren Teils des elektromagnetischen Spektrums. Für Anwendungen von Dielektrika im Rahmen der Elektrotechnik kann die Frequenzabhängigkeit von χ_e außer acht gelassen werden.

2.3.2 Ionische Polarisation

Ionische Polarisation (Bild 2.3-1b) tritt in Materialien mit Ionenbindung und damit in allen oxidkeramischen Dielektrika auf. Das elektrische Feld verschiebt die positiven und negativen Ionen gegeneinander und induziert dadurch eine Polarisation. Der Mechanismus läßt sich mathematisch in gleicher Weise beschreiben wie die elektronische Polarisation, da die Kationen- und Anionenteilgitter ebenfalls ein schwingungsfähiges System darstellen. Gitterschwingungen, bei denen sich Kationen und Anionen gegenphasig bewegen, werden **optische Phononen** genannt. Hinsichtlich der Frequenzabhängigkeit werden Beziehungen für den Suszeptibilitätsbeitrag der ionischen Polarisation χ_{ion} gefunden, die den Gln. (2.39) und (2.40) entsprechen. Die Resonanzfrequenzen liegen wegen der größeren Masse der Ionen im Bereich zwischen etwa 10^{11} und 10^{13} Hz, d.h. im infraroten Teil des elektromagnetischen Spektrums. Die ionische Polarisation von Dielektrika ist für Mikrowellenanwendungen insofern von Belang, als die niederfrequenten Ausläufer des Spektrums $\chi_{ion}''(\omega)$ für den inhärenten Anteil der dielektrischen Verluste im Frequenzbereich zwischen 1 und 100 GHz verantwortlich sind. Sie begrenzen damit die maximal erreichbaren Güten der Mikrowellendielektrika (s. Abschn. 7.4). Eine ausführliche Darstellung dieses Aspekts ist z.B. in Ref. [5] zu finden.

2.3.3 Orientierungspolarisation

In vielen Stoffen liegen Bausteine vor, die ein permanentes Dipolmoment $\vec{p}_{\text{perm}}$ besitzen. Diese Bausteine können polare Moleküle oder Assoziate beweglicher, gegensinnig geladener Punktdefekte (d.h. Assoziate zwischen Akzeptoren und Donatoren, vgl. Abschn. 3.1) im Kristallgitter sein. Aufgrund der durch die thermische Bewegung bedingten Richtungsunordnung kompensieren sich in Gasen, Flüssigkeiten und in vielen Festkörpern (Ausnahme: pyroelektrische Kristalle, s. Abschn. 2.4) alle Dipolmomente. Wird ein elektrisches Feld angelegt, so wird eine Vorzugsrichtung für die Dipole und damit eine Orientierungspolarisation induziert (vgl. Bild 2.3-1c). Man kann eine gemittelte Polarisierbarkeit α_{or} einführen, die vom Dipolmoment $\vec{p}_{\text{perm}}$ der Bausteine und, aufgrund der dissipativen thermischen Bewegung, von der Temperatur abhängt [6] :

$$\alpha_{\text{or}} = \frac{\vec{p}_{\text{perm}}^{2}}{kT} \tag{2.41}$$

Im üblichen Temperaturbereich ist die Stoßfrequenz eines Dipols mit seiner Umgebung – im Festkörper durch das Phononenspektrum gegeben – viel höher als die reziproke Zeit zum Ausrichten des Dipols im Feld. Dies bewirkt, daß die Dipole im Feld nicht um die Gleichgewichtslage schwingen können. Die Schwingung ist vielmehr überkritisch bedämpft, so daß der Trägheitsterm in der Bewegungsgleichung entfällt (im Gegensatz zur ionischen und elektronischen Polarisation, vgl. Gl. (2.37)):

$$\tau_{\text{R}} \dot{\vec{P}}_{\text{or}} + \vec{P}_{\text{or}} = c \cdot \alpha_{\text{or}} \vec{E} \tag{2.42}$$

Die Relaxationszeit τ_{R} ist die Zeitkonstante, mit der sich nach dem Ein- oder Ausschalten eines statischen Feldes der neue Gleichgewichtszustand einstellt.

Für Wechselfelder $\vec{E} = \vec{E}_0 \exp(j\omega t)$ führt die Lösung der Differentialgleichung (2.42) zu den Debye-Gleichungen (vgl. Bild 2.3.3-1):

$$\chi'_{\text{or}}(\omega) = \frac{\Delta\chi_{\text{or}}}{1 + \omega^2 \tau_{\text{R}}^2} \tag{2.43}$$

$$\chi''_{\text{or}}(\omega) = \frac{\Delta\chi_{\text{or}} \cdot \omega\tau_{\text{R}}}{1 + \omega^2 \tau_{\text{R}}^2} \tag{2.44}$$

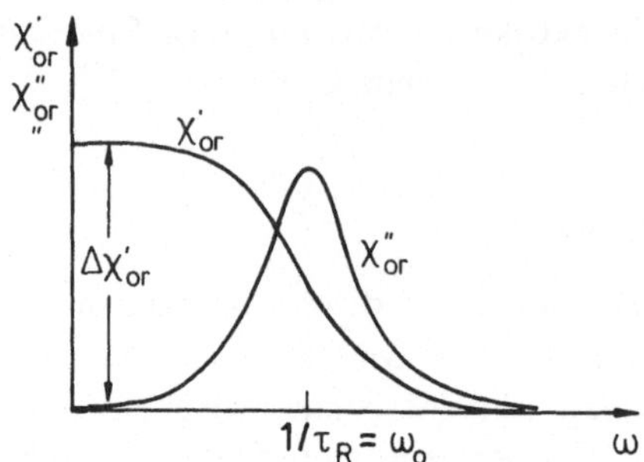

Bild 2.3.3-1   Frequenzabhängigkeit der elektrischen Suszeptibilität $\chi'(\nu)$ und der Verluste $\chi''(\nu)$ in der Umgebung einer Relaxationsfrequenz ω_0

Die Orientierungspolarisation ist langsamer als die ionische und die elektronische Polarisation. Ihre Relaxationsfrequenz $1/\tau_R$ kann je nach System und Temperatur stark variieren. Die Orientierung der Wassermoleküle beispielsweise relaxiert bei etwa 10^{10} Hz, während polare Molekülgruppen in polymeren Werkstoffen bei tiefen Temperaturen Relaxationsfrequenzen im mHz-Bereich aufweisen.

Im Falle von Dipolen, die durch Defektassoziation im Kristallgitter gebildet werden, verläuft die Orientierungspolarisation nach einem ähnlichen thermisch-aktivierten Sprungprozeß, der auch die Ionenleitung bestimmt (vgl. Abschn. 3.2). Daher gilt für die Temperaturabhängigkeit von τ_R :

$$\tau_R \propto \exp\left(\frac{W_A}{kT}\right) \tag{2.45}$$

wobei W_A die Aktivierungsenergie des Sprunges darstellt.

2.3.4 Raumladungspolarisation

Die Raumladungspolarisation unterscheidet sich insofern von den zuvor beschriebenen Mechanismen, als bei ihr nicht Ladungen über atomare und molekulare Distanzen, sondern über viele Gitterabstände hinweg bewegt werden. Das bedeutet, es müssen in räumlich begrenzten Bereichen *freie* Ladungsträger vorhanden sein. Raumladungspolarisation (auch **Maxwell-Wagner-Polarisation** genannt [7]) tritt beim Anlegen eines äußeren elektrischen Feldes in Materialien mit freien Ladungsträgern auf, wenn in dem Material Leitfähigkeitsinhomogenitäten vorliegen. Der Prozeß läßt sich im idealtypischen Fall, der in diesem Abschnitt beispielhaft beschrieben wird, mathematisch in gleicher Weise durch die Debye-Gleichungen erfassen wie die Orientierungspolarisation.

Dielektrische Keramik weist häufig große Unterschiede in der lokalen Leitfähigkeit zwischen dem Inneren der Körner und der Korngrenzregion auf. Dabei kann je nach Material entweder die Korngrenzregion oder das Kornvolumen eine höhere Leitfähigkeit zeigen. Ein Beispiel für den erstgenannten Fall ist die ionische Leitfähigkeit in Al_2O_3-Keramik [8]. Ein Beispiel für den letztgenannten Fall sind die Erdalkalititanatkeramiken, die als Kondensatormaterialien eingesetzt werden (s. Abschn. 6). Da die Raumladungspolarisation in diesen Keramiken für das Materialverständnis und die Materialentwicklung von großer Bedeutung sind, sei der Vorgang an diesem Beispiel näher erläutert. Undotierte und akzeptordotierte Titanate weisen im Temperaturbereich, der für die Bauelementanwendung interessant ist, eine gemischte ionisch-elektronische Restleitfähigkeit auf, die durch bewegliche Sauerstoffleerstellen und Löcher hervorgerufen wird (s. Abschn. 3.1 u. 3.2). Aufgrund von spezifischen Korngrenzzuständen bilden sich in vielen Fällen zu beiden Seiten der Korngrenzen Raumladungszonen aus, die an beweglichen Ladungsträgern verarmt sind und damit eine Zone sehr niedriger Leitfähigkeit bilden. Tatsächlich wird der hohe Isolationswiderstand der dielektrischen Titanatkeramiken im wesentlichen von diesen Raumladungszonen mit größenordnungsmäßig 100 nm Breite bestimmt. Die Situation ist ähnlich wie im Falle der Varistorkeramiken und der PTC-Keramiken. In diesen Keramiken mit halbleitenden Körnern sind die Leitfähigkeitsunterschiede allerdings noch deutlich stärker ausgeprägt (vgl. [9], Abschn. 5 u. 6).

Einen schematischen Querschnitt durch eine reale und eine idealisierte Mikrostruktur zeigt Bild 2.3.4-1.

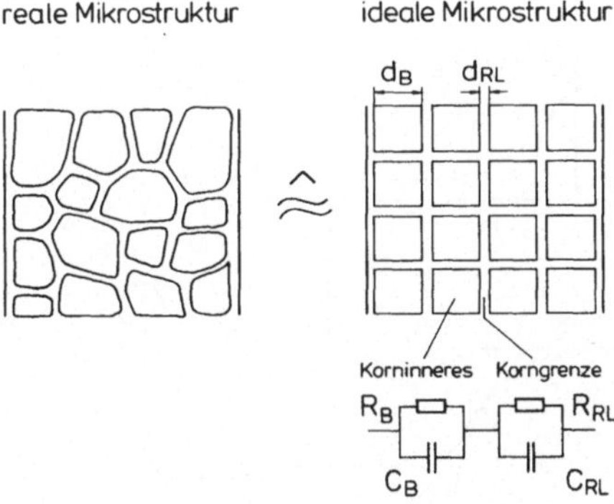

Bild 2.3.4-1   Schematischer Querschnitt durch eine reale und eine ideale keramische Mikrostruktur. Das Korninnere und die Raumladungszone an den Korngrenzen ist einem Ersatzschaltbild zugeordnet, wobei in der idealen Mikrostruktur alle Kornbeiträge in einem Term $R_B \| C_B$ und alle Korngrenzbeiträge in einem Term $R_{KG} \| C_{KG}$ zusammengezogen werden. Die Korngröße ist $d_G = d_B + d_{KG}$. Für das im Text erwähnte Beispiel gilt $d_B \gg d_{KG}$, d.h. $d_G \approx d_B$. Die Beiträge der Korngrenzen senkrecht zu den Elektroden in der idealen Mikrostruktur werden vernachlässigt.

Es wird dabei eine konventionelle Keramik angenommen, deren Korndurchmesser d_G groß gegen die Breite der Raumladungsschicht an den Korngrenzen d_{RL} ist: $d_G \gg d_{RL}$. Die Zeitkonstante τ_R für die Raumladungspolarisation wird dann durch den Kornwiderstand R_B (== R_{RL} in Bild 2.3-2) und die Korngrenzkapazität C_{RL} gegeben:

$$\tau_R \approx R_B C_{RL} \tag{2.46}$$

Wie in Abschnitt 2.6.3 des Kapitels "Lineare und nicht-lineare Widerstände" sind auch in diesem Abschnitt mit C und R flächenbezogene Größen bezeichnet, d.h. dim $[C] = F/m^2$ und dim $[R] = \Omega/m^2$. Die Dielektrizitätszahl ε_r des Korninneren, die in C_B zum Ausdruck kommt, ergibt sich aus allen anderen aktiven Polarisationsmechanismen ($C_B = C_{or} + C_{ion} + C_{el}$, vgl. Bild 2.3-2). Der Isolationswiderstand für Gleichstrom wird im wesentlichen durch den Korngrenzwiderstand bestimmt, da $R_i = R_{RL} + R_B \approx R_{RL}$ ist. Wird ein Gleichfeld E zur Zeit t_o an die Keramik angelegt und bei t_o' wieder abgeschaltet, so erhält man die in Bild 2.3.4-2b dargestellte Antwort der Stromdichte J.

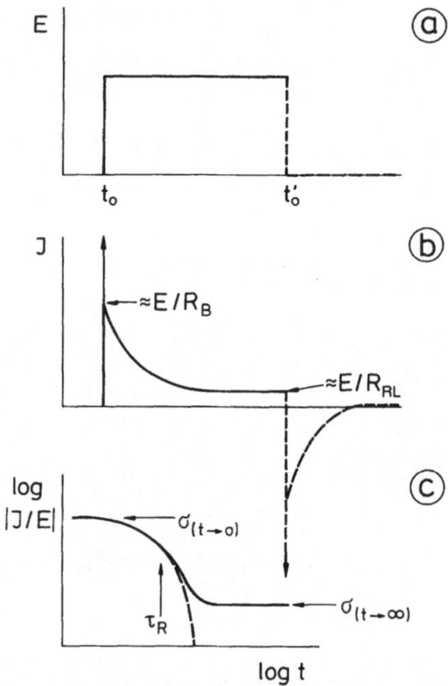

Bild 2.3.4-2   Zur Bestimmung der Raumladungspolarisation im Zeitbereich:

      a) Stimulation durch ein externes Feld $E(t)$

      b) Antwort der Stromdichte $J(t)$

      c) Stromdichte/Feldstärkeverhältnis $|J/E|$, bezogen auf die Feldstärke zwischen t_o und t_o'. (———) nach t_o, (-----) nach t_o'

Der Stromdichtestoß bei t_o wird weitgehend durch die Aufladung von C_B bestimmt. Anschließend klingt die Stromdichte J gemäß

$$J(t) \approx \frac{E}{R_\mathrm{B}}\exp\left(-\frac{t}{\tau_\mathrm{R}}\right) + \frac{E}{R_\mathrm{RL}} \quad (\text{für } R_\mathrm{RL} \gg R_\mathrm{B}) \tag{2.47}$$

ab. Der erste Term beschreibt die Aufladung von C_RL über R_B und der zweite Term ist durch den eigentlichen Isolationswiderstand bedingt. Um eine möglichst vollständige Information über die Raumladungspolarisation zu erhalten, wird über mehrere Größenordnungen der Zeit gemessen. Aussagen über die Leitfähigkeitsbeiträge erhält man aus dem Quotienten der Stromdichte J und der Feldstärke E. Die Zeitabhängigkeit von $|J/E|$ in der doppellogarithmischen Auftragung ist schematisch in Bild 2.3.4-2c und in einem konkreten Beispiel für akzeptordotierte SrTiO$_3$-Keramik in Bild 2.3.4-3 gezeigt.

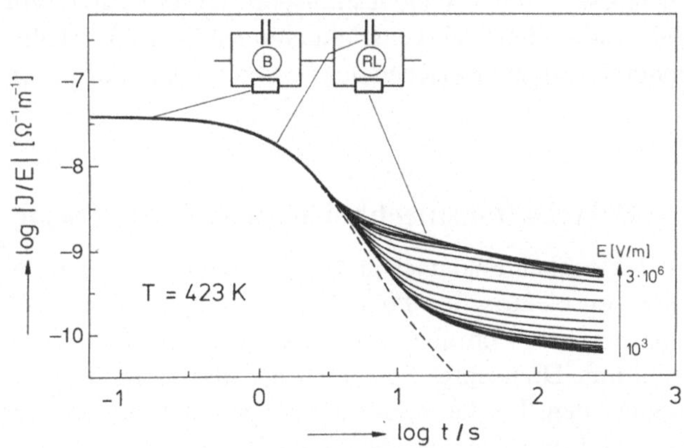

Bild 2.3.4-3   Raumladungspolarisation in SrTiO$_3$-Keramik mit einer Akzeptordotierung von 0,1 at% Ni (nach [10])

Die Messung wurde mit verschiedenen Feldstärken E durchgeführt [10]. Die mittlere Leitfähigkeit in der Raumladungsschicht

$$\sigma_\mathrm{RL} \approx \frac{d_\mathrm{RL}}{d_\mathrm{B} + d_\mathrm{RL}} \sigma(t \to \infty) \tag{2.48}$$

ist bei kleinen Feldstärken mehr als vier Größenordnungen geringer als σ_B. Während sich die Leitfähigkeit σ_B im Korninneren sowie die Relaxationszeit τ_R und damit die Breite der Raumladungsschicht an den Korngrenzen nahezu feldstärkeunabhängig erweisen, beobachtet man für σ_RL bei hohen Feldern ein varistorartiges Verhalten.

Die Relaxationszeit τ_R liegt bei Raumtemperatur oft im Stundenbereich, so daß für die üblichen elektrotechnischen Anwendungen im Frequenzbereich oberhalb von etwa 10 Hz der Polarisationsprozeß keinen Einfluß auf das ε_r der dielektrischen Keramik hat. Es existiert jedoch eine Klasse von Kondensatorkeramiken mit halbleitenden Körnern, bei denen die Raumladungspolarisation bewußt eingesetzt wird, um die effektive Dielektrizitätszahl des Materials stark heraufzusetzen (vgl. Abschn. 6.7). In diesen Fällen liegt $1/\tau_R$ zwischen etwa 10 MHz und 1 GHz und damit oberhalb des Bereichs der typischen NF- und Audio-Anwendungen.

In vielen Materialien ist die Maxwell-Wagner-Polarisation nicht so markant ausgeprägt wie in Bild 2.3.4-3 darstellt. Insbesondere in Gläsern, aber auch in vielen keramischen Materialien ändert sich die lokale Leitfähigkeit nicht abrupt, sondern gewissermaßen verschmiert. Dies führt zu breiten Relaxationszeitverteilungen [11] und zur Aufhebung der klaren Trennung zwischen der Orientierungspolarisation, die durch Ionensprünge auf mikroskopischer Ebene bedingt wird, und der Raumladungspolarisation, die durch makroskopischen Ladungstransport hervorgerufen wird. Vielmehr gibt es in diesen Materialien Leitfähigkeitsfluktuationen über alle Skalengrößen und damit einen fließenden Übergang zwischen den beiden Polarisationsmechanismen.

2.4   Allgemeine Polarisationsmechanismen in Festkörpern

Es gibt neben dem elektrischen Feld auch andere Parameter und Materialeigenschaften, die zur Bildung von elektrischen Polarisationsladungen führen. Alle Gitter in kristallinen Feststoffen lassen sich über die Punktsymmetrieelemente der Einheitszelle (Symmetriezentrum, Drehachse, Spiegelebene, und Kombinationelemente) in 32 Punktgruppen unterteilen. Da die Polarisationstypen eng mit der Kristallsymmetrie verbunden sind, seien im folgenden Ionenkristalle mit einem Bezug zur jeweiligen Punktgruppe betrachtet.

Dielektrische Polarisation

Da jede Materie aus elektrischen Ladungen aufgebaut ist, kann die dielektrische Polarisation in jedem Stoff und damit auch in Kristallen aller 32 Punktgruppen auftreten. Das äußere elektrische Feld bewirkt die Verschiebung der Ladungsschwerpunkte gemäß Gleichung

$$\vec{P}_{el} = \chi \varepsilon_o \vec{E} \tag{2.12}$$

mit der elektrischen Suszeptibilität χ wie in den Abschnitten 2.1 bis 2.3 beschrieben.

Piezoelektrische Polarisation

21 der 32 Punktgruppen besitzen kein Symmetriezentrum. Dies bewirkt, daß (bis auf eine Ausnahme) Kristalle dieser Punktgruppen piezoelektrische Eigenschaften auf-

weisen [127]. Die Ladungsverschiebung erfolgt hier durch einen mechanischen Druck σ_M gemäß

$$\vec{P}_{pi} = d \cdot \vec{\sigma}_M \tag{2.49}$$

mit der tensoriellen piezoelektrischen Konstanten d. Ursache für die Piezoelektrizität ist die Tatsache, daß ein Druck im allgemeinen unterschiedlich auf das Anionen- und das Kationenteilgitter wirkt, und damit die Einheitszellen zu Dipolen machen kann. Voraussetzung ist, wie gesagt, eine nicht-zentrosymmetrische Punktgruppe, da ein symmetrischer Tensor wie der Druck beim Einwirken auf ein zentrosymmetrisches System kein unsymmetrisches Resultat (wie den vorzeichenbehafteten Polarisationsvektor $\vec{P}_{pi}$) hervorrufen kann. Nähere Erläuterungen zu den Grundlagen piezoelektrischer Materialien: s. Abschnitt "Piezoelektrische Keramiken" in diesem Band.

Pyroelektrische Polarisation
In einer Untergruppe von 10 der 20 piezoelektrischen Punktgruppen liegt **spontan**, d.h. auch ohne äußere Einwirkung, eine elektrische Polarisation vor (sog. **polare Kristalle**). In der Regel ist diese Polarisation nicht meßbar, da die Polarisationsladungen durch Oberflächenladungen kompensiert werden. Die thermische Ausdehnung durch eine Temperaturänderung ΔT ist im allgemeinen jedoch mit einer Verschiebung der Untergitter und damit mit einer Änderungen der Polarisationsstärke verbunden. Dies führt zur pyroelektrischen Polarisation

$$\vec{P}_{py} = \vec{p}_{py} \cdot \Delta T \tag{2.50}$$

mit der (vektoriellen) pyroelektrischen Konstanten $\vec{p}_{py}$. Einzelheiten sind im Kapitel "Pyroelektrische Keramiken" beschrieben.

Ferroelektrische Polarisation
In einigen polaren Kristallen läßt sich die Richtung der spontanen Polarisation durch ein äußeres elektrisches Feld ändern. Diese Stoffe werden **Ferroelektrika** genannt und nehmen bei den elektronischen Werkstoffen eine herausragende Rolle ein. Dies liegt darin begründet, daß man auf der Basis von Ferroelektrika auch Keramiken anstelle von Einkristallen zur Herstellung von polaren Materialien verwenden kann. Keramiken bestehen aus Kristalliten, deren Kristallgitter infolge des Sinterprozesses zueinander statistisch ausgerichtet sind, so daß die Keramik nach außen praktisch unpolar ist. Durch die Beeinflußbarkeit der spontanen Polarisationsrichtung mit Hilfe eines elektrischen Feldes lassen sich ferroelektrische Keramiken polen, so daß sie anschließend piezo- und pyroelektrische Eigenschaften aufweisen. Da die Herstellung von Keramiken bedeutend einfacher und wirtschaftlicher ist als die von Einkristallen, haben Keramiken eine breite Anwendung als elektronische Bauelemente gefunden. Einige ferroelektrische Keramiken haben aufgrund ihrer hohen Dielektrizitätskonstanten als Kondensatormaterialien eine große Bedeutung erlangt (vgl. Abschn. 2.5 u. 6).

2.5 Ferroelektrika

2.5.1 Reversible spontane Polarisation und Domänenbildung

Die Suszeptibilität χ und damit also P/E wird gemäß der Clausius-Mossotti-Gleichung (2.36) beliebig groß (d.h. $\chi \to \infty$), wenn aufgrund einer hinreichenden (ionischen) Polarisierbarkeit $c \cdot \alpha/(3\varepsilon_0)$ gegen Eins strebt. Unter diesen Umständen verursacht die Polarisation ein lokales Feld, welches die Polarisation in einer Art Rückkopplung weiter stabilisiert (sog. kooperatives Phänomen [12]). Es entsteht eine spontane Polarisation (d.h. $P \neq 0$ bei $E = 0$), die mit einer kollektiven Ladungsverschiebung verbunden ist. Da die verschobenen Ladungen Ionen sind, führt die spontane Polarisation zu einer Änderung der Kristallstruktur – bezogen auf den unpolarisierten Zustand.

In einigen Materialien ist der mit der spontanen Polarisation verbundene Gewinn an freier Energie nur gering, so daß ein äußeres elektrisches Feld genügt, um die Polarisationsrichtung zu ändern. Die betreffenden Materialien werden – in Anlehnung an einige phänomenologische Analogien mit den Ferromagneten – **Ferroelektrika** genannt. In der Gruppe der dielektrischen Keramiken stellt Bariumtitanat $BaTiO_3$ das industriell mit Abstand bedeutendste Ferroelektrikum dar. Bild 2.5.1-1 zeigt die Kristallstrukturen und die Temperaturabhängigkeit der relativen Dielektrizitätszahl ε_r.

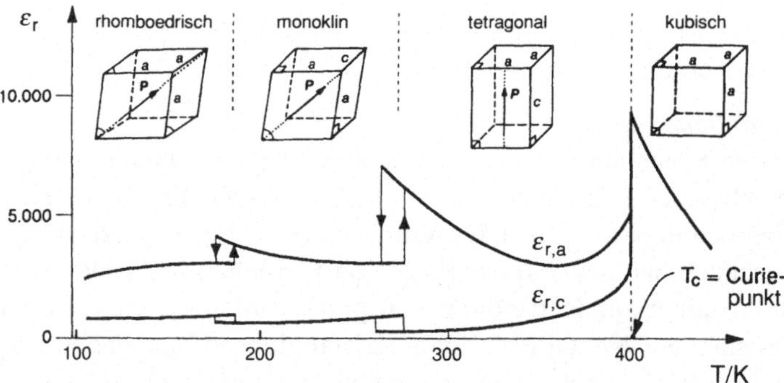

Bild 2.5.1-1   Relative Dielektrizitätskonstante für einkristallines $BaTiO_3$ und Skizzen der Kristallstrukturen in Abhängigkeit von der Temperatur. Die monokline Phase kann durch die Wahl einer anderen größeren Einheitszelle auch orthorhombisch indiziert werden (nach [13]).

Zum Verständnis des ferroelektrischen Phänomens und der damit verbundenen hohen ε_r-Werte hat die Theorie der Gitterdynamik maßgeblich beigetragen. Der ferroelektrische Zustand wird im Rahmen dieser Betrachtungsweise als eine eingefrorene, transversale optische Gitterschwingung angesehen (s. z.B. [125]). Diese entsteht aus der paraelektrischen Hochtemperaturphase, wenn die Kraftkonstante und damit die Frequenz der Gitterschwingung mit fallender Temperatur abnimmt. Wird eine Temperatur T_C (sog. **Curie-*Punkt***, nicht zu verwechseln mit der **Curie-*Temperatur*** T_o, s. u.) erreicht, bei der die Schwingungsfrequenz Null wird, so entspricht der einfrierenden Schwingung ein kristallographischer Phasenübergang. Die betreffende Gitterschwingung wird "Soft Mode" genannt. Die abnehmende Frequenz dieser Soft Mode entspricht einer Zunahme der ionischen Polarisierbarkeit und erklärt damit den Anstieg der ε_r-Werte bei Annäherung an den Curie-Punkt T_C. Die Temperaturabhängigkeit

$$\varepsilon_r = \frac{C}{T - T_0} \qquad (2.51)$$

wird **Curie-Weiss-Gesetz genannt** [13]. C heißt **Curie-Weiss-Konstante** und T_0 ist die Curie-Temperatur, die im $BaTiO_3$ etwa 10 K unterhalb von T_C liegt.

In den ferroelektrischen Phasen zeigt ε_r im Einkristall eine ausgeprägte Anisotropie (vgl. Bild 2.5.1-1). Bei T = 298 K beispielsweise findet man entlang der a-Achse $\varepsilon_{r,a} \approx 4000$ und entlang der c-Achse $\varepsilon_{r,c} \approx 200$. Unter der Annahme einer statistischen Verteilung wechselwirkungsfreier, einkristalliner Körner würde ein mittleres $\varepsilon_{r,m}$ von etwa 950 für $BaTiO_3$-Keramik erwartet. Experimentell werden jedoch, je nach Korngröße, Werte zwischen etwa 2000 und 5000 gefunden. Diese unerwartet hohen Werte hängen damit zusammen, daß die in der keramischen Matrix "eingeklemmten" Körner in Domänen unterschiedlicher Polarisationsrichtung aufspalten. Durch die Domänenbildung kann die Keramik eine niedrigere freie Energie annehmen, da die elastische Energie, die bei der Änderung der Kristallstruktur (und damit Kristallform) beim Abkühlen unter T_C entsteht, stark reduziert werden kann [14]. Die hohen ε_r-Werte in Keramiken lassen sich durch den Beitrag $\varepsilon_{r,D}$ der entstandenen Domänenwände erklären:

$$\varepsilon_r = \varepsilon_{r,m} + \varepsilon_{r,D} \qquad (2.52)$$

In $BaTiO_3$-Keramiken mit Korngrößen unterhalb eines kritischen Wertes wird die Domänenbildung in den Körnern energetisch ungünstig und ε_r nimmt mit weiter fallender Korngröße ab [89].

2.5.2 Thermodynamik der ferroelektrischen Phasenübergänge

Am Curiepunkt des Bariumtitanats bei 403 K verzerrt sich die kubische Elementarzelle der Perowskit-Struktur beim Abkühlen zunächst in eine tetragonale, bei noch tieferen Temperaturen in eine monokline (273 K) und schließlich in eine rhomboedrische (198 K) Struktur (vgl. Bild 2.5.1-1).

In vielen Ferroelektrika, wie z.B. in $BaTiO_3$ und $PbTiO_3$, treten an den ferroelektrischen Phasenübergängen latente Wärmen Q_L auf. In anderen Perowskiten, vor allem solchen mit komplexer Zusammensetzung, wie z.B. $Pb(Mg_{1/3} Nb_{2/3})O_3$ (s. Abschn. 2.5.3) sowie einigen Mischkristallen des $BaTiO_3$, beobachtet man hingegen Phasenübergänge ohne latente Wärme, $Q_L = 0$.

Die Thermodynamik der Phasenumwandlungen unterscheidet zwischen Umwandlungen 1. Ordnung und 2. Ordnung. Bei Phasenumwandlungen 1. Ordnung ändern sich die Temperaturfunktionen der meisten thermodynamischen Größen, wie z.B. die der Entropie $S(T)$ und der spontanen Polarisation $P(T)$, sprunghaft um einen bestimmten Betrag ΔS, ΔP, etc. Im Gegensatz dazu ist ein Phasenübergang 2. Ordnung nicht mit einer sprunghaften Änderung, sondern nur mit einer Unstetigkeit dieser Funktionen verbunden (vgl. Tabelle 2.5.2-1).

Tab. 2.5.2-1   Thermodynamische Funktionen an ferroelektrischen Phasenübergängen

Phasenübergang 1. Ordnung:	$\Delta P, \Delta H, \Delta S \neq 0$ und $T_C \neq T_0$
Phasenübergang 2. Ordnung:	$\Delta P, \Delta H, \Delta S = 0$ und $T_C = T_0$

Auch im dielektrischen Verhalten ergeben sich wichtige Unterschiede zwischen Ferroelektrika mit Phasenübergängen 1. und solchen 2. Ordnung, die sich besonders auffällig in der Höhe des dielektrischen Maximums $\varepsilon_{r,max}$ am Curiepunkt T_C äußern. Nach Gl. (2.51) gilt

$$\varepsilon_{r,max} = \frac{C}{T_C - T_0} \tag{2.53}$$

Die Curie-Temperatur T_0 ist eine hypothetische Temperatur, die man durch Extrapolation der Funktion $1/\varepsilon_r(T) \to 0$ erhält (vgl. Bild 2.5.2-1).

Für Phasenübergänge 1. Ordnung gilt stets $T_C > T_0$, während bei Phasenübergängen 2. Ordnung $T_C = T_0$ ist (vgl. Tabelle 2.5.2-1). Dementsprechend sollte nach Gl.(2.53) bei einem Phasenübergang 2. Ordnung theoretisch das dielektrische Maximum am Curiepunkt unendlich hoch werden, d.h. $\varepsilon_{r,max} \to \infty$ für $T = T_C = T_0$. Tatsächlich findet man in Keramiken bei ferroelektrischen Phasenübergängen 2. Ordnung außerordentlich hohe Werte von $\varepsilon_{r,max}$ zwischen 50000 und 70000.

In Mischkristallen des $BaTiO_3$ beobachtet man mit steigender Verdünnung des $BaTiO_3$ durch paraelektrische Perowskite, wie z.B. $BaZrO_3$ oder $SrTiO_3$, eine graduelle Verschiebung des Phasenübergangs 1. Ordnung in Richtung auf einen Übergang 2. Ordnung. So gleichen sich in Mischkristallen der Reihe $Ba(Ti_{1-y} Zr_y)O_3$ [15] mit steigender Zr-Konzentration y die Werte von T_C und T_0 gegenseitig immer mehr an, d.h. $(T_C - T_0) \to 0$, und die Höhe der Curiemaxima nimmt bis zu einer Zr-Konzentrationen von ca. 13 at.% zu (Bild 2.5.2-2).

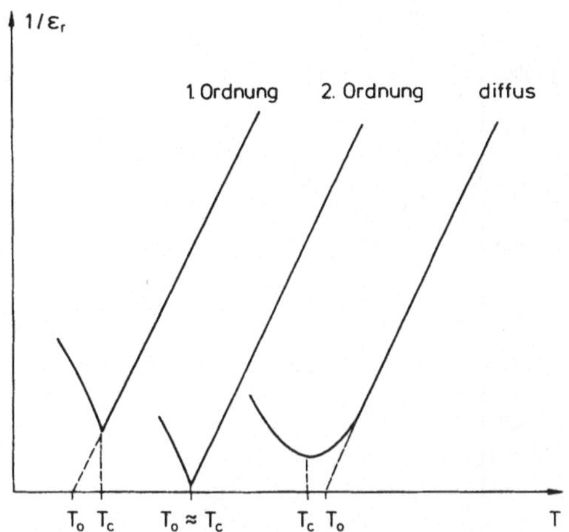

Bild 2.5.2-1   Reziproke relative Dielektrizitätskonstante als Funktion der Temperatur für einen Phasenübergang 1. Ordnung, einen Phasenübergang 2. Ordnung und einen diffusen Phasenübergang. T_C bezeichnet das ε_r-Maximum und T_0 die Curie-Temperatur des Curie-Weiss-Gesetzes [16].

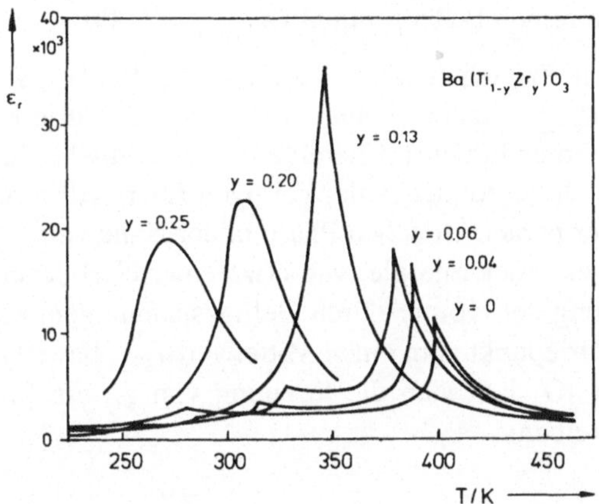

Bild 2.5.2-2   Temperaturabhängigkeit der relativen Dielektrizitätszahl für Vertreter der Mischkristallreihe Ba(Ti$_{1-y}$Zr$_y$)O$_3$

Aus der Konzentrationsabhängigkeit der latenten Wärme $Q_L(y)$ im Mischkristall Ba(Ti$_{1-y}$Zr$_y$)O$_3$ folgt, daß die Änderung zum Phasenübergang 2. Ordnung in der Tat bei $y = 0{,}12$ bis $0{,}13$ at.% Zr im Mischkristall erwartet wird (vgl. Bild 2.5.2-3).

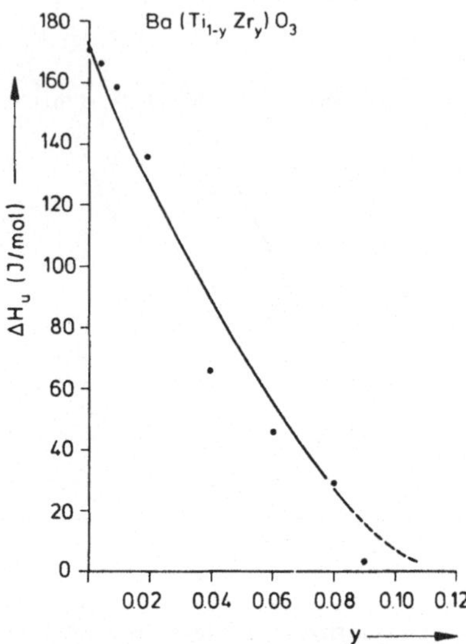

Bild 2.5.2-3   Latente Wärme Q_L beim Phasenübergang 1. Ordnung als Funktion des Zirkonanteils y im Mischkristall Ba(Ti$_{1-y}$Zr$_y$)O$_3$

Bei diesem Zr-Gehalt wird ein $\varepsilon_{r,max}$ von 30000 bis 40000 gefunden, d.h. ein deutlich höherer Wert als im reinen BaTiO$_3$ mit etwa $\varepsilon_{r,max}$ = 9000.

Mit weiter ansteigenden Zr-Gehalten im Mischkristall Ba(Ti$_{1-y}$Zr$_y$)O$_3$ nimmt die
Höhe des Maximums $\varepsilon_{r,max}$ wieder ab und die Form der Curie-Maxima wird zugleich breiter. Der zunehmend diffuse Charakter der Maxima bei hohen Zr-Konzentrationen ist offensichtlich begründet in der geringen Energiedifferenz zwischen der
ferroelektrischen und der paraelektrischen Phase in der Nähe von T_C. Bereits die Zu-
fuhr von sehr geringer externer Energie, wie etwa einer elastischer Energie infolge
einer leichten Verformung der Körner durch Gefügespannungen, können eine breite
"Verschmierung" der Curiepunkte um einen Mittelwert $T_{C,M}$ bewirken. In der Mischkristallreihe Ba(Ti$_{1-y}$Zr$_y$)O$_3$ läßt sich die Streuung von T_C um $T_{C,M}$ gut mit einer
Gauß-Verteilung beschreiben:

$$\Gamma(T_C) = \frac{1}{\sqrt{s}}\exp\left[\frac{\left(T_C - T_{C,M}\right)^2}{s}\right] \tag{2.54}$$

Den Verlauf eines diffusen Phasenüberganges zeigt Bild 2.5.2-1 im Vergleich zu
Phasenübergängen 1. und 2. Ordnung am Beispiel der Funktion $1/\varepsilon_r(T)$. Diffuse
Phasenübergänge spielen eine wichtige Rolle in dielektrischen Keramiken für Kon-
densatoren mit hohem ε_r, wie in Abschnitt 6 gezeigt wird.

2.5.3 Relaxoren

In BaTiO$_3$ als typischem Vertreter herkömmlicher Ferroelektrika zeigen die Dielektrizitätszahl und ihr Temperaturverlauf bis zum Beginn des GHz-Bereiches nur eine geringe Frequenzabhängigkeit. Eine solche Abhängigkeit wird sehr ausgeprägt jedoch bei den Vertretern einer Gruppe von Ferroelektrika gefunden, die **Relaxoren** genannt werden. Als Beispiel ist in Bild 2.5.3-1 der Verlauf von $\varepsilon_r(T)$ und $\tan\delta(T)$ für Blei-Magnesiumniobat Pb(Mg$_{1/3}$Nb$_{2/3}$)O$_3$ (kurz: PMN) bei verschiedenen Frequenzen dargestellt.

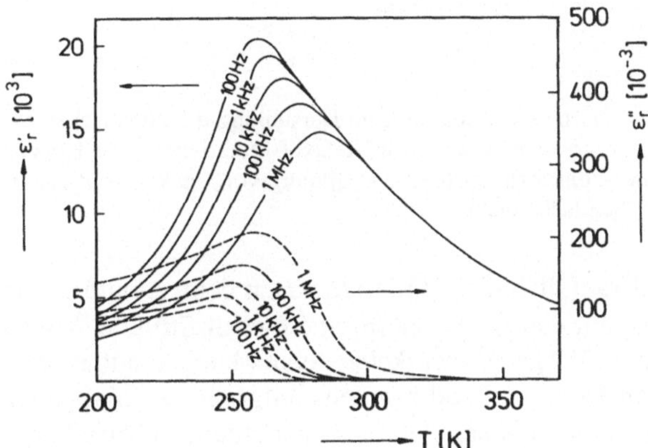

Bild 2.5.3-1   Temperatur– und Frequenzabhängigkeit der relativen Dielektrizitätszahl ε_r' und der Verluste ε_r'' für Pb(Mg$_{1/3}$Nb$_{2/3}$)O$_3$

Im Gegensatz zu den oben beschriebenen Werkstoffen Bariumtitanat und Bariumtitanatzirkonat stellt die Temperatur des ε_r-Maximums keine Phasenumwandlungstemperatur dar. Das Maximum ist also nicht *thermodynamisch*, sondern vielmehr *kinetisch* bestimmt. Ferner ist das ε_r-Maximum nicht nur in PMN-*Keramiken*, sondern auch in Einkristallen sehr breit und die Flanke bei Temperaturen oberhalb des Maximums folgt nicht dem Curie-Weiss-Gesetz. Wie im folgenden erläutert wird, kann man von einem über einen sehr breiten Temperaturbereich verschmierten Phasenübergang ausgehen.

Es hat sich gezeigt, daß das Relaxor-Verhalten an das Auftreten mikroskopisch kleiner, chemisch heterogener Bereiche (sog. chemische **Mikrodomänen**) geknüpft ist. Im PMN sind dies etwa 5...10 nm große Bezirke (vgl. Bild 2.5.3-2), in denen das Nb/Mg-Verhältnis 1:1 ist, während es im Mittel 2:3 beträgt.

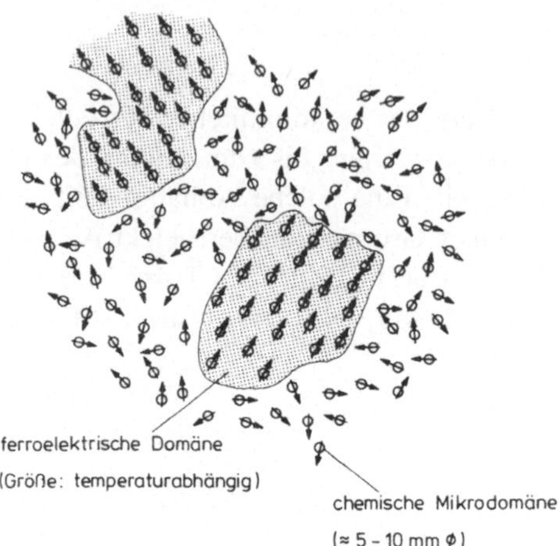

Bild 2.5.3-2   Schematische stark vereinfachte Darstellung der chemischen Mikrodomänen und ihrer Polarisationsvektoren in Relaxor-Materialien. Die Kopplung der einzelnen Polarisationsvektoren führt zur Bildung von (makroskopischen) ferroelektrischen Domänen (schattiert).

Es gibt Hinweise darauf, daß diese Mikrodomänen beim Abkühlen unter etwa 625 K durch eine Ordnung auf den B-Plätzen (der Perowskit-Struktur ABO_3) polar werden. Zunächst zeigt dieser Vorgang noch keine Auswirkungen auf ε_r, da erstens die Mikrodomänen extrem klein sind und zweitens aufgrund der dissipativen thermischen Energie keine Kopplung zwischen Polarisationsrichtungen benachbarter Mikrodomänen entsteht. Mit abnehmender Temperatur wird die Neigung zur Wechselwirkung zwischen Polarisationsvektoren der chemischen Mikrodomänen jedoch größer. Es bilden sich elektrische Domänen, die im Gegensatz zu den normalen Ferroelektrika ein dynamisches, fluktierendes Verhalten zeigen. Die mittlere Größe dieser elektrischen Domänen und ihr Volumenanteil nimmt mit abnehmender Temperatur zu, bis bei einer Temperatur T_F das gesamte Volumen polar geworden ist. Unterhalb von T_F sind Relaxoren im elektrischen Verhalten normalen Ferroelektrika sehr ähnlich. Das elektrische Verhalten der Matrix zwischen den Mikrodomänen ist noch nicht vollständig geklärt. Details zum heutigen Verständnis der Relaxoren sind z.B. in den Referenzen [16] und [17] beschrieben.

2.6 Makroskopische Dielektrizitätszahl inhomogener dielektrischer Materialien

In der praktischen Anwendung werden häufig heterogene dielektrische Keramiken eingesetzt, um durch die Kombination verschiedener Materialien bestimmte Eigenschaften gezielt zu optimieren. Ein Beispiel stellen die Kondensatordielektrika mit X7R-Spezifikation (s. Abschn. 6.1) dar. In diesen wird ein hohes ε_r mit einer relativ flachen Temperaturcharakteristik $\varepsilon_r(T)$ dadurch erreicht, daß Materialien mit unterschiedlichem T_C in heterogenen Keramiken zusammengefügt werden (vgl. Abschn. 6.4). Die resultierende Dielektrizitätszahl in einer heterogenen Mischung von Stoffen mit unterschiedlichem ε_r hängt naturgemäß einerseits vom Volumenanteil der Phasen und andererseits auch von der Geometrie der Verteilung ab. Im Folgenden seien einige Beispiele für eine Zweiphasenmischung skizziert.

Sehr einfach gestaltet sich die Berechnung von ε_r, wenn die beiden Phasen in Schichten parallel oder senkrecht zu den Elektroden eines Plattenkondensators angeordnet sind. In diesen Fällen lassen sich die Phasen als Serien- bzw. Reihenschaltung von Einzelkondensatoren beschreiben.

Für den Fall, daß eine der beiden Phasen in der anderen dispergiert ist, d.h. eine Konnektivität [18] 0-3 oder 3-0 vorliegt, läßt sich Maxwells Dispersionsgleichung anwenden [19]. Diese lautet für $\varepsilon_{r,1} < \varepsilon_{r,2}$ bei einer Dispersion von Phase 1 in einer kontinuierlichen Phase 2

$$\varepsilon_r = \varepsilon_{r,2} \frac{\varepsilon_{r,1} + 2\varepsilon_{r,2} - 2(1 - v_2)(\varepsilon_{r,2} - \varepsilon_{r,1})}{\varepsilon_{r,1} + 2\varepsilon_{r,2} + (1 - v_2)(\varepsilon_{r,2} - \varepsilon_{r,1})} \tag{2.55}$$

und bei einer Dispersion von Phase 2 in einer kontinuierlichen Phase 1

$$\varepsilon_r = \varepsilon_{r,1} \frac{\varepsilon_{r,2} + 2\varepsilon_{r,1} - 2v_2(\varepsilon_{r,1} - \varepsilon_{r,2})}{\varepsilon_{r,2} + 2\varepsilon_{r,1} + v_2(\varepsilon_{r,1} - \varepsilon_{r,2})} \tag{2.56}$$

mit dem Volumenanteil v_2 der Phase 2. Bild 2.6-1 zeigt die graphische Darstellung dieser Gleichungen für das Verhältnis $\varepsilon_{r,1}/\varepsilon_{r,2} = 1000$ [20]. Obwohl die Gln. (2.55) und (2.56) nur bei einer unendlichen Verdünnung der dispergierten Phase exakt gültig sind, lassen sie sich mit ausreichender Genauigkeit bis zu 10...50 Vol% anwenden.

Die diagonale Gerade in Bild 2.6-1 stellt das empirische Gesetz von Lichtenecker dar. In der allgemeinen Form für n Phasen lautet dieses Gesetz

$$\log \varepsilon_r = \sum_{i=1}^{n} v_i \log \varepsilon_{r,i} \tag{2.57}$$

Man kann sich aus der Interpolation der beiden Maxwellschen Fälle (in Bild 2.6-1) vorstellen, daß die Lichtenecker-Regel insbesondere dann gültig sein sollte, wenn in der Geometrie der dispergierten Bereiche kein Unterschied zwischen Phase 1 und Phase 2 besteht. Auch über diese besondere Situation hinaus, hat sich die Gl. (2.57) in vielen praktischen Fällen heterogener dielektrischer Keramiken gut bewährt. Einen ausführlichen Überblick über die Modelle zur Berechnung der Dielektrizitätszahl in dispergierten Systemen gibt Ref. [21].

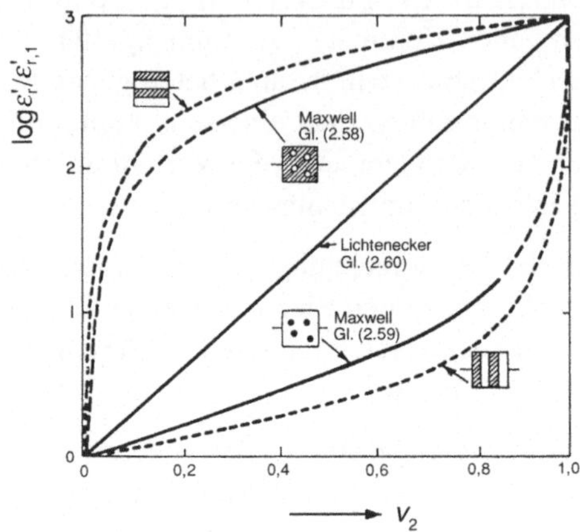

Bild 2.6-1   Effektive Dielektrizitätszahl ε_r als Funktion des Volumenanteils v_2 in einer Phase 2 innerhalb einer Phase 1 mit $\varepsilon_{r,2}/\varepsilon_{r,1} = 1000$. Das Verhalten verschiedener Arten von Dispersionen ist dargestellt (nach [21]).

3   Leitungsmechanismen und spannungs-induzierte Ausfallprozesse

In Abschnitt 3.1 wird die Chemie und Physik der Punktfehlstellen (kurz "**Defekt-chemie**" genannt) für dielektrische Oxide erläutert, soweit es zum Verständnis der elektronischen und ionischen Restleitfähigkeit und der spannungsinduzierten Ausfallsmechanismen notwendig ist. Die Grundlagen der elektrischen Leitung und der Defektchemie halbleitender Oxide sind im Kapitel "Lineare und nicht-lineare Widerstände" (Abschn. 2.1...2.4) beschrieben und werden bei der Lektüre von Abschnitt 3.2 vorausgesetzt.

3.1   Fehlordnung in dielektrischen Oxiden

In der Realität sind Kristallgitter in Ionenkristallen immer in mehr oder weniger starkem Ausmaß gestört. Hinsichtlich ihrer Dimensionalität unterscheidet man folgende Gitterstörungen:

0-dimensionale Defekte

Punktdefekte werden durch fehlende oder überschüssige Ionen oder Elektronen gebildet. Der Zusammenhang zwischen Punktdefekten und dem Isolationswiderstand ist Thema der Abschnitte 3.1 und 3.2.

1-dimensionale Defekte

Liniendefekte werden durch Versetzungen im Kristallgitter hervorgerufen und können einen Einfluß auf den (insbesondere ionischen) Ladungstransport im Gitter haben.

2-dimensionale Defekte

Als *Flächendefekte* haben Grenzflächen (Oberflächen als äußere Grenzflächen und insbesondere Korngrenzen als innere Grenzflächen) einen großen Einfluß auf die Leitfähigkeit von Keramiken. Dies ist für dielektrische Keramiken am Beispiel der Raumladungspolarisation in Abschnitt 2.3.4 und für halbleitende Keramiken in Ref. [9] beschrieben.

Es gibt zahlreiche Ursachen, die in kristallinen Oxiden zur Abweichung von der idealen Stöchiometrie mit exakt ganzzahligen Verhältnissen zwischen der Anionen- und Kationenzahl und zur Bildung von Punktdefekten führen. Die Entstehung von Punktdefekten kann bedingt sein (1) durch das thermodynamische Gleichgewicht in reinen, stöchiometrischen Oxiden, (2) durch eine Nichtstöchiometrie aufgrund von Oxidation oder Reduktion, (3) durch eine heterovalente Dotierung, d.h. den Einbau von Fremdakzeptoren oder -donatoren, und (4) durch die Einwirkung energiereicher Strahlung. Letztere spielt allerdings im Rahmen der üblichen Fertigung und Anwendung dielektrischer Keramiken keine Rolle. Die Mechanismen (1)...(3) werden im folgenden anhand eines binären Metalloxids MO skizziert und anschließend am Beispiel der ternären Erdalkalititanate $MTiO_3$ (M = Sr, Ba) etwas ausführlicher betrachtet.

Tabelle 3.1-1   Kröger-Vink-Nomenklatur für ionische Punktdefekte und reguläre Gitterbausteine in einem binären Oxid MO. Die Hochindizes ' , ^{x} und $^\bullet$ zeigen negative, neutrale bzw. positive Ladungen relativ zum regulären Kristallgitter an.

Symbol	Bezeichnung
M_M	Metallkation M^{2+} auf einem regulären Gitterplatz
O_O	Sauerstoffion O^{2-} auf einem regulären Gitterplatz
V_M^x, V_M', V_M''	neutrale, einfach negative und zweifach negative Kationenleerstelle
V_O^x, $V_O^\bullet$, $V_O^{\bullet\bullet}$	neutrale, einfach positive und zweifach positive Anionenleerstelle
M_i^x, $M_i^\bullet$, $M_i^{\bullet\bullet}$	neutrales, einfach positives und zweifach positives Zwischengitterkation
O_i^x, O_i', O_i''	neutrales, einfach negatives und zweifach negatives Zwischengitteranion

Zur Bezeichnung der Punktdefekte wird die **Kröger-Vink-Nomenklatur** verwendet [23]. In dieser Nomenklatur wird die Ladungszahl der Defekte relativ zum regulären Gitter angegeben und durch Hochindizes ($\times$ für neutrale, $\bullet$ für positive und ' für negative Ladungen) angezeigt. Der vom Defekt belegte Gitterplatz wird durch einen Tiefindex bezeichnet, wobei '$_i$' einen **Zwischengitterplatz** (engl. interstitial site) angibt. Der substitutive Einbau eines Li^+ auf einem Ni^{2+}-Platz im NiO beispielsweise wird folglich durch Li_{Ni}' dargestellt, d.h. relativ zum regulären Gitter trägt das Li-Ion eine negative Ladung. Tabelle 3.1-1 enthält die Liste der möglichen Eigendefekte in MO. Der unwahrscheinliche Fall eines Platztausches zwischen Anionen und Kationen bleibt dabei unberücksichtigt.

Bei höheren Temperaturen bilden sich im thermodynamischen Gleichgewicht in jedem Kristall Punktdefekte, da diese zu einem Gewinn an Konfigurationsentropie und damit zu einer Verringerung der freien Enthalpie des Festkörpers führen [24]. Man unterscheidet zwei Grundtypen von Eigenfehlordnungen. Die **Schottky-Fehlordnung** entspricht dem Einbau von Anionen- und Kationenleerstellen gemäß

$$M_M + O_O \Leftrightarrow V_M'' + V_O^{\bullet\bullet} + MO(a) \tag{3.1}$$

Dabei werden die Ionen unter Erweiterung des Gitters an einer Oberfläche des Kristalls angebaut. Dies ist in Gl. (3.1) durch MO(a) ausgedrückt. Die Schottky-Fehlordnung tritt typischerweise in dichtgepackten Gittern auf (z.B. in MgO, NaCl).

Eine **Frenkel-Fehlordnung** findet man meist in relativ offenen Kristallstrukturen. Sie kommt zustande, wenn ein Ion seinen regulären Gitterplatz verläßt und einen Zwischengitterplatz einnimmt. Die Defektgleichgewichte lauten

$$M_M \Leftrightarrow V_M'' + M_i^{\bullet\bullet} \tag{3.2}$$

für eine Frenkel-Fehlordnung im Kationenteilgitter (z.B. in ZrO_2, UO_2, AgCl) bzw.

$$O_O \Leftrightarrow V_O^{\bullet\bullet} + O_i'' \tag{3.3}$$

im Anionenteilgitter.

Zahlreiche Metalloxide sind nicht-stöchiometrisch, d.h. sie weisen einen Sauerstoffunter- $MO_{1-\delta}$ oder -überschuß $MO_{1+\delta}$ auf. Das Ausmaß δ der Stöchiometrieabweichung wird bei höheren Temperaturen durch den Sauerstoffpartialdruck P_{O2} der Umgebungsatmosphäre bestimmt.

Im Falle der Sauerstoffunterschuß-Verbindungen kommt die Nichtstöchiometrie entweder durch die Bildung von Sauerstoffleerstellen

$$O_O \Leftrightarrow \frac{1}{2}O_2(g) + V_O^{\bullet\bullet} + 2e' \tag{3.4}$$

oder interstitiellen Kationen

$$M_M + O_O \Leftrightarrow \frac{1}{2} O_2\,(g) + M_i^{\bullet\bullet} + 2e' \qquad (3.5)$$

zustande. Die entstehenden Elektronen bewegen sich entweder im Leitungsband (Beispiel: ZnO, vgl. [9], Abschn. 5) oder ändern die Valenz der Kationen

$$M_M + e' \Leftrightarrow M_M' \qquad (3.6)$$

(Beispiel: Fe_2O_3), so daß sie lediglich für eine Hopping-Leitung (vgl. Ref.[9], Abschn. 2.3 u. 4) zur Verfügung stehen.

Sauerstoffüberschuß kann in Oxide über Kationenleerstellen

$$\frac{1}{2} O_2\,(g) \Leftrightarrow V_M'' + O_O + 2h^{\bullet} \qquad (3.7)$$

oder Sauerstoffionen auf Zwischengitterplätzen

$$\frac{1}{2} O_2\,(g) \Leftrightarrow O_i'' + 2h^{\bullet} \qquad (3.8)$$

eingebaut werden. Die entstehenden Löcher werden von den Kationen eingefangen,

$$M_M + h^{\bullet} \Leftrightarrow M_M^{\bullet} \qquad (3.9)$$

so daß die p-Leitfähigkeit in Oxiden wie FeO, MnO und NiO eine Hopping-Leitung ist.

Ein weiterer Weg zur Bildung von Punktdefekten ist die Dotierung mit Fremdionen. Diese können beispielsweise als heterovalente Kationen substitutiv auf regulären Kationenplätzen eingebaut werden. Tragen die Dotierungsionen negative Relativladungen, so werden sie als **Akzeptoren** bezeichnet. Ihre Ladung wird durch die Bildung positiver Punktdefekte d.h. Sauerstoffleerstellen, Zwischengitterkationen oder Löcher kompensiert. Positiv geladene Dotierungsionen heißen **Donatoren** und werden durch Kationenleerstellen, interstitielle Sauerstoffionen oder Elektronen kompensiert.

Die Defektchemie eines Oxids wird nicht nur durch thermodynamisch-bestimmte *Gleichgewichts*reaktionen entschieden, sondern auch durch die *Kinetik* der Reaktionen. Das führt dazu, daß man Temperaturbereiche unterscheidet, in denen Gleichgewichtsreaktionen als aktiv oder eingefroren betrachtet werden können. Dies sei am Beispiel der Perowskite $MTiO_3$ (M = Ba, Sr) diskutiert, die über ihren Vertreter $BaTiO_3$ die Materialbasis für die wichtigste Gruppe der Kondensatorkeramiken darstellen.

Es lassen sich bei der Betrachtung der defektchemischen Reaktionen von $MTiO_3$ drei verschiedene Temperaturbereiche unterscheiden. Im **Hochtemperaturbereich (HT)** oberhalb von etwa 1400 K, d.h. zum Beispiel bei der Bildung des Kristallgitters während des Sinterns, stellt sich in undotiertem $MTiO_3$ (M = Ba, Sr) eine Schottky-Fehlordnung ein:

$$M_M + Ti_{Ti} + 3O_O \Leftrightarrow V_M'' + V_{Ti}''' + 3V_O^{\bullet\bullet} + MTiO_3\,(a) \qquad (3.10)$$

Die dabei gebildeten Punktdefektkonzentrationen liegen unter 0,01 at%. Das Konzentrationsverhältnis von M- zu Ti-Leerstellen hängt von der Zusammensetzung der Zweitphasen in der Keramik ab (vgl. [25] u. [26]). Die Beweglichkeit der Kationenleerstellen ist klein, so daß sie bei Temperaturen unterhalb des HT-Bereichs als eingefroren gelten können und – aufgrund ihrer negativen Ladung – als Eigenakzeptoren wirken.

Im **mittleren Temperaturbereich (MT)** zwischen etwa 700 K und 1400 K wird die Stöchiometrie nur noch beeinflußt durch den Sauerstoffpartialdruck P_{O2} der Umgebungsatmosphäre. Die Defektkonzentrationen eines akzeptordotierten $MTiO_3$ im MT-Bereich sind in Bild 3.1-1 skizziert.

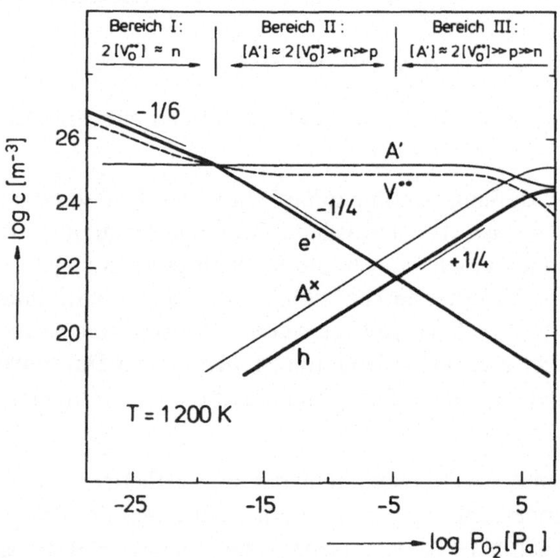

Bild 3.1-1   Defektkonzentrationen c (berechnet) in 0,1 at% akzeptordotiertem $MTiO_3$ (M = Ba,Sr) im Gleichgewicht mit dem Sauerstoffpartialdruck P_{O2} bei $T =$ 1200 K (MT-Bereich). Die Bereiche I...III und die eingezeichneten Steigungen sind in Abschnitt 3.2 diskutiert.

Sind keine Fremdakzeptoren vorhanden (sondern nur Kationenleerstellen als Eigenakzeptoren), dann tritt offensichtlich sowohl ein Sauerstoffüberschuß als auch ein Sauerstoffunterschuß auf. Der Sauerstoffunterschuß bei niedrigen P_{O2} wird durch Elektronen kompensiert (vgl. Gl. (3.4)), der Sauerstoffüberschuß bei hohen P_{O2} durch Löcher:

$$O_O + 2\,h^\bullet \Leftrightarrow \frac{1}{2}O_2\,(g) + V_O^{\bullet\bullet} \tag{3.11}$$

Ein Gleichgewicht gemäß Gl. (3.7) ist im MT-Bereich aufgrund der *immobilen* Kationenleerstellen nicht möglich. Sauerstoffüberschuß heißt hier, daß weniger Sauerstoffleerstellenladungen als Kationenleerstellenladungen vorhanden sind.

Bei Temperaturen unterhalb von etwa 700 K (**NT-Bereich**) wird die Kinetik des Sauerstoffdurchtritts durch die Festkörperoberfläche so langsam [27], so daß die Gln. (3.4) und (3.11) ihre Gültigkeit verlieren. Der Gesamtgehalt an Sauerstoffleerstellen im Titanat muß dann als konstant angesehen werden. Im NT-Bereich bleiben lediglich das elektronische Gleichgewicht

$$O \Leftrightarrow h^\bullet + e' \tag{3.12}$$

welches durch die Bandlücke (in $BaTiO_3$ und $SrTiO_3$: ca. 3,0 – 3,3 eV) bestimmt wird, sowie die Ionisierungsgleichgewichte aktiv. Formal sind die Sauerstoffleerstellen den Ionisierungsgleichgewichten

$$V_O^{\bullet\bullet} + 2\,e' \Leftrightarrow V_O^\bullet + e' \Leftrightarrow V_O^x \tag{3.13}$$

unterworfen. Es hat sich jedoch gezeigt, daß einfach ionisierte Sauerstoffleerstellen $V_O^\bullet$ lediglich in halbleitenden Titanaten bei niedrigen Temperaturen eine Rolle spielen [28]. Bei erhöhten Temperaturen können die Sauerstoffleerstellen in allen Fällen und in guter Näherung als zweifach ionisiert (d.h. $V_O^{\bullet\bullet}$) betrachtet werden [25], d.h. Sauerstoffleerstellen sind sehr flache Donatoren. Für die Kationenleerstellen V_M und V_{Ti} können formal entsprechende Ionisierungsgleichgewichte angesetzt werden. Im Falle einer Dotierung mit Fremdakzeptoren A treten die Kationenleerstellen aufgrund ihrer geringen Konzentration in den Hintergrund, so daß lediglich das Ionisierungsgleichgewicht (beispielsweise für einwertige Akzeptoren)

$$A' + h^\bullet \Leftrightarrow A^x \tag{3.14}$$

berücksichtigt werden muß. Die Berechnung der Defektkonzentrationen (vgl. z.B. Bild 3.1-1) erfolgt mit Hilfe der Massenwirkungsgesetze derjenigen Defektgleichgewichte, die in dem betrachteten Temperaturbereich gültig sind. In das Gleichungssystem geht ferner die Elektroneutralitätsbedingung ein, die für das Beispiel der akzeptordotierten Titanate lautet:

$$2[V_O^{\bullet\bullet}] + [V_O^{\bullet}] + \rho_p \approx [A'] + \rho_n \tag{3.15}$$

In Gl. (3.15) sind die Kationenleerstellen vernachlässigt. Die Klammern [ ] symbolisieren die Konzentrationen der Defekte, wobei $\rho_p \equiv [h^\bullet]$ und $\rho_n \equiv [e']$ sind. Die Massenwirkungskonstanten und Reaktionsenthalpien wurden durch Anpassung der defektchemischen Rechnungen an Daten aus Leitfähigkeitsmessungen und thermogravimetrische Untersuchungen gewonnen [29].

3.2 Elektronische und ionische Leitung

Das Schottky-Gleichgewicht Gl. (3.10) ist für donatordotierte Titanate relevant (vgl. [9], Abschn. 2.4), während es in undotierten Titanaten lediglich die Konzentration der als Eigenakzeptoren wirkenden Kationenleerstellen bestimmt. Da diese Konzentration sehr gering ist, führen Fremdakzeptoren in ihrer üblichen Konzentration (> 0,1 at%) dazu, daß Gl. (3.10) für akzeptordotierte Titanate praktisch ohne Einfluß bleibt.

Im MT-Bereich wird die Leitfähigkeit σ_{sp} aufgrund der hohen Beweglichkeiten μ_e und μ_h der Elektronen und Löcher fast ausschließlich durch die elektronische Ladungsträger bestimmt, während der ionische Leitungsbeitrag durch die Sauerstoffleerstellen meist von untergeordneter Bedeutung ist:

$$\sigma_{sp} \approx \sigma_n + \sigma_p = |q|\left(\mu_e \rho_n + \mu_h \rho_p\right) \gg \rho_{ion} = 2|q|\mu_{V_O}[V_O^{\bullet\bullet}] \tag{3.16}$$

Wie folgenden am Beispiel eines mit einem einwertigen Akzeptor dotierten Titanats beschrieben, lassen sich entlang der P_{O2}-Achse in Bild 3.1-1 drei Leitfähigkeitsbereiche mit unterschiedlichen Defektkonzentrationsverhältnissen unterscheiden:

Bereich I: In stark reduzierenden Atmosphären gilt $2[V_O^{\bullet\bullet}] \approx \rho_n \gg [A'] \gg \rho_p$. Setzt man diese Bedingung in das Massenwirkungsgesetz von Gl. (3.4):

$$[V_O^{\bullet\bullet}]\rho_n^2\sqrt{P_{O_2}} = K_{Red}\exp\left(-\frac{W_{Red}}{kT}\right) \tag{3.17}$$

ein, so folgt $\rho_n \propto P_{O2}^{-1/6}$ und damit auch für die Leitfähigkeit

$$\sigma_{sp} \approx \sigma_n \propto P_{O_2}^{-1/6} \tag{3.18}$$

Bereich II: In schwach reduzierenden Atmosphären gilt $[A'] \approx 2[V_O^{\bullet\bullet}] \gg \rho_n \gg \rho_p$. Einsetzen dieser Bedingung mit $[A'] \approx$ const in Gl. (3.17) führt zu $\rho_n \propto P_{O2}^{-1/4}$ und damit zu

$$\sigma_{sp} \approx \sigma_n \propto P_{O_2}^{-1/4} \tag{3.19}$$

Bereich III: In oxidierenden Atmosphären gilt $[A'] \approx 2[V_O^{\bullet\bullet}] \gg \rho_p \gg \rho_n$. Einsetzen in das Massenwirkungsgesetz von Gl. (3.11):

$$[V_O^{\bullet\bullet}]\rho_p^{-2}\sqrt{P_{O_2}} = K_{Ox}\exp\left(-\frac{W_{Ox}}{kT}\right) \tag{3.20}$$

führt zu $\rho_p \propto P_{O2}^{+1/4}$ und damit zu

$$\sigma_{sp} \approx \sigma_p \propto P_{O_2}^{+1/4} \tag{3.21}$$

Es sei darauf hingewiesen, daß die Gln. (3.17) und (3.20) nicht voneinander unabhängig sind, sondern sich mit Hilfe des Massenwirkungsgesetzes für das elektronische Gleichgewicht (3.12) ineinander überführen lassen.

Für das Betriebsverhalten dielektrischer Bauelemente ist die Leitfähigkeit der Oxide im NT-Bereich relevant. Obwohl die Sauerstoffleerstellen in diesem Temperaturbereich noch beweglich sind, bleibt ihr Gesamtgehalt im Kristall konstant, da – wie in Abschn. 3.1 erwähnt – die Durchtrittskinetik als eingefroren betrachtet werden kann. Die Konzentration $[V_O^{\bullet\bullet}]$ wird durch die Vorgeschichte bestimmt, d.h. sie wird während des Durchlaufens des MT-Bereichs beim Abkühlen des Materials eingestellt. Wird ein mit einem einwertigen Akzeptor dotiertes Titanat aus reduzierenden Atmosphären abgekühlt, so verbleiben nahezu alle Elektronen im Leitungsband, da Sauerstoffleerstellen wie andere typische Donatoren in Titanaten (vgl. [9], Abschn. 2.4.3) flach sind. Die Energieniveaus für die Ionisierungsgleichgewichte in Gl. (3.13) liegen beide offensichtlich nicht mehr als etwa 0,1 eV unterhalb der Leitungsbandkante [25]. Unter dieser Vorbehandlung werden im NT-Bereich halbleitende Titanate erhalten, die für dielektrische Anwendungen naturgemäß ungeeignet sind. Wird das akzeptordotierte Titanat aus oxidierenden Atmosphären abgekühlt, so werden die Löcher weitgehend durch die Akzeptoren entsprechend des Massenwirkungsgesetzes von Gl. (3.14)

$$\frac{[A']}{[A^x]}\rho_p = K_A\exp\left(-\frac{W_A}{kT}\right) \tag{3.22}$$

eingefangen. Ursache für den Unterschied zu den Sauerstoffleerstellen ist die Tatsache, daß die Ionisierungsenergie W_A tief in der Bandlücke liegt. Je nach Akzeptortyp werden W_A-Werte zwischen etwa 0,5 und 2 eV gefunden (vgl. [30], [31] u. [32]). Allein aufgrund der tiefliegenden Akzeptorniveaus wird es möglich, im NT-Bereich dielektrische Titanate mit einem ausreichend hohen Isolationswiderstand zu erhalten. Die Natur der Restleitfähigkeit in diesem Bereich wird durch die Wertigkeit der Akzeptoren, die exakte energetische Lage der Ionisierungsenergien W_A und die Aktivierungsenergie der $V_O^{\bullet\bullet}$-Beweglichkeit (etwa 1 eV) bestimmt. Im Allgemeinen wird eine gemischte ionisch/p-elektronische Leitung erhalten, wobei in manchen Fällen wie z.B. in Ni-dotiertem $SrTiO_3$ nach dem Abkühlen aus Luft [33] die ionische Leitung dominieren kann.

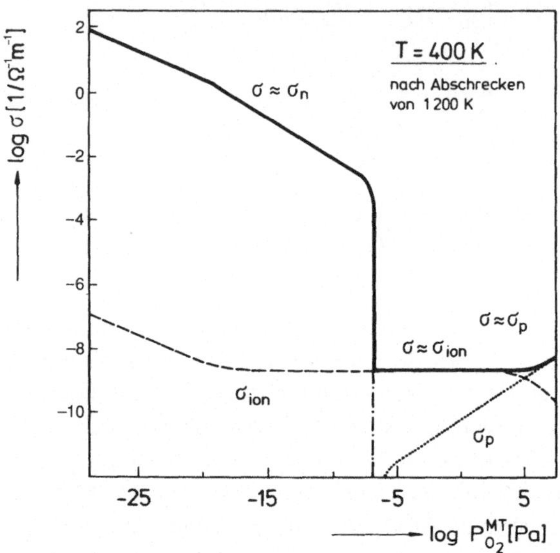

Bild 3.2-1   Leitfähigkeit σ_{sp} in 0,1 at% akzeptordotiertem $MTiO_3$ (M = Ba,Sr) bei $T = 400$ K (NT-Bereich) nach dem Abschrecken aus einem Gleichgewicht mit P_{O2}^{MT} bei $T = 1200$ K [33].

Der genaue Übergangspunkt zwischen dem n-halbleitenden Gebiet und dem isolierenden Gebiet im NT-Bereich ist im Falle einwertiger Akzeptoren durch die Bedingung $\rho_n = [A^x]$ gegeben. Mit zunehmender (Fremd-)akzeptorkonzentration wird dieser Punkt zu niedrigeren Sauerstoffpartialdrucken verschoben. Diese Tatsache wird in den sog. BME-Kondensatormaterialien ausgenutzt, die aufgrund der Verwendung von Nichtedelmetall-Innenelektroden unter reduzierenden Bedingungen gesintert werden müssen (s. Abschn. 6.6).

Liegen in einem Material unterschiedlich geladene ionische Defekte vor, so kann es zur Bildung von Defektassoziaten kommen, wenn mindestens eine Defektsorte (z.B. $V_O^{\bullet\bullet}$ in akzeptor-dotiertem $MTiO_3$) hinreichend beweglich ist. Ein Beispiel von zahlreichen möglichen Defektgleichgewichten ist:

$$V_O^{\bullet\bullet} + A' \Leftrightarrow \{V_O - A\}^{\bullet} \tag{3.23}$$

Defektassoziate bilden permanente Dipole. Die Orientierungspolarisation dieser Dipole in ferroelektrischen Domänen wird für das Alterungsverhalten in akzeptordotierten Perowskiten verantwortlich gemacht [34].

Bei der Behandlung der Defektchemie und der Leitfähigkeit der Erdalkalititanate wurden Korngrenzen nicht berücksichtigt, d.h. es wurden einkristalline Proben angenommen. Wie in Abschnitt 2.3.4 beschrieben, treten in Keramiken Verarmungsrandschichten an den Korngrenzen auf, die eine noch viel geringere lokale Leitfähigkeit haben als das Innere der Körner, und bei Anlegen einer äußeren Spannung zu einer Raumladungspolarisation führen. Obwohl also der Isolationswiderstand im wesentlichen durch die Korngrenzen bestimmt wird, muß dennoch die Defektchemie des Korninneren so eingestellt sein, daß im Betriebstemperaturbereich der Keramiken eine sehr niedrige Leitfähigkeit resultiert. Andernfalls liegt die reziproke Relaxationszeit $1/\tau_R$ der Raumladungspolarisation nicht mehr weit unterhalb der für die Kondensatoranwendungen relevanten Frequenzen und hat dann einen Anstieg der Verluste sowie eine Frequenzabhängigkeit der Kapazität zur Folge.

3.3 Ausfallmechanismen

Materialinhärente Ausfallmechanismen, die unter Gleichspannungsbelastung oder niederfrequenter Wechselspannungsbelastung auftreten, lassen sich in einige Grundtypen unterteilen. Die wichtigsten dieser Typen werden in den Abschnitten 3.3.1...3.3.4 angesprochen. In der Praxis tritt allerdings häufig der Fall auf, daß eine Interaktion verschiedener Ausfallmechanismen vorliegt und es meist schwierig ist, den dominierenden Typ zu identifizieren.

3.3.1 Thermischer Durchschlag

Das Produkt von angelegtem, elektrischen Feld E und der durch die Restleitfähigkeit σ_{sp} bedingten Leckstromdichte J entspricht einer Verlustleistungsdichte, die zu einer Erwärmung des Dielektrikums führt. Der Zeitablauf der Erwärmung nach dem Anlegen von E kann mit Hilfe der Differentialgleichung

$$\sigma_{sp}E^2 = C_V \frac{dT}{dt} - \mathrm{div}(\kappa \nabla T) \tag{3.24}$$

berechnet werden. In Gl. (3.24) stellt C_V die spezifische Wärmekapazität pro Volumeneinheit und κ die Wärmeleitfähigkeit dar. Der Term auf der linken Seite repräsentiert die elektrische Leistungdichte, während der erste Term auf der rechten Seite die Erwärmung des Materials und der zweite Term die Ableitung der Wärme angibt.

Die Leitfähigkeit σ_{sp} ist im allgemeinen thermisch aktiviert, d.h. $\sigma_{sp}(T) \propto$ $\exp(-W_{\sigma sp}/kT)$, und weist demgemäß einen starken positiven Temperaturkoeffizienten auf. Es läßt sich mit Gl. (3.24) für einfache Geometrien eine maximal zulässige Temperatur T_m an der heißesten Stelle berechnen. Oberhalb von T_m gibt es keine thermisch stabile Situation mehr. Die erzeugte Joulesche Wärme nimmt aufgrund des positiven Temperaturkoeffizienten stärker zu als die Wärme, die durch die erhöhte Temperaturdifferenz nach außen abgeleitet werden kann. Der ungebremste Temperaturabstieg endet im lokalen Aufschmelzen und Verdampfen des Materials. Weitere Details und Beispiele sind in Ref. [35] beschrieben.

3.3.2 Dielektrischer Durchschlag

In guten Isolatoren unter nicht zu hohen Temperaturen sind die Leckströme selbst bei großen Feldern so klein, daß kein thermischer Durchschlag stattfinden kann. Dies trifft für Materialien (wie z.B. SiO_2, Al_2O_3) mit einer großen Bandlücke, einem Fermieniveau mit einem hinreichenden Abstand von den Bandkanten und einer sehr geringen ionischen Leitfähigkeit zu. In manchen Fällen ist die elektronische Ladungsträgerkonzentration im thermodynamischen Gleichgewicht (Gl. (3.12)) so klein, daß der Isolator in üblichen Volumina als praktisch ladungsträgerfrei betrachtet werden muß. Unter hohen Feldern werden Elektronen injiziert, indem sie z.B. vom Fermi-Niveau des Kathodenmetalls durch die Potentialbarriere zum Leitungsband des Oxids tunneln (sog. **Fowler-Nordheim-Emission**; vgl. [35]). Wird in diesem Materialien die Feldstärke über einen Wert E_{max} erhöht, so kann ein dielektrischer Durchschlag stattfinden, der sich in einem Stromanstieg um viele Größenordnungen innerhalb weniger ns ausdrückt. Die Größe E_{max} stellt auch in perfekten Materialien einen Mittelwert dar, da es sich beim dielektrischen Durchschlag um einen statistischen Prozeß handelt, der sich mit Hilfe einer z.B. Weilbull-Verteilung darstellen läßt [36].

Der dielektrische Durchschlag leitet aufgrund des starken Stromanstiegs in vielen Fällen einen lokalen thermischen Durchschlag ein. Er unterscheidet sich dennoch grundsätzlich vom reinen thermischen Durchschlag durch drei wesentliche Aspekte: (1) Der Stromanstieg ist vom Beginn des Durchschlagszeitpunkts an viel schneller als im Falle des thermischen Durchschlags, da in letzteren eine thermische Zeitkonstante eingeht, die von der Wärmekapazität C_V in Gl. (3.24) bestimmt wird. (2) Die Feldstärke E_{max} des dielektrischen Durchschlags ist in den meisten Systemen nahezu temperaturunabhängig, während die max. Feldstärke beim thermischen Durchschlag über die Funktion $\sigma_{sp}(T)$ eine ausgeprägte Temperaturabhängigkeit zeigt. (3) Wie einleitend erwähnt, ist der Leckstrom, der vor dem Zeitpunkt des dielektrischen Durchschlags fließt, zu klein, um eine signifikante Erwärmung zu bewirken.

Die zahlreichen, unterschiedlichen Modellvorschläge zum Mechanismus des dielektrischen Durchschlags stützen sich nur in wenigen Fällen auf eine ausreichend sichere experimentelle und theoretische Basis. Es seien im folgenden zwei Modelle skizziert, die eine ausreichend Grundlage haben. Das Lawinenmodell beschreibt den Energiegewinn eines Elektrons durch eine Beschleunigung im Dielektrikum unter hohen Feldern, eine nachfolgende Stoßionisation und die damit verbundene Verdopplung der Elektronenzahl [35] (s. a. Band "Halbleiter". Abschnitt 4.3.4). Eine Abschätzung zeigt, daß – ausgehend von einem freien Elektron – eine Lawine von 40 Generationen zu einem, für die Zerstörung des Isolators hinreichenden Strom führt. Die Situation ist in Bild 3.3.2-1a skizziert.

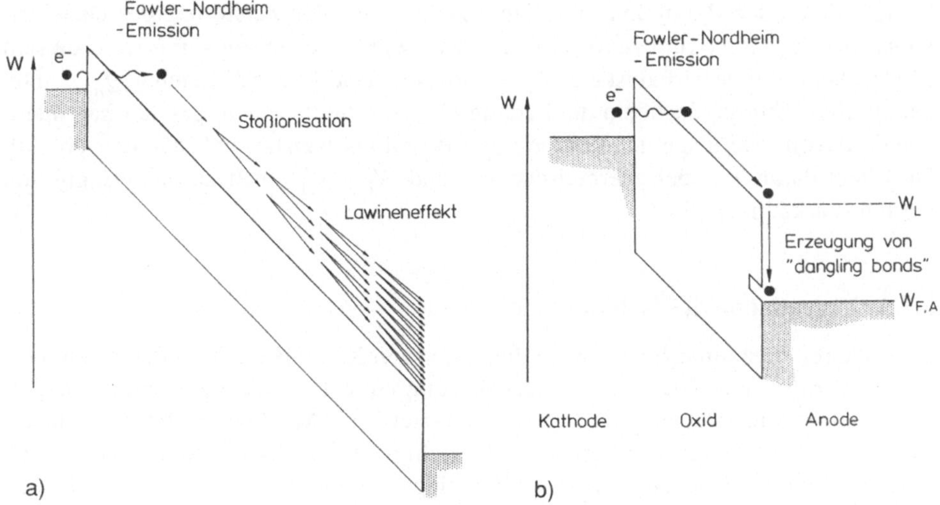

Bild 3.3.2-1   Schematische Darstellung möglicher Mechanismen des dielektrischen Durchschlags:

a) Lawineneffekt durch Stoßionisation

b) Zerstörung chemischer Bindungen im Dielektrikum durch die Energie, die beim Eintritt der Elektronen in das Anodenmetall frei wird

Der Mechanismus impliziert eine Abhängigkeit von der Dicke des Dielektrikums, da die mögliche Generationenzahl mit dem Abstand zwischen den Elektroden zunimmt. In der Tat wird in vielen Systemen eine Abnahme von E_{max} mit einer zunehmenden Isolatordicke gefunden. Andererseits sind viele Isolatorschichten zu dünn, um in ihnen die abgeschätzte Generationenzahl auch nur annähernd zu erreichen. Hier müssen alternative Erklärungen herangezogen werden. Beispielsweise wurde für dünne SiO_2-Schichten ein Durchschlagsmodell entwickelt, welches nicht auf einer Ladungsvervielfachung durch Stoßionisation beruht [37]. Vielmehr basiert dieses Modell auf dem hohen Bandabstand des SiO_2 (ca. 9 eV) und dem damit verbundenen großen Abstand der Leitungsbandkante W_L im Oxid vom Fermi-Niveau $W_{F,A}$ des Anodenmetalls. Dadurch setzen die Elektronen beim Verlassen des Oxids soviel Energie frei, daß ein Teil der Si-O-Bindungen aufgebrochen werden können (vgl. Bild 3.3.2-2). Die Elektronenausbeute dieses Prozesses beträgt etwa 10^{-5}. Die gebrochenen Bindungen (engl.: dangling bonds) bilden in der Bandlücke Zustände, entlang derer eine elektronische Leitung (z.B. Hopping-Leitung) stattfinden kann, so daß sich der Prozeß baumartig in Richtung auf die Kathode fortpflanzt. Wenn diese niederohmigen Kanäle sich der Kathode soweit genähert haben, daß der injizierte Tunnelstrom stark ansteigt, entlädt sich die gesamte, im Kondensator gespeicherte Energie durch den Baum und führt damit zu einer lokalen Zerstörung des Dielektrikums. Im Gegensatz zum zuvor erwähnten Lawinenmechanismus gibt es in diesem Modell keine kritische Feldstärke E_{max} , sondern eine kritische Ladung Q_{max} . Der Durchschlag erfolgt, nachdem die Ladung Q_{max} die SiO_2-Schicht passiert hat, unabhängig davon, wie lange der Vorgang dauert und bei welcher Feldstärke er abläuft. Dies liegt daran, daß der energetische Abstand $W_L - W_{F,A}$ nahezu unabhängig von der Feldstärke im Oxid ist.

3.3.3 Degradation des Isolationswiderstandes

Ein weiterer Ausfallmechanismus in dielektrischen Keramiken, der unter kombinierter Temperatur- und Gleichspannungsbelastung auftritt, ist die Langzeitdegradation des Isolationswiderstandes. Hiervon sind in erster Linie Materialien betroffen, die eine nicht vernachlässigbare ionische Restleitfähigkeit aufweisen. Prominenteste Vertreter sind die als Kondensatormaterialien eingesetzten, akzeptor-dotierten Titanate. Das Phänomen wird jedoch z.B. auch in MgO [38], TiO_2 [39] und Alkalihalogeniden [40] beobachtet. Die Degradation macht sich in der Regel schon bei Temperaturen und Spannungen weit unterhalb der kritischen Werte bemerkbar, die zum thermischen oder dielektrischen Durchschlag führen. Im vielen Fällen ist dieser Ausfallmechanismus der begrenzende Faktor für die Betriebslebensdauer der Kondensatorkeramiken mit hohem ε_r und stellt heute in der industriellen Entwicklung von keramischen Vielschicht- und Dünnschichtkondensatoren in Richtung höherer Volumenkapazitäten eines der wichtigsten Materialprobleme dar. Bild 3.3.3-1 zeigt den typischen Zeitverlauf der Leckstromdichte von Titanatkeramiken während einer beschleunigten Lebensdauermessung.

Nach dem Ablauf einer charakteristischen Zeit steigt der Leckstrom signifikant um mehrere Größenordnungen an. Der Vorgang wird entweder durch einen thermischen Durchschlag abgelöst oder der Leckstrom stabilisiert sich auf einem hohen Niveau. Die Anstiegsgeschwindigkeit des Stromes während der Degradation ist viel geringer als beim thermischen oder gar beim dielektrischen Durchschlag. Die Lebensdauer τ_L ist (willkürlich) als die Zeit definiert, in der der Leckstrom auf das Zehnfache seines

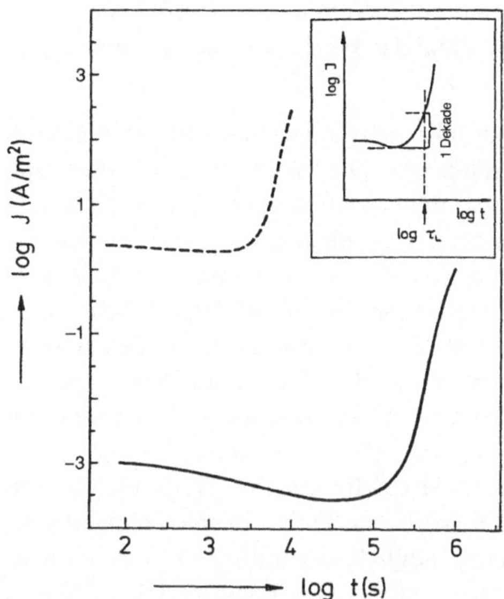

Bild 3.3.3-1   Beispiele für die Degradation von Titanatkeramiken: Zeitabhängigkeit der Stromdichte $J(t)$ nach dem Anlegen des Feldes $E = 8 \cdot 10^5$ V/m bei $T = 483$ K. Die Lebensdauer τ_L wird definiert als die Zeit, nach der J um eine Dekade über den Minimalwert gestiegen ist (nach [41]).

(– – – – – – – –) Keramischer Vielschichtkondensator (Z5U-Typ) aus technischem $(BaCa)(TiZr)O_3$, dielektrische Dicke $d = 34$ µm

(——————) 0,2 at% Al-dotierte $SrTiO_3$-Keramik, gesintert bei 1753 K für 3h in O_2, $d = 500$ µm

Minimalwertes gestiegen ist. Die Abhängigkeit der Lebensdauer von der Temperatur T, der Spannung U, der Feldstärke E und der Dicke d des Dielektrikums folgt über weite Wertbereiche dem empirischen Gesetz [41]

$$\tau_L \propto U^{n_1}\Big|_{d=\text{const}} \cdot d^{n_2}\Big|_{E=\text{const}} \cdot E^{n_3}\Big|_{U=\text{const}} \exp\left(\frac{W_L}{kT}\right) \tag{3.25}$$

Gl. (3.25) ist eine von mehreren gleichwertigen Darstellungen. Aufgrund der Beziehung $E = U/d$ sind die Exponenten nicht unabhängig voneinander, sondern müssen die Bedingung $n_1 - n_2 - n_3 = 0$ erfüllen. Der Exponent bei konstanter Dicke d, n_1, liegt für verschiedene Titanatkeramiken zwischen –1,5 und –2,5, während für Ni-dotierte $SrTiO_3$-Einkristalle $n_1 \approx -1$ gefunden wurde. Der Exponent bei konstantem Feld, n_2, liegt bei etwa 1. Die Temperaturabhängigkeit der Lebensdauer weist die Degradation als einen thermisch aktivierten Prozeß aus. Die Aktivierungsenergie W_L liegt zwischen 0,6 und 1,1 eV für akzeptor-dotierte Titanateinkristalle bzw. zwischen

1,1 und 1,3 eV für Keramiken. Wie im folgenden beschrieben, wird die Kinetik der Degradation in $MTiO_3$ durch die Drift von Sauerstoffleerstellen im elektrischen Feld bestimmt, so daß W_L sehr ähnliche Werte wie die Aktivierungsenergie dieser Drift annimmt.

Wie in Abschnitt 3.2 dargestellt, liegt in akzeptor-dotierten Titanaten eine gemischte ionisch-elektronische Leitung vor. Die Elektroden verhalten sich dabei gegenüber dem ionischen Teilstrom weitgehend blockierend. Das Anlegen einer Gleichspannung führt dazu, daß die positiv geladenen Sauerstoffleerstellen, die den ionischen Teilstrom ausmachen, auf der anodischen Seite des Dielektrikums verarmen und sich vor der Kathode anreichern. Dieser Konzentrationsverschiebung der $V_O^{••}$ wird in $MTiO_3$-Einkristallen, die mit Übergangsmetallakzeptoren dotiert sind, anhand von sich ausbildenden Farbfronten sichtbar [42]. Die Farbveränderungen kommen dadurch zustande, daß die Änderung der örtlichen $V_O^{••}$-Konzentration über die lokale Elektroneutralitätsbedingung Gl. (3.15) zu einem Valenzwechsel der Akzeptoren (z.B. nach Gl. (3.14)) führt. Mit Hilfe der im NT-Bereich aktiven Defektgleichgewichte, der ortsaufgelösten Drift- und Diffusionsgleichungen sowie der Elektrodendurchtrittsbedingungen ist es möglich, die zeitliche Entwicklung aller Defektkonzentrationsprofile und den Zeitverlauf der Gesamtstromdichte J in einer numerischen Simulation quantitativ zu berechnen. Bild 3.3.3-2 zeigt die $V_O^{••}$-Profile und einige $J(t)$-Kurven als Ergebnis einer solchen Rechnung.

Während der Ausbildung des Sauerstoffleerstellenprofils (auch Konzentrationspolarisation genannt) nimmt der ionische Teilstrom naturgemäß ab. Diese Abnahme wird durch eine Zunahme des elektronischen Teilstroms überkompensiert, die in der Verschiebung der lokalen Defektgleichgewichte begründet liegt. In der ausgedehnten anodischen $V_O^{••}$-Verarmungszone steigt die Löcherkonzentration um einige Größenordnungen an, während im Bereich der $V_O^{••}$-Anreicherung vor der Kathode eine n-Leitfähigkeit entsteht. Der gebildete pn-Übergang ist dabei in Durchlaßrichtung gepolt. Wie in Bild 3.3.3-2b gezeigt, findet unterhalb einer kritischen Einsatzspannung, die bei einigen hundert mV liegt, keine Degradation statt. Hier überwiegt die Abnahme des ionischen Teilstromes während der Konzentrationspolarisation, da der $V_O^{••}$-Konzentrationsgradient zu klein ist, um zu einer ausgeprägten Veränderung der Elektronen- und Löcherkonzentration zu führen.

Die Temperaturabhängigkeit des Prozesses wird weitgehend durch die Aktivierungsenergie der $V_O^{••}$-Drift bestimmt. Die $V_O^{••}$-Geschwindigkeit verhält sich in Einkristallen proportional zur äußeren Feldstärke E, woraus bei konstantem Elektrodenabstand d $n_1 \approx -1$ folgt. Bei konstantem E ist der Weg, den die Sauerstoffleerstellen bei der Konzentrationspolarisation zurücklegen müssen, durch d gegeben, so daß $n_2 \approx 1$ folgt.

Die Degradationsgeschwindigkeit nimmt mit zunehmender Anzahl von Korngrenzen zwischen den Elektroden beträchtlich ab. Daher können feinkörnige Keramiken bei

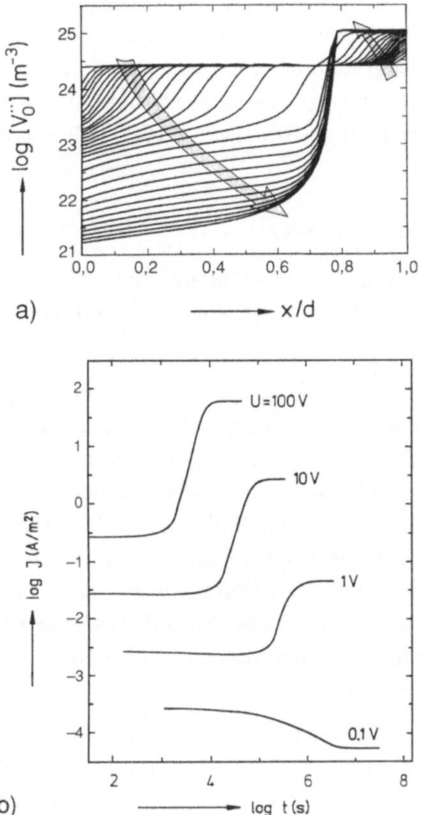

Bild 3.3.3-2   Berechnete zeitliche Entwicklung

a) der Sauerstoffleerstellenkonzentration bei $U = 1V$

b) der Stromdichte J bei verschiedenen Spannungen für einen 0,1 at% akzeptordotierten $SrTiO_3$-Kristall der Dicke $d = 1$ mm bei $T = 500$ K (nach [41])

der Verwendung von akzeptor-dotierten Titanaten zu einer ausreichend hohen Lebensdauer der dielektrischen Bauelemente führen. Ursache für diesen Mikrostruktureinfluß sind die Verarmungsrandschichten an den Korngrenzen, die als Barrieren für Ladungstransport über die Korngrenzen wirken (s. Abschn. 2.3.4).

Donator-dotierte Titanatkeramiken sind inhärent degradationsstabiler als akzeptordotierte. Dies liegt darin begründet, daß die Donatoren durch Kationenleerstellen kompensiert sind (vgl. [9], Abschn. 2.4.3), welche eine viel geringere Beweglichkeit als Sauerstoffleerstellen aufweisen. Aufgrund des Massenwirkungsgesetzes des Schottky-Gleichgewichts (3.10) beim Sintern der Keramik geht eine hohe Kationenleerstellenkonzentration mit einer Abnahme der $V_O^{··}$-Konzentration um viele Größenordnungen einher, so daß die Voraussetzung für den beschriebenen Mechanismus entfällt. In sehr feinkörnigen donator-dotierten Titanatkeramiken wird unter hohen Belastungen dennoch eine Degradation gefunden. Diese verläuft offensichtlich über einen vollkommen anderen Mechanismus, der möglicherweise auf einem ionischen Ladungstransport entlang der Korngrenzen beruht (vgl. [9], Abschn. 5.6 u. 6.3.3).

3.3.4 Poren- und Oberflächeneffekte

Die freie keramische *Oberfläche* und *dreidimensionale Defekte in der Keramik* wie Poren und Mikrorisse können zu weiteren spannungsinduzierten Ausfallmechanismen führen.

Die dielektrische Durchbruchschlagsfeldstärke des in Poren eingeschlossenen Gases hängt von der Porengröße und vom Gasdruck ab und wird durch die sog. **Paschen-Kurve** beschrieben [43]. Sie ergibt, daß in vielen Fällen die Durchschlagfeldstärke in keramischen Poren deutlich kleiner ist als in der umgebenden dielektrischen Keramik, und daß es somit bei hohen äußeren Feldern zu Teilentladungen (engl. partial discharges) in den Poren kommt [44]. Dies kann zu Ladungsinjektionen in die Keramik, zu chemischen Reaktionen an den Porenwänden und zur Erwärmung führen. Über diese Sekundäreffekte kann eine große Anzahl von Teilentladungen schließlich eine Schwächung der Keramik und einen daraus folgenden thermischen Durchschlag zur Folge haben.

Besteht durch offene Poren und Mikrorisse in der Keramik ein Kontakt zwischen der Umgebungsatmosphäre und inneren Elektroden dielektrischer Vielschichtbauelemente, so kann es insbesondere in feuchten Umgebungsatmosphären zu den sog. **Niederspannungsausfällen** (engl. low voltage failures) kommen [45]. Dieser reversible Ausfalltyp ist dadurch charakterisiert, daß bei kleinen Gleichspannungen etwa ab 1,5 V eine starke Zunahme des Leckstromes auftritt, während der Effekt bei weiterer Spannungserhöhung wieder verschwindet. Soweit heute bekannt ist, beruht der Mechanismus auf der Kapillarkondensation von Wasser in den Poren und Rissen. Bei niedrigen Spannungen setzt eine Elektrolyse des Wassers in den Mikrorissen zwischen den Innenelektroden ein, so daß ein Leckstromanstieg beobachtet wird. Höhere Spannung führen zu einer Verdampfung des kondensierten Wassers und damit zu einer Unterbrechung des elektrochemischen Prozesses [46].

Freie Metallelektroden auf Keramikoberflächen, die aus Silber oder silberhaltigen Legierungen bestehen (z.B. als Kopfkontakte von Vielschichtkondensatoren oder als Leiterbahnen auf Substraten), können bei höheren Temperaturen und erhöhter Luftfeuchtigkeit zur sog. **Silbermigration** Anlaß geben [47]. Gleichspannungen zwischen den Oberflächenelektroden haben zur Folge, daß regelrechte Bäume aus Silber entlang der Keramikoberfläche wachsen und schließlich zu einem Kurzschluß führen. Der Mechanismus beruht offensichtlich auf der hohen Oberflächenbeweglichkeit partiell positiv geladener Silber-ad-Atome [48], die bevorzugt in Gegenwart von Wassermolekülen gebildet werden, und die das Wachstum der beobachteten Bäume von der anodischen zur kathodischen Elektrode bewirken könnten.

4 Herstellungstechnologien

4.1 Kompakte Keramiken

Zahlreiche keramische Bauelemente werden hergestellt, indem zunächst die Keramik gesintert und anschließend die notwendigen Elektroden, Befestigungen usw. angebracht werden. Im Bereich der Dielektrika werden kompakte Keramiken z.B. für **Hochspannungsisolatoren, Scheibenkondensatoren, Mikrowellenresonatoren** gefertigt. Ein allgemeiner Herstellungsgang ist in Bild 4.1-1 skizziert.

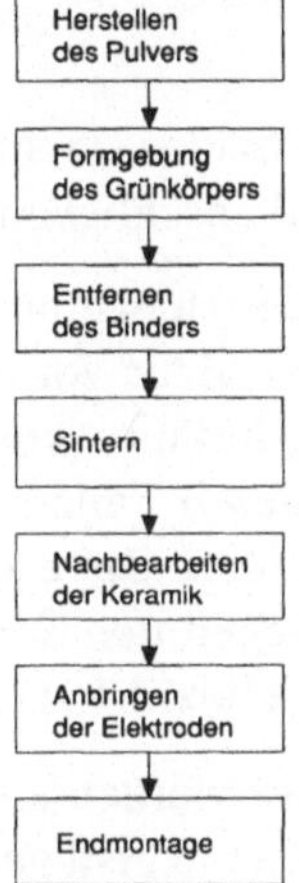

Bild 4.1-1   Prozeßschritte bei der Herstellung kompakter Keramiken

Im folgenden wird nur ein kurzer Abriß der Verfahrensschritte gegeben. Ausführlichere Details sind Gegenstand des Kapitels "Keramische Fertigungstechniken".

Einige wichtige Methoden der *Pulverherstellung* seien am Beispiel des $BaTiO_3$ aufgelistet [49], [50], [51]:

– **Mischoxid-Verfahren**
Mischen und Mahlen der Ausgangsoxide oder thermisch zersetzbarer Verbindungen wie z.B. der Carbonate (Beispiel: TiO_2 u. $BaCO_3$).

– Co-Präzipitation

Chemisches Fällen einer thermisch zersetzbaren Verbindung, in der die Kationen im gewünschten Verhältnis vorliegen, aus einer wäßrigen Lösung (Beispiel: Barium-Titanyl-Oxalat $BaTiO(C_2O_4)2 \cdot 4H_2O$ [52]).

– Sprühtrocknung

Sprühtrocknen von geeigneten Lösungen (z.B. Nitrate, Acetate) oder Solen (s.u.), in denen die Kationen in der gewünschten Stöchiometrie vorliegen.

– Sol/Gel-Verfahren

Bildung einer kolloidalen Lösung (sog. **Sol**) von gelösten Ausgangsverbindungen und Polymerisation zum Gel. Ba–Ti-Gele bestehen aus polymerem Titanylhydroxid mit eingelagerten Ba-Ionen. Verarbeitung zum Pulver durch anschließende Trocknung oder Gefriertrocknung.

– Hydrothermal-Verfahren

Reaktion von geeigneten gelösten oder hochdisperen Ausgangsverbindungen (z.B. Barium–Titanyl–Acetat) in wäßrigen,alkalischen Medien bei 360...480 K im Autoklaven [53].

– Alkoxid-Verfahren

Umsetzung von Ba- und Ti-Alkoxiden in nichtwäßrigen Lösungsmitteln zum Doppelalkoxid $BaTi(OC_3 H_7)_6$ und anschließende kontrollierte Hydrolyse [54].

Nach Abschluß einiger der genannten Herstellungsverfahren liegt das Pulver noch nicht in der gewünschten Perowskitstruktur vor, sondern als makroskopisches (Mischoxid-V.) bzw. mikroskopisches (Sprühtrocknung, Sol/Gel-V.) Gemenge oder als Verbindung (Co-Präzipitation). In diesen Fällen muß das Pulver durch eine Hochtemperaturbehandlung **kalziniert** werden. Die erforderliche Temperatur hängt dabei in erster Linie von den Diffusionswegen der Kationen ab und liegt zwischen etwa 1000 K (Sol/Gel-V.) bis 1400 K (Mischoxid-V.).

Für die *Formgebung der Grünkörper* wurden zahlreiche Methoden entwickelt. Mit Ausnahme des Falles, daß das Pulver eine genügende Menge Ton enthält (Bsp.: Porzellane für Hochspannungsisolatoren), wird dem Pulver ein *organischer Binder* zugesetzt, um dem Material nach der Formgebung genügend mechanische Stabilität zu verleihen. In vielen Fällen wird das Pulver nach der Binderzugabe *granuliert*, d.h. zu lockeren Pulveraggregaten mit einer einheitlichen Größe (ca. 0,1...1 mm) verarbeitet. Die Pulver werden entweder uniaxial gepreßt und eventuell nach Einbringen in eine dünnwandige Gummiform mit Hilfe eines äußeren Gas- bzw. Flüssigkeitsdruckes (ca. 20...300 MPa) isostatisch gepreßt. Einige Formgebungsverfahren gehen nicht von Pulvern, sondern von fließfähigen oder plastischen Massen aus. Diese werden durch Zugabe weiterer organischer Additive und Lösungsmittel erhalten. Zum Strangpressen zu Stäben oder Rohren mittels Extrusion werden thixotrope Pasten eingesetzt. Als **thixotrop** bezeichnet man die rheologische Eigenschaft eines Mediums, unter Scherkräften eine niedrige und im kräftefreien Fall eine hohe Viskosität anzunehmen. Relativ komplizierte Formen können mit Hilfe des Spritzgußverfahrens hergestellt werden. Das keramische Pulver wird mit etwa 40 Vol% eines Thermoplasten versetzt und bei höheren Temperaturen in eine Hohlform gespritzt. Nach dem Abkühlen und Entfernen der Hohlform wird ein fester Grünkörper erhalten. Zur Herstellung dünner Folien sind verschiedene Verfahren entwickelt worden, die in Abschn. 4.2 beschrieben sind.

Das Entfernen der organischen Binder oder Plasten erfolgt durch einen oxidativen *Binderausbrand* oder durch *Binderextraktion* mit Hilfe geeigneter Lösungsmittel. Beide Verfahrensschritte sind sehr kritisch, da die während der Prozesse stattfindenden Formveränderungen (z.B. Schrumpfungen) kontrolliert, reproduzierbar und auf ein Minimum beschränkt bleiben müssen. Die Kontrolle des Binderausbrands muß sicherstellen, daß z.B. die Bildung von Rissen vermieden wird, die aufgrund von zu starker Gasentwicklung im Innern des Grünkörpers während des Verbrennungsprozesses auftreten können.

Das **Sintern** überführt das binderfreie kompaktierte Pulver in eine dichte Struktur von Kristalliten, die durch Korngrenzen voneinander getrennt sind. Bei der Herstellung dielektrischer Keramiken strebt man an, eine hohe relative Dichte (ca. 95...99% der theoretisch möglichen Dichte) zu erreichen und offene Porosität zu vermeiden. Die Sinterbedingungen hängen stark vom Material ab. Die Sintertemperaturen reichen von etwa 1100 K für Keramiken mit Zusätzen an niedrigschmelzenden Gläsern bis zu etwa 2000 K für reines Al_2O_3. Um die Dichte weiter zu erhöhen, kann eine Nachbehandlung durch **isostatisches Heißpressen** eingesetzt werden. Dieses Verfahren geht von gesinterter Keramik mit geschlossener Porosität aus und wird typischerweise mit Inertgasatmosphären bei 30...100 MPa und 100...200 K unterhalb der ursprünglichen Sintertemperatur durchgeführt (s. Kapitel "Elektrooptische Keramiken"). Pulver, die eine schlechte Sinterreaktivität besitzen, können durch die zusätzliche Anwendung eines *uniaxialen* Druckes verdichtet werden. Das **uniaxiale Heißpressen** eignet sich auch, um das Kornwachstum beim konventionellen Sinterprozeß durch niedrigere Sintertemperaturen zu unterdrücken und damit sehr feinkörnige Keramiken zu fertigen.

Die *Nachbearbeitung* der Keramik ist nicht in allen Fällen notwendig. Sie kann in einem mechanischen Abtragen von Material durch Bohren, Schleifen, Läppen oder Polieren bestehen, um definierte Strukturen zu schaffen oder geometrische Abmessungen exakt einzustellen (z.B. Mikrowellenresonatoren). Glasuren werden aufgebracht, wenn besonders glatte oder leicht zu reinigende Oberflächen gefordert sind (z.B. für Hochspannungskeramiken). Die Glasur wird als Pulverlage durch Eintauchen in eine Suspension oder durch Aufsprühen aufgebracht und anschließend bei 900...1200 K eingebrannt.

Die dielektrischen Keramiken werden bis auf wenige Ausnahmen mit Elektroden versehen. Die Metallisierung wird häufig durch Eintauchen oder Siebdrucken einer Metallpaste und anschließendes Einbrennen aufgebracht. Diese Pasten sind oft glashaltig, und das Glas führt durch Aufschmelzen während des Einbrennens der Paste zu einer sehr guten Haftung. Viele Aluminiumoxidkeramiken (z.B. Mikrowellenfenster in Klystronen, elektrische Durchführungen) müssen vakuumdicht sein. In diesem Fall wird eine dünnflüssige Paste aufgetragen, die Mo- und Mn-Pulver enthält. Nach dem Einbrennen in feuchten Wasserstoffatmosphären wird eine außerordentlich starke Verbindung zur Al_2O_3-Keramikoberfläche erhalten. Anschließend wird elektrolytisch Ni aufgebracht. Diese Elektroden können durch Hartlöten unter Verwendung von Cu/Ag-Legierungen mit Metallen verbunden werden [6].

Weitere Möglichkeiten des Anbringens von Elektroden sind das Aufdampfen und das Sputtern von Metallen auf die keramische Oberfläche. Im Falle von Edelmetallen wird vorher oft eine dünne Haftschicht (z.B. Ni/Cr-Legierung) angebracht.

Insbesondere bei großen Bauelementen wie z.B. Hochspannungskondensatoren, wird die Keramik in einem Endmontageschritt in eine Fassung oder einen Rahmen aus Kunststoff oder Metall eingebaut, oder es werden z.B. Befestigungslaschen montiert.

4.2   Vielschichttechnologie

Zahlreiche keramische Bauelemente werden heute als **Vielschichtbauelemente** gefertigt, um eine hohe Volumeneffizienz der geforderten Funktion zu erreichen:

– Vielschichtkondensatoren (s. Bild 6.1-1b)
 Der Vielschichtaufbau entspricht einer *Parallelschaltung* sehr vieler Kondensatoren mit – im Vergleich zu kompakten Scheibenkondensatoren – außerordentlich geringen dielektrischen Dicken von etwa 10 bis 50 µm. Details sind in Abschnitt 6 beschrieben.

– Vielschichtaktuatoren
 Sowohl in axialen Aktuatoren wie in Biegeaktuatoren erlaubt es der Vielschichtaufbau im Vergleich zur kompakten Keramik die gleichen Auslenkungen bei viel kleineren Spannungen zu erreichen (s. Abschnitt "Piezoelektrische Keramiken").

– Vielschichtsubstrate
 Die zahlreichen Signalleitungen, Stromversorgungsleitungen und Verbindungen zur Außenwelt, die für moderne hochintegrierte Halbleiterschaltungen notwendig sind, können mit hoher Dichte in Vielschichtsubstraten untergebracht werden. Details sind in Abschnitt 5.4.2 dargestellt.

– Integrierte passive Schaltungen
 In Erweiterung der Vielschichtsubstrate ist künftig der Einbau passiver Funktio-

nen wie Kondensatoren, Spulen, Widerständen, Varistoren, Sensoren, usw. denkbar [55] (s. Abschn. 5.4.3).

Die Herstellung von keramischen Vielschichtkomponenten umfaßt naturgemäß deutlich mehr Prozeßschritte als die Fertigung kompakter Keramiken. Zudem sind die Anforderungen an die Präzision der Prozeßparameter in der Vielschichttechnologie deutlich höher. Dies liegt einerseits daran, daß Vielschichtbauelemente Materialkompositen aus Keramik und Metall mit sehr unterschiedlichen mechanischen und thermischen Eigenschaften (z.B. Ausdehnungskoeffizient, Duktilität, Wärmeleitfähigkeit) sind, und andererseits daran, daß die geometrischen Strukturen viel kleiner als in kompakten Keramikkomponenten sind.

Es gibt für mehrere Prozeßschritte bei der Fertigung von Vielschichtkomponenten alternative Wege. Die wichtigsten sind in Bild 4.2-1 zusammengefaßt. Die meisten Prozeßschritte sind für alle Vielschichtkomponenten vom Prinzip her gleich. In einigen spezifischen Details orientiert sich die folgende Beschreibung an der Herstellung von Vielschichtkondensatoren.

Die *Pulverherstellung* verläuft nach den gleichen Methoden, die in Abschnitt 4.1 skizziert wurden. Allerdings werden höhere Anforderungen in Hinblick auf die mittleren Partikelgrößen und ihre Größenverteilung, sowie die Deagglomeration und die Zusammensetzung gestellt, um ein kontrolliertes Kornwachstum zu garantieren.

Die *Herstellung der Suspension* richtet sich nach der anschließenden Verarbeitung im nassen bzw. trockenen Prozeß (Details sind in den Refn. [6], [21], [56], [57] und [58] beschrieben). Im nassen Prozeß wird die Suspension auf einer Unterlage getrocknet und anschließend weiteren Verfahrensschritten unterworfen (Siebdrucken, wiederholtes Aufbringen von Suspension, usw.). Im trockenen Prozeß wird die Suspension nach dem Trocknen zunächst als Folie von der Unterlage gelöst und erst in einem späteren Prozeßschritt verarbeitet. Die Wahl der Zusammensetzung und die Verarbeitung der Suspension gehören zu den besonders kritischen Prozeßschritten in der Vielschichttechnologie, da die Ergebnisse der Folgeschritte in starkem Maße von der Suspensionsqualität abhängen. Es müssen dabei zahlreiche Eigenschaften der Suspension optimiert und ein Kompromiß zwischen zum Teil widersprüchlichen Anforderungen gefunden werden:

- *Hohe grüne Dichten* (d.h. ein hoher Keramikanteil in der Folie) sind u. a. notwendig, um nach dem Binderausbrand eine ausreichende Stabilität der ungesinterten Keramik zu gewährleisten.

- *Agglomeratfreie Pulver* sind erforderlich, um u. a. eine gleichmäßige Porenverteilung in der grünen Keramik zu erhalten. Ferner muß das sog. *differentielle Sintern* vermieden werden, welches durch Unterschiede im Sinterverhalten zwischen Agglomeraten und ihrer Umgebung hervorgerufen wird und häufig zu uneinheitlichen Mikrostrukturen führt.

– Eine *niedrige Dispersions-Viskosität* unterstützt die Homogenisierung und die Deagglomeration des Pulvers beim Mahlen der Suspension sowie beim Aufbringen als dünne Schicht. Die Dicke der grünen Schicht liegt meist zwischen 20 und 50 µm.

– Ein *hohe Schicht-Viskosität* wird nach dem Aufbringen der Suspension auf die Unterlage erforderlich, um u. a. Sedimentations- und Entmischungsprozesse während des Trocknens zu unterdrücken.

– Eine *geringe Oberflächenspannung* ist notwendig, um die Verteilung der Suspension als dünne Schicht auf der Unterlage zu ermöglichen und ein Aufreißen der Schicht zu vermeiden.

– Ein *homogenes Trocknen der Schicht* muß u.a. durch eine geeignete Zusammensetzung der Lösemittel gewährleistet werden.

Im Falle des trockenen Prozesses kommen weitere Anforderungen hinzu, um die Folienherstellung und -eigenschaften zu unterstützen. Es muß gewährleistet werden, daß die getrocknete Schicht eine kleine Haftung zur Unterlage hat und nach dem Ablösen eine ausreichende Zugfestigkeit und Qualität aufweist. Eine für den trockenen Prozeß geeignete Suspension enthält mindestens vier Komponenten: Lösemittel, Binder, Weichmacher und Dispergiermittel.

Jede der Komponenten kann aus mehreren Substanzen bestehen. Man unterscheidet je nach Art des **Lösemittels** zwischen einem organischen und einem wäßrigen Verfahren. Das organische Verfahren mit Lösemitteln wie Toluol, Xylol, Trichloräthylen, Alkoholen u.s.w. besitzt eine größere Flexibilität durch eine breite Auswahl an Bindern, Weichmachern, usw.. Im wäßrigen Verfahren besteht zudem in manchen Fällen die Gefahr des Gelierens der Suspension, bevor die Schicht aufgebracht ist. Dennoch wird in großtechnischen Fertigungen aus Kosten-, Gesundheits- und Sicherheitsgründen oft das wäßrige Verfahren bevorzugt.

Der **Binder** ist ein Polymer und hat die Aufgabe, die Pulverpartikel nach dem Verdampfen des Lösemittels in einer Folie zusammenzuhalten und dieser Folie eine hinreichende Reißfestigkeit und Flexibilität zu geben. Darüber hinaus beeinflußt der Binder auch die Eigenschaften der Suspension wie z.B. die Viskosität. Um den gegensätzlichen Anforderungen an die Viskosität der Suspension vor und nach dem Aufbringen der Schicht entgegenzukommen, eignen sich Binder mit thixotropem Verhalten. Unter hohen Scherkräften (z.B. beim Rühren) zeigen thixotrope Medien niedrige Viskosität, während die Viskosität im kräftearmen Fall nach dem Aufbringen der Schicht hoch ist. Eine weitere wichtige Anforderung an Binder betrifft das kontrollierbare, aschefreie Ausbrennen vor dem Sintern. Im organischen Verfahren werden z.B. Polyvinylbutyral und Polymethylmetacrylat verwendet, während im wäßrigen Verfahren oft Polyvinylalkohol eingesetzt wird. Umfassende Zusammenstellungen sind z.B. in den Refn. [56]und [58] zu finden.

Weichmacher sind hochsiedende Lösemittel für den Binder, die in relativ kleinen Anteilen zugegeben werden, um nach dem Verdampfen des eigentlichen, niedrigsiedenen Lösemittels die Sprödigkeit der Folie zu verringern. Die Weichmacher haben ferner eine Auswirkung auf die Oberflächenspannung der Suspension sowie das Haftverhalten der getrockneten Schicht auf der Unterlage und können für diese Aufgabe optimiert werden. Im wäßrigen Verfahren werden Glyzerin und niedrigmolekulare Polyglykole eingesetzt. In organischen Systemen sind es Polyäthylenglykol und verschiedene Phthalate.

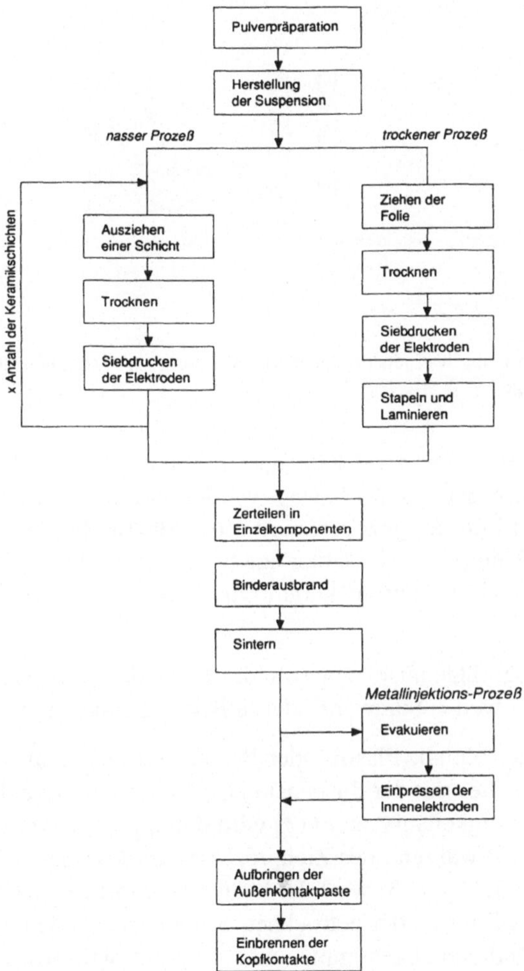

Bild 4.2-1   Prozeßschritte der keramischen Vielschichttechnologie am Beispiel des Vielschichtkondensators

Die Gründe für die Forderung nach einem monodispersen, d.h. nichtagglomerierten Pulver in der Suspension wurden bereits erwähnt. *Dispergiermittel* unterstützen den Dispersionsprozeß und verhindern die Ausflockung. Die Dispersion kann dabei sowohl elektrisch, d.h. durch Adsorption gleichgeladener Ionen an den Pulverpartikeloberflächen, als auch sterisch durch die Adsorption von Polymerketten stabilisiert werden.

Der trockene Prozeß beginnt mit dem Ausziehen der Suspension zu einem Film auf einem entfernbaren Substrat (Bild 4.2-1).

Ein verbreitetes Verfahren ist in Bild 4.2-2 skizziert.

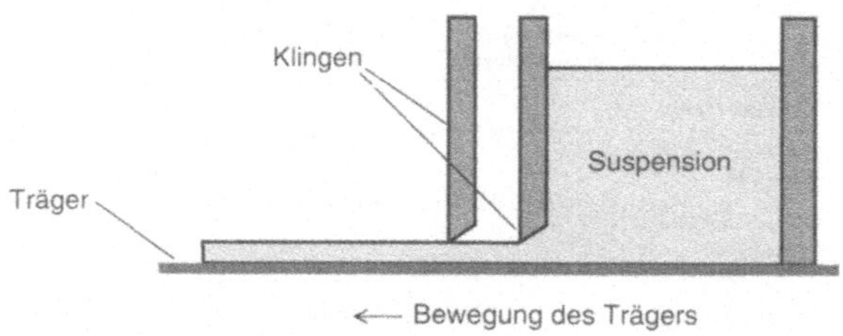

Bild 4.2-2   Querschnitt durch einen doctor-blade-Aufbau zum Aufziehen der Dispersion auf einen Träger

Es basiert darauf, daß eine oder zwei Klingen mit einem kleinen Abstand über eine ebene Unterlage (Glas, Metall, o. ä.) bewegt werden und dabei die Suspension aus einem Vorratsgefäß als Film ausgezogen wird (engl. **doctor blade technique**). Der Abstand der vorderen Klinge von der Unterlage bestimmt die Dicke des Films. Nach dem Trocknen kann der Film als grüne keramische Folie abgezogen und weiterverarbeitet werden.

Ein alternative, häufig großtechnisch angewandte Methode des Ausziehprozesses ist der **Weir-Prozeß** (engl. weir = Stauwehr), der in Bild 4.2-3 skizziert ist.

Eine Trägerfolie (1) aus Metall, Plastik oder Papier läuft als Endlosband zwischen den Rollen (2). Der Behälter mit der Suspension (3) hat als eine Wand das umlaufende Trägerband. Das Flüssigkeitsniveau in (3) wird durch gesteuertes Umpumpen aus einem Vorratsbehälter (4) während des Ziehprozesses auf konstanter Höhe gehalten. Beim Vorbeilaufen am Behälter (3) wird das Trägerband mit der Suspension benetzt und zieht sie zu einem Film aus, der getrocknet (5) und abschließend als grüne keramische Folie vom Trägerband abgenommen und aufgerollt wird (6). Die Foliendicke wird durch die Höhe des Flüssigkeitsniveaus im Behälter (3), die Viskosität und die Oberflächenspannung der Suspension sowie die Bandgeschwindigkeit bestimmt. Das

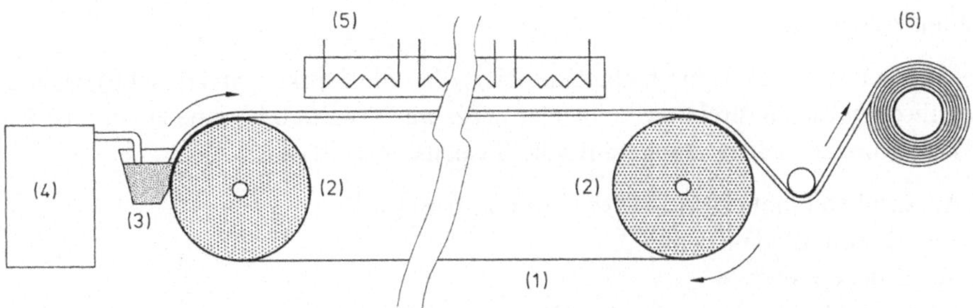

Bild 4.2-3   Querschnitt durch das Weir-Verfahren zur Herstellung dünner keramischer Folien mit Hilfe eines Trägerbandes (1), welches um zwei Rollen (2) läuft, und dabei Suspension aus einem Behälter (3) mitzieht. Der Flüssigkeitsspiegel in (3) wird durch Umpumpen aus dem Vorratsbehälter (4) konstant gehalten. Die Folie wird getrocknet (5) und aufgerollt (6).

Verfahren hat den Vorteil, daß – im Gegensatz zur Doctor-Blade-Technik – mechanische Toleranzen nur einen sekundären Einfluß auf die Foliendicke haben. Andererseits ist das Verfahren technologisch weitaus aufwendiger, so daß es sich für Laborexperimente nicht gut eignet.

Im nächsten Prozeßschritt (Bild 2.4-1) wird die Folie in große Rechtecke geschnitten und auf diese die späteren Innenelektroden des Vielschichtkondensators durch *Siebdrucken von Metallpaste* aufgebracht. An die Morphologie der Metallpulver (meist Pd oder Pd/Ag-Legierungen, vgl. Abschn. 6.5) für die Pasten werden ähnlich hohe Anforderungen wie an die keramischen Pulver gestellt. Nach dem Trocknen der Pasten werden die Folienstücke in der in Bild 4.2-4 gezeigten Sequenz gestapelt und anschließend gepreßt.

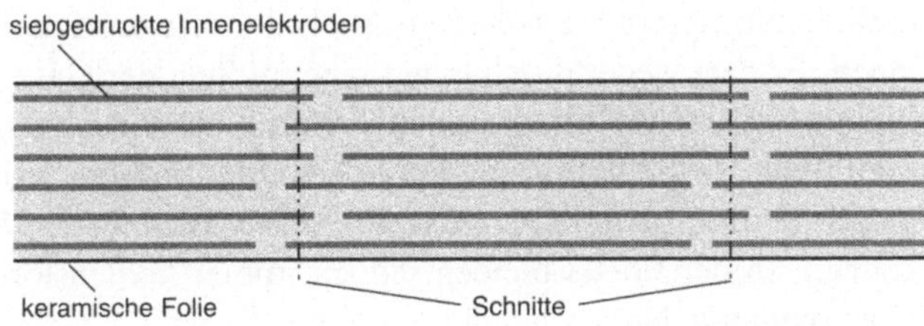

Bild 4.2-4   Querschnitt durch bedruckte und gestapelte Folien. Entlang der angegebenen Schnitte wird der laminierte Folienstapel in die späteren Einzelkomponenten geteilt.

Dieser **Laminationsprozeß** wird unter erhöhter Temperatur (ca. 340 K) durchgeführt, um über die thermoplastischen Eigenschaften des Binders zu stabilen, rißfreien Platten zu kommen.

Der nasse Prozeß ist dadurch charakterisiert, daß die Struktur aus dielektrischen und metallischen Lagen direkt nacheinander aufgebracht wird, d.h. ohne zuvor eine keramische Folie zu ziehen. Die keramische Suspension wird durch

– Aufsprühen (ähnlich wie in der Farbindustrie) [59]
– eine Doctor-Blade-Technik,
– Siebdrucken, oder
– einen sehr feinen, kontrollierten "Wasserfall" [60]

auf ein geeignetes Substrat aufgebracht. Die Suspension wird getrocknet und darauf die Innenelektroden als Metallpaste siebgedruckt. Nach dem Trocknen der Paste wird erneut eine Lage Suspension aufgebracht. Dieser Zyklus wird solange wiederholt, bis die gewünschte Anzahl dielektrischer Lagen erreicht ist. Gegenüber dem trockenen Prozeß besteht der Nachteil, daß Fehler (Einschlüsse, Löcher, usw.) in den dielektrischen Lagen nicht so gut wie in den optisch durchstrahlbaren Folien aufgespürt und durch Verwerfen des Folienstücks entfernt werden können. Sowohl auf dem Wege des trockenen wie des nassen Prozesses hat man nun eine große Platte mit zahlreichen Vielschichtkondensatoren in einer zweidimensionalen Anordnung erhalten. In einem nächsten Prozeßschritt (Bild 4.2-1) wird diese Platte in Einzelkomponenten zerteilt. Dies geschieht durch

– *Schneiden*,
– *Kerben* und *Brechen*, oder
– *Sägen*.

Die Schnittlinien sind im Querschnitt in Bild 4.2-4 gezeigt. Die Schnitte müssen auf wenige 10 µm genau ausgeführt werden. Alternativ kann das Zerteilen durch Sägen nach dem Sintern erfolgen.

Der *Binderausbrand* (Bild 4.2-1) muß so langsam und kontrolliert erfolgen, daß die gasförmigen Verbrennungsprodukte jederzeit durch die offenen Poren der Keramik entweichen können. Es darf weder durch einen inneren Stau der Gase noch durch zu hohe lokale Erwärmung zu Rißbildungen oder Verformungen kommen. Einige organische Substanzen wie z.B. Methylmetacrylat neigen zum Monomerisieren bevor sie Verbrennen, so daß sie im Prinzip in einem thermischen Prozeß ohne Sauerstoff entfernt werden können. In der Praxis bleiben jedoch immer kohlenstoffhaltige Rückstände, so daß eine oxidative Nachbehandlung notwendig ist.

Durch den *Sinterprozeß* wird das keramische Pulver in eine mechanisch stabile Keramik mit etwa 95...98 % der theoretischen Dichte des Materials überführt. Auch das Metallpulver in den Ebenen der Innenelektroden sintert zu gut leitenden Flächen zusammen. Die Sintertemperaturen für Kondensatorkeramiken liegen zwischen etwa

1200 und 1650 K. Sie hängen stark von dem keramischen Material ab (s. Abschn. 6). Der Sinterprozeß wird im Falle von Edelmetallelektroden unter oxidierenden Atmosphären durchgeführt, während für Komponenten mit Ni-Innenelektroden reduzierende Bedingungen vorliegen müssen (sog. BME-Linie, s. Abschn. 6.6).

In einer Variante der Vielschichttechnologie, der sog. **Metallinjektionsmethode** (engl. **back fill technique**) wird anstelle der Innenmetallelektrode eine Paste mit einem relativ groben keramischen Pulver und einem hohen Binderanteil siebgedruckt. Nach dem Binderausbrand und dem Sintern bleiben diese Ebenen offen-porös. Die keramischen Körper werden nun evakuiert, und anschließend werden bei Temperaturen zwischen 600 und 800 K niedrigschmelzende Metalle (z.B. Pb/Sn-Legierungen) unter Drucken von 1...2 MPa eingepreßt. Auf diesem Wege lassen sich die Innenelektroden nach dem Sintern mit preiswerten Nichtedelmetallen realisieren, ohne die Nachteile der BME-Linie (s. Abschn. 6.6) in Kauf nehmen zu müssen.

Die äußeren Kopfkontakte der Vielschichtkondensatoren (s. Bild 6.1-1b) werden in der Regel durch Eintauchen in Metallpaste, Trocknen und Einbrennen der Kopfkontakte hergestellt.

Vielschicht*substrate* und Vielschicht*aktuatoren* werden nach dem trockenen Prozeß gefertigt, wobei der Ablauf im Prinzip der Gleiche ist wie für Vielschichtkondensatoren beschrieben. Lediglich die Muster der Innenelektroden und die Kopfkontakte variieren. In der Fertigung von Vielschichtsubstraten mit interner Verdrahtung, folgt nach der Folienherstellung ein Prozeßschritt, in dem die Löcher für die Durchkontaktierungen zwischen benachbarten Innenelektroden gestanzt werden [58]. Typischerweise werden etwa 100 Löcher gleichzeitig gestanzt. Das individuelle Stanzmuster, das für nahezu jede dielektrische Lage verschieden ist, wird rechnergesteuert über die gewünschten Nadeln des Stanzkopfes vorgegeben. Die Lochgröße liegt zwischen 85 und 250 µm. Während des Stanzens, Siebdruckens und Laminierens muß die Position der grünen Folie mit einer Toleranz etwa 50 µm kontrolliert werden.

Im Zuge der weiteren Miniaturisierung ist die technologische Grenze des mechanischen Stanzens abzusehen. Das Bohren der Löcher mittels Laser oder Elektronenstrahl wurde im Laboratoriumsmaßstab bereits erfolgreich demonstriert [61]. Alternativ können photoempfindliche Binder eingesetzt und photolithographische Techniken zur Realisierung von Löchern in Größen zwischen 10 und 50 µm verwendet werden [62].

4.3   Dick- und Dünnschichttechniken

In der *Dickschicht-Hybridtechnologie* gibt es prinzipiell zwei Möglichkeiten, dielektrische Funktionen zu realisieren: Man montiert auf der Substratoberfläche fertige Kondensatoren mittels SMT (= Surface Mount Technology) [63] oder man stellt Dickschichtkondensatoren durch Siebdrucken her. Ein Dickschichtkondensator besteht dabei aus einer siebgedruckten Unterelektrode, der dielektrischen Schicht und der Gegenelektrode. Jede Schicht wird bei einer etwas niedrigeren Temperatur eingebrannt als die darunter liegende Schicht, um die Wechselwirkung zwischen den Materialien zu begrenzen und die Dimensionen zu erhalten. Bei herkömmlichen Leiterpasten führt dies zu Einbrenntemperaturen zwischen 900 und 1200 K. Geeignete dielektrische Pasten für diese relativ niedrigen Sintertemperaturen enthalten in der Regel *Glas*. Da Gläser niedrige Dielektrizitätszahlen haben und im eingebrannten Dielektrikum eine weitgehend kontinuierliche Phase bilden, bleibt die resultierende Dielektrizitätszahl gering – selbst wenn der Glasanteil mit 5...10% klein ist und das eigentliche dielektrische Pulver einen hohen ε_r-Wert aufweist (vgl. Abschnitt 2.6). Wird beispielsweise ein Dickschichtkondensator aus einer Paste gebrannt, die zu 90% aus einer ferroelektrischen Keramik auf der Basis von $BaTiO_3$ mit $\varepsilon_r \approx 9000$ und zu 10% aus einem Glas (CdO-B_2O_3-SiO_2) besteht, so resultiert eine Dielektrizitätszahl zwischen 25 und 40 [64]. Beim Auslegen der Hybridtechnik auf hohe Sintertemperaturen lassen sich mit deutlich reduzierten Glasanteilen ε_r-Werte von etwa 1.400 erreichen [65]. Wird anstelle des Glases ein PbO-WO_3-Eutektikum (Schmelzpunkt: 1013 K) mit dem Relaxor $Pb(Fe,Nb)O_3$-$Pb(Cu,W)O_3$ verwendet, so erhält man ε_r (298 K) $\approx$ 12500 [66].

Dünnschichtkondensatoren werden als Funktionselemente im Rahmen der MOS-Halbleitertechnik eingesetzt. Materialien sind SiO_2, SiO oder Si_3N_4 (vgl. Band "Halbleiter" in dieser Reihe). SiO_2 wird das durch thermische Oxidation des Grundbestandteils Si oder mittels CVD (Chemical Vapor Deposition) erzeugt.

Im allgemeinen lassen sich keramische Dünnschichten durch

- **Sol/Gel-Abscheidung**,
- **Sputtern**,
- **MOCVD** (Metal Organic CVD),
- **PCVD** (Plasma Activated CVD),
- **Laserablation** ,
- **MBE** (Molecular Beam Epitaxie)

oder modifizierte Verfahren realisieren. Vor kurzem wurden ferroelektrische Dünnschichtkondensatoren als nichtflüchtige Speicherelemente in integrierten Schaltungen entwickelt. Diese sog. **FRAM**s (Ferroelectric Random Access Memories) basieren auf der elektrisch schaltbaren, spontanen Polarisation, wobei die Polarisationsrichtung als Informationseinheit benutzt wird. Als Material kommt beispielsweise $Pb(Ti,Zr)O_3$ zum Einsatz. Ausgelöst durch diese Aktivitäten werden weltweit Entwicklungsanstrengungen unternommen, um keramische Dünnschichten für weitere Anwendungsfelder (z.B. im Bereich der optischen Schalter, pyroelektrischer Detektoren, Gassensoren, Mikroaktuatoren und -motoren) zu erschließen. Ausführliche Darstellungen über die oben aufgelisteten Herstellungstechnologien, die Materialien und die Anwendungen sind in den Refn. [67] und [68] zu finden.

5 Isolatoren und Substrate

5.1 Übersicht

Isolatoren haben die Aufgabe, Leiter mechanisch zu stützen und elektrisch zu trennen. Um einen niedrigen Realteil i_R und Imaginärteil i_C des Leckstromes zu erreichen, ist für das Isolatormaterial ein hoher Isolationswiderstand und eine kleine Dielektrizitätszahl erforderlich (s. Abschn. 2). Das ideale Isolatormaterial wäre demgemäß ein "festes Vakuum".

In einigen Fällen (z.B. Hochspannungsisolatoren) sind die mechanischen Eigenschaften und die Rohmaterialkosten wichtiger als die elektrischen Eigenschaften. Andererseits stehen bei Substraten für moderne VLSI-Chips (Very Large Scale Integration, s. Band "Halbleiter") die dielektrischen und thermischen Eigenschaften im Vordergrund. Die wichtigsten elektrischen, thermischen und mechanischen Daten einer Reihe von Isolatormaterialien sind in Tabelle 5.1-1 zusammengefaßt [69].

Tabelle 5.1-1   Eigenschaften von keramischen Isolatorwerkstoffen

	spezifisches Gewicht [10^3 kg/m^3]	Wärmeleitfähigkeit bei 300 K [W/mK]	thermischer Ausdehnungskoeffizient [ppm/K]	Zugfestigkeit [MPa]	Druckfestigkeit [MPa]	Thermoschockverhalten	tan δ (111 Hz, 300 K)	tan ε_r (111 Hz, 300 K)	Durchschlagsfeldstärke [MV/m]	spezifischer Widerstand bei 300 K [Ωcm]
Quarzporzell. (Na,K)$_2$O·Al$_2$O$_3$·SiO$_2$	2,4	2,5	6,0	48	352	Fair	0,008...0,020	5,0...6,5	6,1...13,0	10^{14}
Zirkon ZrO$_2$·SiO$_2$	3,7	5	4,3...4,8	96	524	Good	0,001	8,0...9,6	6,3...11,5	$> 10^{14}$
Steatit MgO·SiO$_2$	2,8	3	6,9...7,8	100	650	Moderate	0,0008...0,0035	6	7,9...13,8	10^{17}
Forsterit 2MgO·SiO$_2$	2,8	2,5...4	10	76	550	Poor	0,0005...0,001	5,8...6,7	7,9...11,9	10^{17}
Cordierit 2MgO·2Al$_2$O$_3$·SiO$_2$	2,2...2,9	2...3	2,2...2,4	65	400	Excellent	0,003...0,005	4,1...5,3	5,5...9,1	10^{16}
Aluminiumoxid Al$_2$O$_3$ (85-99,9%)	3,85....3,9	14...40	8,0	260	3400	Good	0,0001...0,001	8,8...10,1	9,9...15,8	$> 10^{16}$
Spinell MgO·Al$_2$O$_3$	2,8	7	6,6	95	1710	Fair	0,0004	7,5	11,9	10^{14}
Mullit 3Al$_2$O$_3$·SiO$_2$	2,6...3,2	4	4,3...5,0	90	1200	Fair	0,005	6,2...6,8	7,8	10^{14}
Magnesiumoxid MgO	3,3...3,5	16...4	10...13	90	950	Fair	0,0001	8,9	8,5...11,0	$> 10^{14}$
Berylliumoxid BeO	2,8...2,95	160...280	7...8	120	1600	Good	< 0,0001...0,001	6	9,5...13,8	$> 10^{16}$
Zirkoniumdioxid ZrO$_2$	5,43...5,56	8...20	4,3...8,3	148	940	Poor	0,01	12	~ 5,0	10^9
Thoriumdioxid ThO$_2$	9,7	14	5,3...9,0	115	1524	Poor	0,0003	13,5	~ 5,3	10^{10}
Hafniumdioxid HfO$_2$	9,0	1,5	6,5	90	1386	Poor	0,01	12	—	10^8
Cerdioxid CeO$_2$	7,0	12	10	88	1386	Poor	0,0007	15	—	10^9
Spodumen LiO$_2$·Al$_2$O$_3$·SiO$_2$	2,4	5	2,0	30	900	Good	0,005	6,5...7,5	—	10^{11}
Bornitrid BN	2,2...2,3	15...30	4,5	25	250	Good	0,001	4,2	35,6...55,4	10^{14}
Siliziumnitrid Si$_3$N$_4$	3,2...3,4	12...30	2,5...3,5	410	2000	Excellent	0,0001	6,1	15,8...19,8	$10^{13...14}$
Pyroceram	2,4...2,6	2...4	0,2...0,4	64	—	Good	0,0017...0,013	5,5...6,3	9,9...11,9	10^{12}
Glasgebundener Glimmer	2,6...3,8	0,5	10...14,5	69	214	Fair	0,0015...0,003	6,4...9,2	10,6...23,7	10^{14}
Glimmer	2,6...3,8	0,3...0,8	18-27		221		0,0002	5,4...8,7	39,5...79,1	10^{16}
Glas Na$_2$O·CaO·SiO$_2$	2,0...8,0	1...2	5...9	< 34	697	Fair	0,0005...0,01	4,0...8,0	78...132	10^{12}
Quarzglas SiO$_2$	2,2	1	0,4...0,5	55	1130	Exoellent	0,0003	3,8...5,4	15...25,0	$10^{14...18}$
Aluminiumnitrid AlN	2,61...2,93	40...260	4,03...6,09	441	—		0,0001	8,8...8,9	15	10^{13}

5.2   Materialien

5.2.1   Gläser

Für zahlreiche traditionelle Anwendungen wie Lager und Stützen, Körper für Sicherungen, Lampen und Röhren, sowie als Überzug von Keramik, Porzellan oder Metall werden aufgrund ihrer leichten Verarbeitbarkeit und geringen Materialkosten Gläser eingesetzt. In der Elektronik wird Glas als Bestandteil von Dickschichtpasten für die Hybridtechnologie, zur Passivierung von integrierten Schaltungen und als Substratmaterial verwendet. Wichtige Kriterien bei der Auswahl spezifischer Gläser als Isolatoren sind die Temperaturabhängigkeit der Viskosität (für die Formgebung), der thermische Ausdehnungskoeffizient, der elektrische Widerstand und die Dielektrizitätszahl.

Gläser besitzen eine amorphe Struktur, die durch unregelmäßige, räumlich verkettete Netzwerke bestimmter Baueinheiten (z.B. SiO_4-Tetraeder) gebildet wird. In dem Netzwerk können weitere Oxide eingelagert werden, so daß Gläser eine große Variationsbreite hinsichtlich ihrer Zusammensetzung haben. Gläser werden nach ihrem Hauptbestandteil an glasformendem Oxid (SiO_2, B_2O_3, P_2O_5, bzw. GeO_2) als **Silikate**, **Borate**, **Phosphate** oder **Germanate** klassifiziert. Ein Modifikation der Zusammensetzung erfolgt in der Regel durch Zugaben von Al_2O_3, Bi_2O_3, PbO, Erdalkalioxiden (MO, M = Mg, Ca, Sr, Ba) und Alkalioxiden (M_2O, M = Li, K, Na, Rb, Cs). Reine **Borat**- oder **Phosphatgläser** werden aufgrund ihrer geringen Feuchtigkeitsbeständigkeit nicht verwendet. B_2O_3 bildet jedoch eine wichtige Komponente in einigen niedrig-schmelzenden Silikatgläsern. Die Erweichungstemperatur reicht von etwa 970 K für Alkaligläser bis etwa 1850 K für reines Quarzglas. Der thermische Ausdehnungskoeffizient liegt zwischen etwa 0,5 ppm/K (Quarzglas) und ca. 9 ppm/K (Alkaliglas). Die relative Dielektrizitätszahl ε_r hängt im Bereich der Raumtemperatur nahezu linear vom spezifischen Gewicht des Glases ab und erstreckt sich von 3,9 für Quarzglas bis etwa 9 für Bleialkaliglas. **Alkaligläser** sind preiswert und sehr weit verbreitet. Die Alkaliionen haben einen lockernden Einfluß auf die Mikrostruktur. Dies äußert sich in niedrigen Erweichungstemperaturen, relativ hohen thermischen Ausdehnungskoeffizienten, einer erhöhten ionischen Leitfähigkeit und einer Abnahme der chemischen Beständigkeit. Alkaligläser werden überall dort eingesetzt, wo keine hohen Anforderungen gestellt werden müssen, wie z.B. in Kolben von Allgebrauchslampen, Sicherungen, usw. In **Bleialkaligläser** sind eine niedrige Erweichungstemperatur mit – im Vergleich zu Alkaligläsern – besseren elektrischen Eigenschaften verknüpft. **Kalibleiglas** wird in Form einer 25 μm dünnen Folie mit Al-Folie als Elektrodenmaterial zur Herstellung spezieller Vielschichtkondensatoren eingesetzt. **Borosilikatgläser** werden als Substratmaterial und durch Anpassung des Ausdehnungskoeffizienten als Material für Metalldurchführungen (Mo, W, Kovar) verwendet. **Alumosilikatgläser** werden zur Herstellung von Kolben für Hg-Hochdrucklampen genutzt. Das sehr teure **Quarzglas** wird in Anwendungen eingesetzt, in denen große Temperaturgradienten auftreten können oder eine hohe UV-Durchlässigkeit gefordert wird.

5.2.2 Porzellane

Porzellane werden aufgrund ihrer mechanischen Eigenschaften und relativ niedrigen Preise bevorzugt in der Hochspannungstechnik eingesetzt. Konventionelle Porzellane bestehen aus Tonen, Flußmitteln und Füllstoffen (s. Tabelle 5.2.2-1).

Tab. 5.2.2-1 Zusammensetzung (in Gew.-%) und Sintertemperaturen einiger Porzellane (nach [69])

	Quarz-porzellan	Steatit	Forsterit	Cordierit	Zirkon
Feldspat	25...30	—	—	—	—
Kaolin	25...60	5...7	5...10	40...50	10...20
Talk	—	80...90	60...70	35...45	10...20
$Mg(OH)_2$	—	—	20...45	—	—
$(Ba,Ca)CO_3$	0...5	5...8	5...8	0...2	6...8
$ZrSiO_4$	—	—	—	—	55...70
Al_2O_3	—	—	—	12...15	—
SiO_2	25...40	—	—	—	—
Sintertemperatur [K]	1450...1650	1530...1770	1550...1650	1520...1620	1570...1670

Tone sind Alumosilikate wie Kaolin $Al_2(Si_2O_5)(OH)_4$ in der Form sehr feinkörniger (Korngröße ca. 1 μm), plättchenförmiger Partikel. Als Flußmittel dienen Feldspate $(K,Na)AlSi_3O_8$, die beim Brand des Porzellans eine Glasphase bilden. Füllstoffe sind Quarzsand SiO_2 (**Quarzporzellan**) und Aluminiumoxid Al_2O_3 (**Tonerdeporzellan**). Das konventionelle Porzellan läßt sich hinsichtlich der Oxide im Dreiphasendiagramm $(K,Na)_2O$-Al_2O_3-SiO_2 beschreiben. Zur Herstellung werden Quarz und Feldspat auf Korngrößen unter 50 μm gemahlen und mit Ton und Wasser aufgeschlämmt. Nach dem Mischen wird das Wasser durch eine Filterpresse teilweise entzogen und die Masse in einer Vakuumstrangpresse entlüftet. Die Formgebung erfolgt durch Vergießen eines noch fließfähigen Schlickers (mit ca. 25-35% Wasseranteil) in Gipsformen oder Drehen einer plastisch verformbaren Masse (mit ca. 20-30% Wasseranteil). Nach dem Trocknen wird eine Glasur aufgetragen, die neben Porzellanbestandteilen Übergangsmetalloxide enthält, um nach dem Sintern eine definierte Oberflächenleitfähigkeit auf dem Porzellankörper einzustellen (vgl. Abschn. 5.3).

Das Sintern erfolgt je nach Zusammensetzung bei Temperaturen zwischen 1.450 und 1.650 K.

Für Hochfrequenzanwendungen oder Temperaturbelastungen sind konventionelle Porzellane aufgrund ihrer relativ hohen dielektrischen Verluste und ihres thermischen Ausdehnungskoeffizienten ungeeignet. Hier werden Vertreter feldspatfreier Porzellane aus dem ternären Phasendiagramm $(Mg,Ca,Ba)O\text{-}Al_2O_3\text{-}SiO_2$ eingesetzt. Typische Zusammensetzungen sind in Tabelle 5.2.2-1 und die wichtigsten thermischen und elektrischen Eigenschaften in Tabelle 5.1-1 aufgeführt. Steatit wird aufgrund seines relativ kleinen dielektrischen Verlustfaktors für Hochspannungs-Hochfrequenzanwendungen wie Mastfüße, Hochleistungskondensatoren und Abspannisolatoren von Sendeanlagen genutzt. Cordierit weist einen kleinen thermischen Ausdehnungskoeffizienten auf und wird daher als Trägermaterial für Hochleistungsdrahtwiderstände und Heizelemente angewandt. Forsterit zeigt einen sehr ähnlichen Ausdehnungskoeffizienten wie Ti-Metall und wurde daher bis in die 70er Jahre für Hochleistungskomponenten verwendet, in denen Isolator-Metall-Übergang erforderlich waren. Heute sind diese durch Aluminiumoxid-Metall-Verbundkomponenten abgelöst.

5.2.3   Aluminiumoxid

Isolatoren mit hohen Anforderungen an die thermischen, mechanischen und elektrischen Eigenschaften werden häufig aus Aluminiumoxidkeramik gefertigt. Der Al_2O_3-Anteil in diesen Keramiken beträgt zwischen 94 und 99,9 Gew.%. Der übrige Anteil sind Flußmittel wie Talk, Kaolin oder MgO. Aluminiumoxid wird aus dem Mineral *Bauxit* gewonnen, indem durch den sog. Bayer-Prozeß [70] die im Mineral enthaltenen Fremdbestandteile wie Si und Fe abgetrennt werden. Im Bayer-Prozeß fällt Aluminiumhydroxid $Al(OH)_3$ an, welches für Isolatoranwendungen sehr sorgfältig von Alkaliverunreinigungen befreit werden muß. Trocknen überführt das $Al(OH)_3$ zunächst in $\gamma\text{-}Al_2O_3$, welches durch anschließendes Glühen bei Temperaturen über 1.270 K in $\alpha\text{-}Al_2O_3$ umgewandelt wird. Höchste Reinheiten z.B. für die Einkristallzucht (künstliche Saphire) erzielt man durch Umkristallisieren und anschließendes Kalzinieren von *Alaun* $NH_4Al(SO_4)_2\cdot12\,H_2O$. Die Verarbeitung zur Keramik erfordert im Falle von reinem Al_2O_3 entweder Sintern bei Temperaturen von über 2000 K oder Heißpressen. Standardqualitäten werden mit den gewünschten Flußmittelzusätzen vermahlen und zwischen 1.600 und 1.700 K gesintert.

In Tabelle 5.1-1 sind einige mechanische, thermische, und elektrische Eigenschaften von Al_2O_3-Keramik aufgeführt. Zahlreiche Eigenschaften hängen stark von der Reinheit, d.h. vom Al_2O_3-Anteil ab. Besonders deutlich wird dies für den spezifischen Widerstand ρ_{sp} wie in Bild 5.2.3-1 illustriert.

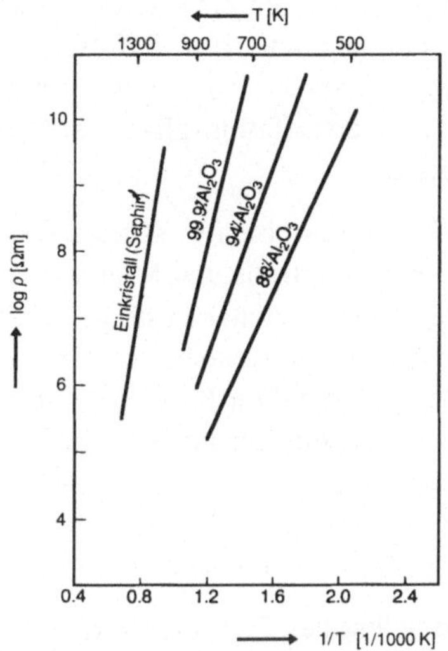

Bild 5.2.3-1   Temperaturabhängigkeit des spezifischen Widerstandes ρ_{sp} für Al_2O_3-Kerami-
ken mit verschiedenen Reinheitsgrad und für Saphir (nach [6])

Die Leitfähigkeit von *Saphir* setzt sich ähnlich wie die in den Titanaten (vgl. Abschn. 3.2) aus einem ionischen und einem elektronischen Anteil zusammen, wobei die relativen Anteile eine Funktion der Temperatur, des Sauerstoffpartialdruckes und der Konzentration heterovalenter Dotierungen sind. Im Falle von *Keramiken* stellen die Korngrenzen einen zusätzlichen Leitfähigkeitspfad dar – im Gegensatz zum Barrierenverhalten in akzeptordotierten Titanaten. Heterovalente Dotierungen im Kristallgitter haben einen Einfluß auf die Konzentration ionischer Defekte, ihr Einfluß auf die Leitfähigkeit der Keramik ist jedoch relativ gering.

Die Wärmeleitfähigkeit κ steigt von etwa 1,4 W/(m^{-1}K^{-1}) für Keramik mit 85% Al_2O_3-Gehalt auf 4 W/(m K) für 99,9%ige Al_2O_3-Keramik. Dabei werden sehr breite Streuungen von κ für verschiedene Al_2O_3-Keramiken mit gleicher nomineller Konzentration gemessen, da die Art und die Verteilung der Fremdanteile einen großen Einfluß auf κ hat. Wärmeleitung erfolgt im Festkörpern durch die Ausbreitung der Gitterschwingungsenergie in Form von Phononen. Punktdefekte in Konzentrationen über 0,1 at% können diese Ausbreitung stark beeinträchtigen, während Fremdmaterialien als Zweitphasen in Zwickeln zwischen den Körnern einen geringen Einfluß auf κ zeigen.

Der dielektrische Verlustfaktor $\tan\delta$ nimmt von etwa $1 \cdot 10^{-3}$ für 85%ige Al_2O_3-Keramik auf $4 \cdot 10^{-5}$ für 99,9%ige Keramik ab.

Aluminiumoxidkeramik wird überall dort eingesetzt, wo ausgezeichnete dielektrische Eigenschaften in Verbindung mit mechanischer Festigkeit und hoher Temperaturbelastbarkeit gefordert sind. Dies wird ergänzt durch die Möglichkeit hochwertige Metall-Keramikverbindungen herzustellen. Der Erfolg der Mo-Mn-Verbindungstechnik, welche die Ti-Forsterit-Technik abgelöst hat, beruht maßgeblich auf der Tatsache, daß Al_2O_3 selbst in Wasserstoffatmosphäre bei hohen Temperaturen seine isolierenden Eigenschaften behält.

Aluminiumoxidkeramik wird beispielsweise für Konstruktionselemente in Hochleistungsmikrowellengeneratoren wie Klystrons und Magnetrons verwendet. Besondere Anforderungen werden an Mikrowellenfenster gestellt, welche das Vakuum im Innern eines Generators von der Außenwelt trennen und eine optimale Durchlässigkeit für Mikrowellenstrahlung bieten müssen. Nur für extreme Belastungen (z.B. 200 kW Ausgangsleistung bei 60 GHz durch ein Fenster von ca. 50 mm Durchmesser [6]) reicht Al_2O_3 nicht mehr aus, so daß man Spezialmaterialien wie BeO mit noch besseren Wärmeleitfähigkeiten und niedrigeren $\tan\delta$-Werten einsetzt. Eine Übersicht über Mikrowellenfenster ist in Ref. [122] zusammengestellt.

Der hohe Isolationswiderstand selbst bei Temperaturen um 1300 K und die Temperaturwechselbelastbarkeit machen Al_2O_3-Keramik geeignet als Substratmaterial für Hochtemperaturgassensoren [71] oder hochwertige Massenartikel wie Zündkerzen. Heißgepreßte, transparente Al_2O_3-Keramiken dienen als Lampenkolben für Na-Dampflampen, da Quarzglas gegenüber dem heißen Na-Dampf chemisch nicht stabil ist.

5.2.4 Aluminiumnitrid

Aluminiumnitrid ist ein geeignetes Substratmaterial für allerhöchste thermische Anforderungen. Es zeigt eine ähnlich hohe Wärmeleitfähigkeit wie BeO, ohne dessen Nachteile hinsichtlich des hohen Rohstoffpreises und der Toxizität zu haben. Der spezifische Widerstand ist etwas geringer als für Al_2O_3 und BeO, er ist jedoch ausreichend für alle Substratanwendungen. Ein weiterer Vorteil von AlN-Substraten für Si-Chips ist die nahezu vollständige Übereinstimmung der thermischen Ausdehnungskoeffizienten von Si und AlN.

AlN-Pulver wird vorwiegend durch Reaktion aus den Elementen gewonnen, wobei zahlreiche technologische Varianten entwickelt wurden [72]. Die Herstellung der Keramik geschieht durch Heißpressen oder durch Sintern hinreichend feiner, reaktiver Pulver (Korngrößen < 1 µm) unter Zusatz von Sinterhilfsmitteln wie Y_2O_3, YF_3, CaO usw. bei Temperaturen zwischen 2050 und 2300 K. Ref. [72] enthält eine umfassende Zitatensammlung über die Präparations- und Sinterverfahren. Bei der Herstellung der Keramik muß auf einen geringen Anteil von Metall- und Sauerstoffverunreinigungen geachtet werden, da diese den spezifischen Widerstand, die optische Transparenz und insbesondere die Wärmeleitfähigkeit beeinträchtigen. Sauerstoffionen werden auf Stickstoffplätzen unter Bildung von Al-Leerstellen eingebaut:

$$\frac{3}{2}O_2(g) + 2\,AlN \Leftrightarrow 3O_N^\bullet + 2\,Al_{Al} + V_{Al}''' + N_2(g) \tag{5.1}$$

Die Wärmeleitfähigkeit von reinen AlN-Einkristallen liegt bei 320 W/(m K) und ist damit höher als für das gut wärmeleitende Al-Metall mit 210 W/(m K). Die Wärmeleitfähigkeit von AlN-Keramik hängt maßgeblich vom Sauerstoffgehalt ab. Die Punktdefekte, die durch den Sauerstoffeinbau im Kristallgitter erzeugt werden, sowie der an den Korngrenzen als Al_2O_3 segregierte Sauerstoff wirken als Streuzentren für die Phononen, die für den Wärmetransport verantwortlich sind. Der Sauerstoff wird in erster Linie durch oberflächliche Al_2O_3-Schichten auf den AlN-Pulverpartikeln in die Keramik eingeführt. Da Flußmittel wie Y_2O_3 das Al_2O_3 auflösen, können mit Sinterhilfsmitteln bei gleichem Sauerstoffgehalt höherer Wärmeleitfähigkeiten erreicht werden als durch Heißpressen von AlN-Pulver ohne Additive [73]. Die Flüssigphase verbleibt beim Abkühlen nach dem Sintern in den Zwickeln zwischen den Körnern und hat dort einen relativ geringen Einfluß auf den κ-Wert. Wie gut dieses Verfahren wirkt, zeigt eine chemische Analyse der Keramik mit dem höchsten κ-Wert in Bild 5.2.4-1, die lediglich 190 ppm O und 400 ppm Y in der AlN-Phase (einschl. der Korngrenzregionen) ergab, obwohl das AlN-Ausgangspulver etwa 1% Sauerstoff enthielt und 5% Y_2O_3 als Additiv zugesetzt worden waren.

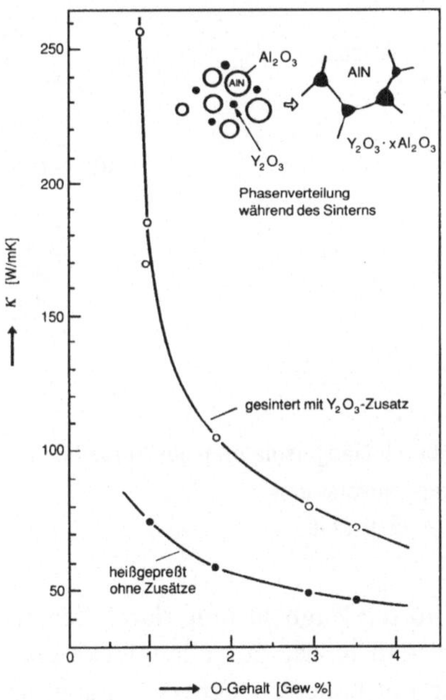

Bild 5.2.4-1 Wärmeleitfähigkeit κ als Funktion des Sauerstoffgehaltes im verwendeten AlN-Pulver. Daten für heißgepreßte AlN-Pulver ohne Additive und gesinterte Pulver mit bis zu 5 Gew.% Y_2O_3-Sinterhilfsmittel (nach Angaben aus [73]).

5.3   Hochspannungsisolatoren

Isolieranordnungen in der Hochspannungstechnik lassen sich in Hänge-, Stütz- und Durchführungsisolatoren unterteilen. Beispiele für Porzellan-Hängeisolatoren zeigt Bild 5.3-1 [74].

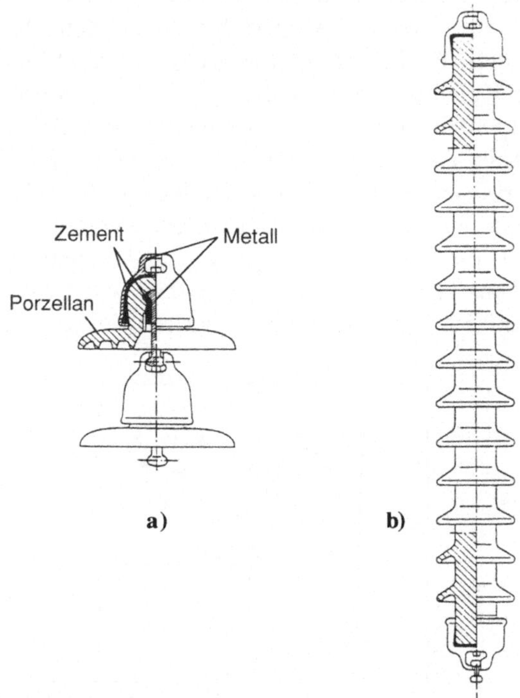

Bild 5.3-1   Teilquerschnitt durch Hängeisolatoren aus Porzellan (nach [54])
                 a) Ketten aus Kappenisolatoren
                 b) Langstab als Einzelisolator

In den Kappenisolatoren wird die Zugbelastung durch den Klöppel und die Metall-kappe dergestalt umgeleitet, daß in der Porzellanglocke eine Druckbeanspruchung entsteht. Seitdem Porzellane mit höherer Zugbelastbarkeit entwickelt wurden, spielen Langstabisolatoren aus diesem Material eine große Rolle für die Freileitungsisolation. Sie erlauben kürzere Gesamtlängen als Ketten von Kappenisolatoren aufgrund ihres geringeren Anteils an metallischen Armaturen.

Entladungen entlang der Isolatoroberfläche entstehen hauptsächlich dann, wenn beispielsweise durch Wetter- und Umwelteinflüsse Inhomogenitäten der Oberflächenleitfähigkeit und dadurch hohe lokale Felder auftreten. Entstehen beispielsweise beim Trocknen feuchter Porzellanoberflächen die ersten trocknen Streifen, so können sich über diesen Streifen Felder von über 3 MV/m bilden und eine Corona-Entladung initiieren. Um diesen Effekt zu vermeiden, wird das Porzellan mit einer speziellen Glasur versehen, die einen definierten Flächenwiderstand im Bereich von 1 bis 100 MΩ (zur Definition: s. Abschnitt 3 in [9]) aufweist und dadurch Spannungsgradienten glättet. Die Glasur wird hergestellt, indem in eine konventionelle Porzellanglasur eine kleine Menge an Metallionen mit gemischten Valenzen (z.B. Übergangsmetalle wie Fe, Co, Mn, Ni, Cr) einbaut wird und dadurch eine Hopping-Leitung elektronischer Ladungsträger bewirkt wird (s. Abschn. 4 in [9]).

5.4   Substrate

5.4.1   Kompaktsubstrate

Als Substrate für die Hybridtechnologie werden überwiegend kompakte Keramikscheiben von 1 bis 100 cm^2 Fläche und 0,1 bis 1 mm Dicke aus Aluminiumoxidkeramik (96...99,5% Al_2O_3) verwendet. Die Schaltungsfunktionen werden auf dem Substrat durch folgende Verfahren realisiert (s. Band 1, Abschnitt 4.2.2):

– **Dünnschichttechnik**
  Insbesondere metallische Leiter und Widerstände können durch Sputtern, Verdampfen oder CVD aufgebracht werden.

– **Dickschichttechnik**
  Kondensatoren, Widerstände und Leiterbahnen werden in Form geeigneter meist glashaltiger Pasten siebgedruckt und eingebrannt (s. Abschn. 4.3 und [9], Abschn. 3).

– **SMT (Surface Mount Technology)**
  Aktive und passive Bauelemente werden als oberflächenmontierbare Chips zunächst aufgeklebt und anschließend verlötet (s. [63]).

– **Bonden**
  Kleine bis mittlere integrierte Schaltungen werden als Halbleiterchips auf das Substrat aufgeklebt und mittels der Bonding-Technik mit den übrigen Funktionen verbunden (s. Band "Halbleiter" in dieser Reihe). Übersteigt die Zahl der Anschlüsse etwa 50, so geht man von Kompaktsubstraten auf Vielschichtsubstrate über.

Bild 5.4.1-1 zeigt eine Hybridschaltung, die mit einer Kombination von Dickschichttechnik, SMT und IC-Bonding aufgebaut wurde.

Bild 5.4.1-1   Hybridschaltung mit Dickschichtfunktionen (Leiterbahnen und Widerstände), SMD-Bauelementen (Vielschichtkondensatoren) und gebondeten Si-Chips. (mit freundlicher Genehmigung der Philips Apparatefabrik Krefeld)

Besonderer Augenmerk muß auf eine hohe Qualität der Substrat*oberfläche* gelegt werden. Naturgemäß erfordert insbesondere die Dünnschichttechnik mit Schichten zwischen 0,2 und 200 nm eine geringe Oberflächenrauhigkeit.

5.4.2 Vielschichtsubstrate

Als Gehäuse für hochintegrierte Halbleiterchips werden sowohl Kunststoff- als auch Keramiksubstrate eingesetzt. Tabelle 5.4.2-1 listet die wichtigsten Anforderungen und die Eignung der beiden Materialklassen auf [75].

Tab. 5.4.2-1   Anforderungen an Substratmaterialien für Halbleiterchips (nach [75])

	Kunststoff	Keramik
Hoher Isolationswiderstand	+	+
Mechanische Stabilität	−	+
Hohe Korrosionsbestandigkeit	o	+
Undurchlässigkeit für Gase und Feuchtigkeit	−	+
Hohe Wärmeleitfähigkeit	−	+
Thermischer Ausdehnungskoeffizient an den Wert von Si angepaßt	−	+
Niedrige Dielektrizitätszahl	+	o
Niedrige α-Radioaktivität	+	o
Gute Metallisierbarkeit	o	+
Niedriger Preis	+	

+ exzellent, o mäßig, − unzureichend

Der Vergleich zeigt, daß Kunststoff lediglich im Preisvergleich einen deutlichen Vorteil gegenüber Keramik aufweist. Ein weiterer Vorteil ist die etwas niedrigere Dielektrizitätszahl ε_r, die sich mit Kunststoffen wie Polyimid verwirklichen läßt. Im Falle der α-Strahlung des Materials lassen sich durch geeignete Rohstoffe auch in Keramiken die Werte für Kunststoff erreichen. In allen anderen Eigenschaften zeigt Keramik deutliche Vorteile. Dies betrifft insbesondere die mechanische Stabilität (die für eine hohe Anzahl von Außenanschlüssen benötigt wird), die Wärmeleitfähigkeit und die Anpassung des thermischen Ausdehnungskoeffizienten an den Wert von Si. Bild 5.4.2-1 zeigt verschiedene Vielschichtsubstrate aus Aluminiumoxid als Keramikgehäuse für integrierte Schaltungen mit unterschiedlicher Anordnung der Anschlüsse.

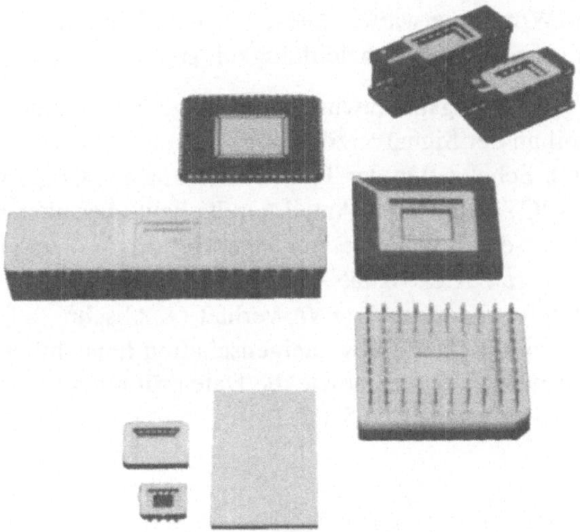

Bild 5.4.2-1   Verschiedene Typen keramischer IC-Gehäuse:
Mitte u. oben rechts: DIL-Gehäuse (dual-in-line, Anschlüsse an zwei gegenüberliegenden Seiten)
Mitte oben: Chip-Carrier-Gehäuse (Anschlüsse in Form von Metallisierungen an allen vier Seiten)
Rechts unten: PGA-Gehäuse (Anschlußbeine an der Unterseite des Gehäuses)
(mit freundlicher Genehmigung der Hoechst Aktiengesellschaft)

Bereits heute werden für besonders hoch integrierte und schnelle ICs sowie in Fällen, in denen hohe Anforderungen an die Zuverlässigkeit gestellt werden, ausschließlich keramische Substrate verwendet. Die stürmische Entwicklung zu immer höheren Integrationsdichten und Signalverarbeitungsgeschwindigkeiten wird dazu führen, daß der Anteil der keramischen Substrate weiter stark zunimmt. Dies ist auf mehrere Faktoren zurückzuführen.

Die Zunahme der Integrationsdichte, die heute einige 10^7 Transistoren pro Chip erreicht hat, drückt sich in Prognosen für das Jahr 2000 aus, die von über 10^9 Transistoren ausgehen. An diese Steigerung ist in vielen Fällen eine Zunahme der Anschlüsse von heute etwa 100-250 auf weit über 1000 für Einzelchipgehäuse gekoppelt. Die Anzahl der Anschlüsse von Multichipsubstraten ist naturgemäß noch deutlich größer. Darüber hinaus haben moderne Multichipsubstrate heute bis zu 70 Verdrahtungsebenen und 2 Millionen Durchkontaktierungen bei einer Dichte von 500 pro cm^2 in einer Ebene [58].

Der Anstieg der Verarbeitungsgeschwindigkeit geht einher mit größeren Verlustleistungen. Heutige VLSI-Chips entwickeln etwa 100 kW/m^2 – das entspricht Flächenleistungsdichten von Haushaltskochplatten. Innerhalb weniger Jahre ist eine Steigerung auf mehr als 1 MW/m^2 zu erwarten. Diese Leistung kann nur durch keramische Materialien mit einer sehr hohen Wärmeleitfähigkeit abgeführt werden.

Mit zunehmender Verarbeitungsgeschwindigkeit steigt bei gleichbleibendem Substratmaterial der Anteil an der Signalverzögerung, der ausschließlich durch Laufzeiteffekte und nicht durch Schaltzeiten der Transistoren auf den Chips verursacht werden. In sehr schnellen IC's liegt dieser Anteil bereits heute bei über 80% [76]. Eine Verbesserung kann einerseits durch eine Verringerung der Substratgröße und andererseits durch eine kleinere Dielektrizitätszahl des Substratmaterials erreicht werden, da sich die Signallaufzeit proportional zu $\sqrt{\varepsilon_r}$ verhält (s. Abschn. 2.2). Die für künftige IC-Generationen gewünschten Substrateigenschaften hinsichtlich der Dielektrizitätszahl und der Wärmeleitfähigkeit, sowie die Daten für einige Materialien sind in ein κ-ε_r-Diagramm eingezeichnet (Bild 5.4.2-2).

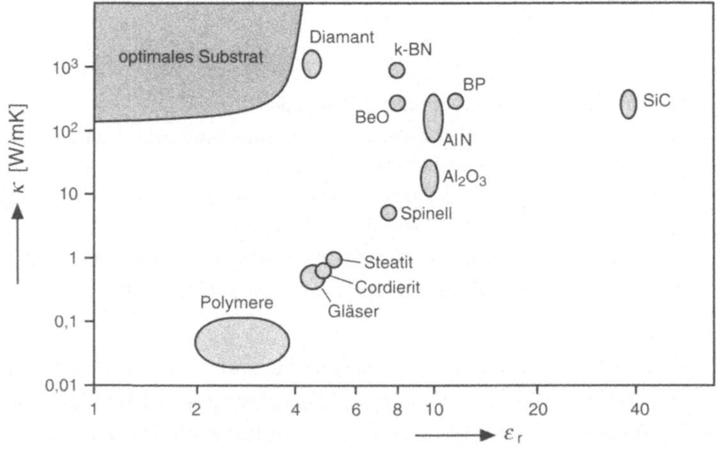

Bild 5.4.2-2   Wärmeleitfähigkeit κ und Dielektrizitätszahl ε_r für verschiedene Substratmaterialien

Offensichtlich gibt es kein Material, welches in der gewünschten $\kappa\text{-}\varepsilon_r$-Region liegt. Aus grundsätzlichen Materialüberlegungen heraus kann auch nicht erwartet werden, daß künftig ein solches Material gefunden wird [75]. Diamant und kubisches BN, welche der gewünschten $\kappa\text{-}\varepsilon_r$-Region recht nahekommen, scheiden bisher aufgrund der hohen Kosten für die notwendigen Substratvolumen aus. Eventuell wird sich dies durch die Möglichkeiten der preiswerten Abscheidung von Diamant durch CVD-Verfahren in den nächsten Jahren ändern [121]. Keramiken wie AlN oder BeO haben ausreichende Wärmeleitfähigkeiten, jedoch keine hinreichend kleinen ε_r-Werte. Andererseits gibt es Polymere mit ε_r-Werten, die deutlich unter 4 liegen, allerdings mit unzulänglichen κ-Werten. Da die Anforderungen hinsichtlich κ und ε_r nicht an allen Stellen im Substrat gleich sind, wurde als Lösungsweg ein Keramik-Polymer-Komposit entwickelt. Der Chip gibt seine Wärme nach unten an eine gut wärmeleitende Keramik wie z.B. AlN ab, während die Anschlüsse an den Seiten des Chips in eine Vielschichtstruktur aus Polyimid führen (Bild 5.4.2-3) [77].

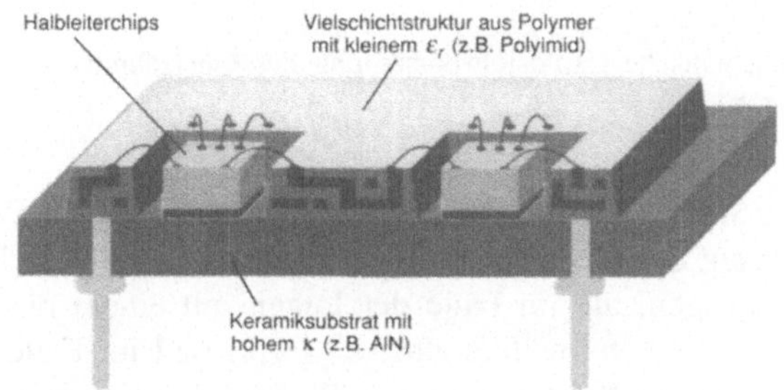

Bild 5.4.2-3   Keramik-Polymer–Komposit als Halbleiterchip-Substrat [77]
(mit freundlicher Genehmigung der Hoechst AG)

5.4.3 Multikomponenten-Substrate

Eine Erweiterung des Konzepts der Vielschichtsubstrate in Verbindung mit der Dickschichttechnik stellen die keramischen Multikomponenten-Substrate (sog. MMC = Monolitische Multicomponents Ceramic) dar [78]. Dabei werden verschiedene Dickschichtmaterialien nicht nur auf Substratoberflächen, sondern auch auf inneren Lagen einer keramischen Vielschichtstruktur verwendet. Die Herstellung erfolgt in ähnlicher Weise wie in Abschnitt 4.2 beschrieben, es werden neben den metallischen Innenelektrodenpasten lediglich weitere Materialien mittels Siebdruck eingesetzt. Darüberhinaus werden als keramische Lagen Folien aus verschiedenen Pulvern (z.B. Keramiken unterschiedlicher Dielektrizitätszahl) verwendet. In diesem Konzept lassen sich zahlreiche passive elektronische Funktionen wie Kondensatoren, Widerstände, Thermistoren, Spulen usw. im Innern eines Substrates integrieren. Bild 5.4.3-1 zeigt ein Beispiel für den Aufbau eines MMC-Substrates [78].

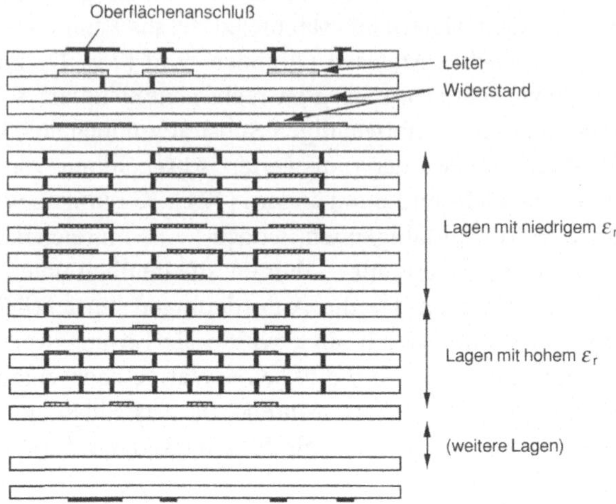

Bild 5.4.3-1   Schematische Explosionsdarstellung des Querschnitts durch ein MMC-Substrat (nach [78]).

Die Leiterbahnen sind in diesem Beispiel siebgedruckte Ag/Pd-Pasten. Widerstände sind durch Pasten auf der Basis von RuO_2 realisiert. Die keramischen Schichten werden aus Folien gezogen, die im Falle der Lagen mit einem niedrigen ε_r aus einer Glaskeramik (Al_2O_3/ Bleiborosilikatglas; $\varepsilon_r \approx 7,5$) und im Falle der Lagen mit einem hohen ε_r aus einem Relaxormaterial ($Pb(Fe_{2/3}W_{1/3})O_3$-$Pb(Fe_{1/2}Nb_{1/2})O_3$; $\varepsilon_r \approx$ 7000) bestehen. Es ergibt sich bei Einsatz eines MMC-Substrates im Vergleich zu konventionellen, oberflächenmontierten Substraten eine Volumenersparnis von 5 bis 10. Dieser Vorteil wird mit einem beträchtlichen Materialentwicklungsaufwand erkauft, da für die unterschiedlichen Funktionen Materialien gefunden werden müssen, die alle bei der gleichen Temperatur gesintert werden können.

6   Kondensatoren

6.1   Klassifizierungen und Bauformen

Kondensatoren übernehmen unterschiedliche Aufgaben in elektrischen Schaltungen. Zahlreiche Anwendungen beruhen auf der Tatsache, daß Kondensatoren für Gleichstrom nicht durchlässig sind (**galvanische Trennung**), während sie für Wechselströme eine endliche Impedanz darstellen. Als **Siebkondensatoren** (auch: Abblockkondensatoren) stabilisieren sie Gleichspannungsversorgungen, indem sie Wechselspannungsanteile, die als Restwelligkeit oder Rauschen von den Versorgungseinheiten herrühren oder durch den Betrieb in der Schaltung selbst entstehen, kurzschließen. Insbesondere in schnellen digitalen Schaltungen treten durch die Schaltvorgänge in den IC's hochfrequente Störungen auf, die durch Siebkondensatoren in unmittelbarer Nähe der entsprechenden IC's abgefangen werden müssen. Aus diesem Grund ist die weltweite Produktion von Kleinleistungssiebkondensatoren mit Kapazitäten von etwa 10 bis 100 nF, die die zahlenmäßig größte Gruppe von Kondensatoren darstellen, eng an den Verbrauch von IC's gekoppelt. In der Analogtechnik werden Kondensatoren in großem Umfang zur galvanischen Trennung und wechselstrommäßigen Kopplung von Schaltungsteilen eingesetzt. In Kombination mit Bauelementen wie Widerständen, Spulen und aktiven Komponenten sind Kondensatoren Bestandteile von frequenzbestimmenden Filtern.

Die Fähigkeit von Kondensatoren Ladungen zu speichern und – schneller als Batterien – wieder abzugeben wird beispielsweise in den Blitzlichteinheiten von Photoapparaten und in der Hochenergiephysik (z.B. Versuchsfusionsreaktoren) ausgenutzt.

Die Größe und Bauform von Kondensatoren hängt naturgemäß vom Anwendungsgebiet ab. Die Spanne der Volumina diskreter Kondensatorbauelemente ertreckt sich von Bruchteilen eines mm^3 z.B. für Hörgeräte oder Camcorder bis zu etwa 1 m^3 zum Einsatz in elektrisch betriebenen Lokomotiven oder in der Kraftwerkstechnik.

Die Bauform von keramischen Kleinleistungskondensatoren wird durch eine Reihe von Merkmalen bestimmt:

– **Körperform**
  z.B. runde oder rechteckige Scheibe, Rohr, Perle
– **Art und Form der Anschlüsse**
  z.B. Drähte, Lötfahnen oder Beläge in axialer oder paralleler Anordnung
– **Oberfläche**
  z.B. umhüllt, lackiert oder unlackiert

Hinzu kommt als wichtigstes Bauformmerkmal der innere Aufbau als *Ein*schicht- oder *Viel*schichtkondensator. Zwei exemplarische Beispiele sind in Bild 6.1-1 skizziert.

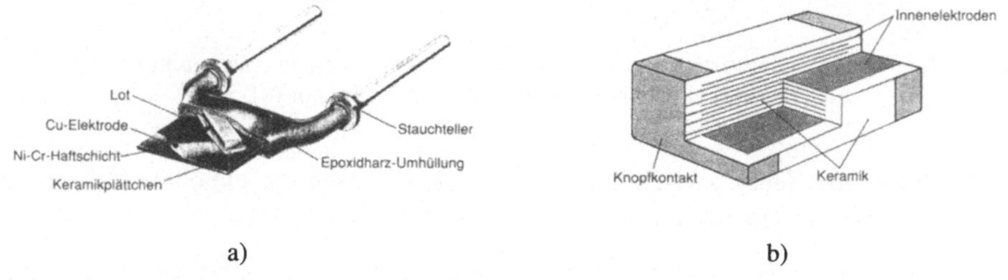

Bild 6.1-1   Aufbau eines Miniatur–Scheibenkondensators (a) und eines Vielschichtkondensators (b) (nach [120]).

Bild 6.1-1a zeigt einen umhüllten, rechteckigen Scheibenkondensator mit parallelen Anschlußdrähten. Der Stauchteller unterstützt die definierte Positionierung des Kondensators auf der Leiterplatte und dient zur Kraftentlastung bei der automatischen Bestückung. In Bild 6.1-1b ist der Aufbau eines unlackierten, rechteckigen Vielschichtkondensators mit den Kopfkontakten als axialen Anschlußbelägen gezeigt. Wie in Abschn. 4.2 erwähnt, sind die inneren Elektrodenflächen abwechselnd mit den beiden Kopfkontakten verbunden, so daß sich eine Parallelschaltung der einzelnen dielektrischen Lagen ergibt. Die Baugröße wird durch eine vierstellige Number angegeben, in der die beiden ersten Ziffern die Länge über die Kopfkontakte und die folgenden beiden Ziffern die Breite jeweils in 1/100 Zoll angeben. Gängige Baugrößen sind 0402, 0603, 0805, 1206, 1210, 1812 und 2220. Eine Komponente der Größe 1206 beispielsweise ist 12/100 Zoll (= 3,05 mm) lang und 6/100 Zoll (= 1,52 mm) breit. Die Dicke liegt in einem für jede Baugröße spezifizierten Intervall. Für die Größe 1812 beispielsweise erstreckt sich der zulässige Bereich von 0,5 bis 1,3 mm.

Für Hochspannungsanwendungen sind Anordnungen ungünstig, in denen die Elektrodenflächen bis zu ihren Außenkanten parallel bleiben, da sich ein Streufeld auch in den Bereich jenseits der Kanten erstreckt und zu einer Erhöhung der Feldliniendichte an den Elektrodenkanten führt (Bild 6.1-1a). Diese Feldüberhöhung wird in Hochspannungskondensatoren vermieden, indem der Elektrodenabstand in der Nähe der Kanten vergrößert wird (Bild 6.1-2).

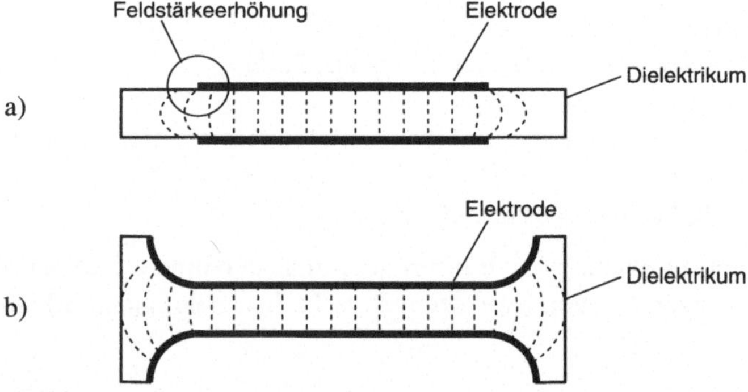

Bild 6.1-2   Feldlinienverteilung in einem Querschnitt durch einen Kondensator mit parallelen Elektroden (a) und einen Hochspannungskondensator (b).

An die freie Oberfläche zwischen den Elektroden werden die gleichen Anforderungen gestellt, wie an Hochspannungsisolatoren (vgl. Abschn. 5.3).

Aufgrund ihrer unterschiedlichen Eigenschaften sind dielektrische Keramikmaterialien nach nationalen und internationalen Normen (z.B. DIN, CECC [126]) in drei Klassen unterteilt.

Die **Klasse 1** umfaßt Materialien für Kondensatoren mit definierten (positiven oder negativen) und über einen weiten Temperaturbereich annähernd konstanten Temperaturkoeffizienten (Bild 6.1-3).

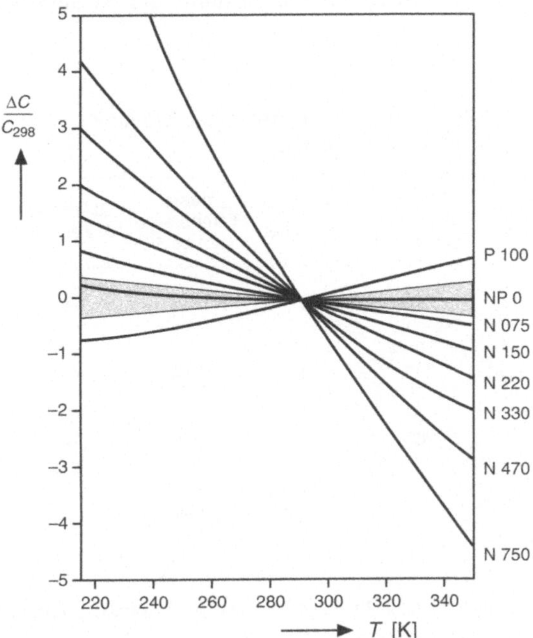

Bild 6.1-3   Kapazitätsänderung in Abhängigkeit von der Temperatur für Klasse 1-Kondensatoren mit Temperaturkoeffizienten zwischen +100 ppm/K (P100) bis -750 ppm/K (N750). Für das Material mit dem nominellen Temperaturkoeffizienten Null (Bezeichnung NP0) ist der zulässige Toleranzbereich von max ±30 ppm/K eingezeichnet (nach [120]).

Die Materialien werden üblicherweise über den Wert ihres Temperaturkoeffizienten (in ppm/K) mit einem vorangestellten P oder N für positive bzw. negative Vorzeichen des Koeffizienten bezeichnet. Keramiken mit temperaturunabhängigen ε_r-Werten werden NP0-Materialien genannt (vgl. Abschn. 6.4). Da neben definierten Temperaturkoeffizienten eine hohe Stabilität der Kapazitätswerte, niedrige Verlustfaktoren, hoher Isolationswiderstände und kein Spannungseinfluß auf die Kapazität und den Verlustfaktor gefordert sind, kommen ausschließlich *nicht-ferroelektrische* Keramiken als Klasse-1-Materialien in Frage. Der Einsatzbereich umfaßt alle Anwendungen, in denen hohe Stabilität und hohe Qualität erforderlich sind, wie z.B. in Schwingkreisen, in Filtern, zur Temperaturkompensation, zur Kopplung und Siebung in HF-Kreisen.

Die **Klasse 2** beschreibt Dielektrika mit großen Dielektrizitätszahlen ε_r (> 1000), die in der Regel nur durch *ferroelektrische* Materialien erreicht werden können. Die nichtlineare Abhängigkeit des ε_r-Wertes von der Temperatur wird durch eine zusätzliche Spezifikation festgelegt. Die gebräuchlichste wurde durch die amerikanische EIA (Electronics Industry Association) aufgestellt und ist auszugsweise in Tabelle 6.1-1 wiedergegeben.

Tabelle 6.1-1   Temperatur-Spezifikation für Klasse-2-Kondensatoren
(EIA-Standard RS-198–B, Auszug)

EIA-Code 1. Zeichen	untere Temperatur-grenze [K]	EIA-Code 2. Zeichen	obere Temperatur-grenze [K]	EIA-Code 3. Zeichen	max. Abweichung der Kapazität vom Wert bei 298 K
X	218	5	358	R	± 15%
Y	243	6	378	S	± 22%
Z	283	7	398	U	+22% / –56%
		8	423	V	+22% / –82%

Ein dielektrischer Werkstoff des Typs X7R beispielsweise ist für Anwendungen im Temperaturbereich 218 K bis 398 K spezifiziert und ändert seinen ε_r-Wert in diesem Temperaturbereich um nicht mehr als ±15%, bezogen auf den Wert bei 298 K. Die CECC-Spezifikationen legen neben der Kapazitätstoleranz hinsichtlich der Temperatur auch die Toleranz hinsichtlich einer angelegten Gleichspannung fest (Details: s. z.B. [120]). Für die Klasse-2-Materialien werden im Vergleich zur Klasse 1 über die Temperaturtoleranzen hinaus geringere Ansprüche hinsichtlich der Stabilität des Kapazitätswertes und des Verlustfaktor gestellt. Klasse-2-Kondensatoren werden zur Kopplung und Entkopplung und zur Funk-Entstörung bei Kleinspannungsanwendungen eingesetzt. (vgl. Abschn. 6.2 u. 6.3)

Die **Klasse 3** umfaßt die sog. Sperrschichtkeramiken (vgl. Abschn. 6.7). In diesen Materialien werden noch höhere, effektive Dielektrizitätszahlen erzielt, allerdings auf Kosten niedrigerer Isolationswiderstände, größerer Verluste und einer Beschränkung auf niedrige Nennspannungen. Diese Materialklasse wurde vorwiegend eingesetzt, bevor Vielschichtkondensatoren (mit Klasse-2-Materialien) als preiswerte Massenprodukte erhältlich wurden. Im Gegensatz zu den Materialien der Klassen 1 und 2 eignen sich Sperrschichtkeramiken kaum für Vielschichtkondensatoren, da in diesen – aufgrund der geringen dielektrischen Schichtdicke – die Nennspannung auf zu kleine Werte beschränkt bliebe.

6.2   Materialien mit hoher Dielektrizitatskonstante

Dielektrische Keramiken mit sehr hoher Dielektrizitatskonstante ($\varepsilon_r > 1000$) basieren fast stets auf einem ferroelektrischen Grundmaterial. Als klassisches Basismaterial für keramische Kondensatoren dient auch heute noch überwiegend das schon seit 1940 bekannte ferroelektrische $BaTiO_3$. Langjährige Modifikation und Anpassung der dielektrischen Eigenschaften von $BaTiO_3$ an die unterschiedlichsten Anwendungen haben dazu geführt, daß dieser Werkstoff auch den gegenwärtigen Anforderungen, besonders an den Isolationswiderstand und die Lebensdauer bei hohen elektrischen Feldern und Temperaturen, noch immer genügt.

Seit einigen Jahren werden zunehmend auch Relaxor-Materialien mit sehr hohen Dielektrizitätskonstanten in Keramikkondensatoren eingesetzt (s. Abschn. 2.5.3 und 6.2.2). Wegen ihres hohen Bleigehaltes und einiger problematischer elektrischer Eigenschaften, auf die in den nachfolgenden Abschnitten eingegangen wird, konnten sich die Relaxor-Materialien bisher noch nicht in großem Umfang als Werkstoffe für Keramikkondensatoren durchsetzen.

Y5V- und Z5U-Materialien zeichnen sich durch sehr hohe Werte von ε_r bei jedoch nur geringer Temperaturstabilität aus (s. Tab. 6.1-1). Sie werden gewöhnlich in Kondensatoren für einfache Entkopplungsschaltungen eingesetzt. Aufgrund unterschiedlicher Bedürfnisse und Produktausrichtungen, findet die Spezifikation Y5V vornehmlich im Fernen Osten und die Spezifikation Z5U stärker in den USA Anwendung. Die geforderten hohen Dielektrizitätszahlen bei der Referenztemperatur 298 K erreicht man durch Ausnutzung der dielektrischen Maxima am Curiepunkt von ferroelektrischen Keramiken. Industrielle Y5V-Materialien auf $BaTiO_3$-Basis erreichen nach dem gegenwärtigen Stand der Technik ε_r-Werte von 10000 bis 15000, während in Relaxor-Materialien Spitzenwerte bis $\varepsilon_r \approx 25000$ erzielt werden.

6.2.1 Modifizierte Bariumtitanate

Zur Herstellung von Y5V- oder Z5U-Materialien muß die Temperatur- Charakteristik des reinen $BaTiO_3$ erst durch eine Reihe geeigneter Zusätze in vielfacher Weise modifiziert werden:

- Der Curiepunkt (T_C) muß von 403 K in die Nähe der Raumtemperatur verschoben werden.
- Das Maximum der Dielektrizitatskonstante bei T_C muß erhöht werden.
- Die Breite des Maximums muß an die EIA-Spezifikationen (z.B. Y5V oder Z5U) angepaßt werden.

Die Verschiebung von T_C und die Erhöhung des Maximums erfolgt gewöhnlich durch Einbau eines sogenannten "Shifters", der den Charakter des Phasenübergangs in Richtung auf einen Übergang 2. Ordnung verändert. Als geeignete und deshalb industriell häufig benutzte Shifter haben sich die paraelektrischen Perowskitphasen $BaZrO_3$ und $BaSnO_3$ erwiesen, die beide vollständig mit $BaTiO_3$ mischbar sind [79].

Häufig reicht der diffuse Charakter des Phasenübergangs, d.h. die Verbreiterung der Curie-Maxima, nicht aus, um die gewünschte Spezifikation Y5V oder Z5U zu erreichen, so daß zusätzliche Maßnahmen zur Verbreiterung des Maximums getroffen werden müssen. Hierbei bedient man sich gewöhnlich der Korngrößenabhängigkeit von $\varepsilon_{r,max}$. Wie Bild 6.2.1-1 zeigt, bewirkt schon schon eine geringe Verminderung der mittleren Korngröße eine erhebliche Verbreiterung des dielektrischen Maximums, die jedoch zwangsläufig eine Reduzierung des dielektrischen Maximums nach sich zieht.

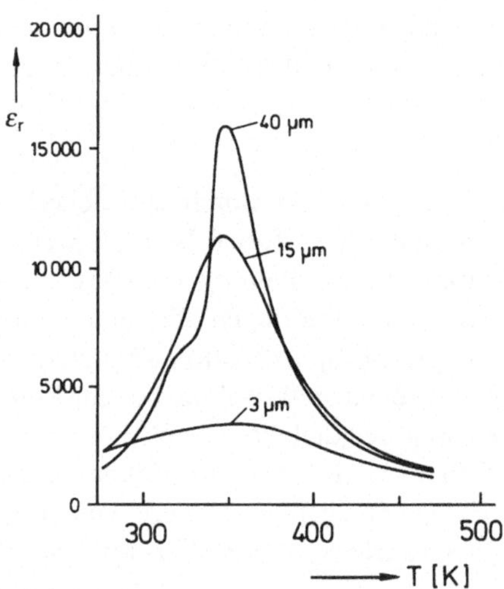

Bild 6.2.1-1   Temperaturabhängigkeit von ε_r für Keramiken verschiedener mittlerer Korngrößen der Zusammensetzung $(Ba_{0,87}Ca_{0,13})(Ti_{0,88}Zr_{0,12})O_3$

Die Optimierung des Temperaturverlaufs und des maximalen Wertes von ε_r für ein Y5V- oder Z5U-Material bedarf also stets einer sehr präzisen Kontrolle des Kornwachstums.

Eine häufig angewendete Methode, das Kornwachstum in Mischkristallen des $BaTiO_3$ in angemessener Weise zu kontrollieren, ist neben der optimalen Einstellung von Sintertemperatur und -zeit die Zugabe geringer Mengen einer Zweitphase, die das Kornwachstum hemmt. Als solche haben sich Zusätze von $CaTiO_3$ bewährt. Die Perowskitphase $CaTiO_3$ zeigt nur eine begrenzte, stark temperaturabhängige Löslichkeit in $BaTiO_3$ und dessen Mischkristallen mit $BaZrO_3$ (s. Bild 6.2.1-2) [80].

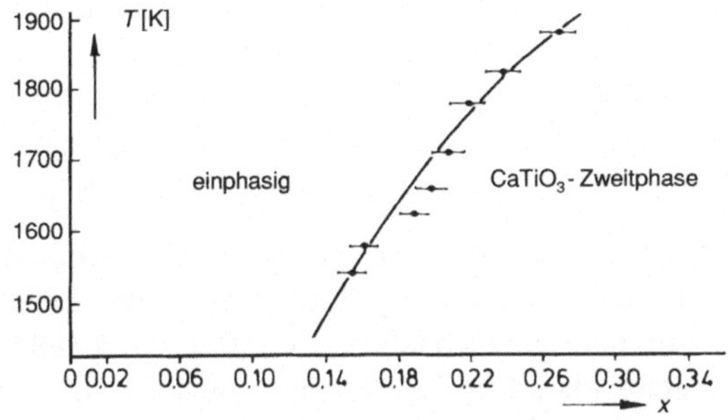

Bild 6.2.1-2   Temperaturabhängigkeit der Mischungslücke zwischen Ba(Ti,Zr)O$_3$ und CaTiO$_3$
am Beispiel von (Ba$_{1-x}$Ca$_x$)(Ti$_{0,93}$Zr$_{0,07}$)O$_3$

Bei Überschreitung der Löslichkeitsgrenze scheidet sich das CaTiO$_3$ in kleinen Partikeln an den Korngrenzen des BaTiO$_3$ ab, und bewirkt dort eine deutliche Verlangsamung des Kornwachstums.

Fast alle bekannten Y5V-Materialien beruhen auf Zusammensetzungen aus dem sogenannten "4-Stoff-System" (Ba,Ca)(Ti,Zr)O$_3$, versehen mit vielerlei weiteren Zusätzen zur Steuerung der Verluste, des Isolationswiderstandes und der Lebensdauer unter Gleichspannungsbelastung. Die vielen Variationsmöglichkeiten erklären die große Zahl von patentierten Zusammensetzungen in dieser Materialklasse.

6.2.2 Relaxor-Materialien

Die grundlegenden physikalischen Eigenschaften sogenannter ferroelektrischer Relaxoren wurden bereits in Abschnitt 2.5.3 behandelt. Ferroelektrische Relaxoren zeichnen sich insbesondere durch ihre ungewöhnlich hohen und breiten dielektrischen Maxima am Curiepunkt aus, weshalb sie für eine Anwendung in Y5V-Materialien von großem Interesse sind. Relaxor-Materialien auf der Basis Pb-haltiger Perowskite werden fast immer mit PbO als Sinterhilfsphase gefertigt. Daraus folgt der Vorteil einer gewöhnlich recht niedrigen Sintertemperatur, die oft unterhalb von 1400 K liegt und eine Anwendung in keramischen Vielschichtkondensatoren mit preiswerten Innenelektroden aus Ag oder Ag-reichen Pd/Ag-Legierungen ermöglicht.

Die Zusammensetzungen der ferroelektrischen Relaxor-Materialien beruhen fast ausschließlich auf PbO-haltigen komplexen Perowskiten der allgemeinen Zusammensetzung Pb(B1,B2)O$_3$. Als komplex-bildende Ionen dienen vor allem

B1 = Mg, Zn, Ni, Fe, Sc und

B2 = Nb, Ta, W.

Die zahlreichen Kombinationen von B1 und B2 auf den Oktaeder-Plätzen der Perowskitstruktur ermöglichen die Herstellung einer großen Zahl von komplexen Perowskiten, von denen jedoch nicht alle ferroelektrische Eigenschaften aufweisen. Eine umfassende Übersicht über komplexe Perowskite findet sich in Ref. [81]. Bekannte ferroelektrische Komplexe mit typischen Relaxor-Eigenschaften sind: $Pb(Mg_{1/3}Nb_{2/3})O_3$ (PMN), $Pb(Fe_{1/3}W_{2/3})O_3$ und $Pb(Fe_{1/2}Nb_{1/2})O_3$.

Die weitgehende Mischbarkeit der komplexen Perowskite untereinander oder mit anderen ferroelektrischen Perowskiten wie $PbTiO_3$, $PbZrO_3$ und $BaTiO_3$, eröffnen die Herstellbarkeit einer kaum mehr überschaubaren Vielfalt von dielektrischen Materialien, die sich in einer entsprechend großen Anzahl von Patenten auf diesem Gebiet niedergeschlagen hat. Eine Sammlung patentierter dielektrischer Relaxor-Materialien für Kondensatoren findet sich in Ref [21].

Neben der schon erwähnten Frequenzabhängigkeit von ε_r und $\tan\delta$, die zu der Bezeichnung "Relaxor" geführt hat, weisen diese Materialien noch einige weitere, weniger bekannter Merkmale auf, die den Einsatz als Dielektrikum in keramischen Vielschichtkondensatoren problematisch erscheinen lassen. Vielschicht-Kondensatoren aus PbO-haltiger Relaxorkeramik zeigen eine deutlich niedrigere mechanische Stabilität als $BaTiO_3$-Keramik. Die erhöhte Brüchigkeit, insbesondere von PMN, stellt ein ernsthaftes Problem bei der automatischen SMT-Bestückung von Schaltungen mit Chip-Kondensatoren aus Relaxor-Keramik dar [82]. Hinzu kommen Umweltprobleme sowohl bei der Fertigung der PbO-haltigen Keramiken als auch bei der Entsorgung nach dem Ablauf der Lebensdauer der elektronischen Schaltungen.

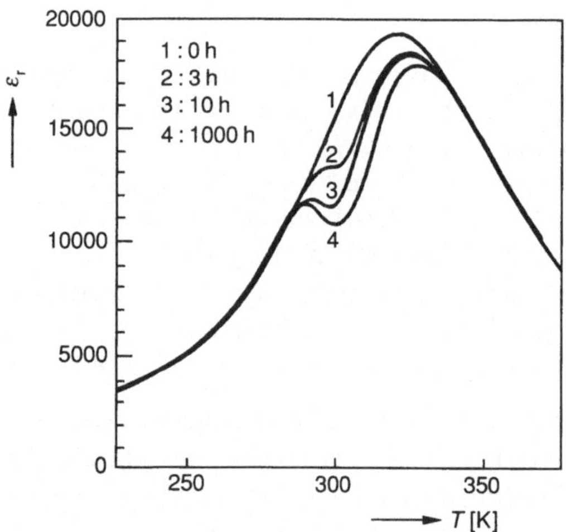

Bild 6.2.2-1   Alterung von ε_r in Relaxor-Keramik der Zusammensetzung $Pb(Mg_{1/3}Nb_{2/3})O_3$-10%$PbTiO_3$ bei 298 K für verschiedene Zeiten [17]

Kondensatoren aus kommerziell hergestellten PMN-PbTiO$_3$ Pulvern zeigen darüber hinaus ungewöhnlich hohe Alterungsraten von ε_r (s. Bild 6.2.2-1, vgl. Abschn. 6.8.3). Ähnliche Werte wurden bereits früher an anderen Relaxor-Keramiken gefunden [83].

Die genannten Nachteile haben bisher den generellen Durchbruch dieser Materialien auf dem Vielschichtkondensatormarkt noch verhindert.

6.3   Ferroelektrische Materialien mit flacher Temperaturcharakteristik

Für viele elektrische Anwendungszwecke, besonders in Kondensatoren zur Wechsel-spannungskopplung, sind die geringe Temperaturstabilität und die relativ hohen dielektrischen Verluste der Y5V- und Z5U-Materialien unzureichend. Bei höheren Ansprüchen an die Temperaturstabilität von ε_r greift man bevorzugt auf Materialien der EIA-Spezifikation X7R zurück (s. Tabelle 6.1-1).

In X7R-Materialien nutzt man die relativ hohe Dielektrizitätszahl des BaTiO$_3$ im ferroelektrischen Bereich unterhalb des Curiepunktes T_C aus. Wie aus Bild 6.3-1a ersichtlich ist, weist die Temperatur-Charakteristik $\varepsilon_r(T)$ der reinen BaTiO$_3$-Keramik im tetragonalen Bereich zwischen etwa 273 und 398 K einen relativ flachen Verlauf auf. Im Temperaturbereich von etwa 273 bis 218 K muß der steile Abfall von $\varepsilon_r(T)$ jedoch korrigiert werden, um die Spezifikation X7R zu erreichen. Eine Ausweitung der flachen Temperatur-Charakteristik ist nur möglich, wenn in der Keramik zwei oder mehrere ferroelektrische Phasen nebeneinander anwesend sind, die sich untereinander nicht mischen dürfen. Im Falle einer Mischkristallbildung erhält man stets lediglich eine Verschiebung von ε_r des Gesamtmaterials und einen Y5V-artigen Verlauf der Temperatur-Charakteristik.

Die Erzeugung flacher $\varepsilon_r(T)$-Charakteristiken setzt also die Herstellbarkeit mehrphasiger, d.h. heterogener ferroelektrischer Materialien voraus. Einfache Modellrechnungen zeigen, daß man den flachen Verlauf von $\varepsilon_r(T)$ durch Überlagerung der Temperatur-Charakteristiken des reinen BaTiO$_3$ und einer weiteren ferroelektrischen Phase mit einem Curiepunkt bei etwa 200 K erreichen kann. Die Überlagerung der beiden $\varepsilon_r(T)$-Kurven läßt sich mit Hilfe der empirischen Lichtenecker-Formel Gl. (2.57) berechnen. Als Modellsubstanzen [84] für die Kombination zweier ferroelektrischer Phasen zu einem X7R-Material wurde reines, feinkörniges BaTiO$_3$ (ε_r = 4500) und eine mit CdBi$_2$Nb$_2$O$_9$ modifizierte BaTiO$_3$-Phase gewählt, die ein breites Curie-Maximum von $\varepsilon_{r,max}$ = 5000 bei 203 K zeigt (s. Bild 6.3-1a).

Die Ergebnisse der Modellrechnung, zeigen, daß Zusätze von 20 bis 30 Vol.% der mit CdBi$_2$Nb$_2$O$_9$ modifizierten BaTiO$_3$-Phase zur Einstellung der X7R-Charakteristik führen (Bild 6.3-1b). Der Hauptanteil der X7R-Charakteristik wird durch das $\varepsilon_r(T)$-Verhalten des reinen tetragonalen BaTiO$_3$ bestimmt.

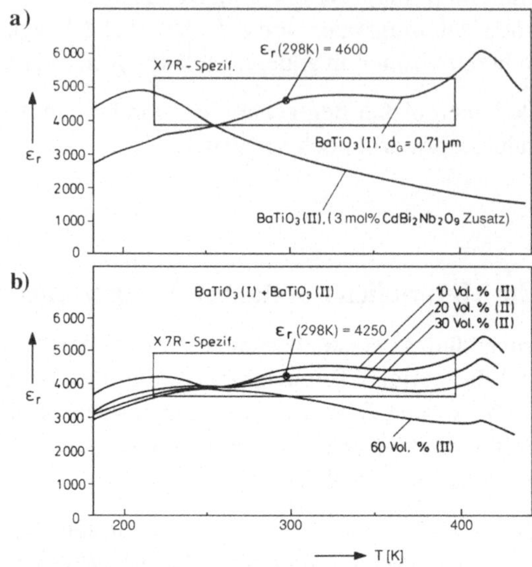

Bild 6.3-1   Dielektrischen Temperaturcharakteristiken von feinkörnigem BaTiO$_3$ (d_G ≈ 0,8 μm) und BaTiO$_3$ mit 3 mol% CdBi$_2$Nb$_2$O$_9$ (a), sowie für die Überlagerung beider dielektrischer Phasen in verschiedenen Volumenverhältnissen – berechnet mit Hilfe der Lichtenecker-Formel (b) [84].

6.3.1 Heterogen-dotierte Systeme

In der Praxis erweist es sich als recht schwierig, zweiphasige ferroelektrische Perowskit-Keramiken herzustellen, da Perowskite fast immer sehr gut miteinander mischbar sind. Bei der Sinterung inhomogener Gemische tritt gewöhnlich während der Verdichtung gleichzeitig auch eine intensive Durchmischung der Phasen auf. Chemisch heterogene Perowskitphasen stellen daher im Sinne der chemischen Thermodynamik meistens nur eingefrorene instabile Gleichgewichtszustände dar. Bei entsprechend hohen Sintertemperaturen oder langen Brennzeiten stellt sich der stabile Gleichgewichtszustand in Form einer Homogenisierung der Phasen mittels Diffusionsausgleich ein.

Unter bestimmten Voraussetzungen, z.B bei Anwendung sehr langsam im Perowskitgitter des BaTiO$_3$ diffundierender Ionen (z.B. Nb), erfolgt beim Sintern die Verdichtung der Keramik schneller als die chemische Homogenisierung. In X7R-Keramiken aus BaTiO$_3$ beobachtet man zwei unterschiedliche Typen der chemischen Heterogenität, die sogenannte *intra*granulare und die *inter*granulare Heterogenität.

Der intragranularen Heterogenität begegnet man in X7R-Materialien des sog. "Core-Shell"-Typs [84], [85]. Core-Shell-Materialien zeichnen sich durch Inhomogenität innerhalb des Korns aus. Der innere Bereich oder "Kern" besteht bei diesen Materialien aus fast reinem $BaTiO_3$, während der Randbereich oder die "Schale" hochdotiertes $BaTiO_3$ ist. Der Übergang zwischen Kern und Schale tritt in den Körnern sehr abrupt auf und ist gewöhnlich nur im Transmissions-Elektronenmikroskop (TEM) bei sehr hohen Vergrößerungen sichtbar. Der Kern des in Bild 6.3.1-1 dargestellten Korns zeigt eindeutig ferroelektrische Domänen, während die Schale unstrukturiert ist.

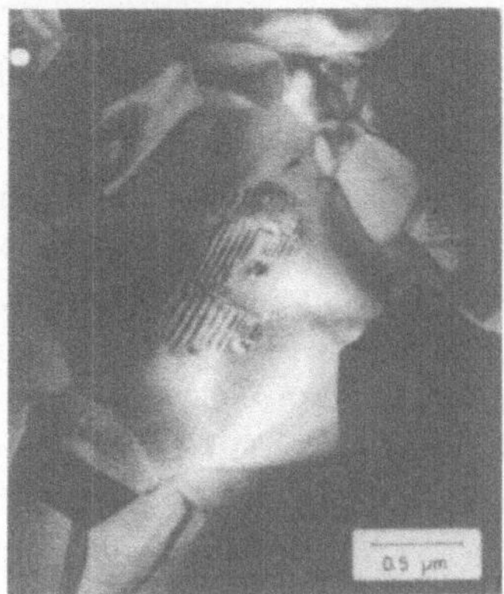

Bild 6.3.1-1   "Core-shell"-Struktur in temperaturstabiler dielektrischer Keramik, hergestellt durch Flüssigphasensinterung von $BaTiO_3$ mit Zusatz von 3 mol% $CdBi_2Nb_2O_9$ (nach [84])

Eine lokal hochauflösende Elektronenstrahl-Mikroanalyse im TEM zeigt längs einer Linie durch ein Korn mit Core-Shell-Struktur in den Randbereichen hohe Dotierungskonzentrationen (Bi,Nb) und im Kern praktisch reines, undotiertes $BaTiO_3$ (Bild 6.3.1-2). Der Übergang zwischen Kern und Schale beträgt häufig nur wenige nm.

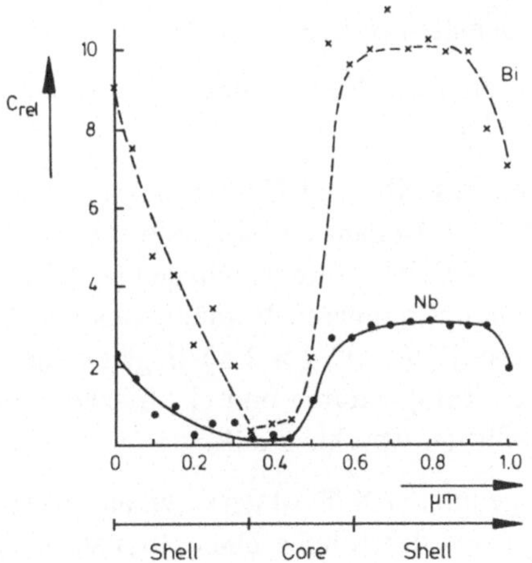

Bild 6.3.1-2   Elektronenstrahl-Mikroanalyse in Transmission (STEM) eines Korns mit Core-Shell-Struktur

Materialien mit Core-Shell-Struktur entstehen gewöhnlich beim Sintern von $BaTiO_3$ mit Bi_2O_3-haltigen Zusätzen, die beim Sintern Schmelzphasen bilden. Als Zusätze zur Herstellung von X7R-Materialien mit Core-Shell-Struktur eignen sich Phasen wie $Bi_4\,Ti_3O_{12}$, $CdBi_2Nb_2O_9$, $BiNbO_4$ etc. in Mengen von wenigen mol%. Diese Materialien lassen sich bei recht niedrigen Temperaturen von 1370 bis 1420 K sintern. Die Dielektrizitätskonstanten liegen bei 1500 bis 2000. Keramische Dielektrika mit Zusätzen von 0,03 mol% $CdBi_2Nb_2O_9$ haben sich als besonders geeignete Substanzen für die Modellrechnungen der Überlagerung von $\varepsilon_r(T)$-Kurven erwiesen [84].

Der Entstehungsmechanismus von Core-Shell-Strukturen ist noch nicht eindeutig geklärt. Es wird vermutet, daß sich während der Sinterung die Dotierung und Anteile des $BaTiO_3$ in der Bi_2O_3-haltigen Schmelze auflösen und sich an größeren $BaTiO_3$-Körnern (Keimen) wieder abscheiden. Wegen des sehr labilen Gleichgewichts zwischen den Volumenfraktionen von Kern und Schale zeichnen sich X7R-Materialien mit Core-Shell-Struktur allgemein durch eine hohe Empfindlichkeit der $\varepsilon_r(T)$-Charakteristik gegenüber der Sintertemperatur und -zeit aus. Sintern bei zu hoher Temperatur führt gewöhnlich sehr rasch zum Verlust der flachen Temperatur-Charakteristik, infolge zu starker Homogenisierung.

Dem intergranularen Typ der chemischen Inhomogenität begegnet man in X7R-Materialien, die aus $BaTiO_3$ mit geringen Zusätzen von Nb_2O_5 und Co_3O_4 hergestellt werden. Selbst nach intensiver Durchmischung des $BaTiO_3$ mit Nb_2O_5 stellt man nach der Sinterung derartiger Pulver einen hohen Grad an chemischer Heterogenität und entsprechend flache $\varepsilon_r(T)$-Charakteristiken fest [86]. Wegen der sehr niedrigen Diffusionskonstante des Nb in $BaTiO_3$ breitet sich das Nb_2O_5 nur sehr langsam und unregelmäßig aus. Elektronenstrahl-Mikroanalysen derartiger Materialien im TEM (STEM) zeigen neben Bereichen von undotiertem $BaTiO_3$ ausgedehnte Regionen mit sehr unterschiedlichen Nb-Gehalten (s. Bild 6.3.1-3).

Zusätze von Co_3O_4 dienen zur Erleichterung des Nb-Einbaus und fördern die sehr träge Sinterung dieser Keramiken.

Eingehende Untersuchungen des Nb- und Co-Einbaus in X7R-Materialien zeigen, daß sich die Ionen des Nb^{5+} als Donatoren $Nb^{\bullet}_{Ti}$ und die des Co^{2+} als Akzeptoren Co''_{Ti} auf den Titanplätzen des $BaTiO_3$-Gitters einbauen [87]. Sehr wichtig ist bei diesen Materialien die Kontrolle des atomaren Verhältnisses von Nb und Co, das stets auf der Donator-Seite, d.h. bei [Nb] : [Co] > 2 : 1 liegen sollte, da eine ausreichend hohe Lebensdauer bei hohen Temperaturen und elektrischen Feldern nur bei Donator-Überschuß gewährleistet ist (s. Abschn. 3.3.3).

Die industriell sehr häufig genutzten X7R-Materialien aus $BaTiO_3$ mit Zusätzen aus Nb_2O_5 und Co_3O_4 zeichnen sich durch hohe Dielektrizitätskonstanten von 3000 bis 5000 und eine ausreichende Stabilität der Temperaturcharakteristik gegenüber der Sintertemperatur aus.

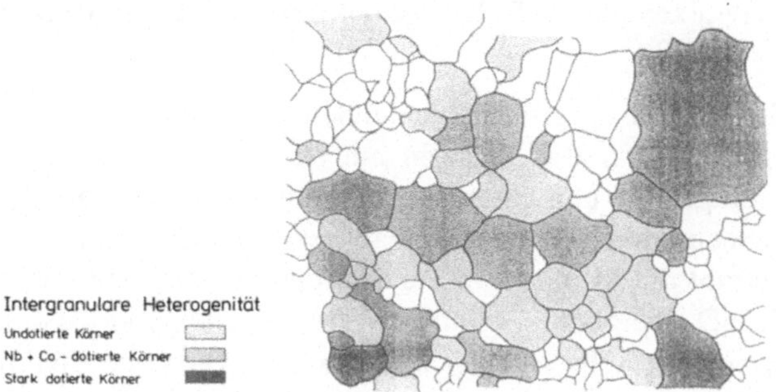

Bild 6.3.1-3   Verteilung des Nb in einem X7R-Material mit intergranularer Heterogenität, hergestellt durch Sinterung von $BaTiO_3$ mit kleinen Zusätzen von Nb_2O_5 und Co_3O_4 (STEM Mikroanalyse)

6.3.2 Korngrößeneffekte

Wie bereits in den vorangegangenen Abschnitten gezeigt wurde, bestimmt der Volumenanteil des reinen ferroelektrischen $BaTiO_3$ weitgehend die Höhe der Dielektrizitatskonstante in den heterogenen X7R-Keramiken. Da $BaTiO_3$ – Keramiken eine starke Abhängigkeit der Dielektrizitätszahl von der mittleren Korngröße zeigen [88], kommt der Kontrolle der Korngröße des $BaTiO_3$ eine große Bedeutung in den X7R-Materialien zu. So beträgt die Dielektrizitatskonstante ε_r (298 K) von grobkörnigem $BaTiO_3$ ($d > 5$ µm) nur etwa 2000 bis 2500. Bei Korngrößen unter 1 µm steigen die Werte von ε_r bis zu einem Maximum von 5000 bis 6000 bei ca. 0,7 µm stark an [89]. Unterhalb von 0,5 µm fällt ε_r wieder steil ab und nähert sich schließlich in sehr kleinen Körnern Werten von etwa 1000 (s. Bild 6.3.2-1).

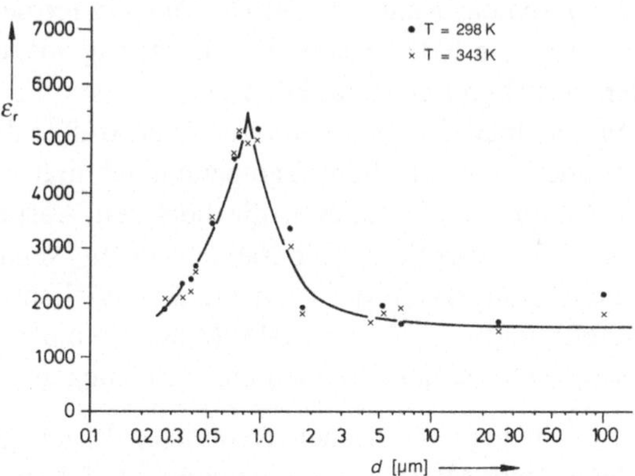

Bild 6.3.2-1   Relative Dielektrizitätszahl ε_r in Abhängigkeit von der Korngröße d_G für ferroelektrische $BaTiO_3$-Keramiken im Bereich von 298 bis 343 K [89]

In derart feinkörnigen Keramiken aus $BaTiO_3$ ($d < 0,4$ µm) findet man keine ferroelektrischen Domänen mehr [90].

Es wird vermutet, daß die starke Korngrößenabhängigkeit und das ausgeprägte Maximum von ε_r bei Korngrößen von etwa 0,7 µm mit elastischen Spannungen des Korns im keramischen Gefüge [91] und einer sich dadurch ändernden Zahl der Domänenwände pro Volumeneinheit im Zusammenhang stehen [90]. Wie bereits in Abschn. 2.5.1 erwähnt, ergibt die Mittelung der anisotropen Dielektrizitätskonstanten des einkristallinen $BaTiO_3$ lediglich ε_r (298K)-Werte von etwa 950 für eine statistische Ausrichtung der polaren Achsen in der Keramik [92]. Die hohen Werte von ε_r beruhen also auf Effekten (wie z.B. einem Domänenwandbeitrag in Gl. (2.52)), die nur der Keramik eigentümlich sind und sich nicht unmittelbar aus den Eigenschaften des Einkristalls ableiten lassen.

Die für die Optimierung der Dielektrizitätskonstante von X7R-Materialien notwendige Korngrößen-Kontrolle des $BaTiO_3$ wird inzwischen recht gut beherrscht. Die klassische Mischoxid-Methode zur Präparation $BaTiO_3$-Pulvers liefert gewöhnlich eine viel zu breite Korngrößenverteilung. Durch naßchemische Synthesen des $BaTiO_3$ (s. Abschn. 4.1) lassen sich Pulver mit wesentlich genauer definierten Korngrößen herzustellen, aus denen man X7R-Materialien mit ε_r-Werten bis etwa 5000 gewinnen kann.

6.4 Paraelektrische Materialien

In starken elektrischen Feldern oder bei sehr hohen Frequenzen wirken sich die harmonischen Verzerrungen aufgrund des hysteretischen $P(E)$-Verhaltens (s. Abschn. 6.8) und die Verluste, die durch das Rauschen der Domänen in ferroelektrischen Materialien hervorgerufen werden, in Kondensatoren so nachteilig aus, daß man auf paraelektrische Materialien zurückgreifen muß. Für Kondensatoren in frequenzbestimmenden Funktionen benötigt man ferner keramische Werkstoffe, die zusätzlich zu den niedrigen Verlusten noch eine sehr hohe Temperaturstabilität von ε_r aufweisen müssen. So wurde für Keramikkondensatoren, die höchsten Ansprüchen genügen müssen, die Spezifikation NP0 eingeführt. Der Name steht für Negativ-Positiv-Null als Forderung nach einem Temperaturkoeffizienten, der möglichst nahe bei Null liegt. Der Temperaturkoeffizient $d\varepsilon_r/dT$ eines NP0-Materials muß kleiner als $\pm$ 30 ppm/K sein und die Verlustfaktoren tan δ müssen unter 10^{-3} liegen.

Die Dielektrizitätszahlen von paraelektrischen Keramiken liegen gewöhnlich weit unter denen von ferroelektrischer Materialien. Hinzu kommt, daß in paraelektrischen Materialienmit etwas höheren ε_r-Werte n von 100 bis 400 wie z.B. $SrTiO_3$ oder TiO_2 der Temperaturkoeffizient meistens weit größer als +100 ppm/K ist. Die Zahl der keramischen Werkstoffe, die sich für Dielektrika der Spezifikation NP0 eignen, ist demzufolge recht beschränkt.

Es lassen sich beispielsweise NP0-Materialien im Bereich von $\varepsilon_r \approx 30$ Keramiken der Mischkristallreihe $Sr(Ti,Zr)O_3$ (STZ) verwenden. Diese bieten als zusätzlichen Vorteil noch die Möglichkeit der Sinterung in reduzierenden Atmosphären, ohne ihre vorteilhaften elektrischen Eigenschaften einzubüßen [93]. NP0-Materialien aus STZ eignen sich deshalb ausgezeichnet für die Herstellung von Vielschichtkondensatoren mit Innenelektroden aus unedlen Metallen wie Ni (s. Abschn. 6.6). Im ε_r-Bereich von 40 bis 45 werden (besonders für den Einsatz bei Frequenzen bis in den mittleren Mikrowellenbereich, <15GHz) häufig Ti-reiche Phasen aus dem System $BaO\text{-}TiO_2$ der Zusammensetzung $BaTi_4O_9$ [94] oder $Ba_2Ti_9O_{20}$ [95] verwendet. Ähnlich günstige Eigenschaften weisen bei sehr hohen Frequenzen paraelektrische Materialien aus dem System $TiO_2\text{-}ZrO_2\text{-}SnO_2$ [96] auf (s. a. Abschn. 7.2.2).

Erhebliche industrielle Bedeutung haben seit einigen Jahren NP0-Materialien aus dem System $BaO\text{-}TiO_2\text{-}Nd_2O_3$ mit Dielektrizitätszahlen von 60 bis 80 erreicht [97]. Ein Phasendiagramm des Systems $BaTiO_3\text{-}TiO_2\text{-}Nd_2TiO_5$ (Bild 6.4-1) zeigt, daß NP0-Materialien mit sehr niedrigen Verlusten und hohen Werten von ε_r in der Nähe der Zusammensetzung $BaO\text{-}Nd_2O_3\text{-}5TiO_2$ (= $BaNd_2Ti_5O_{14}$) gefunden wurden (s. a. Abschn. 7.2.3).

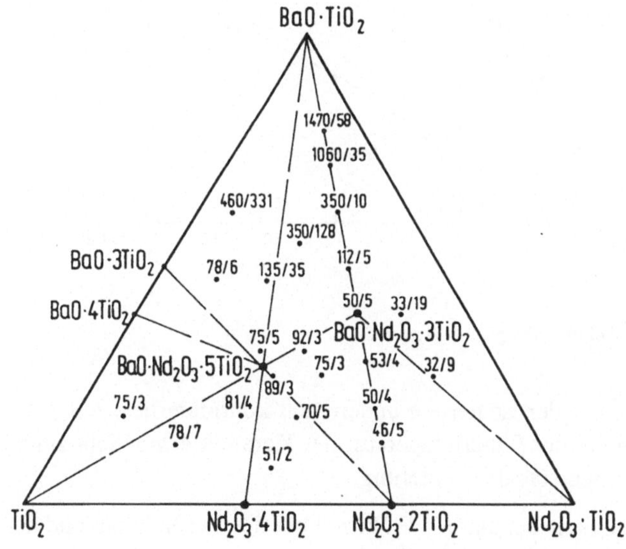

Bild 6.4-1   Dielektrizitätszahlen und Verlustfaktoren (Zahlenpaare: $\varepsilon_r/\tan\delta$) in Keramiken des Systems $BaTiO_3\text{-}TiO_2\text{-}NdTi_2O_5$ (nach [97])

6.5   Methoden der Herstellung niedrigsinternder Materialien

Wie in Abschnitt 4 ausgeführt, wird bei der Herstellung von herkömmlichen Vielschichtkondensatoren das keramische Dielektrikum gemeinsam mit den Innenelektroden gebrannt. Da man konventionelle dielektrische Keramiken aus $BaTiO_3$ gewöhnlich an Luft bei Temperaturen von 1.550 bis 1.670 K sintert, kann man in konventionellen Vielschichtkondensatoren auch nur Innenelektroden aus einem nicht oxidierbaren Edelmetall mit hohem Schmelzpunkt verwenden. Das bedeutet für die Praxis, daß man auf Palladium Pd oder das noch teurere Platin als Metall für die Innenelektroden angewiesen ist. Je nach der Anzahl der Elektrodenschichten können die im Vielschichtkondensator verwendeten Edelmetalle den größten Kostenanteil des Fertigungspreises ausmachen.

Seit vielen Jahren wird daher bei allen Herstellern von keramischen Vielschichtkondensatoren intensiv an der Lösung des Edelmetallproblems gearbeitet. Eine billige Alternative zum Pd ist Silber, das nur etwa den zehnten Teil des Palladiums kostet. Der sehr viel niedrigere Schmelzpunkt des Ag von 1.234 K erfordert jedoch eine Sintertemperatur, die weit unterhalb der sonst üblichen liegt. In der Praxis wird häufig eine Legierung aus Ag und Pd verwendet. Wie Bild 6.5-1 zeigt, sind beide Metalle vollkommen miteinander mischbar [98].

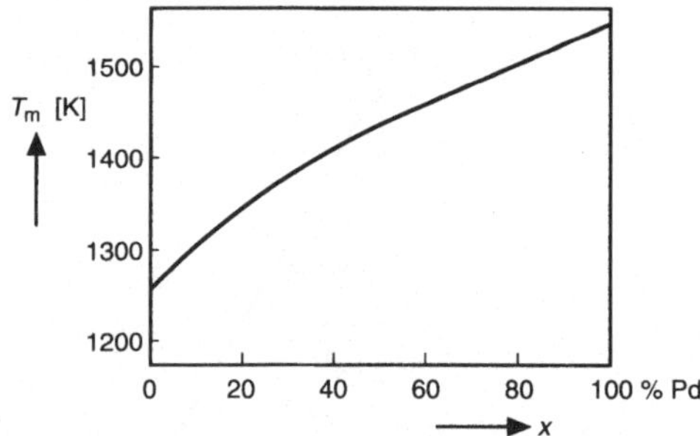

Bild 6.5-1   Schmelzdiagramm Ag-Pd

Der Schmelzpunkt der Legierung ändert sich kontinuierlich von 1.234 bis 1.825 K. Jede Erniedrigung der Sintertemperatur der Keramik ermöglicht zugleich eine Erhöhung des Silbergehaltes der Legierung.

Der geschwindigkeitsbestimmende Prozeß bei der Verdichtung und dem Kornwachstum einer Keramik ist ein Diffusionsprozeß, der sowohl in festen als auch in flüssigen Phasen ablaufen kann. Der äußerst langsame Diffusionstransport in festen Perowskitphasen bedingt gewöhnlich die hohen Sintertemperaturen dieser Werkstoffe. Eine wesentliche Beschleunigung des Diffusionstransportes wird durch die Anwesenheit von flüssigen Phasen beim Sintern erreicht. Wirtschaftlich vertretbare Brenntemperaturen von 1.550 bis 1.670 K bei der Sinterung und Rekristallisation [99] von $BaTiO_3$ werden überhaupt erst durch das Zufügen eines geringfügigen Überschusses von ca. 1…2 mol% TiO_2 zum $BaTiO_3$ möglich. Dieser bildet mit dem $BaTiO_3$ das bei 1585 K schmelzende Eutektikum $Ba_6Ti_{17}O_{40}$–$BaTiO_3$ [100]. Erst die Anwesenheit von Schmelzphasen dieses Eutektikums ermöglicht eine Sintern zu dichten Keramiken bei Temperaturen unterhalb von 1.670 K.

Bei einer Flüssigphasensinterung lösen sich die kleineren Partikel des keramischen Materials bevorzugt in der Schmelze auf, da sie eine geringfügig höhere Oberflächenenergie besitzen. Das aufgelöste Material diffundiert durch die flüssige Phase hindurch und scheidet sich an den größeren Körnern wieder ab, da diese eine geringere Oberflächenenergie und somit auch eine etwas geringere Löslichkeit in der Schmelze haben. Bild 6.5-2 zeigt die Mikrostruktur einer mit Flüssigphase gesinterten Probe, die während des Auflösungs- und Abscheidungsprozesses abgeschreckt wurde.

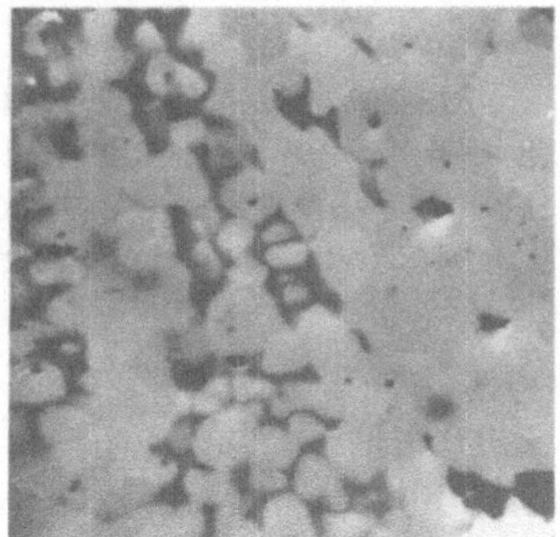

Bild 6.5-2   REM Mikrophotographie einer $BaTiO_3$-Probe, die in einer eutektischen Schmelze aus CuO-Cu_2O gesintert und abgeschreckt wurde. Die kleinen $BaTiO_3$-Körner befinden sich in der Schmelze (dunkel) in Auflösung.

Für eine wirkungsvolle Absenkung der Brenntemperatur benötigt man Zusätze, die Flüssigphasen mit möglichst niedrigem Schmelzpunkt bilden. Sehr wichtig bei der Verwendung von Sinterhilfsphasen ist, daß die elektrischen Eigenschaften des Materials durch die Zusätze nicht verschlechtert werden. Die Menge der Zusätze sollte deshalb aus grundsätzlichen Erwägungen so gering wie möglich gehalten werden, insbesondere um eine allzu starke Absenkung von ε_r durch erstarrte Flüssigphasen an den Korngrenzen der dielektrischen Matrix zu vermeiden.

Bekannte Sinterhilfsmittel zum Flüssigphasensintern von $BaTiO_3$-Keramik sind glasbildende Gemische aus CdO–ZnO–Bi_2O_3–PbO–B_2O_3–SiO_2 [101]. Mit Hilfe derartiger niedrigschmelzender Gläser läßt sich ein Absenken der Sintertemperaturen von X7R-Materialien aus $BaTiO_3$ auf 1370 bis 1420 K erreichen, wodurch die Verwendung von Innenelektroden aus 70%Ag/30%Pd in Vielschichtkondensatoren möglich wird. Auch die für die Herstellung von Core-Shell-Materialien erwähnten Zusätze aus $CdBi_2 Nb_2O_9$ und $BiNbO_4$ haben einen ähnlichen Effekt. Allerdings sind die Dielektrizitätszahlen derartiger mit Bi_2O_3-SiO_2-haltigen Glasphasen gesinterten X7R-Keramiken fast immer recht niedrig ($\varepsilon_r < 2000$).

Bei der Flüssigphasensinterung von Y5V- und Z5U-Materialien haben sich bei 1443 K schmelzende, eutektische Gemische aus CuO–Cu_2O als sehr wirksam erwiesen [102]. Das Eutektikum CuO–Cu_2O tritt auf, wenn man dem $BaTiO_3$ kleine Mengen von CuO hinzufügt, die sich auch beim Sintern in oxidierender Atmosphäre teilweise in Cu_2O zersetzen. Wegen der äußerst geringen Löslichkeit des Cu in $BaTiO_3$ ($<0,1$ at%) und der guten Benetzbarkeit des $BaTiO_3$ durch die CuO–Cu_2O-Schmelze reichen bereits kleine Mengen von 0,5 mol% CuO aus, um die Sintertemperatur von $(BaCa)(TiZr)O_3$ Y5V-Materialien von 1650 K auf etwa 1425 K abzusenken. Diese Y5V-Materialien zeigen Dielektrizitätskonstanten ε_r (298 K) von 9000 und ermöglichen die Verwendung von Elektroden aus 70%Ag/30%Pd in Vielschichtkondensatoren [103].

Wesentlich niedrigere Brenntemperaturen von 1370 bis 1470 K werden für die Verdichtung von dielektrischen Relaxormaterialien aus komplexen PbO-haltigen Perowskiten benötigt. So gelang es, binäre Mischkristalle des Systems $Pb(Fe_{2/3}W_{1/3})O_3$–$Pb(Fe_{1/2}Nb_{1/2})O_3$ bereits bei Temperaturen von 1220 bis 1275 K zu dichten Keramiken mit $\varepsilon_r \approx 12000$ zu sintern [104].

6.6   Kondensatoren mit Nichtedelmetall-Elektroden

Im Vergleich zu unedlen Metallen wie Eisen oder Nickel ist Silber noch immer ein recht teueres Metall für die Innenelektroden von Vielschichtkondensatoren. Wenn man jedoch unedle Metalle wie Ni als interne Elektroden in einem Vielschichtkondensator verwenden will und diese Elektroden zusammen mit dem Dielektrikum gesintert werden sollen, dann muß die Sinterung *in reduzierenden Atmosphären* erfolgen. Eine Sinterung an Luft würde zu einer Oxidation des Ni und damit zu einem Zerfall der Vielschichtstruktur (Delamination) führen. Um einen kontrollierten, nicht zu niedrigen Sauerstoffpartialdruck in den reduzierenden Atmosphären einzustellen, verwendet man definierte Gasphasengleichgewichte zwischen z.B. H_2 und H_2O oder CO und CO_2.

Bariumtitanat und seine üblicherweise für Dielektrika verwendeten Mischkristalle sind jedoch für eine Sinterung in reduzierender Atmosphäre ungeeignet. Bei Reduktion neigt $BaTiO_3$ infolge von Sauerstoffverlusten dazu, halbleitend zu werden. Wie in den Abschnitten 3.1 und 3.2 dargestellt, läßt sich der Sauerstoffpartialdruck, unterhalb dessen die Keramiken halbleitend sind, durch den Einbau von Akzeptoren zu kleineren Werten verschieben. Häufig verwendet man Übergangsmetallionen wie z.B. Cr^{3+}, Fe^{3+}, Mn^{2+}, Co^{2+} und Ni^{2+}, die auf den Plätzen des Ti^{4+} eingebaut werden. Sowohl die Konzentration der Sauerstoffleerstellen als auch der Valenzzustand der Akzeptoren hängen vom Sauerstoffpartialdruck bei der Sinterung ab. Man kann den Einfluß der Akzeptordotierung auf die Leitfähigkeit des Dielektrikums erst dann völlig verstehen, wenn man sich zuvor ein möglichst vollständiges Bild der Defektchemie (einschließlich z.B. der Ionisierungsenergien der Akzeptoren) dieser Materialien verschafft. Beispielsweise wurden die Valenzzustände der Akzeptoren durch Messung der paramagnetischen Suszeptibilität ermittelt [105] und die Konzentration der Sauerstoffleerstellen wurde unabhängig davon durch thermogravimetrische Messungen bestimmt [30]. Eine genaue Vorhersage des zulässigen Sauerstoffpartialdruckbereiches bleibt dennoch schwierig, da der Isolationswiderstand im Arbeitstemperaturbereich meist weitgehend von den Schottky-Barrieren an den Korngrenzen bestimmt wird [10], und deren Defektchemie von dem Hochtemperaturverhalten im Bulk nur unzureichend beschrieben wird. In der Praxis wird der Typ und die notwendige Konzentration des Akzeptors noch weitgehend empirisch bestimmt.

Es hat sich gezeigt, daß Akzeptordotierung in $BaTiO_3$-Keramik in jedem Falle notwendig ist, um einen geeigneten Sauerstoffpartialdruck zu finden, bei dem isolierende Keramik und unedle Elektroden wie Ni nebeneinander existieren können. Für undotiertes oder gar donatordotiertes $BaTiO_3$ läßt sich hingegen kein Sauerstoffpartialdruck finden, bei dem nicht entweder das unedle Metall oxidiert oder die Keramik halbleitend wird.

In reduzierender (H_2/H_2O) Atmosphäre gesinterte Y5V-Kondensatoren mit Ni-Elektroden, deren Dielektrikum aus Mn-dotiertem $(BaCa)(TiZr)O_3$ besteht, gleichen in ihren elektrischen Eigenschaften weitgehend den konventionellen Typen mit AgPd-Elektroden.

6.7 Sperrschichtkondensatoren

Sind Korngrenzen in einer Keramik Bereiche mit einem vergleichsweise hohen spezifischen Widerstand, dann kann eine Raumladungspolarisation stattfinden (vgl. Abschn. 2.3.4). Für Frequenzen unterhalb der reziproken Raumladungsrelaxationszeit (d.h. $v \ll 1/\tau_R$) ist die Kapazität durch

$$C = \varepsilon_r \varepsilon_o \frac{A}{d} \frac{d_G + d_{RL}}{d_{RL}} \approx \varepsilon_r \varepsilon_o \frac{A}{d} \frac{d_G}{d_{RL}} \quad \text{für } d_G >> d_{RL} \qquad (2.58)$$

bestimmt. Durch Vergleich mit Gl. (2.13) läßt sich eine effektive Dielektrizitätszahl definieren

$$\varepsilon_{r,eff} \approx \varepsilon_r \frac{d_G}{d_{RL}} \qquad (2.59)$$

wobei der Faktor d_{RL}/d_G den Bruchteil der tatsächlich aktiven dielektrischen Dicke angibt. Der verbleibende Dickenanteil besteht aus leitendem Material. Keramiken mit halbleitenden Körnern sind im Zusammenhang mit PTC-Thermistoren und Varistoren im Kapitel "Lineare und nicht-lineare Widerstände" beschrieben. Eine hinreichend hohe Leitfähigkeit im Korninnern und genügend große Körner setzen den Widerstand R_B in Gl. (2.46) (vgl. Bild 2.3.4-1) soweit herab, daß $1/\tau_R$ zu Frequenzen oberhalb von 10 MHz verschoben wird. Die Keramik ist dann als Klasse 3-Material (s. Abschn. 6.1) in sog. Sperrschichtkondensatoren in NF- und Audioanwendungen einsetzbar.

Als Grundmaterialien dienen donator-dotierte Perowskite auf der Basis von $BaTiO_3$ oder $SrTiO_3$, die an Luft oder in reduzierender Atmosphäre zu Keramiken mit n-halbleitenden Körnern gesintert werden. Stabile, hochohmige Korngrenzrandschichten werden durch die Dekoration der Korngrenzregionen mit Akzeptoren oder durch die Bildung von hochohmigen Zweitphasen erreicht. Zu diesem Zweck können geeignete Additive wie CuO zur Ausgangsmischung gegeben werden [106]. Cu-Ionen sind Akzeptoren, die nur eine geringe Löslichkeit in den Titanaten aufweisen und daher an den Korngrenzen segregiert bleiben. Als Alternative wird die nachträgliche Behandlung der Keramik mit niedrigschmelzenden Pasten beschrieben, welche die gewünschten Komponenten zur Bildung einer Korngrenzphase während einer zweiten Temperaturbehandlung enthalten [107], [108]. Die Korngrenzphase entsteht dabei durch selektives Aufschmelzen entlang der Korngrenzen. Beispielsweise wird durch die Behandlung von $SrTiO_3$ mit Bi_2O_3-haltigen Pasten eine isolierende $Sr_2Bi_4Ti_5O_{18}$-Zweitphase gebildet. Neben Zweitphasen und Fremdakzeptoren an den Korngrenzen können auch die Kationenleerstellen als Eigenakzeptoren eine Rolle spielen. Wie in Abschnitt 6.3.2 im Kapitel "Lineare und nicht-lineare Widerstände" dargestellt, läßt sich die Breite d_{RL} der hochohmigen Korngrenzschicht über den Diffusionsweg der Kationenleerstellen, die von den Korngrenzen ins Korninnere wandern, mit Hilfe des Temperaturzyklus und der Atmosphärenzusammensetzung steuern. Üblicherweise liegt d_{RL} zwischen etwa 0,2 und 2 µm, während die Keramik eine mittlere Korngröße zwischen 10 und 50 µm hat. In Sperrschichtkondensatoren sowohl auf der Basis von $BaTiO_3$ – wie auch $SrTiO_3$-Keramiken werden $\varepsilon_{r,eff}$-Werte von über 50000 erreicht. Letztere weisen nicht die für Ferroelektrika typischen Nachteile auf, d.h. die Temperatur- und Spannungsabhängigkeit des $\varepsilon_{r,eff}$ ist vergleichsweise gering. Zudem ist die Elektronenbeweglichkeit in n-halbleitendem $SrTiO_3$ inhärent größer als im $BaTiO_3$, so daß über niedrigere R_B-Werte höhere Relaxationsfrequenzen (von bis zu 1 GHz) erreicht werden. In allen Sperrschichtmaterialien muß ein Kompromiß zwischen einem möglichst hohen $\varepsilon_{r,eff}$ durch große Körner d_G und dünne Korngrenzschichten d_{RL} auf der einen Seite und einer ausreichenden Spannungsfestigkeit durch viele, in Serie geschaltete und nicht zu dünne Korngrenzschichten gefunden werden. Der Verlustfaktor in diesen Materialien ist in allen Fällen relativ hoch. Bei niedrigen Frequenzen wird dies hauptsächlich durch Leckströme über die Korngrenzschichten bedingt und bei hohen Frequenzen durch die endliche Leitfähigkeit der halbleitenden Körner.

6.8   Spezifische elektrische Eigenschaften

Sowohl in den einleitenden Abschnitten 2 und 3 als auch in den vorangegangenen Abschnitten 6.1 bis 6.7 wurden zahlreiche Parameter diskutiert, die auf Qualität und Zuverlässigkeit von dielektrischen Keramiken für Kondensatoranwendungen Einfluß haben. Die folgenden Abschnitten ergänzen diese Information durch einige sekundäre elektrische Eigenschaften keramischer Kondensatoren, die für die Anwendung von Interesse sind.

6.8.1   Impedanzverhalten

Bild 6.8.1-1 zeigt das Impedanzspektrum eines Keramikkondensators über einen sehr großen Frequenzbereich, sowie die zugeordneten Beiträge eines Ersatzschaltbildes.

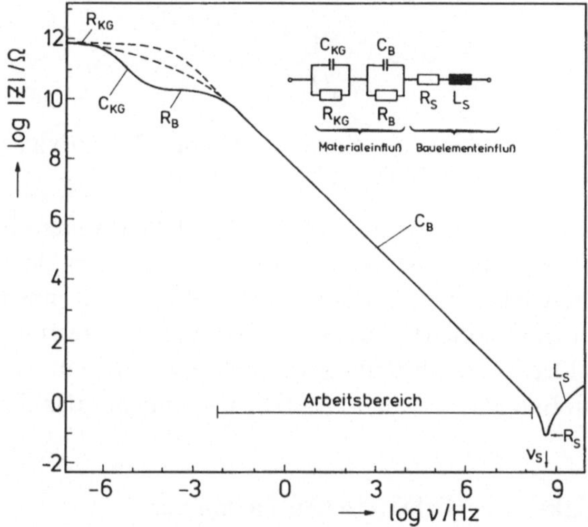

Bild 6.8.1-1   Schematische Darstellung der Impedanzspektren und des Ersatzschaltbildes eines keramischen 1nF Kondensators. Für das Verhalten bei sehr niedrigen Frequenzen sind verschiedene Möglichkeiten skizziert. Das Ersatzschaltbild und die Zuordnung der Impedanzelemente bezieht sich auf den Fall der ausgeprägten Raumladungspolarisation an den Korngrenzen.

Keramiken, die in Kondensatoren eingesetzt werden, zeigen in der Regel (wichtige Ausnahme: Relaxoren) keine signifikante Frequenzabhängigkeit der Dielektrizitätszahl. Die Kapazität C_B, die durch die elektronische und ionische Polarisation, sowie im Falle der ferroelektrischen Materialien durch Domänenwandbeiträge zum ε_r bestimmt wird, prägt diesen "Arbeitsbereich" des Impedanzspektrums. Im Bereich unterhalb etwa des MHz-Bereichs stellt der Isolationswiderstand – ggfs. in Kombination mit der in Abschnitt 2.3.4 beschriebenen Raumladungspolarisation – eine Begrenzung des kapazitiven Verhaltens dar. Die untere Grenzfrequenz des Arbeitsbereiches ist stark temperaturabhängig.

Bei hohen Frequenzen treten Impedanzelemente in Erscheinung, die durch den Aufbau des Kondensators bedingt sind. Die inneren Elektrodenlagen zeigen eine endliche Leitfähigkeit, die sich in einem äquivalenten Serienwiderstand R_S (ESR = equivalent serial resistance) von einigen 10 bis 100 mΩ äußert. Die Serieninduktivität hängt im wesentlichen von der Baugröße ab und beträgt für einen Chip-Kondensator der Größe 0805 etwa 1 nH. Die Impedanz im Hochfrequenzbereich ist gegeben durch die Gleichung:

$$Z \approx \frac{1 - \omega^2 L_S C_B}{j\omega C_B} + R_S \qquad (6.1)$$

Die Serienresonanzfrequenz v_S ist gegeben durch:

$$v_S \approx \frac{1}{2\pi\sqrt{L_S C_B}} \qquad (6.2)$$

Sie verschiebt sich mit abnehmender Kapazität C_B und Induktivität L_S zu höheren Frequenzen.

Ferroelektrische Keramiken zeigen im Großsignalverhalten weitere Impedanzbeiträge. Einerseits macht sich das Umklappen von ferroelektrischen Domänen unter hohen Feldern als Rauschen bemerkbar. Daher können Klasse-2-Kondensatoren in einigen Schaltungsteilen empfindlicher Audiosysteme nicht eingesetzt werden. Andererseits führen hohe Felder ferner zur Polung des Materials und zum Auftreten von Piezoresonanzen, die im Bereich zwischen 100 kHz und einigen MHz liegen [109].

6.8.2 Feldabhängigkeit der dielektrischen Parameter

Während in paraelektrischen Materialien selbst bei Feldstärken bis in die Größenordnung der Durchbruchsfeldstärke die Dielektrizitätszahl ε_r nahezu unverändert bleibt, zeigt sich in ferroelektrischen Keramiken eine spezifische Abhängigkeit vom Gleichfeld E. In Bild 6.8.2-1 ist diese Abhängigkeit $\varepsilon_r(\varepsilon_r)$ für zwei verschiedene Kondensatormaterialien auf der Basis von $BaTiO_3$-Keramik gezeigt.

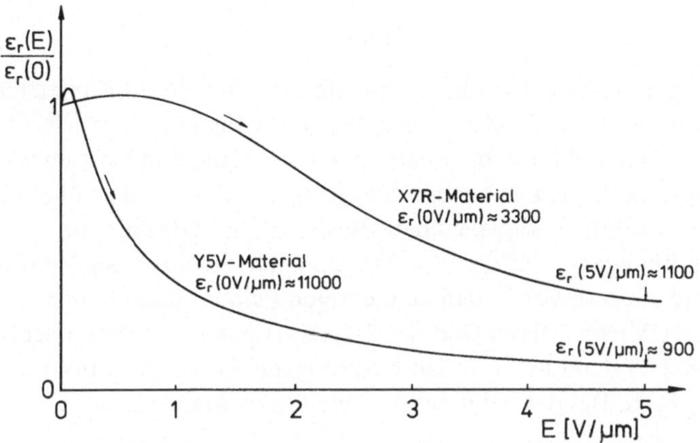

Bild 6.8.2-1   Abhängigkeit der Kleinsignal-Dielektrizitätszahl ε_r von einem Gleichfeld E für zwei verschiedene Kondensatormaterialien auf der Basis von modifizierter $BaTiO_3$-Keramik bei T = 298 K. Die Kurven sind für ansteigende Werte von E ausgehend von unpolarisierten Keramiken dargestellt.

Ursache für das dargestellte Verhalten ist die nicht-lineare $P(E)$-Charakteristik von Ferroelektrika (Bild 6.8.2-2).

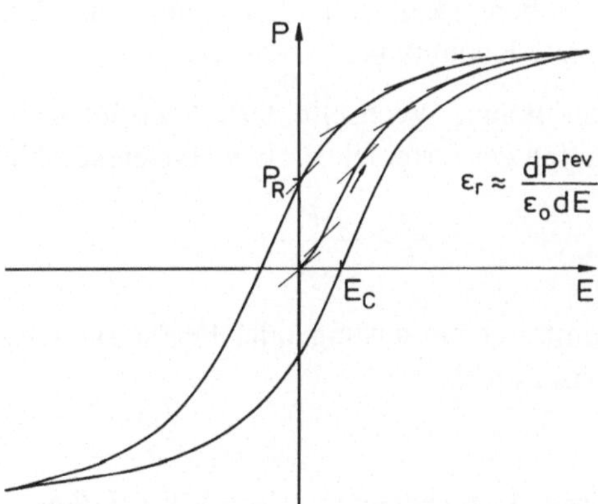

Bild 6.8.2-2   Typische Hysteresekurve $P(E)$ für eine ferroelektrische Keramik. Die Steigung der angezeichneten Geradenstücke veranschaulicht den $\varepsilon_r(E)$-Verlauf.

P_R: remanente Polarisation, E_C: Koerzitivfeldstärke

Laut Gl. (2.12) (in nicht-vektorieller Schreibweise) gilt

$$P = \chi \varepsilon_0 E \tag{6.3}$$

d.h. das Kleinsignal-ε_r ist bei zusätzlich angelegtem Gleichfeld E in erster Näherung durch die Ableitung der $P(E)$-Kurve gegeben. Wird für ein unpolarisiertes Material (Neukurve) das Gleichfeld erhöht, so nimmt die Steigung zunächst etwas zu, um anschließend aufgrund der zunehmenden Sättigung der Polarisation über einen weiten Bereich von E abzufallen. Bei gleichem Basismaterial (BaTiO$_3$ im Falle von Bild 6.8.2-1) ist der Rückgang von ε_r um so ausgeprägter, je höher der Wert ε_r (0 V/µm) ist. Wird die $\varepsilon_r(E)$-Kurve von hohen zu niedrigen Feldern durchlaufen, so ergibt sich ein etwas anderer Verlauf als in Bild 6.8.2-1, da man der ferroelektrische Hysteresekurve (Bild 6.8.2-2) dann nicht in den Ursprungspunkt, sondern bis zur remanenten Polarisation P_R folgt. Bei der Bildung der Ableitung von Gl. (6.3),

$$\varepsilon_r \approx \frac{\mathrm{d}P^{\mathrm{rev}}}{\varepsilon_0 \mathrm{d}E} \tag{6.4}$$

ist zu beachten, daß nur der reversible Anteil P_{rev} der Polarisation einen Beitrag zum Kleinsignal-ε_r liefert. Dieser Anteil ist insbesondere in der Umgebung des Nulldurchganges von $P(E)$ bei der Koerzitivfeldstärke E_C deutlich kleiner als die Gesamtpolarisation P, so daß eine Berechnung nach Gl. (6.4) zu große ε_r-Werte ergibt.

Ferroelektrische Materialien mit höheren Koerzitivfeldstärken E_C zeigen den Abfall der $\varepsilon_r(E)$-Kurve erst bei entsprechend höheren Feldstärken. Dies trifft beispielsweise für ein X7R-Material auf der Basis von Ag-dotierter PLZT-Keramik zu, welches hinsichtlich der Feldstärkeabhängigkeit von ε_r eine um etwa den Faktor fünf höhere Stabilität aufweist die X7R-Keramik in Bild 6.8.2-1.

Das Großsignal-ε_r unter hohen Wechselfeldern E ergibt sich aus der gemittelten Steigung beim Durchlaufen der ferroelektrischen Hystereseschleife:

$$\varepsilon_r \approx \frac{\Delta P}{\varepsilon_0 \Delta E} \tag{6.5}$$

Auch in diesem Fall nimmt er mit ansteigender Feldstärke aufgrund der zunehmenden Sättigung der Polarisation ab.

6.8.3 Alterungsvorgänge in ferroelektrischen Materialien

Ferroelektrische Keramiken zeigen eine Alterung in den dielektrischen Eigenschaften. Diese macht sich u. a. in einer Abnahme der Dielektrizitätszahl gemäß

$$\varepsilon_r = \varepsilon_r\big|_{t=0} \left(1 - K_A \cdot \log t\right) \tag{6.6}$$

bemerkbar, wobei $t = 0$ den Zeitpunkt des Übergangs in die ferroelektrische Phase (z.B. beim Abkühlen) darstellt. K_A ist eine temperaturabhängige Alterungskonstante. Nach langen Zeiten wird eine Abweichung von Gl. (6.6) beobachtet und ε_r strebt gegen einen Sättigungswert.

In gepolten Ferroelektrika macht sich die Alterung durch eine Verschiebung der Hysteresekurve entlang der Feldstärkeachse bemerkbar. Diese Verschiebung wird durch ein *inneres* Feld erklärt, dessen Aufbau durch ein mit Gl. (6.6) vergleichbares Zeitgesetz beschrieben wird. Das innere Feld ist in den Domänen stets so ausgerichtet, daß es die eingestellte Polarisation stabilisiert. Es wurde ein Modell entwickelt, welches das innere Feld durch die Bildung von Defektkomplexen zwischen (immobilen) Eigen- und/oder Fremdakzeptoren und (mobilen) Sauerstoffleerstellen gemäß Gl. (3.23) und die Ausrichtung dieser, mit einem Dipolmoment behafteten Komplexe im Polarisationsfeld beschreibt [34]. Auf der Grundlage dieses Modells läßt sich Gl. (6.6) als eine Abnahme des Domänenwandbeitrags $\varepsilon_{r,D}$ (vgl. Gl. (2.52)) verstehen, da die Stabilisierung der Polarisation in den Domänen zu einer Verringerung der Domänenwandbeweglichkeit führt.

In der Gruppe der Klasse 2-Kondensatoren sind beispielsweise für X7R-Materialien eine max. Alterungsrate von 1,5% pro Zeitdekade und für Z5U-Materialien von 5% pro Zeitdekade zugelassen [21]. In donatordotierten Ferroelektrika wird aufgrund der fehlenden Sauerstoffleerstellen keine signifikante Alterung beobachtet.

7   Mikrowellen-Resonatoren

Dielektrische Keramiken bilden heute die Grundlage für miniaturisierte Mikrowellen-Bauelemente für praktisch alle technischen Anwendungen. Diese Materialien müssen drei wesentliche Eigenschaften aufweisen:

– eine möglichst hohe relative Dielektrizitätszahl ε_r zur Reduktion der Baugröße,

– einen kleinen Temperaturkoeffizienten TK_ε zur Erlangung einer weitgehend temperaturunabhängigen Resonanzfrequenz, sowie

– geringe Verluste, d.h. möglichst hohe Güte für eine hohe Frequenzselektivität.

In den folgenden Abschnitten werden zunächst die Materialanforderungen, die technisch wichtigsten Bauformen und die heute gebräuchlichsten Materialklassen beschrieben (Abschnitt 7.1 und 7.2). Im weiteren werden die physikalischen Grundlagen erläutert, die den gewünschten spezifischen elektrischen Eigenschaften dieser Materialien zu Grunde liegen (Abschnitt 7.3). Der letzte Abschnitt befaßt sich mit typischen Anwendungen keramischer Mikrowellenbauelemente innerhalb des Frequenzspektrums zwischen 500 MHz und ca. 100 GHz.

7.1   Anforderungen und Bauformen

Im einfachsten Fall besteht ein dielektrischer Resonator aus einem Keramikzylinder
einer relativ hohen Dielektrizitätszahl ε_r, der zur Ausbildung einer stehenden elektromagnetischen Welle durch Reflexion an der Grenzschicht Dielektrikum-Luft
führt. Für einen dielektrischen Resonator kann dann die Resonanzfrequenz v_r mit
der Wellenlänge der stehenden Welle im Dielektrikum λ_d und der Vakuumlichtge-
schwindigkeit c_0 durch

$$v_r = \frac{c_0}{\lambda_d \sqrt{\varepsilon_r}} \tag{7.1}$$

beschrieben werden. Da λ_d näherungsweise durch den Durchmesser des Resonators
D bestimmt ist ($D \approx \lambda_d$), kann Gl. (7.1) umgeformt werden zu

$$D \approx \frac{c_0}{v_r \sqrt{\varepsilon_r}} \tag{7.2}$$

Aus Gl. (7.2) ist ersichtlich, daß die Bauform eines Resonators um so kleiner wird, je
höher die Dielektrizitätszahl und die gewünschte Resonanzfrequenz ist. Die umgekehrte Proportionalität zwischen D und $\sqrt{\varepsilon_r}$ ist bedingt durch die entsprechende Abnahme der Wellenlänge in Materie im Vergleich zur Wellenlänge im Vakuum, s. Gl.
(2.29).

Die Resonanzfrequenz ist im allgemeinen temperaturabhängig, da sich sowohl die
Geometrie des Resonators als auch die Dielektrizitätszahl mit der Temperatur ändert.
Der Temperaturkoeffizient der Resonanzfrequenz TK_v folgt durch Differenzieren
von Gl. (7.2):

$$\text{TK}_v := \frac{1}{v_r} \frac{\partial v_r}{\partial T} = -\frac{1}{D} \frac{\partial D}{\partial T} - \frac{1}{\varepsilon_r} \frac{\partial \varepsilon_r}{\partial T} = -\alpha_L - \frac{1}{2} \text{TK}_\varepsilon \tag{7.3}$$

Für die praktische Anwendung ist von Bedeutung, daß über eine gezielte wechselsei-
tige Kompensation des linearen Ausdehnungskoeffizienten α_L einerseits und des
Temperaturkoeffizienten der Dielektrizitätszahl TK_ε andererseits nach Gl. (7.3) eine
temperaturunabhängige Resonanzfrequenz (d.h. $\text{TK}_v = 0$) erreicht werden kann.

Die Frequenzselektivität einer Mikrowellenschaltung wird entscheidend durch die
Güte des dielektrischen Resonators bestimmt und ist durch das Verhältnis $v_r/\Delta v$
festgelegt (s. Bild 7.1-1).

Die Güte Q wird hierbei durch einen Verlustanteil des Materials Q_M und ggf. durch
Beiträge von Leitungsverlusten der Elektroden Q_L bestimmt:

$$\frac{1}{Q} = \frac{1}{Q_M} + \frac{1}{Q_L} \tag{7.3}$$

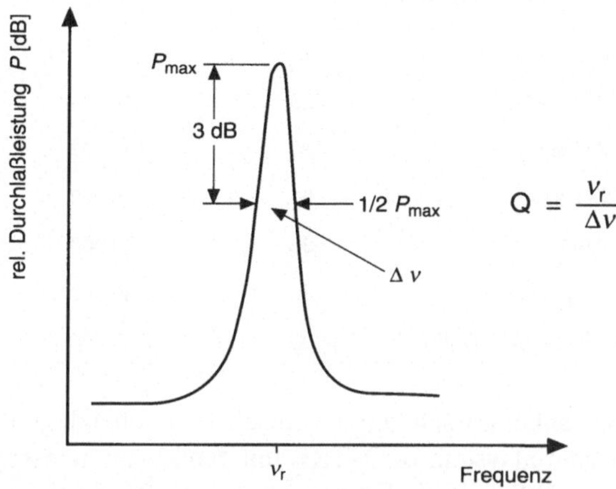

Bild 7.1-1   Frequenzverhalten des dielektrischen Resonators

Unter der Bedingung, daß die Verluste im Dielektrikum entstehen und nicht z.B. durch Strahlung verursacht werden (d.h. im Falle des unbelasteten Resonators) gilt: $Q_M = 1/\tan\delta$ (s. Abschn. 2.2).

Die beiden heute gebräuchlichsten Resonator-Bauformen (dielektrische Resonatoren und koaxiale $\lambda/4$-Resonatoren) unterscheiden sich im wesentlichen durch den Frequenzbereich, für den ihr Einsatz vorgesehen ist (vgl. Bild 7.4-2).

Bei koaxialen $\lambda/4$-Resonatoren, die vorwiegend im unteren Frequenzbereich bis ca. 4 GHz eingesetzt werden, ist die Güte im wesentlichen durch Q_L bestimmt, da die Elektroden direkt auf dem Mikrowellenmaterial angebracht sind. Bei dielektrischen Resonatoren hingegen wird Q fast ausschließlich durch den Verlustfaktor des Dielektrikums Q_M begrenzt. Die allgemeine Abnahme der Güte mit zunehmender Frequenz und Temperatur in dielektrischen Materialien führt dazu, daß die dielektrischen Verluste eine entscheidende Eigenschaft in Hinblick auf die Anwendung von Materialien im Mikrowellenbereich darstellen.

7.2   Materialklassen

Aus einer Vielzahl verschiedener keramischer Materialsysteme haben sich einige wichtige und heute am meisten verwendete Materialgruppen für Mikrowellenanwendungen gebildet, die in der Tabelle 7.2-1 mit ihren spezifischen elektrischen Kenndaten angegeben sind.

Tabelle 7.2-1   Relative Dielektrizitätszahlen und Güte-Frequenzprodukte der heute wichtigsten Keramiken für Mikrowellen-Resonatoren

Keramik	ε_r	$Q \cdot v_r$ [GHz]
$Ba(Sn,Mg,Ta)O_3$	25	200.000
$Ba(Zr,Zn,Ta)O_3$	30	100.000
$MgTiO_3$–$CaTiO_3$	21	55.000
$(Zr, Sn)TiO_4$	38	50.000
$Ba_2Ti_9O_{20}$	39	30.000
Nd_2O_3–BaO–TiO_2–Bi_2O_3	≈ 90	5.000

Die ersten Mikrowellenkeramiken mit technisch hinreichend guten Eigenschaften stammen aus dem Materialsystem BaO–TiO_2 mit den Zusammensetzungen $BaTi_4\,O_9$ und $Ba_2Ti_9O_{20}$ [110], [111], [95]. Besonders geringe Verluste und einen kleinen Temperaturkoeffizienten der Resonanzfrequenz TK_v zeigen Keramiken des Systems $Ba(Zn,Ta)O_3$ und $Ba(Mg,Ta)O_3$. Das System $(Zr,Sn)TiO_4$ bietet die Möglichkeit der Einstellung des TK_v über einen weiten Temperaturbereich, während Keramiken des Systems Nd_2O_3–BaO–TiO_2–Bi_2O_3 auf Grund ihrer hohen Dielektrizitätszahl die größte Miniaturisierung erlauben und daher bevorzugt für Resonatoren im unteren Frequenzbereich des Mikrowellenspektrums eingesetzt werden. Einen guten Überblick über die Entwicklung der verschiedenen Materialsysteme findet sich in den Ref.n [113], [114], [115].

7.2.1 Barium-Zink-Tantalat- und Barium-Zink-Niobat-System

Auf Grund der sehr hohen Güte und des kleinen TK_ε finden die in komplexer Perowskitstruktur vorliegenden Systeme $Ba(Zn_{1/3}Ta_{2/3})O_3$ (kurz: **BZT**) und das eng verwandte $Ba(Zn_{1/3}Nb_{2/3})O_3$ hauptsächlich Einsatz für dielektrische Resonatoren im Frequenzbereich von 4 GHz bis 25 GHz bei kleinen Abmessungen der zylinderförmigen Bauelemente (typische Durchmesser im genannten Frequenzbereich: ca. 2 bis 12 mm). Für das Verständnis der Beziehung zwischen Materialstruktur und Eigenschaften dieser Materialklasse ist die Fernordnung der Kationen im Kristallgitter auf den B-Plätzen entscheidend [116]. Ein hoher Grad an Ordnung geht einher mit einer hohen Güte und positivem TK_ε. In $Ba(Zn_{1/3}Ta_{2/3})O_3$ liegt beispielsweise eine hohe Fernordnung und dadurch ein positiver TK_ε vor. Gemäß Gl. (7.3) folgt daraus ein negativer TK_v. Durch gezielte Störung dieser Ordnung, die beispielsweise durch Substitution von Ta durch Nb erreicht wird, ändert sich der TK_ε in negativer Richtung. Durch eine geeignete Mischkristallbildung kann damit der Temperaturkoeffizient der Resonanzfrequenz TK_v in einem weiten Bereich gezielt eingestellt werden, z.B. zur Kompensation des Temperaturkoeffizienten anderer frequenzbestimmender Bauelemente in der Schaltung. Der absinkende Grad an Fernordnung ist gleichzeitig mit einer Erhöhung der Dielektrizitätszahl verbunden [117].

7.2.2 Zirkon-Titanat-Stannat-System

Das schon seit Anfang der 50er Jahre zur Herstellung temperaturstabiler Dielektrika bekannte System ZrO_2–TiO_2–SnO_2 (kurz: ZTS) hat innerhalb des letzten Jahrzehnts Eingang in die Mikrowellenkeramik gefunden. Bild 7.2-1 zeigt die sich bei 1673 K bildenden Phasen dieses Systems [96], sowie den Existenzbereich eines Einphasengebietes (schraffierter Bereich) mit orthorombischer $ZrTiO_4$-Struktur, der für die Mikrowellenkeramik genutzt wird.

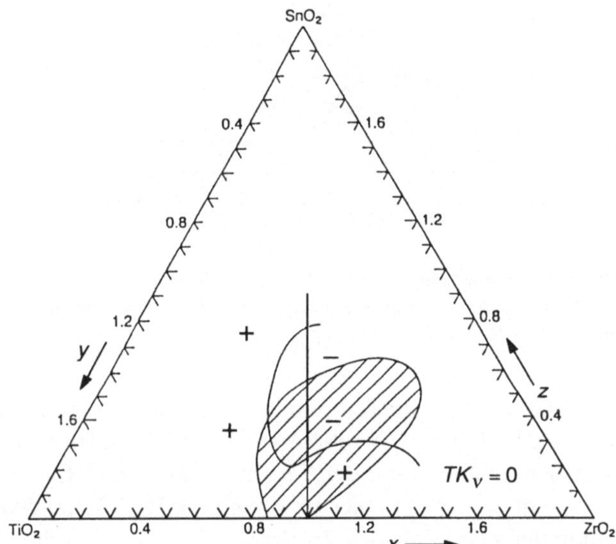

Bild 7.2-1   Phasendiagramm von $Zr_xTi_ySn_zO_4$-Keramiken (ZTS) bei Raumtemperatur (x+y+z = 2). Schraffiert: Bereich einphasiger ZTS-Keramiken sowie Zusammensetzungsbereiche mit positivem und negativem TK_v [112]) .

Ebenfalls eingezeichnet ist der Zusammensetzungsbereich mit positivem und negativem Temperaturkoeffizienten der Resonanzfrequenz sowie die Übergangslinie für $TK_v = 0$. Dieser Übergang von positivem zu negativen TK_v für $ZrTiO_4$ wird durch den Einbau von Zinn bewirkt, wobei das Einphasengebiet auf einen Sn-Anteil von etwa $z < 0{,}6$ beschränkt ist. Der bei höheren Sn-Anteilen wieder ansteigende TK_v ist auf die einsetzende Phasentransformation der α-PbO Struktur des $ZrTiO_4$ in die Rutilstruktur des SnO_2 zurückzuführen [96].

7.2.3 Nd_2O_3–BaO–TiO_2–BiO_3–System

Dielektrische Keramiken auf der Basis des Systems Nd_2O_3–BaO–TiO_2 (kurz: **NBT**) weisen nahezu temperaturunabhängige Dielektrizitätszahlen von etwa 80 auf. Durch Substitution von Ti-Ionen durch Bi entsteht ein Systembereich, der für Mikrowellenkeramik hoher Dielektrizitätszahl, ausreichender Güte und sehr kleinem TK_ν gekennzeichnet ist (umrandeter Bereich in Bild 7.2-2).

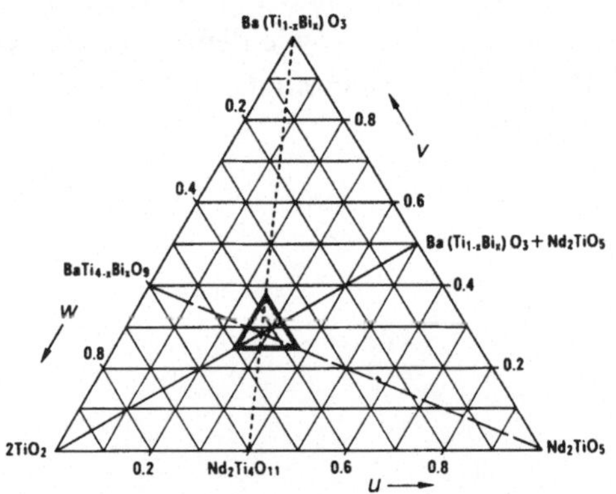

Bild 7.2-2   Phasendiagramm des Systems Nd_2O_3–TiO_2–BaO–Bi_2O_3 bei Raumtemperatur. Der Schnittpunkt der drei Geraden für $x = 0$ kennzeichnet die einphasige Zusammensetzung $BaNd_2Ti_5O_{14}$ [112].

Ohne Wismut ($x = 0$) bildet sich im Zentrum dieses Existenzbereiches die einphasige Zusammensetzung $BaNd_2Ti_5O_{14}$ (Schnittpunkt der drei Geraden in Bild 7.2-2). Mit zunehmender Bi-Konzentration kann der TK_ν auf nahezu null (bei $x = 0.34$) abgesenkt werden. Dies geht einher mit einer Erhöhung der Dielektrizitätszahl auf Werte über 90. Der Beitrag der sich bildenden Zweitphase $Nd_2Ti_2O_7$ ist die Ursache für die Abnahme des TK_ν.

7.3   Spezifische elektrische Eigenschaften

In diesem Abschnitt wird skizziert, in welcher Weise den in Abschnitt 7.2 vorgestellten, recht unterschiedlichen Stoffsystemen physikalische Gemeinsamkeiten in Hinblick auf die Höhe der Dielektrizitätszahl, deren Temperaturabhängigkeit (TK_ε) sowie die dielektrischen Verluste zugrunde liegen. Dieses Verständnis bildet eine wesentliche Basis für die Entwicklung dieser Materialien in Richtung auf verbesserte Eigenschaften sowie das Erkennen der physikalische Grenzen.

7.3.1 Höhe der Dielektrizitätszahl

Wie in Abschnitt 2.3 dargestellt, hängt die Höhe der Dielektrizitätszahl sowohl von den Polarisationsbeiträgen der Gitterbausteine als auch – über den Einfluß auf das lokale elektrische Feld – von der Kristallstruktur ab. Den stark nichtlinearen Zusammenhang zwischen statischer Dielektrizitätszahl ε_r und atomarer Polarisierbarkeit α bringt die Clausius-Mossotti-Beziehung (s. Gln. (2.35) u. (2.36)) zum Ausdruck. Neben der Polarisierbarkeit α_e durch Deformation der Elektronenhüllen trägt in Ionenkristallen – und damit in allen keramischen Dielektrika – die Polarisierbarkeit α_{ion} aufgrund der Verschiebbarkeit der Ionen gegeneinander zur Gesamtpolarisierbarkeit a und damit zu ε_r bei (s. Abschn. 2.3). Die Höhe des Beitrags wird maßgeblich durch die Oszillatorenstärke der Ionenbindungen bestimmt (s. hierzu z.B. [112]). Die Clausius-Mossotti-Beziehung gilt strenggenommen nur für diatomige kubische Kristallgitter. Sie behält jedoch näherungsweise Gültigkeit für das kubische Perowskitgitter und verwandte Kristallstrukturen. Dies kann durch Einführung eines zusätzlichen strukturbedingten Polarisationsbeitrages $\Delta\alpha_{ion}$ berücksichtigt werden [118], [113]. Darüberhinaus kann der Einfluß von strukturellen Phasenübergängen auf die Temperaturabhängigkeit der transversalen optischen Phononen eine starke Auswirkung auf ε_r haben, wie am Beispiel des ferroelektrischen Phasenübergangs in Abschn. 2.5 erwähnt wurde.

7.3.2 Temperaturabhängigkeit der Dielektrizitätszahl

Unter Berücksichtigung der Druck- und Temperaturabhängigkeit der Polarisierbarkeit kann die Temperaturabhängigkeit der Dielektrizitätszahl TK_ε gemäß Gl. (7.3) über die Clausius-Mossotti-Beziehung für kubische Kristallgitter angegeben werden:

$$\mathrm{TK}_\varepsilon = \frac{(\varepsilon_r - 1)(\varepsilon_r + 1)}{\varepsilon_r}\left(\frac{1}{3\alpha}\frac{\partial\alpha}{\partial T} - \eta_L\right) \tag{7.5}$$

Da im allgemeinen die thermische Ausdehnung in ionischen Kristallen den Abstand zwischen den Ionen erhöht, reduzieren sich die quasiharmonischen Kraftkonstanten und die Polarisierbarkeit steigt an. Dies führt beispielsweise bei Alkalihalogeniden zu positiven TK_ε-Werten (vgl. Bild 7.3.2-1).

Für Materialien mit zusätzlichem ionischen Polarisierbarkeitsanteil $\Delta\alpha_{ion}$ wird η_L in Gl. (7.5) durch den Faktor $(1 + k\,\Delta\alpha_{ion})$ ergänzt, wobei k einen Proportionalitätsfaktor darstellt. Der Beitrag $\Delta\alpha_{ion}$ verringert die harmonischen Gitterkräfte, so daß sich die Ionen im anharmonischen Teil des Potentials bewegen und eine Abnahme von TK_ε folgt. Für zahlreiche paraelektrische Materialien kompensieren sich in erster Näherung der Term $(1/3\alpha)(\partial\alpha/\partial T)$ und der Term-$\eta_L\, k\cdot\Delta\alpha_{ion}$ in der Klammer von Gl. (7.5), so daß bei nicht zu kleinem ε_r folgt [118]:

$$TK_\varepsilon = -\varepsilon_r\eta_L \tag{7.6}$$

Diese Relation entspricht in Bild 7.3.2-1 dem leicht gerasteren Band, das sich von den ionischen anorganischen Materialien zu den Paraelektrika erstreckt. Die in Abschnitt 7.2 besprochenen Keramiken sowie einige weitere in Bild 7.3.2-1 dargestellten Materialsysteme weichen insofern vom normalen paraelektrischen Verhalten ab, als in Folge einer strukturellen Phasentransformation höhere Phononenmoden zu einem Anstieg der Polarisierbarkeit mit der Temperatur und damit zu einem positiven TK_ε-Beitrag führen [112].

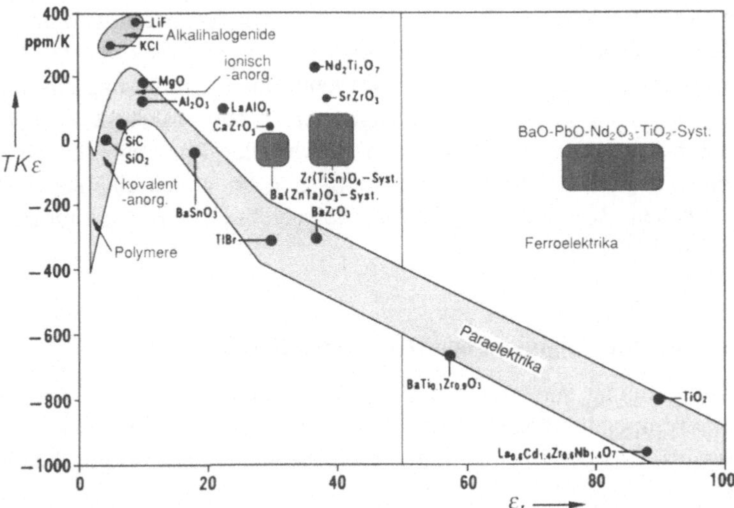

Bild 7.3.2-1   Wertebereich des TK_ε in Abhängigkeit der Dielektrizitätszahl für verschiedene Materialien [112]

Die Temperaturabhängigkeit des TK_v (d.h. die zweite Ableitung der Resonanzfrequenz v_R nach der Temperatur) ist näherungsweise proportional zu $\varepsilon_r{}^2$, wie man aus Bild 7.3.2-2 ersehen kann.

In diesem Bild ist die Temperaturabhängigkeit der Resonanzfrequenz v_R für die in Abschnitt 7.2 besprochenen Materialsysteme dargestellt. Obwohl der TK_v (bei $T = 293$ K) in allen drei Materialsysteme durch eine geeignete Zusammensetzung annähernd gleich null gemacht werden kann, ist die Temperaturabhängigkeit von TK_v für NBT mit $\varepsilon_r \approx 90$ (rechte Ordinate in Bild 7.3.2-2) etwa 10 mal höher als diejenige der Keramiksysteme ZTS und BZT (mit $\varepsilon_r \approx 38$ bzw. 30).

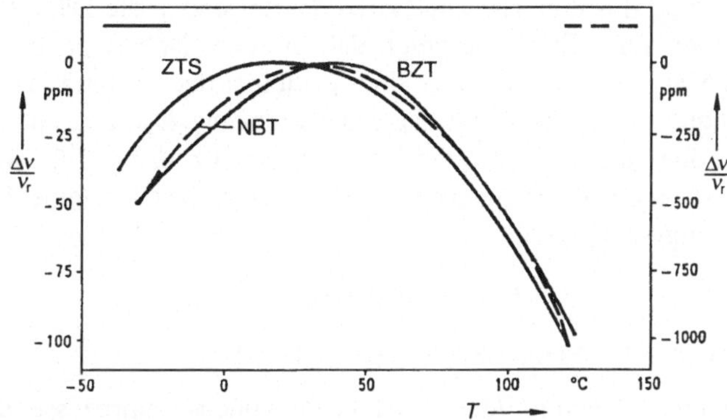

Bild 7.3.2-2   Temperaturabhängigkeit der Resonanzfrequenz dielektrischer Resonatoren der drei Materialsysteme Ba(Zn$_{1/3}$Ta$_{2/3}$)O$_3$, ZrO$_2$–TiO$_2$–SnO$_2$ (ZTS) und Nd$_2$O$_3$–BaO–TiO$_2$–Bi$_2$O$_3$ (NBT) [112]

7.3.3 Dielektrische Verluste

Die dielektrischen Verluste in Mikrowellenkeramiken werden im wesentlichen von drei unterschiedlichen Mechanismen bestimmt:

1. Phononenstreuung im idealen, homogenen Kristall

2. Phononenstreuung an Periodizitätsdefekten (z.B. Dotierungsatome, Leerstellen, Isotope) im realen, homogenen Kristall

3 Relaxationserscheinungen von Dipolen und Raumladungen (s. Abschn. 2.3.3 u. 2.3.4)

Die Phononenstreuung ist eine intrinsische Eigenschaft aller Kristalle, die auch in perfekten idealen Kristallen auftritt (Punkt 1) und der Wechselwirkung zwischen den einzelnen Kristallphononen aufgrund der Anharmonizität der Gitterkräfte zuzuschreiben ist. Wie in Abschn. 2.3.2 erwähnt, liegen die Frequenzen der optischen Phononen (genauer: transversalen optischen Phononen ω_{TO}) in der Regel weit oberhalb des Mikrowellenbereichs, d.h. eine resonante Absorption findet nicht statt. Die dielektrischen Verluste werden vielmehr verursacht durch die Übertragung von elektrischer Feldenergie auf das Phononensystem aufgrund von Prozessen, die sich als Streuvorgänge zwischen den Photonen (elektromagnetisches Feld) und den Phononen darstellen lassen. Es werden dabei verschiedene Streumechanismen unterschieden, die ausführlich in den Refn. [5] und [123] beschrieben sind. Ein wichtiger Anteil der Streuprozesse führt zu folgender Abhängigkeit des Verlustfaktors [112]:

$$\tan \delta = \omega \sum_j \frac{\Delta\varepsilon_{rj}}{\varepsilon_{r,stat}} \frac{\gamma_j}{\omega_{TOj}^2} \tag{7.7}$$

In Gl. (7.7) ist $\varepsilon_{r,stat}$ die statische Dielektrizitätszahl und γ_j die Dämpfungskonstante des j-ten Phonons. Die Gleichung zeigt, daß in erster Näherung die dielektrischen Verluste eines Materials um so größer sind, je kleiner der Abstand zwischen Photon- und Phononfrequenz ist, d.h. je niedriger die Frequenz ω_{TO} des untersten Phonons liegt, und je höher die Mikrowellen-Betriebsfrequenz ω ist. Für weitere Phononenstreuprozesse kann näherungsweise für die Einzelbeiträge eine Frequenz- und Temperaturabhängigkeit gemäß

$$\varepsilon_r'' = \varepsilon_r' \tan\delta \propto \omega^n T^m \tag{7.8}$$

mit $n = 1...5$ und $m = 0...5$ angesetzt werden [5][123].

Darüberhinaus gibt es auch im idealen Gitter Phononenstreuprozesse, die ein Debye-Verhalten zeigen:

$$\tan\delta(\omega) \propto \frac{\omega\tau_R}{1+\omega^2\tau_R^2} \tag{7.9}$$

Mit $\omega \ll 1/\tau_R$ ergibt sich auch in diesem Fall näherungsweise $\tan\delta \approx \omega$. Der Beitrag der verschiedenen Prozesse hängt stark von der Kristallsymmetrie und der Lage der Debye-Temperatur des Materials ab.

Für den häufig auftretenden Fall $\tan\delta \propto \omega$ (s. z.B. [124]) ist das Produkt aus Güte Q und Frequenz $\nu = \omega/2\pi$ eine (materialabhängige) Konstante wie für zahlreiche Beispiele in Bild 7.3.3-1 gezeigt [113].

Zusätzliche Phononenstreuprozesse (Punkt 2) in realen, homogenen Kristallen mit Störungen der Gitterperiodizität können durch die Zunahme der Dämpfungskonstanten in Gl. (7.7) beschrieben werden. Sie werden in der Regel durch eine geringere Temperaturabhängigkeit bestimmt als die inhärenten Streuprozesse.

Die in realen, inhomogenen Kristallgittern vorhandenen Defekte z.B. Poren, Korngrenzen, Zweitphasen oder Punktdefektpaaren geben Anlaß zu Maxwell-Wagner- und Dipol-Relaxationen (Punkt 3). Die Frequenzabhängigkeit dieser Mechanismen kann ebenfalls mit Hilfe der Debye-Gleichung (7.9) beschrieben werden wie in Abschn. 2.3.3 u. 2.3.4 erläutert. In keramischen Dielektrika liegen die Relaxationsfrequenzen $1/\tau_R$ in vielen Fällen·sowohl für die Dipolrelaxation als auch für die Raumladungspolarisation an Korngrenzen weit unterhalb des Mikrowellenbereiches (d.h. $\omega \gg 1/\tau_R$), so daß aus Gl. (7.9) näherungsweise $\tan\delta \propto 1/\omega$ folgt.

Zur Vermeidung von Beiträgen zu den dielektrischen Verlusten, die über die inhärenten, durch Phononenstreuung bestimmten Verluste hinausgehen, ist die Herstellung von einphasigen, möglichst homogenen und undotierten Keramiken notwendig. Zu diesem Zweck werden zunehmend naßchemische Präparationsverfahren eingesetzt, mit deren Hilfe sehr reine, homogene und extrem feinkörnige (und damit sinteraktive) Pulver erzeugt werden können.

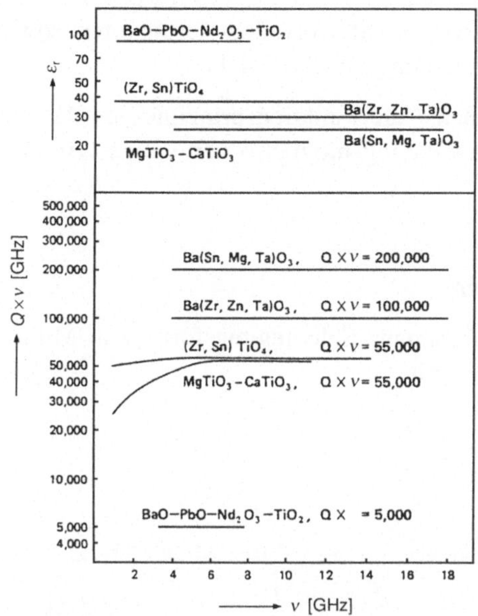

Bild 7.3.3-1   Frequenzabhängigkeit der Dielektrizitätszahl ε_r und Güte-Frequenz-Produkt $Q \cdot \nu$ für verschiedene Gruppen von Mikrowellenmaterialien [113]

7.4 Anwendungen

Neben den beiden gebräuchlichsten Bauformen für Mikrowellen-Resonatoren (dielektrische Resonatoren und koaxiale $\lambda/4$-Resonatoren) können dielektrische Keramiken auch als Substrate für Mikrowellenschaltungen oder als Füllung für Hohl-

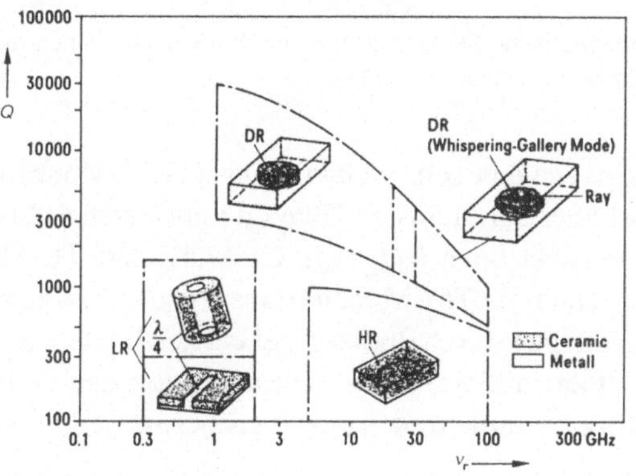

Bild 7.4-1   Resonanzfrequenzen und erreichbare Güten verschiedener Mikrowellen-Resonatoren (LR: $\lambda/4$-Resonator; dielektrischer Resonator; HR: Hohlraumresonator) [112]

raum-Resonatoren verwendet werden. Einen Überblick über den typischen Frequenz-einsatzbereich der verschiedenen Mikrowellen-Resonatoren sowie die mit diesen Bauelementen erreichbaren Güten gibt Bild 7.4-1.

Im folgenden werden zunächst die Funktionsprinzipien erklärt und dann aus einer Vielzahl verschiedener Anwendungsmöglichkeiten einige typische Beispiele erläutert.

7.4.1 Funktionsprinzipien

Die drei meist benutzten Resonanz-Schwingungsformen in Mikrowellen-Resonatoren sind in Bild 7.4-2 dargestellt.

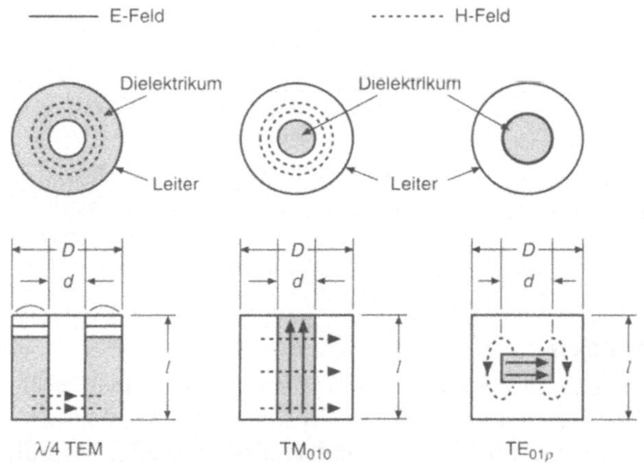

Bild 7.4-2   Elektromagnetische Feldverteilung von drei verschiedenen Schwingungsformen in dielektrischen Resonatoren [113]

Die transversale elektro-magnetische Schwingung (TEM-Mode) erlaubt die größte Miniaturisierung, führt aber zur kleinsten Güte im unbelasteten Zustand aufgrund der Leitungsverluste in den Elektroden $1/Q_L$ (vgl. Gl. (7.4)). Die TE-Moden (transversal-elektrische Wellen) als auch die TM-Moden (transversal-magnetische Wellen), die in einer Vielzahl verschiedener durch Indizes gekennzeichneten Schwingungsformen vorliegen, führen zu einer größeren Güte. Diese ist von den Gehäuseabmessungen abhängig, da ein Beitrag Q_L auftritt, der um so größer ist, je kleiner der Abstand der Wand (d.h. $D - d$) ist.

Die Signaleinkopplung in einen dielektrischen Resonator erfolgt über das sich in den Außenraum ausdehnende Feld des Resonators. In Bild 7.4-3 sind verschiedene induktive Kopplungsmöglichkeiten an die TM01-Mode eines Resonators gezeigt. Das Verhältnis zwischen Länge und Durchmesser des Resonators bestimmt hierbei den Frequenzabstand zu benachbarten Störmoden.

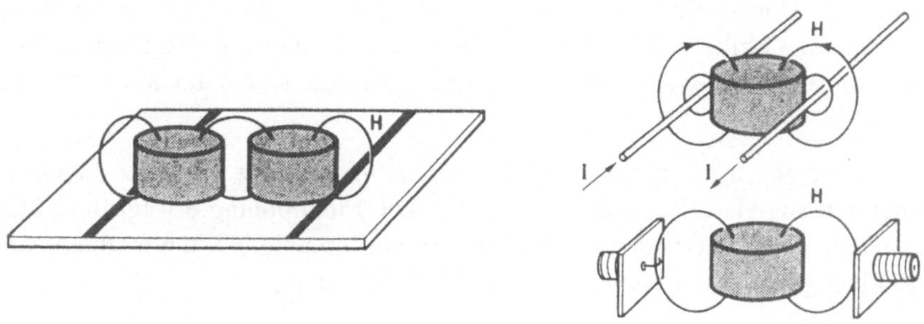

Bild 7.4-3   Verschiedene Möglichkeiten der induktiven Kopplung an die TM01-Grund-schwingung eines dielektrischen Resonators [112]

7.4.2 Dielektrische Resonatoren

Auf Grund ihrer hohen Frequenzselektivität, ihres einfachen Aufbaus und des sehr kleinen Temperaturkoeffizienten der Dielektrizitätszahl werden dielektrische Reso-natoren bevorzugt zur Frequenzstabilisierung von Oszillatoren sowie für schmalban-dige Mikrowellenfilter und Leistungsfilter eingesetzt.

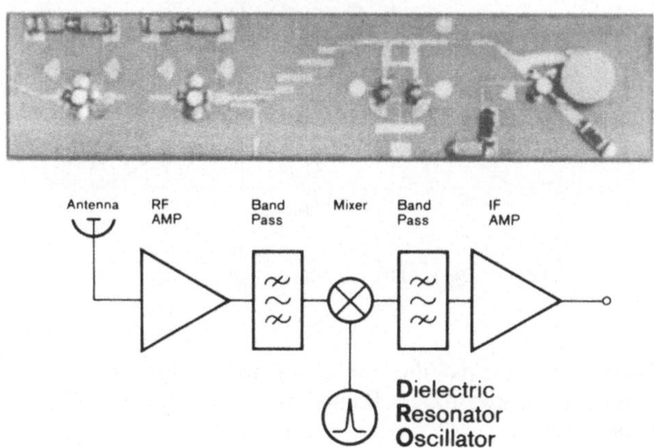

Bild 7.4-4   Teilschaltung eines TV-Satellitenempfängers mit einem dielektrischen Resonator zur Frequenzstabilisierung eines 10,8 GHz-Oszillators und zugehöriges Blockdia-gramm [113]   (mit freundlicher Genehmigung der Siemens AG)

Eine Anwendung dielektrischer Resonatoren zur Frequenzstabilisierung von Oszillatoren ist in Bild 7.4-4 am Beispiel einer Teilschaltung eines GHz-TV-Satellitenempfängers gezeigt [112].

Im linken Teil der Schaltung wird das Eingangssignal von der Antenne über einen zweistufigen Vorverstärker geführt und über zwei Bandpaßfilter in Streifenleitertechnik an den Oszillator (im rechten oberen Bildteil) angekoppelt. Die Oszillatorfrequenz von 10,8 GHz wird hierbei vom dielektrischen Resonator auf 1 MHz genau stabilisiert.

Bild 7.4-5 zeigt ein zweipoliges Bandpaßfilter für 2,5 GHz mit zwei dielektrischen Resonatoren aus einer Keramik mit $\varepsilon_r = 90$. Die Einkopplung erfolgt über Streifenleiter in den TM01-Mode der Resonatoren im Strommaximum, d.h.in einem Abstand von $\lambda/4$ bezüglich der offenen Enden der Streifenleitung.

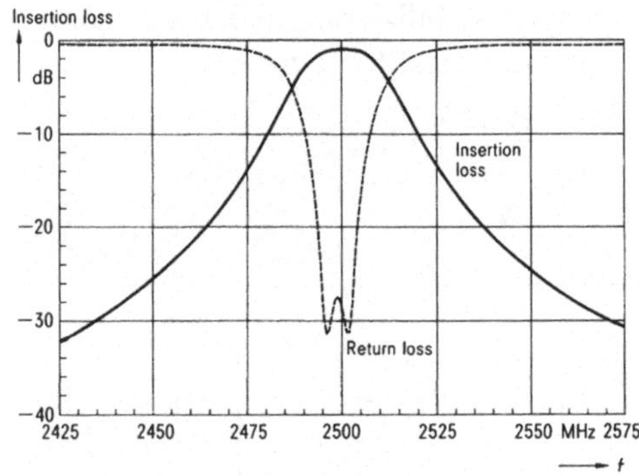

Bild 7.4-5   Zweipoliges Bandpaßfilter mit dielektrischen Resonatoren sowie die zugehörige Frequenzcharakteristik der Dämpfung [112] (mit freundlicher Genehmigung der Siemens AG)

Auf Grund ihrer besonders geringen dielektrischen Verluste können dielektrische Resonatoren in Sonderanwendungen für Bandpaßfiltern bis zu sehr hohen Frequenzen von ca. 100 GHz mit Güten > 1000 eingesetzt werden sowie für Filtersysteme hoher Durchgangsleistung (>1kW), die beispielsweise in mobilen Radiostationen benötigt werden.

7.4.3 Koaxiale Keramikresonatoren

Koaxiale Keramikresonatoren werden in Form eines Hohlzylinders oder -quaders hergestellt, wobei die äußeren und inneren Flächen metallisiert sind. Die Induktivität, die Kapazität und der Widerstand der Metallisierung bilden einen hochfrequenten Resonanzkreis, wobei die Resonanzfrequenz analog zu Gleichung (7.1-2) durch die Länge des Bauelementes sowie die Dielektrizitätszahl ε_r bestimmt ist.

Das Haupteinsatzgebiet dieser Resonatoren liegt im unteren Mikrowellen-Frequenzbereich zwischen 400 MHz und 4 GHz (z.B in tragbaren Funkgeräten, Funksteuersystemen und Mobiltelefonen). Obwohl die Güte wesentlich durch die Verluste auf Grund der Leitfähigkeit der Metallisierung (siehe Abschnitt 7.1), der Geometrie des Bauelementes sowie der Schichtdicke der Elektroden (Skin-Effekt) bestimmt wird, ist sie mit Werten von ca. 500...1.500 (bei 1 GHz) noch hinreichend hoch für Anwendungen zur Stabilisierung von Oszillatoren und Bandpaßfiltern schmaler Bandbreite.

Bild 7.4-6 zeigt ein Beispiel für ein monolithisches keramisches Blockfilter für eine Mittenfrequenz von 838 MHz, das in seiner Wirkungsweise einem Filter aus sechs einzelnen koaxialen Resonatoren entspricht [113].

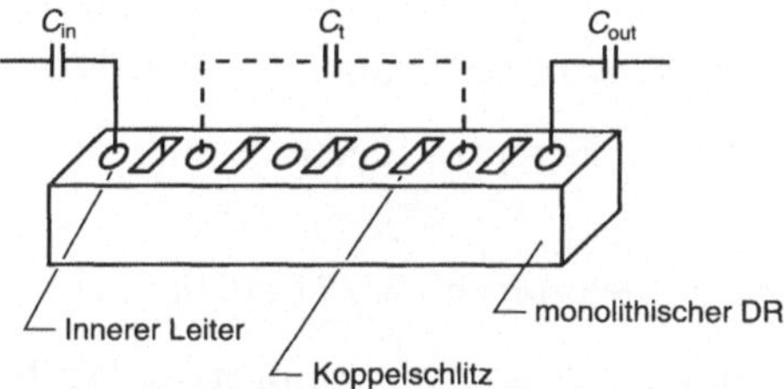

Bild 7.4-6   Monolithisches dielektrisches Blockfilter mit Koaxialresonatoren [113]

Die Kopplung der inneren Leiter zum benachbarten Resonator erfolgt über einen Koppelschlitz, die äußere Einkopplung über die beiden Koppelkapazitäten C_{in} und C_{out}, die sich zwischen der Blockoberfläche und dem Metallgehäuse bilden. Die Dämpfungspole werden durch die Kapazität C_t beeinflußt. Die gewählte Anordnung der Dämpfungspole sowie die hohe Dielektrizitätszahl der Keramik von $\varepsilon_r = 90$ führen zu einem hohen Grad an Miniaturisierung, die den Einsatz dieser Blockfilter beispielsweise in tragbaren Funkgeräten ermöglicht.

Prinzipiell eignen sich die besprochenen dielektrischen Keramiken auch als Substrate für alle Arten von Mikrowellenschaltungen, da die hohe Dielektrizitätszahl insbe-

sondere zu einer Reduktion der Baugröße führen und damit Schaltung für Betriebs-
frequenzen ab ca. 300 MHz ermöglichen. Diese Eigenschaft wird beispielsweise in
Verbindung mit der Möglichkeit der Integration von Kapazitäten für UHF-Lei-
stungstransistoren mit angepaßt niedrigen Eingangs- und Ausgangsimpedanzen benutzt.

Literatur

[1]   G. Bosse, Grundlagen der Elektrotechnik, BI Hochschultaschenbücher Bd. 182-185, Bibliographisches Institut, Mannheim, Wien, Zürich, 1989

[2]   W. Ameling, Grundlagen der Elektrotechnik, 4. Auflage, Verlag Vieweg, Braunschweig und Wiesbaden, 1988

[3]   E. Meyer und R. Pottel, Physikalische Grundlagen der Hochfrequenztechnik, uni-texte, Verlag Vieweg, Braunschweig und Wiesbaden

[4]   M. A. Omar, "Elementary Solid State Physics", Addison-Wesley Inc., Reading, 1975.

[5]   A. K. Tagantsev, in: "Electronic Ceramics", Birkenhäuser Verlag, Basel 1993

[6]   A. J. Moulson und J. M. Herbert, "Electroceramics", Chapman and Hall, London, 1990

[7]   K. W. Wagner, Arch. Elektrotech., **2**, 371 (1914)

[8]   E. Dörre und H. Hübner, "Alumina", Springer-Verlag, Heidelberg, 1984

[9]   R. Waser, Kapitel "Lineare und nicht-lineare Widerstände" im vorliegenden Buch

[10]   R. Waser und M. Klee, Integrated Ferroelectrics, **2**, 23-40 (1992)

[11]   H. Kliem, IEEE Trans. EI, **24**, 185 (1989)

[12]   H. E. Stanley, "Introduction to Phase Transitions and Critical Phenoma", Clarendon Press, Oxford, 1971

[13]   W. J. Merz, Phys. Rev., 76, 1221 (1949); B. Jaffe, W. R. Cook und H. Jaffe, "Piezoelectric Ceramics", Academic Press, London, New York, 1971

[14]   A. Sonin und B. A. Strukow, "Einführung in die Ferroelektrizität", Vieweg

Verlag, Braunschweig 1974

[15]   G. Arlt, Ferroelectrics, **104**, 217 (1990)

[16]   D. Hennings, A. Schnell und G. Simon, J. Am. Ceram. Soc., 65, 539 (1982)

[17]   T. R. Shrout, W. Huebner, C. A. Randall und A. D. Hilton, Ferroelectrics, **93**, 361 (1989)

[18]   M. P. Harmer, J. Chen, P. Peng, H. M. Chan und D. M. Smyth, Ferroelectrics, **97**, 263 (1989)

[19]   R. E. Newnham, J. Mater. Educ. **7**, 605 (1985)

[20]   J. C. Maxwell, Electricity and Magnetism, Vol. 1, Clarendon Press, Oxford, 1892

[21]   G. Goodman, R. C. Buchanan und T. G. Reynolds, in: "Ceramic Materials for Electronics", (2. Aufl.) Hrsg. R. C. Buchanan, Marcel Dekker, NewYork, 1991

[22]   L. K. H. Ven Beek, Prog. Dielectr. **7**, 71 (1967)

[23]   F. A. Kröger und H. J. Vink, in F. Seitz und D. Turnbull (Hrsg.), "Solid State Physics", Vol. **3**, Academic Press, New York (1956)

[24]   H. Schaumburg, "Werkstoffe", Bd. 1 der Reihe Werkstoffe und Bauelemente der Elektrotechnik, Teubner Verlag, Stuttgart, 1990

[25]   N. H. Chan, R. K. Sharma und D. M. Smyth, J. Am. Ceram. Soc., **64**, 556 (1981) u. J. Electrochem. Soc.,128, 1762 (1981)

[26]   N. H. Chan und D. M. Smyth, J. Am. Ceram. Soc., **67**, 285 (1984)

[27]   Ch. Tragut und K. H. Härdtl, Sensors and Actuators B 4, 425 (1991); T. Bieger, J. Maier und R. Waser, Sensors and Actuators B 7, 763 (1992)

[28]   P. Gerthsen, K. H. Härdtl und A. Csillaq, Phys. Stat. Sol. **A 13** ,127 (1972)

[29]   J. Daniels, K. H. Härdtl, D. Hennings und R. Wernicke, Philips Res. Repts., **31**, 487 (1976)

[30]   H.-J. Hagemann und D. Hennings, J. Am. Ceram. Soc., **64**, 590 (1981)

[31]   G. V. Lewis and C. R. A. Catlow, J. Phys. Chem. Solids, **47**, 89 (1986)

[32]   R. Waser, T. Bieger und J. Maier, Solid State Comm. **76**, 1077 (1991)

[33]   R. Waser, J. Am. Ceram. Soc., **74**, 1934 (1991)

[34]   R. Lohkämper, H. Neumann und G. Arlt, J. Appl. Phys., **68**, 4220 (1990)

[35]   J. J. O'Dwyer, "The Theory of Electrical Conduction and Breakdown in Solid

Dielectrics", Clarendon Press, Oxford, 1973

[36] L. A. Dissado, J. C. Fothergrill, S. V. Wolfe und R. M. Hill, IEEE Trans. **EI-19**, 227 (1984)

[37] D. R. Wolters und A. T. A. Zegers-van Duynhoven, in: "The Physics and Technology of Amorphous SiO_2 ", R. A. B. Devine (Hrsg.), Plenum Press 1988

[38] M. M. Abraham, L. A. Boatner, W. H. Christie und F. A. Modine, J. Solid State Chem., **51**, 1 (1984)

[39] J. A. van Raalte, J. Appl. Phys., **36**, 3365 (1965)

[40] H. N. Hersh und L. Bronstein, Am. J. Phys., **25**, 306 (1957)

[41] R. Waser, T. Baiatu und K. H. Härdtl, J. Am. Ceram. Soc., **73**, 1645, 1654 u. 1663 (1990); u. Ferroelectrics, **109**, 89 (1990); T. Baiatu, VDI-Fortschrittsberichte, Reihe **21**, 34, VDI-Verlag, Düsseldorf 1988

[42] J. Blanc und D. L. Staebler, Phys. Rev. B, **4**, 3548 (1971)

[43] E. Husain und R. S. Nema, IEEE Trans. **EI-17**, 350 (1982)

[44] D. D. Chang, T. S. Sudarshan, R. A. Dougal und J. E. Thompson, IEEE Trans. **EI-22**, 489 (1987)

[45] T. F. Brennan, IEEE Trans. **ED-26**, 102 (1979)

[46] C. J. Brannon und H. U. Anderson, Proceedings of the CARTS '88 Symposium, San Diego, March 9-10, 1988; Components Technology Inst., Huntsville, Alabama

[47] H. H. Hoang und J. M. McDavid, Solid State Techn., 1987

[48] R. Waser und K. G. Weil, Ber. Bunsenges. Phys. Chem., **88**, 714 und 1177 (1984)

[49] A. K. Maurice und R. C. Buchanan, Ferroelectrics, **74**, 61 (1987)

[50] D. Hennings, Proceed. 2nd Int. Conf. Pass. Comp., p. 165, Paris, 1987

[51] M. Klee, J. Mat. Sci. Lett., **8**, 985 (1989)

[52] W. S. Clabaugh, E. W. Swiggerd und R. Gilchrist, J. Res. Nat. Bur. Std., **56**, 289 (1956)

[53] D. Hennings, G. Rosenstein und H. Schreinemacher, J. Europ. Ceram. Soc. **8**, 107 (1991)

[54] K. S. Mazdiyansi, R. T. Dolloff und J. S. Smith, J. Am. Ceram. Soc., **52**, 523 (1969)

[55] K. Utsumi, Y. Shimada, T. Ikeda und H. Takamizawa, Ferroelectrics, **68**, 157

(1986)

[56] A. Bell, in: "Electronic Ceramics", Birkenhäuser Verlag, Basel 1992

[57] M. Kahn u. a., in: "Electronic Ceramics", Hrsg. L. M. Levinson, Marcel Dekker, New York, 1988

[58] W. S. Young und S. H. Knickerbocker, in: "Ceramic Materials for Electronics", (2. Aufl.) Hrsg. R. C. Buchanan, Marcel Dekker, NewYork, 1991

[59] A. J. Deyrup, U. S. Patent 2.389.420, 1945

[60] T. P. Hurley und A. C. McAdams (Sprague Electric Co.), U. S. Patent 3.717.487 (1973)

[61] B. Schwartz, Phys. Chem. Solids, **45**, 1051 (1984)

[62] L. D. Lee, R. L. Pober, P. D. Calvert und H. K. Bowen, J. Mat. Sci. Lett., **5**, 81 (1986)

[63] R.J. Klein Wassing, and H.J.Vedder, "The attachement of leadless electronic components to printed boards", Philips Techn. Review 40, 342 (1982)

[64] J. V. Biggers, G. L. Marshall und D. W. Stickler, Solid State Technol., **13**, 63 (1970)

[65] L. C. Hoffmann und T. Nakayama, U. S. Patent 3,666,505 (1972)

[66] T. Yasumoto, N. Iwase, M. Harata und M. Segawa, Proc. Fourth U. S.-Japan Seminar on Dielectric and Piezoelectric Ceramics, Gaithersburg, Md., 748 (1988)

[67] MRS Proceedings 1990, "Ferroelectric Thin Films", E. R. Myers und A. I. Kingon (Hrsg.), Pittsburgh, 1990

[68] G. W. Taylor, C. A. Paz de Araujo und J. F. Scott, "Integrated Ferroelectrics", Gordon & Breach, (in Vorb.)

[69] R. C. Buchanan, in: "Ceramic Materials for Electronics", (2. Aufl.) Hrsg. R. C. Buchanan, Marcel Dekker, NewYork, 1991

[70] A. F. Hollemann und E. Wiberg, 71.-80. Aufl., Walter de Gruyter, Berlin, 1971

[71] J. Gerblinger und H. Meixner, Sensors and Actuators **B 4**, 99 (1991)

[72] D. D. Marchant und T. E. Nemecek, Adv. Ceramics **26**, 19 (1990)

[73] T. Takahashi, N. Iwase, A. Tsuge und M. Nagata, Adv. Ceramics **26**, 159 (1990)

[74] M. Beyer, W. Boeck, K. Möller und W. Zaengl, "Hochspannungstechnik", Springer-Verlag, Heidelberg, 1986

[75] F. Aldinger, in: "High-Tech Ceramics: Viewpoints and Perspectives", p. 161,

Academic Press, 1989

[76] B. K. Gilbert, D. J. Schwab und M. L. Samson, Proceed. of the VHSIC Packaging Workshop, Naval Surface Weapons Center, Silver Spring, USA, 1985

[77] F. Aldinger und S. Günther, in: "Interconnection Technology in Electronics", **56**, DVS-Verlag, Düsseldorf, 1988

[78] K. Utsumi, Y. Shimada, T. Ikeda und H. Takamizawa, Ferroelectric, **68**, 157 (1986)

[79] G.H. Jonker, "Kondensator-Materialien mit hoher Dielektrizitatskonstante", Philips Techn. Rundschau, **17**, 129-37 (1955)

[80] D. Hennings und H. Schreinemacher, Mat. Res. Bull. **12**, 1221-26 (1977)

[81] F. S. Galasso, "Structure, Properties and Preparation of Perovskite-Type Compounds", Pergamon Press, Oxford 1969

[82] M. H. Megheri, "The Effect of Additives, Microstructure and Macrostructure on the Fracture Behaviour of Lead Magnesium Niobate-Based Ceramic Actuators", M. Sc. Thesis, Materials Research Laboratory, Pennsylvania State University 1988

[83] W. A. Schulze, J. V. Biggers und L. E. Cross, J. Am. Ceram. Soc. **61**, 46 (1978)

[84] D. Hennings und G. Rosenstein, J. Am. Ceram. Soc. **67**, 249 (1984)

[85] B. S. Rawal, M. Kahn and W. R. Buessem, Adv. in Ceramics **1**, 172-88 (1981)

[86] I. Burn, Electrocomponent Sci. Technol. **2**, 241-47 (1976)

[87] D. Hennings, Int. J. High Tech. Ceramics (später: J. of Europ. Ceram. Soc.) **3**, 97(1987)

[88] G. H. Jonker und W. Noorlander, Science of Ceramics **1**, 255, Academic Press, London (1962)

[89] G. Arlt, D. Hennings and G. de With, J. Appl. Phys. **58**, 1619-25 (1985)

[90] A. Yamaji, Y. Enomoto, K. Kinoshita and T. Murakami, J. Am. Ceram. Soc. **60**, 97 (1977)

[91] W. R. Buessem, L. E. Cross and A.K. Goswami, J. Am. Ceram. Soc. **49**, 33 (1966)

[92] G. Arlt and W. Peusens, Ferroelectrics **48**, 213 (1983)

[93] W. Noorlander, Proceedings of the 1st ECerS Conference, Maastricht, June 18-23, 1989, pp.2.289; Elsevier 1989

[94] H. M. O'Bryan jr., J. Thomson und J. K. Plourde, Ber. Dtsch. Keram. Ges. 55,

348-51 (1978)

[95] D. Hennings und P. Schnabel, Philips J. Res. **38**, 295 (1983).

[96] G. Wolfram und H. Gobel, Mat. Res. Bull. 16, 1455 (1981)

[97] D. Kolar, Z. Stadler, S. Gaberscek und D. Suvurov, Ber. Dtsch. Keram. Ges. **55**, 346-8 (1978)

[98] M. Hansen und K. Anderko, "Constitution of binary Alloys", McGraw Hill, London 1958

[99] D. Hennings, Ceramic International 17, 283 (1991)

[100] H. M. O'Bryan, and J. Thomson jr., J. Amer. Ceram. Soc. **57**, 522-26 (1974)

[101] G. Maher, USA-Patente Nr. 3,619,222 (1971); 3,682,766 (1972); 3,811,973 (1974)

[102] D. Hennings, Ber. Dtsch. Keram. Ges. **55**, 359 (1978);

[103] D. Hennings und H. Schreinemacher, Deutsches Patent 27 36 688 (1986)

[104] H. Takahara and K. Kiuchi, Adv. Cer. Mat. **1**, 346-49 (1986)

[105] H. J. Hagemann und H. Ihrig, Phys. Rev. **B20**, 3871 (1979)

[106] S. Waku, A. Nishimura, T. Murakami, A. Yamaji, T. Edahiro und M. Uchidate, Rev. Electr. Commun. Lab., **19**, 665 (1971)

[107] R. Wernicke, Adv. Ceram. **1**, 261 (1981); R. Mauczok und R. Wernicke, Philips Techn. Rev. **41**, 338 (1983)

[108] I. Burn und S. Neirman, J. Mater. Sci., **17**, 3510 (1982)

[109] O. Boser, Adv. Ceram. Mat., **2**, 167 (1987)

[110] D. J. Masse, R. A. Purcel, D. W. Readey, E. A. Maguire und C. P. Hartwig, Proc. IEEE, **59**, 1628 (1971)

[111] J. K Plourde, D. F. Linn, H. M. Jr. O'Bryan und J. Jr. Thomson, J. Am. Cer. Soc., **58**, 418 (1975)

[112] W. Wersing, in "Electronic Ceramics", Elsevier Applied Science, 1991

[113] K. Wakino, Ferroelectrics, **91**, 69 (1989)

[114] G. Lütteke und D. Hennings, Philips Tech. Rev., **43**, 35 (1986)

[115] F. Galasso und J. Pyle, Inorg. Chem., **2**, 482 (1963)

[116] M. Onada, J. Kuwata, K. Kaneta, K. Toyama und S. Nomura, Jap. J. Appl. Phys, **21**, 1707 (1982)

[117] W. Heywang, Z. Naturforsch., **6a**, 219 (1951)

[118] P. J. Harrop, J. Mater. Sci., **4**, 370 (1969)

[119] G. Arlt, Vorlesungsskript, RWTH Aachen, Institut für Werkstoffe der Elektrotechnik

[120] Datenbuch Keramikkondensatoren, Philips Components, 1990

[121] Produktkatalog Diama Torr-Heatsinks, Norton Company, Northboro, Massachussetts, 1991

[122] G. Partridge, in: "Electroceramics", B. C. H. Steele (Hrsg.), S. 121, Elsevier, 1991

[123] V. L. Gurevich und A. K. Tagantsev, wird veröffentlicht

[124] G. J. Coombs und R. A. Cowley, J. Phys. **C 6**, 121 u. 143 (1973)

[125] H. Ibach und H. Lüth, "Festkörperphysik" (3. Aufl.), Springer-Verlag, Berlin, 1990

[126] K. Saarinen, Proceedings of the 5th CARTS-Europe 1991, Electronic Comp. Inst. Intern., Crowborough, Großbritannien

[127] G. Heartling, in: "Ceramic Materials for Electronics", (2. Aufl.) Hrsg. R. C. Buchanan, Marcel Dekker, NewYork, 1991

VIII. Piezoelektrische Keramiken

Von Ulrich Böttger und Karl Ruschmeyer

1 Grundlagen

Deformiert man piezoelektrische Werkstoffe durch eine mechanische Spannung, so wird im Material eine Polarisation P bzw. eine dielektrische Verschiebung D erzeugt, die in erster Näherung proportional zur angelegten mechanischen Spannung T ist (**direkter piezoelektrischer Effekt**).

$$D = d\,T \tag{1.1}$$

Der Effekt wird beobachtet, wenn bei kurzgeschlossenen Elektroden einer piezoelektrischen Probe unter Änderung der mechanischen Spannung ein Strom gemessen wird. Aus der Integration des Stroms über die Zeit kann der piezoelektrische Koeffizient d bei bekanntem T berechnet werden. Der Prozeß ist abhängig vom Vorzeichen, d.h. wechselt die mechanische Beanspruchung von Druck auf Zug, verändert sich die Stromrichtung (Bild 1.1a).

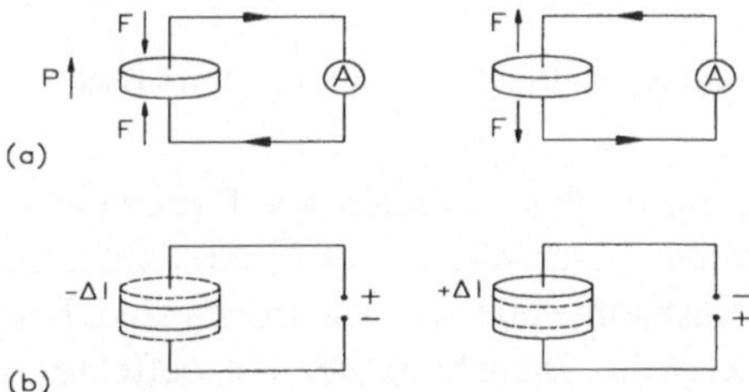

Bild 1.1   Der direkte (a) und der inverse (b) piezoelektrische Effekt; Kontraktion und Expansion

Der Piezoeffekt ist umkehrbar (**inverser piezoelektrischer Effekt**). Ein elektrisches Feld verursacht eine relative Längenänderung $S = \Delta l / l$, die direkt proportional zum wirkenden Feld E ist (Bild 1.1b). Mit Hilfe thermodynamischer Betrachtungen kann bewiesen werden, daß die Proportionalitätsfaktoren des direkten und des indirekten Piezoeffektes identisch sind [1].

$$S = d\,E \tag{1.2}$$

Dieser Zusammenhang ermöglicht eine weitere Bestimmung des piezoelektrischen Koeffizienten d durch die Messung von S, z.B. mittels induktiver Wegaufnehmer oder optischer Methoden, bei definierter elektrischer Spannung. Es ist zu beachten, daß der piezoelektrischen Eigenschaft dieser Werkstoffe die Elektrostriktion überlagert ist, die in allen Materialien auftritt. Unter Elektrostriktion versteht man die quadratische Abhängigkeit der relativen Längenänderung vom anliegenden elektrischen Feld bzw. von der dielektrischen Verschiebung. Die Deformation wird verursacht durch die Polarisation, also die Verschiebung von Ladungsschwerpunkten, aufgrund des elektrischen Feldes.

$$S = QD^2 \tag{1.3}$$

In der Regel ist die Elektrostriktionskonstante Q sehr klein, so daß für Piezoelektrika das elektrostriktive Verhalten zu vernachlässigen ist und von einem linearen Zusammenhang zwischen S und E ausgegangen werden kann. Auf die Richtungsabhängigkeit und den tensoriellen Charakter der piezoelektrischen Gleichungen wird in Abschnitt 2.1 eingegangen.

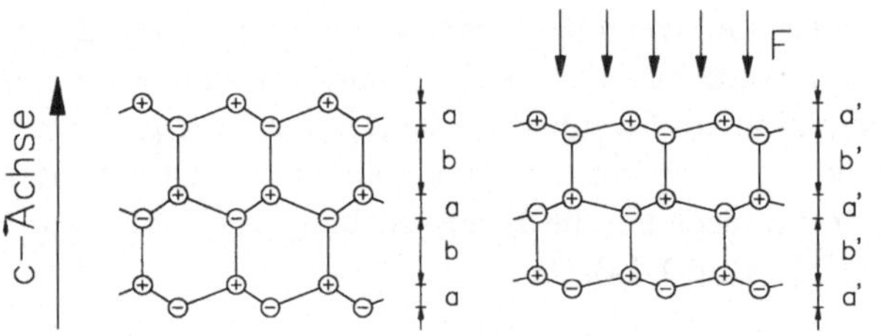

Bild 1.2   Projektion des Zinksulfid-Gitters auf die {110}-Ebene

Notwendige Voraussetzung für das Auftreten von Piezoelektrizität ist ein **unsymmetrischer Kristallaufbau** des Materials. 21 der 32 Kristallklassen oder Punktgruppen, von denen bis auf eine Ausnahme alle piezoelektrisch sind, besitzen kein Symmetriezentrum [2]. Bild 1.2 zeigt die Entstehung des Piezoeffektes am Beispiel des Zinksulfid-Gitters. Betrachtet man die Projektion auf die {110} Ebene, so hat das unverzerrte Gitter charakteristische Abstände a und b zwischen Zink und Schwefel. Bei uniaxialem Druck entlang der polaren Achse verändern sich die beiden Abstände zu a' und b', wobei wegen der Unsymmetrie der Gitterzelle die relative Änderung von a größer ist als die von b. Die relative Verschiebung positiver und negativer Ionenladungen verursacht eine Nettoänderung des Dipolmomentes und somit eine Polarisation. Es ist offensichtlich, daß die relative Verschiebung und damit die Stärke und Richtung des Piezoeffektes von der Kristallorientierung abhängen.

Im Unterschied zu Einkristallen bestehen **keramische Werkstoffe** aus einer Vielzahl von kristallographisch zufällig orientierter Körner. Die statistische Verteilung der polaren Achsen unterdrückt die piezoelektrische Aktivität des Materials. Durch geeignete Techniken wie Fließpressen, Heißverformung oder gerichtete Rekristallisation kann der Substanz eine Vorzugsrichtung der Kristallitorientierung während des Präparationsprozesses aufgeprägt [3] und die makroskopisch piezoelektrische Eigenschaft erzeugt werden.

Für **ferroelektrische Keramiken**, eine spezielle Untergruppe der Piezoelektrika, wird eine einfachere Methode – das Polen – angewendet. Solche Stoffe besitzen unterhalb einer Temperatur Θ_0 eine spontane Deformation und eine spontane Polarisation, also ein elektrisches Dipolmoment pro Elementarzelle, auch ohne äußere mechanische Beanspruchung. Im elektrischen Wechselfeld zeigen sie eine Hysterese $P(E)$. Nach Einwirkung des elektrischen Feldes nimmt die Substanz nicht wieder den Ausgangszustand $P = 0$, sondern den Zustand der remanenten Polarisation P_r in Richtung des zuvor angelegten Feldes ein (Bild 1.3a). Die Ursache liegt in der Dynamik der komplexen Domänenstruktur von ferroelektrischen Keramiken (siehe Abschnitt 3.2). Durch irreversible Domänenwandverschiebungen oder Polarisationssprünge wachsen günstig orientierte Domänen auf Kosten ungünstig orientierter. Im feldfreien Fall bleibt somit die piezoelektrische Eigenschaft erhalten. Neben der dielektrischen Hysterese zeigen ferroelektrische Substanzen auch unter dem Einfluß eines mechanischen Wechselfeldes einen irreversiblen Verlauf $S(E)$. Eine sogenannte Schmetterlingskurve ist in Bild 1.3b dargestellt.

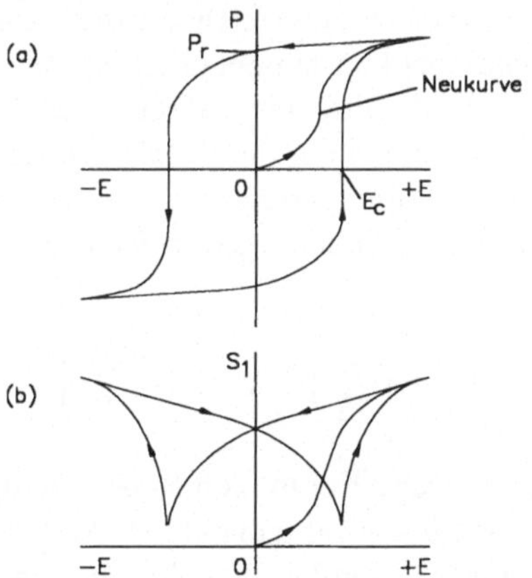

Bild 1.3   (a) Dielektrische Hysterese $P(E)$ mit Koerzitivfeldstärke E_C und remanenter Polarisation P_R und (b) Schmetterlingskurve $S(E)$

Eine Erwärmung über die Umwandlungstemperatur Θ_0 zerstört das piezoelektrische Verhalten von gepolten, ferroelektrischen Keramiken (**thermische Depolarisation**). Nach Abkühlung unter Θ_0 bildet sich zwar wieder die ferroelektrische Phase aus, aber die durch das Polen aufgeprägte Vorzugsrichtung der polaren Achsen der einzelnen Körner geht verloren. In einem elektrischen Wechselfeld, dessen Amplitude sich von einem Wert oberhalb der Koerzitivfeldstärke kontinuierlich verkleinert, wird ebenfalls eine Depolarisation erzwungen. Die remanente Polarisation nähert sich auf sogenannten Subschleifen dem Zustand $P_r = 0$. Dieser Zustand ist jedoch mikroskopisch von dem durch thermische Depolarisation erreichten zu unterscheiden.

2   Piezoelektrische Parameter

2.1   Lineare Grundgleichungen

Unter Berücksichtigung des Hookeschen Gesetzes und der dielektrischen Materialgleichung lassen sich die piezoelektrischen Grundgleichungen formulieren:

$$D = d\,T + \varepsilon^{\mathrm{T}} E \tag{2.1}$$

$$S = s^{\mathrm{E}} T + d\,T \tag{2.2}$$

Dabei ist s die elastische Nachgiebigkeit und $\varepsilon = \varepsilon_0 \varepsilon_r$ die absolute Dielektrizitätszahl, die hochgestellten Indizes kennzeichnen die konstant gehaltenen Größen. Die elastische Nachgiebigkeit bei konstantem elektrischen Feld s^{E} läßt sich beispielsweise durch kurzgeschlossene Elektroden während des Betriebs, d.h. $E = 0$, realisieren. Die Gleichungen beschreiben nur die lineare Antwort eines piezoelektrischen Systems auf kleine Störungen. Formal können die Parameter als Entwicklungskoeffizienten erster Ordnung für kleine Änderungen in S und D bei konstanter Temperatur Θ aufgefaßt werden.

$$s^{\mathrm{E}} = \left(\frac{\partial S}{\partial T}\right)_{E,\Theta}, \quad \varepsilon^{\mathrm{T}} = \left(\frac{\partial D}{\partial E}\right)_{T,\Theta}, \quad d = \left(\frac{\partial S}{\partial E}\right)_{T,\Theta} = \left(\frac{\partial D}{\partial T}\right)_{E,\Theta} \tag{2.3}$$

Tatsächlich zeigen ferroelektrische Keramiken starke **nicht-lineare Effekte**. In Bild 2.1 ist die Zunahme der Nichtlinearität anhand der Aufweitung der Hysterese $D(E)$ bei Erhöhung der Feldamplitude dargestellt. Ein ähnliches Verhalten wird in der Schmetterlingskurve $S(E)$ beobachtet. Es muß also zwischen linearem Kleinsignal- und nicht-linearem Großsignalverhalten differenziert werden.

$$\varepsilon = \left(\frac{\delta D}{\delta E}\right) \neq \left(\frac{\Delta D}{\Delta E}\right) \tag{2.4}$$

Soweit nicht besonders erwähnt, beschränkt sich die folgende Diskussion auf das lineare Kleinsignalverhalten der Materialparameter.

Im allgemeinen Fall ruft eine mechanische Spannung oder ein elektrisches Feld eine Deformation des Piezoelektrikums in allen drei Raumrichtungen hervor. Diesem Umstand wird der tensorielle Charakter der Gleichungen gerecht. In der kompletten Tensorschreibweise lauten die Gleichungen (2.1) und (2.2)

$$D_i = d_{ijk} T_{jk} + \varepsilon_{ij}^{T} E_j \tag{2.5}$$

$$S_{ij} = s_{ijkm}^{E} T_{km} + d_{ijk} E_k \tag{2.6}$$

Nach der Einsteinschen Konvention ist über gleiche Indizes zu summieren, z.B. lautet die erste Komponente von Gleichung (2.5)

$$D_1 = d_{111} T_{11} + d_{112} T_{12} + d_{113} T_{13} + d_{121} T_{21} + d_{122} T_{22} + d_{123} T_{23} \tag{2.7}$$
$$+ d_{131} T_{31} + d_{132} T_{32} + d_{133} T_{33} + \varepsilon_{11}^{T} E_1 + \varepsilon_{12}^{T} E_2 + \varepsilon_{13}^{T} E_3$$

Die Anzahl der Indizes gibt die Stufe des Tensors an, Tensoren 1. Stufe sind Vektoren. Zum besseren Verständnis betrachte man z.B. die mechanische Spannung $T_{km} = F_k/A_m$. Diese liegt an, wenn in k-ter Richtung eine Kraft F auf die Fläche A mit der Flächennormalen in m-ter Richtung wirkt. Für $k = m$ spricht man von Zug- oder Druckspannungen, für $k \neq m$ von Scherspannungen. Der Tensor der elastischen Nachgiebigkeit s_{ijkm}^{E} transformiert T_{km} in den Deformationstensor $S_{ij} = \Delta l_i/l_j$, der sich respektive aus Dehnungs- und Scherungskomponenten zusammensetzt.

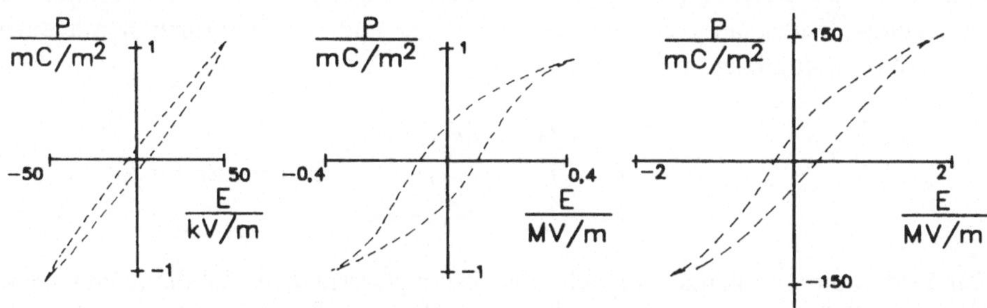

Bild 2.1   Aufweitung der dielektrischen Hysterese einer ferroelektrischen Keramik bei zunehmender Wechselfeldamplitude [4]. Man beachte die unterschiedliche Skalierung der Achsen.

Die Stufe des Tensors n gibt die Anzahl der Komponenten 3^n an, von denen jedoch nicht alle unabhängig sind. In den piezoelektrischen Grundgleichungen existieren nur 45 unabhängige Komponenten der Materialparameter s_{ijkm}, d_{ijk} und ε_{ij} : 21 elastische, 18 piezoelektrische und 6 dielektrische [4]. Die Anzahl läßt sich weiter reduzieren, wenn man ein geeignetes Koordinatensystem wählt und ausschließlich gepolte Keramiken betrachtet.

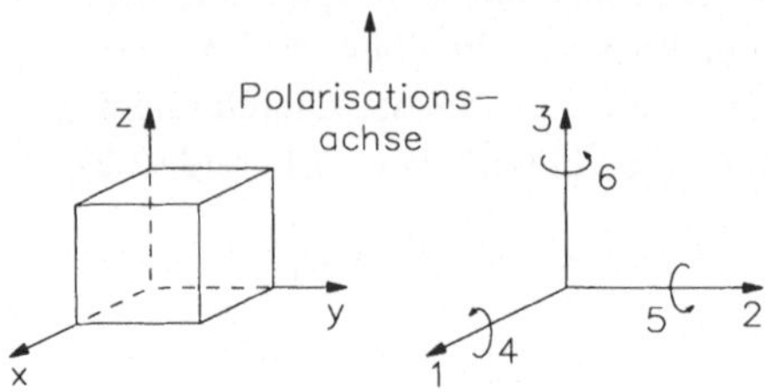

Bild 2.2   Koordinatensystem und Scherungsachsen

Es ist üblich, eine **abkürzende Schreibweise** für die Tensoren der mechanischen Spannung und der Deformation einzuführen. Unter Ausnutzung der Symmetrieeigenschaft $S_{ij} = S_{ji}$ und $T_{ij} = T_{ji}$ faßt man zwei Indizes zu einem neuen Index zusammen, der von 1 bis 6 läuft. Dabei wird folgendes Schema angewendet:

$$11 \rightarrow 1 \qquad 23 = 32 \rightarrow 4$$
$$22 \rightarrow 2 \qquad 13 = 31 \rightarrow 5$$
$$33 \rightarrow 3 \qquad 12 = 21 \rightarrow 6$$

Die 3-Achse wird in der Regel in Polungsrichtung festgelegt. Die Scherebenen sind durch die Indizes 4, 5 und 6 gekennzeichnet und ihre Normalen sind parallel zu jeweils einer der drei Raumrichtungen 1, 2 und 3 (Bild 2.2). Es ist Konvention, die Scherkomponenten der mechanischen Spannung und der Deformation mit einem Faktor 2 zu multiplizieren:

$$T_{11} = T_1 \qquad 2T_{23} = T_4$$
$$T_{22} = T_2 \qquad 2T_{13} = T_5 \qquad \text{und ebenso für } S_{ij}$$
$$T_{33} = T_3 \qquad 2T_{12} = T_6$$

Der Vorteil dieser abkürzenden Schreibweise liegt darin, daß sich die Komponenten der tatsächlichen 3- und 4-stufigen Tensoren d_{ijk} und s^E_{ijkm} formal in zweidimensionalen Matrizen darstellen lassen und sich die piezoelektrischen Grundgleichungen wie folgt vereinfachen. Die Indizes i,j laufen dabei von 1 bis 3, und k,m von 1 bis 6.

$$D_i = d_{ik}T_k + \varepsilon^T_{ij}E_j \qquad\qquad (2.8)$$

$$S_m = s^E_{mk}T_k + d_{mj}E_j \qquad\qquad (2.9)$$

Gepolte Keramiken besitzen in der Ebene senkrecht zur Polungsachse eine ∞-fache Symmetrie. Diese Eigenschaft entspricht der C_{6v} (nach Schönflies) oder 6mm (nach

Hermann-Maugin) Symmetrie hexagonaler Strukturen. Für eine solche Symmetrie können die nicht verschwindenden Komponenten der elastischen, der piezoelektrischen und der dielektrischen Parameter in der abgebildeten, symmetrischen Matrix dargestellt werden [5]. Die verbundenen Kreise charakterisieren dabei identische Elemente.

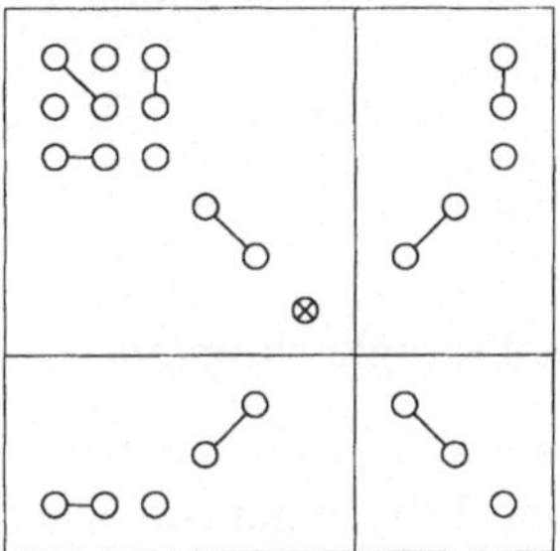

Die 6 x 6 Matrix in der oberen linken Ecke steht für die elastische Nachgiebigkeit s^E. Das Kreuz kennzeichnet den nicht verschwindenden, aber von anderen Koeffizienten abhängigen Term s^E_{66}.

$$s^T_{ij} = \begin{pmatrix} s^E_{11} & s^E_{12} & s^E_{13} & 0 & 0 & 0 \\ s^E_{12} & s^E_{11} & s^E_{13} & 0 & 0 & 0 \\ s^E_{13} & s^E_{13} & s^E_{33} & 0 & 0 & 0 \\ 0 & 0 & 0 & s^E_{55} & 0 & 0 \\ 0 & 0 & 0 & 0 & s^E_{55} & 0 \\ 0 & 0 & 0 & 0 & 0 & s^E_{66} \end{pmatrix} \quad \text{mit } s^E_{66} = 2\left(s^E_{11} - s^E_{12}\right) \tag{2.10}$$

Die 3 x 6 (unten links) und die 6 x 3 Matrix (oben rechts) repräsentieren den piezoelektrischen Koeffizienten d bzw. deren Transponierte d^t.

$$d_{ij} = \begin{pmatrix} 0 & 0 & 0 & 0 & d_{15} & 0 \\ 0 & 0 & 0 & d_{15} & 0 & 0 \\ d_{31} & d_{31} & d_{33} & 0 & 0 & 0 \end{pmatrix} \tag{2.11}$$

Die untere rechte Anordnung entspricht ε^T.

$$\varepsilon^T_{ij} = \begin{pmatrix} \varepsilon^T_{11} & 0 & 0 \\ 0 & \varepsilon^T_{11} & 0 \\ 0 & 0 & \varepsilon^T_{33} \end{pmatrix} \tag{2.12}$$

In gepolten Keramiken mit der Polungsrichtung in einer Achse des Koordinatensystems existieren also nur zehn unabhängige Koeffizienten der Materialparameter.

Insbesondere das piezoelektrische Verhalten wird vollständig durch drei Größen beschrieben. d_{31} verknüpft ein elektrisches Feld in Richtung der polaren Achse mit einer Längenänderung senkrecht dazu, während d_{33} der Piezokonstanten bei einem Feld und einer Längenänderung entlang der Polungsachse entspricht. Scherungseffekte treten nur auf, wenn ein elektrisches Feld senkrecht zur polaren Achse anliegt (d_{15}). In anderen Richtungen tritt für die gewählten Voraussetzungen kein piezoelektrischer Effekt auf.

2.2   Vollständiger Satz der Piezogleichungen

Die Wahl der unabhängigen Variablen in den piezoelektrischen Beziehungen ist nur durch die experimentellen Versuchsbedingungen bestimmt. In den Gleichungen (2.1) und (2.2) wurden jeweils die mechanische Spannung und die elektrische Feldstärke konstant gehalten. Dies kann gewährleistet werden, wenn durch Kurzschluß der Probenelektroden ($E = 0$) ein freier Fluß von Ladung bzw. ohne mechanische Belastung ($T = 0$) eine freie Deformation ermöglicht wird. Andere Randbedingungen ergeben sich bei offenen Elektroden ($D = 0$) oder bei vollständiger Klemmung ($S = 0$). Letztere Bedingung kann man sich durch einen " idealen Schraubstock" realisiert denken. Es lassen sich somit drei weitere Gleichungssysteme mit unterschiedlichen unabhängigen Variablen aufstellen.

$$S = s^D T + g D \tag{2.13}$$

$$E = -g T + \beta^T D \tag{2.14}$$

$$T = c^E S - e E \tag{2.15}$$

$$D = e S + \varepsilon^S E \tag{2.16}$$

$$T = c^D S - h D \tag{2.17}$$

$$E = -h S + \beta^S D \tag{2.18}$$

Die eingeführten Parameter liefern keine neue Information über das piezoelektrische Kleinsignalverhalten, sie können statt dessen aus den bisher verwendeten berechnet werden.

Dabei ist c die elastische Steifigkeit und β die absolute, reziproke Dielektrizitätszahl unter Berücksichtigung der entsprechenden Versuchsbedingungen. Die piezoelektrischen Koeffizienten trennt man in die Ladungskoeffizienten d und e sowie in die Spannungskoeffizienten g und h. Zur besseren Übersicht wurde auf e ine Indizierung

$$s^{\mathrm{D}} = s^{\mathrm{E}}\left(1 - \frac{d^2}{s^{\mathrm{E}}\varepsilon^{\mathrm{T}}}\right) \tag{2.19}$$

$$\varepsilon^{\mathrm{S}} = \varepsilon^{\mathrm{T}}\left(1 - \frac{d^2}{s^{\mathrm{E}}\varepsilon^{\mathrm{T}}}\right) \tag{2.20}$$

$$c^{\mathrm{E}} = \frac{1}{s^{\mathrm{E}}} \quad ; \quad c^{\mathrm{D}} = \frac{1}{s^{\mathrm{D}}} \tag{2.21}$$

$$\beta^{\mathrm{T}} = \frac{1}{\varepsilon^{\mathrm{T}}} \quad ; \quad \beta^{\mathrm{S}} = \frac{1}{\varepsilon^{\mathrm{S}}} \tag{2.22}$$

$$g = \frac{d}{\varepsilon^{\mathrm{T}}} \quad ; \quad e = \frac{d}{s^{\mathrm{E}}} \quad ; \quad h = \frac{g}{s^{\mathrm{D}}} \tag{2.23}$$

der Größen verzichtet. Ihre tensorielle Natur darf jedoch nicht vergessen werden. Die einzelnen Komponenten berechnen sich nach den Gesetzen der Matrizenmultiplikation. Für die elastische Nachgiebigkeit unter Leerlaufbedingungen erhält man

$$s_{\mathrm{km}}^{\mathrm{D}} = s_{\mathrm{km}}^{\mathrm{E}} - \left(d^{\mathrm{t}}\right)_{\mathrm{ki}} g_{\mathrm{im}} \quad \text{mit} \quad g_{\mathrm{im}} = \left(\varepsilon^{\mathrm{T}^{-1}}\right)_{\mathrm{ik}} d_{\mathrm{jm}} \tag{2.24}$$

d^{t} entspricht der transponierten Matrix von d, $(\varepsilon^{\mathrm{T}})^{-1}$ der inversen zu ε^{T}. Betrachtet man wie im vorherigen Kapitel ausschließlich ferroelektrische Keramiken, die in 3-Richtung gepolt sind, so ist beispielsweise

$$s_{11}^{\mathrm{D}} = s_{11}^{\mathrm{E}} - \frac{d_{31}^2}{\varepsilon_{33}^{\mathrm{T}}} \tag{2.25}$$

Der vollständige Satz aller Komponenten für die gewählte Probengeometrie ist in Anhang A angegeben.

In Bild 2.3 ist als Beispiel ein piezoelektrisch aktiver Zylinder der Länge $l = 20$ mm dargestellt, auf dessen Stirnflächen A eine uniaxiale Kraft F angreift. Die gemessene elektrische Spannung U erhöht sich bei einem Druck von 50 MPa linear auf etwa 25 kV. Im Leerlauf ($D = 0$) folgt aus Gleichung (2.14):

$$U = g\frac{l}{A}F \tag{2.26}$$

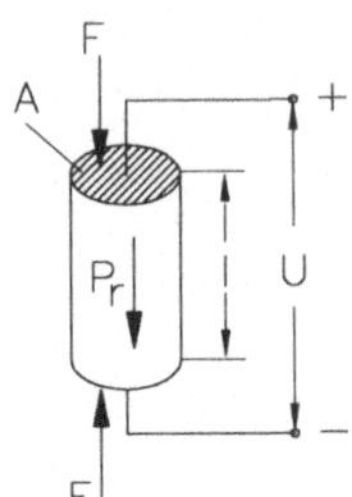
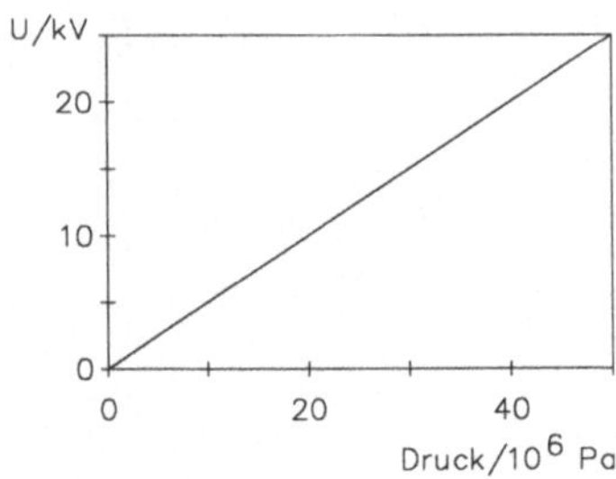

Bild 2.3   Spannung an den Stirnflächen eines elektrisch unbelasteten, 2 cm langen piezoelektrischen Zylinders als Funktion des äußeren Drucks nach [7]

Das Vorzeichen der gemessenen elektrischen Spannung ist positiv, wenn die zur Polung der Keramik benötigte Spannung das gleiche Vorzeichen hatte. Substituiert man $g = d/\varepsilon^T$ und führt die Kapazität des Zylinders $C = \varepsilon^T A/l$ ein, so ergibt sich für die Ladung auf den Stirnflächen :

$$Q = dF = \varepsilon^T gF \tag{2.27}$$

Die erzeugte Ladung ist nur bestimmt durch die Materialkoeffizienten g und ε^T und die angelegte Kraft. Die Dimensionierung des piezoelektrischen Elementes geht nicht ein. Die Probe darf aber nicht beliebig miniaturisiert werden, da sonst $T = F/A$ zu groß wird und mechanische Depolarisation einsetzt [6]. Durch große mechanische Belastung kann der Ausrichtungsgrad der polaren Achsen in Piezokeramiken herabgesetzt werden, was eine schwächere piezoelektrische Aktivität zur Folge hat.

2.3   Dynamisches Verhalten und Kopplungsfaktoren

Eine piezoelektrische Probe mit geeigneter Geometrie, die einem sinusförmigen, elektrischen Wechselfeld ausgesetzt ist, expandiert und kontrahiert bei tiefen Frequenzen in Phase mit dem anregenden Feld. Die Kapazität eines solchen Wandlers ist in diesem Frequenzbereich durch ε^T (freie Deformation) bestimmt. Bei Frequenzerhöhung findet man Resonanzen einschließlich der Oberwellen für alle piezoelektrisch aktiven Schwingungsmoden (Bild 2.4). In Resonanz ist eine Schwingerabmessung gerade die halbe Schallwellenlänge oder ein ungeradzahliges Vielfaches davon. Weit oberhalb der Resonanzen unterdrückt die Massenträgheit eine Deformation des Schwingers, die Probe ist also vollständig geklemmt. Dies verursacht eine Erniedrigung der gemessenen Dielektrizitätszahl auf ε^S (siehe Abschnitt 2.2).

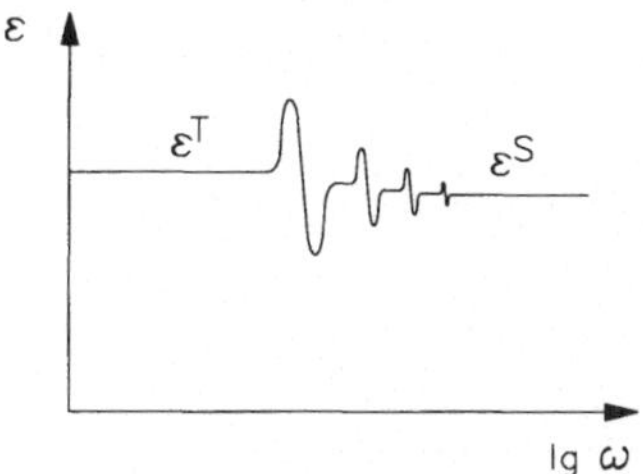

Bild 2.4   Freie und geklemmte Dielektrizitätszahl eines piezoelektrischen Schwingers

Führt man den piezoelektrischen **Materialkopplungsfaktor** k ein

$$k^2 = \frac{d^2}{s^{\mathrm{E}}\varepsilon^{\mathrm{T}}}$$
(2.28)

so folgt mit Gleichung (2.20):

$$\varepsilon^{\mathrm{S}} = \varepsilon^{\mathrm{T}}\left(1 - k^2\right)$$
(2.29)

Der Materialkopplungsfaktor ist ein Maß für die Umwandlung von elektrischer Energie in mechanische und umgekehrt. Seine Abhängigkeit von den unterschiedlichen Schwingungsformen wird weiter unten diskutiert. Die gleiche Beziehung wie für $\varepsilon^{\mathrm{S}}/\varepsilon^{\mathrm{T}}$ erhält man für die elastischen Nachgiebigkeiten (2.19), d.h., der Werkstoff ist unter Kurzschluß elastisch nachgiebiger als bei offenen Elektroden.

$$s^{\mathrm{D}} = s^{\mathrm{E}}\left(1 - k^2\right)$$
(2.30)

In der Nähe der Resonanz kann das Verhalten eines piezoelektrischen Schwingers durch das abgebildete, elektrische Ersatzschaltbild beschrieben werden (Bild 2.5). Der Serienresonanzkreis (Index 1) charakterisiert die mechanischen Größen des Schwingers. C_1 entspricht der reziproken Federsteifigkeit, L_1 der trägen Masse, R_1 bzw. R_{L} stehen für die auftretenden Verluste bedingt durch innere Reibung bzw. durch äußere Last. Die Kapazität des Wandlers unterhalb von f_{r} wird durch C_0 beschrieben.

Ein weiterer, wichtiger Parameter piezoelektrischer Werkstoffe ist der **effektive, elektromechanische Kopplungsfaktor** k_{eff}, der wie folgt definiert ist.

$$k_{\mathrm{eff}}^2 = \frac{\text{elektrische Energie, die in mechanische transformiert wird}}{\text{gesamte gespeicherte elektrische Energie}}$$
(2.31)

$$k_{\mathrm{eff}}^2 = \frac{\text{mechanische Energie, die in elektrische transformiert wird}}{\text{gesamte gespeicherte mechanische Energie}}$$
(2.32)

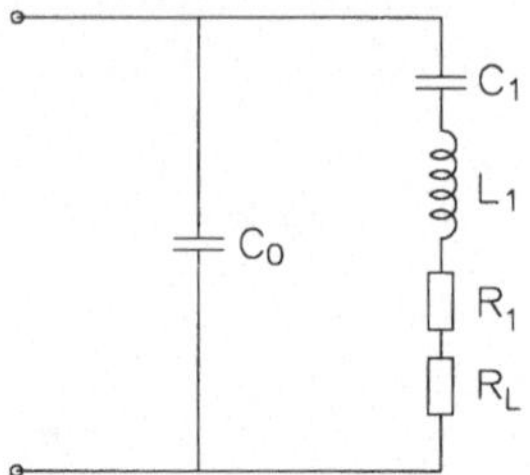

Bild 2.5   Ersatzschaltbild eines elektromechanischen Wandlers [6]

Für einen elektro→mechanischen Wandler ist die gesamte elektrische Energie in den beiden Kondensatoren C_0 und C_1 ($f \ll f_r$) gespeichert und C_1 der davon umgewandelte Anteil.

$$k_{\text{eff}}^2 = \frac{C_1}{C_0 + C_1} \tag{2.33}$$

Diskutiert man das Frequenzverhalten der komplexen Impedanz $Z = R + i\,X$ bzw. Admittanz $Y = G + iB$ des Ersatzschaltbildes, so lassen sich einige typische Frequenzen des Schwingers identifizieren (Bild 2.6). Die Resonanz- und die Antiresonanzfrequenz f_r und f_a werden erreicht, wenn der gesamte Blindwiderstand des Kreises null ist. Die Frequenz f_m, bei der $|Z|$ minimal bzw. $|Y|$ maximal werden, liegt in der Nähe der Serienresonanz f_s ($X_1 = 0$).

$$f_m \approx f_s = \frac{1}{2\pi}\sqrt{\frac{1}{L_1 C_1}} \tag{2.34}$$

Der Betrag der Impedanz wird maximal ($|Y|$ minimal) für $f = f_n$. Diese Frequenz entspricht in etwa der Parallelresonanz, bei der der Realteil von Z maximal ist.

$$f_n \approx f_p = \frac{1}{2\pi}\sqrt{\frac{C_0 + C_1}{L_1 C_0 C_1}} \tag{2.35}$$

Aus Vergleich mit Gleichung (2.23) sieht man, daß eine Bestimmung des effektiven, elektromechanischen Kopplungsfaktors aus Impedanz- bzw. Admittanzmessungen in Resonanznähe leicht möglich ist.

$$k_{\text{eff}}^2 = \frac{f_p^2 - f_s^2}{f_p^2} \approx \frac{f_n^2 - f_m^2}{f_n^2} \quad \text{oder} \quad \frac{k_{\text{eff}}^2}{1 - k_{\text{eff}}^2} = \frac{f_p^2 - f_s^2}{f_s^2} \tag{2.36}$$

Für sehr kleine Kopplungsfaktoren $k_{\text{eff}} \ll 1$ gilt näherungsweise

$$k_{\text{eff}}^2 \approx 2\,\frac{f_p - f_s}{f_s} = 2\,\frac{\Delta f}{f_s} \tag{2.37}$$

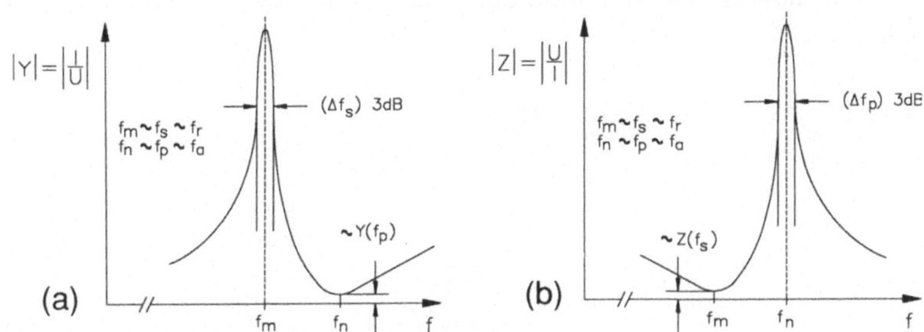

Bild 2.6   Betrag von (a) Admittanz und (b) Impedanz eines elektromechanischen Wandlers über der Frequenz in Resonanznähe [7]

Der effektive Kopplungsfaktor, der sich aus dem relativen Frequenzabstand von Serien- und Parallelresonanz bestimmt, ist nur in speziellen Schwingungsmoden identisch mit dem Materialkopplungsfaktor, der durch die Kleinsignalparameter gegeben ist. In der Regel gilt $k_{\text{eff}} < k$.

Die Probengeometrie bestimmt die piezoelektrisch aktiven Moden. Man unterscheidet drei prinzipielle Formen :

1. Scheibenschwinger

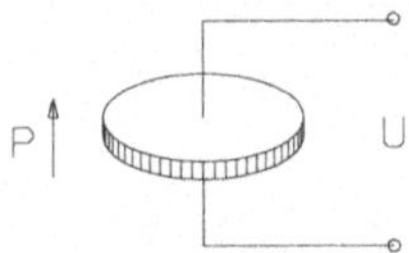

Am Beispiel einer auf den Stirnflächen metallisierten Scheibe (Dicke $t = 2$ mm, Durchmesser $d = 25{,}4$ mm) aus kommerzieller PXE 5 Keramik, die in Dickenrichtung polarisiert ist, lassen sich am Verlauf der Admittanz zwei Schwingungsmoden ausmachen [7]. Bild 2.7 zeigt die radiale oder planare Resonanz bei $f_s = 78{,}7$ kHz. Mit steigender Frequenz folgen die Oberwellen und schließlich die Dickenresonanz bei $f_s = 950$ kHz. Die Dickenresonanz ist in diesem Fall von Oberwellen der Radialresonanz überlagert.

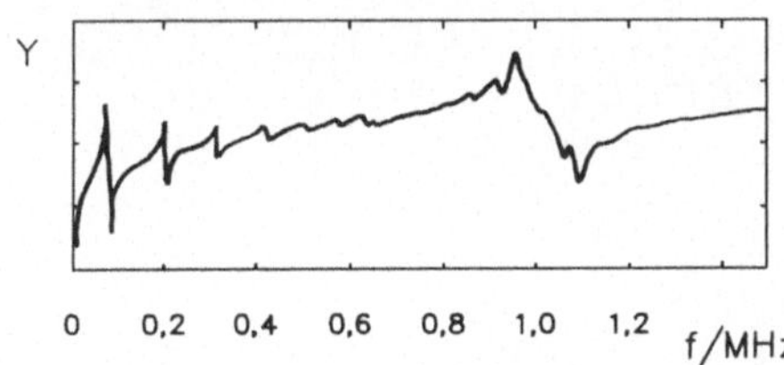

Bild 2.7   Radiale Resonanzen und Dickenresonanz eines scheibenförmigen PXE-Wandlers mit einem Durchmesser von 25,4 mm und einer Dicke von 2 mm [7]

Für die Materialkopplungsfaktoren des planaren und des Dickenschwingers ergeben sich :

$$k_{\mathrm{p}}^2 = \frac{d_{31}^2}{s_{11}^E\,\varepsilon_{33}^T}\cdot\frac{2}{(1-\sigma_{12})} \tag{2.38}$$

$$k_{\mathrm{t}}^2 = \frac{e_{33}^2}{c_{33}^D\,\varepsilon_{33}^S} \tag{2.39}$$

σ ist die Poissonzahl, die das Verhältnis von Querkontraktion zu Längsdehnung angibt : $\sigma_{12} = -\,s_{12}^E/\,s_{11}^E$. In piezoelektrischen Keramiken liegt die Poissonzahl meist im Bereich $0{,}28 < \sigma < 0{,}32$.

2. Quaderschwinger

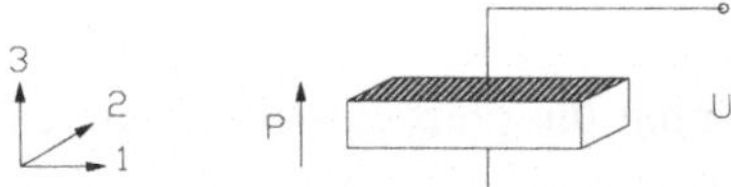

Ein quaderförmiger elektromechanischer Wandler, dessen Elektroden auf den großen Flächen aufgebracht sind, führt im Wechselfeld eine Längsschwingung durch Queranregung mit

$$k_{31}^2 = \frac{d_{31}^2}{s_{11}^E\,\varepsilon_{33}^T} \tag{2.40}$$

und eine Dickenschwingung durch Parallelanregung mit dem Kopplungsfaktor k_{t} (siehe (2.39)) aus.

Werden die kleinen Flächen des Quaders elektrodisiert, so kann eine Längsschwingung durch Parallelanregung beobachtet werden.

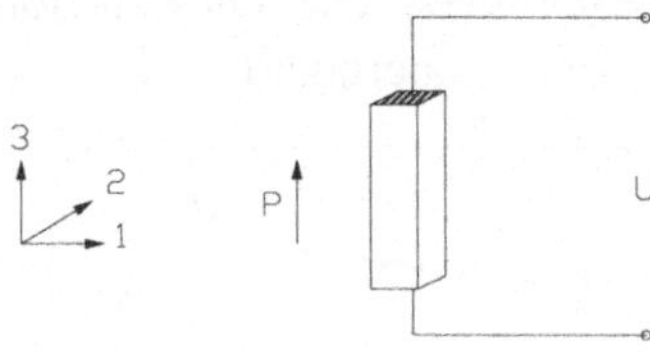

Für diesen Fall ist

$$k_{33}^2 = \frac{d_{33}^2}{s_{33}^E\,\varepsilon_{33}^T} \tag{2.41}$$

3. Ringschwinger

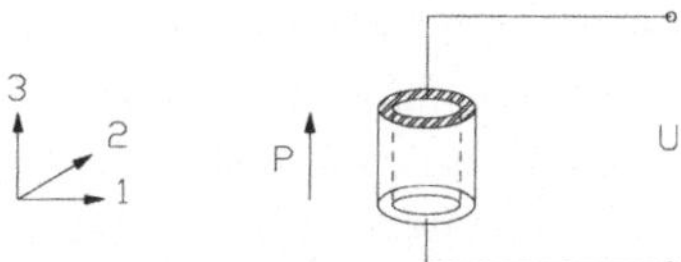

Ein dünnwandiger Ring schwingt in radialer Richtung mit

$$k_u^2 \approx k_{31}^2 = \frac{d_{31}^2}{s_{11}^E \, \varepsilon_{33}^T} \tag{2.42}$$

Bild 2.8 zeigt den Verlauf der Materialkopplungsfaktoren für einige Schwingungsformen und des effektiven Kopplungsfaktors als Funktion des relativen Frequenzabstandes zwischen Serien- und Parallelresonanz. Es wird festgehalten, daß nur im Fall des dünnwandigen Ringschwingers $k_{eff} = k_u$ ist. Für alle anderen betrachteten Typen gilt $k_{eff} \approx 0{,}9\,k$.

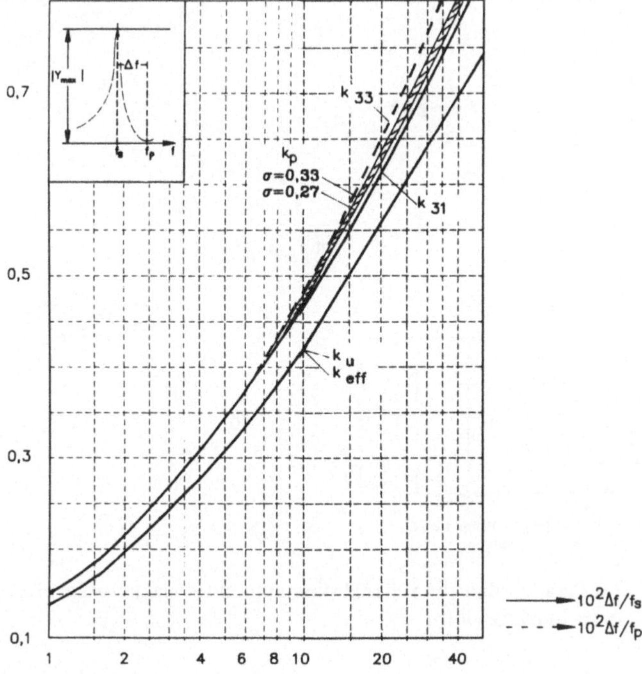

Bild 2.8   Verschiedene Kopplungsfaktoren als Funktion des relativen Frequenzabstandes zwischen Serien- und Parallelresonanzfrequenz

Wie oben erwähnt bestimmen die Abmessungen eines Schwingers dessen Resonanzfrequenz. Dieser Effekt wird durch die **Frequenzkonstante** N beschrieben, die als Produkt von Resonanzfrequenz f_s und der für die Resonanz verantwortlichen Abmessung definiert ist. In Abhängigkeit vom Schwingungsmodus muß zwischen N_p, N_t, N_3 usw. differenziert werden. Mit Ausnahme der planaren Frequenzkonstanten ist N gerade die Hälfte der im Material auftretenden Schallgeschwindigkeit v. Für einen scheibenförmigen Schwinger in Dickenresonanz $t = \lambda/2$ ergibt sich beispielsweise [7]

$$N_t = \frac{1}{2} v_3^E = \frac{1}{2\sqrt{\rho s_{33}^E}} \tag{2.43}$$

Bei praktischen Anwendungen im Resonanzbetrieb ist es oftmals zweckmäßig, die elektromechanischen Wandler mit einer Induktivität abzustimmen [6]. Man unterscheidet zwischen Abstimmungen mit Parallel- und Serieninduktivität. In Bild 2.9 sind die entspechenden Ersatzschaltbilder dargestellt. Auf diese Weise entstehen zwei gekoppelte Resonanzkreise: ein mechanischer, der durch L, C_1 und R_1 bzw. R_L charakterisiert ist und ein elektrischer, der durch L_{ser} (oder L_{par}), C_0 sowie den Innenwiderstand des Generators R_i beschrieben wird. In guter Näherung betragen die Induktivitäten

$$L_{par} = \frac{1}{\left(4\pi^2 f_s\right)C_0} \tag{2.44}$$

$$L_{ser} = \frac{1}{\left(2\pi f_p\right)C_0} \tag{2.45}$$

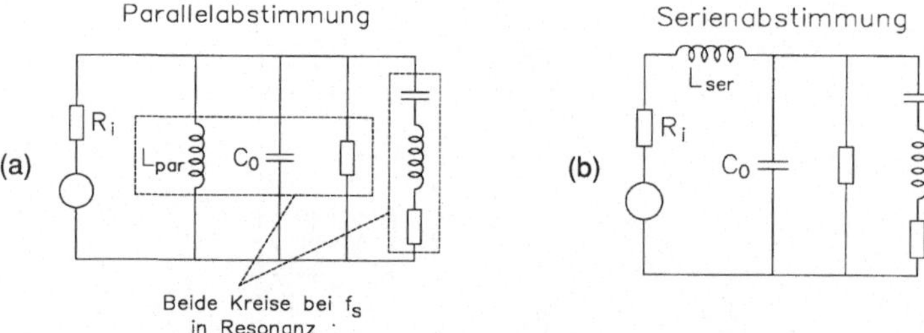

Bild 2.9   (a) Parallel- und (b) Serienabstimmung eines elektromechanischen Wandlers mit einer Induktivität [6]

Aufgrund der Kopplung des elektrischen und des mechanischen Kreises ergeben sich Durchlaßkurven, wie sie von **Bandfiltern** bekannt sind. Das Frequenzverhalten der Impedanz für beide Abstimmungen ist in Bild 2.10 aufgetragen. Dabei steht Kurve I für einen akustisch unbelasteten Schwinger ($R_L = 0$), Kurven II und III für eine mittlere respektive starke Belastung. Die maximal auftretende Bandbreite ist gleich dem Abstand zwischen den Maxima bzw. Minima auf beiden Seiten von f_s bzw. f_p.

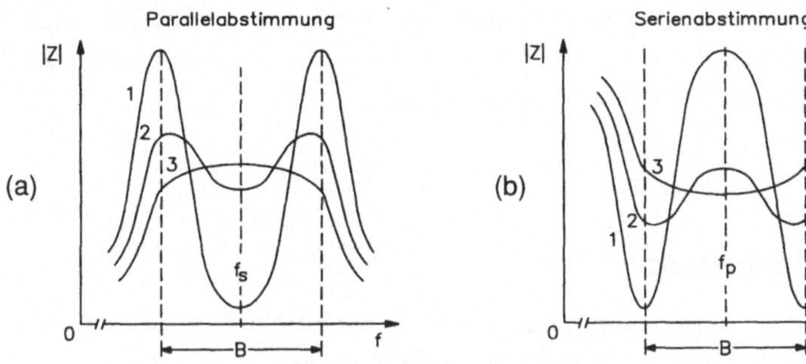

Bild 2.10   Betrag der Impedanz über der Frequenz bei (a) Parallel- und (b) Serienabstimmung [6]

3   Piezoelektrische Werkstoffe

Von den einkristallinen Materialien, die piezoelektrisches Verhalten zeigen, hat nur Quarz eine herausragende technische Bedeutung. Aufgrund der hohen Resonanzstabilität gegenüber Temperaturschwankungen (extrem niedriger Temperaturkoeffizient der Resonanzfrequenz in bestimmten Kristallrichtungen) [8] und gegenüber Erschütterungen (hohe Resonanzgüte) werden einkristalline Quarze als Schwingquarze und als Quarzfilter eingesetzt. Weitere Anwendungen finden sich im Bereich der piezoelektrischen Druck- und Schwingungssensorik.

Der größte Teil der Applikationen wird mit ferroelektrischen Keramiken realisiert. Die Anforderungen an die Materialeigenschaften ergeben sich aus den fünf Hauptanwendungsbereichen.

1. Die **Erzeugung von hohen elektrischen Spannungen** durch mechanische Belastung verlangt einerseits einen großen piezoelektrischen Spannungskoeffizienten g, andererseits eine hohe Stabilität der elektromechanischen Eigenschaften unter der mechanischen Belastung.

2. Für die **Detektion mechanischer Schwingungen (Sensor)** ist eine Kombination von großem g-Koeffizienten und kleiner Dielektrizitätszahl erforderlich.

3. Der Einsatz als **Aktuator** verlangt hohe piezoelektrische Koeffizienten d. Wegen $d = g \cdot \varepsilon$ sollten für diesen Fall g und ε groß sein.

4. Zur **Erzeugung akustischer Schwingungen** und von Ultraschall wird ein Material benötigt, daß unter dem Einfluß der anregenden elektrischen Felder niedrige Verluste aufweist.

5. Die **Frequenzstabilisierung** gewährleistet ein Werkstoff mit Eigenschaften (wie die von einkristallinem Quarz), die kaum durch Änderungen in der Betriebsumgebung beeinflußt werden. Außerdem ist ein hoher Materialkopplungsfaktor wünschenswert.

Die folgende Diskussion der piezokeramischen Werkstoffe beschränkt sich auf die wichtigen Materialien Bariumtitanat und PZT. PZT ist eine feste Lösung des Mischsystems Bleizirkonat–Bleititanat $(Pb(Zr_xTi_{1-x}O_3))$.

3.1   Perowskitstruktur

Die Kristallstruktur von Bariumtitanat und PZT entspricht der des Perowskit-Minerals mit der allgemeinen Strukturformel ABO_3, wobei A ein zweiwertiges (z.B. Ba,Pb) und B ein vierwertiges Metallkation (z.B. Ti,Zr) repräsentiert. Oberhalb der Umwandlungstemperatur Θ_0 ist die Form der Elementarzelle kubisch, die Ladungsschwerpunkte der Metallkationen und des Sauerstoffoktaeders fallen zusammen (Bild 3.1). Bei Absenkung der Temperatur unter Θ_0 ist diese Struktur aus energetischen Gründen nicht stabil, das Material durchläuft einen Phasenübergang [1]. Dabei verschieben sich die Kristallionen relativ zueinander, so daß negativer und positiver Ladungsschwerpunkt nicht identisch sind. Es entsteht ein elektrisches Dipolmoment in der Elementarzelle, das durch die spontane Polarisation P_0 ausgedrückt wird. Die Verschiebung der Ionen bewirkt auch eine Verzerrung des Gitters bzw. eine spontane Deformation S_0. In der Regel wird bei diesem Phasenübergang vom paraelektrischen in den ferroelektrischen Zustand latente Wärme umgesetzt, d.h., es handelt sich um einen Phasenübergang erster Ordnung. (Die Thermodynamik der ferroelektrischen Phasenübergänge ist bereits in Kapitel "Dielektrische Keramiken", Abschnitt 2.5.2 behandelt.) Die sich ausbildende Struktur ist abhängig von der chemischen Zusammensetzung. Bei weiterer Temperaturerniedrigung sind auch strukturelle Phasenübergänge zwischen zwei ferroelektrischen Phasen möglich (z.B. in $BaTiO_3$).

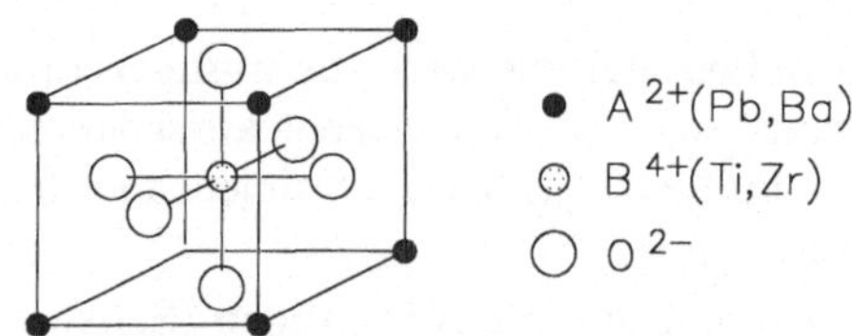

Bild 3.1   Elementarzelle eines kubischen ABO_3-Perowskits

Erfolgt die Verzerrung der Zelle in (100)-Richtung, so spricht man von einer **tetragonalen Struktur**. Die spontane Deformation läßt sich durch das Verhältnis der Kantenlängen der Elementarzelle (Gitterparameter) ausdrücken.

$$S_0 = \frac{c}{a} - 1 \tag{3.1}$$

Liegt die Polarisation entlang einer Flächendiagonalen, also in (110)-Richtung, handelt es sich um **orthorhombische oder monokline Strukturen**. Die Verzerrung ist durch eine Kombination aus Scherungen und Dilatation der Gitterzelle zu beschreiben.

Rhomboedrische Strukturen sind durch eine spontane Polarisation in (111)-Richtung gekennzeichnet. Der Rhomboederwinkel δ ist ein Maß für die spontane Deformation [9] und gibt die Abweichung des Winkels zwischen zwei Kanten der Zelle von 90° wieder.

$$S_0 = \frac{3}{2}\delta \tag{3.2}$$

In Bild 3.2 sind die Gitterparameter für $BaTiO_3$ der unterschiedlichen Phasen als Funktion der Temperatur aufgetragen. Die Phasenübergänge werden auch anhand der Maxima der Dielektrizitätszahl (siehe Kapitel "Dielektrische Keramiken" Abschnitt 2.5.1) und der anderen Materialparameter beobachtet.

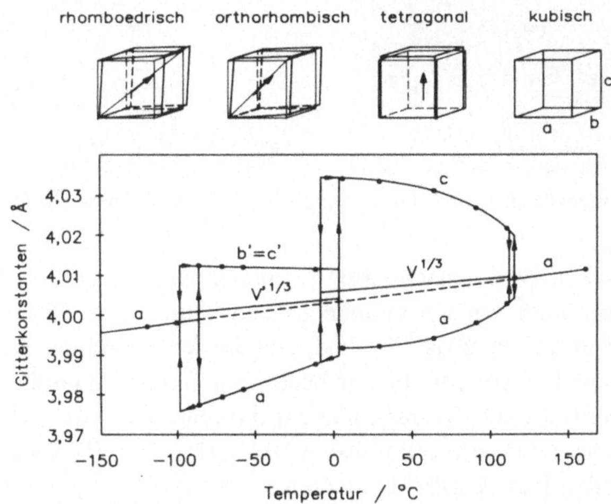

Bild 3.2   Gitterkonstanten und Zellvolumen von $BaTiO_3$ in Abhängigkeit von der Phase und der Temperatur [28]

3.2   Domänenstruktur

Wie schon erwähnt, stellt sich unterhalb von Θ_0 in ferroelektrischen Keramiken eine statistische Orientierung der polaren Achsen aller Kristallite ein. Da mit der spontanen Polarisation eine spontane Deformation verbunden ist, haben die Körner die

Tendenz, als Ganzes in polarer Richtung zu expandieren. Es entstehen innere, mechanische Spannungen, denn die umgebende Kornmatrix klemmt das individuelle Korn und verhindert seine freie Deformation. Der Abbau der inneren elastischen Energie erfolgt durch die Aufspaltung in **Domänen**, also in Bereiche mit unterschiedlicher Orientierung bezüglich der Polarisation und der Deformation. Das Domänenmuster wird entscheidend durch die Kristallitgröße bestimmt. Am Beispiel von tetragonaler $BaTiO_3$-Keramik erkennt man, daß feinkörnige Keramiken einfache laminare Strukturen, grobkörnige Keramiken kompliziertere Bandstrukturen besitzen [10] (Bild 3.3). Letztere können durch Polieren und Ätzen der Oberflächen leicht im Lichtmikroskop sichtbar gemacht werden. In begrenztem Rahmen läßt sich das Kornwachstum – und damit die Domänenstruktur – durch Variation der Präparationsparameter wie Temperatur, Sinteradditive, Druck etc., während des Sinterprozesses steuern.

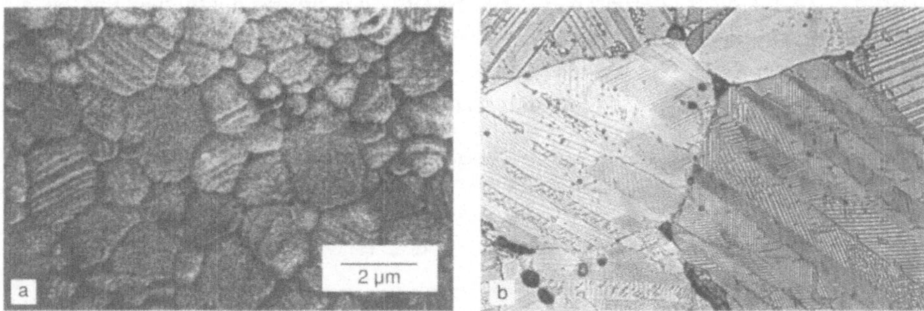

Bild 3.3   Domänenstruktur von (a) feinkörniger und (b) grobkörniger $BaTiO_3$-Keramik [10]

Der Übergang zwischen zwei benachbarten Domänen ist nicht abrupt, sondern kontinuierlich. Die Größe einer solchen Domänenwand kann bis zu 25 Gitterzellen entsprechen [11]. Aufgrund der Kristallperiodizität in den einzelnen Körnern sind in Abhängigkeit von der Kristallstruktur nur bestimmte Winkel zwischen zwei Polarisationsorientierungen möglich. Tetragonale Strukturen haben 90°-, rhomboedrische 71°- und 109°-Domänen und orthorombische 60°-, 90°- und 120°-Domänen. Zusätzlich finden sich in allen Phasen 180°-Domänen.

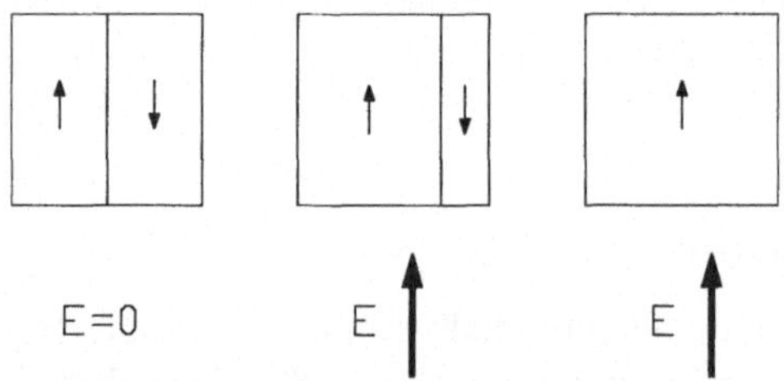

Bild 3.4   Bewegung einer 180°-Domänenwand im äußeren Feld

Wird das Gleichgewicht der Domänenstruktur durch ein hinreichend großes, elektrisches Feld gestört, so erfolgt eine Ausrichtung der Domänenpolarisationen in Richtung des angelegten Feldes. Der Mechanismus der Orientierung läuft in der Regel über Domänenwandbewegungen (Bild 3.4) ab [12]. Es sind auch Polarisationssprünge um 180° denkbar. Der Grad der Ausrichtung ist unvollständig, da eine Bewegung von Nicht-180°-Wänden eine Erhöhung der inneren mechanischen Spannungen verursacht, die diese Bewegung einschränken. Bild 3.5 verdeutlicht schematisch die elastischen Spannungen am Beispiel eines 90°-Domänenzwillings. Die gestrichelten Linien repräsentieren eine ideale, ungeklemmte Konstellation, die durchgezogenen Linien geben den tatsächlichen, geklemmten Zustand wieder. Bei Ausschalten des Feldes wird die elastische Spannung teilweise durch eine Zurückbewegung der Wände (reversibel) verringert, ein Teil der Neuorientierung ist jedoch stabil (irreversible Wandbewegung). Für deren Richtungsänderungen ist ein Gegenfeld nötig, im elektrischen Wechselfeld entsteht somit die Hysterese (Bild 1.3). Die Fläche, die die Hysteresekurve umschließt, ist ein Maß für die Energie, die durch die Reibung der Wandbewegungen als Wärme verlorengeht.

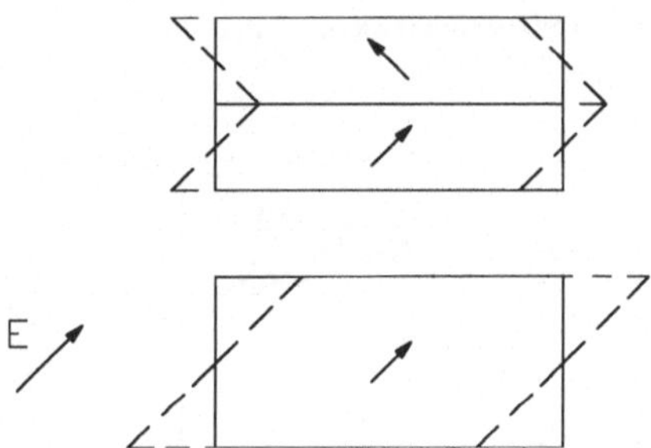

Bild 3.5   Freier und geklemmter 90°-Domänenwandzwilling bei angelegtem Feld

Die Domänenstruktur kann auch mit einem mechanischem Feld wechselwirken (**ferroelastischer Effekt**). Unter Druck erfolgt ein Anwachsen der Domänen, deren polare Achsen senkrecht zur Beanspruchung liegen, unter Zug vergrößeren sich diejenigen mit parallel dazu orientierten Achsen. Dies gilt nur für Nicht-180°-Wände, da eine Bewegung von 180°-Wänden keine Änderung der elastischen Spannung verursacht. Es wird deutlich, daß für das piezoelektrische Verhalten die Dynamik von Nicht-180°-Domänenwänden eine wichtige Rolle spielt.

In schwachen, elektrischen Wechselfeldern, die viel zu gering sind, um eine Umorientierung der Polarisation zu erzwingen, oszillieren die Domänenwände um ihre Gleichgewichtslage (Bild 3.6). Neben Volumenanteilen, die auf Effekte der kristallinen Struktur der Keramik zurückzuführen sind, liefert die periodische Bewegung der Wände zusätzliche Beiträge zu den Kleinsignalparametern ε, d und s. Berücksichtigt

man ein Auftreten von Verlusten ausschließlich durch die Dämpfung der Domänenwandbewegung (Reibung), so kann das Verhalten durch komplexe Größen wie folgt
beschrieben werden.

$$\varepsilon = \varepsilon' - i\varepsilon'' \qquad \text{mit} \qquad \varepsilon' = \varepsilon'_V + \varepsilon'_{DW} \qquad \text{und} \qquad \varepsilon'' = \varepsilon''_{DW} \qquad (3.3)$$

$$d = d' - id'' \qquad \text{mit} \qquad d' = d'_V + d'_{DW} \qquad \text{und} \qquad d'' = d''_{DW} \qquad (3.4)$$

$$s = s' - is'' \qquad \text{mit} \qquad s' = s'_V + s'_{DW} \qquad \text{und} \qquad s'' = s''_{DW} \qquad (3.5)$$

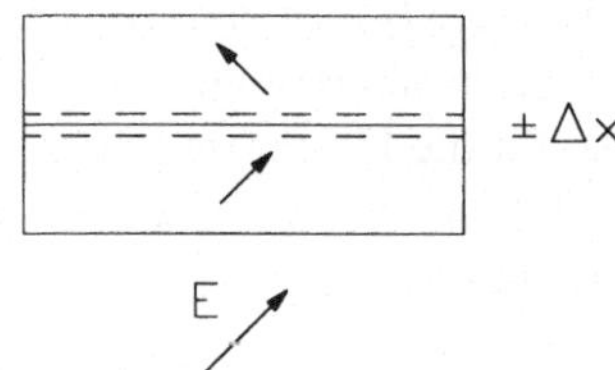

Bild 3.6   Oszillation einer 90°-Domänenwand in einem schwachen elektrischen Feld

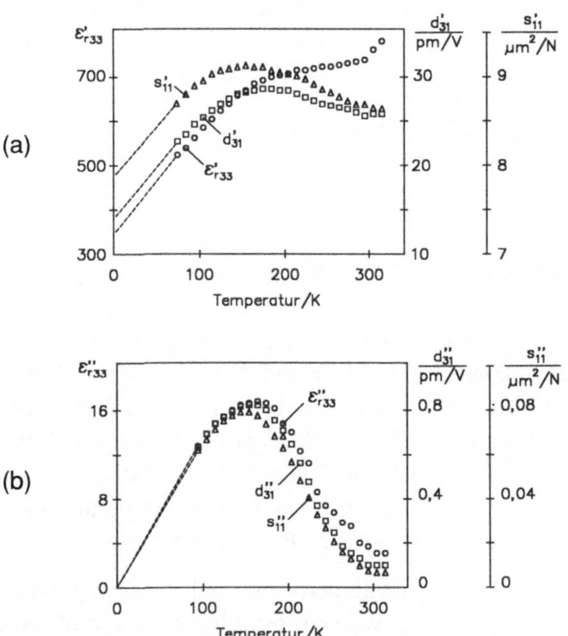

Bild 3.7   (a) Real- und (b) Imaginärteil des elastischen, des piezoelektrischen und des dielektrischen Koeffizienten von tetragonaler PZT-Keramik [13]

Bild 3.7 [13] zeigt den Temperaturverlauf der mit Hilfe eines Resonanzverfahrens [14] gemessenen Kleinsignalparameter und deren Verlustgrößen tetragonaler PZT-Keramik. In Bild 3.8 ist die Trennung des Realteils der Dielektrizitätszahl in Volumenanteile und Beiträge aus der Bewegung von 90°-Domänenwänden dargestellt. Für d' und s' werden ähnliche Trennungen gefunden.

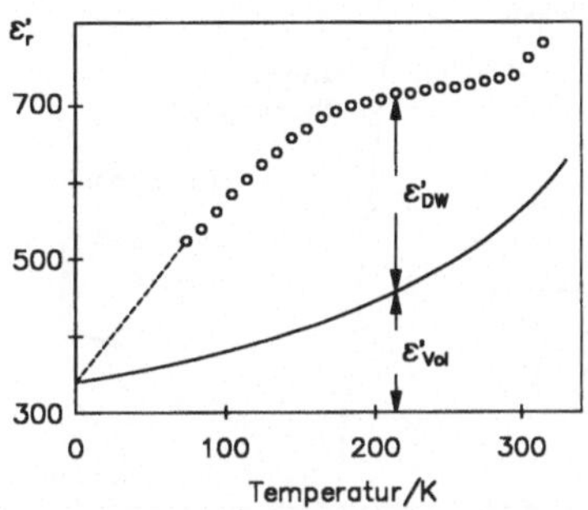

Bild 3.8   Trennung der Kleinsignalparameter in Domänenwand- und Volumenanteile am Beispiel der gemessenen Dielektrizitätszahl aus [13]

3.3 Bleizirkonat-Titanat-Keramik

Das Phasendiagramm des Mischsystems $Pb(Zr_xTi_{1-x})O_3$ (Bild 3.9) zeigt den Verlauf der Curie-Temperatur und die Existenz einer **morphotropen Phasengrenze** (MPB) bei etwa $x = 0{,}52$ (bei Raumtemperatur), die zwei ferroelektrische Phasen mit tetragonaler Struktur und mit rhomboedrischer Struktur trennt [15]. Titanreiche, tetragonale Zusammensetzungen haben eine spontane Deformation zwischen $S_0 = 0{,}05$ für reines $PbTiO_3$ und $S_0 = 0{,}02$ für PZT an der MPB. Die Deformation der zirkonreichen, rhomboedrischen Spezies ist deutlich kleiner ($S_0 \approx 0{,}007$). Obwohl die spontane Polarisation P_0 für tetragonales PZT höher liegt als für rhomboedrisches, zeigt letzteres eine größere remanente Polarisation P_r (Bild 3.10). Die Ursache liegt im Umschaltverhalten der Nicht-180°-Domänen. Wegen der kleinen spontanen Deformation in rhomboedrischem Material wird weniger elastische Spannung bei einer Domänenwandbewegung erzeugt als in tetragonalem Material.

Der Verlauf des planaren Materialkopplungsfaktors k_p sowie der relativen Dielektrizitätszahl ε_r und der reziproken elastischen Nachgiebigkeit $1/s_{11}^E$ ist in Bild 3.10 und 3.11 über der Zusammensetzung aufgetragen. Im Bereich außerhalb der MPB bestimmt die remanente Polarisation das Verhalten von k_p, d.h., rhomboedrisches PZT hat größere Materialkopplungsfaktoren als tetragonales. Am morphotropen Phasenübergang wird ε_r maximal, genau wie im Fall von temperaturbedingten Phasenübergängen. Das Maximum im dielektrischen Verhalten ist in erster Linie für das Maxi-

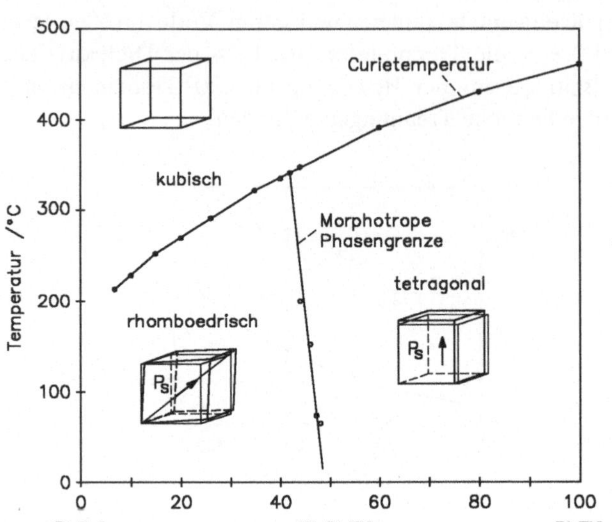

Bild 3.9   Phasendiagramm des Mischsystems Bleizirkonat–Bleititanat Pb(Zr$_x$Ti$_{1-x}$)O$_3$ [2]

mum im Kopplungsfaktor verantwortlich. Für piezoelektrische Applikationen, die keine kleinen Dielektrizitätszahlen erfordern, werden daher PZT-Keramiken verwendet, deren Zusammensetzungen im Bereich um die morphotrope Phasengrenze liegen. Als großer Vorteil erweist sich die Steilheit dieser Grenze im Phasendiagramm, d.h., die hohen Kopplungsfaktoren werden durch Temperaturänderungen kaum beeinflußt. Je nach Präparationsparametern werden maximale Kopplungsfaktoren von etwa $k_\mathrm{p} \approx 0{,}7$ (in Bild 3.10 : $k_\mathrm{p} \approx 0{,}6$) gefunden. Das entspricht einer Energieumwandlung von 50\%.

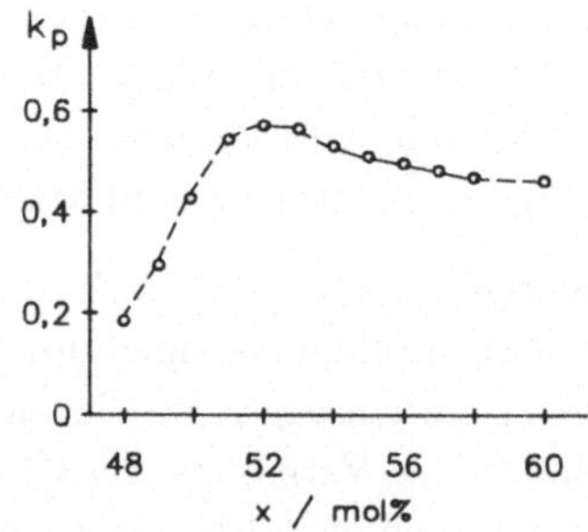

Bild 3.10   Planarer Kopplungsfaktor k_p von PZT-Keramik als Funktion des Zirkonanteils [15]

Die morphotrope Phasengrenze ist nicht als abrupter Übergang aufzufassen. Vielmehr gibt es einen gewissen Zusammensetzungsbereich, in dem eine Koexistenz von tetragonaler und rhomboedrischer Struktur [16] auftritt. Die Breite des Phasenübergangs wird durch Schwankungen in der lokalen Zusammensetzung verursacht, die sich bei konventionellen Präparationsmethoden wie dem Mischoxid-Verfahren nicht vermeiden lassen. Verwendet man Techniken, die eine homogenere Durchmischung des Materials ermöglichen (z.B. Sol-Gel oder Sprühtrocknung), wird der Übergang schärfer [17]. Eine detaillierte Beschreibung der Herstellungstechnologien findet sich im Kapitel "Dielektrische Keramiken".

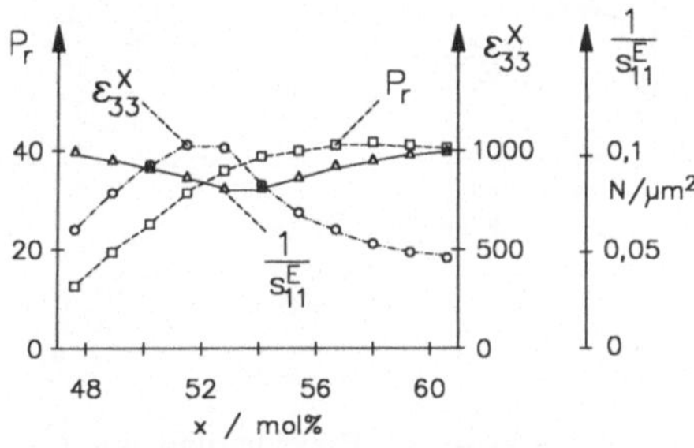

Bild 3.11   Remanente Polarisation P_r, Dielektrizitätszahl ε_{33}^T und elastische Steifigkeit $1/s_{11}^E$ von PZT-Keramik als Funktion des Zirkonanteils [15]

3.4   Bariumtitanat

Aufgrund der drei strukturellen Phasenübergängen in $BaTiO_3$ zeigen die Materialparameter eine starke Temperaturabhängigkeit. In Bild 3.12 sind für eine gepolte $BaTiO_3$-Keramik der Materialkopplungsfaktor k_p, die relative dielektrische Konstante ε und die elastische Steifigkeit $1/s_{11}^E$ dargestellt [2]. Bei $\Theta \approx -70\ °C$ durchläuft das Material einen Phasenübergang rhomboedrisch-orthorhombisch, bei $\Theta \approx 5\ °C$ findet ein Wechsel von orthorhombisch zu tetragonal statt. Die Umwandlungstemperatur liegt bei etwa 110 °C. $BaTiO_3$-Keramiken haben verglichen mit PZT eine größere Neigung sich mechanischer Depolarisation zu widersetzen. Diese Depolarisation tritt auf, wenn in Polungsrichtung auf die Keramik ein Druck ausgeübt wird, der aufgrund des ferroelastischen Effektes eine Umorientierung von Nicht-180°-Domänen und somit eine Herabsenkung der remanenten Polarisation P_r bewirkt. Da in tetragonalem Bariumtitanat während des Polungsprozesses nur etwa 10 % der 90°-Domänen geschaltet werden (in PZT 40...50 %) [18], ist auch der umgekehrte Einfluß einer mechanischen Beanspruchung auf die Domänenstruktur und auf die remanente Polarisation geringer.

Für piezoelektrische Anwendungen wird jedoch in der Regel PZT gegenüber Bariumtitanat-Keramik bevorzugt. Die Gründe liegen vor allem in den auftretenden Phasenübergängen sowie im deutlich kleineren Kopplungsfaktor ($k_p \approx 0,36$ bei Raumtemperatur). Letzterer ermöglicht nur eine Energieumwandlung von etwa 13 %.

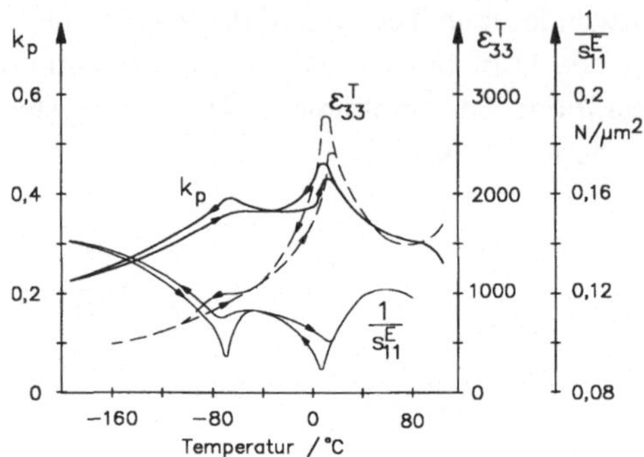

Bild 3.12   Planarer Kopplungsfaktor k_p, Dielektrizitätszahl ε_{33}^T und elastische Steifigkeit $1/s_{11}^E$ von BaTiO$_3$-Keramik über der Temperatur [2]

Das technische Interesse, das BaTiO$_3$-Keramik entgegengebracht wird, ist eher in den dielektrischen und halbleitenden Eigenschaften begründet (siehe Kapitel "Dielektrische Keramiken" und "Lineare und Nicht-lineare Widerstände"). Diese ermöglichen Anwendungen im Bereich von Kondensatormaterialien und PTC-Widerständen.

3.5   Einfluß von Modifizierungen

Ein großer Vorteil ferroelektrischer Keramiken ist die Möglichkeit, die elektromechanischen Eigenschaften durch Zugabe oder Substitution von anderen Substanzen zu optimieren. Kommerzielles PXE 5 ist beispielsweise eine Piezokeramik auf PZT-Basis, die Zusätze von Strontium und Lanthan enthält. Dieser Werkstoff zeichnet sich durch kleine Güte mit ausreichend großer Koerzitivfeldstärke (Stabilität) aus und findet Anwendung im Bereich der Sensorik. Allgemein lassen sich folgende Effekte durch die Modifizierung angeben.

Durch den Einbau ungleichwertiger Kationen in das Perowskitgitter wird die **Bewegung der Domänenwände**, und damit das Verhalten der elektromechanischen Parameter, entscheidend beeinflußt [19]. Man unterscheidet zwischen Dotierungen mit Kationen höherer Valenz (Donatoren) und niedriger Valenz (Akzeptoren) sowie zwischen den Plätzen A und B, die die Kationen in der ABO_3-Zelle besetzen. Beispiel für eine B-Akzeptor-Dotierung ist der Einbau von Ni^{2+} auf einen Ti^{4+}-Platz in Bariumtitanat, für eine A-Donator-Dotierung ist La^{3+} an Stelle von Pb^{2+} in PZT. Durch Akzeptoren wird die Beweglichkeit der Domänenwände herabgesetzt. Als Konsequenz ergibt sich eine Abnahme der dielektrischen Konstanten, der elastischen Nachgiebigkeit und deren Verluste sowie der Kopplungsfaktoren. Gleichzeitig erhöht sich die Koerzitivfeldstärke. Donator-Dotierungen haben entgegengesetzte Wirkung. Die höhere Domänenwandbeweglichkeit verursacht eine Zunahme der Materialparameter und eine Verringerung der Koerzitivfeldstärke. Die Ursachen für diese Phänomene werden in Abschnitt 3.6 diskutiert.

Dotierungen mit höherwertigen Kationen beeinflussen neben der Domänenwandbeweglichkeit auch das **Kornwachstum**. Für nicht zu kleine Zusätze (> 0,5 at%) von fünfwertigem Niob wird beispielsweise in Bleizirkonat-Titanat das Wachstum großer Körner verhindert [20]. Aufgrund des Zusammmenhangs zwischen Korngröße und Domänenstruktur verändern sich die Materialparameter.

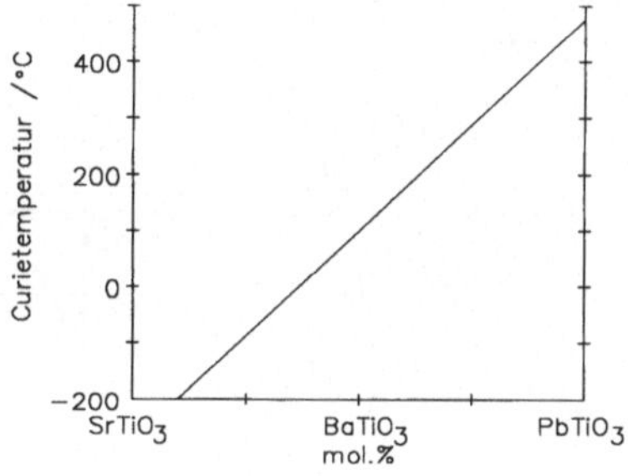

Bild 3.13   Variation der Curie-Temperatur von $BaTiO_3$ durch Substitution von Barium durch Strontium bzw. Blei [4]

Eine **Verschiebung von Phasenübergängen** auf der Temperaturskala ist wünschenswert, um im Bereich der Betriebstemperaturen einerseits aus Stabilitätsgründen solche Übergänge zu vermeiden, oder andererseits durch Ausnutzung der hohen Materialparameter an Phasenübergängen diese zu erzeugen. Bild 3.13 zeigt die Erniedrigung bzw. Erhöhung der Curie-Temperatur, wenn in Bariumtitanat Ba^{2+} durch Sr^{2+} bzw. Pb^{2+} substituiert wird [4].

Der Einbau z.B. hoher Konzentrationen von Mangan oder Aluminium in das Perowskitgitter von PZT erfolgt nur unvollständig. Es bilden sich an den Korngrenzen **Zweitphasen** aus, die einen starken Einfluß auf das elektromechanische Verhalten haben [21].

3.6   Alterung

Eine Charakteristik ferroelektrischer Keramiken ist die Änderung der Materialeigenschaften mit der Zeit bei konstanten Betriebsparametern. Diese Alterung äußert sich unter anderem in einer Verschiebung der Hysterese entlang der Feldstärkeachse und einer Deformation der Hysterese sowie in einer Abnahme von ε, d und s. Bild 3.14 zeigt die Hysteresekurven einer ungealterten und einer 1000 s gealterten Bariumtitanatkeramik, die mit 1 % Nickel dotiert ist [22]. Das Verhalten der Kleinsignalparameter über einer logarithmischen Zeitskala ist in Bild 3.15 für eine geringere Dotierung dargestellt. Die Alterung kann ausgelöst (gestartet) werden einerseits durch thermische Depolarisation, andererseits durch sogenannte Hystereseentalterung, wobei durch häufiges Durchlaufen der Hysterese ein symmetrischer Ausgangszustand erzeugt wird.

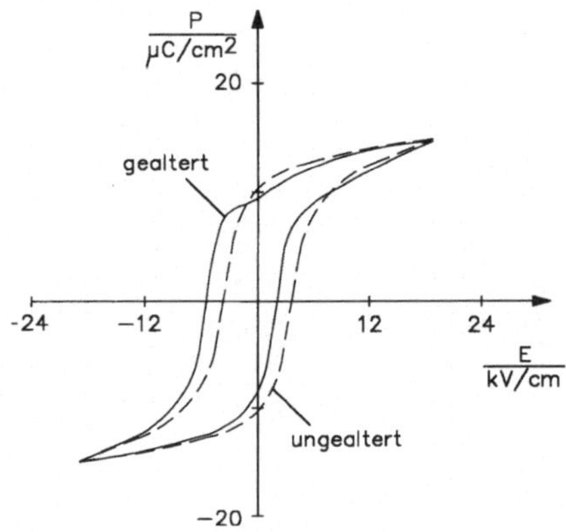

Bild 3.14   Hystereseschleife und Stromkurve einer (a) ungealterten und (b) einer 10^3s gealterten $BaTiO_3$-Keramik dotiert mit 1mol% Nickel bei 320 K [23]

Die Ursache der Alterung ist in der Regel auf eine Verringerung der Beweglichkeit von Domänenwänden zurückzuführen. Für Akzeptor-dotierte Keramik kann das Phänomen durch folgendes Modell erklärt werden [23]. Durch den Einbau eines zweiwertigen Akzeptor-Ions (z.B. Ni) auf den Platz von vierwertigem Ti muß, um die Forderung nach Ladungsneutralität zu erfüllen, in der Gitterzelle eine Sauerstoffleerstelle entstehen. Dieses Defektassoziat repräsentiert einen Defektdipol (Bild 3.16), der von den ferroelektrischen Dipolen der benachbarten Gitterzellen zu unterscheiden ist. Nach einer thermischen Depolarisation sind die Orientierungen der Defektdipole statistisch verteilt, die ferroelektrischen Dipole haben jedoch innerhalb einer Domäne eine feste Orientierung. Unter schwachen elektrischen Wechselfeldern oszillieren die Domänenwände zunächst ohne Einfluß der Defektdipole um ihre

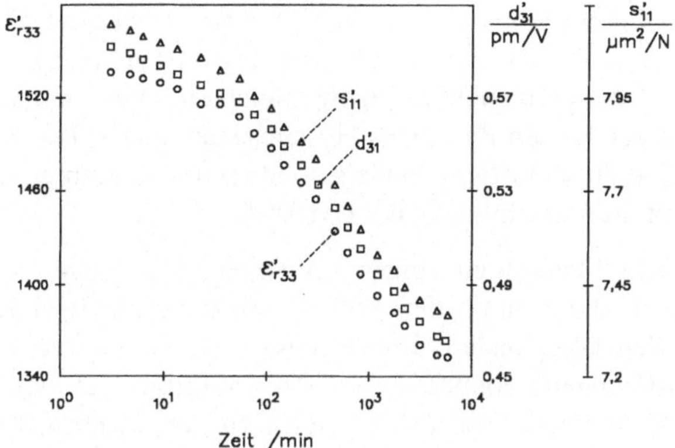

Bild 3.15   Alterung der Kleinsignalparameter ε_{33}^{T}, d_{31} und s_{11}^{E} von BaTiO$_3$-Keramik dotiert mit 0,2 mol% Nickel bei 315 K

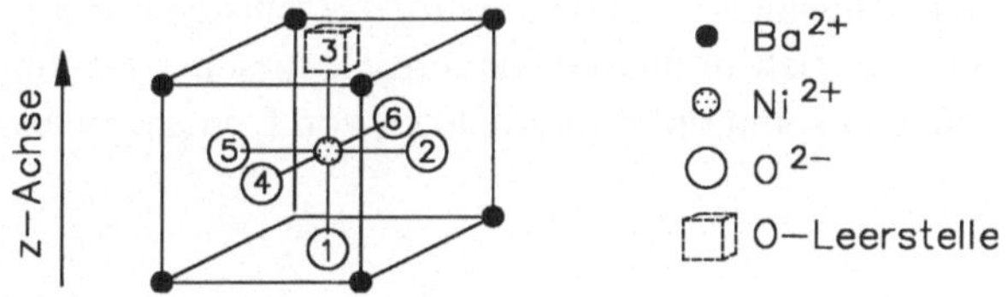

Bild 3.16   Defektzelle eines BaTiO$_3$-Gitters [23]

Gleichgewichtslage und liefern Beiträge zu den Kleinsignalparametern. Mit der Zeit richten sich die permanenten Dipole entlang der Polarisationsrichtung der Domänen aus, und es baut sich somit ein Inneres Feld auf. Die "Drehung" eines Defektdipols erfolgt durch Platzwechsel einer Sauerstoffleerstelle. Das Innere Feld stabilisiert die Gleichgewichtslage der Domänenwände, d.h., die Beweglichkeit der Wände ist eingeschränkt und die Beiträge zu ε, d und s verringern sich. Der Prozeß ist thermisch aktiviert, die Sauerstoffplatzwechsel und damit der Aufbau des Inneren Feldes erfolgen um so schneller je höher die Alterungstemperatur ist.

Die Verschiebung der Hysterese ist ähnlich zu interpretieren. Nach Ausschalten des äußeren polarisierenden Feldes ist ein gewisser Ausrichtungsgrad ($+P_r$) der ferroelektrischen Domänen erreicht, die Permanentdipole sind zu Beginn der Alterung jedoch noch statistisch verteilt. Mit zunehmender Zeitdauer richtet sich die Mehrzahl der permanenten Dipole entlang der Polungsachse aus. Da dieses Innere Feld Umschaltprozesse über die Wandbewegungen erschwert, wird zum Umpolen der Keramik (+ $P_r \rightarrow -P_r$) ein größeres Gegenfeld (höheres Koerzitivfeld) benötigt als zu Beginn der Alterung. Die Rückehr in den Ausgangszustand ($+P_r$) wird durch die günstige Orientierung der permanenten Dipole erleichtert. Diese verändern nicht ihre Richtung während der kurzen Zeit eines Hysteresedurchlaufs. Die Kombination von Erhöhung der Koerzitivfeldstärke in Gegenfeldrichtung und ihrer Erniedrigung in Feldrichtung ergibt die Verschiebung der Hysterese.

Donator-dotierte Materialien zeigen im allgemeinen keine Alterungseffekte. Die überschüssige Ladung durch den Einbau von höherwertigen Kationen wird durch Kationleerstellen kompensiert. Im Gegensatz zu einem Defektdipol aus Akzeptor und Sauerstoffleerstelle können diese Dipole aufgrund der viel zu geringen Beweglichkeit der Kationleerstellen im Vergleich zu den Sauerstoffleerstellen nicht ihre Orientierung in Richtung der Domänenpolarisation verändern. Die hohe Energiebarriere, die dadurch entsteht, daß in der Elementarzelle zwischen zwei Kationen ein Sauerstoff plaziert ist, verhindert den Übergang von einem Kation auf eine Leerstelle. Ba-Leerstellen haben in $BaTiO_3$ beispielsweise eine Aktivierungsenergie von 2,76 eV [24], typische Aktivierungsenergien für Sauerstoffleerstellen liegen etwa in der Gößenordnung von 1 eV [23]. Donatoren haben also keine stabilisierende Wirkung auf die Domänenwände. Vielmehr wird die Entstehung von Sauerstoffleerstellen unterdrückt, die auch in undotierter ferroelektrischer Keramik nicht vermieden werden können, und somit die Beweglichkeit von Domänenwänden erhöht.

4 Piezoelektrische Applikationen

Von der Vielzahl der piezoelektrischen Applikationen soll in diesem Abschnitt nur ein Teil dargestellt werden. Insbesondere auf Anwendungen im elektrooptischen Bereich (siehe z.B. [3]) wird nicht eingegangen.

4.1 Aktuatoren

Unter Ausnutzung des piezoelektrischen Effektes eignen sich ferroelektrische Keramiken ausgezeichnet zur Präzisionspositionierung. Solche Bauelemente werden beispielsweise in der Produktion für Halbleiterchips, in automatisch fokusierenden Kameras, in Tintenstrahldruckern oder in Aufnahmeköpfen von Videorecordern eingesetzt. Verglichen mit elektromagnetisch betriebenen Stellgliedern zeichnen sich piezoelektrische Aktuatoren durch hohe Positionierungsgeschwindigkeiten, verbunden mit großer Kraftwirkung, aus. Es ist zu beachten, daß Aktuatoren im nicht-linearen Bereich betrieben werden. Die piezoelektrischen Koeffizienten werden daher Feldstärkeabhängig. Bild 4.1 zeigt den Verlauf des d-Koeffizienten über der angelegten Feldstärke für zwei kommerzielle PXE-Keramiken.

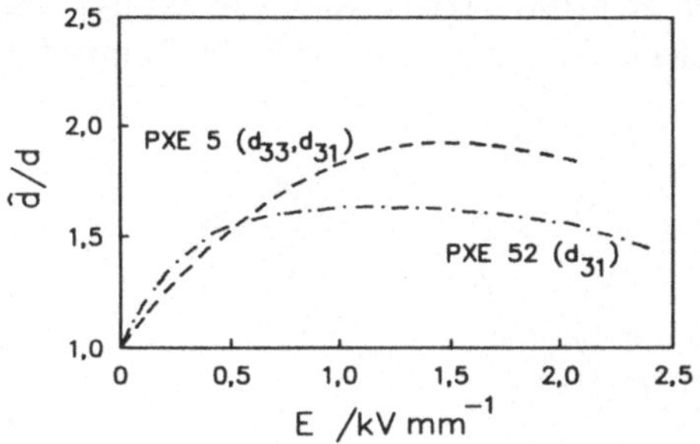

Bild 4.1   Nicht-linearer Verlauf der piezoelektrischen Koeffizienten d_{33} und d_{31} von PXE-Keramik als Verhältnis von Großsignal zu Kleinsignal

Ein wesentlich günstigeres Verhältnis von Auslenkung des Aktuators zur Eingangsspannung läßt sich durch Stapeltechnik erzielen [7]. Elektrodisierte Platten aus piezoelektrischen Materialien werden, ähnlich wie bei Vielschichtkondensatoren zur Er-

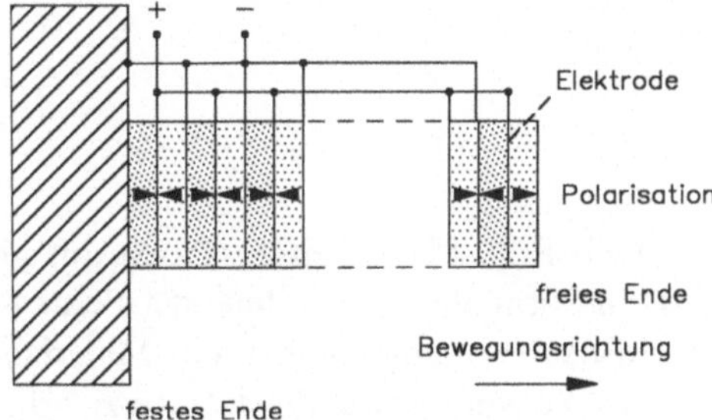

Bild 4.2   Funktionsweise eines axial gestapelten Aktuators

höhung der Kapazität (siehe Kap. "Dielektrische Keramiken" Abs. 4.2), in Schichten gestapelt, also mechanisch in Reihe geschaltet. Der elektrische Anschluß ist parallel. Bild 4.2 zeigt das Beispiel eines axial gestapelten Aktuators.

In Aktuatoren finden auch elektrostriktive Materialien Verwendung, obwohl die Effekte im allgemeinen deutlich kleiner als in piezoelektrischen Keramiken sind. Ausreichende elektrostriktive Deformation zeigen Materialien mit hoher Dielektrizitätszahl, insbesondere Ferroelektrika knapp oberhalb ihres Curie-Punktes. Der große Vorteil dieser Substanzen ist das Fehlen von Domänen, das bedeutet, die Materialien haben keine elastische Hysterese und altern nicht. In Bild 4.3 ist die Abhängigkeit der Deformation vom angelegten elektrischen Feld für piezoelektrisches Lanthan-dotiertes PZT und für elektrostriktive $Pb(Mg_{1/3}Nb_{2/3})O_3$-Keramik (PMN) dargestellt. PMN ist ein Vertreter der Relaxoren (siehe Kap. Dielektrische Keramiken 2.5.3), die ein sehr breites dielektrisches Maximum um die Curie-Temperatur haben.

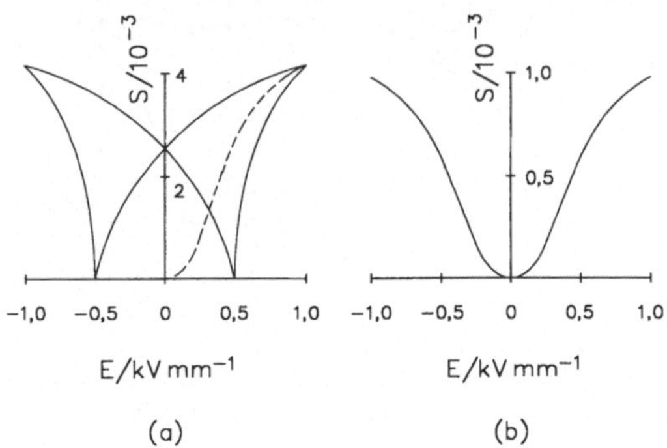

Bild 4.3   Relative Längenänderung als Funktion des elektrischen Feldes für
(a) piezoelektrisches $Pb(Zr_{0,62}Ti_{0,38})O_3$ (mit 7 mol\% La-Dotierung) und
(b) elektrostriktives PMN [4]

4.2   Sensoren

Kraftsensoren (siehe auch Kap. "Sensoren") werden mit piezoelektrischen Biegeelementen realisiert, die in Form dünner Streifen oder Platten gearbeitet sind [7]. Dadurch wird eine hohe elastische Nachgiebigkeit des Materials und ein hohes elektrisches Ausgangssignal des Sensors gewährleistet. Zwei prinzipielle Bauformen für Biegeelemente sind zu unterscheiden (Bild 4.4). Die Serien-Bimorph-Platte besteht aus zwei geschichteten piezoelektrischen Platten mit entgegengesetzter Polarisation. Die Meßelektroden sind an den äußeren Flächen angebracht. Es ist anschaulich, daß ein Biegeelement aus einem einzigen Werkstück (eine Polarisationsrichtung) kein elektrisches Signal liefert, da sich Dilatation in der oberen Hälfte und Kontraktion in der unteren Hälfte des Materials in etwa aufheben. Eine zweite Fertigungsform ist der Parallel-Bimorph-Sensor, der aus zwei Platten gleichgerichteter Polarisation mit Mittel- und Oberflächenelektroden aufgebaut ist. Das Ausgangsignal des Sensors wird bestimmt durch die geometrischen Abmessungen, die piezoelektrischen Koeffizienten und die durch die angelegte Kraft verursachte Verbiegung. Für kommerzielle Sensoren aus PXE-Material können die Zusammenhänge zur Abschätzung der charakteristischen Größen aus Tabelle 4.1 verwendet werden [7].

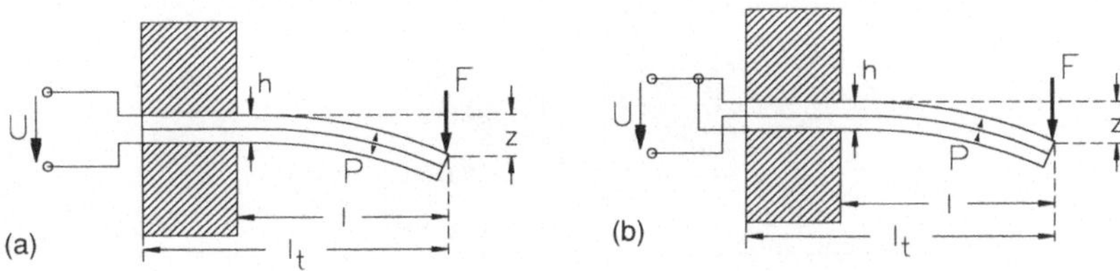

Bild 4.4   (a) Serien-Bimorph-Sensor und (b) Parallel-Bimorph-Sensor [6]

Tabelle 4.1   Gleichungen zur überschlägigen Berechnung von PXE-Bimorph-Platten für Sensoren. w ist die Breite der Platten, die anderen Größen sind Bild 4.4 zu entnehmen.

	Symbol	Einheit	Parallel-Bimorph	Seriell-Bimorph
Auslenkung	z/F	m/N	$7 \cdot 10^{-11}\, l^3/wh^3$	$7 \cdot 10^{-11}\, l^3/wh^3$
Resonanzfrequenz	f_s	Hz	$400\, h/l^2$	$400\, h/l^2$
Ausgangsladung	Q/F	C/N	$8 \cdot 10^{-10}\, l^3/h^2$	$4 \cdot 10^{-10}\, l^3/h^2$
Kapazität	C	F	$8 \cdot 10^{-8}\, l_t w/h$	$2 \cdot 10^{-8}\, l_t w/h$
Ausgangsspannung	U/F	V/N	$1 \cdot 10^{-11}\, l^2/whl_t$	$2 \cdot 10^{-11}\, l^2/whl_t$

Die Umkehrung des Effektes – ein elektrisches Feld erzeugt eine Biegung – kann nicht durch die Umkehrung der Gleichungen aus Tabelle 4.1 [7] beschrieben werden. Es muß eine viel höhere Spannung angelegt werden, um die Platte um einen bestimmten Wert zu verbiegen, verglichen mit der Spannung, die erzeugt wird, wenn die Platte um den gleichen Betrag verbogen wird. Die Ursache liegt einerseits in den veränderten Randbedingungen (von $D = 0$ nach $T = 0$) und damit in einer Veränderung der piezoelektrischen Koeffizienten, andererseits darin, daß die Formen der Verbiegung in beiden Fällen unterschiedlich sind.

Kraftsensoren können in Kombination mit einer seismischen Masse, die viel größer als die Masse des Sensors ist, zur Bestimmung der Beschleunigung eingesetzt werden. Bild 4.5 zeigt einen zylindrischen **Beschleunigungsmesser**, der an der inneren Oberfläche fixiert und an dessen äußerer Oberfläche eine elektrisch leitende Masse angebracht ist [4]. Unter Kraftwirkung in axialer Richtung wird aufgrund der Massenträgheit der elektromechanische Wandler geschert. Bei Beschleunigung in radialer Richtung liefert der Sensor kein Signal, da zum einen die mittlere mechanische Beanspruchung in der Keramik gering ist und zum anderen der piezoelektrische Koeffizient d_{11} sehr kleine Werte annimmt.

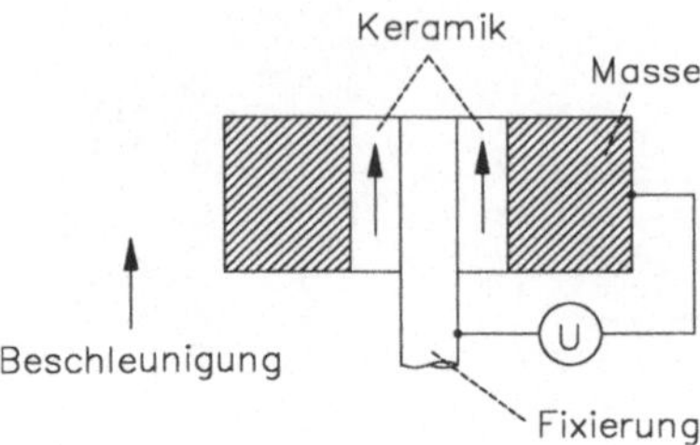

Bild 4.5   Prinzip eines Beschleunigungsmessers [4]

4.3   Gaszünder

Piezoelektrische Wandler erlauben die Erzeugung ausreichend hoher elektrischer Spannungen, um zwischen zwei Elektroden einen Funkenüberschlag auszulösen [6]. Der Funke kann zur Zündung von brennbaren Gasen benutzt werden. Piezomaterialien haben den Vorteil, daß sich sehr klein dimensionierte Zündsysteme realisieren lassen, die vielfältige Anwendungen ermöglichen (z.B. in Gasheizungen, Öfen oder Taschenfeuerzeugen). Ein typischer Aufbau für einen piezoelektrischen Zünder ist in Bild 4.6 dargestellt. Die Verwendung von zwei Zylindern der Länge l und der Fläche A mit entgegengesetzter Polarisationsrichtung entspricht einer Parallelschaltung von zwei Spannungsquellen. Es steht somit die doppelte Ladung für den Funken zur Verfügung. Die Funkenstrecke beträgt üblicherweiser 1 bis 3 mm.

Nach der piezoelektrischen Gleichung (2.14) wird durch eine Kraft F entlang der Polungsrichtung eine elektrische Spannung U verursacht, die durch die piezoelektrische Spannungskonstante g_{33} bestimmt ist.

$$|U| = g_{33}\,\frac{l}{A}\,F \tag{4.1}$$

Zur Deformation des Zylinders wird zunächst mechanische Arbeit geleistet (Leerlaufbedingungen)

$$W_{\text{mech}} = \frac{1}{2}\,s_{33}^{D}\,\frac{F^2 l}{A} \tag{4.2}$$

die entsprechend des elektromechanischen Materialkopplungsfaktors k_{33} teilweise in elektrische Energie umgewandelt wird. Die elektrische Energie ist auch gegeben durch die Potentialdifferenz zwischen den Elektroden des geklemmten Kondensators ($S = 0$).

$$W_{\text{el}} = \frac{1}{2}\,k_{33}^{2}\,s_{33}^{D}\,\frac{F^2 l}{A} = \frac{1}{2}\,\varepsilon_{33}^{T}\left(1 - k_{33}^{2}\right)\frac{U^2 A}{l} \tag{4.3}$$

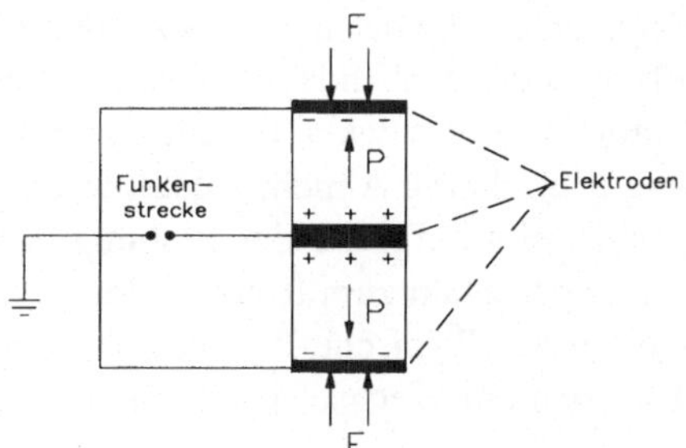

Bild 4.6   Schematische Darstellung eines piezoelektrischen Funkengenerators [4]

Bei Erreichen der Durchbruchspannung entlädt sich der Kondensator entlang der Funkenstrecke. Es ist notwendig, die mechanische Kraft schnell anzulegen, um einen Abbau der elektrischen Spannung über Kriechströme durch das Piezoelektrikum oder auf dessen Oberfläche zu vermeiden.

Im Moment des Durchschlags bricht die elektrische Spannung zusammen, die Funkenstrecke wirkt als Kurzschluß. Die Randbedingungen für die elastische Nachgiebigkeit wechseln von $D = 0$ nach $E = 0$. Da die Kraft angelegt bleibt, deformiert sich der Zylinder weiter ($s^E > s^D$), und die erzeugte elektrische Energie steigt um:

$$W_{el}^* = \frac{1}{2} k_{33}^2 \left(s_{33}^2 s_{33}^E \right) \frac{F^2 l}{A} = \frac{1}{2} \varepsilon_{33}^T \frac{U^2 A}{l} \tag{4.4}$$

Die Gesamtenergie, die für den Funken zur Verfügung steht, beträgt:

$$W_{ges} = W_{el} + W_{el}^* \tag{4.5}$$

Als Beispiel sei ein Zündsystem betrachtet, daß aus zwei PZT-Zylindern (15 mm lang, Durchmesser 6,35 mm) mit den Materialparametern $g_{33} = 0{,}014$ Vm/N, $\varepsilon_{r,33}^T = 1500$ und $k_{33} = 0{,}68$ besteht. Wird eine mechanische Spannung entlang der Polungsrichtung von $T_3 = -6{,}4 \cdot 10^{-6}$ N/m^2 angelegt, so ergibt sich mit Gleichung (4.1) eine Potentialdifferenz von $U = 13$ kV . Die Energien betragen gemäß (4.3) und (4.4):

$$W_{el} = 2{,}7 \text{ mJ} \qquad W_{el}^* = 1{,}8 \text{mJ} \tag{4.6}$$

4.4   Ultraschallmotoren

Die Bewegung eines piezoelektrischen Schwingers kann zum Antrieb eines Rotors benutzt werden. Diese Motoren erreichen für beispielsweise 2 cm große Rotordurchmesser mehrere 100 Umdrehungen pro Minute. Sie haben eine geringe Trägheit, können bei veränderlicher Drehfrequenz vor- und rückwärts laufen und erzeugen im Gegensatz zu Elektromotoren keine Magnetfelder [25].

Für stabförmige Resonatoren unterscheidet man zwei Arbeitsprinzipien (Bild 4.7). Im **monomodalen Antrieb** wird das Stabende eines längsschwingenden Resonators asymmetrisch gegen die Rotorwalze gedrückt (Bewegung A). Da der Rotor eine weitere ungehinderte Bewegung in Richtung A nicht zuläßt, weicht die Spitze des Resonators in Richtung B aus und treibt aufgrund der Reibung den Rotor an. Bei Kontraktion des Resonators geht der Kontakt zum Rotor verloren, und die Spitze kehrt in ihre seitliche Ausgangslage zurück. Typische Resonanzfrequenzen der Stabschwinger liegen um 25 kHz und werden mit Wechselspannungen von 250 V_{eff} angesteuert.

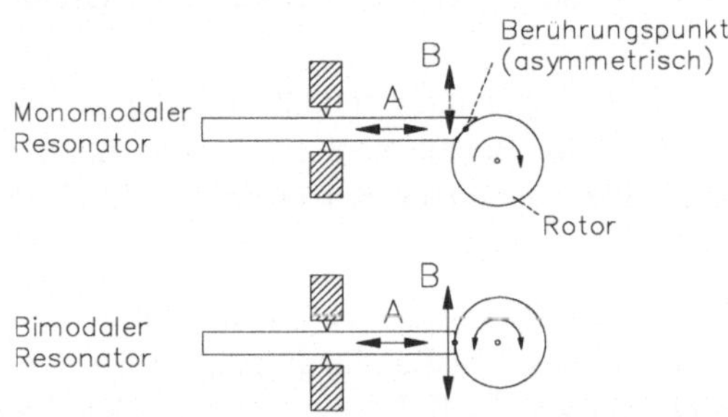

Bild 4.7   Ultraschallmotor mit monomodalem und bimodalem Antrieb [25]

Im Gegensatz zur monomodalen Arbeitsweise erlaubt der **bimodale Antrieb** eine Vor- und Rückwärtsbewegung des Rotors. Dies wird realisiert durch die Superposition zweier zueinander senkrechter Schwingungsmoden. Die Längsschwingung erzeugt die Bewegung in Richtung A, der Biegemode die Bewegung in Richtung B (Bild 4.7). Ein Biegemode kann sich beispielsweise bei der Verwendung von Seriell-Bimorph-Platten (siehe Abschnitt Sensoren) ausbilden. Es ist notwendig, daß beide Schwingungsformen unabhängig voneinander sind, um eine Kopplung der Moden zu vermeiden. Dies wird erreicht, wenn die Biegeschwingung die doppelte Frequenz des Längsmodes hat. Die Drehbewegung, die während des Kontaktes von Resonator und Rotor durch Reibung entsteht, läßt sich durch Variation der Phasendifferenz zwischen beiden Schwingungsmoden steuern.

Es existieren noch eine Reihe anderer Funktionsprinzipien, mit denen Ultraschallmotoren realisiert werden können (z.B. [26]).

4.5   Verzögerungsleitung

In einigen Anwendungen ist es erforderlich, elektrische Signale bis in den Bereich von Millisekunden ohne Verlust an Information zu verzögern. Akustische Systeme arbeiten mit elektromechanischen Wandlern, die ein elektrisches Signal in ein akustisches umwandeln. Die Schallwelle durchläuft eine bestimmte Strecke in einem flüssigen oder festen Medium, bevor sie durch einen zweiten Wandler in das elektrische Signal zurücktransformiert wird. Die Verzögerung entsteht durch die Laufzeit des Schalls im Material [9].

Bild 4.8 zeigt den schematischen Aufbau einer Verzögerungsleitung, wie sie in Farbfernsehgeräten zur Vermeidung von Farbsignalschwankungen eingesetzt wird. Die Verzögerungszeit beträgt etwa 64 µs, entsprechend der Dauer, die zum Aufbau einer Zeile des Bildschirms nötig ist.

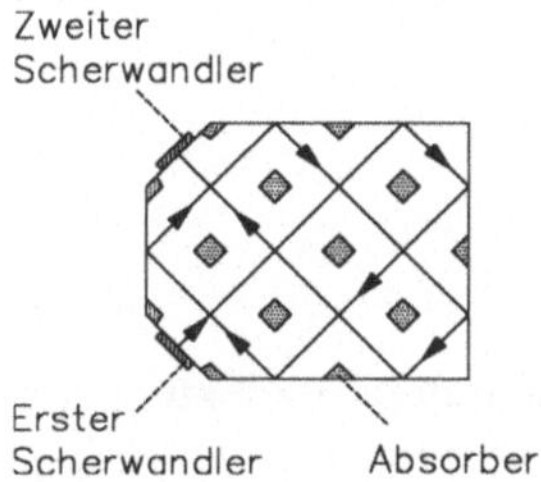

Bild 4.8   Schematischer Aufbau einer Verzögerungsleitung [4]

Als akustisches Medium wird isopaustisches Glas verwendet, also ein Glas, in dem die Schallgeschwindigkeit nahezu unabhängig von der Temperatur ist. Die Ein- und Auskopplung der Signale erfolgt über keramische PZT-Scherwandler, die transversale akustische Schwingungen erzeugen (Bild 4.9). Der Vorteil gegenüber longitudinalen Scherwellen liegt in der kleineren Ausbreitungsgeschwindigkeit der transversalen.

$$\frac{v_{\text{long}}}{v_{\text{trans}}} = \sqrt{\frac{2(1-\sigma)}{1-2\sigma}} \tag{4.7}$$

Für isopaustisches Kalium-Blei-Silikatglas mit Poissonzahl ($\sigma = 0{,}225$) findet man ein Verhältnis von $v_{\text{long}}/v_{\text{trans}} = 1{,}7$.

Streuungen der Schallwelle, die durch Reflexion an den Enden der Scheibe oder durch Verunreinigungen im Material entstehen, werden mit Hilfe von Absorbern unterdrückt. Die Dämpfungselemente sind aus einer Mischung von Epoxy-Harz und Wolfram-Pulver gefertigt.

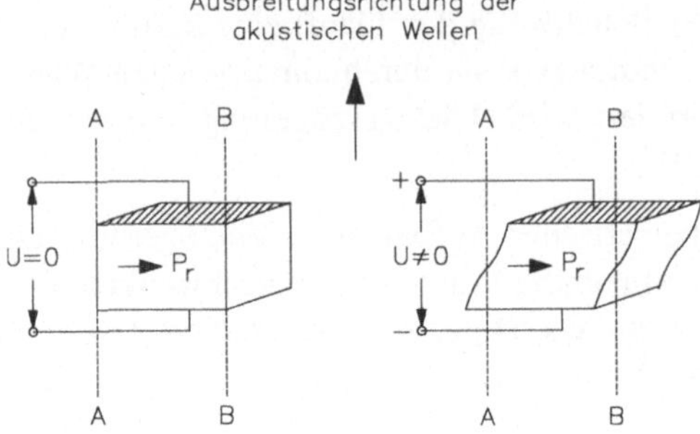

Bild 4.9   Erzeugung transversaler akustischer Schwingungen durch einen Scherwandler [6]

4.6   Lautsprecher

Weit verbreitete Anwendung erfahren piezoelektrische Materialien als elektromechanische Wandler für Hochtonlautsprecher in HiFi- und Stereo-Systemen. Im Vergleich zu elektromagnetischen Lautsprechern zeichnen sie sich durch höhere Leistung und Zuverlässigkeit sowie durch leichtere Bauweise aus [27].

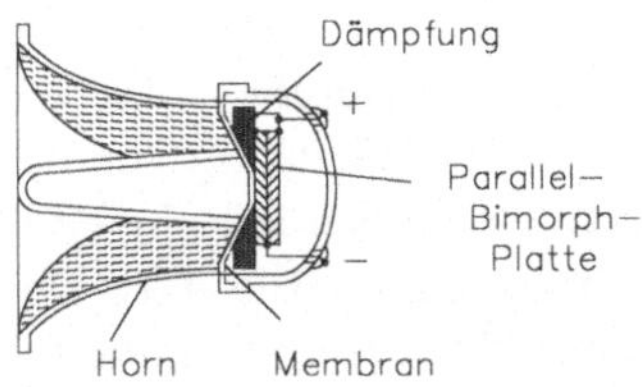

Bild 4.10   Querschnitt eines piezoelektrischen Hochtonlautsprechers [3]

Bild 4.10 zeigt den Querschnitt durch einen piezoelektrischen Hochtonlautsprecher. Der Wandler wird durch eine kreisförmige Scheibe aus einer Parallel-Bimorph-Platte realisiert. Unter dem Einfluß einer elektrischen Wechselspannung biegt sich die Scheibe in Abhängigkeit von Stärke und Polarität des Signals und treibt periodisch eine Lautsprechermembran an. Die kreisförmige Anordnung bietet den Vorteil hoher Nachgiebigkeit, um Leistung in die umgebende Luft abzustrahlen, hoher dielektrischer Kapazität, um Niederspannungsquellen verwenden zu können, und eines hohen elektromechanischen Kopplungsfaktors. Ein typischer Frequenzgang eines Hochtonsystems ist in Bild 4.11 dargestellt. Der Lautsprecher erzeugt bei einem Eingangs-signal von 2,8 V einen Schalldruck über 100 dB (in einem Abstand von 0,5 m). Im Bereich zwischen 4 und 30 kHz ist der Schalldruck nahezu konstant.

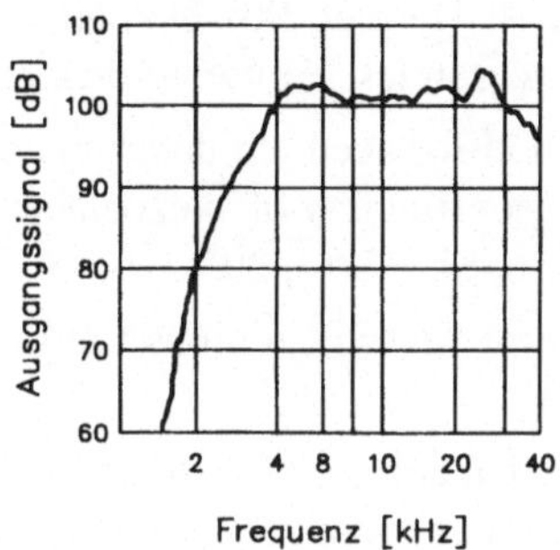

Bild 4.11   Typischer Frequenzgang eines piezoelektrischen Hochtonlautsprechers bei einem
                 Eingangssignal von 2,8 V [3]

Literatur

[1] M. E. Lines and A. M. Glass, Principles and Applications of Ferroelectrics and related Materials, Clarendon Press, Oxford, 1977

[2] B. Jaffe, W. R. Cook and H. Jaffe, Piezoelectric Ceramics, Academic Press, London and New York, 1971

[3] R. C. Buchanan, Ceramic Materials for Electronics, Marcel Dekker, Inc., New York and Basel, 1986

[4] A. J. Moulson and J. M. Herbert, Electroceramics, Chapman and Hall, London, 1990

[5] I. S. Zheludev, Crystalline Dielectrics, Bd.2, Plenum Press, New York and London, 1971

[6] J. van Randeraat, Piezoelectric Ceramics, Philips, Eindhoven, 1968

[7] Valvo, Piezoxide(PXE), Valvo, Hamburg, 1984

[8] F. Kohlrausch, Praktische Physik, Bd.2, B. G. Teubner, Stuttgart, 1968

[9] N. Uchida and T. Ikeda, Electrostriction in perovskite-type ferroelectric ceramics, Jap. J. Appl. Phys., 1976, Vol. 6, 1079

[10] G. Arlt, Twinning in ferroelectric and ferroelastic ceramics: stress relief, J. Mat. Sci., 1990, Vol. 25, 2655

[11] M. D. Dennis and R. C. Bradt, Thickness of 90° ferroelectric domain walls in BaTiO$_3$ single crystals, J. Appl. Phys., 1974, Vol. 45(5), 1931

[12] M.McQuarrie, Role of domain Processes in Polycrystalline Barium Titanate, Jour. Am. Ceram.Soc., 1956, Vol. 39(2), 54

[13] G. Arlt, H. Dederichs and R. Herbiet, 90°-Domain wall relaxation in tetragonally distorted ferroelectric ceramics, Ferroelectrics, 1987, Vol. 74, 37

[14] J. G. Smits}, Iterative method for accurate determination of the real and imaginary part of the materials coefficients of piezoelectric ceramics, IEEE Trans. Sonics and Ultrasonics, 1976, SU-23(6), 393

[15] K. H. Härdtl, Physics of ferroelectric ceramics used in electronic devices, Ferroelectrics, 1976, Vol.12, 9

[16] K. Kagegawa, J. Mohri, T. Takahashi, H. Yamamura and S. Shirasaki, A compositional fluctuation and properties of , Sol. State Com., 1977, Vol.24(11), 769

[17] K. Kagegawa, J. Mohri, S. Shirasaki and T. Takahashi, Preparation of Pb(Zr,Ti)O$_3$ through the use of cupferron, Comm. Amer. Ceram. Soc., 1984, Vol. January, C2

[18] E. C. Subbarao and M. C. McQuarrie and W. R. Buessem, Domain effects in polycristalline Barium titanate, J. Appl. Phys., 1957, Vol. 28(19), 1194

[19] S. Takahashi, Effects of impurity doping in lead zirconate-titanate ceramics, Ferroelectrics, 1982, Vol. 41, 143

[20] R. Wernicke, The influence of kinetic processes on the electrical conductivity of donor-doped (Ba,Pb) Ti O$_3$ ceramics, Phys. stat. sol. (a), 1978, Vol. 47, 139

[21] H. Thomann, Stabilization effects in piezoelectric lead titanate zirkonate ceramics, Ferroelectrics, 1972, Vol. 4, 141

[22] G. Arlt and H. Neumann, Internal bias in ferroelectric ceramics: origin and time dependence, Ferroelectrics, 1988, Vol.87, 109

[23] H. Neumann, Das innere Feld in Akzeptor-dotierter Bariumtitanat-Keramik, Diss. RWTH Aachen, 1988

[24] R. Wernicke, The kinetics of equillibrium restoration in barium titanate ceramics, Philips Res. Rep., 1976, Vol. 31, 526

[25] M. Fleischer und H. Meixner, Ultraschallmotoren mit piezoelektrischem Antrieb, Physik in unserer Zeit, 1991, Vol. 4, 169

[26] K. Uchino, K. Kato and M. Tohda, Ultrasonic linear motors using a multi-layered piezoelectric actuator, Ferroelectrics, 1988, Vol. 87, 331

[27] H. Schafft, Wide range audio transducer using piezoelectric ceramic, Ferroelectrics, 1976, Vol. 10, 121

[28] Y. Xu, Ferroelectric Materials and their Applications, North-Holland, Amsterdam, 1991

A   Komponenten der Kleinsignalparameter für in 3-Richtung gepolte ferroelektrische Keramiken nach [4]

Zusammenhang zwischen der elastischen Steifigkeit c und der elastischen Nachgiebigkeit s, wobei die Beziehungen sowohl für Kurzschluß ($E = 0$) als auch für Leerlauf ($D = 0$) gelten:

$$c_{11} = \frac{s_{11}s_{33} - s_{13}^2}{f(s)}$$

$$c_{12} = -\frac{s_{12}s_{33} - s_{13}^2}{f(s)}$$

$$c_{13} = -\frac{s_{13}(s_{11} - s_{12})}{f(s)}$$

$$c_{33} = -\frac{s_{11}^2 - s_{12}^2}{f(s)}$$

$$c_{44} = -\frac{1}{s_{44}}$$

$$f(s) = (s_{11} - s_{12})\left(s_{33}(s_{11} + s_{12}) - 2s_{13}^2\right)$$

Die Poissonzahlen :

$$\sigma_{12} = -\frac{s_{12}^E}{s_{11}^E} \qquad \sigma_{13} = -\frac{s_{13}^E}{s_{33}^E}$$

Für die Materialkopplungsfaktoren findet man in Abhängigkeit von unterschiedlichen Schwingungsformen die Beziehungen :

$$k_{33}^2 = \frac{d_{33}^2}{s_{33}^E \varepsilon_{33}^T}$$

$$k_{31}^2 = \frac{d_{31}^2}{s_{11}^E \varepsilon_{33}^T}$$

$$k_{15}^2 = \frac{d_{15}^2}{s_{44}^E \varepsilon_{11}^T}$$

$$k_p^2 = \frac{d_{31}^2}{s_{11}^E \varepsilon_{33}^T} \cdot \frac{2}{(1 - \sigma_{12})}$$

$$k_t^2 = \frac{e_{33}^2}{c_{33}^D \varepsilon_{33}^S}$$

Die elastischen Nachgiebigkeiten für Leerlauf und Kurzschluß :

$$s_{11}^{S} = s_{11}^{E} - \frac{d_{31}^{2}}{\varepsilon_{33}^{T}} = s_{11}^{E}\left(1 - k_{31}^{2}\right)$$

$$s_{12}^{S} = s_{12}^{E} - \frac{d_{31}^{2}}{\varepsilon_{33}^{T}} = s_{12}^{E} - k_{31}^{2}s_{11}^{E}$$

$$s_{33}^{D} = s_{33}^{E} - \frac{d_{33}^{2}}{\varepsilon_{33}^{T}} = s_{33}^{E}\left(1 - k_{33}^{2}\right)$$

$$s_{44}^{D} = s_{44}^{E} - \frac{d_{15}^{2}}{\varepsilon_{11}^{T}} = s_{44}^{E}\left(1 - k_{15}^{2}\right)$$

Die Gleichungen zwischen geklemmten und freien Dielektrizitätszahlen :

$$\varepsilon_{11}^{S} = \varepsilon_{11}^{T}\left(1 - k_{15}^{2}\right) \quad = \varepsilon^{T}\left(1 - \frac{d_{15}^{2}}{s_{44}^{E}\varepsilon_{11}^{T}}\right)$$

$$\varepsilon_{33}^{S} = \left(1 - k_{p}^{2}\right)\left(1 - k_{t}^{2}\right) = \varepsilon^{T}\left(1 - \frac{d_{33}^{2}}{s_{33}^{E}\varepsilon_{33}^{T}}\right)$$

Die piezoelektrischen Koeffizienten sind miteinander wie folgt verknüpft :

$$g_{31} = d_{31} / \varepsilon_{33}^{T}$$

$$g_{33} = d_{33} / \varepsilon_{33}^{T}$$

$$g_{15} = d_{15} / \varepsilon_{11}^{T}$$

$$e_{31} = d_{31}\left(c_{11}^{E} + c_{12}^{E}\right) + d_{33}c_{11}^{E} \quad = \varepsilon_{33}^{T}h_{31}$$

$$e_{33} = 2d_{31}c_{13}^{E} + d_{33}c_{33}^{E} \quad = \varepsilon_{33}^{T}h_{33}$$

$$e_{15} = d_{15}c_{44}^{E} \quad = \varepsilon_{11}^{T}h_{15}$$

$$h_{31} = g_{31}\left(c_{11}^{D} + c_{12}^{D}\right) + g_{33}c_{13}^{D}$$

$$h_{33} = 2g_{31}c_{13}^{D} + g_{33}c_{33}^{D}$$

$$h_{15} = g_{15}c_{44}^{D}$$

$$d_{31} = e_{31}\left(s_{11}^{E} + s_{12}^{E}\right) + e_{33}s_{13}^{E}$$

$$d_{33} = 2e_{31}s_{13}^{E} + e_{33}s_{33}^{E}$$

$$d_{15} = e_{15}s_{44}^{E}$$

IX. Pyroelektrische Keramiken

Von Joseph Pankert

1 Einleitung

Das Phänomen der **Pyroelektrizität** (pyr, griech.: Feuer) ist bereits aus der Antike
bekannt, wo berichtet wird, daß ein bestimmter Stein (wahrscheinlich Turmalin)
beim Erwärmen kleine Staubkörner anzieht [1]. Systematische Untersuchungen dieses Effektes begannen im achtzehnten Jahrhundert, als gezeigt werden konnte, daß es
sich um ein elektrisches Phänomen handelt, d.h. daß beim Erwärmen von Turmalin
Ladungen an der Oberfläche des Kristalls freigesetzt werden, und beim Abkühlen die
gleiche Ladungsmenge mit umgekehrtem Vorzeichen entsteht. Dies kann zurückgeführt werden auf ein permanentes elektrisches Dipolmoment des Kristalls, das aber
im Gleichgewichtszustand durch freie Ladungsträger kompensiert wird. Wird jedoch
die Temperatur des Kristalls verändert, dann verändert sich infolgedessen auch das
Dipolmoment und somit ist die Ladungskompensation nicht mehr vollständig, bis
wieder genügend freie Ladungsträger zu- b.z.w. abgeflossen sind (s. Bild 1).

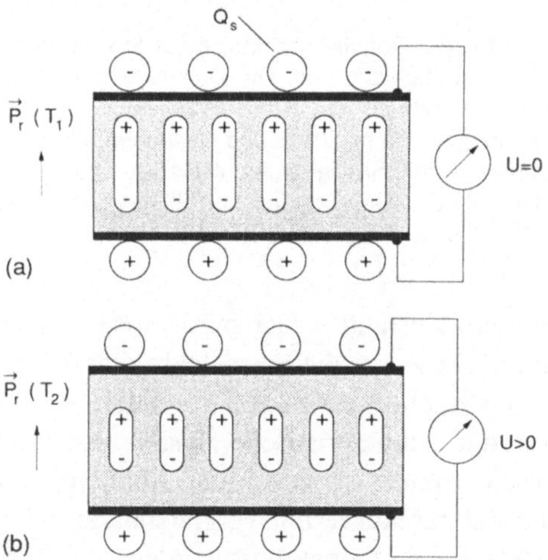

Bild 1   (a) Pyroelektrischer Kristall im Gleichgewichtszustand. Freie Ladungen an den
Oberflächen kompensieren gebundene Ladungen der permanenten Dipole. Durch
Erwärmen verändern sich die Dipole (b), was zu unvollständiger Ladungskom-
pensation und damit zu einer Spannung über der Probe führt (nach [2]).

Im neunzehnten Jahrhundert wurden eine Reihe weiterer Substanzen mit dieser Eigenschaft entdeckt und schließlich zum ersten Mal Piezoelektrizität beobachtet. Die bedeutendste Unterklasse der Pyroelektrika, nämlich die **Ferroelektrika** (Band 3, Abschnitt 3.3.5), wurde jedoch erst zu Beginn dieses Jahrhunderts entdeckt. Ihr spezifisches Merkmal ist, daß die Polarisation durch Anlegen eines elektrischen Feldes umgeklappt werden kann, d.h. es gibt in diesen Kristallen mehr als eine mögliche Richtung für den Polarisationsvektor. Da eine makroskopische Polarisation nicht dem energetisch günstigsten Zustand entspricht, bilden sich in ferroelektrischen Kristallen immer einzelne Domänen mit unterschiedlicher Polarisation aus (Bild 2a, analog zu den ferromagnetischen Werkstoffen, s. Band 1, Abschnitt 7.1.5), so daß der Kristall nach außen hin elektrisch neutral erscheint, selbst wenn sich seine Temperatur verändert.

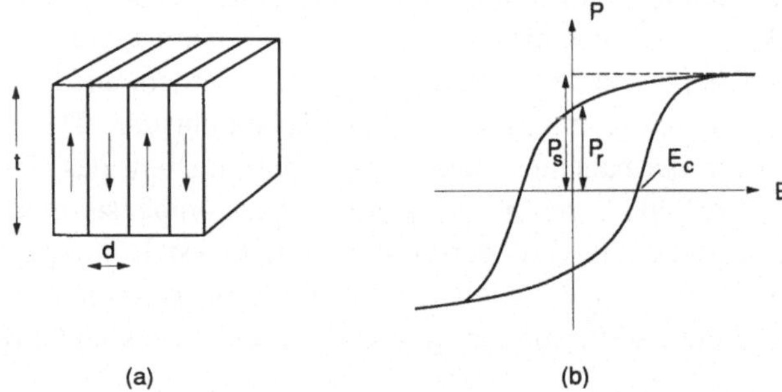

Bild 2   (a) Modell für die Domänenstruktur eines ferroelektrischen Kristalls. Pfeile deuten die lokale Polarisation an. Die Domänenstruktur und Dicke d hängt von den äußeren Abmessungen t des Kristalls ab. (b): Hystereseschleife, die bei wechselseitigem Anlegen von positiven und negativen Feldern entsteht. E_c ist die **Koerzitivfeldstärke**, P_s die **Sättigungspolarisation** und P_r die **remanente Polarisation** (nach [3]). Alle Definition erfolgen erfolgen wie analog zu den ferromagnetischen Werkstoffen (Band 1, Abschnitt 7).

Deshalb können in diesem Zustand weder pyro- noch piezoelektrische Phänomene beobachtet werden. Entdeckt wurde die Ferroelektrizität durch Anlegen eines elektrischen Feldes, dessen Vorzeichen periodisch verändert wird. Die Polarisation folgt dann irreversibel, wodurch charakteristische Hystereseschleifen entstehen (Bild 2b) [3]. Der Begriff Ferroelektrizität ist wegen der Ähnlichkeit sowohl der Domänenstruktur als auch der Hysteresekurve mit vergleichbaren Eigenschaften von **Ferromagnetika** (Band 1, Abschnitt 7) eingeführt worden. Die technische Bedeutung von Ferroelektrika liegt darin, daß sich unter geeigneten Voraussetzungen eine makroskopische Polarisation durch ein äußeres Feld bleibend induzieren läßt, so daß sie nach Abschalten des Feldes weiter bestehen bleibt. Dann ist es auch möglich, das Phänomen der Pyroelektrizität an polykristallinen Keramiken zu beobachten.

Im Jahre 1935 wurde zum ersten Male vorgeschlagen, Pyroelektrizität zum Nachweis von Infrarotstrahlung zu verwenden [4,5]. Das Prinzip ist dabei denkbar einfach: Die Infrarotstrahlung erwärmt das Pyroelektrikum um eine bestimmte Temperaturdifferenz ΔT, wobei die dadurch freiwerdenden Ladungen detektiert werden (Bild 1). Bei modernen Detektoren reicht eine Erwärmung von $\Delta T = 10^{-6}$ K (!) zum Nachweis aus. Detektoren, die nach diesem Prinzip gebaut werden, finden heute immer weitere Verbreitung und stellen einen schnell wachsenden Markt dar.

In diesem Artikel sollen die physikalischen Grundlagen der Pyroelektrika, das Funktionsprinzip von pyroelektrischen Detektoren und eine Übersicht über die wichtigsten Materialklassen dargestellt werden. Vieles ist dabei nicht unbedingt spezifisch für keramische Werkstoffe, auch wenn versucht wird, dem Thema dieses Buches entsprechend dort die Schwerpunkte zu legen.

2   Thermodynamik der Pyroelektrika

2.1   Thermodynamische Zustandsgleichungen

Zur Beschreibung der Gleichgewichtseigenschaften pyroelektrischer Materialien bei Anwesenheit elektrischer Felder müssen drei thermodynamisch konjugierte Variablenpaare verwendet werden. Die thermischen Eigenschaften werden durch die skalaren Größen Temperatur (T) und Entropie (S) erfaßt, die dielektrischen durch die vektoriellen Größen elektrisches Feld (E_i) und dielektrische Verschiebung ($D_j = \varepsilon_0 E_j + P_j$), (Band 1, Abschnitt 6.2) mit $i,j = 1,2,3$. Schließlich werden die mechanischen Eigenschaften durch den Verzerrungstensor (u_{ij}) und den Spannungstensor (σ_{ij}, beide Band 1, Abschnitt 3.1) erfaßt. Dabei ist u_{ij} durch die Ortsableitungen des Verschiebungsvektors $\vec{u}_i$ definiert, der die Verschiebung eines Gitterpunktes des Kristalls aus seiner Gleichgewichtslage beschreibt:

$$u_{ij} = u_{ji} = \frac{1}{2}\left(\frac{\partial \vec{u}_i}{\partial x_j} + \frac{\partial \vec{u}_j}{\partial x_i}\right) \tag{2.1}$$

Aufgrund der Symmetrie des Verzerrungstensors bei Vertauschen der Indizes sind von den neun Komponenten nur sechs voneinander unabhängig (Band 1, Abschnitt 3.1). Dies gestattet eine alternative Darstellung dieses Tensors mit Hilfe eines sechskomponentigen Vektors u_α, mit $\alpha = 1...6$, wobei $u_{11} = u_1$, $u_{22} = u_2$, $u_{33} = u_3$, $2u_{23} = u_4$, $2u_{13} = u_5$, $2u_{12} = u_6$. Ganz analog läßt sich der symmetrische Spannungstensor σ_{ij} durch einen sechs-komponentigen Vektor σ_β darstellen, mit $\beta = 1...6$ und $\sigma_{11} = \sigma_1$, $\sigma_{22} = \sigma_2$, $\sigma_{33} = \sigma_3$, $\sigma_{23} = \sigma_4$, $\sigma_{13} = \sigma_5$, $\sigma_{12} = \sigma_6$.

Es kann nun ein thermodynamisches Potential für jede beliebige Kombination der Zustandsvariablen definiert werden, d.h. es gibt insgesamt acht verschiedene Potentiale. Welches zur Beschreibung herangezogen wird ist allein eine Frage der Zweckmäßigkeit, die sich in der Regel aus den äußeren Randbedingungen der jeweiligen experimentellen Situation ergibt. In den meisten Fällen sind die Temperatur T und das Feld E_i von außen steuerbare Größen. Ist darüber hinaus die Keramik frei von äußeren Kräften, wird als dritte Variable der Spannungstensor σ_α gewählt. Im anderen Fall, wenn der Körper durch eine Halterung von allen Seiten eingespannt wird, wählt man statt σ_α den Verzerrungstensor u_α als dritte Variable. Die zugehörigen Potentiale sind dann die **Gibbssche freie Energie** $G = G(T,E_i,u_\alpha)$ bzw. die **elektrische Gibbssche freie Energie** $G_2 = G + u_\alpha \sigma_\alpha = G_2(T,E_i,u_\alpha)$. Darüberhinaus treten in der Praxis häufig Fälle auf, wo der Körper nur in einer oder zwei Richtungen eingespannt ist, in anderen Richtungen dagegen kräftefrei ist. Ein Beispiel dafür ist ein pyroelektrischer Körper, der fest auf einer Unterlage montiert ist. In diesem Fall wählt man dann zweckmäßigerweise einen aus den Komponenten von σ_α und u_α gemischten Vektor als mechanische Variable und entsprechend eine modifizierte Gibbssche freie Energie.

Die Zustandsgleichung für $G = G(T,E_i,u_\alpha)$ lautet

$$dG = -SdT - D_i dE_i - u_\alpha d\sigma_\alpha \tag{2.2}$$

wobei über doppelt auftretende Indizes zu summieren ist. Aus (2.2) lassen sich nun die Zustandsgleichungen für die abhängigen Variablen S, u_α und D_i herleiten:

$$dS = C^\sigma \frac{dT}{T} + p_i^\sigma dE_i + a_\alpha d\sigma_\alpha \tag{2.3}$$

$$dD_i = p_i^\sigma dT + \varepsilon_{ij}^\sigma dE_j + d_{\alpha i} d\sigma_\alpha \tag{2.4}$$

$$du_\alpha = a_\alpha dT + d_{\alpha i} dE_i + c_{\alpha\beta}^{-1} d\sigma_\beta \tag{2.5}$$

Hier ist C^σ die spezifische Wärme, p_i^σ der Tensor der **pyroelektrischen Koeffizienten**, a_α der Vektor der **thermischen Ausdehnungskoeffizienten**, ε_{ij}^σ der Tensor der **dielektrischen Permeabilitäten (Dielektrizitätskonstanten)**, $d_{\alpha i}$ der **piezoelektrische Spannungstensor** und $c_{\alpha\beta}$ der Tensor der **Elastizitätsmoduln** (die verwendeten physikalischen Größen werden in Band 1, sowie Band 3, Abschnitt 3.5, eingeführt). Alle diese Größen lassen sich mit Hilfe von (2.2) aus den zweiten Ableitungen der Gibbsschen freien Energie nach den drei Variablen bestimmen. Insbesondere wurde in (2.3)...(2.5) von den sogenannten **Maxwell-Relationen**, nämlich der Vertauschbarkeit der Reihenfolge der Ableitungen Gebrauch gemacht. Aus diesem

Grund taucht z.B. derselbe pyroelektrische Koeffizient $p_i^\sigma = (\partial^2 G / \partial T\, \partial E_i) = (\partial^2 G / \partial E_i\, \partial T)$ in (2.3) und (2.4) auf. Die hochgestellten Indizes σ bedeuten, daß alle Ableitungen bei festgehaltenem Spannungstensor zu betrachten sind. Auf entsprechende Indizes T und E_i wurde der Übersichtlichkeit halber verzichtet.

Man kann nun ganz ähnliche Gleichungen für das Potential $G(T,E_i,u_\alpha)$ aufstellen, in denen die Ableitungen nach T und E_i bei festgehaltenem Verzerrungstensor u zu betrachten sind. Dies soll hier nicht in allen Einzelheiten vorgeführt werden. Statt dessen genügt es für die folgenden Überlegungen, den pyroelektrischen Koeffizienten p_i^u, die spezifische Wärme C^u und den Tensor der dielektrischen Permeabilitäten ε_{ij}^u zu betrachten. Mit Hilfe bekannter Umformungsregeln lassen sich diese Größen mit denen aus (2.3)…(2.5) verknüpfen:

$$C^u = C^\sigma - Ta_\alpha a_\beta c_{\alpha\beta} \tag{2.6}$$

$$\varepsilon_{ij}^u = \varepsilon_{ij}^\sigma - d_{\alpha i} d_{\beta j} c_{\alpha\beta} \tag{2.7}$$

$$p_i^u = p_i^\sigma - a_\alpha d_{\beta i} c_{\alpha\beta} \tag{2.8}$$

Aus Gründen der thermodynamischen Stabilität müssen sowohl C^u als auch C^σ immer positive Größen sein, die sich außerdem bei den meisten Festkörpern nicht sehr stark voneinander unterscheiden. Das gleiche gilt für die Permeabilitätstensoren ε_{ij}^u und ε_{ij}^σ, die beide positiv definit sein müssen d.h. in diagonalisierter Form nur positive Elemente enthalten. Ihre Absolutwerte können sich u.U. aber erheblich voneinander unterscheiden. Für die pyroelektrischen Koeffizienten p_i^u und p_i^σ gibt es grundsätzlich keine Einschränkung in Bezug auf das Vorzeichen. Sie können sowohl positive als auch negative Werte annehmen und sogar unterschiedliche Vorzeichen haben. Es sei darauf hingewiesen, daß die Differenz zwischen beiden sowohl durch die thermischen Ausdehnungskoeffizienten als auch die piezoelektrischen Konstanten bestimmt wird. Dies ist leicht einzusehen am Beispiel eines kräftefreien piezoelektrischen Körpers, der sich bei Temperaturänderung deformiert und aufgrund des Piezoeffektes seinen Polarisationszustand verändert. Insbesondere bedeutet das, daß selbst ein nicht-pyroelektrisches aber piezoelektrisches Material bei Temperaturänderung Ladungen freisetzen kann. Dies ist dann aber nicht der pyroelektrische Effekt im eigentlichen Sinne, unter dem hier nur ein nicht verschwindender Wert von p_i^u gemeint ist. Es ist selbstverständlich, daß die Angabe eines pyroelektrischen Koeffizienten sinnvollerweise nur möglich ist unter genauer Angabe der Randbedingungen. In den meisten Fällen ist der Wert von p_i^σ größer als der Wert von p_i^u, es gibt in der Natur aber auch Gegenbeispiele.

Für viele Anwendungen ist es hinreichend, statt der differentiellen Form der Zustandsgleichungen (2.3)…(2.5) linearisierte Gleichungen zu verwenden, die man aus

(2.3)…(2.5) durch Ersetzen von dS durch ΔS usw. erhält. Eingesetzt in (2.2) entspricht dies einer Entwicklung der Gibbsschen freien Energie nach ΔT, E, und σ_α bis zur quadratischen Ordnung. Es gibt jedoch einen sehr wichtigen Fall, wo die quadratische Ordnung nicht mehr ausreicht. Dies sind die ferroelektrischen Werkstoffe in der Nähe der Curie-Temperatur, wo viele Größen eine singuläre Temperaturabhängigkeit zeigen. Eine phänomenologische Theorie, die diese Abhängigkeiten beschreibt, ist unabhängig von Ginsburg und Devonshire entwickelt worden und soll im folgenden dargestellt werden.

2.2   Ginsburg-Devonshire-Theorie der Ferroelektrika

Um einen konkreten Fall vor Augen zu haben, soll im folgenden ein keramischer Körper betrachtet werden, der unterhalb der Curie-Temperatur (T_C) in z-Richtung gepolt ist und damit uniaxiale Symmetrie besitzt. Oberhalb von T_C ist der Körper vollständig isotrop. Die beiden Phasen sind dadurch gekennzeichnet, daß für $T > T_C$ nur ein Zustand mit $D_z = 0$ stabil sein kann, dieser für $T < T_C$ aber instabil wird, so daß sich selbst bei verschwindendem äußeren Feld eine endliche dielektrische Verschiebung $D_z \neq 0$ einstellt. Die Diskussion soll auf den Fall eines **Phasenüberganges zweiter Art** beschränkt werden, der dadurch charakterisiert ist, daß D_z bei Annäherung an T_C kontinuierlich gegen Null geht. Dann ist in der Umgebung von T_C in jedem Fall eine Entwicklung eines geeigneten thermodynamischen Potentials nach Potenzen von D_z möglich. Das Potential mit den Variablen T, D und σ ist die elastische Gibbssche freie Energie $G_1(T,D,\sigma) := G(T,D,\sigma) + E \cdot D$. Speziell gilt für den kräftefreien Fall ($d\sigma = 0$)

$$dG_1 = -SdT + E_z dD_z \tag{2.9}$$

Bei fehlendem äußeren Feld müssen beide Polarisationsrichtungen aus Symmetriegründen energetisch gleichwertig sein. Deshalb darf eine Entwicklung von G_1 nach D_z nicht vom Vorzeichen von D_z abhängen. Ein allgemeiner Ansatz lautet daher

$$G_1 = G_1^0 + \frac{1}{2} A \cdot D_z^2 + \frac{1}{4} \gamma \cdot D_z^4 \tag{2.10}$$

wobei sich die Berücksichtigung von Gliedern höherer als vierter Ordnung als nicht notwendig erweist. Wegen thermodynamischer Stabilität muß G_1 nach unten beschränkt sein, was nur möglich ist, wenn γ überall positiv ist. Der thermodynamische Gleichgewichtszustand wird durch das Minimum von G_1 bestimmt, d.h. es gilt dort $dG_1/dD_z = 0$. Es ist nun leicht einzusehen, daß der Koeffizient A in (2.10) bei T_C sein Vorzeichen wechseln muß, um den Übergang von einem verschwindenden Wert von D_z in der Hochtemperaturphase zu einem endlichen Wert $D_z \neq 0$ für $T < T_C$ beschreiben zu können. Entwickelt man A um T_C , so erhält man dann in niedrigster Ordnung

$$A = \alpha(T - T_C) \tag{2.11}$$

Die Gleichungen (2.10) und (2.11) reichen aus, um alle wesentlichen Eigenschaften der Ferroelektrika zu beschreiben. Es sei allerdings betont, daß sie Entwicklungen um den Phasenübergang darstellen und deshalb auch nur in unmittelbarer Umgebung von T_C quantitative Gültigkeit haben können.

Der Zusammenhang zwischen dem elektrischen Feld und der dielektrischen Verschiebung ergibt sich aus (2.9)…(2.11) zu

$$E_z = \frac{dG_1}{dD_z} = \alpha(T - T_C)D_z + \gamma \cdot D_z^3 \tag{2.12}$$

und weiterhin ist mit $\varepsilon^\sigma = (\partial D_z / \partial E_z)$ und $p^\sigma = (\partial D_z / \partial T)$

$$\varepsilon^\sigma = \frac{1}{\alpha(T - T_C) + 3\gamma\, D_z^2} \tag{2.13}$$

$$p^\sigma = \frac{-\alpha D_z}{\alpha(T - T_C) + 3\gamma\, D_z^2} \tag{2.14}$$

Betrachtet man nun den Fall eines verschwindenden äußeren Feldes ($E_z = 0$), dann ergibt sich aus (2.12)…(2.14)

$$D_{z0} = \begin{cases} 0 & \text{für } T > T_C \\ \pm\alpha\sqrt{(T_C - T)}\,/\,\gamma & \text{für } T < T_C \end{cases} \tag{2.15}$$

und damit für ε^σ und p^σ

$$\varepsilon^\sigma = \begin{cases} 1/\alpha(T - T_C) & \text{für } T > T_C \\ 1/2\alpha(T_C - T) & \text{für } T < T_C \end{cases} \tag{2.16}$$

$$p^\sigma = \begin{cases} 0 & \text{für } T > T_C \\ \mp\sqrt{\alpha/4\gamma(T_C - T)} & \text{für } T < T_C \end{cases} \tag{2.17}$$

Am Phasenübergang divergieren mithin sowohl die Dielektrizitätskonstante als auch der pyroelektrische Koeffizient. In Bild 3 sind diese Größen für eine modifizierte PZT-Keramik aufgetragen, an die die Ausdrücke (2.16) und (2.17) angepaßt worden sind.

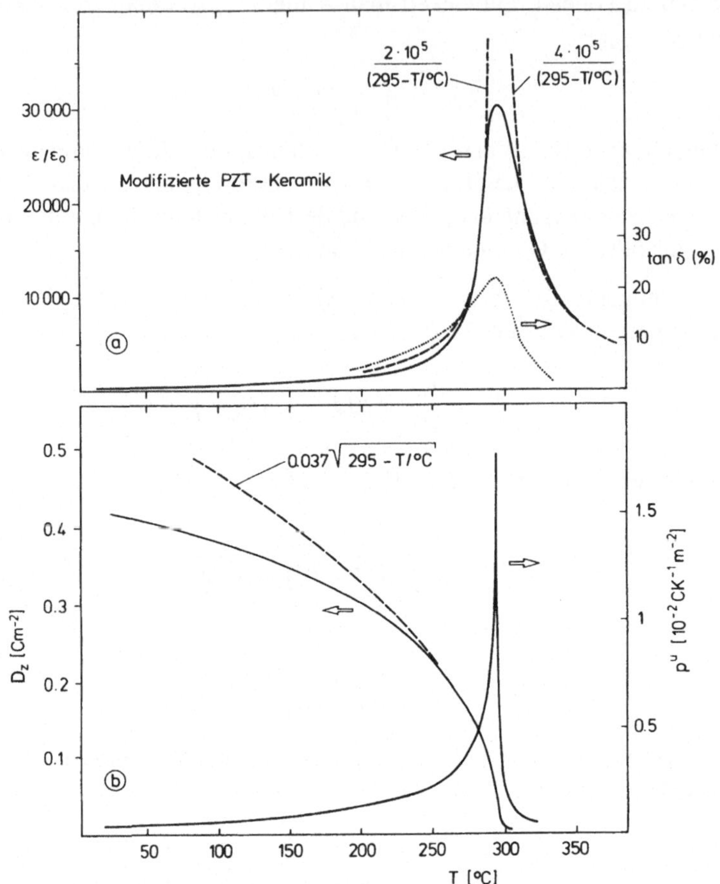

Bild 3   Relative Dielektrizitätskonstante $\varepsilon/\varepsilon_0$, $\tan\delta$ (jeweils für 1 kHz) (a) und pyroelektrischer Koeffizient (b) für eine modifizierte PZT-Keramik. Die Polarisationskurve wurde durch Integration über den pyroelektrischen Koeffizienten bestimmt. Gestrichelte Linien sind Anpassungen an Gln. (2.15) und (2.16).

Offenbar ist die Übereinstimmung in einem Temperaturbereich um T_C sehr gut. Aus Gln. (2.16) und (2.17) ergibt sich, daß das Verhältnis $(p^\sigma)^2/\varepsilon^\sigma = \alpha^2/2\gamma$ von der Temperatur unabhängig ist, was auch tatsächlich für viele Ferroelektrika recht gut erfüllt ist. Viel bemerkenswerter ist jedoch, daß dieses Verhältnis universellen Charakter zu haben scheint, d.h. für ganz verschiedene Materialien ungefähr denselben Wert 113 V/Km hat [4]. In Bild 4 sind die Werte von p^σ gegen ε^σ für viele Materialien aufgetragen.

Zum Schluß soll noch kurz eine interessante Eigenschaft des Modells bei Anwesenheit eines endlichen von außen angelegten Feldes E_z diskutiert werden. Dazu genügt es, sich auf den Fall $T = T_C$ zu beschränken. Dann nämlich ist mit (2.12) $D_z = (E_z/\gamma)^{1/3}$ und damit

$$\varepsilon^{\sigma} = \frac{1}{3\gamma\left(E_z \, / \, \gamma\right)^{2/3}} \tag{2.18}$$

$$p^{\sigma} = \frac{\alpha}{3\gamma\left(E_z \, / \, \gamma\right)^{1/3}} \tag{2.19}$$

Dieser *induzierte* **pyroelektrische Effekt** existiert auch oberhalb von T_C und wird durch das sogenannte pyroelektrische Bolometer ausgenutzt, auf das im vierten Abschnitt eingegangen werden soll.

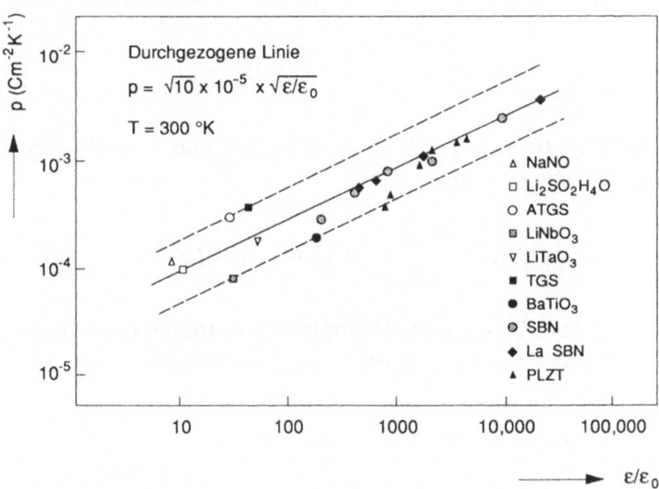

Bild 4   Zusammenhang zwischen pyroelektrischer Konstanten und dielektrischer Permeabilität für verschiedene Pyroelektrika. Die durchgezogene Linie entspricht einem quadratischen Zusammenhang, die gestrichelten Linien einer Abweichung um einen Faktor zwei von diesem Gesetz (nach [4]).

3   Dynamisches Verhalten der Pyroelektrika

Zur Beschreibung pyroelektrischer Sensoren ist die Betrachtung thermodynamischer Größen allein noch nicht ausreichend. Da diese Sensoren auf *Veränderungen* der Temperatur reagieren, kommt es ganz wesentlich auf das *dynamische* Verhalten der verwendeten Materialien an. Insbesondere spielen die dabei auftretenden Verlustmechanismen eine wichtige Rolle. Bei ferroelektrischen Werkstoffen unterscheidet man grundsätzlich zwischen dem sogenannten Groß- und Kleinsignalverhalten. Unter ersterem versteht man dabei die Reaktion des Ferroelektrikums auf hohe Felder, die bei manchen Experimenten – etwa der Bestimmung der Hysteresekurve – deutlich oberhalb der Feldstärke liegen, bei welcher der Polarisationszustand irreversibel verändert wird. Man spricht deshalb auch von **hysteretischen Verlusten**. Gemeinsames Merkmal ist eine nichtlineare Beziehung zwischen der Feldstärke E und der dielektrischen Verschiebung D. Im Gegensatz dazu ist das Kleinsignalverhalten durch eine *lineare* Beziehung zwischen E und D gekennzeichnet, d.h. es wird die Veränderung von D als Funktion eines beliebig kleinen Feldes E studiert. Gerade diese Situation ist aber die für die Praxis relevante und soll deshalb genauer betrachtet werden.

Die allgemeinste lineare Beziehung zwischen der dielektrischen Verschiebung D und dem elektrischen Feld E lautet im Falle eines isotropen Körpers

$$\frac{1}{\varepsilon_0} D(t) = E(t) + \int_0^\infty d\tau \cdot \chi(\tau) E(t-\tau) \tag{3.1}$$

mit der **Suszeptibilitätsfunktion** $\chi(t)$. Zerlegt man D und E in Fourier-Komponenten, so läßt sich (3.1) schreiben als

$$D = \varepsilon(\omega)E; \quad \frac{\varepsilon(\omega)}{\varepsilon_0} = 1 + \int_0^\infty d\tau \cdot \chi(\tau) e^{j\omega\tau} \tag{3.2}$$

Hierbei ist $\varepsilon(\omega)$ eine verallgemeinerte, komplexe und frequenzabhängige Permeabilität. Für Real- und Imaginärteil und deren Verhältnis haben sich die Bezeichnungen

$$\varepsilon(\omega) = \varepsilon' + j\varepsilon''; \quad \tan\delta = \frac{\varepsilon''}{\varepsilon'} \tag{3.3}$$

durchgesetzt, die im folgenden auch hier verwendet werden. Der Imaginärteil der Permeabilität ist eng mit Verlustmechanismen gekoppelt und würde bei rein kapazitiven verlustfreien Körpern verschwinden. Die physikalischen Ursachen für diese Verluste können sehr vielfältiger Art sein: Zum einen verursacht in relativ niederohmigen Materialien die Gleichstromleitfähigkeit einen ohmschen Verlust, der sich allerdings oft erst bei höherer Temperatur bemerkbar macht. Bei Zimmertemperatur sind die Hauptverluste in pyroelektrischen Materialien meistens die sogenannten dielektrischen Verluste, die ihrerseits aus einem intrinsischen Anteil bestehen und zusätzlich bei ferroelektrischen Werkstoffen durch reversible Domänenwandverschiebung entstehen. Alle diese Effekte lassen sich in der Regel nur schwer voneinander trennen, auch wenn sie ihrer Natur nach sehr unterschiedlich sind.

Um diese allgemeinen Betrachtungen etwas zu konkretisieren, sei im folgenden ein Beispiel diskutiert. Dazu soll angenommen werden, daß eine pyroelektrische Scheibe mit der Dicke d beidseitig mit Flächenelektroden kontaktiert sei. Da das Material eine bestimmte Gleichstromleitfähigkeit besitzt, kann man die Scheibe als eine Parallelschaltung eines Widerstandes mit einer Kapazität auffassen. Diese Kapazität ist bei höheren Frequenzen allerdings nicht mehr verlustfrei. Dies liegt daran, daß die einzelnen Dipole einer Änderung des äußeren Feldes nur mit einer gewissen Verzögerung und bei sehr hohen Frequenzen überhaupt nicht mehr folgen können (Band 1, Abschnitt 6.2). Diese Verluste lassen sich durch einen mit der Kapazität in Reihe geschalteten Widerstand darstellen. Das entsprechende Ersatzschaltbild ist in Bild 5a dargestellt.

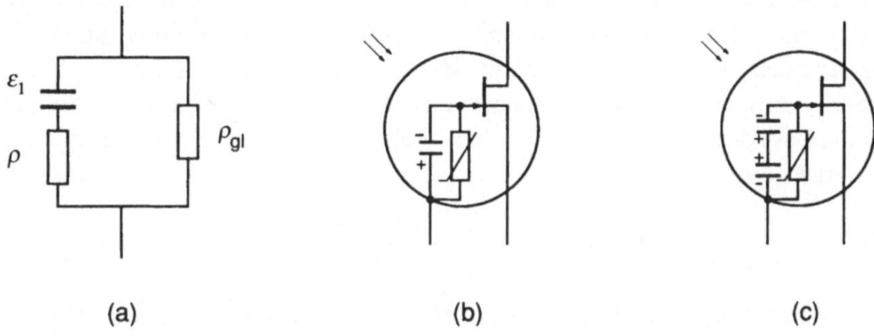

(a)   (b)   (c)

Bild 5   (a) Ersatzschaltbild einer pyroelektrischen Scheibe, bei der eine Restleitfähigkeit ρ_{gl} und dielektrische Verluste (ρ) mitberücksichtigt wurden.

            (b) Prinzipskizze eines pyroelektrischen Infrarotdetektors in Einzelelementausführung

            (c) Prinzipskizze eines pyroelektrischen Infrarotdetektors in Doppelelementausführung (nach [2])

Die effektive Permeabilität läßt sich nun leicht berechnen zu

$$\varepsilon' = \frac{\varepsilon_1}{1 + \omega^2 \rho^2 \varepsilon_1^2}; \quad \varepsilon'' = \frac{1}{\rho_{gl}\,\omega} + \frac{\omega\,\rho\,\varepsilon_1^2}{1 + \omega^2 \rho^2 \varepsilon_1^2} \tag{3.4}$$

wobei ε_1 die Permeabilität der reinen Kapazität, ρ_{gl} den spezifischen Gleichstromwiderstand und ρ den spezifischen Widerstand der dielektrischen Verluste bezeichnet (s. Bild 5a). Die Ausdrücke in (3.4) lassen deutlich erkennen, daß die unterschiedlichen Verlustmechanismen in sehr verschiedenen Frequenzbereichen wirksam sind. Deswegen ist eine wichtige experimentelle Methode die Impedanzanalyse, bei der ε' und ε'' über einen sehr weiten Frequenzbereich gemessen werden, um auf diese Weise die einzelnen Beiträge zu trennen. Schließlich sei noch darauf hingewiesen, daß ε' und ε'' Funktionen der Temperatur sind, was direkt aus der Temperaturabhängigkeit von ε_1 folgt. Betrachtet man insbesondere wieder den Bereich in der Nähe der Curie-Temperatur, so kann man für ε_1 den Wert aus Gl. (2.16) einsetzen. Insbesondere heißt das, daß der Gleichstrombeitrag zu ε'' in (3.4) vernachlässigt werden kann und damit $\tan\delta = \omega\varepsilon_1\rho$ bei T_C divergiert. Ein Beispiel dafür ist in Bild 3 gezeigt.

Zum Schluß soll noch eine weitere Konsequenz von Verlustmechanismen angesprochen werden: Aus der statistischen Physik ist bekannt, daß es einen sehr grundlegenden Zusammenhang zwischen Verlusten einerseits und thermischen Fluktuationen andererseits gibt, ausgedrückt durch das sogenannte **Fluktuations-Dissipations-Theorem** [6]. Angewandt auf Gl. (3.2) besagt dieses, daß die dielektrische Verschiebung D selbst in Abwesenheit eines äußeren Feldes um den Gleichgewichtswert D_0 fluktuiert und daß diese Fluktuationen wesentlich durch den Imaginärteil der dielektrischen Permeabilität bestimmt werden. Zerlegt man die Fluktuationen in die einzelnen Fourierkomponenten und betrachtet ein bestimmtes Frequenzband Δv, dann ist die mittlere quadratische Abweichung der dielektrischen Verschiebung D von ihrem Mittelwert D_0 gegeben durch

$$\left\langle \left(D - D_0\right)^2 \right\rangle = \frac{1}{A \cdot d} \cdot \frac{4kT \cdot \Delta v}{\omega} \cdot \varepsilon''(\omega) \tag{3.6}$$

mit der Boltzmann-Konstanten k. Diese Fluktuationen machen sich in einem pyroelektrischen Detektor als Rauschen bemerkbar und definieren eine intrinsische Grenze für seine Empfindlichkeit.

4   Pyroelektrische Detektoren

4.1   Funktionsprinzip und Signalstärke

In Bild 5b sind die wesentlichen Elemente eines pyroelektrischen Infrarotdetektors dargestellt. Eine pyroelektrische Scheibe mit Polarisationsrichtung senkrecht zur Scheibenebene ist an der Ober- und Unterseite mit Elektroden versehen und u.U. auf der Vorderseite mit einer dünnen Infrarotabsorptionsschicht ausgestattet. Die Scheibe muß möglichst gut thermisch isoliert sein, was in der Praxis meist durch punktweise Aufhängung gewährleistet wird. Dadurch wird erreicht, daß eine Temperaturerhöhung gegenüber der Umgebung nur langsam ins Gleichgewicht relaxiert. Ebenso gewährleistet eine solche Aufhängung eine weitgehende mechanische Spannungsfreiheit des pyroelektrischen Körpers.

Fällt nun auf die Scheibe eine zeitlich variable Wärmestrahlung $W(t)$, so führt dies zu einer zeitlich veränderlichen Temperatur, die sich durch folgende Gleichung beschreiben läßt:

$$A \cdot d \cdot C^{\sigma} \frac{\mathrm{d}T}{\mathrm{d}t} + \lambda \Delta T = \eta \cdot W(t) \tag{4.1}$$

Hierbei bezeichnet A die Fläche der Scheibe, d ihre Dicke, C^{σ} die spezifische Wärme, λ den Wärmeableitkoeffizienten und η den Absorptionskoeffizienten. Schließlich bezeichnet ΔT die Temperaturdifferenz $T - T_0$, mit der Umgebungstemperatur T_0. Für eine periodische Einstrahlung $W(t) = W_1 + W_0 e^{-i\omega t}$ ist die stationäre Lösung von (4.1)

$$\Delta T(t) = \frac{\eta W_1}{\lambda} + \frac{\eta W_0}{-j\omega C^{\sigma} \cdot A \cdot d + \lambda} e^{-j\omega t} \tag{4.2}$$

Der erste Term auf der rechten Seite von (4.2) entspricht einer konstanten Temperaturerhöhung bei einer konstanten Bestrahlung W_1. Dieser Beitrag führt jedoch zu keinem elektrischen Signal und wird deshalb im folgenden weggelassen. Wenn zusätzlich zur Wärmeableitung Wärmestrahlung für den Übergang ins Gleichgewicht verantwortlich ist, dann muß λ verallgemeinert werden zu

$$\lambda_S = \lambda + 4\eta\sigma_{SB}T_0^3 A \tag{4.3}$$

wobei σ_{SB} die Stefan-Boltzmann Konstante ist ($\sigma_{SB} = 5{,}67 \cdot 10^{-8}$ W/m^{2}K^4).

Eine periodische Veränderung der Temperatur führt aufgrund des Pyroeffektes zu einer periodischen Stromdichte, die unter Kurzschlußbedingungen durch

$$j(t) = p^{\sigma} \frac{\mathrm{d}T}{\mathrm{d}t} = \frac{-j\omega\eta W_0 p^{\sigma}}{-j\omega C^{\sigma} \cdot A \cdot d + \lambda} e^{-j\omega t} \tag{4.4}$$

gegeben ist. Die Stromempfindlichkeit R_j wird definiert durch

$$R_j = \frac{A \cdot |j(t)|}{W_0} = \frac{\eta p^{\sigma}}{C^{\sigma} \cdot d} \frac{\omega\tau_T}{\sqrt{1 + \omega^2\tau_T^2}}; \quad \tau_T = C^{\sigma} \frac{A \cdot d}{\lambda} \tag{4.5}$$

und bezeichnet den Signalstrom pro einfallender Strahlungsleistung W_0 (s. Band 3, Abschnitt 6.2). Analog läßt sich eine Spannungsempfindlichkeit definieren, die die erzeugte Spannung an den Elektroden bei offenem Schaltkreis bestimmt. Sie hängt mit R_j zusammen über die Beziehung

$$R_V = R_j |Z(\omega)| \tag{4.6}$$

wobei $Z(\omega)$ die komplexe Impedanz des Materials darstellt. Sie hängt mit der komplexen Permeabilität über die Relation

$$Z(\omega) = \frac{1}{j\omega\varepsilon(\omega)}\frac{d}{A} \tag{4.7}$$

zusammen. Zusätzlich sind in der Praxis oft noch äußere Kapazitäten und Widerstände hinzugeschaltet, die hier aber nicht weiter betrachtet werden. Betrachtet man nur den Bereich niedriger Frequenzen, wo die dielektrischen Verluste vernachlässigbar sind, dann ist $Z(\omega)$ durch

$$Z(\omega) = \frac{R}{1 + j\omega\tau_E}; \qquad \tau_E = \rho_d\varepsilon; \qquad R = \rho_d\frac{d}{A} \tag{4.6}$$

gegeben. Damit ist die Spannungsempfindlichkeit

$$R_V = \frac{\eta p^{\sigma}}{C^{\sigma}\cdot\varepsilon}\cdot\frac{\omega\tau_T\tau_E}{A\sqrt{1+\omega^2\tau_T^2}\,\sqrt{1+\omega^2\tau_E^2}} \tag{4.7}$$

In Bild 6 ist der Verlauf von R_V als Funktion der Frequenz aufgetragen. R_V verschwindet sowohl für große als auch für kleine Frequenzen und durchläuft bei $\omega = 1/\sqrt{\tau_T\tau_E}$ ein Maximum. Offensichtlich hängt die Empfindlichkeit einerseits von Materialgrößen, andererseits aber auch von Geometriefaktoren ab. Dies ermöglicht eine breite Anpassung der Detektoreigenschaften an die jeweiligen Anforderungen.

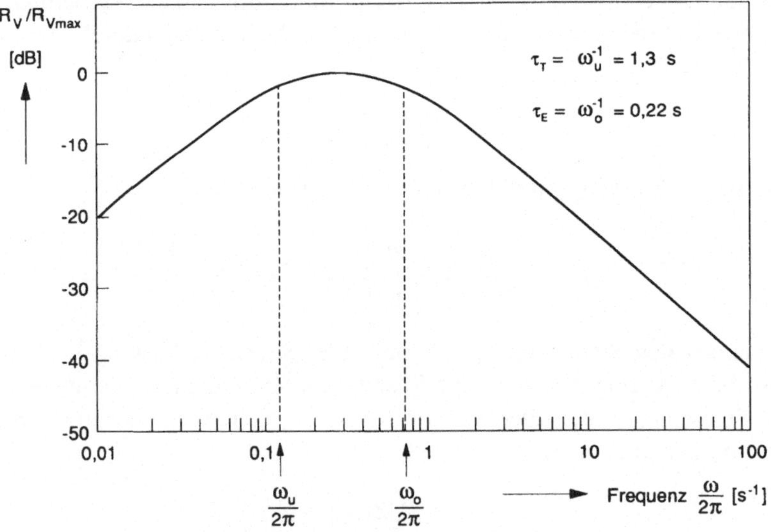

Bild 6   Verlauf der Spannungsempfindlichkeit als Funktion der Frequenz für typische Werte für die Zeitkonstanten $\tau_T = 1,3$ s und $\tau_E = 0,22$ s (nach [7])

4.2 Rauschen

Die Empfindlichkeit von Detektoren ist durch die verschiedenen Rauschquellen begrenzt, die sich in drei Klassen einteilen lassen. Zum einen erzeugt eine *fluktuierende dielektrische Verschiebung* (siehe Gl. 3.6) ein Rauschsignal. Darüberhinaus existieren in jedem praktischen Detektor *externe Rauschquellen*, z.B. durch den *Verstärker*. Schließlich ist die *Temperatur des Detektorelements* selbst eine fluktuierende Größe, die in eine fluktuierende Spannung umgewandelt wird. Die gesamte mittlere quadratische Rauschspannung $\langle V_\mathrm{r}^2 \rangle$ ist damit durch

$$\left\langle V_\mathrm{r}^2 \right\rangle = \left\langle V_\mathrm{d}^2 \right\rangle + \left\langle V_\mathrm{ex}^2 \right\rangle + \left\langle V_\mathrm{T}^2 \right\rangle \tag{4.8}$$

gegeben. Dabei bezeichnet $\sqrt{\langle V_\mathrm{d}^2 \rangle}$ die dielektrische Rauschspannung, die man aus Gl. (3.6) leicht berechnen kann:

$$\left\langle V_\mathrm{d}^2 \right\rangle = \frac{d^2}{|\varepsilon(\omega)|^2} \left\langle \left(D - D_0 \right)^2 \right\rangle \tag{4.9}$$

$\sqrt{\langle V_\mathrm{ex}^2 \rangle}$ bezeichnet die externe Rauschspannung, die in der Regel durch geeignete Wahl der Komponenten klein gehalten werden kann. Schließlich ist $\sqrt{\langle V_\mathrm{T}^2 \rangle}$ die thermische Rauschspannung, die aufgrund der fluktuierenden Detektortemperatur erzeugt wird. Die Temperaturschwankungen können analog zur Herleitung von Gl. (3.6) aus dem Fluktuations-Dissipations-Theorem bestimmt werden:

$$\left\langle (\Delta T)^2 \right\rangle = \frac{\eta}{\lambda} \cdot \frac{4kT^2 \cdot \Delta v}{1 + \omega^2 \tau_\mathrm{T}^2} \tag{4.10}$$

Die daraus resultierende Rauschspannung ist dann gegeben durch

$$\left\langle V_\mathrm{T}^2 \right\rangle = \left(\frac{dp^\sigma}{|\varepsilon(\omega)|} \right)^2 \cdot \left\langle (\Delta T)^2 \right\rangle \tag{4.11}$$

Formal lassen sich alle Rauschquellen als fluktuierende Wärmestrahler auffassen, die neben der zu detektierenden Quelle ein Signal im Detektor auslösen. Die äquivalente Rauschleistung dieser Quellen ist definiert als

$$W_\mathrm{r} = \frac{\sqrt{\left\langle V_\mathrm{r}^2 \right\rangle}}{R_\mathrm{V}} \tag{4.12}$$

Es ist interessant, den Grenzfall zu betrachten, in dem sowohl externe als auch dielektrische Rauschquellen vernachlässigbar klein sind und wo der Wärmeaustausch

der pyroelektrischen Scheibe nur über Wärmestrahlung möglich ist. Damit ist aus
Gln. (4.3), (4.7), (4.10)…(4.12) die äquivalente Rauschleistung gegeben durch

$$W_r^0 = \sqrt{4kT^2 \Delta v \cdot 4\eta \sigma_{SB} T^3 A} \tag{4.13}$$

Da der Austausch über Wärmestrahlung grundsätzlich immer vorliegt, ist (4.13) eine
untere physikalische Grenze für die Rauschleistung. Bei einer Temperatur von
T = 290 K, einer Bandbreite von $\Delta v = 1$ Hz ist damit

$$W_r^0 = 5,0 \cdot 10^{-9} \frac{\sqrt{A} \cdot W}{m} \tag{4.14}$$

Diese Grenze ist jedoch i.a. nur sehr schwer zu erreichen, weil die übrigen Rauschquellen nicht vernachlässigt werden können. In den meisten Fällen ist das Rauschsignal durch die Fluktuationen der dielektrischen Verschiebung bestimmt. Für
$\omega \tau_T \gg 1$ gilt dann mit (4.9) und (4.12)

$$W_r = \frac{C^\sigma}{\eta p^\sigma} \sqrt{Ad \cdot 4kT \cdot \Delta v \cdot \omega \varepsilon''} \tag{4.15}$$

Gl. (4.13) enthält noch die Detektorfläche, d.h. eine geometrieabhängige Größe. Deshalb wird als Alternative zur äquivalenten Rauschleistung oft die **Detektivität** D^*
(Band 3, Abschnitt 6.2) des Detektors angegeben, die mit W_r durch die Beziehung

$$D^* = \frac{\sqrt{A \cdot \Delta v}}{W_r} \tag{4.16}$$

verknüpft ist.

Alle diese Rauschquellen treten unter normalem Detektorbetrieb und unter konstanten Umweltbedingungen auf. Darüber hinaus ist es in der Praxis jedoch von großer
Bedeutung, daß die Detektoren robust gegen unkontrollierbare Umwelteinflüsse gebaut sind. Problematische Einflüsse sind dabei insbesondere elektromagnetische
Wechselfelder und Stoßeinwirkungen bzw. Schall. Zum Schutz gegen Wechselfelder
wird die empfindliche Detektoreinheit immer in ein geerdetes Gehäuse montiert, das
möglichst mit einem elektrisch leitenden Fenster für die IR-Strahlung versehen ist.
Die Empfindlichkeit gegen die elektromagnetische Einstrahlung kann damit durch
die Bauform erheblich herabgesetzt werden, wogegen die Materialauswahl eine untergeordnete Rolle spielt. Ganz anders sieht dies bei dem sogenannten **Mikrophonieeffekt** aus, der die Empfindlichkeit gegen mechanische Störungen beschreibt. Jede mechanische Einwirkung, sei es durch Schall oder durch Stoß führt aufgrund des
Piezoeffektes zu einer unerwünschten Freisetzung von Ladung. Diese läßt sich zum
einen durch eine gezielte Auswahl der Materialien mit niedrigen piezoelektrischen
Kopplungskoeffizienten minimieren. Bei den meisten Bauformen kommt es dabei in

der Hauptsache auf die Koeffizienten d_{31} und d_{32} an, die den Piezoeffekt bei Durchbiegen einer dünnen pyroelektrischen Scheibe beschreiben. Eine weitere (aber aufwendige) Möglichkeit besteht darin, das pyroelektrische Element auf eine elastische Membran aufzubringen, so daß es erst gar nicht zu wesentlichen mechanischen Einwirkungen kommen kann.

Zum Schluß sei noch ein weiteres Problem erwähnt, das bei ferroelektrischen Materialien auftritt, wenn sich ihre Temperatur über einen weiten Bereich ändert. Diese Temperaturveränderungen können dazu führen, daß sich die Struktur der ferroelektrischen Domänen in dem Material sprungartig ändert, was dazu führt, daß kurze Spannungsspitzen im Detektor erzeugt werden. Die genaue Kontrolle dieses auch als **Barkhausensches Rauschen** bezeichneten Phänomens ist sehr schwierig, vor allem auch deswegen, weil seine Grundlagen bisher nur schlecht verstanden sind. In der Praxis ist man deshalb stark auf empirisches Wissen angewiesen.

4.3 Bauformen und Anwendungen

Pyroelektrische Detektoren zeichnen sich gegenüber anderen Infrarotdetektoren vor allem dadurch aus, daß ihre Empfindlichkeit nur schwach von der Wellenlänge der einfallenden Strahlung abhängt. Ihre spektrale Empfindlichkeit erstreckt sich vom μm- bis in den mm-Bereich und wird im wesentlichen nur durch die Absorptionseigenschaften des Materials, b.z.w. einer aufgebrachten Oberflächenschicht, bestimmt. Darüberhinaus benötigen Pyrodetektoren *keine Kühlung* und sind unter anderem auch deshalb preiswerter in der Herstellung und im Betrieb als andere IR-Detektoren. Das hat dazu geführt, daß pyroelektrische Detektoren heute für eine Vielzahl von Anwendungen und in einer Fülle von Modifikationen eingesetzt werden. Im folgenden sollen einige der gebräuchlichsten Anwendungen kurz skizziert werden. Ausführlichere Beschreibungen lassen sich in Ref. [2,5] finden.

4.3.1 Bewegungsmelder

Grundsätzlich reagieren pyroelektrische Detektoren nur auf zeitlich veränderliche Strahlungsquellen. Deshalb lassen sie sich ohne weitere Vorkehrung zum Aufspüren bewegter Quellen, in der Regel zur Personenerfassung, einsetzen. Die Anwendungen reichen von der Einbruchsicherung über automatische Lichtschranken bis hin zu Energieversorgungssteuerungen in großen Gebäuden und stellen den größten Markt für Pyrodetektoren dar. In der Regel werden diese Detektoren in einem Spektralbereich zwischen 6.5 μm bis 15 μm betrieben und decken damit das Emissionsmaximum bei 10 μm eines 300 K warmen Körpers ab. Durch ein Filter werden Wellenlängen unterhalb 6,5 μm abgeschnitten, um unempfindlich gegenüber Tageslichtschwankun gen zu sein. Die maximale Empfindlichkeit des Detektors wird zwischen 0,1 Hz und 10 Hz eingestellt, d.h. angepaßt auf typische Bewegungsabläufe einer Person (s. Bild 6). Meistens werden sie als Doppelelement (s. Bild 5c) ausgeführt und sind mit einer einfachen IR-Optik ausgestattet (Spiegel oder Linse). Die beiden Elemente sind dabei so angeordnet, daß sie geometrisch nebeneinander liegen und

Tabelle 1   Werte der pyroelektrischen Koeffizienten, dielektrischen Konstanten und Verluste (jeweils in Polarisationsrichtung gemessen), der Curie-Temperaturen, spezifischen Wärmen und der Kenngrößen F_V und F_D einiger ausgewählter Substanzen. Die untere Tabellenhälfte enthält nur Perowskite.

Dabei bedeutet EK: Einkristall, Ker: Keramik, DS: gesputterte dünne Schicht.

Die jeweiligen Referenzen sind im Text angegeben. Bei freigelassenen Eintragungen fehlt die Angabe in der jeweiligen Literaturstelle. Bei fehlender Unterscheidung zwischen ε^u und ε^σ bzw. p^u und p^σ wurde angenommen, daß es sich um Größen bei festem Spannungstensor handelt. T_C existiert nicht für nicht-polarisierbare Materialien und nur mit Vorbehalten bei Relaxoren und Polymeren. Die Angaben für PMN beziehen sich auf Daten bei angelegter Vorspannung von $5 \cdot 10^6$ V/m.

Material	T_C [°C]	$\varepsilon_\sigma/\varepsilon_0$	$\varepsilon^u/\varepsilon_0$	$\tan\delta$ [%]	p^σ [Cm^{-2}K^{-1}·10^{-4}]	p^u	C^σ [Jm^{-3}K^{-1}·10^{+6}]	F_V [m^{2}C^{-1}]	F_D [Pa$^{-1/2}$]
Turmalin (EK)	*	10,3	8,9	—	0,04	0,48	—	—	—
ZnO (EK)	*	11	8,8	—	0,094	0,096	—	—	—
CdS (EK)	*	10,3	8,9	—	0,04	0,03	—	—	—
PVDF (Polymer)	(80)	12	—	1,5 (10Hz)	0,27	—	2,43	0,1	0,88
Pb$_5$Ge$_3$O$_{11}$ (EK)	178	40	38,7	0,05 (100Hz)	1	1,16	2	0,16	13,1
Sr$_{0,5}$Ba$_{0,5}$Nb$_2$O$_6$ (EK)	121	400	286	0,3 (1kHz)	6	5,0	2,34	0,07	7,2
LiTaO$_3$ (EK)	665	47	—	0,01…0,5	2,3	—	3,2	0,17	35,2
TGS (EK)	49	55	—	2,5	5,5	—	2,6	0,43	6,1
Pb$_{.76}$Ca$_{.24}$TiO$_3$ (Ker)	250	220	—	1,1 (1kHz)	3,8	—	2,5	0,08	3,3
Pb$_{.7}$Ca$_{.3}$TiO$_3$ (DS)	—	270	—	—	4,5	—			
Pb$_{.9}$La$_{.1}$Ti$_{.975}$O$_3$ (Ker)	300	260	—	1,0 (1kHz)	2,8	—	3,2	0,04	1,8
Pb$_{.9}$La$_{.1}$Ti$_{.975}$O$_3$ (DS)	—	200	—	0,6	6,5	—	3,2	0,12	6,2
PZFNTU (Ker)	230	290	—	0,27 (1kHz)	3,8	—	2,5	0,06	5,8
PbZr$_{.45}$Ti$_{.55}$O$_3$ (DS)	~400	400	—	—	4,2	—	~2,5	0,05	
PbMg$_{1/3}$Nb$_{2/3}$O$_3$ (Ker) (5MVm^{-1})	(−20)	3000	—	0,08	8,5	—	~2,5	0,012	7,6

elektrisch so verschaltet sind, daß nur Differenzsignale registriert werden. Fokussiert die Optik eine bewegte Quelle auf eines der Elemente, dann löst dies ein Signal aus, während eine Veränderung der Hintergrundtemperatur (etwa beim Aufheizen eines Raumes) nicht registriert wird. Trotz der relativ einfachen Bauweise solcher Detektoren lassen sich damit Temperaturunterschiede zwischen Hintergrund und Quelle von wenigen Millikelvin detektieren. Die Temperatur des Pyroelektrikums braucht sich dabei infolge der Strahleneinwirkung nur um 10^{-6} K zu verändern. Bei der Auswahl eines geeigneten Materials für solche Detektoren wird hauptsächlich Wert auf chemische Stabilität und konstante physikalische Eigenschaften über einen weiten Temperaturbereich gelegt. Das beschränkt in der Praxis die Suche beinahe ausschließlich auf oxidische Materialien mit hoher Curie-Temperatur und wegen der geringen Herstellungskosten dabei insbesondere auf keramische Materialien (s. Abschnitt 5.3). Innerhalb dieser Klassen strebt man eine möglichst hohe Spannungsempfindlichkeit an, was mit Gl. (4.7) bedeutet, daß die Größe

$$F_{\mathrm{V}} = \frac{p^{\sigma}}{C^{\sigma} \cdot \varepsilon} \tag{4.17}$$

maximal sein soll. In Tab. 1 sind die Werte von F_{V} für verschiedene Materialien aufgelistet.

In leicht modifizierter Form läßt sich dieselbe Bauform auch als Feuermelder verwenden. Plötzliches Entstehen eines Brandherdes löst dabei ebenso einen Alarm aus wie das irreguläre Flackern offener Flammen.

4.3.2 Dielektrisches Bolometer

Es soll in diesem Abschnitt eine interessante Variante des Pyrodetektors kurz erwähnt werden, die zwar bisher nicht kommerziell eingesetzt wird, in Laborversuchen aber hervorragende Ergebnisse gezeigt hat. Gemeint ist das sogenannte dielektrische Bolometer [7], das sich von dem gewöhnlichen pyroelektrischen Detektor dadurch unterscheidet, daß eine konstante Vorspannung an die pyroelektrische oder allgemein auch an eine dielektrische Schicht angelegt wird. Diese Spannung induziert eine bestimmte Polarisation im Dielektrikum, die ihrerseits temperaturabhängig ist und deswegen auch einen Pyroeffekt zeigt. Diese Temperaturabhängigkeit ist besonders ausgeprägt bei Ferroelektrika in der Nähe der Phasenumwandlung, wo die feldabhängigen Größen näherungsweise durch Gln. (2.18) und (2.19) beschrieben werden. Gleichzeitig werden die dielektrischen Verluste durch Anlegen eines konstanten Feldes unterdrückt, was sich günstig auf die Rauscheigenschaften des Detektors auswirkt. Auf diese Weise ist es gelungen, hohe Werte für die Detektivität D^* zu erzielen. [7]. Diesem vielversprechenden Resultat stehen erhöhte Kosten gegenüber (es muß ständig eine Spannungsquelle angeschlossen sein) und die Gefahr einer schnellen Degradation des dielektrischen Materials eben wegen der hohen Feldstärken [8].

4.3.3 Berührungslose Temperaturmessung

Im Unterschied zu Bewegungsmeldern geht es hier um die Erfassung eines statischen Signals, das mit Hilfe eines Strahlunterbrechers (**Chopper**) "zerhackt" wird. Auf diese Weise wird der Detektor von einem periodischen Signal belichtet, wobei die Periode so gewählt wird, daß sie der maximalen Empfindlichkeit angepaßt ist. Ein Körper, der sich auf einer bestimmten Temperatur befindet, emittiert ein Strahlungsspektrum, das im Idealfall dem eines schwarzen Strahlers gleicht. Die gesamte Strahlungsleistung folgt dabei dem Stefan-Boltzmann Gesetz und ist proportional der vierten Potenz der Temperatur. Ist der Detektor hinreichend breitbandig, dann kann man aus der (vorher geeichten) Signalhöhe auf die Temperatur des Strahlers zurückschließen. Voraussetzung ist, daß der Strahler immer einen wohldefinierten Raumwinkelbereich ausfüllt, was in der Praxis durch optische Abbildung eines kleinen Punktes der Oberfläche des Strahlers erreicht wird. Alternativ kann man die relativen Signalhöhen in verschiedenen Frequenzbändern bestimmen und damit aus dem bekannten Spektrum des Planckschen Strahlers ebenfalls auf die Temperatur schließen. Das Hauptproblem ist in beiden Fällen die unbekannte Abweichung des Strahlers vom idealen Spektrum des schwarzen Strahlers. Dieses ist jedoch ein grundlegendes Problem jeder berührungslosen Temperaturmessung, das in keiner Weise mit den spezifischen Eigenschaften des Pyrodetektors zusammenhängt. Letztlich ist man hier immer auf empirische Eichkurven angewiesen.

4.3.4 Infrarot-Absorptionsspektrometer

Infrarotspektroskopie gewinnt zunehmend an Bedeutung bei der Analyse der Zusammensetzungen von Gasgemischen. Typische Anwendungen liegen im Bereich des Umweltschutzes und der Prozeßkontrolle. Auch in diesem Feld lassen sich Pyrodetektoren gut einsetzen. Diese sind zunächst nicht selektiv in bezug auf die Wellenlänge der einfallenden Strahlung. Deshalb müssen sie zusätzlich mit schmalbandigen und durchstimmbaren Filtern ausgestattet werden, um so die Absorptionseigenschaften eines Gases messen zu können. Außerdem ist wiederum ein Chopper notwendig, um das statische Signal in ein dynamisches zu verwandeln. Das Funktionsprinzip ist dabei relativ einfach: Eine Infrarotquelle mit bekanntem Emissionsspektrum (etwa ein schwarzer Strahler bei bekannter Temperatur) wird an einem Ende eines Rohres angebracht, in dem sich das zu untersuchende Gas befindet. Am anderen Ende befindet sich das Spektralfilter, der Chopper und der Detektor. Jedes Gas besitzt nun ganz charakteristische Absorptionslinien im infraroten Spektralbereich, die mit Schwingungs- und Rotationsanregungszuständen der Gasmoleküle zusammenhängen. Dadurch wird die emittierte Strahlung auf ihrem Weg zum Detektor auf eine charakteristische Weise absorbiert, die mit der spezifischen Zusammensetzung des Gasgemisches zusammenhängt. Wird die vom Detektor empfangene Strahlungsleistung über der Frequenz aufgetragen, so kann man aus der Lage der Absorptionslinien im Spektrum auf die chemische Zusammensetzung des Gemisches Rückschlüsse ziehen und aus der relativen Höhe der Linien auf deren Partialdrücke. Einer der großen Vorteile pyroelektrischer Detektoren liegt in deren spektraler Breitbandigkeit, wodurch sie in einem großen Wellenlängenbereich mit relativ konstanten Eigenschaften einsetzbar sind. In der Spektroskopie, ebenso wie in der Infrarotabbildung, kommt es vor allem auf eine hohe Auflösung, d.h. auf möglichst geringes Rauschen des verwendeten Materials an. Deshalb wird man bei der Auswahl eines geeigneten Materials die Kenngröße

$$F_\mathrm{D} = \frac{p^\sigma}{C^\sigma \cdot \sqrt{\varepsilon'} \tan \delta} \tag{4.18}$$

möglichst **maximal** wählen (s. Gl. 4.16).

4.3.5 Infrarotabbildungssysteme

Die verschiedenen Gegenstände in einer Landschaft verfügen alle aufgrund ihrer endlichen Temperatur über eine Eigenstrahlung im infraroten Spektralbereich. Sofern sie sich nicht alle auf exakt derselben Temperatur befinden und alle die gleichen Emissionskoeffizienten haben, unterscheiden sich ihre Spektren voneinander. Diese Unterschiede lassen sich mit Hilfe von Pyrodetektoren nachweisen und ermöglichen eine Abbildung der "Infrarotlandschaft". Dabei wird der Detektor meistens in einem Wellenlängenbereich zwischen 8 µm und 14 µm betrieben, in dem die Atmosphäre für Infrarotstrahlung durchlässig ist. Insgesamt können beim heutigen Stand der Technik Temperaturkontraste von etwa 0,2 °C aufgelöst werden.

Im einfachsten Fall kann ein Abbild mit einem einzigen Pyrodetektor mit zugehöriger Optik erstellt werden, der die Landschaft zeilenweise abrastert und zu einem vollständigen Bild zusammensetzt. Der Nachteil dieser Anordnung besteht darin, daß die benötigte Zeit für eine solche Abbildung sehr lang ist. Wollte man die Rastergeschwindigkeit erhöhen, gerät man unweigerlich in Schwierigkeiten mit der geringen Empfindlichkeit des Detektors bei hohen Frequenzen (s. Bild 6). Ein Ausweg besteht darin, eine ganze Zeile von Detektoren nebeneinander anzuordnen, die nur noch eine Richtung abrastern muß. Die weitere Fortentwicklung besteht aus einer zweidimensionalen Anordnung vieler Detektoren die eine Abrasterung völlig überflüssig machen. Technische Einzelheiten dieser "Infrarot-Bildkameras" sind in der Literatur vielfach beschrieben und können im Rahmen dieses Buches nicht aufgenommen werden (s. Ref. [5]) . Erwähnt sei nur, daß es zwei verschiedene Möglichkeiten gibt, den Ladungszustand der vielen einzelnen Detektoren auszulesen. Zum einen kann dies mit einem pyroelektrischen Vidicon bewerkstelligt werden, das ganz ähnlich wie eine Fernsehbildkamera mit einem Elektronenstrahl die Ladungsverteilung ausliest. Der alternative Weg, der verstärkt in den letzten Jahren beschritten wird, besteht darin, die pyroelektrischen Elemente direkt mit einem CCD-Halbleiterchip zu verbinden, so daß die Ladungen einzeln durch integrierte FETs ausgelesen werden können. Der Vorteil dieses Festkörperdetektors besteht vor allem darin, daß er sehr robust ist und eine kompakte Bauform hat.

5   Pyroelektrische Materialklassen

Bis heute sind viele hundert verschiedene Materialien bekannt, die Pyroelektrizität zeigen. Es ist aber nur eingeschränkt möglich, sinnvolle Klassifizierungsmerkmale für jedes Material anzugeben, weil viele von ihnen noch nicht in allen Einzelheiten verstanden sind. Eine grobe Einteilung läßt sich angeben, wenn man zwischen polarisierbaren und nichtpolarisierbaren Materialien unterscheidet. Um Mißverständnisse auszuschließen, sei betont, daß alle Pyroelektrika polar sind. Die verschiedenen Klassen unterscheiden sich nur darin, ob die Polarisation durch ein äußeres Feld verändert werden kann oder nicht. Bei den polarisierbaren Materialien (den sogenannten **Elektreten**) unterscheidet man weiter zwischen solchen, bei denen die Polarisation unterhalb einer bestimmten Temperatur stabil ist und anderen, bei denen die Polarisation metastabil ist und nach einer bestimmten Zeit (u.U. mehrere Jahre) zerfällt. Die ersteren sind die *Ferroelektrika* im eigentlichen Sinn. Die Polarisation wird dort durch kooperative Wechselwirkung vieler Dipole erzeugt und verschwindet erst oberhalb der wohldefinierten Curietemperatur. Solche Materialien sind in der Regel in viele ferroelektrische Domänen aufgespalten, die sich erst bei Anlegen eines äußeren Feldes zu einer makroskopischen Polarisation ausrichten. Dagegen existiert bei Materialien mit metastabiler Polarisation zunächst keine langreichweitige Ordnung der Dipole. Diese wird erst durch Anlegen eines äußeren Feldes erzeugt, wobei dann die einzelnen Dipole nicht aufgrund einer kooperativen Wechselwirkung untereinander in ihrer Stellung verharren, sondern aufgrund anderer Kräfte, z.B. sterischer Ordnung in makromolekularen Elektreten. Eine Zwischenstellung nehmen die sogenannten Relaxoren ein, die strukturell mit einigen Ferroelektrika verwandt sind, allerdings nur kooperatives Verhalten auf sehr kleinen Skalen (~3 nm) zeigen und deshalb in ihren Eigenschaften erheblich von den eigentlichen Ferroelektrika abweichen.

Neben den physikalischen Merkmalen sind in der Praxis die verschiedenen Herstellungsverfahren von großer Bedeutung. Viele Materialien können nur in einkristalliner Form hergestellt und verwendet werden. Dies gilt insbesondere für die nicht-polarisierbaren Materialien. In polykristalliner Form nämlich mittelt sich bei statistischer Orientierung der Kristallite die Gesamtpolarisation zu Null. Ein Ausweg besteht höchstens darin, den Kristalliten schon während der Herstellung eine Vorzugsorientierung zu geben. Gleiches gilt zunächst auch für die Ferroelektrika, allerdings können hier die Polarisationsrichtungen der einzelnen Kristallite durch Anlegen eines äußeren Feldes zu einer nichtverschwindenden Gesamtpolarisation ausgerichtet werden. Deshalb bieten sich bei den Ferroelektrika wesentlich billigere keramische Herstellungsverfahren an. In den letzten Jahren sind mit den Fortschritten der Dünn- und Dickschichttechnologie weitere Herstellungsverfahren entwickelt worden, die in zunehmendem Maße an Bedeutung gewinnen. Organische Elektrete schließlich werden in Form dünner Folien gezogen, deren ausgezeichnete Eigenschaften hohe Reißfestigkeit und relativ leichte Handhabbarkeit ist. Im Folgenden sollen nun die einzelnen Materialklassen anhand wichtiger Vertreter dieser Klassen diskutiert werden.

5.1   Nicht-polarisierbare Pyroelektrika

Diese Materialien haben heute keine große praktische Bedeutung mehr, weil sie in ihren Eigenschaften den meisten Ferroelektrika deutlich unterlegen sind. Trotzdem sind sie von historischem Interesse. Turmalin z.B. ist die Substanz, an der Pyroelektrizität entdeckt wurde und an der schon im vergangenen Jahrhundert viele grundlegende Untersuchungen zu diesem Phänomen durchgeführt wurden. Desgleichen waren Dünnschichttechnologien bei den binären Substanzen ZnO und CdS zu einem relativ frühen Zeitpunkt erfolgreich. Diese Materialien sind als Pyroelektrika allerdings wieder in den Hintergrund getreten, seit es gelingt, dünne ferroelektrische Substanzen abzuscheiden. In Tab. 1 sind einige wichtige Größen dieser Materialien angegeben [4].

5.2   Organische Elektrete

Wichtigster Vertreter dieser Klasse ist das Polyvinyldifluorid (PVDF), das aus makromolekularen Ketten von -CH_2-CF_2-Molekülen besteht. In der Literatur wird diese Substanz häufig auch als **ferroelektrisches Polymer** bezeichnet, obwohl eine makroskopische Polarisation der polaren CF_2-Gruppen nicht aufgrund einer kooperativen Wechselwirkung zustande kommt. Vielmehr werden diese Gruppen erst durch Einwirken eines äußeren Feldes geordnet und verharren bei Zimmertemperatur über Jahre in diesem Zustand. Deshalb sind die makroskopischen Eigenschaften nicht von denen eines gewöhnlichen Ferroelektrikums verschieden. Einige typische Werte für ε, $\tan\delta$ und p^σ sind in Tab. 1 angegeben. Bei ca. 80 °C aber zerfällt die Polarisation, ohne daß vorher ein Curie-Punkt durchlaufen worden wäre. Insgesamt sind die elektrischen Daten gegenüber vielen Ferroelektrika unzureichend, um in hochempfindlichen pyroelektrischen Detektoren eingesetzt werden zu können. Der große Vorteil von PVDF besteht letztlich darin, daß dünne, großflächige Folien billig hergestellt werden können, und deshalb ist es nicht verwunderlich, daß sie hauptsächlich in relativ einfachen Detektoren Verwendung finden.

5.3   Ferroelektrika

Innerhalb der Klasse der Ferroelektrika gibt es eine Fülle von Substanzen, die ausgezeichnete pyroelektrische Eigenschaften besitzen. Die Auswahl der hier vorgestellten Materialien ist nach deren praktischer Relevanz getroffen worden, die in der Regel mit den Schwierigkeiten beim Herstellungsprozeß zusammenhängt. Deswegen werden auch die **hexagonalen Ferroelektrika** ($Pb_5Ge_3O_{11}$) und die **Ferroelektrika mit Wolfram-Bronze-Struktur** ($Sr_xBa_{1-x}Nb_2O_6$) hier nicht besprochen. Die elektrischen Daten dieser Verbindungen sind aber in Tab. 1 angegeben [5].

5.3.1   Lithium-Tantalat

$LiTaO_3$ ist eines der am meisten in pyroelektrischen Detektoren verwendeten Materialien. Es hat eine hohe Curie-Temperatur (665 °C), wodurch seine physikalischen Eigenschaften bei Zimmertemperatur sehr stabil sind. Weiterhin ist dieses Material chemisch robust und kann deshalb auch in Umgebungen mit hoher Feuchtigkeit und aggressiven Gasen eingesetzt werden. Seine Struktur besteht aus übereinandergestapelten Sauerstoffoktaedern, in deren Zentren sich abwechselnd jeweils ein Li- und Ta-Ion befinden. In der ferroelektrischen Phase sind diese Ionen gegen die zentrale, symmetrische Position verschoben und erzeugen auf diese Weise eine Nettopolarisation pro Einheitszelle. Gewöhnlich wird $LiTaO_3$ als Einkristall hergestellt. Er läßt sich nur in unmittelbarer Umgebung der Curie-Temperatur umpolen, hat einen relativ großen pyroelektrischen Koeffizienten, niedriges ε' und besonders niedriges $\tan\delta$ (Tab. 1)[5]. Ein Nachteil besteht allerdings in dem extrem hohen elektrischen Widerstand. Dadurch muß zur Einstellung der elektrischen Zeitkonstanten ein äußerer Widerstand hinzugeschaltet werden, was das Bauelement verteuert (s. Bild 5b,c).

5.3.2   Perowskite

Perowskite gelten als die Prototypen ferroelektrischer Materialien schlechthin. Ihre Zusammensetzung ist allgemein ABO_3, wobei A ein zweiwertiges und B ein vierwertiges Ion darstellen. In der paraelektrischen Phase ist ihre Kristallstruktur kubisch, wie am Beispiel von $PbTiO_3$ in Bild 7 dargestellt.

Diese kubische Symmetrie wird unterhalb der Curie-Temperatur durch tetragonale, rhomboedrische b.z.w. orthorhombische Symmetrie abgelöst mit dem Ergebnis einer asymmetrischen Ladungsverteilung und damit einem Dipolmoment der Einheitszelle. Perowskite sind vor allem als keramische polykristalline Werkstoffe von großer Bedeutung für die Elektrotechnik. Im Wesentlichen hat dies technische Gründe, da es in vielen Fällen nur mit großem Aufwand möglich ist, größere Einkristalle herzustellen. Bei dielektrischen Keramiken (z.B. $BaTiO_3$) sind darüberhinaus sogar die

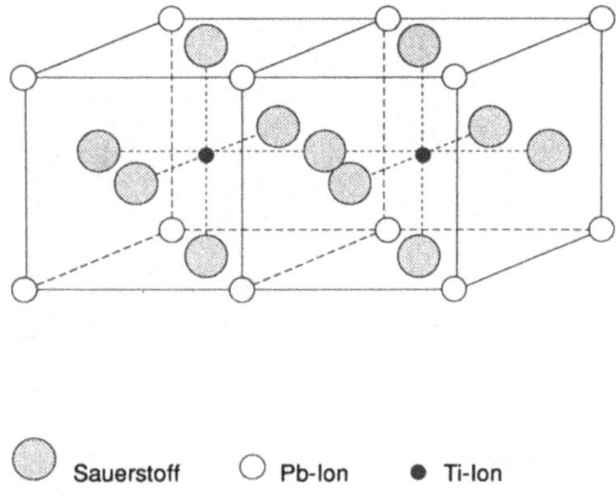

Bild 7   Kristallstruktur der kubischen Phase von $PbTiO_3$

elektrischen Eigenschaften extrem stark von der Mikrostruktur abhängig und deshalb wesentlich verschieden von denen eines Einkristalls [8]. Ähnliches gilt natürlich auch für piezo- und pyroelektrische Keramiken, auch wenn sich deren Eigenschaften nicht so drastisch von denen der zugehörigen Einkristalle unterscheiden. Für pyroelektrische Anwendungen haben sich zwei Sorten von Perowskiten als geeignet erwiesen. Zum einen ist es das modifizierte $PbTiO_3$ (PT) und zum anderen $[PbZr_{1-x}Ti_xO_3]$ (PZT).

5.3.2.1 Modifiziertes Blei-Titanat

Reines PT hat eine Curie-Temperatur von 490 °C und ist bei Zimmertemperatur tetragonal mit einem Verhältnis der kristallographischen Achsen von c/a = 1,065. Das bedeutet, daß beim Abkühlen eine starke Gitterverzerrung auftritt, die zu so großen inneren Spannungen führt, daß jeder keramische Sinterkörper zerfällt. Schon allein deshalb ist es notwendig, PT so zu modifizieren, daß das c/a Verhältnis reduziert und damit auch die Curie-Temperatur abgesenkt wird. Als besonders erfolgreich hat sich dabei die Substitution von Pb durch Ca erwiesen, wobei in der Praxis noch verschiedene andere Zusätze als Sinterhilfsmittel hinzugegeben werden müssen [9]. Nach dem Sintern wird das Material in dünne Scheiben gesägt, geläppt und poliert und zum Schluß durch Anlegen eines Feldes (ca. $7 \cdot 10^6$ V/m) bei erhöhter Temperatur gepolt. In Bild 8a sind die Curie-Temperatur und das c/a Verhältnis als Funktion der Ca-Konzentration aufgetragen. In Bild 8b schließlich sind ε, p^σ und F_V aufgetragen (s. auch Tab. 1).

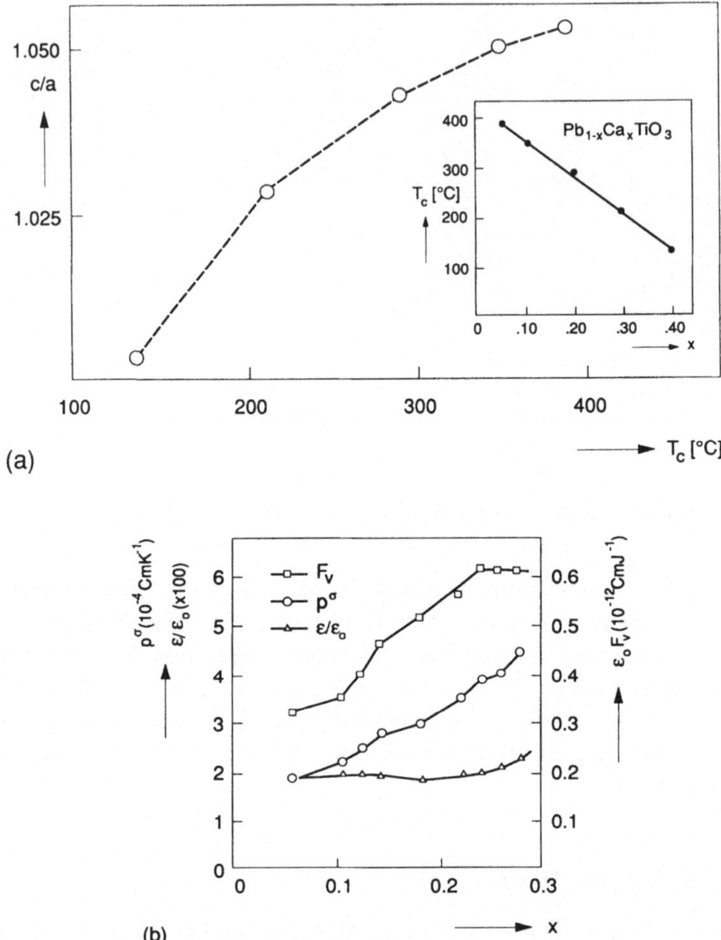

Bild 8   (a) T_C als Funktion der Ca-Konzentration und c/a-Verhältnis als Funktion von T_C für Ca-substituiertes $PbTiO_3$

(b) Werte von ε, p^s und F_V als Funktion der Ca-Konzentration (nach [9])

Vergleichbar gute Resultate können erzielt werden, wenn statt Ca-Substitution La^{3+}-Dotieratome in das PT Gitter eingebaut werden. Die Gleichstromwiderstände befinden sich gewöhnlich in der gewünschten Größenordnung um etwa 10^9 Ωm. In den letzten Jahren sind mit der Dünnschichttechnologie völlig neue Verfahren zur Herstellung dünner pyroelektrischer Schichten hervorgebracht worden. Es sei hier insbesondere die Sputtertechnik erwähnt, mit deren Hilfe sowohl Ca-substituiertes als auch La-dotiertes PT auf $SrTiO_3$- bzw. MgO-Einkristallen epitaktisch abgeschie den worden ist [10,11]. Die c-Achse ist dabei senkrecht zum Substrat gerichtet. Obwohl diese Schichten im allgemeinen polykristallin sind, sind sie bei geeigneten Sputterbedingungen bereits gepolt, ohne daß vorher ein Feld angelegt werden müßte. Die physikalischen Eigenschaften dieser Schichten sind in Tab. 1 angegeben. Offensichtlich sind sie denen der Keramiken mit gleicher Zusammensetzung deutlich überlegen.

5.3.2.2 Blei-Zirkonat-Titanat

Je nach Zr/Ti Verhältnis existieren im Phasendiagramm von PZT bei Zimmertemperatur vier verschiedene Phasen (Bild 9).

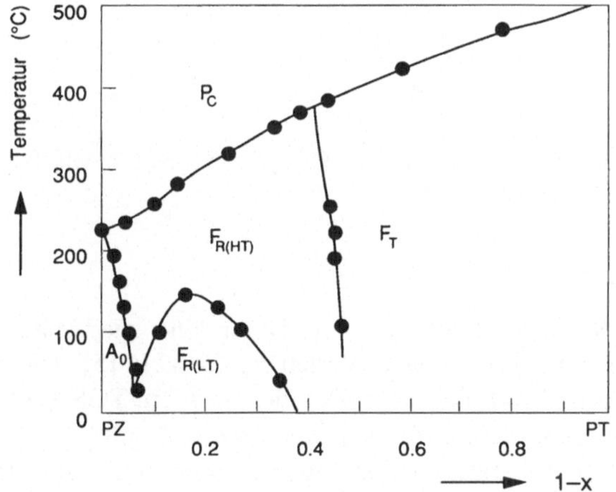

Bild 9   Phasendiagramm des $PbZr_xTi_{1-x}O_3$ (A_0: antiferroelektrisch, orthorhombisch; F_R: ferroelektrisch, rhomboedrisch, (LT): Tieftemperaturphase; (HT): Hochtemperaturphase; F_T: ferroelektrisch, tetragonal; P_C: paraelektrisch, kubisch). (Nach [5]).

Drei sind ferroelektrisch und eine (reines PZ) antiferroelektrisch. Die Herstellungsverfahren unterscheiden sich nicht von denen des modifizierten PT. Auch hier ist es gelungen, durch Sputtern dünne Schichten auf MgO aufzubringen, die bereits durch den Herstellungsprozeß gepolt sind [12]. In Bild 10 sind die Werte von ε und p^σ für verschieden Zr/Ti Verhältnisse aufgetragen. Offenbar werden die besten Werte in der tetragonalen Phase in der Nähe der morphotropen Phasengrenze (d.h. an der Grenze zwischen tetragonaler und rhomboedrischer Phase) erzielt. Optimale Eigenschaften werden allerdings erst durch geeignetes Dotieren von Fe, Mn, Nb oder U erzielt. Dadurch können vor allem die Verluste stark reduziert werden und der Gleichstromwiderstand auf einen gewünschten Wert eingestellt werden. In Tab. 1 sind die elektrischen Werte für eine dotierte PZT-Keramik angegeben [5].

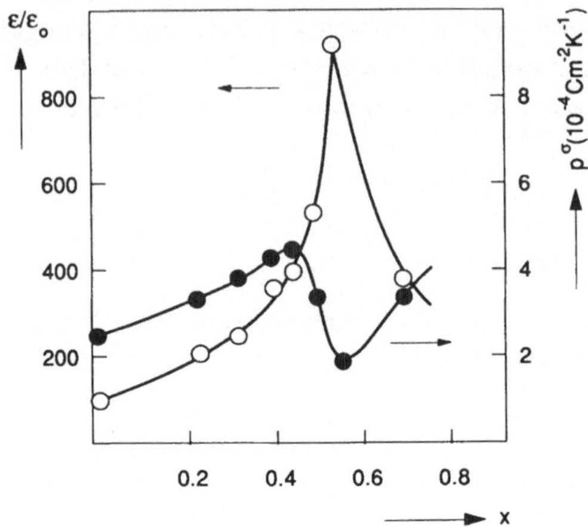

Bild 10 $\varepsilon/\varepsilon_0$ und p^σ einer gesputterten $PbZr_xTi_{1-x}O_3$-Schicht als Funktion von x bei Zimmertemperatur (nach [12])

5.3.3 Triglycinsulfat

Triglycinsulfat (TGS) und Modifikationen davon sind die Materialien mit den größten bekannten Spannungsresponse-Werten F_v (Tab. 1) [5]. Die Kristallstruktur ist relativ kompliziert und soll hier nicht diskutiert werden. TGS-Einkristalle werden aus einer wäßrigen Lösung hergestellt, sind stark hygroskopisch und haben eine Curie-Temperatur von 49 °C. Diese beiden Eigenschaften begrenzen den Einsatz von TGS auf Anwendungen, wo Luftfeuchtigkeit und erhöhte Temperaturen ausgeschlossen werden. Die häufigsten Anwendungen liegen deswegen auch im Bereich der Infrarotabbildung und der Infrarotspektroskopie.

5.4   Relaxoren

$Pb(Mg_{1/3}Nb_{2/3})O_3$ (PMN) hat ebenfalls die Struktur eines Perowskiten, allerdings mit der Besonderheit, daß die Mg und Nb-Konzentrationen im Gitter nicht gleichmäßig verteilt sind, sondern in Clustern mit einem Durchmesser von 3…5 nm angereichert bzw. verarmt sind. Dies führt dazu, daß die Curie-Temperatur starken lokalen Schwankungen ausgesetzt ist. Für die makroskopischen Eigenschaften des Material bedeutet dies, daß es nur noch einen diffusen Phasenübergang gibt mit der Konsequenz, daß auch die remanente Polarisation nur bei sehr tiefen Temperaturen eine stabile Größe ist. Ferner sind die dynamischen Eigenschaften durch ein sehr breites

Spektrum von Relaxationszeiten ausgezeichnet (deshalb der Name **Relaxor**). Alle diese Phänomene sind denkbar ungeeignet, um gute pyroelektrische Eigenschaften zu gewährleisten. Interessant wird dieses Material aber für das dielektrische Bolometer. Wie in Abschnitt 2.2 erwähnt, erwartet man einen besonders großen bolometrischen Effekt in der Nähe der Curie-Temperatur. Relaxoren haben nun einen stark verbreiterten Curie-Bereich, so daß man erwarten kann, daß der Effekt in einem weiten Temperaturbereich vorhanden ist. Tatsächlich sind auf diese Weise Werte für F_D erzielt worden, die deutlich über denen der gewöhnlichen pyroelektrischen Perowskite liegen (Tab. 1) [7].

6   Zusammenfassung

Pyroelektrische oder speziell ferroelektrische Materialien besitzen eine Reihe von Eigenschaften, die vielversprechende Anwendungen in elektronischen Bauelementen hervorgebracht haben oder in Zukunft noch bringen werden. In diesem Beitrag wurde das Phänomen der Pyroelektrizität selbst behandelt, dessen einzige breite Anwendung bisher im Bereich der Infrarottechnologie liegt. Es hat sich gezeigt, daß diese Phänomene in vielen Materialien beobachtet werden, obwohl nur relativ wenige von ihnen auch zum Einsatz in Detektoren geeignet sind. Trotzdem gibt es eine genügend große Anzahl, so daß für alle Anwendungen ein Auswahl in bezug auf elektrische Kenndaten, Robustheit und Herstellungsverfahren getroffen werden kann.

Neben Pyroelektrizität zeigen dieselben oder verwandte Materialien aber auch interessante piezoelektrische, dielektrische und optische Eigenschaften, die jeweils in getrennten Beiträgen dieses Buches behandelt werden [8,13,14]. Obwohl viele dieser Materialien schon seit sehr langer Zeit bekannt sind, sind die Forschungsarbeiten in den letzten Jahren erheblich gesteigert worden, mit ganz besonderem Schwerpunkt auf den mehrmals erwähnten Dünnschichtverfahren. Deshalb hat nach Meinung des Autors das Zeitalter der Ferroelektrika gerade erst begonnen, und es ist zu erwarten, daß in Zukunft neue Materialien und neue Anwendungen gefunden werden.

Literatur

Über Pyroelektrizität, Ferroelektrizität und pyroelektrische Infrarotdetektoren existiert eine umfangreiche Literatur. Zum vertiefenden Studium werden hier einige ausgewählte Lehrbücher und Übersichtsaufsätze genannt, die selbst viele Hinweise auf Originalliteratur enthalten. Originalliteratur ist hier nur für die neueren Ergebnisse angegeben, die noch nicht in die Lehrbücher eingegangen sind.

[1]   S. B. Lang, "Pyroelectricity: A 2300 Year Hist.", Ferroelectrics, **7** (1974) 231

[2]   J. Nagel, "Pyroelelektrische Infrarot-Detektoren", Valvo (Philips GmbH), (Dr. Alfred Hüthig Verlag, Heidelberg, 1987)

[3]   M. E. Lines, A. M. Glass, "Principles and Applications of Ferroelectrics and Related Materials' (Oxford University Press, Oxford, 1977)

[4]   S. T. Liu, D. Long, "Pyroelectric Detectors and Materials': Proc. IEEE 66 (1978), 14

[5]   R. W. Whatmore, "Pyroelectric Devices and Materials", Rep. Progr. Phys. **49** (1986) 1335

[6]   L. D. Landau, E. M. Lifschitz, "Stat. Physik" (Akademie Verlag, Berlin 1979)

[7]   R. W. Whatmore, P. C. Osbond, N. M. Shorrocks, "Ferroelectric Materials for Thermal IR Detectors", Ferroelectrics **76** (1987), 351

[8]   R. Waser u.a., "Dielektrische Keramiken", Abschnitt VII dieses Bandes

[9]   N. Ichinose, Y. Hirao, M. Nakamoto, Y. Yamashita, "Pyroelectric Infrared Sensor using Modified $PbTiO_3$ and its Application", Japn. Iourn. Appl. Phys. **24** (1985), 178

[10] E. Yamaka, H. Watanabe, H. Kimura, H. Kanaya, H. Ohjuma, "Structural, ferroelectric, and pyroelectric properties of c-axis oriented $Pb_{1-x}Ca_xTiO_3$ thin film grown by radio-frequency magnetron sputtering", J. Vac. Sci. Technol. **A6** (1988), 2921

[11] R. Takayama, Y. Tomita, J. Asayama, K. Nomura, H. Ogawa, "Pyroelectric Infrared Array Sensors Made of c-Axis-oriented La-modified $PbTiO_3$ Thin Film", Sensors and Actuators **A21-A23** (1990), 508

[12] R. Takayama, Y. Tomita, "Preparation of epitaxial $Pb(ZrxTi_{1-x})O_3$ thin film and their crystallographic, pyroelectric, and ferroelectric properties", J. Appl. Phys. **65** (1989), 1666

[13] K. Ruschmeyer, "Piezoelektrische Keramiken", Abschnitt VIII in diesem Band.

[14] H. Schmitt, "Elektrooptische Keramiken", Abschnitt X in diesem Band.

X. Elektrooptische Keramik

Von Heinz Schmitt

1 Einleitung

Elektrooptische Keramiken bilden einen Sonderfall der *dielektrischen* Keramiken. Für eine elektrooptische Anwendung müssen die eingesetzten Substanzen zunächst einmal optisch transparent und elektrisch manipulierbar sein. Einige der in Frage kommenden Materialien werden im Abschnitt 2 vorgestellt. Das erste für elektrooptische Keramiken brauchbare und auch noch heute am häufigsten verwendete **PLZT (Blei-Lanthan-Zirkonat-Titanat)** wurde erstmals in optisch transparenter Form bei dem Versuch hergestellt, das klassische ferroelektrische **PZT (Blei-Zirkonat-Titanat)** durch Modifizierung mit verschiedenen Zusätzen etwas durchscheinender zu machen. Das Ergebnis wurde von Haertling und Land publiziert und ist nunmehr 20 Jahre alt [1.1]. Sieht man von extrem dünnen Proben ab, so können polykristalline Körper, Keramiken, nur dann optisch transparent sein, wenn die einzelnen Körner optisch transparent und isotrop sind, wenn die Korngrenzen in dem Gefüge möglichst keinen Beitrag zu Beugung und Streuung leisten und wenn schließlich das Gefüge porenfrei ist. Da für die optische Transparenz die Isotropie der Körner und damit auch Reinheit und Homogenität der Produkte sowie ein möglichst ideales Gefüge von großer Bedeutung sind, werden im Abschnitt 3 und 4 die Pulverherstellung sowie Sinter- und Heißpreßverfahren für die Probenherstellung beschrieben.

Das Basismaterial PZT ist ein Ferroelektrikum, das nach Unterschreiten der Curie-Temperatur polar wird. Es tritt eine spontane Polarisation auf, die an fast alle Kristalleigenschaften ankoppelt und die das Material auch optisch *ani*sotrop werden läßt. PZT-Keramik ist damit bei Dicken von etwa einem Millimeter oder mehr optisch *un*durchsichtig. Es sind nun die besonderen physiko-chemischen und physikalischen Eigenschaften, die das stark mit Lanthan dotierte PZT in Abwesenheit eines elektrischen Feldes optisch isotrop bleiben lassen. Es wird daher diesen Eigenschaften ein relativ breiter Raum gewährt (Abschnitt 5). Der daran anschließende Abschnitt 6 beschäftigt sich schließlich mit der eigentlichen Anwendung der Keramik.

Der Beitrag über elektrooptische Keramik ist insgesamt so angelegt, daß er die wichtigsten Probleme behandelt, es aber auch durch ausführliche Literaturhinweise auf vorangehende Kapitel und weiterführende Literatur ermöglicht, tiefer in die diskutierten Fragestellungen einzudringen.

2   Materialien

Die Basis-Substanzen aller elektrooptisch interessanten Materialien sind displazive Ferroelektrika [2.1], und zwar solche mit einer Perowskit-Struktur [2.1, 2.2, 2.3, 2.4]. Bild 2.1 zeigt die kubische Elementarzelle eines Perowskiten mit der allgemeinen Formel ABO_3.

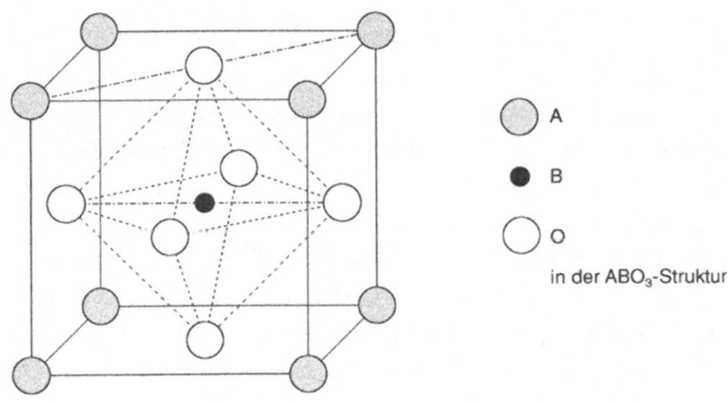

Bild 2.1   Kubische Elementarzelle einer perowskitischen Struktur. Im Normalfall sind die Positionen A von 2-wertigen und B von 4-wertigen Metallionen besetzt. Auf der dritten Position sitzt in unserem Fall Sauerstoff.

Kühlt man eine solche ferroelektrische FE-Substanz von hoher Temperatur ab, so nimmt die statische reziproke Dielektrizitätskonstante ε_s^{-1} zunächst linear mit der Temperatur ab. ε_s gehorcht einem Curie-Weiss-Gesetz (CWG) [2.1]:

$$\varepsilon_s = \frac{C}{T - T_C} \tag{2.1}$$

Dabei ist C die Curie-Konstante. Bei der Temperatur T_C erreicht ε_s^{-1} ein Minimum nahe dem Wert 0. Unterhalb dieser Temperatur wächst ε_s^{-1} auf jeden Fall mit fallender Temperatur wieder an. Es findet bei T_C eine Phasenumwandlung statt, die z.B. im Falle des $BaTiO_3$ von 1. Ordnung ist, was sich unter anderem in einem Sprung in der Suszeptibilität χ (und damit wegen $\chi = \varepsilon_s - 1$ auch in ε_s) und in einem Koexistenzbereich der Hochtemperatur- und der Tieftemperatur-Phase äußert. Gleichzeitig bildet sich eine spontane Polarisation P_s aus. Die Polarisation stellt den Ordnungsparameter für die Phasenumwandlung dar. Die Kristallsymmetrie wechselt von kubisch gemäß Bild 2.1 zu einer niedrigeren Symmetrie. Welche Symmetrieerniedrigungen möglich sind, läßt sich aus Gesetzmäßigkeiten der Gruppentheorie ableiten [2.1]. Mögliche Veränderungen der ursprünglich kubischen Symmetrie zeigt Bild 2.2.

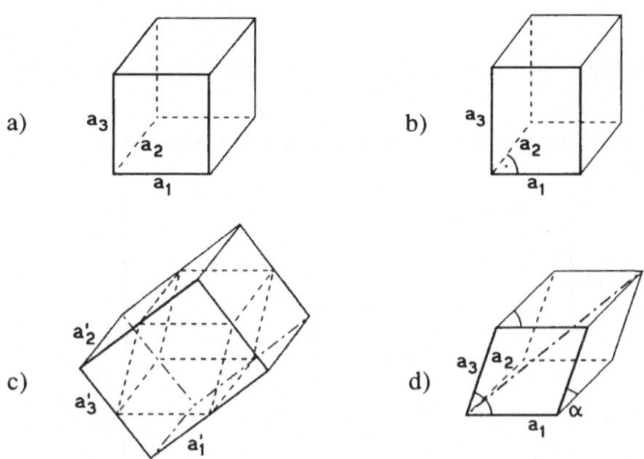

Bild 2.2   Mögliche Kristallsymmetrie-Erniedrigungen der Perowskitstruktur auf Grund von Phasenumwandlungen ausgehend von der kubischen Hochtemperaturstruktur:
a) kubisch
b) tetragonal
c) orthorhombisch
d) rhomboedrisch

Im Falle des $BaTiO_3$ und des $PbTiO_3$ z.B. findet bei T_C ein Übergang von kubisch nach tetragonal statt. Stellt man jedoch eine feste Lösung aus $PbTiO_3$ und $PbZrO_3$ (einem Antiferroelektrikum [2.1]) gemäß $Pb(Zr_x Ti_{1-x})O_3$ her, so findet bei T_C etwa für x < 0,53 ein Übergang kubisch-tetragonal und etwa für x > 0,53 ein Übergang kubisch-rhomboedrisch statt [2.4, s. auch Band 3, Abschnitt 4.2.1)].

Bezüglich eines festen Koordinatensystems kann dabei die spontane Polarisation 3 (tetragonal) bzw. 4 (rhomboedrisch) verschiedene Richtungen in den Krystalliten der Keramiken einnehmen. Zusätzlich sind für jede Richtung zwei verschiedene Vorzeichen für P_s möglich.

Materialien dagegen, die für elektrooptische Anwendungen in Frage kommen, zeigen meistens ein davon abweichendes Verhalten. Bei hoher Temperatur befindet sich das Material zwar ebenfalls wie die Ferroelektrika im unpolaren paraelektrischen Zustand. Beim Abkühlen nimmt auch die reziproke statische Dielektrizitätskonstante ε_s^{-1} bis zu einer Temperatur T_C ab und steigt dann zu niedrigerer Temperatur hin wieder an. Aber ε_s^{-1} gehorcht keinem CWG, sondern zeigt eine sogenannte **Diffuse Phasenumwandlung (DPU)**, die sich in einer quadratischen Abhängigkeit gemäß

$$\varepsilon_s^{-1} = \varepsilon_{max}^{-1}\left(1 + \frac{(T - T_C)^2}{K}\right)$$

(2.2)

für die statische Dielektrizitätskonstante äußert [2.5, 2.6, 2.7] (vgl. Bild 2.3) .

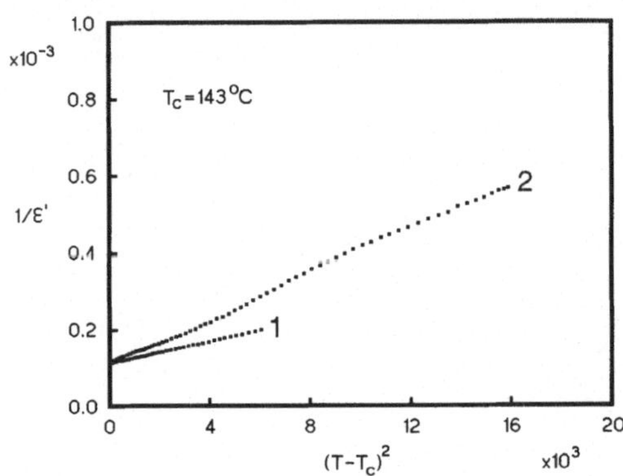

Bild 2.3   Abhängigkeit der reziproken Dielektrizitätskonstante (Realteil) $1/\varepsilon'$ von $(T - T_C)^2$. Kurve 1: Für $T > T_C$, Kurve 2: für $T < T_C$. Die Abweichung vom quadratischen Verhalten für $T \ll T_C$ beruht auf der Ausbildung von Nahordnungen.

Eine spontane Polarisation tritt beim Unterschreiten von T_C nicht auf [2.8]. Die makroskopische Kristallsymmetrie ändert sich nicht [2.9, 2.10]. Erst nach Anlegen eines genügend großen elektrischen Feldes E geht das System unterhalb einer Temperatur $T_t < T_C$ durch einen elektrisch schaltbaren Phasenübergang irreversibel (bei dieser Temperatur) in den FE-Zustand über, der sich dann nicht mehr grundsätzlich von einem ferroelektrischen Zustand unterscheidet [2.8] (vgl. Abschnitt 5). **In dem Zwischenbereich $T_t < T < T_C$ und, wenn auch schwächer, für $T > T_C$ läßt sich eine starke Polarisation reversibel durch ein elektrisches Feld E induzieren.** Genau dieser Effekt ist für die elektrooptische Anwendung, aber auch für andere, von großer Bedeutung, da eine ganze Reihe von Eigenschaften, auch die elektrooptischen, mit der Polarisation gekoppelt sind (vgl. Abschnitt 6; s. auch Band 1, Abschnitt 6.4).

Die hier bereits kurz besprochenen speziellen Eigenschaften elektrooptischer Keramiken, die auch in direktem Zusammenhang stehen mit Relaxor-Eigenschaften [2.3] und den DPU, treten bei besonderen Perowskiten auf. Es sind dies durchweg feste

Lösungen. Dies scheint eine notwendige Bedingung zu sein, es ist jedoch noch nicht hinreichend. Die besagten Eigenschaften treten auf bei:

1. quaternären festen Lösungen der einfachsten Perowskit-Ferroelektrika ABO_3, bei denen der A-Platz statistisch mit Ca, Ba, Sr, Pb..., und der B-Platz statistisch mit Zr und Ti besetzt ist (Beispiel: $Pb_{0,5}Ba_{0,5}(Zr_{0,6}Ti_{0,4})O_3$),

2. komplexen Perowskit-Ferroelektrika mit 3- oder 2-, und 5-wertigen Ionen auf dem B-Platz, wobei der A-Platz mit Pb oder Ba, der B-Platz dagegen statistisch z.B. mit Sc, Zn oder Mg sowie mit Nb und Ta so besetzt ist, daß Ladungsneutralität herrscht (Beispiel: $Pb\,(Sc_{0,5}Nb_{0,5})\,O_3$), und

3. Perowskit-Ferroelektrika mit einer 3-wertigen starken Dotierung auf dem A-Platz, die durch eine Leerstelle kompensiert wird, wobei der A-Platz statistisch von Pb, bzw. Ba, sowie durch La, Nd, Pr und der B-Platz statistisch durch Zr und Ti besetzt wird (Beispiel: $(Pb_{1-1,5x}La_x\,\Delta_{0,5x})\,(Zr_{0,65}Ti_{0,35})O_3$: PLZT x/65/35)

Betrachtet man die Zusammensetzungen, bei denen die gesuchten Eigenschaften auftreten genauer, so findet man, daß die festen Lösungen immer nahe einer Phasengrenze des entsprechenden Raumtemperatur-Phasendiagrammes liegen. So liegt die Zusammensetzung des Beispiels zu Typ 1 in einem Bereich des Raumtemperatur-Phasendiagramms, in dem drei verschiedene Phasen zusammentreffen [2.4]. Beim PLZT, dem Beispiel zu Typ 3, treffen sogar mindestens vier zusammen. Im Falle des PLZT findet man außerhalb dieses Zusammensetzungsbereichs nur gute optische Transparenz an der paraelektrisch-ferroelektrischen Phasengrenze (Abschnitt 5).

Alle hier genannten Materialklassen kommen als Keramiken für elektrooptische Anwendungen in Frage. Da jedoch die Herstellungstechnologie für transparentes PLZT am weitesten fortgeschritten ist und weil durch Modifizierungen der Zusammensetzung T_t und T_C in einem weiten Temperaturbereich variiert werden können, bestehen die zur Zeit verwendeten keramischen elektrooptischen Bauelemente aus PLZT mit allenfalls geringen Variationen. Daher wird in den folgenden Kapiteln fast ausschließlich von PLZT die Rede sein.

3 Pulverpräparation

Da für die Verwendung in optischen Systemen ungewollte optische Anisotropien der Produkte vermieden werden müssen, bedarf es auch bei der Herstellung der Ausgangspulver großer Sorgfalt und besonderer Anstrengungen. Man unterscheidet drei Verfahren, die für die Herstellung in Frage kommen: die klassische Präparationstechnik, die chemische Kopräzipitation und die Sol-Gel-Technik.

3.1   Klassische Präparationstechnik

Bei der klassischen Präparationstechnik geht man von den Basisoxiden aus (vgl. auch [3.1]): Im Falle des PLZT also von PbO, La_2O_3, TiO_2 und ZrO_2. Durch vorangehende Glühversuche werden zunächst die Glühverluste bestimmt. Dann werden die Oxide unter Berücksichtigung von Reinheit und Glühverlusten der gewünschten Stöchiometrie x/65/35 entsprechend, in der Regel naß, z.B. in Azeton, in Kugelmühlen gemischt und gemahlen. Der Versatz wird anschließend getrocknet und dann bei Temperaturen zwischen 800 °C und 950 °C gebrannt. Die geeignete Brenntemperatur hängt unter anderem von der Vorbehandlung und der Dauer, die für den Brennvorgang gewählt wird, ab. Ziel ist, eine möglichst vollständige Umsetzung der Reaktionsprodukte zu erreichen und dabei Verunreinigungen weitgehend zu vermeiden. Die Unterschiede in den typischen Daten ergeben sich aus den speziellen Eigenheiten der unterschiedlichen Laboratorien. Typische Daten können aus [3.2] [3.3] und [3.4] entnommen werden. Bild 3.1 zeigt einen typischen Ablauf der Pulverherstellung von PLZT, wie er in unseren Labors verwendet wird, falls wir mit Oxiden arbeiten.

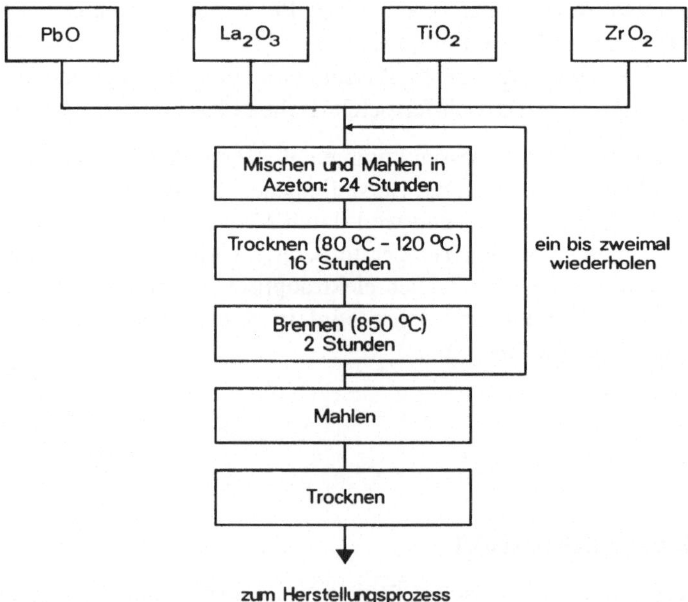

Bild 3.1   Ablaufplan für die PLZT-Pulverherstellung aus Oxiden. Wichtig ist die hohe Reinheit der Ausgangspulver ($\geq$ 99,5 %) und deren Kornfraktion (Korngröße $\leq$ 2 µm) um zu ausreichender Homogenität des Endproduktes zu kommen.

Die in [3.2, 3.3, 3.4] präsentierten Ergebnisse zeigen, daß es möglich ist, mit der klassischen Präparationstechnik elektrooptische Keramiken hinreichender Transparenz herzustellen. Um jedoch die notwendige Homogenität der Proben zu erreichen, ist neben einer genauen Prozeßführung die hohe Reinheit der Ausgangspulver ($\geq 99,5\%$) sowie auch deren Feinkörnigkeit ($\leq 2\mu m$) erforderlich. Sowohl hohe Reinheit als auch ein hochreaktives, feinkörniges Startprodukt kann man allerdings leichter durch die im folgenden beschriebenen Methoden erreichen. Daher werden heute diese Methoden in der Regel wenigstens partiell angewendet.

3.2 Chemische Kopräzipitation und Sol-Gel-Prozeß

Bei der chemischen Kopräzipitation geht man von Produkten aus, in denen die gewünschten Metallkomponenten in Lösung sind. Aus dieser Lösung werden diese Metallkomponenten dann ausgefällt. Auf anorganischer Basis läßt sich z.B. mit Nitraten in wässriger Lösung arbeiten. Ein konkretes Beispiel für die PLZT-Herstellung ist die gemeinsame Fällung von $ZrO(NO_3)_2$- und $TiCl_4$-Lösung mit NH_4OH. Dies ist eine relativ preiswerte Möglichkeit der chemischen Kopräzipitation. Die besten Ergebnisse erhält man bisher jedoch, wenn man von organischen Systemen ausgeht. Bereits 1972 haben Haertling und Land eine derartige Methode vorgestellt [3.5]. Diese Methode enthält schon die wesentlichen Elemente, wurde jedoch später leicht modifiziert und ist der Sol-Gel-Technik sehr verwandt [3.6]. Als Startprodukte werden auf der einen Seite die Alkoxide Titanyl- und Zirkonyl-Butylat, $Ti(OBu)_4$ und $Zr(OBu)_n$, und auf der anderen Seite Bleioxid und Lanthanazetat, PbO und $La(Ac)_3$ verwendet. Nachdem durch Glühexperimente die Metallgehalte bestimmt wurden, werden in den entsprechenden stöchiometrischen Verhältnissen die Butylate in Butanol, das Azetat in Essigsäure H(Ac), gelöst. Sodann wird das PbO langsam unter ständigem Rühren zu dem Butanol mit den Butylaten gegeben. Anschließend wird die Azetatlösung nun tropfenweise ebenfalls unter ständigem Rühren zu den Butylaten zugemischt. Die zunächst farblose Lösung wird durch das PbO zunächst gelblich. Die Zugabe der Azetatlösung, sowie die Zugabe von Wasser führt zu Hydrolyse. Die Flüssigkeit wird weiß, es fällt ein Komplex aus. Die Materialien werden anschließend getrocknet. Insgesamt hat eine Mischung auf atomarer Ebene stattgefunden. Diese Pulver sind extrem reaktiv. Bereits bei Reaktionstemperaturen von 500 °C erhält man einphasige PLZT-Startpulver hoher Reinheit und Korngrößen weit unterhalb 1 μm [3.7].

Ersetzt man bei obigem Prozeß das Bleioxid durch Bleiazetat $Pb(Ac)_2$ und arbeitet bei der Zumischung der Azetate zu den Butylaten völlig wasserfrei, so erhält man eine klare Lösung, die in der Folge über den Sol-Gel-Prozeß sowohl für die Pulverherstellung als auch für die Herstellung dünner Schichten verwendet werden kann. Die Methode ist relativ einfach zu handhaben und führt sowohl bei der Pulver- als auch bei der Schicht-Herstellung zu ausgezeichneten Ergebnissen. Bild 3.2 zeigt den Ablauf eines solchen Sol-Gel-Prozesses für die Herstellung von PLZT-Pulver.

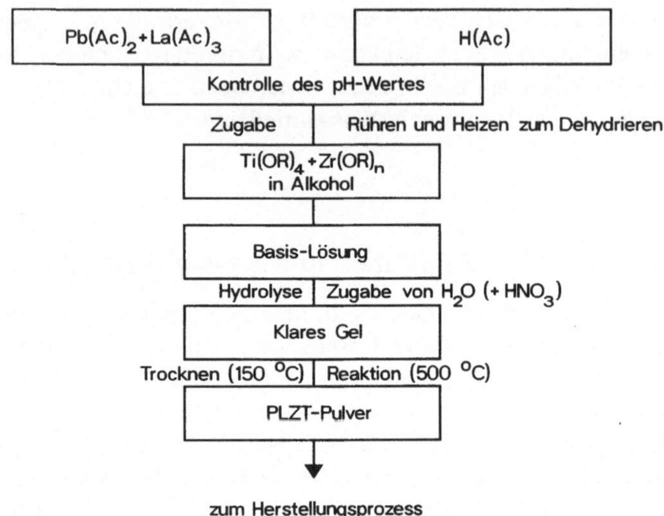

Bild 3.2   Ablaufplan für die PLZT-Pulverherstellung mit einem Sol-Gel-Prozeß auf der Basis von Alkoxiden und Azetaten. Die hier verwendeten Alkoxide sind Derivate des Butanols wie sie in unserem Labor Verwendung finden. Viele Autoren verwenden stattdessen Ethylate, Derivate des Ethanols.

Die verschiedenen Arbeitsgruppen verwenden je nach Verfügbarkeit verschiedene Alkoxide. Während in unseren Labors der Sol-Gel-Prozeß sowohl für die Pulver- als auch für die Schicht-Herstellung mit Butylaten durchgeführt wird, verwenden sehr viele Autoren Ethylate oder Propylate [3.8, 3.9]. Die Methode ist allerdings nicht auf organische Systeme beschränkt. Bei der Verwendung organischer Systeme ist jedoch der Gebrauch höherwertiger Alkohole, sowie Derivate der Essigsäure oder deren Ester am gebräuchlichsten. Wichtig ist, daß wenigstens ein Gel-Bildner als Partner vorhanden ist.

Die obige Darstellung eines Sol-Gel-Prozesses für PLZT ist natürlich sehr grob und schematisch. Während der Prozesse laufen komplizierte Reaktionen, z.B. Polymerisationen, ab, die zum Teil noch nicht verstanden sind. Falls man selber einen derartigen Sol-Gel–Prozeß anwenden möchte, muß man bei den einzelnen Schritten eine ganze Reihe von Details beachten. So sind z.B. die richtige Einstellung der Viskosität und des pH-Wertes, bzw. die Beachtung des Prinzips von Le Chatelier von entscheidender Bedeutung [3.10, 3.11].

4 Probenherstellung

Sind die Pulver ideal vorbereitet, so lassen sich sowohl mit Heißpreßtechniken als auch mit speziellen Sinterverfahren optisch transparente Keramiken herstellen. Benötigt man eine optimale Qualität, muß man die besten Verfahren der Pulverpräparation mit den besten Herstellungsmethoden (Heißpressen) kombinieren. Je schlechter die Qualität der Pulver ist, um so notwendiger sind aufwendige Heißpreßtechniken. Mit hochwertigen reaktiven feinkörnigen Pulvern dagegen kommt man auch mit angepaßten Sintermethoden zu nur unwesentlich schlechteren Proben als durch Heißpressen. Bedarf es also nicht der absolut besten Qualität, so stehen die Kalkulationen für die Verwendung von preiswerten Ausgangspulvern und aufwendigen Herstellverfahren in Konkurrenz zu teureren Startpulvern und einfacheren Sinterverfahren. Je nach Problemstellung ist also die Kombination bester und teuerster Ausgangspulver mit bester Heißpreßtechnik oder, bei geringfügiger Qualitätseinbuße, die Verwendung hochwertiger Pulver in Kombination mit einer problemangepaßten Sintertechnik einzusetzen. So hat die Verwendung der verschiedenen Verfahren ihre Berechtigung.

4.1 Heißpreßverfahren

Beim klassischen Sinterprozess kommt die Verdichtung auf Grund innerer Kräfte zustande Dabei stellen die Kapillaritätskräfte der Oberflächenenergie die treibende Kraft dar. Beim Heißpressen dagegen bewirken äußere Kräfte ein plastisches Fließen, das dann zur Verdichtung des Körpers führt. Ein Vergleich der beiden unterschiedlichen Mechanismen, die für den Verdichtungsprozeß verantwortlich sind, zeigt, daß die Korngröße der Startpulver für den Sinterprozeß eine wesentlich größere Rolle spielt (wegen der Zunahme der Oberflächenenergie mit zunehmender Feinkörnigkeit) als dies bei Heißpreßprozessen der Fall ist [4.1]. Ein weiterer wichtiger Punkt ist, daß man aus dem gleichen Grund die gewünschte Verdichtung bei wesentlich niedrigeren Temperaturen als beim Sintern erreichen kann, so daß sich über diese Methode auch die *Mikrostruktur* stärker als bei Sinterverfahren beeinflussen läßt.

4.1.1 Isostatisches Heißpressen (HIP)

Beim **isostatischen Heißpressen** wird ein allseitiger Druck (**hydrostatische Kompression**) bei hoher Temperatur ausgeübt. In dem Druckbereich, der hier in Frage kommt, verwendet man für die Druckübertragung Inertgase oder im Falle des PLZT Sauerstoff. Man hat einen Druckrezipienten und in diesem ein Heizsystem, z.B. ein

Widerstandsofen oder eine Induktionsheizung. Möchte man von den Startpulvern direkt ausgehen, müssen diese Pulver gekapselt werden, so daß der allseitige Druck von außen aufgebaut werden kann. Andernfalls würde sich der außen anliegende Druck wegen der offenen Porosität der Pulver auch im Innern der Proben aufbauen. Eine homogene Verdichtung würde nicht stattfinden. Möchte man dies vermeiden, müssen die Proben so vorgesintert sein, daß sie keine offene Porosität mehr aufweisen. In diesem Fall lassen sich die Proben auch ohne Kapselung isostatisch heißpressen. Eine solche Methode wurde von Härdtl erarbeitet [4.2]. Die Transparenz und die Eigenschaften solcher Proben sind sehr gut. Ein weiterer Vorteil ist, daß die Einschränkung in der Probengröße nicht so gravierend ist wie beim Matrizenverfahren. Ein Nachteil dieser Methode ist, daß die Vorsinterung die Möglichkeit der Manipulation der Mikrostruktur einschränkt.

4.1.2 Matrizenverfahren

Beim Matrizenverfahren lassen sich, z.B. mit Diamantstempeln, höchste Drucke erzielen, davon soll hier allerdings nicht die Rede sein. Bei den elektrooptischen Keramiken ist man an Probengrößen interessiert, die sich auf diese Weise nicht herstellen lassen. Im hier diskutierten Falle bewegen sich die Scheibendurchmesser der Probenkörper, die maximal hergestellt werden, in der Gegend von deutlich mehr als 100 mm (152 mm) [4.3], man verwendet dann Preßmatrizen im wesentlichen aus Aluminiumoxid und Siliziumkarbid. Mit solchen Matrizen lassen sich nur weit geringere Drucke realisieren. Die erreichbaren Drucke sind allerdings für eine praktisch 100%ige Verdichtung des PLZT bei den verwendeten Temperaturen ausreichend. Eine Preßmatrize, wie sie von uns und in ähnlicher Form auch bei Motorola verwendet wird, zeigt Bild 4.1.

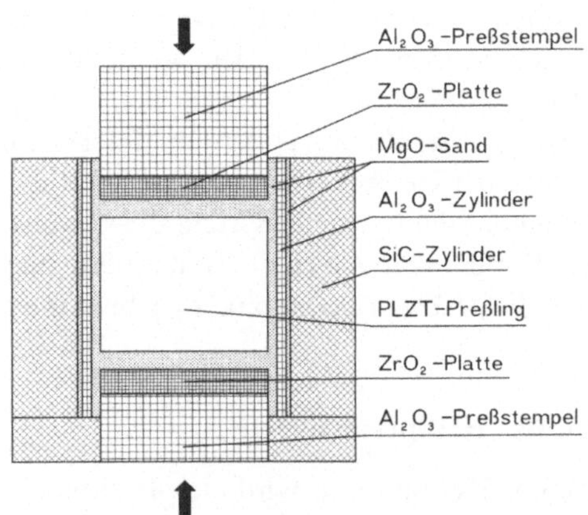

Bild 4.1   Preßmatrize zum uniaxialen Heißpressen von PLZT. Die Pfeile markieren die Richtung der Kräfte, die den Druck in der Matrize aufbauen.

Die Pfeile markieren die wirksamen Kräfte, die den Druck in der Presse aufbauen. Der MgO-Sand dient der Druckverteilung im Stempelsystem. In unseren Labors wurden PLZT-Proben guter Transparenz bei 1200 °C in Sauerstoffatmosphäre hergestellt. Die Dauer des Preßvorgangs ist 16 Stunden bei einem Druck von ca. $1{,}2 \, \mathrm{kNcm^{-1}} \ldots 2{,}0 \, \mathrm{kNcm^{-1}}$. Herstellungsdaten von Motorola, dem einzigen kommerziellen amerikanischen Hersteller, finden sich in [4.3]. Ein weiterer Hersteller, der PLZT durch Heißpressen herstellt und dessen Material verfügbar ist, ist das Institut für Festkörperphysik der Lettischen Staatsuniversität in Riga. Beide Hersteller produzieren PLZT-Scheiben bis ca. 100 mm Durchmesser (eigener maximal möglicher Preßdurchmesser: 30 mm). Da man beim Einsatz des Heißpressens auch an der Manipulation der Korngröße des Endprodukts interessiert ist, wurden auch Heißpreßexperimente bei niedrigeren Temperaturen durchgeführt. Es zeigte sich, daß man auch bei Temperaturen von ca. 1100 °C bereits gute Transparenz des PLZT erreichen kann [4.4].

4.2 Sinterverfahren

Heißpreßverfahren liefern unstrittig die besten PLZT-Proben. Zusätzlich erlauben sie prinzipiell besser als Sinterverfahren die Korngröße der Keramik zu manipulieren. Bei den eingefahrenen Prozessen sind die Körner allerdings bei heißgepreßten Proben durchweg kleiner als bei Sinterproben. Für die meisten Fragestellungen und Anwendungen spielt dies keine entscheidende Rolle, und gesintertes PLZT ist – sofern guter Qualität – völlig ausreichend.

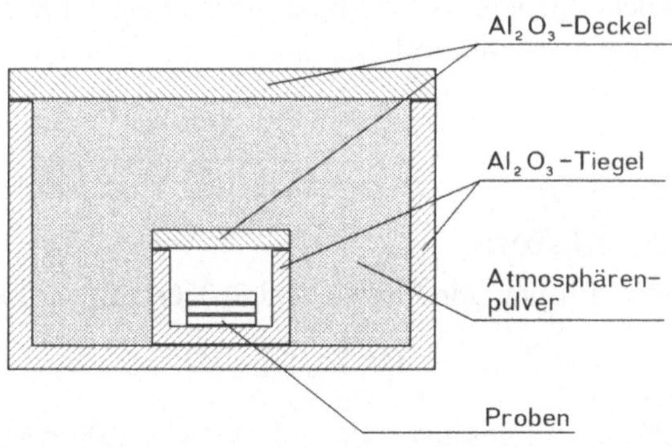

Bild 4.2   Tiegelsystem mit Proben und umgebendem PbZrO$_3$-Pulver wie es beim Zweistufen Vakuum-Atmosphären-Sintern verwendet wird.

G. Snow hat wohl als erster transparentes PLZT durch ein Sinterverfahren hergestellt [4.5]. Bei seinem Verfahren werden die Proben in Sauerstoff gesintert und sind gleichzeitig umgeben von $PbZrO_3$. Diese Substanz hat einen höheren PbO-Dampf-druck als PLZT x/65/35. Der erhöhte PbO-Dampfdruck sorgt vor allem in der An-fangsphase des Sinterprozesses für ein Flüssigphasen-Sintern, das für eine ausrei-chende Verdichtung mit resultierender Porenfreiheit erforderlich ist. Während der langen Sinterdauer von ca. 60 Stunden bei etwa 1200 °C oder mehr wird der für die Anwendung störende PbO-Überschuß in der Sinterprobe schließlich ausgetrieben.

Ein zweites Verfahren auf der Basis der Snowschen Methode, ein Zweistufen-Sinter-verfahren führt zu einer noch etwas verbesserten Qualität [4.6]. Die Sinterprobe ist dabei wie bei Snow in einem mit $PbZrO_3$ (angereichert mit PbO_2) gefüllten Tiegel untergebracht, um einen ausreichend hohen PbO-Dampfdruck für die Flüssigphasen-Sinterung sicherzustellen. Einen Schnitt durch den Tiegel mit PLZT-Proben zeigt Bild 4.2.

Es wird bei dem Verfahren dem Snowschen Atmosphäre-Sinterprozeß in der Auf-heizphase noch ein Vakuum-Sinterschritt vorangestellt, der die Verdichtung in der Anfangsphase des Sinterprozesses wesentlich beschleunigt [4.6]. Nach dem Vaku-um-Sintern wird anschließend unter Sauerstoff in einem zweiten Schritt bei 1200 °C bis 1250 °C etwa 60 Stunden gesintert. Man erreicht damit eine optische Transpa-renz, die heißgepreßten Proben nur sehr wenig nachsteht.

Ein wichtiger Vorteil der Sinterverfahren im Gegensatz zum Heißpressen ist, daß die Probengrößen nicht grundsätzlich eingeschränkt sind. So hat bereits Snow optisch transparente PLZT-Scheiben von ca. 100 mm hergestellt, als dies mit Heißpreß-Technik noch nicht gelungen war [4.5, 4.7]. In jüngerer Zeit konnte auf der Basis des Snowschen Sinterverfahrens ein PLZT- Streifen von ca. 30 cm Länge mit guter opti-scher Transparenz hergestellt werden [4.8]. Um die ungesinterten Rohlinge (Grünlinge) solcher geometrischer Dimensionen handhaben zu können, werden diese in Folientechnik hergestellt [4.9].

5   Eigenschaften

PZT ist eine feste Lösung von $PbZrO_3$ und $PbTiO_3$ mit der Zusammensetzung:

$$Pb\left(Zr_y Ti_{1-y}\right)O_3 \tag{5.1}$$

Das PZT stellt also im gesamten Bereich $0 < y < 1{,}00$ ein Mischkristallsystem dar [5.1]. Ersetzt man in dem System Bleioxid durch Lanthanoxid, so wird (5.1) modifi-ziert:

$$Pb_{1-1,5x}La_x\Delta_{0,5x}\left(Zr_y Ti_{1-y}\right)O_3 \tag{5.2}$$

Die gebräuchliche Kurzschreibweise hierfür ist PLZT $100x/100y/100$ $(1-y)$. Dabei muß beachtet werden, daß nicht alle Autoren dieselbe Formel verwenden (vgl. auch die Erläuterungen in diesem Abschnitt). Für den Einbau von Lanthanoxid gibt es eine Löslichkeitsgrenze. Dabei nimmt die Löslichkeit des Lanthanoxids in Richtung zu höherem Titangehalt zu. Bild 5.1a zeigt das Raumtemperatur-Phasendiagramm des PLZT [5.2].

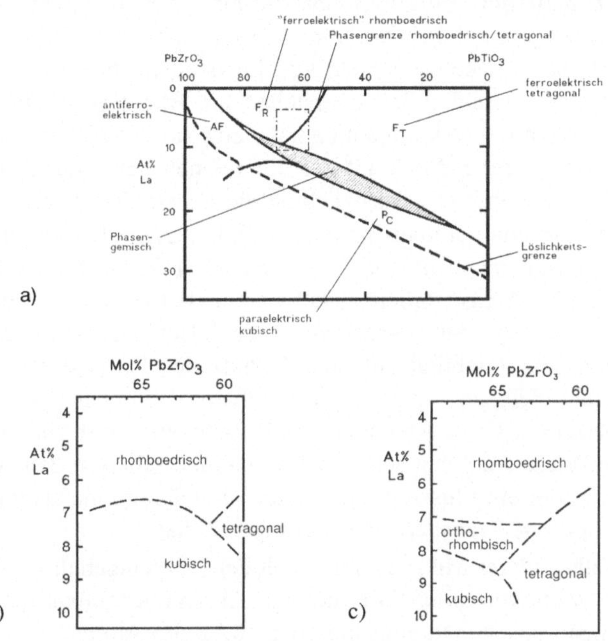

Bild 5.1   a) zeigt das Raumtemperatur-Phasendiagramm von PLZT, wie es auch von Haertling und Land vorgeschlagen wurde [5.2]. Der schraffierte Bereich wird als Phasengemisch ("mixed phases") bezeichnet. Hier kann das Material je nach Behandlung sowohl unpolar als auch polar sein, so wie es in Abschnitt 5.1 sowie in Bild 5.1 b und c beschrieben ist.

b),c) Ausschnitt aus dem Phasendiagramm (a) im Bereich des eingezeichneten Rahmens,

b) für den Fall einer thermisch depolarisierten Probe (die Probe wurde im elektrischen Kurzschluß auf $T > T_C$ erwärmt und dann wieder auf Raumtemperatur abgekühlt),

c) für den Fall, daß die Probe aus (b) durch Anlegen einer hinreichend großen elektrischen Feldstärke polarisiert wurde.

Die Löslichkeitsgrenze des Lanthanoxids wird durch die untere gestrichelte, fast diagonal verlaufende Linie markiert. Im Limit niedriger Lanthankonzentrationen erreicht man die Verhältnisse des PZT. Auf der zirkonatreichen Seite des Phasendiagramms ist die Löslichkeit relativ niedrig, erreicht im interessanten Bereich um $y = 0{,}65$ bereits mehr als 15 % und verdoppelt sich etwa bis zum $PbTiO_3$. Da sich jenseits der Löslichkeitsgrenze "zweite Phasen" vornehmlich aus $La_2Ti_2O_7$ und $La_2Zr_2O_7$ ausbilden, scheiden diese Zusammensetzungen auf Grund ihrer Heterogenität für jede elektrooptische Nutzung aus. Oberhalb der Löslichkeitsgrenze läßt sich PLZT einphasig herstellen. Durch die Wahl verschiedener Zusammensetzungen lassen sich dort die Eigenschaften in einem weiten Bereich variieren.

Baut man Lanthan statt Blei in die PZT-Struktur ein, so muß sich aus Gründen der Ladungsneutralität für je zwei Lanthanatome *eine* Leerstelle ausbilden. Dies ist in Formel (5.2) durch das Δ gekennzeichnet. Das Leerstellensymbol an der angegebenen Stelle besagt, daß ausschließlich Leerstellen am Bleiplatz existieren. Dies ist nicht völlig korrekt. Stattdessen kommen Leerstellen sowohl auf dem A- als auch auf dem B-Platz vor, wobei der B-Platz auf der titanreichen Seite, der A-Platz auf der zirkonreichen Seite bevorzugt ist. Zusätzlich ist die Leerstellenverteilung auch noch wesentlich vom PbO-Gehalt mitbestimmt [5.3, 5.4, 5.5, 5.6]. Betrachtet man die wichtigen Zusammensetzungen mit 65 % Zr und 35 % Ti, so hat man ohne PbO-Überschuß überwiegend A-Leerstellen, sodaß man die B-Leerstellen weitgehend vernachlässigen kann. In den ersten Arbeiten wurde fälschlicherweise angenommen, daß die Leerstellen ausschließlich auf dem B-Platz des Perowskiten vorkommen. Dies führt bei formal gleichen Anteilen von Lanthan-, Zirkon- und Titanoxid zu einem Bleioxid-Überschuß. Diese Annahme von B-Leerstellen war von großer Bedeutung, da auf diese Weise "automatisch" ein Bleioxidüberschuß in den Ausgangspulvern vorhanden war, der ein Flüssigphasensintern, und damit eine ausreichende Verdichtung für gute optische Transparenz erst ermöglicht hat.

In dem Bereich vollständiger Mischbarkeit spielt der Lanthangehalt im PLZT gemäß Formel (5.2) eine wichtige Rolle. So erniedrigt der Lanthaneinbau die Temperatur des ferroelektrischen Phasenübergangs um etwa 36 °C pro Atom-% Lanthan. Weiter macht der Lanthaneinbau die dielektrische Hysterese quadratischer, die Koerzitivfeldstärke niedriger und die Dielektrizitätskonstante größer. Zusätzlich werden eine ganze Reihe von weiteren Eigenschaften verändert. Für den Fall elektrooptischer Anwendungen unterscheidet man drei Bereiche im Phasendiagramm:

1. Den ferroelektrisch tetragonalen Bereich F_T mit den sogenannten *linearen Materialien*, die einen **linearen elektrooptischen Effekt** zeigen und die nicht geschaltet werden, mit typischen Zusammensetzungen wie 10/40/60 oder 10/10/90,

2. den "ferroelektrisch" rhomboedrischen Bereich F_R mit den *Speicher-Materialien*, die stabile, elektrisch schaltbare optische Zustände zulassen, mit typischen Zusammensetzungen wie 7/65/35 und 8/65/35 und

3. den Grenzbereich zwischen paraelektrischer und "ferroelektrischer" Phase, insbesondere in der Umgebung des Zr/Ti- Verhältnisses 65/35, in dem man einen **quadratischen elektrooptischen Effekt** findet, mit typischen Zusammensetzungen wie 9/65/35 und 9,5/65/35.

Die Zusammensetzungen des tetragonalen Bereichs 1 kommen selten zur Anwendung, da deren optische Transparenz wesentlich schlechter ist als beim Bereich 3

(s. Band 1). Die Hauptanwendung in der Elektrooptik beruht auf Materialien aus dem Bereich 3. Die Untersuchung der Eigenschaften schließt allerdings auch den Bereich 2 mit ein. Dies liegt daran, daß der Übergang fließend ist und unter Umständen bei einer gegebenen Zusammensetzung fast ausschließlich von der Arbeitstemperatur abhängt, da das Phasendiagramm der Bild 5.1a einen isothermen Schnitt bei Raumtemperatur darstellt. Zum Verständnis der Besonderheiten dieses PLZT ist daher die gleichzeitige Betrachtung beider Bereiche sinnvoll. Man kann sich dazu auf den pseudobinären Teilschnitt von 6/65/35 bis 10/65/35 beschränken.

5.1   Relaxorverhalten und Diffuse Phasenumwandlungen

Betrachtet man nun diesen besonders interessanten Bereich 6-10/65/35, so überschreitet man hier eine Grenze im Lanthangehalt, oberhalb der spontan *keine Phasenumwandlung* mehr stattfindet. Bei einer Zusammensetzung 8/65/35 z.B. erhält man zwar ein Maximum in der Dielektrizitätskonstanten als Funktion der Temperatur bei $T_C = 130\ °C$, das einen Phasenübergang andeuten könnte, man findet jedoch beim Abkühlen bei keiner Temperatur eine spontane Polarisation. Die Substanz bleibt makroskopisch unpolar und zeigt bei tiefen Temperaturen von wenigen K ein glasartiges Verhalten (linearer Anteil in der spezifischen Wärmekapazität, Plateau in der Wärmeleitung). Legt man allerdings unterhalb der Temperatur $T_t < T_C$ an die Probe ein ausreichend großes elektrisches Feld, dann baut sich eine Polarisation auf: Das vorher isotrope Material wird *anisotrop* und verhält sich nunmehr wie ein klassisches Ferroelektrikum mit dem Phasenübergang bei T_t. Es wurde durch das angelegte elektrische Feld eine Polarisation induziert und damit eine neue Phase erzeugt. Die Bilder 5.1b und 5.1c zeigen den Ausschnitt aus dem Phasendiagramm in Bild 5.1a, der durch den dort eingezeichneten Rahmen markiert ist. Die im wesentlichen aus einer Röntgenuntersuchung gewonnenen Ergebnisse zeigen in Bild 5.1b die Phasengrenzen um die Zusammensetzung 8/65/35 für den unpolaren, sogenannten thermisch depolarisierten Fall. Die Substanz ist kubisch und nicht ferroelektrisch. In Bild 5.1c wurde das PLZT vor der Untersuchung gepolt, es zeigt eine nichtkubische Symmetrie, es ist *orthorhombisch*. Das Auftreten des kleinen orthorhombischen Bereichs umgeben von mehreren verschiedenen anderen Phasen verdeutlicht die Instabilitäten der Struktur in diesem Zusammensetzungsbereich [5.7]. Das Bild 5.2 zeigt eine $P(E)$-Hysterese-Kurve von PLZT 8/65/35 bei Raumtemperatur.

Beginnend bei $E = P = 0$ läuft die Polarisierung der thermisch depolarisierten Probe über die innere, die **Neukurve** ab und läuft schließlich in die klassische Hysterese-Kurve ein. Den Punkt $E = P = 0$ kann man zwar makroskopisch durch ein Abelektrisieren im elektrischen Wechselfeld analog zum magnetischen Fall wieder erreichen, mikroskopisch ist dies jedoch ein anderer Zustand. Dies äußert sich sowohl makroskopisch, z.B. durch eine völlig andere Neukurve im $P(E)$-Diagramm als auch mi-

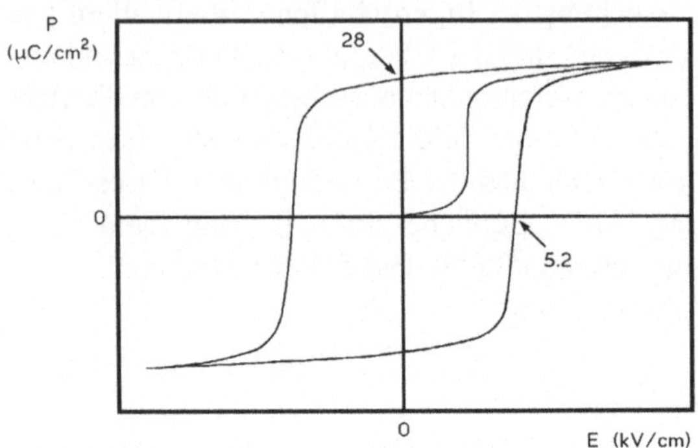

Bild 5.2 $P(E)$-Hysteresekurve von PLZT 8/65/35; die von $E = P = 0$ ausgehende Kurve ist
die Neukurve.

kroskopisch durch das Auftreten ferroelektrischer Domänen, die im thermisch depolarisierten Fall nicht vorhanden sind.

Die Temperaturabhängigkeit der remanenten Polarisation $P_r = P(E = 0)$ und der statischen Dielektrizitätskonstante zeigt Bild 5.3.

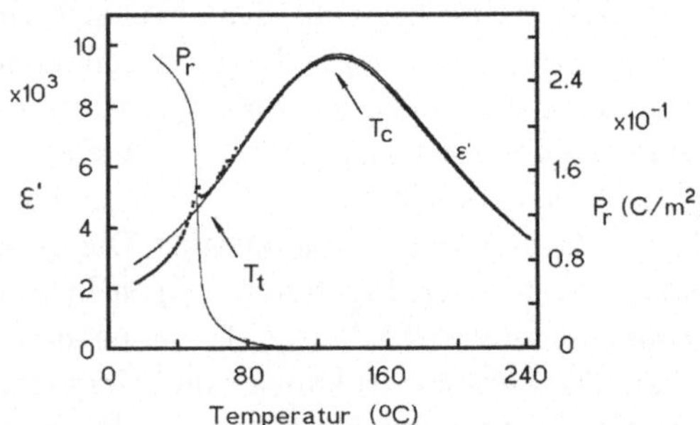

Bild 5.3   Remanente Polarisation und statische (nf) Dielektrizitätskonstante von PLZT
8/65/35 als Funktion der Temperatur.

Heizt man die Probe im elektrischen Kurzschluß, so verschwindet P_r bei der Temperatur T_t. Dies äußert sich auch in einer kleinen Anomalie im Temperaturverlauf der Dielektrizitätskonstante der gepolten Probe bei einer Messung von niedrigern zu höheren Temperaturen. Die Kurve der Messung von Temperaturen oberhalb T_C zu solchen unterhalb T_t zeigt diese Anomalie nicht. Weiter sind die Werte der Dielektrizitätskonstante der gepolten Probe unterhalb von T_t niedriger als die der thermisch depolarisierten Probe, da dies eine Kleinsignalmessung der Dielektrizitätskonstante auf der Hysterese um den Punkt $(E = 0; P = 0)$ darstellt. Auch hier wird deutlich, daß man es mit zwei verschiedenen Phasen bei ein und derselben Temperatur zu tun hat. Das Auftreten zweier verschiedener Phasen bei derselben Temperatur, je nachdem, ob die Probe thermisch depolarisiert, oder ob durch ein elektrisches Feld eine Polarisation induziert wurde, äußert sich in allen das Materialsystem beschreibenden Stoffgrößen. Dies gilt z.B. für die elastischen und für die dielektrischen Eigenschaften im weiteren Sinn, die Frequenzabhängigkeit der Dielektrizitätskonstanten und nicht zuletzt für die optische Transparenz und die Doppelbrechung, die für eine elektrooptische Anwendung die fundamentale Rolle spielen.

Das Auftreten des induzierbaren Phasenübergangs kann durch eine thermodynamische Beschreibung plausibel gemacht werden. Ausgangspunkt der Überlegung ist eine thermodynamische Potentialfunktion, hier die *freie elastische Enthalpie*. Deren vollständiges Differential ist gegeben durch:

$$dG = \vec{E}d\vec{P} + \vec{\varepsilon}d\vec{\sigma} - SdT \qquad (5.3)$$

Dabei sind $\vec{E}$ und $\vec{P}$ das elektrische Feld und die Polarisation, ε und σ die mechanische Verzerrung und die mechanische Spannung, und S die Entropie. Eine vollständige Beschreibung ist gefunden, wenn alle Zustandsänderungen als Funktion der obigen Variablen beschrieben werden können. Ist G eine stetige Funktion, so kann man um einen Gleichgewichtswert G_0 entwickeln. Beachtet man, daß wegen der kubischen Symmetrie der paraelektrischen Phase $G(P) = G(-P)$ ist, und beschränkt man sich auf isotherme Zustandsänderungen, so kann man die Konstante $G_0(T)$ weglassen. Für hinreichend kleine Zustandsänderungen läßt sich die Entwicklung schreiben:

$$G = \frac{1}{2}((A))\vec{P}^2 + \frac{1}{4}((B))\vec{P}^4 + \frac{1}{6}((C))\vec{P}^6 + \frac{1}{2}((c))\vec{\sigma}^2 - ((Q))\vec{P}^2\vec{\sigma} \qquad (5.4)$$

Dabei sind im allgemeinen Fall die Variablen Vektoren bzw. Tensoren, die Koeffizienten Tensoren. Mit einer Gleichung gemäß (5.4) lassen sich Phasenumwandlungen 1. und 2. Art beschreiben [5.8]. Wir treffen nun zwei Vereinfachungen: Da die elastischen und elektromechanischen Beiträge zur Energie für die Erklärung der schaltbaren Polarisation nicht erforderlich sind, werden die entsprechenden Terme weggelassen. Da wir weiter die Polarisation nur in einer Achsenrichtung betrachten wollen, läßt sich (5.4) als skalare Gleichung schreiben:

$$G = \frac{1}{2}AP^2 + \frac{1}{4}BP^4 + \frac{1}{6}CP^6 \qquad (5.5)$$

Beim Auftreten einer Phasenumwandlung wird nun der Koeffizient A, dem CWG (2.1) entsprechend negativ $(A = \varepsilon^{-1}\varepsilon_0^{-1})$ Das System würde instabil, wenn nicht der Koeffizient B bzw. C positiv bliebe. Im Falle des PLZT nun bleibt A stets positv, B

negativ und C positiv und alle sind stark temperaturabhängig [5.9] Dies führt dazu, daß es je nach Temperatur zusätzliche stabile bzw. metastabile Bereiche für das PLZT gibt. Eine einfache Diskussion zeigt nun, daß der Bereich der schaltbaren Polarisation dort auftritt, wo

$$\frac{4}{5} B > 4AC \tag{5.6}$$

ist. Man hat ein Einrasten von einem in einen anderen solchen Zustand. Damit ist energetisch das Auftreten der schaltbaren Polarisation im wesentlichen auf die Abweichung der Dielektrizitätskonstanten vom CWG zurückgeführt, und dies bedarf nunmehr einer mikroskopischen Erklärung.

Die beschriebene Abweichung vom CWG zeigt sich in allen verallgemeinerten Suszeptibilitäten der DPU- bzw. Relaxor-Materialien. Betrachtet man zunächst die Anomalien in diesen Suszeptibilitäten die bei einem paraelektrisch-ferroelektrischen Phasenübergang auftreten, so lassen sich diese mit einer Gitter-Suszeptibilität und dem Ordnungsparameter, hier die spontane Polarisation, beschreiben:

$$\chi_{ij}^{-1} = \chi_{0ij}^{-1} + \Sigma\, g_{ijkl} P_k P_l \tag{5.7}$$

Die Konstante g_{ijkl} beschreibt die Symmetriebrechung der Phasenumwandlung. Eine solche tritt nun bei diesem PLZT nicht auf. Trotzdem findet man bei der statischen Dielektrizitätskonstante, beim optischen Brechungsindex, verknüpft mit der elektronischen Polarisierbarkeit, bei der thermischen Dehnung und bei der Entropie Anomalien im Temperaturverhalten. Dieses allgemeine Verhalten, das bei PLZT des Zusammensetzungsbereichs 6-10/65/35 auftritt, kann zwanglos durch das Auftreten einer lokalen Polarisation erklärt werden, deren Mittelwert $<P_{lok}> = 0$, von der jedoch der Mittelwert vom Quadrat $<P_{lok}^2>$ verschieden von 0 ist. Die beim PLZT auftretenden Abweichungen vom "normalen" Verhalten können damit auf den Einfluß einer lokalen Polarisation gemäß

$$\chi^{-1} = \chi_0^{-1} + g^* \left\langle P_{lok}^2 \right\rangle \tag{5.8}$$

zurückgeführt werden (g* ist dabei eine effektive Kopplungskonstante). Dies ist auch die Ursache für die Abweichungen vom CWG [5.10] Nach der Lyddane-Sachs-Teller (LST) Relation ist ε mit den Frequenzen der optischen Phononen und mit ε_∞, dem Quadrat des Brechungsindex verknüpft [5.11]:

$$\frac{\varepsilon}{\varepsilon_\infty} = \prod \frac{\omega_{LO}^2}{\omega_{TO}^2} \tag{5.9}$$

Nach der Vorstellung von Cochran sind alle Frequenzen der Phononen bis auf einen TO-Mode in etwa temperaturunabhängig. Der TO-Mode mit der starken Temperaturabhängigkeit wird "Soft Mode" genannt. Mit dieser Vereinfachung können wir also sagen, daß $\varepsilon_s \sim \omega_0^{-2}$ bzw. $A \sim \omega_0^{-2}$. Die Untersuchung des Phononenspektrums ergab im Falle des PLZT, daß von den zu erwartenden 12 optischen Phononen lediglich 11 gefunden werden konnten. Fits des Gesamtspektrums ergaben weiter, daß die Frequenz der 12. Mode extrem niedrig liegen muß [5.12].

Liegen die Frequenzen des "Soft Mode" niedrig genug, so muß man wegen der LST-Beziehung wie oben beschrieben auch über eine Messung der Dielektrizitätskonstanten Zugang finden. Bild 5.4 zeigt eine Messung der komplexen Dielektrizitätskonstante von PLZT 8/65/35 im Frequenzbereich von 100 Hz bis 13 MHz bei verschiedenen Temperaturen oberhalb T_C.

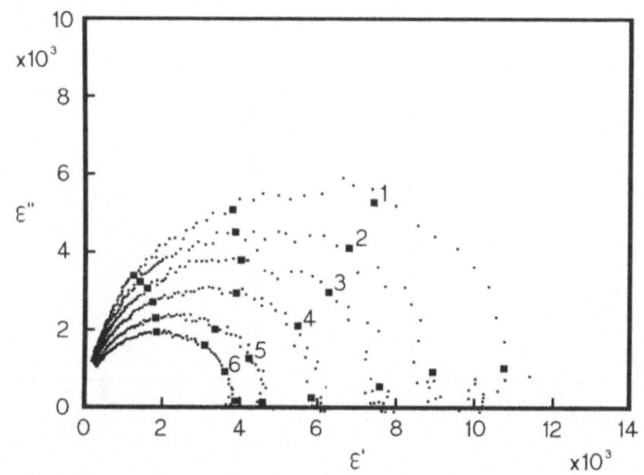

Bild 5.4   Komplexe Dielektrizitätskonstante ε^* von PLZT 8/65/35, gemessen im Frequenzbereich von 100 Hz bis 13 MHz bei verschiedenen Temperaturen oberhalb T_C. Die größeren quadratischen Punkte in den Meßreihen markieren, beginnend vom niederfrequenten Ende, die Frequenzen 100 kHz, 1 MHz, 4 MHz und 10 MHz.

$1 : T = 131\,^\mathrm{o}\mathrm{C}$	$2 : T = 152\,^\mathrm{o}\mathrm{C}$	$3 : T = 173\,^\mathrm{o}\mathrm{C}$
$4 : T = 197\,^\mathrm{o}\mathrm{C}$	$5 : T = 218\,^\mathrm{o}\mathrm{C}$	$6 : T = 238\,^\mathrm{o}\mathrm{C}$

Die Meßergebnisse lassen sich sehr gut mit einem Debye-Formalismus fitten. Den Beitrag der 11 vermessenen Moden kann man zusammenfassen (in ε_∞). Geht man nun davon aus, daß der 12. Mode, der "Soft Mode" stark überdämpft ist, so kann man schreiben:

$$\varepsilon(\omega) = \varepsilon_\infty + \frac{A_0}{\omega_0^2 + j\gamma_0\omega} \tag{5.10}$$

Diese Gleichung kann jedoch von der einer Debye-Relaxation nicht unterschieden werden. Man kann daher annehmen, daß man es bei der Relaxation in Bild 5.4 mit diesem Prozeß zu tun hat. Einige weitere Argumente stützen diese Annahme. Ein

Koeffizientenvergleich zwischen Gleichung (5.10) und der Gleichung einer Debye-Relaxation erlaubt die Zuordnung:

$$\varepsilon_0 = \varepsilon_\infty + \frac{A_0}{\omega_0^2} \quad \text{und} \quad f = \frac{\omega_0^2}{\gamma_0} \tag{5.11}$$

Auf diese Weise lassen sich mit (5.11) und Bild 5.4 aus der Relaxationsfrequenz f und der statischen Dielektrizitätskonstante ε_0, dem niederfrequenten Grenzwert der Relaxation, Softmodewellenzahl und Dämpfung γ_0 als Funktion der Temperatur bestimmen. Bild 5.5a und b zeigen ε_0 und f als Funktion der Temperatur. Es ergibt sich, daß ω_0 in der Größenordnung 10 cm^{-1} und damit extrem niedrig, und γ_0 bei etwa 10^5 cm^{-1} und damit extrem hoch ist.

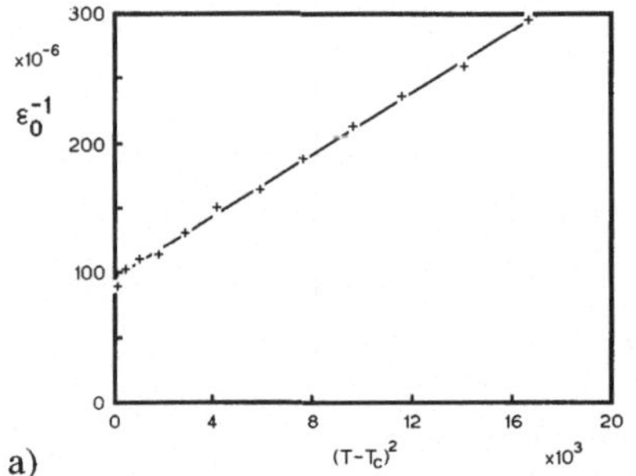

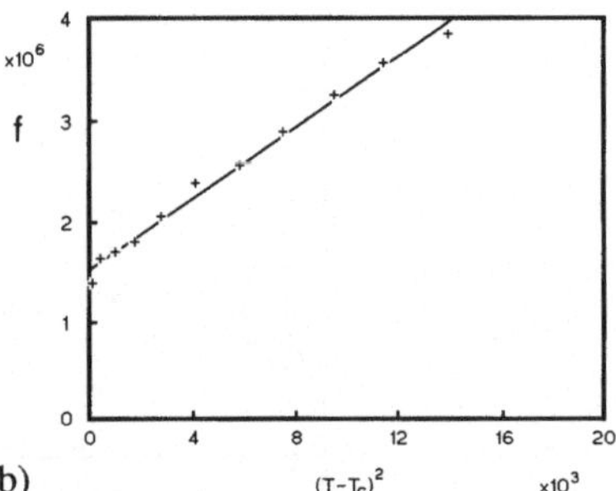

Bild 5.5   Reziproke statische Dielektrizitätskonstante (a) und Relaxationsfrequenz (b) als Funktion von $(T - T_C)^2$, ermittelt aus den Messungen von Bild 5.4

Der Einbau von ca 10 % Lanthan statt Blei in das PLZT stört die Translationsinvarianz der Struktur des PLZT (nach je ca. drei Elementarzellen in den drei Raumrichtungen ist ein A-Platz statt mit Pb mit La besetzt. Die Ansiedlung der Zusammensetzung in der Nähe verschiedener anderer Phasen signalisiert bereits eine gewisse strukturelle Instabilität. Die lokale Unstöchiometrie begünstigt – je nach Umgebung und Anordnung des La in Ti- oder Zr-Nähe – mit abnehmender Temperatur eher eine Verzerrung in Achsenrichtung oder eher eine Verkippung des Sauerstoffoktaeders. Die Störung der Translationsinvarianz verhindert das spontane Einrasten der Polarisation, beide Effekte sind dafür verantwortlich, daß solch extreme Werte für ω_0 und γ_0 auftreten. Damit verbunden sind jedoch unmittelbar die Fluktuationseffekte, die man als lokale Polarisation in praktisch allen Stoffgrößen wiederfindet. (Es muß erwähnt werden, daß einige dieser Sachverhalte noch kontrovers diskutiert werden). Das Vorhandensein einer lokalen Polarisation ist von entscheidender Bedeutung für die Anwendung von normalerweise unpolarem PLZT. Legt man an

PLZT 9/65/35, das bei Raumtemperatur weder eine spontane, noch, nach Polung, eine remanente Polarisation zeigt, eine elektrische Spannung an, so bildet sich aufgrund der lokalen Polarisation und der vorhandenen Instabilität eine makroskopische feldstärkenabhängige Polarisation aus, die von der gleichen Größenordnung ist wie eine ferroelektrische spontane oder remanente Polarisation. Bei Rücknahme des Feldes verschwindet auch die Polarisation wieder. Mit der Polarisation sind alle Stoffgrößen direkt oder indirekt verknüpft. Auf diese Weise hat man im nicht spontan polarisierten Material, im Vergleich zu Ferroelektrika, äußerst starke Effekte in vielen Größen – insbesondere auch in den elektro-optischen Stoffgrößen – die so nur bei PLZT und anderen Relaxor-Materialien (die auch eine DPU zeigen) auftreten.

5.2   Mechanische und elektromechanische Eigenschaften

Möchte man die makroskopischen Eigenschaften des Polykristalls beschreiben, so geht man in unserem Fall davon aus, daß die Körner oder Kristallite klein gegen die geometrischen Dimensionen der Proben sind. Sodann sollen die Körner in ihrer kristallographischen Orientierung gleichverteilt sein. Im Fall der kubischen Hochtemperaturphase ist dann keine Richtung bevorzugt. Legt man jedoch ein elektrisches Feld in Richtung der Symmetrieachse einer zylindrischen Probe an, so wird diese Richtung bevorzugt. Bei einem Ferroelektrikum tritt eine Ausrichtung der Polarisation in dieser Richtung auf. Sind die Kristallite nicht ideal orientiert, wird nur ein entsprechender Bruchteil in dieser Achse wirksam. Insgesamt wurde der Probe eine Zylindersymmetrie aufgeprägt. Diese Achse wird als die 3- oder z-Achse definiert. Die anderen beiden Achsen können wegen der Zylindersymmetrie festgelegt werden. Damit bedarf es zur Beschreibung der Eigenschaften solcher Proben der Tensoren, die diese Zylindersymmetrie berücksichtigen. Da wir in allen Fällen nur die Wechselwirkung zwischen Größen in ein oder zwei Richtungen betrachten, werden hier nur die interessierenden Gleichungen der Komponenten benützt.

Es gibt bisher wenige Untersuchungen über mechanische Eigenschaften von PLZT. Es ist bekannt, daß PLZT etwa Deformationen von ca. 0,3 % verträgt, bevor es zerbricht. Dies ist jedoch nicht sehr viel. Beim Phasenübergang von $PbTiO_3$ treten z.B. solche von ca. 6 % auf. Die elastischen Eigenschaften von FE-PLZT, also solchem mit einer induzierten Polarisation, sind denen normaler Ferroelektrika vergleichbar. Bild 5.6 zeigt s_{11} und den Scherkoeffizienten s_{12} von PLZT 8/65/35 als Funktion der Temperatur. Das Verschwinden der Polarisation äußert sich deutlich bei etwa 50 °C.

Der piezoelektrische Effekt kann nur auftreten bei Materialien, deren Struktur kein Symmetriezentrum besitzt. So gibt es einen Piezoeffekt nur bei den polarisierbaren Materialien oder beim Anlegen einer elektrischen Spannung, die bei den Relaxor-

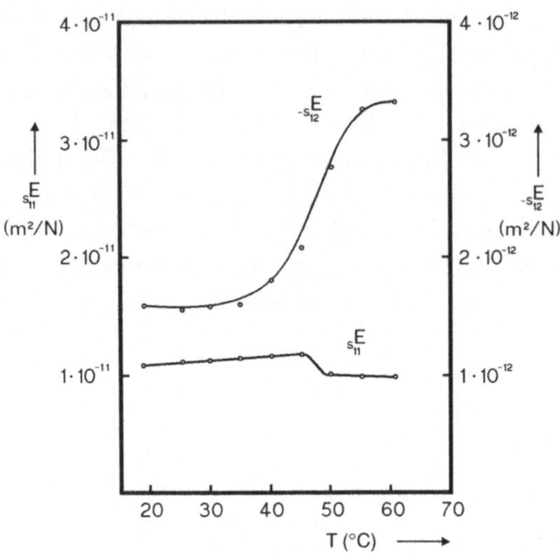

Bild 5.6   Elastizitätskoeffizienten s_{11} und s_{12} von gepoltem PLZT 8/65/35 als Funktion der Temperatur.

Materialien eine Polarisation aufrecht erhält. Zwei Größen sind von Bedeutung: die Piezokonstante, die eine elektrische Größe mit einer mechanischen verknüpft, und der elektromechanische Kopplungsfaktor k, der ein Maß für die mögliche Umwandlung von elektrischer in mechanische Energie darstellt und umgekehrt. Es gilt:

$$k^2 = \frac{W_{em}^2}{W_e W_m} \tag{5.12}$$

Dabei ist W_e ist die elektrische, W_m die mechanische und W_{em} die piezoelektrische Energiedichte. Die höchsten bekannten Kopplungsfaktoren sind von PLZT 5/55/45 und 7/40/60 mit einem planaren k_p von über 70 % bekannt [5.13]. Aber auch die von 8/65/35 sind mit über 60 % sehr hoch, wie Bild 5.7a zeigt. Auch hier markiert der Abfall das Verschwinden der Polarisation als Funktion der Temperatur. Wie das Beispiel in Bild 5.7b zeigt, sind auch die Piezokonstanten relativ hoch.

Die Konstante d_{33}, die ein Feld E_3 mit einer mechanischen Spannung σ_3 verknüpft, ist allerdings noch um einen Faktor 3 größer.

Es ist zu erwarten, daß bei den DPU-Materialien wegen des Einflusses der lokalen Polarisation gerade die quadratischen Effekte besonders groß sein müssen (wegen $<P_{lok}> = 0$ und $<P_{lok}^2>$ verschieden von 0). Dies gilt auch für die Elektrostriktion, die gemäß

$$\varepsilon = Q \cdot P^2 \tag{5.13}$$

die mechanische Deformation mit der Polarisation verknüpft. Während man bei Ferroelektrika Deformationen im wesentlichen durch den Piezoeffekt

$$\varepsilon = d \cdot E = g \cdot P \tag{5.14}$$

von der Größenordnung 0,1 % erzeugt, werden für PLZT 7-9/65/35 Werte bis etwa 0,2 % erreicht. Damit sind diese Materialien auch interessant für elektrostriktive Bauelemente, auf die hier allerdings nicht weiter eingegangen wird.

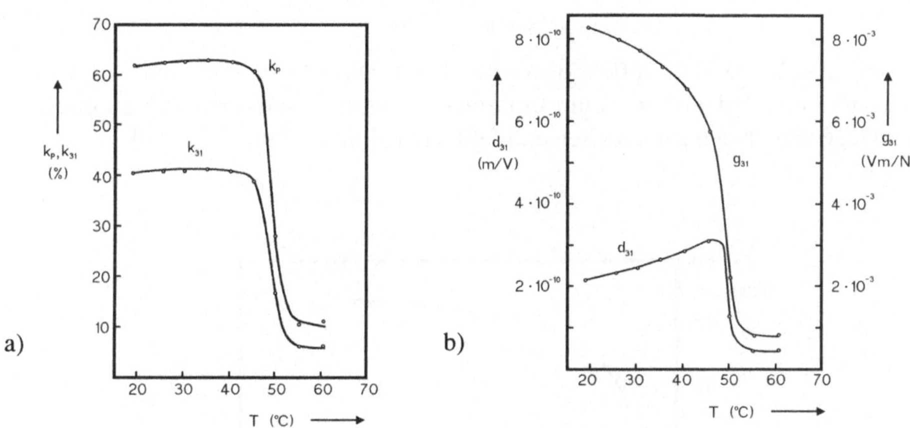

Bild 5.7   a) Kopplungsfaktoren k_p und k_{31} von PLZT 8/65/35 als Funktion der Temperatur.
b) Piezokonstanten, g_{31} und $d_{31} = \varepsilon_{33}\, g_{31}$.

5.3 Optische Eigenschaften

Für elektrooptische Anwendung ist die optische Transparenz eine Notwendigkeit. Wie bereits erwähnt, ist die Transparenz von PLZT eine Funktion der Zusammensetzung, Stöchiometrie gemäß (5.2) vorausgesetzt, des Lanthangehalts und des Zr/Ti-Verhältnisses. Maximale Transparenz erhält man entlang der Phasengrenze zwischen paraelektrischem und ferroelektrischem Bereich (zum paraelektrischen hin wegen der optische Isotropie). Wie zu Beginn des Abschnitts 5 erläutert, sind die Verhältnisse besonders günstig bei PLZT 6-10/65/35. In diesem Zusammensetzungsbereich hat man die beste Transparenz für Lanthangehalte von 8,5% bis 15 %. Eine Transmissionskurve für PLZT 9/65/35 für den sichtbaren Bereich zeigt Bild 5.8.

Der Brechungsindex des Materials ist $n = 2,5$. Darauf sind hohe Reflektionsverluste etwa gemäß der Beziehung zurückzuführen:

$$\frac{I_\mathrm{r}}{I_\mathrm{e}} = \frac{\left(n_1 - n_0\right)^2}{\left(n_1 + n_0\right)^2} \qquad (5.15)$$

(I_r und I_e sind die reflektierte und einfallende Intensität, n_1 und n_o die Brechungsindizes von PLZT und Luft (bei senkrechtem Lichteinfall)). Diese Reflektion läßt sich durch eine geeignete Beschichtung, eine *Vergütung*, verringern. So wirkt schon eine einzige Schicht, ausgewählt gemäß der Bedingung

$$n_\mathrm{schicht} = \sqrt{n_1 n_0} \qquad (5.16)$$

durch Interferenz stark reflektionsvermindernd. Die Absorptionskante von PLZT 8-10/65/35 liegt bei 370 nm. Zum Infraroten bleibt die Transparenz bis zu einer Wellenlänge von etwa 6 μm erhalten und fällt dann allmählich bis 12 μm ab.

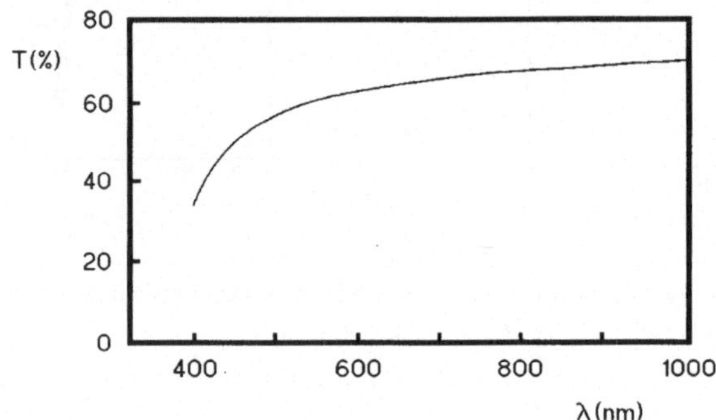

Bild 5.8   Optische Transmission von PLZT 9/65/35, hergestellt durch Zweistufen-Vakuum-Atmosphären-Sintern. Erste Stufe: Vakuum, zweite Stufe Sauerstoff.

Die optische Transparenz hängt natürlich auch von der Perfektion der Materialien ab. Es muß beim Herstellungsprozeß vermieden werden daß sich viele Poren bilden. Ebenfalls stören empfindlich Schlieren in dem Material, die sich durch Schwankungen in der Stöchiometrie ausbilden. Von großer Bedeutung ist auch, daß die Proben schließlich nach aller Präparation frei von mechanischen Spannungen sind. Dazu ist eine Mikrostruktur erforderlich, die möglichst ideal ist; weiterhin müssen die Proben durch Ausheilen bei erhöhter Temperatur von inneren mechanischen Spannungen befreit werden.

5.4   Elektrooptische Eigenschaften

Bei der Betrachtung der elektrooptischen Eigenschaften gehen ähnliche Überlegungen voraus wie bei den elektromechanischen. Ist das Material unpolar, so ist es optisch isotrop. Legt man ein elektrisches Feld an, so erzeugt man eine Anisotropie. Die Proben werden einachsig doppelbrechend, wobei die optische Achse durch die Polarisationsrichtung gegeben ist. Die Größe des Effektes ergibt sich dabei durch die Werte in den einzelnen Kristalliten, über deren Richtungsanteile summiert werden muß. Es tritt also eine Differenz zwischen den beiden Brechungsindizes auf:

$$\Delta n = n_e - n_0 \qquad (5.17)$$

Ein Beispiel für positive und negative Doppelbrechung zeigt Bild 5.9 in zweischaliger Darstellung für positive und negative Doppelbrechung.

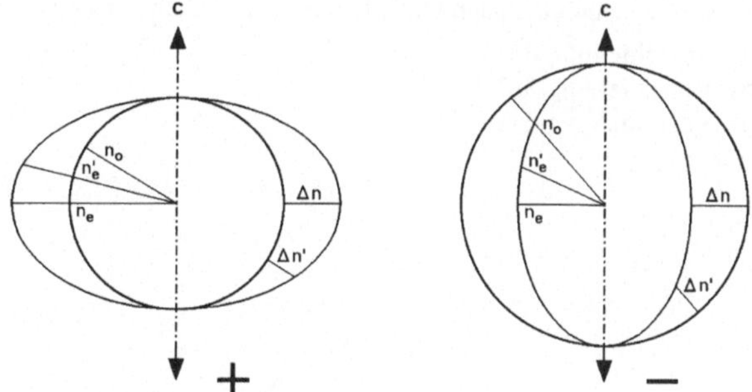

Bild 5.9   Zweischalige Darstellung der Brechungsindizes in einem positiv einachsigen und einem negativ einachsigen Material:
c : Optische Achse
n_0 : ordentlicher Strahl
n_e : außerordentlicher Strahl (Maximalwert) Δn : maximale Doppelbrechung
n'_e, $\Delta n'$: Zwischenwerte

Unterschiedlicher Brechungsindex für die beiden zueinander senkrecht schwingenden Lichtwellen bedeutet unterschiedliche Geschwindigkeit im Medium. Bild 5.10 verdeutlicht die unterschiedliche Verzögerung einer Wellenfront nach Durchlaufen eines Mediums.

Diese Unterschiede gelten auch für n_e und n_0. Der Unterschied in diesem Fall ist gegeben durch den Gangunterschied Γ

$$\Gamma = d \cdot \Delta n' \qquad (5.18)$$

Der Wert d ist dabei die durchlaufene Dicke. Damit nun die gewünschte Interferenz gemäß Bild 5.11 auftritt, muß man einen Polarisator und einen Analysator so orientiert vor und hinter der Probe anbringen, daß die entsprechend "durchgelassenen" Komponenten des Lichtes miteinander interferieren können [5.14].

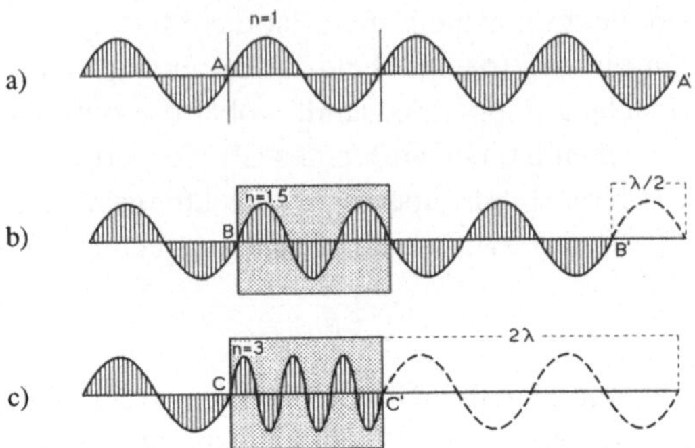

Bild 5.10   Phasenverschiebung nach Durchlaufen von Medien verschiedener Brechungsindizes:
a) Verschiebung 0
b) Verschiebung $\lambda/2$
c) Verschiebung $2\,\lambda$

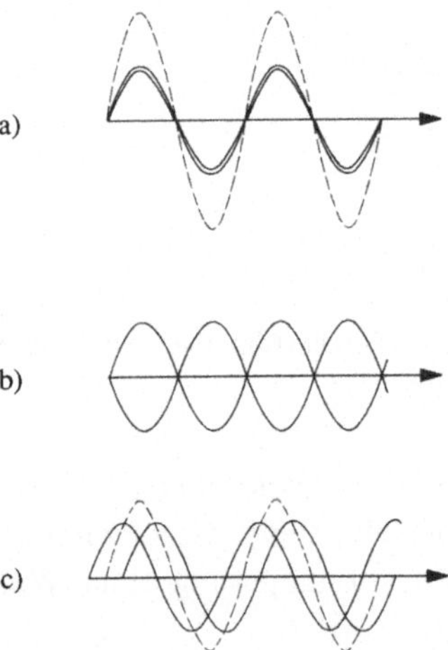

Bild 5.11   Interferenz von Wellen gleicher Amplitude (Intensität) bei verschiedener Phasenverschiebung Γ a) $\Gamma = 0$;   b) $\Gamma = \lambda/2$;   c) $\Gamma = \lambda/4$.

Betrachtet man nun die Doppelbrechung von PLZT im Bereich 6-10/65/35, so findet man für die Materialien, bei denen man eine remanente Polarisation induzieren kann, im thermisch depolarisierten Zustand keine Doppelbrechung, da das Material optisch isotrop ist. Induziert man jedoch eine Polarisation, so durchläuft die Doppelbrechung in Analogie zu einer dielektrischen Hysterese eine "butterfly"-Kurve (Schmetterling), die nicht mehr auf den Wert "0" zurückkommt. Dies zeigt Bild 5.12.

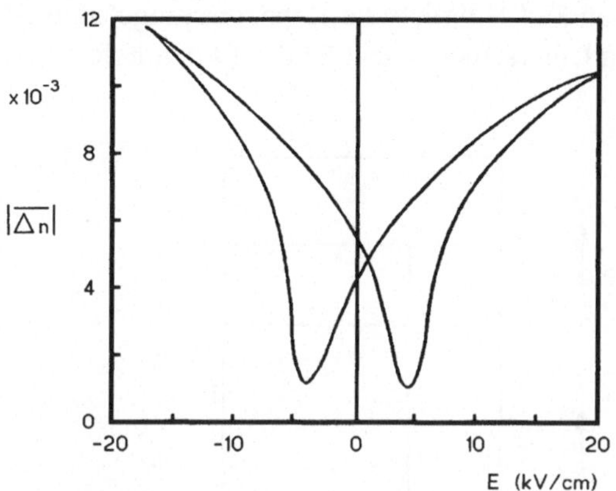

Bild 5.12   Effektive Doppelbrechung von gepoltem PLZT 8/65/35 als Funktion der elektrischen Feldstärke

Man hat einen neuen Zustand. Die maximalen Werte, die man erreicht, sind etwa $\Delta n = 0{,}012$. Der remanente Wert für $E = 0$ und der thermisch depolarisierte Zustand können als 1 und 0 eines Speicherelementes (memory) verwendet werden. Interessant ist, daß für die Abbildung von Graustufen, auch teilweises Polarisieren möglich ist. Bei Materialien, die keine Remanenz zulassen, besitzen die Kurven der effektiven Doppelbrechung eine andere Form. Δn hat eine quadratische Abhängigkeit von E. Dies zeigt Bild 5.13.

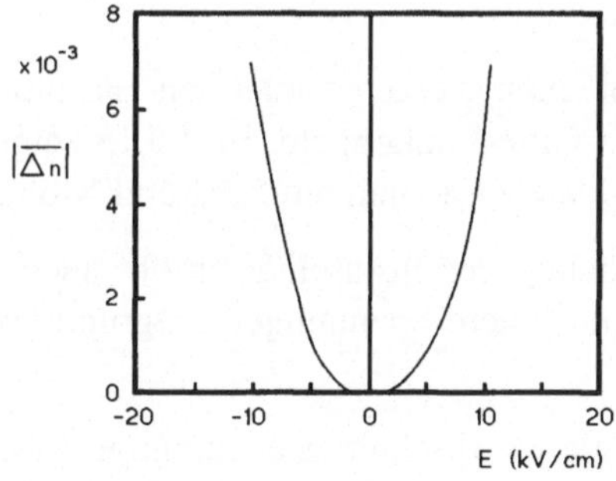

Bild 5.13   Effektive Doppelbrechung von PLZT 9/65/35 als Funktion der elektrischen Feldstärke

Bei Rücknahme des elektrischen Feldes kann man den Wert "0" reversibel erreichen. Diese Substanzen werden am häufigsten für Anwendungen verwendet. Diese sind auch die am schnellsten elektrisch zu manipulierenden Systeme. Im Falle der Existenz einer remanenten Polarisation muß diese beim Schalten ebenfalls mitgeschaltet werden, während im letzteren Fall lediglich die Kapazität umgeladen oder ge- und entladen werden muß. Diesen Unterschied macht Bild 5.14 deutlich.

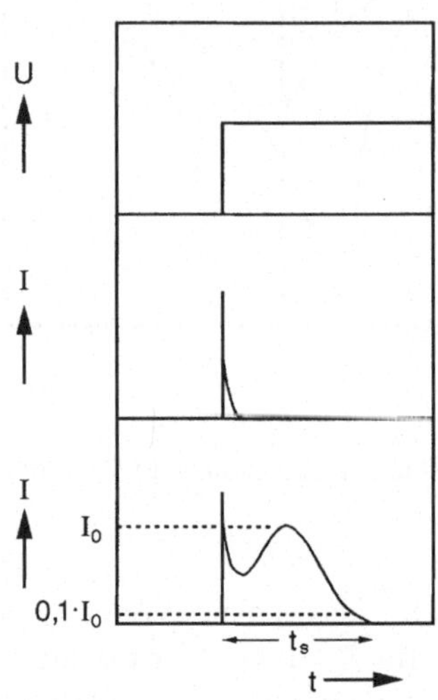

Bild 5.14   Schaltzeiten von PLZT:
                 oberes Signal: schaltende Spannung
                 mittleres Signal: Strom-Antwort von PLZT 9/65/35
                 unteres Signal: Strom-Antwort von gepoltem PLZT 8/65/35
                 Die signifikante Verlängerung des Signals ergibt sich durch die remanente Polarisation.

Auch hier, bei der Doppelbrechung, erkennt man den Einfluß der lokalen Polarisation, die an Instabilitäten des Gitters ankoppeln. Bild 5.15 zeigt die Doppelbrechung eines PLZT, das auf dem B-Platz zusätzlich mit Zink und Niob modifiziert ist.

Die damit verbundene Erhöhung der Instabilität erhöht auch die Doppelbrechung. Die folgende Abnahme ist auf innere Spannungen aufgrund zweiter Phasen zurückzuführen.

Schließlich sollen am Ende dieses Abschnittes noch einige Sätze zu einigen weiteren besonderen Effekten gesagt werden. UV-Licht jenseits der Bandkante erzeugt in PLZT freie Elektronen, die anschließend wieder getrapt und deren Zustände möglicherweise durch Temperaturerhöhung wieder ausgeheilt werden können. Durch geeignete Kombination von Elektronengeneration und Polarisation lassen sich z.B. Bildspeicher realisieren. Auch holographische Methoden sind möglich.

Einen schönen Überblick über die Anwendungen von PLZT und einen Einstieg in die Literatur bis etwa 1986 liefert ein Übersichtsartikel von Haertling [5.15]. Den aktuellen Status (1992) geben die "Proceedings" einer Konferenz in Riga wieder, die elektrooptische Materialien zum Thema hatte [5.16].

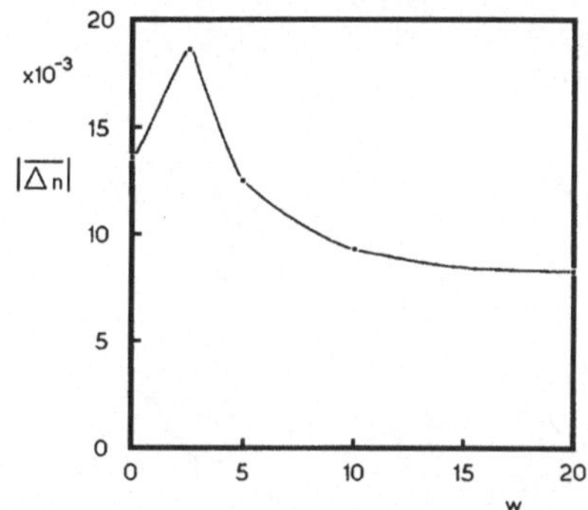

Bild 5.15   Effektive Doppelbrechung von PLZT, das mit Zink und Niob auf dem B-Platz modifiziert wurde. *w* gibt den prozentualen Anteil von $(Zn_{1/3}Nb_{2/3})$ auf dem B-Platz an.

6   Anwendungen

Wenn man PLZT elektrooptisch anwenden will, so basieren die der Anwendung zugrundeliegenden Mechanismen in den meisten Fällen auf der in PLZT auftretenden *Doppelbrechung*, und zwar unabhängig davon, ob man es mit Material zu tun hat, das eine remanente Polarisation aufbaut, oder mit solchem, in dem man die Polarisation nur reversibel aufbauen kann. Ein zweiter Mechanismus, der Anwendung findet, ist die Nutzung des bei der ersten Methode unerwünschten Streueffekts. Im Verlauf der dielektrischen Hysterese bilden sich in bestimmten Bereichen "ferroelektrische" Domänen aus. Und zwar nimmt die Zahl der Domänen in den Kristalliten im Bereich der Koerzitivfeldstärke besonders stark zu, da beim Umklappen der Polarisation die Domänenbildung über Keimbildungsprozesse abläuft, die im Bereich der Koerzitivfeldstärke einsetzen. Der Effekt der Domänenbildung tritt auch bei den nicht ferroelektrischen Materialien auf, ist dort allerdings schwächer. Die Domänen und Domänenwände bilden nun Streuzentren. Das heißt also, daß die Streuung in bestimmten Bereichen des Durchlaufs der $P(E)$-Kennlinie besonders groß, und in anderen besonders klein ist. Möchte man nun wenig Streuung, dann müssen die Kristallite in der Keramik klein sein (< 2 μm), so daß sich nur wenige Domänen ausbilden, wünscht man einen hohen Streuanteil, so erreicht man diesen nur mit relativ großen Kristalliten (>> 2 μm).

In Bild 6.1 sind die Basis-Anordnungen gezeigt, bei denen die Doppelbrechung als Funktion der elektrischen Feldstärke oder als Funktion der Polarisation angewendet wird.

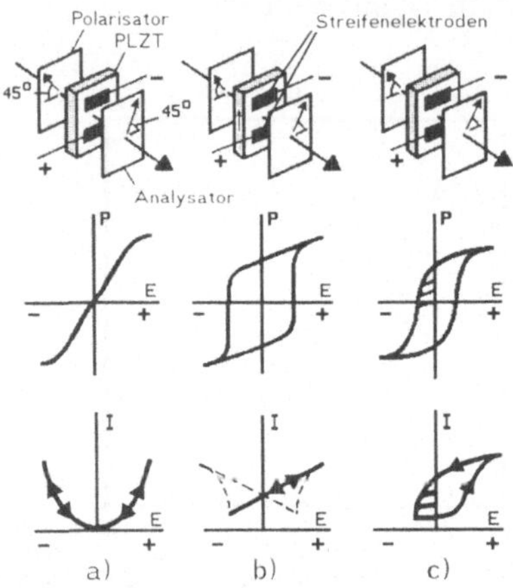

Bild 6.1   Typische Anordnungen von Bauelementen für elektrooptische Anwendungen unter Ausnützung der effektiven Doppelbrechung von PLZT. Das Bauelement besitzt Streifenelektroden und zwei zueinander senkrecht eingestellte Polarisatoren (obere Reihe). Das Bild zeigt schematisch die zugehörige $P(E)$-Kurve (mittlere Bildfolge) und die hindurchgelassene Lichtintensität als Funktion von E (untere Reihe):

a) für PLZT 9/65/35: Die hindurchgelassene Lichtintensität I folgt der Größe E quadratisch, da das Material unpolar ist (im feldfreien Fall).

b) für PLZT 8/40/60: Beim Durchlauf einer $P(E)$-Hysterese-Kurve folgt I einer Schmetterlingsform. Für die Anwendung wie eine lineare Modulation von I wird nur der eine lineare Teil der Kurve (fett) verwendet.

c) für PLZT 8/65/35: Die Variation der Lichtintensität I wird erreicht durch das teilweise Durchlaufen der $P(E)$-Hysterese ($P > 0$). Definierte Positionen der P(E)-Hysterese ergeben definierte Durchlässigkeit. Dies läßt z.B. Speicher-Anwendungen zu.

Allen Anordnungen gemeinsam ist, daß auf der PLZT-Scheibe Streifenelektroden angebracht sind, die es erlauben, ein elektrisches Feld senkrecht zur Lichteinstrahlung an das PLZT anzulegen. Weiter sind bei allen Anordnungen ein Polarisator und ein Analysator senkrecht zueinander vor bzw. hinter der Scheibe und im Winkel von 45° zur Richtung des elektrischen Feldes angebracht. Mit dem elektrischen Feld E im PLZT, erzeugt durch die Streifenelektroden, schafft man eine "optische Achse" im Material Das maximale Δn tritt senkrecht dazu auf. Die 45°-Stellung der Polarisatoren optimiert die Möglichkeit der hell-dunkel-Schaltung durch ein an den Elektroden angelegtes elektrisches Feld.

Die Unterschiede zwischen den Anordnungen a), b) und c) liegen im Material begründet. Im Falle von Bild 6.1a hat man es mit unpolarem Material zu tun. Es ist die bei weitem gebräuchlichste Anordnung. Sie ist relativ einfach zu handhaben, und man erreicht damit einen relativ hohen Kontrast. Im feldfreien Fall bleibt das PLZT mit den Polarisatoren undurchlässig. Legt man nun an die Elektroden auf dem Material, z.B. 9/65/35, eine Spannung von etwa 7 kV/cm, so wird das vorher optisch isotrope PLZT doppelbrechend, der Brechungsindex ändert sich, und das System wird damit lichtduchlässig. Trennt man die Spannung ab, ohne die Elektroden kurzzuschließen, bleibt das System noch eine gewisse Zeit durchlässig. Schaltet man ab und schließt kurz, geht das PLZT wieder in den isotropen Fall, das Element ist wieder undurchlässig. Bei guter Qualität des PLZT bestimmt die Qualität der Polarisatoren das Helligkeitsverhältnis zwischen eingeschaltetem und ausgeschaltetem Zustand (ON-OFF-Verhältnis). Aufgrund der hohen Güte der heute verfügbaren Polarisationsfolien, erreicht man ON-OFF-Verhältnisse von 10.000 : 1 [6.1].

In Bild 6.1b ist der einzige Fall gezeigt, der PLZT verwendet, das nicht aus dem Zusammensetzungsbereich bei 65/35 stammt. Das Material ist ferroelektrisch, stammt aus dem tetragonalen Bereich und ist spontan polarisiert. Die hohe Koerzitivfeldstärke erlaubt nach dem Polen die Verwendung des Unterschiedes in der Anisotropie auf den $P(E)$-Hysterese-Ästen. Da man sich elektrisch auf diesen Ästen bewegt, ist der elektrooptische Effekt linear. Auf Grund der verschiedenen optischen Retardation hat man hier auch Farbeffekte. Wegen unvermeidlicher Inhomogenitäten ist hier auch die Transparenz niedriger (vgl. auch die Bildunterschrift zu Bild 6.1).

Bild 6.1c zeigt den Memory-Fall. Mit thermisch depolarisierter Probe hat man völlige Isotropie. Elektrisch "abelektrisiert" erreicht man den isotropen Wert nicht, hat aber eine deutliche Verringerung der durchgelassenen Lichtintensität. Es lassen sich so durch Ansteuern bestimmter Punkte an der Flanke der Hysterese im Prinzip verschiedene Durchlässigkeiten fest einstellen [6.2].

Völlig anders funktionieren die Elemente die in Bild 6.2 beschrieben sind.

Zunächst einmal ist beiden gemeinsam, daß das elektrische Feld in Richtung des einfallenden Lichtes angelegt wird. Damit benötigt man optisch transparente Elektroden. Dazu verwendet man ITO, einen Oxidhalbleiter mit großem gap der aus etwa 90% Indiumoxid und 10% Zinnoxid besteht. Dieses Material verbindet hohe Transparenz mit guter elektrischer Leitfähigkeit und stellt mit $n = 1{,}7$ zusätzlich noch eine brauchbare Vergütung dar. Das Material der Bild 6.2a ist zunächst optisch isotrop. Legt man nun an das Element aus PLZT 9/65/35 in Bild 6.2a eine elektrische Spannung an, so bilden sich Domänen aus. Diese Domänen tragen sehr stark zur Streuung des einfallenden polarisierten Lichtes bei. Auf Grund der Streuung wird das Licht depolarisiert [6.3]. Das bedeutet, daß der auf 90° eingestellte Analysator einen wachsenden Anteil der eingestrahlten Lichtintensität erhält und somit hindurchläßt.

Im zweiten Fall, der in Bild 6.2b dargestellt ist, verzichtet man völlig auf Polarisatoren. Hat man z.B. PLZT 8/65/35 und befindet sich auf dem oberen Bereich des Hy-

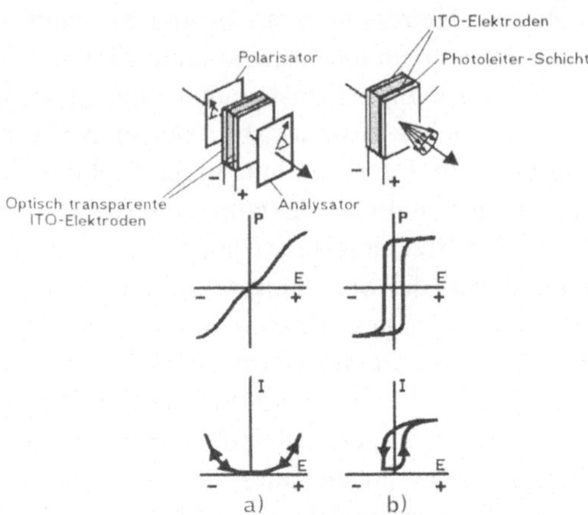

Bild 6.2   Typische Anordnungen von Bauelementen für elektrooptische Anwendungen unter Ausnützung des Streumodes (obere Abbildungen). Das Bild zeigt ebenfalls schematisch die entsprechende $P(E)$-Kurve (mittlere Zeile) und die durchgelassene Lichtintensität I als Funktion von E (unteres Bild):

a) für PLZT 9/65/35 unter Ausnutzung der Depolarisierung durch Streuung; die durchgelassene Intensität wächst mit dem Depolarisierungsgrad des PLZT.

b) durch direkte Ausnutzung der Intensitätsverminderung in Vorwärtsrichtung durch Streuung; das Bauelement funktioniert nur gut bei kleinem Öffnungswinkel des Detektors.

stereseastes, so sind die ferroelektrischen Domänen in dem Material weitgehend in Richtung des angelegten Feldes ausgerichtet. Die Streuung ist relativ klein. Nähert man sich der Koerzitivfeldstärke, oder setzt das Umklappen der Polarisation ein, so bilden sich zahlreiche Domänenkeime aus, die wachsen und in die Dimension der Lichtwellenlänge kommen, so daß man einen maximalen Streubeitrag erhält. Da natürlich Energieerhaltung gilt, geht der gebündelte Strahl in einen nach vorwärts und rückwärts gestreuten Strahl über, wobei die Intensität erhalten bleibt. Die Wirkung einer Modulation mit diesem Effekt ist daher abhängig vom Raumwinkel des Detektorsystems. Die Anwendung der Streumoden mit und ohne Photoleiter ist von zahlreichen Wissenschaftlern untersucht worden [6.4, 6.5, 6.6].

6.1   Lichtschutzeinrichtungen

Unter die Lichtschutzeinrichtungen fallen schaltbare Schweißbrillen und Blitzschutzbrillen für Atombomberpiloten (Goggles). Die Funktionsweise solcher Systeme entspricht der Darstellung in Bild 6.1a. Das besondere sind die Rückkopplung der Schaltung über ein Sensorsystem, das im Bedarfsfall die Schutzbrille automatisch dunkel schaltet und die erforderliche Größe der PLZT-Scheibe von etwa 100...150 mm Durchmesser. Die besondere Größe erfordert besondere Maßnahmen bei Herstellung und Bearbeitung. Zusätzlich muß das System durch ein Deckglas geeignet mechanisch gestützt und geschützt werden. Die Elektroden sind feine Streifenelektrodenreihen, die in üblichem Augenabstand nicht wahrgenommen werden. Alle diese Besonderheiten wurden bereits 1980 ausführlich beschrieben [6.7, 6.8, 6.9, 6.10].

6.2 Lichtmodulatoren

Als Modulatoren sind die Anordnungen in Bild 6.1a und 6.2a geeignet. PLZT 9/65/35 folgt dem treibenden elektrischen Feld relativ rasch, die Kurven der Lichtintensitäten als Funktion des Feldes sind einfache quadratische Funktionen. Während man im ersten Fall eine transversale Lichtsteuerung hat, ist diese im zweiten Fall longitudinal und die Intensität ist etwas schwächer. Im Gegensatz zu den Goggles, ist hier nur ein kleines Bauelement erforderlich, das relativ einfach herzustellen ist. Stellt man jedoch hohe Anforderungen an die Modulationsfrequenz, so müssen die mechanische Stabilität, die Art der Befestigung und nicht zuletzt die elektrische Beschaltung besondere Beachtung finden, da die Relaxationszeit RC für die Umladungszeit der Kapazität eine wichtige Rolle spielt. Lichtmodulatoren aus PLZT 9/65/35 werden z.B. vom Institut für Festkörperphysik der Lettischen Staatsuniversität auf dem deutschen Markt vertrieben. Dieses Institut sowie Motorola vertreiben auch größere Scheiben (Goggles).

6.3 Stereosichtsysteme

Möchte man eine dreidimensionale Darstellung z.B. mittels Video erreichen, dann kann man so vorgehen, daß man mit zwei versetzten Kameras zwei verschiedene Bilder aufnimmt und mit jedem der Bilder jeweils jede zweite Zeile des Fernsehgerätes moduliert. Wenn nun der Beschauer eine Brille mit PLZT-Scheiben wie die Goggles trägt und die Helligkeit der "Gläser" von linkem und rechtem Auge jeweils für das entsprechende Videosignal hell geschaltet wird, so entsteht ein dreidimensionaler Eindruck. Solche Systeme sind bereits erprobt. Eine verwandte Anordnung wird in jüngster Zeit zur ortsauflösenden Bildschärfe-Entfernungsmessung für die Bilderkennung im KFZ-Verkehr entwickelt.

6.4 Bildschirmsysteme

Die Funktionsweise von Bildschirm- und Displaysystemen funktioniert analog zu Bild 6.1a. Das besondere Problem ist die Ansteuerung der Displaypunkte. Sieht man von den erforderlichen elektrischen Feldstärken ab, dann ist die Ansteuer- Problematik ähnlich wie bei anderen Displays (LCD). Funktionierende Muster sind bereits entwickelt worden [6.1]. Für großflächige Systeme wäre allerdings eher eine Dünn-schichttechnik angebracht.

6.5   Andere Systeme

Bei den Anwendungen soll ein kleiner Einblick gegeben werden, ohne Anspruch auf Vollständigkeit. Daher sollen am Schluß lediglich noch einige weitere Anwendungen stichwortartig erwähnt werden. Das wichtigste Beispiel sind die Speicherelemente, aber auch Bildspeicher, die auf der Anordnung der Bild 6.1c beruhen. Als letztes sei noch auf ein Druckersystem hingewiesen, das von SEL mit PLZT als Element zum Belichten der Druckerzeile ausgestattet wurde [6.1].

7   Zusammenfassung

Es wurde in dem Beitrag "Elektrooptische Keramik" versucht, einen Überblick über die Materialklasse, die besonderen Probleme bei der Herstellung und die Eigenschaf-ten von elektrooptischen Materialien zu geben. Ein Schwerpunkt bildet dabei die Be-schreibung der Eigenschaften. Unter Verwendung der verschiedenen Eigenschaften wurde anschließend in einem kurzen Kapitel auf die Anwendungen elektrooptischer Keramiken eingegangen. Ziel der Darstellung war, nicht nur ein einigermaßen abge-schlossenes Kapitel über die Problemstellung zu schreiben, sondern interessierten Lesern über die zitierten Literaturstellen auch einen tieferen Einstieg in den Problem-kreis zu ermöglichen.

Literatur

[1.1]   G. Haertling und C. E. Land, J. Am. Ceram. Soc., **54**, 1 (1971)

[2.1]   M. E. Lines und A. M. Glass, Principles and Applications of Ferroelectrics and Related Materials, Clarendon Press, Oxford 1977

[2.2]   H. Schaumburg, Werkstoffe und Bauelemente der Elektrotechnik, Band 1, Werkstoffe, Verlag B.G. Teubner, Stuttgart, 1990

[2.3]   H. Schaumburg, Werkstoffe und Bauelemente der Elektrotechnik, Band 5, Keramik, Kapitel Dielektrische Keramiken

[2.4]   B. Jaffe, W. R. Cook und H. Jaffe, Piezoelectric Ceramics, Academic Press, London 1971

[2.5]   G. A. Smolenskii, J. Phys. Soc. Japan, **285**, 26 (1970)

[2.6]   B. Kirsch, H. Schmitt und H. E. Müser, Ferroelectrics, **68**, 275 (1985)

[2.7]   C. G. F. Stenger und A. J. Burggraaf, J. Phys. Chem. Solids, **41**, 17 u. 25 u. 31 (1980)

[2.8]   E. T. Keve und A. D. Annis, Ferroelectrics, **5**, 77 (1973)

[2.9]   A. H. Meitzler und H. M. O' Bryan, Proc. IEEE, **61**, 959 (1973)

[2.10] E. T. Keve und K. L. Bye, J. Appl. Phys., **46**, 810 (1975)

[3.1]   H. Schaumburg, Werkstoffe und Bauelemente der Elektrotechnik, Band 5, Keramik, Kapitel "Mikrostruktur von Keramiken" und "Keramische Fertigungstechnik

[3.2]   = [1.1]

[3.3]   K. Okasaki und K. Nagata, J. Am. Ceram. Soc., **56**, 82 (1973)

[3.4]   K. Nagata, H. Schmitt, K. Stathakis und H. E. Müser, Ceramurgia International, **3**, 53 (1977)

[3.5]   G. Haertling und C.E. Land, Ferroelectrics, **3**, 269 (1972)

[3.6]   R. Brooks und D. K. McCarthy, Ferroelectrics, **27**, 179 (1980)

[3.7]   G. Kleer und H. Schmitt, Mat. Res. Bull., **16**, 1541 (1981)

[3.8]   K. D. Budd, S. K. Dey und D. A. Payne, Proc. Brit. Ceram. Soc. **36**, 107 (1985)

[3.9]   V. K. Seth und W. A. Schulze, Ferroelectrics, **112**, 283 (1990)

[3.10] C. J. Brinker und G. W. Scherer, Materials Research Society Short Course on Sol-Gel Processing of Glass (1988)

[3.11] B. M. Melnick, J.D. Cuchiaro, L.D. McMillan, C. A. Paz de Araujo und J.F. Scott, Ferroelectrics, **112**, 329 (1990)

[4.1]   W. D. Kingery, Introduction to Ceramics, John Wiley & Sons,1975

[4.2]   K. H. Härdtl, Bull. Am. Ceram. Soc., **54**, 201 (1975)

[4.3]   D. K. McCarthy und R. Brooks, Ferroelectrics, **27**, 183 (1980)

        R. Dungan und G. Snow, Bull. Am. Ceram. Soc., **56**, 781 (1977)

[4.4]   K. Okasaki, K. Nagata, J. Am. Ceram. Soc., **56**, 82 (1973)

[4.5]   G. S. Snow, J. Am. Ceram. Soc., **56**, 91 (1973)

[4.6]   = [3.4]

[4.7]   G. S. Snow, J. Am. Ceram. Soc., **56**, 479 (1973)

[4.8]   K. Nagata, T. Kiyota und M. Furuno, Ferroelectrics, **128**, 49 (1992)

[4.9]   = [2.3]

[5.1]   = [2.4]

[5.2]   C. Land, P. Thacher und G. Haertling, "Electrooptic Ceramics", Appl. Sol. St. Science, Adv. Mat. a. Device Res., **4**, 137 Academic Press, N.Y. 1974

[5.3]   D. Hennings und K. H. Härdtl, Phys. Stat. Sol. a, **3**, 465 (1970)

[5.4]   K. H. Härdtl und D. Hennings, J. Am. Ceram. Soc., **55**, 230 (1972)

[5.5]   R. Holman, Ferroelectrics, **10**, 185 (1976)

[5.6]   H. Kling, Dissertation, Saarbrücken, 1983

[5.7]   = [2.8, 2.10]

[5.8]   E. Fatuzzo und W. Merz, Ferroelectricity, North Holland, Amsterdam 1967

[5.9]   H. Schmitt, B. Kirsch, Ferroelectrics, **124**, 225 (1992)

[5.10] = [2.6]

[5.11] C. Kittel, Einführung in die Festkörperphysik, Oldenbourg, München 1968

[5.12] Lurio und Burns, J. Appl. Physics, **45**, 1986 (1974)

[5.13] S. Lui, S. Pai und J. Kyonka, Ferroelectrics, **22**, 689 (1978)

[5.14] L. Bergmann, Cl. Schaefer, Optik, W. de Gruyter & Co,Berlin 1966

[5.15] G. H. Haertling, Ferroelectrics, **75**, 25 (1987)

[5.16] A. Sternberg (Gastherausgeber) Ferroelectrics, **131**, Nrs1-4 (1992)

[6.1]   = [5.15]

[6.2]   C. Land und P. Thacher, Proc. IEEE, **57**, 751 (1969)

[6.3]   G. Haertling und C.McCampbell, Proc. IEEE, **60**, 450 (1972)

[6.4]   G. Haertling, PLZT Electrooptic Ceramics and Devices, Am. Chem. Symposium Series **164**, 1981

[6.5]   C. Land, Optical Engineering, **17**, 317 (1978)

[6.6]   C. Land and W. Smith, IEDM Tech. Digest, **356**, Washington DC, 1974

[6.7]   J.T. Cutchen, Ferroelectrics, **27**, 173 (1980)

[6.8]   = [3.6]

[6.9]   = [4.3]

[6.10] G. R. Laguna, Ferroelectrics, **27**, 187 (1980)

XI. Hartmagnetische Keramiken

Von Udo D. Scholz

1 Einführung

Dauermagnetische Werkstoffe sind schon seit langem bekannt, werden jedoch noch immer weiter entwickelt und verbessert. Die Entwicklung dauermagnetischer Werkstoffe, wie *AlNiCo* [Jonas et al., 1941; McCurrie, 1982, Band 1, Abschnitt 7.3.1] und den hartmagnetischen Keramiken auf der Basis von *Barium*- und *Strontiumferrit* [Heimke, 1976: Kojima, 1982; Smit et al., 1959; Stäblein, 1982; Went et al., 1951, Band 1, Abschnitt 7.3.2], die wesentlich bessere magnetische Eigenschaften aufwiesen, als die davor verwendeten Materialien, wie zum Beispiel legierte Stähle, erbrachte eine deutliche Verbreiterung des Anwendungsspektrums. In den vergangenen Jahrzehnten fanden Dauermagnete zunehmend Eingang in das moderne Leben in Form elektromechanischer und elektronischer Anwendungen. Die Einsatzmöglichkeiten wurden zunehmend größer durch die ständige Verbesserung der magnetischen Eigenschaften dauermagnetischer Materialien: Heute finden Dauermagnete zum Beispiel Anwendung in *Lautsprechern*, kleinen *Motoren* und *Generatoren*, *Separationssystemen*, *Haftsystemen*, *Kupplungen* und *Lagern*.

Dieses Kapitel beschäftigt sich mit den magnetischen Eigenschaften, der Herstellung und Anwendung **hartmagnetischer Keramiken (Hartferrite, Hexaferrite)**. Hartmagnetische Keramiken sind dauermagnetische Werkstoffe auf der Basis von $BaFe_{12}O_{19}$, $SrFe_{12}O_{19}$ oder $PbFe_{12}O_{19}$. In den letzten Jahren finden aufgrund spezieller magnetischer Eigenschaften sowohl die Ba-Verbindung als auch die Pb-Verbindung kaum mehr Verwendung. Diese Werkstoffe besitzen im Vergleich zu den klassischen AlNiCos eine wesentlich höhere **magnetische Härte (Koerzitivfeldstärke)**. Hartferrite besitzen eine *relativ* große mechanische Härte. Der Begriff Hartferrite bezieht sich natürlich nicht auf die *mechanische*, sondern vielmehr auf die *magnetische* Härte der Verbindungen.

Auch fast 40 Jahre nach ihrer technischen Einführung sind die hartmagnetischen Keramiken auf der Basis der Verbindungen $MFe_{12}O_{19}$ (M = Ba, Sr, Pb) ein konkurrenzfähiges dauermagnetisches Material, welches bezogen auf die Gesamtproduktion aller Permanentmagnete den größten Marktanteil besitzt. Wegen der sehr preiswerten Rohstoffe und der technologisch ausgereiften Fertigung stellen Hartferrite den zur Zeit *preiswertesten* Magnettyp dar.

2   Magnetische Grundlagen

Chemische Elemente unterscheiden sich durch die Anzahl der positiv geladenen Protonen im Atomkern. Der Anzahl der Protonen entspricht die Anzahl der den Atomkern "umkreisenden" negativ geladenen Elektronen. Alle bewegten elektrischen Ladungen erzeugen in ihrer Umgebung Magnetfelder. Im atomaren Bereich gibt es drei grundsätzliche Mechanismen zur Erzeugung magnetischer **Elementardipole**:

– Bahnbewegung des Elektrons

– Eigendrehimpuls des Elektrons

– Eigendrehimpuls des Protons

Die Summe der Elementardipole ergibt das **magnetische Moment** der Atome, Moleküle und Ionen. Aus der Summe der einzelnen magnetischen Momente ergibt sich das magnetische Moment eines makroskopischen Körpers. Betrachtet man die Größen der einzelnen Beiträge, so findet man, daß das magnetische Kernmoment klein gegen die magnetischen Momente, die sich aus der Bahnbewegung der Elektronen und dem Eigendrehimpuls, dem **Spinmoment** des Elektrons, ergeben, ist. Für magnetische Betrachtung kann der Anteil des Kerns am Gesamtmoment vernachlässigt werden. Das Kernmoment ist wichtig für die *kernmagnetische Resonanz*, die *Hyperfeinstruktur* und die magnetischen Eigenschaften *diamagnetischer* (Band 1, Abschnitt 7.1.3) Substanzen bei sehr tiefen Temperaturen. Für das Verständnis von Dauermagneten werden im folgenden der Diamagnetismus, der Paramagnetismus, der Ferro-, Antiferro- und Ferrimagnetismus beschrieben. Während die Eigenschaften dia- und paramagnetischer Stoffe nahezu additiv aus den Eigenschaften der einzelnen Atome oder Ionen abgeleitet werden können [vergleiche hierzu: Klemm, 1936], sind bei den **kooperativen Erscheinungen** (Ferro-, Antiferro- und Ferrimagnetismus) neben den *Wechselwirkungen zwischen Teilchen und magnetischem Feld* auch *Wechselwirkungen der Teilchen untereinander* wesentlich beteiligt.

2.1   Diamagnetismus

Grundsätzlich sind alle Stoffe diamagnetisch (Band 1, Abschnitt 7.1.3). Manchmal wird der Diamagnetismus durch stärkere paramagnetische Eigenschaften überdeckt. Diamagnetismus ist mit dem Bestreben der elektrischen Ladungen verknüpft, das Innere des Körpers vom äußeren Magnetfeld abzuschirmen. Die Lenzsche Regel besagt, daß durch magnetische Flußänderungen induzierte Ströme so gerichtet sind, daß das induzierte magnetische Moment dem äußeren Feld entgegengesetzt ist. Lediglich bei Stoffen, die selbst kein resultierendes magnetisches Moment besitzen (das heißt alle Elektronenspins kompensieren sich gegenseitig; die entsprechenden

Elektronenniveaus sind vollgefüllt) ist Diamagnetismus zu beobachten (Beispiel: Edelgase). Der Wert $\chi = -1/4 \cdot \pi$ stellt die kleinste erreichbare **Suszeptibilität** (Band 1, Abschnitt 7.1.3) dar; dieser Wert kann nur bei *Supraleitern* erreicht werden. Wird ein diamagnetischer Stoff in ein *in*homogenes Magnetfeld gebracht, verdrängt er die magnetischen Feldlinien in seinem Inneren, und die makroskopische Probe wird *aus dem Feld herausgedrängt* (Band 11, Abschnitt 2.2). Die molare Suszeptibilität eines diamagnetischen Stoffes ist negativ und liegt in der Größenordnung von -10^{-5} bis -10^{-2} cm^{3}mol^{-1}.

2.2 Paramagnetismus

Paramagnetische Stoffe (Band 1, Abschnitt 7.1.3) besitzen ein **permanentes Dipolmoment**. Man kann zwischen temperaturabhängigem (Langevin) und temperaturunabhängigem Paramagnetismus (das sind: 1. Paramagnetismus der Leitungselektronen = Pauliparamagnetismus; 2. Paramagnetismus induziert durch schwache Spin-Bahn-Kopplung bestimmter Ionen, z.B. Eu^{2+} = Van Vleck-Paramagnetismus) unterscheiden. In einem **Paramagnetikum** kompensieren sich die einzelnen Elektronenspins nicht, der Gesamtspin ist nicht Null, und in Abwesenheit äußerer Magnetfelder tritt *keine geordnete Orientierung* der einzelnen Momente auf. Nach außen hin ist der paramagnetische Stoff *unmagnetisch*. Wegen der auftretenden Wärmebewegung ist jede Richtung der magnetischen Momente gleich wahrscheinlich. Erst unter Einwirkung eines äußeren Feldes richtet sich das Atommoment entsprechend dem äußeren Feld aus und verstärkt dieses (Berechnung in Band 1, Abschnitt 7.1.3). Die makroskopische Substanz erhält dann ein magnetisches Moment μ. Ein paramagnetischer Stoff verdichtet die Feldlinien in seinem Inneren und wird *in ein inhomogenes Magnetfeld hineingezogen*. Die molare Suszeptibilität ist positiv und liegt in der Größenordnung von $+10^{-6}$ bis $+10^{-2}$ cm^{3}mol^{-1}. Die Temperaturabhängigkeit der molaren paramagnetischen Suszeptibilität wird durch das Curie-Gesetz:

$$\chi_{\mathrm{mol}} = \frac{C}{T} \tag{2.1}$$

(Herleitung in Band 1, Abschnitt 7.1.3) beschrieben.

2.3 Kooperative Eigenschaften:
Ferromagnetismus, Antiferromagnetismus, Ferrimagnetismus

Ferro-, antiferro- und ferrimagnetische Stoffe unterscheiden sich von paramagnetischen durch die Existenz einer **spontanen Magnetisierung** (Band 1, Abschnitt 7.1.4). Während die Orientierung der magnetischen Momente bei Paramagnetika im

Normalzustand zufällig ist, und eine Ordnung erst unter Einwirkung eines äußeren Magnetfeldes stattfindet, besitzen Ferro-, Antiferro- und Ferrimagnetika bereits ohne äußeres Feld eine Ordnung. Diese ist eine Folge der Wechselwirkung zwischen den Atomen. Bei *paralleler Orientierung* benachbarter magnetischer Momente spricht man von **Ferro-**, bei *antiparalleler Orientierung* von **Antiferromagnetismus**. Beim **Ferrimagnetismus** ist der Betrag der antiparallel geordneten Momente ungleich (Bild 2.1)

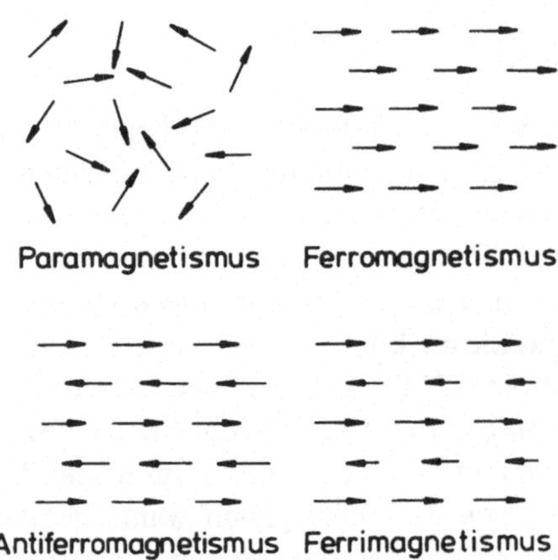

Bild 2.1   Orientierung der Magnetisierungsvektoren bei einigen Arten des Magnetismus (es liegt kein äußeres Magnetfeld an)

2.3.1 Ferromagnetismus

Bis auf die Metalle der I. und II. Nebengruppe des Periodensystems der Elemente sind alle Übergangselemente paramagnetisch. Bei den Elementen Eisen, Cobalt, Nickel sowie bei Selten-Erd-Elementen erfolgt unterhalb einer kritischen Temperatur, der **Curie-Temperatur** (Band 1, Abschnitt 7.1.4), eine spontane Ausrichtung der magnetischen Momente innerhalb bestimmter Bereiche des makroskopischen Magnetikums. In diesen Bereichen ist das Ferromagnetikum *längs einer leichten Richtung bis zur Sättigung magnetisiert*, nach außen erscheint es jedoch unmagnetisch. Nach ihrem Entdecker werden diese Bereiche **Weiß'sche Bezirke** oder **Domänen** genannt [Weiß, 1907, Band 1, Abschnitt 7.1.5] (Bild 2.2.).

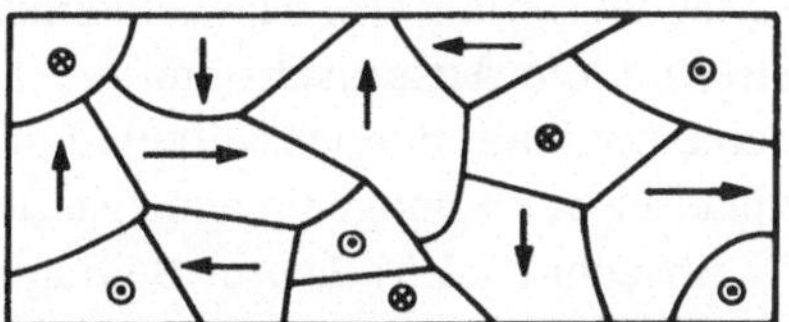

Bild 2.2   Weiß'sche Bezirke in kubischen Ferromagnetika [Weiß, 1907]

In jedem dieser Bereiche liegt die Magnetisierung so, daß – gemittelt über alle Bereiche des makroskopischen Magnetikums – eine statistische Orientierung der Magnetisierungsvektoren vorliegt. Beim Übergang von einem Bezirk in den nächsten ändert sich die Magnetisierungsrichtung nicht sprunghaft, sondern nahezu stetig innerhalb einer Grenzschicht, der **Blochwand (Domänenwand)** [Bloch, 1932, Band 1, Abschnitt 7.1.5] (Bild 2.3.).

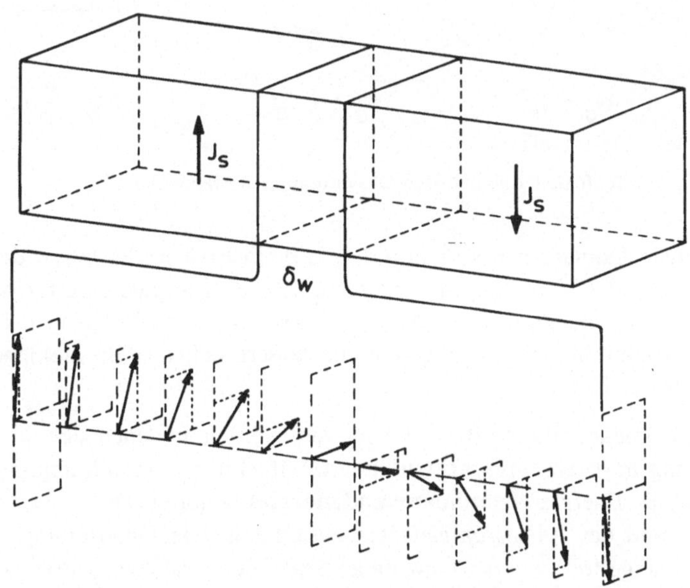

Bild 2.3   Schematische Darstellung einer 180°-Blochwand [Keller, 1962]

Die Blochwand**dicke** ist eine werkstoffspezifische Größe.

Erscheinung und Struktur von Domänen resultieren aus der Minimierung der Gesamtenergie. Die Ausbildung ist in Abwesenheit äußerer Felder energetisch günstiger als eine gleichmäßige Magnetisierung des Magnetikums. Die Domänenstruktur wird durch die **Streufeldenergie**, die **Austausch-** und die **Anisotropieenergie** wesentlich beeinflußt. Durch eine optimale Bereichsaufteilung findet eine Reduzierung der Streufeldenergie gegenüber einem homogen magnetisierten Körper statt [Landau und Lifshitz, 1935, Band 1, Abschnitt 7.1.5]. Dieser Beitrag ist größer als das durch die Aufteilung induzierte Anwachsen der anderen Energieanteile. Für die Aufteilung eines Kristalls in Domänen soll von folgendem Beispiel ausgegangen werden (Bild 2.4.):

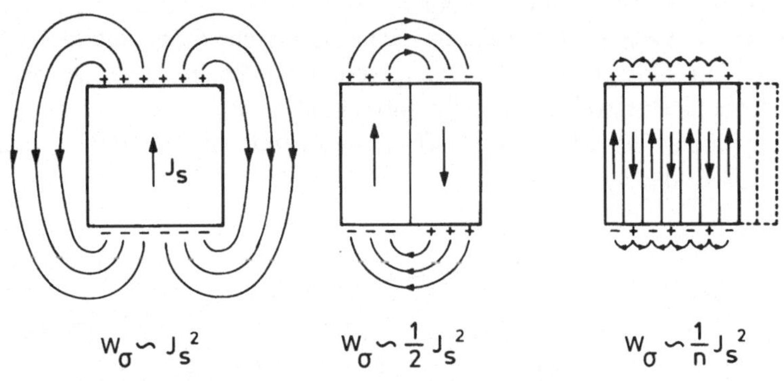

Bild 2.4   Streufeldenergie und Bereichsaufteilung in Magnetika

Die einfachste Domänenstruktur ergibt sich beim Einkristalls durch den Eindomänenfall: Infolge der Verteilung der magnetischen Pole an den Oberflächen liegt hier eine hohe Streufeldenergie proportional $\bar{J}_S^2$ vor. Beim Aufteilen in n Bereiche mit entgegengesetzter Magnetisierungsrichtung ändert sich die Streufeldenergie umgekehrt proportional zu n.

Da bei der Domänenbildung Bereiche gebildet werden, in denen sich die Magnetisierungsrichtung in *diskreten* Schritten ändert, wird für die Ausbildung der Domänenwand ebenfalls Energie (**Domänenwandenergie**) benötigt. Diese setzt sich aus der *Austausch-* und der *Anisotropieenergie* zusammen. Die Unterteilung in Domänen setzt sich solange fort, wie der Gewinn an Streufeldenergie den Aufwand an Wandenergie übertrifft. Im Gleichgewichtszustand stellt sich die Zahl von Domänen ein, für welche die (freie) Gesamtenergie minimal ist.

Ferro- und ferrimagnetische Substanzen zeigen ein sehr komplexes Verhalten der Magnetisierung als Funktion des äußeren angelegten Feldes (Band 1, Abschnitt 7.1.5). Ausgehend vom entmagnetisiertem Zustand ($\bar{J} = \bar{H} = 0$, Bild 2.5), den man beispielsweise durch **thermisches Entmagnetisieren** (Erhitzen auf eine Temperatur oberhalb der Curietemperatur) erreichen kann, nimmt mit steigendem äußeren Feld die Magnetisierung längs der **Neukurve (jungfräuliche Magnetisierungskurve)**

O–A–B–C–D zu. Ab dem Punkt D ist die Sättigungsmagnetisierung $\vec{J}_s$ erreicht. Im Bereich O–A ist der Magnetisierungsprozeß *reversibel*. Es handelt sich hier um den Bereich **reversibler Wandverschiebungen (Rayleigh-Bereich)**. In einem entmagnetisierten Körper sind die Blochwände statistisch auf diejenigen Lagen verteilt, die ein Minimum an Streufeld-, Anisotropie- und Austauschenergie besitzen. Wird das angelegte Feld minimal erhöht, so werden sich die Wände bis zu einer kritischen Feldstärke (Punkt A) reversibel bewegen. Anschließend wird ein **Barkhausen-Sprung** [Barkhausen, 1919] eintreten. In normalen Ferro- und Ferrimagnetika verteilen sich die kritischen Feldstärken statistisch. Das heißt, es existieren stets Wände mit beliebig kleiner kritischer Feldstärke. Bei einigen Domänen wird die irreversible Wandverschiebung bereits bei sehr kleinen Feldern eintreten.

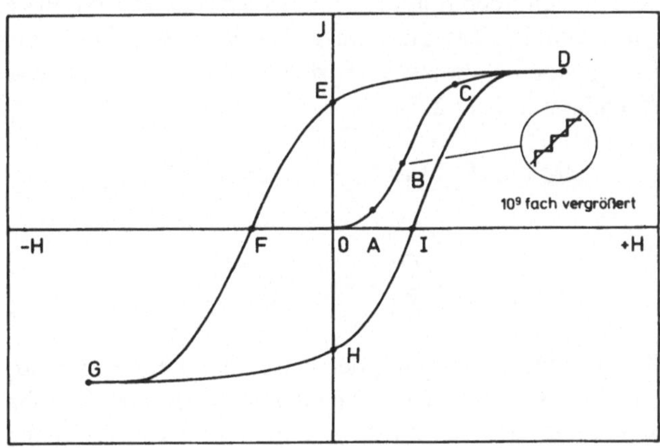

Bild 2.5   Ferromagnetische Hysterese

Die Magnetisierung der makroskopischen Probe setzt sich aus einem reversiblen und einem irreversiblen Anteil zusammen. Für die Magnetisierung im Rayleigh-Bereich existiert eine quadratische Abhängigkeit der Magnetisierung vom Feld gemäß:

$$\vec{M} = \chi_0 \vec{H} + \frac{1}{2}\alpha\left(\left|\vec{H}\right|\vec{H}\right) \tag{2.2}$$

χ_0 und α sind probenspezifisch und somit materialabhängig. χ_0 ist die **Anfangssuszeptibilität** der Probe im Nullpunkt, für die

$$\chi_0 = \lim_{\vec{H}\to 0}\left|\frac{\vec{M}}{\vec{H}}\right| \tag{2.3}$$

gilt. Während χ_0 nur den Beitrag *reversibler* Wandverschiebung bestimmt, hängt α mit den statistischen Eigenschaften der irreversiblen Verschiebungen in schwachen Feldern zusammen. Im Rayleigh-Bereich sind χ_0 und α konstant und von $\vec{H}$ unabhängig. Treten kleine irreversible Wandverschiebungen im Rayleigh-Bereich auf, so führen diese auch zu Hystereseerscheinungen.

Für Feldstärken, die in der Darstellung in Bild 2.5. rechts vom Punkt A, jedoch links vom Punkt C, liegen, treten grundsätzlich irreversible Wandverschiebungen auf. Handelt es sich im steilen Teil der Aufmagnetisierungskurve A–C um reine Wandverschiebungen, so spricht man von **Barkhausen-Sprüngen**. [Barkhausen, 1919]. Zusätzlich können aber auch noch irreversible *Drehungen* vorkommen. In jedem Fall ändert sich bei Erreichen einer kritischen Feldstärke die Magnetisierung *sprunghaft* (*Freiwerden der Blochwand oder Umklappen des Magnetisierungsvektors*). Jeder Abschnitt des steilen Teils der Magnetisierungskurve setzt sich aus einem reversiblen und einem irreversiblen Teil zusammen. Die Blochwand bewegt sich zwischen zwei aufeinanderfolgenden Barkhausen-Sprüngen im differentiell wachsenden Feld reversibel (eingezeichnet in Bild 2.5.).

$$d\vec{M} = d\vec{M}_{rev} + d\vec{M}_{irr} = \chi_{rev}d\vec{H} + d\vec{M}_{irr} \tag{2.4}$$

$$\chi = \left|\frac{\vec{M}}{\vec{H}}\right| = \chi_{rev} + \chi_{irr} \tag{2.5}$$

Die Suszeptibilität χ gibt die Steigung der Kurve an, welche sich aus dem reversiblen (χ_{rev}) und dem irreversiblen (χ_{irr}) Anteil zusammensetzt. Die Größe und statistische Verteilung der Barkhausen-Sprünge hängt stark von der magnetischen Vorgeschichte sowie von der Anzahl und der Verteilung der Gitterfehler ab. Für den Bereich von Feldstärken $>\vec{H}(C)$ (Bild 2.5) sind alle ungünstig magnetisierten Domänen aus dem Material verschwunden. Die Wandverschiebungen sind beendet. Das Gesamtmoment der Probe kann nur noch durch eine Drehung des Magnetisierungsvektors vergrößert werden. Die Richtung der Magnetisierung in den einzelnen Körnern ist derart, daß sie mit dem äußeren Feld den kleinsten Winkel einschließen. Durch weiteres Erhöhen des äußeren Feldes *drehen sich* die Magnetisierungsvektoren weiter in Richtung des Feldes (**Rotation**). Die hierzu benötigte Energie wird von der Größe der **Anisotropiefeldstärke** $\vec{H}_A$ bestimmt. Wird nach Erreichen der Sättigungsmagnetisierung (Punkt D in Bild 2.5) die äußere Feldstärke $\vec{H}$ verringert, so erreicht das Ferromagnetikum bei $\vec{H} = 0$ den Punkt **remanenter Magnetisierung** $\vec{J}_r$ (Punkt E). Diese kann erst durch ein Gegenfeld zum Verschwinden gebracht werden. Die entsprechende äußere Feldstärke wird als **Koerzitivfeldstärke** ($\vec{H}_{cJ}$) bezeichnet (Punkt F). Bei weiterer Erhöhung des äußeren Gegenfeldes in negativer Richtung, wird das Ferromagnetikum komplett bis zum Erreichen der negativen Sättigungsmagnetisierung ummagnetisiert (Punkt G). Wird das äußere magnetische Feld dann wieder in positive Richtung verändert, so beschreibt die Kurve den Weg G–H–I–D. Die geschlossene Kurve D–E–F–G–H–I–D bezeichnet man als **Hystereseschleife**.

In Ferromagnetika richten sich die atomaren Momente durch die **Austauschkopplung** parallel aus. Daher existiert die bereits erwähnte spontane Magnetisierung $\vec{J}_\mathrm{s}$. Diese ist stark temperaturabhängig und verschwindet oberhalb der Curietemperatur (Bild 2.6).

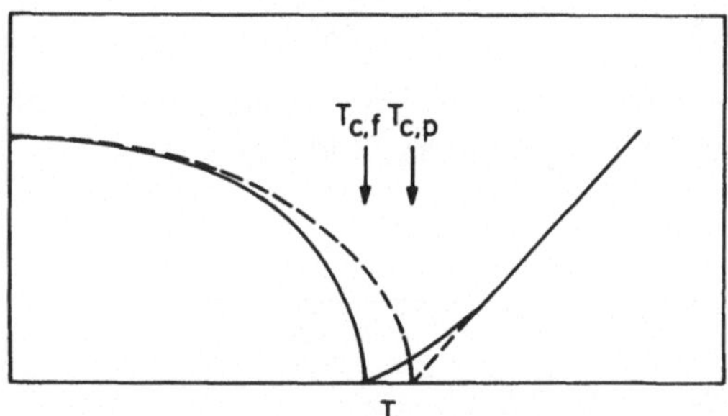

Bild 2.6   Darstellung von ferro- und paramagnetischer Curietemperatur

Oberhalb der Curietemperatur gilt für die Suszeptibilität ein modifiziertes Curie-Gesetz:

$$\chi_\mathrm{mol} = \frac{C}{T - T_\mathrm{C}} \tag{2.6}$$

(Herleitung in Band 1, Abschnitt 7.1.4).

Die *ferro*magnetische Substanz verhält sich bei Temperaturen oberhalb der Curietemperatur praktisch wie ein *Para*magnet. Die Bestimmung der Curietemperatur kann auf zwei grundsätzlich verschiedene Arten bestimmt werden.

1. Extrapolation der Temperaturabhängigkeit der Magnetisierung auf $\vec{J}_\mathrm{s} = 0$.

2. Extrapolation der **Curie-Weiß-Geraden** bei einer Auftragung $1/\chi$ über T auf $\chi = \infty$.

Aus beiden Methoden sollte dieselbe Temperatur ermittelt werden

können. Experimentell ergibt sich jedoch immer eine Differenz. Daher wird von der **ferro-** und der **paramagnetischen Curietemperatur** gesprochen. Bei allen Ferromagnetika ist der Verlauf der reziproken Suszeptibilität über der Temperatur konkav bei Annäherung an die Curietemperatur. Dies hängt mit der Bildung von Spinclustern zusammen. Im folgenden wird unter Curietemperatur immer die *ferromagnetische Curietemperatur* verstanden.

2.3.2 Antiferromagnetismus

Bei Antiferromagnetika handelt es sich um schwach paramagnetische Substanzen. Die Suszeptibilität gehorcht oberhalb einer kritischen Temperatur (**Néeltemperatur**, T_N) einem modifizierten Curie-Gesetz.

$$\chi_{\mathrm{mol}} = \frac{C}{T + T_N} \tag{2.7}$$

Unterhalb der Néeltemperatur zeigt die Suszeptibilität ein komplexes Verhalten. In der Regel steigt sie mit der Temperatur an (Bild 2.7).

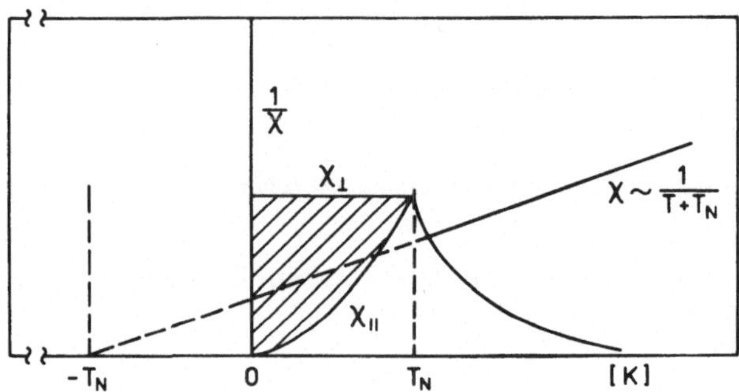

Bild 2.7   Verlauf der Suszeptibilität als Funktion der Temperatur bei Antiferromagnetika

Antiferromagnetika weisen eine starke Kopplung zwischen den atomaren magnetischen Momenten auf (**Austauschkopplung**). Das Austauschintegral wird negativ. Demzufolge ordnen sich die Spins antiparallel. Jedes Antiferromagnetikum besitzt mindestens zwei antiparallel orientierte magnetische Untergitter auf. Das magnetische Moment dieser einzelnen Untergitter ist gleich und kompensiert sich. Eine Zusammenstellung antiferromagnetischer Werkstoffe ist in Band 1, Abschnitt 7.1.4, gegeben.

2.3.3 Ferrimagnetismus

In einem Ferrimagnetikum tritt antiparallele Orientierung von magnetischen Momenten auf. Diese resultiert aus der Existenz von mindestens *zwei magnetischen Untergittern*. Da jedoch die Magnetisierung der Untergitter *unterschiedlich* groß ist, resultiert eine *spontane* Magnetisierung. Aus diesem Grund haben ferrimagnetische Substanzen ähnliche magnetische Eigenschaften wie ferromagnetische Substanzen. Sie weisen ebenfalls das Phänomen der ferromagnetischen Hysterese, wie auch die Ausbildung von Domänen und eine resultierende spontane Magnetisierung auf. Diese kann in der gleichen Größenordnung wie bei Ferromagnetika liegen. Die in der Folge zu diskutierenden Eigenschaften der hartmagnetischen Keramiken, begründen sich auf den Eigenschaften der ferrimagnetischen Ferrite.

2.4 Magnetische Anisotropie

2.4.1 Kristallanisotropie

Messungen der Magnetisierung als Funktion des angelegten äußeren Feldes zeigen bei ferro- und ferrimagnetischen Einkristallen eine magnetische Anisotropie. In *einer* kristallographischen Richtung (*leichte* **Richtung**) werden kleinere Felder zum Aufmagnetisieren des Kristalls benötigt, als in einer anderen kristallographischen Richtung (*schwere* **Richtung**). Die Energie des Kristalls enthält also eine Komponente, die richtungsabhängig bezüglich der spontanen Magnetisierung ist. Diese Komponente nimmt ein Minimum an, wenn der Kristall längs der leichten Richtung magnetisiert wird. Dementsprechend ist der Anisotropieterm maximal, wenn längs der schweren Richtung magnetisiert wird. Der Anisotropieterm in der Energie spiegelt die Kristallsymmetrie wieder und wird aus diesem Grund als **magnetokristalline Anisotropie** bezeichnet. Diese wird üblicherweise durch die **Anisotropiekonstanten** K_i beschrieben. Je nach Anwendung des Ferromagnetikums kann eine große einachsige magnetokristalline Anisotropie erforderlich sein (für *Dauermagnete*), während auf der anderen Seite für bestimmte Anwendungen minimale Anisotropie günstig ist (*Mikrowellenanwendung*). Die magnetische Anisotropie kann phänomenologisch mittels der Thermodynamik beschrieben werden.

Die Helmholtz-Energie eines thermodynamischen Systems ist gegeben über (Band 1, Abschnitt 2.2):

$$F = W - T \cdot S \tag{2.8}$$

Für den Fall eines magnetischen Kristalls ergibt sich der Energieterm über die Änderung des magnetischen Moments mit dem äußeren Feld (Band 11, Abschnitt 2.2):

$$dF = -S \cdot dT + \vec{H} \cdot d\left(\vec{M} \cdot \text{Vol}\right) \tag{2.9}$$

Für konstante Temperatur ergibt sich damit für die freie Energie insgesamt:

$$F = \text{const} + \text{Vol} \cdot \int_{\vec{M}_0}^{\vec{M}} \vec{H} d\vec{M} \tag{2.10}$$

$\vec{M}_0$ repräsentiert den *Startpunkt* der Magnetisierung; im allgemeinen erfolgt die Integration von einem Wert beim äußeren Feld Null bis zu einer konstanten Größe von $\vec{M}$, z.B. der Sättigungsmagnetisierung $\vec{M}_s$. In den einzelnen Domänen ist die Helmholtzenergie nur von der Magnetisierungs*richtung* abhängig. Der Anisotropieanteil, beschrieben durch das Integral in Formel 2.10, wird als **magnetokristalline Anisotropieenergie** bezeichnet. Die Kristallenergiedichte ist eine Funktion der Magnetisierungs*richtung*, welche durch die *Richtungskosinus* α_i gegen ein gitterfestes Koordinatensystem festgelegt ist.

$$\frac{F}{\text{Vol}} = \frac{F}{\text{Vol}}(\alpha_1, \alpha_2, \alpha_3) \tag{2.11}$$

Die Kristallenergiedichte läßt sich in eine Potenzreihe der α_i entwickeln. Allgemein gilt dann:

$$\frac{F}{\text{Vol}} = K_0 + K_i\alpha_i + K_{ij}\alpha_{ij} + K_{ijk}\alpha_{ijk} + \dots (i,j,k=1,2,3) \tag{2.12}$$

Die Konstanten K_i sind die Komponenten von Tensoren *n*-ter Stufe und werden als **Kristallenergiekonstanten** bezeichnet. Formel 2.12 muß zwei Symmetrieforderungen genügen:

1. Invarianz der Kristallenergie gegenüber Drehung der Magnetisierung um 180°. Daraus folgt: Alle ungeraden Glieder in Gleichung 2.12 werden identisch und verschwinden.

2. Invarianz der Kristallenergie gegenüber den **Symmetrieoperationen** im Kristallgitter. Zur Vereinfachung wird in den folgenden beiden Abschnitten Formel 2.12 nur für kubische und hexagonale Gitter angewendet.

Kubische Gitter

Das gitterfeste Koordinatensystem wird derart gewählt, daß es mit den 3 kubischen Achsen des Kristalls zusammenfällt.

$$\sum_{i=1}^{3} \alpha_i^2 = 1 \tag{2.13}$$

Hieraus wird klar, daß das quadratische Glied winkel*un*abhängig wird und deshalb aus der Gleichung weggelassen werden kann. Für die Kristallenergiedichte ergibt sich dann

$$\frac{F}{\text{Vol}} = K_0 + K_1\left(\alpha_1^2\alpha_2^2 + \alpha_2^2\alpha_3^2 + \alpha_1^2\alpha_3^2\right) + K_2\alpha_1^2\alpha_2^2\alpha_3^2 + \dots \tag{2.14}$$

Höhere Glieder der Potenzreihenentwicklung in Formel 2.14 sind zur Beschreibung von Meßergebnissen normalerweise unnötig. Oftmals reicht das Glied vierter Ordnung sowie die Kristallenergiekonstante K_1.

Hexagonale Gitter

Unter der Voraussetzung, daß die z-Achse des ortsfesten Koordinatensystems parallel c und die x-Achse parallel zu einer [1120]-Richtung in der Basisebene liegt, gilt für die Kristallenergiedichte mit Polarwinkeln:

$$\frac{F}{\text{Vol}} = K_0 + K_1 \sin^2 \vartheta + K_2 \sin^4 \vartheta + K_3 \sin^6 \vartheta + \ldots \qquad (2.15)$$

In jedem Fall muß die Kristallenergiedichte eine *gerade* Funktion der Richtungskosinus sein, da die Kristallachsen in der positiven und negativen Richtung physikalisch gleichwertig sind. K_1, K_2 ... heißen auch hier 1., 2. ... Anisotropiekonstante. Sie bestimmen den Charakter und die Größe der mit der Existenz der Kristallenergie verbundenen magnetischen Anisotropie.

Für die Richtung leichter Magnetisierbarkeit wird der Absolutwert der Kristallenergiedichte minimal; für die schwere Richtung hingegen maximal. Relative Größe und Vorzeichen der Anisotropiekonstanten entscheiden darüber, welche Richtung leicht ist. Üblicherweise überwiegt der Einfluß der Anisotropiekonstanten K_1. In diesem Fall ist die leichte Richtung bei kubischen Kristallen parallel zur [100]– oder [111]–Richtung, je nachdem ob K_1 positiv oder negativ ist. Fällt bei hexagonalen Kristallen die leichte Magnetisierungsrichtung mit der hexagonalen Achse zusammen, so ist $K_1 > 0$. Liegt die leichte Richtung in der Basisebene, so ist $K_1 < 0$. Der Zusammenhang zwischen leichter Richtung und Bedingungen für die Anisotropiekonstanten bei kubischen und hexagonalen Kristallen ist in Tabelle 2.1. zusammengefaßt.

Tabelle 2.1   Zusammenhang zwischen leichter Richtung und Bedingungen für die Anisotropiekonstanten bei kubischen und hexagonalen Kristallen [Krupička, 1973]

	Kubische Kristalle		
Leichte Richtung	[100]	[110]	[111]
Bedingungen für K_1, K_2	$K_1 > 0$ $K_1 > -1/9K_2$	$0 > K_1 > -4/9K_2$	$K_1 < 0,\ K_1 < -4/9K_2$ $0 < K_1\ < -1/9K_2$
	Hexagonale Kristalle		
Leichte Richtung	[0001]	(0001)-Ebene	Rotationskegelfläche $\sin^2 \vartheta 0 = -K_1/2K_2$
Bedingungen für K_1, K_2	$K_1 + K_2 > 0$ $K_1 > 0$	$K_1 > 2K_2,$ $-K_1 > 2K_2,\ K_1 < 0$	$0 < -K_1 < -2K_2$

2.4.2 Andere Anisotropieerscheinungen

Wie bereits beschrieben, bilden sich in einem Ferromagnetikum bestimmter Größe spontan Blochwände. Die magnetischen Elementarbereiche sind in der magnetischen Vorzugsrichtung bis zur Sättigung magnetisiert. Hängt die magnetische Vorzugsrichtung von der *geometrischen Form* des Bereichs selbst ab, so spricht man von **Formanisotropie**. Bildhaft läßt sich darstellen, daß der Magnetisierungsvektor in Richtung der Längsachse eines magnetischen Werkstücks liegt. Der Entmagnetisierungsfaktor (Band 1, Abschnitt 7.3.1) nimmt ein Minimum an, ebenso wird die Streufeldenergie minimal.

Treten bei der Ausrichtung der Spins geringfügige Änderungen der Atomabstände auf, dann ist mit der spontanen Magnetisierung die *Magnetostriktion* (Band 1, Abschnitt 7.2.2, Band 3, Abschnitt 5.5.2) verbunden. In diesem Fall spricht man von **Spannungsanisotropie**.

Unter dem Einfluß der spontanen Magnetisierung ordnen sich bei gegebener Diffusionsmöglichkeit innerhalb einer *Mischkristall*reihe bevorzugt *Paare gleicher Atome* mit ihrer Bindungsachse längs der Richtung des lokalen Magnetisierungsvektors. Die Folge ist eine **Überstruktur**. Hier spricht man von **Diffusionsanisotropie**.

2.5 Sekundärmagnetische Eigenschaften

Dauermagnetische Materialien zeichnen sich durch hohe Koerzitivfeldstärken und hohe remanente Magnetisierung aus. Zunächst sollen die Parameter beschrieben werden, mit denen magnetische Eigenschaften von Dauermagneten üblicherweise charakterisiert werden. Dies geschieht im Rahmen des SI-Systems. Hier gilt für die magnetische Flußdichte $\vec{B}$:

$$\vec{B} = \mu_0\left(\vec{H} + \vec{M}\right) = \mu_0\vec{H} + \vec{J} \tag{2.16}$$

$\vec{M}$ und $\vec{J}$ sind die lokalen Beiträge des Ferromagnetikums zur Flußdichte. Sie werden **Magnetisierung** $\vec{M}$ und **magnetische Polarisation** $\vec{J}$ genannt. $\vec{H}$ ist der Beitrag aller anderer Quellen und heißt **magnetische Feldstärke**. $\vec{H}$ und $\vec{M}$ werden in $A \cdot m^{-1}$ ($= 4\pi \cdot 10^{-3}$ Oe), $\vec{B}$ und $\vec{J}$ in $Vs \cdot m^{-1}$ oder T ($= 10^4$ G) gemessen. Die Permeabilität des Vakuums μ_0 beträgt $4\pi \cdot 10^{-7}$ $VsA^{-1}m^{-1}$ (oder $H \cdot m^{-1}$).

Wird die Magnetisierung $\vec{M}$ oder $\vec{J}$ eines Dauermagneten über dem angelegten Feld $\vec{H}$ aufgetragen, so erhält man eine Hysteresekurve. Hier ist die Magnetisierung nicht eine stetige Funktion von H, sondern hängt von Richtung und Größe des angelegten Feldes ab (Bild 2.8).

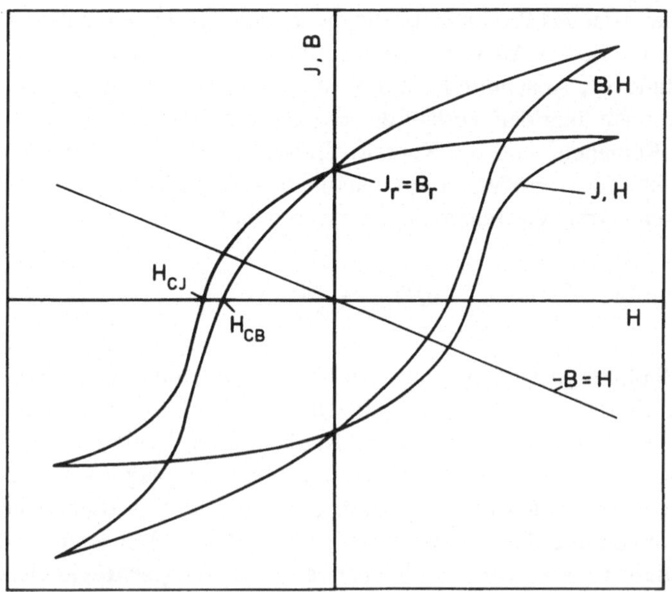

Bild 2.8   Zusammenhang zwischen J–H- und B–H-Darstellung

Die Aufmagnetisierungskurve kann an thermisch entmagnetisierten Magneten beobachtet werden. Sie startet im Ursprung und erreicht die magnetische Sättigung des Materials bei einem äußeren Feld $\vec{H}_{sat}$. Wird das äußere Feld verringert, so verringert sich auch die Magnetisierung bis zur remanenten Magnetisierung $\vec{B}_r$, $\vec{J}_r$ in einem äußeren Feld von $\vec{H} = 0$. Üblicherweise ist $\vec{J}_r$ oder $\vec{B}_r$ kleiner als die Sättigungsmagnetisierung. Liegt auf dem Dauermagneten ein entmagnetisierendes Feld (negatives äußeres Feld $\vec{H}$), so verringert sich die Magnetisierung stetig, um bei Erreichen eines kritischen Feldes $-\vec{H} = \vec{H}_{cJ}$ Null zu werden. Dieses Feld $\vec{H}_{cJ}$ heißt **Koerzitivfeldstärke der Magnetisierung**. Diese Größe ist definiert als das entmagnetisierende Feld, welches nötig ist, um die Nettomagnetisierung des Materials in Anwesenheit eines Feldes auf 0 zu bringen. Wird das äußere Feld nach Erreichen des $\vec{H}_{cJ}$ abgeschaltet, so kann der Dauermagnet eine kleine positive remanente Magnetisierung behalten. Hier ist $\vec{J}_{r'} < \vec{J}_r$.

Wird an Stelle der Magnetisierung die *magnetische Flußdichte* als Funktion des äußeren Feldes aufgezeichnet, so erhält man die Hysterese des Flusses mit der Remanenz $\vec{B}_r = \vec{J}_r$ und einer kleineren Größe der Koerzitivfeldstärke, die hier als **Koerzitivfeldstärke des magnetischen Flusses** bezeichnet wird ($\vec{H}_{cB}$).

Ein Auswahlkriterium für die Brauchbarkeit eines Dauermagnetwerkstoffes, der in einem Magnetsystem eingesetzt werden soll, ist das **maximale Energieprodukt** ($(BH)_{max}$). Dieses ist das Produkt aus Flußdichte und angelegtem äußeren Feld. Es ist eine nützliche Größe zur Auswahl, weil es proportional zur *potentiellen Energie des Feldes* ist (Band 11, Abschnitt 1). Zur Bestimmung des Energieproduktes benötigt man Informationen über den Verlauf der Hystereseschleife des Permanentmagneten. Je höher die Remanenz und die Koerzitivfeldstärke und je stärker konvex die Hysteresekurve ist, desto größer ist das maximale Energieprodukt. Für einen idealen Dauermagneten beträgt das maximale Energieprodukt

$$(BH)_{max} = \frac{\vec{J}_S^2}{4\mu_0} \tag{2.17}$$

Die höchste Sättigungsmagnetisierung bei Raumtemperatur haben Fe–Co Legierungen (2.4 T). Hieraus errechnet sich eine theoretisches Energieprodukt von 1150 $kJ \cdot m^{-3}$ (144 MG·Oe). Die Koerzitivfeldstärke dieser Legierung ist jedoch verschwindend gering, so daß Fe–Co Legierungen als Dauermagnete unbrauchbar sind. Da Dauermagnete nicht nur bei Raumtemperatur eingesetzt werden, benötigt man zu ihrer Charakterisierung die Temperaturabhängigkeit von Remanenz und Koerzitivfeldstärke. Diese Größen werden üblicherweise als **Temperaturkoeffizienten von Koerzitivfeldstärke und Remanenz** bezeichnet $\alpha(H_{cJ})$ und $\alpha(B_r)$. Ihre Zahlenwerte beschreiben die Veränderung der entsprechenden sekundärmagnetischen Eigenschaften in einem gewählten Temperaturintervall in $\%K^{-1}$:

$$\alpha\left(\vec{H}_{cJ}\right) = \frac{1}{H_{cJ}} \cdot \frac{\Delta \vec{H}_{cJ}}{\Delta T} \tag{2.18}$$

$$\alpha\left(\vec{B}_r\right) = \frac{1}{B_r} \cdot \frac{\Delta \vec{B}_r}{\Delta T} \tag{2.19}$$

2.6   Koerzitivfeldstärkemechanismen

Die **Anisotropiefeldstärke** beschreibt die erforderliche Feldstärke, um einen ferro/ferri-magnetischen Einkristall in seiner schweren Richtung bis zur Sättigung zu magnetisieren.

$$H_A = \frac{2K_1}{M_S} \tag{2.20}$$

stellt das obere Limit der Koerzitivfeldstärke der Polarisation $\vec{H}_{cJ}$ dar. Diese theoretische Größe entspricht einer kohärenten Rotation der Magnetisierung in fehlerfreien

Eindomänenteilchen bei einem äußeren Feld $\vec{H}$. Die tatsächlich gefundenen Koerzitivfeldstärken $\vec{H}_{cJ}$ sind aber wesentlich kleiner. Sie schwanken je nach Werkstoff zwischen 10 und 30 % der Anisotropiefeldstärke (Tabelle 2.2.):

Tabelle 2.2   Vergleich von Koerzitivfeldstärke und Anisotropiefeldstärke verschiedener Magnetwerkstoffe

	$SrFe_{12}Q_{19}$	AlNiCo 500	$SmCo_5$	$Sm_2 (Co,TM)_{17}$	$Nd_2Fe_{14}B$
H_A (kAm^{-1}	1400	500	25000	7000	6000
H_{cJ},(kAm^{-1}	350	50	2400	2000	1000
H_{cJ}/H_A	0,25	0,1	0,096	0,29	0,17

Reale Kristalle sind niemals perfekt, und ihre Entmagnetisierung erfolgt über die Keimbildung von Domänen an Defekten, dieser folgt die Bewegung der Domänenwand durch den Gesamtkristall. Hier sind zwei Fälle möglich:

1. Die Keimbildung von entgegengesetzt magnetisierten Bereichen ist schwierig, während der eigentliche Prozeß der Domänenwandverschiebung leicht ist.

2. Im Kristall existieren viele Zentren entgegengesetzter Magnetisierung. Die Bewegung der Domänenwände jedoch wird an Kristalldefekten oder Pinningzentren (Haftzentren) aufgehalten.

Im ersten Fall wird die Koerzitivfeldstärke durch das Feld bestimmt, welches nötig ist einen entgegengesetzt magnetisierten Bereich zu bilden. Im zweiten Fall wird die Koerzitivfeldstärke durch die Energie bestimmt, welche nötig ist, die Domänenwand vom Pinningzentrum abzulösen.

Keimbildungsgehärtete Dauermagnete lassen sich über *pulvermetallurgische Verfahrensweisen* herstellen. Hierzu ist es nötig, daß Ausgangsmaterial auf eine Korngröße zu vermahlen, welche in der Größenordnung von *Eindomänenteilchen* liegt. Von den modernen Dauermagnetwerkstoffen sind die Hartferrite, $SmCo_5$ und Nd–Fe–B-Magnete keimbildungsgehärtet. Die **ausscheidungsgehärteten** $Sm_2(Co,Fe,Cu,Zr)_{17}$-**Magnete** beziehen ihre magnetische Härte aus der Blochwandverankerung an Ausscheidungen innerhalb der Körner. Bei sogenannten Pinningmagneten sollte das Pinningzentrum etwa die gleiche Größe haben wie die Domänenwanddicke.

$$\text{Kritischer Durchmesser:} \quad d_\mathrm{c} = \frac{9\gamma}{2\pi M_\mathrm{S}^2} \tag{2.21}$$

$$\text{Wandenergie:} \quad \gamma = 4\sqrt{AK_1} \tag{2.22}$$

$$\text{Domänenanddicke:} \quad \delta_\mathrm{W} = \frac{\pi\gamma}{4K_1} \tag{2.23}$$

Die Größe von Eindomänenteilchen ist beschrieben [Kittel, 1946; Neel, 1947] in Formel 2.21. Sie hängt mit der Wandenergie zusammen. Letztere ergibt sich zu $4(AK)^{1/2}$ (Formel 2.22), wobei A hier die Konstante der Austauschenergie ist. Die Domänenwanddicke (Formel 2.23) wird durch die Anisotropiekonstante K_1 und die Domänenwandenergie bestimmt.

Die Entmagnetisierung eines Eindomänenteilchens beginnt üblicherweise mit der Keimbildung einer Domäne umgekehrter Magnetisierung in einem Bereich des Eindomänenteilchens, in dem die Kristallanisotropie geringer ist als im Rest. Lokale entmagnetisierende Felder begünstigen die Keimbildung von Domänen mit umgekehrter Magnetisierung. Hat sich eine Domäne mit umgekehrter Magnetisierung erst

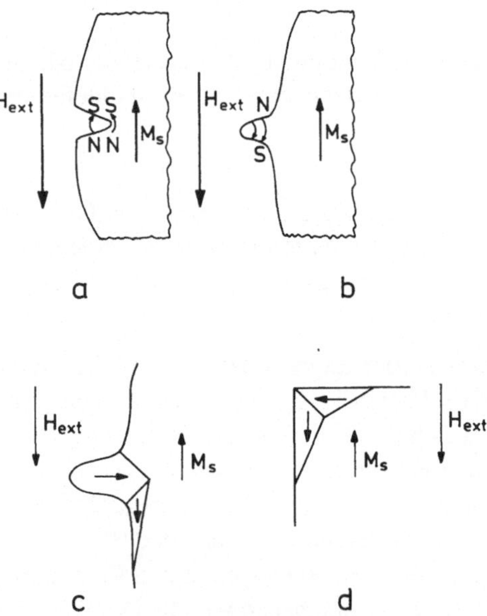

Bild 2.9   Wirkung von Oberflächenunregelmäßigkeiten auf die Bildung von entgegengesetzt magnetisierten Domänen [Cullity, 1972]

gebildet, so wandert die Domänenwand sehr leicht durch das ganze Teilchen. Eine lokale Schwächung der Kristallanisotropie kann durch Gitterdefekte (z.B. Stapelfehler und Antiphasendomänen), hohe Oberflächenrauhigkeiten, Korngrenzen und Ausscheidungen entstehen. Theoretische Betrachtungen [Aharoni, 1962] zeigten, daß durch derartige Defekte eine lokale Verringerung der Anisotropiefeldstärke um eine Größenordnung entstehen kann. Fehlordnungen, wie Stapelfehler und Antiphasendomänen, bedeuten eine sehr starke Beeinträchtigung der magnetischen Ordnung. An derartigen Fehlstellen kann es zu antiferromagnetischer Ordnung kommen. Antiferromagnetische Ordnung wiederum begünstigt die Bildung einer 180° Blochwand [Zijlstra, 1970]. Unregelmäßigkeiten in der Kornoberfläche wie scharfe Ecken oder Löcher, erzeugen hohe lokale entmagnetisierende Felder. Diese können Felder bis zu dem 18-fachen der Sättigungsmagnetisierung erreichen [Aharoni, 1962]. Eine Darstellung der lokalen Entmagnetisierung eines Dauermagneten und der Auswirkung auf die Domänenstruktur im Bereich der Oberflächenunregelmäßigkeiten ist in Bild 2.9.a-d schematisch dargestellt [Cullity, 1972]. (a) Zeigt die Lage des äußeren Feldes zum inneren Feld des gesättigten Magneten in der Nähe einer Einkerbung in der Oberfläche.

In (b) sieht man, daß das äußere Feld (hier $\vec{H}_{ext}$), welches dem Vektor der Sättigungsmagnetisierung des Magneten $\vec{M}_s$ entgegengesetzt ist, eine Auswirkung auf den lokalen Magnetismus in der Nähe der dargestellten Spitze hat. Im Bereich der aus dem Magneten herausragenden Spitze zeigt sich, aufgrund der dargestellten Pfeile, eine entgegengesetzte Magnetisierung zur inneren Magnetisierung $\vec{M}_s$.

Die Domänenstruktur, die sich aus dem in (b) dargestellten Fall ergeben könnte, ist in (c) dargestellt. Deutlich ist zu erkennen, daß im Bereich der aus dem Magneten herausragenden Spitze der Vektor der Sättigungsmagnetisierung der einzelnen Domäne, senkrecht zur Gesamtmagnetisierungsrichtung des Magneten steht. Die Domänen, die sich an diese bereits teilweise ummagnetisierte Domäne anschließen, haben auch bereits eine andere Richtung der Sättigungsmagnetisierung. Würde man die Stärke des äußeren angelegten Feldes $\vec{H}_{ext}$ weiter erhöhen, kann man davon ausgehen, daß sich in der Nähe der bereits ummagnetisierten Domänen weitere Domänen bilden, während die Magnetisierungsvektoren entgegengesetzt zur Hauptmagnetisierung des Magneten liegen. Eine Schwächung des Magneten in Bezug auf seine magnetische Homogenität ist die Folge. Die idealerweise waagerecht verlaufende Entmagnetisierungskurve (II. Quadrant) würde durch das Auftreten magnetischer Inhomogenitäten eine endliche Steigung bekommen.

Weitere Zentren für die Kernbildung von umgekehrt magnetisierten Domänen in einem Magneten stellen scharfe Ecken des Magneten dar. Dies ist in (d) gezeigt. Auch hier ist das äußere angelegte Feld senkrecht zum inneren Feld des Magneten. In der Nähe einer Ecke bilden sich Domänen, deren Magnetisierungsvektoren nicht mehr in der Richtung der Magnetisierung des Magneten liegen. Zunächst bildet sich auch hier wahrscheinlich eine Domäne, deren Magnetisierungsvektor senkrecht zum Vektor der inneren Magnetisierung des Magneten steht. In der Nähe dieser Domäne können sich dann weitere Domänen bilden, die eine komplett umgekehrte Magnetisierung aufweisen. Bei Erhöhung des äußeren Feldes vergrößern sich diese Domänen und benachbarte Domänen klappen leichter in ihrer Magnetisierungsrichtung um. Die Folge ist hier die gleiche wie bei (c).

2.7   Voraussetzungen für gute Dauermagnetwerkstoffe

Das mögliche Potential für die Nutzbarkeit eines ferromagnetischen Stoffes als Ausgangsmaterial für die Herstellung eines Dauermagneten hängt von einer Anzahl physikalischer und wirtschaftlicher Faktoren ab. Bezogen auf das Grundmaterial sollten die physikalischen (primärmagnetischen) Eigenschaften maximal sein:

1. Die Sättigungspolarisation $\vec{J}_s$ sollte nicht nur bei Raumtemperatur, sondern auch bei höheren und tieferen Temperaturen (entsprechend der Anwendungstemperatur) so groß wie möglich sein .

2. Im gleichen Temperaturbereich sollte die Anisotropiefeldstärke $\vec{H}_A$ ebenfalls groß sein.

3. Um einen weiten Anwendungsbereich erschließen zu können, sollte die Curietemperatur ebenfalls so hoch wie möglich sein.

4. Das Material sollte über ausreichende chemische und physikalische Stabilität verfügen.

Die wirtschaftlichen Gesichtspunkte für die Auswahl eines Materials sind sehr einfach. Die Grundstoffe, aus denen der Magnet hergestellt werden soll, sollen so *preiswert* wie möglich sein. Das Herstellungsverfahren für die anschließende Produktion eines Magneten sollte so *einfach* wie möglich sein. Im einzelnen bedeutet dies, daß die Ausgangsmaterialien in ausreichender Menge vorhanden sein sollten und daß auch die Anforderung an die Reinheit im Bereich der technischen Möglichkeiten liegen. Die einzelnen Produktionsschritte sollten möglichst wirtschaftlich und unkritisch, bezogen auf das Ergebnis (Dauermagnet), sein.

Betrachtet man jetzt den Zusammenhang zwischen primärmagnetischen und sekundärmagnetischen Eigenschaften, so wird sehr schnell deutlich (Bild 2.10), wie sich diese Forderungen ergeben.

Die Sättigungspolarisation bestimmt die zu erwartende Remanenz. Die Anisotropiefeldstärke bestimmt die Koerzitivfeldstärke. Die Curietemperatur bestimmt die maximale Anwendungstemperatur des Werkstoffs. Bei der Anwendungstemperatur ist weiterhin zu beachten, daß auch innerhalb des nutzbaren Temperaturintervalls für

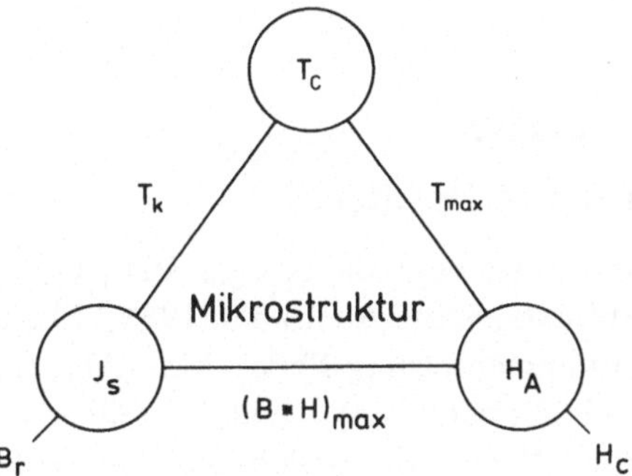

Bild 2.10   Zusammenhang zwischen primär- und sekundärmagnetischen Eigenschaften

den Dauermagneten der Werkstoff nach Möglichkeit keinerlei Phasenumwandlungen (vergleiche das Phänomen der Spin-Reorientierung bei $Nd_2Fe_{14}B$ und verwandten Verbindungen [Buschow, 1988]) aufweist. Aus dem Zusammenwirken von Sättigungspolarisation und Anisotropiefeldstärke ergibt sich, unter Verwendung der Mikrostruktur des anschließend hergestellten Magneten, das maximale Energieprodukt als weiteres Auswahlkriterium für die Brauchbarkeit eines Dauermagneten. Das Zusammenwirken von Anisotropiefeldstärke und Curietemperatur (Koerzitivfeldstärke und maximale Anwendungstemperatur), bestimmt den Temperaturkoeffizienten der Koerzitivfeldstärke. Analoges gilt für das Zusammenwirken von Sättigungspolarisation und Curietemperatur (Remanenz und maximale Anwendungstemperatur) bezogen auf den Temperaturkoeffizienten der Remanenz. Die Frage, die sich aus diesen Forderungen ergibt, ist: Sind die hartmagnetischen Keramiken eine Stoffklasse, die diese Forderungen erfüllt und ergibt sich hieraus die Möglichkeit für Massenanwendungen?

Mit einer relativ niedrigen Sättigungspolarisation von etwa 0,5 T, liegen die Hartferrite deutlich unter der Sättigungspolarisation für Eisen (2,2 T) oder derjenigen der vielfach immer noch gebräuchlichen AlNiCo-Werkstoffe (bis zu 1,4 T). Auch die mittlerweile sehr gebräuchlichen SE–Co und SE–Fe–B-Verbindungen haben Sättigungspolarisationen die in der Regel um einen Faktor 2 größer sind als die der Hartferrite. Die Anisotropiefeldstärke der hartmagnetischen Keramiken liegt mit einem Wert von etwa 2 T deutlich unter den Werten die moderne Dauermagnetwerkstoffe wie Sm–Co oder Nd–Fe–B erreichen. Die Curietemperatur von etwa 500 °C liegt ebenfalls unterhalb der Curietemperaturen moderner Sm–Co-Werkstoffe wie auch der klassischer AlNiCo-Werkstoffe. Ein entscheidendes Kriterium für die Verwendbarkeit der hartmagnetischen Keramiken in großen Mengen liegt in der Verfügbarkeit extrem preiswerter Grundstoffe. Wie später noch beschrieben werden wird, lassen sich Hartferrite leicht durch Calzinieren von Erdalkalicarbonaten und Fe_2O_3 herstellen. Durch ausgefeilte technologische Methoden ist es gelungen, die Qualität der heute produzierten hartmagnetischen Keramiken immer weiter zu verbessern.

3 Hexagonale Ferrite

3.1 Kristallstruktur von Hexaferrit

Die Hexaferrite (magnetisch wichtig: $BaFe_{12}O_{19}$, $SrFe_{12}O_{19}$) kristallisieren hexagonal in der **Magnetoplumbitstruktur** [Adelsköld, 1938]. Magnetoplumbit ist ein Mineral der ungefähren Zusammensetzung $PbFe_{7,5}Mn_{3,5}Al_{0,5}Ti_{0,5}O_{19}$. Die Hexaferrite mit Pb, Ba und Sr sind allesamt isotyp und kristallisieren in der Raumgruppe $P6_3/mmc$. Die Struktur der Hexaferrite besteht aus einer *hexagonal dichtgepackten Struktur* (Band 1, Abschnitt 1.3.4) *von Sauerstoffionen*. In jeder fünften Sauerstoffschicht wird ein O-Ionen durch Ba, Sr oder Pb ersetzt. Eine Formeleinheit setzt sich aus fünf Sauerstoffschichten zusammen. Die Elementarzelle enthält zwei Formeleinheiten. Die Fe-Atome befinden sich in Oktaeder- und Tetraederlücken der Packung. Die Ausnahme bildet ein Satz von Fe-Atomen mit 5-facher Koordination (trigonale Bipyramide). In der Einheitszelle befinden sich achtzehn durch Fe besetzte Oktaederlücken, zwei durch Fe besetzte trigonal-bipyramidale Lücken und vier tetraedrisch umgebene Fe-Atome.

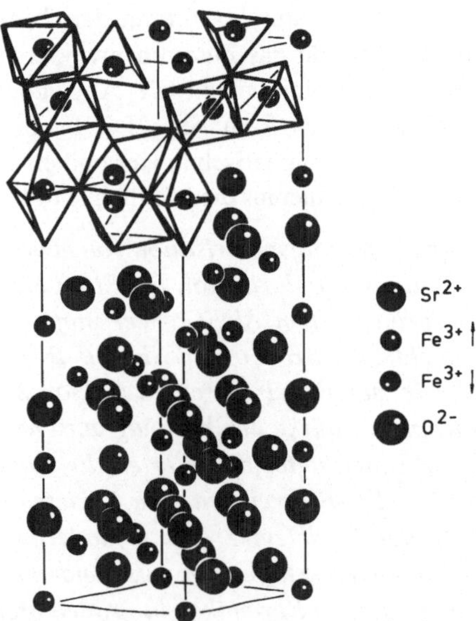

Bild 3.1   Elementarzelle von $BaFe_{12}O_{19}$. Im oberen Teil des Bildes ist die Verknüpfung der Koordinationspolyeder gezeigt. Die Pfeile geben die Spinrichtung der unterschiedlichen Fe-Ionen an.

Die Schichtnotation (Band 1, Abschnitt 1.3.4) längs der c-Achse ergibt sich zu: BAB'ABCAC'AC. Die mit einem Apostroph versehenen Buchstaben kennzeichnen die Schichten, in denen ein Sauerstoffatom durch Ba, Sr oder Pb ersetzt wurde. Die Hexaferritstruktur weist zwei bemerkenswerte Eigenschaften auf, die trigonal bipyramidale 5-fach Koordination von Fe(2) sowie die flächenverknüpften Oktaederpaare bei Fe(4). In Bild 3.1 sind zur vereinfachten Übersicht einige Koordinationspolyeder mit ihrer Verknüpfung eingezeichnet. Weiterhin findet sich in Bild 3.1 die magnetische Struktur wieder.

Tabelle 3.1 Verfeinerte Lageparameter nach Townes et al. , 1967

Atom	Lage	x	y	z	B
Ba	2c	1/3	2/3	1/4	0,31 (1) Å2
Fe(l)	2a	0	0	0	0,20 (3)
1/2 Fe(2)	4e	0	0	0,2567 (1)	0,36 (5)
Fe(3)	4f	2/3	1/3	0,0272 (1)	0,21 (2)
Fe(4)	4f	2/3	1/3	0,1902 (1)	0,22 (2)
Fe(5)	12k	0,1687 (1)	2x	0,1083 (1)	0,23 (1)
O(1)	4e	0	0	0,1501 (4)	0,29 (10)
O(2)	4f	1/3	2/3	0,0546 (4)	0,46 (11)
O(3)	6h	0,8159 (10)	2x	1/4	0,44 (9)
O(4)	12k	0,8447 (7)	2x	0,0522 (2)	0,31 (6)
O(5)	12k	0,4967 (8)	2x	0,1495 (2)	0,41 (5)

Tabelle 3.2 Interatomare Abstände in $BaFe_{12}O_{19}$ nach Townes et al., 1967. Die Werte in Klammern geben die Standardabweichungen der letzten Ziffer an.

Fe (1)oktaedrisch Fe–O (4)	199,5 (6) pm		Fe (3)tetraedrisch Fe –O (2)	189,7 (11) pm	
Fe (4)oktaedrisch Fe–O (3)	206,0 (7) pm		–O (4)	193,6 (9) pm	
–O (5)	197,5 (8) pm		Fe (2)trigonal Fe'–O (1)	217,0 (11) pm	
Fe (5)oktaedrisch Fe–O (1)	197,7 (5) pm		bipyramidal Fe"–O (1)	247,2 (11) pm	
–O (2)	209,1 (6) pm		Fe'–O (3)	188,6 (10) pm	
–O (4)	210,6 (4) pm		Fe"–O (3)	188,6 (10) pm	
–O (5)	192,8 (5) pm				
Mittlerer Fe–O Abstand: 201,2 pm					
Ba–O (3)	295,2 (1) pm		O (4)–O (4)	274,6 (12) pm	
–O (5)	286,5 (6) pm		–O (4)	314,7 (12) pm	
			–O (5)	289,6 (9) pm	
O (1)–O (3)	298,2 (10) pm		–O (5)	287,2 (7) pm	
–O (4)	276,9 (10) pm				
–O (5)	294,7 (1) pm		O (5)–O (5)	288,8 (14) pm	
			–O (5)	300,5 (14) pm	
O (3)–O (3)	325,5 (17) pm				
–O (3)	262,5 (17) pm		Fe (1)–Fe (3)	346,0 (1) pm	
–O (5)	284,9 (6) pm		–Fe (5)	304,5 (1) pm	
			Fe (3)–Fe (5)	349,5 (1) pm	
O (2)–O (4)	294,9 (1) pm		Fe (4)–Fe (4)	277,8 (1) pm	
–O (4)	304,9 (1) pm		Fe (5)–Fe (5)	291,0 (3) pm	
–O (5)	276,2 (11) pm		–Fe (5)	298,3 (3) pm	

Aus der Flächenverknüpfung der zwei Fe(4) Oktaeder ergibt sich für den interatomaren Fe–Fe-Abstand der Atome Fe(4)–Fe(4) eine deutliche Verringerung auf einen Wert < 280 pm. Die anderen Fe–Fe-Abstände liegen in der Größenordnung von 290...300 pm. Lediglich der Abstand Fe(l)–Fe(3) beträgt 350 pm. Die Veränderung des Fe–Fe-Abstandes von 280 auf 300 pm erklärt sich aus der Verknüpfung der Koordinationspolyeder. Tabelle 3.1 faßt die Atomlagen [Townes et al., 1967], wie sie für Hexaferrit gefunden wurden, zusammen. Die interatomaren Abstände, die sich aus der Strukturverfeinerung ergaben, sind in Tabelle 3.2. zusammengestellt.

3.2   Magnetische Struktur von Hexaferrit und primärmagnetische Eigenschaften

Hexaferrite sind typische *Ferri*magnete. Im folgenden wird die sehr genau untersuchte magnetische Struktur des $BaFe_{12}O_{19}$ beschrieben. Die anderen Verbindungen $SrFe_{12}O_{19}$ und $PbFe_{12}O_{19}$ verhalten sich analog. Im Hexaferrit sind die magnetischen Momente der Fe-Atome *längs der c-Achse* in der Elementarzelle angeordnet. Diese Anordnung magnetischer Ionen läßt sich aufgrund theoretischer Überlegungen [Néel, 1948; Anderson, 1950] nur über eine *Austauschwechselwirkung über benachbarte Sauerstoffionen* erklären. Die berechneten Austauschparameter der Fe-Ionen in $BaF_{12}O_{19}$ [Grill et al., 1974] (Tabelle 3.3.) zeigen deutlich den Zusammenhang: Je näher der Fe–O–Fe-Winkel an 180° reicht, um so größer wird der Austauschparameter. Wenn der Winkel zu 90° wird, dann wird der Austauschparameter vernachlässigbar klein.

Tabelle 3.3   Interatomare Abstände, Winkel und berechnete Austauschparameter für $BaFe_{12}O_{19}$ [Grill et al. , 1974])

	Abstand (pm)	Winkel (°)	Austauschparameter	Berechneter Wert (K/μ_B^2)
$Fe(b')-O_{R2}-Fe(f_2)$	188,6/206,0	142,41	J_{bf2}	35,96
$Fe(b')-O_{R2}-Fe(f_2)$	188,6/206,0	132,95	J_{bf2}	35,96
$Fe(f_1)-O_{s1}-Fe(k)$	189,7/209,2	126,55	J_{kf1}	19,63
$Fe(f_1)-O_{s2}-Fe(k)$	190,7/210,7	121,00	J_{kf1}	19,63
$Fe(a)-O_{s2}-Fe(f_1)$	199,7/190,7	124,93	J_{af1}	18,15
$Fe(f_2)-O_{R3}-Fe(k)$	197,5/192,8	127,88	J_{f2k}	4,08
$Fe(b')-O_{R1}-Fe(k)$	216,2/197,6	119,38	J_{bk}	3,69
$Fe(b'')-O_{R1}-Fe(k)$	247,2/197,6	119,38	J_{bk}	3,69
$Fe(k)-O_{R1}-Fe(k)$	197,6/197,6	97,99	J_{kk}	< 0,1
$Fe(k)-O_{s1}-Fe(k)$	209,2/209,2	88,17	J_{kk}	< 0,1
$Fe(k)-O_{s2}-Fe(k)$	210,7/210,7	90,08	J_{kk}	< 0,1
$Fe(k)-O_{R3}-Fe(k)$	192,8/192,8	98,05	J_{kk}	< 0,1
$Fe(a)-O_{s2}-Fe(k)$	199,5/210,7	95,84	J_{ak}	< 0,1
$Fe(f_2)-O_{R2}-Fe(f_2)$	206,0/206,0	84,64	J_{f2f2}	< 0,1

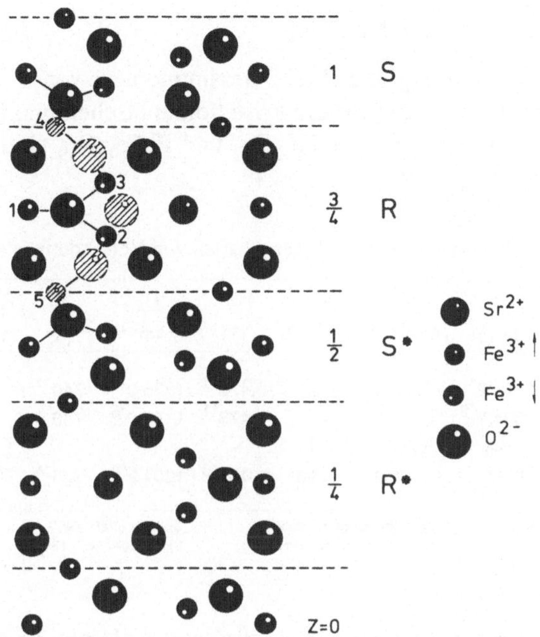

Bild 3.2   Austauschwechselwirkung in BaFe$_{12}$O$_{19}$. Die schraffiert dargestellten Ionen liegen unter- und oberhalb der Zeichenebene [Smit et al., 1959]

Aus den Bildern 3.1 und 3.2 läßt sich erkennen, daß sich im S-Block 4 Fe^{3+}-Ionen mit positivem Spin in oktaedrischer Koordination befinden sowie zwei Fe^{3+}-Ionen in tetraedrischer Koordination mit entgegengesetzter Spinrichtung. Im R-Block existieren 3 Fe^{3+}-Ionen mit positiver Spinrichtung (oktaedrische Koordination) und zwei Fe^{3+}-Ionen mit negativer Spinrichtung. Letztere befinden sich in den flächenverknüpften Oktaedern. Weiterhin befindet sich im R-Block ein 5-fach koordiniertes trigonal-bipyramidal von O^{2-}-Ionen umgebenes Fe^{3+}-Ion mit positiver Spinrichtung. Die Orientierung der magnetischen Momente im S-Block entspricht der Anordnung im Spinell (antiparallel), während die Orientierung der anderen Momente durch die stärksten antiferromagnetischen Wechselwirkungen bestimmt wird, für die der Fe–O–Fe-Winkel groß ist und sich 180° nähert. Betrachtet man so das trigonal-bipyramidal koordinierte Fe^{3+}-Ion im R-Block (Ion 1 in Bild 3.2.), so müssen die Spins der Ionen 2 und 3 ein negatives Vorzeichen haben (antiparallel). Genauso wird der Spin der Ionen 3 und 4 gekoppelt, die den Anschluß an die Momente des S-Blocks darstellen. Durch diese Wechselwirkungen wird die gesamte magnetische Struktur in BaFe$_{12}$O$_{19}$ bestimmt. Die aus der Spinkonfiguration ableitbare Gesamtmagnetisierung für eine Formeleinheit $BaFe_{12}O_{19}$ ergibt sich somit zu (Fe^{3+} besitzt ein magnetisches Moment von 5 μ_B bei 0 K, s. Band 1, Abschnitt 7.2.3):

$$\vec{M}_S(0K) = 5\mu_B \cdot (6 - 2 - 2 + 1 + 1) = 20\mu_B \tag{3.1}$$

Für die Einheitszelle ergibt sich ein Gesamtmoment von 40 μ_B bei 0 K. Die experimentell bestimmten Werte für die kristallographischen und primär magnetischer Eigenschaften von $BaFe_{12}O_{19}$, $SrFe_{12}O_{19}$ und $PbFe_{12}O_{19}$ sind in Tabelle 3.4. zusammengestellt.

Tabelle 3.4   Primärmagnetische Eigenschaften von Verbindungen MO(Metalloxid) · $6Fe_2O_3$.

M	a	c	V		$4\pi M_s$	H_A	T_c	K_1(298 K)	d_c	δ_w
	(pm)	(pm)	($10^{-28}m^3$)	(gcm^{-3})	(T)	kAm^{-1}	(K)	(10^5Jm^{-3})	($10^{-6}m$)	($10^{-3}Jm^{-2}$)
Ba	588,9[*1]	2318,2[*1]	6,9625	5,3	0,478[*1]	1336,9[*5]	740[*1]	3,2[*5]	0,90[*7]	9[*7]
Sr	588,5[*2]	2304,7[*2]	6,9125	5,1	0,478[*1]	1472,2[*5]	750[*1]	3,5[*5]	0,94[*8]	8[*8]
	587,6[*1]	2308[*1]	6,9013	5,11						
Pb	588,9	2307	6,9289	5,66	0,402[*3]	1094,2[*4]	725[*4]	2,2[*1]	0,70[*6]	4,8[*6]

*1) Bertaut et al., 1959	*3) Pauthenet et al., 1959	*5) Jahn et al., 1969	*7) Ratnam et al., 1970
*2) Routil et al., 1974	*4) Pauthenet et al., 1959	*6) Kaczer et al., 1960	*8) Mee et al., 1963

Die Sättigungsmagnetisierung $4\pi M_s$ wird von SrO · $6Fe_2O_3$ über BaO · $6Fe_2O_3$ nach PbO · $6Fe_2O_3$ kleiner. Das gleiche gilt für die Curietemperatur. Eine zusammenfassende Darstellung für die Temperaturabhängigkeit der Sättigungsmagnetisierung im Temperaturbereich bis 800 K gibt Bild 3.3.

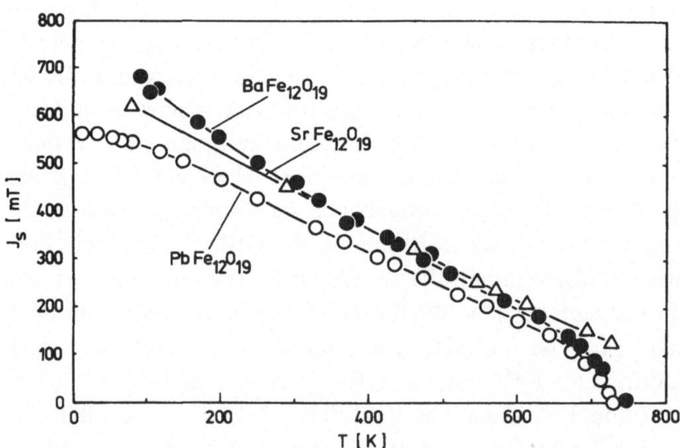

Bild 3.3   Verlauf von $\vec{J}_s$ in Abhängigkeit von der Temperatur bei M · $Fe_{12}O_{19}$ (M = Ba, Sr, Pb)

Der Kurvenverlauf zeigt hier einen fast linearen Verlauf, der erst im Bereich der Curietemperatur stärker abknickt. Die Anisotropiefeldstärken der Hexaferrite nehmen analog zur Sättigungsmagnetisierung und der Curietemperatur ab. Die höchste Anisotropiefeldstärke weist die Sr-Verbindung, die niedrigste die Pb-Verbindung auf. Die Betrachtung der Temperaturabhängigkeit der Anisotropiefeldstärke ergibt für die untersuchten Verbindungen den gleichen Kurvenverlauf (Bild 3.4.).

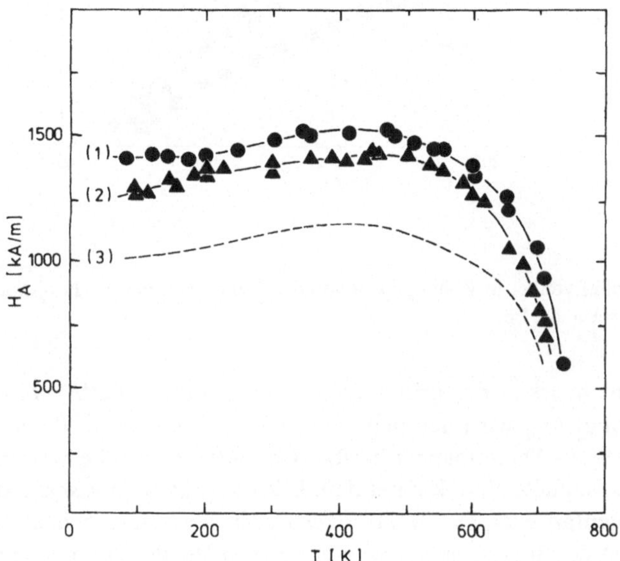

Bild 3.4   Temperaturabhängigkeit von H_A bei $MFe_{12}O_{19}$ (Sr, Pb).
                  (1) $SrFe_{12}O_{19}$ [Jahn et al., 1969]
                  (2) $SrFe_{12}O_{19}$ [shirk et al., 1969]
                  (3) $PbFe_{12}O_{19}$ berechnet [Pauthenet et: al. 1959a]

Die Anisotropiefeldstärke $\vec{H}_A$ wächst im Bereich von etwa −200 °C bis +200 °C an, um dann bis zur Curietemperatur hin stark abzufallen. Dieser Verlauf spiegelt sich auch in den Koerzitivfeldstärken der Ferrite wieder. Da bei den Ferriten die Anisotropiefeldstärke durch den Zusammenhang in Formel (2.20, Wiederholung):

$$H_A = \frac{2K_1}{M_s} \tag{2.20}$$

gegeben ist, läßt sich auch der Verlauf der 1. Anisotropiekonstanten gegen die Temperatur bestimmen (Bild 3.5.).

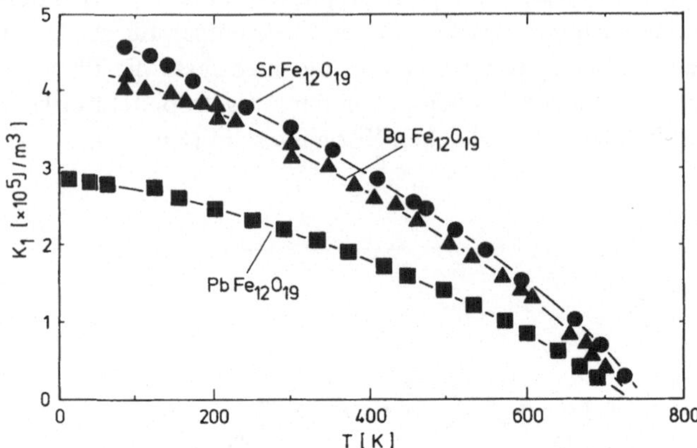

Bild 3.5   Verlauf von K_1 in Abhängigkeit von der Temperatur bei $M \cdot Fe_{12}O_{19}$
(M = Ba, Sr, Pb)

Aus dem Zusammenwirken der primärmagnetischen Eigenschaften von $BaFe_{12}O_{19}$ $SrFe_{12}O_{19}$ und $PbFe_{12}O_{19}$ wird deutlich, daß $SrFe_{12}O_{19}$ das beste Potential für eine technische Nutzung als Dauermagnet besitzt. Da hartmagnetische Keramiken keimbildungsgehärtete Magnete sind, kommt dem *kritischen Durchmesser*, unterhalb dessen der Eindomänenfall energetisch günstiger ist als der Mehrdomänenfall, eine besondere Bedeutung zu. Bei der pulvermetallurgischen Herstellung von Hartmagneten ist, wie später noch verdeutlicht wird, die Vermahlung ein qualitätsbestimmender Schritt. Ziel des Mahlprozesses ist es Teilchen zu erzeugen, deren Durchmesser in der Größe von Eindomänenteilchen liegt (Formel 2.21). In Tabelle 3.4. sind sowohl die kritischen Durchmesser von Teilchen, die den Eindomänenfall widerspiegeln, als auch die Wandenergien für $BaFe_{12}O_{19}$ $SrFe_{12}O_{19}$ und $PbFe_{12}O_{19}$ aufgeführt. $SrFe_{12}O_{19}$ besitzt den größten kritischen Durchmesser, $PbFe_{12}O_{19}$ den kleinsten. Auch hier ist die Verwendung von $SrFe_{12}O_{19}$ günstiger als die Verwendung der anderen Ferrite. Die Koerzitivfeldstärke eines Eindomänenteilchens kann man unter der Voraussetzung, daß nur kohärente Rotation bestimmend ist für den Magnetisierungs- und Entmagnetisierungsprozeß, ausgehend von Formel 3.2, beschreiben.

$$H_{cJ} = \frac{2K}{M_s} - N \cdot M_s \qquad (3.2)$$

N ist der geometrische Entmagnetisierungsfaktor des Teilchens. Er ist definierbar für Rotationsellipsoide bei denen der Durchmesser b größer als die Länge der Rotationsachse a ist:

$$N = \frac{1}{1-\left(\dfrac{a}{b}\right)^2}\left\{1 - \frac{\dfrac{a}{b}}{\sqrt{1-\left(\dfrac{a}{b}\right)^2}}\right\}\arccos\left(\frac{a}{b}\right) \tag{3.3a}$$

Oder wenn a größer b ist, ergibt sich:

$$N = \frac{1}{1-\left(\dfrac{a}{b}\right)^2}\left\{1 - \frac{\dfrac{a}{b}}{\sqrt{\left(\dfrac{a}{b}\right)^2-1}}\right\}\arccos\left(\frac{a}{b}\right) \tag{3.3b}$$

Wenn $a = b$ wird, liegt der Fall einer Kugel vor und N wird 1/3.

In nicht idealen Systemen wird die Koerzitivfeldstärke geringer sein als in Formel 3.2 beschrieben. Dies hängt mit einer verminderten Keimbildungsfeldstärke zusammen. Die Gründe für die Reduzierung der Keimbildungsfeldstärke bei Hexaferriten können Gitterfehler [Heimke, 1962; Heimke, 1963], die Anwesenheit anderer Phasen [Richter et al., 1968b], Stapelfehler [Ratnam et al., 1970] oder die bereits erwähnten lokalen Änderungen in der Anisotropie [Aharoni, 1962] sein.

Die primärmagnetischen Eigenschaften der Hexaferrite lassen sich durch gezielte Substitutionen beeinflussen. Die Substitutionen von Ba^{2+} durch Sr^{2+} und/oder Pb^{2+} ist wegen der Isotypie der drei Verbindungen leicht möglich, ohne die Kristallstruktur zu verändern. Curietemperatur, Sättigungsmagnetisierung und Gitterkonstanten der Mischreihen $Ba_{1-x}Sr_xFe_{12}O_{19}$, $Ba_{1-x}Pb_xFe_{12}O_{19}$ und $Sr_{1-x}Pb_xFe_{12}O_{19}$ [Kojima et al., 1965] zeigen keine deutliche Abweichung vom Mischkristallverhalten. Diese Tatsache bestätigt die Bildung fester Lösungen der drei isotypen Verbindungen. Die Substitution durch andere 2- oder 3-wertige Ionen, wie zum Beispiel La [Lotgering, 1974; Aharoni et al., 1961], führte zu keiner Verbesserung der magnetischen Eigenschaften. Vielmehr führt die Substitution des zweiwertigen Ba durch das 3-wertige La zu einer Valenzänderung eines Fe^{3+}- zu einem Fe^{2+}-Ion [Van Diepen et al., 1974]. Die Substitution von Fe^{3+} durch Al^{3+}, Ga^{3+} oder Cr^{3+} in $BaFe_{12}O_{19}$ oder $SrFe_{12}O_{19}$ ist sehr intensiv untersucht worden. Gerade Al^{3+} und Ga^{3+} können ohne Änderung der Struktur problemlos eingebaut werden. In $BaFe_{12-x}Al_xO_{19}$, $BaFe_{12-x}Ga_xO_{19}$, $BaF_{12-x}Co_xO_{19}$, $SrFe_{12-x}Cr_xO_{19}$ [Bertaut et al., 1959] und $SrFe_{12-x}Al_xO_{19}$ [Goto et al., 1973] nimmt das Volumen der Elementarzelle entsprechend der Vegard-Regel ab.

Die Abhängigkeit vom Substitutionsgrad bei Curietemperatur und Sättigungsmagnetisierung für $BaFe_{12-x}Al_xO_{19}$ [Van Uitert, 1957; Van Uitert et al., 1957] und $SrFe_{12-x}Al_xO_{19}$ [Rodrigue, 1963] sind in Bild 3.6 gezeigt.

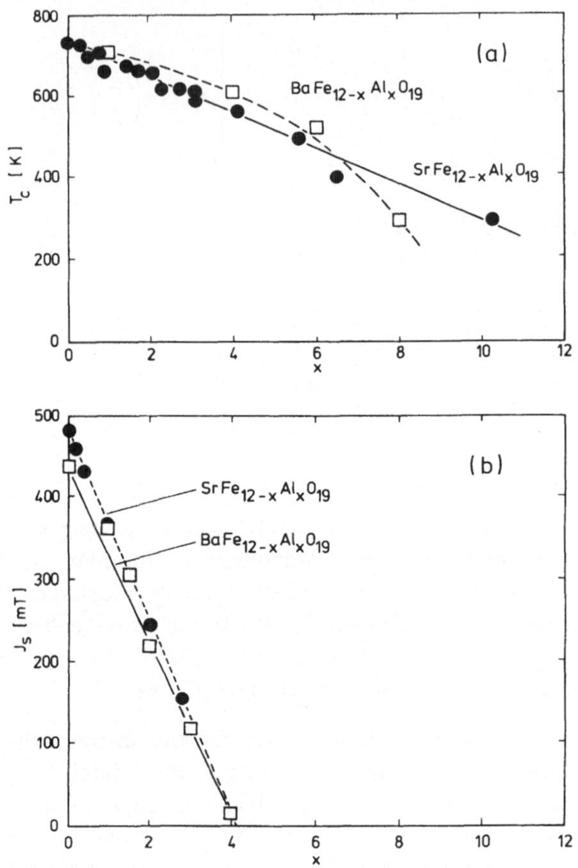

Bild 3.6   Verlauf von T_c (a) und $\vec{J}_s$ (b) bei Substitution von Fe durch Al in $MFe_{12-x}Al_xO_{19}$ (M = Ba, Sr)

Sowohl die Curietemperatur als auch die Sättigungsmagnetisierung nimmt mit steigendem Anteil Al^{3+} ab. Auch die Substitution von Fe^{3+} durch Ga^{3+} führt zur Abnahme der Sättigungsmagnetisierung und zu niedrigeren Curietemperaturen. Die Anisotropiefeldstärke wird durch die partielle Substitution von Fe^{3+} durch Al^{3+} und Ga^{3+} sowohl in $SrFe_{12-x}Al_xO_{19}$ als auch in $BaFeFe_{12-x}Al_xO_{19}$ und $BaFe_{12-x}Ga_xO_{19}$ deutlich vergrößert [De Bitetto, 1964; Rodrigue, 1963; Haneda et al., 1973]. Der Verlauf der Anisotropiefeldstärke bei $BaFe_{12-x}Cr_xO_{19}$ ist nicht verständlich (Bild 3.7).

Andere Substitutionen wie Sc^{3+} und In^{3+} dienten nicht der technischen Verbesserung des hartmagnetischen Materials, sondern der Bestimmung der magnetischen Struktur [Perekalina et al., 1967].

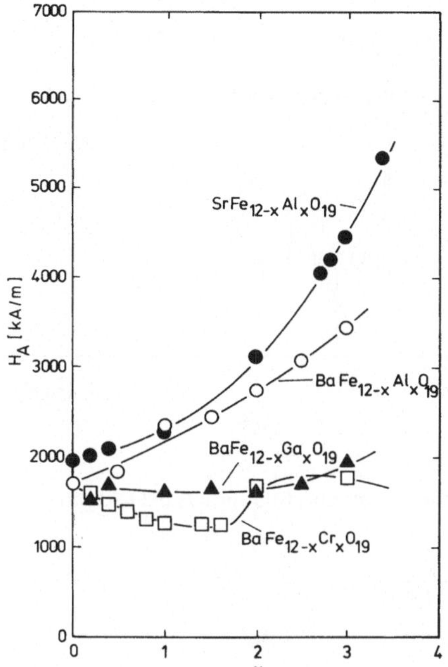

Bild 3.7   Verlauf von $\vec{H}_A$ bei Substitution von Fe in: $M \cdot Fe_{12-x}Al_xO_{19}$ (M = Ba, Sr), $BaFe_{12-x}Ga_xO_{19}$ und $BaFe_{12-x}Cr_xO_{19}$.

3.3   Phasendiagramm

Wegen der technischen Bedeutung von Sr-Ferriten und der in den letzten Jahren deutlich zurückgegangenen Nutzung von Ba- und Pb-Ferriten soll bei der Betrachtung der Phasendiagramme nur auf das System $SrO \cdot Fe_2O_3$ eingegangen werden.

Bei der Betrachtung des Phasendiagramms von $SrO-Fe_2O_3$ ist neben der Temperatur und der Zusammensetzung (molares Verhältnis $SrO : Fe_2O_3$) auch noch der Sauerstoffpartialdruck von großer Bedeutung. Die Schwierigkeit bei der Betrachtung des Phasendiagramms unter Berücksichtigung der technischen Gegebenheiten liegt darin, daß neben den Hauptkomponenten SrO und Fe_2O_3 auch noch andere Nebenbestandteile wie CaO, Al_2O_3 und SiO_2 in technischen Magneten vorkommen. Diese Nebenbestandteile haben einen nicht unerheblichen Einfluß auf die Beziehungen im Phasendiagramm und verkomplizieren dieses erheblich. In der Literatur findet sich eine hinreichend gute Übereinstimmung zwischen dem Phasendiagramm $SrO \cdot Fe_2O_3$ mit 1 bar O_2-Partialdruck und Luft [Batti, 1962; Goto et al., 1971]. Es findet sich in beiden Diagrammen (Bild 3.8. und 3.9.) nur ein sehr enger Homogenitätsbereich, der

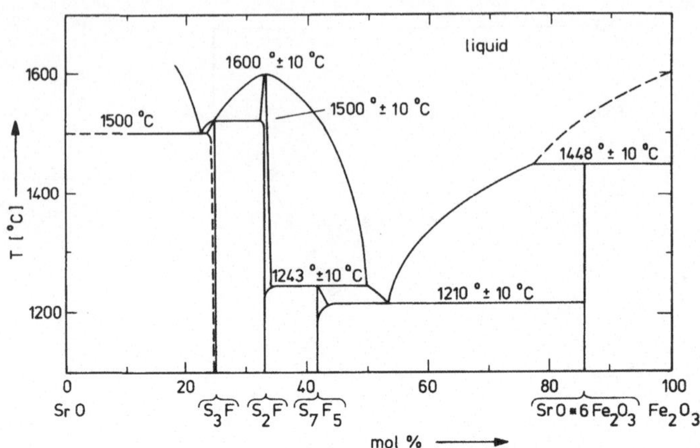

Bild 3.8   Phasendiagramm des Systems SrO–Fe$_2$O$_3$ in O$_2$ [Batti et al., 1962]

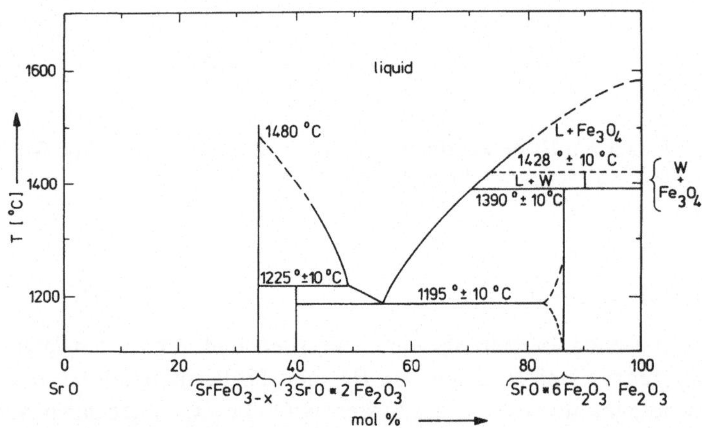

Bild 3.9   Phasendiagramm des Systems SrO–Fe$_2$O$_3$ in Luft [Goto et al., 1971]

im Bereich des Eutektikums etwas vergrößert ist [Routil et al., 1974]. SrO · 6Fe$_2$O$_3$ schmilzt inkongruent bei 1448 ° ± 10 °C (1 bar O$_2$) oder 1390 °C (Luft) unter Bildung von SrO · 2FeO·8Fe$_2$O$_3$ (W-Ferrit).   Bei tieferen Temperaturen ist SrO · 6Fe$_2$O$_3$ die stabilste Phase in dem entsprechenden Konzentrationsbereich oberhalb 50 Mol% Fe$_2$O$_3$. Im SrO-reicheren Teil des Systems finden sich dann nur noch die Phasen 7SrO · 5Fe$_2$O$_3$, 2SrO · Fe$_2$O$_3$ und 3SrO · Fe$_2$O$_3$. Die Schmelztemperatur des Eutektikums liegt für Sauerstoff (1210 ° ± 10 °C) und Luft (1195 ° ± 10 °C) im gleichen Bereich.

4   Herstellung von Ferriten

Der schematische Verfahrensablauf für die Herstellung von Ferriten ist in Bild 4.1 dargestellt.

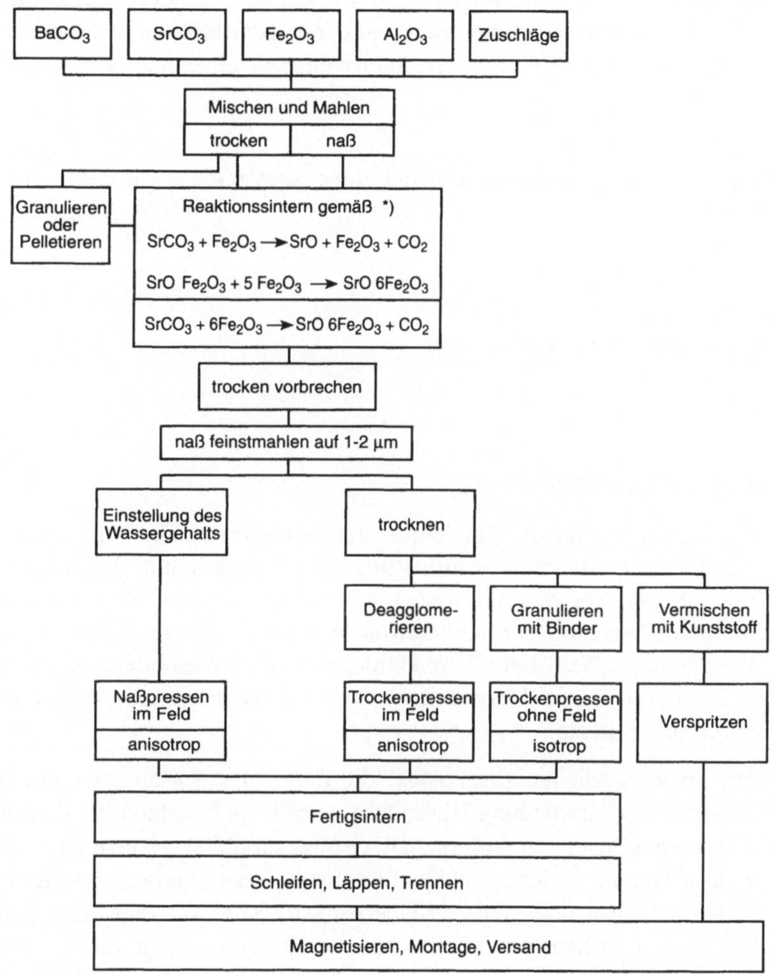

Bild 4.1   Schematisierter Verfahrensablauf bei der Herstellung von Ferriten
*)Der vollständige Reaktionsmechanismus ist in den Formeln 4.4... 4.6 dargestellt.

Die eingesetzten Rohmaterialien sind üblicherweise Erdalkalicarbonate und natürliches oder synthetisches $\alpha\text{-}Fe_2O_3$, sowie einige Zuschläge auf der Basis von SiO_2 oder Al_2O_3. Diese Zuschläge werden den Erdalkalicarbonaten und dem $\alpha\text{-}Fe_2O_3$ meist in einer Größenordnung von 0,5...2,5 Gew.% hinzugegeben. Die Zuschläge beeinflussen die Reaktion beim Calzinieren, das Schrumpfverhalten wie auch das Kornwachstum im fertigen Magneten. Der Einfluß von Aluminium und ähnlichen Substituenten auf die primärmagnetischen Eigenschaften wurde im vorangegangenen Kapitel diskutiert. Die Ausgangsmaterialien werden miteinander vermischt, calziniert, trocken oder naßgemahlen, verpreßt und dann als Grünlinge dichtgesintert. Im Folgenden wird die grundsätzliche Verfahrensweise in einzelnen Schritten behandelt. Es sind dies:

– Rohmaterialaufbereitung
– Calzinierung oder Reaktionssinterung des aufbereiteten Rohmaterials
– Mahlprozeß
– Formgebung
– Sintern
– Mechanische Bearbeitung
– Magnetisieren von fertigen Magneten

4.1   Rohmaterialaufbereitung

Typische Rohmaterialien für die Herstellung von hexagonalen Ferriten sind Erdalkalicarbonate und Eisenoxide [zur Beeinflussung der Magnetqualität durch Eisenoxide vgl.: Wullkopf, 1974]. Verwendung finden hier typische *technische* Reinheiten. Insbesondere bei den Eisenoxiden finden sowohl *natürliche* wie auch *synthetische* Eisenoxide Verwendung. Natürliche Eisenoxide, welche insbesondere in den frühen Jahren der Ferritproduktion Verwendung fanden, enthalten als Verunreinigung (**Gangart**) SiO_2 und Silicate.

Heute finden im wesentlichen Eisenoxide, die durch das Sprührösten mit HCl in Stahlwerken anfallen, Verwendung [Eisenhuth, 1968]. Zu beachten bei diesen Eisenoxiden ist im wesentlichen der Chlorgehalt, der jedoch üblicherweise unterhalb von 0,1 % liegt. Je nachdem, welche Stahlqualität mit Salzsäure gebeizt wurde, können sich Spuren von Mangan oder anderen Übergangsmetallen im Eisenoxid befinden. Das geröstete Eisenoxid liegt anschließend in der Größenordnung von 20...400 µm dicken Hohlkugeln vor. Aufgrund der geringen Korngröße weist dieses Material eine sehr hohe Reaktivität auf [Ruthner et al., 1970; Hiraga, 1970; Ito et al., 1974; Ruthner, 1980]. Weiterhin findet Eisenoxid, welches über das Rösten von Pyrit hergestellt wurde [Otsuka et al., 1973], oder Eisenoxid, aus der Oxidation von Carbonyleisen [Okamura et al., 1952; 1955], Verwendung.

Der Einsatz von Erdalkalicarbonaten ist problemlos, üblicherweise finden technische Reinheiten Verwendung. Hier bereitet der Herstellungsprozeß keinerlei Probleme. Erdalkalicarbonate sind einfach zu behandeln und zu lagern, und während des folgenden Calzinierungsprozesses muß lediglich das CO_2 während der Reaktion abgespalten werden, um Bariumoxid oder Strontiumoxid zu erhalten. Typische Verunreinigung in den Erdalkalicarbonaten sind jeweils die homologen Carbonate ($BaCO_3$ enthält $SrCO_3$ und umgekehrt).

Die Rohmaterialien werden in entsprechender Stöchiometrie miteinander vermischt und dann den weiteren Verfahrensschritten zugeführt. Wenn jedoch die Korngröße des angelieferten Rohmaterials nicht fein genug oder sehr unterschiedlich ist, erfolgt die Vermischung der Rohmaterialien gleichzeitig mit einer Vermahlung. Das Mischen kann sowohl trocken als auch naß geschehen [Ries, 1969]. Beim Naßmischen wird üblicherweise in einer wäßrigen Aufschlämmung gearbeitet, wobei dann zweckmäßigerweise in Mühlen gearbeitet wird. Nachteil dieses Verfahren ist die Trocknung der Aufschlämmung vor dem nachfolgenden Calzinierungsschritt.

Durch das Trockenmischen wird nach dem Einwägen der Komponenten zunächst eine möglichst homogene Mischung erzeugt, wobei dies ebenfalls in Mühlen erfolgen kann, wenn die Korngröße des angelieferten Materials nicht ausreichend ist. Nach der innigen Vermischung der Rohmaterialien, wird die Mischung in einen Granulator überführt. In diesem erfolgt unter Einsprühen von Wasser eine Granulierung des Pulvers bis zu einer Größe von 0,5 cm. Dieses Granulieren erleichtert den Transport zum Calzinieren und verhindert gleichzeitig das Entmischen der einzelnen Rohmaterialien mit unterschiedlicher Dichte. Ein weiterer Vorteil der Granulation ist die Erhöhung der "Grünlingsdichte" im Granulat. Während eine einfache Mischung von Erdalkalicarbonat und Eisenoxid im entsprechenden stöchiometrischen Verhältnis eine Schüttdichte von etwa 1,3 $g \cdot cm^{-3}$ aufweist, besitzt das Granulat eine Dichte von etwa 2,6 $g \cdot cm^{-3}$ und das fertig reaktionsgesinterte Granulat eine Dichte von etwa 3,5 $g \cdot cm^{-3}$. Die größere Dichte des Granulats vereinfacht die Reaktionskinetik während des Calzinierens. Die Diffusionswege zur Erzeugung eines homogenen Hexaferrits sind wesentlich kürzer, als wenn direkt aus dem Pulver gearbeitet würde.

4.2   Calzinierung, Reaktionssinterung

Die Reaktion von Erdalkalicarbonaten mit Eisenoxiden führt zum *Hexa*ferrit. Dieser Prozeß wird üblicherweise als **Calzinierung** bezeichnet. Nach der Calzinierung (**Reaktionssinterung**) liegt das eingebrachte Granulat als relativ fester Körper vor. Die Prozeßführung muß so gestaltet werden, daß die anschließende mechanische Aufarbeitung noch leicht möglich ist. Bei der Calzinierung handelt es sich um einen mehrstufigen Prozeß [Suchet, 1956; Wullkopf, 1972, 1973, 1974; Stäblein et al., 1969a;

1969b; Haberey et al. 1973; Efremov et al., 1977]. Während der Monoferritreaktion setzt sich ein Mol $BaCO_3$ mit einem Mol Fe_2O_3 zum Bariummonoferrit unter Abspaltung von CO_2 um (4.1).

$$BaCO_3 + Fe_2O_3 = BaO \cdot Fe_2O_3 + CO_2 \tag{4.1}$$

$$BaO \cdot Fe_2O_3 + 5Fe_2O_3 = BaO \cdot 6Fe_2O_3 \tag{4.2}$$

$$BaCO_3 + 6Fe_2O_3 = BaO \cdot 6Fe_2O_3 + CO_2 \tag{4.3}$$

Diese Reaktion beginnt bei etwa 400 °C mit der Abspaltung geringer Mengen von CO_2. Die eigentliche Zersetzung von $BaCO_3$ hingegen beginnt bereits bei 350 °C. Erste Spuren von entstandenem Bariummonoferrit finden sich im Temperaturbereich von 600 °...650 °C. Bei 950 °C hat sich alles $BaCO_3$ mit Eisenoxid zum Reaktionsprodukt Bariummonoferrit umgesetzt. Bereits im Temperaturbereich zwischen 700 °C und 800 °C beginnt die eigentliche Hexaferritreaktion (4.2). Während dieser Reaktion setzt sich der Monoferrit mit 5 Mol Fe_2O_3 um und bildet $BaFe_{12}O_{19}$ [zum Reaktionsmechanismus vergleiche: Stäblein, et al. 1972, 1973a, 1973b; Takada et al., 1970; Kohatsu et al., 1968]. Bei der Bildung von Strontiumhexaferrit werden zwei Mechanismen diskutiert:

1. Die Bildung von Strontiumhexaferrit über einen Zwischenschritt ähnlich wie bei der Bildung von Bariumhexaferrit [Beretka et al., 1971; Haberey et al. 1976]

$$SrCO_3 + Fe_2O_3 = (SrO \cdot Fe_2O_3 + 2SrO \cdot Fe_2O_3) + CO_2 \tag{4.4}$$

$$\left(SrO \cdot Fe_2O_3 + 2SrO \cdot Fe_2O_3\right) + 5Fe_2O_3 = SrO \cdot 6Fe_2O_3 \tag{4.5}$$

$$SrCO_3 + 6Fe_2O_3 = SrO \cdot 6Fe_2O_3 + CO_2 \tag{4.6}$$

Die Bildung von Strontiummonoferrit erfolgt nur im Vakuum.

2. Die Bildung von Strontiumhexaferrit in Anwesenheit von Sauerstoff [Haberey et al., 1976; Vogel et al., 1979]

$$SrCO_3 + \frac{1}{2}Fe_2O_3 + \left(\frac{1}{2} - x\right) \cdot \frac{1}{2}O_2 = SrFeO_{3-x} + CO_2 \tag{4.7}$$

$$SrFeO_{3-x} + 5,5Fe_2O_3 = SrO \cdot 6Fe_2O_3 + \left(\frac{1}{2} - x\right) \cdot \frac{1}{2}O_2 \tag{4.8}$$

$$SrCO_3 + 6Fe_2O_3 = SrO \cdot 6Fe_2O_3 + CO_2 \tag{4.9}$$

Bei diesem Reaktionsmechanismus entsteht als Zwischenprodukt $SrFeO_{3-x}$. Diese Verbindung kristallisiert in der *Perowskit*struktur.

Die CO_2-Abspaltung beginnt mit der Bildung von Strontiumhexaferrit bereits bei 300 °C. $SrCO_3$ wird nur unterhalb 800 °C beobachtet. Oberhalb 800 °C wird Hexaferrit gebildet.

Die technische Herstellung von Hexaferriten erfolgt entweder in Drehrohröfen oder in Pendelöfen. Diese Öfen werden mit Gas beheizt, und bei Temperaturen zwischen 1200 ° und 1350 °C wird der Hexaferrit hergestellt. Bedingt durch die Gasbeheizung ist der Sauerstoffpartialdruck in diesen Öfen niedriger als in der Atmosphäre. Eine genaue Reaktionsführung ist daher notwendig, um sicherzustellen, daß für die Mono- und Hexaferritreaktion ausreichend Sauerstoffpartialdruck vorhanden ist [Petzi, 1971].

4.3 Mahlprozeß

Das nach dem Reaktionssintern vorliegende Produkt ist grob und liegt in der Regel nach wie vor als Granulat mit einer Größe von bis zu 0,5 cm Durchmesser vor. Um dieses Material der weiteren Produktion (Formgebung) zuführen zu können, muß es zunächst vermahlen werden. Wie bereits erwähnt, wird bei Hexaferriten die Koerzitivfeldstärke durch die Korngröße beeinflußt. Idealerweise sollte die Korngröße in der Größe von Eindomänenteilchen liegen. Dies begünstigt gleichzeitig die Ausrichtbarkeit des Materials. Da sich während des an die Formgebung anschließenden Sinterprozesses die Korngröße verändert (Vergröberung), muß das zur Formgebung eingesetzte Material eine Korngröße von deutlich < 1 μm aufweisen. Weiterhin sollte der größte Anteil im Korngrößenintervall zwischen 0,1 und 0,5 μm liegen. Die Koerzitivfeldstärke der aus diesem Material gefertigten Magnete wird daher nicht nur durch die Korngröße, sondern auch durch die mechanische Zerkleinerung (Mahlen) des Materials beeinflußt.

Das üblicherweise anfallende Granulat wird zunächst in Vorzerkleinerungsschritten etwa mittels Rollmühlen auf eine Korngröße von etwa 1 mm gebracht. In anschließenden Schritten (Kugelmühlen) wird das vorliegende grobe Pulver auf Korngrößen von 100 oder wenigen 100 μm vermahlen. Korngrößen < 1 μm werden durch Naßmühlen (Kugelmühlen, Vibrationsmühlen, Attritoren) erzeugt. Attritormühlen weisen gegenüber konventionellen Kugelmühlen gewisse Vorteile auf. Ein wesentlicher Punkt ist die relativ kurze Mahlzeit [Heimke, 1962; Richter, 1968; Bungart et. al., 1968]. Geringe Mahlzeiten bedeuten, neben einem hohen Durchsatz auch ein geringes Vermahlen der Mahlhilfsmittel (Kugeln). Da durch das Aufwenden mechanischer Energie Wärme erzeugt wird, verändert sich während des Mahlprozesses der Wassergehalt der Mahlsuspension. Soll diese Suspension direkt zum Naßpressen verwendet werden, muß ein konstanter Wassergehalt eingestellt werden. Für das Naßpressen sind üblicherweise Wassergehalte von 20 bis 50 Gew.% notwendig. Die Suspensionen mit eingestelltem Wassergehalt werden in Rührbehältern zwischengelagert. Aus diesen Rührbehältern kann bei Bedarf die entsprechende Menge Suspension abgezweigt und der weiteren Verarbeitung zugeführt werden.

Soll nicht naß, sondern trocken gepreßt werden, muß die Suspension getrocknet werden. Dies erfolgt üblicherweise über Sprühtrockner mit dem Nachteil, daß sich relativ große Agglomerate bis in der Größenordnung von 0,1...0,5 mm in Form von Hohlkugeln bilden können. Eine weitere Möglichkeit zur Trocknung ist die Verwendung von kontinuierlich arbeitenden Filtern oder aber durch Verdampfen des Wassers. Während dieses Trocknungsprozesses wird das relativ leicht ausrichtbare und für hohe magnetische Qualitäten geeignete Ferritmaterial durch Agglomeration so verändert, daß sich beim eigentlichen Verpressen wesentlich schlechtere magnetische Eigenschaften einstellen. Um auch hier wieder eine ausreichende magnetische Qualität erzeugen zu können, muß das getrocknete Material abermals vermahlen werden, um ein Pulver mit guter Ausrichtbarkeit zu erhalten.

4.4   Formgebung

Das am häufigsten angewandte Formgebungsverfahren bei der Herstellung von keramischen Dauermagneten ist die axiale Preßtechnik. Nach diesem Verfahren werden die meisten gesinterten Hartferrite hergestellt, deshalb soll im folgenden nur auf diese Technik eingegangen werden. Beim axialen Preßverfahren handelt es sich um ein Verfahren, bei dem die Verdichtung der pulverförmigen Materialien oder der Suspension, gesteuert oder geregelt durch mechanischen oder hydraulischen Druckaufbau, durch zwei oder mehr Bewegungsachsen senkrecht zur Preßmatrize erfolgt. Bei den Verdichtungsmethoden in der axialen Preßtechnik unterscheidet man vier verschiedene Techniken:

– Einseitiges Pressen

– Doppelseitiges Pressen

– Pressen mit schwimmender Matrize

– Abziehverfahren mit zwangsläufig gesteuerter Matrizenbewegung

Beim einseitigen Pressen stehen Unterstempel und Matrize fest. Der Oberstempel bewegt sich in diese feststehende Form hinein und führt die Verdichtung durch. Eine gleichmäßige Druckausbreitung wird durch die Reibung an der Matrizenwand verhindert (s. Abschnitt 2 dieses Bandes). Der Preßling weist an der Oberseite eine höhere Dichte als an der unteren Seite auf. Wird das Verfahren des doppelseitigen Pressens angewendet, steht die Matrize fest, Ober- und Unterstempel verdichten das Material gleichmäßig von oben und von unten. Die Folge ist eine höhere Dichte des Preßlings an Ober- und Unterseite. Beim Pressen mit schwimmend gelagerter Matrize bewegt sich der Unterstempel nicht, der Oberstempel bewegt sich in die auf Federn gelagerte Matrize hinein. Wird die Reibungskraft zwischen Pulver und Matrizenwand größer als die Federkraft, so wird die Matrize mit nach unten gezogen, die Dichteverteilung im Preßling wird wesentlich gleichmäßiger als bei den beiden vorhergehend beschriebenen Verfahren. Wird mit zwangsgesteuerter Matrize verpreßt, taucht der Oberstempel bei feststehendem Unterstempel in eine nach unten bewegliche Matrize ein. Die Relativbewegung der Matrize erfolgt zwangsgesteuert durch die Maschine. Hierdurch läßt sich die Bewegung zu genau definierten Zeitpunkten durchführen. Die Dichteverteilung im Preßling ist exakt und gleichmäßig über das gesamte Volumen [Fischer, 1987; Winterberg, 1962a; 1962b; 1962c]. Entsprechend der Preßtechnik und der Ausrichtung der pulverförmigen Teilchen unterscheidet man bei der Herstellung von Hartferriten trockengepreßte isotrope Ferrite, trockengepreßte anisotrope Ferrite und naßgepreßte anisotrope Ferrite.

4.4.1 Isotrope Ferrite

Bei den isotropen Ferriten befinden sich die Kristalle und somit ihre magnetischen Momente in regellosem Zustand. Die Remanenz von isotropen Ferriten beträgt etwa 50 % der anisotroper Ferrite. Das feinzerkleinerte Ferritpulver mit einer Korngröße von 1...2 μm besitzt ein sehr schlechtes Füllverhalten bezogen auf die Formgebung. Aus diesem Grund wird es granuliert. Hierbei kann direkt das Material aus den Sprühtrocknern Verwendung finden. Bei der Herstellung isotroper Ferrite wird Ferritpulver (Granulat) ohne vorherige magnetische Ausrichtung im Preßwerkzeug verdichtet. Isotrope Ferrite weisen üblicherweise sehr einfache geometrische Formen auf. In aller Regel handelt es sich um Scheiben, Zylinder, Plättchen oder Ringe, die in Haftsystemen oder aber einfachen Motoren Verwendung finden. Der Anteil an isotropen Ferriten an der Gesamtmenge der hergestellten Ferritmagnete ist relativ gering.

4.4.2 Anisotrope Ferrite

Bei der Herstellung anisotroper Ferritmagnete wird, während des Füllens und Verdichtens im Werkzeug, das Pulver einem äußeren Magnetfeld ausgesetzt. Bedingt durch das äußere Magnetfeld werden die einzelnen magnetischen Momente der Pulverteilchen in Richtung des äußeren Magnetfeldes gedreht. Die resultierende Polarisation anisotroper Ferrite ist daher höher als die isotroper. Die Richtung des äußeren Feldes orientiert sich im wesentlichen am Anwendungszweck der Magnete. Bei der Herstellung von Lautsprechermagneten liegt das äußere Feld üblicherweise parallel zur Preßrichtung. Hierdurch wird gewährleistet, daß eine senkrechte Ausrichtung der magnetischen Momente erhalten wird. Bei der Herstellung von Magnetsegmenten, die insbesondere bei Motoren Anwendung finden, legt man üblicherweise Wert auf eine radiale Ausrichtung (Bild 4.2). Die Größe der Magnetfelder, die zum Ausrichten der einzelnen Pulverteilchen beim Pressen nötig sind, liegen in der Größenordnung von 500...800 kAm^{-1}.

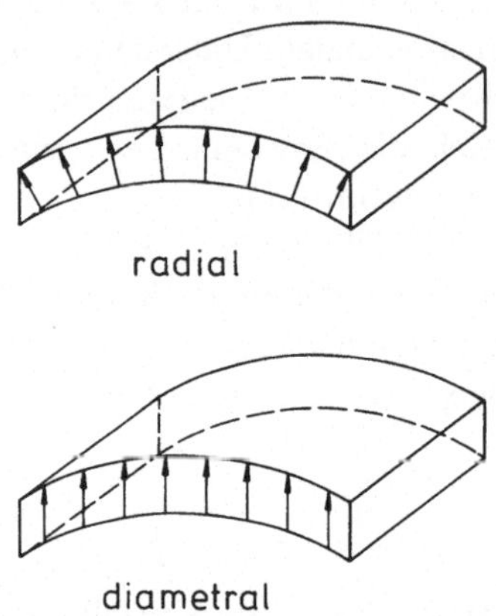

Bild 4.2   Unterschied zwischen radialer und diametraler Ausrichtung bei Magnetsegmenten

4.4.2.1 Trockenpressen anisotroper Ferrite

Bei der Herstellung anisotroper Magnete mit Trockenpreßverfahren gelten die gleichen Verdichtungsverfahren, gleiche Bedingungen für Werkzeug und Fülltechnik wie bei der Herstellung isotroper Magnete. Der einzige Unterschied besteht darin, daß während der Formgebung die magnetischen Momente der einzelnen Kristallite nahezu vollständig parallel zum äußeren Feld ausgerichtet werden sollen. Feingemahlenes Ferritpulver neigt während des Trocknens und der Lagerung zur Agglomeration. Dies wirkt sich nachteilig auf die Ausrichtbarkeit aus. Üblicherweise wird getrocknetes Ferritpulver vor dem Verdichten aufgelockert. Feinstgemahlenes Material ist sehr schlecht rieselfähig und weist ein geringes Schüttgewicht auf (0,7...0,8 gcm^{-3}). Daher benötigt man große Füllverhältnisse und somit große Füllhöhen. Naturgemäß weisen Ferritkristallite keine Plastizität auf. Gepreßte Teile werden nur durch die Verzahnung einzelner Kristallite zusammengehalten. Bedingt durch diesen Effekt weisen die Grünlinge eine außerordentlich geringe Kantenfestigkeit auf und können bei der Handhabung beschädigt werden. Der schematische Verfahrensablauf für das orientierte Trockenpressen, einschließlich des magnetischen Einsaugens von Hexaferriten, ist in der Bild 4.3. dargestellt [Richter et al., 1968a].

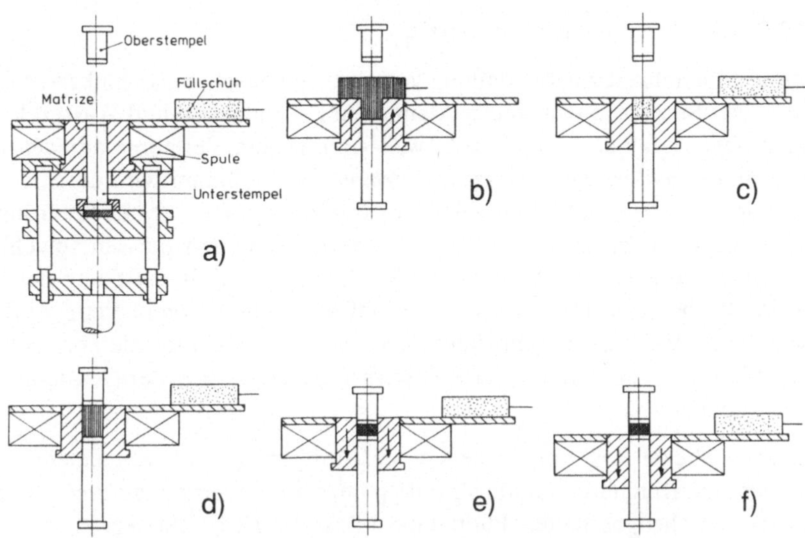

Bild 4.3   Verfahrensablauf beim Trockenpreßvorgang [Richter et al., 1968a]

Im ersten Schritt des Preßzyklus fährt der Füllschuh über die geöffnete Matrize. Um eine möglichst gute Ausrichtung der Ferritkristalle zu erhalten, wird das äußere Magnetfeld bereits während des Füllvorgangs, beim Hochfahren der Matrize (b), eingeschaltet (Einsaugen). Hier wirken nur geringe Reibungskräfte beim Eindrehen der Kristalle in die Vorzugsrichtung. Das magnetische Feld wird vor dem Zurückfahren des Füllschuhs abgeschaltet, um die erzielte Ordnung nicht zu stören (c). Anschließend verschließt der Oberstempel das Matrizenhohl (d). Das Magnetfeld wird eingeschaltet und die Pulverteilchen richten sich aus. Im Bildteil (e) findet die vollständige Verdichtung des Pulvers statt. Vor dem Entformen (f) muß das Preßteil entmagnetisiert werden, damit das Teil beim Entformen nicht durch Magnetkräfte zerstört wird. Bei der Wahl der Geschwindigkeit, mit der das Material verdichtet wird, muß die Korngröße berücksichtigt werden. Je feiner die Korngröße, um so mehr Luft befindet sich zwischen den einzelnen Pulverteilchen. Dieser Luft muß eine bestimmte Zeit zum Entweichen gegeben werden. Zu hohe Verdichtungsgeschwindigkeiten führen zu partiellen Lufteinschlüssen und somit zu hohen inneren Drücken, welche zu Preßrissen führen. Da das Preßteil unter hohen Spannungen steht, müssen diese durch eine Haltezeit während der Entformung gezielt abgebaut werden (Auflast durch Oberstempel). Beim Bau der Preßwerkzeuge müssen Werkstoffauswahl und -anordnung der magnetisch leitenden und nichtleitenden Teile der Richtung und Stärke des äußeren Magnetfeldes angepaßt werden. Entscheidend für die Standzeit von Werkzeugen ist die Werkzeugoberfläche, die so beschaffen sein muß, daß ein Kleben von Ferritpartikeln auf den Werkzeugflächen vermieden wird.

4.4.2.2 Naßpressen anisotroper Ferrite

Die dritte Möglichkeit zur Herstellung von hartmagnetischen Keramiken ist das Verpressen einer Suspension aus feinzerkleinertem Ferritmaterial und Wasser. Der Wasseranteil liegt zwischen 20 und 40 Gew.%. Bei diesem Verfahren arbeitet man mit sogenannten *geschlossenen Werkzeugsystemen*. Der Füllraum wird durch den Oberstempel verschlossen und anschließend wird die Suspension (**Schlicker**) mit Überdruck in die Preßmatrize eingefüllt. Bei diesem Verfahren müssen sowohl Filtrationsgesetze wie auch die mechanische Verdichtung und die Wirkung der äußeren Magnetfelder berücksichtigt werden. Der außerordentlich komplizierte Aufbau und der schwierige Verfahrensablauf führt dazu, daß die Kosten für die Formgebung bei naßgepreßten Ferriten inklusiv der Preßwerkzeuge etwa 30 % der Gesamtherstellkosten ausmachen.

Der Ferritschlicker mit vorgegebenem Feststoffgehalt wird von einem zentralen Tank über eine Ringleitung mittels Förderpumpe zu den einzelnen Pressen transportiert. Eine zwischengeschaltete Füllpumpe drückt den Ferritschlicker in das geschlossene Preßwerkzeug. Bedingt durch lange Entwässerungszeiten arbeitet man zweckmäßigerweise mit Mehrfachwerkzeugen. In Bild 4.4. ist der schematisierte Verlauf eines Naßpreßzyklus gezeigt.

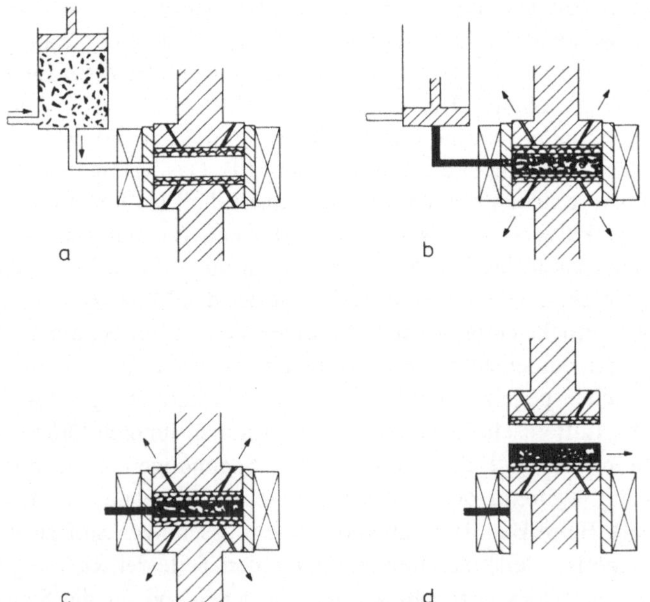

Bild 4.4   Verfahrensablauf beim Naßpreßvorgang [van den Broek et al., 1977]

Bereits während des Einfüllens (Einspritzen) wirkt das äußere Magnetfeld auf die Ausrichtung der Ferritkristalle. Die eigentliche Entwässerung beginnt bereits während des Füllvorgangs unter hohem Druck. Der Grad der Entwässerung hängt vom Fülldruck und von der Zeit ab. Nach Beendigung des Füllvorgangs wird durch die Presse (üblicherweise eine hydraulische Presse) auf die gewünschte Enddichte verdichtet während gleichzeitig entwässert wird. Das Entwässern geschieht über Löcher im Oberstempel des Werkzeugs, durch die mit Hilfe einer Vakuumpumpe das ausgepreßte Wasser abgezogen wird. Analog zum Trockenpreßverfahren, wird nach beendigtem Verdichtungsvorgang und vor Beginn der eigentlichen Entformung das Preßteil entmagnetisiert. Anschließend wird der Grünling entweder durch den Unterstempel ausgestoßen oder durch Abziehen der Matrize nach unten freigelegt. Üblicherweise werden die Teile durch einen automatischen Abnehmer vom Werkzeug entnommen und gleichzeitig wird das gesamte Werkzeug automatisch gereinigt. Die Geschwindigkeit bei der Formgebung naßgepreßter Ferrite kann aufgrund der Filterprozesse nicht beliebig gesteigert werden. Sehr hohe Verdichtungsgeschwindigkeiten führen zu extrem hohem Druck im Preßteil während Füll- und Verdichtungsphase, was anschließend starke Rißbildungen (Entwässerungsrisse) zur Folge hat. Aus wirtschaftlichen Gründen, die im wesentlichen bestimmt sind durch die extrem langen Preßzyklen aufgrund der Entwässerung, arbeitet man mit Mehrfachwerkzeugen. Diese Mehrfachwerkzeuge besitzen 12 oder 16 oder mehr Matrizeneinsätze.

4.4.3 Herstellung kunststoffgebundener Ferrite

Ein weiteres Verfahren zur Herstellung von Magneten stellt die Kunststoffbindung von Ferritpulver dar. Bei diesem Verfahren wird gemahlenes Ferritpulver mit einem Kunststoff vermischt. Da die einzelnen Teilchen von Kunststoff umgeben sind, befinden sie sich in einem magnetisch stark *gescherten* Zustand. Aus diesem Grund werden hier immer hochkoerzitive Ferrite verwendet. Zusätzlich wird das Ferritpulver einer Glühbehandlung unterzogen, damit sich Gitterfehler ausgleichen, die sich negativ auf die Koerzitivfeldstärke auswirken [Smit et al., 1959; Heimke, 1962; 1963; Heinicke, 1964; Richter, 1968]. Je nach verwendetem Kunststoff erfolgt der Mischprozeß in Kalt- oder Heißmischern oder in Heißextrudern. Prinzipiell lassen sich *duroplastische* und *thermoplastische* Kunststoffe (Band 1, Abschnitt 3.2) verwenden. Duroplastisch gebundene Ferrite können nach dem Mischen isotrop oder anisotrop formgepreßt werden und entweder im Werkzeug oder anschließend durch einen Anlaßprozeß ausgehärtet werden. Vorteil dieses Verfahrens ist eine gute Maßhaltigkeit der Teile, wobei nicht nachgearbeitet werden muß. Thermoplastisch gebundene Ferrite werden in Spritzgußmaschinen oder Extrudern verarbeitet. Die Verwendung von Spritzgußmaschinen gestattet die Verwendung von Mehrfachwerkzeugen, was eine deutliche Verbesserung der Wirtschaftlichkeit bedeutet. Die kunststoffgespritzten Teile können direkt nach Entnahme aus dem Spritzwerkzeug magnetisiert und eingebaut werden. Bei Verwendung thermoplastischer Elastomere kann man ein *flexibles* Produkt erhalten, bei dem die Formgebung durch Walzen erfolgt ("**Magnetgummi**"). Produziert werden hier insbesondere band- und plattenförmige Produkte, aus denen man die Formteile herausstanzen kann.

4.5   Sintern

Durch das Sintern werden die Grünlinge in mechanisch stabile Teile überführt. Während des Sinterprozesses wird die Dichte des Grünlings von ursprünglich 55...65 % der theoretischen Dichte auf einen Wert von deutlich über 90 %, meistens über 98 % gebracht. Vernachlässigt man den Feuchteverlust bei naßgepreßten Grünlingen, die CO_2-Abspaltung aus zurückgebliebenen Carbonaten oder das Verdampfen von Preßhilfsmitteln, so bleibt über den gesamten Sinterprozeß das Gewicht konstant. Während des Sintervorgangs schrumpft der Magnet auf etwa auf 2/3 seines Volumens.

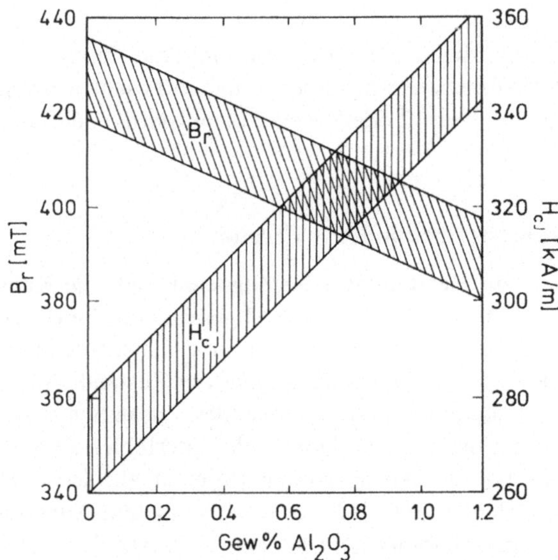

Bild 4.5   Einfluß der Al_2O_3-Konzentration auf B_r und H_{cJ} bei Ferriten

Im Material verbliebene Poren werden durch den Sinterprozeß geschlossen. Isotrope Magnete schrumpfen in allen Richtungen etwa 16 %, anisotrope Magnete hingegen schrumpfen etwa 22 % in der Vorzugsrichtung und 13 % senkrecht zur Vorzugsrichtung. Ziel des Sinterprozesses ist es, einen mechanisch dichten und festen Körper zu erzeugen, ohne daß die feinen Körner im Magneten zu stark anwachsen. Die Einstellung einer kontrollierten Mikrostruktur während des Sinterprozesses wird deutlich beeinflußt von Zuschlägen, wie SiO_2, Al_2O_3 oder ähnlichen. Der Einfluß von SiO_2-Additiven wurde sehr intensiv untersucht und man stellte fest, daß sich tiefschmelzende und manchmal glasartige Eutektika mit 50...60 Mol% SiO_2 bilden [Haberey, 1978a; 1978b; Kools, 1978; Stäblein, 1978; Kools et al. 1980]. Niedrigschmelzende Eutektika können sich günstig auf die Ausbildung von Korngrenzen auswirken. Die Zugabe von Al_2O_3-Zuschlägen führt zu einer merklichen Reduzierung der Remanenz bei gleichzeitiger Verbesserung der Koerzitivfeldstärke (Bild 4.5.).

Dies ist bereits bei der Beeinflussung der primärmagnetischen Eigenschaften durch Aluminium diskutiert worden. Technische Hartferrite enthalten zwischen 0.5 und 1.0 Gew% Al_2O_3. Wie aus Bild 4.5. erkennbar ist, liegt in diesem Bereich die Remanenz etwa bei 400 mT bei einer Koerzitivfeldstärke von etwa 320 kAm^{-1}. Der Einfluß von Sauerstoff während des Sinterns wurde ebenfalls sehr intensiv untersucht [Sutarno et al., 1971; Reed et al. 1975; Klug et al., 1978]. Der Sinterprozeß selbst erfolgt in elektrisch- oder gasbeheizten kontinuierlich betriebenen Durchlauföfen [Petzi, 1974; 1975; 1980; Buchkremer et al., 1964; 1967]. Die Grünlinge werden auf Keramikplatten gestapelt und dann durch den Ofen geschoben. Der Prozeß selbst ist relativ unkritisch, da weder Schutzgas noch Vakuum erforderlich sind, sondern sogar Sauerstoff benötigt wird. Lediglich bei sehr großen Teilen muß das Aufheizen kontrolliert erfolgen. Barium- und Strontiumhexaferrite werden üblicherweise zwischen 1200 ° und 1250 °C für einige Stunden gesintert [Bungardt et al., 1968]. Aufheizen und Abkühlen benötigen etwa 5 bis 10 Stunden, je nach Größe.

Der nach dem Sintern vorliegende Magnet ist mechanisch fest und weist typische Eigenschaften einer Keramik auf.

4.6 Mechanische Bearbeitung

Die nach dem Sintern vorliegenden Teile weisen für spezielle Anwendungen zu hohe maßliche Toleranzen auf. Je nach Anwendung werden die Teile auf Höhe geläppt oder auf das notwendige Baumaß geschliffen. Das Schleifen der Hartferrite kann mit Korund- oder Diamantscheiben erfolgen. Besonders Magnetsegmente, die für Motoren verwendet werden, müssen auf speziellen Schleifmaschinen in sehr engen Toleranzen geschliffen werden. Diese Maschinen gestatten das Schleifen von Innen- und Außendurchmesser in einem Arbeitsgang durch Verwendung von zwei Schleifscheiben (Bild 4.6.).

Da bei den Schleif- und Läppvorgängen üblicherweise sehr hohe Kräfte auftreten [Spur, 1989], schließt sich hier der Kreis nach einem spannungsfreien und porenfreien Magneten. Kleinste Unregelmäßigkeiten in der Mikrostruktur, wie größere Poren oder aber kleine Risse, führen dazu, daß bei der mechanischen Bearbeitung durch die auftretenden Kräfte der Magnet zerstört wird.

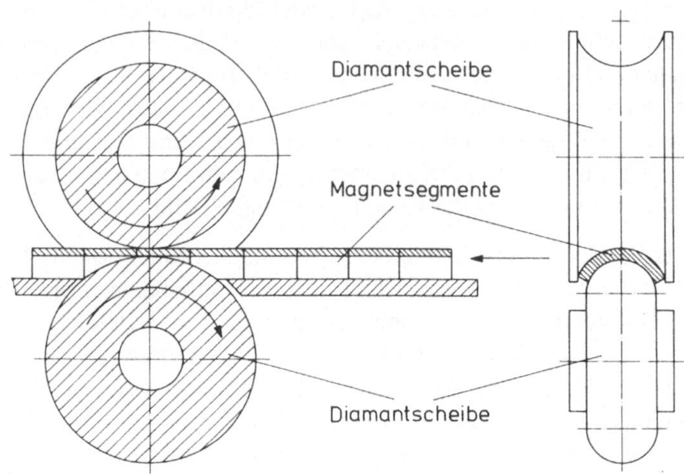

Bild 4.6   Verfahrensablauf beim Schleifen von Magnetsegmenten [Richter et al., 1968a]

4.7 Magnetisieren

Die Magnete werden üblicherweise erst nach Einbau in das entsprechende Magnetsystem aufmagnetisiert. Übliche Feldstärken für die Aufmagnetisierung hartmagnetischer Keramiken liegen zwischen 1.000 und 2.000 kAm^{-1}.

5 Magnetische Eigenschaften von Hartferriten

Die sekundärmagnetischen Eigenschaften Remanenz, Koerzitivfeldstärke, maximales Energieprodukt sowie die Temperaturabhängigkeit von Remanenz und Koerzitivfeldstärke werden in allererster Linie durch die primärmagnetischen Eigenschaften bestimmt. Trotzdem hängen die sekundärmagnetischen Eigenschaften teilweise auch von der Bauform ab. Bei sehr großen oder sehr kleinen Magneten werden oftmals nicht die maximal möglichen Werte erreicht. Dies kann der Fall sein, weil z.B. die Magnetfelder, die zum Ausrichten der Pulver im Matrizenhohl erforderlich sind, nicht optimal genutzt wurden. Die Folge kann ein Gradient der magnetischen Eigenschaften über ein Bauteil bei großen Abmessungen sein. Insbesondere bei einfachen zylindrischen Formen mit mittleren Abmessungen werden oft überdurchschnittlich hohe Werte erreicht. Tabelle 5.1. gibt einen Anhalt für in der Regel erreichbare magnetische Werte bei Raumtemperatur.

Tabelle 5.1 Magnetische Daten bei Raumtemperatur

Thyssen Magnettechnik·OXIT DIN 17410 Hartferrit			100 7/21 isotrop	360 24/23	380 27/26	400 30/26	420 33/26	380C 27/30	400C 30/30	400HC 28/34
				- - - - - - - - - - - - - - - - - - - anisotrop - - - - - - - - - - - - - - - - - - -						
B_r	mT	min.	190	360	380	400	420	380	400	390
		im Mittel	210	370	390	410	430	390	410	400
H_{cB}	kAm^{-1}	min.	130	220	250	250	250	270	280	290
		im Mittel	135	230	265	265	265	280	290	300
H_{cJ}	kAm^{-1}	min.	210	220	260	260	260	300	300	320
		im Mittel	250	260	300	300	300	340	320	360
$(BH)_{max}$	kJm^{-3}	min.	7,0	24,0	27,0	30,0	33,0	27,0	28,5	28,0
		im Mittel	7,5	25,5	28,5	31,5	34,0	28,5	31,5	30,0
$\alpha(B_r)$	%K^{-1}	ca.	−0,2	−0,2	−0,2	−0,2	−0,2	−0,2	−0,2	−0,2
$\alpha(H_{cJ})$	%K^{-1}	ca.	0,4	0,4	0,4	0,4	0,4	0,4	0,4	0,4
H_{Sat}	kAm^{-1}	ca.	1000	1100	1100	1100	1100	1500	1500	1700
μ	—	ca.	1,1	1,05	1,05	1,05	1,05	1,05	1,05	1,05
ρ	gcm^{-3}	ca.	4,7	4,9	4,9	4,9	4,9	4,9	4,9	4,9
Tmax	°C	ca.	250	250	250	250	250	250	250	250

Die entsprechenden *BH*-Kurven sind in den Bildern 5.1. und 5.2. dargestellt.

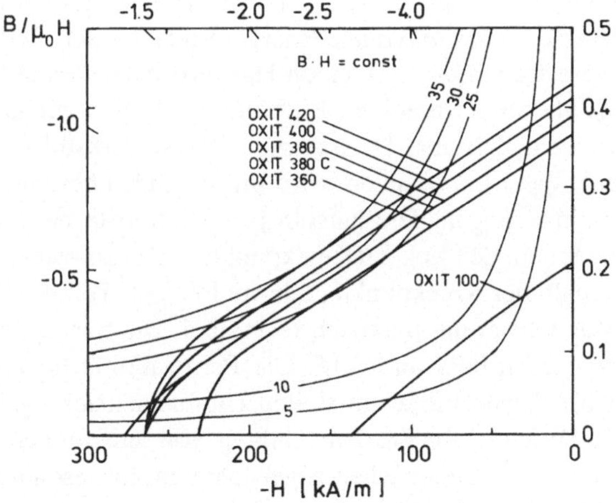

Bild 5.1 *BH*-Kurven unterschiedlicher Ferritqualitäten

Die Bezeichnung OXIT ist der Handelsname von Ferritmagneten der Thyssen Magnettechnik GmbH

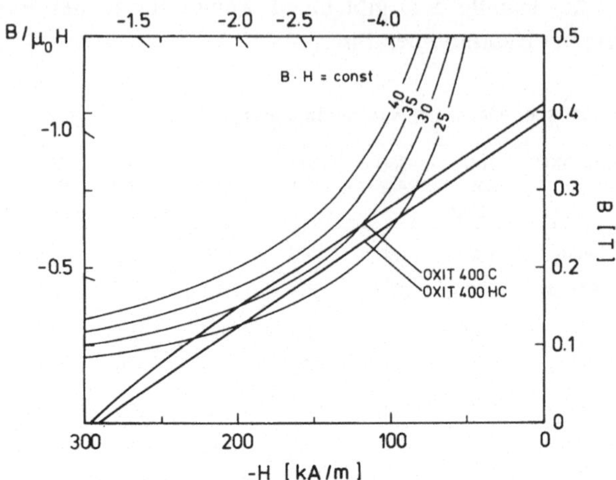

Bild 5.2   *BH*-Kurven unterschiedlicher Ferritqualitäten
Die Bezeichnung OXIT ist der Handelsname von Ferritmagneten der Thyssen Magnettechnik GmbH

In dieser Tabelle sind nicht alle gebräuchlichen Sorten aufgeführt, da lediglich ein Überblick über das Spektrum der verschiedenen Qualitäten gegeben werden soll. Die Werte für $\vec{B}_r$, $\vec{H}_{CB}$, $\vec{H}_{cJ}$ und $(BH)_{max}$ entsprechen den Mindestwerten nach DIN 17410.

Mit modernen Hartferritwerkstoffen lassen sich ohne Schwierigkeiten Remanenzflußdichten von 0,19 bis über 0,43 T erreichen, die Koerzitivfeldstärken der Polarisation können Werte von 360 kAm^{-1} erreichen. Das maximale magnetische Energieprodukt erreicht bei den anisotropen Qualitäten, Werte zwischen 25 und 35 kJm^{-3}. Bei isotropen Qualitäten liegt das maximale Energieprodukt unter 10 kJm^{-3}. Die Sättigungsfeldstärken, die erforderlich sind, einen Hartferritmagneten aufzumagnetisieren, sind je nach Qualität unterschiedlich. Eine maximale Sättigungsfeldstärke von 2000 kAm reicht in jedem Fall aus. Da *isotrope* Magnetwerkstoffe ein wesentlich geringeres Anwendungsspektrum besitzen, wird im folgenden besonders auf die *anisotropen* Werkstoffe eingegangen. Die anisotropen Hartferrite besitzen, abgesehen von kleinen Abrundungen an den Ecken (Knickpunkte), nahezu rechteckförmige Hystereseschleifen. Oberhalb der Knickpunkte, d.h. im linearen Teil der Entmagnetisierungskurve, ist die Magnetisierung praktisch reversibel. Die Suszeptibilitäten liegen hier normalerweise zwischen 0,05 und 0,15. Die Permeabilität liegt zwischen 1,05 und 1,15. Die reversible Permeabilität im steilen Ummagnetisierungsbereich hat etwa die gleiche Größe. Wichtig für die Anwendung von anisotropen Magneten, ist das Temperaturverhalten der magnetischen Eigenschaften. Insbesondere ist die Lage des Knickpunktes stark temperaturabhängig. Im Gegensatz zu anderen Werkstoffen, bei denen sowohl der Temperaturkoeffizient der Remanenz wie auch der Temperaturkoeffizient der Koerzitivfeldstärke negativ ist, ist der Temperaturkoeffizient der

Koerzitivfeldstärke bei Hartferriten positiv. Das heißt, mit steigender Temperatur nimmt die Koerzitivfeldstärke etwa doppelt so stark zu, wie die Remanenz abnimmt. In den Bildern 5.3...5.5. sind Kurvenscharen typischer Hartferrite bei unterschiedlichen Temperaturen aufgezeichnet.

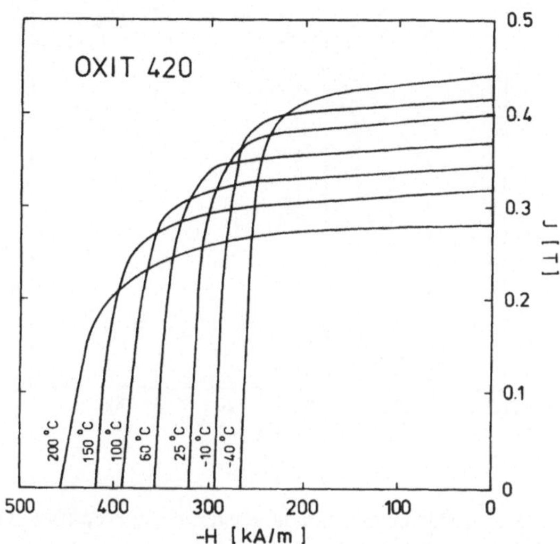

Bild 5.3   Temperaturabhängige Entmagnetisierungskurven für OXIT 420

Die Bezeichnung OXIT ist der Handelsname von Ferritmagneten der Thyssen Magnettechnik GmbH

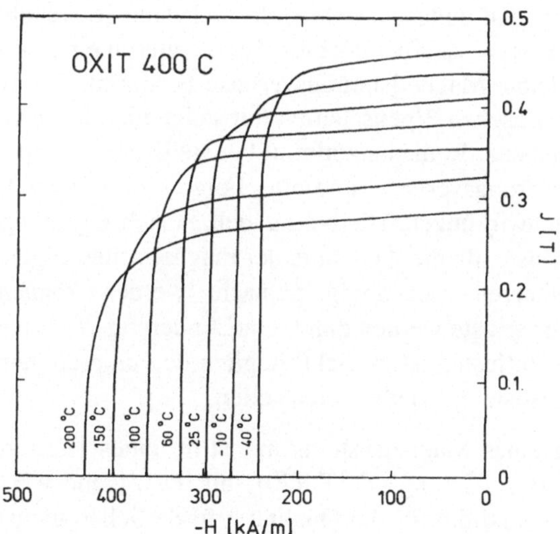

Bild 5.4   Temperaturabhängige Entmagnetisierungskurven für OXIT 400C

Die Bezeichnung OXIT ist der Handelsname von Ferritmagneten der Thyssen Magnettechnik GmbH

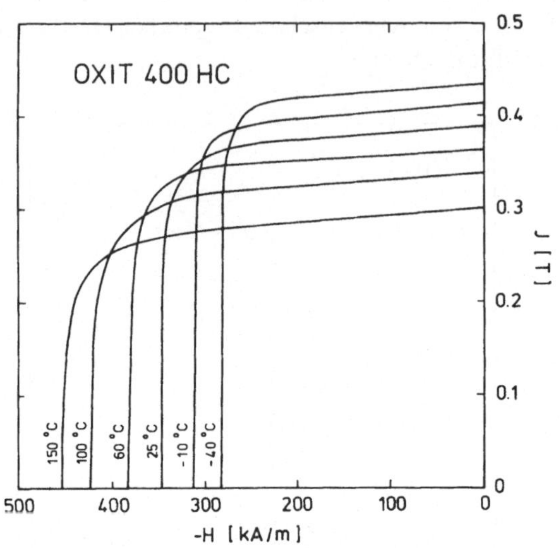

Bild 5.5   Temperaturabhängige Entmagnetisierungskurven für OXIT 400HC
Die Bezeichnung OXIT ist der Handelsname von Ferritmagneten der Thyssen Magnettechnik GmbH

Dieses Temperaturverhalten muß bei der Auslegung von Magnetsystemen berücksichtigt werden. Weiterhin muß bei dem Einsatz von Magneten in Magnetsystemen beachtet werden, daß zunächst reversible und dann irreversible Verluste auftreten, wenn Magnete längere Zeit bei höheren Temperaturen eingesetzt werden. Diese werden durch reversible Magnetisierungsverluste bestimmt. Bei diesen erfolgt eine Abnahme der magnetischen Eigenschaften mit steigender Temperatur (Temperaturkoeffizient der Remanenz: Remanenz nimmt bei steigender Temperatur ab). Die irreversiblen Magnetisierungsverluste sind eine Folge von Temperaturabhängigkeiten und thermischer Nachwirkungen. Hierbei handelt es sich eigentlich noch nicht um echte irreversible Verluste, da die Abnahme der magnetischen Eigenschaften durch erneutes Aufmagnetisieren rückgängig gemacht werden können. Echte irreversible Magnetisierungsverluste werden durch eine Änderung der Mikrostruktur hervorgerufen. Bei diesen Verlusten ist es nicht möglich den ursprünglichen Zustand durch erneutes Aufmagnetisieren wieder herzustellen.

Die Auslegung eines Magnetsystems mit Hilfe eines Hartferritmagneten (Thyssen Magnettechnik Bezeichnung OXIT 420) soll im folgenden näher beschrieben werden. In Bild 5.6. sind die für die Qualität erforderlichen temperaturabhängigen Entmagnetisierungskurven aufgezeichnet.

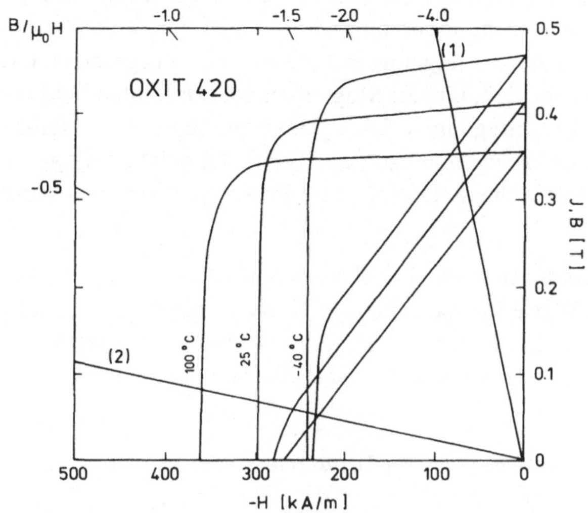

Bild 5.6   Einfluß Temperatur auf den magnetischen Fluß bei verschiedenen Arbeitspunkten
Die Bezeichnung OXIT ist der Handelsname von Ferritmagneten der Thyssen Magnettechnik GmbH

Aufgrund dieser Kurven kann man das Verhalten eines Magnetsystems bei bekannter Scherung voraussagen. In Bild 5.6 sind zwei extreme Scherungsgeraden eingezeichnet. Die erste liegt bei einem Verhältnis von $B/\mu_0H = -4,0$ und die zweite bei einem Verhältnis von $B/\mu_0H = -0,18$. Die Gerade (1) zeigt die Scherung eines gut geschlossenen magnetischen Kreises. Das Verhalten eines derartigen Systems wird auch bei sehr tiefen Temperaturen reversibel sein, d.h. es werden sich die Flußwerte im Magneten und im Arbeitsluftspalt reversibel mit der Temperatur ändern. Dieses ist der Fall, weil auch bei niedrigen Temperaturen der Arbeitspunkt im reversiblen Teil der Entmagnetisierungskurve verbleibt. Anders liegen die Verhältnisse jedoch, wenn das System mit einer stärkeren Scherung arbeitet (Scherungsgerade (2)). Dieses System ändert sich unterhalb von Raumtemperatur (–40 °C) irreversibel. Mit anderen Worten, nach Abkühlung des Magnetsystems auf eine Temperatur von –40 °C und anschließender Wiedererwärmung, bleibt eine Verminderung des Magnetflusses im System erhalten. Der ursprüngliche Fluß kann nur durch erneutes Aufmagnetisieren wiederhergestellt werden. Bei diesem System wird das Verhalten der Luftspaltinduktion bei der Abkühlung praktisch von der Änderung der Koerzitivfeldstärke mit fallender Temperatur bestimmt.

Neben den erwähnten Temperaturänderungen, denen ein Magnetsystem ausgesetzt ist, muß bei der Auslegung von Magnetsystemen beachtet werden, daß jeder hartmagnetische Werkstoff sich während des Durchlaufens der Hystereseschleife im II. und III. Quadranten in einem metastabilen Zustand befindet. Dieser hält solange an, wie die Ummagnetisierung nicht abgeschlossen ist. Die Polarisation eines Magneten hängt daher nicht nur vom angelegten Feld und der Vorgeschichte des Materials ab, sondern auch von der Zeit, die der Magnet einem konstanten Feld ausgesetzt ist. Hier können thermische Anregungen das System aus dem metastabilen in den stabilen Zustand überführen. Die Zeitabhängigkeit der Magnetisierung gehorcht einem logarithmischen Zusammenhang. Das gesamte Phänomen wird als **magnetische Viskosität** beschrieben.

Als typischer keramischer Werkstoff weisen Hartferrite die entsprechende Sprödigkeit auf. Exakte Werte für mechanische Größen lassen sich aufgrund der pulvermetallurgischen Herstellung nicht geben. Eine Übersicht über nichtmagnetisch physikalische Daten von Hartferritmagneten ist in Tabelle 5.2 gegeben.

Tabelle 5.2   Physikalische Daten von Hartferritmagneten

Elastizitätsmodul	E	$120...180 \cdot 10^3$	Nmm^2
Zugfestigkeit	F_z	50	Nmm^2
Druckfestigkeit	F_B	300...700	Nmm^2
Härte (Rockwell)	H_{RC}	40...50	
lin.Ausdehnungskoeffizient	$a\parallel$	9,5...13	$10^{-6} K^{-1}$
	$a\perp$	9...10	$10^{-6} K^{-1}$
spez.elektr. Widerstand	δ	10^6	Ωcm
spez. Wärme	C	500...800	$Jkg^{-1} K^{-1}$
Wärmeleitfähigkeit		5...10	$Wm^{-1} K^{-1}$

Wie alle keramischen Produkte sind Hartferrite auch chemisch relativ stabil und werden im wesentlichen nur durch konzentrierte anorganische und organische Säuren angegriffen. Auch hier wird die Stabilität im wesentlichen durch Temperatur und Konzentration des Mediums sowie durch die Angriffszeit bestimmt. Die für die chemische Beständigkeit angegebenen Medien beziehen sich auf reine Kurzzeitbeständigkeiten bei Raumtemperatur (Tabelle 5.3).

Tabelle 5.3   Chemische Beständigkeit von Hartferriten

weitgehend beständig	bedingt beständig	unbeständig
Ozon, Wasser, Benzin, organische Lösungsmittel, Natronlauge, Kalilauge, Kochsalzlösung, Entwickler, Fixierbad, schwache organische Säuren	Salpetersäure, verdünnt Schwefelsäure, verdünnt, Essig	Salzsäure, Schwefelsäure, Phosphorsäure, Flußsäure, Oxalsäure

Zur Verbesserung der Stabilität können Ferritmagnete auch lackiert oder aber metallisiert werden, was die Beständigkeit im entsprechenden Medium deutlich verbessern. Hierbei ist grundsätzlich zu beachten, daß jede aufgebrachte Schutzschicht den nutzbaren magnetischen Fluß im Luftspalt herabsetzt, da sich der Luftspalt vergrößert.

6   Anwendung von Hartferriten

In diesem Kapitel sollen nur wenige Hauptanwendungen für Hartferrite aufgezeigt werden. Für genauere Berechnungsverfahren und Aufstellung der Anwendung wird auf die entsprechende Literatur verwiesen [z.B. Schüler et al., 1970].

Die Hauptanwendungsgebiete für Dauermagnete sind in Bild 6.1 aufgezeichnet.

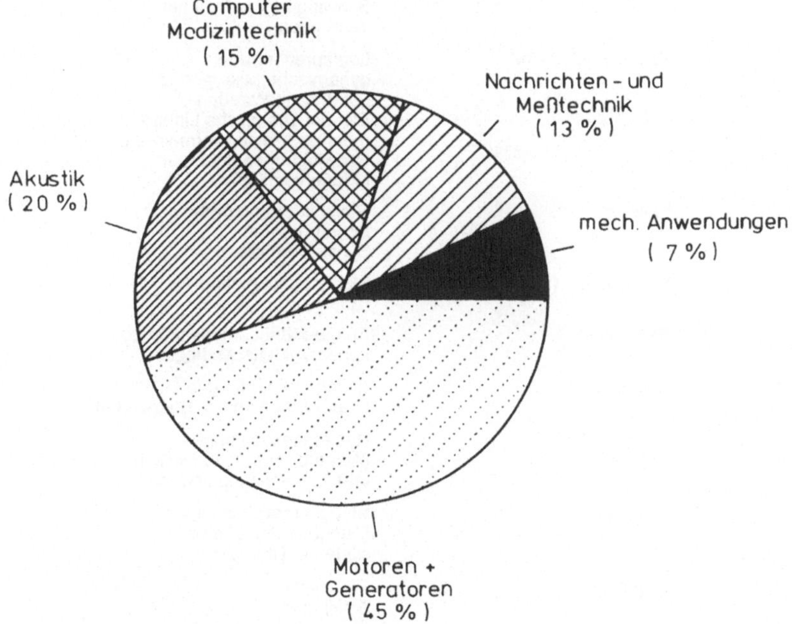

Bild 6.1   Hauptanwendungsgebiete von Dauermagneten

Der größte Teil der hergestellten Dauermagnete geht in den Bereich von *Motoren* und *Generatoren*, der etwa 50 % des gesamten Marktes ausmacht. Ein weiterer großer Anteil, der insbesondere von den Ferriten beherrscht wird, ist der Bereich der

Akustik. Für modernere Dauermagnetwerkstoffe ist insbesondere der Bereich für Computer- und Medizintechnik, soweit dieses nicht bereits durch Motoren und Generatoren erfaßt wurde, ein wichtiges Anwendungsgebiet. Der Bereich der Nachrichten- und Meßtechnik wird zum großen Teil, insbesondere der der Meßtechnik, durch AlNiCo-Magnete abgedeckt. Der letzte und kleinste Bereich ist der Bereich der mechanischen Anwendung, hier finden Dauermagnete Anwendung im Bereich von Kupplungen und Haftsystemen sowie magnetischen Lagern. Eine Übersicht über die Anwendung von Permanentmagneten im Bereich der Elektrotechnik und der Mechanik findet sich in Tabelle 6.1.

Tabelle 6.1   Übersicht über die Anwendungen von Permanentmagneten

Funktion:	Beispiel:
Schalten und Messen	Hall-Effekt Generatoren Sensoren Relais Drehspul instrumente Drehmagnetsysteme Stromzähler Schwingungsaufnehmer Tachometer
Tauchspulsysteme	Lautsprecher und dynamische Mikrophone Elektrische Waagen Elektrodynamische Linear- motoren (Positioniermotoren) Schwingungsaufnehmer Magnetventile
Motoren	Gleichstrommotoren Schrittmotoren Synchronmotoren
Haftsysteme (statisch/schaltbar)	Blechstapelanlagen (Automobilindustrie)
Separation	Aufbereitungsanlagen für Lebensmitteltechnologie
Kupplungen	Synchronkupplungen (Gas-Wasseruhren, Rührwerke) Hysteresekupplungen (Ablaufbremsen, Aufwickel- und Antriebskupplungen) Wirbelstromkupplungen (Tachometer, Dämpfungs- systeme, Bremsen)
Lager	Radiallager Axiallager

Als ein Beispiel für die Anwendung von Dauermagneten im Bereich von Motoren und Generatoren sei nur auf das moderne Automobil hingewiesen. Ein modernes Automobil enthält heute an mindestens 20 Stellen dauermagnetisch betriebene Motoren (Bild 6.2).

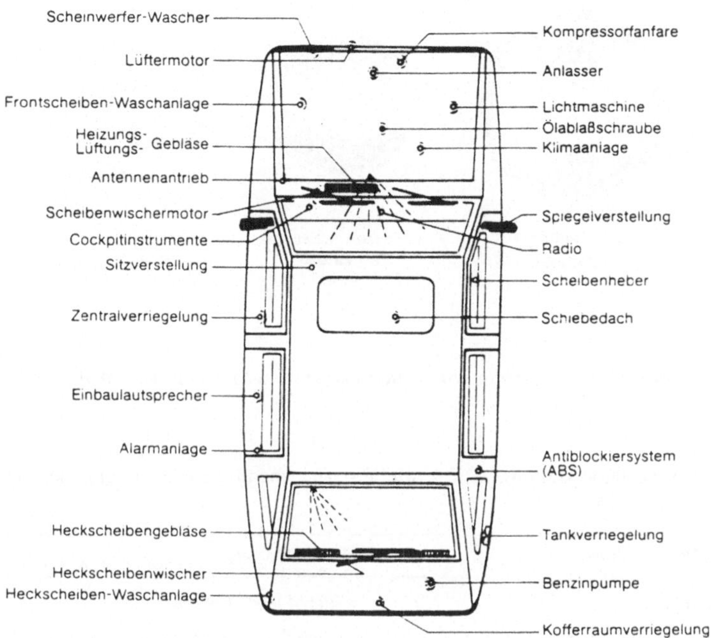

Bild 6.2   Anwendung von Dauermagneten im Automobil
(mit freundlicher Genehmigung der Thyssen Magnettechnik GmbH)

Die verstärkte Anwendung von Dauermagneten im Automobilbau ist eine unmittelbare Folge von fallenden Preisen für Dauermagnete einerseits, andererseits des gestiegenen Wunsches der Kunden nach Automatisierung. Weiterhin ist ein ganz entscheidender Punkt die fortschreitende Gewichtsreduktion. War vor einigen Jahren der Einsatz von Dauermagneten im Bereich des Automobils lediglich auf kleine Motoren beschränkt, so drängt in den letzten Jahren, insbesondere durch Entwicklung der extrem hochwertigen Hartferritqualitäten, der Dauermagnet in den Bereich der Startermotoren. Insbesondere bei dieser Anwendung werden sehr hohe Anforderungen an die Qualität des Dauermagnetwerkstoffs geknüpft. In Bild 6.3. ist die typische Anordnung von Magneten in einem Motor im Vergleich zur herkömmlichen Bauweise dargestellt [Lee et al., 1977].

Bei der Verwendung von hochkoerzitiven Dauermagneten bietet die Verwendung von permanentmagnetisch erregten Motoren die in Tabelle 6.2 aufgeführten Vorteile gegenüber elektrisch erregten Motoren.

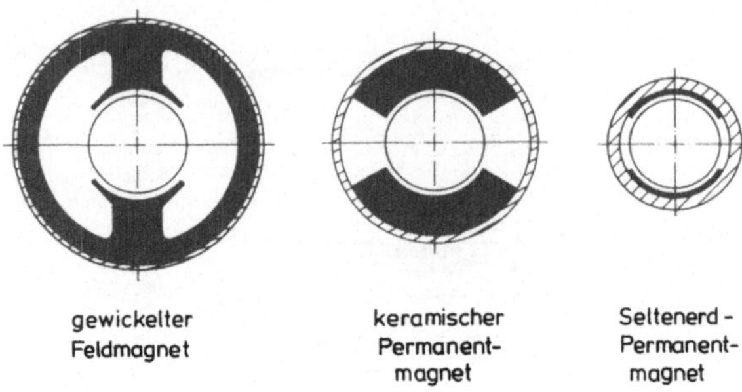

Bild 6.3   Typische Anordnung von Dauermagneten in Motoren [Lee et al., 1977]

Tabelle 6.2   Gegenüberstellung von Vorteilen permanentmagnetisch und elektrisch erregter
               Motoren

Permanentmagnetisch erregt	Elektrisch erregt
– höherer Wirkungsgrad	– leichte Regelbarkeit
– kein störendes Ankerquerfeld	– keine Selbstentmagnetisierung
– kleine effektive Permeabilität (weniger Wirbelströme, kleine elektrische Zeitkonstanten)	
– mit Sm-Co und Nd-Fe-B Magneten ist der Leistungsbereich bis zu 100 kW möglich	
– Bauvolumenreduzierung	

Grundsätzlich bieten elektrisch erregte Motoren jedoch den Vorteil der leichteren Regelbarkeit.

Die Anwendung von Magneten im Bereich der Akustik wird stark durch Ferritmagnete beherrscht. Hier steht in erster Linie der *Preis* im Vordergrund. Nur bei besonderen Anwendungen finden hochwertigere Dauermagnetwerkstoffe, wie Sm–Co oder aber Nd–Fe–B Magnete Anwendung. Bei akustischen Anwendung arbeitet das Dauermagnetsystem üblicherweise als Tauchspulsystem in einem Ringspalt.

Haftsysteme finden vielfach Anwendung als Halterungen für Werkstücke (z.B. Spannblöcke zur Fixierung von Werkstücken). Zur Übertragung von Kräften bedient man sich oftmals magnetischer Kupplungen. Insbesondere ist die Anwendung einer *magnetischen* Kupplung einer *mechanischen* Kupplung dann deutlich überlegen, wenn z.B. eine Kraft in aggressiven Medien, übertragen werden soll. Dieses findet Anwendung beim Bau von Chemiepumpen. Eine weitere Anwendung ist das

magnetische Lager. Hier werden besondere Anforderungen an die mechanischen und magnetischen Toleranzen gestellt. Je nach Anwendungsfall unterscheidet man Radiallager und Axiallager [Sobottka et al., 1981]. Beide Lagertypen können als anziehende oder abstoßende Lager vorkommen. Passive Dauermagnetlager werden heute für schnelldrehende Maschinen wie beispielsweise Ultrazentrifugen, Turbomolekularpumpen, Spinnturbinen und Schwungräder angewendet. Bei der Lagerung mit Dauermagneten steht in aller Regel die *reibungslose Lagerung* und *Wartungsfreiheit* im Vordergrund.

7 Vergleich der Eigenschaften verschiedener Dauermagnetwerkstoffe

Vergleicht man die Eigenschaften der gängigen Dauermagnetwerkstoffe (AlNiCo, Ferrite, Samarium-Cobalt, Neodym-Eisen-Bor) so stellt man fest, daß die Ferrite sowohl bezogen auf die Remanenz wie auch auf die Koerzitivfeldstärke eher bescheidene Werte erreichen. Bild 7.1 zeigt die Leistungsbereiche der verschiedenen Dauermagnetwerkstoffe.

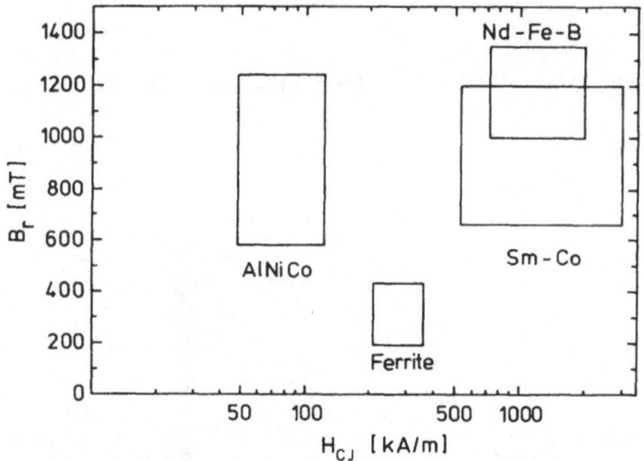

Bild 7.1   Leistungsbereich verschiedener Dauermagnetwerkstoffe

Trotzdem finden die Ferrite Eingang in Massenanwendungen, wie kein anderer der gezeigten Magnete. Im Jahr 1989 betrug der Anteil der Ferrite an der Gesamtmagnetproduktion ca. 60 %. Der Anteil der AlNiCo-Werkstoffe lag etwa bei 10 %. Die restlichen 30% wurden durch Samarium-Cobalt und Neodym-Eisen-Bor Werkstoffe abgedeckt. In Tabelle 7.1 werden die magnetischen Eigenschaften der verschiedenen Dauermagnetwerkstoffe nochmals gegenübergestellt.

Tabelle 7.1   Vergleich der physikalischen Eigenschaften von Dauermagnetwerkstoffen

		Sintermagnete				geb. Magnete		
		Alnico	Ferrite	SmCo	Nd–Fe–B	Ferrite	SmCo	Nd–Fe–B
$(BH)_{max}$	kJm^{-3}	20...95	8...35	40...270	80...280	4...15	80...87	36...64
B_r	T	0,6...1,35	0,21...0,42	0,46...1,07	0,69...1,25	0,16...0,27	0,64...0,70	0,45...0,61
H_{CB}	kAm^{-1}	60...170	150...290	330...800	450...1000	100...200	475...485	310...420
$Tk(B_r)$	$\%K^{-1}$	–0,015	–0,2	–0,04	–0,1	–0,2	–0,04	–0,20
$Tk(H_{cJ})$	$\%K^{-1}$	+0,01	+0,4	–0,4	–0,7	+0,8	–0,4	–0,7
μ_p		1,3...3,7	1,06...1,1	1,03...1,07	1,04...1,07	1, 05	1, 05...1, 07	1,15
H_{Sat}	kAm^{-1}	240...600	1000...2000	2500...4000	2000...2800	800	1200...3200	1600...2800
δ	Qm	0,45...0,65	10^{10}	0,5...0,9	1,4...1,6	10^{11}	1,4	180
T_C	°C	815...870	450	700...325	300...325	450	700...850	300...325
T_{max}	°C	450...550	250	120...350	80...175	100	100...150	100
Dichte	gcm^{-3}	6,9...7,4	4,7...5,0	8,1...8,5	7,2...7,5	3,6...3,9	6,5...7,0	5,0...6,0

Eine zusammenfassende Darstellung der *BH*-Kennlinien der gebräuchlichen Dauermagnete zeigt Bild 7.2.

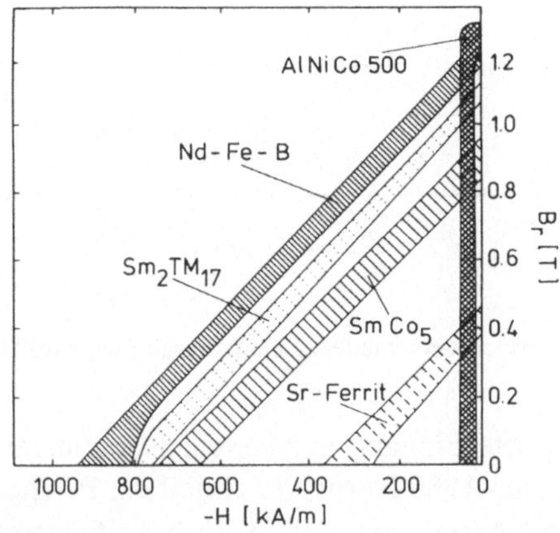

Bild 7.2   *BH*-Kennlinien verschiedener Dauermagnetwerkstoffe

Literatur

Adelsköld, V.: Arkiv Kemi. Mineral. Geol. **12A** (1938), 1

Aharoni, A.: Rev. Mod. Phys. **34** (1962), 227

Aharoni, A. und Schieber, M.: Phys. Rev. **123** (1961), 807

Anderson, P. W.: Phys. Rev. **79** (1950), 350

Barkhausen, H.: Phys. Z. **20** (1919), 401

Batti, P.: Ann. di Chim., **52** (1962), 941

Beretka, J, Brown, T.: Austr. J. Chem. (1971), **2**, 237

Bertaut, E. F. ; Deschamps, A. & Pauthenet, R.: J. Phys. Rad. **20**, (1959), 404

Bloch, F.: Z. Phys. **74** (1932), 295

Buschow, K. H. J.: in Ferromagnetic Materials Vol. **4**, North-Holland Publ. Comp. (1988), 1

Cullity, B. D.: "Introduction to Magnetic Materials", Addison-Wesley Publishing Comp., Reading Mass. (1972)

De Bitetto, D. J.: J. Appl. Phys. **35** (1964), 3482

Efremov, G. L., Petrova, I.I.: IZ. Akad. Nauk SSSR, Anorg. Mat. **13** (1977), 318

Eisenhuth, C.: Stahl und Eisen (1968), **88**, 264

Fischer, E.: Dissertation Universität Veszprem, Veszprem (1987)

Goto, Y. und Takahashi, K.: Journ. Jap. Soc. Powd. Met. **17** (1971),193

Goto, Y. und Takahashi, K.: Japan. J. Appl. Phys. **12** (1973), 948

Grill, A. und Haberey, F.: Appl. Phys. Lett. **3** (1974), 131

Haberey, F.: Ber. Dt. Keram. Ges. (1978a), 55

Haberey, F.: Ber. Dt. Keram. Ges. (1978b), 297

Haberey, F. und Kockel, A.: IEEE Trans. Magn. **MAG-12** (1976), 983

Haberey, F.; Velicescu, M. und Kockel, A.: Int. J. Magnetism **5**,(1973), 161

Haneda, K. und Kojima, H.: Japan. J. Appl. Phys. **12** (1973), 355

Heimke, G.: Ber. Deut. Keram. Ges. **39** (1962), 326

Heimke, G.: Z. angew. Phys. **15** (1963), 217

Heimke, G.: Keramische Magnete, Springer-Verlag Wien New York (1976)

Hiraga, T.: Ferrites, Proc. Intern. Conf. Japan (1970), 179

Ito, S.; Kajinaga, Y.; Imai, I. und Endo, I.: J. Jap. Soc. Powd. Met. **21** (1974), 132

Jahn, L. und Müller, H. G.: Phys. Status Solidi, **35** (1969), 723

Jonas, B. und Meerkamp van Embden, H. J.: Philips Tech. Rev. **6** (1941), 8

Kaczer, J. und Gemperle, R.: Czech. J. Phys. **B10** (1960), 505

Kittel, C.: Phys. Rev. **70** (1946), 965

Klemm, W.: Magnetochemie, Leipzig (1936)

Klug, F. J. und Reed, J.S.: Ceramic Bull. **57** (1978), 1109

Kohatsu, I. und Brindley, G. W.: Z. Phys. Chem. **60** (1968), 79

Kojima, H.: in Ferromagnetic Materials Vol. **3**, North-Holland Publishing Comp.
(1982), 305

Kojima, H. & Miyakawa, C.: Bulletin, Res. Inst. Sci. Meas.,Tohoku University **13**
(1965), 105

Kools, F.: Ber. Dt. Keram. Ges. 55 (1978), 301

Kools, F.; Klerk, M.; Franken, P. & den Broeder, F.: Sci.Ceramics **10** (1980), 349

Krupicka, S.: Physik der Ferrite und der verwandten magnetischen Oxide (Vieweg,
Braunschweig) (1973)

Landau, L. und Lifshitz, E.: Phys. Z. Sov. **8** (1935), 153

Lee, R. W. und Croat, J. J.: General Motors Research Publication GMR - 2598 (1977)

Lotgering, F. K.: J. Phys. Chem. Solids **35** (1974), 1633

McCurrie, R. A.: in Ferromagnetic Materials Vol. 3, North-Holland Publishing
Comp. (1982), 107

Mee, C. D. und Jeschke, J. C.: J. Appl. Phys. **34** (1963), 1271

Neel, L.: Compt. rend. **224** (1947), 1488

Neel, L.: Ann. Phys. **3** (1948), 137

Okamura, T.; Kojima, H. und Kamata, Y.: J. Appl. Phys. (Japan) **21** (1952), 9

Okamura, T.; Kojima, H. und Watanabe, S.: Sci. Rept. Res.Inst.Tohoku Univ. **7** (1955a), Ser. A, 411

Okamura, T.; Kojima, H. & Watanabe, S.: Sci. Rept. Res. Inst.Tohoku Univ. **7** (1955b), Ser. A, 418

Otsuka, T.; Yamamichi, Y.; Watanabe, Y.; Kanaya, K. & Sasaki, T.: J. Jap. Soc. Powder and Powd. Met. **20** (1973), 126

Pauthenet, R. & Rimet, G.: Compt. rend. **249** (1959a), 1875

Perekalina, T. M. & Cheparin, V.P.: FiZ. Tverd. Tela. **9** (1967), 217

Petzi, F.: Powd. Met. Int. **3** (1971), 199

Petzi, F.: Powd. Met. Int. **6** (1974), 1

Petzi, F.: Ber. Dt. Keram. Ges. **52** (1975), 249

Petzi, F.: Powd. Met. Int. **12** (1980), 32

Ratnam, D. V. & Buessem, W.R.: IEEE Trans. Magn. **MAG-6** (1970), 610

Reed, J. S. & Klug, F.J.: Proc. US-Jap. Seminar Bas. Sci. Ceram., Hakone, Japan (1975), 189

Richter, H. G.: DEW-Techn. Ber. **8** (1968), 192

Richter, H. G. & Völler, H.: DEW-Techn. Ber. **8** (1968a), 214

Richter, H. G. & Dietrich, H. E.: IEEE Trans. Magn. **MAG-4** (1968b), 263

Ries, H. B.: Aufbereitungstechnik **1** (1969)

Rodrigue, G. P.: IEEE Trans. Microwave Theory and Techniques, (1963), 351

Routil, R. J. & Barham, D.: Can. J. Chem. **52** (1974), 3235

Ruthner, M. J.: Ferrites, Proc. **ICF 3** (1980), 64

Ruthner, M. J.; Richter, H. G. & Steiner, I.L.: Ferrites, Proc. Intern. Conf. Japan (1970), 75

Schüler, K. & Brinkmann, K.: Dauermagnete, Werkstoffe und Anwendungen, Berlin (1970)

Shirk, B. T. und Buessem, W. R.: J. Appl. Phys. **40** (1969), 1294

Smit, J. und Wijn, H. P. J.: Ferrites, Philips Tech. Lib., Eindhoven (1959)

Spur, G.: Keramikbearbeitung, C. Hanser Verlag, München Wien (1989)

Stäblein, H.: Ber. Dt. Keram. Ges. **55** (1978), 305

Stäblein, H.: in Ferromagnetic Materials Vol. 3, North-Holland Publishing Comp. (1982), 441

Stäblein, H. und May, W.: Ber. Dt. Keram. Ges. **46** (1969a), 69

Stäblein, H. und May, W.: Ber. Dt. Keram. Ges. f (1969b), 126

Stäblein, H. und Willbrand, J.: Proc. 7. Int. Symp. React. Sol.(1972), 589

Stäblein, H. und Willbrand, J.: Science of Ceramics **6** (1973a), Proc. Int. Conf., Baden-Baden 1971, XXXII/1

Stäblein, H. & Willbrand, J.: Proc. Int. Conf. Magnetism IV, (1973b), 232

Suchet, J.: Bull. Soc. Franc. Ceram. **33** (1956), 33

Sutarno R., Bowman, W.S. & Alexander, G.E.: J. Canad. Ceram. Soc.**40** (1971), 9

Takada, T.; Ikeda, Y.; Yoshinaga, H: & Bando, Y: Proc. Int. Conf. on Ferrites (1970), 275

Townes, W. D. ; Fang, J. H. & Perrotta, A.J.: Z. Kristallogr. **125** (1967), 437

Van den Broek, C. A. M. & Stuijts, A.L.: Phil. Techn. Rdsch. **37** (1977), 169

Van Diepen, A. M. & Lotgering, F. K.: J. Phys. Chem. Solids, **35** (1974), 1641

Van Uitert, L. G.: J. Appl. Phys. **28** (1957), 317

Van Uitert, L. G. und Swanekamp, F.W.: J. Appl. Phys. **28** (1957), 482

Vogel, E. M.: Ceramic Bull. **58** (1979), 453

Weiß, P.: J. Phys. Chim. Hist. Nat. **6** (1907), 661

Went, J. J.; Rathenau, G. W.; Gorter, E. W. und van Oosterhout, G. W.: Philips Tech. Rev. 13 (1951), 194

Wullkopf, H.: Intern. J. Magnetism **3** (1972), 179

Wullkopf, H.: Intern. J. Magnetism **5** (1973), 147

Wullkopf, H.: Dissertation Universität Bochum, Bochum (1974)

Zijlstra, H.: in Ferromagnetic Materials Vol. **3**, North-Holland Publishing Comp. (1982), 37

XII. Weichmagnetische Keramiken

Von Helmut Hinck, Eelco Visser und Theo G. W. Stijntjes

1 Einführung

1.1 Historie

Der Beginn der Forschung an Ferriten als magnetisches Material kann S. Hilpert [6] zugeordnet werden, der erste systematische Studien über die Magnetisierung von verschiedenen Ferritverbindungen machte. Bereits im Jahre 1915 bestimmten W.H. Bragg [45] und S. Nishikawa [46] unabhängig voneinander die Spinellstruktur von Ferroferrit ($FeO \cdot Fe_2O_3$), aber es dauerte viele Jahre, bevor der Zusammenhang zwischen den Spinellferriten und dem Magnetisierungsverhalten bemerkt wurde.

Im Jahre 1931 brachte H. Forestier [47] die Ionenradien der zweiwertigen Metalle im Ferrit in Beziehung mit der kristallografischen Struktur und fand, daß alle Mg, Ni, Co, Cu, Zn und Fe^{2+}-Ferrite eine stabile Spinellstruktur (Band 1, Abschnitt 1.3.2) mit starken ferromagnetischen Eigenschaften bilden, ausgenommen das nicht-magnetische Zn-Ferrit. Diese Ausnahme wurde zwar nicht verstanden, aber bereits 1926 von H. Forestier und G. Chandron [48] nachgewiesen, wie in Bild 1.1-1 dargestellt.

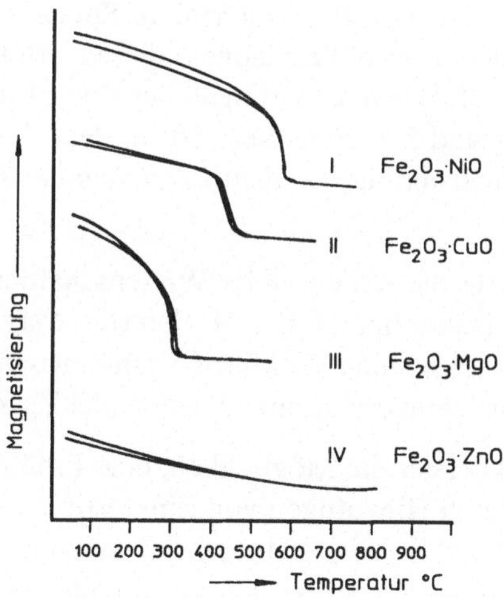

Bild 1.1-1   Magnetisierung als Funktion der Temperatur für vier Ferrite mit Spinellstruktur

1932 untersuchten S. Hilpert und H. Wille [32] den Effekt verschiedener MeO/Fe_2O_3-Verhältnisse, wie in Bild 1.1-2 für Kupferferrite dargestellt.

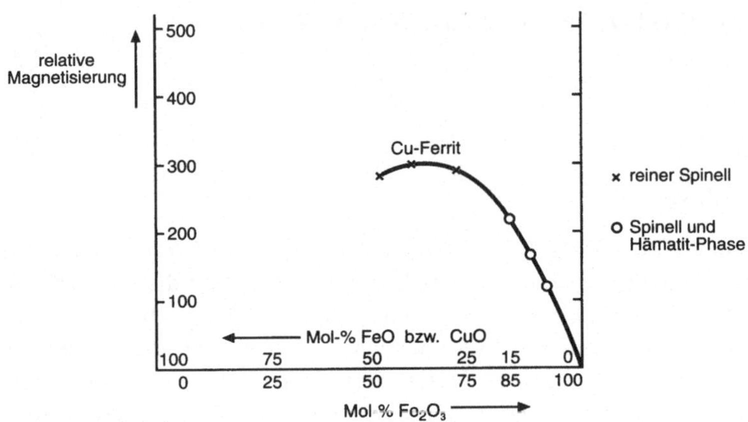

Bild 1.1-2   Relative Magnetisierung für verschiedene CuO/Fe_2O_3-Verhältnisse

Legierungen mit dem molekularen Verhältnis von 40 CuO zu 60 Fe_2O_3 haben immer noch eine reine Spinellstruktur und zeigen relativ zu schwächer CuO-dotierten Legierungen eine Zunahme in der Magnetisierung.

Es war L. Nèel [50], der dann 1948 den Magnetisierungsmechanismus im Spinell aufdeckte. Wenn die magnetischen Momente in dem Spinellgitter verschieden groß sind, resultiert ein Restmoment. Nèel bezeichnete diesen Effekt als **Ferrimagnetismus** (s. Band 1, Abschnitt 7.1.4). Ein experimenteller Beweis der Nèelschen Theorie wurden durch E.W. Gorter und J.A. Schulkes [56] in dem System $Li_{0,5}$ $Fe_{1,25}Cr_{1,25}$ O_4 gefunden, wo die Magnetisierung *vor dem Erreichen der Curie-Temperatur* auf Null geht.

Diese Erkenntnis unterstützte die Arbeit vieler Wissenschaftler bei der weiteren Erforschung der Ferrite[1,9]. Davor hatte schon H. Forestier Magnetisierungseffekte an gemischten Ferriten mit wechselnden Zinkferrit-Verhältnissen untersucht und fand eine Erniedrigung der Curie-Temperatur mit zunehmender Zinkferrit-Konzentration.

L.H. Snoek [8] erkannte als erster die Möglichkeit, eine Erhöhung der magnetischen Permeabilität der Ferrite durch Hinzufügen von Zinkferrit zu erreichen, darüber hinaus stellten L.H. Snoek [8] und W. Six [51] fest, daß nicht die magnetische Materialeigenschaft (Verlustwinkel) $\tan\delta$, sondern $\tan\delta/\mu_i$ für die Anwendung von Bedeutung ist. Dieses Wissen führte zu der Entwicklung von gemischten Cu, Mg, Mn und Ni-Ferriten für die praktische Nutzung.

So wurde zum Beispiel ein Mangan-Zink-Ferroferrit während des 2. Weltkrieges entwickelt und führte zu der ersten wichtigen Ferrit-Anwendung als Filterspule in der Fernmeldetechnik.

In der nachfolgenden Darstellung – Bild 1.1-3 – ist die Entwicklung dieser Filterspulen deutlich erkennbar.

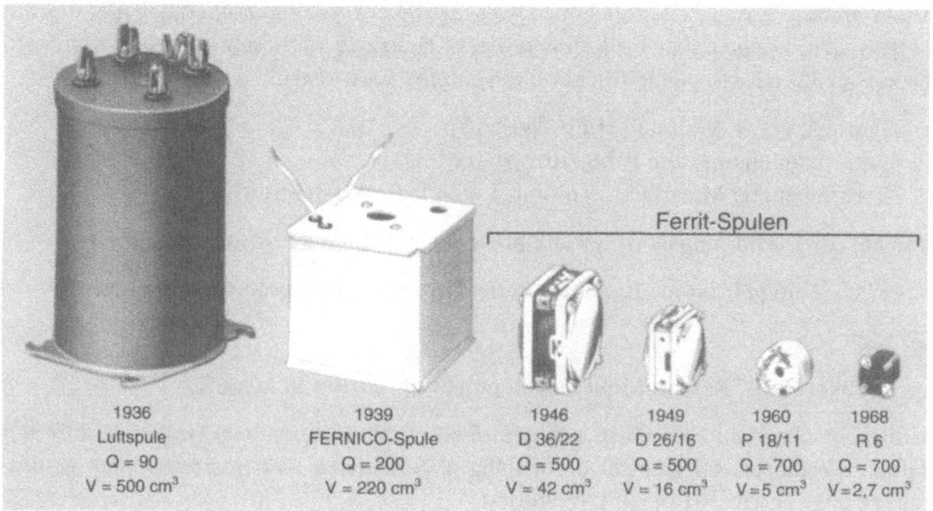

Bild 1.1-3   Filterspulen für FDM-Nachrichtensysteme

Beim Sintern von Ferriten erkannten T. Takei [52] und J. L. Snoek [8] als erste den bedeutenden Einfluß der *Sinteratmosphäre* an der Temperaturspitze und während des Abkühlens auf die magnetischen Eigenschaften der Ferrite. M. Paulus und Ch. Guillan [53] berichteten dann über die Abscheidung von Ca an den Korngrenzen und dem positiven Effekt dieser Segregation auf den elektrischen Widerstand von Mn Zn Fe^{2+}-Ferriten. Ihre Arbeit kann als der Beginn für die **Korngrenzentechnik** angesehen werden.

1978 wiesen P. Franken und H. van Doveren [54] mit Hilfe der Auger-Analyse die Abscheidung von CaO und SiO_2 in Form einer sehr dünnen Schicht an der Korngrenze nach. T. Nomura u.a. [55] verknüpften die Korngrenzen-Chemie mit Prozeßparametern und magnetischen Eigenschaften.

Der Fortschritt in der Entwicklung von hochpermeablen Ferriten ist sehr stark durch die Arbeiten von E. Roess u.a. [57] gefördert worden.

Bei der Entwicklung von Ferriten mit niedrigen Verlusten spielte die Reinheit der eingesetzten Rohstoffe eine sehr wichtige Rolle. Die Arbeit von T. Takada u.a. [58] über naßchemisch hergestellte Ferrite führte zu sehr reaktiven, homogenen Pulvern mit einer sehr engen Teilchengrößenverteilung.

T. Akashi u.a. [59] zeigten, daß es möglich ist, Mn Zn Fe^{2+}-Ferrite mit sehr niedrigen Verlusten für Filterkerne der Nachrichtentechnik unter Verwendung von sehr reaktiven Pulvern herzustellen.

Viele andere Wissenschaftler haben wesentlich zur Weiterentwicklung der Ferrite beigetragen, können aber im Rahmen dieses Beitrages nicht alle aufgezählt werden. Daher sei auf nachfolgende Bücher und Berichte verwiesen:

"Ferrite", von J. Smit und H.P.J. Wijn [9]
"Ferromagnetism", von R.M. Bozorth [66]
"Ferromagnetic Materials", Volume 3, von E.P. Wohlfahrt [67]

und auf die Einführungsvorträge anläßlich der ICF 1 sowohl von

H.P.J. Wijn [1], "Some Remarks on the History of Ferrite Research in Europe"

als auch von

T. Takei [60], "Research and Development of Ferrites in Japan".

Um mehr über den Fortschritt auf dem Gebiet der Ferritentwicklung im Laufe der Jahre zu erfahren, sei hier auf die bislang abgehaltenen fünf internationalen Konferenzen über Ferrite [61 bis 65] verwiesen.

1.2   Die Ferrit-Industrie – Umfang und allgemeine Trends

In der Elektronik werden als magnetische Transformatoren und Induktivitäten weitgehend Ferritkerne angewendet. Die Ferrit-Industrie – mit heute schätzungsweise einem Umsatzvolumen von $3,5 \cdot 10^9$ Deutsche Mark – erlebte nach dem 2. Weltkrieg ein enormes Wachstum und zeigt immer noch eine weitere Zunahme, wie aus Bild 1.2-1 ersichtlich.

Im Vergleich zu den – in den vergangenen Jahrzehnten – schnellen, teilweise sprunghaften Technologieänderungen in der Elektronik (Entwicklung integrierter Schaltungen und oberflächenmontierbarer Bauelemente, Digitalisierung der Schaltungstechnik), hat sich die Ferrittechnologie und die Anwendung von Ferritkernen durch kontinuierliche Anpassung an die neuen Anforderungen stetig weiterentwickelt. Während Ferritkerne in den früheren Jahren hauptsächlich in Signalwandlern oder Filterinduktoren in analogen Fernmeldekreisen eingesetzt wurden, werden gegenwärtig bei digitalen Netzwerken Kerne für Impulssignaltransformatoren und speziell für die Leistungsübertragung benötigt.

Seit den siebziger Jahren werden die bei 50 Hz arbeitenden Transformatoren mit Eisenkernen nach und nach durch aktive Schaltnetzteile ersetzt, die bei *höheren Frequenzen* operieren. Die höheren Frequenzen machen den *Ersatz des Eisenkerns* durch einen nur wenig elektrisch leitenden Ferritkern notwendig. Damit wird eine bemerkenswerte Verkleinerung des Transformatorkerns erreicht.

Wenn man von derzeitig laufenden Entwicklungen berichtet, muß auf neue Anforderungen hingewiesen werden, welche die Stromversorgung mit Schaltnetzteilen oder getakteten Netzgeräten mit sich bringt, sowie den Bedarf für eine weitere Verkleinerung der Transformatoren und eine Erhöhung der Schaltfrequenzen. Dieses führt wiederum zu einem vermehrtem Einsatz von **Entstörkomponenten**, gefördert durch gesetzliche Vorschriften und dem Wunsch der Schaltungsentwickler, diese Systeme intern zu immunisieren.

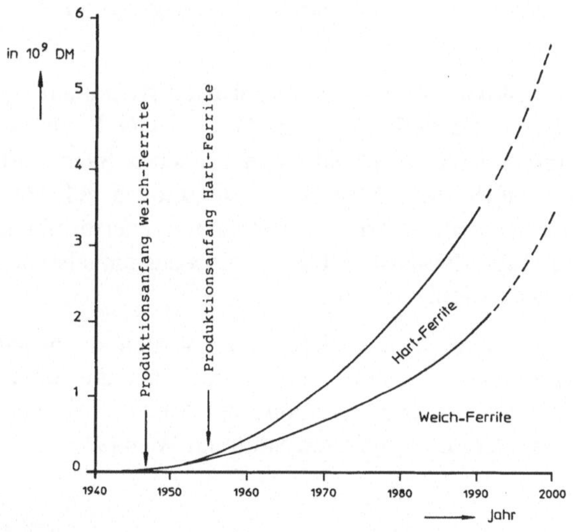

Bild 1.2-1   Welt-Marktwert von Weich- und Hartferriten

Aus wirtschaftlichen Gründen ist die Ferrit-Industrie gezwungen, ständig das Preis-/Leistungsverhältnis zu verbessern, darüber hinaus geht der Trend hin zu standardisierten Produkten für eine Vielzahl von Anwendungen.

Im Abschnitt 5.4 wird am Beispiel der **getakteten Netzgeräte (Switch Mode Power Supply = SMPS)** detailliert auf die neuen Anforderungen eingegangen. Für den Leser, der weniger vertraut mit den Ferriten und deren Anwendung ist, werden in den nächsten drei Abschnitten die wichtigsten magnetischen Gesichtspunkte besprochen.

Es ist jedoch nicht die Absicht, hier einen kompletten Überblick zu geben. Umfassende Kenntnisse über die Technologie und die Eigenschaften von Ferriten werden in den Berichten von Broese van Groenou u.a. [4], Slick [3] und Roess [4] vermittelt. Für einen weiterreichenden Überblick über die magnetischen Eigenschaften und die Anwendung von Ferriten ist das Lehrbuch von Snelling [5] zu empfehlen.

2   Ferrite – Struktur und wesentliche Eigenschaften

2.1   Die Spinellstruktur und die Magnetisierung

Mangan-Zink-Ferrit, Nickel-Zink-Ferrit und Magnesium-Zink-Ferrit sind Mischferrite und gehören zu der gleichen Klasse von Mischoxiden wie das Eisenoxid Magnetit (Band 1, mehrer Abschnitte, Band 3, Abschnitt 3.3.4), das die chemische Formel $(Fe^{2+}O) \cdot (Fe_2^{3+}O_3)$ hat, wobei in den vorgenannten Mischferriten die zweiwertigen Eisenionen teilweise durch Mn^{2+}- oder Ni^{2+}- bzw. Mg^{2+}- und Zn^{2+}-Ionen ersetzt werden.

Die hier erwähnten Mischoxide haben einen kubischen Kristallaufbau, und der Gittertyp ist mit dem Mineral **Spinell** ($MgO \cdot Al_2O_3$, s. Band 1, mehrere Abschnitte) identisch. Im Spinellgitter sind die Metallionen zwischen Sauerstoffionen auf bestimmten Gitterplätzen angeordnet. Man kennt Metallionen auf **Tetraeder-Gitterplätzen**, bei denen vier benachbarte Sauerstoffionen tetraederförmig angeordnet sind sowie Metallionen auf **Oktaeder-Gitterplätzen** mit sechs umgebenden Sauerstoffionen in Form eines Oktaeders (Bild 2.1-1).

Die in Tetraeder-Position angeordneten Metallionen werden mit A und die in Oktaeder-Position mit B bezeichnet. Detaillierte Angaben über die Kristallstruktur von Spinell-Ferriten und die tatsächliche Verteilung der Metallionen auf die Zwischengitterplätze findet man in dem Lehrbuch von Smit und Wijn [9].

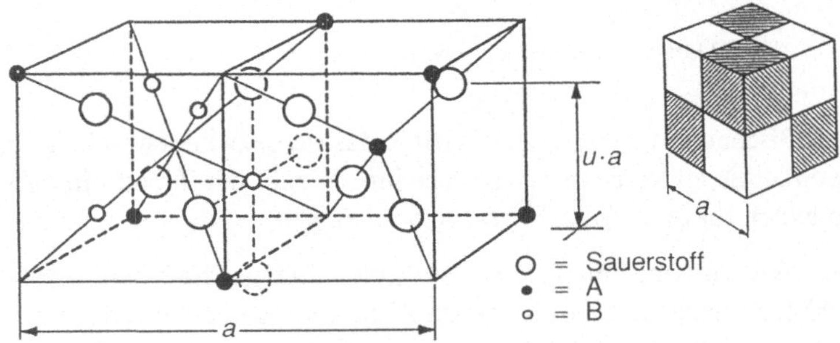

Bild 2.1-1   Spinellstruktur: Eine Einheitszelle besteht aus acht elementaren flächenzentrierten Würfeln von Sauerstoffionen. Die Metallionen befinden sich – wie eingezeichnet – auf A(Tetraeder-Gitterplätze)- und B(Oktaeder-Gitterplätze)-Positionen.

Die magnetischen Eigenschaften dieser Ferrite rühren von den magnetischen Momenten der Metallionen her, jedes hat parallel ausgerichtete 3d-Spins (Hundsche Regel, Band 1, Abschnitte 1 und 7). Durch Wechselwirkung zwischen den 3d-Spins der benachbarten Metallionen in A- und B-Position werden die unterschiedlichen (entgegengesetzten) Richtungen des magnetischen Moments antiparallel zueinander gestellt (Band 1, Abschnitt 7.1.4). Dies führt zu einer **ferrimagnetischen Ordnung** des Kristalls mit einem **magnetischen Restmoment** pro Einheitszelle, dessen Größe von der Verteilung der magnetischen Ionen und der Stärke der Wechselwirkung abhängt. Da die antiparallele Ausrichtung der benachbarten magnetischen Momente entgegen ihrer thermischen Verteilung (maximierung der Entropie) erzwungen wurde, existiert eine Temperatur – bezeichnet als **Curie-Temperatur** T_c – oberhalb der die antiparallele Ausrichtung der magnetischen Momente zusammenbricht und die magnetische Ordnung plötzlich verschwindet (Band 1, Abschnitt 7.1.4).

Unterhalb T_c besitzt das Ferrit eine temperaturabhängige Eigenmagnetisierung (**spontane Magnetisierung**), die durch das magnetische Restmoment pro Volumen einer Einheitszelle bestimmt ist. Diese Größe (**magnetische Flußdichte**, Band 1, Abschnitt 7.1.1) wird in **Tesla** (Vs/m^2) ausgedrückt.

In der Regel wird die magnetische Flußdichte durch $\mu_0 \vec{M}$ charakterisiert, worin μ_0 = $4\pi \cdot 10^{-7}$ Vs/Am – die absolute Permeabilität des Vakuums – und $\vec{M}$ der Magnetisierungsvektor, parallel gerichtet zu dem Restmoment der **spontanen Magnetisierung** (Band 1, Abschnitt 7.1.2), ist. Dieser wird in SI-System in der Dimension A/m angegeben.

Im Gegensatz zur *Größe* von $\vec{M}$ variiert die *Richtung* im allgemeinen im Kristall: Wegen der weitreichenden magnetischen Wechselwirkung zwischen den Momenten hat ein Kristall verschiedene Bereiche mit unterschiedlich ausgerichteter spontaner Magnetisierung.

Die Größe der **maximalen magnetischen Flußdichte** kann am **gesättigten** Kristall (Band 1, Abschnitt 7.1.4) beobachtet werden, wenn der Vektor der Magnetisierung im gesamten Kristall durch ein von außen angelegtes magnetisches Feld entlang derselben Achse ausgerichtet ist. Die entsprechende magnetische Flußdichte wird als **Sättigungsmagnetisierung** $\mu_0 \vec{M}_s$ – in diesem Kapitel auch als $\vec{B}_s$ – bezeichnet.

Bild 2.1-2 zeigt für die Mischungen $Me^{II} = Mn + Zn$ und $Me^{II} = Ni + Zn$ das ferrimagnetische Moment $\vec{B}_s$ in Abhängigkeit von der Temperatur. Es ist deutlich, daß über die Zusammensetzung der Mischungen die Größen B_S und T_C und weitere magnetische Eigenschaften beeinflußt werden können (siehe auch z.B. Smit und Wijn [9]).

Schließlich muß noch eine bedeutende Eigenschaft der oxidischen Ferrite erwähnt werden, nämlich der hohe elektrische Widerstand, der zwischen 0,01 und 1000 Ωm in Abhängigkeit von der Zusammensetzung liegen kann.

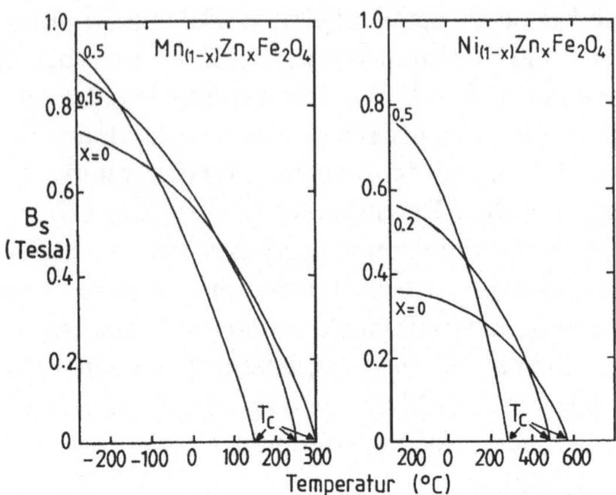

Bild 2.1-2   Temperaturabhängigkeit der magnetischen Sättigungs-Induktionsflußdichte $\vec{B}_s$ bei verschiedenen Ferritmischungen

2.2   Magnetische Bezirke und Permeabilität

Spinell-Ferrite sind **weichmagnetisch** (Band 1, Abschnitt 7.2), das heißt, die Magnetisierungskurven wie in Bild 2.1-2 können nur beobachtet werden, wenn ein genügend starkes Magnetfeld angewendet wird, so daß das Ferrit bis zur Sättigung magnetisiert wird.

In Abwesenheit eines Feldes existiert die ferrimagnetische Ordnung der Metallionen noch, aber nur im µm-Bereich, als sogenanntes **Bezirks-Muster (Domänenstruktur)**, wie es in Bild 2.2-1a wiedergegeben ist.

Im großen Maßstab hebt sich die Magnetisierung der verschiedenen Bezirke auf, so daß das Ferrit nach außen offensichtlich **nichtmagnetisch** erscheint. Bei der Einwirkung eines geringen äußeren magnetischen Feldes wird aber das Bezirks-Muster so ausgerichtet, daß eine mittlere induzierte Magnetisation $<\vec{B}>$ entsteht. $<\vec{B}>$ liegt parallel zum einwirkenden Feld. Bild 2.2-1b illustriert das Verhalten einer Bezirksstruktur bei einem einwirkenden Feld von der Stärke $\vec{H}$.

Der Verlauf der $\vec{B}$-$\vec{H}$-Kurve bestimmt die **Permeabilität**

$$\mu = \frac{<|\vec{B}|>}{\mu_0 |\vec{H}|} \tag{1}$$

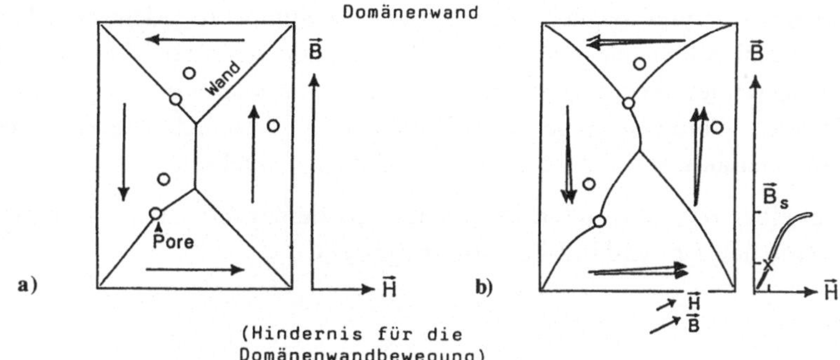

Bild 2.2-1   Bezirksmuster (Domänenaufbau) ohne (a) und mit (b) angelegtem äußerem Magnetfeld $\vec{H}$

Die magnetischen Bezirke sind eigentlich direkt das Ergebnis von weitreichenden Dipol-Dipol-Wechselwirkungen zwischen den individuellen magnetischen Momenten. Man kann diese magnetische Wechselwirkung im Sinne eines weitreichenden magnetischen Feldes betrachten, das ein spezifisches Kraftmoment auf alle anderen magnetische Momente ausübt.

Es zeigt sich, daß dieser weitreichende Teil der Dipol-Dipol-Wechselwirkung sehr eng mit der Divergenz der Verteilung von $\vec{M}(\vec{r})$ verbunden ist, wobei $\vec{r}$ die Position kennzeichnet. Solche ortsabhängigen Variationen können zum Beispiel an der Oberfläche einer Magnetprobe auftreten. Sie produzieren ein sogenanntes **demagnetisierendes (entmagnetisierendes) Feld**, welches eine demagnetisierende Energie einschließt, die immer positiv ist. Folglich muß, um die beteiligte Energie zu reduzieren, durch die magnetostatische Dipol-Dipol-Wechselwirkung ein Kristall so geordnet sein, daß das Auseinanderlaufen von $\vec{M}(\vec{r})$ soweit wie möglich vermieden wird.

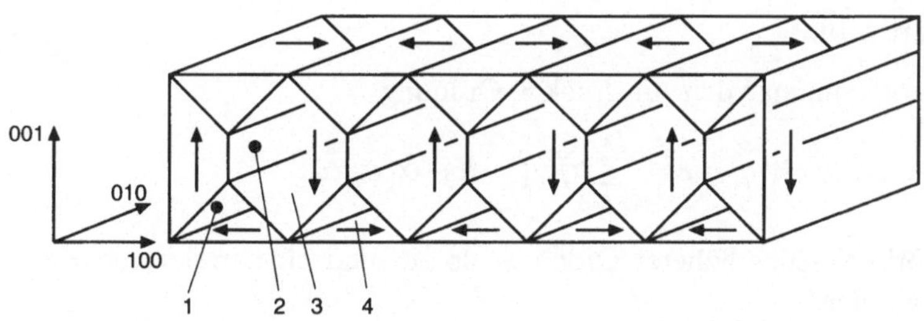

Bild 2.2-2   Perspektivische Ansicht einer möglichen Bezirksstruktur mit einer leichten Richtung der Magnetisierung entlang <100> (schwarze Pfeile): 1) 90° Wand, 2) 180° Wand, 3) innerer Bezirk, 4) geschlossener Bezirk.

Es ist tatsächlich das Resultat dieser magnetostatischen Wechselwirkung, daß ein Kristall die Struktur von magnetischen Bezirken annimmt. In jedem einzelnen Bezirk ist $\vec{M}(\vec{r})$ einheitlich und entlang der sogenannten **leichten Magnetisierungsrichtung** ausgerichtet. Angrenzende Bezirke sind durch relativ dünne Zonen – sogenannte **Wände** – voneinander getrennt, in denen $\vec{M}$ allmählich von *einer* leichten Richtung zu einer anderen – energetisch äquivalenten – wechselt.

Ein Beispiel einer Bezirksstruktur, in welchem die demagnetisierende Energie gerade zu Null reduziert ist, wird in Bild 2.2-2 dargestellt.

2.3 Magnetische Anisotropie

Im allgemeinen ist die Richtung des Magnetisierungsvektors innerhalb eines Bezirks nicht ausschließlich durch das magnetische Feld bestimmt, sondern wird auch durch die Kristallachsen des Gitters beeinflußt.

Wegen der Spin-Bahn-Wechselwirkung der 3d-Elektronen und durch die Effekte der elektrischen Kristallfelder hängt die Energie der 3d-Spins von der Richtung der Spins ab. Dies wird als **magnetische Anisotropie** (Band 1, Abschnitt 7.2.2) bezeichnet, die damit verbundene Energie ist die **Anisotropieenergie**. Wie die magnetische Anisotropie physikalisch genau zustande kommt, soll hier nicht betrachtet werden. Wichtig ist, daß die Anisotropieenergie die Symmetrie der Punktgruppe des Kristallfeldes besitzt, welche für frei deformierbare MnZn- und NiZn-Ferrite kubisch ist.

Mit **magnetokristalliner Anisotropie** ist hier die magnetische Anisotropie eines frei deformierbaren Kristalls gemeint. Wir bezeichnen die **Kristallenergiedichte**, das heißt die Kristallenergie pro Volumeneinheit, mit W_{CA}, mit der Dimension J/m^3.

Eine mathematische Formulierung für W_{CA} gewinnt man durch einen der jeweiligen Gittersymmetrie entsprechenden Potenzreihenansatz mit den Koeffizienten α_i. Dabei beschreibt α_i den Richtungskosinus der spontanen Magnetisierung gegen ein gitterfestes Koordinatensystem, welches für kubische Kristalle mit den kubischen Achsen identifiziert wird.

Für Spinellferrit kann man den Ausdruck 3. Ordnung

$$W_{CA} = K_1 \cdot \sum_{i>j=1}^{3} \alpha_i^2 \alpha_j^2 + K_2 \cdot \alpha_1^2 \alpha_2^2 \alpha_3^2 \tag{2}$$

schreiben, worin Glieder höherer Ordnung als α_i^6 und eine irrelevante Konstante weggelassen wurden.

Die phänomenologischen Parameter K_1 und K_2 sind die Konstanten erster bzw. zweiter Ordnung der Kristallanisotropie. Diese Kristallanisotropie-Konstanten hängen von der chemischen Zusammensetzung des Ferrits und der Temperatur ab.

In einem Einkristall können K_1 und K_2 mit Hilfe eines Torsionsmagnetometers bestimmt werden, mit dem das Drehmoment gemessen wird, das auf das Gitter einer gesättigten Probe ausgeübt wird.

Bei Abwesenheit von Magnetfeldern geben die Minima von W_{CA} die energetisch bevorzugte Richtung für $\vec{M}$ in einem frei deformierbaren Kristall an. Daraus kann leicht abgeleitet werden, daß – wenn $K_1 + (1/9) \cdot K_2 < 0$ ist – W_{CA} ein Minimum für $\vec{M}$ entlang jeder der acht <111> Richtungen hat, während – wenn $K_1 + (1/9) \cdot K_2 > 0$ sechs Minima für $\vec{M}$ entlang der <100> Richtung auftreten.

In Abhängigkeit von der Temperatur sind beide angeführten Fälle in Spinellferriten möglich. Die Magnetisierungsrichtung mit einem Minimum der Anisotropieenergie wird als **leichte Richtung der Magnetisierung** bezeichnet.

Meistens ist $K_2 \ll K_1$, so daß K_2 vernachlässigt werden kann und K_1 die leichte Richtung bestimmt.

Wichtig ist, daß W_{CA} die Permeabilität μ bestimmt. Bild 2.3-1 zeigt für einen hochpermeablen Ferrit die Temperaturabhängigkeit von μ und K_1: Beim Nulldurchgang $K_1 = 0$ tritt ein Maximum der Permeabilität auf.

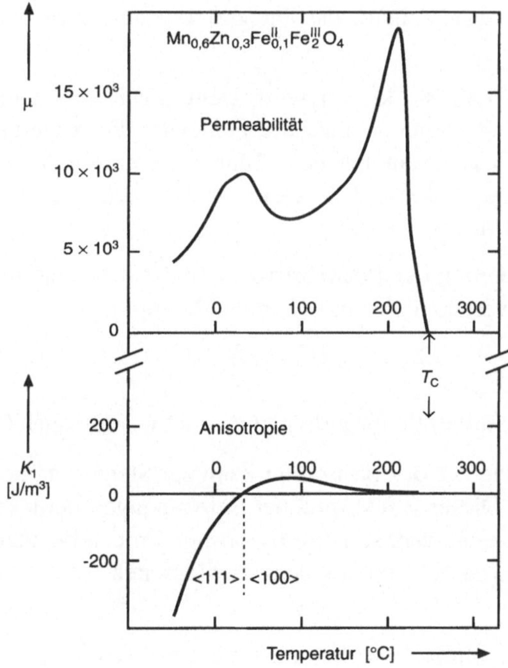

Bild 2.3-1   Tempeaturabhängigkeit der Permeabilität μ und der Anisotropiekonstanten K_1

Ein weiteres Maximum erscheint gerade unterhalb der Curie-Temperatur. Die Ursache für beide Maxima ist, daß an jenen Punkten die Kopplung zwischen den magnetischen Momenten und dem Kristallgitter besonders klein ist.

Eine $\mu(T)$-Kurve wie in Bild 2.3-1 ist über die Spinellzusammensetzung und durch die Prozeßbedingungen kontrollierbar. Für Leistungsanwendungen ist eine "sanfte" $\mu(T)$-Kurve erwünscht, mit einem μ in der Größenordnung von 1000 bis 2000. Es ist die Aufgabe des Ferritentwicklers sicherzustellen, daß eine $\mu(T)$-Kurve die Spitzen und die flachverlaufenden Teile im richtigen Temperaturbereich und in der richtigen Höhe aufweist.

2.4   Magnetisierungsmechanismen

Wie im Abschnitt 2.2 erwähnt, ändert sich die Bezirksstruktur einer Probe, wenn ein magnetisches Feld darauf einwirkt. Der Grund für diese Änderung liegt in der Abnahme der potentiellen Energie der magnetischen Momente bei Ausrichtung in dem von außen einwirkenden Magnetfeld. Diese Energie ist gegeben durch:

$$W_{\mathrm{M}} = -\int \mu_0 \vec{M}(\vec{r}) \cdot \vec{H}(\vec{r}) d^3 \vec{r} \tag{3}$$

Hierin ist $\vec{H}(\vec{r})$ das angewandte Feld, das Integral erstreckt sich über das gesamte Volumen der Probe.

Aus Gleichung (3) folgt, daß W_{M} kleiner wird, wenn die Komponente $\vec{M}$ entlang $\vec{H}$ größer wird. Für genügend kleine angewandte Felder ist die Änderung der Bezirksstruktur proportional zum angewandten Feld. Man kann eine induzierte Magnetisierung (Polarisation) $\vec{B} = \mu_0 <\vec{M}(\vec{r})>$ definieren, wobei sich die Mittelwertbildung über viele Bezirke erstreckt.

Als ein Resultat der Änderung der Bezirksstruktur findet man eine mittlere magnetische Induktion $<\vec{B}>$, die verbunden ist mit $\vec{H}$ und $<\vec{M}>$ durch:

$$\left\langle \vec{B} \right\rangle = \mu_0 \left(\vec{H} + \left\langle \vec{M} \right\rangle \right) \tag{4}$$

Daraus kann eine eine (relative) Permeabilität abgeleitet werden nach Gleichung (1).

Eine so bewirkte Änderung der Bezirksstruktur kann zur Steigerung des demagnetisierenden Feldes beitragen. Dieser Effekt muß bei Berechnungen berücksichtigt werden. Um Komplikationen zu vermeiden, sollten ringförmige Proben benutzt werden, in denen kein demagnetisierendes Feld entlang des geschlossenen Verlaufs des Ringes auftreten kann.

Wie in Bild 2.2-1 gezeigt wurde, bewirken mehrere gleichzeitig verlaufende Magnetisierungsprozesse eine Änderung der Bezirksstruktur: Die **Blochwandbewegung** und die **Rotationsmagnetisierung**.

In dem *ersten* Prozeß wachsen solche Bezirke, in denen $\vec{M}$ eine große Komponente parallel zu $\vec{H}$ hat, auf Kosten anderer Bezirke. Dieser Vorgang ist verknüpft mit der Wandbewegung. Die resultierende Verschiebung der Bezirkswände hängt von dem angewandten Feld ab, vom Festhalten durch Störungen im Kristall und von dem Grad der Verbindung der Wand mit den benachbarten Wänden. Der *zweite* Magnetisierungsprozeß findet im Inneren eines jeden Bezirks statt, wo der Magnetisierungsvektor $\vec{M}$ in einem bestimmten Winkel zu der leichten Magnetisierungsrichtung und zur Richtung des angewandten Feldes rotiert. Der resultierende Winkel der Rotation von $\vec{M}$ ist durch das Gleichgewicht zwischen der abnehmenden magnetostatischen Energiedichte (Integrand von (3)) und der zunehmenden Anisotropieenergiedichte (2) gegeben: Je niedriger die magnetische Anisotropie ist, desto größer ist der induzierte Winkel der Rotation von $\vec{M}$.

Beide Mechanismen tragen ihren Teil zur gesamten Permeabilität bei:

$$\mu = \mu_R + \mu_W \tag{5}$$

worin μ_R die **Rotations-** und μ_W die **Wandpermeabilität** ist.

Das angewandte Feld kann zeitlich wechseln. In diesem Fall paßt sich die Bezirksstruktur kontinuierlich mit der gegebenen Frequenz an. Diese periodische Variation hat wichtige Konsequenzen für den Magnetisierungsprozeß.

An erster Stelle besitzt das magnetische Ion in dem Kristall einen Drehimpuls, so daß seine magnetischen Momente sich wie drehende Körper verhalten, die eine Kreiselbewegung um die leichte Richtung der Magnetisierung ausführen. Daraus ergibt sich, daß der Rotationsmagnetisierungsprozeß ein Resonanzverhalten zeigt, wenn das angewandte Feld mit einer Frequenz oszilliert, die genau korrespondiert mit der Präzessionsfrequenz des Moments. Diese Präzessionsfrequenz wird die **ferromagnetische Resonanzfrequenz** f_{Res} genannt und kann wie folgt ausgedrückt werden:

$$f_{Res} = \gamma \frac{\vec{H}_{AN}}{2\pi} \tag{6}$$

worin $\gamma = 2.2 \times 10^6$ (m/As) das **gyromagnetische Verhältnis** des magnetischen Moments im Kristall ist; $\vec{H}_{AN}$ ist das sogenannte **magnetische Anisotropiefeld**, es beschreibt sowohl die Anisotropiegröße als auch die leichte Achse der Magnetisierung.

An zweiter Stelle tritt ein Verlust von Energie während des sich periodisch ändernden Magnetisierungsprozesses in Ferriten auf. Diese Verluste werden durch die Bewegung der Wände verursacht, zum Beispiel, wenn die Mikrostruktur des Kristalls nicht fehlerfrei ist, d.h. Poren oder Einschlüsse und Korngrenzen vorhanden sind. Bild 2.4-1 erläutert, wie die Bezirksstruktur auf periodische Veränderung des angelegten Feldes $\vec{H}$ reagiert, wenn die Wand von einer festhaltenden Position zu einer anderen bewegt wird. Dies resultiert in einer Wandbewegung, die hinter dem wechselnden Feld $\vec{H}$ zurückbleibt.

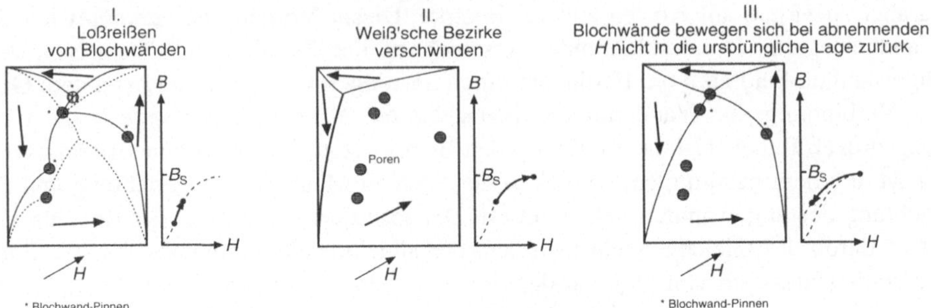

Bild 2.4-1   Reaktion der Bezirksstruktur auf periodische Veränderungen des Feldes $\vec{H}$

Diese Verzögerung, zusammen mit der Dämpfung der Bewegung der Bezirkswände, bewirkt den Verlust von magnetischer Energie. Verursacht durch diesen Verlust und die möglichen Resonanzen im Magnetisierungsprozeß hängt die Größe der Magnetisierung von der Frequenz ab. Als Folge kann eine Phasenverschiebung zwischen $<\vec{M}(t)>$ und $\vec{H}(t)$ auftreten. Die Beschreibung eines oszillierenden angelegten Feldes in komplexer Schreibweise durch $\vec{H}(t) = \vec{H}_0 \exp(2jf \cdot t)$ führt so zu einer **komplexen Permeabilität**, die einen Realteil μ' hat, gegeben durch die phasengleiche Komponente $<\vec{M}(t)>$ und einem imaginären Teil μ'', gegeben durch die um 90° phasenverschobene Komponente:

$$\mu(f) = \mu'(f) - j\mu''(f) \tag{7}$$

Entsprechend sind die Wand- und Rotationspermeabilitäten μ_R und μ_W gewöhnlich komplex und hängen von der Frequenz ab.

2.5   Die magnetischen Verluste

Wie im vorigen Abschnitt aufgezeigt, ist eine alternierend eingebrachte Magnetisierung mit Verlusten verbunden, den sogenannten **magnetischen Verlusten**.

Wir unterscheiden drei Verlustmechanismen [11,12]:

1. **Hystereseverluste** P_{hyst}, die von den irreversiblen Sprüngen der Bezirkswände herrühren (Bild 2.4-1).

2. **Restverluste** P_{res}, die durch Eigendämpfung verursacht werden.

3. **Wirbelstromverluste** P_{eddy}, die durch elektrische Induktion von *Strömen*, die im Ferrit fließen, verursacht werden.

Als gesamte Verlustleistung P_v von Ferriten ergibt sich:

$$P_V = P_{hyst} + P_{res} + P_{eddy} \qquad (8)$$

Des erste Beitrag P_{hyst} hängt von der Frequenz f und der magnetischen Flußdichte $\vec{B}$ ab über [12]:

$$P_{hyst} \approx \text{Materialkonstante} \cdot \left(\vec{B}^2 f\right)^{1,3} \qquad (9)$$

Hierin ist die Materialkonstante von der Temperatur abhängig. Gewöhnlich ist P_{hyst} die vorherrschende Größe in den Leistungsferriten [12]. Daher sollte diese so niedrig wie möglich gehalten werden. Dies wird erreicht durch:

- Förderung der Wandbewegung, um die Wandverluste zu reduzieren, erzielbar durch die Erniedrigung der magnetischen Anisotropie und durch Reduzierung der die Wand festhaltenden Fehler in der Mikrostruktur;

- oder durch Vermeidung verlustbringender Wandbewegungen überhaupt, durch komplettes Festhalten der Wände, z.B. mit Hilfe einer Substitution von die Anisotropie vergrößernden Ionen, wie Co^{II} [14] oder mit Hilfe einer sehr feinen Mikrostruktur [15].

Unterhalb 1 MHz spielt die Wandbewegung eine dominierende Rolle [14]. Da kann die erste Maßnahme helfen, wenn auch die Minimierung der magnetischen Anisotropie nur in einem begrenzten Temperaturbereich wirkt (siehe Bild 2.3-1).

Jedoch, wie in Bild 2.5-1 gezeigt, kann durch Einführung von Zusätzen, wie Co^{II} und Ti^{IV} ein hinreichend großer Temperaturbereich mit niedriger Anisotropie erreicht werden [13].

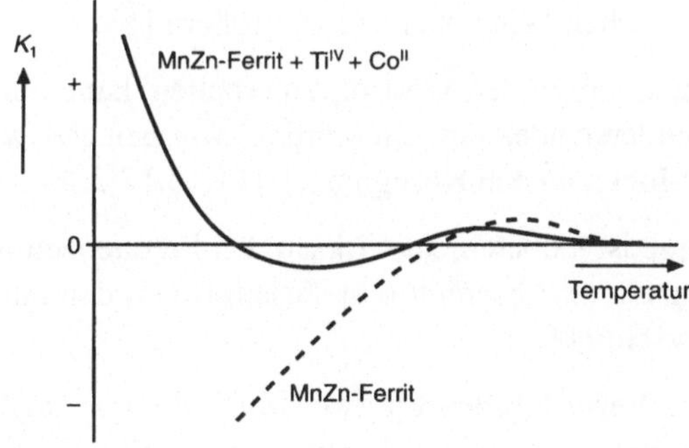

Bild 2.5-1   Einfluß der Zulegierung von Fremdatomen (Dotierung) auf die Temperaturabhängigkeit der Anisotropie

Die zweite Größe der Verluste sind die magnetischen Restverluste P_{res}, die vorherrschend werden bei niedrigen magnetischen Induktionsflußdichten, bei denen P_{hyst} verschwindet.

Dieser Dämpfungsverlust ist das Ergebnis von Diffusionsprozessen im Gitter, wie z.B. die Bewegung von Metallionen über Kation*leerstellen*. P_{res} kann erheblich verkleinert werden durch eine stöchiometrische Zusammensetzung der Ferrite (stöchiometrisches Sintern). Die Restverluste können mit den Größen f, $\vec{B}$ und μ entsprechend folgender Gleichung ausgedrückt werden [5,12]:

$$P_{\text{res}} \approx 2,5 \cdot 10^6 \cdot \left(\vec{B}^2 f\right)^{1,3} \cdot \frac{\tan \delta}{\mu} \tag{10}$$

Hierdurch wird der **Verlustwinkel** δ eingeführt, der über die Größen in (7) definiert ist durch die Beziehung:

$$\tan \delta = \frac{\mu'}{\mu''} \tag{11}$$

Die ist die dritte Verlustgröße P_{eddy} bestimmt durch f, $\vec{B}$ und durch den spezifischen elektrischen Widerstand ρ_{sp}:

$$P_{\text{eddy}} = \text{const} \cdot \frac{\vec{B}^2 f^2}{\rho_{\text{sp}}} \tag{12}$$

Hier hängt die Konstante auch von der Größe des Magnetkernes ab. Um P_{eddy} zu reduzieren, sollte ρ_{sp} vergrößert werden, dies wiederum beinhaltet ein ferrofreies Ferrit, z.B. basierend auf NiZn. Ersatz von Fe^{II}-ionen durch Ti^{IV} wird in MnZn-Ferriten benutzt, um den elektrischen Widerstand zu vergrößern [13].

Ein anderer Weg, um einen großen Wert ρ_{sp} zu erhalten, kann durch Einstellen eines hohen Korngrenzenwiderstandes erreicht werden, wie beispielsweise durch gezielte Ablagerung von Ca^{II}-Ionen an den Korngrenzen [11,16,17].

Die letztere Maßnahme ist jedoch nicht wirksam bei Frequenzen oberhalb 1 MHz, da die Korngrenzenkapazität (s. Abschnitt 6 in diesem Band) den ohmschen Widerstand der Korngrenzen kurzschließt.

In Bild 2.5-2 sind die Verlustgrößen für zwei MnZn-Ferrite angegeben. Dabei kann eine bemerkenswerte Verbesserung der Verluste in Co- und Ti- dotierten MnZn-Ferriten gegenüber undotierten Ferriten beobachtet werden. Die Verlustreduktion bei dem dotierten Material kann hauptsächlich durch die sehr viel kleineren Hystereseverluste und den geringen Wirbelstromverlusten erklärt werden [12].

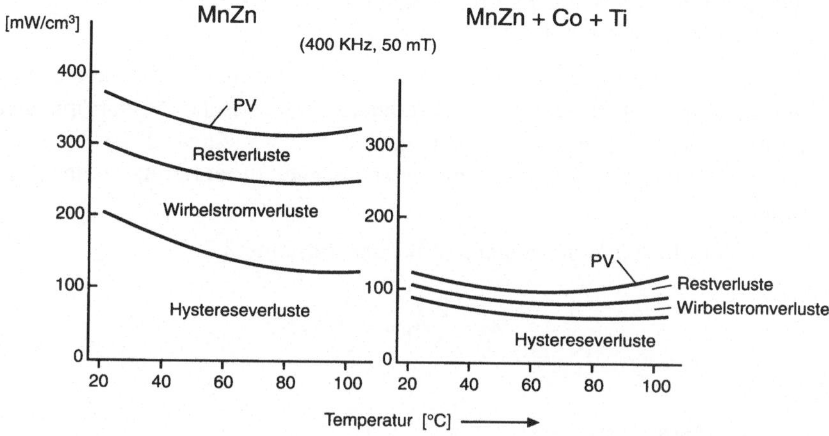

Bild.2.5-2   Verlustbeitrag für zwei MnZn-Leistungsferrite

2.6   Magnetostriktion

Im allgemeinen ist das Spinellgitter bis zu einem gewissen Grad verzerrt. Zum Beispiel verursachen die Austauschwechselwirkungen zwischen benachbarten Metallionen spontane Verzerrungen; eine zusätzliche Deformation kann von den mechanischen Spannungen im Kristall herrühren.

In erster Näherung wird eine Gitterdeformation eine Änderung der Elektronenenergie proportional zur Größe der Verzerrung verursachen. Die genaue Herkunft dieses Energiebeitrags wird hier nicht diskutiert. Für unsere Zwecke ist eine phänomenologische Beschreibung ausreichend.

a. Normale Magnetostriktion

Abhängig von der Richtung von $\vec{M}$ und der Art der Verzerrung kann eine durch Deformation hervorgerufene Änderung der Elektronenenergie entweder positiv oder negativ sein. Deshalb neigt das Gitter – bei einer gegebenen örtlichen Richtung von $\vec{M}$ – dazu, sich selbst spontan in solcher Weise zu deformieren, daß die Energie abnimmt.

Diese spontane Deformation wird solange zunehmen, bis ein Gleichgewicht zwischen der abnehmenden Elektronenenergie und der zunehmenden mechano-elastischen Energie, hervorgerufen durch die Deformation des Kristalls, erreicht ist.

Diese resultierende spontane Deformation ist die **normale Magnetostriktion** und wird dargestellt durch die dimensionslose Magnetostriktionskonstante λ_{ijk}. Für einen kubischen Einkristall sind zwei Konstanten ausreichend, um die spontane Deformation für jede Richtung von $\vec{M}$ zu beschreiben. Sie sind definiert als λ_{100}

und λ_{111} und geben die relative Dehnung des Kristalls relativs $\vec{M}$ an, wobei $\vec{M}$ parallel zur [100] oder [111] ist.

Da durch die normale Magnetostriktion die Elektronenenergie abnimmt, schließt die spontane Deformation eine zusätzliche magnetische Anisotropieenergie ein, die in der Symmetrie des Gitters liegt. Für einen Vielkristall ist die resultierende normale Magnetostriktion über die verschiedenen Orientierungen des Kristalls gemittelt.

Hieraus ergibt sich eine Magnetostriktionskonstante λ_s

$$\lambda_\text{s} = \frac{2}{5}\lambda_{100} + \frac{3}{5}\lambda_{111} \tag{13}$$

b. Inverse Magnetostriktion

Eine zusätzliche Deformation des Gitters kann durch mechanische Spannungen verursacht werden. Dies ruft eine zusätzlichen Änderung in der Elektronenenergie hervor, welche gewöhnlich *keine* kubische Symmetrie aufweist.

Als Konsequenz kann die leichte Richtung von $\vec{M}$ durch mechanische Spannungen geändert werden. Dies wird als **inverser Magnetostriktionseffekt** bezeichnet. Die zusätzliche Energieänderung wird **induzierte Magnetostriktions-Energiedichte** W_{MS} (in J/m^3) genannt und ist im nachfolgenden phänomenologischen Ausdruck wiedergegeben:

$$W_{\text{MS}}(\alpha) = -\frac{3}{2}\lambda_{100} \sum_{i=1}^{3} \sigma_{ii}\alpha_i^2 - 3\lambda_{111} \sum_{i>j=1}^{3} \sigma_{ij}\alpha_i\alpha_j + ... \tag{14}$$

In diesem Ausdruck kennzeichnen die α_i s die Richtungskosinusse von $\vec{M}$ bezüglich der Kristallachsen, und die Matrixelemente σ_{ij} den Spannungstensor.

Es muß hier betont werden, daß bei der Ableitung von (14) angenommen wurde, daß die zusätzliche Deformation – eingebracht durch von außen angelegte mechanische Spannung – die normale (spontane) Magnetostriktion übersteigt, so daß man ein näherungsweise lineares Verhältnis zwischen Spannung und Deformation bewahrt.

Da die gesamte Energie der magnetischen Ionen durch die Summe von W_{MS} und W_{CA} (Gleichung 2) gegeben ist, wird die Permeabilität durch angelegte mechanische Spannungen beeinträchtigt [34,35].

Bei polykristallinen Ferriten sind Spannungen, die durch den keramischen Herstellungsprozeß (Kühlung, Schwindung und Bearbeitung) in einem gewissen Rahmen auftreten, unvermeidbar und beeinflussen die resultierende Permeabilität des Ferrits.

2.7   Permeabilität polykristalliner Ferrite

Das grundsätzliche Verständnis für die magnetischen Eigenschaften von Weichferriten, wie in Abschnitt 2 dargelegt, war in groben Zügen bereits vor vierzig Jahren erarbeitet. Neueren Datums sind die Modelle, die eine quantitative Beschreibung der Permeabilität und der Hysterese von Ferriten liefern.

Ein erster und sehr zufriedenstellender Erklärungsversuch wurde von Globus [43] gemacht, der das sogenannte **Domänenwand-Modell** entwickelte, worin die Permeabilität in Polykristallen als das Resultat von "ausgebeulten" Domänenwänden beschrieben wird. Jede dieser Wände soll in einem Korn des Polykristalls gebunden sein, wie in Bild 2.7-1 dargestellt.

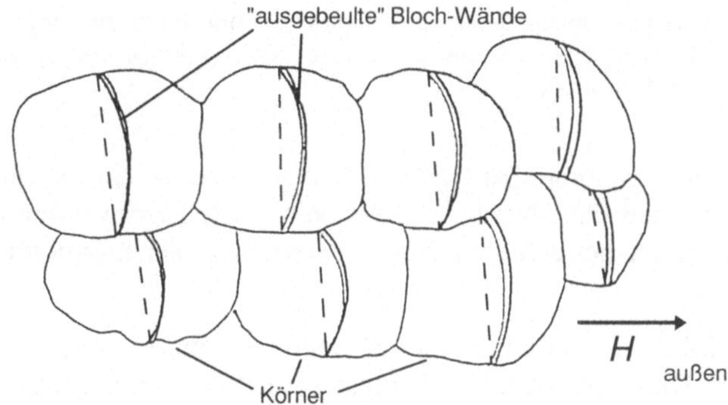

Bild 2.7-1   Domänenwand-Größen-Modell (Globus [43]) mit "ausgebeulten" Wänden, die eingebunden sind in den Körnern eines polykristallinen Ferrits

Nach diesem Modell beult sich die Wand unter dem Einfluß eines äußeres Feldes bei steigender Korngröße immer leichter aus.

Dieses Modell erklärt damit zwanglos, warum die Permeabilität von Polykristallen proportional ist zur durchschnittlichen Korngröße und das Koerzitivfeld umgekehrt proportional dazu. Dieses Permeabilitätsverhalten ist in Bild 2.7-2 dargestellt.

Das Domänenwand-Modell beschreibt jedoch nur die Permeabilität bei *niedrigen* Frequenzen. Wie in Bild 2.7-2 gezeigt, hängt nicht nur die Permeabilität selber, sondern auch die ferromagnetische Resonanzfrequenz von der Größe der Körner ab: Die Überschneidungsfrequenz (Frequenz am Schnittpunkt der entsprechenden Kurven) f_r

zwischen $\mu'(t)$ und $\mu''(t)$ ist umgekehrt proportional zur Korngröße. So ist das Produkt aus der Anfangspermeabilität und der Resonanzfrequenz unabhängig von der Korngröße.

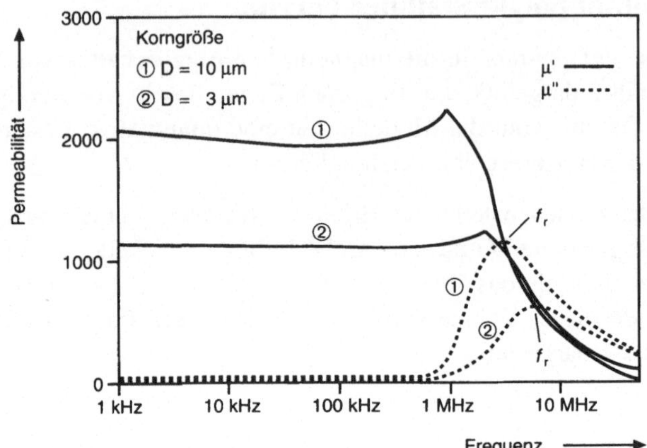

Bild 2.7-2   Frequenzabhängigkeit der komplexen Permeabilität zweier polykristalliner MnZn-Ferrite gleicher Zusammensetzung – $Mn_{0.68} Zn_{0.24} Fe_{2.08} O_4$ – aber verschiedener Korngröße.

Um dies letztere Phänomen zu erklären, haben kürzlich Johnson und Visser [44] ein alternatives magnetisches Modell für polykristalline Ferrite vorgeschlagen, welches diesen bisher nicht betrachteten *Korngrenzen*effekt als **magnetische Sperren** bezeichnet.

Entsprechend diesem Modell sind die Korngrenzen dünne Bereiche mit einheitlicher Permeabilität. Diese umgeben die Körner, so daß jedes eine große Eigenpermeabilität μ_i besitzt. Bild 2.7-3 zeigt die entsprechende Grundstruktur, wobei D die Korngröße und δ die Korngrenzendicke bezeichnet.

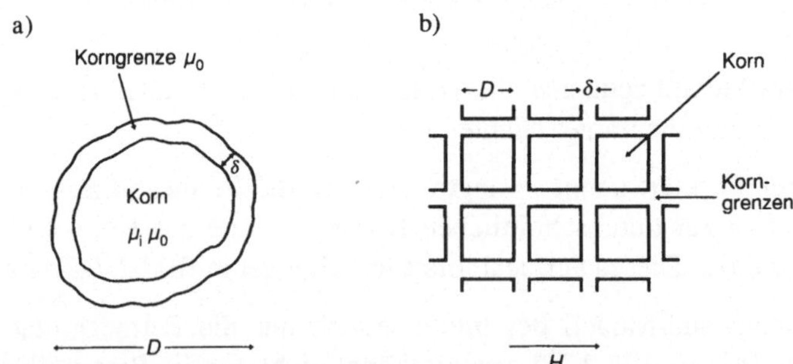

Bild 2.7-3   a) Ferritkorn, das umrandet wird von nicht magnetischen Korngrenzen.
                b) Schematische Darstellung eines polykristallinen Ferrits

Es ist leicht herzuleiten, daß in dieser vereinfachten Magnetstruktur zwischen der **effektiven Permeabilität** μ_e der Körner und den Parametern μ_i, D und δ die Beziehung gilt:

$$\frac{1}{\mu_e} = \frac{1}{\mu_i} + \frac{\delta}{D}$$

(15)

Hier ist μ_i die frequenzabhängige komplexe Permeabilität.

Trotz des einfachen Modells erklärt die Gleichung (15) alle in den Bildern 2.7-2 und 2.7-4 gezeigten Phänomene.

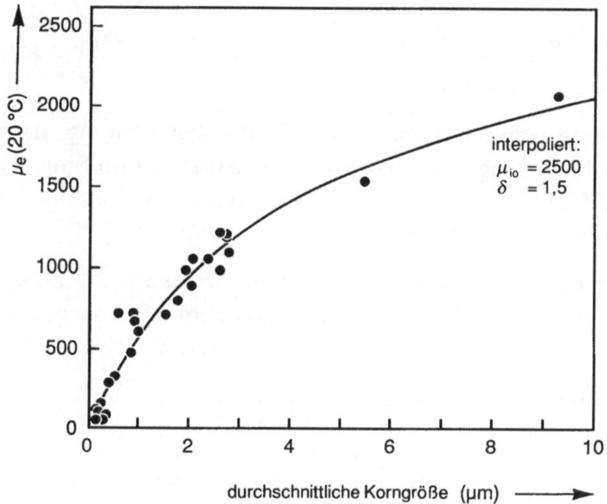

Bild .2.7-4   Korngrößenabhängigkeit der effektiven Permeabilität von polykristallinen MnZn-Ferriten. Die ausgezogene Linie ist eine Überprüfung der Gleichung (15) mit den gemessenen Werten für $\mu_i = 2500$ und $\delta = 1.5$ nm.

Im letztgenannten Bild konnte die Gleichung (15) dadurch überprüft werden, daß ein empirischer Wert für die Eigenpermeabilität des Kornes eines gleichen Einkristallferrits von 2.500 und eine realistische Dicke von 1.5 nm für die nicht-magnetische Korngrenze eingesetzt wurde.

Während beide diskutierten Modelle in der Lage sind, viele beobachtete Phänomene an Polykristallen zu erklären, scheint das letztgenannte Modell bessere Voraussagen der zu erwartenden Eigenschaften zu ermöglichen. Es kann erwartet werden, daß letzlich beide Modelle zusammengeführt werden können, um eine vollständige Beschreibung der weichmagnetischen Eigenschaften polykristalliner Ferrite zu ermöglichen.

2.8   Elektrische Leitfähigkeit

Verglichen mit Metallen haben Ferrite – durch die Abwesenheit von freien Elektronen – eine niedrige Leitfähigkeit (σ_{sp}). In Abhängigkeit von der Zusammensetzung der (Misch-) Ferrite kommt der n- oder p-Typ der Leitfähigkeit vor, wie bei A. Broese van Groenou u.a. [2] beschrieben.

Für Mischferrite, die Fe^{2+} Fe_2O_4 enthalten, scheint das Elektronensprungmodell für die n-Typ-Leitfähigkeit angebracht (Band 1, Abschnitt 2.7.2, Band 3, Abschnitt 3.3.4). In diesem Modell ist die Leitfähigkeit gegeben durch:

$$\sigma_{sp}^n = \frac{1}{\rho_{sp}^n} = \rho_n |q| \mu_n \underset{\substack{\text{Einstein-}\\\text{Beziehung}}}{=} \rho_n |q| \frac{|q| D_n}{kT} = \frac{\rho_n |q|^2}{kT} f_o l^2 \exp\left(-\frac{W_n}{kT}\right) \qquad (16)$$

Dabei ist ρ_n die Elektronenkonzentration, $|q|$ die Elementarladung, μ_n die Elektronenbeweglichkeit, l die Sprungweite (3Å auf Oktaederplätzen im Spinell), f_0 eine typische Frequenz der Gitterschwingung, k die Boltzmann-Konstante und W die Aktivierungsenergie für den Sprungprozeß.

Da das Elektron von einem Fe^{2+}-Ion zu einem benachbarten Fe^{3+}-Ion springt, ist ρ_n proportional zu der Fe^{2+}-Ionen-Konzentration, wie in Bild 2.8-1 dargestellt:

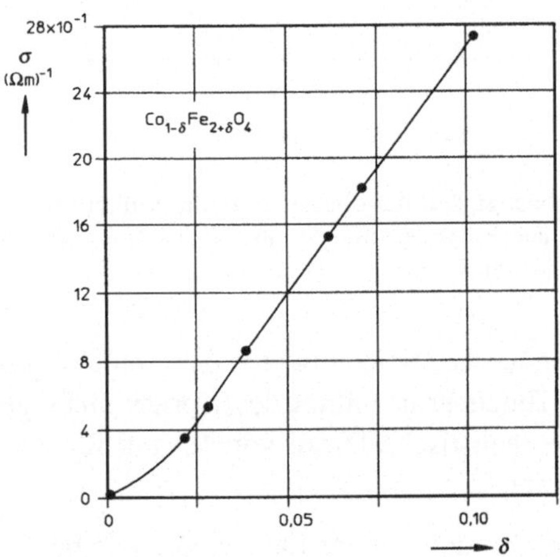

Bild 2.8-1   Die Leitfähigkeit σ_{sp} als Funktion von in $Co_{1-\delta}Fe^{2+}_{\delta}Fe_2O_4$ nach S. H. Jonker [73]

Der Elektronensprung kann teilweise durch Substitution von Ti^{4+}-Ionen unterdrückt werden (welche Ti^{4+}-Fe^{2+}-Paare mit Fe^{2+}-Ionen bilden), wie in Bild 2.8-2 gezeigt.

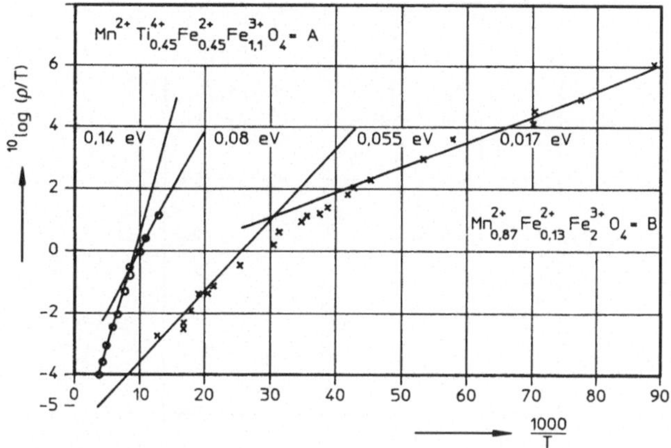

Bild 2.8-2   Temperaturabhängigkeit des Widerstandes log (ρ_{sp}/T) für zwei Einkristalle:
(o) Mn Ti$^{4+}_{0,45}$ Fe$^{2+}_{0,45}$Fe$^{3+}_{1,1}$ O$_4$
(x) Mn$^{2+}_{0,87}$ Fe$^{2+}_{0,13}$ Fe$^{3+}_2$ O$_4$
Die Steigungen (Aktivierungsenergien W/kT) sind an den geraden Linien im Bild
angegeben – nach T. G. W. Stijntjes u.a. [74].

In dem Material A (Bild 2.8.2) ist die Fe^{2+}-Ionen-Konzentration dreimal größer als
in dem Material B. Der gemessene Widerstand deutet jedoch an, daß bei Raumtemperatur $\sigma_{sp} = 1/\rho_{sp}$ für das Material B um den Faktor 10 höher ist als für das Material A. Dies wird bewirkt durch die Änderung der Aktivierungsenergie mit Hilfe der
Ti^{4+}-Substitution.

Die p-Typ-Leitfähigkeit tritt in Ferriten mit einem Eisenoxid*mangel* auf, analog (16)
gilt:

$$\sigma^p_{sp} = \frac{1}{\rho^p_{sp}} = \rho_p |q| \mu_p \underset{\substack{\text{Einstein-}\\ \text{Beziehung}}}{=} \rho_p |q| \frac{|q| D_p}{kT} = \frac{\rho_p |q|^2}{kT} f_0 l^2 \exp\left(-\frac{W_p}{kT}\right) \tag{17}$$

worin ρ_p die Leerstellenkonzentration und μ_p die Beweglichkeit der Leerstellen
darstellt. Die Leerstellenkonzentration ist ρ_p = [Me^{3+}], da die Leerstellen mit Me^{3+}
über Me^{3+} ↔ Me^{2+} + h$^+$ gekoppelt sind. Wenn Me für Ni, Co oder Mn steht, findet
wegen der hohen Aktivierungsenergie für die Reaktion Me^{2+} → Me^{3+} + e kein Elektronensprung statt. Da die Leerstellen an Me^{3+} gebunden sind, bedeutet Leerstellendiffusion Me^{3+}-Diffusion. Die Beweglichkeit dieses Diffusionsvorganges ist um
mehrere Größenordnungen kleiner als die Elektronenbeweglichkeit, die sich in Ferriten einstellt, welche Fe^{2+}-Ionen enthalten.

Die Beziehung zwischen Leitfähigkeit und Zusammensetzung in Co-Ferriten mit Eisenoxidmangel ist in Bild 2.8-3 wiedergegeben.

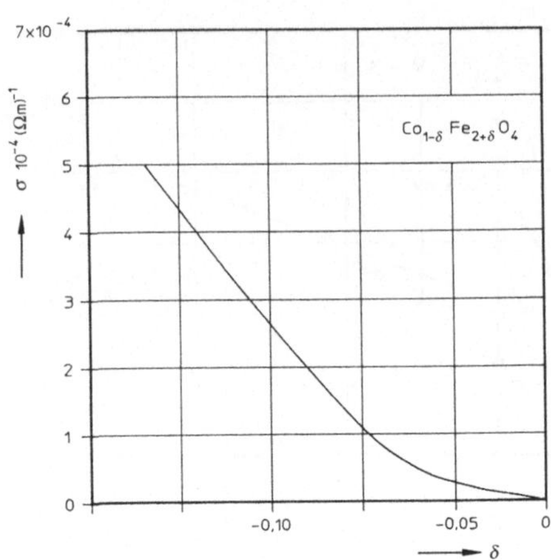

Bild 2.8-3   Die Leitfähigkeit σ_{sp} als Funktion von δ in $Co_{1-\delta}Fe_{2+\delta}O_4$ in einem Eisenmangel-Bereich von G. H. Jonker [73]

Ein Vergleich von Bild 12.8-1 mit 2.8-3 zeigt, daß für die gleiche Co^{3+}- und Fe^{2+}-Konzentration die Leitfähigkeit im Eisenmangel-Material ungefähr um einen Faktor 1.000 niedriger ist als in dem Material mit Eisenüberschuß, verursacht durch den unterschiedlichen Leitungsmechanismus.

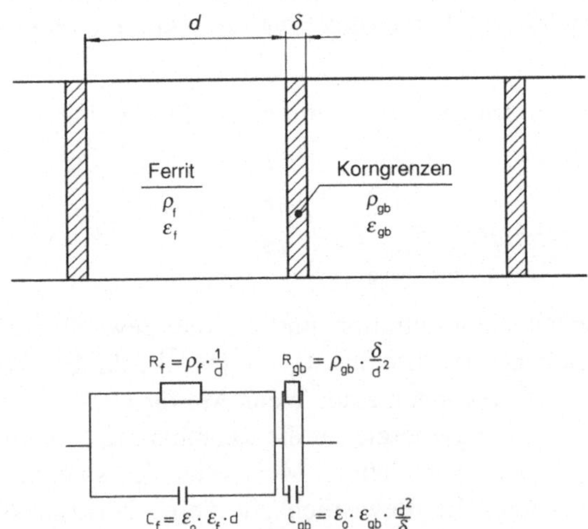

Bild 2.8-4   Schematischer Aufbau und elektrisches Ersatzschaltbild eines polykristallinen Ferrits (ρ_{sp}^{f} = spez. Widerstand im Ferritkorn, ρ_{sp}^{gb} = spezif. Widerstand in der Korngrenze, ε_f = Dielektrizitätskonstante des Ferrits, ε_{gb} = Dielektrizitätskonstante der Korngrenze, d = Korndurchmesser, δ = Dicke der Korngrenze).

Neben den beschriebenen Leitungseffekten im Ferritgitter selbst kommt ein zusätzlicher Effekt in polykristallinen Ferriten vor, der durch den *Ohmschen Widerstand der Korngrenzen* erzeugt wird. Diese Erscheinung wird z.B. bei E. C. Snelling [6] beschrieben und ist schematisch in Bild 2.8-4 dargestellt.

In Ferriten, die zweiwertiges Eisen enthalten, ist $\rho_{sp}^f \ll \rho_{sp}^{gb}$. Der Widerstand bei niedrigen Frequenzen ist dann festgelegt durch den Widerstand $\rho_{sp}^{gb} \cdot \delta/d$ der Korngrenze. Bei hohen Frequenzen ist der Widerstand der Korngrenze kurzgeschlossen durch die hohe Korngrenzenkapazität C_{gb}.

Somit wird der spezifische Widerstand polykristalliner Ferrite bei Frequenzen oberhalb der Übergangsfrequenz gleich ρ_{sp}^f.

In Ferriten ohne Fe^{2+} unterscheiden sich ρ_{sp}^f und ρ_{sp}^{gb} nur geringfügig. Der Widerstand ist dann hoch und viel weniger frequenzabhängig, wie man es z.B. an NiZn- und MgZn-Ferriten beobachtet.

3 Chemische Zusammensetzung und die Eigenschaften von Weichferriten

3.1 MnZn Ferrite

3.1.1 Magnetokristalline Anisotropie

Entsprechend der Gleichung (2) in Abschnitt 2.3 ist die magnetokristalline Anisotropie für MnZn-Ferrite kubisch. Sie kann durch die beiden Konstanten K_1 und K_2 charakterisiert werden, welche die erste bzw. die zweite Ordnung der Kristallanisotropieenergie bestimmen. Ohta [36] konnte zeigen, daß K_1 sowohl positive als auch negative Werte bei Raumtemperatur annehmen kann, abhängig von der chemischen Zusammensetzung des Ferrits, entlang der beiden Bogenlinien im Zustandsdiagramm kann K_1 ganz verschwinden. (s. Bild 3.1-1).

Die Aussagen von Ohta wurden durch Stoppels und Boonen [3.7] bestätigt, die außerdem noch die Konstante zweiter Ordnung K_2 messen konnten. Sie bestimmten beide Konstanten als Funktion der Temperatur (Bild 3.1-2).

Ihre Ergebnisse zeigen, daß unabhängig von der chemischen Zusammensetzung die Temperaturabhängigkeit der Anisotropiekonstanten folgende Merkmale hat:

Beide Konstanten sind immer bei hinreichend niedriger Temperatur negativ; K_1 kann bei einer bestimmten Temperatur eine Nulldurchgang haben, während K_2 negativ bleibt. Beide Konstanten werden kleiner bei höheren Temperaturen.

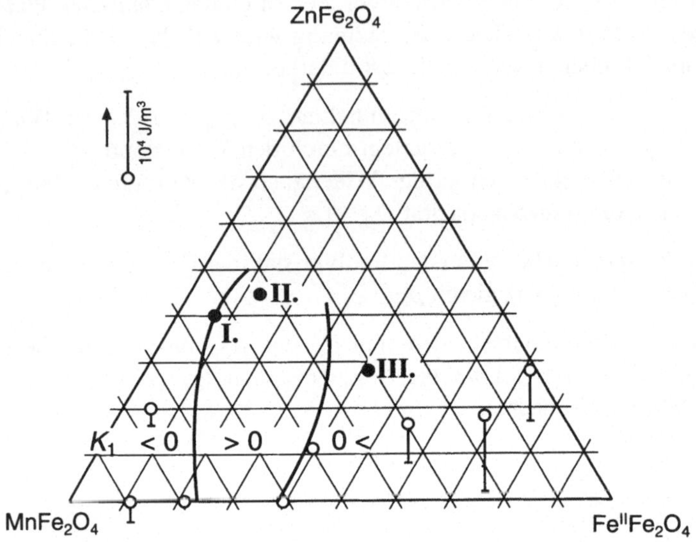

Bild 3.1-1   Dreistoff-Diagramm von MnZn-Ferriten mit den Bereichen von K_1, gemessen bei 20 °C (nach Ohta [36]). Es gilt K_1 = 0 entlang der beiden ausgezogenen Kurven in dem Diagramm; weiterhin ist $K_1 > 0$ innerhalb der Kurven, $K_1 < 0$ außerhalb. Ausgefüllte Kreise: Zusammensetzungen, die von Stoppels und Boonen [37] untersucht wurden.

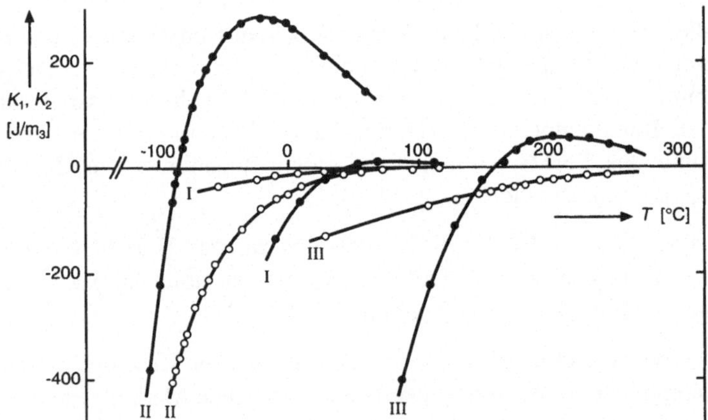

Bild 3.1-2   Temperaturabhängigkeit von K_1 (Punkte) und K_2 (offene Kreise) für die drei Zusammensetzungen von MnZn-Ferrit in Bild 3.1-1 (Stoppels und Boonen [37])

Man beachte, daß K_2 gewöhnlich vernachlässigbar klein ist im Vergleich zu K_1, ausgenommen natürlich bei der Temperatur, bei der K_1 den Wert Null durchläuft.

Bild 3.1-2 zeigt, daß die Zusammensetzung I eine geringe magnetokristalline Anisotropie bei Raumtemperatur besitzt. Wenn keine zusätzliche Anisotropie – herrührend von mechanischen Spannungen – vorhanden ist, besitzt ein Ferrit mit $K_1 \approx 0$ die höchste magnetische Permeabilität. Daraus ergibt sich, daß ein Ferrit mit der Zusammensetzung I technisch eingesetzt werden kann, z.B. als Kernmaterial in Geräten, die bei Raumtemperatur arbeiten.

Eine niedrige magnetokristalline Anisotropie von weniger als 100 J/m^3 ermöglicht zwar eine hohe Permeabilität für den Ferrit, sie bewirkt allerdings eine hohe Empfindlichkeit gegenüber mechanischen Spannungen.

3.1.2 Magnetostriktion

Im Kapitel 2.6 wurden die beiden Magnetostriktionskonstanten λ_{100} und λ_{111} eingeführt; sie repräsentieren die *normale* Magnetostriktion. Diese Konstanten gehen in den Ausdruck (14) für die magnetische Energie ein. Die Größen und Vorzeichen beider Konstanten bei Raumtemperatur wurden von Ohta und Kobayashi [38] an monokristallinen MnZn-Ferriten mit verschiedenen chemischen Zusammensetzungen gemessen (Bild 3.1.3).

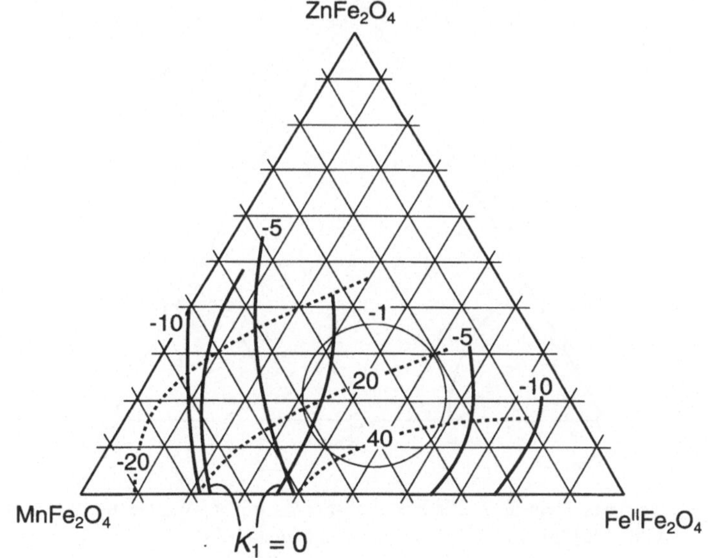

Bild 3.1-3   Magnetostriktionskonstanten λ_{100} (ausgefüllte Kurven) und λ_{111} (gestrichelte Kurven) bei Zimmertemperatur (in Einheiten 10^{-6}) (nach Ohta und Kobayashi [38])

3.1.3 Sättigungsmagnetisierung

In Bild 2.1-2 sind typische Kurven der Sättigungspolarisation in Abhängigkeit von der Temperatur dargestellt.

Allgemein wird für Anwendung bei Raumtemperatur für ein Maximum von B_S bei 25 °C ein Zn-Gehalt von $x = 0{,}40$ in MnZn-Ferriten gewählt. Dagegen wird für Leistungstransformatoren, die bei ungefähr 100 °C arbeiten, ein Optimum von B_S mit einem Zn-Gehalt von $x = 0{,}15$ bis $0{,}25$ erreicht.

3.2   NiZn-Ferrite

3.2.1   Magnetokristalline Anisotropie

Für NiZn-Ferrite ist diese Eigenschaft bereits in Abschnitt 3.1 beschrieben; ein entscheidender Unterschied besteht aber darin, daß kein Gebiet mit Null-Anisotropie im ternären Zusammensetzungsdiagramm der NiZnFe^{II} Ferrite existiert, wie in Bild 3.2.1 ersichtlich.

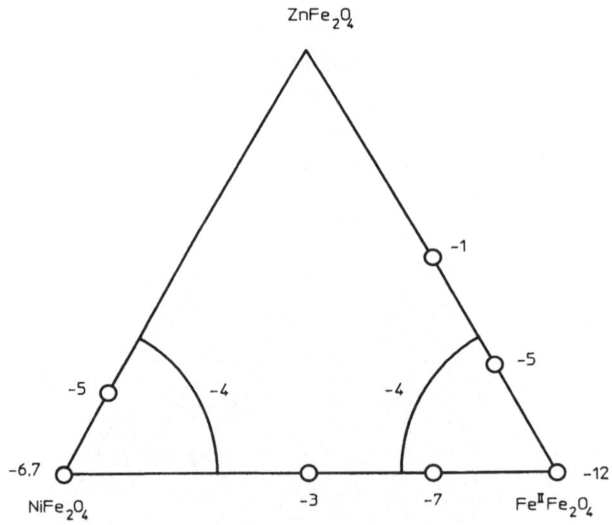

Bild 3.2-1   Ternäres Diagramm für NiZnFe^{II}-Ferrite mit K_1-Werten bei 20 °C in J/m^3 (nach Ohta [36], Im und Wickam [68] und Miyata [69])

Daher wird in diesem Zusammensetzungsbereich kein sekundäres Maximum in der $\mu(T)$-Kurve gefunden.

Wie durch A. Broese van Groenou u.a. [2] beschrieben, kann die starke positive Anisotropie des Co^{2+} benutzt werden, um die negative Anisotropie der NiZn Ferrite zu kompensieren. Dies ist in Bild 3.2-2 dargestellt.

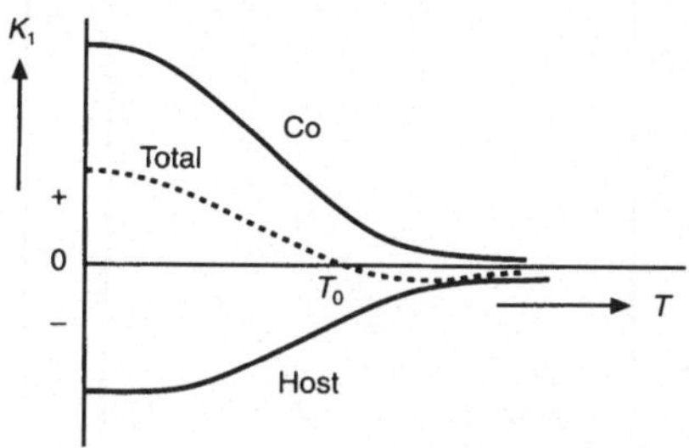

Bild 3.2-2   Anisotropiekonstanten K_1 als Funktion der Temperatur T im Falle eines positiven Beitrages (bezeichnet mit Co), der den negativen Beitrag (bezeichnet mit Host)bei der Temperatur T_0 kompensiert. Die Temperaturabhängigkeit des positiven Beitrages ist stärker als die des negativen Beitrags (nach A. Broese van Groenou u.a. [2]).

Die Veränderung von K_1 durch die Co^{2+}-Konzentration und die Temperatur ist in Bild 3.2-3 wiedergegeben.

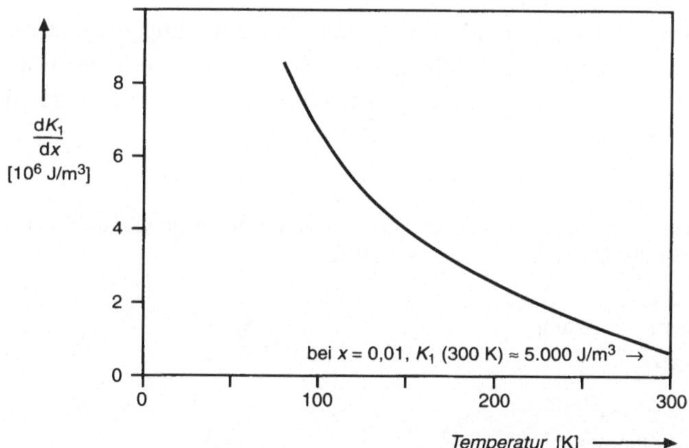

Bild 3.2-3 Co^{2+}-Beitrag zu K_1 als Funktion von der Temperatur für $(Ni_{0,67} Zn_{0,33})_{1-x} Co^{II} Fe_2O_4$ (nach Michalowsky [70])

In diesem Bild ist deutlich gezeigt, daß K_1 stark von der Temperatur abhängt und zu hohen positiven Werten bei niedriger Temperatur führt. Der Effekt der Anisotropiekompensation durch Co^{2+} auf die $\mu(T)$-Kurve ist aufgezeigt in Bild 3.2-4.

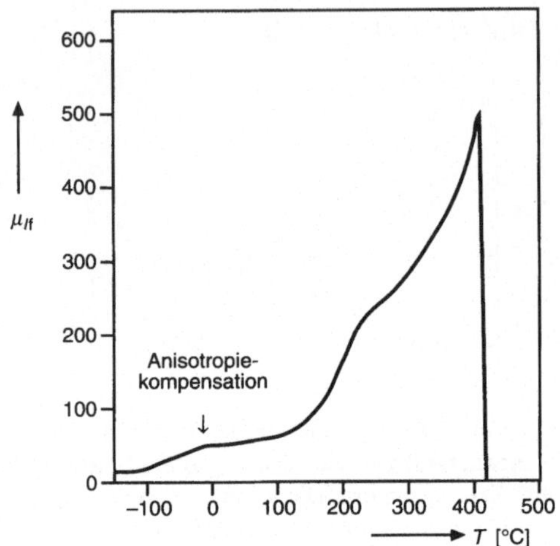

Bild 3.2-4   Niederfrequenz-Permeabilität μ_{lf} gegen die Temperatur für $Ni_{0,69}Zn_{0,29}Co^{II}_{0,02}$ $Co^{III}_{0,01}Fe_{1,99}O_4$ (nach de Lau [71])

3.2.2   Magnetostriktion

NiZn-Ferrite haben immer eine ziemlich hohe negative Sättigungsmagnetostriktion λ_S. Co-Ferrite, die – wie vorher beschrieben – zur Anisotropiekompensation in NiZn-Ferriten eingesetzt werden, haben einen noch höheren negativen Wert für λ_S. Die Raumtemperaturwerte sind in der Tabelle 3.2-1 angegeben.

Tabelle 3.2-1   Lineare Sättigungsmagnetostriktion λ_S von einigen polykristallinen Spinellferriten bei 20 °C (nach Smit und Wijn [9])

Zusammensetzung	$\lambda_S\ 10^6$
$CoFe_2O_4$	-110
$Ni_{0,36}Zn_{0,64}Fe_2O_4$	-5
$Ni_{0,50}Zn_{0,50}Fe_2O_4$	-11
$Ni_{0,64}Zn_{0,36}Fe_2O_4$	-16
$Ni_{0,80}Zn_{0,20}Fe_2O_4$	-21
$NiFe_2O_4$	-26

Wie bereits im Abschnitt 2.6 erwähnt, führt eine hohe Magnetostriktion zu einer Empfindlichkeit gegenüber mechanischen spannungen. Andererseits führt die Magnetisierung unterschiedlich orientierter Körner im polykristallinen Material zu einer

induzierten mechanischen Spannung. Dies führt zu einer Abnahme der Permeabilität
da diese Spannungen die Magnetisierungsrichtung in den Körnern beeinflussen.

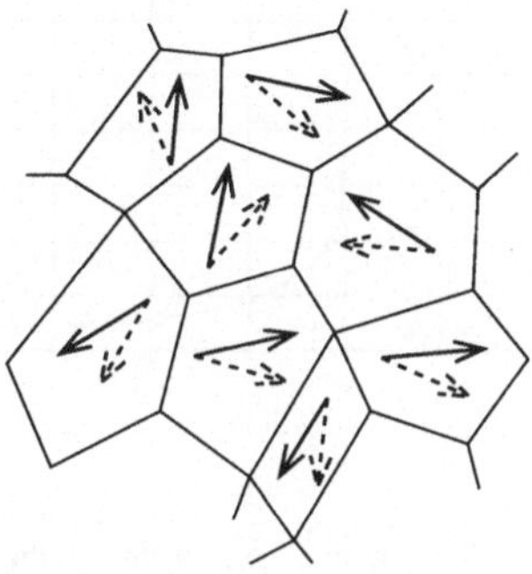

Bild 3.2-5   Magnetisierung von polykristallinem NiZn-Ferrit
                  → $H = 0$ feldloser Ausgangszustand
                  → H > 0 mit angelegtem äußeren Magnetfeld

3.2.3 Sättigungspolarisation

In Bild 2.1-2 wurden einige Kurven der Sättigungspolarisation als Funktion der
Temperatur gezeigt, wobei die Substitution von Zn^{2+} für Ni^{2+} als weiterer Parameter
hinzugefügt wurde. Dieser Graph zeigt deutlich, daß das optimale Verhältnis der
Ni/Zn-Atome von dem geforderten Gebiet der Arbeitstemperatur abhängt. Den höch-
sten Wert der Sättigungspolarisation bei Raumtemperatur erhält man mit einem
Ni/Zn-Verhältnis von ungefähr 1.

3.2.4 Elektrischer Widerstand

Der Leitfähigkeitsmechanismus ist in Absatz 2.8 beschrieben. Um die elektrische
Leitfähigkeit zu unterdrücken, muß die Bildung von Ferroionen vermieden werden.
L. G. van Uitert [72] studierte den Einfluß der chemischen Zusammensetzung auf
den elektrischen Widerstand. In Bild 3.2-6 ist dies am Beispiel eines NiZn-Ferrits
mit wechselnder Eisenoxidkonzentration veranschaulicht.

Unterhalb des stöchiometrischen Punktes ($\delta = 0$) findet eine starke Zunahme des Widerstandes statt. Dies wird durch die starke Abnahme der Fe^{2+}-Konzentration verursacht. Van Uitert fand auch, daß die Zugabe von Co und Mn den elektrischen Widerstand in einem Ni-Ferrit mit Eisenmangel erhöht, wie in Bild 3.2-7 dargestellt.

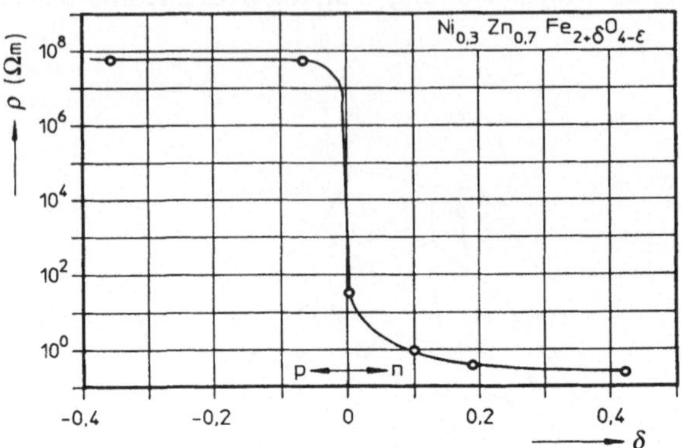

Bild 3.2-6   Abhängigkeit des Widerstandes ρ_{sp} vom Eisengehalt des Ferrits Ni$_{0,3}$Zn$_{0,7}$ Fe$_{2+\delta}$O$_{4-\epsilon}$, gesintert bei 1.250 °C in Sauerstoff. Der Wert δ ist bestimmt durch das Ausgangsmaterial und der Wert ϵ durch die Sinterbedingungen (nach van Uitert [72]),

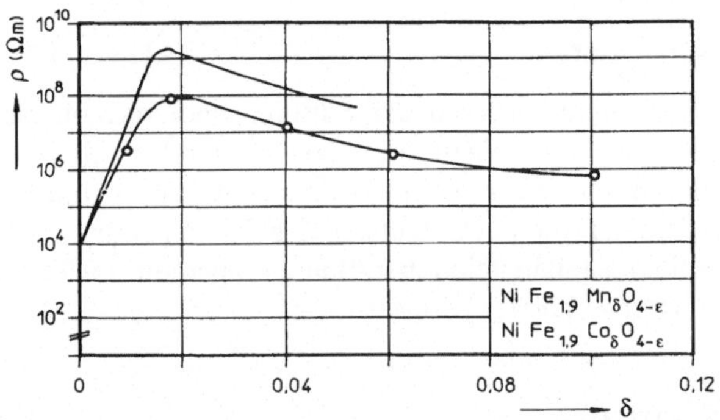

Bild 3.2-7   Zunahme des Widerstandes in einer NiFe$_2$O$_4$-Probe als Resultat der Zugabe von Mangan oder Kobalt.; gesintert 10 Stunden bei 1250 °C in O$_2$. Der Wert von ϵ ist durch die Sinterbedingungen bestimmt (nach von Uitert [72]).

Die Gegenwart von dreiwertigem Mangan (Mn^{3+}) oder Kobalt (Co^{3+}) oxidiert unmittelbar gebildetes Fe^{2+}, entsprechend

$$Fe^{2+} + Mn^{3+} \rightarrow Fe^{3+} + Mn^{2+} \tag{18a}$$

$$Fe^{2+} + Co^{3+} \rightarrow Fe^{3+} + Co^{2+} \tag{18b}$$

Der hohe Widerstand der NiZn-Ferrite bewirkt, daß diese Materialien sehr viel besser für den Einsatz bei hohen Frequenzen geeignet sind als $MnZnFe^{2+}$-Ferrite, da die sehr niedrigen Wirbelströme wenig zu den magnetischen Verlusten beitragen.

Hierzu siehe auch im Abschnitt 2.5 die Formel (12). Unterhalb 1 MHz haben $MnZnFe^{2+}$-Ferrite bessere magnetische Eigenschaften wegen der niedrigeren Anisotropie und Magnetostriktion.

3.3 MgZn-Ferrite

3.3.1 Magnetokristalline Anisotropie

Bezüglich dieser Eigenschaft verhälten sich MgZn-Ferrite ähnlich wie die in 3.2 beschriebenen NiZn-Ferrite. Das ternäre Zustandsdiagramm für $MgZnFe^{2+}$-Ferrite ist in Bild 3.3-1 dargestellt:

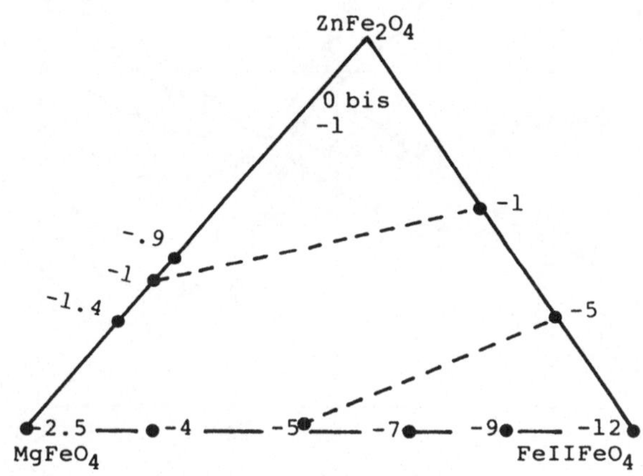

Bild 3.3-1   Dreistoffdiagramm von $MgZnFe^{2+}$-Ferrit mit K_I-Zahlen bei 20 °C in $10^3 J/m^3$ (nach Ohta [36], Brabers u.a. [94]; die gestrichelten Linien und die Kreise sind durch die Autoren abgeschätzt. Benutzt wurde hierzu der gemessene Wert an $MgFe_2O_4$ durch Brabers u.a. [94] und der Ionenbeitrag, wie beschrieben bei Broese u.a. [2]).

In Bild 3.3-2 wird das Temperatur verhalten von K_1 für die Verbindung $Mg_x Fe_{3-x}O_4$ gezeigt.

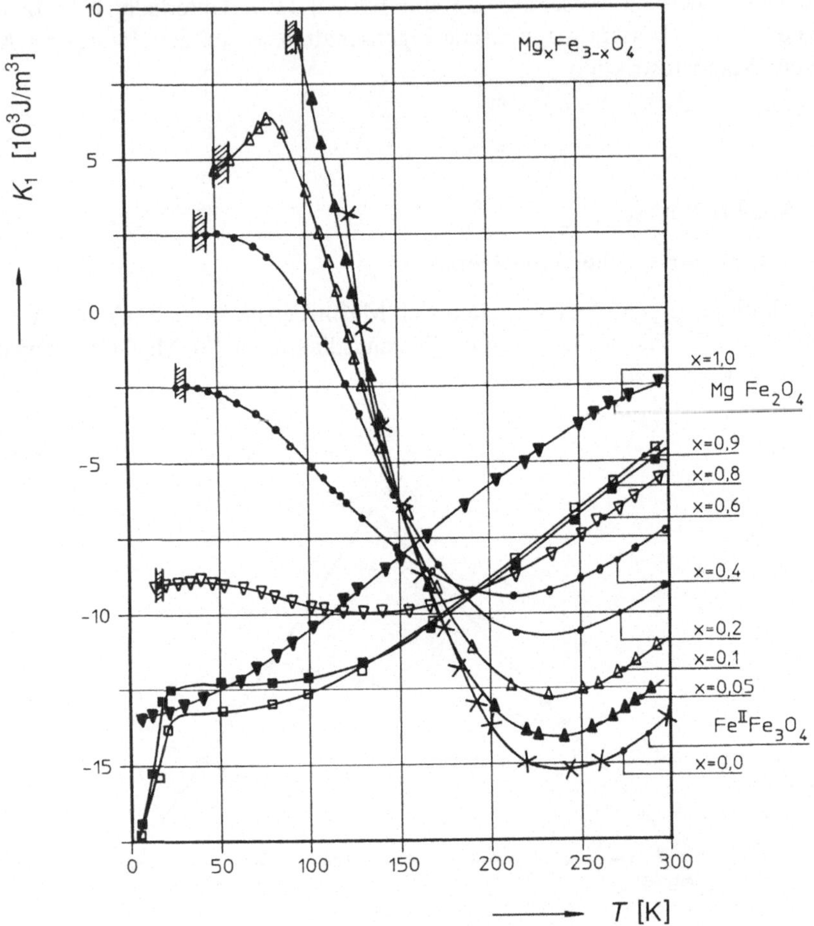

Bild 3.3-2 K_1 als Funktion von der Temperatur von M$_{gx}$Fe$_{3-x}$O$_4$, nach Brabers u.a. [94] für den x-Wert von 0.05 bis 1.0 und nach Brickford u.a. [95] für $x = 0$

Ausgehend von Bild 3.3-1 und Bild 3.3-2 kann erwartet werden, daß K_1 stets negativ ist für Legierungen mit einem Verhältnis Mg^{2+} : Fe^{2+} > 3 : 7. Wie bereits in 3.2 erklärt, kann die negative Anisotropie durch Co^{2+}-Substitution kompensiert werden. Dies wird in Bild 3.3-3 durch die $\mu(T)$-Kurven von (Mg$_{0,63}$Zn$_{0,37}$)$_{1-x}$Co$_x$Mn$_{0,1}$Fe$_{1,78}$O$_{3,82}$ erläutert.

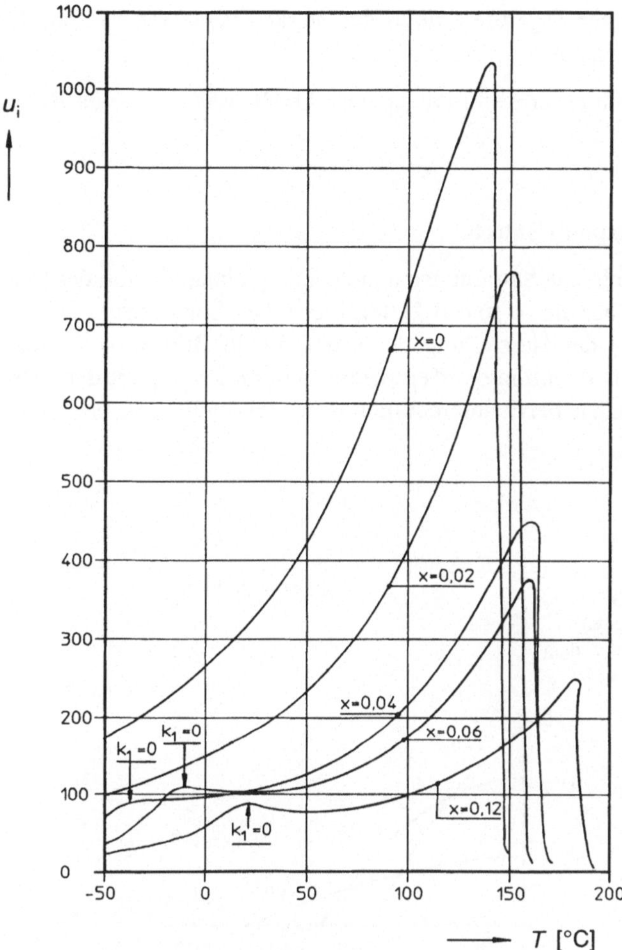

Bild 3.3-3 μ_i als Funktion der Temperatur für $(Mg_{0.63}Zn_{0.37})_{1-x}Co_xMn_{0,1}Fe_{1,78}O_{3,82}$ (nach Welzen [96])

3.3.2 Magnetostriktion

MnZn-Ferrite haben immer niedrige negative Magnetostriktions-Werte $(-5 \leq \lambda_S \leq 0)$ [97], die mehr oder weniger von der Temperatur unabhängig sind. Daher kann der negative Koeffizient bei der Anfangspermeabilität vernachlässigt werden. Interne und externe Spannungen haben daher nur einen geringen Einfluß auf das magnetische Verhalten von MgZn-Ferriten. Wenn Co^{2+} zur Anisotropie-Kompensation substituiert wird, wechselt das kleine negative λ_S von MgZn-Ferrit zu einem hohen negativen λ_S-Wert, hervorgerufen durch den starken negativen Beitrag des Co^{2+}, wie in Tabelle 3.2-1 gezeigt.

Somit ist die Anfangspermeabilität μ_i stark herabgesetzt, wie aus Bild 3.3-3 zu erkennen.

3.3.3 Sättigungspolarisation

In MgZn-Ferriten ist die Sättigungsmagnetisierung abhängig von der Ionenverteilung der Mg^{2+}-Ionen über die A- und B-Untergitter in der Spinellstruktur [98]. Diese Verteilung hängt von der Herstellung der Probe ab. In Bild 3.3-4 ist die Sättigungsmagnetisierung als Funktion der Temperatur aufgezeichnet, mit der Substitution von Mg^{2+} unter normalen Ferritsinterbedingungen hergestellt, d.h. ohne plötzliches Abkühlen.

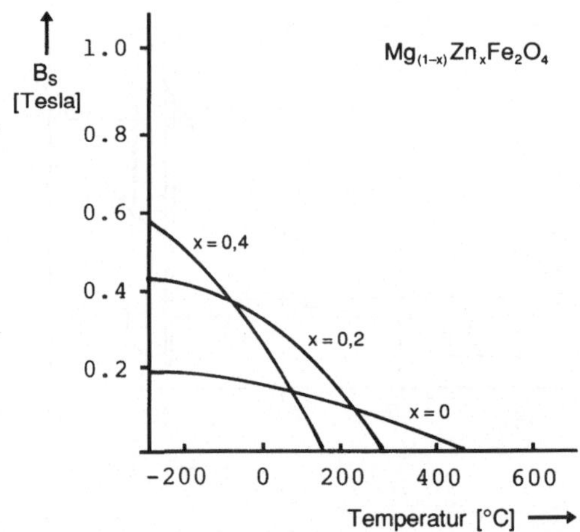

Bild 3.3-4   Sättigungspolarisation als Funktion der Temperatur von $Mg_{(1-x)}\cdot Zn_xFe_2O_4$, gesintert über einem Sinterzyklus mit langsamer Kühlung

Die Sättigungspolarisation von MgZn-Ferriten ist im Vergleich zu der von MnZn- und NiZn-Ferriten niedrig. Dies hat einen negativen Effekt auf die Anfangspermeabilität [97]. Für den normalen Arbeitstemperaturbereich bis zu 100 °C liegt das optimale Mg/Zn-Verhältnis bei ungefähr 2.

3.3.4 Elektrischer Widerstand

Das elektrische Verhalten von MgZn-Ferriten ist genau dasselbe wie bei den NiZn-Ferriten (Gleichung 3.2).

Da Magnesium im ionisierten Zustand nur als Mg^{2+} existiert, haben die MgZn-Ferrite mit Eisenmangel (p-Leitungsreihe) noch höhere Widerstände als NiZn-Ferrite, da in NiZn-Ferriten die Bildung geringer Mengen von Ni^{3+} den p-Leitungstyp fördert.

Der sehr hohe Widerstand von MgZn-Ferriten ermöglicht eine *direkte Bewicklung* der Ferritkomponente.

4   Ferrit-Technologie und -Produkte

4.1   Technologie

Die Produktion von Ferriten basiert auf einer fest etablierten keramischen Prozeßtechnologie. In dem Flußschema in Bild 4.1-1 ist der typische Prozeßablauf wiedergegeben.

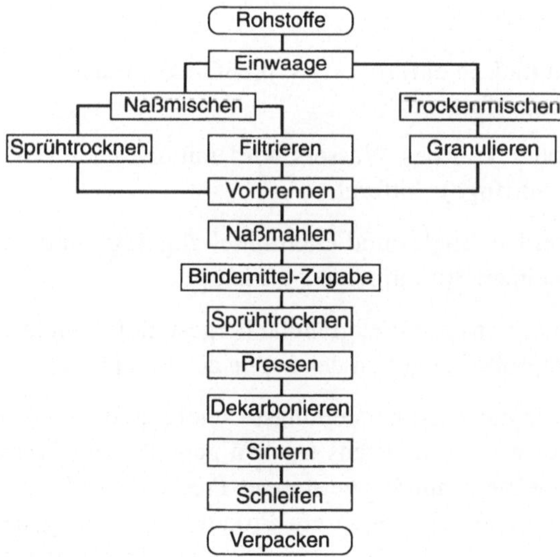

Bild 4.1.1   Prozeßablauf bei der Ferritherstellung

Der erste Schritt zur Pulverproduktion beginnt mit der chemischen Analyse der Rohstoffe (Eingangskontrolle). Der Reinheitsgrad der Metalloxide bzw. -carbonate trägt direkt zur Qualität der Endprodukte bei.

Nach Analyse und Freigabe der Rohstoffe wird die genaue Menge der Hauptbestandteile – Eisenoxid (Fe_2O_3), Manganverbindung (zum Beispiel Mn_3O_4) und Zinkoxid (ZnO) – eingewogen und danach in eine homogene Mischung überführt.

Das Mischen kann in einem trockenen Prozeß, in einem "Trockenmischer" oder durch Zugabe von Wasser, z.B. durch Mahlen, ausgeführt werden.

Wird der Naßmischprozeß benutzt, so ist ein anschließender Trocknungsschritt erforderlich, um den Wassergehalt vor dem Vorbrennen zu erniedrigen. Um während des Vorbrennens Staubbildung zu vermeiden, muß die homogene Mischung in einen gebundenen Zustand überführt werden, z.B. in Granulat mit Hilfe einer Granuliereinrichtung.

Gewöhnlich wird das Vorbrennen in Luft bei ungefähr 1.000 °C durchgeführt. Dies geschieht beispielsweise in einem Drehrohrofen. Während des Vorbrennens findet eine teilweise Zersetzung der Karbonate und der höherwertigen Oxide statt, flüchtige Verunreinigungen entweichen und eine Homogenisierung im Mikrobereich findet statt. Es bildet sich bereits ein gewisser Anteil von Spinell, und der Vorbrennschritt erniedrigt auch schon die Schwindung des Materials für die später erfolgende Endsinterung.

Nach dem Vorbrennen wird das Material in einer Kugelmühle oder in einem Attritor naß gemahlen, um eine verlangte Korngröße der Primärpartikel zu erreichen (typische Größe: 1 µm).

Die Mahlsuspension muß in ein trockenes, preßfähiges Pulver überführt werden. Dies kann in zwei Schritten erfolgen:

1. Schritt – Ein großer Teil des Wassers wird mittels einer Dekantierungsprozedur (z.B. Zentrifuge) entfernt.

2. Schritt – Hier werden Binde- und Gleitmittel zugefügt, und das restliche Wasser wird in einem Sprühtrockner verdampft.

In dem Sprühtrockner wird das Preßgranulat hergestellt (Granulatgröße 50…400 µm. Die geforderte Korngröße hängt von der Größe des Preßproduktes ab).

Der nächste Schritt in der Ferritherstellungstechnologie ist die *Formgebung* des Produktes. Weichferrite werden meistens trocken gepreßt. Das Pressen oder die Kompaktierung erfolgt meistens durch zweiseitiges Pressen oder Pressen in einem beweglichen Werkzeug, so daß schließlich ein Produkt mit homogener Dichteverteilung geformt ist. Danach erfolgt ein sehr entscheidender Arbeitsgang zur Herstellung von Ferriten, das **Endsintern**. Während dieser Phase des Prozesses erreicht das Produkt seine endgültigen magnetischen und mechanischen Eigenschaften.

In Abhängigkeit von den gewünschten Eigenschaften wird das Endsintern entweder in Luft oder in einer kontrollierten Atmosphäre durchgeführt. Hierzu werden entweder Durchschuböfen oder computergesteuerte stationäre Öfen benutzt.

Bild 4.1-2 zeigt einen typischen Sinterzyklus für Mangan-Zink-Ferrite. Das Sintern beginnt mit einer langsamen Aufheizung von Raumtemperatur auf 600 °C – restliche Feuchtigkeit, Binde- und Gleitmittel verdampfen aus dem Produkt.

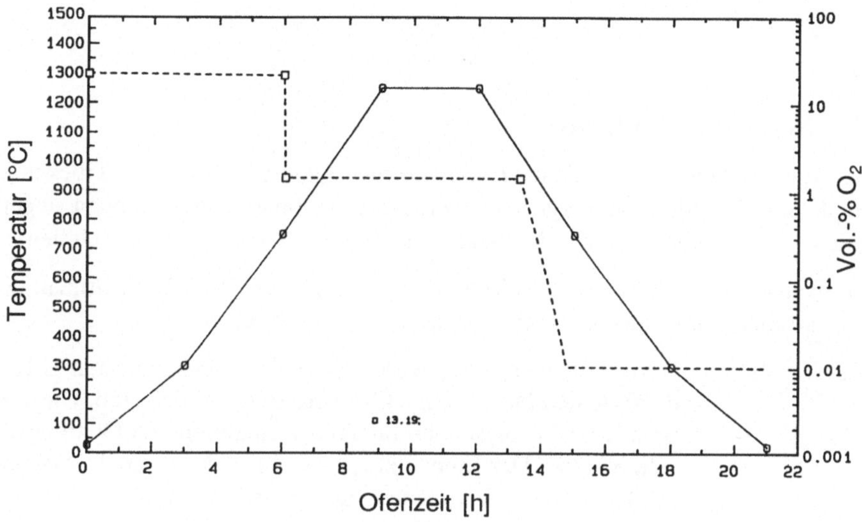

Bild 4.1-2   Typischer Sinterzyklus für MnZn-Ferrite

Die Endsintertemperatur von 1.000...1.500 °C – die Höhe hängt vom Materialtyp ab – und die kontrollierte Atmosphäre an der Spitze und während der Abkühlung bestimmen die magnetischen Eigenschaften eines Ferrits gegebener chemischer Zusammensetzung.

Kritische Parameter sind hier die Mikrostruktur, die chemische Homogenität in den Körnern und der Oxidationsgrad. Während des Sinterns schwinden die Teile auf ihre endgültigen Abmessungen. Die typische lineare Schwindung reicht von 10 % bis 25 %, bezogen auf die Maße des Preßlings.

Um Spannungen zu vermeiden, ist eine bestimmte langsame Kühlrate während der Abkühlung des Produktes nötig. Zur endgültigen Fertigstellung der Ferritprodukte wird meistens nach dem Sintern noch ein Schleifprozeß angewendet, um die Kundenspezifikation zu erfüllen. Durch Schleifen oder Polieren der Berührungsflächen der Kernhälften können enge mechanische Toleranzen eingehalten werden.

Durch mechanische Behandlung der geschliffenen Oberfläche der Kerne kann der A_L-Wert erhöht werden. Durch das Einschleifen eines Luftspaltes wird zwar die Permeabilität erniedrigt, man gewinnt dadurch jedoch eine Verbesserung der Leistung, z.B. Temperaturstabilität, eine Reduktion der Gleichstromempfindlichkeit, engere Toleranzen für den Induktivitätswert (A_L).

Schließlich werden die Kerne mit einem Stempel zur späteren Identifizierung versehen und dann verpackt.

4.2 Ferrit-Produktreihe

Eine große Anzahl verschiedener *Produktformen* kann mit Hilfe der Trockenpreßtechnik aus Ferritpulvern hergestellt werden. Kernabmessungen können angepaßt werden, um spezielle magnetische und mechanische Anforderungen zu erfüllen.

Im Folgenden werden ein paar typische Beispiele verschiedener Kernformen, die in elektronischen Bauelementen Verwendung finden, beschrieben:

E-Kern
Kerne mit rechteckigen Beinen sind die bekanntesten E-Kerne, da diese den laminierten (Eisen-)Kernen ähnlich sind. Diese Kerne werden hauptsächlich für Transformatoren und Glättungsdrosseln benutzt. Der Einbau kann sowohl senk- als auch waagerecht erfolgen. Durch den rechteckigen Mittelpol ist eine optimale Bewicklung nicht möglich.

EC-Kerne
Im Gegensatz zu den normalen E-Kernen ist für den EC-Kern der runde Mittelpol charakteristisch. Die Wickelfläche ist sehr groß. Dadurch steht eine ausgedehnte Kühlfläche zur Verfügung. Das macht diesen Typ sehr interessant zur Herstellung von Transformatoren mit Vielfachausgängen und großer sekundärer Windungszahl.

ETD-Kern
Dieser Kerntyp hat einen runden Mittelpol und zylindrische Seitenwände. Der ETD-Kern ist ein neuer europäischer Standard. (**ETD** = Economic Transformer Design). Die Form des Kerns und der Spule ist besonders zur *automatischen Bewicklung* geeignet.

U-Kern
Der U-förmige Kern ist in den meisten Fällen durch runde Querschnitte oder kreisförmige Bogenabschnitte gekennzeichnet. Diese Kerne sind für Hochspannungsanwendungen entwickelt wor-

den und haben daher einen größeren Wickelquerschitt, bezogen auf den Kernquerschnitt.

Für Hochspannungstransformatoren werden U-Kerne mit einem runden Pol für die Bewicklung und einem rechteckigen Pol, um den magnetischen Kreis zu schließen, benutzt.

Große U-Kerne mit rechteckigen Polen werden für sehr hohe Durchgangsleistungen bei niedrigen Frequenzen eingesetzt. Darüber hinaus kann dieser Kerntyp benutzt werden, um "große Kernpakete" aus mehreren Einzelkernen zu bilden.

Topf-Kerne/   Diese Kerntypen stellen ein hoch abgeschirmtes und kompaktes
RM-Kerne   Bauteil in der Anwendung dar.

Große, effektive Querschnittsfläche in Verbindung mit niedrig zusammengesetztem Volumen zeigen die RM-Topfkerne. Die Form der RM-Kerne erlaubt große Drahtwicklungen wegen der breiten Aussparungen, jedoch die Windungsfläche ist begrenzt. Die am besten abgeschirmten und kompaktesten Komponenten sind die FP-Kerne, die ursprünglich für das Fernmeldewesen entwickelt wurden. Die engen Aussparungen lassen die Nutzung großer Drahtwicklungen und Vielfachausgänge nicht zu.

Ringkerne   Dieses Niedrigpreis-Produkt ist charakterisiert durch eine hohe Induktivität im Hinblick auf das Volumen und fast keiner magnetischen Streuung, jedoch ist die Ringbewicklung teurer als das Bewickeln von U- und E-Kernen. Sehr oft ist ein Beschichten der Ringe nötig, um sicherzustellen, daß eine Isolation zwischen Ferrit und Draht vorhanden ist.

Joch-Ringe   Dieser Ringtyp wird in der Ablenkeinheit der Bildröhre benötigt. Die Funktion des Joch-Rings ist, das Magnetfeld in der Ablenkeinheit zu erhöhen und die ausgehenden Feldlinien abzulenken.

EFD-Kerne   **EFD** steht für Economic Flat Design. Diese Kerne sind durch ihre geringe Einbauhöhe und großer Leistungsübertragung gekennzeichnet. EFD-Kerne sind sehr interessant für die automatische Bestückung von gedruckten Schaltungen, wo nur ein begrenzter Raum zur Verfügung steht.

Nach der Beschreibung verschiedener typischer Kerntypen ist nachfolgend in Bild 4.2-1 schematisch angezeigt, wo die Spule am Kern positioniert ist und wie durch die beiden Kernhälften die Feldlinien verlaufen. Abhängig von der Anwendung kann der Verlauf der magnetischen Feldlinien durch einen in den Mittelpol eingeschliffenen Luftspalt unterbrochen werden.

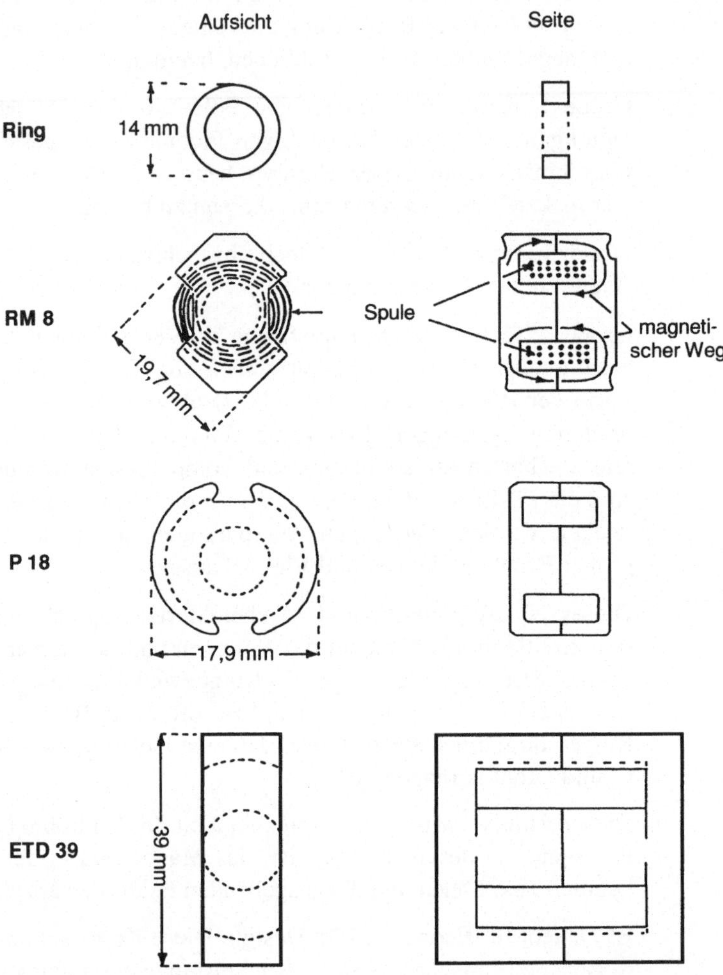

Bild 4.2-1   Verlauf der Feldlinien durch die Ferritkerne. Im RM8-Kern: Position der Spule und Verlauf der Feldlinien

5 Anwendung von weichmagnetischen Ferriten

5.1 Einleitung

Die Zahl der Anwendungen von Ferriten ist immer noch im Wachsen begriffen. Im Rahmen dieses Kapitels können nur einige von den vielen Einsatzmöglichkeiten behandelt werden.

In Tab. 5.1-1 sind die Anwendungsgebiete – bezogen auf die Aufgabe der darin enthaltenen magnetischen Komponenten – aufgeführt, wie sie in dem Handbuch über die Weichferrit-Auswahl [75] beschrieben werden.

Tabelle 5.1-1   Anwendungsgebiete und Funktionen weichmagnetischer Komponenten
(• = existierende Anwendung)

Funktion mit Weich-Ferrit-Komponenten	Messen + Regeln	Auto elektronik	Fernmeldewesen	Elektron. Datenverarb.	Verbrauchsgüterelek.	Leistungsumwandlg.	Licht	Haushaltsgeräte	Elektr. Werkzeuge	EMC-Equipm.	Wissensch. + Medizin	Luft und Raumfahrt	Kopierer
Näherungsschalter	•												
Abstimmspule	•				•								
Verzögerungsleitung	•			•									
Ablenkspule				•	•								
EMI-Filter	•	•	•	•	•	•	•	•	•	•			
Ausgangsdrossel			•	•	•	•	•	•					
Leistungstransformator		•	•	•	•	•	•	•					
Stromwandler	•	•	•	•	•	•	•	•					
Antriebstransformer	•	•	•	•	•	•	•	•	•				
Absorptionsflächen										•			
Magnetische Regler			•	•	•	•							
Zeilentransformator				•	•								
Rotierender Transformator					•								
Magnetköpfe			•	•	•							•	
Breitbandtransformator			•										
Filterspulen			•										
Teilchenbeschleuniger											•		
Speicherkerne			•									•	
Magnetbürste													•
Elektroden								•				•	
Isolator/Zirkulator	•		•									•	
Übertragungsleitungs-Transformator			•										

In Tab. 5.1-2 sind Literaturhinweise für weitergehende Informationen zusammengestellt.

Tab. 5.1-2   Anwendungen von weichmagnetischen Bauteilen und weiterführende Literaturhinweise. Enthalten sind Handbücher und Anwendungsmitteilungen [61 bis 65] von Ferriteherstellern und die Tagungsbände der ICF-Konferenzen.

Funktion mit weichmagnetischen Komponenten	Referenzen *	Paragraphen
Näherungsschalter	75	
Abstimmspule	5, 75	
Verzögerungsleitung	75	
Ablenkspule	75, 77	5.2
EMI-Filter	5, 75, 76, 66	5.3
Ausgangsdrossel	5, 75, 81, 29, 82	
Leistungstransformator	5, 75, 77, 81, 29, 82	5.4
Stromwandler	5, 75, 77	
Antriebstransformer	5, 75, 77	
Absorptionsflächen	75, 77	
Magnetische Regler	5, 75, 80	
Zeilentransformator	75, 77	
Rotierend. Transformator	75, 77	
Magnetköpfe	75, 77	
Breitbandtransformator	5, 75, 77, 79	5.4
Filterspulen	5, 75, 77	
Teilchenbeschleuniger	5, 63, 86, 87, 88	
Speicherkerne	83, 84	
Magnetbürste	63	
Elektroden	63	
Isolator/Zirkulator	77, 78	

5.2   MnZnFe^{2+}-/NiZn-/MgZn-Ferrite für Jochringe in Ablenksystemen

Für Bildröhren in Fernsehern und Monitoren wurde weltweit die *magnetische* Ablenkung anstelle der *elektrischen* gewählt, letztere wird noch in Kathodenstrahloszilloskopen angewendet.

Senkrecht zum Elektronenstrahl erzeugen zwei Spulenpaare, die **Leitungsspulen** und die **Bildeinstellungsspulen** das Magnetfeld in der Bildröhre. Die magnetische Feldstärke und die Feldverteilung bestimmen den Auftreffpunkt der Elektronen auf dem Fluoreszenzschirm. Die Feldstärke ist durch die Zahl der Windungen der Spule, die magnetische Permeabilität des Kreises und den Strom durch die Windungen festgelegt. Die Magnetfeldverteilung wird durch die Wicklungsanordnung bestimmt (Anmerkung: Bei praktischen Ausführungen werden meistens noch zusätzliche Feinabstimmungsspulen, Permanentmagnete oder Spoiler hinzugefügt).

Zwei verschiedene Wicklungstypen werden für die Spulen benutzt. Es ist die **sattelförmige Wicklung**, dargestellt in Bild 5.2-1, und die **ringförmige Wicklung**, direkt auf dem Jochring, wie in Bild 5.2.2 wiedergegeben.

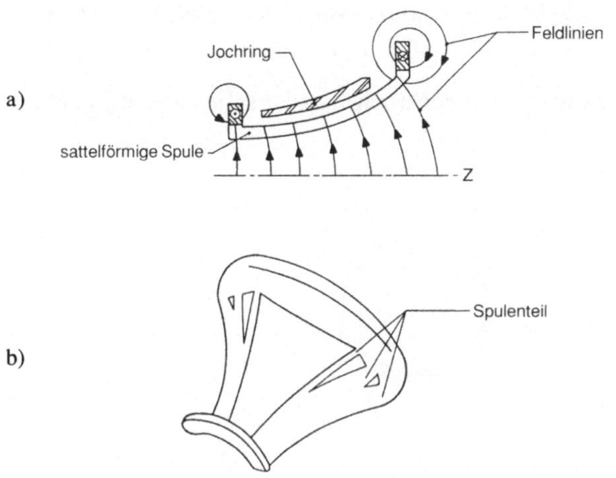

Bild 5.2-1 a) magnetische Feldlinien der sattelförmigen Spule am Jochring
b) sattelförmige Spule

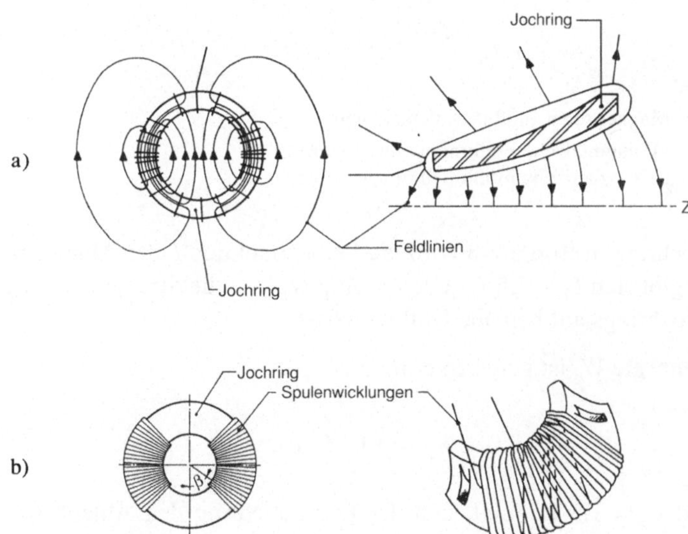

Bild 5.2-2: a) magnetische Feldlinien der ringförmigen Spule am Jochring
b) ringförmige Wicklung am Jochring

Eine Beschreibung des Ablenksystems ist zum Beispiel in der Dissertation von J. Kaashoek [89] und in Veröffentlichungen von R. Vonk [90], W. A. L. Heijnemans u.a. [93], R. G. J. Bartens u.a. [92] und A. L. G. van den Eeden u.a. [93] gegeben.

Die Wirkungsweise des magnetischen Jochrings ist schematisch in Bild 5.2-3 dargestellt:

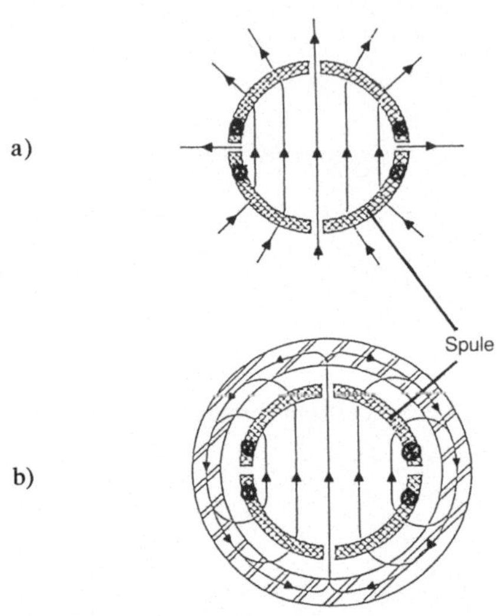

Bild 5.2-3   Magnetischer Fluß in Ablenkspulen:
a) magnetische Flußlinien ohne Jochring
b) magnetische Flußlinien mit Jochring

Durch den Jochring in Bild 5.2-3 wird die Selbstinduktion L der Ablenkspule erhöht; empirisch rergibt sich $L_b \approx 1.5 \, L_a$. Gleichzeitig werden die Streufelder der Spulen außerhalb des Jochrings auf beinahe Null reduziert.

Die **Ablenkenergie** W_d ist gegeben durch:

$$W_d = \frac{1}{2} L \cdot I^2 \tag{19}$$

Aus (19) und $L_b = 1.5 \, L_a$ folgt, daß der Ferrit-Jochring den Ablenkstrom um den Faktor $\sqrt{(L_a/L_b)} = 1/\sqrt{1{,}5}$ reduziert.

Damit werden auch die ohmschen Verluste der Spule ($= I^2 \cdot R_w$, worin R_w der ohmsche Widerstand der Spule) um den Faktor 1,5 reduziert. Jedoch geht dieser positive Effekt teilweise wegen der in Abschnitt 2.5 beschriebener Verluste in dem Ferritmaterial wieder verloren.

Die Verluste im Jochring hängen von der Art des Ferrits, von der Auslegung des Jochrings und von der angewandten Arbeitsfrequenz ab.

Heute ist die Frequenz in TV-Ablenksystemen 16 kHz. Diese Frequenz erhöht sich in der nahen Zukunft für EVTV-Anwendungen auf 32 kHz und in den kommenden Jahren auf 64 kHz für HDTV. Für Monitoranwendungen wird die Frequenz zukünftig sogar auf 128 kHz ansteigen.

Eine Darstellung der Verluste des Ferritmaterials für einige handelsübliche Ferrite ist in Bild 5.2-4 dargestellt.

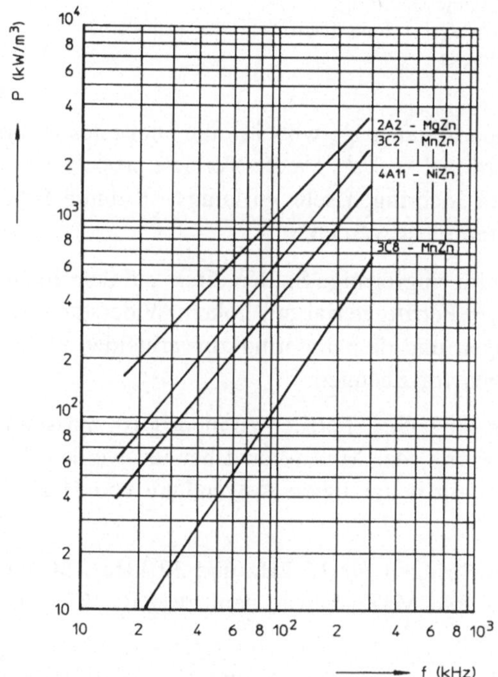

Bild 5.2-4   Frequenzabhängigkeit der Verluste einiger handelsüblicher Ferritmaterialien ($B = 100$ mT für 2A2, 3C2, 4A11 und 3C80).

Im Frequenzbereich der gegenwärtigen und zukünftigen Ablenkanwendungen sind die Verluste im Ferritmaterial hauptsächlich durch die Hystereseverluste bestimmt. Gleichung (9) im Abschnitt 2.5 beschreibt den Effekt der Flußdichte B und der Frequenz f.

Da für eine gegebene Anwendung die Frequenz festliegt, werden die Verluste im Jochring durch die Materialart und das angewandte B-Niveau bestimmt. Die gesamte magnetische Flußdichte B ist gegeben durch die benötigte Ablenkenergie. Somit ist die Flußdichte B im Jochring umgekehrt proportional zur Querschnittsfläche A_e des Jochrings (Bild 5.2-5)

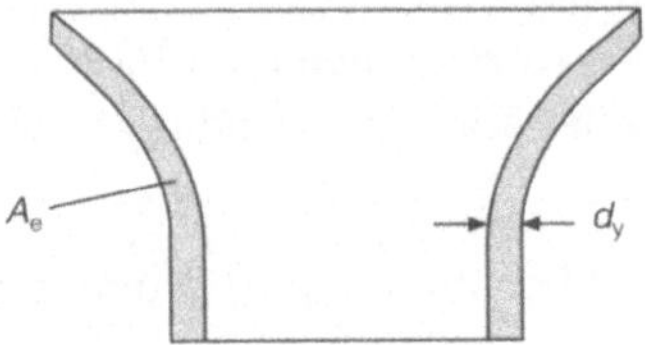

Bild 5.2-5   Querschnitt eines Jochrings
                A_e : effektive Querschnittsfläche
                d_y : Wanddicke

Diese Fläche A_e ist proportional zu d_y, wobei d_y die Dicke des Jochrings ist. Somit ist die Flußdichte B proportional zu $1/d_y$. Da die Verluste proportional zu $B^{2.6}$ sind, können die Verluste in den Jochringen sehr wirkungsvoll durch Erhöhung des Auslegungsparameters d_y unterdrückt werden.

Die Wickeltechnologie für ringförmige Spulen direkt auf dem Jochring erfordert, wie in Bild 5.2-2 gezeigt, ein Ferritmaterial mit hohem Widerstand, um Korona-Effekte zwischen den Windungen und dem Jochring zu vermeiden und um Kurzschlüssen zwischen den Windungen vorzubeugen.

Da der Widerstand von $MnZnFe^{2+}$-Ferriten zu niedrig ist, müssen Ferrite mit hohem Widerstand wie NiZn-Ferrit oder MgZn-Ferrit benutzt werden. Der hohe Preis von Nickel-Rohstoffen führt zur bevorzugten Anwendung von MgZn-Ferriten in diesen Konstruktionen.

In den existierenden Jochringen für 16 kHz und 32 kHz Ablenkentwürfen werden größtenteils $MnZnFe^{2+}$- und MgZn-Ferrite benutzt (z.B. 3C2 und 2A2, wie in Bild 5.2-4 gezeigt).

Bei diesen Frequenzen und mit der gebräuchlichen Jochringdicke $d_y = 6$ bis 8 mm sind die Ferritverluste unwesentlich im Vergleich zu den Spulenverlusten.

Wenn die Jochringe jedoch bei höheren Frequenzen eingesetzt werden, steigen die Verluste im Jochring erheblich, wie in Bild 5.2-4 gezeigt. Diese Verluste können nicht mehr vernachlässigt werden, da insbesondere auch die Verluste in den Spulenwicklungen durch Kapazitäts- und Skin-Effekte zunehmen [94]. Allerdings kann die Zunahme der Widerstandsverluste in den Wicklungen durch die erwähnten Effekte durch Anwendung von Litzendraht minimiert werden. Aber auch eine Verbesserung des Jochringmaterials gewinnt mehr und mehr an Bedeutung.

Da die Ablenksystemdesigner dazu tendieren, mehr kompakte Komponenten mit niedrigem Gewicht, geringem Energieverbrauch, begrenzter Temperaturerhöhung und hohen Frequenzen zu entwickeln, kann erwartet werden, daß für höchste Frequenzen verbesserte Ferrite in den Jochringen notwendig werden, so daß in der nächsten Zeit höhere Grade von MnZnFe^{2+}-Ferrit, MgZn-Ferrit und NiZn-Ferrit für Jochringe [24] zu entwickeln sind.

Eine enge Zusammenarbeit zwischen Entwicklern von Ablenkeinheiten und Produzenten von Ferrit-Jochringen ist daher erforderlich, um eine ökonomisch tragbare Lösung zu verwirklichen.

5.3   MnZn- und NiZn-Ferrite für Spulen

Spulen werden traditionell in Filternetzen von analogen Fernmeldesystemen verwendet. Neuerdings finden sie auch Anwendung in der Entstörung, speziell in digitalen elektronischen Bauelementen und als Drosselspulen zur Energiespeicherung. Typische Ferritsorten, die für diese Anwendungen benutzt werden, sind in der Tabelle 5.3-1 aufgeführt.

Tabelle 5.3-1   Eigenschaften von einigen MnZnFe^{2+}-Ferriten und MnZn-Ferriten für Spulen- und Transformatoranwendungen

Grad Ferrittyp	3H3 MnZn	3E5 MnZn	3C85 MnZn	3F3 MnZn	3S1 MnZn	4S2 NiZn
Hauptanwendungsgebiet	Spulen für Filter	Spulen für LF-Entstörung; Transformatoren für Impulssignale	Drosselspulen für Leistung; Transformatoren für MF-Leistung	Transformatoren für HF-Leistung	Spulen für LF-Entstörung	Spulen für HF-Entstörung
Permeabilität	2.000	10.000	2.000	2.000	4.000	700
Temperaturstabilität $\frac{\Delta\mu/\Delta T}{\mu_2}$	$0{,}7 \times 10^{-6}$K	—	—	—	—	—
Verlustfaktor tan δ/μ bei 100 kHz	2×10^{-6}	50×10^{-6}				
Leistungsverluste P_v [1] bei 100°C bei 100 mT/100 kHz bei 50 mT/400 kHz [MW/cm^3]	— —	— —	120 —	60 130		
Curie-Temp. [1] [°C]	160	120	220	220	125	170
Sättigungsmagnetisierung	450 bei 25 °C	350 bei 25 °C	350 bei 100 °C	350 bei 100 °C	180 bei 100 °C	180 bei 100 °C
Widerstand [Ωm] [1]	2	0,01	1	2	1	10^5

1) Daten können nur als typische Werte angesehen werden

Wesentlich für den Induktivität L ist die Kernform (siehe Kapitel 4.2-2), die Permeabilität des Ferrits, das Vorhandensein eines Luftspalts und die Windungszahl N der Spule. Ein Kern mit einer gegebenen Form ist charakterisiert durch die effektiven magnetischen Dimensionen, wie der magnetische Querschnitt A_e, die Länge des magnetischen Wegens l_e und das effektive Volumen V_e, das den gesamten magnetischen Fluß einschließt. $V_e = l_e \cdot A_e$. Mit gegebener Windungszahl N einer Spule erhält man für die Induktivität eines luftspaltlosen Kerns:

$$L = \text{const} \cdot \mu N^2 \tag{20}$$

Hier hängt die Konstante von der Kernform und der Größe des Luftspalts im Mittelpunkt ab. Für einen Kern mit einer effektiven Länge l_e und einem Luftspalt der Länge l_g kann man herleiten [5]:

$$L(l_g) \approx L|_{l_g=0} \cdot \frac{l_e / l_g}{\mu} \tag{21}$$

In der Praxis ist l_e/l_g typischerweise nur ein Zehntel von μ oder weniger, so daß ein Luftspalt den Wert von L beträchtlich verringert. Mit Hilfe von den beiden Gleichungen kann gezeigt werden, daß hierdurch der Temperaturkoeffizient und andere Einflüsse entsprechend reduziert werden.

Drosselspulen, die zur Energiespeicherung in Netztransformatoren benutzt werden, benötigen stets einen Luftspalt. Um diesen Punkt etwas näher zu erläutern, berechnen wir die Energie W, die in der Drossel mit einem Strom I gespeichert ist:

$$W = \frac{1}{2} L \cdot I^2 \tag{22}$$

Aus der Gleichung (22) ist ersichtlich, daß für einen gegebenen Strom die Energiespeicherung proportional zur Induktivität L ist. Für eine festgelegte Kerngröße bedeutet eine Zunahme von L gleichzeitig eine Zunahme der Zahl der Windungen N der Spule.

Hier muß man jedoch erkennen, daß es eine Begrenzung von N durch die Sättigungsmagnetisierung des Kerns gibt. Daher wird der oben erwähnte Luftspalt in einer Drosselspule benutzt, um die Kernsättigung für einen großen Wert von N zu vermeiden. Dieses Optimierungsproblem wurde erstmalig im Jahre 1927 von Hanna [99] behandelt.

Spulen zur Störunterdrückung

In der Entstörung spielen die Induktivitäten eine wichtige Rolle, um unerwünschte Ströme oder Spannungen über ein breites Frequenzband zu unterbinden. Hohe Werte der Impedanz Z sind erwünscht.

Die Dämpfung a_e ist durch folgende Formel gegeben:

$$a_e = 20 \log \left| \frac{U_{1a}}{U_{1b}} \right| \qquad (23)$$

U_{1a} ist die Störspannung über die Belastung ohne Induktivität und U_{1b} ist die Störspannung über die Belastung mit der Induktivität in Serie, wie in Bild 5.3-1 aufgeführt.

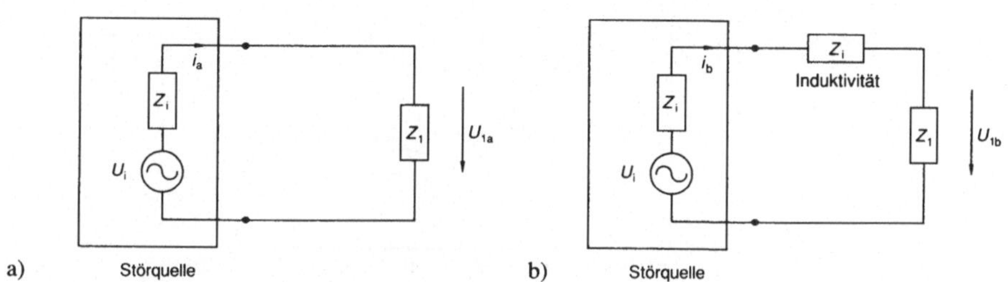

Bild 5.3-1   Störquelle und Last ohne Induktivität (a) und mit Induktivität L(b).

Aus der Schaltung in Bild 5.3-1 folgt, daß für die Störquelle U_i gilt:

$$\frac{U_{1a}}{U_{1b}} = \frac{i_a \cdot Z_1}{i_b (Z_1 + Z_L)} = \frac{Z_i + Z_1 + Z_L}{Z_1 + Z_i} \qquad (24)$$

Aus (23) und (24) geht hervor, daß ein hoher Wert von Z_L verglichen mit $Z_i + Z_1$ eine hohe Dämpfung a_e ergibt. Die Impedanz Z_L ist durch folgende Gleichung gegeben:

$$Z_L = \omega L = 2\pi f \cdot \mu_0 \sqrt{\mu'^2 + \mu''^2} N^2 \cdot A_e l_e \qquad (25)$$

Der Beitrag des Ferritmaterials ist gegeben durch die Ferriteigenschaften μ' und μ'', welche in den Handbüchern der Ferrit-Hersteller gefunden werden können.

Ein Beispiel für die Beziehung zwischen μ', μ'' und Z_L als Funktion der Frequenz ist in Bild 5.3-2 für eine Einzeldraht–montierte ($N = 1$) Drosselspule in den Abmessungen $5 \times 2 \times 10$ mm^3 für Mn Zn Fe^{2+}-Ferrite 3S1 und einem NiZn-Ferrit 4S2 [85] dargestellt.

Wie aus Bild 5.3-2 zu ersehen, sind μ' und μ''- Werte für hohe Frequenzen nicht erhältlich, während Z_L noch zunimmt und interessant für Störunterdrückung ist.

Bei höheren Frequenzen beeinflussen zwei andere Effekte den Wert von Z_L beträchtlich: Eine Stör*kapazität* von L und Wirbelströme in der Ferritkomponente. Diese Ef-

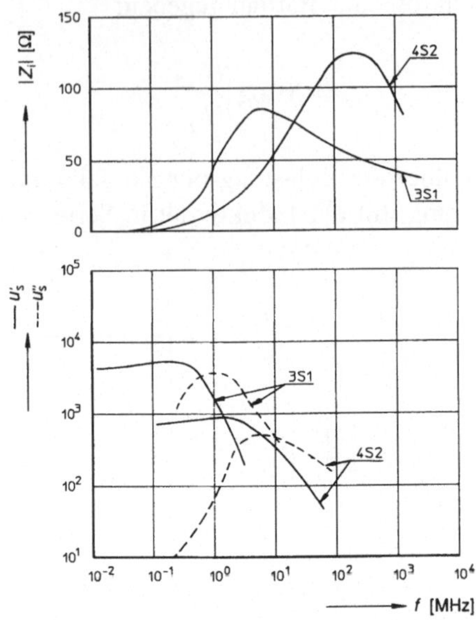

Bild 5.3-2 Z_L, μ' und μ'' als Funktion der Frequenz für eine Einzeldraht ($N = 1$)-Drosselspule mit den Abmessungen $5 \times 2 \times 10$ mm^3 für Mn Zn Fe^{II}-Ferrit 3S1 und NiZn-Ferrit 4S2.

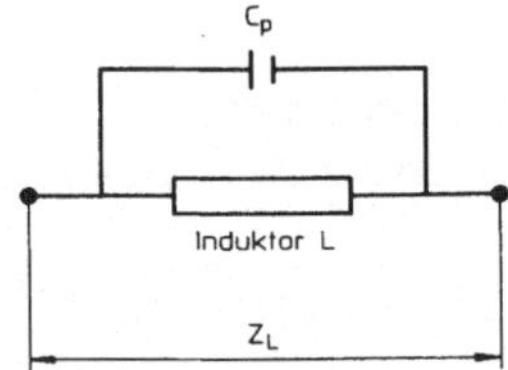

Bild 5.3-3   Störkapazität C_p über den Induktivität L

fekte haben zur Folge, daß Z_L auf der Hochfrequenzseite der $Z_L(f)$-Kurve abfällt. Die Störkapazität C_p schließt den Induktivität L kurz, wie in Bild 5.3-3 gezeigt.

C_p ist in erster Linie durch die Wickelausführung bestimmt, aber das Ferrit trägt über die Dielektrizitätskonstante bei. Eine hohe Dielektrizitätskonstante des Ferrits erhöht die C_p der Wicklung.

Ein Beispiel für den Einfluß der Wickelausführung ist in Bild 5.3-4 zu sehen.

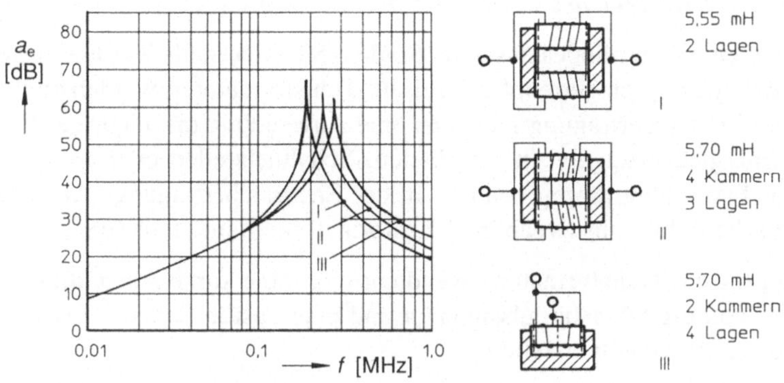

Bild 5.3-4   Effekt der Wickelausführung auf die $a_e(f)$-Kurve nach Koch u.a. [77]

Die Ferritleitfähigkeit und die Abmessungen der Ferritkomponente bestimmen die Wirbelströme in der Ferritkomponente (siehe Abschnitt 12.8). Eine hohe Ferritleitfähigkeit führt zu einem hohen Wirbelstromanteil in der Ferritkomponente, welcher vergleichbar ist mit einer zusätzlichen Kurzschlußwicklung. Dies erniedrigt den L-Wert sehr stark, folglich Z_L und a_e.

Zur Veranschaulichung für den Einsatz von *oberflächenmontierbaren* (s. Band 1, Abschnitt 4.2.2) Ferrit-Drosseln ist in Bild 5.3-5 die Steck-Platine eines Tischcomputers dargestellt.

Bild 5.3-5   Oberflächenmontierte Ferrit-Drossel auf der Steck-Platine eines Tischcomputers

Eine ausführliche Zusammenstellung der Literatur ist in Bild 5.1-2 gegeben.

5.4   MnZn- und NiZn-Ferrite für Transformatoren

Transformatoren haben mindestens zwei Spulen. Sie wirken als Verbindungseinrichtung zwischen galvanisch getrennten Kreisen. Transformatoren werden zur analogen und digitalen Signalübertragung – dies ist eine Anwendung mit niedriger Flußdichte – und zur Energieübertragung in (getakteten) Schaltnetzteilen oder als Zeilentransformator für Fernsehbildröhren benutzt. In der Energieübertragungs-Anwendung ist das magnetische Induktionsniveau im Transformatorkern meistens sehr groß.

Als Beispiel für die Transformatoranwendung folgt eine kurze Abhandlung über die Übertragung von digitalen Impulssignalen und eine ausführlichere Diskussion über Transformatoren in Schaltnetzteilen.

5.4.1   Breitbandtransformatoren für digitale Impulsübertragung

Die Hauptfunktion solcher Transformatoren ist, die Impedanz zwischen zwei separaten Teilen von Datenübertragungskreisen anzupassen, während die Form des umgeformten digitalen Spannungsimpulses so ideal wie möglich erhalten wird.

Bild 5.4-1 verdeutlicht die kritischen Elemente der Impulsform, welche die Vorderflanke bilden, die so steil wie möglich erhalten werden soll, ohne überzuschwingen und dem Impulsspitzenteil, der so flach wie möglich zu halten ist, mit einem kleinen Abfall.

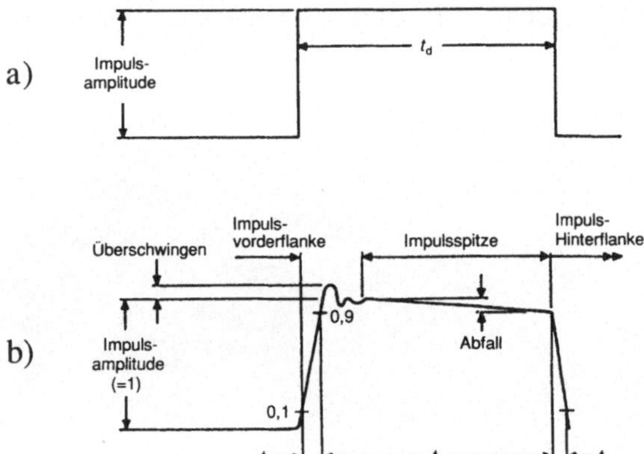

Bild 5.4-1   Rechteckige Impulse
a) ideal
b) gestört

Das Ersatzschaltbild eines (Breitband)-Impulstransformators kann am besten durch eine parallele Dämpfung (Bild 5.4-2) beschrieben werden, wie es im einzelnen von

Snelling [5] durchgeführt wurde. An der Spitze des Impulses sind von besonderer Bedeutung die vollkommen parallel transformierte Dämpfung auf der Primärseite und die (übertragene) Endimpedanz.

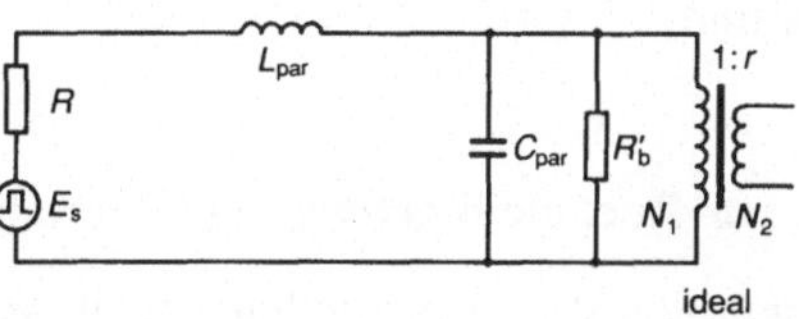

Bild 5.4-2a   Vereinfachtes Ersatzschaltbild zur Analyse der Impuls-Vorderflanke

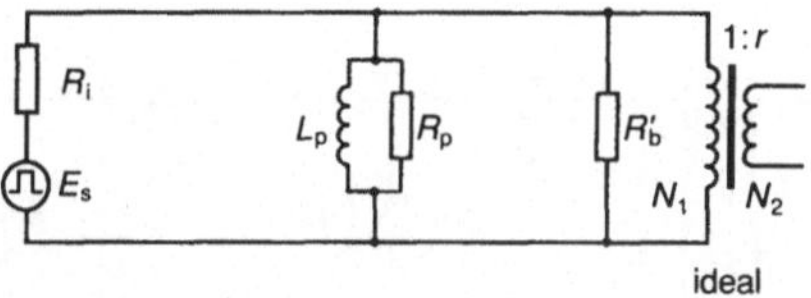

Bild 5.4-2b   Vereinfachtes Ersatzschaltbild zur Analyse der Pulsdauer. Der Effekt des Wicklungsstandes wird vernachlässigt.

R_i = Quellwiderstand
R_b = übertragener Belastungswiderstand = Belastungswiderstand / r^2
L_par = Störstreukapazität (zwischen Primär- und Sekundärseite)
C_par = Störspulenkapazität
L_p = Parallel-Ersatztransformator – Primärinduktivität
R_p = Parallel-Ersatztransformator – Primärwiderstand
ideal = Ideal-Transformator, Verhältnis 1 : r mit unendlicher Dämpfung.

Um eine geringe Abnahme sicherzustellen, zeigt Bild 5.4-2 (b), daß die primäre Transformatorimpedanz ($R_\mathrm{p} \parallel L_\mathrm{p}$) so groß wie möglich sein sollte, d.h. groß verglichen mit der Quelle und dem Lastwiderstand. Daraus folgt, daß die Zahl der Windungen und/oder die Kernpermeabilität groß sein muß.

Eine große Windungszahl erzeugt jedoch eine große parasitäre Spulenkapazität, die vermieden werden sollte. Somit werden gute Impulstransformatorkerne aus hochpermeablen Ferriten, wie 3E25 oder 3E5 hergestellt (siehe hierzu auch Tabelle 5.3-1).

Da die Anstiegskante steil sein muß, zeigt das Ersatzschaltbild in Bild 5.4-2a, daß in diesem Falle nicht die große Transformatorimpedanz von Bedeutung ist, sondern die Störkapazität der Spule und die Streustörinduktivität zwischen Primär- und Sekundärspule.

Da beide Störparameter mit zunehmender Windungszahl ebenfalls ansteigen, wurde gefunden, daß insbesondere Hochfrequenzimpulstransformatoren eine niedrige Windungszahl und somit wieder einen Kern mit hochpermeablem Ferrit verlangen.

In Bild 5.4-2 (a) setzen wir voraus, daß bei der Frequenz, im Gegensatz zur Vorderflanke des Impulses, der induktive Scheinwiderstand des Kerns genügend groß bleibt. Das Letztere beinhaltet, daß Ferrite mit hohem Widerstand benutzt werden müssen, um zu vermeiden, daß wertmindernde Wirbelstromeffekte auftreten, wie sie von Metallkernen bekannt sind.

5.4.2 Transformatoren zur Energieübertragung in Schaltnetzteilen

Beginnen wir mit der Diskussion der prinzipiellen Arbeitsweise von **Schaltnetzteilen** (englisch: **Switched Mode Power Supply = SMPS**). Dies kann mit Hilfe des vereinfachten Schemas in Bild 5.4-3 erfolgen.

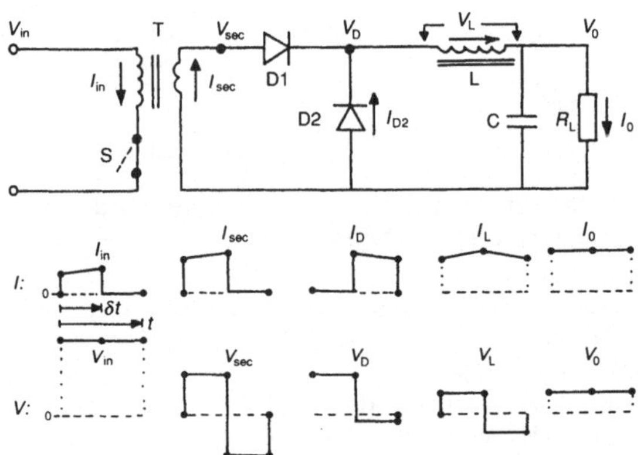

Bild 5.4-3   Schaltnetztransformation mit einem DC/DC-Durchflußwandler

Um einen ausführlichen Überblick zu erhalten, sollte der Leser z.B. das Lehrbuch von Cryssis [26] benutzen.

SMPS-Transformatoren werden sowohl in Allstromgeräten als auch in einfachen Gleichstrom- Transformatorsystemen eingesetzt werden. Beide Typen basieren auf dem gleichen Konzept der Schaltnetztransformation. In Kombination werden AC/DC- und DC/DC-Wandler in elektronischen Systemen zur Verteilung der Stromversorgung benutzt. Der Entwurf der Schaltnetzteils ist in Bild 5.4-3 mit Hilfe der sogenannten DC/DC-Durchflußwandler-Anordnung dargestellt, bei der die Steuerschaltung weggelassen wurde.

Von links nach rechts gehend in Bild 5.4-3 findet man auf der linken Seite eine DC-Eingangsspannung V_{in} und einen pulsierenden Eingangsstrom I_{in}. Die Länge dieses Impulses ist $\delta \cdot t$, worin δ die Arbeitsphase (Tastverhältnis) und t die Wiederholungszeit ist, δ wird durch den Schalttransistor S geregelt.

In dem Transformator T induziert der Primärstrom gleichzeitig einen sekundären Strom I_{sec}, der ebenfalls pulsiert. Solange der Schalter S geschlossen ist, fließt I_{sec} über die Diode D1 und über die Induktionsspule L zu dem Lastungswiderstand R_L auf Null ab. Jedoch durch die Energie, die in L gespeichert ist, wird der Strom aufrechterhalten, welcher weiterhin zu dem Lastungswiderstand fließt und nun über die Diode D2 zurückkehrt, während der Schalter offen ist.

Die sich ergebende Welligkeit im Ausgangsstrom wird gedämpft durch die Speicherdrossel, demgemäß ergibt sich ein DC Ausgangsstrom I_0 und eine DC-Ausgangsspannung V_0. In den zur Zeit benutzten Geräten liegt die Schaltfrequenz $f = t^{-1}$ zwischen 16 kHz und 400 kHz.

Es ist augenfällig, daß in diesem Entwurf des DC/DC-Wandlers zwei verschiedene Kerntypen benutzt werden, z.B. ein Transformator und eine Drosselspule. Die letztere wurde bereits diskutiert. Daher wollen wir uns hier auf die Feststellung beschränken, daß für höhere Schaltfrequenzen die verlangte Energiespeicherkapazität proportional abnimmt, so daß kleinere Drosselspulen gewählt werden können (vergl. Gleichung 22). Im Hinblick auf den Transformatskern ist dessen Primärspule an der Eingangsseite mit einer feststehenden Eingangsspannung V_{in} verbunden.

Unter der Annahme, daß die Eingangsleistung $P_{thr.}$ festliegt, ergibt sich:

$$P_{thr.} = \delta \cdot V_{in} \cdot I_{in} = \text{const} \tag{26a}$$

Es läßt sich ableiten, daß für ein gegebenes Tastverhältnis auch I_{in} festliegt. Wenn der kleinstmögliche Transformatorkern unter diesen Bedingungen gewählt wird, ergibt sich damit die folgende Beziehung:

$$V_{in} = \frac{1}{\delta}(f \cdot B) \cdot A_e \cdot N = \text{const} \tag{26b}$$

Natürlich kann ein kleiner Kern mit einem kleinen A_e nur für genügend hohe Werte von $f \cdot B$ realisiert werden, d.h. für eine hohe Frequenz und eine große magnetische Flußdichte. Im allgemeinen ist $f \cdot B$ durch den Leistungsverlust begrenzt, der in dem Kern und der Spule auftritt und mit Hilfe vom Konvektion abgeführt werden muß.

In Bild 5.4-4 ist die Abhängigkeit von $f \cdot B$ von der Frequenz für einen typischen Ferrit dargestellt. Man erkennt hier, daß eine hohe Schaltfrequenz erforderlich ist, damit der Ferrit ein großes $f \cdot B$ -Produkt annimmt.

Im letzten Abschnitt wird dieses Thema weiter diskutiert werden. In der Praxis arbeiten Transformatorkerne zwischen 80…100 °C mit einer Umgebungstemperatur von ungefähr 60 °C. Daher werden vorzugsweise die Leistungsverluste des Ferrits für eine gegebene Frequenz f und Flußdichte B zwischen 80 und 100 °C minimiert, entsprechend dem Beispiel in Bild 2.5-2.

Zum weiteren Verständnis sind in Tabelle 5.3-1 die charakteristischen Eigenschaften von einigen Leistungsferriten wiedergegeben, und Bild 4.2-1 zeigt ein Beispiel eines ETD-Kernes in einem Leistungsgerät, das bei 100 kHz und höheren Frequenzen arbeitet.

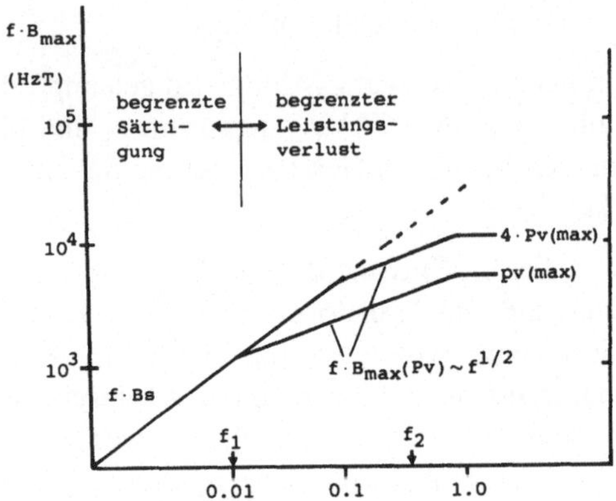

Bild 5.4-4   Schematische Darstellung des $f \cdot B$-Produkts eines Ferrits

5.5   Trends in der Ferrite-Technologie

Betrachtet man die jüngsten Veröffentlichungen über den Einsatz von Elektro-Keramik, so erkennt man zwei Richtungen, in welche die Entwicklung neuer Ferrite weitergeht:

1. Die magnetische Leistung wird durch bessere Kontrolle der Mikrostruktur erhöht [13,15]. Dies wird erreicht durch Einsatz reinerer Rohstoffe, durch Anwendung einer neuen Pulveraufbereitungstechnologie und durch verbesserte Sinterkontrolle.

2. Die weitere Optimierung der Zusammensetzung und der Herstellung basiert auf neuartigen Techniken, die eine bessere magnetische und chemische Charakterisierung von Ferriten liefert [14,16,23].

Als Folge wird der Ferritherstellungsprozeß den einsatz neuer Technologien, wie naßchemische Pulverbereitung [25] oder Sprühröstverfahren [22] erforderlich machen.

Weiterhin wird die Forderung, die Bedingungen der Umgebungsatmosphäre während des Sinterns zu verbessern, einen stärkeren Einsatz von diskontinuierlich arbeitenden Sinteröfen anstelle von Durchschuböfen (kontinuierliche Arbeitsweise) mit sich bringen [26].

6   Gegenwärtige Entwicklungen auf dem Gebiet der Ferrite

6.1   Marktveränderungen

Ein genereller Trend bei elektronischen Bauelementen ist die kontinuierliche Verbesserung des Preis/Leistungs-Verhältnisses, welches Digitalisierung, Miniaturisierung und automatische Verarbeitung einbezieht. In Anbetracht dessen scheint das Aufkommen der automatischen Bestückungstechnologie – unter Anwendung der Zweikreistechnik und leitungsloser elektronischer Komponenten eine logische Konsequenz.

Für die magnetischen Komponenten beobachtet man eine Verschiebung hin zu internationaler Standardisierung von Kerntypen und zur Verkleinerung der Kerngröße. Der gegenwärtige Wechsel von Analog- zur Digitalnachrichtentechnik und das starke Wachstum in Datenverarbeitungsgeräten bringt einen wachsenden Markt für Breitband-Impulstransformatoren, für induktive Störabsperrer und für SMPS Leistungskerne.

Speziell für das letztere wird ein beträchtliches Wachstum erwartet [18,19]. Die technischen Entwicklungen, denen man in der SMPS-Technologie und bei den Leistungsferriten begegnet, werden im einzelnen im letzten Kapitel besprochen.

Im Hinblick auf Ferrite für Ablenkspulen, wie sie in Bildröhren benutzt werden, fördert der wachsende Einsatz von Computermonitoren und die neuen Entwicklungen auf dem Fernsehsektor, wie z.B. Einführung hochauflösender Bildröhren (HDTV), weitere Entwicklungen. Insbesondere die Erhöhung der Ablenkfrequenz von 16 kHz auf 64 kHz verlangt Jochringe aus Ferrit mit besseren Verlusteigenschaften.

6.2   Neue Ferrite für Leistungstransformatoren

Der Fortschritt, der auf den Stromversorgungssektor im Hinblick auf eine Miniaturisierung gemacht wurde, wird am besten durch Bild 6.2-1 illustriert, in der die Gewichtsabnahme von aufeinanderfolgenden Generationen eines 100 W Netzgerätes aufgezeichnet ist.

Bild 6.2-1 läßt vermuten, daß eine weitere Abnahme der Größe um einen Faktor drei durchaus in der nächsten Dekade realisiert werden kann.

Bezüglich der Aufwärtsverschiebung der Schaltfrequenz zeigt Bild 6.2-2, daß ein beträchtliches Wachstum in der Zahl der oberhalb 100 kHz arbeitenden Geräte zu erwarten ist.

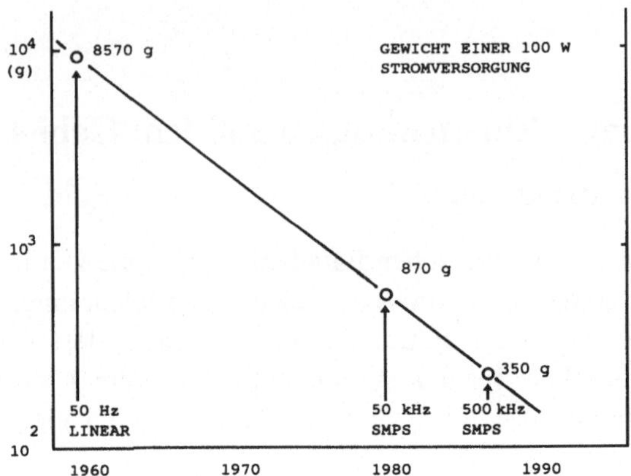

Bild 6.2-1   Zeitliche Entwicklung des Gewichtes eines 100 W Netzteiles

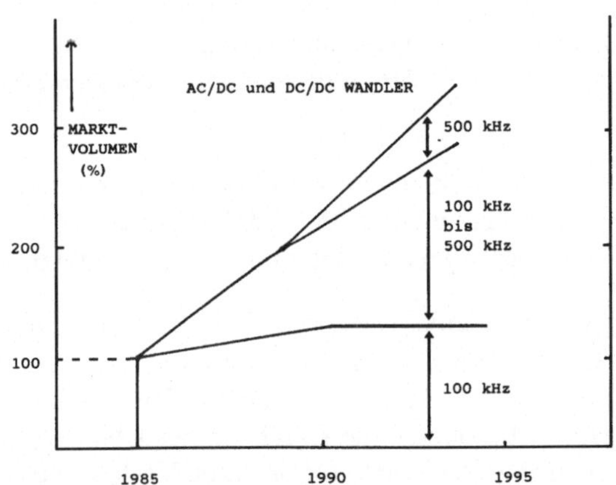

Bild 6.2-2   Marktwachstumsvorhersage für drei Frequenzklassen von SMPS-Wandlern

Es muß hier angemerkt werden, daß ein großer Teil dieses Wachstums von den DC/DC-Wandlern kommen wird, die die jeweils benötigte Spannung über das System verteilen.

Eine Befragung unter den Netzgeräteherstellern ergab [27], daß 37 % erwarten, daß die Schaltfrequenz bis zu 1 MHz möglich ist. Weitere 34 % prognostizieren eine noch höhere Frequenz, nämlich von 3 MHz bis 30 MHz.

Mit steigender Schaltfrequenz sind die Kern- und Spulenverluste technische Hindernisse. Hinzu kommen die Schaltungsverluste, welche im Transistor erzeugt werden und solche, die in der Diode durch die abrupte Änderung der pulsierenden Ströme entstehen. Oberhalb 500 kHz dominieren die Schaltungsverluste.

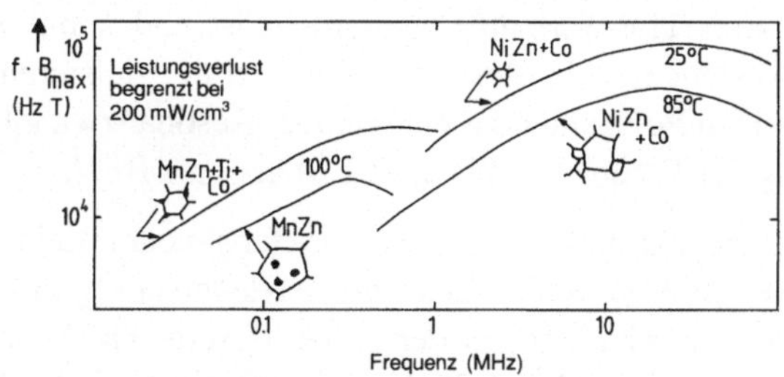

Bild 6.2-3   Typische $f \cdot B$-Kurven für P_V (max) = 200 mW/cm^3

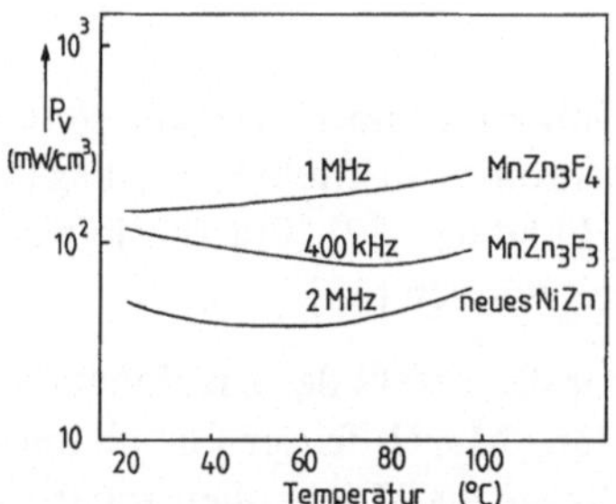

Bild 6.2-4 $P_v(T)$-Kurven von existierenden HF-Leistungsferriten und mit einem neuen NiZn-Ferrit; 3F3 bei 400 kHz, 50 mT [39], 3F4 bei 1 MHz, 30 mT[40], NiZn-Ferrite bei 2 MHz, 10 mT

Erfreulicherweise konnte kürzlich gezeigt werden, daß diese Begrenzung, die durch hohe Schaltungsverluste hervorgerufen wird, mittels Anwendung der sogenannten **Schwingwandler-Anordnung** umgangen werden kann [24].

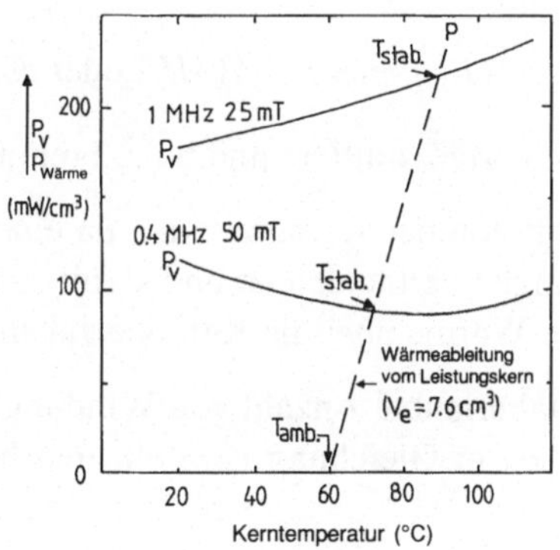

Bild 6.2-5   Thermische Stabilisierung eines typischen Leistungskerns für zwei Arbeitsbedingungen (Umgebungstemperatur 60 °C)

In Bild 5.4-3 ist so eine Resonanzanordnung durch einen Extra-Kondensator charakterisiert, der parallel zum Transformator angeordnet ist und somit eine Resonanzschleife bildet. Die Absicht ist, ein Resonanzverhalten der pulsierenden Ströme zu erreichen, um die scharfen Pulskanten zu glätten. Der Resonanzwandler hat den Weg zur weiteren Erhöhung der Frequenz – bis über 1 MHz – geöffnet.

Dies hat sicherlich einen Einfluß auf die Entwicklung neuer Leistungsferrite und neuer Kernformen. Bereits jetzt findet dies seinen Niederschlag in der wachsenden Zahl technischer Veröffentlichungen, in denen verbesserte Hochfrequenzleistungsferrite (HF) angeboten werden [13,15,20,40]. Hierzu gehören die kürzlich vorgeschlagenen neuen Kernformen, wie die flache Ausführung von Kernen zur Bestükkung von Leiterplatten mit gedruckten Spule [24], oder die sogenannten Matrizentransformatoren [31].

Eine dritte neue Anwendung sollte hier noch erwähnt werden. Dies ist die magnetische Steuerung des Ausgangsstromes in Mehrfach-Ausgangs-SMPS-Systemen mit Hilfe eines sättigungsfähigen Induktor [32]. Für die letztere Anwendung sind spezielle Rechteckferrite entwickelt worden [33].

Weiter unten wird ausführlicher der Effekt der zunehmenden Schaltfrequenz auf den SMPS-Transformatorkern erklärt. Mit Hilfe der Gleichung (26) wurde gezeigt, daß ein höheres Produkt $f \cdot B$ des Kerns die Möglichkeit schafft, eine kleinere Kerngröße zu benutzen. Bezugnehmend auf Bild 5.4-4 findet man, daß bei niedrigen Werten von f der Kern bis zur Sättigung magnetisiert werden kann, wobei gleichzeitig die Leistungsverluste niedrig bleiben. In diesem Bereich ist das Produkt aus $f \cdot B$ proportional zu f. Bei größeren Werten von f werden die Leistungsverluste des Kerns P_V zum begrenzenden Faktor, und $f \cdot B$ wird proportional zu $\sqrt{f}$ (siehe Gleichung 9). Für sehr hohe Frequenzen, wie in Bild 5.4-4 für $f > f_2$ angezeigt, wird das Produkt $f \cdot B$ flacher. Setzt man dieses Verhalten von $f \cdot B$ in die Gleichung (26) ein, so erhält man:

$$A_e \cdot N = (f \cdot B)^{-1} \propto f^{-1}(LF) \text{ oder } f^{-1/2}(MF) \text{ oder } const\,(HF) \qquad (27)$$

Hierin steht *LF*, *MF*, *HF* für niedrige, mittlere und hohe Frenquenzen.

Der Maximalwert von N hängt von der Kerngröße ab, da eine zu große Anzahl von Windungen mit dünnen Leitungen verbunden ist und somit zusätzliche Wärme durch den Strom erzeugt wird. Diese Wärme über die Kernoberfläche abgeführt werden.

Es ergibt sich, daß die maximal erlaubte Anzahl von Windungen ungefähr proportional $A_e^{0,7}$ ist [5]. Setzt man dies in Gleichung (27) ein und benutzt die Beziehung: $V_e \sim A_e^{1,5}$, so erhält man:

$$\min V_e \propto f^{0,9}(LF) \quad \text{oder} \quad f^{0,45}(MF) \quad \text{oder} \quad const\,(HF) \qquad (28)$$

Gleichung (28) sagt aus, daß man ein Leistungsferrit verbessern kann, indem man die Übergangsfrequenzen f_1 und f_2 – wie in Bild 5.4-4 angegeben – nach oben verschiebt.

Als ein praktisches Beispiel gibt Bild 6.2-3 einige gemessene $B \cdot f$-Werte von MnZn- und NiZn-Leistungsferriten wieder [11]. Sowohl die $\sqrt{f}$-Verläufe werden eindeutig befolgt als auch die Abflachung bei höheren Frequenzen.

Aus Bild 6.2-3 kann man schlußfolgern, daß einerseits ein guter Hochfrequenzleistungsferrit eine feine Mikrostruktur benötigt, daß andererseits bis zu 1 MHz MnZn-Ferrite vorzugsweise einzusetzen sind und daß letztlich oberhalb 2 MHz NiZn-Ferrite bessere Verlusteigenschaften wegen ihres sehr viel höheren elektrischen Widerstandes haben [11,28].

In Bild 6.2-4 sind die Verluste gegen die Temperatur einiger HF-Leistungsferrite aufgetragen [39,40].

Vergleicht man die beiden Kurven für $f \geq 1$ MHz mit der einen für $f = 0{,}4$ MHz, so beobachtet man folgenden Unterschied: Bei den höheren Frequenzen kann die Durchbiegung in der $P_v(T)$-Kurve offensichtlich nicht länger nahe der Arbeitstemperatur des Kerns bei 80 °C bis 100 °C gehalten werden.

Es soll hier aber angemerkt werden, daß die Abwesenheit solch einer Durchbiegung in P_v nicht bedeutet, daß der Kern thermisch instabil wird. Um diesen Punkt zu erläutern, ist in Bild 6.2-5 diese Situation schematisch aufgezeichnet. Ein Kern, der eine gegebene wärmeabführende äußere Oberfläche A_C hat und einen bestimmten Leistungsverlust erzeugt, wird ein stabiles Wärmegleichgewicht erreichen. Dies liegt dort, wo die Verlustkurve die Linie des Wärmeflusses kreuzt [3].

Als letzter Punkt in diesem Kapitel soll hier eine neue Reihe von Transformatorkernformen erwähnt werden, die kürzlich eingeführt worden sind. Ein Beispiel ist der EFD-Transformator. (**EFD** steht für **Economic Flat Design**), dessen Hauptmerkmal seine sehr geringe Einbauhöhe in Kombination mit großer Leistungsbelastbarkeit ist [41,42].

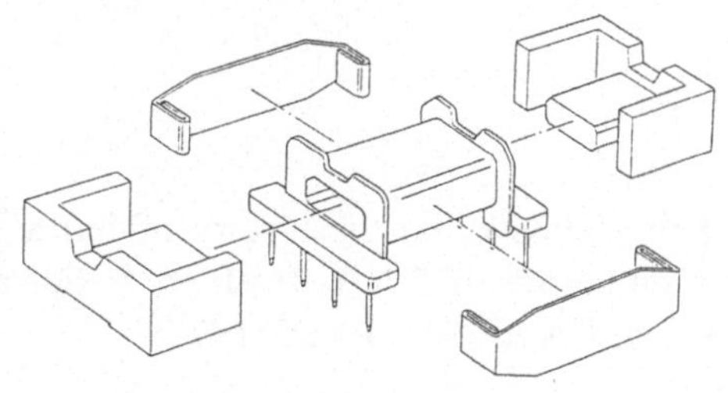

Bild 6.2-6a   EFD-Kernaufbau für einen flachen Leistungstransformator

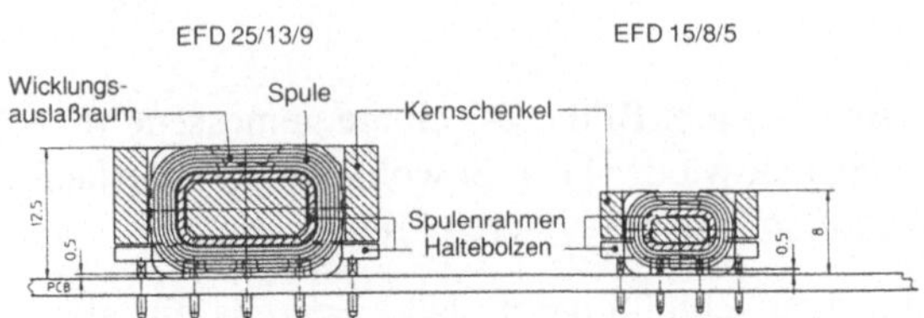

Bild 6.2-6b   Querschnitt auf EFD basierenden Transformatoren

Werden Kerne aus 3F3- oder 3F4-Material benutzt, so ist die Leistungszuführungs-
dichte bei oder oberhalb 1 MHz 20 mW/cm^3 und mehr. In Bild 6.2-6 sind die Kerne
und das Zubehör gemeinsam mit der optimierten Windungsgestaltung dargestellt.
Insbesondere die Reduzierung der Einbauhöhe, eingeführt durch die EFD-Kernreihe,
erfüllt die heutigen Anforderungen, den Abstand der bestückten Platinen unterhalb
1.5 cm zu halten.

Hiermit soll das Kapitel über Ferrite abgeschlossen werden, jedoch nicht ohne die
Feststellung, daß weitere Entwicklungen auf dem Gebiet der elektronischen Bauelemente und damit der magnetischen Komponenten ein weites Feld der Betätigung für
den Keramiker und Magnetiker bedeuten und somit eine stete Herausforderung darstellt, die bereits ausgereifte Technologie der Ferrite weiterhin zu verbessern.

Literatur

[1]   Wijn, H. P. J., "Some remarks on the history of ferrite research in Europe",
Proc. of Int. Conf. on Ferrites ICF 1, Y. Hoshino, S. Iida and M. Sugimoto editors. Univ. Park Press, Tokyo 1971, PXIX (1970)

[2]   Broese van Groenou, A., Bongers, P. F. and Stuyts L., Magnetism,"Microstructure and Crystal chemistry of Spinel Ferrite", Mater. Sci. Eng. **3**, 317 (1968/69)

[3] Slick, P. I., "Ferrites for non-microwave applications", Ferromagnetic Materials, Vol. **2**, E.P. Wohlfarth edditor, North-Holland, Publ. Co., 189 (1980)

[4] Roess, E., "Modern Ferrites for telecommunication", J. Magn. Magn. Mats., **4**, 86 (1977)

[5] Snelling, E. C., "Soft Ferrites: Properties and Applications", second edition, Butterworths & Co. Ltd., London (1988)

[6] Hilpert, S., "Genetische und konstitutive Zusammenhänge in den magnetischen Eigenschaften bei Ferriten und Eisenoxyden", Ber. Deutsch. Chem., **42**, 2248 (1909)

[7] Forestier, H., "Transformations magnetiques du sesquioxide de fer, de ses solutions solides, et des ses combinaisons ferromagné-tiques", Ann. de Chim. Xe série. **IX**, 316 (1928)

[8] Snoek, J. L.,"New developments in ferromagnetic materials", Elsevier Publishing Co., New York-Amsterdam (1947)

[9] Smit, J. and Wijn, H. P.J ., "Ferrites", Philips Techn. Libr. (1959)

[10] Perduyn, D. J. and Peloschek, H. P., "MnZn Ferrites with very high permeabilities, Proc. Britt. Cer. Soc., 10, 263 (1968)

[11] Stijntjes, Th. G. W., "Power ferrites: Performance and microstructure", Int. Conf. Ferrites 5, session A1: Ferrites & processing 1 (Bombay 1989)

[12] Büthker, C. and Harper, D. J., "Improved ferrite materials for high frequency power supplies", Proc. HF Power Conversion, 186-194, (Virginia Beach, May 1986)

[13] Stijntjes, Th. G. W. and Roelofsma, J. J., "Low-loss power ferrites for frequencies up to 500 kHz", Adv. Cer., 16, 493 (1986)

[14] Visser, E. G., Roelofsma, J. J. and Aaftink, G. J. M., "Domain wall loss and rotational loss in high frequency power ferrites". Int. Conf. Ferrites 5, session B5: Power Ferrites (Bombay 1989)

[15] Sano, T., Morita, A. and Matsukawa, A., "Power Ferrite has less than 400 mW/cm^3 core loss at 1 MHz", Power Electronics PCIM, 19, (July 1988)

[16] Berger, M. H., Laval, J. Y., Kools, F. and Roelofsma, J. J., "Relation between boundary structure and hysteresis loss in MnZn ferrites for power applications", Int. Conf. Ferrites 5, session B5: Power Ferrites (Bombay 1989)

[17] Ishino, K. and Narumiya, Y., "Development of Magnetic Ferrites: Control and Application of losses", Am. Cer. bull., 66, 1469 (1987)

[18] Lyman, J., Power supplies: "Why makers are stepping up the pace in technology", Electronics, 93 (Mai 14, 1987)

[19] "Switching Power Supplies", Electr. Components, 18 (January 1988)

[20] Schaller, G. E., "Power Ferrites for 1 Megahertz (and up) Switcher", High Freq. Power Conversion, 205 (April 1987)

[21] Cattermole, P. and Cohn, Z., "New high frequency power ferrites for operation up to 2 MHz", High Freq. Power Conversion Proc., 111 (May 1988)

[22] Ochiai, T, and Okutani, K., "Ferrites for High-Frequency Power Supplies", Intern. Conf. on Ferrites 4, Adv. Cer: 16, 447 (Kyoto 1984)

[23] Visser E. G., "Analysis of the complex permeability of monocrystalline MnZnFe^{II} Ferrite", J. Magn. Magn. Mats. 42, 286 (1984)

[24] Estrov, A., "Power transformer design for 1 MHz resonant converter", High Freq. Power Conversion Proc., 36 (May 1986)

[25]. Noordermeer, A. and Vantilt, M. M. E., "Wet chemical preparation and wet consolidation of ferrites", Second International Conf. on Powder Processing Science, session: Power process and shape-forming (Berchtesgaden 1988)

[26] Roess, E., "Modern techniques for modern ferrites", Int. Conf. on Ferrites 5, session A8: Soft Materials II, (Bombay 1989)

[27] Goldman, A., "Future trends in ferrite processing", Int. Conf. on Ferrites 5, plenary session (Bombay 1989)

[28] Snelling, E. C., "Some aspects of ferrite cores for H.F. power transformers", Int. Conf. on ferrites 5, session B5: power ferrites (Bombay 1989)

[29] G. Cryssis, "High frequency switching power supplie", Mc Graw-Hill Block Company (New York 1984)

[30] Tabisz, W. A. and Lee, F. C., "5 MHz, 50 W, Zero-Voltage Switched Multi-Resonant Converter", Power Electronics PCIM, 12 (August 1987)

[31] Kit Sum, K. and Herbert, E., "Novel low profile matrix transformers for high density power conversion". Power Electronics PCIM, 102 (Sept. 1988)

[32] Mullett, C. E. and Hiramatsu, R., "Recent advances in high frequency MAG" AMPS, High Freg. Power Conversion, 181 (April 1987)

[33] "3R1 Ring Cores", Philips Components technical information, nr. 9398 354 40011 (Oct. 1988)

[34] Visser, E. G., "The stress dependence of the domain structure and the magnetic permeability of monocrystalline MnZn^{II} ferrite", J. Magn. and Magn. Mats. 26, 303-305 (1982)

[35] Visser, E. G., "Effect aniaxial tensile stress on the permeability of monocrystalline MnZnFe^{II} ferrite", J. Appl. Phys. 55, 2251 (1984)

[36] Ohta, K., "Magnetocrystalline anisotropy and magnetic permeability of MnZnFe ferrites", J. Phys. Soc. Japan 18, 685 (1963)

[37] Stoppels, D. and Boonen, P. G. T., "The influence of the second-order magnetocrystalline anisotropy on the initial permeability of MnZn ferrous ferrite", J. Magn. Magn. Mats. **19**, 409 (1980)

[38] Ohta, K. and Kobayshi, N., "Magnetostriction constants of MnZnFe ferrites", Jap. J. Appl. Phys. **3**, 576 (1964)

[39] "3F3 Ferrite – at the core of advanced SMPS design", Philips Components Technical Publication 282, code 9398 066 50011 (1989)

[40] "3F4 Ferrite-cores for resonant high-frequency SMPS power converters operating above 1 MHz", Philips Components Technical Publication, code 9398 080 000 11 (1991)

[41] "EFD for low-profile DC-DC converters", Philips Components Technical Publication 287, code 9398 069 70011 (1989)

[42] Mulder, S. A., "Application note on the design of low profile high frequency transformers – a new tool in SMPS", Philips Components 1990, code 9398 074 80011

[43] Globus, A., J. Phys. Suppl. C1 (Proc. ICE3) pp. 1-15 (1977)

[44] Johnson, M. T., and Visser, E. G., "A coherent model for the complex permeability in polycrystalline ferrites", IEEE Trans. on Magn. **26**, no. 5, 1987-1989 (1990)

[45] Bragg, W. H., "The structure of the Spinel Group of Crystals", Phil. Mag. **5.6**. 30 305 (1915)

[46] Nishikawa, Proc. Tokyo Math. Phys. Soc. 8 199 (1915)

[47] Forestier, H., "Les ferrites: relation entre leur structure cristalles et leurs propriétés magnétiques", C.R. 192 842 (1931)

[48] Forestier H. et Chaudron G., "Etude thermomagnetique de quelques ferrite", C.R. 182 777 (1926)

[49] Hilpert, S. und Wille, H., "Zusammenhänge zwischen Ferromagnetismus und Aufbau der Ferrite". Z. Physik, Chemie **B 18** 291 (1932)

[50] L. Néel, "Propriétés magnétiques des ferrites: Ferrimagnétisme at Antiferromagnétisme", Ann. de Phy. **3** 137-198 (1948)

[51] Six, W., "Some Applications of ferroxcube", Philips Techn. Rev. 13 [11] 301-336 (1952)

[52] Takei, T., J. Electrochem. Japan **5** 411 (1937) J. Electr. Soc. Japan **59** 274 (1939)

[53] Paulus, M. and Guillaud, Ch. J. Phys. Soc. Japan **17** Suppl. B-1 632 (1962)

[54] Franken, P. and van Doveren, H., "Determination of the grain boundary composition of soft ferrites by Auger electron spectroscopy", Ber. Dt. Keram. Ges. **55** 287 (1978)

[55] Nomura, T., Okutanie, K., Kitagawa, T. and Ochiai, T., "Sintering of MnZn ferrites for power materials", Fall meeting Am. Cer. Soc. Sept. 1982 p. 57-BE-82F

[56] Gorter, E. W. and Schulkes, J. A., "Reversal of Spontaneous Magnetisation as a Function of Temperature in LiFeO Spinels". Phys. Rev. **90**, 487-488 (1953)

[57] Roess, E, "Magnetic Properties and Microstructure of High- Permeability Mn-Zn-ferrites". Proc. of Int. Conf. on Ferrites ICF, Kyoto 1970, Y. Hoshino, S. Iida and M. Sugimoto editors, Univ. Park Press, Tokyo 1971, p204-209

[58] Takada, T. and Kiyama, M., "Preparation of Ferrites by wet method", Proc. of Int. Conf. on Ferrites ICF1, Kyoto 1970, Y. Hoshino, S. Iida and M. Sugimoto editors, Univ. Park Press, Tokyo 1971, p69-71

[59] Akashi, T., Sugano, I, Kennoku, Y, Shuisma, Y. and Tsuji, T., "Low-Loss and High-Stability Mn-Zn-Ferrites", Proc. of Int. Conf. on Ferrites ICF1, Kyoto 1970, Y. Hoshino, S. Iida and M. Sugimoto editors, Univ. Park Press, Tokyo 1971, p183-186

[60] Takei T., "Research and Development of ferrites in Japan", Proc. of Int. Conf. on Ferrites ICF1, Kyoto 1970, Y. Hoshino, S. Iida and M. Sugimoto editors, Univ. Park Press, Tokyo 1971, pXXIV

[61] "Ferrites", proc. of the Int. Conf. (ICF1), Y. Hoshino, S. Iida and M. Sugimoto editors, University Park Press, Tokyo 1971

[62] "International Conference on Ferrites", **2** (ICF2), Bellevue (France) 1976, J. de Phys. Colloque no. C-1 1977

[63] "Ferrites", Proc. of the ICF3 in Kyoto 1980, H. Watanabe, S. Iida and M. Sugimoto, Center for Academic Publications, Japan 1981

[64] "Fourth International Conference on Ferrites", (ICF4), San Francisco 1984 Advances in Ceramics volume **15** and 16, F.F.Y. Wang editor, The American Ceramic Society, Inc. Columbus, Ohio

[65] Proc. of the Fifth International Conference on Ferrites (ICF5), Bombay, India 1989, Advances in ferrite volume **1** and **2**, C.M. Srivastava and M.J. Patni editors, Mohan Primlani for Oxford & I.B.H. Publishing Co. Ltd., 66 Janpath, New Delhi 110001 (1989)

[66] Bozorth, R. M., "Ferromagnetism" D. van Nostrand Company, Inc., New York 1968

[67] Wohlfarth, R. M., "Ferromagnetic Materials" volume **3**, North Holland, Publishing Company, Amsterdam, New York, Oxford 1982

[68] Ho B. Im and Wickam, D., "Square-loop properties of materials in the system NiFe$_2$O$_4$-Fe$_3$O$_4$-MnFe$_3$O$_4$", J. Appl. Phys. **35**, 5 (1964) 1442

[69] Miyata, N., "Ferromagnetic crystalline anisotropy of MeFe$_2$O$_4$-Fe$_3$O$_4$ ferrite solid solutions", J. Phys. Soc. Japan **16**, 7 (1961) 1291

[70] Michalowsky, L., Phys. Status Solidi, **8** (1965) 543

[71] de Lau, J. G. M., "Influence of Chemical Composition and Microstructure on High-Frequency Properties of Ni-Zn-Co ferrites", Thesis, Technical University Eindhoven 1975

[72] Uitert L. G. van, "Electric Properties of and Conductivity in Ferrites", Proc. I R E 44 1294-1303 (1956),

[73] Jonker, G. H., "Analysis of semiconducting properties of Cobaltferrite", J Phys. & Chem. of Solids 9, 165 (1959)

[74] Stijntjes, T. G. W., Klerk, J. and Broese van Groenou, A.,"Permeability and Conductivity of Ti-substitutes MnZn ferrites", Philips Res. Rep. 25, 95-107 (1970),

[75] "Soft Ferrite Selection Guide", Philips Components, Marketing Communications, Eindhoven 1991

[76] Goedbloed, Dr. J.J., "Elektromagnetische Competibiliteit. Analyse en onderdrukking van stoorproblemen", Kluwer Technische Boeken B.V. Deventer-Antwerpen, 1990

[77] Koch, J. und Ruschmeyer, K., "Ferroxcube, Eigenschaften und Anwendungen", Philips Components. Dr. Alfred Hüthig Verlag GmbH, Heidelberg, 1990

[78] Christian T. S., Editor "Isolators and Circulators", N.V. Philips Gloeilampenfabrieken, Eindhoven, 1974

[79] Sevick, Jerry, "Transmission line Transformers". Published 1990 by the American Radio Relay League, 225, Main Street, Newington, CT 06111

[80] Storm H. F., "Magnetic Amplifiers". Published (1955) John Wiley & Sons, New York

[81] Mc. Lymen, T., "Transformer and Inductor Design Handbook". Published (1978) by Marcel Dekker, Inc., New York

[82] Mulder, S. A., "On the design of low profile High Frequency Transformer Processing", PCIM'90, Munich. Published by Intertec Communications Inc., Ventura / California

[83] Peloschek, H. P., "Square loop ferrites and their applications", Progress dielectrics, vol 5, New York: Academic press (1963)

[84] Albers-Schoenberg, E., "Ferrites for microwave circuits and digital computer", J. Appl. Physics, **25**, [2] (1954)

[85] "Soft Ferrites", Data Handbook Philips Components MAO1. Eindhoven (1991)

[86] Casimir, H. B. G., "Electrostatic machines, particle accelerators and industry", Philips Techn. Rev. 3 [11/12] 309-311 (1969)

[87] Brockman, F. G., Heide von der H. and Louwerse, M.W., "Ferroxcube for proton synchrotons", Philips Techn. Rev. 30 [11/12] 312-329 (1969)

[88] Gouiran, R.," Five major proton synchrotons", Philips Tech. Rev. 30 [11/12] 330-365 (1969)

[89] Kaashoek, J., "A study of Magnetic deflections errors", thesis, Technical University of Eindhoven, Eindhoven 1968

[90] Vonk, R., "Magnetische afbuiging in televisieweergeefbuizen", Philips Techn. Tijdschrift 32 [3] 61-72

[91] Heijnemans, W. A. L., Nieuwedijk, J.A.M. and Vink, N.G., "De afbuigspoelen van het kleurenbeeldsysteem 30AX",Philips Techn. Tijdschrift **39** [6/7] 154-171

[92] Barten, P. G. J. and Kaashoek, J., "30AX self-aligning 110° in-line colour TV display", Electronic Components and Applications **1** [2] 103-108

[93] Eeden, A. L. G v.d. and Sluyterman A. A. S.," Colour monitor tubes with magnetic-field suppression and antistatic coating", Electronic Components and Applications **10** [1] 48-52

[94] Brabers, V. A. M., Merceron T., Porte, M. and Krishnan, R. "Magnetic Anisotropy of Magnesium Ferrous Ferrites", J. Mag. Mag. Mat. **15-18** 545-546 (1980)

[95] Brickford, L. R., Brownlow, J. M. and Penoyer, R. F. "Magnetocrystalline Anisotropy in Cobalt-substituted Magnetite Single Crystals".

[96] Welzen, J. T. A. M., "Cobalt substitution in MgZn ferrite Internal report", Philips Electronic Component and Materials 1980

[97] Brabers, V.A. M., Hirsch, A. A., van der Vleuten, W. C. and van Doormalen, P., "Magnetostriction of magnesium ferrous ferrites". IEEE Trans. Magn. **14** 895 (1978)

[98] Guillaud, C. and Sage, M., "Propriétés Magnetiques des Ferrites Mixtes de Magnesium et de Zinc". Compt. R. Ac. Sc. Paris 232 944-946 (1951)

[99] Hanna, C. R.: "Design of Reactances and Transformers which Carry Direct Current". Transaction A.I.E.E. 1927, S.155-160

Stichwortverzeichnis

A

abelektrisieren	497
Ablängvorrichtung	120
Ablenkenergie	610
Ablenksystem	610
Abrieb	108
Absorptionskante	490
Abziehverfahren mit zwangsläufig gesteuerter Matrizenbewegung	540
Admittanz	407
Agglomerat	107
Agglomeration	110
Aktivierungsenergie	586
Akzeptor	139
Akzeptor-Dotierung	421
Al_2O_3	107
Alkoxid	473
AlN	123
Alterung	422
amorphe Korngrenzenphase	87
amphoterer Werkstoff	20
Analysator	491
Anfangssuszeptibilität	509
anisotropes Ferrit	541
anisotropes Hartferrit	119
Anisotropie	467, 491
Anisotropie-Kompensation	600
Anisotropieenergie	509, 574
Anisotropiefeldstärke	510, 518, 519, 522
Anisotropiekonstante	513
Antiferromagnetismus	505, 506, 512
Antifluoritgitter	8

Anwendung von Hartferriten	555
Anwendungen von PLZT	495
äquivalente Rauschleistung	451, 452
Atmosphäre-Sinterprozeß	478
Atmosphärenpulver	477
Attritor	108, 602
Aufbaugranulat	110
Aufbereitung	109
Aufbereitungsverfahren	106
Aufmagnetisierungskurve	510
Ausheilen	490
Ausscheidung	521
Ausscheidungen an Korngrenzen	86
ausscheidungsgehärteter Magnet	519
Außenschleife	126
außerordentlicher Strahl	491
Austauschenergie	508, 509
Austauschkopplung	511, 512
Austauschwechselwirkung	581
Austauschwechselwirkung in $BaFe_{12}O_{19}$	527
Axialnaßpressen	119
Axialpressen	109, 112

B

B-Wert	173
Bandabstand	4
Bandfilter	410
Bandleitung	131
Bandleitung	24
Bariummonoferrit	538
Bariumtitanat	8, 412, 419

636 Stichwortverzeichnis

Barkhausen-Sprünge 510
Barkhausensches Rauschen 453
Batch-Processing 3
BaTiO3 468, 469
BaTiO3-Keramik 420
Bauteilfertigung 105
Bauxit 107
Bayer-Verfahren 107
BCS-Theorie 237
beidseitiges Axialpressen 112
Beizsäure 107
berührungslose Temperatur-
  messung 456
Beschleunigungsmesser 427
Beweglichkeit 20, 136
Beweglichkeit von Domänen-
  wänden 420, 422
Bewegungsmelder 453
Bezirks-Muster 572
Bildeinstellungsspule 608
Bildröhre 608
Bildschärfe-Entfernungsmessung 499
Bildschirmsystem 499
Bildungsenergie 28
Bildungsentropie 28
bimodaler Antrieb 430
Bindungsanteil 1
Blei-Lanthan-Zirkonat-Titanat 467
Blei-Zirkonat-Titanat 463, 467
Bleiazetat 473
Bleizirkonat-Bleititanat 412
Bleizirkonat-Titanat-Keramik 417
Blochwand 507, 510
Blochwandbewegung 576
Blochwanddicke 507
Brechungsindex 484, 490

Breitbandtransformator 618
Brennkapsel 106
bronzegebundene Diamant-
  Schleifscheibe 126
Bruchdehnung 16
Bruchzähigkeit 18, 90

C

C 107
Calcinieren 125
Calzinierung 537
Calzinierungsprozeß 107
Cäsiumchlorid-Struktur 7
CdS 459
chemische Beständigkeit
  von Hartferrit 554
chemisches Potential 26
Cooper-Paar 237
Curie-Gesetz 505
Curie-Konstante 468
Curie-Punkt 459
Curie-Temperatur 442, 454, 455,
  458, 460, 461, 464, 506, 522, 571
Curie-Weiss-Gesetz 468
CWG 470, 484

D

Dämpfung 486, 578, 615
DC/DC-Wandler 624
Debye-Formalismus 485
Debye-Länge 148
Debye-Relaxation 485
Defekt-Kompensation 142
Defektdipol 422
Deformation 487, 581
Degradation 196, 210
Dekantierungsprozedur 602
demagnetisierendes Feld 573

depolarisierte Probe   481
Detektivität   452
Devitrifikation   72
Dextrin   109
Diamagnetismus   504, 505
Dichte   106
Dichteverteilung   602
Dickschichtwiderstand   160, 162
dielektrische Keramik   467
dielektrische Konstante   454
dielektrische Permeabilität   440
dielektrischer Verlust   446
dielektrisches Bolometer   455
Dielektrizitätszahl   22, 398, 419, 440, 443, 468, 616
Dielektrizitätskonstante von PLZT   482
diffuse Phasenumwandlung   470, 481
Diffusionsanisotropie   516
Dilatation   125
Dipol-Dipol-Wechselwirkung   573
Displaysystem   499
Doctorblade-Verfahren   123
Domäne   414, 438, 495, 506
Domänenstruktur   413, 572
Domänenwand   414, 507
Domänenwand-Modell   583
Domänenwandanteile der Kleinsignalparameter   415
Domänenwandbewegung   415
Domänenwanddicke   520
Domänenwandenergie   508
Domänenwandverschiebung   446
Donator   139
Donator-Dotierung   421
Doppelbrechung   491, 494, 495
doppelseitiges Pressen   540

dotiertes MnZn-Ferrit   580
Dotierung   21
DPU   470, 487
DPU-Materialien   484
Drahtschneidevorrichtung   121
Drahtwiderstand   161
Drehen   115
dreidimensionaler Eindruck   499
Drossel   614
Druckersystem   500
Druckfortpflanzung   112
Druckmedium   114
Druckspannung   399
Druckvorspannung   111
Druckzylinder   114
Dünnfilm   259, 265, 269
Dünnfilmtechnik   251
Dünnschichtwiderstand   161
Durchbruchbereich   179
Durchbruchmechanismus   187
Durchflußwandler   620
Düse   109
Dynamisches Verhalten der Pyroelektrika   445

E

E-Kern   604
EC-Kern   604
EFD-Kern   605
effektive Doppelbrechung   493, 495
effektive Permeabilität   585
effektiver elektromechanischer Kopplungsfaktor   405
effektives Volumen   614
Eindomänenteilchen   520
Eindringtiefe   239

638 Stichwortverzeichnis

Einschaltverzögerung 177
Einschlüsse 577
einseitiges Pressen 540
Eisenoxid 106
elastische Nachgiebigkeit 398
elastische Steifigkeit 402, 419
Elastizitätsmodul 14, 16, 440
Elastomerwerkstoff 114
Elektret 458
elektrische Energiedichte 488
elektrische Leitfähigkeit 586
elektrischer Widerstand 123, 595, 601
elektrisches Dipolmoment 437
elektrisches Feld 483
elektrolytische Zelle 265
elektromechanischer Kopplungsfaktor 488
Elektron-Phonon-Streuung 188
Elektron/Loch-Paarbildung 189
Elektronegativitäten 6
Elektronengeneration 495
Elektronenkompensation 142
Elektronensprungmodell 586
Elektronik 123, 256
elektrooptische Anwendung 469, 489, 496
elektrooptische Eigenschaften 491
elektrooptische Keramik 467
Elektrostriktion 396, 488
elektrostriktive Materialien 425
Elementardipol 504
Endsintern 602
Energiebarriere 2
Energieeinsparung 124
Energiefreisetzungsrate 18, 91
Energiestoßbelastbarkeit 180

Energietechnik 256
Energieübertragung 618, 620
Entartungsfunktion 23
Enthalpie 26
entmagnetisierendes Feld 573
Entmagnetisierung 210, 213
Entmischung 108
Entropie 483
Entstörkomponenten 569
Entstörung 614
Ersatzschaltbild 619
Ersatzschaltbild eines elektromechanischen Wandlers 406
ETD-Kern 604
extrinsischer Halbleiter 139
Extrudieren 120

F

Fällung 473
Fällungsprozeß 107
Fe_2O_3 107
Fehlstelle 115
Feinzerkleinerung 108
Feldspat 106
Fernmeldesystem 613
ferrimagnetische Ordnung 571
Ferrimagnetismus 505, 506, 512, 566
Ferrit 106
Ferrit-Industrie 568
Ferrit-Technologie 622
Ferroelektrika 438, 455, 458..460, 468
ferroelektrische Domäne 453, 458
ferroelektrische Keramik 397, 411
ferroelektrisches Polymer 459
ferromagnetische Curietemperatur 511
ferromagnetische Resonanz-

<table>
<tr><td>frequenz</td><td>577</td></tr>
<tr><td>Ferromagnetismus</td><td>505, 506</td></tr>
<tr><td>Fertigbearbeiten</td><td>125</td></tr>
<tr><td>Fertigform</td><td>115</td></tr>
<tr><td>Fertigungsbedingungen</td><td>106</td></tr>
<tr><td>Fertigungsparameter</td><td>107</td></tr>
<tr><td>feste Lösung</td><td>478</td></tr>
<tr><td>Festelektrolyt</td><td>220</td></tr>
<tr><td>Festigkeit</td><td>94, 105, 107</td></tr>
<tr><td>Festigkeitsminderung</td><td>108</td></tr>
<tr><td>Festkörperoberfläche</td><td>2</td></tr>
<tr><td>Festkörperreaktion</td><td>28, 125</td></tr>
<tr><td>Feststoffgehalt</td><td>110</td></tr>
<tr><td>Feuchtigkeitsgehalt</td><td>109</td></tr>
<tr><td>Filternetz</td><td>613</td></tr>
<tr><td>Flächenwiderstandswert</td><td>161</td></tr>
<tr><td>Fliehkraftkugelmühle</td><td>108</td></tr>
<tr><td>Fließgrenze</td><td>16</td></tr>
<tr><td>Flotationsverfahren</td><td>106</td></tr>
<tr><td>Fluktuations-Dissipations-Theorem</td><td>448, 451</td></tr>
<tr><td>flüssige Phase</td><td>108, 125,</td></tr>
<tr><td>Flüssigphasensintern</td><td>125, 478</td></tr>
<tr><td>Flußkriechen</td><td>256</td></tr>
<tr><td>Flußlinienschlauch</td><td>241</td></tr>
<tr><td>Flußmittel</td><td>108</td></tr>
<tr><td>Foliengießen</td><td>123</td></tr>
<tr><td>Folientechnik</td><td>478</td></tr>
<tr><td>Formanisotropie</td><td>516</td></tr>
<tr><td>Formgebung</td><td>1, 105, 109, 111, 602</td></tr>
<tr><td>Formgenauigkeit</td><td>105</td></tr>
<tr><td>freie elastische Enthalpie</td><td>483</td></tr>
<tr><td>freie und geklemmte Dielektrizitätszahl</td><td>405</td></tr>
<tr><td>freie-Energie-Kurve</td><td>13</td></tr>
<tr><td>Frenkel-Defekt</td><td>25</td></tr>
</table>

<table>
<tr><td>Frenkel-Paar</td><td>26</td></tr>
<tr><td>Frequenzband</td><td>614</td></tr>
<tr><td>Frequenzkonstante</td><td>410</td></tr>
<tr><td>Fügen</td><td>126</td></tr>
<tr><td>Fügeverfahren</td><td>126</td></tr>
<tr><td>Funktionsfähigkeit</td><td>111</td></tr>
<tr><td>Funktionskeramik</td><td>124</td></tr>
</table>

G

<table>
<tr><td>Gangunterschied</td><td>491</td></tr>
<tr><td>Gefüge</td><td>109</td></tr>
<tr><td>getaktetes Schaltnetzteil</td><td>618</td></tr>
<tr><td>Gibbsche Phasenregel</td><td>49</td></tr>
<tr><td>Ginsburg-Devonshire-Theorie</td><td>442</td></tr>
<tr><td>Gipsform</td><td>121</td></tr>
<tr><td>Gitterdefekt</td><td>521</td></tr>
<tr><td>Gitterkonstante von $BaTiO_3$</td><td>413</td></tr>
<tr><td>Gitterschwingung</td><td>586</td></tr>
<tr><td>Glaskapsel</td><td>118</td></tr>
<tr><td>Glassorte</td><td>12</td></tr>
<tr><td>Glasur</td><td>111</td></tr>
<tr><td>Glasurüberzug</td><td>118</td></tr>
<tr><td>Glimmer</td><td>106</td></tr>
<tr><td>Glühverluste</td><td>472</td></tr>
<tr><td>Granatkristall</td><td>9</td></tr>
<tr><td>Granulatherstellung</td><td>109</td></tr>
<tr><td>Granulatteilchen</td><td>109</td></tr>
<tr><td>Granulierteller</td><td>110</td></tr>
<tr><td>Granulierung</td><td>537</td></tr>
<tr><td>Graphit</td><td>11</td></tr>
<tr><td>Graphitmatrize</td><td>118</td></tr>
<tr><td>Grenzstrom-Sonde</td><td>223</td></tr>
<tr><td>Griffith-Riß</td><td>94</td></tr>
<tr><td>großes Polaron</td><td>24</td></tr>
<tr><td>Großwinkelkorngrenze</td><td>151</td></tr>
<tr><td>Großwinkelkorngrenze</td><td>78</td></tr>
</table>

Gummi arabicum   109
gyromagnetisches Verhältnis   577

H

Haftstelle   139
Haftsystem   558
Haftvermittler   127
Haftzentren   519
Harz   122
heiße Elektronen   188
Heißisostatpressen   116
Heißleiter   169
Heißpressen   118
Heißpreßverfahren   475
Heizelement   210, 212
Helmholtz-Energie   513
heterovalente Substitution   140
hexagonales Ferrit   524
hexagonales Gitter   515
Hinterschneidung   115
Hoch-T_c-Supraleiter   237
Hochfrequenzimpulstransformator   619
Hochleistungskeramik   106
Hochtemperatur-Supraleiter   261
Hohlguß   121
Honen   126
Hopping   20, 25
Hopping-Leitung   131
HTSL   237
Hubel   121
Hydrolyse   474
hydrostatische Kompression   475
hygroskopisch   109
Hysterese   397, 415, 422
Hysteresekurve von PLZT   482
Hystereseschleife   438, 511
Hystereseverlust   578
hysteretischer Verlust   446

I

Impedanz   614
Impedanz eines elektromechanischen
    Wandlers   407
Impedanzanalyse   447
Impulsübertragung   618
Indiumoxid   497
Induktivität   614
induzierte Magnetostriktions-
    Energiedichte   582
induzierter pyroelektrische Effekt   445
Infrarot-Absorptionsspektrometer   456
Infrarotabbildungssystem   457
Infrarotdetektor   448
Innenschleifen   126
inneres Feld   423
Interatomarer Abstand   525
Interferenz   491
intrinsischer Ladungsträger   21
intrinsischer Halbleiter   137
inverse Magnetostriktion   582
inverser Magnetostriktionseffekt   582
Ionengitter   7
Ionenleitung   24
ionischer Anteil   6
IR-Detektoren   453
irreversible Drehungen   510
Isostatisches Heißpressen   475
Isostatpressen   113
isotrope Ferrite   541
ITO   497

J

Joch-Ringe   605
J_s in Abhängigkeit von der
    Temperatur   528
jungfräuliche Magnetisierungs-
    kurve   508

K

K_1 in Abhängigkeit von der
Temperatur 530

kaltisostatisches Pressen 109, 113
Kaltleiter 198
Kaltwiderstandsbereich 198
Kaolin 106
Kapazität 123
Kapselwiderstand 117
Kationenfehlordnung 271
Kationleerstellen 424, 580
Keimbildung 519
Keimbildung 73
Keimbildung einer Domäne 520
keimbildungsgehärteter
Dauermagnet 519
Keimwachstum 73
Keramik 1, 105
keramischer Hochleistungs-
widerstand 161
Kernguß 121
Kernspinresonanz 256
KFZ-Verkehr 499
klassische Keramik 106
Klebeverbindung 126
kleines Polaron 23
Kleinsignalparameter 422
Kleinsignalverhalten 398
Kleinwinkelkorngrenze 78
Koerzitivfeldstärke 438, 495, 510, 519
Koerzitivfeldstärke der magnetischen
Polarisation 124
Koerzitivfeldstärke der Magneti-
sierung 517
Koerzitivfeldstärke des magnetischen
Flusses 517
Koerzitivfeldstärkemechanismen 518
Koexistenzbereich 468

kohärente Rotation 530
Kohärenzlänge 239
Kohlemassewiderstand 161
Koinzidenzgitterplatz 79
Kolbenpresse 121
Kollergang 108
komplexe Permeabilität 578
Kontrast 497
Kontrolle der Mikrostruktur 622
Konvektion 621
kooperative Erscheinung 504
Koordinationszahl 6
Kopräzipitation 471, 471
Körner 107
Korngrenz-Barriere 185
Korngrenze 2, 77, 107, 125, 151, 521, 577
Korngrenzenbeweglichkeit 68
Korngrenzendiffusion 14
Korngrenzeneffekt 584
Korngrenzeneigenschaften 3
Korngrenzenkapazität 580, 589
Korngrenzentechnik 567
Korngrenzenwiderstand 580
Korngrenzenladung 153
Korngröße 107
Korngrößeneffekt 3
Kornwachstum 68, 124, 421
Kornwachstumsanomalie 209
Korona-Effekt 612
Korundstruktur 8
Kosten 3
kovalente Bindung 6
Kraftsensor 426
Kristallachse 574
Kristallanisotropie 513
Kristallanisotropie-Konstante 574

Kristallenergiedichte 574
Kristalline Korngrenzen 77
Kristallstruktur 5
Kristallstruktur von Hexaferrit 524
Kristallsymmetrie-Erniedrigung 469
kritische Stromdichte 240, 257
kritische Temperatur T_c 237
kritischer Durchmesser 520
kritischer Sauerstoffpartialdruck 267
kritisches Magnetfeld 239
kubisch 574
Kugelmühle 602
Kühlrate 603
Kundenspezifikation 106
Kunststoffsubstrat 123

L

La(Ac)$_3$ 473
Ladungskoeffizienten 402
Ladungsneutralität 480
Ladungsträgerbeweglichkeit 20
Lageparameter nach Townes et al. 525
Lambda-Sonde 220
Läppvorgang 547
Laserbearbeitung 126
Leck 116
Leckstrombereich 179
Leerstellenkonzentration 587
leichte Magnetisierungs-
richtung 574, 575
Leistungstransformatoren 592
Leistungsverlust 621
Leiterbahn 123
Leitfähigkeit 23
Leitungsband 19
Leitungsspule 608
Lichtmodulatore 499

Lichtschutzeinrichtung 498
Ligninsulfonat 109
linearer elektrooptischer Effekt 480
linearer Widerstand 129, 160
LiTaO$_3$ 460
Lithium-Tantalat 460
Litzendraht 612
lokale Polarisation 484
longitudinale Lichtsteuerung 499
Löslichkeitsgrenze 479
Lösungsprozeß 107
Lötverbindung 126
LST 484
Luftspalt 605, 614
Luftstrahlmühle 108
Lyddane-Sachs-Teller 484

M

Magnetabscheider 106
Magnetfeld 119
magnetische Ablenkung 608
magnetische Anisotropie 513, 574
magnetische Eigenschaften von
Hartferriten 548
magnetische Feldlinie 605
magnetische Feldstärke 516
magnetische Flußdichte 571
magnetische Polarisation 516
magnetische Sperre 584
magnetische Struktur von Hexaferrit 526
magnetischer Jochring 610
magnetischer Querschnitt 614
magnetischer Verlust 578
magnetisches Anisotropiefeld 577
magnetisches Lager 559

magnetisches Moment   504
magnetisches Restmoment   571
magnetisches Untergitter   512
Magnetisierung   516
Magnetisierungsmechanismen   576
Magnetisierungsprozeß, reversibel   509
magnetokristalline Anisotropie   513, 574, 589
magnetokristalline Anisotropie-energie   514
Magnetoplumbit   524
Magnetostriktion   581, 591, 599
Mahlprozeß   107, 539
Mahlsuspension   602
Mahlwirkung   108
Mangan-Zink-Ferrit   570
Masseaufbereitung   107
Massewiderstand   161
Maßgenauigkeit   105
Matrix der Kleinsignalparameter   401
Matrixkörner   108
Matrize   112
Matrizenverfahren   477
maximales Energieprodukt   518
mechanische Bearbeitung   547
mechanische Energiedichte   488
mechanische Spannung   483, 581
mechanische Verzerrung   483
mechano-elastische Energie   581
Melt-Powder-Melt-Growth   264
Melt-Textured-Growth-Prozeß   265
Memory   493, 497
metallisch leitendes Oxid   133
metallischer Bindungsanteil   6
Metallisierung   123
Metallkapsel   116

MgZn-Ferrite   597
Mikrokalorimeter   231
Mikromechanik   2
Mikrophonieeffekt   452
Mikrostruktur   579, 603
Mischen und Mahlen   107
Mischsilo   108
Mischtrommel   108
Mittelpol   605
MnZn-Ferrite   589
molare Suszeptibilität   505
Monarzitsand   107
Monitoranwendungen   611
Monoferritreaktion   538
monokline Struktur   413
monokristallin   591
monomodaler Antrieb   430
morphotrope Phasengrenze   417, 463
Mott-Hubbard-Kriterium   135
Mühle   108
Mustererkennungsalgorithmus   226

N

Nachbearbeitung   105
Naßmahlung   108
Naßmatrizenverfahren   113
Naßmischprozeß   602
Naßschleifen   126
Natriumchlorid-Gitter   7
Natriumsilikatglas   10
natürliche Rohstoffe   105
Néeltemperatur   512
Nernst-Gleichung   266
Netzgerät   569
Netztransformator   614

Neukurve 481, 508

neutraler Trap 139

Nicht-Gleichgewichtsbedingungen 271

nicht-linearer Effekt 398

nicht-linearer Widerstand 129

nichtlineare Strom-Spannungs-Kennlinie 153

Nichtlinearitätskoeffizient 157

Nickel-Zink-Ferrit 570

NiZn-Ferrite 592

normale Magnetostriktion 581

NTC-Bereich 198

NTC-Widerstand 169

O

Oberflächengüte 105, 126

Oberflächenmontage 165

oberflächenmontierbar 617

Oberflächenrauhigkeit 521

Oberflächenwiderstand 257

Oberstempel 112

offene Porosität 126

ohmscher Kontakt 150

Oktaeder-Gitterplatz 570

ON-OFF-Verhältnis 497

optisch isotrop 493

optisch transparent 467

optisch undurchsichtig 467

optische Achse 491, 496

optische Eigenschaften 489

ordentlicher Strahl 491

Ordnungsparameter 468

organisches Bindemittel 109

organisches Elektret 459

orthorhombische Struktur 263, 413

Oxidationsbeständigkeit 118

Oxidhalbleiter 497

P

P(E)-Hysterese 497

P(E)-Kennlinie 495

P(E)-Kurve 498

paraelektrisch 469

Parallel-Bimorph-Sensor 427

Parallelabstimmung eines elektromechanischen Wandlers 410

paramagnetische Curietemperatur 511

Paramagnetismus 505

parasitäre Spulenkapazität 619

Partikel 107

$Pb(Ac)_2$ 473

$Pb(Mg_{1/3}Nb_{2/3})O_3$ (PMN) 464

$Pb(Sc_{0,5}Nb_{0,5})O_3$ 471

$Pb(Zr_xTi_{1-x})O_3$ 469

$Pb(Zr_yTi_{1-y})O_3$ 478

$PbZr_{1-x}Ti_xO_3$ (PZT) 461

$Pb_{0,5}Ba_{0,5}(Zr_{0,6}Ti_{0,4})O_3$ 471

$(Pb_{1-1,5x}La_xD_{0,5x})(Zr_{0,6}5Ti_{0,35})O_3$: PLZT x/65/35 471

$Pb_{1-1,5x}La_{x\Delta0,5x}(Zr_yTi_{1-y})O_3$ 478

$Pb_5Ge_3O_{11}$ 460

$PbTiO_3$ (PT) 460, 461, 469, 478

$PbZrO_3$ 478

$PbZr_xTi_{1-x}O_3$ 463, 464

permanentes Dipolmoment 505

Permanentmagneten 556

Permeabilität 576

Perovskitstruktur 8

Perowskit 252, 460, 468

Perowskitgitter 242

Perowskitstruktur 412

pH-Wert   474
Phasendiagramm des Mischsystems
  Bleizirkonat-Bleititanat   418
Phasengleichgewicht   47
Phasenübergang   412, 442, 443
Phasenumwandlung   455, 468, 484
Phasenverschiebung   492, 578
Photoleiter   498
physikalische Daten von
  Hartferritmagneten   554
piezoelektrische Energiedichte   488
piezoelektrische Grundgleichung   398
piezoelektrische Konstante   441
piezoelektrische Resonanz   405
piezoelektrischer Effekt   395, 487
piezoelektrischer Hochtonlaut-
  sprecher   432
piezoelektrischer Koeffizient   395
piezoelektrischer
  Materialkopplungsfaktor   405
piezoelektrischer Spannungstensor   440
piezoelektrischer Zünder   428
piezoelektrisches Biegeelement   426
Piezoelektrizität   438
Pinning-Zentren   219, 240, 250, 256
planarer Kopplungsfaktor   420
planarer Kopplungsfaktor von PZT-
  Keramik   418
Plastifizierungsmittel   120
PLZT   467, 479, 486, 487,
      494, 496, 498, 499
PMN   426
Polarisation   483, 495,
Polarisation induziert   481
Polarisation reversibel   470
Polarisator   491
Polarisierbarkeit   22
Polykristall   2

Polymer   454
Polyvinylalkohol   109
Polyvinyldifluorid   459
Pore   577
Präparationstechnik   472
Präzessionsfrequenz   577
Präzisionspositionierung   424
Preßdichte   115
Pressen   602
Pressen mit schwimmender Matrize   540
Preßgranulat   602
Preßkörper   112
Preßmatrize   477
Preßschwindung   115
Preßwerkzeug   112
primärmagnetische Eigen-
  schaften   526, 528
Prinzip von Le Chatelier   474
Produktformen   604
P_s 468
PTC-Bereich   198
PTC-Effekt   199
PTC-Widerstand   198
Pulver-im-Rohr-Technik   259
pulverförmiger Rohstoff   105
Pulvermetallurgie   105
Pulvermischungen   107
Pulververarbeitung   2
Punktdefekt   27
PXE   420, 426
Pyrodetektor   453, 455
pyroelektrische Keramik   437
pyroelektrischer Detektor   439, 448
pyroelektrischer Infrarotdetektor   447
pyroelektrischer Koeffizient   440, 441,
      443, 444, 454
pyroelektrisches Bolometer   445

Pyroelektrizität 437, 458
PZT 416, 467, 478, 479
PZT-Keramik 419

Q

Quaderschwinger 408
quadratischer elektrooptischer
  Effekt 480
Quarz 106, 411

R

Rauhtiefe 126
Raumtemperatur 116
Raumtemperatur-Phasendiagramm
  des PLZT 479
Rauschen 448, 451
Rauschspannung 451
Rayleigh-Bereich 509, 510
Reaktionssintern 125
Reaktionssinterung 537
Rechteckferrite 626
Reibung 109
Relaxation 486
Relaxationsfrequenz 486
Relaxationszeit 499
Relaxor 426, 454, 458, 464,
  465, 470, 487
Relaxor-Materialien 484
Relaxorverhalten 481
remanente Magnetisierung 510
remanente Polarisation 397, 419,
  438, 482
Remanenz 119
resistive Sensoren 227
Restporosität 125
Restverluste 578
reversibel 510
reversible Wandverschiebung 509, 510

reziproke Dielektrizitätszahl 402
rhomboedrische Strukturen 413
ringförmige Wicklung 608
Ringkern 605
Ringschwinger 409
Ringspaltmühle 108
Rißausbreitung 18
Rißbildung 113
Rißwachstumsparameter 93
Rißwiderstandskurve 92, 93
RM-Kern 605
Rohmaterialaufbereitung 536
Rohstoffe 105, 622
Rotation 510
Rotationsmagnetisierung 576
Rotationspermeabilität 577
Ruthenate 162
Rutheniumoxid 162
Ruthner-Prozeß 107
Rutilgitter 8

S

sattelförmige Wicklung 608
sättigungsfähig 626
Sättigungsmagnetisierung 514, 528,
  571, 592, 600
Sättigungsmagnetostriktion 594
Sättigungspolarisation 119, 438,
  522, 595
Sauerstoff-Partialdruck 13
Sauerstoffionenleiter 265
Sauerstoffleerstelle 422
Schaltfrequenz 621
Schaltnetzteil 620
Schaltungsverluste 624
Schaltzeiten von PLZT 494
Scheibenschwinger 407

Scherben   111
Scherspannungen   399
Scherwandler   431
Schichtwiderstand   161
Schleifen   112
Schleifprozeß   603
Schleifscheibenwerkstoff   115
Schleifverhalten   126
Schleifvorgang   547
Schleuderrad   110
Schlicker   110, 121
Schlickerguß   121
Schmetterlingskurve   397
Schneckenpresse   121
Schottky-Barriere   149
Schottky-Defekt   27
Schottky-Näherung   148
Schüttdichte   115
Schwächung der Kristallanisotropie 521
Schweißverbindung   126
Schwindung   111
Schwingmühlen   108
Schwingwandler-Anordnung   625
Segregation   84, 151
sekundärmagnetische Eigen-
    schaften   516
seriell-Bimorph   430
Serien-Bimorph-Sensor   427
Serienabstimmung eines
    elektromechanischen Wandlers   410
Si_3N_4 107
SiC   107
SiC-Schleifscheibe   115
Siebdruck   163
Signalübertragung   618
Silikat   10
Sinterhilfsmittel   108

Sinterhipen   118
Sintern   62, 105, 124, 546
Sinterschwindung   109
Sintertemperatur   124
Sinterverfahren   14, 477
Sintervorgang   107, 111
Skin-Effekt   612
SMD-Bauelement   165
Soft Mode   485
Softmodewellenzahl   486
Sol-Gel-Prozeß   473, 474
Sol-Gel-Technik   471, 473
Sol-Gel-Verfahren   106
Spannungsanisotropie   516
Spannungsintensitätsfaktor   91
Spannungskoeffizient   402
Speicherelement   493
spektrale Empfindlichkeit   453
Spin-Bahn-Wechselwirkung   574
Spinell   173, 570
Spinellstruktur   9, 570
spontane Deformation   397
spontane Magnetisierung   505, 571
spontane Polarisation   397, 467, 468
Spritzguß   122
Sprödbruch   95
Sprödigkeit   111
Sprührösten   107
Sprühtrockner   109, 602
Sprühturm   109
Spule   605
Spulenverluste   612
$SrCO_3$ 107
$SrO \cdot 6 Fe_2O_3$ 107
$Sr_xBa_{1-x}Nb_2O_6$ 460

648 Stichwortverzeichnis

Stabilitätslinie 268, 270, 274
Stapeltechnik 425
Stellgliedern 424
Stereosichtsystem 499
Stickstoff 119
stöchiometrische Zusammen-
setzung 580
stöchiometrischer Punkt 595
Störkapazität 615
Störunterdrückung 614
Strangpressen 120
Streifenelektrode 496
Streueffekt 495
Streufeldenergie 508, 509
Streumoden 498
Streustörinduktivität 619
Streuzentren 495
Strontiummonoferrit 538
Strukturuntersuchung 36
Substrat 123
Substratkristall 252
Supraleiter 2. Art 239
Suszeptibilität 510
Suszeptibilitätsfunktion 446
Switched Mode Power Supply 569, 620
Symmetriebrechung 484
Symmetrieerniedrigung 469
synthetische Rohstoffe 105
System Bi–Sr–Ca–Cu–O 272

T

Taguchi-Sensor 224
Target 251
T_C 468
Technologie 601

Teilchengrößenverteilung 106
Temperaturabhängigkeit von HA bei
$MFe_{12}O_{19}$ 529
Temperaturfühler 210, 211
Temperaturkoeffizient 614
Temperaturkoeffizient von Koerzitiv-
feldstärke und Remanenz 518
Temperatursensor 176
Temperaturstabilität 604
Temperaturzyklus 117
Tensorschreibweise 399
ternäres Zustandsdiagramm 597
Tetraeder-Gitterplätze 570
tetragonale Struktur 263, 412, 497
TGS 464
thermisch depolarisiert 481, 492, 497
Thermische Ausdehnung 15
thermische Depolarisation 397
thermischer Ausdehnungs-
koeffizient 126, 440, 441
thermischer Durchschlag 194
thermisches Austreiben 122
thermisches Entmagnetisieren 508
Thermodynamik 261
thermodynamische
Zustandsgleichungen 439
TiO_2 107
Titanyl-Butylat 473
Ton 106
Topf-Kern 605
Torsionsmagnetometer 575
Transformator 618, 620
Translationsinvarianz 486
Transmission 490
transparente Elektroden 497
transversale akustische
Schwingung 431
transversale Lichtsteuerung 499

trockener Prozeß   602
Trockenmatrizenverfahren   113
Trommelmühlen   108
Turmalin   437, 459

U

U-Kern   604
überdämpft   485
Überlastschutz   210, 211
Überpressung   113
ultimate crystals   107
Ultraschallbearbeitung   126
Ultraschallmotoren   429
Umgebungstemperatur   621
Umklappen der Polarisation   498
Umwandlungstemperatur   397
uniaxiales Heißpressen   477
unsymmetrischer Kristallaufbau   396
Untergitter   512
Unterstempel   112

V

Vakuum-Atmosphären-Sintern   477
Vakuumsintern   118
Valenzband   19
Van Vleck-Paramagnetismus   505
van-der-Waals-Bindung   11
Varistor   178
Varistorspannung   178
VDR-Komponenten   178
Verdampfungsdiagramm   58
Verdichtung   477
Verdichtungsvorgang   112
Verflüssiger   110, 121
Vergütung   490, 497
Verlustwinkel   580
Verschiebung von Phasen-
  übergängen   421

Verstärkung   98
Verzögerungsleitung   430
Vielfachfunktion   123
Viskosität   474
Vollguß   121
Volumenanteile der
  Kleinsignalparameter   415
Voraussetzungen für gute
  Dauermagnetwerkstoffe   522
Vorbrennen   602

W

Wachs   109, 122
Walzenstuhl   108
Wandenergie   520
Wandpermeabilität   577
Wärmebehandlung   105
Wärmegleichgewicht   627
Wärmeleitfähigkeit   14
Wasserstoffatom-Modell   22
Weak Link   240, 250, 256
Weibull-Faktor   97
weichmagnetisch   572
Weiß'sche Bezirke   506
Werkstoffherstellung   105
Wickelausführung   616
Widerstand der Korngrenzen   589
Widerstandsnetzwerk   165
Windungszahl   614
Wirbelstromverlust   578, 580
Wurzitstruktur   7

Y

$Y_1Ba_2Cu_3O_{7-x}$-Verbindung   262
$Y_2Ba_4Cu_7O_{15-y}$ 269
$Y_2Ba_4Cu_8O_{16}$ 269
Y–Ba–Cu–O-System   261, 262

Z

Zeilentransformator 618
Zeitzyklus 117
Zerkleinerung 106
Zerspanungsleistung 126
Ziehen 120
Zinkblende-Gitter 7, 9
Zinnoxid 497
Zirkonyl-Butylat 473
ZnO 459
ZnO-Varistoren 180
ZTU-Diagramm 75
Zugfestigkeit 16, 111
Zugspannungen 399
Zusammenhang zwischen primär-
  magnetischen und sekundärmagne-
  tischen Eigenschaften 522
Zustandsdiagramm 11, 13, 589, 592
zweite Phase 480
Zweitphasen 421
Zyklon 106

Schaumburg
WERKSTOFFE

Die für die Elektrotechnik wichtigsten Werkstoffe (Halbleiter, Metalle, Keramiken, Kunststoffe) werden nach der überwiegenden Art ihrer Atombindung und ihren typischen Anwendungsgebieten klassifiziert: Ionenbindung (Dielektrika, nichtlineare Widerstände, Resonatoren, Magnete), kovalente Bindung (Halbleiter- und keramische Bauelemente, Kunststoffe),sowie metallische Bindung (Leiter und Widerstände).

In der Praxis werden selten die elementaren Werkstoffe, sondern fast ausschließlich Legierungen eingesetzt. Deshalb erfolgt eine ausführliche Beschreibung der technischen und thermodynamischen Grundlagen der Legierungsbildung. Von großer Bedeutung ist die Temperaturabhängigkeit der Legierungszusammensetzung, die in einem Zustandsdiagramm komprimiert beschrieben wird. In ähnlicher Weise lassen sich wichtige Problemkreise wie Kristallgitterfehler, Diffusion sowie der Stromfluß von Atomen, Ionen und Elektronen behandeln.

Die Anwendungsgebiete der Werkstoffe werden praxisbezogen beschrieben, sie enthalten viele nützliche Formeln und Tabellen, die nicht nur dem Studenten, sondern auch dem Ingenieur und Wissenschaftler als späteres Nachschlagewerk dienen können.

Von Prof. Dr.
Hanno Schaumburg
Technische Universität
Hamburg-Harburg

1990. X, 398 Seiten
mit 293 Bildern und
54 Tabellen.
16,2 x 22,9 cm.
Geb. DM 64,–
ÖS 499,– / SFr 64,–
ISBN 3-519-06123-6

Schaumburg, Werkstoffe
und Bauelemente der
Elektrotechnik, Band 1

Preisänderungen vorbehalten.

Aus dem Inhalt

Atome und Festkörper – Einführung in die Gibb'sche Thermodynamik – Mechanische Formgebung und Stabilität – Leiter und Widerstände – Wärme in Festkörpern – Isolatoren und Kondensatoren – Magnete – Formelzeichen und Dimensionen – Naturkonstanten – Definition und Vorzeichenkonvention

B. G. Teubner Stuttgart

Schaumburg
HALBLEITER

In diesem Band wird der Aufbau, das elektrische Verhalten sowie die Herstellungstechnologie der für die Anwendung wichtigsten Halbleiterbauelemente beschrieben. Die Eigenschaften der hierfür vorwiegend eingesetzten Werkstoffe Silizium, Galliumarsenid und Germanium und deren Legierungen werden mit Hilfe von Zustandsdiagrammen und einer Vielzahl von Abbildungen und Tabellen zusammengestellt und ausgewertet, so daß diese Abschnitte auch als Nachschlagewerk geeignet sind.

Die Berechnung des elektrischen Verhaltens von Halbleiterbauelementen wird sehr vereinfacht dadurch, daß die Ladungsträger in wichtigen Fällen wie die Atome eines idealen Gases behandelt werden können. Die physikalischen Ursachen hierfür liegen in den Grundlagen der Festkörper- und Quantenphysik sowie der statistischen Thermodynamik: Es werden wichtige Konsequenzen daraus abgeleitet.

Die für das Bauelementverhalten wichtigen Grundgleichungen werden in einfacher Weise entwickelt und so formuliert, daß sie für alle behandelten Bauelemente in gleicher Weise angewendet werden können. Dasselbe gilt auch für Übergänge zwischen Halbleitern untereinander und mit anderen Werkstoffen: Alle lassen sich nach demselben einfachen Verfahren über eine Energiebilanz im Bändermodell berechnen. Weiterhin wird die Überwindung von Energiebarrieren durch Ladungsträger geschlossen behandelt und später auf die verschiedenen Bauelemente angewendet.

Von Prof. Dr.
Hanno Schaumburg
Technische Universität
Hamburg-Harburg

1991. XII, 614 Seiten
mit 683 Bildern und
29 Tabellen.
16,2 x 22,9 cm.
Geb. DM 89,–
ÖS 694,– / SFr 89,–
ISBN 3-519-06124-4

Schaumburg, Werkstoffe
und Bauelemente der
Elektrotechnik, Band 2

Preisänderungen vorbehalten.

Aus dem Inhalt
Elektronengas – Bandstruktur von Festkörpern – Halbleiterwerkstoffe Germanium, Silizium und Galliumarsenid – Bändermodell von Halbleitern – Halbleiterübergänge – Überschußladungsträger – Stromfluß über Barrieren – Halbleitertechnologie – Dioden – Transistoren – Thyristoren – Integrierte Schaltungen – Wärme in Halbleiterbauelementen – Rauschen

B. G. Teubner Stuttgart

Schaumburg
SENSOREN

Überblick über die Sensoren
Ladungsträger in Festkörpern:
Bändermodell – Stromdichtegleichungen

Temperatursensoren (TS):
thermoelektrische Sensoren – resistive
TS – Transistoren als TS – pyroelektrische
TS – Quarz-TS – faseroptische TS –
mechanische und chemische TS

Kraft- und Drucksensoren (KDS):
resistive KDS – piezoelektrische KDS – induktive und kapazitive KDS – andere KDS

Magnetsensoren:
Halleffekt-Sensoren – magnetoresistive
Sensoren – Spulen – Wiegand- und Im-
pulsdrahtsensoren – Reed-Sensoren –
magnetoelastische Sensoren – Wirbel-
stromverfahren – SQUIDs – Magneto-
dioden und Magnetotransistoren –
Anwendungen von Magnetsensoren

Optische Sensoren (Photosensoren):
Wirkung optischer Strahlung auf Festkör-
per – Kenngrößen optischer Sensoren –
thermische Photosensoren (Bolometer) –
Photokathoden und -multiplier – Photo-
leiter – bipolare optische Halbleitersen-
soren – Ladungsspeicher und CCDs –
Überblick über die Glasfasersensoren –
Gasgefüllte Strahlungsdetektoren –
Halbleiter-Kernstrahlungsdetektoren

Feuchtesensoren:
kapazitive und resistive Feuchtesensoren
– Taupunktverfahren

Chemische Sensoren (mit W. Göpel):
Übersicht und Funktionsprinzipien – Erkennung chemischer Stoffe durch Sensoren – thermodynamische und kinetische Aspekte der chemischen Sensorik
und heterogenen Katalyse – der Begriff
des Katalysators – chemische Sensoren
und Katalysatoren: Ähnlichkeiten und Unterschiede im Überblick, Charakterisierung von Grenzflächen, Grundlagen der
molekularen Erkennung in Gassensoren –
Pellistoren – elektrochemische Sensoren
mit ionensensitiven Elektroden – Sensoren mit Feststoffelektrolyten – Metalloxyd-
sensoren – CHEMFETs

B. G. Teubner Stuttgart

Von Prof. Dr.
Hanno Schaumburg
Technische Universität
Hamburg-Harburg

Unter Mitwirkung
von Prof. Dr.
Wolfgang Göpel
Universität Tübingen

1992. X, 517 Seiten mit
790 Bildern, 48 Tabellen
und 14 Datenblättern.
16,2 x 22,9 cm.
Geb. DM 79,–
ÖS 616,– / SFr 79,–
ISBN 3-519-06125-2

Schaumburg, Werkstoffe
und Bauelemente der
Elektrotechnik, Band 3

Preisänderungen vorbehalten.

Werkstoffe und Bauelemente der Elektrotechnik

Herausgegeben von
Prof. Dr. **Hanno Schaumburg,** Hamburg-Harburg

Band 1: Werkstoffe
1990.X, 398 Seiten mit 293 Bildern und 54 Tabellen.
Geb. DM 64,– / ÖS 499,– / SFr 64,–
ISBN 3-519-06123-6

Band 2: Halbleiter
1991. XII, 614 Seiten mit 683 Bildern und 29 Tabellen.
Geb. DM 89,– / ÖS 694,– / SFr 89,–
ISBN 3-519-06124-4

Band 3: Sensoren
1992. X, 517 Seiten mit 790 Bildern, 48 Tabellen
und 14 Datenblätter.
Geb. DM 79,– / ÖS 616,– / SFr 79,–
ISBN 3-519-06125-2

Band 5: Keramik
1994. XVII, 650 Seiten mit 632 Bildern und 63 Tabellen.
Geb. DM 218,– / ÖS 1701,– / SFr 218,–
ISBN 3-519-06127-9

Band 6: Polymere
In Vorbereitung. ISBN 3-519-06145-7

Band 8: Sensoranwendungen
In Vorbereitung. ISBN 3-519-06147-3

Preisänderungen vorbehalten.

B. G. Teubner Stuttgart